Springer-Lehrbuch

D1930396

Oliver Deiser

Reelle Zahlen

Das klassische Kontinuum und die natürlichen Folgen

Springer

Priv.-Doz. Dr. Oliver Deiser
Fachbereich Mathematik und Informatik
Freie Universität Berlin
Arnimallee 14
14195 Berlin
E-mail: deiser@math.fu-berlin.de

Bibliografische Information der Deutschen Nationalbibliothek

Die Deutsche Nationalbibliothek verzeichnet diese Publikation in der Deutschen Nationalbibliografie; detaillierte bibliografische Daten sind im Internet über http://dnb.d-nb.de abrufbar.

Mathematics Subject Classification (2000): 01-01, 28-01, 03-01, 28A05, 03E60

ISBN 978-3-540-45387-1 Springer Berlin Heidelberg New York

Dieses Werk ist urheberrechtlich geschützt. Die dadurch begründeten Rechte, insbesondere die der Übersetzung, des Nachdrucks, des Vortrags, der Entnahme von Abbildungen und Tabellen, der Funksendung, der Mikroverfilmung oder der Vervielfältigung auf anderen Wegen und der Speicherung in Datenverarbeitungsanlagen, bleiben, auch bei nur auszugsweiser Verwertung, vorbehalten. Eine Vervielfältigung dieses Werkes oder von Teilen dieses Werkes ist auch im Einzelfall nur in den Grenzen der gesetzlichen Bestimmungen des Urheberrechtsgesetzes der Bundesrepublik Deutschland vom 9. September 1965 in der jeweils geltenden Fassung zulässig. Sie ist grundsätzlich vergütungspflichtig. Zuwiderhandlungen unterliegen den Strafbestimmungen des Urheberrechtsgesetzes.

Springer ist ein Unternehmen von Springer Science+Business Media

springer.de

© Springer-Verlag Berlin Heidelberg 2007

Die Wiedergabe von Gebrauchsnamen, Handelsnamen, Warenbezeichnungen usw. in diesem Werk berechtigt auch ohne besondere Kennzeichnung nicht zu der Annahme, daß solche Namen im Sinne der Warenzeichen- und Markenschutz-Gesetzgebung als frei zu betrachten wären und daher von jedermann benutzt werden dürften. Text und Abbildungen wurden mit größter Sorgfalt erarbeitet. Verlag und Autor können jedoch für eventuell verbliebene fehlerhafte Angaben und deren Folgen weder eine juristische Verantwortung noch irgendeine Haftung übernehmen.

Satz: Datenerstellung durch den Autor
Herstellung: LE-TEX Jelonek, Schmidt & Vöckler GbR, Leipzig
Umschlaggestaltung: WMXDesign GmbH, Heidelberg

Gedruckt auf säurefreiem Papier 175/3100YL - 5 4 3 2 1 0

für Caroline und Thalia

Die mathematische Theorie des Grenzübergangs

... ist dies nicht einer von den Gegenständen, von denen wir gesagt haben, sie nicht zu wissen sei schimpflich, während das Notwendige zu wissen noch nichts besonders Rühmliches sei?

(Platon, Gesetze)

Inhalt

Vorwort 7

Einführung 11

Die Themen des Buches 14

Vokabular 17

Mengen und Elemente 17
Logische Konventionen und Sprechweisen 18
Zahlen 19
Relationen 20
Funktionen 21
Eine Tabelle 22

Erster Abschnitt: Das klassische Kontinuum **23**

1.1 Irrationale Zahlen 25

Kommensurable Größen 25
Der Algorithmus von Euklid 28
Kettenbrüche 30
Das regelmäßige Pentagramm 36
Irrationalität der Quadratwurzel 39
Überlieferung und Bedeutung der Inkommensurabilität 40
Andere irrationale Zahlen 45
Rationale Approximationen 47
Algebraische und transzendente Zahlen 51

Intermezzo: Zur Geschichte der Analysis 61

1.2 Mächtigkeiten 72

Mächtigkeiten 72
Bestimmung einiger Mächtigkeiten 75
Eine symbolische Arithmetik mit Mächtigkeiten 79
Das Kontinuumsproblem 82
Historischer Überblick 85

1.3 Charakterisierungen und Konstruktionen 90

Die Ordnung der rationalen Zahlen 91
Vollständigkeit und Lücken 92
Die Ordnung der reellen Zahlen 94
Eine algebraische Charakterisierung 96
b-adische und andere Entwicklungen 103
Zwei klassische Konstruktionen der reellen Zahlen 106
Eine moderne Konstruktion 112
Zu den Konstruktionen 128
Zur Geschichte des Kontinuumsbegriffs.................. 129
Das komplexe Ergebnis und seine Kritik.................. 139
Cantors Darstellung von 1872 im Original................ 144

1.4 Euklidische Isometrien 153

Das Erlanger Programm 156
Permutationen und Isometrien 157
Isometrien und lineare Abbildungen...................... 160
Isometrien in einer Dimension 166
Isometrien in zwei Dimensionen......................... 167
Isometrien in drei Dimensionen 170
Zur Geschichte der Untersuchung Euklidischer Isometrien ... 174
Besonderheiten der Isometriegruppen $\mathcal{I}_1$ und $\mathcal{I}_2$............ 175
Besonderheiten der Rotationsgruppe SO_3 176

1.5 Inhalte und Maße.. 185

Das Maßproblem 186
Maße auf σ-Algebren 194
Eine Konstruktion des Lebesgue-Maßes.................. 197
Mengen mit positivem Lebesgue-Maß und Intervalle 202
Das Lebesgue-Maß für höhere Dimensionen............... 204
Das geometrische Lebesgue-Integral 207
Die analytische Definition des Lebesgue-Integrals........... 211
Integrationssätze 219
Riemann-Integral und Peano-Jordan-Inhalt................ 222
Vorläufer und Nachfolger des Peano-Jordan-Inhalts 229
Eine Verallgemeinerung des Riemann-Integrals............. 230

1.6 Die Grenzen des Messens................................ 238

Fortsetzungen des Lebesgue-Maßes 238
Volle bewegungsinvariante Inhalte 244
Paradoxe Zerlegungen 261
Die Paradoxa von Hausdorff und Banach-Tarski 268
Mittelbare Gruppen 274

Zweiter Abschnitt: Die Folgenräume 283

2.1 Einführung in den Baireraum 285

Endliche Folgen und Folgenräume 288
Die natürliche Topologie auf den Folgenräumen 290
Offene und abgeschlossene Mengen im Baireraum 292
Kodierung offener Mengen 293
Repräsentation abgeschlossener Mengen durch Bäume 294
Die kanonische Ordnung auf dem Baireraum............... 300
Stetige Funktionen auf dem Baireraum................... 301
Einfache Homöomorphien 302
Kompaktheit... 303
Baireraum, Cantorraum und Kontinuum im Vergleich 305

2.2 Topologische Untersuchungen 311

Polnische Räume 311
Perfekte polnische Räume 314
Zerlegungen nulldimensionaler polnischer Räume........... 316
Zerlegungen beliebiger polnischer Räume 323
Stetige bijektive Bilder von $\mathcal{N}$ 327
Eine konkrete stetige Bijektion von $\mathcal{N}$ auf $\mathcal{C}$............... 331
Ortung durch den Hilbert-Würfel 333
Peano-Kurven 337
Invarianz der Dimension für das Kontinuum 338
Ein topologischer Dimensionsbegriff 349

2.3 Regularitätseigenschaften.............................. 351

Häufungen 351
Die Scheeffer-Eigenschaft 358
Die Baire-Eigenschaft 360
Das Lebesgue-Maß auf dem Cantor- und Baireraum 367
Universell meßbare Mengen 370
Magere Mengen und Nullmengen 371
Marczewski-meßbare Mengen........................... 372

Intermezzo: Wohlordnungen und Ordinalzahlen.............. 377

Wohlordnungen....................................... 378
Induktion und Rekursion über Wohlordnungen............. 381
Abzählbare Ordinalzahlen und ω_1 382
Iterierte Ableitungen 386
Ein Kompaktheitsbeweis mit ω_1 388
Die konstruktiblen reellen Zahlen....................... 389
Beweis des Zornschen Lemmas mit transfiniter Rekursion 392

2.4 Irreguläre Mengen.................................... 394

Verletzung der Scheeffer-Eigenschaft und Bernstein-Mengen .. 394
Vitali-Mengen 398

Irreguläre Mengen und die Kontinuumshypothese 401
Wohlordnungen von polnischen Räumen 406

2.5 Unendliche Zweipersonenspiele 409

Unendliche Spiele 413
Strategien 414
Gewinnstrategien und Determiniertheit 418
Spezielle Aspekte 419
Einfache Spiele mit ermittelbarem Gewinner 422
Nichtdeterminierte Mengen 423
Determiniertheit der offenen und abgeschlossenen Mengen ... 425
Regularitätsspiele 433
Determiniertheit von Punktklassen 441

2.6 Borelmengen und projektive Mengen 444

Die Borel-Hierarchie 444
Borel-Mengen als stetige Bilder des Baireraumes 455
Borel-Determiniertheit 456
Stetige Reduzierbarkeit 464
Die Suslin-Operation und analytische Mengen 468
Charakterisierungen und Eigenschaften analytischer Mengen .. 471
Regularitätseigenschaften analytischer Mengen 478
Projektive Mengen 482
Entfaltete Regularitätsspiele 488
Determiniertheit und Regularität der projektiven Mengen 489
Zur geschichtlichen Entwicklung 494

Anhänge 505

A1 Die axiomatische Grundlage 507

A2 Natürliche, ganze und rationale Zahlen 510

A3 Algebraische Strukturen 513

Gruppen 513
Körper und Ringe 515
Vektorräume 515

A4 Topologische und metrische Räume 517

Topologische Räume 517
Metrische Räume 521
Die Standardtopologie des Kontinuums 525

A5 Lebensdaten 527

A6 Notationen 529

A7 Personen 532

A8 Index 534

Vorwort

Zwei große Häuser, gleich an Rang, gibt es in der Mathematik: Die natürlichen Zahlen $\mathbb{N}$ und die reellen Zahlen $\mathbb{R}$. Die Geschichte der Mathematik läßt sich im Lichte des Wechselspiels dieser beiden Strukturen, ihrer gegenseitigen Befruchtung und Bekämpfung, vorübergehenden Vorherrschaft übereinander, ihrer Triumphzüge und Niederlagen, und schließlich ihrer großen Synthesen erzählen. Man darf hier die nietzscheanische Unterscheidung zwischen *apollinisch* und *dionysisch* bemühen: Die Strenge und Schönheit der natürlichen Zahlen, die, von der Mittagssonne beschienen so klar und greifbar ausgebreitet vor uns liegen wie kein anderer Gegenstand der Mathematik; und dagegen der unerschöpfliche Reichtum der reellen Zahlen, ihre faszinierende Magie, ihre unermeßliche Kraft, ihre imposanten Gipfel gleich neben den Abgründen ins Ungewisse – sie sind stets treu zu Diensten und bleiben doch immer unbeherrschbar.

Sind die natürlichen Zahlen das schönste, so sind die reellen Zahlen das rätselhafteste Konstrukt der Mathematik. Es erscheint dabei zunächst lediglich als ein kräftiger Pflug (um nicht zu sagen: als ein harmloser Ochse), mit dem wir die naturwissenschaftlichen Felder bestellen, ganz auf reichen Ertrag ausgehend und die typischen landwirtschaftlichen Mühen und Befriedigungen erfahrend. Die reellen Zahlen scheinen nach all den Folgen und Reihen, all den gelösten und ungelöst gebliebenen gewöhnlichen und ungewöhnlichen Differentialgleichungen, all den fehler- und fehleranalysefrei implementierten numerischen Verfahren sehr vertraut zu sein; doch sobald wir versuchen, sie zu erfassen anstatt mit ihnen zu pflügen, so beginnen sie sich zu entziehen, indem sie fortwährend nicht nur schwierige, sondern zutiefst irritierende Fragen aufwerfen. Für die natürlichen Zahlen gilt dies sicher nicht in dieser Form: Hier wird mehr und mehr innere Struktur und selbstgenügsame Harmonie entdeckt, während der arithmetische Turm selber, gebildet aus den Stockwerken 0, 1, 2, 3, … immer gleich zu bleiben scheint und felsenfest vor uns emporwächst. Mit Ausnahme der Null, die als Erdgeschoß mit ausgegraben wurde, ist das heute vor uns stehende Gebäude ℕ das gleiche wie dasjenige der grauen mathematischen Vorzeit. Die Geschichte von ℝ dagegen ist durch schwere Meteoriteneinschläge bestimmt, die zeigen, daß es in unserem geistigen Universum viel mehr Objekte gibt als man zunächst vermuten würde. Beim längeren Nachdenken über die reellen Zahlen kann es sich dann auch ereignen, daß man nicht mehr genau weiß, was man da eigentlich untersucht, und es können sogar Zweifel an so etwas wie der Möglichkeit einer wohldefinierten Struktur ℝ der reellen Zahlen aufkommen. (Daß der Turmbau ℕ ein babylonisches Unterfangen sein könnte, ist ein legitimes Gedankenexperiment und Katastrophenszenario der mathematischen Logik.) Den dunklen dionysischen Charakter der reellen Zahlen erfährt jeder, der sich auf das Abenteuer einläßt, sie fassen zu wollen, sie ins apollinische Licht zu ziehen, um ihrer nächtlich-magischen Natur auf den Grund zu kommen. Nah ist und schwer zu fassen der Gott Dionysos, und das gleiche gilt, im Bild bleibend, auch für die reellen Zahlen.

Wir werden in diesem Buch einige Ansätze beschreiben, die unternommen worden sind, den Geheimnissen der reellen Zahlen auf die Spur zu kommen. Die Themen sind vielfältig, aber durch grundlagentheoretische Fragen und Interessen bestimmt. Der behandelte Stoff ist nicht immer elementar, aber doch immer nur als Einführung in einen größeren Gegenstand zu sehen. Zu vielen tieferen Resultaten der jüngeren Zeit werden wir nicht vordringen. Es geht zuallererst darum, einige der bei der hochauflösenden mikroskopischen Untersuchung von ℝ auftretenden Phänomene zu schildern und charakteristische Bilder mit dem Bleistift auf Papier zu übertragen. Unser Mikroskop ist lichtstark und vielseitig, aber doch eine klassische Optik in dem Sinne, daß wir die Rastermethoden der mathematischen Logik nicht verwenden werden. Wir werden die Möglichkeiten dieser ganz anderen Technik hin und wieder andeuten. Sie kann vieles und erweitert das mathematische Weltbild, aber sie kann den klassischen Ansatz keineswegs ersetzen, inhaltlich nicht und auch nicht didaktisch.

Weit genug gefaßt meint „Reelle Zahlen“ vielleicht die Hälfte der Mathematik, und auch bei engerer Eingrenzung auf fundamentale Gesichtspunkte gilt hier der Lieblingsspruch des Vaters von Effi Briest: „Dies ist ein zu weites Feld.“ Der Autor beruft sich deshalb auf eine seiner beiden Grundfreiheiten, nämlich der Freiheit der Stoffwahl – neben der des Stils. Das Buch versteht sich insgesamt als eine von vielen möglichen Interpretationen seines Titels, und nicht der Titel als das Epigramm seines Buches.

Das Buch beginnt aus ästhetischen und sachlichen Gründen bei den Griechen, springt dann relativ rasch mitten ins 19. Jahrhundert, und kommt in der ersten Hälfte des 20. Jahrhunderts zur inneren Ruhe, ohne sich Ausblicken zu verschließen. Einen Überblick über die behandelten Themen findet der Leser gleich nach der Einführung. Die klassische Analysis und ihr Bündnis mit der physikalischen Naturbeschreibung ist das Thema vieler Darstellungen, nicht aber der vorliegenden. Lediglich in der Zeittafel im Intermezzo des ersten Abschnitts sind die Meilensteine der Analysis aufgenommen, bilden sie doch einen gewaltigen Akt in der Geschichte von ℝ.

Auch außerhalb des mathematischen Rechnens – in einem weiten Sinne, der jede Form der Analysis mit einschließt – ist das reelle Feld weit und seine Bäume reich an Früchten. Dies wird zuweilen durch die Wegführung der mathematischen Ausbildung nicht so recht deutlich. Das Gebiet dort draußen hat eine enorme Fläche und das überstrapazierte Bild von den Rand- und Grenzfragen ist deswegen nur bedingt richtig. Wer sich mit den Grundlagenfragen von $\mathbb{R}$ auseinandersetzt, ist keineswegs ein König in einer Nußschale, der sich einen Herren unendlicher Weiten nennt, sondern ein Wanderer im Grenzenlosen, der eine Menge harter Nüsse vorfindet.

Die zwölf Kapitel dieses Buches wollen anregen, unterrichten im Sinne von „Kunde geben". Sie erlauben sich Ausführlichkeit und Abschweifung an der einen und Kürze und Skizzenhaftigkeit an der anderen Stelle, und weiter ihren eigenen Charakter und Komplexitätsgrad. Zusammen genommen wollen sie sich zu einem runden Ganzen fügen und anspruchsvolle Mathematik anregend vorstellen. Ziel ist, dem Leser einen bleibenden begrifflichen Eindruck zu vermitteln. Die reellen Zahlen sind mehr als die Magd der Integral- und Differentialrechnung. Sie verdienen es, verstanden und nicht nur kunstvoll verwendet zu werden. Das ist, wenn man so will, die Botschaft.

Das Buch ist geschrieben für alle Leser mit Interesse und Verstand. Es orientiert sich nicht in erster Linie an der Struktur der derzeitigen Universitätsausbildung, und es wurde kein Text angestrebt, der auf die Bedürfnisse einer vierstündigen Vorlesung zugeschnitten wäre. Der Autor hofft, mit dem Buch einer breiten Zahl von Studenten der mathematischen Fächer einen studienbegleitenden Text anzubieten, der vom ersten Semester an gelesen werden kann. Das Buch mag sich weiter für Seminare eignen und bei Kollegen an Schulen und Hochschulen auf Interesse stoßen. Der Laie schließlich ist nicht selten ein gebildeter, neugieriger, breit interessierter und damit idealer Leser. Ohne begleitende Literatur und ein gewisses mathematisches Vorwissen werden einige Inhalte aber eine etwas harte Kost sein. Wissenschaftliche Literatur ist im Gegensatz zum Kriminalroman aber auch in Teilen genossen eine sinnvolle Sache. Vollständig auflösen können wird man das große Geheimnis in keinem Fall.

Tiefergehende Vorkenntnisse werden nicht erwartet, einige Kapitel sind weitgehend elementar, andere setzen mathematisches Grundwissen aus der Analysis, der linearen Algebra und der Topologie dezent ein. Alles andere stellt der Text zur Verfügung. Im Vorspann *Vokabular* finden sich Zusammenstellungen der wichtigsten verwendeten Begriffe und Notationen. Der Anhang enthält Grundlagen der mengentheoretischen Axiomatik, des Zahlensystems, der algebraischen Strukturen und der Topologie. Dieses Material wird nicht von Beginn an verwendet, und der mit diesen Dingen noch nicht vertraute Leser ist aufgerufen, die trocken gelisteten Definitionen anhand von zusätzlicher Literatur zum Leben zu erwecken. Der Autor hofft andererseits, einen mit mathematischem Grundwissen ausgerüsteten Leser an alles erinnert zu haben, was gebraucht wird.

Im zweiten Teil des Buches wird die Verwendung der transfiniten Technologie schließlich unvermeidlich. Wir geben in einem Intermezzo eine knappe Darstellung des Nötigsten, auch wenn durch diese Kürze die Gefahr besteht, daß der transfinite Limesschritt unheimlich bleibt. Es wäre hier nicht der Ort, eine umfangreiche Einführung in die transfinite Mengenlehre zu geben.

Der kompakte Beweisstil integriert aktive Mitarbeit des Lesers, namentlich bei den zuweilen auftauchenden „(!)“, bei denen ein kleines Argument selbst gedacht werden muß, und bei der erwarteten Ausarbeitung einiger nur skizzierter Beweise und Aspekte der Theorie. Mitmachen macht Mathematik lebendig. Viele Mathematiker nehmen keinen mathematischen Text in die Hand, ohne sich mit Papier und Bleistift für das Abenteuer zu rüsten.

Mein besonderer Dank gilt Herrn Heinz Jaskolla. Er hat das gesamte Manuskript gelesen und zahlreiche Verbesserungen vorgeschlagen, denen ich durchweg gefolgt bin.

Berlin, im Januar 2007

Oliver Deiser

Einführung

Die reellen Zahlen sind, so die heute vorherrschenden Reflexe, geometrisch die nadelfeinen Punkte einer Linie, die Atome eines Kontinuums, und daneben arithmetische Ungetüme aus Nachkommastellen mit klar erkennbarem bis völlig zufälligem Verlauf. Sie verputzen den linear-arithmetischen Rohbau der rationalen Zahlen und versiegeln dessen poröse Struktur. Sie sind derjenige Schritt über die rationalen Zahlen hinaus, der die Analysis möglich macht. Achill erreicht die Schildkröte.

Das funktioniert bei suggestiver Notation auch ohne definitorische Präzisierung so gut, daß die Mathematik knapp zwei Jahrhunderte braucht, das physikalisch-notationelle Erbe von Newton und Leibniz auszuloten, es „auszurechnen" – um dann zu erkennen, daß die Analysis, eine der geistigen Pyramiden der Neuzeit, keineswegs auf einem ihr gemäßen soliden Fundament steht. Die Mathematik befindet sich am Ende des 19. Jahrhunderts durch die am Begriff der „Teilmenge von $\mathbb{R}$" emporgewachsene Mengenlehre Georg Cantors vor einer semantischen wie grammatikalischen Umwälzung und erlebt ein Beben, dessen Wellen erst Jahrzehnte später an der Küste der Moderne auslaufen. Sie wird neugeschrieben nicht auf dem sicheren Boden des Finiten und Faßbaren, sondern schafft sich, auf den Schultern von Cantor und Dedekind, die Weiten der Unendlichkeit, in denen sie ihre neuempfundene Identität frei entfaltet. Im letzten Jahrzehnt des 19. und in den ersten drei Jahrzehnten des 20. Jahrhunderts arbeiten Mathematiker wie Giuseppe Peano, David Hilbert, Felix Hausdorff, Emile Borel, Ernst Zermelo, Renè Baire, Henri Lebesgue, Felix Bernstein, Luitzen Brouwer, Nikolai Lusin, Stefan Banach und John von Neumann ebenso an Grundlagenfragen wie an den darüberliegenden mathematischen Gegenständen – eine ab der nächsten Generation kaum mehr erreichte Synthese. Die Expeditionen stoßen auf die großen Fragen nach der Beschaffenheit des Denkens selber, nach dem Wesen des geistig-unendlichen Kosmos. Im Zentrum steht hier Kurt Gödel und die aus dem Dornröschenschlaf erwachte mathematische Logik.

Will man den grandiosen Erfolg der Analysis und genauer den spielfreien Lauf der Schneckenräder eines Kalküls exemplarisch beschreiben, so bietet sich eine Episode der Himmelsmechanik an: Der Ruhm von Gauß wurde interdisziplinär und international, als im Jahre 1801 seine auf dünnem Datenbestand beruhenden Berechnungen den verlorenen Asteroiden Ceres wiederauffindbar machten. Daß dieser doch recht kleine Fund sogleich bis zur politischen Ebene gewürdigt wurde und anekdotischen Charakter annahm, ist keineswegs zufällig. Es handelt sich um ein symbolfähiges Ereignis des wissenschaftlichen Welterlebens. Die Macht des Geistes führt die Naturbeobachtung auf ein höheres Niveau, kombiniert mit dem Motiv des Wiederfindens des Verlorenen. Wir stehen vor einer aufklärerischen Verbindung von Natur und Geist.

„Natur und Geist – so spricht man nicht zu Christen. Deshalb verbrennt man Atheisten, weil solche Reden höchst gefährlich sind. Natur ist Sünde, Geist ist Teufel, sie hegen zwischen sich den Zweifel, ihr mißgestaltet Zwitterkind" – dieser Wutausbruch des Kanzlers im Faust beschreibt, was kommen mußte: Der Zweifel, die neugierig-forschende und grüblerisch-insistierende Untersuchung des dem analytischen Rechnen zugrundeliegenden Fundaments, der Menge der reellen Zahlen. Der äußere Erfolg und innere Reichtum der klassischen Analysis hat diese Untersuchung sowohl verzögert als auch erst ermöglicht. Parallel zur Weiterentwicklung des analytischen Rechnens durchgeführt, brachte die Suche nach den letzten Dingen über reelle Zahlen in den letzten eineinhalb Jahrhunderten ein Atlasgebirge an Struktur hervor, und seine davor liegenden sonnigen Hügellandschaften und ersten windigen Berge bilden den Stoff, aus dem dieser Text ist. Müßte man hier ein symbolisches Einzelstück nennen, so wäre es die Überabzählbarkeit der reellen Zahlen, die Cantor im Winter des Jahres 1873 entdeckte: Es gibt keine Folge $x_0, x_1, x_2, \ldots, x_n, \ldots$, die alle reellen Zahlen durchläuft; es gibt in einem präzisen mathematischen Sinn mehr reelle Zahlen als natürliche Zahlen. Eine Erkenntnis, die mit dem Wiederauffinden von Ceres gut mithalten kann! Daß dann weiter die Frage des Cantorschen Kontinuumsproblems, wie viele reelle Zahlen es denn gebe, nachweislich eine sinnvolle Frage ohne Antwort innerhalb der klassischen Mathematik ist, diese durch die Sätze von Gödel 1938 und Paul Cohen 1963 mit metamathematischen Methoden aufgezeigte Lücke der Erkenntnis ist der große doppelte Einschlag im 20. Jahrhundert in den Planeten der reellen Zahlen, der fast daran zerbrochen wäre und seither eine schräggestellte Achse aufweist. Wie groß die reellen Zahlen sind, hängt vom mathematischen Hintergrunduniversum so ab wie die Natur von den Jahreszeiten. Andere mathematische Welten können andere reelle Zahlen haben, bei identischer Definition derselben. Die zweite mathematische Grundstruktur als relativ anzuerkennen ist für alle Mathematiker schwer und für manche unmöglich. Die Diskussion über die beste Interpretation dieser Relativität hält bis heute an.

Die vom Kontinuumsproblem geleitete Untersuchung der reellen Zahlen wählte nach einem längeren Prozeß die mit $\mathbb{R}$ untrennbar verbundene Potenzmenge der natürlichen Zahlen zu ihrem Hauptgegenstand, und führte von der analytischen „analogen" Sicht zu einem „digitalen" Ansatz, bei dem die reellen Zahlen nicht mehr als ein Kontinuum verstanden werden, sondern als das Reich der unendlichen ideellen Information. Eine reelle Zahl erscheint nun als unendliche Folge, gebildet aus zu diskreten Zeitpunkten eintreffenden diskreten Fragmenten. Reelle Zahlen kodieren und beschreiben in dieser Weise unendliche Strukturen, und vereinigen sich dann zu Mengen verschiedenster Komplexität.

Die Kontinuitätsidee verschwindet bei diesem Ansatz gänzlich. Als strukturstiftende topologische Grundlage dient die Ähnlichkeit zweier Informationen, die durch die Identität der jeweils eintreffenden Fragmente über einen längeren Zeitraum beschrieben wird, und nicht durch ein räumliches Beieinander im klassischen Sinn. Der Leser vergleiche dies mit dem kontinuierlichen Bild der reellen Zahlen, wo 0,1000... und 0,0999... identisch sind, obwohl sich bereits die zweiten Nachkommastellen, d. h. die an zweiter Stelle gefundenen Fragmente der Gesamtinformationen, unterscheiden. Eine genauere Untersuchung dieser zufällig erscheinenden notationellen Kollision zeigt, daß das Phänomen ein unvermeidliches, genuin analytisches ist. Wir kommen vor allem im dritten Kapitel darauf noch zurück. Ein Verständnis dessen, was hier vor sich geht, erfordert ein ganzes Stück Mathematik. Im digitalen Weltbild liegen zwei unendliche Informationen, die sich durch die eintreffenden Fragmente 0, 1 bzw. 0, 0 zu konkretisieren beginnen, notwendig weit auseinander: Kein möglicher weiterer Verlauf der Fragmente führt zum gleichen Objekt. Die Erkenntnis der Verschiedenheit zweier Objekte wird in analytischen Darstellungen in gewissen Fällen unendlich lange verzögert, und dies ist für gewisse Belange der grundlagentheoretischen Untersuchung so störend, daß die untersuchten Objekte von vornherein anders strukturiert werden. Die digitale Optik trennt die Doppelsterne des analytischen Raumes und führt dadurch zu einer diskontinuierlichen, aber in vielerlei Hinsicht klareren Theorie. Durch das relativ seltene Auftreten der analytischen Kollision sind Übersetzungen zwischen der digitalen und der analogen Welt oft gut möglich, erscheinen aber, nachdem man sich an den Gedanken gewöhnt hat, andere Begriffe von „reelle Zahl" gleichberechtigt zuzulassen, als nicht unbedingt nötig.

In diesem Buch werden drei Mengen – samt der sie begleitenden topologischen, linearen und arithmetischen Strukturen – als „reelle Zahlen" bezeichnet:

(i) Die Menge $\mathbb{R}$ der klassischen reellen Zahlen, das *Kontinuum*.

(ii) Die Menge $\mathcal{N}$ aller Folgen von natürlichen Zahlen, der sog. *Baireraum*.

(iii) Die Menge $\mathcal{P}(\mathbb{N})$ aller Teilmengen der natürlichen Zahlen, die wir mit dem Raum $\mathscr{C}$ aller unendlichen 0-1-wertigen Folgen identifizieren können, dem sog. *Cantorraum*.

All dieses wird zu motivieren und zu besprechen sein. Im ersten Abschnitt arbeiten wir durchgehend mit dem Kontinuum $\mathbb{R}$, danach stehen der Baireraum und der Cantorraum im Mittelpunkt, wobei viele Ergebnisse auch für das Kontinuum mitbewiesen werden oder sich übertragen lassen.

Die Themen des Buches

Erster Abschnitt: Das klassische Kontinuum

Wir beginnen, in vorgetäuschter Ignoranz gegenüber $\mathbb{R}$, mit einer pythagoreischen Diskussion von irrationalen Zahlen, einschließlich des Euklidischen Algorithmus und der unendlichen Kettenbrüche. Den zweiten Teil des ersten Kapitels bilden Erweiterungen der griechischen Irrationalitätserkenntnisse und Annäherungen an das Gebiet der algebraischen und transzendenten Zahlen. Wir zeigen elementar, daß die algebraischen Zahlen einen Körper bilden, und beweisen die Existenz transzendenter Zahlen mit den Methoden von Liouville.

Im zweiten Kapitel besprechen wir in kompakter Form den Mächtigkeitsbegriff, die Überabzählbarkeit von $\mathbb{R}$ und das Cantorsche Kontinuumsproblem. Wir setzen uns über technische Hindernisse hinweg und führen eine naive, aber wirkungsvolle symbolische Arithmetik mit Mächtigkeiten ein. Die Unbestimmbarkeit der Mächtigkeit der reellen Zahlen innerhalb der klassischen Mathematik ist der Leitstern für vieles weitere, und die Hauptstütze für die Grundthese des dunklen Charakters des zweiten Hauses der Mathematik. Sie ist auch der Urgrund der Existenz dieses Buches.

In Kapitel drei geben wir verschiedene Charakterisierungen des Kontinuums, diskutieren Vollständigkeitsbegriffe für angeordnete Körper und skizzieren die klassischen Konstruktionen nach Cantor und Dedekind so kurz, daß niemand gelangweilt wird, und so ausführlich, daß der Rohbau leicht in Eigenregie vervollständigt werden kann. Dagegen motivieren und entwickeln wir ausführlich eine moderne Konstruktion des Körpers $\mathbb{R}$ nach Stephen Schanuel und Norbert A'Campo; die reellen Zahlen werden hier samt Arithmetik direkt aus dem Ring der ganzen Zahlen gewonnen. Auf die Konstruktionen folgt eine Diskussion der im Jahr 1872 kulminierenden Ereignisse, und zum Abschluß geben wir Cantors Originalarbeit faksimiliert wieder.

Im vierten Kapitel unternehmen wir einen klassischen geometrischen Ausflug und klassifizieren als Beispiel der Einführung einer Geometrie im Sinne von Felix Klein die abstandserhaltenden Abbildungen in den Euklidischen Räumen der ersten drei Dimensionen. Die Beweise sind bewußt anschaulich und zu Fuß, wobei auf Grundbegriffe der linearen Algebra zurückgegriffen wird, wo immer ihre Vermeidung künstlich und umständlich gewesen wäre. Am Ende des Kapitels stellen wir dann einige Besonderheiten der Isometriegruppen zusammen, die, für sich interessant genug, bei den späteren maßtheoretischen Fragestellungen eine große Rolle spielen werden.

In den beiden letzten Kapiteln des ersten Abschnitts betrachten wir Inhalte und Maße auf den reellen Zahlen. Der Schwerpunkt liegt auf dem grundsätzlichen Maß- und Inhaltsproblem, wie es von Borel, Lebesgue, Vitali, Hausdorff, Ulam und anderen formuliert und untersucht wurde.

Kapitel fünf beginnt mit dem Satz von Vitali. Danach werden die Konstruktionsschritte des Lebesgue-Maßes vorgestellt. Das zugehörige Integral wird nach dem Lebesgueschen Vorbild sowohl geometrisch als auch analytisch eingeführt. Nicht zuletzt wegen der guten Verfügbarkeit von Lehrbuchliteratur zur Maß- und Integrationstheorie konzentriert sich die Darstellung auf die historischen und inhaltlichen Ideen und verzichtet auf detaillierte technische Durchführungen im allgemeinen Umfeld. Das Kapitel endet mit einer kurzen Einführung des Henstock-Kurzweil-Integrals, einem Integral des Riemannschen Typs.

Ausführlich werden im sechsten Kapitel Fortsetzungen des Lebesgue-Maßes besprochen. Wir beweisen, daß sich jede bewegungsinvariante σ-additive Ausdehnung des Lebesgue-Maßes immer noch weiter fortsetzen läßt. Weiter zeigen wir die Existenz von bewegungsinvarianten endlich additiven Inhalten auf den vollen Potenzmengen von $\mathbb{R}$ und $\mathbb{R}^2$, die das Lebesgue-Maß auf der Geraden bzw. der Ebene fortsetzen. Der Beweis folgt dem originalen Argument von Stefan Banach, jedoch wird am Ende auch noch der allgemeine von Neumannsche Ansatz über mittelbare Gruppen besprochen. Der positive Satz von Banach leitet zuvor nahtlos über zu den „negativen" Sätzen über Messungen auf der Kugeloberfläche im dreidimensionalen Raum: den Paradoxa von Hausdorff und Banach-Tarski.

Zweiter Abschnitt: Die Folgenräume

In diesem Abschnitt studieren wir die „digitale Version der reellen Zahlen", den sog. Baireraum. Wir stellen ihn ausführlich und langsam vor, damit er dem Leser möglichst zur Herzensangelegenheit werde. Die neue Interpretation von *reelle Zahl* als unendliche Folge von natürlichen Zahlen ist sicher gewöhnungsbedürftig. Mephisto sagt einmal zu Faust: „Bist du beschränkt, daß neues Wort dich stört? Willst du nur hören, was du schon gehört?" So teuflisch-aggressiv wird der neue Raum gegenüber dem alten hier keineswegs vertreten; er soll den klassischen kontinuierlichen Ansatz erweitern und nicht ersetzen. Viele Fragen lassen sich klarer und einfacher in den Folgenräumen behandeln als in $\mathbb{R}$, und man kann deren baumartige Verzweigungsstruktur schnell liebgewinnen. Die Kettenbrüche zeigen zudem, daß der neue Baireraum homöomorph zu den irrationalen Zahlen ist. Das Neue ist in diesem Sinne das Alte, das durch eine Reduktion an Struktur gewinnt.

Weiter führen wir mit den sog. *polnischen Räumen*, also separablen topologischen Räumen, deren Topologie von einer vollständigen Metrik induziert wird, einen allgemeinen Rahmen ein. Dies dient nicht so sehr dem Streben nach abstrakter Allgemeinheit als dem Vermeiden unnötig schwerfälliger Formulierungen und Wiederholungen. Dieser neue Rahmen schließt die Folgenräume und das klassische Kontinuum gleichermaßen mit ein, sodaß im zweiten Abschnitt in vielen Fällen auch Resultate über $\mathbb{R}$ gewonnen werden.

Die Folgenräume, allen voran der Baire- und der Cantorraum, stehen als nulldimensionale polnische Räume im Mittelpunkt des zweiten Kapitels. Wie bei der Untersuchung des linear-arithmetischen Kontinuums suchen wir zunächst nach charakterisierenden Eigenschaften des Baire- und Cantorraumes. Wir entwickeln eine versatile rekursive Zerlegungstechnik, die die besondere Struktur der digitalen Welt nutzt und geeignet ist, die polnischen Räume gleichmäßig auszuleuchten. Weiter untersuchen wir stetige bijektive Bilder des Baireraumes und beweisen hiermit insbesondere die Existenz von Peano-Kurven für das Kontinuum. Diese Ergebnisse werfen noch einmal das Dimensionsproblem auf, und wir wenden uns deswegen erneut der besonderen topologischen Struktur des Kontinuums zu: Wir beweisen mit elementaren Methoden die Sätze von Brouwer über die Invarianz der Dimension und die Existenz von Fixpunkten.

Kapitel drei beschäftigt sich dann allgemein mit Regularitätseigenschaften von Teilmengen von polnischen Räumen. Einige Stichworte sind hier: Perfekte Mengen einschließlich der Scheeffer-Eigenschaft und der Marczewski-Meßbarkeit; Bairesche Kategorie und Baire-Eigenschaft; Lebesgue-Meßbarkeit im Cantorraum und universelle Meßbarkeit für Borel-Maße.

Es folgt ein Intermezzo über Wohlordnungen, Ordinalzahlen und transfinite Induktion und Rekursion. Wir geben, mit Referenzen an Friedrich Hartogs, eine einfache Definition der ersten überabzählbaren Ordinalzahl ω_1, die wir im folgenden vielfach einsetzen werden. Das Zwischenspiel schließt mit illustrierenden Beispielen für die Einsatzmöglichkeiten der transfiniten Methode. Insbesondere geben wir eine kurze Einführung in die von Gödel eingeführten konstruktiblen reellen Zahlen. Apollon und Dionysos reichen sich hier die Hand.

Kapitel vier ist mit seinem Blick auf irreguläre Mengen komplementär zu Kapitel drei. Wir untersuchen Vitali-Mengen und Bernstein-Mengen ebenso wie irreguläre Mengen, die sich aus Wohlordnungen und der Kontinuumshypothese ergeben.

Das fünfte Kapitel behandelt die Grundlagen der unendlichen Zweipersonenspiele. Dieser spielerische Blick auf die reellen Zahlen wirft ungewöhnliche Fragen auf und führt zu einer neuen Perspektive: Wir zeigen, daß die Existenz von Gewinnstrategien für unendliche Spiele eine übergeordnete Regularitätseigenschaft darstellt, die alle anderen in sich schließt.

Das letzte Kapitel untersucht verschiedene Hierarchien von Mengen reeller Zahlen. Wir führen durch eine transfinite Rekursion der Länge ω_1 die Borel-Hierarchie ein, die die Borelsche σ-Algebra stufenweise vor uns ausbreitet. Mit der Determiniertheit aller Borel-Spiele beweisen wir einen zentralen modernen Satz über $\mathbb{R}$. Schließlich wenden wir uns den analytischen und allgemeiner den projektiven Mengen zu. Die projektiven Mengen erscheinen in einer Hierarchie, die sich an die Borel-Mengen anschließt und ins Reich der Unabhängigkeit mündet. Viele sich aufdrängende Fragen über die projektiven Mengen lassen sich im klassischen Rahmen nicht beantworten, d. h. die zugehörigen Aussagen lassen sich weder beweisen noch widerlegen. Wir schließen mit einem tabellarischen Üerblick, der die beiden eng zusammenhängenden Kapitel fünf und sechs historisch einordnet.

Vokabular

Wir stellen einige durchgehend verwendete Begriffe, Notationen und Konventionen zusammen. Diese recht trockenen Listen sind zu Beginn eines jeden mathematischen Textes, der nicht ganz von vorne anfängt, anscheinend unvermeidlich. Ganz darauf zu verzichten hieße den Leser unnötigerweise in Details im Unklaren zu lassen, es zu ausführlich zu gestalten hieße dagegen ihn zu langweilen und zum Überblättern zu verführen. Wir bemühen uns um Kürze. Weiter wurde Material, das nicht von Beginn an gebraucht wird, in den Anhang verschoben – wie es ja auch üblich ist.

Mengen und Elemente

Ist a ein Objekt und b eine Menge, so schreiben wir

$$a \in b$$

falls a ein Element von b ist. Andernfalls schreiben wir $a \notin b$.

Sind a, b Mengen und ist jedes Element von a auch ein Element von b, so nennen wir a eine *Teilmenge* von b, und schreiben hierfür

$$a \subseteq b.$$

Weiter schreiben wir $a \subset b$, falls $a \subseteq b$ und $a \neq b$ gilt, und nennen dann a eine *echte Teilmenge* von b.

Wir schreiben „$a, b \in c$" für „$a \in c$ und $b \in c$". Analog und allgemeiner bedeutet etwa „$a_1, \ldots, a_n \subseteq c$", daß $a_i \subseteq c$ für alle $1 \leq i \leq n$ gilt.

Die *leere Menge* bezeichnen wir mit $\emptyset$. Sie ist Teilmenge jeder Menge, insbesondere gilt $\emptyset \subseteq \emptyset$.

Ist b eine Menge, so sei

$$\mathcal{P}(b)$$

die Menge aller Teilmengen von b. $\mathcal{P}(b)$ heißt die *Potenzmenge* von b. Für jedes Objekt a gilt dann $a \in \mathcal{P}(b)$ genau dann, wenn $a \subseteq b$. Daß $\mathcal{P}(b)$ für alle Mengen b existiert ist ein eigenes stolzes und starkes Axiom der Mengenlehre, das sog. *Potenzmengenaxiom*. Es ist für die Existenz der reellen Zahlen wesentlich.

Die endliche Menge, die genau die Elemente $a_1, \ldots, a_n$ enthält, schreiben wir als $\{ a_1, \ldots, a_n \}$. Eine Menge a ist von der Einermenge $\{ a \}$ zu unterscheiden. Speziell ist $\emptyset \neq \{ \emptyset \}$. So hat etwa $\mathcal{P}(\{ \emptyset \})$ wie jede Potenzmenge einer Menge mit $n = 1$ Elementen $2^n = 2$ Elemente, genau gilt $\mathcal{P}(\{ \emptyset \}) = \{ \emptyset, \{ \emptyset \}\}$.

Ist $\mathcal{E}(x)$ eine Eigenschaft und ist b eine Menge, so sei

$$\{ a \in b \mid \mathcal{E}(a) \}$$

diejenige Teilmenge von b, die genau aus den Elementen a von b besteht, auf die $\mathcal{E}(x)$ zutrifft. Wir nennen $\{ a \in b \mid \mathcal{E}(a) \}$ die *Aussonderung* aus b gemäß $\mathcal{E}(x)$. Die Existenz dieser Mengen wird ebenfalls axiomatisch garantiert, durch das sog. Aussonderungsschema.

Eine Eigenschaft $\mathcal{E}(x)$ heißt *beschränkt*, falls eine Menge b existiert derart, daß für alle Objekte a gilt: aus $\mathcal{E}(a)$ folgt $a \in b$. Ist $\mathcal{E}(x)$ eine beschränkte Eigenschaft, so schreiben wir

$$\{ a \mid \mathcal{E}(a) \}$$

für die Menge aller Objekte a mit der Eigenschaft $\mathcal{E}(x)$.

Die bekannte Russell-Zermelo-Antinomie zeigt, daß eine uneingeschränkte Zusammenfassung von Objekten einer bestimmten Eigenschaft zu Widersprüchen führen kann: Sei $\mathcal{E}(x)$ die Eigenschaft „x ist eine Menge mit $x \notin x$". Dann existiert die Komprehension $\{ x \mid \mathcal{E}(x) \}$ nicht:

Annahme, es gibt eine Menge R mit: $a \in R$ genau dann, wenn $\mathcal{E}(a)$.
Dann gilt speziell für R: $R \in R$ genau dann, wenn $\mathcal{E}(R)$.
Nach Definition von $\mathcal{E}(x)$ gilt also $R \in R$ genau dann, wenn $R \notin R$, *Widerspruch*.

Positiv formuliert zeigt das Argument: Die Eigenschaft $\mathcal{E}(x)$ = „x ist Menge mit $x \notin x$" ist nicht beschränkt. Es gibt also notwendig viele Mengen, die sich nicht selbst enthalten. In der Mengenlehre garantiert das Regularitätsaxiom, daß es gar keine Menge x gibt mit $x \in x$. Es führt zu einem klaren Bild des mengentheoretischen Universums.

Wir kommen auf die Russell-Zermelo-Antinomie in Kapitel 2 noch kurz zurück.

Logische Konventionen und Sprechweisen

Nützlich ist die Abkürzung

gdw für *genau dann, wenn.*

Das Kürzel *gdw* entspricht also dem englischen von Halmos eingeführten *iff* für *if and only if*. Weiter schreiben wir oft kurz „A *folgt* B" anstelle von „aus A folgt B" oder „wenn A gilt, so gilt auch B" oder „A impliziert B".

Hinsichtlich Definitionen gibt es zwei Konventionen: Die eine verwendet „gdw", die andere nur „falls", etwa: „G heißt Gruppe *gdw* …" oder „G heißt Gruppe, *falls* …". Die gdw-Form ist die genauere, der Autor bevorzugt dennoch die zweite, ebenso übliche und besser lesbare Form. Für Definitionen gilt dann *per Vereinbarung* immer auch die andere Richtung, d. h. lesen wir „Sei G eine Gruppe…" so heißt das, daß die definierende Bedingung erfüllt ist. Erfahrungsgemäß führt das „folgt" bei einem kleinen Prozentsatz von Lesern zu Fragen und Gedanken, und deswegen ist der Punkt vielleicht diesen kleingedruckten Absatz wert.

Quantoren plazieren wir frei an geeigneter Stelle, wobei die Wirkungsbereiche der Quantoren durch verschiedene notationelle Möglichkeiten klar abgegrenzt werden. In buchhalterischer Korrektheit stehen Quantoren vor ihren Wirkungsbereichen. Speziell Allquantoren am Ende einer Aussage sind aber im Deutschen besser und schneller lesbar. So schreiben wir etwa:

„Es gibt ein b mit der Eigenschaft:

Es gilt $\mathscr{E}(a, b)$ für alle $a \in c$."

Dagegen wäre ohne Doppelpunkt und Neuzeile, also

„Es gibt ein b mit $\mathscr{E}(a, b)$ für alle $a \in c$."

ungünstig, da es zu unheilvollen Verwechslungen mit der in der Regel viel schwächeren Aussage „für alle $a \in c$ gibt es ein b mit $\mathscr{E}(a, b)$" kommen könnte.

Die aus der Logik entliehenen üblichen Zeichen $\forall$ und $\exists$ für die Quantoren in formalen syntaktischen Ausdrücken findet der Autor im semantischen mathematischen Fließtext unschön, und sie werden deswegen dort oftmals vermieden. In der Analysis ist ihre Verwendung als reine Abkürzung sicher sinnvoll.

Schließlich versuchen wir Klammern zu sparen und durch verschiedene optische Hinweise Ausdrücke zu strukturieren. So bedeutet etwa:

A und B *folgt* C

die Aussage „aus (A und B) folgt C", und ist aufgrund der Kursivstellung und der Abstände auch dann noch besser lesbar, wenn man schon vereinbart hat, daß der Junktor „und" stärker bindet als der Junktor „folgt".

Zahlen

Wie üblich bezeichnen $\mathbb{N}$, $\mathbb{Z}$, $\mathbb{Q}$ und $\mathbb{R}$ die natürlichen, ganzen, rationalen und die reellen Zahlen. Die natürlichen Zahlen $\mathbb{N}$ enthalten die Null. Im Verlauf des Buches schreiben wir dann auch ω für $\mathbb{N}$, und identifizieren so $\mathbb{N}$ mit der ersten unendlichen Ordinalzahl.

Weiter seien $\mathbb{R}^+ = \{ x \in \mathbb{R} \mid x > 0 \}$ und $\mathbb{R}^+_0 = \mathbb{R}^+ \cup \{ 0 \}$. Analog sind $\mathbb{Q}^+$ und $\mathbb{Q}^+_0$ definiert, und ebenso ist $\mathbb{N}^+ = \mathbb{N} - \{ 0 \}$. Wie üblich ist ε die kanonische Variable für ein „kleines" $x \in \mathbb{R}^+$.

Intervalle $[a, b]$ enthalten die Grenzpunkte, offene Intervalle ohne ihre Grenzpunkte schreiben wir als $]a, b[$. Die konkurrierende Schreibweise (a, b) für offene Intervalle wird wegen der Verwechslungsgefahr mit geordneten Paaren vermieden. Wie üblich ist dann etwa das halboffene reelle Intervall $]a, b]$ die Menge $\{ x \in \mathbb{R} \mid a < x \leq b \}$, und das uneigentliche reelle Intervall $]-\infty, a]$ die Menge $\{ x \in \mathbb{R} \mid x \leq a \}$.

Speziell im Umfeld der Maß- und Integrationstheorie lassen wir oft auch ∞ und $-\infty$ als reellen Wert zu. Es gilt die übliche Arithmetik, etwa $x + \infty = \infty$ für alle $x \in \mathbb{R} \cup \{ \infty \}$. Das Intervall $[0, \infty[$ hat dann die Länge ∞.

Wir verwenden von Beginn an die vertraute Dezimaldarstellung reeller Zahlen und allgemeiner ihre b-adische Darstellung für eine natürliche Zahl $b \geq 2$.

Eine solche Darstellung ist für einige rationale Zahlen nicht eindeutig: So ist etwa 1,000... = 0,999...; letztere Zahl ist ja per Definition der Grenzwert der unendlichen Summe 0 + 9/10 + 9/100 + 9/1000 + ... Feinheiten und Varianten dieser Darstellungen besprechen wir in Kapitel 3.

Im Zweifel nennen wir die nicht abbrechende Darstellung einer Zahl die *kanonische Darstellung*. 0,000... sei dabei die *kanonische Darstellung der Null;* alle anderen kanonischen Darstellungen haben unendlich viele von 0 verschiedene Ziffern.

Relationen

Geordnete Paare, Tripel, usw. schreiben wir in der Form (a, b), (a, b, c), ... Für Strukturen (topologische Räume, lineare Ordnungen, usw.) verwenden wir bevorzugt die Schreibweise $\langle M, R\rangle$ anstelle von (M, R). Offiziell ist ein geordnetes Paar (a, b) die Menge $\{\{a\}, \{a, b\}\}$, und (a, b, c) ist ((a, b), c), usw.

Eine Menge R ist eine *n-stellige Relation* auf einer Menge A, falls $R \subseteq A^n$. Es gilt also $R(a_1, \ldots, a_n)$ genau dann, wenn $(a_1, \ldots, a_n) \in R$. Ist R zweistellig, so schreiben wir auch a R b für R(a, b).

Eine zweistellige Relation R auf A heißt:

reflexiv,	falls $(x, x) \in R$ für alle $x \in A$ gilt,
irreflexiv,	falls $(x, x) \notin R$ für alle $x \in A$ gilt,
symmetrisch,	falls für alle $x, y \in A$ gilt: $(x, y) \in R$ *folgt* $(y, x) \in R$,
antisymmetrisch,	falls für alle $x, y \in A$ gilt: $(x, y) \in R$ und $(y, x) \in R$ *folgt* $x = y$.
transitiv,	falls für alle $x, y, z \in A$ gilt: $(x, y) \in R$ und $(y, z) \in R$ *folgt* $(x, z) \in R$.

Eine zweistellige Relation R heißt *Äquivalenzrelation auf A,* falls R reflexiv, symmetrisch und transitiv auf A ist. Für $x \in A$ sei $x/R = [x]_R = \{ y \in A \mid x R y \}$ die *Äquivalenzklasse von x* und $A/R = \{ x/R \mid x \in R \}$ die Menge der Äquivalenzklassen von R. A/R heißt auch die durch R gegebene *Zerlegung* oder *Faktorisierung* von A.

Eine zweistellige Relation R auf A heißt *partielle Ordnung auf A,* falls R irreflexiv und transitiv ist. Wir verwenden ausschließlich suggestive Zeichen wie $<$, $\prec$ für partielle Ordnungen, die sich zu einem Kleinergleich, also hier $\leq$ und $\preccurlyeq$, ergänzen lassen. Weiter setzen wir dann automatisch für $x, y \in A$:

$x \preccurlyeq y$, *falls* $x \prec y$ oder $x = y$.

$\preccurlyeq$ ist eine reflexive, antisymmetrische und transitive Relation auf A. Derartige Relationen werden ebenfalls als partielle Ordnungen (vom kleinergleich-Typ) bezeichnet. Eine partielle Ordnung $\preccurlyeq$ vom kleinergleich-Typ führt zu einer (strikten) partiellen Ordnung $\prec$ durch die Festsetzung: $x \prec y$, *falls* $x \preccurlyeq y$ und $x \neq y$.

Eine partielle Ordnung < auf A heißt *lineare Ordnung* oder auch *totale Ordnung* auf A, falls für alle $x, y \in A$ gilt, daß $x \leq y$ oder $y \leq x$.

Wir nennen auch das Tupel $\langle A, <\rangle$ eine partielle bzw. lineare Ordnung, falls < eine partielle bzw. lineare Ordnung auf A ist.

Funktionen

Eine Funktion f fassen wir als eine rechtseindeutige Menge von geordneten Paaren auf: Eine zweistellige Relation f heißt eine *Funktion*, falls für alle x, y, z gilt: $(x, y) \in f$ und $(x, z) \in f$ *folgt* $y = z$. Wir schreiben auch $f(x) = y$ für $(x, y) \in f$. Es gilt also trivialerweise $f = \{ (x, y) \mid y = f(x) \}$ für Funktionen f. Ist f eine Funktion, so bezeichnen wir den Definitionsbereich von f mit dom(f) [*domain* von f] und den Wertebereich von f mit rng(f) [*range* von f]. Es gilt also:

$$\begin{aligned} \text{dom}(f) &= \{ x \mid \text{es gibt ein } y \text{ mit } (x, y) \in f \}, \\ \text{rng}(f) &= \{ y \mid \text{es gibt ein } x \text{ mit } (x, y) \in f \}. \end{aligned}$$

Wie üblich meint „$f : A \to B$": f ist eine Funktion, $\text{dom}(f) = A$, $\text{rng}(f) \subseteq B$.

Eine Funktion f heißt *injektiv* oder *linkseindeutig*, falls für alle x, y, z gilt: Sind $(x, z) \in f$ und $(y, z) \in f$, so ist $x = y$. Die Injektivität einer Funktion f benötigt keine Angabe eines Wertebereichs. Dagegen meint ein Ausdruck „$f : A \to B$ *surjektiv*", daß $\text{rng}(f) = B$. Schließlich meint „$f : A \to B$ bijektiv", daß f injektiv und $f : A \to B$ surjektiv ist. f heißt dann auch eine *Bijektion* von A nach B.

Wir verwenden die in der Logik weit verbreitete Notation für Bilder und Urbilder. Ist f eine Funktion, und ist A eine beliebige Menge, so ist

$$\begin{aligned} f''A &= \{ f(x) \mid x \in A \cap \text{dom}(f) \} \text{ das } \textit{Bild} \text{ von A unter f}, \\ f^{-1}{''}A &= \{ x \in \text{dom}(f) \mid f(x) \in A \} \text{ das } \textit{Urbild} \text{ von A unter f}. \end{aligned}$$

Insbesondere gilt also $\text{rng}(f) = f''A$ für alle Funktionen $f : A \to B$.

Die Zweistrich-Notation geht nach Wissen des Autors auf Gödel zurück. Häufig zu findende Bezeichnungen für das Bild sind f(A) oder f[A]. Alle Notationen haben in ihre Nachteile: f(A) ist die Bezeichnung für einen Funktionswert, und dem Großbuchstaben kommt dann zuviel Gewicht zu. In einfachen Kontexten, wo etwa f immer eine reelle Funktion ist, ist das durchaus sinnvoll. Ist aber etwa f auf einem Mengensystem definiert, so ist f(A) nicht geeignet. f[A] hat viel für sich, sieht aber als f[[A]] für Äquivalenzklassen $[A] = A/R$ unmöglich aus und erst recht als f[ ]a, b[ ] für Intervalle $]a, b[\subseteq \mathbb{R}$. Da in diesem Text nur sehr selten analytische Ableitungen f' vorkommen, bleiben wir bei der Gödelnotation. Außerdem hat die Mengenlehre die Notation der ganzen Mathematik geprägt und darf an einer einzigen Stelle dann sicher etwas eigenwillig bleiben. Mephisto sagt im Faust: „Hätt ich mir nicht die Flamme vorbehalten, ich hätte nichts Aparts für mich."

Eine Funktion $f : \mathbb{N} \to A$ nennen wir auch eine *Folge* in der Menge A. Ein Ausdruck $\langle a_n \mid n \in \mathbb{N} \rangle$ bezeichnet die Folge f mit $f(n) = a_n$ für $n \in \mathbb{N}$. Oft schreiben wir eine Folge $f = \langle a_n \mid n \in \mathbb{N} \rangle$ auch als $a_0, a_1, \ldots, a_n, \ldots, n \in \mathbb{N}$. In Definitionen schreiben wir oft kurz „seien $a_n \in A$ für $n \in \mathbb{N}$", statt „sei $\langle a_n \mid n \in \mathbb{N} \rangle$ eine Folge in A". Allgemeiner schreiben wir eine beliebige Funktion f mit $I = \text{dom}(f)$ auch in der Folgenform $f = \langle a_i \mid i \in I \rangle$ mit $a_i = f(i)$ für $i \in I$, und wir schreiben dann auch $\{ a_i \mid i \in I \}$ für rng(f). Eine Folge $f = \langle a_i \mid i \in I \rangle$ heißt eine *Aufzählung von A*, falls $A = \{ a_i \mid i \in I \}$ gilt, d. h. $f : I \to A$ ist surjektiv. Ist zudem $a_i \neq a_j$ für $i \neq j$, so sagen wir: $\langle a_i \mid i \in I \rangle$ ist eine *Aufzählung von A ohne Wiederholungen* oder eine *injektive Aufzählung von A*. Es gilt dann $f : I \to A$ bijektiv.

Die weitere Notation folgt den üblichen Standards. Wir verwenden aber vielleicht öfter als anderswo kleine Buchstaben a, b, c, x, y, z, usw. für relativ kompliziert strukturierte Objekte. Immer wird aber die „a-A-$\mathcal{A}$-$\mathfrak{A}$-Konvention“ eingehalten, bei der größere und kompliziertere Zeichen auch für komplexere Objekte stehen.

Eine Tabelle

Wir stellen einige bereits diskutierte und einige weitere Notationen der Übersicht halber in einer Tabelle zusammen.

(i) *gdw* steht für „genau dann wenn“,

(ii) $\emptyset$ = „die leere Menge“,

(iii) $x \subseteq y$ *gdw* x ist eine Teilmenge von y,

(iv) $x \subset y$ *gdw* x ist eine echte Teilmenge von y, d. h. $x \subseteq y$ und $x \neq y$,

(v) $x \cap y = \{ z \mid z \in x \text{ und } z \in y \}$,
$x \cup y = \{ z \mid z \in x \text{ oder } z \in y \}$,
$x - y = \{ z \mid z \in x \text{ und } z \notin y \}$,
$x \Delta y = x \cup y - x \cap y$,
$x \times y = \{ (a, b) \mid a \in x \text{ und } b \in y \}$,
$x^2 = x \times x$,
$x^{n+1} = x^n \times x$ für $n \geq 2$,

(vi) $\bigcap X = \{ y \mid y \in x \text{ für alle } x \in X \}$,
$\bigcup X = \{ y \mid \text{es gibt ein } x \in X \text{ mit } y \in x \}$,
$\bigcap_{i \in I} X_i = \bigcap \{ X_i \mid i \in I \}$,
$\bigcup_{i \in I} X_i = \bigcup \{ X_i \mid i \in I \}$,

(vii) $\mathcal{P}(A) = \{ B \mid B \subseteq A \}$, die Potenzmenge von A,

(viii) ${}^A B = \{ f \mid f : A \to B \}$ für Mengen A, B,

(ix) $id_A = \{ (a, a) \mid a \in A \}$, die Identität auf A,

(x) $f \mid A$ = „die Einschränkung der Funktion f auf A“
$= f \cap (A \times rng(f))$,

(xi) $R \mid A$ = „die Einschränkung der Relation R auf die Menge A“
$= R \cap A^n$, wobei n die Stellenzahl von R ist.

Der Autor darf ${}^A B$, mit dem Vermerk: „Mit der Bitte um Kenntnisnahme“ versehen. Damit soll es dann auch des trockenen Tones wieder genug sein.

1. Abschnitt

Das klassische Kontinuum

1. Irrationale Zahlen

Es geht uns zu Beginn nicht um eine Konstruktion oder axiomatische Beschreibung der reellen Zahlen und ihrer Arithmetik mit Hilfe der natürlichen Zahlen bzw. der rationalen Zahlen. Dieser Warmstart ist hoffentlich willkommen. Wir werden im dritten Kapitel verschiedene Möglichkeiten besprechen, die reellen Zahlen zu konstruieren und zu charakterisieren. Entsprechende Präzisierungswünsche kamen ohnehin erst Mitte des 19. Jahrhunderts auf, während sich dieses Kapitel weitgehend Ideen widmet, deren Ursprung in der griechischen Mathematik liegt.

Kommensurable Größen

Nach antiken Überlieferungen könnte es der Pythagoras-Schüler Hippasos von Metapont im Süden Italiens gewesen sein, der gegen 450 vor Christus entdeckte, daß es, wie wir heute sagen würden, irrationale Zahlen gibt; daß $\mathbb{Q}$ nicht ganz $\mathbb{R}$ ist, sondern ein echter Teil von $\mathbb{R}$; daß nicht jeder Punkt einer stetigen Linie durch eine rationale Zahl bezeichnet werden kann. Die Quellenlage ist dunkel. Wir folgen dem berühmt gewordenen spekulativen Rekonstruktionsversuch der Ereignisse von Kurt von Fritz (1954). Es ist zudem eine schöne Geschichte.

Was entdeckte nun Hippasos und allgemeiner die griechische Mathematik, aus ihrer Sicht der Dinge? Wir sprechen ihre Sprache nicht, und das in einem viel tieferen Sinn, als daß wir kein Altgriechisch mehr verstünden. Die so weit als möglich sprachtreue Aufarbeitung der griechischen Mathematik ist Teil der Wissenschaftsgeschichte. Es ist eine komplexe Aufgabe, die dem Forscher nicht zuletzt auch Vergessen abverlangt, denn neueres Wissen scheint nicht nur altes Wissen abzulösen, sondern oft auch zu überschreiben und zu verzerren (vgl. etwa [Knorr 2001]). Uns kommt es hier nur darauf an, einige alte, uns fernliegende Ideen wenigstens erahnbar und für unsere Zwecke fruchtbar zu machen, bevor wir sie dann in ein neues Gewand kleiden. Auf die moderne mathematische Sprache werden wir dabei nie ganz verzichten wollen.

Wir betrachten also zwei „Größen" x und y, worunter wir etwas genauer „positive Zahlgrößen" verstehen wollen, speziell die Größen, die in konkreten geometrischen Figuren auftreten. Zum Beispiel könnten x und y die beiden Größen sein, durch welche ein Rechteck bestimmt ist.

Die beiden gegebenen Größen können in einem sehr einfachen Verhältnis stehen. Die eine kann etwa das Dreifache der anderen sein. Daneben kann ihr Verhältnis komplizierter sein, indem zum Beispiel das Dreifache der ersten Größe genau das Fünffache der zweiten Größe ist. Viele natürlich auftretenden Größenpaare haben nun nachweisbar dieses Verhalten, und wir formulieren als These, daß es keine anderen Paare gibt:

Vervielfachungshypothese

Sind x und y zwei Größen, so existieren positive natürliche Zahlen n und m, sodaß das n-fache von x das m-fache von y ist.

Es gilt dann also nx = my. Also ist x/y = m/n, also x/y eine rationale Zahl. Ist umgekehrt x/y rational, etwa x/y = m/n, so ist nx = my. Die Hypothese ist also äquivalent zu: Alle Größenpaare haben ein rationales Verhältnis.

Eng mit der Vervielfachungshypothese verwandt ist die folgende Überlegung: Zu gegebenen Größen x und y kann eine dritte Größe z existieren, sodaß sowohl x als auch y zu dieser dritten Größe z im einfachsten aller denkbaren Verhältnisse stehen, indem nämlich x und y beide ganzzahlige Vielfache von z sind. Die Existenz eines solchen z scheint nun recht glaubhaft: Denn es ist ausdrücklich erlaubt und erwünscht, z auf x und y hin zuzuschneidern; die dritte Größe braucht sich an keinem Urmeter zu orientieren. Wir können, x und y studierend, z sehr klein wählen und geeignet fein einstellen, damit alles schön ohne Rest aufgeht. Wir definieren:

Definition *(kommensurabel)*

Zwei Größen x und y heißen *kommensurabel*, wenn es eine Größe z und natürliche Zahlen n, m gibt mit der Eigenschaft:

$$x = n \cdot z,$$
$$y = m \cdot z.$$

z heißt dann eine *Maßeinheit* für x und y.

In den „Elementen" des Euklid wird der Begriff bereits streng definiert:

Euklid (um 300 v. Chr): „X. Buch. Definitionen. 1. Kommensurabel heißen Größen, die von demselben Maße gemessen werden, und inkommensurabel solche, für die es kein gemeinsames Maß gibt."

Eine zeitliche Einordnung der Begriffe und Sätze, die in den „Elementen" des Euklid auftauchen, ist schwierig. Vieles davon war gut bekannt, als Euklid sein Werk verfaßt hat. Hinzu kommt, daß die „Elemente" später oft in bearbeiteter Form erschienen sind (berühmt-berüchtigt ist eine Edition von Theon von Alexandria im 4. Jahrhundert n. Chr). Die ältesten erhaltenen Euklid-Handschriften stammen aus dem 9. Jahrhundert n. Chr.

Eine Maßeinheit ist keineswegs eindeutig bestimmt: Mit z ist auch z/k für alle natürlichen Zahlen k ≥ 1 eine Maßeinheit für x und y. Ob es für kommensurable Größen immer auch eine ausgezeichnete größte Maßeinheit gibt, ist eine natürliche Frage, die wir gleich unten bejahen werden.

Wieder als allgemeine Hypothese formuliert:

Weltbild der Pythagoreer, klassische Fassung

Je zwei Größen sind kommensurabel.

Gilt x m = y n für zwei Größen x und y, so setzen wir z = x/n [= y/m]. Dann ist x = n (x/n) = n z und y = m (x/n) = m z. Damit haben wir mit z eine Maßeinheit für x und y gefunden. Gilt umgekehrt $x = n \cdot z$ und $y = m \cdot z$, so ist $m\,x = n\,y$. Insgesamt haben wir damit gezeigt, daß die Vervielfachungshypothese und das pythagoreische Weltbild äquivalent sind.

Die Vervielfachungshypothese mag auf den allerersten Blick fragwürdiger erscheinen als die Kommensurabilitäts-Behauptung. Wir betrachten x, 2x, 3x, … und y, 2y, 3y, …. Die Behauptung der Vervielfachungshypothese ist, daß diese beiden Reihen einen gemeinsamen Punkt haben. Eine Maßeinheit für x und y finden zu können scheint vielleicht glaubwürdiger. Das algebraisch fast triviale Argument „$x = n \cdot z$ und $y = m \cdot z$ *folgt* $m\,x = n\,y$" straft diese Intuition Lügen.

Wir definieren:

Weltbild der Pythagoreer, Umformulierung
Alle Größen x und y haben ein rationales Verhältnis.

Interpretieren wir nun modern „positive Zahlgröße" als „Element von $\mathbb{R}^+$", so erhalten wir:

Weltbild der Pythagoreer, moderne Fassung
Es gilt $\mathbb{R} = \mathbb{Q}$.

Die Äquivalenz der beiden Fassungen erhält man durch die Wahl von $y = 1$ für die eine Richtung bzw. aus der Abgeschlossenheit der positiven rationalen Zahlen unter Division für die andere Richtung. Das Einbeziehen der Null und der negativen Zahlen ist offenbar problemlos.

Auch Euklid hält den Zusammenhang kommensurabler Größen mit den rationalen Zahlen in zwei Sätzen fest:

Euklid (um 300 v. Chr): „[X. Buch] § 5. Kommensurable Größen haben zueinander ein Verhältnis wie eine Zahl zu einer Zahl…

§ 6. Haben zwei Größen zueinander ein Verhältnis wie eine Zahl zu einer Zahl, dann müssen die Größen kommensurabel sein."

Pythagoras wird der Lehrsatz „Alles ist Zahl" zugeschrieben, die Welt besteht aus (natürlichen) Zahlen, ist nach Zahlverhältnissen geordnet. Obiges „Weltbild" darf man dann als eine Folge dieser Lehre ansehen.

„Alles ist Zahl" ist möglicherweise eine Simplifizierung der Sicht des Pythagoras. Bei Aristoteles lesen wir, daß die Pythagoreer die Prinzipien der Mathematik für „die Prinzipien alles Seienden" hielten, und entsprechend der Bedeutung der Zahlen für die Mathematik „nahmen sie [die Pythagoreer] an, die Elemente der Zahlen seien Elemente alles Seienden, und der ganze Himmel sei Harmonie und Zahl" (Aristoteles, Metaphysik § 985 f). Das ergibt doch ein weitaus komplexeres Bild als die etwas grobe Formel „Alles ist Zahl".

Die Kommensurabilität ist in jedem Falle eine tragende Säule der allgemeinen pythagoreischen Harmonielehre. Das Fundament des Gebäudes bildet die Musik: Der Zusammenhang zwischen Tonhöhe und Länge der angeschlagenen

Saite wird zum Urphänomen erklärt. Die hörbare Harmonie gewisser Verhältnisse der Saitenlängen bindet die Arithmetik und Geometrie ein. Weiter wird noch die Astronomie als viertes Gebiet im Reich der Harmonie ausgezeichnet. Damit war für die entstehende pythagoreische Schule der sog. „Mathematiker" – im Gegensatz zu den die pythagoreischen Lebensweisheiten tradierenden sog. „Akusmatikern" – ein umfassendes und vor allem dynamisch erforschbares Weltbild mit einem Quadrivium geschaffen. Zur Tradition der „Mathematiker" zählen Hippasos und auch Platon und Aristoteles.

Auf das Verhältnis zweier Größen kommt es also an, und dieses ist, so das Postulat, immer auch das Verhältnis zweier Vielfacher einer Einheit. So wie man zwei Strecken der Längen n und m durch iteriertes Aneinanderlegen von Stäben der Länge 1 perfekt ausmessen kann, so kann man doch auch zwei beliebige Strecken der Länge x und y durch iteriertes Aneinanderlegen von Stäben der Länge z restlos ausmessen, wenn man z geeignet wählt. Zu zwei Größen muß nur die mehr oder weniger verborgene Eins der beiden Größen gefunden werden, die die beiden Größen dann in einem klaren und harmonischen Licht erscheinen läßt…

Es fließen nun so wundervolle Dinge wie der Euklidische Algorithmus und die Kettenbruchdarstellung von reellen Zahlen aus dieser königlichen Idee der Harmonie der Paare. Diesen beiden eng miteinander zusammenhängenden zeitlosen Gegenständen der Mathematik, die man auf der Suche nach der verlorenen Eins findet, wollen wir uns zuerst zuwenden, bevor wir zur eigentlichen Entdekkung des Hippasos zurückkommen, die die so fruchtbare klassische Idee nicht zerstört hat, aber sie doch vom Thron der Welterkenntnis ins immer noch ehrenvolle Reich der großen romantischen Intuitionen verwies.

Der Algorithmus von Euklid

Das iterierte Abtragen einer kleineren Größe – der Maßeinheit – von einer größeren – der zu messenden Größe – ist der Ausgangspunkt des Messens. Dieses Abtragen kann nun aufgehen, oder aber eine Restgröße hinterlassen, die kleiner als die Maßeinheit ist. Es gibt nun zwei Möglichkeiten, mit dem Messen fortzufahren: Die erste ist die etwas grobschlächtige Methode, das alte Maß in zwei gleiche Teile zu zerbrechen, und den verbliebenen Rest mit dem neuen nun kleineren Maßstab auszumessen, – und es folgt ein *usw.*, solange ein Rest bleibt. Dieses Vorgehen führt zur Binärdarstellung, und ein Zerbrechen in je zehn gleiche Teile etwa liefert die vertraute Dezimalbruchentwicklung.

Die weitaus subtilere und harmonischere Idee des sog. Euklidischen Algorithmus ist, den Rest des ersten Abtragens zur neuen Maßeinheit zu ernennen, die alte Maßeinheit dagegen zur neuen nun zu messenden Größe zu degradieren. Das Maß wird zum Gemessenen – ein feinsinniger griechischer Gedanke, der dem ersten pragmatisch, rechnerisch und didaktisch sicher unterlegen ist, der aber mit Blick auf seinen inneren mathematischen Reichtum unerreicht dasteht.

Startend mit reellen Zahlen $a_0 \geq a_1 > 0$ erhalten wir also die Gleichungen:

$$(G_0) \quad a_0 = n_0 \cdot a_1 + a_2, \quad \text{mit} \quad 0 < a_2 < a_1, \quad n_0 \in \mathbb{N}^+,$$
$$(G_1) \quad a_1 = n_1 \cdot a_2 + a_3, \quad \text{mit} \quad 0 < a_3 < a_2, \quad n_1 \in \mathbb{N}^+,$$
$$(G_2) \quad a_2 = n_2 \cdot a_3 + a_4, \quad \text{mit} \quad 0 < a_4 < a_3, \quad n_2 \in \mathbb{N}^+, \quad \text{usw.}$$

Wir beenden das Verfahren, sobald ein a_k gefunden ist mit $a_{k-1} = n_{k-1} \cdot a_k$.
Für dieses Verfahren gilt nun:

Satz *(Hauptsatz über den Euklidischen Algorithmus)*
Der Euklidische Algorithmus für reelle Zahlen $a_0 \geq a_1$ bricht genau dann ab, wenn a_0 und a_1 kommensurabel sind (d. h. wenn $a_0/a_1 \in \mathbb{Q}$).
Für das letzte a_k gilt in diesem Fall: a_k ist eine Maßeinheit für a_0 und a_1, und weiter sogar ein ganzzahliges Vielfaches jeder Maßeinheit für a_0 und a_1.

Beweis
Seien a_0 und a_1 kommensurabel, und sei $z \in \mathbb{R}^+$ eine Maßeinheit für a_0 und a_1.
Ist z eine Maßeinheit für a_0 und a_1, so existieren m_0 und m_1 mit $a_0 = m_0\, z$, $a_1 = m_1\, z$. Dann gilt:

$$a_2 = a_0 - n_0\, a_1 = (m_0 - n_0\, m_1)\, z.$$

Induktiv folgt, daß jedes a_i ein ganzzahliges Vielfaches von z ist.
Da die a_i bei einem unendlichen Verfahren beliebig klein werden würden (!), bricht das Verfahren mit einem a_k ab (da ja immer $a_i \geq z$).

Generell gilt: Bricht das Verfahren für a_0 und a_1 mit a_k ab, so ist a_k eine Maßeinheit für a_k und a_{k-1}, für a_{k-1} und a_{k-2}, ..., und für a_1 und a_0. Die Größen a_1 und a_0 sind dann also kommensurabel. ∎

Wir führen zur Illustration den Aufruf zum Mitdenken, also das „(!)" im Beweis, aus. Es steht dort, weil die Behauptung ein kleines Argument braucht. Aus der Tatsache, daß die a_i monoton fallen folgt noch nicht, daß sie bei einem unendlichen Verfahren beliebig klein werden würden. Die informale Beobachtung ist: Liegt a_2 sehr nahe an a_1, so ist der Abfall von a_2 auf a_3 dann um so dramatischer. Diese Beobachtung müssen wir nun noch in ein für unsere Zwecke geeignetes mathematisches Argument verwandeln. Eine Möglichkeit ist: Für alle i gilt $a_{i+1} \leq a_i/2$ oder $a_{i+2} \leq a_i/2$. Denn ist $a_{i+1} > a_i/2$, so ist $a_i = n_{i+1} \cdot a_{i+1} + a_{i+2} \geq a_{i+1} + a_{i+2}$, also $a_{i+2} < a_i/2$. Durch diesen garantierten Faktor-1/2-Abfall nach je zwei Schritten konvergieren die monoton fallenden a_i bei einem unendlichen Verfahren gegen Null. (Vgl. hierzu auch Buch X, § 1 der „Elemente" des Euklid.)

Insbesondere liefert der Euklidische Algorithmus also für natürliche Zahlen a_0 und a_1 den größten gemeinsamen Teiler der beiden Zahlen.
Der Hypothese der Pythagoreer läßt sich also auch so formulieren:

Weltbild der Pythagoreer, effektive klassische Fassung
Der Euklidische Algorithmus terminiert für alle Paare von Größen a_0 und a_1, wobei $a_0 \geq a_1$.

Den – schon länger bekannten – Algorithmus untersucht Euklid im siebten und zehnten Buch seiner *Elemente*. Die Griechen gebrauchten ἀνταναιρέω, *ich hebe gegeneinander auf*, für die Tätigkeit des Verfahrens, was den symmetrischen, wechselseitigen Charakter des Vorgangs betont. Die Idee der Norm war den Griechen eher fremd, sie studierten eher das Verhältnis zweier Dinge zueinander.

Das Verfahren des Euklidischen Algorithmus wird auch als „Wechselwegnahme" bezeichnet.

Euklid (um 300 v. Chr): „[X. Buch] §2. Mißt, wenn man unter zwei ungleichen Größen abwechselnd immer die kleinere von der größeren wegnimmt, der Rest niemals genau die vorhergehende Größe, so müssen die Größen inkommensurabel sein…

§3. Zu zwei gegebenen kommensurablen Größen ihr größtes gemeinsames Maß zu finden [durch das Verfahren der Wechselwegnahme]."

Kettenbrüche

Aus den Iterationsgleichungen des Euklidischen Algorithmus gewinnt man nun die *Kettenbruchentwicklung* von a_0/a_1. Hierzu formen wir die Gleichungen zunächst etwas um:

$$a_0/a_1 = n_0 + a_2/a_1,\ 0 < a_2 < a_1,\ n_0 \in \mathbb{N}^+,$$
$$a_1/a_2 = n_1 + a_3/a_2,\ 0 < a_3 < a_2,\ n_1 \in \mathbb{N}^+,$$
$$a_2/a_3 = n_2 + a_4/a_3,\ 0 < a_4 < a_3,\ n_2 \in \mathbb{N}^+,\ \text{usw.}$$

Es folgt:

$$a_0/a_1 = n_0 + 1/(a_1/a_2) = n_0 + 1/(n_1 + a_3/a_2) = n_0 + 1/(n_1 + 1/(a_2/a_3)) = \ldots,$$

was wir suggestiv notieren können als $a_0/a_1 = n_0 + \cfrac{1}{n_1 + \cfrac{1}{n_2 + \cfrac{1}{n_3 + \ldots}}}$

Bricht das Verfahren ab, so erhalten wir also eine Darstellung von a_0/a_1 als *Kettenbruch*. Bricht das Verfahren nicht ab, so erhalten wir einen „unendlichen Kettenbruch". Wir werden gleich definieren, was genau wir darunter verstehen wollen. Insgesamt ergibt sich nach dem obigen Satz für die Wahl $a_1 = 1$ eine endliche Kettenbruchentwicklung einer rationalen Zahl $a_0 \geq 1$, und eine unendliche Kettenbruchentwicklung einer irrationalen Zahl $a_0 \geq 1$.

Kettenbrüche sind der algebraische Ausdruck für die Wechselwegnahme, im Gegensatz zu b-adischen Darstellungen, die das Maß iteriert um einen konstanten Faktor verkleinern. Kettenbrüche sind intensiv studiert worden und ein eigener Gegenstand für dicke Bücher, unten denen das von Perron aus dem Jahre 1929 herausragt. Wir wollen hier nur die einfachsten Dinge entwickeln.

Der sich ergebende glatte Übergang von einer irrationalen Zahl $a_0 > 1$ zu einer unendlichen Folge $n_0, n_1, n_2, \ldots$ von natürlichen Zahlen $n_i \geq 1$ ist dabei von prinzipieller Bedeutung für das Folgende. Er stellt eine von den Brücken zwischen dem vertrauten Kontinuum und dem sog. Baireraum dar, der aus Folgen natürlicher Zahlen gebildet ist. Die arithmetischen Details der ebenso faszinierenden wie zuweilen nicht nur typographisch unangenehmen Kettenbrüche sind für diesen speziellen Aspekt zweitrangig.

Wir bleiben der Bedingung $a_0 \geq a_1 > 0$ für Verhältnisse a_0/a_1 treu, und begnügen uns folglich mit Kettenbrüchen für reelle Zahlen größer oder gleich 1.

Definition *(endliche Kettenbrüche)*

Wir definieren für $n_0, \ldots, n_k \in \mathbb{N}^+$ durch Rekursion über $k \geq 0$:

$$[n_0] = n_0,$$

$$[n_0, \ldots, n_{k+1}] = n_0 + 1/[n_1, \ldots, n_{k+1}].$$

Wir nennen die rationale Zahl $[n_0, \ldots, n_k]$ auch einen *(endlichen) Kettenbruch der Tiefe k + 1.*

Eine Verwechslung von $[n_0, n_1]$ als Kettenbruch mit dem abgeschlossenen reellen Intervall $[n_0, n_1]$ ist in der Regel aus Kontextgründen nicht zu befürchten.

In der Definition könnten wir statt $n_i \in \mathbb{N}^+$ auch allgemeiner reelle $a_i \geq 1$ zulassen. Die Theorie konzentriert sich aber generell auf Kettenbrüche, die aus natürlichen Zahlen gebildet sind, und wir verwenden diese allgemeine Form nur inoffiziell.

Jeder Kettenbruch ist eine rationale Zahl ≥ 1. „Ganz unten" in der Bruchdarstellung von $[n_0, \ldots, n_{k+1}]$ steht der Term $n_k + 1/n_{k+1}$, und damit gilt die Gleichung:

$$[n_0, \ldots, n_k, 1] = [n_0, \ldots, n_k + 1].$$

Der Bruch links hat die Tiefe $k + 2$, der Bruch rechts dagegen nur die Tiefe $k + 1$. Wir werden gleich zeigen, daß diese Beobachtung bereits die einzige Ausnahme zur Eindeutigkeit der Kettenbruchentwicklung darstellt.

Vielleicht ist es instruktiv, den Zusammenhang von Kettenbrüchen und dem Euklidischen Algorithmus an einem Beispiel vorzuführen. Wir wählen dabei für $n_0, n_1, n_2, n_3, \ldots$ die Folge $1, 2, 3, 4, \ldots$

Der Leser mit elementaren Programmierkenntnissen und Vergnügen an solchen Dingen ist aufgerufen, ein Programm für die beiden Algorithmen zu schreiben. Damit lassen sich viele arithmetische Feinheiten der Kettenbruchentwicklung spielerisch entdecken. Das folgende Beispiel wurde mit einem derartigen Programm gerechnet.

Beispiel zur Kettenbruchentwicklung

[1]	=	1
[1, 2]	=	3 / 2 = 1,5
[1, 2, 3]	=	10 / 7 = 1,428571...
[1, 2, 3, 4]	=	43 / 30 = 1,43...
[1, 2, 3, 4, 5]	=	225 / 157 ~ 1,433121
[1, 2, 3, 4, 5, 6]	=	1393 / 972
[1, 2, 3, 4, 5, 6, 7]	=	9976 / 6961
[1, 2, 3, 4, 5, 6, 7, 8]	=	81201 / 56660
[1, 2, 3, 4, 5, 6, 7, 8, 9]	=	740785 / 516901

Der Algorithmus von Euklid für 740785 und 516901 verläuft wie folgt:

740785	=	1 · 516901	+	223884
516901	=	2 · 223884	+	69133
223884	=	3 · 69133	+	16485
69133	=	4 · 16485	+	3193
16485	=	5 · 3193	+	520
3193	=	6 · 520	+	73
520	=	7 · 73	+	9
73	=	8 · 9	+	1
9	=	9 · 1	+	0

Übung

(i) Berechnen Sie in Form eines gekürzten Bruches:
[3], [3, 3], [3, 3, 4, 1], [3, 3, 5].

(ii) Führen Sie den Algorithmus von Euklid für das Zahlenpaar 53, 16 durch.

Wir wollen uns nun noch die Lage der Kettenbrüche auf der reellen Achse überlegen. Obige Beispielrechnung läßt hier einiges vermuten: Interessant ist etwa, daß [1], [1, 2], [1, 2, 3] um einen immer besser approximierten Wert hin- und herzupendeln scheint. Dies ist in der Tat ganz allgemein richtig. Wir können dieses Pendelverhalten nachweisen, ohne uns allzutief in die Moräste der Bruchrechnung begeben zu müssen:

Für feste $n_0, \ldots, n_k \geq 1$ können wir den Kettenbruch $[n_0, \ldots, n_k, n]$ als eine Funktion in der Unbestimmten $n \in \mathbb{N}^+$ auffassen. Wir bezeichnen diese Funktion mit $[n_0, \ldots, n_k, \cdot]$. Es gilt also

$$[n_0, \ldots, n_k, \cdot] : \mathbb{N}^+ \to \mathbb{Q},$$

mit $[n_0, \ldots, n_k, \cdot](n) = [n_0, \ldots, n_k, n]$ für alle $n \in \mathbb{N}^+$. Die Funktion $[\cdot]$ (für den Sonderfall $k = -1$) ist offenbar die Identität auf $\mathbb{N}^+$ und damit streng monoton wachsend. Allgemeiner gilt:

Satz *(Monotonieverhalten von Kettenbrüchen)*

Für alle $n_0, \ldots, n_k \geq 1$, $k \geq 0$ gilt:

$[n_0, \ldots, n_k, \cdot]$ ist streng monoton fallend, falls k gerade, und streng monoton wachsend, falls k ungerade.

Weiter gilt $\lim_{n \to \infty} [n_0, \ldots, n_k, n] = [n_0, \ldots, n_k]$.

Beweis

Die Aussage folgt durch Induktion nach k unter Verwendung der Rekursionsgleichung $[n_0, \ldots, n_k, n] = n_0 + 1/[n_1, \ldots, n_k, n]$.

(Aus streng monoton fallend wird bei Kehrwertbildung streng monoton wachsend und umgekehrt.)

Am Ende des Kettenbruchs $[n_0, \ldots, n_k, n]$ steht der Term $n_k + 1/n$.

Hieraus folgt die Limeseigenschaft. ∎

Damit gilt mit $[n_0, \ldots, n_k, 1] = [n_0, \ldots, n_k + 1]$ insbesondere:

$$\mathrm{rng}([n_0, \ldots, n_k, \cdot]) \subseteq \;]\, [n_0, \ldots, n_k], [n_0, \ldots, n_k + 1]\,] \qquad \text{für k gerade,}$$

$$\mathrm{rng}([n_0, \ldots, n_k, \cdot]) \subseteq [\, [n_0, \ldots, n_k + 1], [n_0, \ldots, n_k]\, [\qquad \text{für k ungerade.}$$

Fassen wir $[n_0, \ldots, n_k, \cdot]$ in der offensichtlichen Weise als Funktion in einer reellen Größe $x \geq 1$ auf, so gilt hier Gleichheit statt Inklusion.

Die Funktion $[n_0, \ldots, n_k, \cdot]$ wächst oder fällt also von der angenommenen Intervallgrenze $[n_0, \ldots, n_k + 1]$ streng monoton zur anderen Grenze $[n_0, \ldots, n_k]$, und das Wachstumsverhalten wechselt beim Übergang von k zu k + 1.

Interpretieren wir die Kettenbrüche derart, daß sie durch ihre Funktionswerte das Intervall $[1, \infty[$ zerschneiden, so ergibt sich mit wachsender Tiefe der Kettenbrüche das folgende arithmetisch komplexe aber strukturell recht überschaubare Bild:

Zunächst zerlegt die Funktion $[\cdot]$ das reelle Intervall $[1, \infty[$ von links nach rechts in die Teilintervalle $[1, 2], [2, 3], \ldots, [n, n + 1], \ldots$

Für festes n_0 zerlegt nun die Funktion $[n_0, \cdot]$ das Intervall $[n_0, n_0 + 1]$ von rechts nach links in die Intervalle $[n_0 + 1/2, n_0 + 1], [n_0 + 1/3, n_0 + 1/2], \ldots$

Für festgehaltene n_0 und n_1 zerlegt weiter die Funktion $[n_0, n_1, \cdot]$ das Intervall $[n_0 + 1/(n_1 + 1), n_0 + 1/n_1]$ in unendlich viele Intervalle, diesmal wieder von links nach rechts. Und so weiter und so fort.

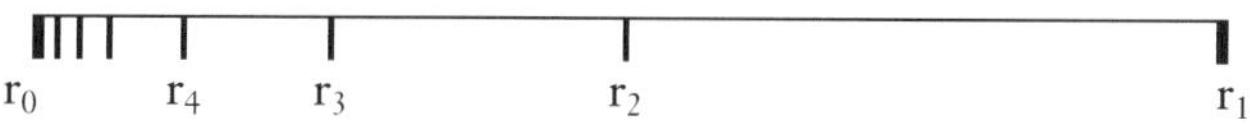

Sei $r_0 = [n_0, \ldots, n_k]$, wobei k gerade. Die Skizze zeigt die Zerlegung des Intervalls $[r_0, r_1]$ durch die Kettenbrüche $r_i := [n_0, \ldots, n_k, i]$ für $i \geq 1$. Es gilt $r_1 = [n_0, \ldots, n_k, 1] = [n_0, \ldots, n_k + 1]$, so daß die Zerlegung das Teilintervall $[[n_0, \ldots, n_k], [n_0, \ldots, n_k + 1]]$ der vorangehenden Zerlegung verfeinert. Für ungerade k erhalten wir ein gespiegeltes Bild mit $r_0 > r_1$ und wachsenden r_i für $i \geq 1$.

Aus dieser einfachen Analyse des Werteverhaltens erhalten wir:

Korollar *(Eindeutigkeitssatz für endliche Kettenbruchdarstellungen)*
Mit Ausnahme des Schemas $[n_0, \ldots, n_k, 1] = [n_0, \ldots, n_k + 1]$ ist die Darstellung einer rationalen Zahl als endlicher Kettenbruch eindeutig.

Korollar *(Pendelverhalten von Kettenbrüchen)*
Sei $\langle n_k \mid k \in \mathbb{N} \rangle$ eine Folge in $\mathbb{N}^+$, und sei $q_k = [n_0, \ldots, n_k]$ für $k \in \mathbb{N}$. Dann gilt:

$$q_0 < q_2 < q_4 < \ldots < \ldots < q_5 < q_3 < q_1.$$

Das zweite Korollar läßt sich leicht auch direkt durch Induktion nach k beweisen. Zunächst ist $q_1 = [n_0, n_1] = n_0 + 1/n_1 > [n_0] = q_0$. Im Induktionsschritt von k nach $k + 1$ für $k \geq 1$ nehmen wir zunächst an, daß k gerade ist und zeigen $q_{k+1} > q_k$. Nach I.V. ist aber $[n_1, \ldots, n_k] > [n_1, \ldots, n_{k+1}] \geq 1$, also $1/[n_1, \ldots, n_k] < 1/[n_1, \ldots, n_{k+1}]$. Damit haben wir: $q_k = [n_0, \ldots, n_k] = n_0 + 1/[n_1, \ldots, n_k] < n_0 + 1/[n_1, \ldots, n_{k+1}] = q_{k+1}$. Analog zeigt man für ungerade $k \geq 1$, daß $q_{k+1} < q_k$. Nach I.V. gilt hier $[n_1, \ldots, n_k] < [n_1, \ldots, n_{k+1}]$.

Für endliche Kettenbrüche $r = [n_0, \ldots, n_i]$ ist $q_0 < q_2 < \ldots < q_i = r < \ldots < q_3 < q_1$, wobei $q_k = [n_0, \ldots, n_k]$ für $k \leq i$. Weiter gilt $[n_0, \ldots, n_k, 1] \leq r \leq [n_0, \ldots, n_k]$ für ungerade $k \leq i$, und eine analoge Aussage gilt für gerade $k \leq i$.

Nach dem Korollar existiert $q_g = \sup(\{ q_{2n} \mid n \in \mathbb{N} \})$, und ebenso existiert $q_u = \inf(\{ q_{2n+1} \mid n \in \mathbb{N} \})$. Es gilt $q_g \leq q_u$. Wir werden gleich zeigen, daß $q_g = q_u$ gilt, und daß der gemeinsame Wert eine irrationale Zahl ist.

Aus dem Hauptsatz über den Euklidischen Algorithmus ergab sich, daß jede rationale Zahl größer oder gleich 1 als Kettenbruch dargestellt werden kann, d. h. es gilt

$$\{ [n_0, \ldots, n_k] \mid n_0, \ldots, n_k \in \mathbb{N}^+, k \geq 0 \} = \{ q \in \mathbb{Q} \mid q \geq 1 \}.$$

Damit lassen die durch die Wertebereiche der Funktionen $[n_0, \ldots, n_k, \cdot]$ gegebenen Intervallzerlegungen von $[1, \infty[$ kein noch so kleines Teilintervall $[x, x + \varepsilon]$ unzerschnitten $(x \geq 1, \varepsilon > 0)$. Der Leser, der sich mit diesen Zerlegungen angefreundet hat, sieht hiermit unmittelbar die Gültigkeit des folgenden Satzes:

Korollar *(Hauptsatz über Kettenbrüche)*

Sei $\langle n_k \mid k \in \mathbb{N} \rangle$ eine Folge von natürlichen Zahlen $n_k \geq 1$.
Dann existiert $x = \lim_{k \to \infty} [n_0, \ldots, n_k]$, und x ist eine irrationale Zahl > 1.
Umgekehrt existiert für jede irrationale Zahl $x > 1$ eine eindeutige Folge $\langle n_k \mid k \in \mathbb{N} \rangle$ von natürlichen Zahlen $n_k \geq 1$ mit $x = \lim_{k \to \infty} [n_0, \ldots, n_k]$.

Beweis

zur Existenz und Irrationalität des Limes:

Sei $q_k = [n_0, \ldots, n_k]$ für $k \in \mathbb{N}$, und seien wieder
$q_g = \sup(\{ q_{2n} \mid n \in \mathbb{N} \})$ und $q_u = \inf(\{ q_{2n+1} \mid n \in \mathbb{N} \})$.
Annahme, es gibt ein $r \in \mathbb{Q}$ mit $q_g \leq r \leq q_u$.
Sei $[m_0, \ldots, m_i]$ eine Kettenbruchdarstellung von r.
Dann existiert ein kleinstes $k \leq i$ mit $m_k \neq n_k$, da sonst $r = q_i$.

Sei zunächst k ungerade, sodaß $[n_0, \ldots, n_{k-1}, \cdot]$ streng monoton fällt.
Ist $m_k < n_k$, so ist $q_k = [n_0, \ldots, n_k] \leq [m_0, \ldots, m_k + 1] = [m_0, \ldots, m_k, 1] \leq r$.
Ist $m_k > n_k$, so ist $r \leq [m_0, \ldots, m_k] \leq [n_0, \ldots, n_k + 1] = [n_0, \ldots, n_k, 1] \leq q_{k+1}$.
In beiden Fällen ergibt sich ein *Widerspruch* zur Wahl von r.
Der Fall „k gerade" wird analog *widerlegt.*

Also ist $q_g = q_u \in \mathbb{R} - \mathbb{Q}$ (und $q_g = q_u = \lim_{k \to \infty} [n_0, \ldots, n_k]$).

zur Existenz und Eindeutigkeit einer Darstellung $x = \lim_{k \to \infty} [n_0, \ldots, n_k]$*:*

Sei x irrational. Wir definieren n_k rekursiv für $k \in \mathbb{N}$ durch:

n_0 = das eindeutige $n \geq 1$ mit $n < x < n + 1$,

$$n_{k+1} = \begin{cases} \text{„das } n \geq 1 \text{ mit } [n_0, \ldots, n_k, n+1] < x < [n_0, \ldots, n_k, n]\text{"} & \textit{falls } k \text{ gerade,} \\ \text{„das } n \geq 1 \text{ mit } [n_0, \ldots, n_k, n] < x < [n_0, \ldots, n_k, n+1]\text{"} & \textit{falls } k \text{ ungerade.} \end{cases}$$

Nach oben existiert $\lim_{k \to \infty} q_k$, wobei wieder $q_k = [n_0, \ldots, n_k]$ für $k \geq 0$.
Nach Konstruktion ist aber $q_{2k} < x < q_{2k+1}$ für alle $k \geq 0$.
Also ist $x = \lim_{k \to \infty} q_k$.
Induktion nach k zeigt, daß jede Darstellung von x die rekursive Definition der n_k erfüllt. Dies zeigt die Eindeutigkeit.

∎

Läßt man als ersten Index n_0 beliebige ganze Zahlen zu, und verallgemeinert man die Definition eines Kettenbruchs in der offensichtlichen Weise, so erhält man ein analoges Resultat für alle irrationalen Zahlen $x \in \mathbb{R}$.

Wir definieren schließlich:

Definition *(unendliche Kettenbrüche)*

Sei $\langle n_k \mid k \in \mathbb{N} \rangle$ eine Folge von natürlichen Zahlen $n_k \geq 1$.
Wir setzen $[n_0, n_1, \ldots] = [n_k \mid n \in \mathbb{N}] = \lim_{k \to \infty} [n_0, \ldots, n_k]$,
und nennen $[n_0, n_1, \ldots]$ auch einen *unendlichen Kettenbruch.*
Für $k \geq 1$ heißt $[n_0, \ldots, n_{k-1}]$ der *k-te Näherungsbruch* an $[n_k \mid k \in \mathbb{N}]$.

Berechnung der Näherungsbrüche

Die Berechnung einer Reihe $[n_0]$, $[n_0, n_1]$, …, $[n_0, n_1, …, n_k]$ von Näherungsbrüchen ist rechentechnisch aufwendig, da die rekursive Definition von $[n_0, …, n_{k+1}]$ auf $[n_1, …, n_k]$ zurückgreift und nicht auf $[n_0, …, n_k]$. Praktischer, und daneben auch von hohem theoretischen Interesse ist ein Verfahren, das zwei Hilfsreihen verwendet.

Definition *(Hilfsreihen zur Berechnung der Näherungsbrüche)*

Sei $\langle n_k \mid k \in \mathbb{N} \rangle$ eine Folge von natürlichen Zahlen größer oder gleich 1.
Wir definieren rekursiv $\langle p_k \mid k \geq -2 \rangle$ und $\langle q_k \mid k \geq -2 \rangle$ durch:

$$p_{-2} = 0, \; p_{-1} = 1,$$
$$p_k = n_k \, p_{k-1} + p_{k-2} \quad \text{für } k \geq 0,$$
$$q_{-2} = 1, \; q_{-1} = 0,$$
$$q_k = n_k \, q_{k-1} + q_{k-2} \quad \text{für } k \geq 0.$$

Die p-Reihe beginnt also mit 0, 1, n_0, $n_1 n_0 + 1$, $n_2 n_1 n_0 + n_2 + n_0$, die q-Reihe mit 1, 0, 1, n_1, $n_2 n_1 + 1$. Ein Element der Reihe ist eine gewichtete Summe seiner beiden Vorgänger. Ist $\langle n_k \mid k \in \mathbb{N} \rangle$ konstant, so ist die p-Reihe ein Linksshift der q-Reihe; es gilt dann $p_k = q_{k+1}$ für $k \geq -2$. Ist speziell $n_k = 1$ für alle $k \in \mathbb{N}$, so heißt $\langle q_k \mid k \in \mathbb{N} \rangle$ die Folge der *Fibonacci-Zahlen*. Sie beginnt mit 1, 1, 2, 3, 5, 8, 13, …

Von rechenschmerzlindernder Bedeutung in der Theorie der Kettenbrüche ist nun der folgende Satz:

Satz *(Berechnung der Näherungsbrüche)*

Sei $\langle n_k \mid k \in \mathbb{N} \rangle$ eine Folge von natürlichen Zahlen größer oder gleich 1, und seien $\langle p_k \mid k \geq -2 \rangle$ und $\langle q_k \mid k \geq -2 \rangle$ wie oben definiert.
Dann gilt $[n_0, …, n_k] = p_k/q_k$ für alle $k \geq 0$.

Beweis

∎ Einfache Induktion nach k.

Weiter gilt für $k \in \mathbb{N}$: p_k/q_k ist gekürzt, und die bestmögliche Approximation an den unendlichen Kettenbruch $[n_0, n_1, …]$ unter allen Brüchen mit einem Nenner $\leq q_k$. Wir verweisen den Leser hierzu auf die Literatur.

Die p- und q-Folgen ermöglichen also eine komfortable Berechnung der Näherungsbrüche von $[n_0, n_1, …]$. Ist umgekehrt x gegeben, so liefert der Euklidische Algorithmus angewendet auf x und 1 die Ziffern (die sog. *Teilquotienten*) n_k der Kettenbruchentwicklung $[n_0, n_1, …]$ von x. Er läßt sich offenbar in der folgenden einfachen Form durchführen:

n_k = „der ganzzahlige Anteil von $1/r_{k-1}$",

r_k = „der Nachkommaanteil von $1/r_{k-1}$",

mit $k \geq 0$ und $r_{-1} = 1/x$.

Beispiel: Für die Näherung $x = 3{,}14159265358979$ an die Kreiszahl π liefert der Euklidische Algorithmus, angewendet auf x und 1, eine Folge beginnend mit 3, 7, 15, 1, 292. Die p-Folge beginnt dann mit 0, 1, 3, 22, 333, 355, 103993, die q-Folge mit 1, 0, 1, 7, 106, 113, 33102. Die ersten beiden rationalen Approximation an π sind also 3 und der seit Ur-Zeiten bekannte Bruch

$$22/7 \sim 3{,}14285714.$$

Es folgen $333/106 \sim 3{,}14150943$ und $355/113 \sim 3{,}14159292$,
sowie der schon recht genaue Bruch $103993/33102 \sim 3{,}14159265$.

Berechnung periodischer Kettenbrüche

Ist die Rekursionsgleichung $[n_0, \ldots, n_{k+1}] = n_0 + 1/[n_1, \ldots, n_{k+1}]$ auch ungeeignet zur Berechnung der Folge der Näherungsbrüche, so lassen sich mit ihrer Hilfe dagegen die Werte gewisser unendlicher Kettenbrüche leicht identifizieren. Ein Grenzübergang liefert die Gleichung

$$[n_0, n_1, \ldots] = n_0 + 1/[n_1, n_2, \ldots]$$

für alle Kettenbrüche $[n_0, n_1, \ldots]$. Periodische Kettenbrüche führen so zu quadratischen Gleichungen. Sei etwa $x = [2, 2, 2, \ldots]$. Dann gilt $x = 2 + 1/x$, also

$$x^2 - 2x - 1 = 0.$$

Wegen $x \geq 1$ folgt hieraus $x = 1 + \sqrt{2}$.

Weiter gilt z.B. $[1, 2, 2, 2, \ldots] = \sqrt{2}$ und $[1, 1, 2, 1, 2, 1, 2, \ldots] = \sqrt{3}$. Nach dem Hauptsatz über Kettenbrüche und dem Satz von Pythagoras sind also insbesondere die Diagonale und die Seite eines Quadrats inkommensurabel, was wir gleich noch einmal anders beweisen werden. Es läßt sich zeigen, daß die irrationalen Lösungen quadratischer Gleichungen mit ganzzahligen Koeffizienten genau den periodischen unendlichen Kettenbrüchen entsprechen.

Der erste und edelste unter den unendlichen Kettenbrüchen ist vermutlich $[1, 1, 1, \ldots]$. Seine Näherungsbrüche sind durch die Quotienten q_{k+1}/q_k der Reihe der Fibonacci-Zahlen gegeben. Dieser Bruch nun bringt uns endlich zurück zu Hippasos von Metapont und einer bis in die Neuzeit als magisch erachteten geometrischen Figur: Dem gleichseitigen Fünfeck, an dem selbst ein Teufel nicht gleichgültig vorüber gehen kann.

Das regelmäßige Pentagramm

Das Pentagramma macht dir Pein?
Ei sage mir, du Sohn der Hölle,
Wenn das dich bannt,
wie kamst du denn herein?
Wie ward ein solcher Geist betrogen?
(Faust)

Die Idee der Verhältnismäßigkeit zweier beliebiger Größen war schön und fruchtbar, aber nicht richtig. Ironischerweise war es nun gerade das Ordenssymbol der Pythagoreer, das regelmäßige Pentagramm, an dem Hippasos seine erschütternde Entdeckung gemacht haben soll: Es enthält nämlich zwei Größen, deren Wechselwegnahme die Vielfachheitsfolge 1, 1, 1, … liefert, die also im irrationalen Verhältnis $[1,1,1,\ldots]$ zueinander stehen.

Wir wollen uns ein solches Pentagramm einmal genauer ansehen.

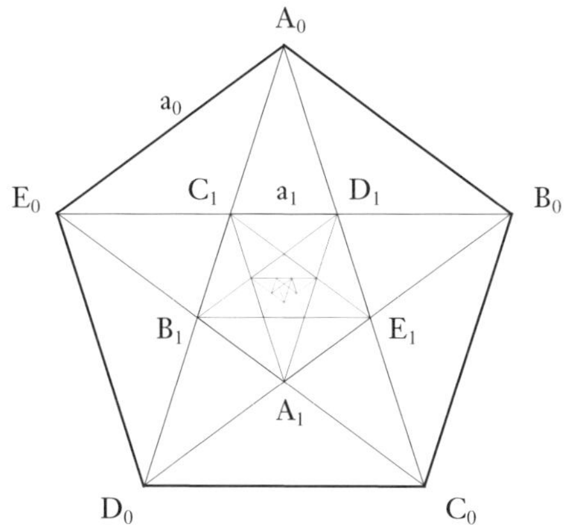

Regelmäßige Pentagramme lassen sich in natürlicher Weise in sich selbst reproduzieren. Aus einem regelmäßigen Pentagramm $A_0B_0C_0D_0E_0$ erhalten wir durch iteriertes Einzeichnen der Diagonalen neue regelmäßige Pentagramme $A_n B_nC_nD_nE_n$. Es seien a_0, a_1, a_2, … die Seitenlängen der Pentagramme, und b_0, b_1, b_2, … die Längen ihrer Diagonalen, also etwa $b_0 = A_0C_0$, $b_1 = A_1C_1$, … Elementare geometrische Beobachtungen führen zu den Gleichungen:

(i) $b_1 = b_0 - a_0$, allgemein $b_{n+1} = b_n - a_n$,

(ii) $a_1 = a_0 - b_1$, allgemein $a_{n+1} = a_n - b_{n+1}$,

(iii) $b_0/a_0 = a_0/b_1$, allgemein $b_n/a_n = a_n/b_{n+1}$,

(iv) $a_0/b_1 = b_1/a_1$, allgemein $a_n/b_{n+1} = b_{n+1}/a_{n+1}$.

zu (i) und (ii): es gilt $B_0D_0 = b_0$, $D_0E_1 = a_0$, $D_1B_0 = E_1B_0 = E_1C_1 = b_1$.

zu (iii) und (iv): betrachte $D_0B_0A_0$, $D_0E_1C_1$ und $D_0A_1B_1$.

Setzen wir $c_{2n} = b_n$, $c_{2n+1} = a_n$, so ist $\langle c_n \mid n \in \mathbb{N} \rangle$ eine monoton gegen 0 konvergierende Folge, und für alle n gilt $c_{n+2} = c_n - c_{n+1}$ und $c_n/c_{n+1} = c_{n+1}/c_{n+2}$.

Der Algorithmus von Euklid, angewendet auf b_0 und a_0, liefert also die Gleichungen (G_0), (G_1), …, (G_{2n}), (G_{2n+1}), …, $n \in \mathbb{N}$, wobei

(G_{2n}) $b_n = 1 \cdot a_n + b_{n+1}$ (denn $b_n = a_n + (b_n - a_n)$),

(G_{2n+1}) $a_n = 1 \cdot b_{n+1} + a_{n+1}$ (denn $a_n = b_{n+1} + (a_n - b_{n+1})$).

Das Verfahren produziert also die Größen b_n und a_n der einbeschriebenen Pentagramme $A_nB_nC_nD_nE_n$. Es terminiert nicht, und damit haben die beiden wesentlichen Größen b_0 und a_0 eines regelmäßigen Pentagramms kein rationales Verhältnis zueinander: b_0 und a_0 sind nicht kommensurabel! Das Aushängeschild der Pythagoreer enthielt ein zwar nicht offensichtliches, aber doch für jedermann sichtbares Gegenbeispiel zu einer der Hauptthesen der Gruppierung. Eine der großen Entdeckungen der Wissenschaftsgeschichte ist damit auch mit einem zeitlosen Witz verbunden.

Das Verhältnis b_0/a_0 ist zu großem Ruhm in der Kunst, Architektur, Graphik und Typographie gelangt, und taucht keineswegs nur im regelmäßigen Pentagramm auf. Aus der Identität

$$b_0/a_0 = a_0/b_1 = a_0/(b_0 - a_0)$$

gewinnt man die Gleichung $x^2 - x - 1 = 0$ mit $x = b_0/a_0$. Diese hat die positive Lösung $g = (\sqrt{5} + 1)/2 \sim 1{,}6180339887$, bekannt als *goldener Schnitt*.

Die Vielfachheits-Koeffizienten des Euklidischen Algorithmus für das Paar b_0 und a_0 sind konstant gleich 1. Es gilt also $g = (\sqrt{5} + 1)/2 = [1, 1, 1, \ldots] = \lim_{k \to \infty} q_{k+1}/q_k$, mit der Fibonacci-Folge $\langle q_k \mid k \in \mathbb{N} \rangle$.

$$b_0/a_0 = \cfrac{1}{1 + \cfrac{1}{1 + \cfrac{1}{1 + \ldots}}}$$

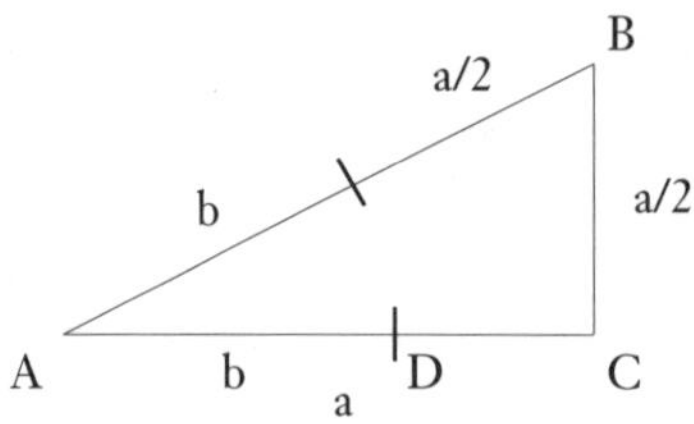

Mathematisch gewinnt man den goldenen Schnitt aus den Gleichungen $x = 1 + 1/x$ oder $x(x - 1) = 1$, die zu obigem Polynom $x^2 - x - 1$ führen. Für den Kehrwert von g gilt $1/g = g - 1 = (\sqrt{5} - 1)/2$.

Die vielleicht einfachste geometrische Konstruktion des goldenen Schnitts ist: Um die Stecke AC der Länge a im goldenen Schnitt zu teilen bildet man ein rechtwinkliges Dreieck wie in der Figur, und trägt a/2 an der Hypotenuse von B aus ab. Den Rest $b = a/2(\sqrt{5} - 1)$ der Hypotenuse überträgt man von A aus auf AC. Der Schnittpunkt D teilt dann AC im goldenen Schnitt. Das Verhältnis wird im allgemeinen als harmonisch und interessant empfunden, im Gegensatz etwa zur langweiligen und kalten Halbierung. Es gilt $b^2 = a(a - b)$. Spiegelt man den Punkt C an D, so teilt der Spiegelpunkt C′ die Strecke DA der Länge b wieder im goldenen Schnitt.

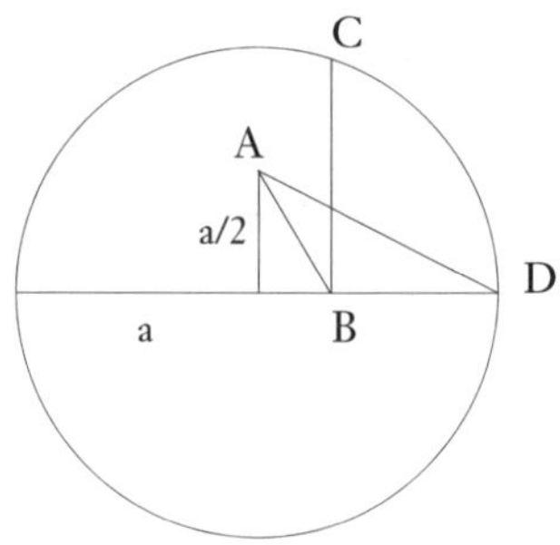

Die Diskussion des Pentagramms wäre ohne eine Konstruktionsmethode noch unvollständig. Regelmäßige Polygone mit n Ecken, $n \geq 3$, lassen sich nach einem berühmten Satz von Gauß genau dann mit Zirkel und Lineal konstruieren, wenn die ungeraden Primfaktoren von n alle nur einfach auftreten und zudem alle von der Form $2^{2^k} + 1$ sind. So sind regelmäßige Polygone mit 3, 6, 12, …, 4, 8, 16, …, 5, 10, 20, …, 15, 30, 60, …, 17, 34, 68, …, 51, …, 85, … Ecken konstruierbar mit Zirkel und Lineal, regelmäßige Polygone mit 7 oder 9 Ecken jedoch nicht. Die tatsächlichen Durchführungen sind dabei in vielen Fällen sehr trickreich. Bereits bei Euklid findet sich die Konstruktion eines regelmäßigen Pentagramms in einem vorgegebenen Kreis (4. Buch, § 11). Die Konstruktion oben geht auf Richmond 1893 zurück. Man bildet über dem Mittelpunkt eines Kreises vom Radius a eine Senkrechte der Länge a/2, und verbindet ihren Endpunkt A mit D. Die Winkelhalbierung bei A liefert den Punkt B, und die Senkrechte auf B führt zu C. Die Strecke CD ist dann eine der Seiten eines Pentagramms, das in den ursprünglichen Kreis einbeschrieben ist. Die restlichen Seiten lassen sich dann aus dieser Seite konstruieren. Der Leser mag versuchen zu beweisen, daß dieses Verfahren tatsächlich ein regelmäßiges Pentagramm erzeugt.

Irrationalität der Quadratwurzel

Nach der Entdeckung des Hippasos sind dann viele weitere irrationale Verhältnisse bekannt geworden. Das bekannteste ist vielleicht die Irrationalität der Quadratwurzel aus 2, d. h. die Inkommensurabilität der Diagonale eines Quadrats mit seiner Seitenlänge.

Satz *(Irrationalität der Quadratwurzel)*
$\sqrt{2}$ ist irrational.

Beweis
Annahme $\sqrt{2} = n/m$ für natürliche Zahlen n und m. Durch Kürzen des Bruchs können wir o. E. annehmen, daß n oder m ungerade ist.
Es gilt $n^2 = 2 \cdot m^2$, also ist n^2 gerade, und damit ist auch n gerade.
Dann ist aber n^2 durch 4 teilbar, also ist $2 \cdot m^2$ durch 4 teilbar.
Dies ist nur möglich, wenn m^2 und damit m gerade ist.
Dann sind aber m und n gerade, *Widerspruch!* ∎

Dieses Argument findet sich im zehnten Buch der „Elemente" (§ 115 a), ist aber „sicher kein ursprünglicher Bestandteil von Euklids Werk" [Euklid 2003, S. 462]. Der Beweis wird bereits bei Aristoteles erwähnt und „dürfte aus einem älteren Werk übernommen sein" [eb.]. Für einen allgemeineren Existenzsatz siehe § 9 des zehnten Buches der „Elemente".

Mit Hilfe der Eindeutigkeit der Primfaktorzerlegung läßt sich der Beweis auch so führen: Sei wieder $n^2 = 2 \cdot m^2$, und seien n und m *relativ prim* zueinander (d. h. n und m haben keine gemeinsamen Primfaktoren, oder gleichwertig: n/m ist gekürzt). Es gilt $m \neq 1$, da 2 keine Quadratzahl ist. Aus $n^2 = 2 \cdot m^2$ folgt aber, daß jeder Primfaktor von m ein Teiler von n^2 ist, also auch ein Teiler von n, *Widerspruch.*

Für dieses Argument genügt also bereits die folgende schwache Form des Satzes über die Eindeutigkeit der Primfaktorzerlegung: „Ist n^2 durch eine Primzahl p teilbar, so ist n durch p teilbar." Das Argument des ersten Beweises braucht keine zusätzlichen Hilfsresultate, sondern kommt mit einer elementaren Fallunterscheidung in gerade und ungerade aus.

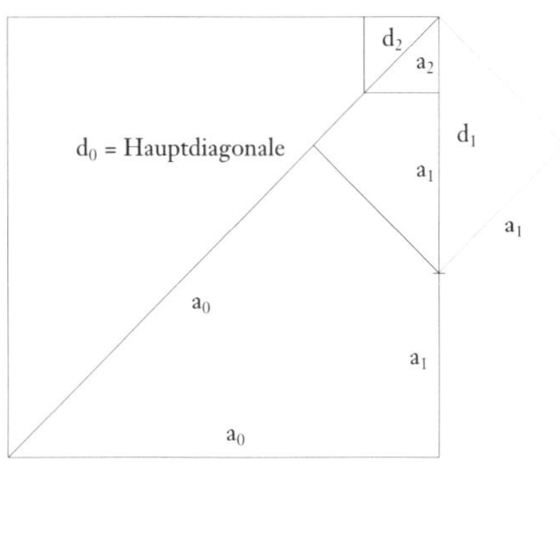

Die Inkommensurabilität der Diagonale und der Seitenlänge eines Quadrats läßt sich auch, ähnlich wie für das Pentagramm, geometrisch erkennen (siehe [Zeuthen 1915]). Wir betrachten das Diagramm rechts, das ein Quadrat Q_0 mit Diagonale d_0 und Seite a_0 zum Ausgang hat, und zwei weitere Quadrate Q_1 und Q_2 mit Diagonalen d_1 und d_2 und Seiten a_1 und a_2 enthält. Aus Q_2 werden nun Q_3 und Q_4 gebildet wie Q_1 und Q_2

aus Q_0. Es entstehen Quadrate Q_i mit Diagonale d_i und Seite a_i, $i \geq 1$. Wir finden die rekursiven Gleichungen:

$$d_i - a_i + a_{i+1}, \quad a_i = a_{i+1} + d_{i+1}.$$

Also gilt $d_0 = a_0 + a_1$ und $a_i = 2a_{i+1} + a_{i+2}$ für alle $i \geq 0$. Die Wechselwegnahme für das Paar d_0 und a_0 terminiert also nicht, genauer liefert sie die Vielfachheitsfolge 1, 2, 2, 2, ... Damit ist das Verhältnis der Seite eines Quadrats zu seiner Diagonalen irrational. Im Falle des Einheitsquadrats ($a_0 = 1$) gilt $d_0 = [1, 2, 2, 2, \ldots]$. Zusammen mit dem Satz von Pythagoras haben wir damit einen weiteren Beweis für die Gleichung $\sqrt{2} = [1, 2, 2, 2, \ldots]$.

Überlieferung und Bedeutung der Inkommensurabilität

Wie oben erwähnt ist die Entdeckung der Inkommensurabilität am Pentagramm eine spekulative Rekonstruktion. Die Alternative ist, daß sie am Quadrat entdeckt worden ist, entweder geometrisch wie oben oder durch das gerade-ungerade Argument, das sich dann bei Euklid findet. Zur Entdeckung der Inkommensurabilität schreibt Kurt von Fritz 1954:

von Fritz (1954): „The discovery of incommensurability is one of the most amazing and far-reaching accomplishments of early Greek mathematics. It is all the more amazing because, according to ancient tradition, the discovery was made at a time when Greek mathematical science was still in its infancy and apparently concerned with the most elementary ... problems, while at the same time, as recent discoveries have shown, the Egyptians and Babylonians had already elaborated very highly developed and complicated methods for the solution of mathematical problems of a higher order, and yet, as far as we can see, never even suspected the existence of the problem...

... It is the purpose of this paper to prove: 1) that the early Greek tradition which places the second stage of the development of the theory of incommensurability in the last quarter of the 5th century, and therefore implies that the first discovery itself was made still earlier is of such a nature that its authenticity can hardly be doubted...

... the tradition concerning the first discovery itself has been preserved only in the works of very late authors, and is frequently connected with stories of obviously legendary character. But the tradition is unanimous in attributing the discovery to a Pythagorean philosopher by the name of Hippasus of Metapontum...

According to Iamblichus' *Life of Pythagoras*, Hippasus had an important part in the political disturbances in which the Pythagorean order became involved in the second quarter of the 5th century, and which ended in the revolt of ca 445, which put an end to Pythagorean domination in southern Italy. This agrees perfectly with the tradition which places him in the generation before Theodorus, who, as shown above, was born between 470 and 460.

... The discovery of incommensurability must have made an enormous impression in Pythagorean circles because it destroyed with one stroke the belief that everything could be expressed in integers, on which the whole Pythagorean philosophy up to then had been based. This impression is clearly reflected in those legends which say that Hippasus was punished by the gods for having made public his terrible discovery.“

Der Artikel von Kurt von Fritz ist mittlerweile selbst ein Klassiker. Helmuth Gericke faßt 1984 die Situation zusammen:

Gericke (1984): „Dafür, daß Hippasos den Beweis am Fünfeck geführt haben könnte, sprechen die Argumente:

1) Es ist überliefert, daß Hippasos sich mit dem regelmäßigen Dodekaeder beschäftigt hat, dessen Seitenflächen bekanntlich Fünfecke sind.

2) Das Fünfeck bzw. das Pentagramm war das Erkennungszeichen der Pythagoreer; das wäre ein Motiv dafür, sich mit der Figur besonders gründlich zu beschäftigen.

3) Für einen geometrischen Satz wird man zuerst nach einem geometrischen Beweis suchen, nicht nach einem zahlentheoretischen.

Dagegen spricht, daß der [arithmetische] Beweis am Quadrat überliefert ist [bei Euklid], der am Fünfeck nicht."

Die Entdeckung der Inkommensurabilität darf aus heutiger Sicht als das zentrale Ereignis in der Geschichte der reellen Zahlen gelten. Die Bedeutung der Entdeckung für ihre Zeit ist Gegenstand der historischen Diskussion, insbesondere die Einstufung als „Grundlagenkrise" wird befürwortet wie auch kritisiert (vgl. [Tannery 1887], [Hasse/Scholz 1928], [Becker 1933], [Freudenthal 1966], [Gericke 1970], [Knorr 2001]). Sicher hat sie das „Weltbild der Pythagoreer" als unhaltbar erwiesen und als einer plötzlichen Erkenntnis, daß gewisse wichtige Dinge sich in Wahrheit ganz anders verhalten als bislang angenommen, darf man der Entdeckung der inkommensurablen Verhältnisse eine Schockwirkung zusprechen. Die reellen Zahlen sind viel komplizierter als angenommen. Dieses Thema sollte sich dann im Lauf der Geschichte noch mehrfach wiederholen.

Platon rechnete dann bereits das Wissen um die Irrationalität zur Allgemeinbildung, und äußert sich in ungewöhnlichen Worten über das eigene und allgemeine Unwissen hierüber. Das Motto zu Beginn dieses Buches findet sich in Platons „Gesetzen" innerhalb der Diskussion der Lehrmethoden der Ägypter:

Platon (Gesetze, § 819f):

„*Der Athener:* Sodann befreien sie [die Lehrer] bei den Messungen von allem, was Länge und Fläche und räumliche Ausdehnung besitzt, von einer lächerlichen und schimpflichen Unwissenheit, welche diesbezüglich allen Menschen von Natur innewohnt.

Kleinias: Welche und was für eine meinst du denn damit?

Der Athener: Mein lieber Kleinias, auch ich selbst habe erst ganz spät von unserer Einstellung zu diesen Dingen gehört und mich darüber gewundert, und sie schien mir nicht die von Menschen, sondern eher die einer Herde von Schweinen zu sein, und ich habe mich nicht bloß für mich selbst geschämt, sondern auch für alle Hellenen.

Kleinias: Weshalb denn? So sag doch, was du meinst, Fremder.

Der Athener: So sag ich's denn oder vielmehr, ich will es dir durch Fragen klarmachen. Antworte mir kurz: du weißt doch, was eine Strecke ist? ... Und weiter: was eine Fläche? ... Und doch auch, daß das zweierlei ist, das dritte davon aber die räumliche Ausdehnung.

Kleinias: Sicher.

Der Athener: Meinst du nun nicht, daß das alles gegeneinander meßbar ist?

Kleinias: Ja.

Der Athener: Daß also Strecke gegen Strecke, denke ich, Fläche gegen Fläche und ebenso der Rauminhalt sich ganz natürlich messen läßt.

Kleinias: Vollkommen.

Der Athener: Wenn sich aber einiges weder 'vollkommen' noch annähernd gegeneinander messen läßt, sondern das eine wohl, das andere aber nicht, du es jedoch von allen annimmst, wie, meinst du, mag es da in dieser Beziehung um dich stehen?

Kleinias: Offenbar schlecht.

Der Athener: Wie ist es nun mit dem Verhältnis von Strecke und Fläche zum Rauminhalt oder von Fläche und Strecke zueinander? Sind wir Hellenen hierüber nicht allesamt der Ansicht, daß sich das irgendwie gegeneinander messen läßt?

Kleinias: Ganz gewiß.

Der Athener: Wenn das aber keinesfalls irgendwie möglich ist, wir Hellenen aber, wie gesagt, es uns alle als möglich vorstellen, muß man sich da nicht für alle schämen und zu ihnen sagen: ‚Ihr besten aller Hellenen, ist dies nicht einer von den Gegenständen, von denen wir gesagt haben, sie nicht zu wissen sei schimpflich, während das Notwendige zu wissen noch nichts besonders Rühmliches sei?'

Kleinias: Ohne Zweifel.

Der Athener: Außerdem gibt es noch andere diesen verwandte Probleme, bei denen viele Irrtümer in uns entstehen, die mit jenen Irrtümern verschwistert sind.

Kleinias: Welche Probleme denn?

Der Athener: Auf welchem Naturgesetz die gegenseitige Meßbarkeit und Nichtmeßbarkeit beruht. Denn das muß man prüfen und unterscheiden, oder man bleibt ein ganz armseliger Tropf. Diese Probleme muß man sich stets gegenseitig vorlegen und so einem Zeitvertreib huldigen, der für Greise weit reizvoller als das Brettspiel ist, und man muß allen Eifer in den Mußestunden an den Tag legen, die man diesen Fragen zu widmen hat."

In ihren Mußestunden wiesen die Griechen dann auch die Irrationalität von Quadratwurzeln nach. Platon erwähnt einige Spezialfälle in seinem 399 v. Chr. spielenden Dialog *Theaitetos*, und er schreibt deren Beweise dem Theodoros von Kyrene, einem seiner Lehrer, zu. Die Stelle, um 368 v. Chr. geschrieben, ist das früheste Dokument in der Geschichte der irrationalen Zahlen. Danach kommen bereits die entsprechenden Kapitel in den „Elementen" des Euklid. Die Hippasos-Überlieferung beginnt erst viel später.

Platon (Theaitetos, § 147):

„*Theaitetos:* Von den Seiten der Vierecke zeichnete uns Theodoros etwas vor, indem er uns von der des dreifüßigen und fünffüßigen bewies, daß sie als Länge nicht meßbar wären durch die einfüßige. Und so ging er jede einzeln durch bis zur [einschließlich?] siebzehnfüßigen, bei dieser hielt er inne..."

Man darf der Stelle entnehmen, daß die Irrationalität der Wurzel aus 2 bereits bekannt war. Sonst gibt es keinen Grund, bei 3 anzufangen. Theodoros erweiterte ein bekanntes Resultat. Theaitetos selbst gelang dann später der allgemeine Beweis der Irrationalität von $\sqrt{n}$ für alle natürlichen Zahlen $n \geq 2$, die keine Quadratzahlen sind.

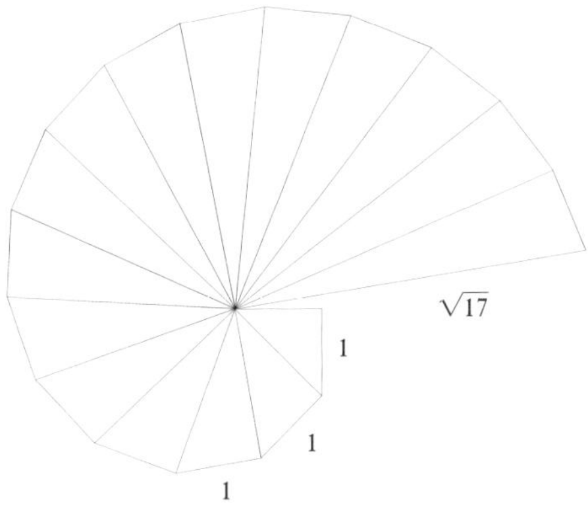

Die Figur rechts gibt eine mögliche Erklärung dafür, warum Theodorus bei $\sqrt{17}$ aufgehört hat. Wir starten mit einem Quadrat der Seitenlänge 1, und bilden rechte Winkel an den Diagonalen. Die so entstehenden Dreiecke haben eine Diagonale der Länge $\sqrt{n}$ für n = 2, 3, ..., 17. Ohne Überlappung ist diese Konstruktion genau 16 mal möglich. Die letzte Diagonale hat die Länge $\sqrt{17}$. Diese Deutung stammt von [Anderhub, 1941]. Für eine Analyse von „bis zur siebzehnfüßigen", die sich mehr mit den möglichen Beweisen für die fraglichen Wurzeln beschäftigt, vgl. [Hardy/Wright 1979, 4.5].

Zeitlich ergibt sich etwa folgendes Bild der Ereignisse:

UM 500 V. CHR.	Zahlenmystik bei den Pythagoreern.
UM 450 V. CHR.	Hippasos: Inkommensurable Verhältnisse im Pentagramm. Möglicherweise zu dieser Zeit auch Beweis der Irrationalität der Wurzel aus 2.
UM 400 V. CHR.	Theodoros: Irrationalität der Wurzeln aus 3, ..., 15, und (?) 17.
UM 370 V. CHR.	Theaitetos: Irrationalität aller fraglichen Wurzeln.
UM 300 V. CHR.	Euklid: Im (möglicherweise auf Theaitetos zurückgehenden) X. Buch der „Elemente" findet sich eine umfassende Diskussion der Inkommensurabilität und ihres Zusammenhangs mit dem Euklidischen Algorithmus.

Die Antike hat auf die Entdeckung der irrationalen Verhältnisse nicht nur irritiert, sondern auch produktiv reagiert. An erster Stelle zu nennen ist hier die etwa 370 v. Chr. entwickelte Proportionslehre des Eudoxos, die sich im fünften Buch bei Euklid findet.

Die Entdeckung der Inkommensurabilität wirft unter anderem folgendes Problem auf: Bei der Untersuchung von Verhältnissen a/b, wo a und b nun beliebige geometrische Größen sind, genügt eine Theorie nicht mehr, die nur die natürlichen Zahlen kennt. Kann man noch hinnehmen, daß viele Seitenlängen, die in der Geometrie auftauchen, nicht als Paare von natürlichen Zahlen repräsentiert werden können, so wird spätestens beim weiteren Rechnen mit mehreren dieser Größen die alte Theorie unbrauchbar. Viele Beweise für geometrische Sätze ruhten sogar auf Kommensurabilitätsannahmen (etwa ein Beweis des Strahlensatzes). Eudoxos von Knidos findet die erste die Griechen befriedigende Lösung. Sie fällt unter das Stichwort der „relationalen Definition". Eudoxos definiert nicht, was eine reelle Zahl a oder ein Verhältnis a/b von reellen Zahlen (Streckenlängen) sein soll, sondern er definiert: Zwei Verhältnisse a/b und c/d sind gleich, falls für alle natürlichen Zahlen n und m eine der folgenden Aussagen gilt:

(1) na < mb *und* nc < md.
(2) na = mb *und* nc = md.
(3) na > mb *und* nc > md.

Euklid (um 300 v. Chr): „[V. Buch, Definition 5] Man sagt, daß [vier] Größen [a, b, c, d] in demselben Verhältnis stehen, die erste zur zweiten wie die dritte zur vierten, wenn bei beliebiger Vervielfältigung die Gleichvielfachen der ersten und dritten [na und nc] den Gleichvielfachen der zweiten und vierten [mb und md] gegenüber, paarweise entsprechend genommen, entweder zugleich größer oder zugleich gleich oder zugleich kleiner sind."

Eine andere naheliegende Definition von „gleiches Verhältnis" wäre: *a und b verhalten sich wie c und d*, falls die beiden Folgen der Vielfachheitskoeffizienten, die der Euklidische Algorithmus liefert, übereinstimmen, d. h. a, b und c, d haben die gleiche Wechselwegnahme, sie führen zu den gleichen Kettenbrüchen. Die Stellung dieser Definition, die insbesondere bei Aristoteles erwähnt wird, hat O. Becker in seinen Eudoxos-Studien untersucht. Unter dieser Definition wirft die Implikation „a/b = c/d *folgt* a/c = b/d" Schwierigkeiten auf (es gibt keine einfache Regel zur Multiplikation von Zahlen in Kettenbruchdarstellung). Die Problematik führte Eudoxos möglicherweise dazu, nach einer anderen Definition zu suchen. (Siehe hierzu [Becker 1933] und [Gericke 1970].)

Die Ausdrücke in (1) – (3) haben eine klare geometrische Bedeutung, da geometrische Größen leicht n-mal hintereinander abgetragen werden können. Diese Definition löst nun das Rechenproblem mit beliebigen Größen: Der Nachweis von a/b = c/d verläuft durch eine dreiteilige Fallunterscheidung. Aus der Annahme von na < mb zeigt man nc < md, aus der Annahme von na = mb zeigt man nc = md, und aus der Annahme von na > mb zeigt man nc > md.

Zeigt man mit Hilfe der Definition des Eudoxos, daß aus a/c = b/c folgt, daß a = b gilt, so sieht man, daß das (seit O. Stolz 1880) sog. „Archimedische Axiom" verwendet werden muß: Für alle a/b existiert ein n mit na > b. Dieses Prinzip, das geometrisch sofort einleuchtet, muß also bereits dem Eudoxos vor Augen gestanden haben. (Der Leser verwende zum Beweis der Behauptung „a/c = b/c *folgt* a = b" im Sinne von Eudoxos nur Multiplikationen zweier Größen, bei denen mindestens ein Faktor eine natürliche Zahl ist; nur solche Multiplikationen haben eine offensichtliche geometrische Bedeutung als Streckenlänge.) Die Implikation „a/c = b/c *folgt* a = b" hält auch Euklid explizit fest (Buch V, § 9).

Von der Definition des Eudoxos führt eine Brücke in die moderne Mathematik: Für alle Testgrößen n, m ist offenbar eine der drei Annahmen für a/b richtig. Damit teilt a/b die rationalen Zahlen m/n in drei Mengen

$$R = \{ m/n \mid na < mb \}, \quad M = \{ m/n \mid na = mb \}, \quad L = \{ m/n \mid na > mb \}.$$

Damit ist man von der Definition einer reellen Zahl als Dedekindscher Schnitt nur noch einen Schritt weit entfernt: Man stellt derartige „Schnitte" L, M, R von $\mathbb{Q}$ an die Spitze der Überlegung und definiert eine reelle Zahl schlichtweg als eine solche Zerlegung. (Dieser „eine Schritt" ist nur aus heutiger Sicht klein.) Eine der ersten genauen Konstruktionen der reellen Zahlen aus dem 19. Jahrhundert kann somit als die Fortführung einer mehr als zwei Jahrtausende früher formulierten Idee angesehen werden.

Andere irrationale Zahlen

Wir verlassen die Antike und springen an den Anfang des 19. Jahrhunderts zu einem allgemeinen Satz von Gauß, der die Ergebnisse von Theodoros und Theaitetos verallgemeinert: Lösungen von algebraischen Gleichungen sind ganzzahlig oder irrational. Gauß bewies diesen Satz in allgemeinerer Form in seinen „Disquisitiones Arithmeticae" von 1801, §42 ([Gauß 1986]).

Satz *(Satz von Gauß über die Irrationalität von Lösungen algebraischer Gleichungen)*
Sei $x \in \mathbb{R} - \mathbb{Z}$ eine Lösung einer Gleichung

(+) $x^k + a_{k-1} x^{k-1} + \ldots + a_0 = 0$, mit $a_i \in \mathbb{Z}$ für $0 \leq i < k$.

Dann ist x irrational.

Beweis
Annahme, $x = n/m$ für $n \in \mathbb{Z}$, $m \in \mathbb{N}^+$. O. E. sind n und m relativ prim.
Wegen $x \notin \mathbb{Z}$ ist $n \neq 0$ und $m > 1$. Es gilt dann:

$$n^k + a_{k-1} n^{k-1} m^1 + \ldots + a_0 m^k = 0,$$

und folglich $n^k = -m(a_{k-1} n^{k-1} + \ldots + a_0 m^{k-1})$.
Also ist jeder Primteiler von $m > 1$ ein Teiler von n^k, und damit auch von n, *Widerspruch.*

Bereits 1737 bewies Euler die Irrationalität der heute nach ihm benannten Zahl $e = \Sigma_{k \in \mathbb{N}} 1/k! = 1 + 1 + 1/2 + 1/6 + 1/24 + \ldots$ Das Argument benutzt diesmal nicht die Primfaktorzerlegung, sondern eine Majorisierung durch eine geometrische Reihe: Bekanntlich gilt $\Sigma_{k \geq 0} q^k = 1/(1-q)$ für alle reellen Zahlen q mit $|q| < 1$. Der Beweis kann damit in wenigen Zeilen geführt werden:

Satz *(Irrationalität der Eulerschen Zahl)*
e ist irrational.

Beweis
Annahme, $e = n/m$ für $n, m \in \mathbb{N}^+$. Sei

$$r = m!(e - \Sigma_{0 \leq k \leq m} 1/k!).$$

Nach Annahme ist dann $r \in \mathbb{N}$, insbesondere also $r \geq 1$, da $r > 0$. Aber

$$r = \Sigma_{k>m} m!/k! < \Sigma_{k \geq 1} 1/(m+1)^k = 1/(1 - 1/(m+1)) - 1 = 1/m \leq 1,$$

Widerspruch! ∎

Eine Variation dieser Beweisidee, die die reelle Analysis zu Hilfe nimmt, zeigt die Irrationalität von π. Das Argument besticht eher durch seine Kürze als durch seine Transparenz. Ob „Trickkiste der Analysis" oder vielmehr „Reichtum des analytischen Dschungels" – wir überlassen die Entscheidung hierüber dem Leser.

Satz *(Irrationalität der Kreiszahl π)*
π ist irrational.

Beweis
Es genügt zu zeigen, daß π^2 irrational ist.
Annahme, $\pi^2 = p/q$ mit $p, q \in \mathbb{N}$. Wir setzen für $n \in \mathbb{N}$ und $x \in \mathbb{R}$:

$$f_n(x) = x^n (1-x)^n/n!,$$

$$F_n(x) = q^n \Sigma_{0 \leq i \leq n} (-1)^i \pi^{2n-2i} f_n^{(2i)}(x).$$

Es ist leicht zu sehen, daß $f_n^{(i)}(0)$ und $f_n^{(i)}(1)$ natürliche Zahlen sind für alle $0 \leq i \leq 2n$. Damit sind dann auch $F_n(0)$ und $F_n(1)$ natürliche Zahlen.
Weiter gilt:

$$(+) \quad \int_0^1 \pi p^n \sin(\pi x) f_n(x)\, dx = F_n(0) + F_n(1) \in \mathbb{N}.$$

Beweis von (+)
Die Ableitung von $F_n'(x) \sin(\pi x) - \pi F_n(x) \cos(\pi x)$ berechnet sich zu

$$(F_n''(x) + \pi^2 F_n(x)) \sin(\pi x) = q^n \pi^{2n+2} f_n(x) \sin(\pi x) = \pi^2 p^n \sin(\pi x) f_n(x).$$

Weiter gilt:

$$[F_n'(x) \sin(\pi x) - \pi F_n(x) \cos(\pi x)]_0^1 = \pi (F_n(0) + F_n(1)).$$

Dies zeigt (+).

Aber es gilt wegen $0 \leq \sin(\pi x) \leq 1$ und $f_n(x) < 1/n!$ für alle $x \in [0, 1]$, daß

$$0 < \int_0^1 \pi p^n \sin(\pi x) f(x)\, dx < \pi p^n/n!.$$

Letzterer Wert ist für genügend große n kleiner als 1, also ist der Wert des Integrals keine natürliche Zahl, *im Widerspruch* zu (+). ∎

Der erste Beweis der Irrationalität von π gelang Johann Lambert in den 60er Jahren des 18. Jahrhunderts. Den obigen vereinfachten Beweis gab Ivan Niven 1947.

Übung
Seien $a, b \in \mathbb{N}$, $a, b \geq 2$, und es gebe eine Primzahl p, durch die genau eine der beiden Zahlen a und b teilbar ist.
Dann ist $\log_a b$ irrational.

Wir wollen nun noch die irrationalen Zahlen durch eine Approximationseigenschaft charakterisieren. Die für sich interessanten Ergebnisse werden wir zudem bei der Untersuchung transzendenter Zahlen verwenden können.

Rationale Approximationen

Eine reelle Zahl x kann beliebig genau durch Brüche $p/q \in \mathbb{Q}$ approximiert werden, d. h. für alle $\varepsilon \in \mathbb{R}^+$ existieren $p \in \mathbb{Z}$ und $q \in \mathbb{N}^+$, mit $|x - p/q| < \varepsilon$. Wir finden ein solches p/q leicht wie folgt: Sei q derart, daß $1/q \leq \varepsilon$, und sei $p \in \mathbb{Z}$ maximal mit $p/q \leq x$. Dann ist $|x - p/q| < 1/q \leq \varepsilon$. Eine natürliche informale Frage ist nun: Welche reellen Zahlen lassen sich mit geringem Aufwand relativ gut durch rationale Zahlen approximieren?

---

in Dieudonne (1985): „Eine ernsthafte Untersuchung dieses Problems begann um die Mitte des achtzehnten Jahrhunderts, als sich die Mathematiker für die numerische Auflösung von Gleichungen und die Geschwindigkeit der Konvergenz der Näherungswerte für Wurzeln interessierten. Aus der einfachen Suche nach einer praktischen Methode zur Annäherung einer reellen Zahl ist ein ganzer technischer und spezialisierter Zweig der Zahlentheorie hervorgegangen [die Theorie der rationalen oder diophantischen Approximationen]."

Ein gutes Maß für den betriebenen Approximations-Aufwand ist die Größe des Nenners des approximierenden Bruchs. „Relativ gut" interpretieren wir dann durch eine Funktion, die einem Nenner eine Approximationsgüte α zuordnet.

Definition *(Approximationsfunktion)*
Sei $\alpha : \mathbb{N}^+ \to \mathbb{R}^+$ eine monoton fallende Funktion.
Dann heißt α auch eine *Approximationsfunktion.*

Der Leser, der den zunächst immer recht dunklen Himmel abstrakter Definitionen gerne mit einem Polarstern versieht, denke im folgenden zuerst an die Funktion α mit $\alpha(n) = 1/n^2$ für $n \in \mathbb{N}^+$.

Definition *(α-approximierbare reelle Zahlen)*
Sei $x \in \mathbb{R}$, und sei α eine Approximationsfunktion. Dann setzen wir:

$$S_\alpha(x) = \{ p/q \mid q \in \mathbb{N}^+, p \in \mathbb{Z}, |x - p/q| < \alpha(q) \}.$$

x heißt *α-approximierbar*, falls $S_\alpha(x)$ unendlich ist.

Im folgenden gilt für Bruchdarstellungen p/q von rationalen Zahlen immer $p \in \mathbb{Z}$ und $q \in \mathbb{N}^+$, wenn nichts anders angegeben ist.

Sei $p/q = p'/q'$, $q \leq q'$, und sei $|x - p'/q'| < \alpha(q')$. Da die Funktion α monoton fällt, ist $|x - p/q| = |x - p'/q'| < \alpha(q') \leq \alpha(q)$. Insbesondere können wir uns also beim Testen, ob ein Bruch p/q ein Element von $S_\alpha(x)$ ist oder nicht, auf gekürzte Brüche beschränken.

Die folgende einfache Äquivalenz zur α-Approximierbarkeit ist an vielen Stellen nützlich:

Satz

Für alle $x \in \mathbb{R}$ und alle Approximationsfunktionen α sind äquivalent:

(i) x ist α-approximierbar.

(ii) $\{ q \mid q \in \mathbb{N}^+$ und es gibt ein $p \in \mathbb{Z}$ mit:
p und q sind relativ prim und $|x - p/q| < \alpha(q) \}$ ist unendlich.

Beweis

zu (i) $\curvearrowright$ *(ii):* Für jedes $q \in \mathbb{N}^+$ ist S_q endlich, wobei

$S_q = \{ p/q \mid p \in \mathbb{Z}, p, q$ relativ prim, $|x - p/q| < \alpha(q) \}$.

Aber $S_\alpha(x) = \bigcup_{q \geq 1} S_q$ nach der Überlegung oben,
und somit ist $S_q \neq \emptyset$ für beliebig große $q \in \mathbb{N}^+$.

▬ *zu (ii)* $\curvearrowright$ *(i):* ist klar.

Eine Folgerung des Satzes ist: Ist x α-approximierbar, so existieren gekürzte Brüche p/q mit $|x - p/q| < \alpha(q)$ und einem beliebig großen Nenner q.

Wir konzentrieren uns im folgenden auf Funktionen α mit $\alpha(q) = c/q^k$ für alle $q \in \mathbb{N}^+$, wobei $c \in \mathbb{R}^+$ und $k \in \mathbb{N}$ gewisse feste Größen sind. Ist α in einer solchen Form gegeben, so sprechen wir etwa von „x ist c/q^k-approximierbar", indem wir die Funktion α mit einem ihre Werte definierenden Term identifizieren. In diesem Fall ist immer q die Variable des Terms, und wir schreiben dann weiter $S_{c/q^k}(x)$ für $S_\alpha(x)$.

Übung

Jedes $x \in \mathbb{R}$ ist $1/q$-approximierbar.

Für Approximationsfunktionen der Form $1/q^k$ ist die Zahl k ein Maß für die Güte der Approximation. Ist x $1/q^k$-approximierbar für ein großes k, so kann x aus polynomieller Sicht sehr gut mit geringem Aufwand durch eine rationale Zahl angenähert werden. Wir werden sehen, daß sich Zahlen wie $\sqrt{2}$ und allgemeiner die Quadratwurzeln in dieser Hinsicht überraschend schlecht approximieren lassen.

Für c/q^k-Funktionen haben wir folgendes Kriterium für die Nicht-Approximierbarkeit:

Satz

Für alle $x \in \mathbb{R}$ und $k \in \mathbb{N}$ sind die folgenden Aussagen äquivalent:

(i) Es gibt ein $c \in \mathbb{R}^+$ mit: x ist nicht c/q^k-approximierbar.

(ii) Es gibt ein $c \in \mathbb{R}^+$ mit: $|x - p/q| \geq c/q^k$ für alle $p/q \neq x$.

Beweis

zu (i) $\curvearrowright$ *(ii):* Sei $c \in \mathbb{R}^+$ derart, daß $S = S_{c/q^k}(x)$ endlich ist.

Ist $S = \{ x \}$, so ist c bereits wie in (ii). Andernfalls sei
$d = \min(\{ |x - p/q| \mid p/q \in S, p/q \neq x \})$, und es sei $c' = \min(c, d)$.
Dann ist $c' > 0$ und es gilt $|x - p/q| \geq c'/q^k$ für alle $p/q \neq x$.

▬ *zu (ii)* $\curvearrowright$ *(i):* ist trivial.

Vielfache Verwendung findet:

Korollar *(Transferlemma)*

Sei $x \in \mathbb{R}$ nicht c/q^k-approximierbar für ein $c \in \mathbb{R}^+$ und ein $k \in \mathbb{N}$.
Dann gilt für alle $d \in \mathbb{R}^+$: x ist nicht d/q^{k+1}-approximierbar.

Beweis

Annahme doch für ein $d \in \mathbb{R}^+$. Nach Voraussetzung und dem Satz oben existiert ein $c \in \mathbb{R}^+$ mit $|x - p/q| \geq c/q^k$ für alle $p/q \neq x$.
Nach Annahme existiert $p/q \neq x$ mit:

(i) $d/q < c$,

(ii) $|x - p/q| < d/q^{k+1}$.

Dann ist aber

$$|x - p/q| < d/q^{k+1} = d/q \cdot 1/q^k < c/q^k,$$

∎ *im Widerspruch* zur Wahl von c.

Wir untersuchen nun verschiedene Typen von reellen Zahlen auf bestmögliche Approximierbarkeit durch Funktionen c/q^k. Ein einfaches Bruchrechnen liefert sofort ein limitierendes Ergebnis für die rationalen Zahlen:

Satz *(Approximation rationaler Zahlen durch rationale Zahlen)*

Sei $x \in \mathbb{Q}$. Dann existiert ein $c \in \mathbb{R}^+$ mit

$$|x - p/q| > c/q \quad \text{für alle } p/q \neq x.$$

Insbesondere ist eine rationale Zahl nicht d/q^2-approximierbar für $d \in \mathbb{R}^+$.

Beweis

Sei $x = r/s$, und sei $p/q \in \mathbb{Q}$, $p/q \neq r/s$. Dann gilt $rq - sp \neq 0$ und

$$|r/s - p/q| = |(rq - sp)/(sq)| > 1/(sq).$$

Sei also $c \in \mathbb{R}^+$ derart, daß $c < 1/s$ gilt. Dann ist c wie gewünscht.
∎ Aus dem Transferlemma folgt der Zusatz.

Später werden wir mit dem Satz von Liouville von 1844/1851 den großen Bruder dieses Satzes kennenlernen.

Erstaunlicherweise charakterisiert nun die fehlende $1/q^2$-Approximierbarkeit die rationalen Zahlen, denn irrationale Zahlen sind in der Tat $1/q^2$-approximierbar. Dies folgt leicht aus dem folgenden klassischen Satz von Dirichlet, dessen Beweis das *Dirichletsche-Schubfach-* oder *Taubenschlagprinzip* populär gemacht hat: Verteilt man n Tauben auf k Schläge, und gilt $k < n$, so gibt es mindestens einen Schlag, der mit mindestens zwei Tauben besetzt ist. (Das Prinzip wurde in [Dirichlet 1834] zuerst angewandt.)

Satz *(Satz von Dirichlet)*

Sei x irrational und sei $n \in \mathbb{N}^+$. Dann existieren $p \in \mathbb{Z}$ und $q \in \mathbb{N}^+$ mit:

(i) $|x - p/q| < 1/(q \cdot n)$.

(ii) $q \leq n$.

Beweis

Für eine reelle Zahl y sei

$Z(y)$ = „das größte $z \in \mathbb{Z}$ mit $z \leq y$".

Für $0 \leq i \leq n$ sei weiter

x_i = „der Nachkommaanteil von $x \cdot i$".

Dann ist $x_0 = 0$ und $0 < x_i < 1$ für $0 < i \leq n$.
Wegen x irrational sind die x_i paarweise verschieden (!).
Für $0 \leq j < n$ definieren wir schließlich Intervalle I_j der Länge 1/n durch

$I_j = [\, j/n, (j+1)/n\, [$.

Nach dem Taubenschlagprinzip existieren ein j und $i_0 < i_1$ mit $x_{i_0}, x_{i_1} \in I_j$, denn jede der (n + 1)-vielen „Tauben" x_i sitzt in einem der n-vielen „Schläge" I_j, $0 \leq j < n$. Es gilt dann:

$$|x \cdot (i_1 - i_0) - (Z(x \cdot i_1) - Z(x \cdot i_0))| = |x_{i_1} - x_{i_0}| < 1/n.$$

Also sind $q = i_1 - i_0$ und $p = Z(x \cdot i_1) - Z(x \cdot i_0)$ wie gewünscht. ∎

Korollar *($1/q^2$-Approximation irrationaler Zahlen)*

Sei x irrational. Dann ist x $1/q^2$-approximierbar.

Beweis

Für n, p, q wie im Satz von Dirichlet gilt $|x - p/q| < 1/(q\,n) \leq 1/q^2$.
Andererseits gilt $|x - p/q| < 1/(q\,n) \leq 1/n$.
Da n beliebig groß gewählt werden kann, existieren also unendlich viele Werte p/q mit $|x - p/q| < 1/q^2$. ∎

Das Korollar war bereits vor dem Satz von Dirichlet innerhalb der von Fermat, Lagrange und Legendre weiterentwickelten Theorie der Kettenbrüche bekannt. Dirichlets Beweis lieferte aber eine einfache neue Methode, die sich zudem auch auf die simultane Approximation von mehreren reellen Zahlen anwenden laßt.

Eine Verschärfung des Ergebnisses bringt später dann der Satz von Hurwitz von 1891: Jede irrationale Zahl ist $1/(\sqrt{5} \cdot q^2)$-approximierbar. Einige Beweise dieses Resultats verwenden wieder Kettenbrüche, was den Leser, dem die Wurzel aus 5 aufgefallen ist, nicht überraschen dürfte. Die Konstante $\sqrt{5}$ im Satz von Hurwitz ist in der Tat dann auch bestmöglich: Der goldene Schnitt $(1 + \sqrt{5})/2$ ist nicht $1/(\delta \cdot q^2)$-approximierbar, falls $\delta > \sqrt{5}$. Für einen Beweis des Satzes von Hurwitz siehe etwa [Niven / Zuckerman 1976].

Wir notieren das Ergebnis noch einmal in einer anderen Form:

Korollar *(Darstellungssatz für irrationale Zahlen)*
Sei x irrational, und sei $m \in \mathbb{N}$. Dann existieren $p \in \mathbb{Z}$, $q \in \mathbb{N}^+$, $\delta \in \mathbb{R}$ mit:
(i) $x = p/q + \delta/q^2$,
(ii) $q > m$, $|\delta| < 1$.

Wir werden später zeigen, daß für alle $x \in \mathbb{R}$ die Quadratwurzel $\sqrt{x}$ von x nicht $1/q^3$-approximierbar ist.

Übung
Für alle $k \geq 2$ existiert ein $x \in \mathbb{R}$, das $1/q^k$-approximierbar ist.

Algebraische und transzendente Zahlen

Nach der Entdeckung der irrationalen Zahlen durch die Griechen dauerte es sehr lange, bis eine weitere markante Menge von reellen Zahlen ins Auge gefaßt und als eine echte Teilklasse von $\mathbb{R}$ erkannt wurde:

Definition *(algebraische Zahlen, $\mathbb{A}$, deg(x))*
Eine reelle Zahl x heißt *algebraisch (über $\mathbb{Q}$)*, falls es rationale Zahlen $a_0, \ldots, a_k \in \mathbb{Q}$, $a_k \neq 0$, gibt mit:
(+) $a_k x^k + \ldots + a_1 x + a_0 = 0$.
Wir setzen weiter $\mathbb{A} = \{ x \in \mathbb{R} \mid x \text{ ist algebraisch} \}$.
Für $x \in \mathbb{A}$ ist der *Grad von x*, in Zeichen deg(x), definiert durch:
deg(x) = „das kleinste k, für das $a_0, \ldots, a_k \in \mathbb{Q}$, $a_k \neq 0$ existieren mit (+)“.

Die algebraischen Zahlen sind also genau die Nullstellen der nichttrivialen reellen Polynome mit rationalen Koeffizienten. Multiplizieren wir ein solches Polynom mit einem gemeinsamen Vielfachen der Nenner seiner Koeffizienten, so zeigt sich, daß wir uns sogar auf ganzzahlige Koeffizienten beschränken könnten. Multiplizieren wir ein solches Polynom dagegen mit $1/a_k$, so erhalten wir ein normiertes Polynom (d. h. der Leitkoeffizient a_k ist gleich 1) mit x als Nullstelle. In diesem Fall können wir natürlich nicht mehr aufrechterhalten, daß die anderen Koeffizienten ganze Zahlen sind. Die Kombination „normiert + ganzzahlige Koeffizienten“ führt zu einer wichtigen speziellen Klasse von algebraischen Zahlen, den sog. ganzen algebraischen Zahlen.

Die Untersuchung der algebraischen Zahlen beginnt mit Gauß ab etwa 1830. Verbunden mit dieser Struktur ist aber vor allem der Name Richard Dedekind. Dedekinds Arbeiten zur Theorie der algebraischen Zahlen wurden zunächst 1871 und 1894 als Supplemente der Dirichletschen „Vorlesungen über Zahlentheorie“ veröffentlicht. Sie finden sich heute am einfachsten in der Werkausgabe [Dedekind 1930 – 1932]. Daneben hat Leopold Kronecker bereits 1882 seine „Grundzüge einer arithmetischen Theorie der algebraischen Größen“ veröffentlicht. Im Jahr 1896 erschien dann der bedeutende Hilbertsche Bericht „Die Theorie der algebraischen Zahlkörper“.

Der goldene Schnitt ist eine algebraische Zahl, die nicht rational ist. Weiter liefert der Satz von Gauß viele Beispiele nichtrationaler algebraischer Zahlen. Zudem ist jede rationale Zahl selbst algebraisch. Es gilt also sicher $\mathbb{A} \supset \mathbb{Q}$, der Nullstellenabschluß von $\mathbb{Q}$ führt zu einer echten Erweiterung. Eine natürliche Frage ist nun, ob ein analoger Abschluß der algebraischen Zahlen unter Nullstellen von Polynomen mit algebraischen Koeffizienten wieder eine echte Erweiterung von $\mathbb{A}$ erzeugt. Dies ist nicht der Fall. Die Iteration der Idee führt also zu nichts Neuem mehr. Man kann diese Tatsache mit algebraischem Grundwissen und entsprechendem Vokabular elegant zeigen. Wir geben hier einen relativ einfachen elementaren Beweis, der lediglich einige Hilfsmittel der linearen Algebra verwendet. Er geht auf Dedekind zurück (vgl. [Bachmann 1905]). Zunächst zeigen wir die Abgeschlossenheitsaussage für normierte Polynome mit algebraischen Koeffizienten:

Satz *(Abgeschlossenheitssatz für die algebraischen Zahlen)*

Seien $a_0, \ldots, a_{k-1} \in \mathbb{A}$, und sei $x \in \mathbb{R}$ derart, daß

$$x^k + a_{k-1} x^{k-1} + \ldots + a_1 x + a_0 = 0.$$

Dann ist $x \in \mathbb{A}$.

Beweis

Für $0 \leq i < k$ seien $n_i \in \mathbb{N}$ und $b_{i,j} \in \mathbb{Q}$, $0 \leq j < n_i$ derart, daß

$$a_i^{n_i} + b_{i,n_i-1} a_i^{n_i-1} + \ldots + b_{i,1} a_i + b_{i,0} = 0.$$

Sei $p = k \cdot n_0 \cdot n_1 \cdot \ldots \cdot n_{k-1}$, und sei $z_1, z_2, \ldots, z_p$ eine Aufzählung aller Produkte der Form

$$x^e a_0^{e_0} a_1^{e_1} \ldots a_{k-1}^{e_{k-1}},$$

mit $0 \leq e < k$, $0 \leq e_0 < n_0$, $\ldots$, $0 \leq e_{k-1} < n_{k-1}$.

Dann gilt für alle $1 \leq i \leq p$:

(#) $x z_i$ ist eine Linearkombination von $z_1, \ldots, z_p$ mit rationalen Koeffizienten, d. h. es gibt $c_{i,1}, \ldots, c_{i,p} \in \mathbb{Q}$ mit

$$c_{i,1} z_1 + \ldots + c_{i,p} z_p - x z_i = 0.$$

Beweis von (#)

Sei $z_i = x^e a_0^{e_0} a_1^{e_1} \ldots a_{k-1}^{e_{k-1}}$ für gewisse $e, e_0, \ldots, e_{k-1}$.
Gilt $e + 1 < k$, so ist $x z_i$ sogar ein $z_{i'}$.
Wir nehmen also an, daß $e + 1 = k$ gilt.
Wir ersetzen nun in $x z_i = x^k a_0^{e_0} a_1^{e_1} \ldots a_{k-1}^{e_{k-1}}$ die Potenz x^k durch $-a_{k-1} x^{k-1} - \ldots - a_1 x - a_0$, und multiplizieren aus.
In der erhaltenen Summe ersetzen wir alle evtl. auftretenden Potenzen $a_i^{n_i}$ für $0 \leq i < k$ durch $-b_{i,n_i-1} a_i^{n_i-1} - \ldots - b_{i,1} a_i - b_{i,0}$. (Eine solche Ersetzung findet für i genau dann statt, wenn $e_i + 1 = n_i$ gilt.)
Ausmultiplizieren liefert eine gewünschte Linearkombination der z_i.

Seien also $c_{i,j} \in \mathbb{Q}$ wie in (#) und sei $C = (c_{i,j})_{1 \leq i,j \leq p}$ die zugehörige Matrix. Sei weiter $E = (\delta_{i,j})_{1 \leq i,j \leq p}$ die Einheitsmatrix, also $\delta_{i,i} = 1$, $\delta_{i,j} = 0$ für $i \neq j$. Sei $\vec{z}$ der Spaltenvektor mit Einträgen $z_1, \ldots, z_p$. Nach (#) gilt

$$(C - xE)\,\vec{z} = 0.$$

Aber $\vec{z}$ ist nicht der Nullvektor (da $x^0 a_0{}^0 a_1{}^0 \ldots a_{k-1}{}^0 = 1$), also

$$\det(C - xE) = 0.$$

Entwicklung der Determinante zeigt nun, daß x eine Lösung von

$$x^p + r_{p-1} x^{p-1} + \ldots + r_1 x + r_0 = 0$$

mit gewissen rationalen Koeffizienten $r_0, \ldots, r_{p-1}$ ist. ∎

Mit der Methode des Beweises können wir weitere natürliche Fragen positiv beantworten: Sind die algebraischen Zahlen abgeschlossen unter Addition und Multiplikation? Bilden sie einen Unterkörper von $\mathbb{R}$? Einige Abgeschlossenheitseigenschaften sind klar:

Lemma *(elementare arithmetische Abschlußeigenschaften von $\mathbb{A}$)*

Sei $a \in \mathbb{A}$. Dann gilt:

(i) $-a \in \mathbb{A}$.

(ii) $1/a \in \mathbb{A}$, falls $a \neq 0$.

(iii) $a + q \in \mathbb{A}$ für alle $q \in \mathbb{Q}$.

Beweis

Sei a eine Lösung von $a_k x^k + a_{k-1} x^{k-1} + \ldots + a_1 x + a_0 = 0$ mit $a_i \in \mathbb{Q}$ und $a_k \neq 0$.

zu (i): $-a$ ist eine Lösung der Gleichung

$$(-1)^k a_k x^k + (-1)^{k-1} a_{k-1} x^{k-1} + \ldots + (-1) a_1 x + a_0 = 0.$$

zu (ii): $1/a$ ist eine Lösung der nichttrivialen Gleichung

$$a_0 x^k + a_1 x^{k-1} + a_2 x^{k-2} + \ldots + a_{k-1} x + a_k = 0.$$

zu (iii): Sei $q \in \mathbb{Q}$. Ausmultiplizieren von

$$a_k (x-q)^k + a_{k-1} (x-q)^{k-1} + \ldots + a_1 (x-q) + a_0$$

liefert ein Polynom mit rationalen Koeffizienten und Leitkoeffizient $a_k \neq 0$, das $x + q$ als Nullstelle besitzt. ∎

Die Abgeschlossenheit algebraischer Zahlen unter Addition und Multiplikation ist keineswegs so billig zu haben. Sie kann aber mit der Methode des obigen Satzes bewiesen werden:

Satz

Die algebraischen Zahlen $\mathbb{A}$ bilden einen Körper.

Beweis

Seien $a, b \in \mathbb{A}$. Nach dem Satz oben ist $-a \in \mathbb{A}$ und weiter $1/a \in \mathbb{A}$, falls $a \neq 0$. Da $\mathbb{R} \supseteq \mathbb{A}$ ein Körper ist, bleibt nur noch zu zeigen, daß $a + b, a \cdot b \in \mathbb{A}$. Seien hierzu $c_1, \ldots, c_{k-1}, d_1, \ldots, d_{k'-1} \in \mathbb{Q}$ mit

$$a^k + c_{k-1} a^{k-1} + \ldots + c_1 a + c_0 = 0.$$
$$b^{k'} + d_{k'-1} b^{k'-1} + \ldots + d_1 b + d_0 = 0.$$

Weiter sei $z_1, \ldots, z_p$ eine Aufzählung aller Produkte $a^i b^j$ mit $i < k$, $j < k'$. Sei $x = a + b$. Dann gilt wie im Beweis oben für alle $1 \leq i \leq p$:

(#) $x z_i$ ist eine Linearkombination von $z_1, \ldots, z_p$ mit rationalen Koeffizienten.

Wie oben folgt hieraus, daß x Lösung einer nichttrivialen Gleichung mit rationalen Koeffizienten ist, d.h. $x \in \mathbb{A}$. Analoges gilt für $x = a \cdot b$. ∎

Damit erhalten wir nun:

Satz *(Abgeschlossenheitssatz für die algebraischen Zahlen, starke Form)*

Seien $a_0, \ldots, a_k \in \mathbb{A}$, $a_k \neq 0$, und sei $x \in \mathbb{R}$ derart, daß

$$a_k x^k + a_{k-1} x^{k-1} + \ldots + a_1 x + a_0 = 0.$$

Dann ist $x \in \mathbb{A}$.

Beweis

Es gilt $x^k + a_{k-1}/a_k\, x^{k-1} + \ldots + a_1/a_k\, x + a_0/a_k = 0$.
Alle Koeffizienten dieser Gleichung sind algebraisch, da $\mathbb{A}$ Körper.
Nach der normierten Form des Satzes ist also $x \in \mathbb{A}$. ∎

Verfolgt man die Rechenoperationen des obigen Beweises genauer, so ergibt sich ein interessantes zusätzliches Ergebnis. Hierzu:

Definition *(ganze algebraische Zahlen, $\mathbb{A}^*$)*

Eine reelle Zahl x heißt *ganze algebraische Zahl*, falls es $a_0, \ldots, a_{k-1} \in \mathbb{Z}$ gibt mit:

$$x^k + a_{k-1} x^{k-1} + \ldots + a_1 x + a_0 = 0.$$

Wir setzen noch $\mathbb{A}^* = \{ x \in \mathbb{R} \mid x \text{ ist eine ganze algebraische Zahl} \}$.

Die Beweise oben zeigen de facto:

Satz *(Abgeschlossenheitssatz für die ganzen algebraischen Zahlen)*

Lösungen normierter Gleichungen mit Koeffizienten in $\mathbb{A}^*$ sind in $\mathbb{A}^*$. Weiter ist $\mathbb{A}^*$ ein Ring. Ist $a \in \mathbb{A}^*$ Lösung einer Gleichung der Form

$x^k + a_{k-1} x^{k-1} + \ldots + a_1 x + 1 = 0$ mit $a_1, \ldots, a_{k-1} \in \mathbb{Z}$,

so ist $1/a \in \mathbb{A}^*$.

Transzendente Zahlen

Vom anderen Ende her gedacht stellt sich die Frage, ob die algebraischen Zahlen vielleicht schon ganz $\mathbb{R}$ ausschöpfen. Dies ist nicht der Fall. Die Stärke der Polynome in Ehren, aber sie genügen nicht, um mit Hilfe von $\mathbb{Q}$ ganz $\mathbb{R}$ zu erschließen. Wir definieren:

Definition *(transzendente Zahlen)*
Ein $x \in \mathbb{R}$ heißt *transzendent*, falls x nicht algebraisch ist.

Der erste Nachweis der Existenz transzendenter Zahlen gelang Joseph Liouville im Jahre 1844 mit Hilfe von Kettenbrüchen. Sieben Jahre später gab er noch einen einfacheren Beweis. Der Liouvillesche Ansatz liefert konkrete transzendente Zahlen, die allerdings nicht aus der üblichen mathematischen Tätigkeit stammen, wie etwa π oder e. Der Transzendenznachweis für einzelne prominente Größen der Mathematik erwies sich dann auch als ein sehr anspruchsvolles Unterfangen – Liouville selber hatte zum Ziel gehabt, die Transzendenz von e zu zeigen. Dies gelang erst Charles Hermite 1873, und seinen Spuren folgend bewies Ferdinand Lindemann im Jahre 1882 die Transzendenz der Kreiszahl π. Legendre hatte bereits 1806 die Vermutung geäußert, daß π transzendent sei. Cantor konnte 1874 einen sehr einfachen Beweis für die pure Existenz transzendenter Zahlen geben (vgl. Kapitel 2).

---

in Dieudonne (1985): „Die Theorie der transzendenten Zahlen sollte Rückwirkungen auf die ganze Zahlentheorie haben: auf die Theorie der Diophantischen Gleichungen, die Primzahltheorie, die Theorie der algebraischen Zahlen. Was die Schwierigkeit des Gegenstandes anlangt, so bemerken wir, daß nach Liouville im Verlaufe von etwa dreißig Jahren praktisch kein neues Resultat erzielt wurde."

Der Satz von Liouville selber ist dagegen überraschend einfach zu beweisen. Er setzt die Untersuchung der Approximierbarkeit von reellen Zahlen durch rationale Zahlen fort.

Satz *(Satz von Liouville)*
Sei x eine algebraische Zahl, und sei $k = \deg(x) \geq 1$.
Dann existiert ein $c \in \mathbb{R}^+$ mit der Eigenschaft:

$$|x - p/q| > c/q^k \quad \text{für alle } p \in \mathbb{Z},\ q \in \mathbb{N}^+ \text{ mit } p/q \neq x.$$

Algebraische Zahlen vom Grad $k \geq 1$ sind also nicht d/q^{k+1}-approximierbar für alle $d \in \mathbb{R}^+$. Rationale Zahlen sind algebraische Zahlen vom Grad Eins, und damit verallgemeinert der Satz von Liouville das obige Ergebnis, daß rationale Zahlen nicht d/q^2-approximierbar sind für alle $d \in \mathbb{R}^+$.

Beweis

Seien also $a_0, \ldots, a_k \in \mathbb{Z}$, $a_k \neq 0$ derart, daß $a_k x^k + \ldots + a_1 x + a_0 = 0$.
Sei $0 < \varepsilon < 1$ derart, daß im Intervall $[x - \varepsilon, x + \varepsilon]$ keine weiteren Nullstellen des Polynoms

$$f(y) = a_k y^k + \ldots + a_1 y + a_0$$

liegen.
Sei weiter $s \in \mathbb{R}^+$ derart, daß gilt:

(+) $|f(y)|/|y - x| < s$ für alle y mit $|y - x| < \varepsilon$, $x \neq y$.

Zur Existenz eines solchen s bemüht man entweder den Mittelwertsatz der Differentialrechnung (mit $|f(y)| = |f(y) - f(x)|$), oder argumentiert so:

Beweis der Existenz von s

Sei $f(y) = (y - x)(b_{k-1} y^{k-1} + \ldots + b_0)$ [Polynomdivision].
Ist $t \in \mathbb{R}^+$ eine Schranke für das Polynom $b_{k-1} y^{k-1} + \ldots + b_0$ im Intervall $[x - \varepsilon, x + \varepsilon]$, so ist $s = t + 1$ wie in (+).

Für alle rationalen Zahlen p/q mit $f(p/q) \neq 0$ gilt:

(++) $|f(p/q)| \geq 1/q^k$.

Denn $f(p/q) = (a_k p^k + a_{k-1} p^{k-1} q + \ldots + a_1 p q^{k-1} + a_0 q^k) / q^k$;
der Zähler dieses Bruchs ist ganzzahlig, und ungleich 0, da $f(p/q) \neq 0$.
Für alle $p/q \in [x - \varepsilon, x + \varepsilon]$ mit $p/q \neq x$ gilt damit nach (+) und (++):

$$|x - p/q| > 1/s \cdot |f(p/q)| \geq 1/s \cdot 1/q^k.$$

– Damit ist $c = \min(\varepsilon, 1/s)$ wie gewünscht.

Insbesondere gilt: Die „typischen“ Quadratwurzeln sind nicht $1/q^3$-approximierbar, die „typischen“ dritten Wurzeln nicht $1/q^4$-approximierbar, usw. Der Beweis des Satzes zeigt, wie das limitierte Wachstumsverhalten von Polynomen zu Limitationen der Approximierbarkeit führt. Je einfacher eine algebraische Zahl als Nullstelle erhalten werden kann, desto schlechter ist sie rational approximierbar. Die gute Approximierbarkeit einer reellen Zahl durch rationale Zahlen zeigt also die algebraische Komplexität der Zahl und nicht etwa ihre Einfachheit. Positiv erhalten wir:

Korollar *(Identifikation transzendenter Zahlen, Liouville-Kriterium)*

Ist $x \in \mathbb{R}$ $1/q^k$-approximierbar für alle $k \in \mathbb{N}$, so ist x transzendent.

Dem Finder zu Ehren definiert man:

Definition *(Liouville-Zahlen)*

Ein $x \in \mathbb{R}$ heißt eine *Liouville-Zahl*, falls für alle $k \in \mathbb{N}$ gilt:
x ist $1/q^k$-approximierbar.

Alle Liouville-Zahlen sind also transzendent. Liouville-Zahlen lassen sich nun leicht konstruieren. Es entstehen hinsichtlich ihrer Definition sehr einfache reelle Zahlen, die aber aus algebraischer Sicht unfaßbar kompliziert sind. Als Beispiel einer Liouville-Zahl geben wir an:

$$x = \Sigma_{n \in \mathbb{N}} 10^{-n!} = 0{,}1\ 1\ 000\ 1\ 00000000000000000\ 1\ 0 \ldots$$

Die Zahl x ist gebildet aus einsamen Einsen zwischen fakultativ anwachsenden Nullblöcken. Es ist leicht zu sehen, daß x tatsächlich eine Liouville-Zahl ist. Verblüffend ist, daß wir mit recht einfachen Argumenten zeigen konnten, daß Nullstellen von Polynomen mit rationalen Koeffizienten kein derartiges Nachkommaverhalten aufweisen können.

Übung

Der unendliche Kettenbruch $[10, 10, 100, 1000000, \ldots, 10^{n!}, \ldots, \ldots, \ldots]$ ist eine Liouville-Zahl.

Relativ knappe und gut zugängliche Beweise der Transzendenz von e und π findet der Leser z. B. im Klassiker [Hardy/Wright 1979].

Literatur

Aigner, Martin / Ziegler, Günter 2004 Proofs from The Book; *Springer, Berlin.* Deutsch als: Das Buch der Beweise, Springer 2003.

Anderhub, H. J. 1941 Joco-Seria aus den Papieren eines reisenden Kaufmanns; *Kalle-Werke, Wiesbaden.*

Aristoteles 1995 Philosophische Schriften in sechs Bänden; *Meiner, Hamburg.*

Bachmann, Paul 1905 Allgemeine Arithmetik der Zahlkörper; *fünfter Teil von:* Zahlentheorie. Versuch einer Gesamtdarstellung dieser Wissenschaft in ihren Hauptteilen. B. G. Teubner, Leipzig. (Reprint 1968 bei Johnson Reprint, New York.)

Becker, Oskar 1933 Eudoxos-Studien I. Eine voreudoxische Proportionslehre und ihre Spuren bei Aristoteles und Euklid; *Quellen und Studien zur Geschichte der Mathematik, Astronomie und Physik (1933), Band 2, S. 311 – 330. (Auch in [Christianidis 2004].)*

- 1933b Eudoxos-Studien II. Warum haben die Griechen die Existenz der vierten Proportionale angenommen?; *Quellen und Studien zur Geschichte der Mathematik, Astronomie und Physik (1933), Band 2, S. 369 – 387.*

- 1936 Eudoxos-Studien III. Spuren eines Stetigkeitsaxioms in der Art des Dedekindschen zur Zeit des Eudoxos; *Quellen und Studien zur Geschichte der Mathematik, Astronomie und Physik, Band 3 (1936), S. 236 – 244.*

- 1957 Das mathematische Denken der Antike; *Vandenhoeck & Rupprecht, Göttingen.*

- 1965 (Hrsg.) Zur Geschichte der griechischen Mathematik; *Wissenschaftliche Buchgesellschaft, Darmstadt.*

Christianidis, Jean (Hrsg.) 2004 Classics in the History of Greek Mathematics; *Kluwer, Dordrecht.*

Dedekind, Richard 1930 – 1932 Gesammelte mathematische Werke; *drei Bände. Herausgegeben von Robert Fricke, Emmy Noether und Öystein Ore. Vieweg, Braunschweig. (Nachdruck in zwei Bänden: Chelsea, New York, 1969.)*

Dieudonné, Jean 1985 Geschichte der Mathematik 1700 – 1900. Ein Abriß; *Vieweg, Braunschweig. Lizenzausgabe auch bei VEB, Berlin, 1985.*

Dirichlet, P. G. Lejeune 1834 Einige neue Sätze über unbestimmte Gleichungen; *Abhandlungen der Königlich Preussischen Akademie der Wissenschaften 1834, S. 649 – 664.*

– 1889, 1897 Werke; *Herausgegeben von L. Kronecker (Band 1) und L. Fuchs (Band 2). Berlin.*

Ebbinghaus, Heinz-Dieter et al. 1988 Zahlen; *Zweite überarbeitete und ergänzte Auflage (erste Auflage 1983). Grundwissen Mathematik 1. Springer, Berlin.*

Euklid um 300 v. Chr. Elemente; *Zitiert wird nach der Ausgabe:*

– 2003 Die Elemente. Bücher I – XIII; *Übersetzt von C. Thaer, Einleitung von Peter Schreiber. Ostwalds Klassiker der exakten Wissenschaften 235, 4. Auflage 2003, Harri Deutsch, Frankfurt.*

Freudenthal, Hans 1966 Y avait-il une crise des fondements des mathématiques dans l'antiquité?; *Bulletin de la Société mathématique de Belgique 18 (1966), S. 43 – 55. (Auch in [Christianidis 2004].)*

Fritz, Kurt von 1954 The discovery of incommensurability by Hippasus of Metapontum; *Annals of Mathematics 46 (1954), S. 242 – 264.* (Auch in [Christianidis 2004], deutsch auch in [Becker 1965] und [Fritz 1971].)

– 1971 Grundprobleme der Geschichte der exakten Wissenschaft; *de Gruyter, Berlin.*

Gauß, Carl Friedrich 1986 Disquisitiones Arithmeticae (english edition); *Übersetzung aus dem Lateinischen von Arthur A. Clarke, erschienen 1966 bei Yale University Press. Überarbeitet von William C. Waterhouse. Springer, Berlin.* Die Originalausgabe der Disquisitiones erschien 1801 bei Fleischer, Leipzig.

Gemoll, Wilhelm 1965 Griechisches Schul- und Handwörterbuch; *Bearbeitet von Karl Vretska. Neunte Auflage (erste Auflage 1908). HPT-Medien AG, Zug. Vertrieb in Deutschland durch Oldenbourg Schulverlag, München.*

Gericke, Helmuth 1970 Geschichte des Zahlbegriffs; *Bibliographisches Institut, Mannheim.*

– 1984 Mathematik in Antike und Orient; *Springer, Berlin. Lizenzausgabe 2004 im Fourier Verlag, Wiesbaden.*

Hardy, G. H. / Wright, E. M. 1979 An Introduction to the theory of numbers; *Fünfte Auflage (erste Auflage 1938). Oxford Science Publications. Clarendon Press, Oxford.*

Hasse, Helmut / Scholz, Heinrich 1928 Die Grundlagenkrise der griechischen Mathematik; *Pan-Verlag, Berlin*

Heath, Thomas L. 1931 A Manual of Greek Mathematics; *Oxford University Press, Oxford. Reprint 1963 und 2003 bei Dover, Mineola, N.Y.*

Heller, Siegfried 1956 Ein Beitrag zur Deutung der Theodoros-Stelle in Platons Dialog „Theaetet"; *Centaurus 5 (1956), S. 1 – 58.*

Hermite, Charles 1874 Sur la fonction exponentielle; *Comptes Rendus Hebdomadaires des Séances de l'Académie des Sciences 77 (1874), S. 18 – 24, 74 – 79, 226 – 233, 285 – 293.*

Iamblichos 1963 Pythagoras. Legende, Lehre, Lebensgestaltung; *Griechisch und deutsch, hrsg. von M. von Albrecht. Artemis-Verlag, Zürich.*

Knorr, Wilbur R. 2001 The impact of modern mathematics on Ancient Mathematics; *Revue d'histoire des mathématiques 7 (2001), S. 121 – 135. (Auch in [Christianidis 2004].)*

Lindemann, Ferdinand 1882 Über die Zahl π; *Mathematische Annalen 20 (1882), S. 213 – 225.*

Liouville, Joseph 1851 Sur des classes très-étendues de quantités dont la valeur n'est ni algébrique, ni même réductible à des irrationelles algébriques; *Journal de mathématiques pures et appliquées 16 (1851), S. 133 – 142.*

Mainzer, Klaus 1998 Grundlagenprobleme in der antiken Wissenschaft; *Uvk Universitäts-Verlag, Konstanz.*

Meschkowski, Herbert 1979 Problemgeschichte der Mathematik I; *B.I.-Wissenschaftsverlag, Mannheim.*

Mitchell, Ulysses / Strain, Mary 1936 The number e; *Osiris 1 (1936), S. 476 – 496.*

Niven, Ivan 1947 A simple proof that π is irrational; *Bulletin of the American Mathematical Society 53 (1947), S. 509.*

Niven, Ivan / Zuckerman, Herbert S. 1976 Einführung in die Zahlentheorie I, II; *Übersetzung aus dem Amerikanischen von Rudolf Taschner. (Originalausgabe bei John Wiley & Sons 1960.) B. I.-Wissenschaftsverlag, Mannheim .*

Perron, Oskar 1910 Irrationalzahlen; *Walter de Gruyter, Berlin.*

– 1929 Die Lehre von den Kettenbrüchen; *Walter de Gruyter, Berlin.*

Platon 1977ff. Werke in 8 Bänden. Griechisch und Deutsch; *Herausgegeben von Gunther Eigler. Übersetzung aus dem Griechischen von Friedrich Schleiermacher u. a. Wissenschaftliche Buchgesellschaft, Darmstadt.*

Proclos Diadochos 1945 Kommentar zum ersten Buch von Euklids „Elementen"; *Übersetzung von P. Schönberger, Einleitung von M. Steck. Halle.*

– 1970 A Commentary on the First Book of Euclid's Elements; *Übersetzung von G. Morrow, Princeton University Press, Princeton.*

Russo, Lucio 2004 The Forgotten Revolution. How science was born in 300 BC and why it had to be reinvented; *Übersetzung aus dem Italienischen von Silvio Levy. Springer, Berlin.*

Schadewaldt, Wolfgang 1978 Die Anfänge der Philosophie bei den Griechen. Die Vorsokratiker und ihre Voraussetzungen. Tübinger Vorlesungen I; *Suhrkamp, Frankfurt.*

Schneider, Theodor 1957 Einführung in die transzendenten Zahlen; *Springer, Berlin.*

Schönbeck, Jürgen 2003 Euklid; *Vita Mathematica 12, Hrsg. von Emil Fellmann. Birkhäuser, Basel.*

Schreiber, Peter / Brentjes, Sonja 1987 Euklid; *Teubner, Leipzig.*

Siegel, Carl Ludwig 1967 Transzendente Zahlen; *B.I.-Wissenschaftsverlag, Mannheim.*

Szabó, Árpád 1956 Wie ist die Mathematik zu einer deduktiven Wissenschaft geworden?; *Acto Antiqua Academiae Scientiarum Hungaricae 4 (1956), S. 109 – 151.*

– 1969 Anfänge der griechischen Mathematik; *München.*

– 1994 Die Entfaltung der griechischen Mathematik; *Mannheim.*

Tannery, Paul 1887 La géométrie grecque; *Gauthier-Villars, Paris.*

Vogt, Heinrich 1910 Die Entdeckungsgeschichte des Irrationalen nach Plato und anderen Quellen des 4. Jahrhunderts; *Bibliotheca Mathematica 10 (1910), S. 97 – 155.*

Waerden, Bartel L. van der 1956 Erwachende Wissenschaft; *aus dem Holländischen von Helga Habicht, mit Zusätzen vom Verfasser. Birkhäuser, Basel.*

– 1979 Die Pythagoreer. Religiöse Bruderschaft und Schule der Wissenschaft; *Artemis-Verlag, Zürich.*

Zeuthen, Hieronymus Georg 1912 Die Mathematik im Altertum und im Mittelalter; *zuerst erschienen als „Kultur der Gegenwart" (III, 1, 1), Leipzig. Nachdruck 1966, Teubner, Stuttgart.*

– 1915 Sur l'origine historique de la connaissance des quantités irrationelles; *Oversigt over det Koneglige Danske videnskabernes Selskabs Ferhandlinger 1915, S. 333 – 362.*

Siehe weiter auch die Literaturangaben zum folgenden Überblick „Zur Geschichte der Analysis".

Intermezzo: Zur Geschichte der Analysis

Wir sammeln einige wichtige Stationen der Geschichte der reellen Analysis bis zur Mitte des 19. Jahrhunderts. Die Analysis hätte hier, nach dem Kapitel über irrationale Zahlen und vor dem Kapitel über die Mächtigkeitstheorie Cantors, ihren Platz. Damit ist dieses kurze Zwischenspiel gewissermaßen der historische Anhang eines „fehlenden Kapitels" zur Analysis, deren elementare Kenntnis wir beim Leser voraussetzen.

Die Entwicklung des Kontinuumsbegriffs diskutieren wir später ausführlicher im dritten Kapitel.

Der historisch interessierte Leser ist aufgerufen, sich über diese informal präsentierte Auswahl hinaus in den umfassenden Darstellungen der Geschichte der Naturwissenschaften weiter zu informieren. Im anschließenden Literaturverzeichnis finden sich hierzu einige weiterführende Titel.

Die Geschichte der Entdeckung der Inkommensurabilität durch die Pythagoreer haben wir im ersten Kapitel schon angesprochen. Wir beginnen mit:

3. Jahrhundert vor Chr. Hellenistische Mathematik

Mit Euklid beginnt der erste Anlauf in Europa, einen wissenschaftlichen Kulturkern zu etablieren. Er veröffentlicht um 300 v. Chr. das bislang wohl einflußreichste mathematische Lehrbuch der Weltliteratur, die vermutlich in Alexandria verfaßten „Elemente". Sie stellen mit ihren dreizehn Teilen eine Sammlung des damaligen Wissens dar. In den Elementen gibt es insbesondere Abschnitte über quadratische Gleichungen und irrationale Zahlen. Auch die Proportionslehre des Eudoxos findet Eingang. Das vielleicht wichtigste Merkmal der Elemente ist aber der Aufbau des dargestellten Stoffes. Er ist deduktiv-axiomatisch, und damit ein Vorläufer der heutigen mathematischen Grundlagenforschung.

Die herausragenden Mathematiker des Hellenismus nach Euklid sind dann Archimedes und der etwas jüngere Apollonius. Apollonius verdanken wir eine ausgearbeitete Theorie der Kegelschnitte. Archimedes führte komplexe Volumen- und Flächenberechnungen durch, ohne dabei allerdings echte Grenzübergänge zu verwenden oder zu allgemeinen Integrationsregeln vorzudringen. Archimedes gilt allgemein als der Gauß der Griechen. Seine Arbeiten nehmen wichtige Elemente der Infinitesimalrechnung vorweg. Sein Stil ist der heute übliche: Der mühsam freigeschlagene Weg, der zu den mathematischen Resultaten geführt hat, wird zumeist wieder der Verwilderung preisgegeben und eine möglichst direkte, knappe, bereinigte, später gefundene Darstellung bevorzugt. Interessant ist, daß sich Archimedes in seiner Anfang des 20. Jahrhunderts als Palimpsest aufgefundenen „Methode" explizit hierzu äußert. Er diskutiert dort heuristische Methoden, mit denen ein Resultat vor einem strengen Beweis gefunden werden soll. In einem zweiten Schritt kann dann der eigentliche Beweis gesucht werden. Neben einer hochentwickelten, technisch ausgefeilten Mathematik wird hier also bereits über die Mathematik selbst und die mathematische Tätigkeit reflektiert. Die Mathematik des Archimedes umfaßt: Berechnungen von π und des Volumens von Kugeln und Rotationskörpern, Konvexitätsbegriff, Formel für die Fläche der Ellipse, Hebelgesetze, Untersuchungen von Parabeln, Archimedische Spirale. Daneben technische Erfindungen und auch Kriegszeug, das allerdings bei der Belagerung von Syrakus gegen die Römer eingesetzt wurde und so dem Mathematiker, über seinen sprichwörtlichen Kreisen sitzend, den Tod brachte.

Das hellenistische Zentrum der Aktivitäten in Mathematik, Physik, Astronomie, Medizin und Technologie ist Alexandria. Die dortige Bibliothek mit 700000 Schriftrollen brennt (so wird oft berichtet) bei der Eroberung der Stadt durch Caesar im Jahr 47 v. Chr.

Mathematik bei den Römern

Helmuth Gericke schreibt:

Gericke (1984): „Irgendwo habe ich gelesen: Der einzige Beitrag, den die Römer zur Mathematikgeschichte geleistet haben, war der, daß ein römischer Soldat den Archimedes erschlagen hat. – In der Tat sind Fortschritte in der theoretischen Mathematik bei den Römern nicht zu finden; sie haben sich mehr für die praktischen Anwendungen interessiert.“

Charles Edwards hat einen Konkurrenzvorschlag:

Edwards (1979): „[Archimedes] requested that on his tombstone be carved a sphere inscribed in a right circular cylinder whose height equals its diameter. When the Roman orator Cicero was later serving as quaestor in Sicily, he found and restored the tomb with this inscription. The Romans had so little interest in pure mathematics that this action by Cicero was probably the greatest single contribution of any Roman to the history of mathematics.“

Kontrastierend zur Grabpflege läßt der römische Kaiser Justinian 529 die Platonische Akademie in der Nähe von Athen schließen, die dort seit fast 1000 Jahren bestanden hatte. Die Begründung lautet „alles Heiden“.

6. – 13. Jahrhundert Frühes Mittelalter und arabische Umwege

Das Mittelalter ist im Vergleich zur Blütezeit der griechischen Mathematik arm an mathematischer Forschung und auch an der Bewahrung des antiken mathematisch-naturwissenschaftlichen Erbes zunächst wenig interessiert. Gericke beschreibt das „Schicksal der Mathematik im Mittelalter“ als „... das Überleben eines Restes der griechischen Kultur und die Wiedergewinnung all dieser

Kenntnisse" [Gericke 1990, S. V]. Erst ab dem Ende des 13. Jahrhunderts führen Spekulationen über Unendlichkeit zu neuen Ideen und bereiten die Flut von Limesbildungen der späteren Analysis vor.

Alexandria fällt Mitte des 7. Jahrhunderts an die Araber. Diese übersetzen viele wissenschaftliche Werke des Hellenismus ins Arabische, von wo aus sie dann ab dem 11. Jahrhundert zurück ins Abendland geholt und ins Lateinische übertragen werden (siehe etwa [Toomer 1984]). Weiter erreichen original indisch-arabische Beiträge die europäische Landschaft, allen voran das ökonomische Notationssystem der arabischen Kaufleute.

9. Jahrhundert Al-Hwarizmi: Algebra und Algorithmen

Der Perser Abu Al-Hwarizmi verfaßt ein Buch mit dem Titel „Al-Kitab al-muhtasar fi hisab al-gabr wa'l-muqabala", „Ein kurzgefaßtes Buch über Rechenverfahren durch Ergänzen und Ausgleichen". Der Zweck ist rein praktischer Natur: Als intendierte Leser nennt der Autor all die, die sich bei Erbschaften, Handelsgeschäften und beim Ausmessen der Ländereien mit Rechenaufgaben konfrontiert sehen.

Aus „al-gabr" wird das heutige Wort „Algebra". Mutmaßlich ist darüber hinaus der Name des Arabers auch der Ursprung für „Algorithmus".

14. Jahrhundert Untersuchungen der Scholastik

Die Scholastik diskutiert nun intensiv die Probleme der Unendlichkeit, oft allerdings immer noch eher philosophisch und theologisch als mathematisch. Eine Expedition ins Ungewisse beginnt, die die griechischen Mathematiker, die jede nichtkonstruierende Form der Mathematik ablehnten, immer gescheut hatten. Nikolaus von Oresme untersucht Bewegungen von Körpern mit Hilfe graphischer Darstellungen. Einen Höhepunkt bilden seine „Questiones super geometriam Euclidis", in denen er geometrische Reihen studiert und weiter auch beweist, daß die harmonische Reihe $1 + 1/2 + 1/3 + \ldots$ divergiert. Roger Bacon, Albert von Sachsen u. a. kommen dem Grundgedanken der bijektiven Zuordenbarkeit bemerkenswert nahe. Diskutiert und kritisiert wird weiter die Aristotelische Auffassung, daß ein Kontinuum nicht aus einzelnen Atomen/Punkten bestehen könne.

1545 Gleichungen dritten und vierten Grades und komplexe Zahlen

Cardano veröffentlicht seine „Ars magna de regulis algebraicis". Es finden sich darin die Lösungsformeln für Gleichungen dritten und vierten Grades, sowie die erste überlieferte Rechnung mit komplexen Größen: Cardano rechnet $(5 + \sqrt{-15}) \cdot (5 - \sqrt{-15}) = 40$. Um die Lösungsformel für kubische Gleichungen entbrennt ein Prioritätsstreit mit Tartaglia. Cardano hatte ihm wohl geschworen, seine Formel nicht vor ihm zu veröffentlichen. In der Tat wurde die Lösungsformel für kubische Gleichungen zuerst von del Ferro (1515) und Tartaglia (1535) gefunden, und die Lösungsformel für Gleichungen vierten Grades geht auf Ferrari zurück. Unabhängig von der Lorbeerverteilung bleibt festzuhalten: Man konnte nun endlich etwas, was die Griechen definitiv nicht konnten. Selbstvertrauen für eine neue Epoche.

zweite Hälfte des 16. Jahrhunderts Notationen und Dezimalbruchschreibweise

Nach und nach lösen die in Deutschland gebräuchlichen Zeichen „+" und „–" die italienischen Alternativen „p" und „m" ab. Die Rechnungen enthalten mehr und mehr Formeln, wenn auch der Charakter des verkürzten umgangssprachlichen Ausdrucks erhalten bleibt.

Die Dezimaldarstellung setzt sich schließlich durch – ein kleines Detail mit großen Auswirkungen. In der Tat steht der Durchbruch am Ende einer komplizierten Entwicklung, und was uns als Stück aus einem Guß erscheint, blickt auf einen langen Weg zurück.

1591 Parameter und Variable

Vieta unterscheidet klar zwischen Parametern und Variablen in Gleichungen. Er verwendet Vokale für Variable und Konsonanten für Parameter.

1614 Logarithmen

Napier entdeckt das Logarithmieren zur Vereinfachung von komplexen Berechnungen. Er stellt 1614, kurz vor Ende seines Lebens, seine Tafeln in einem Werk mit dem hübschen Titel „Mirifici logarithmorum canonis descriptio" der Öffentlichkeit vor. Posthum erscheint auch die Methode zur Auffindung der Werte. Auf Napier geht weiter die Schreibweise zurück, eine reelle Zahl durch Angabe ihres ganzzahligen und ihres Bruchanteils anzugeben, getrennt durch ein Komma oder einen Punkt.

erste Hälfte des 17. Jahrhunderts Vorabend der Infinitesimalrechnung

Kepler untersucht 1615 Volumina von Rotationskörpern, und nimmt dabei infinitesimale Methoden vorweg. Fermat untersucht 1629 Maxima und Minima von Funktionen, und geht damit einen weiteren Schritt hin zur Infinitesimalrechnung: Funktionen ändern sich in der Umgebung von Minima und Maxima nur wenig. Vermehrt werden nun auch Tangenten von Kurven betrachtet, wobei die Volumen- und Flächenberechnung klar im Vordergrund steht. Historisch steht das Integral vor dem Differential, im Gegensatz zum heute üblichen Aufbau eines Analysislehrbuches.

Cavalieri benutzt 1635 „unendlich kleine" Raumsegmente zur Volumenberechnung in seiner Abhandlung „Geometria indivisibilibus". Er stellt das Cavalierische Prinzip auf: Haben alle parallel zur Grundebene verlaufenden Schnitte zweier dreidimensionaler Körper das gleiche Flächenverhältnis, so stehen auch die Volumina dieser Körper in diesem Verhältnis. Er vermutet, in heutiger Sprache formuliert, daß das Integral über die Funktion $f(x) = x^n$ über das Intervall [0, a] den Wert $a^{(n+1)}/(n+1)$ hat. Diese Formel und ihre Ausdehung auf allgemeinere Exponenten bilden fortan ein Zentrum des Interesses in Arbeiten von Fermat, Pascal und Wallis. 1658 kommt Pascal bei seiner Untersuchung der trigonometrischen Funktionen der Entdeckung der eigentlichen Infinitesimalrechnung sehr nahe.

1637 Beginn der analytischen Geometrie

Descartes untersucht in einem 1637 erschienenen Werk den Zusammenhang zwischen Lösungen von Gleichungen mit zwei Variablen und geometrischen Objekten. Zu gegebenen Kurven in der Ebene sucht er korrespondierende algebraische Ausdrücke $f(x, y)$, deren Lösungen $f(x, y) = 0$ die Kurve bilden. Geometrische Objekte können damit analytisch untersucht werden, was heute beinahe als Selbstverständlichkeit gilt. Fermat geht etwa zur gleichen Zeit den umgekehrten Weg und bestimmt geometrische Eigenschaften von Kurven ausgehend von algebraischen Ausdrücken (veröffentlicht 1679). Er klassifiziert in dieser Weise etwa Kegelschnitte in Abhängigkeit von den Parametern einer Gleichung $f(x, y) = 0$ zweiten Grades. Auf Descartes gehen viele heute noch übliche Notationen zurück: die Zeichen x, y, z für Variable, a, b, c, … für Parameter sowie die Notation x^n für die Exponentiation.

ab 1665 Entwicklung der Infinitesimalrechnung durch Leibniz und Newton, Prioritätsstreit

Leibniz und Newton entdecken unabhängig voneinander die Infinitesimalrechnung. Bei Leibniz stehen rein mathematische Aspekte im Vordergrund, Newton wendet seine Theorie hauptsächlich auf physikalisch motivierte Fragestellungen an. Es entsteht die „Newtonsche Mechanik".

Als Startpunkt kann man die Entdeckung der binomischen Reihenentwicklung von $(1 + x)^\alpha$ durch Newton 1665 angeben. Allgemein interessiert man sich in den folgenden Jahrzehnten für die Reihenentwicklung einer Funktion, um sie dann gliedweise differenzieren und integrieren zu können. 1666 formuliert Newton zum ersten Mal einen Zusammenhang zwischen dem Integral und dem Differential einer Funktion, was dann schließlich im Hauptsatz der Analysis kulminiert: Integrieren und Differenzieren sind inverse Operationen. Newton bestimmt die Reihenentwicklung der Sinus- und Cosinusfunktion, kennt die Kettenregel für das Differenzieren und verwendet intensiv die Substitutionsregel für das Integrieren. Er stellt Integrationstabellen zusammen. Weiter berechnet er mit seiner neuen Methode die Längen von Kurvenabschnitten. Newtons physikalisches Hauptwerk erscheint 1687, eine isolierte Darstellung seiner mathematischen Analysis erst 1704. Daneben erlangt Newtons Sicht der Dinge Bekanntheit durch die Bücher von Wallis.

Einige Resultate von Newton erreichen Leibniz in Briefform 1676. In einem Antwortschreiben notiert Leibniz die Reihe $\pi/4 = 1 - 1/3 + 1/5 - 1/7 + 1/9 - \dots$ Um diese Zeit hatte Leibniz bereits seine Version der Infinitesimalrechnung entwickelt. 1675 kennt er die Produktregel für das Differenzieren, zwei Jahre später dann auch die Quotientenregel. Er publiziert seine Theorie in den 80er und 90er Jahren des 17. Jahrhunderts. Leibniz rechnet intensiv mit infinitesimalen Größen. Ganz unabhängig von Fragen ihrer Existenz betont er, daß seine Resultate durch wesentlich mühsamere Rechnungen auch in eine Form gebracht werden könnten, die dem strengen Blick der traditionellen griechischen Mathematik genügen würden. So erscheinen die unendlich kleinen Größen als geschicktes Kondensat immer wiederkehrender Argumente. Später führt dann die freie Verwendung infinitesimaler Größen zu einer Explosion der Ergebnisse, wobei einige versteckte Fallen erst später bekannt werden. (Vgl. hierzu auch die Diskussion zur Entwicklung des Kontinuumbegriffs in Kapitel 3.)

Das Wort „infinitesimal“ für „unendlich klein“, die heute übliche dx/dy-Notation sowie das an eine Summe erinnernde Integralzeichen gehen auf Leibniz zurück. Besonders in der Physik ist aber daneben auch noch die Punktnotation von Newton für die zeitliche Ableitung einer Funktion gebräuchlich. Den daneben üblichen Strich für die Ableitung hat erst Lagrange 1797 populär gemacht. 1715 führt Taylor die heute nach ihm benannten Reihen ein, und markiert damit den Schlußpunkt eines Abschnitts, der die Mathematik und die Physik auf eine neue Stufe gestellt und diese beiden Disziplinen miteinander verbunden hatte.

Die Entdeckung der Infinitesimalrechnung ist auch der Schauplatz eines hitzigen Prioritätsstreits: Der Newton-Verehrer Nicolas Fatio de Duillier und weiter dann John Keill, der zuweilen als „Newtons Kampfroß“ bezeichnet wird, bezichtigten Leibniz des Plagiats. Leibniz rief die Royal Society zur Klärung an. Ihr Vorsitzender verfaßte 1712 als Vorstand einer von ihm eigens einberufenen Kommission einen Bericht, der die Plagiatsvorwürfe noch unterstrich. Dieser Vorsitzende der Royal Society war Newton selber, die beschuldigenden Schlußworte des Berichts sind in seiner Handschrift verfaßt. (Vgl hierzu auch [Laemmel 1957] und [Edwards 1979]. Der Fall ist auch literarisch anregend: Carl Djerassi hat hierüber sein Theaterstück „Kalkül“ verfaßt.)

Heute scheint sich folgendes Bild zu stabilisieren: Newton entdeckte die ersten wesentlichen Elemente der Theorie gegen 1664, Leibniz unabhängig davon gegen 1672. Leibniz hat dagegen seinen Kalkül vor Newton veröffentlicht. Man darf ruhig von einer unabhängigen Entdeckung reden.

Der Streit hatte durch seine Schärfe Auswirkungen auf die Entwicklung der Mathematik:

Edwards (1979): „An irony of the English “victory” in the Newton-Leibniz dispute was that English mathematicians, in steadfastly following Newton and refusing to adopt Leibniz' analytical methods, effectively closed themselves off from the mainstream of progress in mathematics for the next century. Although Newton's spectacular applications of mathematics to scientific problems inspired much of the eighteenth century progress in mathematics, these advances came mainly at the hands of continental mathematicians using the analytical machinery of Leibniz' calculus, rather than the methods of Newton.“

Zur gleichen Einschätzung des Falls kommt Victor Katz, vgl. [Katz, 1998].

Eine Vision von Leibniz war die Entwicklung einer formalen Universalsprache zur Unterstützung und Durchführung logischer Untersuchungen, und dieses philosophische Leitbild spielte eine entscheidende Rolle bei der Formulierung und Entwicklung seiner Mathematik. Das Ziel war wahrhaft hochgesteckt: In der symbolischen Universalsprache sollten sich alle Belange des menschlichen Denkens formulieren und durch Berechnung entscheiden lassen, wobei die Berechnung in einer syntaktischen Manipulation der symbolisierten Aussage besteht.

Am ehesten verwirklicht ist diese Vision von Leibniz heute in der Prädikatenlogik erster Stufe, mit einem klassischen Deduktionskalkül und einem interpretativ leistungsfähigen Axiomensystem wie dem der Mengenlehre. Während die Ausdrucksfähigkeit dieser formalen Sprache für mathematische Belange enorm ist, ist die algorithmische Lösung von mathematischen Problemen dagegen nur sehr eingeschränkt möglich, wie die Unentscheidbarkeitsresultate im Umfeld der Gödelschen Unvollständigkeitssätze zeigen. Zur Lösung mathematischer Probleme ist im allgemeinen „unberechenbare" Kreativität nötig, und in diesem Sinne ist die Vision von Leibniz widerlegt. Den symbolischen Kalkül auch auf die Naturwissenschaften und die Philosophie ausdehnen zu wollen, wie es Leibniz vorschwebte, erscheint aus heutiger Sicht übertrieben.

Leibniz trug auch konkret zur Realisierung von automatischen Berechnungen bei: Er baute eine Rechenmaschine zur Addition, Subtraktion, Multiplikation, Division und zum Wurzelziehen.

1696 Lehrbuch von l'Hospital

In einem Buch mit dem aussagekräftigen Titel „Analyse des infiniment petits pour l'intelligence des lignes courbes" gibt l'Hospital eine erste Lehrbuch-Darstellung der Infinitesimalrechnung. Es findet sich darin unter anderem die bekannte *l'Hospitalsche Regel*, die de facto von seinem Lehrer Johann Bernoulli gefunden wurde.

1748 Lehrbuch von Euler

Euler, der dominierende Mathematiker des 18. Jahrhunderts, veröffentlicht sein zweibändiges Werk „Introductio in analysin infinitorum", das einen Meilenstein in der Geschichte der mathematischen Literatur bildet. Es darf als erstes modernes Lehrbuch der Mathematik gelten, und es unterscheidet sich von den heutigen Büchern nicht wesentlich. Ab diesem Buch enden die unsäglichen Qualen eines heutigen Lesers, der sich für die Originalliteratur interessiert. Euler diskutiert in seinem Werk ausführlich die Zahl $e = 1/0! + 1/1! + 1/2! + 1/3! + \ldots$ und die Exponentialfunktion e^x. Daneben stehen die trigonometrischen Funktionen im Zentrum. Das Buch ist auch ein entscheidender Schritt in der Entwicklung des modernen Funktionsbegriffs. Euler definiert Funktionen allgemein als „analytische Ausdrücke" in einer Variablen.

1807 Fourier-Reihen

Fourier begründet in einem Vortrag der Pariser Akademie der Wissenschaften die heute nach ihm benannte Theorie der Entwicklung einer Funktion mit Hilfe der Sinus- und Cosinusfunktion als Basismaterial. Er veröffentlicht die Theorie in Buchform 1822. Dirichlet erkennt 1829 die mögliche totale Unstetigkeit des Limes einer konvergenten Fourierreihe. Konvergenz- und Stetigkeitsfragen sind auf dem Tapet.

1813 Gauß: Konvergenz von Reihen

Gauß untersucht sehr detailliert die Konvergenz der sog. hypergeometrischen Reihe. Dieudonné schreibt: „Die Untersuchung der Konvergenz oder Divergenz [dieser Reihe] hat die Ära der Strenge in der Analysis eröffnet."

1817 Bolzanos Beiträge zur Analysis

Bolzano beweist in „Rein analytischer Beweis des Lehrsatzes, daß zwischen zwei Werten, die ein entgegengesetztes Resultat gewähren, wenigstens eine reelle Wurzel der Gleichung liege" den Zwischenwertsatz. In der Arbeit findet sich weiter der erste Versuch einer formalen Definition der Stetigkeit einer Funktion: f ist stetig für alle x eines Intervalls, falls, „wenn x irgend ein solcher Wert ist, der Unterschied $f(x + \omega) - f(x)$ kleiner als jede gegebene Größe gemacht werden könne, wenn man ω so klein, als man nur immer will, annehmen kann." Die Arbeit enthält weiter zum ersten Mal eine Formulierung des sog. Cauchyschen Konvergenzkriteriums für konvergente Reihen.

Die Wirkung der Arbeit von Bolzano ist nicht besonders groß. Es ist umstritten, ob Cauchy sie gekannt hat – bei der Verfassung von:

1821 Lehrbuch von Cauchy

Cauchys „Cours d'Analyse" erscheint. Cauchy etabliert damit eine neue Stufe an mathematischer Genauigkeit, auch wenn er selber zuweilen noch über die Unterschiede zwischen „stetig" und „gleichmäßig stetig" stolpert. Die Definition der Stetigkeit einer Funktion in einem Punkt x lautet hier: f ist stetig in x, wenn der Betrag von $f(x - \alpha) - f(x)$ mit „α zugleich so abnimmt, daß er kleiner wird als jede endliche Zahl."

1823 Integralbegriff von Cauchy

Cauchy gibt zum ersten Mal eine strenge Definition des Integrals einer stetigen Funktion. Wie vor ihm Leibniz und Newton untersucht Cauchy keine allgemeinen Funktionen, betrachtet werden allenfalls endlich viele Polstellen. Die Frage, für welche Funktion das Cauchysche Summationsverfahren ein Integral liefert, stellt erst Riemann:

1854 Riemann-Integral

Riemann entwickelt in seiner Habilitationsschrift „Über die Darstellbarkeit einer Funktion durch eine trigonometrische Reihe" seine heute nach ihm benannte Integrationstheorie samt dem Begriff der „Integrierbarkeit" schlechthin (veröffentlicht durch Dedekind in [Riemann 1867]). Vorausgegangen war ein intensives Studium von Fourier-Reihen mit ihren unstetigen Grenzfunktionen.

1861 Stetige nirgendwo differenzierbare Funktionen

Weierstraß gibt in einer Vorlesung in Berlin Funktionen an, die überall stetig, aber nirgendwo differenzierbar sind (später veröffentlicht in [Weierstraß 1875]). Bolzano hatte bereits in den 1830er Jahren eine solche Funktion gefunden, aber erst die Beispiele von Weierstraß wurden populär:

$$\Sigma_{n\geq 0}\, b^n \cos(a^n \pi\, x), \quad \text{mit } a \in \mathbb{N},\ a \text{ ungerade},\ b \in\,]0, 1[,\ ab > 1 + 3/2\,\pi.$$

Das Ergebnis verstieß völlig gegen die damalige Intuition, die sich allenfalls diskret verteilte „Knicke" in stetigen Funktionen vorstellen konnte. Das Beispiel trug dazu bei, daß die Grundlagen der Analysis kritischer untersucht wurden.

1872 Konstruktionen von $\mathbb{R}$

Im selben Jahr erscheinen die Konstruktionen von Dedekind, Cantor und Heine der reellen Zahlen. Erst ab diesem Zeitpunkt liegt eine genaue mathematische Definition einer irrationalen Zahl vor. (Wir gehen im dritten Kapitel hierauf ausführlich ein.)

1872 Epsilontik bei Heine

Eduard Heine, unter dem Einfluß seines Lehrers Weierstraß, definiert die Stetigkeit einer Funktion in einem Punkt in seinen „Elementen der Funktionenlehre" wie folgt:

Heine (1872): „§2. Bedingungen der Kontinuität.
1. Definition. Eine Funktion f(x) heißt *bei einem bestimmten einzelnen Werte $x = X$ kontinuierlich*, wenn, für jede noch so klein gegebene Größe ε, eine andere positive Zahl η_0 von solcher Beschaffenheit existiert, daß für keine positive Größe η, die kleiner als η_0 ist, der Zahlwert von $f(X \pm \eta) - f(X)$ das η überschreitet."

Vgl. hierzu auch die obigen Definitionen bei Bolzano und Cauchy.

Die dieser Definition nachfolgenden Ausführungen bei Heine sind heute Grundbausteine aller Lehrbücher: Äquivalenz der ε-δ-Stetigkeit zur Folgenstetigkeit, Bestimmtheit einer stetigen Funktion durch ihre Werte auf $\mathbb{Q}$, Definition der Stetigkeit und auch der gleichmäßigen Stetigkeit auf Intervallen [a, b], Zwischenwertsatz, Annahme von Minimum und Maximum, gleichmäßige Stetigkeit stetiger Funktionen auf Intervallen [a, b]. Damit hatte die elementare Analysis im wesentlichen ihre heutige Form gefunden.

Topologische Begriffsbildungen finden sich erst viel später, die Definition eines metrischen und topologischen Raumes gab Hausdorff 1914. Ebenso gehört das Lebesgue-Integral bereits in das 20. Jahrhundert. Wir kommen in Kapitel 5 darauf zurück.

Literatur

Aaboe, Asger 1964 Episodes from the Early History of Mathematics; *Random House, New York.*

Baron, Margaret E. 1969 The Origins of the Infinitesimal Calculus; *Pergamon Press, Oxford. Nachdruck 1987 bei Dover, New York.*

Behrends, Ehrhard 2007 Analysis 1; *2. Auflage. Vieweg, Braunschweig.*

Birkhoff, Garrett (Hrsg.) 1973 A Source Book in Classical Analysis; *Harvard University Press, Cambridge Mass.*

Bolzano, Bernard 1817 Rein analytischer Beweis des Lehrsatzes, daß zwischen zwei Werten, die ein entgegengesetztes Resultat gewähren, wenigstens eine reelle Wurzel der Gleichung liege; *Abhandlungen der Königlich Böhmischen Gesellschaft der Wissenschaften 3, Band 5, S. 1 – 60. Nachdruck als Ostwalds Klassiker der exakten Wissenschaften 153, Leipzig, 1905.*

Bourbaki, Nicolas 1999 Elements of the History of Mathematics; *aus dem Französischen übersetzt von John Meldrum. Springer, Berlin.* (Originalausgabe 1984 bei Masson Editeur, Paris).

Boyer, Carl B. 1959 The History of the Calculus and its Conceptual Developments (The concepts of the calculus); *mit einem Vorwort von R. Courant. Dover, New York.*

– 1968 A History of Mathematics; *John Wiley, New York.*

Cauchy, Augustin-Louis 1821 Cours d'analyse; *Debure, Paris. Erster Teil davon auf Deutsch als „Algebraische Analysis" 1885 bei Springer, Berlin.*

Dieudonné, Jean 1985 Geschichte der Mathematik 1700 – 1900. Ein Abriß; *Vieweg, Braunschweig. Lizenzausgabe auch bei VEB, Berlin, 1985.*

Edwards, Charles H. Jr. 1979 The Historical Development of the Calculus; *Springer, Berlin. Neuauflage 1994, ebenfalls bei Springer.*

Folkerts, Menso 1971 Anonyme lateinische Euklidbearbeitungen aus dem 12. Jahrhundert; *Österreichische Akademie der Wissenschaften, Mathematisch-naturwissenschaftliche Klasse, Denkschrift 116, 1. Abhandlung, S. 5 – 42.*

– 1986 Die Bedeutung des lateinischen Mittelalters für die Entwicklung der Mathematik. Forschungsstand und Probleme; *Braunschweigische wissenschaftliche Gesellschaft, Jahrbuch 1986, S. 179 – 192.*

Fourier, Jean-Baptiste de 1822 Théorie analytique de la chaleur; *Didot, Paris.*

Gericke, Helmuth 1984 Mathematik in Antike und Orient; *Springer, Berlin. Lizenzausgabe 2004 im Fourier Verlag, Wiesbaden.*

– 1990 Mathematik im Abendland. Von den römischen Feldmessern bis zu Descartes; *Springer, Berlin. Lizenzausgabe 2004 im Fourier Verlag, Wiesbaden.*

Grattan-Guinness, Ivor 1970 The Development of the Foundation of Mathematical Analysis from Euler to Riemann; *MIT Press, Cambridge Mass.*

– 2000 (Hrsg.) From the Calculus to Set Theory, 1630 – 1910; *Princeton University Press, Princeton, NJ. (Nachdruck der 1. Auflage 1980, Duckworth, London.)*

Hairer, Ernst / Wanner, Gerhard 2000 Analysis by its History; *3. Auflage. Springer, Berlin.*

Heine, Eduard 1872 Die Elemente der Funktionenlehre; *Journal für die reine und angewandte Mathematik 74 (1872), S. 172 – 188.*

Jahnke, Hans Niels (Hrsg.) 1999 Geschichte der Analysis; *Unter Mitarbeit von Sibylle Ohly. Spektrum Akademischer Verlag, Heidelberg.*

Jourdain, Philip 1915 The origin of Cauchy's conceptions of a definite integral and the continuity of a function; *Isis 1 (1913), S. 661 – 703.*

Katz, Victor J. 1998 A History of Mathematics. An introduction; *2. erweiterte Auflage (erste Auflage 1993 bei Harper Collins, New York). Addison-Wesley, Reading. (Kurzfassung 2004 bei Pearson / Addison-Wesley, Boston.)*

Knorr, Wilbur R. 1983 Construction as existence proof in ancient geometry; *Ancient Philosophy 3 (1983), S. 125 – 148.*

Laemmel, Rudolf 1957 Isaac Newton; *Büchergilde Gutenberg, Zürich.*

Meschkowski, Herbert 1981 Problemgeschichte der Mathematik II; *B.I.-Wissenschaftsverlag, Mannheim.*

– 1986 Problemgeschichte der Mathematik III; *B.I.-Wissenschaftsverlag, Mannheim.*

Mittelstraß, Jürgen (Hrsg.) 1980ff. Enzyklopädie Philosophie und Wissenschaftstheorie; *4 Bände. B.I.-Wissenschaftsverlag, Mannheim.*

Riemann, Bernhard 1867 Über die Darstellbarkeit einer Funktion durch eine trigonometrische Reihe; *Abhandlungen der Königlichen Gesellschaft der Wissenschaften zu Göttingen, Mathematische Klasse 13 (1866/67), S. 87 – 132.*

Struik, Dirk (Hrsg.) 1969 A Source Book in Mathematics. 1200 – 1800; *Harward University Press, Cambridge Mass. Nachdruck 1986 bei Princeton University Press, Princeton.*

Toeplitz, Otto 1972 Die Entwicklung der Infinitesimalrechnung; *Wissenschaftliche Buchgesellschaft, Darmstadt.*

Toomer, Gerald J. 1984 Lost Greek mathematical works in Arabic translation; *Mathematical Intelligencer 6.2 (1984), S. 32 – 38.*

Pesin, Ivan N. 1970 Classical and Modern Integration Theories; *aus dem Russischen ins Amerikanische übersetzt und bearbeitet von Samuel Kotz. Academic Press, New York.*

Rudin, Walter 1987 Real and Complex Analysis; *3. Auflage. McGraw-Hill, New York.*

Volkert, Klaus 1988 Geschichte der Analysis; *Bibliographisches Institut, Mannheim.*

Weierstraß, Karl 1875 Über kontinuierliche Funktionen eines reellen Arguments, die für keinen Wert des letzteren einen bestimmten Differentialquotienten besitzen; *Journal für die reine und angewandte Mathematik 79 (1875), S. 29 – 31.*

Werner, Dirk 2006 Einführung in die höhere Analysis; *Springer, Berlin.*

2. Mächtigkeiten

Die Entdeckung der Überabzählbarkeit der reellen Zahlen durch Georg Cantor, brieflich fixiert am 7.12.1873, kann man mit guten Gründen als die zweite Revolution in der Geschichte von $\mathbb{R}$ bezeichnen. Über zweitausend Jahre liegen zwischen der Entdeckung von $\mathbb{R} \neq \mathbb{Q}$ durch die alten Griechen und $|\mathbb{R}| \neq |\mathbb{Q}|$, d.h.: Es gibt keine vollständige Paarbildung zwischen den rationalen Zahlen und den reellen Zahlen. Es gibt nicht nur irrationale Zahlen, sondern fast alle – in einem sehr präzisen Sinne – reellen Zahlen sind irrational.

Die dritte Revolution aus grundlagentheoretischer Sicht bildete dann der Beweis der Unabhängigkeit der Cantorschen Kontinuumshypothese durch Kurt Gödel (1938) und Paul Cohen (1963), der den Glauben an „die eine" Struktur $\mathbb{R}$ ins Wanken brachte und für viele zerschlagen hat. Mengentheoretiker würden vielleicht noch eine vierte Revolution nennen, nämlich den Beweis der projektiven Determiniertheit aus großen Kardinalzahlaxiomen in den 1980er Jahren, an dem wesentlich Donald Martin, John Steel und Hugh Woodin beteiligt waren. Wir kommen später auf diese Dinge noch zurück.

Mächtigkeiten

Wir wiederholen einige Grundbegriffe der von Georg Cantor im letzten Viertel des 19. Jahrhunderts im Alleingang entwickelten Mächtigkeitstheorie. Vieles davon wird dem Leser wohl ähnlich bekannt sein wie der Euklidische Algorithmus im ersten Kapitel.

Eine ausführliche Darstellung der elementaren Mächtigkeitslehre unter Auswertung historischer Quellen findet der Leser in [Deiser 2004]. Aber auch dort wie an anderen Stellen mußte es vielfach bei geschichtlichen Andeutungen bleiben. Das Thema ist ähnlich verwickelt wie die Entdeckung des Irrationalen. Andererseits ist jeder einführende Text zur Mengenlehre geeignet, eine durch das folgende evtl. auftretende rein mathematische Verunsicherung des Lesers wieder zu beseitigen.

Sind A und B Mengen, so schreiben wir $|A| = |B|$, falls eine Bijektion zwischen A und B existiert, und sagen: *Die Mächtigkeit von A ist gleich der Mächtigkeit von B.* Analog schreiben wir $|A| \leq |B|$, falls eine Injektion von A nach B existiert, und sagen: *Die Mächtigkeit von A ist kleinergleich der Mächtigkeit von B.* Schließlich meint $|A| < |B|$, daß $|A| \leq |B|$ und $|A| \neq |B|$ gilt. In der Mengenlehre kann $|A|$, die *Mächtigkeit* oder *Kardinalität* von A, befriedigend als Objekt definiert werden – eine lange Geschichte wiederum. Für viele Anwendungen genügt aber die gegebene relationale Definition, die nur die Begriffe bijektiv und injektiv verwendet. Wir werden darüber hinaus unten eine symbolische Arithmetik einführen und verwenden, ohne uns allzusehr um die Schwierigkeiten einer wirklich formal befriedigenden Definition zu kümmern. Mit Hilfe einer solchen symbolischen Arithmetik lassen sich viele Mächtigkeitsberechnungen und -vergleiche elegant durchführen, und es wäre schade, nur aufgrund eines allzu strengen technischen Gewissens darauf zu verzichten.

Eine Menge A heißt *Dedekind-unendlich* oder nur *unendlich*, falls $|\mathbb{N}| \leq |A|$. Andernfalls heißt A *(Dedekind-) endlich*. Man kann zeigen: Eine Menge A ist genau dann endlich, wenn ein $n \in \mathbb{N}$ existiert mit $|A| = |\{0, \ldots, n-1\}|$.

Eine Menge A heißt *abzählbar*, falls A endlich ist oder $|A| = |\mathbb{N}|$ gilt. Die Abzählbarkeit von A ist äquivalent zu $|A| \leq |\mathbb{N}|$. Eine nicht abzählbare Menge heißt *überabzählbar*. Es gilt: A ist überabzählbar *gdw* $|\mathbb{N}| < |A|$. Eine unendliche Menge A ist überabzählbar, wenn es keine Surjektion von $\mathbb{N}$ nach A gibt.

Durchgehend verwendet wird etwa: Ist $|A| = |B|$ und $|B| < |C|$, so ist auch $|A| < |C|$. Die Mächtigkeitsschreibweise ist insgesamt so beschaffen, daß alles, was suggeriert wird, auch richtig ist. Nichttrivial ist dabei der Beweis zweier grundlegender Sätze: Der Äquivalenzsatz von Cantor-Bernstein und der Vergleichbarkeitssatz von Cantor-Zermelo.

Satz *(Äquivalenzsatz von Cantor-Bernstein)*
Seien A, B Mengen, und es gelte $|A| \leq |B|$ und $|B| \leq |A|$.
Dann gilt $|A| = |B|$.

Beweis (nach Julius König 1906)
Seien $f : A \to B$ und $g : B \to A$ injektiv.
Für jedes $x \in A$ definieren wir rekursiv:

$$x_0 = x,$$
$$x_{n+1} = \begin{cases} g^{-1}(x_n), & \textit{falls } n \text{ gerade}, \\ f^{-1}(x_n), & \textit{falls } n \text{ ungerade}, \end{cases}$$

solange die Urbilder existieren. Sei

$$A_0 = \{ x \in A \mid x_n \text{ ist für alle } n \in \mathbb{N} \text{ definiert } \textit{oder} \text{ es gibt ein letztes } x_n \text{ und dessen Index } n \text{ ist gerade} \}.$$

Wir setzen nun für $x \in A$:

$$h(x) = \begin{cases} f(x), & \textit{falls } x \in A_0, \\ g^{-1}(x), & \textit{sonst.} \end{cases}$$

Dann ist $h : A \to B$ bijektiv (!).

Cantor vermutete den Satz in einer Arbeit von 1883. Dedekind konnte ihn dann 1887 beweisen, ließ das Licht aber unter dem Scheffel. (Die Kommunikation zwischen Cantor und Dedekind war zuweilen nicht unproblematisch.) Bernstein bewies den Satz unabhängig von Dedekind in einem Seminar von Cantor im Jahr 1897, und der Beweis wurde 1898 in einem Buch von Borel veröffentlicht. Er befreite von mühsamen Konstruktionen, ähnlich wie Beweise der Äquivalenz zweier Aussagen (i) und (ii) durch das Aufspalten in zwei Implikationen (i) $\curvearrowright$ (ii) und (ii) $\curvearrowright$ (i) oft unvergleichlich einfacher werden.

Der Beweis des Satzes zeigt:

Korollar

Seien A, B Mengen, und seien $f : A \to B$ und $g : B \to A$ injektiv.
Dann existieren $A_0, A_1 \subseteq A$ mit:

(i) $A_0 \cap A_1 = \emptyset, \quad A_0 \cup A_1 = A$,

(ii) $A_1 \subseteq \mathrm{rng}(g)$,

(iii) $f \mid A_0 \cup g^{-1} \mid A_1$ ist bijektiv von A nach B.

Eine Bijektion zwischen A und B kann also aus zwei Injektionen $f : A \to B$ und $g : B \to A$ durch ein geeignetes zweiteiliges Zusammenbauen der beiden Abbildungen erhalten werden – ein bemerkenswert einfaches Ergebnis.

Für den Beweis des Vergleichbarkeitssatzes verwenden wir ein zum Auswahlaxiom äquivalentes Maximalprinzip (in der Tat ist der Satz äquivalent zum Auswahlaxiom). Das bekannteste Maximalprinzip ist das sog. *Zornsche Lemma:* Ist $\langle P, < \rangle$ eine partielle Ordnung, in der jede linear geordnete Teilmenge (eine *Kette*) eine obere Schranke besitzt, so existiert ein maximales Element der Ordnung. (Siehe z. B. [Deiser 2004] für Beweise.)

Dieses Maximalprinzip ist relativ gut bekannt, bereitet aber vielen Anfängern große Schwierigkeiten, so daß sehr oft „sei x das maximale Element" zu hören ist wenn es „sei x ein maximales Element" heißen sollte. Im Zweifel für den Kommentar:

Sei also $\langle P, < \rangle$ eine partielle Ordnung, d. h. $<$ ist irreflexiv und transitiv auf P. $M \subseteq P$ heißt *lineare Teilordnung* oder auch *<-Kette*, falls für alle $x, y \in M$ gilt $x \leq y$ oder $y \leq x$. $s \in P$ heißt *obere Schranke von M*, falls $x \leq s$ für alle $x \in M$ gilt. Ein $m \in P$ heißt *ein maximales Element* der Ordnung, falls für alle $x \in P$ non$(m < x)$ gilt. Ein $m \in P$ heißt ein *größtes Element der Ordnung*, falls $x \leq m$ für alle $x \in P$ gilt. Im Falle der Existenz ist ein größtes Element eindeutig bestimmt, sodaß man von *dem* größten Element der Ordnung reden kann. Die leere Menge ist eine lineare Teilordnung jeder partiellen Ordnung, und durch diese Konvention ist also eine partielle Ordnung, die die Bedingung des Zornschen Lemmas erfüllt, immer nichtleer.

Einige Beispiele: Ist M eine Menge, so ist $\langle \mathcal{P}(M), \subset \rangle$ eine partielle Ordnung. In dieser Ordnung ist M das größte Element. In $\langle \mathcal{P}(M) - \{ M \}, \subset \rangle$ existiert dagegen kein größtes Element, wenn M mehr als ein Element hat. Ist $a \in M$, so ist $M - \{ a \}$ maximal in der Ordnung. Umgekehrt ist jedes maximale Element der Ordnung von der Form $M - \{ a \}$ für ein $a \in M$. $\langle \mathbb{N}, < \rangle$ mit der üblichen Ordnung erfüllt die Bedingung des Zornschen Lemmas nicht, da die lineare Teilordnung $\mathbb{N}$ keine obere Schranke hat.

Satz *(Vergleichbarkeitssatz von Cantor-Zermelo)*

Seien A, B Mengen. Dann gilt $|A| \leq |B|$ oder $|B| \leq |A|$.

Beweis

Sei $P = \{ f \mid f : A' \to B \text{ injektiv}, A' \subseteq A \}$.
Wir setzen für $f, g \in P$:

$f < g$, *falls* $f \subset g$.

Dann ist $\langle P, < \rangle$ eine partielle Ordnung. Ist $M \subseteq P$ linear geordnet, so ist $\bigcup M$ ein Element von P und eine obere Schranke von M.
Nach dem Zornschen Lemma existiert also ein maximales Element

f der Ordnung. Wegen Maximalität gilt dom(f) = A oder rng(f) = B (!). Also gilt $|A| \leq |B|$, bezeugt durch f, oder $|B| \leq |A|$, bezeugt durch f^{-1}. ∎

Der Beweis verdeckt sowohl die historische als auch die mathematische Komplexität des Resultates. Cantor hatte den Satz lange Zeit als Denkgesetz vermutet, aber erst Zermelo konnte 1904 und 1908 strenge Beweise liefern. Das Zornsche Lemma (1935) ist ein allgemeines Extrakt der Zermeloschen Beweistechnik von 1908, die den Begriff der Wohlordnung vermeidet. In der axiomatischen Mengenlehre ist der Vergleichbarkeitssatz äquivalent zum Auswahlaxiom. Der Satz von Cantor-Bernstein läßt sich dagegen ohne Auswahlaxiom zeigen (wie z. B. der Beweis oben zeigt).

Bestimmung einiger Mächtigkeiten

Die Idee der Abzählbarkeit einer Menge A ist: Die Elemente von A lassen sich in einer endlichen oder unendlichen Folge $x_0, x_1, \ldots, x_n, \ldots$ anordnen. Beispiele für abzählbar unendliche Mengen sind $\mathbb{N}$, $\mathbb{Z}$, $\mathbb{N}^2$, $\mathbb{N}^n$ für $n \geq 1$, $\mathbb{Q}$ und die Menge der algebraischen Zahlen. Ein wichtiger Satz ist hierbei:

Satz *(Multiplikationssatz für abzählbare Mengen)*
Seien A_n, $n \in \mathbb{N}$ abzählbar. Dann ist $\bigcup_{n \in \mathbb{N}} A_n$ abzählbar.

Dies zeigt man leicht durch *Wahl* je einer Aufzählung $x_{n,0}, x_{n,1}, \ldots$ von jeder Menge A_n und Verwendung der grundlegenden Cantorschen Diagonalaufzählung von $\mathbb{N} \times \mathbb{N}$:

(0, 0), (0, 1), (1, 0), (0, 2), (1, 1), (2, 0), (0, 3), (1, 2), (2, 1), (3, 0), (0, 4), …

Die Position eines Paares $(n, m) \in \mathbb{N}^2$ in dieser Reihe wird gegeben durch das bijektive Cantorsche *Paarungspolynom* $\pi : \mathbb{N}^2 \rightarrow \mathbb{N}$ mit

$$\pi(n, m) = 1/2(n + m)(n + m + 1) + n \quad \text{für } n, m \in \mathbb{N}.$$

Übung
Tragen Sie die ersten Elemente der $\mathbb{N}^2$-Aufzählung in ein Diagramm ein, und beweisen Sie, daß das Polynom π die Aufzählung beschreibt.
Beweisen Sie anschließend den obigen Vereinigungssatz.

Die Diagonalaufzählung zeigt, daß $|\mathbb{N}| = |\mathbb{N}^2|$ gilt, und Iteration liefert den Satz $|\mathbb{N}^n| = |\mathbb{N}|$ für alle $n \geq 1$. Eine rationale Zahl ist im wesentlichen ein Paar von natürlichen Zahlen – Zähler und Nenner –, und aus dieser Beobachtung gewinnt man leicht die Abzählbarkeit von $\mathbb{Q}$, evtl. unter Verwendung des Satzes von Cantor-Bernstein. Weiter folgt z. B., daß die Menge aller n-Tupel, $n \in \mathbb{N}$, gebildet aus natürlichen (oder ganzen oder rationalen) Zahlen abzählbar ist. Damit ist die „Menge aller Bücher“ bei gegebenem endlichen und selbst bei abzählbar unendlichem Vorrat an Typen abzählbar.

Die Abzählbarkeit der algebraischen Zahlen ergibt sich nun leicht: Jedes Polynom vom Grad n mit ganzzahligen Koeffizienten ist durch ein n-Tupel aus ganzen

Zahlen bestimmt, und hat maximal n verschiedene Nullstellen. Dies liefert eine Zerlegung der algebraischen Zahlen $\mathbb{A}$ in eine abzählbare Menge von endlichen Mengen. Die Menge $\mathbb{A}$ ist als Vereinigung dieser Mengen also abzählbar.

Gegeben die Abzählbarkeit der Bibliothek aller Bücher, der gegenüber die Bibliothek von Alexandria als der Zeitschriftentisch eines Hausarztes erscheint; gegeben die Abzählbarkeit der Menge aller algebraischen Zahlen, zusammen mit der Tatsache, daß sich transzendente Zahlen gar nicht so leicht finden lassen; gegeben all dies mag man fragen: Ist der Mächtigkeitsbegriff nicht überflüssig? Ist nicht unendlich gleich abzählbar unendlich? Ist nicht unendlich gleich unendlich? Die Antwort gibt der folgende zeitlose Satz.

Satz *(Überabzählbarkeit von $\mathbb{R}$)*

Es gilt $|\mathbb{N}| < |\mathbb{R}|$.

Beweis

Für ein reelles abgeschlossenes Intervall $I = [a, b]$, $a < b$, seien

$$L(I) = [a, a + (b - a)/3] \quad \text{und} \quad R(I) = [b - (b - a)/3, b]$$

das linke bzw. rechte Drittelintervall von I.

Seien nun $a, b \in \mathbb{R}$, $a < b$ beliebig, und sei $f : \mathbb{N} \to [a, b]$ beliebig.

Es genügt zu zeigen, daß f nicht surjektiv ist.

Wir definieren rekursiv I_n für $n \in \mathbb{N}$ durch $I_0 = [a, b]$ und

$$I_{n+1} = \begin{cases} L(I_n), & \textit{falls } f(n) \in R(I_n), \\ R(I_n), & \textit{sonst.} \end{cases}$$

Sei $\bigcap_{n \in \mathbb{N}} I_n = \{ d \}$.

Nach Konstruktion gilt $d \notin \mathrm{rng}(f)$ und $d \in [a, b]$.

Also ist $f : \mathbb{N} \to [a, b]$ nicht surjektiv.

Obiger Beweis ist eine Variante des ersten Cantorschen Überabzählbarkeitsbeweises von 1873. Das bekannte Argument der Diagonalisierung von Nachkommastellen fand Cantor erst viel später und stellte es in Form einer verallgemeinerbaren Konstruktion, dem heutigen *Satz von Cantor*, 1891 in einem Vortrag der Öffentlichkeit vor. Wir beweisen diesen allgemeinen Satz unten.

Im Beweis wird die Vollständigkeit der reellen Zahlen entscheidend benutzt, und deshalb scheitert das Argument für $\mathbb{Q}$. Denn über $\mathbb{Q}$ kann der Schnitt über eine absteigende Folge von abgeschlossenen beschrankten Intervallen $I_0 \supseteq I_1 \supseteq I_2 \supseteq \ldots \supseteq I_n \supseteq \ldots$ leer sein.

Sei etwa $q_n = [1, \ldots, 1]$ (n Einsen), die n-te rationale Kettenbruch-Approximation an den goldenen Schnitt $[1, 1, \ldots]$, und sei $I_n = \{ x \in \mathbb{Q} \mid q_{2n} \leq x \leq q_{2n+1} \}$ für $n \in \mathbb{N}$. Dann ist $\bigcap_{n \in \mathbb{N}} I_n = \emptyset$.

In $\mathbb{R}$ ist dagegen das Supremum der linken Intervallgrenzen in einer solchen Situation immer ein Element des Durchschnitts. Wir besprechen die Vollständigkeitseigenschaft von $\mathbb{R}$ ausführlich im nächsten Kapitel, und verwenden sie hier (wie schon in Kapitel 1 bei der Diskussion der unendlichen Kettenbrüche) als eine gut bekannte Tatsache.

Für den Autor gehört die Überabzählbarkeit der reellen Zahlen irrationalerweise zur Welt der alten Griechen. Es ist ihr Geist, der darin lebt, und sie waren vielleicht nicht so weit weg davon, wie wir glauben. Keiner hätte ihnen so früh die Entdeckung der irrationalen Zahlen zugetraut im Vergleich ihres Wissens zur ägyptischen „Technomathematik“ etwa. Und keiner hätte ihnen aus dem Nichts heraus die Entdeckung der axiomatischen Methode zugetraut, ein immer wieder mit Verblüffung erinnertes Ereignis. Der Zeit Galileis hätte die Überabzählbarkeit von $\mathbb{R}$ auch gut zu Gesicht gestanden, und Galilei war nun, im Gegensatz zu den Griechen nachweislich, recht nahe dran, als er über ein merkwürdiges Phänomen nachdachte, das wir heute als $|\mathbb{N}| = |\{ 2n \mid n \text{ ist gerade } \}|$ notieren würden.

Obiger Beweis zeigt direkt, daß jedes nichttriviale reelle Intervall überabzählbar ist. Jede Funktion $f : \mathbb{N} \to [a, b]$ für reelle $a < b$ läßt Werte aus $[a, b]$ aus.

Aus der Abzählbarkeit der algebraischen Zahlen und der Abzählbarkeit der Vereinigung zweier abzählbarer Mengen folgt nun:

Korollar *(Existenz transzendenter Zahlen)*

Es gibt überabzählbar viele transzendente Zahlen. Genauer gilt:
Bis auf abzählbar viele Ausnahmen ist jede reelle Zahl transzendent.

Strikt konstruktiv denkende Mathematiker beeindruckt dieses Existenzargument kaum, da es keine einzige transzendente reelle Zahl als solche identifiziert. Alle anderen beeindruckt es dagegen seit seiner Entdeckung. Das Land hinter dem Gebirge der algebraischen Zahlen ist von einer ungeahnten Weite.

Ein allgemeines Resultat über strikt kleinere Mächtigkeiten ist der folgende Satz, und sein Beweis ist das Urbeispiel eines *Diagonalarguments*.

Satz *(Satz von Cantor)*

Sei A eine Menge. Dann gilt $|A| < |\mathcal{P}(A)|$.

Beweis

Sicher gilt $|A| \leq |\mathcal{P}(A)|$ (denn g mit $g(a) = \{ a \}$ für $a \in A$ ist injektiv).
Sei also $f : A \to \mathcal{P}(A)$ beliebig.
Es genügt zu zeigen, daß f nicht surjektiv ist.
Sei $D = \{ x \in A \mid x \notin f(x) \}$.
Dann gilt für alle $x \in A$: $x \in D$ *gdw* $x \notin f(x)$.
Also ist $D \neq f(x)$ für alle $x \in A$, und also $D \notin \mathrm{rng}(f)$.

Man darf diesen Sechszeiler auch mit britischem Understatement als Jahrhundertentdeckung bezeichnen. Er zeigt, daß es im Reich der unendlichen Mächtigkeiten keine größte Mächtigkeit geben kann, und er nennt zu jeder Menge konkret eine Menge größerer Mächtigkeit. Eine Analyse des Beweises führte Bertrand Russell zu seiner Klasse $R = \{ x \mid x \text{ ist Menge und } x \notin x \}$. Er setzte in Cantors Beweis $A = \{ x \mid x \text{ ist Menge} \}$ und $f = \mathrm{id}_A$, die Identität auf A. Dann ist $D = R$, und $D \notin \mathrm{rng}(f) = A$. Also kann R und weiter auch A selbst keine Menge mehr sein. Man sagt heute: A und R sind *echte Klassen*. Sie sind, so die heute übliche Interpretation der Paradoxie, zu groß, um noch Mengen sein zu können.

Daß A keine Menge mehr sein kann, beruht auf einer zusätzlichen Vorstellung und läßt sich nicht alleine aus der Russell-Antinomie ableiten. Die zusätzliche Vorstellung ist: Teilklassen von Mengen sind wieder Mengen.

In der axiomatischen Mengenlehre von Zermelo-Fraenkel sind echte Klassen Objekte der Sprachebene, aber keine echten Objekte der mathematischen Welt mehr. Für die Allklasse A ist das ganz so, wie das Weltall selber kein Objekt eines Fernrohres mehr ist. Und für Mathematiker, die eine Art mathematisches Objektuniversum als sinnstiftende Hintergrundphilosophie annehmen, ist die Unterscheidung zwischen Mengen und echten Klassen dann auch nicht mehr besonders überraschend. Ist das All auch kein Objekt der Theorie, so können wir trotzdem sinnvoll sagen: „das Weltall ist so und so groß…“ oder „der weit entfernte Teil des Alls enthält …“. „Das All“ ist ein Element unserer Sprache.

Als Korollar erhalten wir insbesondere: $\mathcal{P}(\mathbb{N})$ ist überabzählbar. Zusammen mit dem folgenden grundlegenden Satz ergibt sich dann ein zweiter Beweis der Überabzählbarkeit der reellen Zahlen:

Satz *($\mathbb{R}$ und die Potenzmenge der natürlichen Zahlen)*
Es gilt $|\mathbb{R}| = |\mathcal{P}(\mathbb{N})|$.

Beweis

zu $|\mathbb{R}| \leq |\mathcal{P}(\mathbb{N})|$:

Sei $x = \pm\, a_1, a_2\, a_3 \ldots$ in kanonischer Dezimaldarstellung.
Sei $f(x) = \{ \pi(i, a_i) \mid i \in \mathbb{N} \}$, mit dem Paarungspolynom $\pi : \mathbb{N}^2 \to \mathbb{N}$, wobei wir das Vorzeichen von x hier durch $a_0 \in \{ 0, 1 \}$ kodieren.
Diese Zuordnung liefert ein injektives $f : \mathbb{R} \to \mathcal{P}(\mathbb{N})$.

zu $|\mathcal{P}(\mathbb{N})| \leq |\mathbb{R}|$:

Für $A \subseteq \mathbb{N}$ sei $g(A) \in \mathbb{R}$ der unendliche Kettenbruch $[n_0, n_1, \ldots]$ mit $n_i = 2$, falls $i \in A$, und $n_i = 1$, falls $i \notin A$.
Dann ist $g : \mathcal{P}(A) \to \mathbb{R}$ injektiv. ∎

Natürlich basiert der Satz nicht wesentlich auf Kettenbrüchen. Der Leser ist aufgerufen, andere Injektionen zu konstruieren (etwa mit Hilfe von Dezimalbruchentwicklungen, unendlichen Reihen, usw.).

Korollar *(Beweis der Überabzählbarkeit von $\mathbb{R}$ mit der Diagonalmethode)*
$|\mathbb{N}| < |\mathbb{R}|$.

Beweis

Es gilt $|\mathbb{N}| < |\mathcal{P}(\mathbb{N})| = |\mathbb{R}|$. ∎

Die Diagonalmethode steckt hier im Beweis von $|\mathbb{N}| < |\mathcal{P}(\mathbb{N})|$. Das bekannte Verfahren der Diagonalisierung von Nachkommastellen einer unendlichen Liste von reellen Zahlen zeigt $|\mathbb{N}| < |\mathbb{R}|$ in einem Schritt. Der allgemeine Satz von Cantor bringt aber das zugrundeliegende Phänomen in seiner reinsten Form ans Licht.

Übung

Es gilt $|{}^{\mathbb{R}}\mathbb{R}| = |\mathcal{P}(\mathbb{R})|$.

Eine weitere Gleichung von nicht zu überschätzender Bedeutung ist:

Übung

Es gilt $|{}^{\mathbb{N}}\mathbb{N}| = |\mathcal{P}(\mathbb{N})|$.

Wir wenden uns nun einer Arithmetik zu, die derartige Resultate fast von selbst liefert, ohne daß immer wieder Injektionen konstruiert werden müßten.

Eine symbolische Arithmetik mit Mächtigkeiten

Die Einführung einer symbolischen Arithmetik mit Mächtigkeiten vereinfacht viele weitere Resultate. Wir denken uns hierzu jeder Menge A ein Zeichen $\mathfrak{a} = |A|$ zugeordnet derart, daß gleichmächtige Mengen durch das gleiche Zeichen repräsentiert werden. $\mathfrak{a}$ heißt dann eine *Kardinalzahl*. Gilt $\mathfrak{a} = |A|$, so heißt $\mathfrak{a}$ die *Kardinalität von A*. $\mathfrak{a}$ heißt *unendlich*, falls A unendlich ist. Speziell wählen wir natürliche Zahlen n als Zeichen für Mengen mit genau n Elementen, und ω als Zeichen für die abzählbaren Mengen. Es gilt also z. B. $\omega = |\mathbb{N}| = |\mathbb{Q}|$. Wenn wir möchten, können wir ω mit $\mathbb{N}$ identifizieren.

Unsere Zeichenzuweisung ist keine Definition im üblichen Sinne, ist aber seit Hausdorff (1914) im nichttechnischen Umfeld gebräuchlich und völlig ausreichend. Die genaue Durchführung der Idee ist überraschend kompliziert, und geschieht innerhalb der axiomatischen Mengenlehre nach der Behandlung der Ordinalzahlen oder nach der Einführung der von-Neumann-Zermelo-Hierarchie. Für unsere Zwecke genügt obige Zeichenzuweisung. Ausdrücke und Berechnungen mit Kardinalzahlen lassen sich prinzipiell immer in die relationale Mächtigkeitsschreibweise und die Manipulation von Funktionen zurückübersetzen.

Sind wir nur an einigen wenigen speziellen Mächtigkeiten interessiert, so haben wir gar keine definitorischen Probleme. Wir wählen dann einfach als Zeichen $\mathfrak{a}$ eine bestimmte Menge selber, die wir als Repräsentanten aller zu ihr gleichmächtigen Mengen ansehen.

Wir formulieren den Satz von Cantor-Bernstein und den Vergleichbarkeitssatz noch einmal in der neuen Form mit Kardinalzahlen:

Satz von Cantor-Bernstein

Für alle Kardinalzahlen $\mathfrak{a}$ und $\mathfrak{b}$ gilt: $\mathfrak{a} \leq \mathfrak{b}$ und $\mathfrak{b} \leq \mathfrak{a}$ *folgt* $\mathfrak{a} = \mathfrak{b}$.

Vergleichbarkeitssatz

Für alle Kardinalzahlen $\mathfrak{a}$ und $\mathfrak{b}$ gilt: $\mathfrak{a} \leq \mathfrak{b}$ oder $\mathfrak{b} \leq \mathfrak{a}$.

Es bietet sich nun der folgende arithmetische Kalkül an [Cantor 1895]:

Definition *(Arithmetik mit Kardinalzahlen)*

Seien $\mathfrak{a}$, $\mathfrak{b}$ Kardinalzahlen, und seien A, B Mengen mit $\mathfrak{a} = |A|$, $\mathfrak{b} = |B|$. Wir setzen:

$$\mathfrak{a} + \mathfrak{b} = |A \times \{0\} \cup B \times \{1\}|,$$
$$\mathfrak{a} \cdot \mathfrak{b} = |A \times B|,$$
$$\mathfrak{a}^{\mathfrak{b}} = |{}^{B}A|.$$

Die Definitionen sind unabhängig von der Wahl von A und B. Unmittelbar einleuchtend sind Rechengesetze wie:

$$\mathfrak{a} + \mathfrak{b} = \mathfrak{b} + \mathfrak{a}, \quad \mathfrak{a} \cdot \mathfrak{b} = \mathfrak{b} \cdot \mathfrak{a},$$
$$\mathfrak{a} + (\mathfrak{b} + \mathfrak{c}) = (\mathfrak{a} + \mathfrak{b}) + \mathfrak{c}, \quad \mathfrak{a} \cdot (\mathfrak{b} \cdot \mathfrak{c}) = (\mathfrak{a} \cdot \mathfrak{b}) \cdot \mathfrak{c}, \quad \text{usw.}$$

Die eingeführte Arithmetik beinhaltet die übliche Arithmetik auf den natürlichen Zahlen, und stimmt auch in Sonderfällen wie etwa $0^0 = 1$ mit ihr überein (denn ${}^{\emptyset}\emptyset = \{\emptyset\}$).

Einige oben bewiesene Abzählbarkeitsresultate lauten nun in der neuen Schreibweise: $\omega = \omega^2 = \omega \cdot \omega$, $\omega = \omega^n$ für $n \in \mathbb{N}^+$.

Die meiste Kraft wohnt nun den Rechenregeln für die Exponentiation inne. Die folgenden Gleichungen gelten für alle Kardinalzahlen $\mathfrak{a}$, $\mathfrak{b}$, $\mathfrak{c}$. Sie sind leicht durch Manipulation von Bijektionen einzusehen:

$$\mathfrak{a}^{\mathfrak{b}+\mathfrak{c}} = \mathfrak{a}^{\mathfrak{b}} \cdot \mathfrak{a}^{\mathfrak{c}},$$
$$(\mathfrak{a} \cdot \mathfrak{b})^{\mathfrak{c}} = \mathfrak{a}^{\mathfrak{c}} \cdot \mathfrak{b}^{\mathfrak{c}},$$
$$(\mathfrak{a}^{\mathfrak{b}})^{\mathfrak{c}} = \mathfrak{a}^{\mathfrak{b} \cdot \mathfrak{c}}.$$

Die Beweise dieser Gleichungen seien dem Leser zur Übung überlassen.

Ist $\mathfrak{a} = |A|$, so gilt $|\mathcal{P}(A)| = 2^{\mathfrak{a}}$, wobei eine Bijektion $f : \mathcal{P}(A) \to {}^{A}\{0, 1\}$ einfach definiert werden kann durch $f(B) = \mathrm{ind}_B$ für $B \subseteq A$, wobei ind_B die *Indikatorfunktion auf B* ist, d. h. $\mathrm{ind}_B(x) = 1$, falls $x \in B$, und $\mathrm{ind}_B(x) = 0$ sonst. Damit gilt wegen $|\mathbb{R}| = |\mathcal{P}(\mathbb{N})|$ die oft verwendete Gleichung

$$|\mathbb{R}| = 2^{\omega}.$$

Weiter schreibt sich jetzt der Satz von Cantor sehr elegant:

Satz von Cantor

Für alle Kardinalzahlen $\mathfrak{a}$ gilt $\mathfrak{a} < 2^{\mathfrak{a}}$.

Wir gewinnen nun aus den Rechenregeln der Exponentiation sehr einfach elementare Ergebnisse wie etwa $2^{\omega} = \omega^{\omega}$:

$$2^{\omega} \leq \omega^{\omega} \leq (2^{\omega})^{\omega} = 2^{\omega \cdot \omega} = 2^{\omega}.$$

Es gilt also z. B. $|\mathbb{R}| = |{}^{\mathbb{N}}\mathbb{N}|$ (vgl. die Übung oben).

Die vielleicht beeindruckendste Anwendung des Kalküls ist der einzeilige Beweis des Multiplikationssatzes für $\mathbb{R}$:

Satz *(Gleichmächtigkeit der Ebene und der Linie)*
Es gilt $|\mathbb{R} \times \mathbb{R}| = |\mathbb{R}|$.

Beweis
$|\mathbb{R}|^2 = (2^\omega)^2 = 2^{2 \cdot \omega} = 2^\omega = |\mathbb{R}|$.

Der Leser ist aufgerufen, eine konkrete Injektion $f : \mathbb{R}^2 \to \mathbb{R}$ zu finden. Die Auflösung und Neuverkettung der in der Gleichungskette des Beweises enthaltenen Einzelargumente führt im wesentlichen zur originalen Beweisidee von Cantor 1878, nämlich der Mischung von Nachkommastellen zweier reeller Zahlen in kanonischer Darstellung: 0,1219... und 0,3278... wird z. B. abgebildet auf 0,13221798...

Cantors Mischung liefert keine direkte Bijektion, und man muß den Satz von Cantor-Bernstein bemühen. Führt man die Mischung nicht mit Ziffern, sondern mit Blöcken der Form 00...00i, $1 \leq i \leq 9$, aus, so erhält man eine direkte Bijektion zwischen ${\mathbb{R}^+}^2$ und $\mathbb{R}^+$ (Trick von Julius König). Das Zahlenpaar n,001201... und m,100015... in kanonischer Darstellung wird dabei etwa abgebildet auf π(n, m),001120001015..., wobei π wieder das Paarungspolynom auf $\mathbb{N}^2$ ist.

Induktiv folgt $|\mathbb{R}|^n = |\mathbb{R}|$ für alle $n \geq 1$, und analog zum Beweis oben zeigt man, $\omega \cdot \omega = \omega$ verwendend, sogar $|{}^{\mathbb{N}}\mathbb{R}| = |\mathbb{R}|$. Die endlichdimensionalen Kontinua $\mathbb{R}^n$ für $n \geq 1$ und sogar noch das abzählbar-unendlichdimensionale Kontinuum ${}^{\mathbb{N}}\mathbb{R}$ haben alle die Mächtigkeit der reellen Zahlen.

Diese Resultate von Cantor aus dem Jahre 1884, noch per Hand ohne den bequemen Kardinalzahlkalkül und ohne den Satz von Cantor-Bernstein gewonnen, riefen zur damaligen Zeit große Irritationen hervor. Man mußte eine Frage stellen, über die man sich bislang keine ernsthaften Gedanken gemacht hatte: Was macht den Dimensionsbegriff eigentlich aus? Die Frage wurde erst innerhalb der Topologie nach der Jahrhundertwende befriedigend geklärt. Wesentlich ist, daß Bijektionen zwischen verschiedendimensionalen Kontinua $\mathbb{R}^n$ und $\mathbb{R}^m$ nicht stetig sein können. Dies wurde von Dedekind sogleich vermutet, als er den Cantorschen Beweis von $|\mathbb{R}^2| = |\mathbb{R}|$ zu Gesicht bekam. Aber erst Brouwer gelang 1911 der erste vollständige Beweis (vgl. hierzu auch 2.2).

Übung
Zeigen Sie für alle unendlichen Kardinalzahlen $\mathfrak{a}$:
(i) $\mathfrak{a}^\mathfrak{a} = 2^\mathfrak{a}$, d. h. $|{}^A A| = |\mathcal{P}(A)|$ für alle unendlichen Mengen A,
(ii) $\mathfrak{a} + \mathfrak{a} = \mathfrak{a}$ *folgt* $2^\mathfrak{a} \cdot 2^\mathfrak{a} = 2^\mathfrak{a}$.

Nichttriviale Ergebnisse der elementaren Kardinalzahlarithmetik sind der Additions- und der Multiplikationssatz: Es gilt $\mathfrak{a} + \mathfrak{a} = \mathfrak{a}$ und $\mathfrak{a} \cdot \mathfrak{a} = \mathfrak{a}$ für alle unendlichen Kardinalzahlen $\mathfrak{a}$. Es folgt, daß $\mathfrak{a} + \mathfrak{b} = \mathfrak{a} \cdot \mathfrak{b} = \max(\mathfrak{a}, \mathfrak{b})$ gilt für alle unendlichen Kardinalzahlen $\mathfrak{a}$ und $\mathfrak{b}$. Zurückübersetzt in die Sprache der Bijektionen gilt also insbesondere: Ist M unendlich, so existiert eine Bijektion zwischen M und M^2. Siehe etwa [Deiser 2005] für die längere Geschichte dieses Satzes und des spezielleren Cantorschen Resultats über die Gleichmächtigkeit der Ebene und der Linie.

Das Kontinuumsproblem

Der Satz von Cantor zeigt $\omega < 2^\omega$, und die Frage ist nun einfach: Gibt es eine Kardinalzahl $\mathfrak{a}$ mit $\omega < \mathfrak{a} < 2^\omega$ oder nicht? Das Cantorsche Kontinuumsproblem lautet: Welche Mächtigkeit hat $\mathbb{R}$?

Cantorsche Kontinuumshypothese (CH)

2^ω ist die auf ω folgende Mächtigkeit. Anders:
Es gibt keine Kardinalzahl $\mathfrak{a}$ mit $\omega < \mathfrak{a} < 2^\omega$.

Die erste Erwähnung der Kontinuumshypothese findet sich in [Cantor 1878].

Zwei äquivalente Formulierungen der Kontinuumshypothese – und zugleich Beispiele für die Elimination der arithmetischen Notation – sind:

Ist A eine unendliche Menge mit $|A| < |\mathbb{R}|$, *so ist* $|A| = |\mathbb{N}|$.

Für alle $A \subseteq \mathbb{R}$ *gilt: A ist abzählbar oder gleichmächtig zu* $\mathbb{R}$.

Die letzte Formulierung ist wohl die erfolgreichste, um das Problem einem Nichtmathematiker nahezubringen. Sie benutzt keine Objekte und Begriffe außer den reellen Zahlen und der Idee des Größenvergleichs durch Paarbildung.

In der Mengenlehre zeigt man: Es gibt eine kleinste Kardinalzahl, die größer als ω ist. Dies heißt nichts anderes als: Es gibt eine überabzählbare Menge A mit der Eigenschaft: Ist B eine überabzählbare Menge, so ist $|A| \leq |B|$. Die Kardinalität einer solchen Menge A ist eindeutig bestimmt und wird mit ω_1 oder gleichwertig $\aleph_1$ bezeichnet. ω_1 ist die kleinste überabzählbare Kardinalzahl, so wie ω die kleinste unendliche Kardinalzahl ist. Damit schreibt sich die Kontinuumshypothese dann einfach als $2^\omega = \omega_1$.

Cantor glaubte an die Gültigkeit der Kontinuumshypothese. Er suchte jahrelang nach einem Beweis und hielt am Ende viele wichtige Begriffe und Teilergebnisse in den Händen. Seine Suche nach einer vollständigen Lösung des Problems war aber, wie er nicht ahnen konnte, von vornherein zum Scheitern verurteilt. Es gibt keinen Weg zu seinem Ziel, den er hätte finden können. Denn: Die Kontinuumshypothese ist innerhalb der klassischen Mathematik weder beweisbar noch widerlegbar, es sei denn, die heute akzeptierten Methoden der Mathematik sind in sich widersprüchlich (dann ist (CH), wie jede andere Aussage, sowohl beweisbar als auch widerlegbar). Diese sog. *Unabhängigkeit* der Kontinuumshypothese – weder beweisbar noch widerlegbar zu sein – bewiesen, je die Hälfte mit zwei völlig verschiedenen Methoden beisteuernd, Kurt Gödel 1938 und Paul Cohen 1963. Gödel zeigte, daß (CH) nicht widerlegbar ist, während Cohen bewies, daß (CH) nicht beweisbar ist. „Beweisbar" muß zum Beweis solcher Sätze mathematisch präzisiert werden, was eine Aufgabe der mathematischen Logik ist. Nach der Formalisierung werden dann die Unabhängigkeitsbeweise selber mit modelltheoretischen Methoden geführt. Sie sind Glasgebäude der Semantik auf einem syntaktischen Unterbau aus Beton.

Natürlich wird die Kontinuumshypothese beweisbar, wenn man eine Umformulierung oder Verstärkung von (CH) als neues mathematisches Axiom postuliert. Kein solches Axiom hat aber bislang allgemeine Akzeptanz gefunden, und das gleiche gilt für neue Axiome, die implizieren, daß (CH) falsch ist.

Man kann in der klassischen Mathematik zwar (CH) nicht entscheiden, aber doch noch etwas mehr über die Größe von $\mathbb{R}$ beweisen als nur die eine Ungleichung $|\mathbb{R}| > \omega$. Die Gleichung $|\mathbb{R}| = 2^\omega$ zwingt der Kardinalität des Kontinuums eine gewisse Stabilitätseigenschaft auf. Es gilt nämlich:

Satz *(Unzerlegbarkeitssatz von Julius König)*
Seien $A_n \subseteq \mathbb{R}$ für $n \in \mathbb{N}$, und sei $|A_n| < |\mathbb{R}|$ für $n \in \mathbb{N}$.
Dann ist $|\bigcup_{n \in \mathbb{N}} A_n| < |\mathbb{R}|$.

Beweis
Sei $A = \bigcup_{n \in \mathbb{N}} A_n$, und sei $f : A \to {}^{\mathbb{N}}\mathbb{R}$ beliebig.
Wir zeigen, daß f nicht surjektiv ist.
Wegen $|{}^{\mathbb{N}}\mathbb{R}| = (2^\omega)^\omega = 2^{\omega \cdot \omega} = 2^\omega = |\mathbb{R}|$ folgt hieraus die Behauptung.
Wir definieren $g : \mathbb{N} \to \mathbb{R}$ durch:

$g(n)$ = „ein $x \in \mathbb{R}$ mit $x \neq f(y)(n)$ für alle $y \in A_n$" für $n \in \mathbb{N}$.

Ein solches x existiert wegen $|\{ f(y)(n) \mid y \in A_n \}| \leq_{(!)} |A_n| < |\mathbb{R}|$.
Dann ist $g \notin \mathrm{rng}(f)$: *Andernfalls* existiert ein n mit $g = f(y)$ für ein $y \in A_n$.
Insbesondere also $g(n) = f(y)(n)$, *im Widerspruch* zur Definition von $g(n)$. ∎

Auf einelementige A_n angewendet zeigt der Satz noch einmal die Überabzählbarkeit von $\mathbb{R}$, wobei auf die Ergebnisse $|\mathbb{R}| = 2^\omega$ und $(2^\omega)^\omega = 2^\omega$ zurückgegriffen wird.

König bewies das Resultat 1904. Im gleichen Jahr wies dann Zermelo auf eine allgemeinere Form hin, die wie der Satz von Cantor auch andere Mächtigkeiten miteinbezieht.

Nehmen wir $|\mathbb{R}| = \omega_1$ an, so beinhaltet der Satz nichts neues, denn dann sind alle A_n abzählbar mit abzählbarer Vereinigung. Aber ohne eine solche Hypothese zeigt das Argument immerhin, daß eine Folge von Kardinalzahlen $\mathfrak{a}_0 \leq \mathfrak{a}_1 \leq \ldots \leq \mathfrak{a}_n \leq \ldots$ mit $\mathfrak{a}_n < |\mathbb{R}|$ für $n \in \mathbb{N}$, nicht gegen $|\mathbb{R}|$ konvergieren kann. $\mathbb{R}$ läßt sich nicht in eine abzählbare Menge von Mengen kleinerer Mächtigkeit zerlegen. Wenigstens ein interessantes Detail haben wir damit über die Mächtigkeit von $\mathbb{R}$ ans Licht gebracht. Vielleicht gibt es noch andere trickreiche Diagonalargumente? Dies ist leider nicht der Fall. In der Mengenlehre zeigt man mit der Methode von Cohen, daß die Zerlegungsaussage zusammen mit der Überabzählbarkeit von $\mathbb{R}$ alles ist, was wir in der üblichen Mathematik über die Größe von $\mathbb{R}$ beweisen können. Jede Kardinalzahl $\mathfrak{c} > \omega$, die nicht das Supremum von abzählbar vielen kleineren Kardinalzahlen ist, kann als Mächtigkeit von $\mathbb{R}$ in einem Modell der Zermelo-Fraenkel-Mengenlehre ZFC (= einem Modell der klassischen Mathematik) realisiert werden! Wir betrachten hierzu einige Beispiele, die wir ohne symbolische Mächtigkeiten formulieren, um sie möglichst elementar darzustellen. Wir nennen hierzu (vorübergehend) eine endliche Folge $M_0, \ldots, M_n$ eine $\mathbb{R}$-*Kette der Länge* $n + 1$, falls für alle $0 \leq i < n$ gilt:

(i) M_0 ist eine abzählbar unendliche Teilmenge von $\mathbb{R}$,

(ii) $M_i \subseteq M_{i+1}$,

(iii) $|M_i| < |M_{i+1}|$,

(iv) es gibt kein $M_i \subseteq M \subseteq M_{i+1}$ mit $|M_i| < |M| < |M_{i+1}|$,

(v) $M_n = \mathbb{R}$.

Weiter nennen wir für ein $n \in \mathbb{N}$ zwei Folgen $\langle M_i \mid i \in \mathbb{N} \rangle$, $\langle N_i \mid 0 \leq i \leq n \rangle$ eine $\mathbb{R}$-*Kette der Länge* $\omega + n + 1$, falls gilt:

(a) für alle $i \in \mathbb{N}$ gilt (i) – (iv) für die Folge $M_0, \ldots, M_i$,

(b) $N_0 = \bigcup_{i \in \mathbb{N}} M_i$,

(c) (ii) – (v) gilt für die Folge $N_0, \ldots, N_n$, insbesondere also:

(d) $N_n = \mathbb{R}$.

Die Modellkonstruktionen mit Hilfe der Cohenschen Methode liefern nun für alle $n \in \mathbb{N}$ ein Modell der ZFC-Mengenlehre, in dem gilt:

(A_n) Es gibt eine $\mathbb{R}$-Kette der Länge $n + 2$.

Weiter liefern sie sogar für alle $n \in \mathbb{N}$ Modelle für:

(B_n) Es gibt eine $\mathbb{R}$-Kette der Länge $\omega + n + 2$.

Die Annahme der Existenz einer Folge $\mathbb{N} = M_0 \subset M_1 \subset \ldots \subset M_{15} = \mathbb{R}$, die alle möglichen unendlichen Mächtigkeiten kleinergleich $|\mathbb{R}|$ durchläuft, ist also widerspruchsfrei, ebenso wie die Annahme der Existenz einer solchen Folge der Länge 1789. Weiter können wir auch etwa widerspruchsfrei annehmen, daß eine unendliche Folge, gefolgt von einer endlichen Folge der Form

$$\mathbb{N} = M_0 \subset M_1 \subset \ldots \subset M_n \subset \ldots \subset N_0 = \bigcup_{i \in \mathbb{N}} M_i \subset N_1 \subset \ldots \subset N_{12} = \mathbb{R}.$$

alle unendlichen Mächtigkeiten kleinergleich $|\mathbb{R}|$ darstellt, als $\mathbb{R}$-Kette der Länge $\omega + 13$. Der Unzerlegbarkeitssatz von König schließt lediglich $\mathbb{R}$-Ketten

$$\mathbb{N} = M_0 \subset M_1 \subset \ldots \subset M_n \subset \ldots \subset N_0 = \bigcup_{i \in \mathbb{N}} M_i = \mathbb{R}$$

der Länge $\omega + 1$ aus, $\mathbb{R}$-Ketten der Länge $\omega + 2$, $\omega + 3$, usw. sind wieder möglich.

Damit sind noch längst nicht alle Möglichkeiten erschöpft, allgemeiner braucht man die sog. transfiniten Zahlen, um die Längen der möglichen, d. h. in Modellen realisierbaren, $\mathbb{R}$-Ketten angeben zu können. Insgesamt gibt es eine echte Klasse möglicher Mächtigkeiten von $\mathbb{R}$ und möglicher Längen von $\mathbb{R}$-Ketten.

Zyniker würden vielleicht sagen: Die vollständige Analyse der Mächtigkeit von $\mathbb{R}$ besteht also aus den beiden Diagonalargumenten im Satz von Cantor und König-Zermelo, die zudem mehr oder weniger identisch sind. Man muß nicht zum Zyniker werden, aber es ist doch recht wenig, was uns die klassische Mathematik über die Größe von $\mathbb{R}$ wissen läßt. Wenigstens vergönnt sie uns das Wissen, daß wir nicht mehr wissen können, wenn wir nicht über sie hinausgehen.

Das Kontinuumsproblem bleibt offen, wenn man die Resultate von Gödel und Cohen nicht drastisch als negative Lösung für alle Zeiten interpretiert. Die Mathematik befindet sich bis auf unbestimmte Zeit in dem doch sehr irritierenden Zustand, daß sie die Größe ihrer zweiten Grundstruktur nicht ermitteln kann. Gödel und Cohen zeigten, daß die Mathematik sich manchmal besser kennt als die Objekte, die sie untersucht. Der Riß zwischen $\mathbb{N}$ und $\mathbb{R}$, zwischen $\mathbb{N}$ und $\mathcal{P}(\mathbb{N})$, bleibt für ihre lichtstarken Methoden dunkel, aber sie weiß darum, und die mathematische Logik kann die Ränder solcher Finsternisse scharf analysieren.

Das Kontinuumsproblem läßt sich glücklicherweise, Cantors Fußstapfen folgend, ertragreich approximieren. Für eine Menge $\mathcal{A} \subseteq \mathcal{P}(\mathbb{R})$ definieren wir *die Kontinuumshypothese für die Punktklasse* $\mathcal{A}$ wie folgt:

($\mathbf{CH}_{\mathcal{A}}$)
Jedes $A \in \mathcal{A}$ ist abzählbar oder gleichmächtig mit $\mathbb{R}$.

In dieser Form ist (CH) = ($\mathrm{CH}_{\mathcal{P}(\mathbb{R})}$) die stärkste unter vielen natürlichen Hypothesen. Beispiele für interessante $\mathcal{A}$ wären etwa: $\mathcal{A}$ = „die offenen Teilmengen von $\mathbb{R}$“, $\mathcal{A}$ = „die abgeschlossenen Teilmengen von $\mathbb{R}$“. Mit diesen und weiteren Mengensystemen werden wir uns im zweiten Abschnitt, in der Umgebung des Baireraumes, eingehend beschäftigen. Insbesondere werden wir die Kontinuumshypothese für die abgeschlossenen Mengen beweisen, was historisch wie inhaltlich die erste schwere und erfolgreiche Attacke auf das Jahrhundertproblem bildet.

Historischer Überblick

Wir beenden dieses kurze Kapitel mit einer knappen Zusammenstellung wesentlicher Ereignisse im Umfeld der Cantorschen Entdeckung.

1873 Überabzählbarkeit der reellen Zahlen

Cantor stellt Dedekind brieflich die Frage nach der Existenz einer Bijektion zwischen $\mathbb{N}$ und $\mathbb{R}$. Er kann sie eine Woche später am 7. 12. 1873 selbst negativ beantworten. Glückwünsche von Dedekind, und man darf hinzufügen: im Namen aller Mathematiker.

1878 Drei wichtige Dinge in einem Jahr

Entwicklung des Mächtigkeitsbegriffs, Beweis von $|\mathbb{R}^2| = |\mathbb{R}|$, Formulierung der Kontinuumshypothese: Alles auf 16 Seiten in „Ein Beitrag zur Mannigfaltigkeitslehre“ [Cantor, 1878].

1884 Partieller Erfolg im Kontinuumsproblem

Cantor beweist ($\mathrm{CH}_{\mathcal{A}}$) für die Menge $\mathcal{A}$ der abgeschlossenen Mengen.

1888 Unendlichkeitsdefinition von Dedekind

Dedekind definiert „M ist unendlich“ als „M ist gleichmächtig zu einer echten Teilmenge von M“, was sich als äquivalent zu „$|\mathbb{N}| \leq |M|$“ herausstellt.

1891 Diagonalverfahren

Cantor stellt auf der ersten Tagung der Deutschen Mathematiker-Vereinigung das Argument vor, das heute als „Satz von Cantor“ bekannt ist: $|M| < |\mathcal{P}(M)|$. Angewendet auf $\mathbb{R}$ liefert es die berühmt gewordene Diagonalisierung von Nachkommastellen.

1895 Symbolischer Kalkül mit Mächtigkeiten

Cantor stellt in seiner Gesamtdarstellung seiner Mengenlehre von 1895/1897 enthusiastisch seine Kardinalzahlarithmetik vor.

1897 Satz von Cantor-Bernstein

Bernstein zeigt den Äquivalenzsatz (veröffentlicht in [Borel 1898]). Das obige Zickzack-Argument stammt von Julius König 1906. Dedekind fand bereits 1887 den Bernsteinschen Beweis, ließ ihn aber unveröffentlicht.

1904 Zermelos Wohlordnungssatz

In einer historischen Arbeit von drei Seiten Umfang beweist Zermelo den Wohlordnungssatz und damit den Vergleichbarkeitssatz für Mächtigkeiten. Vier Jahre später gibt er einen zweiten Beweis. Die Methoden des zweiten Beweises zeigen de facto das Zornsche Lemma. Zermelo übernimmt damit, wie Kanamori einmal hübsch schreibt, von Cantor die Fackel.

1905 Ungleichung von König

Julius König veröffentlicht den Unzerlegbarkeitssatz für die reellen Zahlen (bewiesen 1904). Niemand konnte damals ahnen, daß er damit bereits die letzte im Rahmen der klassischen Mathematik beweisbare Aussage über die Mächtigkeit von $\mathbb{R}$ gefunden hatte.

1938 Gödels Modell

Gödel zeigt, daß in seinem „konstruktiblen Universum“, einem natürlichen Modell der Zermelo-Fraenkel-Mengenlehre, die Kontinuumshypothese richtig ist.

1963 Cohens Erzwingungsmethode

Cohen stellt eine sehr allgemeine Methode vor, die eine Flut von Modellen der Mengenlehre liefert, in denen die Kontinuumshypothese falsch oder auch wahr ist. (CH) ist also in der ZFC-Mengenlehre und damit in der klassischen Mathematik weder beweisbar noch widerlegbar. Cohens Methode zeigt allgemein, daß $\mathbb{R}$ jede überabzählbare Mächtigkeit haben kann, die nicht der Ungleichung von König widerspricht. („Haben kann" heißt hier „verträglich mit der klassischen Mathematik," oder gleichwertig „die Situation ist realisierbar in einem Modell von ZFC".)

Die Interpretation der Resultate von Cohen spaltet die Grundlagenforschung. Von einigen Mathematikern wird das Kontinuumsproblem als „bedeutungslos" eingestuft, als „inhärent vage Frage". Andere suchen nach Erweiterungen der ZFC-Axiomatik, die das Problem der möglichen Mächtigkeiten von Teilmengen von $\mathbb{R}$ besser ausleuchten („Gödels Programm", bereits 1947 formuliert). Hier gelingen mit der Erforschung des Themenkomplexes der „Projektiven Determiniertheit" durch Martin, Steel, Woodin und andere in den 1980er Jahren bemerkenswerte Erfolge. Sie setzen den Weg fort, den Cantor 1884 begann (siehe den Eintrag oben).

1990er Woodins Modell

Hugh Woodin konstruiert ein kanonisches Modell in dem (CH) falsch ist, und ändert seine Einschätzung des Kontinuums-Problems von „unlösbar" in „langfristig lösbar" – mit Spekulationen zu einer Antwort, die $|\mathbb{R}|$ die zweite überabzählbare Mächtigkeit zuweist.

Literatur

Borel, Emile 1898 Leçons sur la Théorie des Fonctions; *Gauthier-Villars, Paris.*

Brouwer, Luitzen 1911 Beweis der Invarianz der Dimensionszahl; *Mathematische Annalen 70, S. 161 – 165.*

Cantor, Georg 1874 Über eine Eigenschaft des Inbegriffes aller reellen algebraischen Zahlen; *Journal für die reine und angewandte Mathematik* 77 *(1874), S. 258 – 262.*

– 1878 Ein Beitrag zur Mannigfaltigkeitslehre; *Journal für die reine und angewandte Mathematik 84 (1878), S. 242 – 258.*

– 1892 Über eine elementare Frage der Mannigfaltigkeitslehre; *Jahresbericht der Deutschen Mathematiker-Vereinigung. Erster Band. 1890 – 91. 1 (1892), S. 75 – 78. (Nachdruck bei Johnson, New York, 1960.)*

– 1991 Briefe; *Herausgegeben von Herbert Meschkowski und Winfried Nilson, Springer, Berlin.*

Cantor, Georg / Dedekind, Richard 1937 Briefwechsel Cantor – Dedekind; *Herausgegeben von E. Noether und J. Cavaillès. Hermann, Paris.*

Cohen, Paul 1963 The independence of the continuum hypothesis. Part I; *Proceedings of the National Academy of Science USA 50 (1963). S. 1143 – 1148.*

– 1964 The independence of the continuum hypothesis. Part II; *Proceedings of the National Academy of Science USA 51 (1964). S. 105 – 110.*

Dedekind, Richard 1888 Was sind und was sollen die Zahlen ?; *Vieweg, Braunschweig (8. Auflage 1960).*

Deiser, Oliver 2004 Einführung in die Mengenlehre. Die Mengenlehre Georg Cantors und ihre Entwicklung durch Ernst Zermelo; *2. erweiterte Auflage. Springer, Berlin.*

– 2005 Der Multiplikationssatz der Mengenlehre; *Jahresberichte der Deutschen Mathematiker-Vereinigung 107 (2005), S. 89 – 109.*

Devlin, Keith 1993 The Joy of Sets – Fundamentals of Contemporary Set Theory; *2. Auflage. Undergraduate Texts in Mathematics, Springer, New York.*

Ebbinghaus, Heinz-Dieter 1994 Einführung in die Mengenlehre; *3. Auflage. Bibliographisches Institut, Mannheim.*

Gödel, Kurt 1938 The consistency of the axiom of choice and the generalized continuum hypothesis; *Proceedings of the National Academy of Sciences USA 24 (1938). S. 556 – 557.*

– 1940 The consistency of the Axiom of Choice and of the Generalized Continuum Hypothesis with the Axioms of Set Theory; *Annals of Mathematics Studies 3, Princeton University Press, Princeton.*

– 1947 What is Cantor's Continuum Problem?; *American Mathematical Monthly 54 (1947), S. 515 – 525.*

Halmos, Paul Richard 1960 Naive Set Theory; *Van Nostrand, Princeton, NJ.*

– 1976 Naive Mengenlehre; *Vierte Auflage. Aus dem Amerikanischen übersetzt von Manfred Armbrust und Fritz Ostermann. Vandenhoeck & Ruprecht, Göttingen.*

Hausdorff, Felix 1914 Grundzüge der Mengenlehre; *Veit & Comp., Leipzig. Nachdrucke bei Chelsea, New York 1949, 1965, 1978. Kommentierter Nachdruck bei Springer, Berlin 2002 (Band II der Hausdorff-Werkausgabe)*

Jech, Thomas 2003 Set Theory. The Third Millennium Edition, Revised and Expanded; *Springer, Berlin.*

König, Julius 1905 a Zum Kontinuum-Problem. (Abgedruckt aus den Verhandlungen des III. Internationalen Mathematiker-Kongresses zu Heidelberg 1904.); *Mathematische Annalen 60 (1905), S. 177 – 180.*

– 1905 b Über die Grundlagen der Mengenlehre und das Kontinuumproblem; *Mathematische Annalen 61 (1905), S. 156 – 160.*

– 1906 Sur la théorie des ensembles; *Comptes Rendus Hebdomadaires des Séances de l'Académie des Sciences 143, S. 110 – 112.*

Kunen, Kenneth 1980 Set Theory – An Introduction to Independence Proofs; *Studies in Logic and the Foundations of Mathematics Vol. 102, North-Holland, Amsterdam.*

Martin, Donald / Steel, John 1989 A proof of projective determinacy; *Journal of the American Mathematical Society 2 (1989), S. 71 – 125.*

Moschovakis, Yiannis 1994 Notes on Set Theory; *Springer, New York.*

Purkert, Walter / Ilgauds, Hans Joachim 1987 Georg Cantor 1845 – 1918; *Birkhäuser Verlag, Basel.*

Rautenberg, Walter 1987 Über den Cantor-Bernsteinschen Äquivalenzsatz; *Mathematisch-Physikalische Semesterberichte 34 (1987), S. 71 – 88.*

Woodin, W. Hugh 1999 The Axiom of Determinacy, Forcing Axioms and the Nonstationary Ideal; *Walter de Gruyter, Berlin.*

– 2001 The Continuum Hypothesis, Part I and II; *Notices of the American Mathematical Society 48 (2001), S. 567 – 576 (Teil I), 681 – 690 (Teil 2).*

Zermelo, Ernst 1904 Beweis, daß jede Menge wohlgeordnet werden kann. (Aus einem an Herrn Hilbert gerichteten Briefe); *Mathematische Annalen 59 (1904), S. 514 – 516.*

– 1908 Neuer Beweis für die Möglichkeit einer Wohlordnung; *Mathematische Annalen 65 (1908), S. 107 – 128.*

Zorn, Max 1935 A remark on method in transfinite algebra; *Bulletin of the American Mathematical Society 41 (1935), S. 667 – 670.*

3. Charakterisierungen und Konstruktionen

Wir beschäftigen uns in diesem Kapitel mit den Möglichkeiten der axiomatischen Charakterisierung eines „Kontinuums“, und weiter dann mit der Konstruktion von mathematischen Strukturen, die diese Axiome erfüllen – und damit dann prinzipiell gleichberechtigt als Kontinua gelten dürfen.

Die reellen Zahlen sind scheinbar untrennbar mit dem Rechnen verbunden. Denkt man bei einem Kontinuum aber zuallererst an eine „stetige Linie aus Punkten“, so geht sicher das Urverhältnis der Atome der Linie untereinander, ihr „links“ und „rechts“, ihr „später“ und „früher“ ihrer Arithmetik voraus. Letztere entsteht bei dieser Sicht der Dinge erst nachträglich durch eine geeignete Unterteilung der Linie, erst durch das Messen von Abständen bei gewähltem Nullpunkt und gewählter Einheit. A posteriori kann dann ein Punkt mit seinem Abstand zum Ursprung gleichgesetzt werden (modulo eines Vorzeichens). Diese Arithmetisierung eines Kontinuums ist uns mittlerweile so selbstverständlich geworden, daß man geneigt ist, andere und vielleicht ursprünglichere Anschauungen darüber zu vergessen.

Wir wählen hier, einen Ansatz aus dem späten 19. Jahrhundert hochachtend, statt des arithmetisch-algebraischen Zugangs denjenigen über den Ordnungsbegriff, und fragen uns also ohne Maßband und Rechenschieber in der Hand: Was ist ein Kontinuum? Was zeichnet die Ordnung der Punkte eines Kontinuums aus? Später bringen wir dann die Arithmetik mit ins Spiel und beweisen einen algebraischen Charakterisierungssatz.

Wir brauchen einige Begriffe der Ordnungstheorie. Eine lineare Ordnung $\langle M, < \rangle$ heißt *nach rechts (links) unbeschränkt*, falls für alle $x \in M$ ein $y \in M$ existiert mit $x < y$ $(y < x)$. $\langle M, < \rangle$ heißt *unbeschränkt* oder auch *eine Ordnung ohne Endpunkte*, falls $\langle M, < \rangle$ nach links und rechts unbeschränkt ist.

Ist von zwei Ordnungen $\langle M, < \rangle$ und $\langle N, < \rangle$ die Rede, so haben die beiden Kleiner-Relationen i. a. nichts miteinander zu tun. Bei Verwechslungsgefahr schreiben wir $<_M$ bzw. $<_N$. Ist $M' \subseteq M$, so schreiben wir auch $\langle M', < \rangle$ für die Einschränkung $\langle M', < \cap\, M'^2 \rangle$ der Ordnung $\langle M, < \rangle$ auf M'.

Die folgende Definition betrachtet ordnungstreue Funktionen, die zwischen zwei linearen Ordnungen vermitteln. Weiter definieren wir, wann zwei lineare Ordnungen aus ordnungstheoretischer Sicht als „gleichwertig, äquivalent, isomorph, identisch bis auf Umbenennung“ anzusehen sind.

Definition *(Einbettungen, Ordnungsisomorphismen)*
Seien $\langle M, < \rangle$ und $\langle N, < \rangle$ lineare Ordnungen, und sei $M' \subseteq M$.

(i) Eine Funktion $f : M' \to N$ heißt *ordnungserhaltend* oder eine *Einbettung* von $\langle M', < \rangle$ in $\langle N, < \rangle$, falls für alle $x, y \in M'$ gilt:
$x < y$ *gdw* $f(x) < f(y)$.

(ii) $\langle M, < \rangle$ heißt *einbettbar* in $\langle N, < \rangle$, in Zeichen $\langle M, < \rangle \preccurlyeq \langle N, < \rangle$, falls eine Einbettung $f : M \to N$ existiert.

(iii) Eine Einbettung $f : M \to N$ heißt ein *Ordnungsisomorphismus*, falls $f : M \to N$ bijektiv ist. $\langle M, < \rangle$ und $\langle N, < \rangle$ heißen *ordnungsisomorph* oder auch *ähnlich*, in Zeichen $\langle M, < \rangle \equiv \langle N, < \rangle$, falls ein Ordnungsisomorphismus $f : M \to N$ existiert.

Die Ordnung der rationalen Zahlen

Eine wesentliche Eigenschaft von $\mathbb{Q}$ ist, daß zwischen zwei rationalen Zahlen $p < q$ immer eine rationale Zahl liegt, etwa $(p + q)/2$. Allgemeiner definieren wir für lineare Ordnungen:

Definition *(dichte lineare Ordnung)*
Eine lineare Ordnung $\langle M, < \rangle$ heißt *dicht*, falls für alle $x, y \in M$ mit $x < y$ ein $z \in M$ existiert mit $x < z < y$.

Neben *dicht* liefert eine kurze Materialsammlung zu $\langle \mathbb{Q}, < \rangle$ noch *abzählbar* und *unbeschränkt*. Ein fundamentaler Satz besagt, daß diese drei Eigenschaften die Ordnung der rationalen Zahlen bereits bis auf Isomorphie festzurren:

Satz *(Cantors Isomorphiesatz für die Ordnung der rationalen Zahlen)*
Sei $\langle M, < \rangle$ eine abzählbare, dichte und unbeschränkte lineare Ordnung. Dann gilt $\langle M, < \rangle \equiv \langle \mathbb{Q}, < \rangle$.

Der Satz findet sich in [Cantor 1895] und implizit in [Cantor 1884]. Wir geben das originale Argument.

Beweis
Seien $x_0, x_1, \ldots$ und $q_0, q_1, \ldots$ injektive Aufzählungen von M bzw. von $\mathbb{Q}$.
Wir definieren rekursiv Funktionswerte $f(x_0), f(x_1), f(x_2), \ldots$ wie folgt.
Zunächst sei $f(x_0) = q_0$.
Seien nun $f(x_0), \ldots, f(x_n)$ definiert. Wir setzen:

$f(x_{n+1})$ = „das erste q_i der Aufzählung von $\mathbb{Q}$ mit der Eigenschaft:
die Funktion $f_{n+1} := \{ (x_k, f(x_k)) \mid 0 \leq k \leq n \} \cup \{ (x_{n+1}, q_i) \}$,
$f_{n+1} : \{ x_0, \ldots, x_{n+1} \} \to \mathbb{Q}$, ist ordnungserhaltend."

Anschaulich: Wir definieren $f(x_{n+1})$ derart, daß die Elemente $x_0, \ldots, x_{n+1}$ in M paarweise genauso zueinander in Relation stehen wie die Elemente $f(x_0), \ldots, f(x_{n+1})$ in $\mathbb{Q}$.

Wegen $\mathbb{Q}$ dicht und unbeschränkt existiert immer ein solches q_i.
Damit erhalten wir nach Konstruktion einen Ordnungsisomorphismus

$f : M \to \mathrm{rng}(f)$.

Es gilt aber $\mathrm{rng}(f) = \mathbb{Q}$, denn *andernfalls* existiert ein kleinstes i^* mit $q_{i^*} \notin \mathrm{rng}(f)$. Dann müßte q_{i^*} an einer geeigneten Stelle der Rekursion aber einem x_{n+1} zugeordnet werden (!), *Widerspruch*.

∎ Also zeigt die Funktion f, daß $\langle M, < \rangle \equiv \langle \mathbb{Q}, < \rangle$.

Der Beweis zeigt de facto (auch ohne die Kenntnis von $\langle \mathbb{Q}, < \rangle$), daß je zwei abzählbare, dichte und unbeschränkte lineare Ordnungen isomorph sind.

Übung

Führen Sie das Argument für die Stelle „(!)" im Beweis aus.

Die Dichtheit und Unbeschränktheit von M wird nur für den Nachweis „$\mathrm{rng}(f) = \mathbb{Q}$" gebraucht. Damit zeigt die Konstruktion:

Korollar *(Universalität von $\mathbb{Q}$)*

Jede abzählbare lineare Ordnung läßt sich in $\langle \mathbb{Q}, < \rangle$ einbetten.

Nach dem Cantorschen Isomorphiesatz sind etwa die algebraischen Zahlen ordnungsisomorph zu den rationalen Zahlen. Weiter ist die $\mathbb{Z}$-fach gelochte Ordnung $\langle \mathbb{Q} - \mathbb{Z}, < \rangle$ ordnungsisomorph zu $\langle \mathbb{Q}, < \rangle$. Diese Beobachtung werden wir gleich noch verwenden.

Vollständigkeit und Lücken

Sei $\langle M, < \rangle$ eine lineare Ordnung, und seien $X \subseteq M$, $s \in M$. Wir schreiben $X \leq s$, falls $x \leq s$ für alle $x \in X$ gilt. Analog sind $X < s$, $s \leq X$ und $s < X$ definiert.

Ein $s \in M$ heißt eine *obere Schranke von X (bzgl. <)*, falls $X \leq s$. $s \in M$ heißt *Supremum von X*, in Zeichen $s = \sup(X)$, falls gilt: $X \leq s$, und für alle $s' \in M$ mit $X \leq s'$ gilt $s \leq s'$. Analog sind untere Schranken und Infima $s = \inf(X)$ definiert. Suprema und Infima sind im Falle der Existenz eindeutig bestimmt.

Ein $X \subseteq M$ heißt *nach oben (nach unten) beschränkt*, falls ein $s \in M$ existiert mit $X \leq s$ $(s \leq X)$. X heißt *beschränkt*, falls X nach oben und unten beschränkt ist.

Definition *(vollständige lineare Ordnungen)*

Eine lineare Ordnung $\langle M, < \rangle$ heißt *vollständig*, falls jede nichtleere nach oben beschränkte Teilmenge X von M ein Supremum besitzt.

Übung

In einer vollständigen linearen Ordnung besitzt jede nach unten beschränkte nichtleere Teilmenge ein Infimum.

Eine lokale Analyse der Vollständigkeit ermöglicht der Begriff eines Schnitts und einer Lücke:

Definition *(Dedekindscher Schnitt, Lücken in linearen Ordnungen)*
Ein *(Dedekindscher) Schnitt* in einer linearen Ordnung $\langle M, < \rangle$ ist ein Paar (L, R), L, R $\subseteq$ M, mit den Eigenschaften:

(i) $L, R \neq \emptyset,\ L \cap R = \emptyset,\ L \cup R = M$,
(ii) für alle $x \in L$, $y \in R$ gilt $x < y$,
(iii) $\sup(L) \in L$, falls $\sup(L)$ existiert.

Ein Schnitt (L, R) heißt eine *Lücke* von $\langle M, < \rangle$, falls sup(L) nicht existiert.

Der Leser, der einer Sammelleidenschaft nachgeht weiß, daß „vollständig" und „keine Lücken" gleichwertig sind. Das gilt auch für die Mathematik:

Übung
Sei $\langle M, < \rangle$ eine lineare Ordnung. Dann sind äquivalent:
(i) $\langle M, < \rangle$ ist vollständig.
(ii) $\langle M, < \rangle$ hat keine Lücken.

Nicht besonders überraschend ist, daß Ordnungsisomorphismen Suprema erhalten und damit Lücken in Lücken übersetzen.

Satz *(Lücken ähnlicher Ordnungen)*
Seien $\langle M, < \rangle$ und $\langle N, < \rangle$ ordnungsisomorphe lineare Ordnungen, und sei $f : M \to N$ ein Ordnungsisomorphismus.
(i) Ist $X \subseteq M$ und ist $x = \sup(X)$ in M, so ist $f(x) = \sup(f''X)$ in N. Analog folgt aus $x = \inf(X)$ in M, daß $f(x) = \inf(f''X)$ in N.
(ii) Ist (L, R) eine Lücke in $\langle M, < \rangle$, und sind $L' = f''L$, $R' = f''R$, so ist (L′, R′) eine Lücke in $\langle N, < \rangle$.
(iii) $\langle M, < \rangle$ hat eine Lücke *gdw* $\langle N, < \rangle$ hat eine Lücke.

Der einfache Beweis sei dem Leser zur Übung überlassen.
Aus diesen ordnungsliebenden Überlegungen gewinnen wir nun die Existenz irrationaler Zahlen – ganz ohne Arithmetik! – und weiter einen neuen Beweis für die Überabzählbarkeit der reellen Zahlen:

Satz *(Existenz von Lücken in $\mathbb{Q}$; neuer Beweis der Überabzählbarkeit von $\mathbb{R}$)*
Ist $A \subseteq \mathbb{R}$ abzählbar, und gilt $\mathbb{Q} \subseteq A$, so hat $\langle A, < \rangle$ Lücken.
Insbesondere ist $\mathbb{R}$ überabzählbar.

Beweis
Wegen $\mathbb{Q} \subseteq A$ ist $\langle A, < \rangle$ unbeschränkt und dicht, also $\langle A, < \rangle \equiv \langle \mathbb{Q}, < \rangle$.
Es genügt also nach dem Satz oben zu zeigen, daß $\mathbb{Q}$ Lücken hat.

Dies ist trivial richtig, wenn man voraussetzt, daß irrationale Zahlen existieren, denn die irrationalen Zahlen sind genau die Lücken von $\mathbb{Q}$. Wir können aber ohne Rückgriff auf die Pythagoreer auch den Charakterisierungssatz von Cantor verwenden:

Sei $\mathbb{Q}' = \mathbb{Q} - \{0\}$, und seien $L = \{q \in \mathbb{Q} \mid q < 0\}$, $R = \{q \in \mathbb{Q} \mid 0 < q\}$. Dann ist L, R eine Lücke in $\langle \mathbb{Q}', < \rangle$. Aber $\langle \mathbb{Q}', < \rangle$ ist abzählbar, unbeschränkt und dicht, also $\langle \mathbb{Q}', < \rangle \equiv \langle \mathbb{Q}, < \rangle$. Also hat auch $\langle \mathbb{Q}, < \rangle$ Lücken.

Der „insbesondere" Teil folgt aus dem ersten, da $\langle \mathbb{R}, < \rangle$ vollständig ist.

Eine vollständige dichte Ordnung ist damit notwendig überabzählbar.

Die Ordnung der reellen Zahlen

Auf den ersten Blick ist verblüffend, daß die rationalen Zahlen einerseits abzählbar sind, andererseits aber zwischen zwei reellen Zahlen immer eine rationale Zahl liegt. Diese Eigenschaft verdient einen eigenen Namen.

Definition *(dicht in, separabel)*

Sei $\langle M, < \rangle$ eine lineare Ordnung, und sei $Q \subseteq M$. Q heißt *dicht in* $\langle M, < \rangle$, falls für alle $a, b \in M$ mit $a < b$ ein $q \in Q$ existiert mit $a < q < b$.
$\langle M, < \rangle$ heißt *separabel*, falls eine abzählbare dichte Teilmenge von M existiert.

Das charakterisierende Trio für die reellen Zahlen lautet nun: unbeschränkt, vollständig und separabel.

Satz *(ordnungstheoretische Charakterisierung des Kontinuums)*

Sei $\langle M, < \rangle$ eine unbeschränkte, vollständige und separable lineare Ordnung. Dann gilt $\langle M, < \rangle \equiv \langle \mathbb{R}, < \rangle$.

Der Satz geht ebenfalls auf Cantor zurück. Eine Variante davon findet sich in [Cantor 1895]. Zermelo hat dann 1932 obige Version vorgeschlagen (vgl. [Cantor 1932]).

Beweis

Sei $Q \subseteq M$ abzählbar und dicht in M.
Dann ist Q auch unbeschränkt und dicht, also $\langle Q, < \rangle \equiv \langle \mathbb{Q}, < \rangle$.
Sei $f : Q \to \mathbb{Q}$ ein Ordnungsisomorphismus. Wir setzen für $x \in M$:

$g(x) = \sup(\{ f(q) \mid q \in Q,\ q < x \})$ (dies ist wohldefiniert !).

Q ist dicht in M, also ist $x = \sup(\{ q \mid q \in Q,\ q < x \})$ für alle $x \in \mathbb{Q}$.
Da $f : Q \to \mathbb{Q}$ ein Ordnungsisomorphismus ist, gilt

$f(x) = \sup(\{ f(q) \mid q \in Q,\ q < x \})$ für alle $x \in Q$.

Somit ist $g(x) = f(x)$ für alle $x \in Q$, d.h. g ist eine Fortsetzung von f.

Seien $x, y \in M$, $x < y$, und sei $z \in Q$ mit $x < z < y$. Dann ist $g(x) < f(z) < g(y)$. Also ist g ordnungserhaltend und damit injektiv.
g ist zudem surjektiv. Denn sei $x' \in \mathbb{R}$ und $X' = \{ q \in \mathbb{Q} \mid q < x' \}$.
Dann ist $x' = \sup(X')$. Sei $X = f^{-1}{}''X' \subseteq Q$ und $x = \sup(X)$.
Dann ist $g(x) = \sup(\{ f(q) \mid q \in X \}) = \sup(\{ q \mid q \in X' \}) = x'$.

Also ist $g : M \to \mathbb{R}$ ein Ordnungsisomorphismus.

Der Beweis verwendet wieder keine speziellen Eigenschaften von ℝ, und zeigt de facto, daß je zwei unbeschränkte, separable und vollständige lineare Ordnungen isomorph sind.

Der Beweis zeigt genauer die folgende Universalitätseigenschaft der reellen Ordnung:

Korollar *(Universalität von ℝ)*
Sei ⟨M, <⟩ eine unbeschränkte und separable lineare Ordnung.
Dann läßt sich ⟨M, <⟩ ordnungstreu und supremumserhaltend in ⟨ℝ, <⟩ einbetten.

Mit Hilfe von Dedekindschen Schnitten kann man, wenn man die reellen Zahlen noch nicht kennt, leicht aus ⟨ℚ, <⟩ eine unbeschränkte, separable und vollständige Ordnung konstruieren. Wir besprechen dieses Konstruktionsverfahren unten.

Wir betrachten zum Abschluß der ordnungstheoretischen Charakterisierung noch einen weiteren natürlichen Versuch, die Ordnung der reellen Zahlen bis auf Isomorphie zu charakterisieren.

Sei ⟨M, <⟩ eine lineare Ordnung, und sei I ⊆ M. I heißt ein *Intervall* in ⟨M, <⟩, falls für alle a, b ∈ I gilt: Ist c ∈ M und a < c < b, so ist c ∈ I. Wie für reelle Intervalle sind „offen“, „geschlossen“ und] a, b [, [a, b[,]a, b], [a, b] definiert. In vollständigen linearen Ordnungen ist jedes beschränkte offene Intervall von der Form] a, b [.

Definition *(abzählbare Antiketten-Bedingung)*
Eine lineare Ordnung ⟨M, <⟩ erfüllt die *(abzählbare) Antiketten-Bedingung*, falls jede Menge von paarweise disjunkten offenen Intervallen von M abzählbar ist.

Ist ⟨M, <⟩ separabel, so erfüllt ⟨M, <⟩ die Antiketten-Bedingung (!). Insbesondere erfüllt ⟨ℝ, <⟩ die Antiketten-Bedingung. Die Suslin-Hypothese (1920) lautet nun:

Suslin-Hypothese (SH)
Sei ⟨M, <⟩ eine unbeschränkte, dichte und vollständige lineare Ordnung, die die Antiketten-Bedingung erfüllt. Dann ist ⟨M, <⟩ ≅ ⟨ℝ, <⟩.

Die Suslin-Hypothese ist äquivalent zu: Jede dichte lineare Ordnung, die die Antiketten-Bedingung erfüllt, ist separabel. Zum Beweis wird die Dedekind-Vervollständigung verwendet.

Es verhält sich mit der Suslin-Hypothese wie mit (CH): Sie ist weder beweisbar noch widerlegbar [Jech 1967, Jensen 1968, Tennenbaum 1968, Solovay / Tennenbaum 1971]. Auch im Reich der Ordnungstheorie stoßen wir also bei der Untersuchung des Kontinuums überraschend schnell an die Grenzen der Beweisbarkeit!

Eine algebraische Charakterisierung

Wir haben uns bislang auf ordnungstheoretische Aspekte konzentriert. Wünschenswert ist sicher auch eine Charakterisierung der reellen Zahlen, die die übliche Arithmetik miteinbezieht. Grundlage hierzu ist der Begriff des angeordneten Körpers.

Definition *(angeordneter Körper, positive Elemente, K^+, $|x|$)*

Eine Struktur $\langle K, +, \cdot, < \rangle$, wobei $+ : K^2 \to K$, $\cdot : K^2 \to K$, $< \subseteq K^2$, heißt ein *angeordneter Körper*, falls gilt:

(i) $\langle K, \cdot, + \rangle$ ist ein Körper.

(ii) $\langle K, < \rangle$ ist eine lineare Ordnung.

(iii) Für alle $x, y \in K$ mit $0 < x, y$ gilt: $0 < x + y$ und $0 < x \cdot y$, wobei 0 das neutrale Element der Gruppe $\langle K, + \rangle$ ist.

(arithmetisches Ordnungsaxiom)

Ist $x \in K$ mit $x > 0$, so heißt x *positiv*. Gilt $x < 0$ so heißt x *negativ*.
Wir setzen $K^+ = \{ x \in K \mid x > 0 \}$.
Für $x \in K$ ist der *Betrag* $|x|$ von x definiert als x, falls $x \geq 0$, und als $-x$, falls $x < 0$.

Das arithmetische Ordnungsaxiom ist die Brücke zwischen Ordnung und Arithmetik. Sie verbindet die beiden Aspekte, so wie das Distributivgesetz Addition und Multiplikation in einem Körper in Verbindung bringt.

Wichtige elementare Folgerungen aus den Axiomen sammeln wir in der folgenden Übung.

Übung

Sei $\langle K, \cdot, +, < \rangle$ ein angeordneter Körper. Dann gilt für alle $x, y, x', y' \in K$:

(i) $x < y$ und $x' < y'$ *folgt* $x + x' < y + y'$,

(ii) $x, y < 0$ *folgt* $x y > 0$, folglich ist $x^2 > 0$ für alle $x \neq 0$ und insbesondere also $1 > 0$,

(iii) $x < 0 < y$ oder $y < 0 < x$ *folgt* $x y < 0$,

(iv) $|x + y| \leq |x| + |y|$, $|x y| = |x| |y|$,

(v) $0 < x < y$ *folgt* $0 < y^{-1} < x^{-1}$,

(vi) $\langle K, < \rangle$ ist dicht.

(vii) $\langle K, +, \cdot \rangle$ hat Charakteristik 0, d. h. es gilt $n^K \neq 0$ für alle $n \in \mathbb{N}^+$, wobei n^K das n-fache Vielfache $1 + \ldots + 1$ der 1 in K ist.

Die Strukturen $\langle \mathbb{R}, +, \cdot, < \rangle$ und $\langle \mathbb{Q}, +, \cdot, < \rangle$ sind angeordnete Körper; die komplexen Zahlen sind dagegen ein Beispiel eines Körpers, der durch keine $<$-Relation angeordnet werden kann: Denn für die imaginäre Einheit i gilt $i^2 = -1 < 0$, was in angeordneten Körpern nicht sein kann. Ebenso lassen sich die Restklassenkörper $\langle \mathbb{Z}_p, +, \cdot \rangle$ für p prim, die durch das Rechnen auf $\mathbb{Z}$ modulo p entstehen, nicht anordnen, da in ihnen $p^K = 0$ gilt.

Da ein angeordneter Körper $\langle K, +, \cdot, < \rangle$ die Charakteristik 0 hat, können wir o. E. annehmen, daß $\mathbb{Q} \subseteq K$ ist: Wir identifizieren für $p \in \mathbb{Z}$, $q \in \mathbb{N}^+$ das Element p^K/q^K von K mit $p/q \in \mathbb{Q}$, wobei $(-n)^K = -n^K$ für $n \in \mathbb{N}$. $\langle \mathbb{Q}, +, \cdot \rangle$ erscheint so als der kleinste Unterkörper eines jeden angeordneten Körpers $\langle K, +, \cdot, < \rangle$.

Die Menge K^+ der positiven Elemente eines angeordneten Körpers ist abgeschlossen unter Addition und Produktbildung, und K^+ zerlegt K in die drei disjunkten Teile K^+, $\{ 0 \}$, $-K^+ = \{ -x \mid x \in K^+ \}$. Interessanterweise genügt eine derartige Menge, um aus einem Körper einen angeordneten Körper zu machen. Denn sei $\langle K, +, \cdot \rangle$ ein Körper, und sei $M \subseteq K$. M heißt eine *Menge positiver Elemente*, falls gilt:

(a) K ist die disjunkte Vereinigung von M, $\{ 0 \}$, $-M = \{ -x \mid x \in M \}$.

(b) M ist abgeschlossen unter Addition und Multiplikation, d. h. für alle $x, y \in M$ sind $x + y$ und $x \cdot y$ wieder Elemente von M.

Wir setzen dann für beliebige $x, y \in K$:

$x < y$ *falls* ein $z \in M$ existiert mit $x + z = y$.

Es ist leicht zu sehen, daß $\langle K, +, \cdot, < \rangle$ ein angeordneter Körper mit $K^+ = M$ ist. Wir nennen < auch die von M *induzierte Ordnung* auf $\langle K, +, \cdot \rangle$.

Vollständigkeitsbegriffe für angeordnete Körper

Eine einzige zusätzliche Bedingung, die wir an einen angeordneten Körper stellen können, bringt uns, wie wir sehen werden, zu den reellen Zahlen. Wir definieren:

Definition *(Körper der reellen Zahlen)*
Ein angeordneter Körper $\langle K, +, \cdot, < \rangle$ heißt *ein Körper der reellen Zahlen*, falls gilt:

(V) $\langle K, < \rangle$ ist vollständig. *((lineares) Vollständigkeitsaxiom)*

Äquivalent kann man statt (V) auch fordern (vgl. die Übung oben): „$\langle K, < \rangle$ hat keine Lücken." Letztere Aussage wird zuweilen auch als *Dedekindsches Schnittaxiom* bezeichnet.

Neben der linearen Vollständigkeit ist auch ein zweiter Vollständigkeitsbegriff von Interesse, der dann – stehen die reellen Zahlen einmal zur Verfügung – allgemein für metrische Räume verwendet wird.

Sei hierzu $\langle K, +, \cdot, < \rangle$ ein angeordneter Körper. Eine Folge $\langle x_n \mid n \in \mathbb{N} \rangle$ in K heißt eine *Cauchy-Folge* oder *Fundamentalfolge* in K, falls für alle $\varepsilon \in K^+$ ein $n_0 \in \mathbb{N}$ existiert mit: $|x_n - x_m| < \varepsilon$ für alle $n, m \geq n_0$. Eine Cauchy-Folge $\langle x_n \mid n \in \mathbb{N} \rangle$ *konvergiert*, falls ein $x \in K$ existiert mit: Für alle $\varepsilon \in K^+$ existiert $n_0 \in \mathbb{N}$, sodaß für alle $n \geq n_0$ gilt, daß $|x_n - x| < \varepsilon$. In diesem Fall heißt dann x ein *Grenzwert* der

Folge $\langle x_n \mid n \in \mathbb{N} \rangle$. Im Falle der Existenz ist ein Grenzwert offenbar eindeutig bestimmt, und man schreibt dann $\lim_{n \to \infty} x_n$ für diesen Grenzwert.

Der angesprochene zweite Vollständigkeitsbegriff für angeordnete Körper $\langle K, +, \cdot, < \rangle$ ist nun:

Definition *(metrische Vollständigkeit)*

Ein angeordneter Körper $\langle K, +, \cdot, < \rangle$ heißt *metrisch vollständig*, falls gilt:

(V^-) Jede Cauchy-Folge konvergiert. *(metrisches Vollständigkeitsaxiom)*

Es erhebt sich die Frage, ob die beiden Vollständigkeitsbegriffe äquivalent sind. Versucht man dies zu beweisen, tauchen in der Richtung von (V^-) nach (V) Probleme auf, die sich in der folgenden klassischen Aussage kondensieren:

Definition *(archimedisches Axiom)*

Ein angeordneter Körper $\langle K, +, \cdot, < \rangle$ heißt *archimedisch angeordnet*, falls gilt:

(A) Für alle $x, y \in K$ mit $0 < x < y$ existiert ein $n \in \mathbb{N}$ mit $nx \geq y$. *(archimedisches Axiom)*

Anders formuliert: Für alle $x > 0$ ist $\{ nx \mid n \in \mathbb{N} \}$ nach oben unbeschränkt.

Das archimedische Axiom schließt die Existenz von infinitesimalen Größen aus: Jedes noch so kleine positive x kann durch Vervielfachung beliebig groß gemacht werden. Ist das n-fache Vielfache $nx = x + \ldots + x$ von x größer als 1, so ist x größer als $1/n$ und damit x nicht unendlich klein.

Für den Euklidischen Algorithmus für reelle Meßgrößen ist das archimedische Axiom offenbar von großer Bedeutung (betrachte x als erste Maßeinheit und messe y mit x).

Das archimedische Axiom ist jeweils äquivalent zu den Aussagen:

(A_1) Für alle $y > 0$ gibt es ein $n \in \mathbb{N}$ mit $n > y$ (d.h. $\mathbb{N}$ ist nicht beschränkt).

(A_1)′ Für alle $y > 0$ gibt es ein $n \in \mathbb{N}$ mit $1/n < y$ (d.h. $0 = \inf(\{ 1/n \mid n \in \mathbb{N}^+ \})$).

(A_2) Es gibt ein $z > 0$ mit $\{ nz \mid n \in \mathbb{N} \}$ nicht beschränkt.

[zu (A_2) $\curvearrowright$ (A): Seien $x, y > 0$. Dann ist auch $(z/x)\, y > 0$.
Nach (A_2) existiert ein $n \in \mathbb{N}$ mit $nz > (z/x)\, y$. Dann ist aber $nx > y$.]

Der Zusammenhang der beiden Vollständigkeitsbegriffe ist nun:

Satz *(Satz über lineare und metrische Vollständigkeit)*

Sei $\langle K, +, \cdot, < \rangle$ ein angeordneter Körper.
Dann sind äquivalent:

(i) $\langle K, < \rangle$ ist vollständig.

(ii) $\langle K, +, \cdot, < \rangle$ erfüllt das archimedische Axiom und das metrische Vollständigkeitsaxiom.

Insbesondere ist also ein angeordneter Körper $\langle K, +, \cdot, < \rangle$ genau dann ein Körper der reellen Zahlen, wenn (V^-) und (A) gilt.

Beweis

zu (i) ↷ (ii):

Wir zeigen zunächst das archimedische Axiom.
Sei also $x > 0$, und sei

$$X = \{ nx \mid n \in \mathbb{N} \}.$$

Wir zeigen, daß X nach oben unbeschränkt ist.
Annahme, X ist nach oben beschränkt. Sei dann $x^* = \sup(X)$.
Dann existiert ein $n \in \mathbb{N}$ derart, daß $nx > x^* - x$, denn andernfalls wäre $x^* - x$ eine obere Schranke für X, die kleiner als x^* ist.
Dann ist aber $x^* < (n+1)x$, *im Widerspruch* zu x^* obere Schranke von X.

Wir zeigen weiter die metrische Vollständigkeit.
Sei also $\langle x_n \mid n \in \mathbb{N} \rangle$ eine Cauchy-Folge in K.
Dann ist $\{ x_n \mid n \in \mathbb{N} \}$ beschränkt. Für $k \in \mathbb{N}$ sei

$$y_k = \sup(\{ x_n \mid n \geq k \}).$$

Dann gilt $y_0 \geq y_1 \geq \ldots \geq y_k \geq \ldots$ und $\{ y_k \mid k \in \mathbb{N} \}$ ist beschränkt.
Wir setzen $x^* = \inf(\{ y_k \mid k \in \mathbb{N} \})$.
Dann gilt $\lim_{n \to \infty} x_n = x^*$ (!).

zu (ii) ↷ (i):

Sei $X \subseteq K$ nichtleer und nach oben beschränkt.
Sei $x_0 \in X$ beliebig. Für $n \in \mathbb{N}$ sei

k_n = „das kleinste $k \in \mathbb{N}$ mit:
$x_0 + k_n 1/(n+1)$ ist eine obere Schranke von X".

k_n existiert nach dem archimedischen Axiom für alle $n \in \mathbb{N}$.
Nach Konstruktion ist $\langle x_0 + k_n 1/(n+1) \mid n \in \mathbb{N} \rangle$ eine Cauchy-Folge.
Nach dem metrischen Vollständigkeitsaxiom existiert

$$x^* = \lim_{n \to \infty} (x_0 + k_n/(n+1)).$$

Dann gilt $x^* = \sup(X)$ (!). ∎

Übung

Sei $\langle K, +, \cdot, < \rangle$ ein angeordneter Körper.
Dann sind die folgenden Aussagen äquivalent:

(i) $\langle K, < \rangle$ ist vollständig.

(ii) Jede monoton wachsende nach oben beschränkte Folge $\langle x_n \mid n \in \mathbb{N} \rangle$ konvergiert.

[*zu (ii) ↷ (i):* Aus (ii) folgt zunächst das archimedische Axiom: *Andernfalls* wäre die monoton wachsende Folge $\langle n1 \mid n \in \mathbb{N} \rangle$ beschränkt und also konvergent gegen ein $x \in K$, was nicht sein kann (betrachte $x - 1$).
(ii) impliziert weiter, daß auch jede monoton fallende nach unten beschränkte Folge konvergiert. Dann folgt aber die metrische Vollständigkeit, denn jede Cauchy-Folge ist beschränkt und besitzt eine monoton wachsende oder fallende Teilfolge.]

Die Frage, ob die beiden Vollständigkeitsaxiome selbst schon gleichwertig sind, bleibt immer noch offen. Vielleicht läßt sich ja die Verwendung des archimedischen Axioms in (ii) ↷ (i) im Beweis oben vermeiden, und das archimedische Axiom folgt doch schon aus dem metrischen Vollständigkeitsaxiom. Dies ist nicht der Fall, aber Gegenbeispiele lassen sich nicht allzu einfach angeben. Denn jeder nicht archimedisch angeordnete Körper hat eine komplizierte Struktur: Er enthält infinitesimale Größen, d. h. es gibt positive x mit $x < 1/n$ für alle n. Damit ist $1/x > n$ für alle $n \in \mathbb{N}$, und K enthält also auch unendlich große positive Elemente.

Die Existenz eines nicht archimedisch angeordneten Körpers $\langle K, +, \cdot, < \rangle$ läßt sich etwa mit den modelltheoretischen Techniken der mathematischen Logik zeigen. Sie folgt dort aus dem sog. Kompaktheitssatz und weiter liefert die sog. Ultraproduktbildung derartige Körper. Relativ bekannt geworden ist die Non-Standard-Analysis, die Abraham Robinson in den 1960er Jahren entwickelt hat. Sie arbeitet mit einem durch Ultraproduktbildung gewonnenen nichtarchimedischen Erweiterungskörper $\mathbb{R}^*$ von $\mathbb{R}$, und die in der üblichen Analysis berühmt-berüchtigten Differentiale df/dx etwa sind dort richtige Objekte, mit denen man wie schon Leibniz rechnen kann und, im strengsten Sinne, auch darf.

Eine relativ einfache algebraische Konstruktion eines nicht archimedisch angeordneten Körpers ist: Sei $\langle K, +, \cdot, < \rangle$ ein angeordneter Körper, und sei $\langle K(x), +, \cdot \rangle$ der Quotientenkörper des Polynomrings $\langle K[x], +, \cdot \rangle$. Sei M die Menge aller Elemente $P(x)/Q(x)$ von K(x) mit der Eigenschaft: Die führenden Koeffizienten von P(x) und Q(x) sind entweder beide größer Null oder beide kleiner Null in K. Dann ist $M \subseteq K(x)$ eine Menge positiver Elemente. Sei < die von M induzierte Ordnung auf K(x). Dann ist $\langle K(x), +, \cdot, < \rangle$ ein nichtarchimedisch angeordneter Körper. Der Nachweis sei dem Leser mit algebraischen Grundkenntnissen als Übung überlassen.

Mit der Methode von Cantor, die wir unten vorstellen werden, läßt sich jeder angeordnete Körper $\langle K, +, \cdot, < \rangle$ kanonisch zu einem metrisch vollständigen angeordneten Körper $\langle K', +, \cdot, < \rangle$ erweitern. Die Gültigkeit oder Ungültigkeit des archimedischen Axioms bleibt dabei erhalten, und damit folgt aus der Existenz eines nicht archimedisch angeordneten Körpers auch die Existenz eines metrisch vollständigen nicht archimedisch angeordneten Körpers.

Wir haben das archimedische Axiom oben ad hoc eingeführt, um die Diskussion der beiden Vollständigkeitsbegriffe nicht zu lange zu verzögern. Das Axiom ist für sich genommen natürlich genug. Aber es ergibt sich auch aus folgender Frage, die wir gleich nach der ersten Übung zu angeordneten Körpern hätten stellen können: $\mathbb{Q}$ erwies sich ohne Einschränkung als ein Unterkörper eines jeden angeordneten Körpers $\langle K, +, \cdot, < \rangle$. Ein alter Hase der Ordnungstheorie fragt hier sofort: Ist $\mathbb{Q}$ dicht in K? Hier gilt nun:

Satz

Sei $\langle K, +, \cdot, < \rangle$ ein angeordneter Körper. Dann sind äquivalent:

(i) Es gilt das archimedische Axiom.

(ii) $\mathbb{Q}$ ist dicht in K.

Beweis

zu (i) ⤳ (ii):

Es genügt offenbar zu zeigen, daß $\mathbb{Q}^+$ dicht in K^+ ist.
Seien also $x, y \in K$ mit $0 < x < y$. Dann ist $y - x > 0$.
Nach $(A_1)'$ existiert ein $m \in \mathbb{N}$ mit $1/m < (y - x)$.
Sei $n \in \mathbb{N}$ minimal mit $x < n/m$. Ein solches n existiert nach (A).
Wegen Minimalität von n ist $(n - 1)/m \leq x$.
Also $n/m \leq x + 1/m < y$, letzteres wegen $y - x > 1/m$.
Insgesamt also $x < n/m < y$ mit $n/m \in \mathbb{Q}$.

zu (ii) ⤳ (i):

Sei $y \in K$, $y > 0$. Nach Voraussetzung existiert ein $n/m \in \mathbb{Q}$ mit $y < n/m < y + 1$. Dann ist aber $n \in \mathbb{N}$ und es gilt $n > y$.

Der Einzigkeitssatz für Körper der reellen Zahlen

Wir wollen nun zeigen, daß bis auf Isomorphie nur ein Körper der reellen Zahlen existiert.

Definition *(isomorphe angeordnete Körper)*

Ein *Isomorphismus* zwischen zwei angeordneten Körpern $\langle R, +, \cdot, < \rangle$ und $\langle P, +, \cdot, < \rangle$ ist eine Bijektion $f : R \to P$ derart, daß für alle $x, y \in R$ gilt:

(I1) $x < y$ *gdw* $f(x) < f(y)$,

(I2) $f(x + y) = f(x) + f(y)$,

(I3) $f(x \cdot y) = f(x) \cdot f(y)$.

$\langle R, +, \cdot, < \rangle$ und $\langle P, +, \cdot, < \rangle$ heißen *isomorph*, falls ein Isomorphismus $f : R \to P$ zwischen $\langle R, +, \cdot, < \rangle$ und $\langle P, +, \cdot, < \rangle$ existiert.

Streng genommen müßten wir wieder $\langle R, +_R, \cdot_R, <_R \rangle$ und $\langle P, +_P, \cdot_P, <_P \rangle$ schreiben. Die Zeile (b) heißt dann zum Beispiel genau: $f(x +_R y) = f(x) +_P f(y)$.

Es gilt nun:

Satz *(Isomorphiesatz für die reellen Zahlen)*

Je zwei Körper der reellen Zahlen sind isomorph.

Beweis

Seien $\langle R, +, \cdot, < \rangle$ und $\langle P, +, \cdot, < \rangle$ Körper der reellen Zahlen.
Wir nehmen wieder $\mathbb{Q} \subseteq R$ und $\mathbb{Q} \subseteq P$ an. In jedem Körper der reellen Zahlen gilt das archimedische Axiom, und nach dem Satz oben gilt also:

(+) $\mathbb{Q}$ ist sowohl dicht in R als auch dicht in P.

Für $x \in R$ sei $f(x)$ = „das Supremum von $\{ q \in \mathbb{Q} \mid q < x \}$ in P".

Der Beweis des Charakterisierungssatzes der Ordnung von $\mathbb{R}$ zeigt, daß $f : R \to P$ ein Ordnungsisomorphismus von R auf P ist, mit $f | \mathbb{Q} = \mathrm{id}_{\mathbb{Q}}$.

Also ist f bijektiv und es gilt (I1). Offenbar gelten (I2) und (I3) für $x, y \in \mathbb{Q}$. Aber es gilt für alle $x, y \in R$ (!):

$$x + y = \sup(\{ p + q \mid p, q \in \mathbb{Q},\ p < x,\ q < y \}),$$
$$x \cdot y = \sup(\{ p \cdot q \mid p, q \in \mathbb{Q},\ p < x,\ q < y \}).$$

Hieraus und aus $f(x) = \sup_P(\{ q \in \mathbb{Q} \mid q < x \})$ für alle x folgt, daß (I2) und (I3) für alle $x, y \in R$ gelten.

Aus den Isomorphiebedingungen folgt umgekehrt leicht, daß ein Isomorphismus f zwischen zwei Körpern der reellen Zahlen auf $\mathbb{Q}$ die Identität sein muß. Dann ist aber f eindeutig bestimmt, und wir erhalten:

Korollar *(Automorphiesatz für die reellen Zahlen)*
Die Identität ist der einzige Isomorphismus von einem Körper der reellen Zahlen auf sich selbst.

Der Beweis des Isomorphiesatzes zeigt de facto die folgende Universalitätseigenschaft eines Körpers der reellen Zahlen bzw. konkret von $\langle \mathbb{R}, +, \cdot, < \rangle$ (vgl. auch das Korollar zum Charakterisierungssatz der reellen Ordnung $\langle \mathbb{R}, < \rangle$):

Korollar *(Charakterisierung der archimedisch angeordneten Körper)*
Sei $\langle K, +, \cdot, < \rangle$ ein archimedisch angeordneter Körper.
Dann ist $\langle K, +, \cdot, < \rangle$ isomorph zu einem Unterkörper von $\langle \mathbb{R}, +, \cdot, < \rangle$.
Weiter gilt: Die Identität ist der einzige Isomorphismus eines archimedisch angeordneten Körpers auf sich selbst.

Der Automorphiesatz gilt damit auch für jeden archimedisch angeordneten Körper $\langle K, +, \cdot, < \rangle$. Ist $f : K \to K$ ein Isomorphismus, so ist $f = \mathrm{id}_K$.

Aus heutiger Sicht ist die algebraische Charakterisierung der reellen Zahlen eine natürliche Zusammenführung der mit Cantor beginnenden Untersuchung der Ordnungseigenschaften von $\mathbb{R}$ mit dem Dedekindschen Körperbegriff. Hilbert gab 1900 eine algebraische Charakterisierung explizit an. Statt der heute üblichen direkten Formulierung der Vollständigkeit finden wir die Maximalität von $\mathbb{R}$ als archimedisch angeordnetem Körper.

Hilbert (1900): „In der Theorie des [reellen] Zahlbegriffs gestaltet sich die axiomatische Methode wie folgt: Wir denken ein System von Dingen; wir nennen diese Dinge Zahlen und bezeichnen sie mit a, b, c … Wir denken diese Zahlen in gewissen gegenseitigen Beziehungen, deren genaue und vollständige Beschreibung durch die folgenden Axiome geschieht:

I. Axiome der Verknüpfung.

I 1. Aus der Zahl a und der Zahl b entsteht durch ‚Addition' eine bestimmte Zahl c, in Zeichen $a + b = c$ oder $c = a + b$.

I 2. Wenn a und b gegebene Zahlen sind, so existiert stets eine und nur eine Zahl x und auch eine und nur eine Zahl y, sodaß $a + x = b$ bzw. $y + a = b$ wird.

I 3. Es gibt eine bestimmte Zahl – sie heiße 0 –, sodaß für jedes a zugleich $a + 0 = a$ und $0 + a = a$ ist.
I 4. Aus der Zahl a und der Zahl b entsteht noch auf eine andere Art, durch ‚Multiplikation', eine bestimmte Zahl c, in Zeichen $ab = c$ oder $c = ab$.
I 5. Wenn a und b beliebig gegebene Zahlen sind und a nicht 0 ist, so existiert stets eine und nur eine Zahl x und auch eine und nur eine Zahl y, sodaß $ax = b$ bzw. $ya = b$ wird.
I 6. Es gibt eine bestimmte Zahl – sie heiße 1 –, sodaß für jedes a zugleich $a \cdot 1 = a$ und $1 \cdot a = a$ ist.

II. Axiome der Rechnung.
Wenn a, b, c beliebige Zahlen sind, so gelten stets die folgenden Formeln: $a + (b + c) = (a + b) + c$, $a + b = b + a$, $a\,(b\,c) = (a\,b)\,c$, $a(b + c) = ab + ac$, $(a + b)c = ac + bc$, $ab = ba$.

III. Axiome der Anordnung.
III 1. Wenn a, b irgend zwei verschiedene Zahlen sind, so ist stets eine bestimmte von ihnen (etwa a), größer (>) als die andere; die letztere heißt dann die kleinere, in Zeichen: $a > b$ und $b < a$. Für keine Zahl gilt $a > a$.
III 2. Wenn $a > b$ und $b > c$, so ist auch $a > c$.
III 3. Wenn $a > b$ ist, so ist auch stets $a + c > b + c$ und $c + a > c + b$.
III 4. Wenn $a > b$ und $c > 0$ ist, so ist auch stets $ac > bc$ und $ca > cb$.

IV. Axiome der Stetigkeit.
IV 1. (Archimedisches Axiom). Wenn $a > 0$ und $b > 0$ zwei beliebige Zahlen sind, so ist es stets möglich, a zu sich selbst so oft zu addieren, daß die entstehende Summe die Eigenschaft hat $a + a + \ldots + a > b$.
IV 2. (Axiom der Vollständigkeit). Es ist nicht möglich, dem Systeme der Zahlen ein anderes System von Dingen hinzuzufügen, sodaß auch in dem durch Zusammensetzung entstehenden Systeme bei Erhaltung der Beziehungen zwischen den Zahlen die Axiome I, II, III, IV sämtlich erfüllt sind; oder kurz: die Zahlen bilden ein System von Dingen, welches bei Aufrechterhaltung sämtlicher Beziehungen und sämtlicher aufgeführten Axiome keiner Erweiterung mehr fähig ist."

b-adische und andere Entwicklungen

Wir beweisen einen allgemeinen Entwicklungssatz für die Elemente eines Körpers der reellen Zahlen. Die bekannten b-adischen Darstellungen für $b \geq 2$ ergeben sich als Spezialfall.

Die Idee der Entwicklung einer reellen Zahl ist, sich von der griechischen Wechselwegnahme des Euklidischen Algorithmus, die zur Kettenbruchentwicklung führte, zu verabschieden, und statt dessen weniger feinsinnig aber durchaus pragmatisch iteriert den Maßstab zu verkleinern: Die Dezimalbruchentwicklung etwa mißt eine positive Größe x zuerst mit Maßstab 1, und dann nicht die 1 mit dem verbleibenden Rest, sondern den verbleibenden Rest mit neuem Maßstab 1/10, den zweiten verbleibenden Rest dann mit neuem Maßstab 1/100 usw.

Die Maßstabsverkleinerung muß nicht unbedingt nach einem einfachen Muster oder konstanten Faktor vor sich gehen. Allgemein definieren wir:

Definition *(Unterteilungen und Ziffernfolgen)*

Eine *Unterteilung* ist eine Folge $\langle b_n \mid n \geq 1 \rangle$ von natürlichen Zahlen mit $b_n \geq 2$ für alle $n \geq 1$.

Eine *Ziffernfolge bzgl.* $\langle b_n \mid n \geq 1 \rangle$ ist eine Folge $\langle s_n \mid n \geq 1 \rangle$ von natürlichen Zahlen mit $0 \leq s_n < b_n$ für alle $n \geq 1$.

Im folgenden sei $\langle \mathbb{R}, +, \cdot, < \rangle$ ein Körper der reellen Zahlen, und $\langle b_n \mid n \in \mathbb{N} \rangle$ eine fest gewählte Unterteilung. Eine Ziffernfolge ist dann immer eine Ziffernfolge bzgl. dieser festen Unterteilung. Wir definieren:

$a_0 = 1$, sowie

$a_{n+1} = a_n \cdot b_{n+1}$ für $n \geq 1$.

Es gilt also $a_n = \Pi_{1 \leq i \leq n} b_i$ für $n \geq 1$. Die Folge $\langle a_n \mid n \in \mathbb{N} \rangle$ ist streng monoton wachsend.

Definition *($m, s_1 s_2 s_3 \ldots$ und Darstellungen von x)*

Für $m \in \mathbb{N}$ und eine Ziffernfolge $\langle s_n \mid n \in \mathbb{N} \rangle$ setzen wir,

$$m, s_1 s_2 s_3 \ldots \; = \; m + \sup \{ \Sigma_{1 \leq i \leq n} s_i/a_i \mid n \geq 1 \}.$$

Gilt $x = m, s_1 s_2 s_3 \ldots$, so nennen wir das Paar $(m, \langle s_n \mid n \geq 1 \rangle)$ auch eine *(Nachkomma-)Darstellung von x* (für die Unterteilung $\langle b_n \mid n \geq 1 \rangle$).

Ist $b_n = b$ für alle $n \geq 1$, so nennen wir die Darstellung auch eine *b-adische Darstellung.*

2-adische Darstellungen heißen wie üblich auch dyadische Darstellung, 10-adische Darstellungen auch Dezimaldarstellungen.

Wir zeigen noch, daß das fragliche Supremum existiert. De facto gilt sogar:

$0, s_1 s_2 s_3 \ldots \leq 1$,

denn für alle $n \geq 1$ haben wir wegen $b_i/a_i = 1/a_{i-1}$ für alle $i \geq 1$ die Abschätzung

$$\Sigma_{1 \leq i \leq n} s_i/a_i \;\leq\; \Sigma_{1 \leq i \leq n} (b_i - 1)/a_i \;=\; \Sigma_{1 \leq i \leq n} (1/a_{i-1} - 1/a_i) \;=\; 1 - 1/a_n < 1.$$

Hinsichtlich der Existenz von Darstellungen für gegebene $x \in \mathbb{R}^+$ setzen wir

$M_i = \{ n/a_i \mid n \in \mathbb{N} \}$ für alle $i \geq 0$.

Es gilt dann $M_0 = \mathbb{N} \subset M_1 \subset M_2 \subset \ldots$ Weiter sei

$M^* = \bigcup_{i \geq 0} M_i$.

Jede Menge M_i zerlegt nun $K^+ \cup \{ 0 \}$ gleichmäßig in die halboffenen Intervalle $[\, n/a_i, (n+1)/a_i \,[$ (genannt *Typ 1-Intervalle*) und K^+ in die halboffenen Intervalle $]\, n/a_i, (n+1)/a_i \,]$ *(Typ 2-Intervalle)*. Beim Übergang von M_i zu M_{i+1} werden die bestehenden Intervalle in jeweils b_{i+1} gleiche Teile zerlegt. Jedes positive x liegt dann für ein gegebenes $i \in \mathbb{N}$ in genau einem Intervall vom Typ I oder II, und wir nennen für beide Typen jeweils die linke Intervallgrenze die *i-Approximation von x vom Typ I oder II.* (Wir nehmen für beide Typen die linke

Grenze, damit die Approximation immer kleinergleich x ist, und wir eine schwach monoton wachsende Approximationsfolge erhalten.) Genau an den Intervallgrenzen ungleich 0, also für die Punkte aus $M^* - \{ 0 \}$, weichen die Approximationsfolgen der beiden Typen voneinander ab. Der folgende Beweis führt die Typ 1-Approximation im Detail durch.

Satz *(Existenz von Darstellungen)*

Jedes $x \in \mathbb{R}$, $x \geq 0$, besitzt eine Darstellung (bzgl. $\langle b_n \mid n \geq 1 \rangle$).

Beweis

Sei also $x \in \mathbb{R}$, $x \geq 0$, für den Rest fixiert.

Für $i \in \mathbb{N}$ existiert nach dem archimedischen Axiom

x_i = „das eindeutige $n/a_i \in M_i$ mit $n/a_i \leq x < (n + 1)/a_i$".

Dann ist $\langle x_i \mid i \in \mathbb{N} \rangle$ schwach monoton wachsend und $x = \sup(\{ x_i \mid i \in \mathbb{N} \})$.

Weiter existiert für $k \geq 1$ nach Definition von x_i:

s_i = „das eindeutige $0 \leq s < b_i$, $s \in \mathbb{N}$, mit $x_i + s/a_{i+1} \leq x < x_i + (s+1)/a_{i+1}$".

Für alle $i \geq 0$ gilt dann $x_{i+1} = x_i + s_{i+1}/a_{i+1}$, also $x_i = x_0 + \Sigma_{1 \leq k \leq i}\, s_k/a_i$.

Also ist $x = \sup(\{ x_i \mid i \in \mathbb{N} \}) = x_0, s_1\, s_2\, s_3 \ldots$ ∎

Die im Beweis oben gefundene Darstellung terminiert nach Konstruktion genau dann mit 0, falls $x \in M^*$. Wir können aber für $x \neq 0$ auch Typ 2-Intervalle betrachten und definieren:

x_i = „das eindeutige $n/a_i \in M_i$ mit $n/a_i < x \leq (n + 1)/a_i$",

s_i = „das eindeutige $0 \leq s < b_i$, $s \in \mathbb{N}$, mit $x_i + s/a_{i+1} < x \leq x_i + (s + 1)/a_{i+1}$".

Das Argument liefert dann wieder $x = \sup(\{ x_i \mid i \in \mathbb{N} \}) = x_0, s_1\, s_2\, s_3 \ldots$ Die Folge $\langle x_i \mid i \in \mathbb{N} \rangle$ ist nun sogar streng monoton wachsend. Genau für die Elemente von $M^* - \{ 0 \}$ gilt dann $s_i = b_i - 1$ für alle i größergleich einem i_0.

Übung

Außer den gefundenen Nachkommadarstellungen existieren keine weiteren Nachkommadarstellungen für $x \geq 0$.

Wir halten als Ergebnis fest:

Satz *(Darstellungssatz)*

Ein $x \in \mathbb{R}^+$ hat genau dann eine eindeutige Darstellung, wenn $x \notin M^*$.

Die von Null verschiedenen Elemente von M^* haben eine in Null und eine in $b_i - 1$ terminierende Darstellung.

Insbesondere hat jede irrationale Zahl eine eindeutige Darstellung, und eine als gekürzter Bruch dargestellte rationale Zahl $p/q > 0$ hat genau dann zwei verschiedene Darstellungen, wenn es ein $n \geq 1$ gibt, sodaß q ein Teiler von $a_n = b_1 \cdot \ldots b_n$ ist.

Beweis

Für gekürzte Brüche $p/q > 0$ gilt:

$p/q \in M^*$ *gdw* es gibt $n, m \geq 1$ mit $p/q = m/a_n$ *gdw*

es gibt $m, n \geq 1$ mit $p\, a_n = m\, q$ *gdw*

es gibt ein $n \geq 1$ mit q Teiler von a_n.

– Der Rest folgt aus der obigen Diskussion.

Damit haben wir für den b-adischen Spezialfall konstanter Unterteilungen die vertraute Nachkommadarstellung von reellen Zahlen aus den Axiomen eines Körpers der reellen Zahlen abgeleitet. Im allgemeinen Fall ist speziell die Wahl $b_n = n$ für $n \geq 1$ von Interesse. Hier ist $a_n = n!$, und unsere Analyse liefert z. B. für jede irrationale Zahl $x > 0$ eine eindeutige Darstellung $x = m, s_1\, s_2\, s_3 \ldots$, d. h.

$$x = m + s_1/1! + s_2/2! + \ldots + s_n/n! + \ldots$$

Speziell ist $e = 1, 1\ 1\ 1 \ldots$ für die Eulersche Zahl e bei dieser Unterteilung.

Allgemeiner kann man für eine Darstellung reeller Zahlen statt von $\langle b_n \mid n \geq 1 \rangle$ gleich von abzählbaren Mengen $M_0 \subset M_1 \subset M_2 \subset \ldots$ ausgehen, die mit wachsendem i immer feinere Zerlegungen von $\mathbb{R}^+$ liefern. Die Intervalle der Zerlegung muß man dann nicht mehr konstant wählen. So sind etwa iterierte Zerlegungen von Intervallen nach dem Schema 0, 1/2, 3/4, 1 oder sogar nach dem Schema 0, 1 – 1/2, 1 – 1/3, …, 1 – 1/n, …, 1 denkbar.

Zwei klassische Konstruktionen der reellen Zahlen

Wir wenden uns nun der Frage nach der Existenz eines Körpers der reellen Zahlen zu, oder schwächer der Frage nach der Existenz einer vollständigen, separablen und unbeschränkten linearen Ordnung. Wir werden also $\mathbb{R}$ vorerst nicht mehr verwenden, sondern konstruieren möglichst elementar einen Körper der reellen Zahlen, den wir dann $\mathbb{R}$ nennen.

Die Fundierung der Analysis durch eine eingehende Untersuchung des Begriffs der reellen Zahlen begann erst in der zweiten Hälfte des 19. Jahrhunderts. Dedekind führte 1872 die nach ihm benannten Schnitte ein, Cantor arbeitete im gleichen Jahr mit Cauchy-Folgen bestehend aus rationalen Zahlen.

Unabhängig von Cantor wurde dieser Ansatz auch von Charles Méray verfolgt [Méray 1869]. Weierstraß verwendete in seinen Vorlesungen Suprema von Reihen zur Konstruktion [vgl. auch Weierstraß 1880]. Weiter gibt Heine eine Konstruktion [Heine 1872]. Wir diskutieren die Geschichte der Konstruktion des arithmetischen Kontinuums am Ende des Kapitels noch genauer.

Dedekinds Schnitt-Technik ist für die Theorie der linearen Ordnungen von großer Bedeutung und unerreichter innerer Schönheit. Sie wurde zum Schließen von Lücken in linearen Ordnungen entwickelt, und naturgemäß bekommt man die Vollständigkeit der reellen Ordnung bei diesem Ansatz geschenkt. Deren Nachweis macht bei der Folgenkonstruktion etwas mehr Mühe, dafür läßt sich hier aber die Arithmetik einfacher von $\mathbb{Q}$ nach $\mathbb{R}$ liften. Weiter ist die Cantorsche Konstruktion zur Vervollständigung beliebiger angeordneter Körper oder metrischer Räume geeignet. Generell ist es für $\mathbb{R}$ und über $\mathbb{R}$ hinausblickend gewinnbringend, beide Konstruktionen zu kennen.

Beide Ansätze führen über zuweilen etwas holzige aber insgesamt doch recht entspannte konstruktive Exkursionen von den rationalen Zahlen zum angeordneten Körper der reellen Zahlen. Ehrgeiziger und tiefschürfender ist eine Konstruktion, die bei der leeren Menge beginnt und aus den Axiomen der Mengenlehre schrittweise das Zahlensystem errichtet: zunächst „entsteht“ – figürlich gesprochen oder wörtlich vor dem inneren Auge des Studierenden – die induktive Struktur $\mathbb{N}$, dann der Ring der ganzen Zahlen $\mathbb{Z}$, und weiter dann die angeordneten Körper $\mathbb{Q}$ und $\mathbb{R}$. Der Leser findet eine Skizze sowie Literaturhinweise für den Weg von $\emptyset$ bis $\mathbb{Q}$ im Anhang. Wir beginnen hier zur Durchführung der Konstruktionen von Dedekind und Cantor, die wir nun im Überblick vorstellen wollen, mit den rationalen Zahlen als Grundmaterial.

Aufgrund seiner offensichtlichen Wichtigkeit ist dieses Thema an zahlreichen Stellen bis ins Detail durchgeführt worden, und bei manchem Mathematiker ist beim Stichwort „Konstruktion von $\mathbb{R}$“ dann auch ein gewisser Überdruß anzumerken. In der Analysis wird der Körper $\mathbb{R}$ zumeist einfach vorausgesetzt; die Konstruktion wird auf Seminare verschoben und entsprechend motivierten Studenten zur sinnvollen Freizeitgestaltung ans Herz gelegt. Beides geschieht zurecht, möchte man hinzufügen, denn innerhalb der Differential- und Integralrechnung bringt die zeitraubend-aufwendige Konstruktion nur wenig an Mehrwert. Hier folgt die Mathematik pragmatisch noch ganz der Tradition von Newton und Leibniz bis Gauß, und arbeitet recht unbekümmert und ungemein erfolgreich mit allerlei Arten von Zahlen, ohne ständig das mengentheoretische Verfassungsgericht zu bemühen. Andererseits haben auch detaillierte technische Konstruktionspläne einen gewissen Charme, und die didaktische Besonderheit, das zu errichtende Bauwerk bereits klar vor Augen zu haben, unterstützt das „Selberzeichnen“; wenige Hinweise zur Dedekind- oder Cantor-Konstruktion genügen dann auch zumeist, um ein „ja, so gehts!“-Erlebnis auszulösen. Die Struktur $\mathbb{R}$ ist so vertraut, daß sie rekonstruiert werden kann und nicht neu konstruiert werden muß.

Wir begnügen uns aus den genannten Gründen bei den beiden klassischen Konstruktionen mit Skizzen. Dabei führen wir die etwas komplizierteren Argumente etwas genauer aus, und hoffen, daß der Leser, der den Weg selber nachgehen möchte, sinnvoll aufgestellte Wegweiser vorfinden wird.

Ein Text über die reellen Zahlen wäre ohne wenigstens eine vollständig durchgeführte Konstruktion eines Körpers der reellen Zahlen sicher unvollständig. Hier trifft es sich günstig, daß Stephen Schanuel und Norbert A'Campo (und möglicherweise auch andere) eine überraschende und ansprechende neue Konstruktionsmethode gesehen und, im Falle von A'Campo, auch entwickelt haben. Wir stellen diesen Zugang zum Kontinuum im Anschluß an die klassischen Konstruktionen im Detail vor.

Skizze der Konstruktion der reellen Zahlen nach Dedekind

Mit Hilfe von Dedekindschen Schnitten läßt sich eine gegebene Ordnung leicht vervollständigen: Ist $\langle M, <\rangle$ eine unbeschränkte lineare Ordnung, so sei $\mathfrak{D}(M)$ die Menge der Schnitte (L, R) von M. Wir definieren eine Ordnung auf $\mathfrak{D}(M)$ durch $(L, R) < (L', R')$, falls $L \subset L'$. Es ist leicht zu sehen, daß $\langle \mathfrak{D}(M), <\rangle$ vollständig ist. Ist (L, R) ein Schnitt derart, daß $L = \{ y \in M \mid y \leq x \}$ für ein Element x von M gilt, so können wir (L, R) mit x selber identifizieren, und somit $M \subseteq \mathfrak{D}(M)$ annehmen. Die Dedekind-Vervollständigung läßt sich in jede andere vollständige Erweiterung von $\langle M, <\rangle$ ordnungs- und supremumserhaltend einbetten. Ist jedes Element einer vollständigen Erweiterung von M das Supremum von Elementen aus M, so ist die Erweiterung sogar ordnungsisomorph zur Dedekind-Vervollständigung von M.

Wir können daher die reelle Ordnung bis auf Isomorphie eindeutig definieren als die Dedekind-Vervollständigung einer beliebigen abzählbaren dichten und unbeschränkten Ordnung. Konkret legen wir natürlich die rationalen Zahlen als Ausgangsordnung zugrunde, damit $\mathbb{R}$ ein arithmetisches Grundgerüst erhält. Wir setzen also:

$$\langle \mathbb{R}, <\rangle \;=\; \langle \mathfrak{D}(\mathbb{Q}), <\rangle.$$

Diese die Ordnung betonende Konstruktion läßt die reellen Zahlen als eine Struktur erscheinen, die aus Teilmengen einer abzählbaren Menge besteht. Ein Schnitt (L, R) in einer abzählbaren Ordnung $\langle M, <\rangle$ ist bestimmt durch eine Teilmenge L von M. Die Beziehung zwischen $\mathbb{R}$ und $\mathcal{P}(\mathbb{N})$ ($\sim \mathcal{P}(\mathbb{Q})$) wird bei der Definition von $\mathbb{R}$ als $\mathfrak{D}(\mathbb{Q})$ besonders deutlich.

Wir nutzen nun die bestehende Arithmetik auf $\mathbb{Q}$, um eine Arithmetik auf $\mathbb{R}$ zu definieren. Zur Verkürzung der Notation schreiben wir statt (L, R) oft auch kurz R, denn bei gegebenem R ist $L = \mathbb{Q} - R$. Die Bevorzugung der rechten Hälften wird bei der Multiplikation klar werden.

Wir setzen nun für Schnitte $R, R' \in \mathbb{R}$:

$$R + R' = \{ x + y \mid x \in R,\ y \in R' \}.$$

Man zeigt, daß diese Summe tatsächlich ein Schnitt ist, und daß $\langle \mathbb{R}, +\rangle$ eine kommutative Gruppe mit neutralem Element $0 = (\{ q \in \mathbb{Q} \mid q > 0 \}, \mathbb{Q}^+)$ ist.

Bei der Bildung von additiv inversen Elementen ist wegen der Asymmetrie der Supremumsbedingung eines Schnitts etwas Vorsicht geboten. Ist $R \in \mathbb{R}$, so betrachten wir zunächst $M = \{ q \in \mathbb{Q} \mid -q \notin R \}$. Hat M ein $\mathbb{Q}$-kleinstes Element q^*, so setzen wir $R' = M - \{ q^* \}$. Andernfalls sei $R' = M$. In der Tat ist nun R′ ein Schnitt, und es gilt $R + R' = 0$.

Weiter definieren wir eine Multiplikation auf $\mathbb{R}$. Den Vorzeichentanz der Multiplikation im Auge definieren wir die Multiplikation zunächst für positive Schnitte (also Schnitte R für die ein $q \in \mathbb{Q}^+$ existiert mit $q \in R$). Für zwei positive Schnitte $R, R' \in \mathbb{R}$ setzen wir:

$$R \cdot R' = \{ x \cdot y \mid x \in R,\ y \in R' \}.$$

Diese Produktbildung liefert wie erwartet einen (positiven) Schnitt. Das Produkt zweier beliebiger Schnitte wird nun, um nicht in einem Morast von Fallunterscheidungen zu versinken, wohl am bequemsten über eine Vorzeichenfunktion eingeführt. Ist x ein Element eines angeordneten Körpers, so setzen wir $\mathrm{sg}(x) = 1$, falls $x \in K^+$, $\mathrm{sg}(x) = 0$, falls $x = 0$ und $\mathrm{sg}(x) = -1$, falls $x < 0$. Für Elemente $x, y \in K$ wird weiter $\mathrm{sg}(x)\, y \in \{ -y,\ 0,\ y \}$ in der offensichtlichen Weise definiert. Wir definieren damit für beliebige Schnitte R und R:

$$R \cdot R' \;=\; \mathrm{sg}(R)\,\mathrm{sg}(R')\,(\,|R| \cdot |R'|\,).$$

$\langle \mathbb{R} - \{0\}, \cdot \rangle$ erweist sich als kommutative Gruppe. Wir geben noch die Inversen an. Sei etwa R positiv, und sei $M = \{ q \in \mathbb{Q}^+ \mid 1/q \notin R \}$. Wie für die Addition sei $R' = M - \{ q^* \}$ bzw. $R' = M$, je nachdem, ob M ein $\mathbb{Q}$-kleinstes Element q^* enthält oder nicht. R' ist ein Schnitt und in der Tat gilt $R \cdot R' = 1$ $(= \{ q \in \mathbb{Q} \mid q > 1 \})$. Zum Beweis dieser Aussage wird das archimedische Axiom für $\mathbb{Q}$ verwendet, das zwar für $\mathbb{Q}$ trivialerweise gilt, aber doch eine spezielle Eigenschaft des zugrundegelegten angeordneten Körpers darstellt. Dedekinds Konstruktion läßt sich im Gegensatz zur Konstruktion von Cantor nicht für beliebige angeordnete Körper durchführen.

Weiteres Nachrechnen zeigt, daß $\langle \mathbb{R}, \cdot, + \rangle$ ein Körper ist. Damit ist $\langle \mathbb{R}, \cdot, +, < \rangle$ ein Körper der reellen Zahlen nach dem Charakterisierungssatz, denn das arithmetische Ordnungsaxiom gilt klarerweise und die lineare Ordnung $\langle \mathbb{R}, < \rangle$ ist vollständig nach Konstruktion. Wir dürfen wie für jede Vervollständigung annehmen, daß $\mathbb{Q} \subseteq \mathbb{R}$ ist. Darüberhinaus stimmt dann wie erwartet die Arithmetik auf $\mathbb{R}$ für rationale Zahlen mit der alten Arithmetik auf $\mathbb{Q}$ überein.

Skizze der Konstruktion der reellen Zahlen nach Cantor

Die Konstruktion von Cantor liefert für jeden angeordneten Körper $\langle K, +, \cdot, < \rangle$ einen metrisch vollständigen (nicht notwendig archimedisch) angeordneten Erweiterungskörper $\langle K^c, +, \cdot, < \rangle$. Primär interessiert an einem Körper der reellen Zahlen führen wir die Konstruktion konkret für den angeordneten Körper $\langle \mathbb{Q}, +, \cdot, < \rangle$ durch. Die folgenden Ausführungen lassen sich aber fast wörtlich auf einen beliebigen angeordneten Körper $\langle K, +, \cdot, < \rangle$ umschreiben; wir gehen am Ende der Darstellung auf den allgemeinen Fall aber noch ein.

Wir legen also $\langle \mathbb{Q}, +, \cdot, < \rangle$ zugrunde und betrachten Folgen $f = \langle q_n \mid n \in \mathbb{N} \rangle \in {}^{\mathbb{N}}\mathbb{Q}$, die wir auch *rationale Folgen* nennen. Wir folgen der klassischen Tradition, bei der Konstruktion von $\mathbb{R}$ eher von Fundamentalfolgen als gleichwertig von Cauchy-Folgen zu sprechen.

Die Quantorenflut der Fundamentalfolgen stört den Lesefluß, doch gibt's ein Mittel, nämlich die Sprechweisen „schließlich" und „ab einer Stelle": Wir sagen, daß eine Eigenschaft $\mathcal{E}(x_1, \ldots, x_r)$ *schließlich* gilt, wenn es ein $n_0 \in \mathbb{N}$ gibt, sodaß $\mathcal{E}(n_1, \ldots, n_r)$ für alle natürlichen Zahlen $n_1, \ldots, n_r \geq n_0$ gilt. In diesem Fall sagen wir dann auch: $\mathcal{E}(n_1, \ldots, n_r)$ gilt *ab* n_0. Eine rationale Folge f ist also beispielsweise genau dann eine Fundamentalfolge, wenn für alle $k \in \mathbb{N}^+$ schließlich gilt, daß $|f(n) - f(m)| < 1/k$.

Eine rationale Folge $\langle q_n \mid n \in \mathbb{N}\rangle$ heißt *Nullfolge*, falls für alle $k \in \mathbb{N}^+$ schließlich $|q_n| < 1/k$ gilt. Offenbar ist jede Nullfolge eine Fundamentalfolge.

Sei nun F die Menge aller Fundamentalfolgen. Für $f, g \in F$ definieren wir:

$f \sim g$, *falls* $\langle f(n) - g(n) \mid n \in \mathbb{N}\rangle$ eine Nullfolge ist.

Dann ist $\sim$ eine Äquivalenzrelation auf F. Wir definieren nun die Menge der reellen Zahlen $\mathbb{R}$ durch die von $\sim$ gegebene Unschärfe auf F, d. h. wir setzen:

$\mathbb{R} = F/\sim$.

Bei diesem Ansatz über Folgen erscheinen die reellen Zahlen also als (Äquivalenzklassen von) Funktionen von $\mathbb{N}$ nach $\mathbb{Q}$, und wegen $|\mathbb{Q}| = |\mathbb{N}|$ also de facto als Funktionen von $\mathbb{N}$ nach $\mathbb{N}$.

Die Arithmetik $\langle \mathbb{R}, +, \cdot\rangle$ ergibt sich nun aus der punktweisen rationalen Arithmetik auf den Fundamentalfolgen. Sind $f, g \in F$, so sind auch $\langle f(n) + g(n) \mid n \in \mathbb{N}\rangle$ und $\langle f(n) \cdot g(n) \mid n \in \mathbb{N}\rangle$ Fundamentalfolgen. Wir definieren die Arithmetik auf $\mathbb{R}$ wie folgt. Für $f, g \in F$ sei

$f/\sim\ +\ g/\sim\ =\ \langle f(n) + g(n) \mid n \in \mathbb{N}\rangle/\sim$,

$f/\sim\ \cdot\ g/\sim\ =\ \langle f(n) \cdot g(n) \mid n \in \mathbb{N}\rangle/\sim$.

Wie üblich ist ein Nachweis der Wohldefiniertheit notwendig.

Man zeigt nun: $\langle \mathbb{R}, +, \cdot\rangle$ ist ein Körper. Das neutrale Element der Addition 0 ist gleich $\langle 0 \mid n \in \mathbb{N}\rangle/\sim$; allgemeiner gilt $0 = f/\sim$ genau dann, wenn f eine Nullfolge ist. Das neutrale Element für die Multiplikation ist $\langle 1 \mid n \in \mathbb{N}\rangle/\sim$.

Wir geben noch die multiplikativen Inversen an: Ist $f/\sim\ \neq 0$, so ist $f(n) \neq 0$ ab einem n_0 (!). Wir definieren dann eine rationale Folge g durch $g(n) = f(n)^{-1}$ für $n \geq n_0$, und $g(n) = 1$ für $n < n_0$. Dann ist $g \in F$ (!). Weiter ist $f(n) \cdot g(n) = 1$ schließlich, also $g/\sim$ multiplikativ invers zu $f/\sim$.

Wir definieren schließlich die Ordnung auf $\mathbb{R}$. Für $f, g \in F$ setzen wir:

$f/\sim\ <\ g/\sim$ *falls* es ein $q \in \mathbb{Q}^+$ gibt mit $f(n) + q < g(n)$ schließlich.

Auch diese Definition ist unabhängig von der Repräsentantenwahl. Die <-Relation erweist sich leicht als lineare Ordnung auf $\mathbb{R}$. Eine reelle Zahl $f/\sim$ ist nach Definition genau dann positiv, wenn es ein $q \in \mathbb{Q}^+$ gibt mit $f(n) > q$ schließlich. Für alle $f/\sim\ \in \mathbb{R}$ gilt zudem offenbar $|f/\sim| = \langle |f(n)| \mid n \in \mathbb{N}\rangle/\sim$.

Die Menge der Äquivalenzklassen der konstanten Folgen, also

$Q = \{ \langle q \mid n \in \mathbb{N}\rangle/\sim\ \mid q \in \mathbb{Q} \}$

ist dicht in $\mathbb{R}$: Denn seien $f/\sim, g/\sim\ \in \mathbb{R}$ derart, daß $f/\sim\ < g/\sim$. Dann existiert nach Definition der Ordnung ein $q \in \mathbb{Q}^+$, sodaß $f(n) + 2q < g(n)$ ab einem n_0. Wir setzen $h = \langle f(k) + q \mid k \in \mathbb{N}\rangle$. Dann gilt wie gewünscht, daß

$f/\sim\ <\ h/\sim\ <\ g/\sim$.

Letztendlich wird man $\langle q \mid n \in \mathbb{N}\rangle/\sim$ mit $q \in \mathbb{Q}$ identifizieren, und so $\mathbb{Q} = Q \subseteq \mathbb{R}$ annehmen. Zur Vermeidung von Irritationen bleiben wir für den Rest des Beweises aber bei der Langform $\langle q \mid n \in \mathbb{N}\rangle/\sim$ statt q.

Hinsichtlich „kleinergleich“ ergibt sich folgendes nützliche Kriterium: Es gilt $f/\sim \ \leq g/\sim$ genau dann, wenn für alle $q \in \mathbb{Q}^+$ schließlich $f(n) \leq g(n) + q$ gilt. Gilt für $f, g \in F$, daß $f(n) < g(n)$ schließlich, so ist sicher $f/\sim \ \leq g/\sim$, aber nicht notwendig $f/\sim \ < g/\sim$.

Das arithmetische Ordnungsaxiom ist leicht zu überprüfen. Also ist $\langle \mathbb{R}, +, \cdot, < \rangle$ ein angeordneter Körper.

Als nächstes zeigen wir das archimedische Axiom für $\langle \mathbb{R}, +, \cdot, < \rangle$. Sei also $f/\sim \ > 0$. Der Wertebereich jeder Fundamentalfolge ist beschränkt in $\mathbb{Q}$. Sei also $s \in \mathbb{N}$ mit $f(n) + 1 < s$ für alle $n \in \mathbb{N}$. Dann gilt offenbar $f/\sim \ < \langle s \mid n \in \mathbb{N} \rangle/\sim \ = s \langle 1 \mid n \in \mathbb{N} \rangle/\sim$ = „das s-fache Vielfache der 1 von $\mathbb{R}$“. Also ist $\langle \mathbb{R}, +, \cdot, < \rangle$ ein archimedisch angeordneter Körper.

Beim Nachweis des archimedischen Axioms benutzen wir zum ersten Mal substantiell, daß wir mit $\mathbb{Q}$ und nicht mit einem beliebigen angeordneten Grundkörper arbeiten. Genauer benutzen wir, daß der Grundkörper $\langle K, +, \cdot, < \rangle$ selbst archimedisch ist: $\mathbb{N}$ ist unbeschränkt in K. Dann existiert s wie gewünscht. In einem beliebigen angeordneten Körper sind Fundamentalfolgen immer noch beschränkt, aber wir können eine obere Schranke i. a. nicht mehr durch Vervielfachung der 1 erreichen.

Es bleibt also zu zeigen, daß $\langle \mathbb{R}, +, \cdot, < \rangle$ metrisch vollständig ist. Sei zu diesem Ende $\langle f_n/\sim \mid n \in \mathbb{N} \rangle$ eine Cauchy-Folge in $\langle \mathbb{R}, +, \cdot, < \rangle$.

Die Konvergenz ist klar, wenn $\{ f_n/\sim \mid n \in \mathbb{N} \}$ endlich ist, denn dann ist der eindeutige unendlich oft angenommene Wert der Limes der Folge.

Sei also $\{ f_n/\sim \mid n \in \mathbb{N} \}$ unendlich. O. E. gilt $f_n/\sim \ \neq f_{n+1}/\sim$ für alle $n \in \mathbb{N}$, denn andernfalls dünnen wir die Folge aus; existiert der Limes der ausgedünnten Folge, so ist dieser Wert auch der Limes der ursprünglichen Folge.

Für $n \in \mathbb{N}$ sei $q_n \in \mathbb{Q}$ derart, sodaß $\langle q_n \mid k \in \mathbb{N} \rangle/\sim$ zwischen $f_n/\sim$ und $f_{n+1}/\sim$ in $\mathbb{R}$ liegt. Dann ist $\langle \langle q_n \mid k \in \mathbb{N} \rangle/\sim \ \mid n \in \mathbb{N} \rangle$ eine Cauchy-Folge in $\mathbb{R}$. Weiter genügt es zu zeigen, daß der Grenzwert dieser Folge existiert, denn dann hat auch $\langle f_n/\sim \mid n \in \mathbb{N} \rangle$ diesen Grenzwert.

Offenbar ist $f^* = \langle q_n \mid n \in \mathbb{N} \rangle \in F$. Wir sind also fertig wenn wir zeigen:

(+) $\quad f^*/\sim \ = \lim_{n \to \infty} \langle \langle q_n \mid k \in \mathbb{N} \rangle/\sim \ \mid n \in \mathbb{N} \rangle$.

Da für alle $g/\sim \ > 0$ ein $q \in \mathbb{Q}^+$ existiert mit $0 < \langle q \mid k \in \mathbb{N} \rangle/\sim \ < g/\sim$ genügt es zu zeigen:

(+)′ $\quad$ Für alle $q \in \mathbb{Q}^+$ gilt $|\langle q_n \mid k \in \mathbb{N} \rangle/\sim - f^*/\sim| \leq \langle q \mid k \in \mathbb{N} \rangle/\sim$ schließlich.

Wegen $f^*(k) = q_k$ für alle $k \in \mathbb{N}$ genügt es also zu zeigen:

(+)″ $\quad$ Für alle $q \in \mathbb{Q}^+$ gilt $|\langle q_n - q_k \mid k \in \mathbb{N} \rangle/\sim| \leq \langle q \mid k \in \mathbb{N} \rangle/\sim$ schließlich.

Sei also $q \in \mathbb{Q}^+$. Sei n_0 derart, daß $|q_n - q_k| < q$ für alle $n, k \geq n_0$ gilt.
Dann gilt für alle $n \geq n_0$:

$$|\langle q_n - q_k \mid k \in \mathbb{N} \rangle/\sim| \ = \ \langle |q_n - q_k| \mid k \in \mathbb{N} \rangle/\sim \ \leq \ \langle q \mid k \in \mathbb{N} \rangle/\sim.$$

Dies zeigt (+)″.
Also ist $\langle \mathbb{R}, +, \cdot, < \rangle$ metrisch vollständig. Damit ist insgesamt gezeigt, daß die konstruierte Struktur $\langle \mathbb{R}, +, \cdot, < \rangle$ ein Körper der reellen Zahlen ist.

Für die allgemeine Konstruktion sei ⟨K, +, ·, <⟩ ein beliebiger angeordneter Körper. Arbeiten wir mit Fundamentalfolgen $f : \mathbb{N} \to K$ und ersetzen wir in obiger Konstruktion $\mathbb{Q}^+$ an jeder Stelle durch K^+, so erhalten wir einen angeordneten Körper $\langle K^c, +, \cdot, < \rangle$. Identifizieren wir $x \in K$ mit $\langle x \mid n \in \mathbb{N} \rangle/\sim$, so können wir $K \subseteq K^c$ annehmen. K ist dann mit dem Argument aus der Konstruktion oben immer noch dicht in K^c. Auch der Beweis der metrischen Vollständigkeit bleibt richtig. Lediglich das archimedische Axiom können wir i.a. nicht mehr zeigen (vgl. die Bemerkung oben; da K dicht in K^c ist, gilt das archimedische Axiom de facto genau dann in K^c, wenn es in K gilt). Wir nennen $\langle K^c, +, \cdot, < \rangle$ die *kanonische metrische Vervollständigung* von ⟨K, +, ·, <⟩.

Noch eine abschließende technische Bemerkung. Die Konstruktionen von Dedekind und Cantor lassen sich ohne Verwendung des Auswahlaxioms durchführen. Besonders bei der Konstruktion von Cantor muß man hier etwas aufpassen, da wir ohne Auswahlaxiom nicht annehmen dürfen, daß $\mathbb{R} = F/\sim$ ein vollständiges Repräsentantensystem hat. Obige Konstruktion für den Schritt von $\mathbb{Q}$ nach $\mathbb{R}$ verwendet das Auswahlaxiom nicht wesentlich. (Die *Wahl* eines $\langle q \mid k \in \mathbb{N} \rangle/\sim$ zwischen $f_n/\sim$ und $f_{n+1}/\sim$ etwa wird zur konkreten Definition „das erste $q \in \mathbb{Q}$ mit …“, wenn man zu Beginn eine feste Aufzählung von $\mathbb{Q}$ zugrunde legt.) Für die metrische Vervollständigung eines beliebigen angeordneten Körpers ⟨K, +, ·, <⟩ wird das Auswahlaxiom aber in der Regel gebraucht.

Eine moderne Konstruktion

Wir stellen noch eine Konstruktion vor, die die reellen Zahlen bestechend einfach aus den ganzen Zahlen gewinnt. Sie wurde von Stephen Schanuel in den 1980er Jahren gesehen und in [Ross 1985] skizziert. Unabhängig davon wurde sie von Norbert A'Campo entwickelt, angeregt durch eine Arbeit von Henri Poincaré über Homöomorphismen des Einheitskreises (siehe [A'Campo 2003]).

Obwohl sich die Konstruktion mit wenigen Pinselstrichen aufzeichnen ließe, gönnen wir uns zur Vermeidung eines ad-hoc Eindrucks ausführliche Vorbereitungen. Zur Motivation betrachten wir also vorerst $\mathbb{R}$ als bereits konstruiert – wir wissen ja, worauf wir hinauswollen.

Motivation und Begriffsbildung

Für jedes $c \in \mathbb{R}$ betrachten wir die Abbildung $f_c : \mathbb{R} \to \mathbb{R}$ mit $f_c(x) = c \cdot x$ für alle $x \in \mathbb{R}$. f_c ist also die lineare Funktion auf $\mathbb{R}$ mit Steigung c. Weiter sei dann eine Funktion $G : \mathbb{R} \to {}^{\mathbb{R}}\mathbb{R}$ definiert durch:

$$G(c) = f_c \quad \text{für } c \in \mathbb{R}.$$

Dann gilt für alle $c, d \in \mathbb{R}$ offenbar:

$$G(c + d) = G(c) + G(d) \quad \text{(unter der punktweisen Addition von Funktionen),}$$
$$G(c \cdot d) = G(c) \circ G(d) = G(d) \circ G(c).$$

Die Multiplikation auf den reellen Zahlen wird also unter G zu einer denkbar einfachen Operation!

Für $c \in \mathbb{R}$ sei weiter $g_c : \mathbb{Z} \to \mathbb{Z}$ definiert durch:

$g_c(a)$ = „das $b \in \mathbb{Z}$ mit minimalem Betrag mit $b \in [f_c(a) - 1/2, f_c(a) + 1/2]$."

Für alle $a \in \mathbb{Z}$ gilt dann $|f_c(a) - g_c(a)| \leq 1/2$. Die Funktionen g_c sind die bestmöglichen $\mathbb{Z}$-Approximationen an die Funktionen f_c. Insbesondere trennen sie diese Funktionen: Ist $c \neq d$, so existiert ein $a \in \mathbb{Z}$ mit $|f_c(a) - f_d(a)| > 1$, und daher gilt $g_c \neq g_d$. Für alle c gilt zudem

$c = \lim_{n \to \infty} g_c(n)/n$.

Weiter erben die Funktionen $g_c : \mathbb{Z} \to \mathbb{Z}$ von den f_c gute Linearitätseigenschaften. Für alle $c \in \mathbb{R}$ gilt $\{ f_c(a + b) - f_c(a) - f_c(b) \mid a, b \in \mathbb{Z} \} = \{ 0 \}$. Für die Funktionen g_c gilt immerhin noch:

(+) $\{ g_c(a + b) - g_c(a) - g_c(b) \mid a, b \in \mathbb{Z} \} \subseteq \{ -1, 0, 1 \}$.

Denn

$|g_c(a + b) - g_c(a) - g_c(b) - 0|$ =

$|g_c(a + b) - g_c(a) - g_c(b) - f_c(a + b) + f_c(a) + f_c(b)| \leq 3/2$,

und $g_c(a + b) - g_c(a) - g_c(b)$ ist ganzzahlig.

Wie für die linearen Funktionen f_c gilt zudem:

(++) $g_c(-a) = -g_c(a)$ für alle $a \in \mathbb{Z}$.

Diese Eigenschaft motiviert die Rolle des Betrags in der Definition von g_c: Sie würde nicht mehr uneingeschränkt gelten, wenn wir etwa $g_c(a)$ als das eindeutige $z \in \mathbb{Z}$ im halboffenen Intervall $[f_c(a) - 1/2, f_c(a) + 1/2[$ definiert hätten.

Die Eigenschaften (+) und (++) fassen wir zu einem Begriff zusammen:

Definition *(fastlineare Funktionen; S(g), ungerade Funktionen)*

Eine Funktion $g : \mathbb{Z} \to \mathbb{Z}$ heißt *fastlinear*, falls gilt:

(i) $S(g) = \{ g(a + b) - g(a) - g(b) \mid a, b \in \mathbb{Z} \} \subseteq \{ -1, 0, 1 \}$.

(ii) g ist *ungerade*, d. h. es gilt $g(-a) = -g(a)$ für alle $a \in \mathbb{Z}$.

Wir untersuchen die konkreten fastlinearen Funktionen g_c für $c \in \mathbb{R}$ noch etwas weiter. Die punktweise Addition $g_c + g_d$ ist i. a. nicht mehr fastlinear. Weiter gilt die Gleichung $g_{c \cdot d} = g_c \circ g_d$ im Gegensatz zu $f_{c \cdot d} = f_c \circ f_d$ im allgemeinen nicht mehr, und auch $g_c \circ g_d = g_d \circ g_c$ ist nicht immer richtig.

Ist zum Beispiel $c = 3/5$, so ist $g_{c \cdot c}(1) = 0$ wegen $9/25 < 1/2$. Dagegen gilt $g_c(1) = 1$ wegen $3/5 > 1/2$, und damit $(g_c \circ g_c)(1) = 1$. Der Fehler ist auch nicht etwa auf 1 beschränkt: Ist etwa $c = 21/2$, so ist $g_c(1) = 10$ und weiter $g_c(10) = 105$. Dagegen ist aber $g_{c \cdot c}(1) = g_{441/4}(1) = 110$. Die Differenz ist hier also 5.

Wir wollen nun begründen, daß diese Abweichungen von den perfekten Eigenschaften der f_c-Funktionen nun andererseits auch nicht so gravierend sind, wie es scheinen mag. Hierzu schätzen wir einige Fehler der g_c-Arithmetik zu Illustrationszwecken genauer ab. Es genügt, wenn der Leser ein Gefühl dafür entwickelt, daß der Begriff der Fastlinearität zwar königlich, aber ohne helfende Bauern zu schwach ist. Die Zusammenstellung der Ungleichungen im folgenden Satz hat also eher didaktische Zwecke.

Der Natur der Konstruktion entsprechend wird im folgenden ständig nach unten und oben abgeschätzt werden. Damit dies etwas leichter verdaulich wird und keine großen Lesepausen entstehen, weil unkommentierte Abschätzungen überprüft werden müssen, vorab einige Bemerkungen zur Erinnerung. Das wichtigste Hilfsmittel ist natürlich (für reelle Größen a, b, c):

(U1) $|a + b| \leq |a| + |b|$.

Daneben spielen aber auch folgende Ungleichungen eine wichtige Rolle:

(U2) $|a - b| \geq |a| - |b|, |b| - |a|$, zusammengefaßt also
$||a| - |b|| \leq |a - b|$.

Diese Ungleichung folgt bekanntlich aus der ersten: Denn $|a| = |a - b + b| \leq |a - b| + |b|$, und $|b| = |b - a + a| \leq |b - a| + |a| = |a - b| + |a|$. Aus (U2) folgt nun aber weiter die auch intuitiv einleuchtende Implikation:

(U3) Ist $|a - b| \leq c$, so gilt $|a| \geq |b| - c$.

Die immer wiederkehrende Tätigkeit des Abschätzens ist nun:

(U4) Ist $|a_1 + \ldots + a_n| \leq c$ und $|a_i - b_i| \leq d$ für ein $1 \leq i \leq n$, so ist
$|a_1 + \ldots + a_{i-1} + b_i + a_{i+1} + a_n| \leq c + d$.

Für eine Funktion $h : \mathbb{Z} \to \mathbb{R}$ wird die *$\mathbb{Z}$-Supremumsnorm* $\|h\|$ von h definiert durch: $\|h\| = \sup\{ |f(a)| \mid a \in \mathbb{Z}\} \in \mathbb{R} \cup \{\infty\}$. Damit gilt dann:

Satz

Seien $c, d \in \mathbb{R}$. Dann gilt:

(i) $|g(a + b) - g(a) - g(b)| \leq 3$ für alle $a, b \in \mathbb{Z}$, wobei $g = g_c + g_d$.

(ii) $\|f_c \circ f_d - g_c \circ g_d\| \leq (|c| + 1)/2$,
$\|f_d \circ f_c - g_d \circ g_c\| \leq (|d| + 1)/2$,

(iii) $\|g_{c \cdot d} - g_c \circ g_d\| \leq (|c| + 2)/2$,

(iv) $\|g_c \circ g_d - g_d \circ g_c\| \leq (|c| + |d| + 2)/2$.

Beweis

Für alle $c, d \in \mathbb{R}$ gilt $\|f_c - g_c\|, \|f_d - g_d\| \leq 1/2$. Weiter ist $f_{c \cdot d} = f_c \circ f_d = f_d \circ f_c$. Der Rest ist Dreiecksungleichung:

zu (i):

$$
\begin{aligned}
&|g(a + b) - g(a) - g(b)| = \\
&|g_c(a + b) - g_c(a) - g_c(b) + g_d(a + b) - g_d(a) - g_d(b)| \leq \\
&|f_c(a + b) - f_c(a) - f_c(b) + f_d(a + b) - f_d(a) - f_d(b)| + 6/2 \leq \\
&0 + 3.
\end{aligned}
$$

zu (ii):

$\|f_c \circ f_d - g_c \circ g_d\| \leq \|f_c \circ f_d - f_c \circ g_d\| + \|f_c \circ g_d - g_c \circ g_d\| \leq |c|/2 + 1/2.$

Die andere Abschätzung in (ii) gilt aus Symmetriegründen.

zu (iii):

$\|g_{c \cdot d} - g_c \circ g_d\| \leq \|g_{c \cdot d} - f_{c \cdot d}\| + \|f_c \circ f_d - g_c \circ g_d\| \leq 1/2 + (|c| + 1)/2.$

zu (iv):

$\|g_c \circ g_d - g_d \circ g_c\| \leq \|g_c \circ g_d - f_c \circ f_d\| + \|f_d \circ f_c - g_d \circ g_c\| \leq$
$(|c| + |d| + 2)/2.$

Die Abschätzungen gelten allgemeiner mit n statt 1/2, falls jedes f_c durch eine Funktion $g^c : \mathbb{Z} \to \mathbb{R}$ mit $\|f_c - g^c\| \leq n$ approximiert wird.

Wichtig ist, daß die Fehler allesamt beschränkt sind. Und: Wir können uns bei der Approximation von f_c durch eine Funktion $g : \mathbb{Z} \to \mathbb{Z}$ auch beschränkte Fehler erlauben, ohne den engen Zusammenhang von c und g zu verlieren. Denn es gilt für alle $c \in \mathbb{R}$ und alle $g : \mathbb{Z} \to \mathbb{Z}$:

(#) Sei $\|g - f_c\| < \infty$. Dann ist $c = \lim_{n \to \infty} g(n)/n$.

Denn sei $\|g - f_c\| = s \in \mathbb{R}$. Dann gilt $|g(n)/n - c| = |g(n)/n - f_c(n)/n| \leq s/n$ für alle $n \geq 1$, also $\lim_{n \to \infty, n \neq 0} g(n)/n = c$.

Eine derartige Funktion g trägt also immer noch die Information c, auch wenn g von f_c oder der optimalen Approximation g_c endlich abweicht. Insbesondere repräsentiert nach dem gerade bewiesenen Satz die Verkettung $g_c \circ g_d$ immer noch $c \cdot d$, auch wenn $g_c \circ g_d$ nicht mehr mit der optimalen Approximation $g_{c \cdot d}$ von $c \cdot d$ übereinstimmt.

Für gute approximierende Funktionen $g : \mathbb{Z} \to \mathbb{Z}$ an f_c, d.h. für Funktionen g mit $\|g - f_c\| < \infty$ gilt die folgende Charakterisierung:

Satz

Sei $g : \mathbb{Z} \to \mathbb{Z}$. Dann sind äquivalent:

(i) $\{ g(a + b) - g(a) - g(b) \mid a, b \in \mathbb{Z} \}$ ist endlich.

(ii) Es gibt ein $c \in \mathbb{R}$ derart, daß $\|f_c - g\| < \infty$.

Weiter gilt: Ist g wie in (i), so ist c wie in (ii) bestimmt durch

$c = \lim_{n \to \infty} g(n)/n$.

Beweis

zu (i) ⌒ (ii):

Sei $s \in \mathbb{N}$ mit $\{ g(a + b) - g(a) - g(b) \mid a, b \in \mathbb{Z} \} \subseteq \{ -s, \ldots, 0, \ldots, s \}$.
Für alle $a \in \mathbb{Z}$ und $n \geq 1$ gilt dann

$|g(na) - ng(a)| \leq (n - 1)s \leq ns,$

wie durch Induktion nach $n \geq 1$ leicht gezeigt wird.

Speziell für a = 1 ergibt sich:

(+) $|g(n)| \leq n(|g(1)| + s)$ für alle $n \geq 1$.

Weiter gilt für alle $n, k \geq 1$:

(++) $|ng(k) - kg(n)| \leq |ng(k) - g(nk)| + |g(kn) - kg(n)| \leq (n + k)s$.

Wegen $|g(n)| \leq n(|g(1)| + s)$ ist $C = \{ g(n)/n \mid n \geq 1 \}$ beschränkt.
Ist C unendlich, so sei c ein Häufungspunkt von C.
Andernfalls sei c derart, daß $c = g(n)/n$ für unendlich viele n.
Wir zeigen, daß c wie gewünscht ist. Sei hierzu zunächst $n \geq 1$.
Nach Wahl von c existiert ein $k \in \mathbb{N}$ mit $k \geq n$ und $|c - g(k)/k| < 1/n$.
Dann gilt:

$$|g(n) - cn| \leq |g(n) - ng(k)/k| + 1 = |kg(n) - ng(k)|/k + 1 \leq (k + n)s/k + 1 \leq s + n/k\, s + 1 \leq 2s + 1.$$

Dies zeigt, daß $\{ g(n) - f_c(n) \mid n \geq 1 \}$ beschränkt ist.
Damit ist aber auch $\{ g(a) - f_c(a) \mid a \in \mathbb{Z} \}$ beschränkt, denn für alle $n \geq 1$ gilt:

$$|g(-n) - (-g(n))| = |g(-n) + g(n)| \leq |g(0)| + s.$$

Folglich ist

$$|g(-n) - c(-n)| = |-g(-n) - cn| \leq |g(n) - cn| + |g(0)| + s.$$

Insgesamt ist also $\|g - f_c\|$ beschränkt durch $3s + |g(0)| + 1$.

zu (ii) ⤼ (i):
Seien $c \in \mathbb{R}$ und $s \in \mathbb{N}$ derart, daß $|g(a) - ca| \leq s$ für alle $a \in \mathbb{Z}$.
Dann ist $|g(a + b) - g(a) - g(b)| \leq |c(a + b) - ca - cb| + 3s = 3s$,
also ist $\{ g(a + b) - g(a) - g(b) \mid a, b \in \mathbb{Z} \}$ endlich.

zum Zusatz:
ist klar (siehe (#) oben).

Ein etwas anderer Ansatz zum Beweis der Implikation (i) ⤼ (ii) ist, mit arithmetischen Mitteln $1/w\, \Sigma_{1 \leq k \leq w}\, g(k)/k$ zu arbeiten; diese Mittel sollten ja mit wachsendem w gegen das gesuchte c konvergieren. Sei also $n \geq 1$ gegeben. Sei $w = w(n) \in \mathbb{N}$ derart, daß $1/w\, \Sigma_{1 \leq k \leq w}\, 1/k \leq 1/n$. Sei dann weiter $c_n = 1/w\, \Sigma_{1 \leq k \leq w}\, g(k)/k$. Dann gilt für alle $1 \leq m \leq n$:

$$|g(m) - c_n m| = 1/w\, |\Sigma_{1 \leq k \leq w}\, (k\, g(m) - m\, g(k))/k| \leq 1/w\, |\Sigma_{1 \leq k \leq w}\, (k + m)s/k| \leq s + ms/w\, \Sigma_{1 \leq k \leq w}\, 1/k \leq 2s,$$

letzteres nach Wahl von w und wegen $m \leq n$.
Für $n \geq 1$ setzen wir nun

$$A_n = \{ a \in \mathbb{R} \mid |g(m) - am| \leq 2s \text{ für alle } 1 \leq m \leq n \}.$$

Dann ist A_n kompakt und nichtleer, da $c_n \in A_n$. Nach Konstruktion ist $A_1 \supseteq A_2 \supseteq \ldots$, also existiert ein $c \in A^* = \bigcap_{n \geq 1} A_n$. Für c gilt dann $|g(n) - cn| \leq 2s$ für alle $n \geq 1$, also ist c wie gewünscht. De facto ist dann $A^* = \{ c \}$.

Damit ist nun die folgende Konstruktion von $\mathbb{R}$ wohl keine ad-hoc-Typus mehr. Wir haben viele Ideen gesammelt, die der Leser nun in einem rein ganzzahligen Gewand wiederfinden wird. Jetzt gilt es, das arithmetische Kontinuum $\mathbb{R}$ vorübergehend zu vergessen und mit Hilfe von approximierenden Funktionen $g : \mathbb{Z} \to \mathbb{Z}$ wie in (i) im Satz oben zu rekonstruieren. Viele Fakten, die mit $\mathbb{R}$ recht klar sind, müssen nun elementar bewiesen werden, da $\mathbb{R}$ nicht mehr zur Verfügung steht.

Zum Beispiel: Die Komposition zweier Funktionen g und h wie in (i) ist wieder eine Funktion wie in (i). Dies ist klar nach dem Charakterisierungssatz. Denn seien $c, d \in \mathbb{R}$ mit $\|g - f_c\| = s_g$, $\|h - f_d\| = s_h$, mit $s_g, s_h < \infty$. Dann haben wir wieder:

$$\|f_c \circ f_d - g \circ h\| \leq \|f_c \circ f_d - f_c \circ h\| + \|f_c \circ h - g \circ h\| \leq c \cdot s_h + s_g.$$

Wegen $f_c \circ f_h = f_{c \cdot h}$ und (ii) $\curvearrowright$ (i) ist dann $g \circ h$ wie in (i) (und es gilt $\lim_{n \to \infty} g(h(n))/n = cd$). Im nächsten Zwischenabschnitt geben wir ein elementares Argument für diese Abgeschlossenheitseigenschaft.

Ab jetzt verwenden wir bevorzugt die ungewöhnlichen Zeichen x, y, z für approximierende Funktionen von $\mathbb{Z}$ nach $\mathbb{Z}$: Sie oder genauer bestimmte Äquivalenzklassen von ihnen werden zu reellen Zahlen. Die einfach zu definierenden Operationen der punktweisen Addition und der Komposition übernehmen die Rolle der reellen Arithmetik.

Hänge und ihre Äquivalenz

Zur Verfügung steht von jetzt an lediglich der Ring der ganzen Zahlen $\mathbb{Z}$. Der entscheidende Begriff ist:

Definition *(Hänge, S(x), s_x, Nullhang)*
Sei $x : \mathbb{Z} \to \mathbb{Z}$. x heißt ein *Hang* (engl. *slope*), falls gilt:

$S(x) = \{ x(a + b) - x(a) - x(b) \mid a, b \in \mathbb{Z} \}$ ist endlich.

Wir setzen:

$\mathcal{S} = \{ x : \mathbb{Z} \to \mathbb{Z} \mid x \text{ ist ein Hang} \}$.

Weiter sei s_x = „das kleinste $s \in \mathbb{N}^+$ mit $S(x) \subseteq \{ -s, \ldots, s \}$".
Schließlich sei der *Nullhang* 0 der Hang x mit $x(a) = 0$ für alle $a \in \mathbb{Z}$.

Wir wählen s_x aus Divisionsgründen positiv. Wir nennen s_x auch den *Linearitätsfehler* von x, wobei dann $s_x = 0$ für lineare Funktionen natürlich eine schärfere Fehlerbezeichnung wäre.

Die einfachsten Beispiele für Hänge sind die konstanten Funktionen. Für sie gilt $S(x) = \{ -c \}$, wobei $c \in \mathbb{Z}$ der konstant angenommene Wert ist.

Ist x ein Hang, und verändern wir x an genau einer Stelle, so ist auch die veränderte Funktion ein Hang (!). Induktiv folgt dann: Ist x ein Hang und $y : \mathbb{Z} \to \mathbb{Z}$ bis auf endlich viele Stellen identisch mit x, so ist auch y ein Hang.

Interessante Hänge sind schon die linearen Funktionen auf $\mathbb{Z}$, d. h diejenigen Funktionen $x : \mathbb{Z} \to \mathbb{Z}$ mit $x(a + b) = x(a) + x(b)$ für alle $a, b \in \mathbb{Z}$. Für sie gilt die Gleichung $S(x) = \{0\}$. Diese Funktionen lassen sich leicht angeben. Für jedes $a \in \mathbb{Z}$ sei x_a die Funktion auf $\mathbb{Z}$ mit $x_a(b) = a \cdot b$ für alle $b \in \mathbb{Z}$. Dann ist jedes x_a ein Hang mit $S(x_a) = \{0\}$. Sei umgekehrt x ein Hang mit $S(x) = \{0\}$. Dann gilt $x = x_a$ für $a = x(1)$, wie leicht zu sehen ist. Wir nennen jedes x_a auch einen *ganzzahligen Hang (mit Steigung a)*. „Rationale" Hänge konstruieren wir ganz am Ende der folgenden Konstruktion von $\mathbb{R}$.

Die folgenden Ungleichungen für einen Hang x mit $s = s_x$ sind uns schon begegnet; sie ergeben sich leicht aus der Definition.

(H1) $|x(na) - nx(a)| \leq ns$ für alle $a \in \mathbb{Z}$ und $n \geq 1$,

$|x(ba) - bx(a)| \leq |b|s$ für alle $a, b \in \mathbb{Z}$, falls x ungerade,

(H2) $|x(n)| \leq n(|x(1)| + s)$ für alle $n \geq 1$,

$|x(a)| \leq |a|(|x(1)| + s)$ für alle $a \in \mathbb{Z}$, falls x ungerade,

(H3) $|nx(k) - kx(n)| \leq (n + k)s$ für alle $n, k \geq 1$,

$|ax(b) - bx(a)| \leq (|a| + |b|)s$ für alle $a, b \in \mathbb{Z}$, falls x ungerade.

Aus (H3) folgt $|x(0)| \leq s$, was sich auch aus $x(0) = x(0 + 0) = x(0) + x(0) + d$ für ein d mit $|d| \leq s$ ergibt. Für ungerade Hänge ist $x(0) = 0$.

Übung

Seien x ein Hang, $k \in \mathbb{Z}$. Wir setzen $y(a) = x(ka)$ für alle $a \in \mathbb{Z}$.
Dann ist $y : \mathbb{Z} \to \mathbb{Z}$ ein Hang mit $S(y) \subseteq S(x)$.

Hinsichtlich der Überlegungen im letzten Zwischenabschnitt ist auch der folgende Äquivalenzbegriff keine Überraschung:

Definition *(äquivalente Hänge)*

Für $x, y \in \mathcal{S}$ setzen wir:

$x \sim y$, *falls* $\|x - y\| < \infty$.

Gilt $x \sim y$, so heißen x und y *äquivalente Hänge.*
Ist non$(x \sim 0)$, so heißt x ein *unbeschränkter Hang.*

Es gilt also: $x \sim y$ *gdw* $\{x(a) - y(a) \mid a \in \mathbb{Z}\}$ ist endlich. Anschaulich sind zwei Funktionen x und y genau dann äquivalent, wenn x in einem „±n-Schlauch" um y herum liegt für ein $n \in \mathbb{N}$. Insbesondere ist ein x genau dann äquivalent zum Nullhang, wenn x einen endlichen Wertebereich hat – was die Bezeichnung „unbeschränkter Hang" motiviert.

Weiter sind zwei Hänge x und y genau dann äquivalent, wenn eine Zerlegung $Z_1, \ldots, Z_k$ von $\mathbb{Z}$ sowie $b_1, \ldots, b_k \in \mathbb{Z}$ existieren derart, daß für alle $1 \leq i \leq k$ gilt: $x(a) = y(a) + b_i$ für alle $a \in Z_i$.

Zwei Hänge x und y sind äquivalent, wenn sie sich nur an endlich vielen Stellen unterscheiden. Die Umkehrung dieser Aussage gilt i. a. nicht.

Wir betrachten nun wieder fastlineare Funktionen $x : \mathbb{Z} \to \mathbb{Z}$, d. h. x ist ungerade und es gilt $s_x = 1$. Zunächst sind modulo Äquivalenz Hänge o. E. ungerade:

Übung

Sei x ein Hang, und sei $y : \mathbb{Z} \to \mathbb{Z}$ definiert durch $y(0) = 0$ und $y(n) = x(n)$, $y(-n) = -x(n)$ für $n \in \mathbb{N}^+$.
Dann ist y ein ungerader Hang mit $x \sim y$.

[Siehe das Argument im Beweis des Charakterisierungssatzes im letzten Zwischenabschnitt.]

Insbesondere gilt also: Ist der Wertebereich eines Hangs x nach oben unbeschränkt, so ist er automatisch auch nach unten unbeschränkt (und umgekehrt).

Die Hangbedingung ist für ungerade Funktionen $x : \mathbb{Z} \to \mathbb{Z}$ etwas leichter zu überprüfen:

Übung

Sei $x : \mathbb{Z} \to \mathbb{Z}$ eine ungerade Funktion, und die Menge $S'(x) = \{ x(n + m) - x(n) - x(m) \mid n, m \in \mathbb{N} \}$ sei endlich.
Dann ist x ein Hang. Genauer gilt: $S(x) = S'(x) \cup \{ -a \mid a \in S'(x) \}$.

Um zu einem Hang x einen äquivalenten Hang y mit $s_y = 1$ zu konstruieren, ist folgende Definition nützlich.

Definition *(die ganzzahlige Approximation p : q)*

Für $p, q \in \mathbb{Z}$ mit $q \geq 1$ sei:

$$p : q = \text{„das } k \in \mathbb{Z} \text{ mit minimalem Betrag mit } 2p - q \leq 2qk \leq 2p + q\text{“}.$$

Wenn wir die (an dieser Stelle streng genommen noch unbekannten) rationalen Zahlen für die Anschauung zu Hilfe nehmen: Die ganze Zahl $p : q$ liegt im rationalen Intervall $[p/q - 1/2,\ p/q + 1/2]$. Sind beide Enden dieses Intervalls ganzzahlig, so wählen wir die Grenze mit dem kleineren Betrag.

Für alle $q \geq 1$ ist $(-a) : q = -a : q$, also ist die durch den Teiler q gegebene Approximationsfunktion eine ungerade Funktion auf $\mathbb{Z}$.

Sind $a \in \mathbb{Z}$, $s \in \mathbb{N}^+$ mit $|a| \leq s$, so ist $a : t = 0$ für alle $t \geq 2s$. Weiter gilt für alle $a_1, \ldots, a_n \in \mathbb{Z}$ und alle $s \in \mathbb{N}^+$:

$$(\Diamond) \quad | a_1 : s + \ldots + a_n : s - (a_1 + \ldots + a_n) : s | \leq n : 2.$$

Denn für $1 \leq i \leq n$ sei $b_i = (a_i : s) \cdot s$. Dann gilt $a_i = b_i + r_i$ mit $|r_i| \leq s : 2$ und $b_i : s = a_i : s$. Weiter ist $b_1 : s + \ldots + b_n : s = (b_1 + \ldots + b_n) : s$. Damit haben wir:

$$| a_1 : s + \ldots + a_n : s - (a_1 + \ldots + a_n) : s | =$$
$$| b_1 : s + \ldots + b_n : s - (b_1 + \ldots + b_n + r_1 + \ldots + r_n) : s | \leq_{(!)}$$
$$| b_1 : s + \ldots + b_n : s - (b_1 + \ldots + b_n) : s | + (n(s : 2)) : s \leq 0 + n : 2.$$

Mit Hilfe der ganzzahligen Divisionsfunktion läßt sich nun aus x leicht ein fastlinearer äquivalenter Hang y gewinnen. Wir glätten x, indem wir mit einem geeigneten Faktor $t \in \mathbb{N}^+$ in die Zukunft schauen, d. h. wir setzen $y(a) = x(ta) : t$. Es zeigt sich, daß der dreifache Linearitätsfehler $t = 3 s_x$ hierzu geeignet ist.

Satz *(Existenz fastlinearer äquivalenter Hänge, Lemma von A'Campo)*
Für alle Hänge x existiert ein fastlinearer Hang y mit $x \sim y$.

Beweis
O. E. sei x ungerade.
Weiter sei $s = s_x$, und sei $t = 3s$. Wir definieren $y : \mathbb{Z} \to \mathbb{Z}$ durch

$y(a) = x(ta) : t$ für alle $a \in \mathbb{Z}$.

Dann ist y wie gewünscht.

zu y ungerade :

y ist als Komposition zweier ungerader Funktionen ungerade.

zu $s_y = 1$:

Für alle $a, b, c \in \mathbb{Z}$ mit $|a - b - c| \leq s$ gilt:

$|a:t - b:t - c:t| = |a:t - b:t - c:t - 0| =_{\text{wegen } t \geq 2s}$
$|a:t - b:t - c:t - (a - b - c):t| \leq_{(\diamond)} 3:2 = 1.$

Für alle $n, m \in \mathbb{Z}$ ist aber $|y(n + m) - y(n) - y(m)|$ von der Form $|a:t - b:t - c:t|$ mit $|a - b - c| \leq s$, woraus die Behauptung folgt.

zu $y \sim x$:

Es gilt für alle $a \in \mathbb{Z}$ nach (H1):

$|x(ta) - t\,x(a)| \leq ts.$

Folglich ist $|y(a) - x(a)| = |x(ta):t - x(a)| \leq s$ für alle $a \in \mathbb{Z}$. ∎

Wir diskutieren noch einige unterhaltsame elementare Eigenschaften von Hängen, die den Begriff weiter erläutern und sich später als nützlich erweisen werden.

Für jeden Hang x und alle $a \in \mathbb{Z}$ gilt $|x(a + 1) - x(a)| \leq |x(1)| + s_x = s^*$, d. h. x springt zwischen zwei aufeinanderfolgenden Stellen um höchstens s^*. Damit hat der Wertebereich eines unbeschränken Hangs x keine Lücken, die größer als s^* sind.

Dies ist ein Känguruh-Argument : Ein auf den ganzen Zahlen hüpfendes Känguruh mit maximaler Sprungweite s^* fällt in jede Grube, die größer als s^* ist. Hat es also an zwei Stellen a und b aus $\mathbb{Z}$ Fußabdrücke hinterlassen, so liegt zwischen a und b keine Grube, die größer als s^* ist.

Wir erhalten :

(H4) Sei x ein unbeschränkter Hang. Dann existiert für alle $w \in \mathbb{Z}$ ein $a \in \mathbb{Z}$ mit $|x(a) - w| \leq |x(1)| + s_x$.

Intuitiv sind Hänge Geraden mit kleinen lokalen Unebenheiten. Ins Weite blickend sollte also ein unbeschränkter Hang steigen oder fallen. Wir haben bislang noch nicht ausgeschlossen, daß Hänge in irgendeiner Form oszillieren. Dies wollen wir nun tun.

Sei x ein Hang, und es gelte $|x(a)| > s_x$ für ein $a \in \mathbb{Z}$. (Wegen $|x(0)| \leq s_x$ ist dann automatisch $a \neq 0$.) Dann gilt für alle $n \geq 1$:

$$|x(na) - nx(a)| \leq ns_x, \quad \textit{also} \quad |x(na)| \geq n|x(a)| - ns_x \geq n(s_x + 1) - ns_x = n.$$

Überschreitet ein Hang also an einer einzigen Stelle dem Betrage nach seinen Linearitätsfehler, so ist x unbeschränkt, insbesondere ist ein fastlinearer Hang unbeschränkt, falls x einen Wert vom Betrag größergleich 2 annimmt.

Sei nun umgekehrt x ein unbeschränkter Hang. Dann existiert ein $a > 0$ mit $|x(a)| > s_x$. Wir betrachten zunächst den Fall $x(a) > s_x$. Es gilt dann wieder

$$x(na) \geq nx(a) - ns_x \geq n(s_x + 1) - ns_x = n \quad \text{für alle } n \geq 1.$$

Auf dem Weg na, na − 1, na − 2, …, (n − 1)a springt x aber bei jedem der a-vielen Schritte um höchstens $s^* = |x(1)| + s_x$. Formal: Für alle $n \geq 1$ und $i \leq a$ gilt $x(na - i) \geq n - a \cdot s^*$. Hieraus folgt, daß x auf den positiven ganzen Zahlen jeden Wert höchstens endlich oft annimmt. Zudem ist $x(-n)$ bis auf einen beschränkten Fehler gleich $-x(n)$ für alle $n \in \mathbb{N}$. Der Fall $x(a) < -s_x$ wird analog behandelt. Insgesamt zeigt die Diskussion:

(H5) Jeder unbeschränkte Hang nimmt jeden Wert höchstens endlich oft an:
Für alle $w \in \mathbb{Z}$ ist $\{ a \in \mathbb{Z} \mid x(a) = w \}$ endlich.

(H6) Für jeden Hang x gilt:
Ist $x(a) > s_x$ für ein $a \in \mathbb{N}$, so ist $\{ n \in \mathbb{N} \mid x(n) \leq 0 \}$ endlich.
Ist $x(a) < -s_x$ für ein $a \in \mathbb{N}$, so ist $\{ n \in \mathbb{N} \mid x(n) \geq 0 \}$ endlich.
In beiden Fällen ist x unbeschränkt.

Abschlußeigenschaften und eine rudimentäre Arithmetik

Wir zeigen, daß die Endlichkeit des Linearitätsfehlers unter Addition und Komposition erhalten bleibt.

Satz *(Abschlußeigenschaften von Hängen)*
$\mathcal{S}$ ist abgeschlossen unter punktweiser Addition und unter Komposition.

Beweis

zur Addition: Seien also $x, y \in \mathcal{S}$ und sei $z : \mathbb{Z} \to \mathbb{Z}$ die punktweise Addition von x und y, d. h. $z(a) = x(a) + y(a)$ für alle $a \in \mathbb{Z}$.
Dann gilt $S(z) \subseteq \{ c + d \mid c \in S(x) \text{ und } d \in S(y) \}$.
Also ist S(z) endlich und also z ein Hang.

zur Komposition: Seien $x, y \in \mathcal{S}$, und sei $z = x \circ y$.
Wir zeigen, daß S(z) endlich ist. Für alle $a, b \in \mathbb{Z}$ gilt:

$$\begin{aligned} z(a + b) - z(a) - z(b) &= x(y(a + b)) - x(y(a)) - x(y(b)) = \\ &x(y(a) + y(b) + c) - x(y(a)) - x(y(b)) = \\ &x(y(a) + y(b)) + x(c) + d - x(y(a)) - x(y(b)) = \\ &e + x(c) + d, \quad \textit{wobei} \end{aligned}$$

$$\begin{aligned} c &= y(a+b) - y(a) - y(b) && \in S(y),\\ d &= x(y(a)+y(b)+c) - x(y(a)+y(b)) - x(c) && \in S(x),\\ e &= x(y(a)+y(b)) - x(y(a)) - x(y(b)) && \in S(x). \end{aligned}$$

Ein Ausdruck $e + d + x(c)$ mit $e, d \in S(x)$ und $c \in S(y)$ kann aber wegen der Endlichkeit von $S(x)$ und $S(y)$ nur endlich viele Werte annehmen. Also ist $S(z)$ endlich. ∎

Die Mühen dieses elementar-algebraischen Kegelschiebens belohnen wir durch:

Definition *(Arithmetik auf Hängen)*

Für $x, y \in \mathcal{S}$ setzen wir:

$$x + y = \text{„dasjenige } z \in \mathcal{S} \text{ mit } z(n) = x(n) + y(n) \text{ für alle } n \in \mathbb{Z}\text{“},$$

$$x \cdot y = x \circ y.$$

Aus algebraischer Sicht ist die Konstruktion bislang noch etwas dürftig:

Übung

(i) $\langle \mathcal{S}, + \rangle$ ist eine abelsche Gruppe mit 0 = „die Nullfunktion auf $\mathbb{Z}$“.

(ii) $\langle \mathcal{S}, \cdot \rangle$ ist ein Monoid mit $1 = \mathrm{id}_{\mathbb{Z}}$.

(iii) Es gibt $x, y, z \in \mathcal{S}$ mit $x \cdot (y + z) \neq x \cdot y + x \cdot z$.

(iv) Es gibt $x, y \in \mathcal{S}$ mit $x \cdot y \neq y \cdot x$.

Reelle Zahlen als Hänge

Die Arithmetik auf den Hängen ist also nicht schlecht, aber sicher verbesserungsbedürftig. Die sich fast aufdrängende Faktorisierung nach der Hangäquivalenz liefert dann auch schon alles, was wir wollen:

Definition *(Konstruktion der reellen Zahlen nach Schanuel und A'Campo)*

Wir setzen $\mathbb{R} = \mathcal{S}/\sim$. Für $x/\sim, y/\sim \in \mathbb{R}$ sei:

$$x/\sim + y/\sim = (x + y)/\sim,$$

$$x/\sim \cdot y/\sim = (x \cdot y)/\sim.$$

Wie üblich ist bei diesen und weiteren Definitionen die Wohldefiniertheit zu überprüfen; wir erwähnen dies nicht jedesmal wieder neu. Die Überprüfung ist zuweilen eine nicht völlig triviale Angelegenheit, und immer ein gutes Training, sich auf den noch ungewohnten Hängen trittsicher bewegen zu lernen. So etwa:

Übung

Addition und Multiplikation sind wohldefiniert, d. h. für alle Hänge x, y, x', y' mit $x \sim x'$ und $y \sim y'$ gilt:

(i) $x + y \sim x' + y'$,

(ii) $x \cdot y \sim x' \cdot y'$.

Eine *reelle Zahl* hat also hier die Form $x/\sim$ für einen Hang $x : \mathbb{Z} \to \mathbb{Z}$. Zunächst ist $\langle \mathbb{R}, + \rangle$ offenbar eine abelsche Gruppe mit der Äquivalenzklasse der Nullfunktion als neutralem Element 0. Wie üblich sei $\mathbb{R}^* = \mathbb{R} - \{ 0 \}$. Im Gegensatz zur Arithmetik auf Hängen gilt nun für die Multiplikation Kommutativität – und mehr:

Satz

$\langle \mathbb{R}^*, \cdot \rangle$ ist eine abelsche Gruppe mit neutralem Element $1 = \mathrm{id}_{\mathbb{Z}}/\sim$.

Beweis

Assoziativität ist klar, da die Komposition von Funktionen assoziativ ist. Offenbar ist $\mathrm{id}_{\mathbb{Z}}/\sim$ neutral.

zur Kommutativität:

Seien $x/\sim, y/\sim \in \mathbb{R}^*$. O.E. seien x und y ungerade.
Dann gilt für alle $a \in \mathbb{Z}$:

$$|a|\,|x(y(a)) - y(x(a))| = |a x(y(a)) - a y(x(a))| \leq$$
$$|x(ay(a)) - y(ax(a))| + |a|\,(s_x + s_y) \leq$$
$$|y(a)x(a) - x(a)y(a)| + |a|\,(s_x + s_y) + |y(a)|\,s_x + |x(a)|\,s_y \leq$$
$$0 + |a|\,(s_x + s_y) + |a|(|y(1)| + s_y)\,s_x + |a|\,(|x(1)| + s_x)\,s_y =$$
$$|a| \cdot [\ (1 + |y(1)| + s_y)\,s_x + (1 + |x(1)| + s_x)\,s_y\ ].$$

Dies zeigt, daß $x \circ y - y \circ x$ nur endlich viele Werte annimmt. Also gilt $x \circ y \sim y \circ x$.

Für fastlineare Repräsentanten x und y erhalten wir also $4 + |y(1)| + |x(1)|$ als Abschätzung für den Fehler bei Vertauschung der Multiplikationsreihenfolge.

Existenz von Inversen:

Sei $x/\sim \in \mathbb{R}^*$. Dann ist x unbeschränkt. O.E. ist x ungerade.
Wir finden einen Hang y mit $x/\sim \cdot y/\sim = 1$.
Nach Voraussetzung ist x unbeschränkt, also können wir nach (H4) für alle $w \in \mathbb{Z}$ definieren:

$y(w)$ = „das kleinste $a \in \mathbb{Z}$ mit $|w - x(a)| \leq |x(1)| + s_x$".

Dann gilt für alle $w \in \mathbb{Z}$ nach Definition von $y(w)$:

$$|x(y(w)) - w| \leq |x(1)| + s_x.$$

Bleibt also nur noch zu zeigen, daß y ein Hang ist. (Dann ist $x \circ y \sim \mathrm{id}_z$.)
Aber für alle $a, b \in \mathbb{Z}$ ist

$$|x(y(a + b) - y(a) - y(b))| \leq |x(y(a + b)) - x(y(a)) - x(y(b))| + 2s_x \leq$$
$$|a + b - a - b| + 2s_x + 3(|x(1)| + s_x).$$

Da x nach (H5) jeden Wert nur endlich oft annimmt, zeigt die Ungleichung, daß auch $y(a + b) - y(a) - y(b)$ nur endlich viele Werte annimmt, wenn a und b die ganzen Zahlen durchlaufen. Also ist y ein Hang.

Übung *(Distributivgesetz für* $\langle \mathbb{R}, +, \cdot \rangle$*)*

Für alle Hänge x, y, z ist $x(y + z) \sim xy + xz$.

Korollar

$\langle \mathbb{R}, +, \cdot \rangle$ ist ein Körper.

Schließlich definieren wir noch die Ordnung auf $\mathbb{R}$.

Definition *(die Ordnung auf* $\mathbb{R}$*)*

Für $x/\sim, y/\sim \in \mathbb{R}$ setzen wir:

$x/\sim \; < \; y/\sim$, *falls* für alle $s \in \mathbb{N}$ gilt: $\{ n \in \mathbb{N} \mid x(n) + s \geq y(n) \}$ ist endlich.

$x/\sim$ (und x selbst) heißt *positiv*, falls $0 < x/\sim$.

Übung

Zeigen Sie die Wohldefiniertheit der <-Relation.

[Seien $x \sim x'$, $y \sim y'$, und sei $|x(n) - x'(n)| \leq s_1$, $|y(n) - y'(n)| \leq s_2$ für alle $n \in \mathbb{N}$. Sei $s \in \mathbb{N}$, und sei $x(n) + s + s_1 + s_2 < y(n)$ für $n \geq n_0$. Dann ist $x'(n) + s < y'(n)$ für $n \geq n_0$.]

Übung

Für alle $x/\sim, y/\sim \in \mathbb{R}$ sind äquivalent:

(i) $x/\sim \; < \; y/\sim$.

(ii) non($x \sim y$) und $\{ n \in \mathbb{N} \mid x(n) \geq y(n) \}$ ist endlich.

[*zu (ii)* $\curvearrowright$ *(i): Annahme*, es gibt ein $s \in \mathbb{N}$ mit $\{ n \in \mathbb{N} \mid x(n) + s \geq y(n) \}$ unendlich. Wegen $\{ n \in \mathbb{N} \mid x(n) \geq y(n) \}$ endlich gilt $|x(n) - y(n)| \leq s$ für unendlich viele n. Dann ist aber $x - y$ beschränkt nach (H5), also $x \sim y$, *Widerspruch.*]

Es bleibt zu zeigen, daß $\langle \mathbb{R}, < \rangle$ eine vollständige lineare Ordnung ist, die das Ordnungsaxiom erfüllt. Bis auf die Vollständigkeit ist dies eine leichte Aufgabe.

Satz

$\langle \mathbb{R}, < \rangle$ ist eine lineare Ordnung.

Beweis

< ist irreflexiv: ist klar (betrachte $s = 0$ in der Definition von $x/\sim \; < \; y/\sim$).

< ist transitiv: Seien x, y, z Hänge mit $x/\sim \; < \; y/\sim$ und $y/\sim \; < \; z/\sim$, und sei $s \in \mathbb{N}$. Sei $n_0 \in \mathbb{N}$ derart, daß für alle $n \geq n_0$ gilt:

$y(n) + s < z(n)$ und $x(n) < y(n)$.

Dann ist $x(n) + s < y(n) + s < z(n)$ für alle $n \geq n_0$.

< ist linear: Für alle Hänge x, y, z gilt offenbar:

(+) Ist $x/\sim \; < \; y/\sim$, so ist $x/\sim + z/\sim \; < \; y/\sim + z/\sim$.

Weiter gilt für alle unbeschränkten Hänge z nach (H6) (und der Übung):

$z/\sim \; < 0$ *oder* $0 < z/\sim$.

Sind nun x, y nichtäquivalente Hänge, so gilt also

$x/\sim \; - \; y/\sim \; < \; 0$ *oder* $0 \; < \; x/\sim \; - \; y/\sim$.

Addition von $y/\sim$ auf beiden Seiten der Ungleichungen gemäß (+) liefert die Vergleichbarkeit von $x/\sim$ und $y/\sim$. ▬

Nach Definition ist $x/\sim$ genau dann positiv, wenn für alle Schranken $s \in \mathbb{N}$ die Funktion x schließlich (d. h. ab einem n_0) größer als s ist. Problemlos zeigt man:

Satz *(Abgeschlossenheit der positiven Zahlen unter Addition und Multiplikation)*
Seien $x/\sim, y/\sim \in \mathbb{R}$ positiv.
Dann sind auch $x/\sim \; + \; y/\sim$ und $x/\sim \; \cdot \; y/\sim$ positiv.

Beweis

zu $x/\sim \; + \; y/\sim$ *positiv:*
Sei $s \in \mathbb{N}$, und sei $n_0 \in \mathbb{N}$ derart, daß $x(n) > s$ und $y(n) > s$ für alle $n \geq n_0$.
Dann gilt $x(n) + y(n) > s$. Also ist $x/\sim \; + \; y/\sim \; = \; (x + y)/\sim$ positiv.

zu $x/\sim \cdot y/\sim$ *positiv:*
Sei $s \in \mathbb{N}$. Sei $n_0 \in \mathbb{N}$ derart, daß $x(n) > s$ für alle $n \geq n_0$.
Weiter sei $n_1 \in \mathbb{N}$ derart, daß $y(n) \geq n_0$ für alle $n \geq n_1$.
Dann gilt $x(y(n)) > s$ für alle $n \geq n_1$.
Also ist $x/\sim \; \cdot \; y/\sim \; = \; (x \circ y)/\sim$ positiv. ▬

Wir halten noch ein nützliches Kriterium fest:

(H7) Für alle Hänge x, y gilt:
„es gibt ein $n \in \mathbb{N}$ mit $y(n) + s_x + s_y < x(n)$" *gdw* $y < x$.

Denn sei n wie in der Aussage links. Dann gilt $(x - y)(n) > s_x + s_y \geq s_{x-y}$. Nach (H5) und (H6) ist also $x - y$ unbeschränkt und $\{ n \in \mathbb{N} \mid (x - y)(n) \leq 0 \}$ endlich. Also $\text{non}(x \sim y)$ und $x - y \geq 0$, also $x > y$. Die andere Richtung ist klar.

Es bleibt schließlich die Vollständigkeit der Ordnung zu zeigen. Suchen wir ein Supremum einer beschränkten nichtleeren Menge von reellen Zahlen, so ist der erste Gedanke, das punktweise Supremum bzw. Infimum von repräsentierenden Hängen zu betrachten: punktweises Supremum an Stellen $n \geq 0$, punktweises Infimum für $n < 0$. Nun sind aber repräsentierende Funktionen lokal beliebig, und die endlichen Fehler führen dann in der Regel zu einer Überschätzung des Supremums, auch dann, wenn die punktweisen Suprema und Infima existieren. Für $a \in \mathbb{Z}$ sei etwa $y_a : \mathbb{Z} \to \mathbb{Z}$ der Hang mit $y_a(a) = a$, und $y_a(b) = 0$ für alle $b \neq a$. Dann gilt $y_a/\sim \; = 0$ für alle $a \in \mathbb{Z}$. Das punktweise Supremum auf $\mathbb{N}$ bzw. Infimum auf den negativen Zahlen liefert aber die Identität auf $\mathbb{Z}$. Für die Funktionen y_a gilt $s_{y_a} = |a|$ für alle $a \in \mathbb{Z}$, die s_{y_a}-Werte sind unbeschränkt. Besser scheint es, mit Repräsentanten zu arbeiten, deren Linearitätsfehler beschränkt sind. Mit den fastlinearen Funktionen stehen uns aber solche Repräsentanten zur Verfügung. Diese Variation des ersten Gedankens führt in der Tat bereits zum Ziel, wie der folgende Beweis zeigt.

Satz *(Vollständigkeit von $\mathbb{R}$)*
$\langle \mathbb{R}, < \rangle$ ist vollständig.

Beweis
Sei X eine nichtleere Menge von fastlinearen Hängen.
Weiter sei x^* ein Hang mit $x/\!\sim\ \leq x^*/\!\sim$ für alle $x \in X$.
Wir finden einen Hang z mit $z/\!\sim\ = \sup(\{ x/\!\sim \mid x \in X \})$.
Nach (H7) gilt $x^*(n) + s_x + s_{x^*} \geq x(n)$ für alle $n \in \mathbb{N}$ und alle $x \in X$.
Zudem sind alle $x \in X$ ungerade mit $s_x = 1$. Für $a \in \mathbb{Z}$ existiert also

$$z(a) = \begin{cases} \max(\{ x(a) \mid x \in X \}), & \textit{falls } a \geq 0, \\ \min(\{ x(a) \mid x \in X \}), & \textit{falls } a < 0. \end{cases}$$

Wir zeigen, daß $z/\!\sim$ das gewünschte Supremum ist. Zunächst gilt:

(+) z ist ein ungerader Hang.

Beweis von (+)
z ist ungerade nach Definition, da alle $x \in X$ ungerade sind.
Seien $n_1, n_2 \in \mathbb{N}$, und sei $n_3 = n_1 + n_2$.
Weiter seien $x_1, x_2, x_3 \in X$ mit $z(n_i) = x_i(n_i)$ für alle $1 \leq i \leq 3$.
Sei $i^* \in \{ 1, 2, 3 \}$ derart, daß $x_i/\!\sim\ \leq x_{i^*}/\!\sim$ für alle $1 \leq i \leq 3$.
Nach (H7) gilt für alle $n \in \mathbb{N}$, daß $x_{i^*}(n) + 1 + 1 \geq x_i(n)$.
Insgesamt ergibt sich so für alle $1 \leq i \leq 3$:

(#) $x_{i^*}(n_i) \leq_{\text{Def. von } z} z(n_i) = x_i(n_i) \leq x_{i^*}(n_i) + 2,$

und damit

$$|z(n_1 + n_2) - z(n_1) - z(n_2)| = |x_3(n_1 + n_2) - x_1(n_1) - x_2(n_2)| \leq$$
$$|x_{i^*}(n_1 + n_2) - x_{i^*}(n_2) - x_{i^*}(n_1)| + 2 + 2 \leq 1 + 4 = 5.$$

[Wir ersetzen zwei der drei $x_i(n_i)$ gegen $x_{i^*}(n_i)$, nach (#) jeweils mit Fehler ≤ 2.]

Offenbar aber:

(++) $x/\!\sim\ \leq z/\!\sim$ für alle $x \in X$.

[Sei $x \in X$. Dann ist $\{ n \in \mathbb{N} \mid z(n) \geq x(n) \} = \mathbb{N}$, also insbesondere unendlich. Also non($z/\!\sim\ < x/\!\sim$), und damit $x/\!\sim\ \leq z/\!\sim$.]

Also ist $z/\!\sim$ eine obere Schranke von $\{ x/\!\sim \mid x \in X \}$.
Schließlich ist $z/\!\sim$ die kleinste obere Schranke von $\{ x/\!\sim \mid x \in X \}$:

(+++) Sei y ein Hang mit $x/\!\sim\ \leq y/\!\sim$ für alle $x \in X$.
Dann ist $z/\!\sim\ \leq y/\!\sim$.

Beweis von (+++)
Annahme, $y/\!\sim\ < z/\!\sim$. Dann existiert ein $n \in \mathbb{N}$ mit $y(n) + s_y + 1 < z(n)$.
Nach Definition von z existiert ein $x \in X$ mit $x(n) = z(n)$.
Dann gilt aber $y(n) + s_y + s_x < x(n)$, denn $s_x = 1$.
Also $y/\!\sim\ < x/\!\sim$ nach (H7), *Widerspruch*.
∎

Nach dem algebraischen Charakterisierungssatz für Körper der reellen Zahlen haben wir insgesamt gezeigt:

Satz

$\langle \mathbb{R}, +, \cdot, < \rangle$ ist ein Körper der reellen Zahlen.

Rationale Hänge

Gleich nach der Definition von Hängen hätten wir die Reihe von Beispielen fortsetzen können:

Definition *(rationale Hänge)*

Für $p \in \mathbb{Z}$ und $q \in \mathbb{N}^+$ sei $x_{p,q} : \mathbb{Z} \to \mathbb{Z}$ definiert durch:

$x_{p,q}(a)$ = „das $k \in \mathbb{Z}$ minimalen Betrags mit $2p - q \leq 2kq \leq 2p + q$".

Jedes $x_{p,q}$ heißt ein *rationaler Hang*.

Also intuitiv wieder $x_{p,q}(a) \in [p/q - 1/2, p/q + 1/2] \cap \mathbb{Z}$, mit Bevorzugung des betragsmäßig kleineren Wertes, falls beide Intervallgrenzen in $\mathbb{Z}$ liegen.

Es ist leicht zu sehen, daß jedes $x_{p,q}$ tatsächlich ein fastlinearer Hang ist. Der Leser mag Vergnügen daran haben, das Sprungverhalten einfacher Hänge wie etwa $x_{1,2}$, $x_{3,5}$, $x_{-2,3}$ anhand eines $(\mathbb{Z} \times \mathbb{Z})$-Gitters zu visualisieren.

Der Beweis des algebraischen Charakterisierungssatzes zeigte, wie wir $\mathbb{Q}$ in einem Körper der reellen Zahlen $\langle R, +, \cdot, < \rangle$ wiederfinden, nämlich als die Menge $\{ p^R/q^R \mid p \in \mathbb{Z}, q \in \mathbb{N}^+ \}$, wobei $0^R = 0$, $(n + 1)^R = n^R + 1$, $(-n)^R = - n^R$ für alle $n \in \mathbb{N}$. Für die vorliegende Definition von $\mathbb{R}$ gilt für alle $p \in \mathbb{Z}$:

$p^{\mathbb{R}}$ = „die Klasse $x/\sim$ des Hangs x mit $x(a) = pa$ für alle $a \in \mathbb{Z}$" = $x_{p,1}/\sim$.

Wie erwartet gilt allgemein:

Übung

Für alle $p \in \mathbb{Z}$ und $q \in \mathbb{N}^+$ ist $x_{p,q}/\sim \; = \; p^{\mathbb{R}}/q^{\mathbb{R}}$.

Wir setzen also $\mathbb{Q} = \{ x_{p,q}/\sim \mid p \in \mathbb{Z}, q \in \mathbb{N}^+ \}$, und schreiben wie üblich p/q für $x_{p,q}/\sim$. Man zeigt nun, daß die rationalen Zahlen einen Unterkörper von $\mathbb{R}$ bilden, und daß ihre Ordnung dicht in $\mathbb{R}$ ist. Hierzu kann man etwa die Übung und den Beweis des algebraischen Charakterisierungssatzes heranziehen.

Die Dichtheit von $\mathbb{Q}$ in $\mathbb{R}$ folgt auch leicht direkt, indem man zu einer gegebenen positiven reellen Zahl $x/\sim$ ein $n \in \mathbb{N}$ findet mit $0 < x_{1,n}/\sim \; < x/\sim$. Da $\mathbb{Q}$ abgeschlossen unter Addition und Multiplikation mit -1 ist, folgt aus dieser Eigenschaft die Dichtheit mit einem Känguruh-Argument. (Das archimedische Axiom gilt für jeden Körper der reellen Zahlen.)

Damit beenden wir die Konstruktion der reellen Zahlen über Hänge und arbeiten ab jetzt wieder wie gehabt mit $\mathbb{R}$, ohne eine spezielle Konstruktion zugrundezulegen.

Zu den Konstruktionen

Insgesamt liefern alle drei Ansätze, die wir hier verfolgt haben, einen Körper der reellen Zahlen, und damit nach dem Charakterisierungssatz bis auf Isomorphie das gleiche Ergebnis. Für jeden Körper der reellen Zahlen lassen sich wie oben diskutiert die Möglichkeiten und Feinheiten der b-adischen Darstellung von reellen Zahlen für $b \geq 2$ nutzen. Man gelangt so zu den reellen Zahlen, wie man sie vorher schon kannte und wie wir sie hier auch zwei Kapitel lang verwendet haben und weiter verwenden werden.

Verfolgt man die mengentheoretischen Argumente, auf die sich die Existenz von $\mathbb{R}$ letztendlich gründet, so lassen sich zwei wesentliche Schritte markieren: Zuerst derjenige von der leeren Menge hinauf zur Menge $\mathbb{N}$, und dann der zweite ebenso gewaltige von der Menge $\mathbb{N}$ hinauf zur ihrer Potenzmenge $\mathcal{P}(\mathbb{N})$, oder gleichwertig von $\mathbb{N}$ nach ${}^{\mathbb{N}}\mathbb{N}$. Der erste Schritt führt in die Unendlichkeit, der zweite in die Überabzählbarkeit. Der erste Schritt ist kühn, aber strahlend hell: mächtig erhebt sich vor unseren Augen der Turm der natürlichen Zahlen. Der zweite Schritt ist der waghalsige, dunkle, der des unerschöpflichen dionysischen Reichtums. Wer zählt die reellen Zahlen? Es gibt mehr reelle Zahlen als Definitionen von einzelnen reellen Zahlen. Die Grundstruktur $\mathbb{R}$ der Mathematik besteht fast ausschließlich aus Objekten, die wir nicht benennen können. Weitaus schlimmer ist aber: Die Mathematik weiß nach den Sätzen von Gödel und Cohen nicht, wieviele reelle Zahlen es gibt. Die einen sagen nun: „Die Hälfte der mengentheoretisch begründeten Mathematik ruht auf einer unverstandenen, waghalsigen, überdimensionierten Struktur." Andere sagen: „Die reellen Zahlen sind ein fantastisches Land, unermeßlich reich, wohldefiniert, und wir versuchen, diesen Reichtum immer weiter zu ergründen." Daneben kann man fragen: Wem verdanken die reellen Zahlen $\mathbb{R}$ alias $\mathcal{P}(\mathbb{N})$, wie wir sie heute verstehen, ihre kulturelle Existenz? Überzeugenden inhaltlichen Aspekten oder den Kräften des späten 19. Jahrhunderts? Inwieweit ist das heutige arithmetische Kontinuum eine Fortsetzung oder ein Bruch mit der Mathematik der Griechen? Der Mathematik von Newton bis Gauß und Cauchy? Haben Cantor, Dedekind und andere Vordenker die moderne Mathematik erschaffen oder sie nur aus dem Schlaf geweckt? Zur Annäherung an diese Fragen ist ein Überblick über die geschichtliche Entwicklung und die in ihr auftauchenden Meinungen unerläßlich. Wir werden im folgenden Abschnitt einen solchen Überblick versuchen und dann auf diese Fragen zurückkommen. Unabhängig von der Geschichte können wir das heutige Bild so beschreiben: Die reellen Zahlen werden durch das konkrete arithmetische Feingewebe der rationalen Zahlen gestützt. Auf der Separabilität von $\mathbb{R}$ ruht letztendlich jede rechnerische „reale" Auswertung der analytischen Ergebnisse. Eine abzählbare dichte Ordnung selbst wäre dagegen als theoretische Grundlage für die Analysis vollkommen unbrauchbar, weil schon etwa der Zwischenwertsatz für eine Ordnung mit Lücken falsch ist. Die klassische auf $\mathbb{R}$ gegründete Analysis beeindruckt insgesamt als Symbiose von idealistischer Kühnheit und rechnerischer Verbundenheit mit der Realität.

Zur Geschichte des Kontinuumsbegriffs

Ein Kontinuum aus Atomen?

Seit der Antike hat Philosophen wie Mathematiker das Problem beschäftigt, ob ein „Kontinuum" – ein „Zusammenhängendes" – aus Atomen, aus Punkten, bestehen könne oder nicht. Die Diskussion ist oft auch mit der Frage nach der Unendlichkeit verknüpft.

Aristoteles definiert die Bedeutung des Begriffs ‚zusammenhängend' (für zwei Gegenstände) wie folgt:

Aristoteles (Physik, Buch V, § 226 f.): „Danach wollen wir vortragen, was ‚beisammen' bedeutet und ‚getrennt', und was ‚berühren', was ‚inmitten', was ‚in Reihe folgend', was ‚anschließend', und ‚zusammenhängend', und (schließlich) welchen Gegenständen ein jedes davon seiner Natur nach eignet…

‚Zusammenhängend' ist einerseits ein besonderer Fall von ‚anschließend', ich sage aber dagegen, ‚zusammenhängend' liege dann vor, wenn die Grenze beider, da wo sie sich berühren, eine und dieselbe geworden ist und, wie der Name ja schon sagt, zusammengehalten wird. Dies kann es aber solange nicht geben, wie die beiden Ränder zwei sind. – Nachdem dies bestimmt festgelegt ist, ist klar, daß es Zusammenhang nur bei solchen Gegenständen geben kann, aus denen auf Grund von Zusammenfügung ein Eines werden kann; und so wie das zusammenhaltende (Teilstück) eines wird, genau so wird das Ganze eines sein, z. B. durch Nagel, Leim, Gelenkverbindung, Anwachsen."

Die Teile L und R des Dedekindschen Schnitts (L, R) von $\mathbb{Q}$ mit $L = \{ q \in \mathbb{Q} \mid q^2 < 2 \}$ berühren sich in diesem Sinne, hängen aber nicht zusammen. Eine zusammenhängende Linie erlaubt eine solche Teilung nicht. Erst in $\mathbb{R}$ sind L und R durch die gemeinsame Grenze $\sqrt{2} = (L, R)$ miteinander „verleimt". Diese Sicht scheint von einer unerschrocken modernen Warte aus sehr vertraut, aber Aristoteles hat es gerade aus seinem Zusammenhangs-Verständnis heraus abgelehnt, daß ein Kontinuum aus Atomen, eine stetige Linie aus Punkten bestehen könne. Die in der Geschichte des Kontinuumsbegriffs immer wieder aufgegriffene Passage lautet:

Aristoteles (Physik, Buch VI, Anfang): „… ‚Zusammenhängend' [nannten wir solche Dinge] deren Ränder eine Einheit bilden… –: dann ist es unmöglich, daß aus unteilbaren (Bestandteilen) etwas Zusammenhängendes bestehen könnte, etwa eine Linie aus Punkten, – wenn doch Linie ein Zusammenhängendes ist, Punkt ein Unteilbares; weder bilden doch eine Einheit die Ränder von Punkten – es gibt ja gar nicht hier ‚Rand', dort ‚sonstigen Teil' von einem Unteilbaren –, noch können die Ränder beisammen sein – es gibt ja eben nichts (nach der Art von) Rand an einem Teillosen: dann wäre nämlich schon verschieden voneinander Rand und das, dessen Rand er ist."

Daß aus einzelnen Punkten ein mathematisches Kontinuum entstehen kann, ist uns heute fast selbstverständlich geworden, aber der Gedanke erscheint kühn, wenn wir uns die Konsequenzen vor Augen halten: daß ein vollständiges, stetiges Kontinuum notwendig aus überabzählbar vielen Atomen aufgebaut ist, und wir nicht einmal wissen, aus wievielen (Unabhängigkeit der Kontinuumshypothese); und daß viele Atome der Länge 0 zusammen eine Strecke vom Maß 1 ergeben können; und daß die Identität das Einheitsintervall auf die Diagonale abbildet, stetig, „Atom für Atom", und dennoch die Diagonale länger als 1 ist; und daß es nur abzählbar viele rationale Zahlen gibt, aber dennoch zwischen je zwei der überabzählbar vielen Punkte eines Kontinuums immer eine rationale Zahl gefunden werden kann. All diese Beobachtungen können zum Ausgangspunkt der Irritation werden; oft genügen schon abzählbar unendliche Mengen (wie die Überlegung zur Identität, die ja auch schon für $\mathbb{Q}$ gilt), um eine Verunsicherung und Verwirrung auszulösen, und hinzu kommt dann noch das Phänomen der Überabzählbarkeit. Ein Kontinuum aus Atomen aufzubauen ist und bleibt eine verwickelte Angelegenheit, auch wenn heute ein scheinbar einfaches arithmetisches Bild von $\mathbb{R}$ durch im Detail ausgefeilte und formal untadelige Konstruktionen entstanden ist: Diese beruhen auf einer umgebenden Mengenlehre und dem unverstandenen, nicht absoluten Übergang von $\mathbb{N}$ zu $\mathcal{P}(\mathbb{N})$. Unter diesem Blickwinkel ist der moderne Kontinuumsbegriff alles andere als einfach.

Geometrisierung der Algebra bei den Griechen

Die Griechen haben mit der Proportionslehre des Eudoxos einen befriedigenden Weg gefunden, irrationale Verhältnisse in die Geometrie miteinzubeziehen und mit ihnen zu argumentieren. Sie haben aber Zahlen und geometrische Verhältnisse nicht miteinander identifiziert. Der Zahlbegriff wird nicht erweitert, die Griechen haben, modern ausgedrückt, die Arithmetisierung des Kontinuums nicht durchgeführt. Von Pythagoras bis Euklid wird streng zwischen Zahlen und Verhältnissen von geometrischen Größen unterschieden.

---

van der Waerden (1956): „Warum haben die Griechen die babylonische Algebra nicht als solche übernommen, sondern geometrisch eingekleidet? War es die Freude am Anschaulichen und Sichtbaren, die sie dazu brachte, sich von den Zahlen abzuwenden und sich vorzugsweise mit Figuren zu befassen? ... Und eben diese Zahlenanbeter [die Pythagoreer] sollten, aus purer Freude am Schauen, die quadratischen Gleichungen nicht durch Zahlen, sondern durch Strecken und Flächen gelöst haben? Es ist kaum zu glauben, es muß noch ein anderes Motiv für die Geometrisierung der Algebra gegeben haben.

Dieses Motiv ist nicht schwer zu finden: es ist die Entdeckung des Irrationalen, die nach Pappos ja gerade in der Schule der Pythagoreer ihren Anfang nahm. Die Diagonale des Quadrats hat kein gemeinsames Maß mit der Seite. Das heißt aber: wenn die Seite als Längeneinheit gewählt wird, so läßt sich die Diagonale nicht messen; ihre Länge wird weder durch eine ganze Zahl noch durch einen Bruch ausgedrückt.

Wir sagen heute, die Länge der Diagonale sei $\sqrt{2}$, und wir fühlen uns erhaben über die armen Griechen, die ‚keine irrationalen Zahlen kannten'. Die Griechen kannten aber sehr wohl irrationale Verhältnisse... Wenn sie $\sqrt{2}$ keine Zahl nannten, so war das nicht Unkenntnis, sondern strenges Festhalten an der Definition der Zahl. Arithmos bedeutet Anzahl, also ganze Zahl. In ihrem logischen Rigorismus ließen sie nicht einmal Brüche zu, sondern ersetzten sie durch Verhältnisse von ganzen Zahlen.

Für die Babylonier stellte jede Strecke und jede Fläche ohne weiteres eine Zahl dar... Konnten sie eine Quadratwurzel nicht exakt ausziehen, so begnügten sie sich mit einer Näherung. Die Ingenieure und Naturwissenschaftler haben es zu allen Zeiten genau so gemacht. Den Griechen aber war es um exaktes Wissen zu tun, um ‚die Diagonale selbst', wie Platon es ausdrückt, nicht um eine brauchbare Näherung.

Im Bereich der Zahlen ... ist $x^2 = 2$ nicht exakt lösbar. Im Bereich der Strecken ... ist die Diagonale des Einheitsquadrats eine Lösung. Also muß man, wenn man quadratische Gleichungen exakt lösen will, aus dem Bereich der Zahlen in den Bereich der geometrischen Größen hinübertreten. Die geometrische Algebra gilt auch für irrationale Strecken und ist trotzdem eine exakte Wissenschaft. Ein logischer Zwang ist es also, der die Pythagoreer nötigte, ihre Algebra ins Geometrische zu übersetzen, nicht nur die Freude am Anschaulichen."

Erst viel später wird der strenge Zahlbegriff aufgegeben und die Frage erörtert, was eine Zahl ist bzw. was noch alles als Zahl gelten darf und soll. Das erfolgreiche konkrete und später algebraisch-abstrakte Rechnen drängt im Laufe einer langen Entwicklung sanft insistierend zu einer Erweiterung des Zahlbegriffs. Zahl ist nicht mehr nur ganze Zahl, Zahl ist, womit gerechnet werden kann. Die Approximierbarkeit durch „wirkliche Zahlen" wird dabei oft stillschweigend vorausgesetzt. All dies unterstützt die Entstehung des modernen atomaren arithmetischen Kontinuums: Ein Kontinuum besteht aus $\mathbb{Q}$ und allen „Zahlen", die man mit $\mathbb{Q}$ approximativ beschreiben kann. Die geometrischen Größen entsprechen dann genau den reellen Zahlgrößen, nicht mehr und nicht weniger. Der Weg bis zur heutigen Struktur $\mathbb{R}$ ist lange und verläuft über Jahrhunderte des Rechnens mit reellen Zahlen. Er kulminiert in der zweiten Hälfte des 19. Jahrhunderts in den heute oft als klassisch bezeichneten Konstruktionen.

Welche Gründe man auch immer dafür angeben mag: Bei den Griechen existiert kein arithmetisches Kontinuum und auch kein Bedürfnis danach. Das geometrische Kontinuum, die zusammenhängende Strecke, ist anschaulich gegeben. Euklid beginnt seine „Elemente" mit den Beschreibungen: „1. Ein Punkt ist, was keine Teile hat. 2. Eine Linie [ist] breitenlose Länge. 3. Die Enden einer Linie sind Punkte. 4. Eine gerade Linie (Strecke) ist eine solche, die zu den Punkten auf ihr gleichmäßig liegt." Diese Sätze sind Eingrenzungen von Gegenständen, die beim Leser als bekannt vorausgesetzt werden. Strecken und Punkte begegnen uns in geometrischen Figuren, daher kennen wir sie. Sie sind sichtbar vorhanden. Was das Wesen des „Zusammenhängenden" ausmacht, ist Gegenstand der philosophischen Diskussion, aber für die mathematische Untersuchung von geometrischen Figuren und Streckenverhältnissen eher zweitrangig.

Mittelalter und frühe Neuzeit

Die Entwicklung der Mathematik vom Mittelalter bis in die frühe Neuzeit läßt sich als langsame und vor allem zu Beginn unsichere Liberalisierung des strengen Zahlbegriffs der Griechen zusammen mit einer Algebraisierung der Geometrie lesen. Zunächst einmal muß das verlorene und zum Teil mißachtete antike – und das heißt in diesem Fall griechische – mathematisch-naturwissenschaftliche Wissen erst wieder lebendig gemacht werden. Ende des 11. Jahrhunderts erobern die Christen Spanien von den Arabern zurück. Sie verzichten darauf, die Bibliotheken in Brand zu stecken und erhalten so Zugang zur hellenistischen Literatur in arabischen Übersetzungen. Adelard von Bath übersetzt um 1130 Euklid ins Lateinische: Er übersetzt aus dem Arabischen, vollständige Euklid-Übersetzungen aus erhaltenen griechischen Handschriften finden sich erst ab 1500. Adelard übersetzt auch al-Hwarizmi (vgl. die Zeittafel nach Kapitel 1).

Bis ins 13. Jahrhundert dominieren dann Euklid-Bearbeitungen und Kommentare. Die Gelehrten des Mittelalters reiben sich weiter an der Auffassung des Aristoteles über das Kontinuum. Thomas Bradwardinus verfaßt im 14. Jahrhundert einen „Tractatus de continuo", in dem die atomare Frage und die verschiedenen Meinungen hierüber diskutiert werden. Auch hier lautet die Schlußfolgerung, daß ein Kontinuum aus unendlich vielen Kontinua besteht, nicht aber aus Atomen. Gregor von Rimini folgt ebenfalls Aristoteles, greift aber in der Diskussion der Problematik den Unterschied zwischen Punkten und unendlich kleinen Indivisibilien mit Ausdehnung (magnitudo indivisibilis cum extensione) wieder auf; Indivisibilien mit Ausdehnung hatte Xenokrates im 4. Jahrhundert vor Chr. betrachtet und damit die Bewegungsparadoxien des Zenon untersucht.

Daneben verläuft die Geschichte des praktischen Rechnens mit allen Bestandteilen: Suche nach guten Ziffern und arithmetischen Zeichen, Behandlung der Null und der negativen Zahlen, und natürlich Lösen praktischer Aufgaben samt Übungen hierzu. Bekannt wurde Adam Riese mit seinen Rechenbüchern, verfaßt in der ersten Hälfte des 15. Jahrhunderts. Zinseszinsprobleme führen auch zur Betrachtung kubischer Gleichungen, deren Lösungsformeln Scipione del Ferro 1515 findet.

Bei Michael Stifel finden wir Mitte des 16. Jahrhunderts in den „Arithmetica integra" immer noch eine Diskussion darüber, ob die irrationalen Zahlen wahre Zahlen sind oder bloße Erfindungen (Kapitel 1 hat z. B. die Überschrift „De essentia numerorum irrationalium", die Behandlung des Themas ist nicht mathematisch, sondern scholastisch-dialektisch). Simon Stevin läßt dann um 1600 ganz eindeutig irrationale Zahlen zu, den kontinuierlichen Größen der Geometrie und Natur entsprechen kontinuierliche Zahlen. Bei René Descartes, John Wallis, Leibniz und Newton wird dann präzisiert, was eine kontinuierliche Zahl ist, nämlich das Verhältnis einer Strecke zu einer beliebig gewählten Einheitsstrecke. Den geometrischen Größen entsprechen nun Zahlen, geometrischen Konstruktionen entsprechen arithmetische Operationen. Allgemeiner gilt dies für beliebige Größen, etwa physikalische. Newton schreibt 1707 in den „Arithmetica universalis": „Unter ‚Zahl' verstehen wir nicht sowohl Menge von Einheiten [wie bei den alten Griechen] sondern vielmehr das abstrakte Verhältnis irgendeiner Größe zu einer anderen Größe derselben Gattung, die als Einheit angenommen wird. Sie ist von dreifacher Art: ganz, gebrochen und irrational; ganz, wenn die Einheit sie mißt, gebrochen, wenn ein Teil der Einheit, dessen Vielfaches die Einheit ist, sie mißt, irrational, wenn die Einheit mit ihr inkommensurabel ist." (zitiert nach [Gericke 1970]). Damit ist eine erste Stufe in der

Arithmetisierung des Kontinuums durchgeführt. Sie mag inhaltlich mit ihrer klaren Dreiteilung in ganz, gebrochen rational und irrational nicht weit von den Erkenntnissen der Griechen entfernt zu sein scheinen. Zeitlich sind zweitausend Jahre vergangen.

Auch Leibniz beschäftigt sich mit der „atomaren Frage" und steht einem Kontinuum aus Punkten zumindest zeitweise eher skeptisch gegenüber. Philosophisch entwickelt er seine Theorie der Monaden. In Fortführung der Definition des Aristoteles beschreibt er ein Kontinuum als ein Ganzes, für das je zwei Teile, die zusammen genommen das Ganze ergeben, ein gemeinsames Stück oder eine gemeinsame Grenze aufweisen.

Eine interne mathematische Definition von „reelle Zahl" oder eine Strukturuntersuchung aller reellen Zahlen lag zur Zeit von Newton und Leibniz noch nicht vor. Eine solche sollte dann erst im 19. Jahrhundert gegeben werden, als ein Bedürfnis entstand, die Fundamente der Analysis freizulegen oder gegebenenfalls neu zu erklären.

Infinitesimale Größen

Im 17. und 18. Jahrhundert spielen die infinitesimalen Größen bei der Entwicklung der Differential- und Integralrechnung eine wichtige Rolle. Vor allem der Leibnizsche dx/dy-Kalkül hat diese Größen in der Mathematik und den Naturwissenschaften populär gemacht. Erst das 19. Jahrhundert hat dann das Unendlichkleine durch eine klare Definition des Grenzwertes und eine arithmetische Konstruktion des Kontinuums in den Bereich der Heuristik verwiesen. Der Leibnizsche Kalkül ist dabei aber nie ersetzt worden und die suggestive Kraft der infinitesimalen Größen blieb speziell in der Physik durchgehend lebendig. Heute kann man sie nach den Arbeiten von Curt Schmieden, Detlef Laugwitz und Abraham Robinson in der zweiten Hälfte des 20. Jahrhunderts als mathematische Objekte einführen, eine Analysis auf einem entsprechenden sog. hyperreellen Oberkörper von $\mathbb{R}$ begründen und dadurch uralte Rechenregeln wiederfinden und rechtfertigen.

Die Verwendung der infinitesimalen Größen ist früh kritisiert worden, bekannt geworden ist die Kritik von George Berkeley in seiner polemischen Schrift „The analyst. Or a discourse addressed to an infidel mathematician" von 1734, die das Rechnen mit den unklaren dx-Größen als „religious mysterics" einstuft. Unter den Mathematikern hatten in der Nachfolge von Leibniz vor allem die Brüder Jakob und Johann Bernoulli den neuen Kalkül verwendet und intensiven Gebrauch von infinitesimalen Größen gemacht. Im 18. Jahrhundert dominiert Leonhard Euler und auch er rechnet „infinitesimal". Eine erste einflußreiche Gegenbewegung innerhalb der Mathematik ist dann die „Théorie des fonctions analytiques" von Lagrange 1797 (deutsch 1823), die im Untertitel explizit festhält „die Hauptsätze der Differential-Rechnung, ohne die Vorstellung vom Unendlich-Kleinen" zu präsentieren.

Die Haltung von Leibniz selber, der durch seine dx-Notation infinitesimale Größen scheinbar überall verwendet, ist komplex, über die Jahre hinweg nicht konstant, und bis heute umstritten. Öffentlich zieht er sich oft auf einen formalen

Standpunkt zurück: Die dx-Notation ist eine bequeme Kurzfassung einer umständlicheren Argumentation, mit der die Resultate auch gewonnen werden könnten. Er vergleicht die infinitesimalen Größen mit den imaginären Zahlen der Algebraiker und betont ihren rechnerischen Gehalt gegenüber Streitereien über ihre Realität. Der Kalkül funktioniert. Er liefert neue Ergebnisse, die dann in jedem Einzelfall auch ohne Verwendung infinitesimaler Größen bewiesen werden könnten, indem „infinitesimal" durch „beliebig klein" ersetzt wird. In einem Brief an Pierre Varignon erklärt Leibniz seine Auffassung so ([Leibniz 1996]):

Leibniz (1702): „... meine Absicht war jedoch zu zeigen, daß man die mathematische Analysis von metaphysischen Streitigkeiten nicht abhängig zu machen braucht, also nicht zu behaupten braucht, daß es in der Natur Linien gibt, die, relativ zu unsern gewöhnlichen, in aller Strenge unendlich klein sind ... Um daher diese subtilen Streitfragen zu vermeiden, begnügte ich mich, da ich meine Erwägungen allgemein verständlich machen wollte, das Unendliche durch das Unvergleichbare zu erklären, d. h. Größen anzunehmen, die unvergleichbar größer oder kleiner als die unsrigen sind. Auf diese Weise nämlich erhält man beliebig viele Grade unvergleichbarer Größen, sofern ein unvergleichlich viel kleineres Element, wenn es sich um die Feststellung eines unvergleichlich viel größeren handelt, bei der Rechnung außer Acht bleiben kann. So ist etwa ein Teilchen der magnetischen Materie, die das Gas durchdringt, einem Sandkorn, dieses wiederum der Erdkugel, die Erdkugel schließlich dem Firmament nicht vergleichbar. Daher habe ich früher in den ‚Acta Eruditorum' einige Hilfsssätze für die Rechnung mit dem Unvergleichbaren aufgestellt, die man sowohl auf das Unendliche im strengen Sinne, wie auch auf Größen anwenden kann, die an anderen gemessen, nur nicht in Betracht kommen.

Hierbei ist jedoch zu berücksichtigen, daß die unvergleichlich kleinen Größen, selbst in ihrem populären Sinne genommen, keineswegs konstant und bestimmt sind, daß sie vielmehr, da man sie so klein annehmen kann, wie man nur will, in geometrischen Erwägungen dieselbe Rolle wie die Unendlichkleinen im strengen Sinne spielen. Will nämlich ein Gegner unseren Sätzen die Richtigkeit absprechen, so zeigt unser Kalkül, daß der Irrtum geringer ist als irgendeine angebbare Größe, da es in unserer Macht steht das Unvergleichbarkleine – das man ja immer so klein, als man nur will, annehmen kann – zu diesem Zwecke hinlänglich zu verringern. Dies dürfte es wohl sein, was Sie mit dem Unerschöpflichen meinen, und zweifellos liegt darin der strenge Beweis unserer Infinitesimalrechnung. Ihr Vorzug liegt darin, daß sie unmittelbar und augenscheinlich und in einer Art, die den eigentlichen Quell der Entdeckung frei legt, dasjenige gibt, was die Alten, so z. B. Archimedes, auf Umwegen vermittels des indirekten Beweises erreichten. Sie konnten indes mangels eines solchen Kalkuls in verwickelten Fällen nicht zur richtigen Lösung gelangen, wenngleich die Grundlage der Entdekkung ihnen bekannt war. Man kann somit die unendlichen und unendlichkleinen Linien – auch wenn man sie nicht in metaphysischer Strenge und als reelle Dinge zugibt – doch unbedenklich als ideale Begriffe brauchen, durch welche die Rechnung abgekürzt wird, ähnlich den sog. imaginären Wurzeln in der gewöhnlichen Analysis ...

Man darf jedoch nicht glauben, daß durch diese Erklärung die Wissenschaft vom Unendlichen herabgewürdigt wird und auf Fiktionen zurückgeführt wird, denn es bleibt, – um mich schulmäßig auszudrücken, – immer ein synkategorematisch Unendliches bestehen; so bleibt es z. B. immer richtig, daß 2 gleich ist 1 + 1/2 + 1/4 + 1/8 ..."

Es bleibt aber der Eindruck, daß mathematische Struktur zur Diskussion steht und nicht nur die Frage nach einem korrekten und geschmeidigen Kalkül. Erst die Nonstandardanalysis machte „den eigentlichen Quell der Entdeckung" zur Mathematik. Die Theorie der hyperreellen Zahlen ist historisch tief verwurzelt und eine Bereicherung unseres Kontinuumsbegriffs, ganz unabhängig von analytischer Notwendigkeit und Fruchtbarkeit.

Die ersten nichtarchimedischen Körper wurden bereits im 19. Jahrhundert von Veronese und Levi-Cività konstruiert, siehe hierzu [Veronese 1891], [Levi-Cività 1892] und [Hahn 1907]. Zur Nonstandardanalysis siehe [Robinson 1966], [Keisler 1976], [Nelson 1977], [Laugwitz 1978, 1986], [Cutland 1988], [Landers / Rogge 1994], [Goldblatt 1998]. Zur Diskussion des Unendlichkleinen und des Kontinuumsbegriffs bei Leibniz vgl. [Laugwitz 1992] und die Sammlung [Salanskis 1992]. Die Forschungsmonographie [Dales / Woodin 1996] untersucht allgemeinere geordnete Oberkörper von $\mathbb{R}$.

Kontinuität bei Kant

Stellvertretend für die fortdauernde philosophische Diskussion um den Kontinuumsbegriff sei hier Immanuel Kant zitiert, der ein Kontinuum aus Punkten ebenfalls ablehnt. In der „Kritik der reinen Vernunft" lesen wir [Kant 1988, S. 210f.]:

Kant (1781): „Die Eigenschaft der Größen, nach welcher an ihnen kein Teil der kleinstmögliche (kein Teil einfach) ist, heißt die Kontinuität derselben. Raum und Zeit sind quanta continua, weil kein Teil derselben gegeben werden kann, ohne ihn zwischen Grenzen (Punkten und Augenblicken) einzuschließen, mithin nur so, daß dieser Teil selbst wiederum ein Raum, oder eine Zeit ist. Der Raum besteht also nur aus Räumen, die Zeit aus Zeiten, Punkte und Augenblicke sind nur Grenzen, d. i. bloße Stellen ihrer Einschränkung; Stellen aber setzen jederzeit jene Anschauungen, die sie beschränken oder bestimmen sollen, voraus, und aus bloßen Stellen, als aus Bestandteilen, die noch vor dem Raume oder der Zeit gegeben werden könnten, kann weder Raum noch Zeit zusammengesetzt werden. Dergleichen Größen kann man auch fließende nennen, weil die Synthesis (der produktiven Einbildungskraft) in ihrer Erzeugung ein Fortgang in der Zeit ist, deren Kontinuität man besonders durch den Ausdruck des Fließens (Verfließens) zu bezeichnen pflegt."

Bolzanos unvollendete Zahlenlehre

Bolzano entwickelte zwischen 1830 – 1835, nach Fertigstellung seiner „Wissenschaftslehre", einen arithmetischen Aufbau des Zahlensystems und speziell eine Theorie der reellen Zahlen. Diese Arbeiten finden sich in seinem Nachlaß, sie blieben unvollendet und ohne Wirkung auf ihre Zeit, sind aber historisch und inhaltlich von hohem Interesse. Bolzano geht es um die Behandlung endlicher und unendlicher Zahlengrößen, unter denen er die „meßbaren Zahlen" auszeichnet:

Bolzano [nach Rychlik 1962]: „Was wir soeben über die *Rationalzahlen* oder diejenigen Größenausdrücke gesagt, von welchem die in dem Begriffe selbst geforderten Verrichtungen des Addierens, Subtrahierens, Multiplizierens und Dividierens eine endliche Menge nie übersteigen, setzt uns in den Stand, nun auch den zweiten Fall ... in Erwägung zu ziehen, wo die Menge jener Verrichtungen ins Unendliche geht...

Es sei mir erlaubt, einen jeden Zahlenbegriff, in welchem eine unendliche Menge von Verrichtungen, sei es nun des Addierens, oder Subtrahierens, oder Multiplizierens, oder Dividierens, oder aller zugleich gefordert wird, einen *unendlichen Größenbegriff*, und einen Ausdruck, durch den ein solcher Begriff dargestellt wird, einen unendlichen *Größenausdruck* zu nennen.

Als Beispiele für unendliche Größenausdrücke nennt Bolzano $1 + 2 + 3 + \ldots$, $1/2 - 1/4 + 1/8 - 1/16 + \ldots$ und $(1 - 1/2)(1 - 1/4)(1 - 1/8) \ldots$

Bolzano [nach Rychlik 1962]: „Unter den unendlichen Zahlenbegriffen gibt es auch einige, die von einer solchen Beschaffenheit sind, daß sich zu jeder beliebigen wirklichen Zahl q [$\in \mathbb{N}^+$], die wir als Nenner eines Bruches betrachten wollen, ein [ganzzahliger] Zähler p ... mit dem Erfolge auffinden läßt, daß wir die beiden Gleichungen erhalten

$$S = p/q + P_1 \text{ und } S = (p + 1)/q - P_2,$$

in welchen das Zeichen S den unendlichen Zahlenausdruck, die Zeichen P_1 und P_2 aber ein Paar durchaus positiver Zahlenausdrücke oder das erste zuweilen auch eine bloße Null bedeutet... [also $p/q \leq S < (p + 1)/q$].

Ein Zahlenausdruck S, in Betreff dessen es zu jedem beliebigen Werte von q ein p von der beschriebenen Beschaffenheit gibt, daß die zwei Gleichungen $S = p/q + P_1$ und $S = (p + 1)/q - P_2$ eintreten, heißt mir ein *meßbarer* oder *ermeßlicher* Ausdruck. Jeder andere dagegen *unmeßbar* oder *unermeßlich.* Den Bruch p/q nenne ich den *messenden;* und den Bruch $(p + 1)/q$ den *nächst größeren Bruch.* Da $S = p/q + P_1$, so nenne ich P_1 die *Ergänzung* des messenden Bruches. In dem besonderen Falle, daß $P_1 = 0$ ist, wo wir sonach $S = p/q$ haben, nenne ich den messenden Bruch *voll* oder ... das *vollkommene Maß* von S.“

Bolzano versucht nun verschiedene Abgeschlossenheitseigenschaften der meßbaren Zahlen nachzuweisen, etwa, daß mit x und y auch $-x$ und $x + y$ meßbar sind.

Es wurden verschiedene Versuche unternommen, den Ansatz von Bolzano zu rekonstruieren und zu modernisieren. Wir verweisen den hieran interessierten Leser neben [Rychlik 1962] und den entsprechenden Teilen der Bolzano-Edition [Berg 1975, 1976] auf [Rootselaar 1964], [Laugwitz 1964] und den Überblicksartikel [Hykšová 200?].

Schon mit seinen „Paradoxien des Unendlichen“ hat Bolzano die nachfolgende Mengenlehre vorgefühlt und eingeleitet. Ebenso erweist er sich mit seiner Zahlenlehre als Vorläufer der Präzisierung des Kontinuumsbegriffs.

Die Arithmetisierung des Kontinuums: Weierstraß, Cantor, Heine, Méray und Dedekind

Die Konstruktion der reellen Zahlen im 19. Jahrhundert fällt unter ein allgemeines „arithmetisches Programm", das Dedekind in seiner Schrift „Was sind und was sollen die Zahlen?" so formuliert:

Dedekind (1888): „... Gerade bei dieser Auffassung [des stufenweisen Aufbaus des Zahlensystems] erscheint es als etwas Selbstverständliches und durchaus nicht Neues, daß jeder auch noch so fern liegende Satz der Algebra und höheren Analysis sich als ein Satz über die natürlichen Zahlen aussprechen läßt, eine Behauptung, die ich auch wiederholt aus dem Munde von Dirichlet gehört habe ...

Aber ich erblicke keineswegs etwas Verdienstliches darin – und das lag auch Dirichlet gänzlich fern –, diese mühselige Umschreibung wirklich vorzunehmen und keine anderen als die natürlichen Zahlen benutzen und anerkennen zu wollen ..."

Hier wird das pythagoreische Thema „alles ist Zahl" wieder lebendig, wobei nun auch das Kontinuum arithmetisch betrachtet werden soll. Kronecker hat diese Arithmetisierung streng konstruktiv aufgefaßt, Dedekind dagegen stellt die prinzipielle Möglichkeit in den Mittelpunkt.

Um analytische Sätze zumindest prinzipiell zahlentheoretisch formulieren zu können, müssen die reellen Zahlen selber erst arithmetisch eingeführt werden. Mit breiter öffentlicher Wirkung tat dies zuerst Weierstraß, der die reellen Zahlen in seinen Vorlesungen über Summen von sog. Aggregaten einführte (1860er Jahre, veröffentlicht erst durch Mitschriften von Hörern). „Aggregate" sind hierbei Multimengen positiver rationaler Zahlen. Auf diesem Ansatz ruhen die Darstellungen von Heine und Cantor aus dem Jahre 1872, die die reellen Zahlen über Fundamentalfolgen einführen (unabhängig hiervon hat auch Méray diese Konstruktion entwickelt). Heine sieht sich angesichts der mündlich und in Notizen zirkulierenden Weierstraßschen Ideen verpflichtet, seine Darstellung als Ganzes zu rechtfertigen:

Heine (1872) „... Abgesehen von den erheblichen Schwierigkeiten, einen solchen Stoff darzustellen, trug ich Bedenken, eine Arbeit zu veröffentlichen, welche vorzugsweise die mir durch mündliche Mitteilung überkommenen Gedanken Anderer, besonders des Herrn *Weierstraß* enthält ..."

Heine übernimmt die Fundamentalfolgen seiner Konstruktion von Cantor (wie er explizit festhält). Dennoch ist Heines Arbeit keine bloße Aufarbeitung „überkommener Gedanken Anderer", sondern eine die „erheblichen Schwierigkeiten" überwindende Darstellung, die neben einer Konstruktion von $\mathbb{R}$ auch die Hauptsätze der Analysis über stetige Funktionen entwickelt. Cantor selber verwendet Cauchy-Folgen rationaler Zahlen ab 1870 in seinen Vorlesungen. An Dedekind, der ihm im April 1872 seine Schrift „Stetigkeit und irrationale Zahlen" zuschickte, schreibt er:

Cantor (1937): „… Wie ich mich schon jetzt überzeugt habe stimmt diejenige Auffassung des Gegenstandes, welche ich, ausgehend von arithmetischen Beschäftigungen, seit einigen Jahren mir herangebildet, mit der Ihrigen sachlich überein; nur in der *begrifflichen Einführung* der Zahlgrößen findet ein Unterschied statt…“

Dedekind hat seine äquivalente Konstruktion von $\mathbb{R}$ über Schnitte bereits „im Herbst des Jahres 1858“ in Händen. In der Lehre, so berichtet er im Vorwort seines Buches, machte sich das Fehlen einer klaren Definition der reellen Zahlen besonders bemerkbar. Bemerkenswert ist, daß eine genaue Definition einer reellen Zahl zunächst eher in der Lehre vermißt wurde als in der Forschung: Auch Weierstraß' Konstruktion findet im Hörsaal statt, und auch bei Heine, der durch seine Darstellung das „Fortschreiten der Funktionenlehre“ als Forschungsdisziplin befördern will, finden wir den Hinweis auf die Lehre des Stoffs (vgl. [Heine 1872, S. 173, Fußnote]).

Veröffentlicht hat Dedekind seine Konstruktion dann erst 1872:

Dedekind (1872): „… zu einer eigentlichen Publikation konnte ich mich nicht recht entschließen, weil erstens die Darstellung nicht ganz leicht, und weil außerdem die Sache selbst so wenig fruchtbar ist …“.

Kurz zuvor erschienen die Arbeiten von Heine und Cantor, und Dedekind nimmt in seinem Buch noch Bezug darauf. Die Arbeit von Heine wird zu unrecht kritisiert, Cantors „Korrespondenzaxiom“ – daß nämlich den Fundamentalfolgen auch tatsächlich Punkte der Geraden entsprechen – lobt Dedekind dagegen als das „Wesen der Stetigkeit“ treffend.

Dedekind und Cantor stellen 1872 noch die anschaulich gegebene Gerade der arithmetischen Konstruktion zur Seite, ihre Punkte werden mit den konstruierten arithmetischen Gebilden in eine eindeutige Beziehung gebracht. Dedekind motiviert seine Schnitte aus einer offensichtlichen Eigenschaft einer stetigen Linie. In Heines Darstellung taucht dagegen – sehr modern – gar keine Gerade auf. Im Zuge der weiteren Präzisierung der Grundlagen erhebt sich die Frage, was eigentlich genau eine Gerade sein soll. In seiner zweiten Darstellung der Konstruktion von 1883 geht Cantor hierauf ein und gibt, wie heute üblich, einen „rein arithmetischen Begriff eines Punktkontinuums“ ([Cantor 1883]). Damit ist die Arithmetisierung des Kontinuums vollzogen.

*

Das komplexe Ergebnis und seine Kritik

Besondere Merkmale der Konstruktionen von Weierstraß, Dedekind, Cantor, Heine und Méray sind:

(1) Die mathematische Struktur $\mathbb{R}$ wird aus $\mathbb{Q}$, und damit im wesentlichen aus $\mathbb{N}$, durch Betrachtung aller Teilmengen von $\mathbb{Q}$ oder Folgen in $\mathbb{Q}$ gewonnen. Eine reelle Zahl *ist* eine solche Teilmenge oder Folge (erst später genauer: eine Äquivalenzklasse von Folgen).

(2) Die Menge $\mathbb{R}$ wird mit einer Ordnung und arithmetischen Operationen versehen, die im 20. Jahrhundert dann selber wieder als Mengen aufgefaßt werden.

(3) $\mathbb{R}$ wird zum mathematischen Modell eines Linearkontinuums, einer Geraden, erklärt. Dies geschieht durch Auszeichnung eines Nullpunktes 0 und einer Maßeinheit 1 auf der Geraden. Es gilt dann das Korrespondenzaxiom:

(a) Jeder Strecke bzgl. 0 und 1 des Linearkontinuums entspricht ein Element von $\mathbb{R}$.

(b) Jedem Element von $\mathbb{R}$ entspricht eine Strecke des Linearkontinuums.

Die Gerade ist zunächst noch ein traditionell-geometrischer mathematischer Begriff, der mit dem intuitiven Kontinuumsbegriff zusammenfällt. Erst nach und nach wird die Gerade von vornherein arithmetisch begriffen und eingeführt, und das alte Linearkontinuum im Reich der Anschauung außerhalb der Mathematik angesiedelt. In der Folge spricht man dann innerhalb der Mathematik konsequent von $\mathbb{R}$ als dem Kontinuum.

(4) Infinitesimale Größen treten nicht auf, die Vollständigkeit der Struktur genügt, um mit Hilfe des Limesbegriffs die Argumente der Analysis ausdrükken zu können.

(5) Die Konstruktion erscheint als neue Stufe mathematischer Präzision. Der Begriff der irrationalen Zahl ist nun kein Grundbegriff mehr, sondern definiert.

(6) Die philosophische Tradition des Kontinuums ist in der Definition von $\mathbb{R}$ nicht wiederzufinden. $\mathbb{R}$ ist samt seiner Ordnung und Arithmetik ein Produkt aus Atomen.

Die Aussage (3) wird oft als das Cantorsche Korrespondenzaxiom bezeichnet. Cantor sieht explizit nur den Teil (b) als Axiom an, der besagt, daß die arithmetische Struktur $\mathbb{R}$ nicht überdimensioniert für das Kontinuum ist (vgl. S. 128 der unten wiedergegebenen Originalarbeit). Die Vertreibung der infinitesimalen Größen suggeriert dagegen eher eine Unterdimensionierung im Sinne von „so klein wie möglich".

Die Konstruktion setzt sich rasch durch, spätestens mit dem Buch von Landau aus dem Jahr 1930 ist sie bereits ein im Detail etwas unwillig ausgeführter, wenn auch als wichtig und grundlegend empfundener Standard (Landau spricht von

„zum Teil langweiligen Mühen"). Heute gilt ℝ generell als das adäquate mathematische Kontinuum, und den Konstruktionen des 19. Jahrhunderts wird eine große Bedeutung für die Entwicklung des Fachs zugeschrieben.

Analyse und Kritik der Konstruktion

Wir fragten oben: Ist unser ℝ ein zeitverhaftetes Produkt des 19. Jahrhunderts oder die konsequente Umsetzung und endgültige Präzisierung einer allgemeinen mathematischen Idee? Die Präzisierung von „alles, was man mit ℚ approximativ beschreiben kann" lautete „alle Fundamentalfolgen in ℚ" oder gleichwertig „alle Schnitte von ℚ". Welche Folgen und Schnitte aber existieren? Die Antwort gehört dann schon in die Grundlagendiskussion des 20. Jahrhunderts. Sie besteht in einem Verweis auf die axiomatische Mengenlehre, die mit ihrer traditionellen Neigung zum mathematischen Platonismus die Existenzfrage noch einmal verschiebt, unter Gewinnung einer bislang unerreichten Präzision auf formaler Ebene.

Hermann Weyl hat den gravierenden Schritt, der in der Konstruktion von ℝ vollzogen wurde, in seinem Buch „Das Kontinuum" klar herausgestellt:

Weyl (1918): „Während als … rationale Zahlen nur solche Mengen auftreten, die sich [aus den natürlichen Zahlen ergeben], ist es, um den Begriff der reellen Zahl in voller logischer Bestimmtheit fassen zu können, nötig, sich darüber Rechenschaft zu geben, was unter ‚*allen möglichen*' Mengen einer bestimmten Kategorie zu verstehen ist [aller Teilmengen von ℚ und damit von ℕ] … erst das Problem der reellen Zahlen erfordert dieses Eingehen auf das Fundament, auf die Prinzipien der logischen Urteilskombination; die Analysis der reellen Zahlen hat bis in die Tiefe ihrer logischen Wurzeln hinein einen völlig anderen Charakter als die Arithmetik der rationalen."

Weyls vorgetragene heute als „halbintuitionistisch" bezeichnete Kritik an der mengentheoretischen Fundierung der Mathematik teilen sicher nicht alle, aber diese Betonung des Herzstücks der Konstruktion von ℝ ist innerhalb der Grundlagenforschung unumstritten: Es geht um „alle Teilmengen von ℕ", ℝ ist im wesentlichen $\mathcal{P}$(ℕ), und wir sind damit in einem Bereich angelangt, der eine Welt für sich ist. Wir wissen nicht, wie groß ℝ ist. Die Menge ℝ ist nicht absolut, sie hat in verschiedenen Modellen der klassischen Mathematik eine andere Extension und sogar eine andere Mächtigkeit. Die Menge ℕ ist in jedem (guten, transitiven) Modell gleich, eine Teilmenge von ℕ ist in jedem Modell eine Teilmenge von ℕ, aber die Gesamtheit aller Teilmengen von ℕ ist i. a. in zwei Modellen verschieden. Die platonische Haltung, zu sagen, das Universum hat alle Teilmengen von ℕ, einzelne Modelle aber unter Umständen nicht, läßt das gravierende Problem notgedrungen offen.

Der Schritt von der Endlichkeit zur fertigen Menge ℕ ist groß, der Schritt von ℕ zu $\mathcal{P}$(ℕ) ist ein zweiter, ganz anderer und mindestens ebenso großer Schritt. Der Leser verzeihe dem Autor, wenn er sich hier wiederholt, aber viele Mathematiker, die die Konstruktionen von ℝ seit Jahren kennen und vorführen, sind mehr oder weniger bewußt der Meinung, daß die Konstruktion von $\mathbb{Q}$ aus $\mathbb{N}$ und die Konstruktion von $\mathbb{R}$ aus $\mathbb{Q}$ im wesentlichen die gleiche logische Komplexität haben: Einmal nimmt man Paare aus natürlichen Zahlen, ein andermal Folgen aus $\mathbb{Q}$.

Später hat Weyl diesen Gedanken noch einmal aufgegriffen, und ihn sogar als Fazit der gesamten Entwicklung formuliert (zitiert nach [Weyl 1990]):

Weyl (1928): „... Das Altertum hat uns zum Problem des Kontinuums zwei wichtige Beiträge hinterlassen: a) eine weitgehende Analyse der mathematischen Frage, wodurch die einzelne Stelle im Kontinuum fixiert werden kann, und b) die Aufdeckung der philosophischen Paradoxien, welche im anschaulichen Wesen des Kontinuums liegen ...

[zu a) :] Erst im 19. Jahrhundert führt die moderne Mathematik das Problem zu Ende [durch die Definition von $\mathbb{R}$ durch Dedekind u. a.] ... und wir können das Fazit der historischen Entwicklung des Problems a) mit den Worten ziehen:

Objekt der Zahlentheorie sind die einzelnen natürlichen Zahlen, Objekt der Kontinuumslehre die möglichen Mengen (oder die unendlichen Folgen) natürlicher Zahlen."

Auf dieses Fazit können sich sowohl die klassische Mengenlehre wie auch ihre Kritiker einigen. Die Frage ist: Was sind die möglichen Mengen natürlicher Zahlen?

Den engen Zusammenhang zwischen $\mathcal{P}(\mathbb{N})$, ${}^{\mathbb{N}}\mathbb{N}$ und $\mathbb{R}$ werden wir im zweiten Abschnitt des Buches noch genauer betrachten. Dort werden dann $\mathcal{P}(\mathbb{N})$ und ${}^{\mathbb{N}}\mathbb{N}$ im Mittelpunkt des Interesses stehen, und trotz der engen Verwandtschaft zu $\mathbb{R}$ ergibt sich eine ganz neuartige Sicht der Dinge.

Den Schritt zur abstrakten Potenzmenge von $\mathbb{N}$ haben einige Mathematiker wie etwa Brouwer und Weyl nicht mittragen wollen. Diese kritische Richtung innerhalb der Mathematik repräsentiert bereits Leopold Kronecker im 19. Jahrhundert mit seiner Kritik der Cantorschen Mengenlehre. Nicht selten wird dann auch der erste Schritt zur aktualen Unendlichkeit und weiter auch die klassische Logik des tertium non datur verworfen. Weyl läßt 1918 dieses Prinzip noch zu, argumentiert aber für einen konstruktiveren Aufbau der Mathematik. Der restriktive Ansatz führt in Bezug auf $\mathbb{R}$ zur heutigen sog. konstruktiven Analysis. Wir verweisen den hieran interessierten Leser auf die Darstellung zweier Vertreter dieser Richtung, nämlich [Bishop / Bridges 1985].

Innerhalb der Logik entwickelte sich ab den 30er Jahren des 20. Jahrhunderts durch Arbeiten von Gödel, Turing, Church und anderen die Theorie der berechenbaren Funktionen, die eine abzählbare Teilmenge von $\mathbb{R}$ als rechnerisch zugänglich auszeichnet (diejenigen Zahlen, deren Dualdarstellung durch ein Computerprogramm ausgegeben werden kann). Weiter werden dort komplexere Teilmengen von $\mathbb{N}$ – und damit wieder bestimmte reelle Zahlen – untersucht, etwa die berechenbar aufzählbaren Mengen (diejenigen Teilmengen von $\mathbb{N}$, die sich durch ein Computer-Programm in beliebiger Reihenfolge auflisten lassen). Ein Grundresultat ist hier, daß es eine berechenbar aufzählbare Teilmenge von $\mathbb{N}$ gibt, deren charakteristische Funktion nicht berechenbar ist. Der Leser siehe für diese Teildisziplin der mathematischen Logik etwa [Rogers 1987] oder [Cutland 1980]. Traditionell versteht sie sich nicht als Kritik der klassischen mengentheoretischen Fundierung.

Kritisiert oder zumindest stark bedauert wurde der sechste Punkt der obigen Liste, das Verlieren des intuitiven und philosophisch so weit als möglich präzisierten Kontinuitätsbegriffs. Hält man an ihm fest, so erscheint das Korrespondenzaxiom als unangemessen. Alternativen waren aber nicht zu sehen, und so wurde eine atomistische Konstruktion, wenn auch etwas widerwillig, auch von der kritischen Seite akzeptiert. Weyl schreibt hierzu:

Weyl (1918): „Fassen wir den Mengenbegriff in dem präzisen Sinne, den ich hier befürwortet habe, so gewinnt die Behauptung, daß jedem Punkte einer Geraden ... als Maßzahl eine reelle Zahl (= Menge rationaler Zahlen ...) entspricht und umgekehrt, einen schwerwiegenden Inhalt. Sie stellt eine merkwürdige Verknüpfung her zwischen dem in der Raumanschauung Gegebenen und dem auf logisch-begrifflichem Wege Konstruierten. Offenbar aber fällt diese Aussage gänzlich aus dem Rahmen dessen heraus, was uns die Anschauung irgendwie über das Kontinuum lehrt und lehren kann; es handelt sich da nicht mehr um eine morphologische Beschreibung des in der Anschauung sich Darbietenden (das vor allem keine Menge diskreter Elemente, sondern ein fließendes Ganzes ist), vielmehr werden der unmittelbar gegebenen, ihrem Wesen nach inexakten Wirklichkeit exakte Wesen substituiert – ein Verfahren, das für alle exakte (physikalische) Wirklichkeitserkenntnis fundamental ist und durch welches allein die Mathematik Bedeutung für die Naturwissenschaft gewinnt ..."

... Dem Vorwurf gegenüber, daß von jenen logischen Prinzipien, die wir zur exakten Definition des Begriffs der reellen Zahlen heranziehen müssen, in der Anschauung des Kontinuums nichts enthalten sei, haben wir uns Rechenschaft darüber gegeben, daß das im anschaulichen Kontinuum Aufzuweisende und die mathematische Begriffswelt einander so fremd sind, daß die Forderung des Sich-Deckens als absurd zurückgewiesen werden muß. Trotzdem sind jene abstrakten Schemata, welche uns die Mathematik liefert, erforderlich, um exakte Wissenschaft solcher Gegenstandsgebiete zu ermöglichen, in denen Kontinua eine Rolle spielen."

Eine andere Lesart der Frage nach der historischen Stellung von $\mathbb{R}$ betrifft den vierten Punkt, die infinitesimalen Größen, die uns der Leibnizsche Kalkül so nahe legt. Das 19. Jahrhundert hat gezeigt, daß die Analysis ohne diese Größen auskommt. Heute können nichtarchimedische Oberkörper von $\mathbb{R}$ konstruiert werden, in denen unendlich kleine Größen – positive Größen kleiner als $1/n$ für alle $n \in \mathbb{N}$ – existieren und auf denen sich eine Analysis aufbauen läßt (vgl. die Literaturangaben oben). Diese Möglichkeit der – auf dem Boden der Mengenlehre – mathematisch rigorosen Wiedereinführung der infinitesimalen Größen mit ihrer bis in die Antike reichenden Tradition hat nun dazu Anlaß gegeben, die etablierte Identifikation von $\mathbb{R}$ mit dem Kontinuum erneut zur Diskussion zu stellen. Der Komplex umfaßt Fragen der Didaktik der Analysis, die mathematische Fruchtbarkeit des infinitesimalen Ansatzes, aber auch philosophische und historische Gesichtspunkte. Hier hat sich vor allem Detlef Laugwitz zu Wort gemeldet. Die Auffassung des Kontinuums als „Medium des freien Werdens" von Brouwer und Weyl (1921) aufgreifend entwickelt er eine dynamische Sicht eines unerreichbaren, unerschöpflichen Kontinuums, das mengentheoretisch-atomistisch approximiert werden kann:

Laugwitz (1978): „Daß die Frage [nach der Mächtigkeit von $\mathbb{R}$] als ‚Kontinuumproblem' bezeichnet werden konnte, liegt daran … daß man $\mathbb{R}$ und das [anschaulich intuitive] Linearkontinuum identifiziert … Diese Identifikation ist heute weit verbreitet, und sie hat sich auch vielfach bewährt. Aber es handelt sich dabei doch nur um eine Arbeitshypothese, zu der wir Alternativen kennen … Ist $(M, +, \cdot, <)$ ein vollständig [= linear vollständig] geordneter Körper, so zeigt man: M ist isomorph zum Körper $\mathbb{R}$ der reellen Zahlen. Damit scheint die gängige Identifikation des Linearkontinuums mit $\mathbb{R}$ gerechtfertigt.

Wir werden aber immer wieder sehen, daß diese Auszeichnung von $\mathbb{R}$ weder historisch noch sachlich überzeugend ist. Unsere Analyse hat ja auch die Hypothesen aufgedeckt, auf denen sie beruht. Da war einmal die Voraussetzung, es sei möglich, das Kontinuum durch eine feste Punktmenge auszuschöpfen, und zweitens die Homogenitätsforderung für alle Schnitte [für jeden Schnitt (L, R) des Kontinuums hat L ein größtes Element, denn: es gibt solche Schnitte, und ein Kontinuum ist räumlich homogen].

Der [hier] behandelte Vorschlag läuft auf folgendes hinaus: $\mathbb{R}$ wird in einen Körper $^*\mathbb{R}$ eingebettet [der ebenfalls über Folgen in $\mathbb{Q}$ gebildet wird]. Damit werden Koordinaten für weitere Punkte im Linearkontinuum geschaffen, und hier gibt es auch infinitesimale Abstände. Der Prozeß kann ohne Ende wiederholt werden, man kann nach abzählbar vielen Schritten die Vereinigung aller Körper bilden und mit ihr fortfahren; das Kontinuum wird nicht erschöpft, es ist das durch keine Punktmenge ausgefüllte ‚Medium des freien Werdens'. Auf jeder Stufe erscheinen die bereits vorher erhaltenen Punkte als isoliert in der neuen Menge. Das Linearkontinuum ist hier ein Grenzbegriff, der mathematisch nur teilweise erfaßt werden kann. Wie die Erfahrung gezeigt hat, reicht die erste Menge $\mathbb{R}$ für sehr viele Zwecke aus, in ihr sind die Meßgrößen der physischen Wissenschaften enthalten. Wir bleiben dann auf der zweiten Stufe, in einem Körper $^*\mathbb{R}$. Seine Elemente lassen sich nicht mehr als Meßgrößen rechtfertigen, sondern als ideale Elemente; schon Leibniz verglich die Infinitesimalzahlen mit der idealen Zahl $\sqrt{-1}$ …"

Die mengentheoretisch begründete Mathematik kann, so Laugwitz, ein Kontinuum nie in seinem „kontinuierlichen Wesen" erfassen, da der Mengenbegriff von vornherein atomistisch ist. Da keine andere Möglichkeit zu sehen ist, bleibt das Kontinuum zwar ein außermathematischer Begriff, aber doch ein Polarstern für die Entwicklung von Mathematik. Die philosophische Tradition des wahrhaft kontinuierlichen Kontinuums ist lang und beinahe kontinuierlich, sie reicht von Aristoteles über Newton, Leibniz, Euler, Kant, Peirce, Weyl und vielen anderen bis in unsere heutige Zeit. Viele Mathematiker werden nun eher den Reichtum der Konstruktion $\mathbb{R}$ und seine Verwendbarkeit für physikalische Fragen betrachten und weniger die Frage, was ein intuitives Linearkontinuum bedeutet. Historisch und auch heuristisch kommt der Idee des zeitlichen oder räumlichen Kontinuums als etwas Werdendem, Fließendem, unerschöpflich Reichem aber eine große Bedeutung zu, und es wäre sicher falsch, diese Gedanken achtlos beiseite zu schieben. Der Diskussion verdanken wir insbesondere eine neue und detailliertere Aufarbeitung der Geschichte des Kontinuumsbegriffs, anhand derer sich die moderne Mathematik besser verstehen läßt. Aber auch angesichts der langen Geschichte der Kontinuumsproblematik und ihrer Teilgeschichte der infinitesimalen Größen halten wir es für gerechtfertigt, von der in der mengentheoretischen Axiomatik angesiedelten Menge ℝ als dem klassischen Kontinuum zu sprechen, und wir sehen, wie vielerorts üblich, die Ereignisse des 19. Jahrhunderts nicht als irrationalen Vorgang an, sondern als großen Fortschritt in der Präzisierung von Mathematik (vgl. im Gegensatz hierzu [Laugwitz 1986, S. 240] und [Laugwitz 1992, S. 265f.]).

Cantors Darstellung von 1872 im Original

Wir beenden dieses Kapitel mit einem Faksimile von § 1 und einem Teil von § 2 der Arbeit [Cantor 1872], erschienen in den *Mathematischen Annalen.*

Die Arbeit trägt den Titel: „Über die Ausdehnung eines Satzes aus der Theorie der trigonometrischen Reihen. Von G. Cantor in Halle." Die Konstruktion von ℝ taucht darin etwas überraschend nach der Einleitung auf, und man gewinnt nicht den Eindruck, daß es Cantor wirklich zuerst um eine Konstruktion von ℝ geht (das wird bei Heine und Dedekind viel klarer ausgesprochen). Die wenigen Seiten enthalten viele bemerkenswerte Details:

1. Cantor deutet eine bis ins Transfinite mögliche Iteration des Abschlusses eines Zahlgebiets an. Diese Iteration war Cantor auch später noch wichtig, hat aber bereits Dedekind nicht überzeugt und ist bis heute ohne Wirkung geblieben ist.
2. Bemerkenswert ist, daß nur eine Hälfte der Korrespondenz zwischen den Punkten der Gerade und den Elementen des konstruierten Zahlgebiets als Axiom bezeichnet wird. Etwas unvermittelt folgt dann der Verweis auf das 10. Buch der Elemente des Euklid mit der dortigen Theorie der Irrationalzahlen.
3. Cantor führt einige Hauptpunkte nicht aus, etwa den Beweis der Vollständigkeit des Zahlgebiets.
4. Es werden keine Äquivalenzklassen von Folgen gebildet. Die moderne Idee der Bildung einer Menge von Mengen lag Cantor generell fern, und er behilft sich hier mit einer aufgeweichten Form der Gleichheit.
5. Die Begründung, warum die arithmetische Theorie in einer Abhandlung über trigonometrische Reihen vorausgeschickt wird, bleibt Cantor schuldig. Sie geht auch aus dem hier nicht wiedergegebenen Teil der Arbeit nicht hervor.

aus: Mathematische Annalen 5 (1872), S. 123 unten – 128 oben:

§ 1.

Die rationalen Zahlen bilden die Grundlage für die Feststellung des weiteren Begriffes einer Zahlengrösse; ich will sie das Gebiet A nennen (mit Einschluss der Null).

Wenn ich von einer Zahlengrösse im weiteren Sinne rede, so geschieht es zunächst in dem Falle, dass eine durch ein Gesetz gegebene unendliche Reihe von rationalen Zahlen:

(1) $$a_1,\ a_2,\ \ldots\ a_n,\ \ldots\ldots$$

vorliegt, welche die Beschaffenheit hat, dass die Differenz $a_{n+m} - a_n$

mit wachsendem n unendlich klein wird, was auch die positive ganze Zahl m sei, oder mit anderen Worten, dass bei beliebig angenommenem (positiven, rationalen) ε eine ganze Zahl n_1 vorhanden ist, so dass $(a_{n+m} - a_n) < \varepsilon$, wenn $n \geqq n_1$ und wenn m eine beliebige positive ganze Zahl ist.

Diese Beschaffenheit der Reihe (1) drücke ich in den Worten aus: „*Die Reihe* (1) *hat eine bestimmte Grenze b.*"

Es haben also diese Worte zunächst keinen anderen Sinn, als den eines Ausdruckes für jene Beschaffenheit der Reihe, und aus dem Umstande, dass wir mit der Reihe (1) ein besonderes Zeichen b verbinden, folgt, dass bei verschiedenen derartigen Reihen auch verschiedene Zeichen b, b', b'', . . . zu bilden sind.

Ist eine zweite Reihe:

$$(1') \qquad a_1', \; a_2', \; \ldots \; a_n', \; \ldots\ldots$$

gegeben, welche eine bestimmte Grenze b' hat, so findet man, dass die beiden Reihen (1) und (1') eine von den folgenden 3 Beziehungen stets haben, die sich gegenseitig ausschliessen: Entweder 1. wird $a_n - a_n'$ unendlich klein mit wachsendem n oder 2. $a_n - a_n'$ bleibt von einem gewissen n an stets grösser, als eine positive (rationale) Grösse ε oder 3. $a_n - a_n'$ bleibt von einem gewissen n an stets kleiner, als eine negative (rationale) Grösse $-\varepsilon$.

Wenn die erste Beziehung stattfindet, setze ich:

$$b = b',$$

bei der zweiten $b > b'$, bei der dritten $b < b'$.

Ebenso findet man, dass eine Reihe (1), welche eine Grenze b hat, zu einer rationalen Zahl a nur eine von den folgenden 3 Beziehungen hat. Entweder:

1. wird $a_n - a$ unendlich klein mit wachsendem n, oder 2. $a_n - a$ bleibt von einem gewissen n an immer grösser, als eine positive (rationale) Grösse ε oder 3. $a_n - a$ bleibt von einem gewissen n an immer kleiner, als eine negative (rationale) Grösse $-\varepsilon$.

Um das Bestehen dieser Beziehungen auszudrücken, setzen wir resp.:

$$b = a, \quad b > a, \quad b < a.$$

Aus diesen und den gleich folgenden Definitionen ergiebt sich als *Folge*, dass, wenn b die Grenze der Reihe (1) ist, alsdann $b - a_n$ mit wachsendem n unendlich klein wird, womit *nebenbei* die Bezeichnung „Grenze der Reihe (1)" für b eine gewisse Rechtfertigung findet.

Die Gesammtheit der Zahlengrössen b möge durch B bezeichnet werden.

Mittelst obiger Festsetzungen lassen sich die Elementaroperationen, welche mit rationalen Zahlen vorgenommen werden, ausdehnen auf die beiden Gebiete A und B zusammengenommen.

Sind nämlich b, b', b'' drei Zahlengrössen aus B, so dienen die Formeln:

$$b \pm b' = b'', \quad bb' = b'', \quad \frac{b}{b'} = b''$$

als Ausdruck dafür, dass zwischen den den Zahlen b, b', b'' entsprechenden Reihen:

$$a_1, \; a_2, \; \ldots\ldots$$
$$a_1', \; a_2', \; \ldots\ldots$$
$$a_1'', \; a_2'', \; \ldots\ldots$$

resp. die Beziehungen bestehen:

$$\lim (a_n \pm a_n' - a_n'') = 0, \qquad \lim (a_n a_n' - a_n'') = 0,$$
$$\lim \left(\frac{a_n}{a_n'} - a_n''\right) = 0,$$

wo ich auf die Bedeutung des Lim-Zeichens nach dem Vorhergehenden nicht näher einzugehen brauche. Aehnliche Definitionen werden für die Fälle aufgestellt, dass von den drei Zahlen eine oder zwei dem Gebiete A angehören.

Allgemein wird sich daraus jede mittelst einer endlichen Anzahl von Elementaroperationen gebildete Gleichung:

$$F(b, b', \ldots b^{(\varrho)}) = 0$$

als der Ausdruck für eine bestimmte Beziehung ergeben, welche unter den Reihen stattfindet, durch welche die Zahlengrössen b, b', b'', ... $b^{(\varrho)}$ gegeben sind.*)

Das Gebiet B ergab sich aus dem Gebiete A; es erzeugt nun in analoger Weise in Gemeinschaft mit dem Gebiete A ein neues Gebiet C.

Liegt nämlich eine unendliche Reihe:

(2) $$b_1, \; b_2, \; \ldots \; b_n, \; \ldots\ldots$$

von Zahlengrössen aus den Gebieten A und B vor, welche nicht sämmtlich dem Gebiete A angehören, und hat diese Reihe die Beschaffenheit, dass $b_{n+m} - b_n$ mit wachsendem n unendlich klein wird, was auch m sei, eine Beschaffenheit, die nach den vorangegangenen Definitionen begrifflich etwas ganz Bestimmtes ist, so sage ich von dieser Reihe aus, dass sie eine bestimmte Grenze c hat.

*) Wenn z. B. eine Gleichung μ^{ten} Grades mit ganzzahligen Coefficienten: $f(x) = 0$, eine reelle Wurzel ω besitzt, so heisst dies im Allgemeinen *nichts anderes*, als dass eine Reihe:

$$a_1, \; a_2, \; \ldots, \; a_n, \; \ldots$$

von der Beschaffenheit der Reihe (1) vorliegt, für deren Grenze das Zeichen ω gewählt ist, welche ausserdem die Eigenschaft hat:

$$\lim f(a_n) = 0.$$

Die Zahlengrössen c constituiren das Gebiet C.

Die Definitionen des Gleich-, Grösser- und Kleinerseins, sowie der Elementaroperationen sowohl unter den Grössen c, wie auch zwischen ihnen und den Grössen der Gebiete B und A werden dem Früheren analog gegeben.

Während sich nun die Gebiete B und A so zu einander verhalten, dass zwar jedes a einem b, nicht aber umgekehrt jedes b einem a gleichgesetzt werden können, stellt es sich hier heraus, dass sowohl jedes b einem c, wie auch umgekehrt jedes c einem b gleich gesetzt werden können.

Obgleich hierdurch die Gebiete B und C sich gewissermassen gegenseitig decken, ist es bei der hier dargelegten Theorie (in welcher die Zahlengrösse, zunächst an sich im Allgemeinen gegenstandlos, nur als Bestandtheil von Sätzen erscheint, welchen Gegenständlichkeit zukommt, des Satzes z. B., dass die entsprechende Reihe die Zahlengrösse zur Grenze hat) wesentlich, an dem begrifflichen Unterschiede der beiden Gebiete B und C festzuhalten, indem ja schon die Gleichsetzung zweier Zahlengrössen b, b' aus B ihre Identität nicht einschliesst, sondern nur eine bestimmte Relation ausdrückt, welche zwischen den Reihen stattfindet, auf welche sie sich beziehen.

Aus dem Gebiete C und den vorhergehenden geht analog ein Gebiet D, aus diesen ein E hervor u. s. f.; durch λ solcher Uebergänge (wenn ich den Uebergang von A zu B als den ersten ansehe) gelangt man zu einem Gebiete L von Zahlengrössen. Dasselbe verhält sich, wenn man die Kette der Definitionen für Gleich-, Grösser- und Kleinersein und für die Elementaroperationen von Gebiet zu Gebiet vollzogen denkt, zu den vorhergehenden, mit Ausschluss von A, so, dass eine Zahlengrösse l stets gleich gesetzt werden kann einer Zahlengrösse k, i, .. c, b, und umgekehrt.

Auf die Form solcher Gleichsetzungen lassen sich die Resultate der Analysis (abgesehen von wenigen bekannten Fällen) zurückführen, obgleich (was hier nur mit Rücksicht auf jene Ausnahmen berührt sein mag) der Zahlenbegriff, soweit er hier entwickelt ist, den Keim zu einer in sich nothwendigen und absolut unendlichen Erweiterung in sich trägt.

Es scheint sachgemäss, wenn eine Zahlengrösse im Gebiete L gegeben ist, sich des Ausdruckes zu bedienen: *sie ist als Zahlengrösse, Werth oder Grenze* λ^{ter} *Art gegeben*, woraus ersichtlich ist, dass ich mich der Worte *Zahlengrösse*, *Werth* und *Grenze* im Allgemeinen in gleicher Bedeutung bediene.

Eine mittelst einer endlichen Anzahl von Elementaroperationen aus Zahlen $l, l', \ldots l^{(\varrho)}$ gebildete Gleichung $F(l, l', \ldots l^{(\varrho)}) = 0$ erscheint bei der hier angedeuteten Theorie genau genommen als der Ausdruck für eine bestimmte Beziehung zwischen $\varrho + 1$, *im Allge-*

meinen λ *fach unendlichen Reihen rationaler Zahlen;* es sind dies die Reihen, welche aus den einfach unendlichen, auf die sich die Grössen l, l', ... $l^{(\varrho)}$ zunächst beziehen, hervorgehen, indem man in ihnen die Elemente durch ihre entsprechenden Reihen ersetzt, die entstehenden im Allgemeinen zweifach unendlichen Reihen ebenso behandelt und diesen Prozess so lange fortführt, bis man nur rationale Zahlen vor sich sieht.

Es sei mir vorbehalten auf alle diese Verhältnisse bei einer andern Gelegenheit ausführlicher zurückzukommen. *Wie* die in diesem § auftretenden Festsetzungen und Operationen mit Nutzen der Infinitesimalanalysis dienen können, darauf einzugehen ist hier gleichfalls nicht der Ort. Auch das Folgende, wo der Zusammenhang der Zahlengrössen mit der Geometrie der geraden Linie dargelegt wird, beschränkt sich fast nur auf die nothwendigen Sätze, aus welchen, wenn ich nicht irre, das Uebrige mittels rein logischer Beweisführung abgeleitet werden kann. Zum Vergleiche mit § 1. und § 2. sei das 10. Buch der „Elemente des Euklides“ erwähnt, welches für den darin behandelten Gegenstand massgebend bleibt.

§ 2.

Die Punkte einer geraden Linie werden dadurch begrifflich bestimmt, dass man, unter Zugrundelegung einer Masseinheit, ihre Entfernungen, Abscissen, von einem festen Punkte o der geraden Linie mit dem $+$ oder $-$ Zeichen angiebt; jenachdem der betreffende Punkt in dem (vorher fixirten) positiven oder negativen Theile der Linie von o aus liegt.

Hat diese Entfernung zur Masseinheit ein rationales Verhältniss, so wird sie durch eine Zahlengrösse des Gebietes A ausgedrückt; im andern Falle ist es, wenn der Punkt etwa durch eine Construction *bekannt* ist, immer möglich, eine Reihe:

$$a_1,\ a_2,\ ..\ a_n,\ .. \tag{1}$$

anzugeben, welche die in § 1. ausgedrückte Beschaffenheit und zur fraglichen Entfernung eine solche Beziehung hat, dass die Punkte der Geraden, denen die Entfernungen a_1, a_2, . . . a_n, . . zukommen, dem zu bestimmenden Punkte mit wachsendem n unendlich nahe rücken.

Dies drücken wir so aus, dass wir sagen: *Die Entfernung des zu bestimmenden Punktes von dem Punkte o ist gleich b*, wo b die der Reihe (1) entsprechende Zahlengrösse ist.

Hierauf wird nachgewiesen, dass das Grösser-, Kleiner- und Gleichsein von bekannten Entfernungen in Uebereinstimmung ist mit dem in § 1. definirten Grösser-, Kleiner- und Gleichsein der entsprechenden Zahlengrössen, welche die Entfernungen angeben.

128 G. Cantor.

Dass nun ebenso auch die Zahlengrössen der Gebiete C, D, ... befähigt sind, bekannte Entfernungen zu bestimmen, ergiebt sich ohne Schwierigkeit. Um aber den in diesem § dargelegten Zusammenhang der Gebiete der in § 1. definirten Zahlengrössen mit der Geometrie der geraden Linie vollständig zu machen, ist nur noch ein *Axiom* hinzuzufügen, welches einfach darin besteht, dass auch umgekehrt zu jeder Zahlengrösse ein bestimmter Punkt der Geraden gehört, dessen Coordinate gleich ist jener Zahlengrösse und zwar in dem Sinne gleich, wie solches in diesem § erklärt wird.*)

Ich nenne diesen Satz ein *Axiom*, weil es in seiner Natur liegt, nicht allgemein beweisbar zu sein.

Durch ihn wird denn auch nachträglich für die Zahlengrössen eine gewisse Gegenständlichkeit gewonnen, von welcher sie jedoch ganz unabhängig sind.

Dem Obigen gemäss betrachte ich einen Punkt der Geraden als bestimmt, wenn seine Entfernung von o mit dem gehörigen Zeichen versehen, als Zahlengrösse, Werth oder Grenze λ^{ter} *Art gegeben ist.*

Literatur

A'Campo, Norbert 2003 A natural construction for the real numbers; *Vorabdruck.*

Becker, Oskar 1964 Grundlagen der Mathematik in geschichtlicher Entwicklung; *zweite Auflage, Karl Alber, Freiburg. (Nachdruck 1975 bei Suhrkamp, Frankfurt.)*

Berg, Jan (Hrsg.) 1975, 1976 Bernard Bolzano Gesamtausgabe: Größenlehre; *Bände 2.A.7 und 2.A.8 der Ausgabe. Stuttgart.*

Bishop, Errett / Bridges, Douglas 1985 Constructive Analysis; *Springer, Berlin.*

Bois-Reymond, Paul du 1882 Die allgemeine Funktionentheorie; *Tübingen.*

Bolzano, Bernard 1851 Paradoxien des Unendlichen; *Reclam, Leipzig; Reprographischer Nachdruck bei Felix Meiner, Hamburg 1955.*

Cantor, Georg 1872 Über die Ausdehnung eines Satzes aus der Theorie der trigonometrischen Reihen; *Mathematische Annalen 5 (1872), S. 123 - 132.*

- 1883 Über unendliche, lineare Punktmannigfaltigkeiten. 5; *Mathematische Annalen 21 (1883), S. 545 - 591.*

- 1895 Beiträge zur Begründung der transfiniten Mengenlehre. (Erster Artikel); *Mathematische Annalen 46 (1895), S. 481 - 512.*

- 1897 Beiträge zur Begründung der transfiniten Mengenlehre. (Zweiter Artikel); *Mathematische Annalen 49 (1897), S. 207 - 246.*

Cohn, Paul Moritz 2002 Basic Algebra. Groups, Rings and Fields; *Springer, Berlin.*

Cutland, Nigel 1980 Computability. An Introduction to Recursive Function Theory; *Cambridge University Press, Cambridge.*

– 1988 Non-standard analysis and its applications; *Cambridge University Press, Cambridge.*

Dales, H. Garth / Woodin, W. Hugh 1996 Super-Real Fields. Totally Ordered Fields with Additional Structure; *Clarendon Press, Oxford.*

Dedekind, Richard 1872 Stetigkeit und irrationale Zahlen; *Vieweg, Braunschweig.*

– 1888 Was sind und was sollen die Zahlen?; *Vieweg, Braunschweig.*

– 1930 – 1932 Gesammelte mathematische Werke; *drei Bände. Herausgegeben von Robert Fricke, Emmy Noether und Öystein Ore. Vieweg, Braunschweig. (Nachdruck in zwei Bänden: Chelsea, New York, 1969).*

Dugac, Pierre 1976 Richard Dedekind et les fondements des mathématiques (avec de nombreux textes inédits); *Vrin, Paris.*

Gericke, Helmuth 1970 Geschichte des Zahlbegriffs; *Bibliographisches Institut, Mannheim.*

– 1984 Mathematik in Antike und Orient; *Springer, Berlin. Lizenzausgabe 2004 im Fourier Verlag, Wiesbaden.*

– 1990 Mathematik im Abendland. Von den römischen Feldmessern bis zu Descartes; *Springer, Berlin. Lizenzausgabe 2004 im Fourier Verlag, Wiesbaden.*

Goldblatt, Robert 1998 Lectures on the Hyperreals; *Springer, Berlin.*

Hahn, Hans 1907 Die nichtarchimedischen Größensysteme; *Sitzungsberichte der Akademie der Wissenschaften Wien IIa (1907), S. 601 – 655.*

Heine, Eduard 1872 Die Elemente der Funktionenlehre; *Journal für die reine und angewandte Mathematik 74 (1872), S. 172 – 188.*

Hilbert, David 1900 Über den Zahlbegriff; *Jahresbericht der Deutschen Mathematiker-Vereinigung (1900), S. 180 – 184.*

Hykšová, Magdalena 200? Karel Rychlik und Bernard Bolzano; *Vorabdruck.*

Jech, Thomas 1967 Nonprovability of Suslin's hypothesis; *Commentationes Mathematicae Universitatis Carolinae 8 (1967), S. 291 – 305.*

Jensen, Ronald 1968 Suslin's hypothesis is incompatible with V = L (abstract); *Notices of the American Mathematical Society 15 (1968), S. 935.*

Kant, Immanuel 1988 Kritik der reinen Vernunft; *Zuerst erschienen 1781. Suhrkamp, Frankfurt.*

Keisler, Howard Jerome 1976 Foundations of Infinitesimal Calculus; *Prindle, Weber & Schmidt, Boston.*

Koepf, Wolfram / Schmersau, Dieter 2000 Die reellen Zahlen als Fundament und Baustein der Analysis; *Oldenbourg, München.*

Kunz, Erich 1991 Algebra; *Vieweg, Braunschweig.*

Landau, Edmund 1930 Grundlagen der Analysis. Das Rechnen mit ganzen, rationalen, irrationalen, komplexen Zahlen; *Leipzig.*

Landers, Dieter / Rogge, Lothar 1994 Nichtstandard Analysis; *Springer, Berlin.*

Laugwitz, Detlef 1964 Bemerkungen zu Bolzanos Größenlehre; *Archive for history of exact sciences 2 (1964), S. 398 – 409.*

– 1978 Infinitesimalkalkül; *Bibliographisches Institut, Zürich.*

– 1986 Zahlen und Kontinuum; *Bibliographisches Institut, Mannheim.*

– 1992 Mathematische Modelle zum Kontinuum und zur Kontinuität; *Philosophia Naturalis 34 (1992), S. 265 – 312.*

Laugwitz, Detlef / Schmieden, Curt 1958 Eine Erweiterung der Infinitesimalrechnung; *Mathematische Zeitschrift 69 (1958), S. 1 – 39.*

Leibniz, Gottfried Wilhelm 1849ff, 1890 Schriften; *Hrsg. von C. Gerhardt, Berlin. Nachdruck 1961 bei Olms, Hildesheim.*

– 1992 Schriften zur Logik und zur philosophischen Grundlegung von Mathematik und Naturwissenschaft; *Wissenschaftliche Buchgesellschaft, Darmstadt.*

– 1996 Hauptschriften zur Grundlegung der Philosophie. I; *Meiner, Hamburg.*

– 1996b Philosophische Schriften; *4 in 6 Bänden. Suhrkamp, Frankfurt. Auch bei Insel, Frankfurt (1998).*

Levi-Cività, Tullio 1892 Sugli infiniti ed infinitesimi attuali quali elementi analitici; *Atti Inst. Veneto 7/4, S. 1765 – 1815.*

Mainzer, Klaus 1988 Reelle Zahlen; *in: Ebbinghaus et al.* Zahlen; *Springer 1988, S. 23 – 44.*

Méray, Charles 1869 Remarques sur la nature des quantités définies par la condition de servir de limites à des variables donées. *Revue des Sociétés savantes. Sciences mathém. phys. et naturelles, 2e séries, IV (1869).*

– 1872 Nouveau précis d'analyse infinitésimale; *Paris.*

Neder, Ludwig 1931 Über den Aufbau der Arithmetik; *Jahresbericht der Deutschen Mathematiker-Vereinigung 40 (1931), S. 22 – 37.*

Nelson, Edward 1977 Internal set theory: a new approach to non-standard analysis; *Bulletin of the American Mathematical Society 83 (1977), S. 1165 – 1198.*

Newton, Isaak 1707 Arithmetica universalis; *Cambridge.*

Noether, Emmy / Cavaillès, Jean (Hrsg.) 1937 Briefwechsel Cantor – Dedekind; *Actualités scientifiques et industrielles 518. Hermann, Paris.*

Oberschelp, Arnold 1968 Aufbau des Zahlensystems; *Bibliographisches Institut, Mannheim.*

Poincaré, Henri 1885 Sur les courbes définies par les équations différentielles; *Journal de Mathématiques Pures et Appliquées 1 (1885), S. 167 – 244.*

Robinson, Abraham 1966 Non-standard Analysis; *North-Holland, Amsterdam.*

Rogers, Hartley 1987 Theory of Recursive Functions and Effective Computability; *MIT Press, Cambridge Mass. (Erste Auflage 1967 bei McGraw Hill).*

Rootselaar, Bob van 1964 Bolzano's theory of real numbers; *Archive for history of exact sciences 2 (1964), S. 168 – 180.*

Rychlik, Karel 1962 Theorie der reellen Zahlen im Bolzanos handschriftlichen Nachlasse [sic]; *Verlag der tschechoslowakischen Akademie der Wissenschaften, Prag.*

Salanskis, Jean-Michell (Hrsg.) 1992 Le Labyrinthe du Continu; *Springer, Berlin.*

Schramm, Matthias 1962 Die Bedeutung der Bewegungslehre des Aristoteles für seine beiden Lösungen der zenonischen Paradoxien; *Klostermann, Frankfurt.*

Seek, Gustav A. 1975 Die Naturphilosophie des Aristoteles; *Wissenschaftliche Buchgesellschaft, Darmstadt.*

Solovay, Robert / Tennenbaum, Stanley 1971 Iterated Cohen extensions and Suslin's problem; *Annals of Mathematics 94 (1971), S. 201 – 245.*

Stiegler, Karl 1984 Zur Entstehung und Begründung des Newtonschen calculus fluxionum und des Leibnizschen Calculus Differentialis. Der Weg zur Non-Standard Analysis von G. W. Leibniz bis D. Laugwitz und A. Robinson; *Philosophia Naturalis 21 (1984), S. 161 – 218.*

Stifel, Michael 1544 Arithmetica Integra; *Nürnberg.*

Stolz, Otto 1884/85 Die unendlich kleinen Größen; *Berichte des naturwissenschaftlichen Vereins Insbruck 14 (1884/85), S. 21 – 43.*

Street, Ross 1985 An efficient construction of the real numbers; *Gazette of the Australian Mathematical Society 12 (1985), S. 57 – 58.*
Siehe weiter auch die Ausarbeitung: R. Street et. al., The efficient real numbers, Vorabdruck 2004.

Stuloff, Nicolaus 1958 Der Exaktheitsbegriff der Mathematik und sein Wandel in der Neuzeit; *Sudhoffs Archiv für Geschichte der Medizin und der Naturwissenschaften 42 (1958), S. 245 – 259.*

Suslin, Mikhail 1920 Problème 3; *Fundamenta Mathematicae 1 (1920), S. 223.*

Tennenbaum, Stanley 1968 Suslin's Problem; *Proceedings of the National Academy of the U.S.A. 59 (1968), S. 60 – 63.*

Tsouyopoulos, Nelly 1972 Der Begriff des Unendlichen von Zenon bis Galilei; *Rete, Strukturgeschichte der Naturwissenschaften 1 (1972), S. 245 – 272.*

Veronese, Giuseppe 1891 Fondamenti di Geometria; *Padua.*

Weierstraß, Karl 1880/81 Einleitung in die Theorie der analytischen Funktionen; *Nachschrift einer Vorlesung von 1880/81 durch A. Kneser.*

Weyl, Hermann 1918 Das Kontinuum. Kritische Untersuchungen über die Grundlagen der Analysis; *Veit, Leipzig.*

– 1921 Über die neue Grundlagenkrise der Mathematik; *Mathematische Zeitschrift 10 (1921), S. 39 – 79. Auszüge davon in [Becker 1964].*

– 1990 Philosophie der Mathematik und Naturwissenschaft; *Erstauflage 1928. Oldenbourg, München.*

Zermelo, Ernst (Hrsg.) 1932 Georg Cantor. Gesammelte Abhandlungen mathematischen und philosophischen Inhalts; *Springer, Berlin.*
Nachdrucke bei Georg Olms, Hildesheim 1962 und Springer 1980, 1990, Berlin.

4. Euklidische Isometrien

Wir betrachten in diesem Kapitel elementare geometrische Eigenschaften der Euklidischen Räume $\mathbb{R}^n$, und klassifizieren mit einem Blick auf das Erlanger Programm von Felix Klein alle den Abstand erhaltenden Bijektionen auf $\mathbb{R}$, $\mathbb{R}^2$ und $\mathbb{R}^3$. Weiter isolieren wir die wesentlichen Unterschiede zwischen Rotationen in der Ebene und im dreidimensionalen Raum. Sie sind letztendlich für die Existenz und Nichtexistenz von sog. paradoxalen Zerlegungen verantwortlich, denen wir später begegnen werden.

Wir haben die reellen Zahlen als Abschluß der rationalen Verhältnisse, als stetiges Kontinuum untersucht, wir konnten sie ordnungstheoretisch und algebraisch charakterisieren und haben verschiedene Konstruktionsmethoden kennengelernt. Ein wesentlicher geometrischer Gesichtspunkt blieb bislang noch unberücksichtigt: Der Zusammenhang zwischen den reellen Zahlen und der Anschauungsebene bzw. dem Anschauungsraum. Ebene und Raum basieren zunächst auf den „nackten" Mengen $\mathbb{R}^2$ und $\mathbb{R}^3$, und erst das Messen von Abständen zweier Punkte macht diese Mengen zu einem geometrischen Raum. Das Meßergebnis selber ist, was uns heute fast selbstverständlich erscheint, eine reelle Zahl. Wir verwenden allgemein die reellen Zahlen, um Abstände in mathematischen Räumen zu messen, insbesondere solche im $\mathbb{R}^2$ und $\mathbb{R}^3$. Der durch die Intuition gegebene Raumcharakter der Menge $\mathbb{R}^3$ gehört in der nicht mehr geometrisch begründeten Mathematik einer zweiten Stufe an: Er basiert auf den reellen Zahlen als einer linear-arithmetischen Struktur. Allgemein basiert eine Geometrisierung der Räume $\mathbb{R}^n$ bei dieser Betrachtungsweise auf dem angeordneten Zahlkörper $\mathbb{R}$.

Die Länge der Diagonale eines Rechtecks ist in der Geometrie Euklids nach dem Satz von Pythagoras die Wurzel aus der Summe der Quadrate der beiden Seitenlängen. Diese Einsicht wird an den Anfang gestellt, und man definiert allgemein eine Abstandsfunktion im $\mathbb{R}^n$ wie folgt:

Definition *(Abstand zweier Punkte, Euklidische Metrik)*

Für $x = (x_1, \ldots, x_n)$, $y = (y_1, \ldots, y_n) \in \mathbb{R}^n$ setzen wir

$$d(x, y) = ((x_1 - y_1)^2 + \ldots + (x_n - y_n)^2)^{1/2}.$$

Wir nennen $d(x, y)$ den *(Euklidischen) Abstand der Punkte* x und y.
Die Funktion $d : \mathbb{R}^n \to \mathbb{R}$ heißt die *Euklidische Metrik auf* $\mathbb{R}^n$.
Weiter heißt $\langle \mathbb{R}^n, d \rangle$ der *Euklidische Raum der Dimension n.*

Genauer müßten wir d_n statt d schreiben, verzichten aber der besseren Lesbarkeit halber auf eine allzu penible Notation.

Hier und im folgenden ist $n \in \mathbb{N}$ beliebig. Im Fall $n = 0$ und $\mathbb{R}^0 = \{0\}$ sind zuweilen einige Konventionen wie z. B. $(x_1, \ldots, x_n) = () = 0$ = „das Nulltupel" oder $\Sigma_{1 \leq i \leq 0}\, x_i = 0$ nötig, die wir nicht immer explizit notieren.

Definition *(Norm oder Länge von x)*

Wir setzen für alle $x \in \mathbb{R}^n$: $\|x\| = d(0, x)$.

$\|x\|$ heißt auch die *Norm* von x oder die *Länge* von x.

Es gilt $d(x, y) = d(x - y, 0) = \|x - y\|$ für alle $x, y \in \mathbb{R}^n$.

Traditionell ist man geneigt, den Euklidischen Abstand zweier Punkte als den „wirklichen" Abstand zu bezeichnen. Ganz unabhängig von einer evtl. vorhandenen Krümmung des „realen" Raumes ist die Euklidische Metrik aber sicher von grundlegender theoretischer wie praktischer Bedeutung.

In diesem Kapitel setzen wir beim Leser etwas lineare Algebra voraus, genauer genügt eine gewisse Vertrautheit mit der Matrizentheorie (Zusammenhang mit linearen Abbildungen, reelle und komplexe Eigenwerte, Determinanten). Wir verweisen den Leser hierzu auf die Lehrbuchliteratur zur linearen Algebra. Wir verwenden die kontextüblichen Schreibweisen, insbesondere die Vorliebe der linearen Algebra, Skalare mit kleinen griechischen Buchstaben zu bezeichnen. Für einen Punkt $x = (x_1, x_2, x_3) \in \mathbb{R}^3$ und $\alpha \in \mathbb{R}$ ist etwa $\alpha x = (\alpha x_1, \alpha x_2, \alpha x_3)$ die skalare Multiplikation von x mit α, die der Streckung von x (bzgl. des Nullpunkts) um den Faktor α entspricht. Der Unterschied in der Notation unterstützt die obige Beobachtung, daß bei geometrischen Untersuchungen die reellen Zahlen in zweierlei Gewand auftauchen, als Menge von Vektoren in der Form $\mathbb{R}^n$, $n \in \mathbb{N}$, und als sog. Körper von Skalaren für diese Vektoren. Jeder endlich-dimensionale $\mathbb{R}$-Vektorraum ist nach dem ungekrönten Hauptsatz der linearen Algebra isomorph zu einem $\mathbb{R}^n$. Die Räume $\mathbb{R}^n$ bilden also einen ausgezeichneten Gegenstand der Untersuchung.

Die n-dimensionale Euklidische Metrik d ist in der Tat eine *Metrik auf* $\mathbb{R}^n$, d. h. für alle Punkte x, y, z im $\mathbb{R}^n$ gilt: $d(x, y) = 0$ genau dann, wenn $x = y$; $d(x, y) = d(y, x)$; $d(x, z) \leq d(x, y) + d(y, z)$.

Die Metrik d führt weiter zu einem Längenmaß für hinreichend einfache Kurven im $\mathbb{R}^n$ (d. h. für den Wertebereich bestimmter stetiger Funktionen $f : [0, 1] \to \mathbb{R}^n$). Wir wollen hier aber nur noch Winkel einführen, und hierfür genügt uns die Längenmessung für die einfachsten Kurven. Die Länge eines endlichen Polygonzuges im $\mathbb{R}^n$ ist sinnvoll als die Summe der Abstände der benachbarten Eckpunkte des Polygonzuges definiert. Weiter sei für $n \in \mathbb{N}$:

$$S^{n-1} = \{ x \in \mathbb{R}^n \mid d(0, x) = 1 \} \qquad \text{(also speziell } S^{-1} = \emptyset,\ S^0 = \{-1, 1\}\text{)}$$

die n-dimensionale Kugeloberfläche um den Nullpunkt mit Radius 1. (Der Leser denke bei S an *Sphäre*.) Der Schnitt von S^{n-1} und einer Ebene durch den Nullpunkt ist ein Kreis K mit Radius 1. In der offensichtlichen Weise können wir nun den Segmenten von K vermöge einer Approximation durch regelmäßige Polygonzüge eine Länge zuweisen. Die Kreiszahl π kann definiert werden als die Hälfte der Länge von K selbst. Weiter erhalten wir so eine Definition des *Winkels* $w(x, y)$ *im Bogenmaß*, den zwei Vektoren $x, y \in \mathbb{R}^n$, $x, y \neq 0$, einschließen. Wir betrachten hierzu drei Fälle. Gilt $x = \alpha y$ für ein $\alpha \in \mathbb{R}^+$, so setzen wir $w(x, y) = 0$.

Gilt $x = -\alpha y$ für ein $\alpha \in \mathbb{R}^+$, so setzen wir $w(x, y) = \pi$. Andernfalls betrachten wir die Ebene $E(x, y) = \{ \alpha x + \beta y \mid \alpha, \beta \in \mathbb{R} \}$ und setzen $K = E(x, y) \cap S^{n-1}$. Die Schnittpunkte der durch x und y gegebenen Halbstrahlen mit K zerlegen K in zwei Kreissegmente, und wir definieren dann $w(x, y)$ als die Länge des kürzeren dieser beiden Kreissegmente; es gilt dann $w(x, y) \in\ ]0, \pi[$. Zwei Vektoren x und y heißen *orthogonal* (oder *senkrecht* aufeinander) falls $x = 0$ *oder* $y = 0$ *oder* $x, y \neq 0$ und $w(x, y) = \pi/2$.

Wir halten noch eine fundamentale Eigenschaft des Euklidischen Abstands fest. Für $x, y \in \mathbb{R}^n$ sei $L(x, y) = \{ \lambda x + (1-\lambda) y \mid 0 \leq \lambda \leq 1 \}$ das die beiden Punkte x und y verbindende Geradenstück. Man kann nun zeigen, daß $L(x, y)$ die kürzeste Kurve zwischen x und y ist. Diese Aussage gilt für den zugrundegelegten allgemeinen Begriff einer rektifizierbaren (längenmeßbaren) *Kurve*. Ihr Beweis ist für den allgemeinen Kurvenbegriff relativ aufwendig; für Kurven, die aus Geradenstücken, Kreissegmenten oder ähnlich einfachen Objekten bestehen, ist die Aussage aber relativ leicht einzusehen, und dies genügt für das Folgende.

Neben der Abstandsfunktion d selbst kommt einem kanonischen Produkt zweier Vektoren mit skalarem Resultat eine herausragende Bedeutung zu. Wir geben die bekannte Definition hier ad hoc an:

Definition *(Euklidisches Skalarprodukt)*

Seien $x = (x_1, \ldots, x_n)$, $y = (y_1, \ldots, y_n) \in \mathbb{R}^n$. Dann setzen wir:

$\langle x, y \rangle = \Sigma_{1 \leq i \leq n}\, x_i\, y_i$.

Die Funktion $\langle \cdot, \cdot \rangle : \mathbb{R}^n \times \mathbb{R}^n \to \mathbb{R}$ heißt das *(Euklidische) Skalarprodukt auf* $\mathbb{R}^n$.

Man zeigt für alle $x, y \in \mathbb{R}^n$:

(a) $\langle x, y \rangle^2 \leq \|x\|^2 \cdot \|y\|^2 = \langle x, x \rangle \cdot \langle y, y \rangle$ *(Cauchy-Schwarz-Ungleichung)*

(b) Der Vektor $\langle x, y \rangle / \langle y, y \rangle \cdot y$ ist für alle $x, y \neq 0$ die *Projektion* von x auf y, d. h. der eindeutige Vektor z der Form $z = \alpha y$ mit $w(y, x - z) = \pi/2$.

(c) $\cos(w(x, y)) = \langle x, y \rangle / (\|x\| \cdot \|y\|)$ für $x, y \in \mathbb{R}^n$, $x, y \neq 0$.

Die Eigenschaft (c) kann man auch zur Definition des Winkels $w(x, y)$ verwenden. Im Hintergrund steht dann die Cosinus-Funktion der Analysis, also wie im Falle der Approximation des Kreises durch Polygone auch ein gewisses Maß an Theorie (wenn man nicht den Wert $\langle x, y \rangle / (\|x\| \cdot \|y\|) \in [-1, 1]$ selbst als den Winkel zwischen x und y betrachten will). Die elementargeometrischen Eigenschaften von Winkeln sind im einzelnen natürlich zu beweisen. Wir setzen sie im folgenden als bekannt voraus.

Das Skalarprodukt ist von H. Graßmann entdeckt worden. Es wird in seiner „Ausdehnungslehre" von 1844 kurz erwähnt als ein Produkt mit bemerkenswerten algebraischen Eigenschaften. In der umgearbeiteten Version der „Ausdehnungslehre" von 1862 spielt es im Umfeld metrischer Begriffe dann eine größere Rolle. Dort findet sich unter anderem schon der Zusammenhang (c) zwischen Winkeln, Skalarprodukt und der Cosinus-Funktion.

Das Erlanger Programm

Im Jahr 1872 erschienen nicht nur die Konstruktionen des Kontinuums von Cantor und Dedekind, sondern auch das „Erlanger Programm" von Felix Klein, das die Geometrie und die Gruppentheorie zusammenbrachte, ja Geometrien – von denen die Euklidische Geometrie nur eine von vielen ist – gruppentheoretisch einführte: Einer Geometrie läßt sich eine Gruppe von bijektiven Abbildungen zuordnen, die die Sätze dieser Geometrie respektiert, oder, etwas anschaulicher, die die geometrischen Eigenschaften ihrer Figuren unverändert läßt. Umgekehrt wird durch jede solche Gruppe eine Geometrie definiert.

Wir betrachten als wichtigstes Beispiel die klassische Euklidische Geometrie im Anschauungsraum. Dieser Geometrie soll also eine bestimmte Gruppe von Bijektionen $f : \mathbb{R}^3 \to \mathbb{R}^3$ zugeordnet werden, die den Gehalt der Geometrie genau einfängt – ihre sog. „Hauptgruppe". Die Euklidische Geometrie interessiert sich nun zum Beispiel sicher nicht für die Lage einer Figur, und damit wird unsere Gruppe sicher alle Bijektionen $f : \mathbb{R}^3 \to \mathbb{R}^3$ enthalten, die eine Translation um einen Vektor beschreiben. Ähnliches gilt für Rotationen. Der Leser ist aufgerufen, diese Beispiele zu ergänzen, und zu versuchen, die Gruppe der Euklidischen Geometrie zu bestimmen. Die Antwort von Felix Klein ist heute ein Ausgangspunkt vieler Darstellungen der Geometrie, etwa:

Coxeter (1981): „Nach dem berühmten Erlanger Programm … [von Felix Klein] unterscheiden sich die verschiedenen Geometrien durch die Transformationsgruppe, unter welcher ihre Sätze richtig bleiben. Man könnte zunächst meinen, daß für die Euklidische Geometrie dies die stetige Gruppe aller Bewegungen sei. Da aber deren Sätze auch bei einer Maßstabänderung, wie bei einer photographischen Vergrößerung, richtig bleiben, enthält die ‚Hauptgruppe' der Euklidischen Geometrie auch die ‚Ähnlichkeiten' (welche die Entfernungen verändern, aber die Winkel belassen)."

Die Euklidische Geometrie ist, und das ist die allgemein akzeptierte Antwort, durch die Gruppe der winkeltreuen Bijektionen (Ähnlichkeitsabbildungen) charakterisiert.

Nach diesen Vorbereitungen können wir Felix Klein selber zu Wort kommen lassen, der sein Programm wie folgt beschrieben hat:

Klein (1872): „§ 1. Gruppen von räumlichen Transformationen. Hauptgruppe. Aufstellung eines allgemeinen Problems.

Der wesentliche Begriff, der bei den folgenden Auseinandersetzungen notwendig ist, ist der einer Gruppe von räumlichen Änderungen.

Beliebig viele Transformationen des Raums ergeben zusammengesetzt immer wieder eine Transformation. Hat nun eine gegebene Reihe von Transformationen die Eigenschaft, daß jede Änderung, die aus den ihr angehörigen durch Zusammensetzung hervorgeht, ihr selbst wieder angehört, so soll die Reihe eine Transformationsgruppe genannt werden.

Ein Beispiel für eine Transformationsgruppe bildet die Gesamtheit der Bewegungen … Eine in ihr enthaltene Gruppe bilden etwa die Rotationen um einen Punkt. Eine Gruppe, welche umgekehrt die Gruppe der Bewegungen umfaßt, wird durch die Gesamtheit der Kollineationen vorgestellt …

Es gibt nun räumliche Transformationen, welche die geometrischen Eigenschaften räumlicher Gebilde überhaupt ungeändert lassen. Geometrische Eigenschaften sind nämlich ihrem Begriffe nach unabhängig von der Lage, die das zu untersuchende Objekt im Raum einnimmt, von seiner absoluten Größe, endlich auch von dem Sinne, in welchem seine Teile geordnet sind. Die Eigenschaften eines räumlichen Gebildes bleiben also ungeändert durch alle Bewegungen des Raumes, durch seine Ähnlichkeitstransformationen, durch den Prozeß der Spiegelung, sowie durch alle Transformationen, die sich aus diesen zusammensetzen. Den Inbegriff aller dieser Transformationen bezeichnen wir als die Hauptgruppe räumlicher Änderungen; geometrische Eigenschaften werden durch die Transformationen der Hauptgruppe nicht geändert. Auch umgekehrt kann man sagen: Geometrische Eigenschaften sind durch ihre Unveränderlichkeit gegenüber den Transformationen der Hauptgruppe charakterisiert. Betrachtet man nämlich den Raum einen Augenblick als unbeweglich etc., als eine starre Mannigfaltigkeit, so hat jede Figur ein individuelles Interesse; von den Eigenschaften, die sie als Individuum hat, sind es nur die eigentlich geometrischen, welche bei den Änderungen der Hauptgruppe erhalten bleiben …

Streifen wir jetzt das mathematisch unwesentliche sinnliche Bild ab, und erblicken im Raume nur eine mehrfach ausgedehnte Mannigfaltigkeit, also, indem wir an der gewohnten Vorstellung des Punktes als Raumelement festhalten, eine dreifach ausgedehnte. Nach Analogie mit den räumlichen Transformationen reden wir von den Transformationen der Mannigfaltigkeit; auch sie bilden Gruppen. Nur ist nicht mehr, wie im Raume, eine Gruppe vor den übrigen durch ihre Bedeutung ausgezeichnet; jede Gruppe ist mit jeder anderen gleichberechtigt. Als Verallgemeinerung der Geometrie entsteht so das folgende umfassende Problem:

Es ist eine Mannigfaltigkeit und in derselben eine Transformationsgruppe gegeben; man soll die der Mannigfaltigkeit angehörigen Gebilde hinsichtlich solcher Eigenschaften untersuchen, die durch die Transformationen der Gruppe nicht geändert werden.“

Wir wollen nun einige Begriffe präzisieren und eine wichtige Untergruppe der Euklidischen Hauptgruppe genauer betrachten.

Permutationen und Isometrien

Für jede Menge M bildet die Menge aller Bijektionen von M nach M zusammen mit der Komposition eine Gruppe.

Definition *(Permutationsgruppe oder Symmetriegruppe)*

Sei M eine Menge. Wir setzen:

$\mathcal{S}_M = \{ f : M \to M \mid f \text{ ist bijektiv} \}.$

$\langle \mathcal{S}_M, \circ \rangle$ oder kurz $\mathcal{S}_M$ heißt die *Permutationsgruppe auf M.*

Jede Untergruppe einer Permutationsgruppe führt zu einem natürlichen Äquivalenzbegriff:

Definition *(Äquivalenz bzgl. einer Untergruppe)*
Sei M eine Menge, und sei $\mathcal{G}$ eine Untergruppe von $\mathcal{S}_M$.
Wir definieren für $A, B \subseteq M$:

$A \sim_{\mathcal{G}} B$ *falls* ein $f \in \mathcal{G}$ existiert mit $B = f''A$.

Gilt $A \sim_{\mathcal{G}} B$, so heißen A und B *$\mathcal{G}$-äquivalent* oder *$\mathcal{G}$-ähnlich.*

Übung
$\sim_{\mathcal{G}}$ ist eine Äquivalenzrelation.

In Übereinstimmung mit dem Erlanger Programm entsteht so durch die Reduktion der vollen Permutationsgruppe einer Menge M auf eine – geometrisch motivierte – Untergruppe eine „Geometrie auf M" mit einem Äquivalenz-Begriff für „Figuren" in M. Ein offensichtliches Ziel der Untersuchung ist nun ein möglichst genaues Verständnis der betrachteten Untergruppe. Wir wollen eine solche Untersuchung für die Gruppe der abstandserhaltenden Bijektionen der Euklidischen Räume $M = \mathbb{R}, \mathbb{R}^2, \mathbb{R}^3$ durchführen. Diese Gruppe ist selber eine Untergruppe der Euklidischen Hauptgruppe der winkeltreuen Abbildungen. Allgemein definieren wir (für alle $n \in \mathbb{N}$):

Definition *(Isometrie, Isometriegruppe)*
Sei $f : \mathbb{R}^n \to \mathbb{R}^n$ bijektiv. f heißt eine *(Euklidische) Isometrie auf (des, im)* $\mathbb{R}^n$, falls für alle $x, y \in \mathbb{R}^n$ gilt:

$d(f(x), f(y)) = d(x, y).$ *(Abstandstreue)*

Wir setzen:

$\mathcal{I}_n = \{ f \in \mathcal{S}_{\mathbb{R}^n} \mid f \text{ ist eine Isometrie} \}.$

$\langle \mathcal{I}_n, \circ \rangle$ oder kurz $\mathcal{I}_n$ heißt auch die *Isometriegruppe* des $\mathbb{R}^n$.

Andere geometrisch motivierte Untergruppen von $\mathcal{S}_{\mathbb{R}^n}$ sind etwa: Die Gruppe der Homöomorphismen $f : \mathbb{R}^n \to \mathbb{R}^n$, die Gruppe der längentreuen Abbildungen, der winkeltreuen Abbildungen und weiter die Gruppe der bijektiven affinen Abbildungen. Das Konzept der affinen Abbildung führt weiter durch Einführung eines unendlich fernen Punktes zur projektiven Geometrie.

Statt „$f : \mathbb{R}^n \to \mathbb{R}^n$ bijektiv" genügt die Voraussetzung „$f : \mathbb{R}^n \to \mathbb{R}^n$ surjektiv", da eine abstandstreue Funktion automatisch injektiv ist. Hier schließt sich die Frage an, ob man sogar auf die Forderung der Surjektivität verzichten kann, d. h. die Frage: Ist eine abstandstreue Abbildung automatisch surjektiv und damit also eine Isometrie? Wir werden unten sehen, daß dies tatsächlich der Fall ist.

Die Isometriegruppe erlaubt folgende einfache Definition des bekannten Kongruenzbegriffs für Figuren im $\mathbb{R}^n$:

Definition *(Kongruenz)*
Seien $A, B \subseteq \mathbb{R}^n$. A und B heißen *kongruent*, in Zeichen $A \equiv B$, falls $A \sim_{\mathcal{I}_n} B$ gilt.

Kongruenz wird für den Anschauungsraum oft so erklärt: A und B sind kongruent, wenn A und B durch einfaches oder wiederholtes Verschieben, Drehen und Spiegeln zur Deckung gebracht werden können. Diese beschreibende Erklärung des Kongruenzbegriffs stimmt in der Tat mit der abstrakteren Definition überein. Etwas salopp formuliert: Es gibt keine komplizierten, unanschaulichen Isometrien. Zudem wird sich ergeben, daß auch die Komposition von Isometrien nicht über sehr wenige, einfach zu beschreibende Grundtypen hinausführt, die nur einmal und nicht wiederholt ausgeführt werden müssen. Wir werden insgesamt eine einfache Beschreibung aller Isometrien des $\mathbb{R}^n$ für die ersten drei Dimensionen geben. Generell wird eine derartige Katalogisierung immer aufwendiger, je höher die Dimension des Raumes ist. Für die wichtigen Spezialfälle $n \leq 3$ ist aber eine überraschend übersichtliche und schöne Charakterisierung aller Isometrien möglich.

In unserem Kongruenzbegriff führen Spiegelungen an Geraden im $\mathbb{R}^2$, Ebenen im $\mathbb{R}^3$, usw. zu kongruenten Figuren. Der Begriff identifiziert damit insbesondere gewisse Figuren des $\mathbb{R}^3$, die nicht durch „reale" Bewegungen ineinander übergeführt werden können. Weiter gilt im $\mathbb{R}^2$ etwa, daß die Buchstaben „p" und „q" kongruent sind. Hier ist eine reale Überlagerung möglich, benötigt aber den Umweg über die dritte Dimension.

Isometrien werden auch oft als starre Abbildungen bezeichnet. Die Wortwahl wird unterstützt durch die folgende Beobachtung:

Satz *(Isometrien, die den Nullpunkt festhalten, sind winkeltreu)*
Sei $f : \mathbb{R}^n \to \mathbb{R}^n$ eine Isometrie mit $f(0) = 0$.
Dann gilt für alle $x, y \in \mathbb{R}^n$:

$$w(f(x), f(y)) = w(x, y).$$

Beweis
Die beiden Dreiecke x, 0, y und f(x), 0, f(y) im $\mathbb{R}^n$ haben die gleichen Seitenlängen, da f eine Isometrie ist. Hieraus folgt die Behauptung durch elementare Argumentation. ∎

Für beliebige Isometrien $f : \mathbb{R}^n \to \mathbb{R}^n$ gilt, daß die Winkel bei y bzw. bei f(y) in allen Dreiecken x, y, z und f(x), f(y), f(z) übereinstimmen.

Als Korollar erhalten wir, daß Isometrien f mit $f(0) = 0$ auch das Skalarprodukt erhalten: Es gilt $\langle f(x), f(y)\rangle = \langle x, y\rangle$ für alle $x, y \in \mathbb{R}^n$. Denn $\langle x, y\rangle \cdot y$ ist die Projektion von x auf y für alle $x, y \in \mathbb{R}^n$. Diese Projektion hängt nur von der Länge der beiden Vektoren und ihrem Winkel ab. Also ist die Länge von $\langle x, y\rangle \cdot y$ gleich der Länge von $\langle f(x), f(y)\rangle \cdot f(y)$, und also $\langle x, y\rangle = \langle f(x), f(y)\rangle$. (Vgl. auch obige Cosinus-Formel (c).)

Umgekehrt ist eine Abbildung, die Skalarprodukte erhält, automatisch eine Isometrie f mit $f(0) = 0$. Dies werden wir unten beweisen.

Isometrien und lineare Abbildungen

Die erste Entdeckung bei der Untersuchung der möglichen Isometrien in den Euklidischen Räumen $\mathbb{R}^n$ ist ihr Zusammenhang mit linearen Abbildungen. Bekanntlich heißt $f : \mathbb{R}^n \to \mathbb{R}^n$ *linear*, falls für alle $x, y \in \mathbb{R}^n$ und alle $\alpha, \beta \in \mathbb{R}$ gilt, daß $f(\alpha x + \beta y) = \alpha f(x) + \beta f(y)$. Direkt aus der Definition folgt, daß eine lineare Abbildung $f : \mathbb{R}^n \to \mathbb{R}^n$ jede Gerade $G = \{ x + \alpha y \mid \alpha \in \mathbb{R} \}$ im $\mathbb{R}^n$ in eine Gerade $f''G = \{ f(x) + \alpha f(y) \mid \alpha \in \mathbb{R} \}$ überführt.

Für lineare Abbildungen f gilt immer $f(0) = 0$, was für Isometrien im allgemeinen falsch ist. Andererseits ist die lineare Abbildung $f : \mathbb{R} \to \mathbb{R}$ mit $f(x) = 2x$ sicher keine Isometrie. Besteht auch kein Inklusionsverhältnis zwischen Isometrien und linearen Abbildungen, so genügen doch die linearen Abbildungen im wesentlichen zur Beschreibung aller Isometrien. Zunächst gilt:

Satz *(längen- und winkeltreue Abbildungen sind linear)*
Sei $f : \mathbb{R}^n \to \mathbb{R}^n$ längen- und winkeltreu, d. h. für alle $x, y \in \mathbb{R}^n$ gelte
$\|f(x)\| = \|x\|$ und $w(f(x), f(y)) = w(x, y)$.
Dann ist f linear.

Beweis
Sei $x \in \mathbb{R}^n$ und sei $\alpha \in \mathbb{R}$. Dann gilt:

(+) $f(\alpha x) = \alpha f(x)$.

Beweis von (+)
Die Aussage ist klar für $\alpha = 0$ oder $x = 0$ wegen $f(0) = 0$.
Seien also $x \neq 0$ und $\alpha \neq 0$. Wegen f winkeltreu ist

$$w(f(x), f(\alpha x)) = \begin{cases} 0 & \textit{für } \alpha > 0, \\ \pi & \textit{für } \alpha < 0. \end{cases}$$

Aber $\|f(\alpha x)\| = \|\alpha x\| = |\alpha| \, \|x\| = |\alpha| \, \|f(x)\|$.
Ist $\alpha > 0$, so ist also $f(\alpha x) = |\alpha| \, f(x) = \alpha f(x)$, da $w(f(x), f(\alpha x)) = 0$.
Ist $\alpha < 0$, so ist also $f(\alpha x) = - |\alpha| \, f(x) = \alpha f(x)$, da $w(f(x), f(\alpha x)) = \pi$.

Seien nun $x, y \in \mathbb{R}^n$. Dann gilt.

(++) $f(x + y) = f(x) + f(y)$.

Beweis von (++)
Die Aussage ist klar für $x = 0$ oder $y = 0$. Seien also $x, y \neq 0$.
Die Punkte $0, x, x + y, y$ bilden ein Parallelogramm im $\mathbb{R}^n$.
Aus der Längen- und Winkeltreue von f folgt elementar, daß auch die Punkte $0, f(x), f(x + y), f(y)$ ein Parallelogramm bilden.
Dann ist $f(x + y) = f(x) + f(y)$, denn in Parallelogrammen im $\mathbb{R}^n$ mit Ecken $0, a, c, b$ gilt $c = a + b$ für die der 0 gegenüberliegende Ecke c.

Aus (+) und (++) ergibt sich die Linearität von f. ∎

Übung

Es gibt eine winkeltreue stetige Bijektion f im $\mathbb{R}^2$ mit f(0) = 0 und ein Parallelogramm 0, a, c, b mit c = a + b derart, daß 0, f(a), f(c), f(b) kein Parallelogramm ist.

Aus dem Satz erhalten wir:

Korollar *(Isometrien, die den Nullpunkt festhalten, sind linear)*

Sei f eine Isometrie im $\mathbb{R}^n$ mit f(0) = 0. Dann ist f linear.

Beweis

Als Isometrie ist f winkeltreu. Wegen f(0) = 0 gilt für alle $x \in \mathbb{R}^n$:

$$\|f(x)\| = d(f(x), 0) = d(f(x), f(0)) = d(x, 0) = \|x\|.$$

Also ist f auch längentreu, und nach dem Satz also linear. ∎

Aus der Linearität einer Isometrie gewinnen wir nun leicht:

Satz *(Fundamentalsatz über Isometrien im $\mathbb{R}^n$)*

Sei f eine Isometrie im $\mathbb{R}^n$. Dann existiert eine lineare Abbildung $g : \mathbb{R}^n \to \mathbb{R}^n$ und ein $z \in \mathbb{R}^n$ mit:

$$f(x) = g(x) + z \quad \text{für alle } x \in \mathbb{R}^n.$$

g und z sind hierbei eindeutig bestimmt.
Weiter ist g eine Isometrie im $\mathbb{R}^n$.

Beweis

Wir setzen z = f(0) und definieren $g : \mathbb{R}^n \to \mathbb{R}^n$ durch

$$g(x) = f(x) - z \quad \text{für } x \in \mathbb{R}^n.$$

Dann ist g eine Isometrie und es gilt g(0) = 0.
Nach dem Korollar oben ist g linear. Damit sind offenbar g und z wie gewünscht. Die Eindeutigkeit ist klar. ∎

Der Fundamentalsatz rechtfertigt die Einführung einer eigenen Notation für Translationen.

Definition *(Translation, tr_z, Tr_n)*

Sei $z \in \mathbb{R}^n$. Dann definieren wir $tr_z : \mathbb{R}^n \to \mathbb{R}^n$ durch

$$tr_z(x) = x + z \quad \text{für alle } x \in \mathbb{R}^n.$$

Die Funktion tr_z heißt *die Translation um z* (im $\mathbb{R}^n$).
Wir setzen $Tr_n = \{ tr_z \mid z \in \mathbb{R}^n \}$.

Wir halten fest, daß die Surjektivität einer Isometrie für den Beweis des Hauptsatzes nicht gebraucht wird. Damit erhalten wir durch Rückgriff auf ein nichttriviales Resultat der linearen Algebra die Antwort auf die obige Frage:

Korollar *(abstandstreue Abbildungen sind Isometrien)*
Sei $f : \mathbb{R}^n \to \mathbb{R}^n$ abstandstreu, d. h. es gelte $d(f(x), f(y)) = d(x, y)$ für alle $x, y \in \mathbb{R}^n$.
Dann ist f eine Isometrie.

Beweis
Der obige Beweis zeigt, daß $f = tr_z \circ g$ für ein $z \in \mathbb{R}^n$ und eine lineare Abbildung g gilt.
Ist $f(x) = f(y)$ für $x, y \in \mathbb{R}^n$, so ist $d(x, y) = d(f(x), f(y)) = 0$, also $x = y$.
Also ist f injektiv. Wegen f injektiv ist auch g injektiv, und als lineare Abbildung damit automatisch auch bijektiv. Also ist auch f bijektiv. ∎

Damit können wir nun verschiedene nützliche Charakterisierungen von Isometrien geben, die den Nullpunkt festhalten:

Satz *(Charakterisierungen der Isometrien f mit f(0) = 0)*
Sei $f : \mathbb{R}^n \to \mathbb{R}^n$. Dann sind äquivalent:
(i) f ist eine Isometrie mit $f(0) = 0$.
(ii) f ist linear und längentreu.
(iii) f ist längentreu und winkeltreu.
(iv) f erhält das Skalarprodukt, d. h. $\langle f(x), f(y) \rangle = \langle x, y \rangle$ für alle $x, y \in \mathbb{R}^n$.

Beweis
zu (i) ↷ (iv): Hatten wir oben als Zusatz zur Winkeltreue einer Isometrie mit $f(0) = 0$ vermerkt.

zu (iv) ↷ (iii): Für alle $x \in \mathbb{R}^n$ gilt

$$\|x\|^2 = \langle x, x \rangle = \langle f(x), f(x) \rangle = \|f(x)\|^2.$$

Also ist f längentreu.
Für alle $x, y \in \mathbb{R}^n$ ist $\langle x, y \rangle \, \|y\| = \langle f(x), f(y) \rangle \, \|f(y)\|$. Dies ist elementargeometrisch nur möglich, falls $w(x, y) = w(f(x), f(y))$.
(Alternativ: cosinus-Formel für $w(x, y)$.)

zu (iii) ↷ (ii): Nach dem Satz oben sind längen- und winkeltreue f linear.

zu (ii) ↷ (i): Es gilt $f(0) = 0$ wegen $\|f(0)\| = \|0\| = 0$.
Weiter gilt für alle $x, y \in \mathbb{R}^n$:

$$d(x, y) = \|x - y\| = \|f(x - y)\| = \|f(x) - f(y)\| = d(f(x), f(y)).$$

Also ist f abstandstreu und damit eine Isometrie nach dem Korollar oben. ∎

Für den linearen Anteil einer Isometrie verwenden wir einige Begriffe der Matrizentheorie. Bekanntlich kann eine lineare Abbildung $f : \mathbb{R}^n \to \mathbb{R}^n$ bzgl. einer festgewählten Basis des Vektorraumes $\mathbb{R}^n$ als $(n \times n)$-Matrix dargestellt werden.

Für $n \in \mathbb{N}$ sei Mat_n die Menge der *$(n \times n)$-Matrizen* über $\mathbb{R}$. Für $A \in Mat_n$ sei $\det(A)$ die *Determinante* von A. Weiter sei A^t die *transponierte Matrix* von A, d.h. A^t ist die an der Hauptdiagonalen gespiegelte Matrix A. (Für n = 0 besteht Mat_0 nur aus der leeren Matrix; diese hat Determinate 1.)

Ist $f : \mathbb{R}^n \to \mathbb{R}^n$ linear, so sei A_f die f *darstellende Matrix* bzgl. der kanonischen Basis $\{ (1, 0, \ldots), (0, 1, 0, \ldots), \ldots, (0, \ldots, 0, 1) \}$, d.h. in den Spalten von A_f stehen die Bilder der kanonischen Einheitsvektoren unter f. Ist umgekehrt $A \in Mat_n$, so sei f_A die lineare Abbildung mit $f_A(x) = Ax$ für alle $x \in \mathbb{R}^n$. Ist $f : \mathbb{R}^n \to \mathbb{R}^n$ linear, so gilt $f(x) = A_f\, x$ für alle $x \in \mathbb{R}^n$. Umgekehrt gilt die Gleichung $A_{f_A} = A$ für alle $A \in Mat_n$.

Eigenschaften von linearen Abbildungen lassen sich nun in Eigenschaften von Matrizen übersetzen und umgekehrt. Einige Entsprechungen sind etwa:

(a) Die Komposition linearer Abbildungen entspricht der Multiplikation von Matrizen, d.h. für lineare f, g auf dem $\mathbb{R}^n$ gilt $A_{f \circ g} = A_f\, A_g$.

(b) Für ein lineares f gilt: f injektiv *gdw* f surjektiv *gdw* f bijektiv *gdw* A_f invertierbar *gdw* $\det(A_f) \neq 0$.
In diesem Fall gilt dann $A_{f^{-1}} = (A_f)^{-1}$ und $\det(A_{f^{-1}}) = 1/\det(A_f)$.

Für unsere Untersuchungen ist folgender Satz von besonderer Bedeutung, sodaß wir den Beweis zur Erinnerung ausführen:

Satz

Sei f eine Isometrie mit $f(0) = 0$. Dann gilt $A_{f^{-1}} = A_f{}^t$.
Folglich gilt $|\det(A_f)| = 1$.

Beweis

Sei $A = A_f$. Die Spaltenvektoren von A sind die Bilder der kanonischen Basisvektoren unter f. Wegen f Isometrie sind die Spaltenvektoren von A also normiert und stehen senkrecht aufeinander. Nach Definition der Matrizenmultiplikation gilt also $A^t A = E$, mit der n-dimensionalen Einheitsmatrix E. Dies genügt für $A^t = A^{-1}$.
Weiter gilt generell $\det(A) = \det(A^t)$, also

$$\det(A)^2 = \det(A) \cdot \det(A^t) = \det(A \cdot A^t) = \det(A \cdot A^{-1}) = \det(E) = 1.$$

Also $|\det(A)| = 1$.

Den Fundamentalsatz über Isometrien können wir nun so formulieren: Ist f eine Isometrie im $\mathbb{R}^n$, so existieren eindeutig ein invertierbares $A \in Mat_n$ und ein $z \in \mathbb{R}^n$ mit $f = tr_z \circ f_A$. Es gilt zudem $A^{-1} = A^t$ und $|\det(A)| = 1$.

Definition *(positive und negative Isometrien, $\mathcal{I}_n^+$)*

Sei $f = tr_z \circ f_A$ eine Isometrie im $\mathbb{R}^n$.
Wir nennen f *positiv*, falls $\det(A) = 1$ gilt.
Gilt $\det(A) = -1$, so heißt f *negativ*. Wir setzen:

$$\mathcal{I}_n^+ = \{ f \in \mathcal{I}_n \mid f \text{ ist positiv} \}.$$

Wir berechnen noch den linearen Anteil und den Translationsanteil von Kompositionen und Umkehrabbildungen.

Satz *(Darstellung der Komposition und der Inversen)*
Für alle $n \in \mathbb{N}$ gilt:

(i) Für $f_1 = tr_{z_1} \circ f_{A_1}$, $f_2 = tr_{z_2} \circ f_{A_2} \in \mathcal{I}_n$ gilt $f_1 \circ f_2 = tr_{z_1 + A_1 z_2} \circ f_{A_1 A_2}$.

(ii) Ist $f = tr_z \circ f_A \in \mathcal{I}_n$ und $B = A^{-1}$, so ist $f^{-1} = tr_{-Bz} \circ f_B$.

(iii) $\mathcal{I}_n^+$ ist eine Untergruppe von $\mathcal{I}_n$.

Beweis

zu (i): Es gilt:

$$f_1 \circ f_2 = tr_{z_1} \circ f_{A_1} \circ tr_{z_2} \circ f_{A_2} = tr_{z_1} \circ tr_{A_1 z_2} \circ f_{A_1} \circ f_{A_2} = tr_{z_1 + A_1 z_2} \circ f_{A_1 A_2}.$$

zu (ii): Es gilt $f^{-1} = f_B \circ tr_{-z} = tr_{-Bz} \circ f_B$.

zu (iii): Folgt aus (i) und (ii) und dem Determinantenmultiplikationssatz.

Wir definieren noch einige spezielle Teilmengen von Mat_n.

Definition *(die Gruppen GL_n, O_n, SO_n)*
Wir setzen für alle $n \in \mathbb{N}$:

$GL_n = \{ A \in Mat_n \mid f_A \text{ ist bijektiv} \}$,

$O_n = \{ A \in Mat_n \mid f_A \text{ ist eine Isometrie} \}$,

$SO_n = \{ A \in Mat_n \mid f_A \text{ ist eine positive Isometrie} \}$.

Diese Bezeichnungen sind mittlerweile allgemein üblich. „GL" steht hierbei für „general linear group", „O" für „orthogonal group", „SO" für „special orthogonal group".

Die Mengen GL_n, O_n, SO_n bilden, versehen mit der Matrizenmultiplikation, jeweils eine Gruppe. Es gilt $GL_n \supset O_n \supset SO_n$. Die Gruppe O_n repräsentiert alle Isometrien, die den Nullpunkt fixieren. SO_n ist weiter die Untergruppe von O_n aller die Orientierung erhaltenden, „spiegelungsfreien" Isometrien. Die Matrizen in $O_n - SO_n$ haben alle die Determinante -1. Wegen des Determinantenmultiplikationssatzes ist die Multiplikation zweier Elemente von $O_n - SO_n$ immer ein Element von SO_n.

Wir berechnen nun noch einige Faktorgruppen. Zur Erinnerung: Sei G eine Gruppe, und sei H eine Untergruppe von G. H heißt eine *normale* Untergruppe von G, falls für alle $g \in G$ gilt, daß $H g = g H$, wobei $H g = \{ h g \mid h \in H \}$ und $g H = \{ g h \mid h \in H \}$. Für normale Untergruppen H ist die *Faktorgruppe* G/H wohldefiniert als die Gruppe $\langle G/\equiv, \cdot \rangle$, wobei $g_1 \equiv g_2$ für $g_1, g_2 \in G$, falls $g_1 g_2^{-1} \in H$ und $g_1/\equiv \cdot\, g_2/\equiv\; = (g_1 \cdot g_2)/\equiv$.

Sind $\langle G, \cdot \rangle$ und $\langle F, \cdot \rangle$ Gruppen, und ist $f : G \to F$ ein Gruppenhomomorphismus, so ist der Kern $H = \{ g \in G \mid f(g) = 1 \}$ von f eine normale Untergruppe von G. Ist f surjektiv auf F, so ist die entsprechende Faktorgruppe G/H isomorph zu F.

Der Beweis des folgenden Satzes verwendet Gruppenhomomorphismen und Kerne zur Berechnung von Faktorgruppen. Die Behauptungen schließen mit ein, daß die entsprechenden Gruppen Normalteiler sind.

Satz *(isometrische Faktorgruppen)*

Für alle $n \geq 1$ gilt:

(i) $\mathcal{I}_n / \mathrm{Tr}_n$ ist isomorph zu O_n,

(ii) $\mathcal{I}_n^+ / \mathrm{Tr}_n$ ist isomorph zu SO_n,

(iii) $\mathcal{I}_n / \mathcal{I}_n^+$ und $\mathrm{O}_n / \mathrm{SO}_n$ sind isomorph zur Gruppe $Z_2 = \{ 1, -1 \}$.

Beweis

Wir betrachten die Abbildungen:

$g_1 : \mathcal{I}_n \to \mathrm{O}_n$ mit $g_1(\mathrm{tr}_z \circ f_A) = A$ für alle $\mathrm{tr}_z \circ f_A \in \mathcal{I}_n$,

$g_2 : \mathcal{I}_n^+ \to \mathrm{SO}_n$, $g_2 = g_1 | \mathcal{I}_n^+$,

$g_3 : \mathcal{I}_n \to Z_2$ mit $g_3(\mathrm{tr}_z \circ f_A) = \det(A)$ für alle $\mathrm{tr}_z \circ f_A \in \mathcal{I}_n$,

$g_4 : \mathrm{O}_n \to Z_2$ mit $g_4(A) = \det(A)$.

Dann sind $g_1, \ldots, g_4$ surjektive Gruppenhomomorphismen nach dem Satz oben über die Darstellung von Kompositionen und dem Multiplikationssatz für die Determinante. Berechnung der Kerne zeigt die Behauptung. ∎

Statt mit g_4 kann man so auch mit Hilfe des zweiten Isomorphiesatzes argumentieren: $\mathrm{O}_n / \mathrm{SO}_n$ ist nach (i) und (ii) isomorph zu $(\mathcal{I}_n / \mathrm{Tr}_n)/(\mathcal{I}_n^+ / \mathrm{Tr}_n)$ und diese Faktorgruppe ist isomorph zu $\mathcal{I}_n / \mathcal{I}_n^+$.

Wir stellen noch einige nützliche Äquivalenzen über O_n zusammen.

Satz *(Charakterisierungen von O_n)*

Sei $A \in \mathrm{Mat}_n$. Dann sind äquivalent:

(i) $A \in \mathrm{O}_n$, d. h. f_A ist eine Isometrie.

(ii) $\langle Ax, Ay \rangle = \langle x, y \rangle$ für alle $x, y \in \mathbb{R}^n$.

(iii) A ist invertierbar und es gilt $A^{-1} = A^t$.

Beweis

Die Äquivalenz von (i) und (ii) haben wir oben schon gezeigt.

Weiter haben wir bereits (i) ↷ (iii) bewiesen. Es genügt also zu zeigen:

(iii) ↷ (ii):

Für alle $x, y \in \mathbb{R}^n$ und alle $B \in \mathrm{Mat}_n$ gilt $\langle x, By \rangle = \langle B^t x, y \rangle$ nach Definition des Skalarprodukts und der Matrizenmultiplikation.

Wegen $A^t = A^{-1}$ gilt $A^t A = E$, also $\langle Ax, Ay \rangle = \langle A^t Ax, y \rangle = \langle x, y \rangle$. ∎

Die Bedingung $A^{-1} = A^t$ kann man auch so ausdrücken: Die Spaltenvektoren von A bilden eine Orthonormalbasis des $\mathbb{R}^n$ (d. h. sie sind linear unabhängig, haben alle die Länge 1 und stehen paarweise senkrecht aufeinander). Dies erklärt den Namen „orthogonale Gruppe".

Sei $A \in O_n$. Wegen der Längentreue von f_A ist jeder reelle Eigenwert von A gleich 1 oder – 1. Das Produkt der (komplexen) Eigenwerte $\lambda_1, \ldots, \lambda_n$ von A ist gleich det(A), und damit gleich 1 oder –1. Die 1 ist genau dann Eigenwert von A, falls f_A einen nichttrivialen Fixpunkt besitzt. f_A bildet die Sphäre S^{n-1} bijektiv auf S^{n-1} ab, und im Falle der Existenz eines Fixpunkts gibt es also einen Fixpunkt auf der Sphäre.

Übung

Sei $A \in O_n$ derart, daß alle Einträge von A größergleich 0 sind.
Dann ist die Menge der Spaltenvektoren von A die Menge der kanonischen Einheitsvektoren.

Wir kommen nun zur Klassifizierung der Isometrien für die ersten drei Dimensionen.

Isometrien in einer Dimension

Wir betrachten zunächst die Gruppen O_1 und SO_1.

Satz *(über O_1)*

(a) Ist $A \in SO_1$, so ist f_A die Identität.
(b) Ist $A \in O_1 - SO_1$, so ist f_A die Spiegelung von $\mathbb{R}$ am Nullpunkt.

Der Beweis ist offensichtlich, und der Satz nur deswegen eingefügt, um einen symmetrischen Aufbau der Analyse der Isometrien der ersten drei Dimensionen zu erhalten. Die Isometrien auf $\mathbb{R}$ haben damit die folgende einfache Charakterisierung:

Satz *(Charakterisierung der Isometrien auf $\mathbb{R}$)*

Sei $f : \mathbb{R} \to \mathbb{R}$ eine Isometrie. Dann gilt:

(a) Ist f positiv, so ist f eine Translation.
(b) Ist f negativ, so ist f eine Spiegelung an einem $a \in \mathbb{R}$, d. h. es gibt ein $a \in \mathbb{R}$ mit $f(x) = a - (x - a) = 2a - x$ für alle $x \in \mathbb{R}$.

Beweis

Sei $f = tr_z \circ f_A$ mit $A \in O_1$, $z \in \mathbb{R}$.

zu (a):
Es gelte also det(A) = 1.
Dann ist f_A die Identität auf $\mathbb{R}$, und damit $f = tr_z$.

zu (b): Es gelte also det(A) = – 1.
Dann gilt $f_A(x) = -x$ für alle $x \in \mathbb{R}$.
Wir setzen $a = z/2$. Dann gilt für alle $x \in \mathbb{R}$:

$$f(x) = tr_z \circ f_A(x) = -x + z = 2a - x.$$

∎

Der Satz bringt ein erstes Beispiel für ein wiederkehrendes Phänomen der Isometrieklassifikation ans Licht, das man den „Kollaps von Kompositionen" nennen könnte: Mehrere hintereinandergeschaltete Isometrien sind insgesamt eine einzige sehr einfache Isometrie. Obiger Satz erweist etwa eine Spiegelung gefolgt von einer Translation als eine Spiegelung, und zwei hintereinander ausgeführte Spiegelungen als eine Translation.

Der Leser kann hier und im folgenden versuchen, sich auf dem Papier oder hinter geschlossenen Augen den Kollaps gewisser Kompositionen zu visualisieren. Da wir in den ersten drei Dimensionen bleiben werden, ist dies bei gutem Vorstellungsvermögen im Prinzip immer möglich.

Ein weiteres Motiv, das wir in jeder Dimension verfolgen werden, ist die Darstellung von beliebigen Isometrien durch Kompositionen von Spiegelungen. Wir halten fest:

Übung

(i) Jede Isometrie auf $\mathbb{R}$, die den Nullpunkt festhält, ist die Identität oder die Spiegelung am Nullpunkt.

(ii) Jede Isometrie auf $\mathbb{R}$ ist die Komposition von höchstens zwei Spiegelungen an Punkten in $\mathbb{R}$.

Die Anzahl der Spiegelungen, mit denen eine Isometrie durch Komposition dargestellt werden kann, ist offenbar ungerade für negative Isometrien und gerade für positive Isometrien.

Isometrien in zwei Dimensionen

Grundlage für die Klassifikation der Isometrien der Ebene ist nun der folgende Satz über die Gruppe O_2.

Satz *(über O_2)*

(a) Ist $A \in SO_2$, so ist f_A eine Rotation um den Nullpunkt.

(b) Ist $A \in O_2 - SO_2$, so ist f_A eine Spiegelung an einer Geraden durch 0.

Beweis

Sei $A = \begin{pmatrix} a & c \\ b & d \end{pmatrix}$. In den Spalten von A stehen die Bilder von (1, 0), (0, 1).

Es gilt $a^2 + b^2 = 1$. Schreibe also $a = \cos(\varphi)$, $b = \sin(\varphi)$.
Da (c, d) senkrecht auf (a, b) steht und $c^2 + d^2 = 1$, gilt:

$$A = \begin{pmatrix} \cos(\varphi) & -\sin(\varphi) \\ \sin(\varphi) & \cos(\varphi) \end{pmatrix} \quad \textit{oder} \quad A = \begin{pmatrix} \cos(\varphi) & \sin(\varphi) \\ \sin(\varphi) & -\cos(\varphi) \end{pmatrix}.$$

Im ersten Fall ist $\det(A) = 1$ und A eine Rotation (gegen den Uhrzeigersinn) um den Winkel φ.

Im zweiten Fall ist det(A) = – 1 und A die Komposition der Spiegelung an der x-Achse und dieser Rotation um φ, denn

$$\begin{pmatrix} a & -c \\ b & -d \end{pmatrix} = \begin{pmatrix} a & c \\ b & d \end{pmatrix} \begin{pmatrix} 1 & 0 \\ 0 & -1 \end{pmatrix}.$$

Diese Komposition können wir einfacher darstellen. Denn seien $x = (\cos(\varphi/2), \sin(\varphi/2))$, $y = (-\sin(\varphi/2), \cos(\varphi))$. Dann gilt $Ax = x$ und $A y = -y$, wie man leicht nachrechnet oder sich geometrisch klarmacht. Also ist A die Spiegelung an der Geraden durch 0 und x.

Wir geben noch einen zweiten Beweis des Satzes.

zweiter Beweis

Sei $f = f_A$. Ist $f | S^1 = id | S^1$, so ist wegen Linearität offenbar f = id. Andernfalls existiert ein x mit $f(x) \neq x$. Sei $\alpha = w(x, f(x)) \in \,]0, \pi[$, und sei $y \in S^1$ derart, daß $w(x, y) = \alpha/2$.

1. Fall: $f(y) \neq y$.

Es genügt zu zeigen, daß $f | S^1$ die Rotation auf S^1 um den Winkel α ist, im durch „x nach f(x)" eindeutig gegebenen Drehsinn. Sei $S \subseteq S^1$ das durch x und f(x) gegebene Kreissegment der Länge α, einschließlich der Grenzen x und f(x). Wegen $f(y) \neq y$ und $w(x, y) = w(f(x), f(y)) = \alpha/2$ ist f(y) die Rotation von y um α. Wieder wegen Winkeltreue von f folgt hieraus allgemeiner, daß $f''S \cap S = \{ f(x) \}$ und daß $f | S$ die Rotation um α ist. Das gleiche Argument (zusammen mit der Injektivität von f) zeigt, daß $f | f''S$ die Rotation um α ist, und nach endlicher Iteration folgt die Behauptung.

2. Fall: $f(y) = y$.

Sei G die Gerade durch 0 und y. Dann ist $f | G$ die Identität auf G. Für $a \in G$ sei H_a die zu G senkrechte Gerade mit $H_a \cap G = \{ a \}$. Wegen der Winkeltreue von f ist $f''H_a \subseteq H_a$ für alle $a \in G$, und f ist abstandstreu auf H_a. Wir können also $f | H_a$ als eine Isometrie auf $\mathbb{R}$ auffassen, indem wir H_a mit $\mathbb{R}$ (und a mit 0) identifizieren. Aus dem Satz über O_1 folgt wegen f(a) = a, daß $f | H_a$ die Identität auf H_a oder die Spiegelung von H_a am Punkt a sein muß. Diese Fallunterscheidung ist aber wegen der Linearität von f und $f | G = id | G$ unabhängig von $a \in G$. Wegen $f(x) \neq x$ ist der Identitätsfall aber ausgeschlossen. Insgesamt ist dann also f die Spiegelung im $\mathbb{R}^2$ an der Geraden G (und det(f) = – 1).

Der Rückgriff auf Resultate einer kleineren Dimension wie im Beweis von (b) ist generell eine nützliche Methode zur Analyse der Isometriegruppen.

Auch für die Dimension n = 2 sind schon Eigenwerte und Eigenvektoren nützlich. Sei nämlich $A \in O_2$, und seien λ_1 und λ_2 die komplexen Eigenwerte von A. Ist λ_1 echt komplex, so ist λ_2 die komplexe Konjugation von λ_1 (!) und damit $\lambda_1 \lambda_2 \in \mathbb{R}^+$. Für den Fall $\det(A) = -1 = \lambda_1 \lambda_2$ ist also notwendig $\lambda_1 = 1$ und $\lambda_2 = -1$, woraus unmittelbar abzulesen ist, daß f_A eine Spiegelung ist.

Mit dem Multiplikationssatz für die Determinante erhalten wir:

Korollar

(i) Seien f und g Spiegelungen im $\mathbb{R}^2$ an Geraden durch den Nullpunkt. Dann ist $f \circ g$ eine Rotation um den Nullpunkt.

(ii) Sei f eine Spiegelung im $\mathbb{R}^2$ an einer Geraden durch den Nullpunkt, und sei g eine Rotation im $\mathbb{R}^2$ um den Nullpunkt.
Dann sind $f \circ g$ und $g \circ f$ Spiegelungen an Geraden durch 0.

Für beliebige Isometrien der Ebene ergibt sich nun das folgende Resultat:

Satz *(Charakterisierung der Isometrien im $\mathbb{R}^2$)*

Sei $f : \mathbb{R}^2 \to \mathbb{R}^2$ eine Isometrie. Dann gilt:

(a) Ist f positiv und hat f keine Fixpunkte, so ist f eine Translation.

(b) Ist f positiv und hat f Fixpunkte, so ist f eine Rotation um einen Punkt im $\mathbb{R}^2$, d. h. es gibt ein $a \in \mathbb{R}^2$ und ein $A \in SO_2$ mit $f = tr_a \circ f_A \circ tr_{-a}$. Zudem ist f_A der lineare Anteil von f.

(c) Ist f negativ, so ist f eine Gleitspiegelung, d. h. eine Spiegelung an einer Geraden gefolgt von einer Translation um einen zur Spiegelgeraden parallelen Vektor.

Eine bemerkenswerte Eigenschaft der Klassifikation (a) – (c) ist, daß z. B. der Fall „Rotation gefolgt von Translation" nicht auftaucht. Auch hier gilt ein Kollaps von Kompositionen.

Beweis

Sei $f = tr_z \circ f_A$ mit $z \in \mathbb{R}^2$, $A \in O_2$.

zu (a):

Es gelte also $A \in SO_2$ und $f(x) \neq x$ für alle $x \in \mathbb{R}^2$.
Dann ist $Ax + z \neq x$ für alle $x \in \mathbb{R}^2$, d. h. es gilt:

(+) $-z \notin \mathrm{rng}(f_{A-E})$, wobei $E \in \mathrm{Mat}_2$ die Einheitsmatrix ist.

Nach (+) ist die lineare Abbildung f_{A-E} nicht surjektiv, also nicht injektiv. Seien also $x, y \in \mathbb{R}^2$ mit:

$$x \neq y \text{ und } f_A(x) - x = f_A(y) - y.$$

Dann ist $f_A(x - y) = x - y$, also ist $x - y \neq 0$ ein Fixpunkt von f_A.
Wegen $A \in SO_2$ ist dies nur möglich, wenn $A = E$ gilt. Denn die Abbildung f_A ist eine Rotation um 0 und hat nur im degenerierten Fall $A = E$ Fixpunkte ungleich 0.
Also ist $f = tr_z \circ f_A = tr_z \circ f_E = tr_z$ eine Translation.

zu (b):

Es gelte $A \in SO_2$ und $f(a) = a$ für ein $a \in \mathbb{R}^2$. Dann gilt:

$$a = f(a) = (tr_z \circ f_A)(a) = Aa + z,$$

also ist $z = a - Aa$. Dann ist aber:

$$tr_a \circ f_A \circ tr_{-a} = tr_a \circ tr_{-Aa} \circ f_A = tr_{a-Aa} \circ f_A = tr_z \circ f_A = f.$$

f_B.

zu (c):

Es gelte also $\det(A) = -1$. Nach dem Satz über O_2 ist dann f_A eine Spiegelung an einer Geraden G durch den Nullpunkt.
Sei $z = z_0 + z_1$ mit $z_0 \in G$ und z_1 senkrecht auf G.
Dann ist $tr_{z_1} \circ f_A$ offenbar die Spiegelung an der Geraden G′, wobei G′ die um den Vektor $z_1/2$ verschobene Gerade G ist (vgl. den Beweis von (b) im Charakterisierungssatz der Isometrien in $\mathbb{R}$).
Weiter ist z_0 parallel zu G′, und damit ist $f = tr_{z_0} \circ tr_{z_1} \circ f_A$ wie gewünscht.

Auch in der Ebene lassen sich Isometrien wieder ausschließlich als Kompositionen von Spiegelungen darstellen. Hier gilt:

Übung

(i) Jede Isometrie im $\mathbb{R}^2$, die den Nullpunkt festhält, ist die Komposition von höchstens zwei Spiegelungen an Geraden durch den Nullpunkt.
(ii) Jede Isometrie im $\mathbb{R}^2$ ist die Komposition von höchstens drei Spiegelungen an Geraden im $\mathbb{R}^2$.

Isometrien in drei Dimensionen

Entscheidend für die Analyse der Gruppe $\mathcal{I}_3$ ist der folgende Satz:

Satz *(Achsensatz für O_3)*

Ist $A \in SO_3$, so ist 1 ein Eigenwert von A.
Ist $A \in O_3 - SO_3$, so ist -1 ein Eigenwert von A.

Beweis

Sei $A \in SO_3$, und seien $\lambda_1, \lambda_2, \lambda_3$ die (komplexen) Eigenwerte von A. Dann gilt $\lambda_1 \cdot \lambda_2 \cdot \lambda_3 = \det(A) = 1$.

Sind alle Eigenwerte reell, so ist wegen $|\lambda_i| = 1$ und $\lambda_1 \cdot \lambda_2 \cdot \lambda_3 = 1$ offenbar mindestens ein Eigenwert gleich 1.

Ist λ ein echt komplexer Eigenwert von A, so ist auch die komplexe Konjugation μ von λ ein Eigenwert und es gilt $\lambda\mu = 1$. Dann ist aber wegen $\lambda_1 \cdot \lambda_2 \cdot \lambda_3 = 1$ der dritte Eigenwert reell und gleich 1.

Ein analoges Argument zeigt die Behauptung über Matrizen in $O_3 - SO_3$.

Wir geben noch einen zweiten Beweis dieser Aussage, der mit elementaren Eigenschaften der Determinantenfunktion auskommt (und für alle ungeraden Dimensionen funktioniert):

zweiter Beweis

Sei $A \in SO_3$. Dann gilt $A^{-1} = A^t$.

Damit haben wir für die Einheitsmatrix E:

$$\begin{aligned}\det(A - E) &= \det(A(E - A^{-1})) = \det(A)\det(E - A^t) = \\ &\det(A)\det(E - A)^t = \det(A)\det(E - A) = \\ &\det(A)\det((-E)(A - E)) = \det(A)\det(-E)\det(A - E).\end{aligned}$$

Wegen $\det(A) = 1$ und $\det(-E) = (-1)^3 = -1$ folgt hieraus, daß $\det(A - E) = 0$, d. h. 1 ist Eigenwert von A.

Ist $A \in O_3 - SO_3$, so ist $-A \in SO_3$. Also ist 1 Eigenwert von $-A$, und somit -1 Eigenwert von A. ∎

Die gleiche Rechnung zeigt, daß 1 ein Eigenwert jeder Matrix $A \in O_2 - SO_2$ ist. (Für ein $A \in SO_2$ ist dagegen auch $-A \in SO_2$.)

Damit haben wir gezeigt: Ist $f \in \mathcal{I}_3$, so existiert ein Punkt x auf der Kugeloberfläche mit $f(x) = x$ oder $f(x) = -x$. Diese Aussage ist alles andere als trivial.

Für einen analytischen Beweis der Existenz eines x mit $f(x) = x$ oder $f(x) = -x$ und einen insgesamt etwas elementareren Beweis des Klassifikationssatzes der O_3 sei auf die Darstellung in [Knörrer 1996] verwiesen.

Damit können wir nun die Gruppe O_3 leicht charakterisieren:

Satz *(über O_3)*

(a) Ist $A \in SO_3$, so ist f_A eine Rotation um eine Achse durch den Nullpunkt.

(b) Ist $A \in O_3 - SO_3$, so ist f_A eine Rotationsspiegelung, d. h. eine Spiegelung an einer Ebene durch den Nullpunkt gefolgt von einer Rotation um die Achse durch den Nullpunkt, die senkrecht zur Spiegelebene steht.

Beweis

zu (a):

Sei $A \in SO_3$. Sei $x \in \mathbb{R}^3$, $x \neq 0$, mit $f_A(x) = x$.

Sei G die Gerade durch x und den Nullpunkt, und sei $a \in G$.

Weiter sei E_a die senkrecht zu G liegende Ebene mit $E_a \cap G = \{ a \}$.

Dann ist $f_A''E_a \subseteq E_a$ wegen der Winkeltreue von f_A, und $f_A | E_a$ kann mit einem Element von SO_2 identifiziert werden.

Also ist $f_A | E_a$ eine Rotation in E_a um den Punkt a.

Die Rotationswinkel sind wegen der Linearität von f für alle diese Ebenen E_a, $a \in G$, gleich. Hieraus folgt die Behauptung.

zu (b):

Sei $A \in O_3 - SO_3$. Sei $x \in \mathbb{R}$, $x \neq 0$, mit $f_A(x) = -x$.
Sei G die Gerade durch 0 und x, und sei f_B die Spiegelung an der zu G senkrechten Ebene E durch 0. Dann ist $\det(B) = -1$, also ist $f_A \circ f_B = f_C$ für ein $C \in SO_3$. Nach (a) ist f_C eine Rotation um eine Achse durch 0. Diese Achse ist aber G, denn x ist ein Eigenvektor von $A \cdot B$.
Dann ist wegen $B^2 = E$ aber $f_A = f_C \circ f_B$, und dies zeigt (b). ∎

Übung

Statt (b) können wir gleichwertig auch wählen:

(b′) Ist $A \in O_3 - SO_3$, so ist f_A eine Rotationspunktspiegelung, d. h. die Spiegelung des Raumes am Nullpunkt gefolgt von einer Rotation.

Als Korollar zu (a) erhalten wir insbesondere die gar nicht selbstverständliche Kollabierungsaussage: Endlich viele hintereinander ausgeführte Rotationen im $\mathbb{R}^3$ um eine Achse durch den Nullpunkt können als eine einzige solche Rotation dargestellt werden.

Mit dieser Analyse der Gruppe O_3 im Hintergrund und dem Charakterisierungssatz für die Dimension 2 können wir nun zeigen, daß sich auch die Isometrien der dritten Dimension noch recht übersichtlich katalogisieren lassen:

Satz *(Charakterisierung der Isometrien im $\mathbb{R}^3$)*

Sei $f : \mathbb{R}^3 \to \mathbb{R}^3$ eine Isometrie. Dann gilt:

(a) Ist f positiv, so ist f eine Translationsrotation, d. h. f ist eine Rotation um eine Achse gefolgt von einer Translation um einen zur Rotationsachse parallelen Vektor.

(b) Ist f negativ und hat f keine Fixpunkte, so ist f eine Gleitspiegelung, d. h. eine Spiegelung an einer Ebene gefolgt von einer Translation um einen zur Spiegelebene parallelen Vektor.

(c) Ist f negativ und hat f Fixpunkte, so ist f eine Rotationsspiegelung, d. h. eine Spiegelung an einer Ebene gefolgt von einer Rotation um eine Achse, die senkrecht zur Spiegelebene steht.

Beweis

Sei $f = tr_z \circ f_A$ mit $z \in \mathbb{R}^3$ und $A \in O_3$.

zu (a):

Es gelte also $\det(A) = 1$.
Nach dem Satz über SO_3 ist f_A eine Rotation um eine Achse G durch 0.
Sei $z = z_0 + z_1$ mit $z_0 \in G$ und z_1 senkrecht zu G.
Für $a \in G$ sei E_a die Ebene senkrecht zu G mit $E_a \cap G = \{ a \}$.
Da z_1 senkrecht zu G steht, ist $(tr_{z_1} \circ f_A)'' E_a \subseteq E_a$ für alle $a \in G$.
Aus dem Satz über Isometrien im $\mathbb{R}^2$ folgt, daß $tr_{z_1} \circ f_A | E_a$ eine Rotation in E_a um einen Punkt $r(a) \in E_a$ ist für alle $a \in G$.
Offenbar bilden dann die Punkte $r(a)$, $a \in G$, eine zu G parallele

Gerade G′, und $tr_{z_1} \circ f_A$ ist eine Rotation um G′.
Damit ist $f = tr_{z_0} \circ tr_{z_1} \circ f_A$ eine Rotation um G′ gefolgt von einer zu G′ parallelen Translation tr_{z_0}.

zu (b) und (c):
Es gelte also $\det(A) = -1$.
Nach dem Satz über O_3 ist f_A eine Rotationsspiegelung durch den Nullpunkt. Sei E die Ebene der Spiegelung, sp_E die zugehörige Abbildung, und sei f_B die sich anschließende Rotation um die Gerade G durch 0, die senkrecht auf E steht.
Sei wieder $z = z_0 + z_1$ mit $z_0 \in G$ und $z_1 \in E$.
Dann gilt $tr_{z_0} \circ f_B = f_B \circ tr_{z_0}$, da z_0 auf der Drehachse G von f_B liegt.
Damit ist

$$f \;=\; tr_{z_1} \circ tr_{z_0} \circ f_B \circ sp_E \;=\; tr_{z_1} \circ f_B \circ tr_{z_0} \circ sp_E.$$

Die nun schon übliche Argumentation der Zurückführung auf die nächstkleinere Dimension und ihrem Charakterisierungssatz zeigt:

(+) $tr_{z_0} \circ sp_E$ ist eine Spiegelung an einer zu E parallelen Ebene E′.

(z_0 steht senkrecht auf E; de facto ist E′ die um den Vektor $z_0/2$ verschobene Ebene E.)
Ebenso zeigt die Argumentation für $tr_{z_1} \circ f_B$:

(i) Ist f_B nichttrivial, so ist $tr_{z_1} \circ f_B$ eine nichttriviale Rotation um eine zu G parallele Gerade G′ (da z_1 senkrecht auf der Drehachse steht; es gilt $G' = G$, falls $z_1 = 0$).
In diesem Fall ist $G' \cap E'$ ein Fixpunkt von f, und f ist insgesamt eine Rotationsspiegelung.

(ii) Ist f_B trivial und $z_1 \neq 0$, so ist f eine Gleitspiegelung ohne Fixpunkte.

(iii) Ist f_B trivial und $z_1 = 0$, so ist f eine reine Spiegelung mit Fixpunktmenge E′, und damit eine Rotationsspiegelung (mit trivialem Rotationsanteil).

▬ Dies zeigt (b) und (c).

Hinsichtlich der Darstellung beliebiger Isometrien durch Kompositionen von Spiegelungen gilt im dreidimensionalen Raum:

Übung

(i) Jede Isometrie im $\mathbb{R}^3$, die den Nullpunkt festhält, ist die Komposition von höchstens drei Spiegelungen an Ebenen durch den Nullpunkt.

(ii) Jede Isometrie im $\mathbb{R}^3$ ist die Komposition von höchstens vier Spiegelungen an Ebenen im $\mathbb{R}^3$.

Wie zu erwarten gilt allgemein, daß jede Isometrie auf dem $\mathbb{R}^n$ für alle n eine Komposition von höchstens $n + 1$-vielen Spiegelungen an Hyperebenen im $\mathbb{R}^n$ ist.

Der Leser konsultiere [Bachmann 1973] für eine abstrakte Behandlung der Geometrie, die den Begriff der Spiegelung an die Spitze stellt.

Zur Geschichte der Untersuchung Euklidischer Isometrien

Die Geschichte der Klassifikation der Euklidischen Isometrien ist eng mit der komplizierten Geschichte des Gruppenbegriffs und der linearen Algebra verbunden und verläuft damit über weite Strecken des 19. Jahrhunderts. Von großer inhaltlicher und historischer Bedeutung sind hier auch Symmetrie-Fragen, die insbesondere durch die Kristallographie motiviert sind, etwa die Klassifizierung der endlichen Untergruppen der O_3 (begonnen von J. Hessel 1831 und A. Bravais 1850) und der sog. kristallographischen Gruppen: Eine Untergruppe G von $\mathcal{I}_n$ heißt *kristallographisch*, falls G diskret ist und eine kompakte Menge $K \subseteq \mathbb{R}^n$ existiert mit $\bigcup_{f \in G} f''K = \mathbb{R}^n$. Eine Gruppe G heißt dabei *diskret*, falls für alle $x \in \mathbb{R}^n$ ein $\varepsilon > 0$ existiert, sodaß für alle $f, g \in G$ gilt: $\|f(x) - g(x)\| < \varepsilon$ *folgt* $f(x) = g(x)$.

Die Geschichte dieses Problemkreises beginnt, wenn man so will, bei den Pythagoreern, die zeigten, daß es nur fünf regelmäßige Körper gibt und führt über Kepler, der fast-reguläre Körper und Parkettierungen der Ebene betrachtete. Euler bewies 1758, daß sich jede „reale" Bewegung im dreidimensionalen Raum als Komposition einer Rotation um den Nullpunkt und einer Translation darstellen läßt (siehe Teil (a) des obigen Satzes). Gruppentheoretische Ansätze zur Beschreibung und Klassifikation von Bewegungen finden sich später bei Michel Chasles (1830), Olinde Rodrigues (1840) und Louis Poinsot (1851). Camille Jordan untersuchte das Thema der räumlichen Bewegungen unter zum Teil kristallographisch motivierten Fragestellungen in seinem „Mémoire sur les groupes de mouvements" [Jordan 1869]. In dieser Arbeit wurde die Bedeutung der Gruppentheorie für die Geometrie sichtbar, der Begriff „Gruppe" war bis dahin nur im Umfeld von Permutationen gebräuchlich. Das auch aus dem Kontakt mit Sophus Lie hervorgegangene Erlanger Programm von Felix Klein etablierte 1872 endgültig die Gruppentheorie innerhalb der Geometrie, und ab diesem Zeitpunkt ist die Untersuchung der Euklidischen Hauptgruppe und ihrer Untergruppen eine der ersten Fragestellungen dieser neuen Auffassung von „Geometrie". Hinzu kam das wachsende Interesse an „Symmetrien". Für eine „Figur" $A \subseteq \mathbb{R}^n$ kann man ihren Symmetriegehalt mathematisch einfangen als die Gruppe aller Isometrien f mit $f''A = A$. Hier spielen auch die negativen Isometrien eine Rolle, die in den ersten oft auch von der Mechanik motivierten Überlegungen noch nicht auftreten. Eine vollständige Klassifikation der kristallographischen Untergruppen des $\mathbb{R}^2$ und $\mathbb{R}^3$ gelang unabhängig voneinander E. S. Fedorov 1890 und Arthur Schoenflies 1891 (es gibt 17 Typen solcher Gruppen im $\mathbb{R}^2$ und 320 im $\mathbb{R}^3$). Hilberts 18. Problem stellte dann unter anderem die Frage nach der Klassifizierbarkeit für höhere Dimensionen, die Ludwig Bieberbach bereits 1910 positiv beantworten konnte (ohne die Anzahlen der Gruppen ausrechnen zu können).

Wir verweisen den Leser auf [Scholz 1989] und die dortige Literatur für eine ausführlichere Diskussion einiger Aspekte der Geschichte. Für eine Analyse der endlichen Untergruppen der O_3 siehe [Sternberg 1994]. Eine Klassifizierung der kristallographischen Gruppen für die Dimensionen zwei und drei findet sich in [Burckhardt 1966].

Besonderheiten der Isometriegruppen $\mathcal{I}_1$ und $\mathcal{I}_2$

Die besonders übersichtliche Struktur der Isometriegruppen der ersten beiden Dimensionen findet ihren algebraischen Ausdruck in der sog. Auflösbarkeit der beiden Gruppen. Wir definieren:

Definition *(auflösbare Gruppen)*

Eine Gruppe G heißt *auflösbar*, falls ein $n \in \mathbb{N}$ und Untergruppen $G_0, \ldots, G_n$ von G existieren mit:

(i) $G = G_0 \supseteq G_1 \supseteq \ldots \supseteq G_n = \{ 1 \}$,

(ii) G_{i+1} ist eine normale Untergruppe von G_i für alle $0 \leq i < n$,

(iii) G_i / G_{i+1} ist abelsch für alle $0 \leq i < n$.

In diesem Fall heißt $\langle G_i \mid 0 \leq i \leq n \rangle$ auch eine G *auflösende Kette*.

Jede abelsche Gruppe G ist trivialerweise auflösbar durch die Kette $\langle G, \{ 1 \} \rangle$. Die Auflösbarkeit einer Gruppe kann man in diesem Sinne als eine Abschwächung der Kommutativität der Gruppe ansehen. Erhaltungs- und Übertragungseigenschaften sind:

Übung

Sei G eine Gruppe, und sei H ein Untergruppe von G. Dann gilt:

(i) Ist G auflösbar, so ist H auflösbar.

(ii) Ist G auflösbar und H normal, so ist G/H auflösbar.

(iii) Ist H normal und sind H und G/H auflösbar, so ist G auflösbar.

Als Korollar zu (ii) erhalten wir weiter: Ist $f : G \to F$ ein surjektiver Gruppenhomomorphismus und ist G auflösbar, so ist auch F auflösbar. Denn F ist isomorph zu G/H, wobei H der Kern von f ist.

Wir betrachten nun für ein $n \geq 1$ die Folge

$\mathcal{I}_n,\ \mathcal{I}_n^+,\ \mathrm{Tr}_n.$

Dann ist nach obiger Berechnung der Faktorgruppen $\mathcal{I}_n^+$ normal in $\mathcal{I}_n$ mit der zur kommutativen Gruppe Z_2 isomorphen Faktorgruppe $\mathcal{I}_n / \mathcal{I}_n^+$, und Tr_n ist normal in $\mathcal{I}_n^+$ mit der zur Gruppe SO_n isomorphen Faktorgruppe $\mathcal{I}_n^+/\mathrm{Tr}_n$. Die Gruppe Z_2 ist kommutativ und im Fall n = 1 oder n = 2 ist auch SO_n kommutativ. Im Fall n = 1 sind weiter die positiven Isometrien bereits identisch mit den Translationen. Insgesamt sind dann also

$\mathcal{I}_1,\ \mathcal{I}_1^+ = \mathrm{Tr}_1,\ \{ 1 \}$ und $\mathcal{I}_2,\ \mathcal{I}_2^+,\ \mathrm{Tr}_2,\ \{ 1 \}$

auflösende Ketten von $\mathcal{I}_1$ bzw. $\mathcal{I}_2$. Die zweite Kette ist nach der Klassifikation der Isometrien im $\mathbb{R}^2$ identisch mit

$\mathcal{I}_2$, TrRot_2, Tr_2, $\{1\}$, wobei $\mathrm{TrRot}_2 = \mathrm{Tr}_n \cup \{ \mathrm{tr}_a \circ f_A \circ \mathrm{tr}_{-a} \mid a \in \mathbb{R}^2, A \in SO_2 \}$

die von den Translationen und Rotationen im $\mathbb{R}^2$ erzeugte Gruppe ist.
Wir halten als Satz fest:

Satz *(Auflösbarkeit der Isometriegruppen für die Dimensionen 1 und 2)*
$\mathcal{I}_1$ und $\mathcal{I}_2$ sind auflösbar.

Die Rotationsgruppe SO_3 ist dagegen nicht mehr kommutativ, sodaß $\mathcal{I}_3^+$, Tr_3 kein erlaubter Schritt in einem Auflösungsversuch der Gruppe $\mathcal{I}_3$ mehr ist. Wir werden unten sehen, daß die Gruppe SO_3 und damit auch $\mathcal{I}_3$ nicht auflösbar ist.

Übung
$\{ f_A \mid A \in SO_n \}$ ist keine normale Untergruppe von $\mathcal{I}_n^+$ für alle $n \geq 2$.

Besonderheiten der Rotationsgruppe SO_3

Wir haben gesehen, daß die Gruppe SO_3 ausschließlich aus Rotationen um Achsen durch den Nullpunkt besteht, und in diesem Sinne hat SO_3 eine einfache Struktur. Wir wollen nun umgekehrt zeigen, daß sich innerhalb von SO_3 bemerkenswert komplizierte kombinatorische Untergruppen finden lassen. Wie wir später sehen werden hat ihre Existenz für die Theorie der Flächenmessung auf der Kugeloberfläche und weiter der Volumenmessung im $\mathbb{R}^n$ für $n \geq 3$ drastische Konsequenzen.

Der erste Unterschied, der beim Vergleich von SO_2 und SO_3 auffällt, ist die mangelnde Kommutativität der Gruppe SO_3. Zudem: Wählen wir zwei „zufällige" Drehachsen G_1 und G_2, und bezeichnen wir die zugehörigen Rotationen in SO_3 mit φ und ψ, so scheint es, daß alle denkbaren Kompositionen von φ, ψ, φ^{-1} und ψ^{-1} verschiedene Drehungen ergeben. Wir fordern lediglich, daß im Verlauf einer solchen Komposition eine gerade durchgeführte Drehung nicht gleich wieder rückgängig gemacht wird, daß also die Komposition keine Zweiersequenz der Form $\varphi \circ \varphi^{-1}$, $\varphi^{-1} \circ \varphi$, $\psi^{-1} \circ \psi$ oder $\psi^{-1} \circ \psi$ enthält. Wir nennen solche Kompositionen *reduziert*. Beispiele für reduzierte Kompositionen sind etwa, wobei wir die Identität als „Nullkomposition" zulassen:

$$\mathrm{id},\quad \varphi,\quad \varphi^{-1},\quad \varphi \circ \psi,\quad \psi \circ \varphi,\quad \varphi \circ \varphi,\quad \varphi \circ \varphi \circ \psi^{-1} \circ \varphi \circ \psi,\quad \ldots$$

Insgesamt ergibt jede solche reduzierte Komposition χ wieder eine Drehung um eine bestimmte Achse G_χ. Die Frage ist: Können wir die Drehachsen G_1 und G_2 tatsächlich so wählen, daß alle reduzierten Kompositionen zu verschiedenen Drehachsen führen? Jede Drehung φ um 180 Grad ist z. B. ungeeignet, da dann bereits $\varphi^2 = \mathrm{id}$ gilt. Allgemeiner sind Drehungen um Winkel $q\,\pi$ mit q rational ungeeignet. Jede Drehung φ um einen im Verhältnis zu π irrationalen Winkel stellt aber schon sicher, daß id, φ, φ^{-1}, $\varphi \circ \varphi$, $\varphi^{-1} \circ \varphi^{-1}$, … paarweise verschieden sind. Nun muß aber noch eine Rotation ψ gefunden werden, sodaß alle reduzierten Kompositionen mit φ paarweise verschiedene Drehungen darstellen. Der Leser wird sehen, daß die Existenz eines solchen Paares φ, ψ zwar glaubhaft ist, aber keineswegs auf der Hand liegt. Wir werden unten ein solches Paar konstruieren. Wie erwartet gelten dann auch starke Verallgemeinerungen; so können etwa unendlich viele Drehungen gefunden werden, sodaß alle reduzierten Kompositionen dieser Drehungen verschiedene Drehungen ergeben.

Zur präzisen Formulierung des Sachverhalts ist es nützlich, einige Begriffe der kombinatorischen Gruppentheorie zu verwenden.

Freie endlich erzeugte Gruppen

Sei $n \geq 1$ fest gewählt, und seien $a_1, \ldots, a_n, a_1^{-1}, \ldots, a_n^{-1}$ paarweise verschiedene Symbole, die wir auch *Buchstaben* nennen. Die Exponenten -1 sind im Hinblick auf die Einführung einer Gruppenstruktur gewählt. Wir könnten auch $b_1, \ldots, b_n$ statt $a_1^{-1}, \ldots, a_n^{-1}$ wählen: Die a_i und a_i^{-1} sind zunächst beliebige Zeichen.

Wir betrachten weiter die Menge W der endlichen *Worte*, die aus diesen Buchstaben gebildet sind. W enthält auch das leere (oder uneigentliche) Wort, das wir mit 1 bezeichnen. Für Worte v und w aus W setzen wir:

$v <_1 w$ *falls* v aus w durch Streichen von genau zwei aufeinanderfolgenden Buchstaben von w der Form $a_i a_i^{-1}$ oder $a_i^{-1} a_i$ hervorgeht.

So gilt zum Beispiel:

$$\begin{array}{lll} a_1 a_1 & <_1 & a_1 a_2 a_2^{-1} a_1, \\ 1 & <_1 & a_i a_i^{-1} \qquad \text{für alle } 1 \leq i \leq n, \\ \text{non}(\, a_2^{-1} & <_1 & a_1 a_2^{-1} a_1^{-1}), \\ \text{non}(\, 1 & <_1 & a_1 a_1^{-1} a_2 a_2^{-1}). \end{array}$$

Zum letzten Beispiel: Wir erlauben nur das Streichen eines einzigen Paares in $<_1$.

Gilt $v <_1 w$, so nennen wir v auch eine *Einschrittreduktion* von w. Umgekehrt heißt w dann eine *Einschrittexpansion* von v.

Ein Wort $v \in W$ heißt *reduziert*, falls non($w <_1 v$) gilt für alle $w \in W$.

Wir definieren nun eine Äquivalenzrelation $\sim$ auf W durch:

$w \sim v$ *falls* ein $k \geq 1$ und $w_1, \ldots, w_k \in W$ existieren mit:

(i) Es gilt $w_1 = w$, $w_k = v$.

(ii) Für alle $1 \leq i < k$ gilt: $w_i <_1 w_{i+1}$ *oder* $w_{i+1} <_1 w_i$.

Zwei Worte w und v sind also genau dann äquivalent, wenn es eine Kette von Einschrittreduktionen oder Einschrittexpansionen gibt, die von w zu v führt. Die Reduktionen und Expansionen können dabei in beliebiger Mischung vorkommen (vgl. aber die Übung unten). Eine Kette aus genau einem Element ist zugelassen ($k = 1$). Offenbar gilt $w \sim w$ für alle $w \in W$. Umkehrung einer Kette zeigt die Symmetrie, und Verbinden zweier Ketten zeigt die Transitivität der Relation $\sim$.

Auf der Menge $W/\sim$ der Äquivalenzklassen definieren wir nun eine Multiplikation durch

$$w/\sim \cdot v/\sim \;=\; wv/\sim,$$

wobei wv das Wort ist, das durch Hintereinanderhängen von w und v entsteht.

Es ist leicht zu sehen, daß $\langle W/\sim, \cdot\rangle$ eine Gruppe ist.

Definition *(die freie Gruppe F_n mit n Generatoren)*

$\langle W/\sim, \cdot\rangle$ heißt die *freie* durch die *Generatoren* $a_1, \ldots, a_n$ erzeugte Gruppe. Wir bezeichnen diese Gruppe auch mit $F_n(a_1, \ldots, a_n)$ oder kurz mit F_n, da es auf die Natur der Generatoren zumeist nicht ankommt.

Die Idee des Wortes „frei" ist: Es gelten die Regeln, die explizit gefordert werden, und keine weiteren.

Das neutrale Element von $\langle W/\sim, \cdot\rangle$ ist $1/\sim \;=\; \{\, 1, a_1 a_1^{-1}, a_1^{-1} a_1, \ldots \,\}$, die Äquivalenzklasse des leeren Wortes. Weiter gilt:

$$(a_i/\sim)^{-1} \;=\; a_i^{-1}/\sim \qquad \text{für } 1 \le i \le n.$$

Es ist leicht einzusehen, daß jede Äquivalenzklasse $w/\sim$ genau ein reduziertes Wort enthält:

Übung

Sei $w \in W$. Dann existiert ein eindeutiges reduziertes Wort v mit $v \sim w$. v kann aus w durch iterierte, in beliebiger Reihenfolge durchgeführte Einschrittreduktionen erhalten werden.
Gilt also $w_1 \sim w_2$, so kann w_1 durch Einschrittreduktionen gefolgt von Einschrittexpansionen in w_2 übergeführt werden.

Der besseren Lesbarkeit halber schreiben wir im folgenden $w = v$ *statt* $w \sim v$ oder $w/\sim \;=\; v/\sim$. In dieser Schreibweise ist dann tatsächlich a_i^{-1} nicht nur ein Symbol, sondern invers zu a_i. Für $n = 2$ können wir zum Beispiel unbeschwert wie folgt rechnen:

$$a_1\, a_2\, a_2^{-1}\, a_1^{-1}\, a_1\, a_1\, a_2 \;=\; a_1\, a_1\, a_2 \;=\; a_1^{\,2}\, a_2 \;=\; a_1^{\,2}\, a_2\, a_1\, a_1^{-1},$$

$$a_1^{-1}\, a_1 \;=\; 1, \qquad a_1\, a_2 \;\neq\; a_2\, a_1.$$

In dieser Form wird mit Elementen von freien Gruppen zumeist gearbeitet. Die offizielle Struktur $\langle W/\sim, \cdot\rangle$ bleibt im Hintergrund.

Die freie Gruppe F_1 mit einem Generator a ist offenbar isomorph zu $\langle \mathbb{Z}, +\rangle$ (bilde für alle $z \in \mathbb{Z}$ das Element a^z von F_2 auf z ab).

Die Gruppe F_2 ist dagegen weitaus komplizierter. Mit a und b als Generatoren gilt $a\,b \neq b\,a$, $a^z\, b \neq b\, a^z$, usw. Insbesondere ist F_2 nicht kommutativ, und damit kann die kommutative Rotationsgruppe SO_2 keine zu F_2 isomorphe Untergruppe enthalten. Dies ist anders für die Rotationen in drei Dimensionen:

Satz *(F_2 und SO_3)*
SO_3 enthält eine zu F_2 isomorphe Untergruppe.

Der Beweis verwendet die einfachen Drehungen φ und ψ um den Winkel arccos(1/3) um die z-Achse bzw. die x-Achse. Alle Drehungen sind wie üblich gegen den Uhrzeigersinn. Die Drehung φ ist etwa derart, daß die Projektion des gedrehten Einheitsvektors (1, 0, 0) auf die x-Achse genau ein Drittel des Einheitsvektors ergibt. Eine pythagoreische Rechnung für die y-Achse zeigt, daß φ den Vektor (1, 0, 0) insgesamt auf den Vektor $(1/3, 2\sqrt{2}/3, 0)$ abbildet. Setzen wir zur Entschlackung des Wiederkehrenden

$\alpha = 1/3$ und $\beta = 2\sqrt{2}/3$,

so ergibt sich insgesamt für die darstellenden Matrizen $M(\varphi)$ und $M(\varphi^{-1})$ bzgl. der kanonischen Basis:

$$M(\varphi) = \begin{pmatrix} \alpha & -\beta & 0 \\ \beta & \alpha & 0 \\ 0 & 0 & 1 \end{pmatrix} \quad \text{und} \quad M(\varphi^{-1}) = \begin{pmatrix} \alpha & \beta & 0 \\ -\beta & \alpha & 0 \\ 0 & 0 & 1 \end{pmatrix}$$

Weiter sind $M(\psi)$ und $M(\psi^{-1})$ die an der Gegendiagonalen gespiegelten Matrizen $M(\varphi)$ bzw. $M(\varphi^{-1})$.

Beweis
Seien φ, ψ wie eben. Wir setzen:

F = „die von φ und ψ erzeugte Untergruppe von SO_3".

Wir zeigen, daß F isomorph zu F_2 ist. Betrachten wir F_2 als generiert von den Symbolen φ und ψ, so ist die Abbildung $g : F_2 \to F$ mit

$g(s_1 \ldots s_n) = s_1 \circ \ldots \circ s_n$ für jedes reduzierte Wort $s_1 \ldots s_n \in F_2$,

(mit g(1) = id) offenbar ein surjektiver Homomorphismus.

Die s_i sind Elemente aus $\{ \varphi, \psi, \varphi^{-1}, \psi^{-1} \}$; auf der linken Seite der Definition von g sind sie Symbole, auf der rechten Abbildungen in SO_3.

Um zu zeigen, daß F isomorph zu F_2 ist, genügt es zu zeigen, daß g injektiv ist. Wir zeigen also $g(s) \neq \mathrm{id}$ für alle reduzierten Worte $s \neq 1$. Dies genügt. De facto ist $g(s)(1, 0, 0) \neq (1, 0, 0)$ oder $g(s)(0, 0, 1) \neq (0, 0, 1)$ für diese s, wie die folgende genauere Berechnung zeigt:

(+) Ist $s = s_1 \ldots s_n$, $n \geq 1$, reduziert, so existieren $a, b, c \in \mathbb{Z}$, $m \in \mathbb{N}$ mit:
  (i) $g(s)(1, 0, 0) = (a, b\sqrt{2}, c)/3^m$, *falls* $s_n \in \{ \varphi, \varphi^{-1} \}$,
  (ii) $g(s)(0, 0, 1) = (a, b\sqrt{2}, c)/3^m$, *falls* $s_n \in \{ \psi, \psi^{-1} \}$,
  (iii) b ist nicht durch 3 teilbar (insb. also $b \neq 0$).

Beweis von (+) durch Induktion nach $n \geq 1$

Induktionsanfang $n = 1$:
ist klar.

Induktionsschritt von n nach n + 1:

Sei also $s = s_1 \dots s_{n+1}$ reduziert.
O.E. sei $s_{n+1} \in \{ \varphi, \varphi^{-1} \}$ (der andere Fall ist analog).
Nach I.V. gilt:

$$g(s_2 \dots s_{n+1})(1, 0, 0) = (a, b\sqrt{2}, c)/3^m$$

für gewisse a, b, c, m wie in (i) – (iii). Damit ist dann:

$$g(s)(1, 0, 0) = M(s_1) \cdot (a, b\sqrt{2}, c)^t / 3^m,$$

mit $M(s_1) \in \{ M(\varphi), M(\varphi^{-1}), M(\psi), M(\psi^{-1}) \}$.
Wir rechnen:

$$\begin{aligned}
&(1)\quad M(\varphi) \cdot (a, b\sqrt{2}, c)^t / 3^m &&= 1/3^{m+1}\,(a - 4b,\ (b + 2a)\sqrt{2},\ 3c)^t.\\
&(2)\quad M(\varphi^{-1}) \cdot (a, b\sqrt{2}, c)^t / 3^m &&= 1/3^{m+1}\,(a + 4b,\ (2a - b)\sqrt{2},\ 3c)^t.\\
&(3)\quad M(\psi) \cdot (a, b\sqrt{2}, c)^t / 3^m &&= 1/3^{m+1}\,(3a,\ (b - 2c)\sqrt{2},\ c + 4b)^t.\\
&(4)\quad M(\psi^{-1}) \cdot (a, b\sqrt{2}, c)^t / 3^m &&= 1/3^{m+1}\,(3a,\ (b + 2c)\sqrt{2},\ c - 4b)^t.
\end{aligned}$$

Wir müssen noch zeigen, daß b + 2a, 2a – b, b – 2c, b + 2c nicht durch 3 teilbar sind. Wir betrachten hierzu auch noch s_2.

Ist $s_1 = \varphi$ *und* $s_2 \in \{ \psi, \psi^{-1} \}$, so ist b + 2a nicht durch 3 teilbar, da dann nach I.V. b nicht durch 3 teilbar ist und a nach (3) und (4) von der Form 3a′ ist. Analoges gilt für alle anderen „gemischten" Fälle, in denen s_1 und s_2 beide Zeichen φ und ψ involvieren.

Ist $s_1 = \varphi$ *und* $s_2 = \varphi$, so ist nach (1)

$$b + 2a = b + 2(a' - 4b') = b + 2a' - 8b' = b + (2a' + b') - 9b' = 2b - 9b'.$$

Nach I.V. ist b nicht durch 3 teilbar, also ist auch 2b – 9b′ nicht durch 3, teilbar, also ist b + 2a nicht durch 3 teilbar. Analoges gilt für die anderen „gleichen" Fälle, d.h. $s_1 = s_2$, $s_1 \in \{ \varphi^{-1}, \psi, \psi^{-1} \}$.

–

Dieses elementare Argument stammt von Swierczkowski (1958). Hausdorff entdeckte 1914, daß die Gruppe SO_3 eine zum sog. freien Produkt $Z_{2,3}$ der Restklassengruppen $Z_2 = \mathbb{Z}/\equiv_2$ und $Z_3 = \mathbb{Z}/\equiv_3$ isomorphe Untergruppe enthält (dieses Produkt taucht bereits bei Felix Klein 1890 auf; die Gruppe $Z_{2,3}$ hat zwei Erzeuger a und b und zusätzlich zu den Gruppenaxiomen gelten die Regeln $a^2 = 1$ und $b^3 - 1$). Hausdorff brachte sein Resultat noch im Anhang seiner „Grundzüge der Mengenlehre" (siehe [Hausdorff 1914, S. 469ff.]) und dann für sich stehend noch einmal in [Hausdorff 1914b]. In den „Grundzügen" heißt es:

Hausdorff (1914): „…verstehen wir unter φ eine Halbdrehung (um π) und unter ψ eine Dritteldrehung (um 2/3 π) um eine von der ersten verschiedene Achse. Sie erzeugen eine Gruppe G von Drehungen, deren Elemente wir nach der Faktorenzahl geordnet (wobei φ, ψ, ψ^2 als einfache Faktoren gezählt werden) so schreiben:

$$1 \mid \varphi, \psi, \psi^2 \mid \varphi\psi, \varphi\psi^2, \psi\varphi, \psi^2\varphi \mid \dots$$

Bei geeigneter Wahl der Drehachsen bestehen außer $\varphi^2 = \psi^3 = 1$ keine Relationen zwischen φ und ψ …

[Zum Beweis dieser Behauptung] legen wir durch den Kugelmittelpunkt ein rechtwinkliges Achsensystem, die ψ-Achse [der Drehung um $2/3\,\pi$] in die z-Achse, die φ-Achse [der Drehung um π] in die xz-Ebene … [und] bezeichnen den Winkel beider mit $1/2\ \theta$ ….

Hausdorff analysiert nun die entstehende Gruppe von Drehungen in Abhängigkeit vom Winkel $\theta/2$ der beiden Drehachsen, und kommt zu dem Ergebnis, daß mit Ausnahme von abzählbar vielen Werten jeder Winkel θ geeignet ist, damit „außer $\varphi^2 = \psi^3 = 1$" keine Relationen bestehen, d. h. die entstehende Gruppe ist isomorph zum freien Produkt $Z_{2,3}$ von Z_2 und Z_3. Die Gruppe $Z_{2,3}$ wiederum enthält eine Kopie von F_2, sodaß wir obiges Ergebnis auch aus der Konstruktion von Hausdorff erhalten:

Übung

$Z_{2,3}$ enthält eine zu F_2 isomorphe Untergruppe.

Die überraschenden Konsequenzen dieser Ergebnisse über Rotationen im $\mathbb{R}^3$ werden wir im übernächsten Kapitel kennenlernen.

Auflösbare Gruppen $\langle G, \circ\rangle$ können nach einem allgemeinen Satz keine zur F_2 isomorphe Untergruppe enthalten: Es gibt immer ein nichtleeres reduziertes Wort $w = s_1 \ldots s_n$ in zwei Buchstaben a und b, sodaß w gelesen über G immer gleich 1 ist, d. h. für alle $\varphi, \psi \in G$ gilt, daß $f(s_1) \circ \ldots \circ f(s_n) = 1$, wobei $f(a) = \varphi$, $f(b) = \psi$, $f(a^{-1}) = \varphi^{-1}$, $f(b^{-1}) = \psi^{-1}$. Um diese einzusehen, betrachten wir noch eine für sich interessante Äquivalenz zur Auflösbarkeit: Für auflösbare Gruppen existiert immer eine kanonische auflösende Kette. Wir definieren hierzu:

Definition *(Kommutator)*

Sei G eine Gruppe. Wir definieren für $g, h \in G$ den *Kommutator* von g und h, in Zeichen $[g, h]$, durch:

$$[g, h] = g^{-1} h^{-1} g h.$$

Wir definieren weiter den *Kommutator von G* durch:

$$[G, G] = \{ [g_1, h_1] \cdot \ldots \cdot [g_n, h_n] \mid n \geq 1, g_1, \ldots, g_n, h_1, \ldots, h_n \in G \}.$$

Zur Motivation: Eine Faktorgruppe G/F ist genau dann kommutativ, wenn $g h F = h g F$, d. h. $g^{-1} h^{-1} g h \in F$ für alle $g, h \in G$ gilt. Durch derartige Überlegungen und Berechnungen zeigt man leicht:

Satz *(über den Kommutator einer Gruppe)*

Sei G eine Gruppe. Dann gilt:

(i) $[G, G]$ ist eine normale Untergruppe von G.

(ii) $G/[G, G]$ ist abelsch.

(iii) Ist H eine normale Untergruppe von G mit G/H abelsch, so ist $[G, G] \subseteq H$.

Die Faktorgruppe $G/[G, G]$ ist also die beste „Abelisierung" der Gruppe G.

Der Kommutator $[G, G]$ selbst ist i. a. nicht abelsch, und es liegt dann nahe, die Kommutatorbildung zu iterieren. Für eine Gruppe G setzen wir:

$$G^{(0)} = G, \quad G^{(n+1)} = [G^{(n)}, G^{(n)}] \quad \text{für alle } n \in \mathbb{N}.$$

Die Minimalitätseigenschaft (iii) des Satzes über den Kommutator liefert nun leicht:

Satz *(Kommutatorformulierung der Auflösbarkeit)*

Sei G eine Gruppe. Dann sind äquivalent:

(i) G ist auflösbar.

(ii) Es existiert ein $n \in \mathbb{N}$ mit $G^{(n)} = \{ 1 \}$.

Beweis

(i) $\curvearrowright$ (ii): Sei $G_0, G_1, \ldots, G_n$ eine G auflösende Kette. Die Minimalität der Kommutatorgruppe liefert induktiv, daß $G^{(i)} \subseteq G_i$ für alle $i \le n$ gilt. Also ist $\{ 1 \} \subseteq G^{(n)} \subseteq G_n = \{ 1 \}$.

(ii) $\curvearrowright$ (i): $G^{(0)}, G^{(1)}, \ldots, G^{(n)}$ ist eine G auflösende Kette.

Mit Hilfe der Kommutatorfolge $G^{(0)}, G^{(1)}, \ldots, G^{(n)}$ können wir nun zeigen:

Satz *(auflösbare Gruppen und F_2)*

Sei G eine auflösbare Gruppe. Dann enthält G keine zur F_2 isomorphe Untergruppe.

Beweis

Für $g, h \in G$ setzen wir neben $[g, h] = g^{-1} h^{-1} g h$ noch

$$[g, h]^* = g h g^{-1} h^{-1} = [g^{-1}, h^{-1}] \in [G, G].$$

Wir definieren nun rekursiv für zwei festgewählte $g, h \in G$:

$$g_0 = g,$$
$$h_0 = h,$$
$$g_{i+1} = [g_i, h_i],$$
$$h_{i+1} = [g_i, h_i]^* \quad \text{für alle } i \in \mathbb{N}.$$

Sei $n \in \mathbb{N}$ minimal mit $G^{(n)} = \{ 1 \}$.
Wegen $g_n \in G^{(n)}$ ist dann also $g_n = 1$ (und $h_n = 1$).
Gelesen über F_2, generiert von den Zeichen g und h, ist aber g_n ein reduziertes Wort (!). Also ist die von g und h erzeugte Untergruppe H von G nicht isomorph zu F_2. Dies zeigt die Behauptung.

Für die auflösbaren Gruppen $\mathcal{I}_1$ und $\mathcal{I}_2$ können wir relativ einfache universelle Gleichungen in zwei Variablen finden, die gelesen über F_2 nicht gelten:

Übung

(i) Für alle $\varphi \in \mathcal{I}_3$ ist $\varphi^2 \in \mathrm{Tr}_1$, also ist $\varphi^2\, \psi^2\, \varphi^{-2}\, \psi^{-2} = 1$ für alle $\varphi, \psi \in \mathcal{I}_1$.

(ii) Für alle $\varphi, \psi \in \mathcal{I}_2$ ist $\chi = \varphi^2\, \psi^2\, \varphi^{-2}\, \psi^{-2} \in \mathrm{Tr}_2$.
Also gilt $\chi\, \chi' = \chi'\, \chi$, wobei $\chi' = \varphi^{-2}\, \psi^{-2}\, \varphi^2\, \psi^2 \in \mathrm{Tr}_2$.
Folglich ist $\chi\, \chi'\, \chi^{-1}\, \chi'^{-1} = 1$.

Wir schreiben hier $\mathcal{I}_1$ und $\mathcal{I}_2$ der Einfachheit halber multiplikativ.

Übung

Sei $G = \mathcal{S}_{\{1,2,3,4,5\}}$ die Permutationsgruppe auf $\{1, 2, 3, 4, 5\}$, und sei $H = \{ g \in G \mid \mathrm{signum}(g) = 1 \}$ die Untergruppe der geraden Permutationen. Dann gilt $[G, G] = H$ und $[H, H] = H$. Also ist G nicht auflösbar.

Die Übung zeigt, daß obigige Implikation über auflösbare Gruppen und F_2 nicht umgekehrt werden kann.

Literatur

Audin, Michel 2003 Geometry; *(Engl. Übersetzung der französischen Originalausgabe von 1998 bei Editions Belin, Paris.) Springer, Berlin.*

Bachmann, Friedrich 1973 Aufbau der Geometrie aus dem Spiegelungsbegriff; *2. Auflage. Springer, Berlin.*

Bieberbach, Ludwig 1910 Über die Bewegungsgruppen des n-dimensionalen Euklidischen Raumes mit einem endlichen Fundamentalbereich; *Göttinger Nachrichten (1910), S. 75 – 84.*

Birkhoff, Garrett / Mac Lane, Saunders 1965 A Survey of Modern Algebra; *3. Auflage. Macmillan, New York.*

Bosch, Siegfried 2003 Lineare Algebra; *2. Auflage. Springer, Berlin.*

– 2004 Algebra; *5. Auflage. Springer, Berlin.*

Burckhardt, Johann 1966 Die Bewegungsgruppen der Kristallographie; *Birkhäuser, Basel*

Coxeter, Harold S. M. 1961 Introduction to Geometry; *Wiley, New York.*

– 1981 Unvergängliche Geometrie; *2. erweiterte Auflage. Birkhäuser, Basel.*

Fischer, Gerd 1975 Lineare Algebra; *Vieweg, Braunschweig.*

Frobenius, Georg Ferdinand 1905 Zur Theorie der linearen Gleichungen; *Journal für die reine und angewandte Mathematik 129 (1905), S. 175 – 180.*

Hausdorff, Felix 1914 Grundzüge der Mengenlehre; *Veit & Comp., Leipzig. Nachdrucke bei Chelsea, New York 1949, 1965, 1978. Kommentierter Nachdruck bei Springer, Berlin 2002 (Band II der Hausdorff-Werkausgabe).*

– 1914b Bemerkungen über den Inhalt von Punktmengen; *Mathematische Annalen 75 (1914), S. 428 – 433.*

Hausner, Melvin 1965 A Vector Space Approach to Geometry; *Prentice-Hall, New Jersey.*

Jordan, Camille 1867 Mémoire sur les groupes de mouvements; *Annali di Mathematica 2 (1867), S. 167 – 215 u. 322 – 345.*

Klein, Felix 1872 Vergleichende Betrachtungen über neuere geometrische Forschungen; *Titelzusatz: „Programm zum Eintritt in die philosophische Fakultät und den Senat der k. Friedrich-Alexanders-Universität zu Erlangen." Verlag von Andreas Deichert, Erlangen.*

– 1974 Das Erlanger Programm; *Hrsg. und kommentiert von H. Wußing. Ostwalds Klassiker der exakten Wissenschaften 253. Harri Deutsch, Frankfurt.*

Klein, Felix / Fricke, Robert 1890 Vorlesungen über die Theorie der elliptischen Modulfunktionen. Erster Band; *BG. Teubner, Leipzig.*

Knörrer, Horst 1996 Geometrie; *Vieweg, Braunschweig.*

Koecher, Max 1997 Lineare Algebra und analytische Geometrie; *Springer, Berlin.*

Kowalewski, Gerhard 1909 Einführung in die Determinantentheorie; *Veit & Co, Leipzig.*

Kowalsky, Hans-Joachim 1967 Lineare Algebra; *de Gruyter, Berlin.* Neuausgabe zusammen mit Gerhard Michler 2003 bei de Gruyter.

Lang, Serge 1966 Linear Algebra; *Addison-Wesley, Reading Mass.*

Lax, Peter 1996 Linear Algebra; *John Wiley & Sons, New York.*

Milnor, John 1976 Hilbert's problem 18: On crystalographic groups, fundamental domains, and on sphere packings; *in:* Mathematical developments arising from Hilbert problems. *American Mathematical Society, Providence.*

Neumann, John von 1929 Zur allgemeinen Theorie des Maßes; *Fundamenta Mathematicae 13 (1929), S. 73 – 116.*

Schoenflies, Arthur 1891 Kristallsysteme und Kristallstruktur; *Leipzig.*

Scholz, Erhard 1989 Symmetrie, Gruppe, Dualität. Zur Beziehung zwischen theoretischer Mathematik und Anwendungen in der Kristallographie und Baustatik; *Birkhäuser, Basel.*

Scriba, Christoph / Schreiber, Peter 2003 5000 Jahre Geometrie. Geschichte, Kulturen, Menschen; *Zweiter, korrigierter Nachdruck. Springer, Berlin.*

Sternberg, Shlomo 1994 Group Theory and Physics; *Cambridge University Press, Cambridge.*

Swierczkowski, Stanisław 1958 On a free group of rotations of the Euklidean space; *Nederlanse Academie van Wetenschappen Series A, 61 (1958), S. 376 – 378.*

Wagon, Stan 1999 The Banach-Tarski-Paradox; *Nachdruck der 2. Auflage von 1986. Cambridge University Press, Cambridge Mass.*

5. Inhalte und Maße

Die Bestimmung der Längen von Kurven, der Inhalte von Flächen und der Volumina von dreidimensionalen Körpern gehört nicht nur zu den ältesten Traditionen der Mathematik, sondern auch zu den immer wiederkehrenden Quellen und Prüfsteinen am Weg ihrer geschichtlichen Entwicklung. Das geometrisch begründete Messen ist der Mathematik so eigentümlich wie das quantitativ begründete algebraische Rechnen.

Bereits in der Antike entstehen – neben dem Meßverfahren der Wechselwegnahme des Euklidischen Algorithmus – die ersten beweistechnisch aufwendigen Methoden zur Flächen- und Volumenberechnung durch Ausschöpfung und Umschreibung: Das gesuchte Maß eines Objekts wird approximativ ermittelt, indem dieses durch einfache geometrische Gebilde, deren Maß bekannt ist, möglichst dicht aufgefüllt oder knapp umschlossen wird. Die hellenistische Mathematik war zur Zeit des Archimedes mit dieser Exhaustionsmethode sehr weit vorgedrungen, und die Wissenschaftsgeschichte hätte ein gutes Jahrtausend gespart, wenn es die andere Geschichte zugelassen hätte. Archimedes berechnete Oberfläche und Volumen der Kugel und Volumina bestimmter anderer Rotationskörper. Er findet etwa das Volumen $\pi r^2 h/2$ eines in einen Zylinder mit Radius r und Höhe h einbeschriebenen Paraboloids. Erst Newton und Leibniz haben die antiken Methoden durch die Infinitesimalrechnung vollendet, und bis zur Fundierung der Infinitesimalrechnung selber dauerte es weit bis ins 19. Jahrhundert. Die neue Technologie bewältigte mit Leichtigkeit Aufgaben wie etwa die Volumenberechnung von komplizierten Rotationskörpern oder die Minimierungsprobleme der Variationsrechnung. Besonders der Leibnizschen Formulierung der Theorie kommt die bekannte magische Sogwirkung der Analysis zu, der man sich nur durch den Blick auf die zuweilen undurchsichtige Systematik ihrer Ergebnisse zu entziehen vermag. Produziert werden eine Unzahl von faszinierenden Gleichungen wie Eulers $\Sigma_{n \geq 1} 1/n^2 = \pi^2/6$, spezielle Objekte wie die sinus- und cosinus-Funktion werden zum mysteriösen Ausgangspunkt riesiger Teiltheorien und alles scheint sich irgendwie durch Verwendung bestimmter Tricks lösen zu lassen. Am Ende steht man beeindruckt vor den Oasen innerhalb jener riesigen Integral- und Differentialwüsten, die die Mathematik dem normalen Erdenbürger als ein so unwirtliches Gefilde erscheinen lassen, und man betrachtet staunend die Karawanen der Physik, die sich hier ihr Wasser holen.

Das abstrakte mathematische Maßproblem wurde, trotz der hochentwickelten Theorie zur Volumenbestimmung, erst zu Beginn des 20. Jahrhunderts formuliert. Seine Motivation ist heute, nach der semantische Revolution der Mathematik durch die mengentheoretischen Sprache, keine große Aufgabe mehr, es erscheint dermaßen natürlich, daß es sich verlustfrei ad hoc formulieren läßt:

„Kann man einer beliebigen Menge von reellen Zahlen eine Länge zuweisen?“,

„Was ist die Fläche einer Teilmenge der Ebene?“,

usw. Gestellt wurde das Problem zu Beginn des 20. Jahrhunderts von Borel und auf seinen Schultern von Lebesgue, nachdem Cantor „lineare Punktmannigfaltigkeiten“, allgemeine Teilmengen des Kontinuums also, überhaupt erst zu einem mathematischen Begriff gemacht hatte. Cantor selber hatte, wie auch Peano und Jordan, über das abstrakte mathematische Messen nachgedacht, aber erst Lebesgue gelang es, das Thema prägnant formuliert auf das mathematische Tapet zu bringen. Es eroberte seinen festen Platz in der modernen Analysis und wurde zur unentbehrlichen Grundlage der Wahrscheinlichkeitstheorie.

Das Maßproblem

Wir wollen Teilmengen A von $\mathbb{R}$ ein Längenmaß oder kurz eine Länge zuordnen. Weiter wollen wir $A \subseteq \mathbb{R}^2$ eine Fläche, $A \subseteq \mathbb{R}^3$ ein Volumen, und allgemein Teilmengen A des $\mathbb{R}^n$ ein n-dimensionales Volumen zuordnen für $n \geq 1$ (wir verwenden den Begriff *Volumen* der sprachlichen Einfachheit halber zuweilen auch für die Dimensionen 1 und 2). Das n-dimensionale Volumen wird eine reelle Zahl größergleich 0 sein. Zuweilen wird man der Bequemlichkeit halber auch „unendlich“ als Wert des Messens zulassen.

Die Intuition über den Längenbegriff liefert zunächst als Ausgangspunkt: Ein reelles Intervall $[a, b]$, $a \leq b$, hat die Länge $b - a$. Allgemeiner hat ein n-dimensionaler Quader $[a, b]^n$ das Volumen $(b - a)^n$. Es wäre nun möglich, von hier aus die Länge von immer komplizierteren Teilmengen von $\mathbb{R}$ und $\mathbb{R}^n$ festzulegen, oder wenn man so will, zu finden. Dieser besonnene Weg ist sehr fruchtbar und ein Abenteuer für sich, und wir werden später insbesondere bei der Diskussion der sog. Borel-Hierarchie sehen, wie reichhaltig ein „immer komplizierter“ sein kann, ohne daß dabei der Boden der konkret faßbaren Teilmengen von $\mathbb{R}$ verlassen werden müßte. Wir suchen hier aber stürmisch und unerschrocken nach einem umfassenden Längenbegriff, der die ganze Potenzmenge von $\mathbb{R}$ im Auge hat.

Die intuitiv klare „Homogenität des Raumes“ führt zu einer weiteren wesentlichen Eigenschaft für alle Teilmengen des $\mathbb{R}^n$: Längen ändern sich nicht durch Verschiebung, Volumina nicht durch Rotation, usw. Wir werden von einem Volumenbegriff, der seinen Namen verdient, allgemein erwarten, daß alle Euklidischen Isometrien volumentreu sind. Für alle $n \geq 1$, alle Euklidischen Isometrien $g : \mathbb{R}^n \to \mathbb{R}^n$ und alle $A \subseteq \mathbb{R}^n$ stimmen dann das Volumen von A und das Volumen von $g''A$ überein.

Was können wir noch über „Länge“ sagen? Ein weiterer intuitiver Komplex läßt sich unter dem Stichwort „Additivität“ zusammenfassen: Disjunkte Vereinigungen von Mengen entsprechen der Summenbildung bei der Längenmessung. Intuitiv klar ist: Sind A und B disjunkte Teilmengen von $\mathbb{R}$, so ist die Länge von $A \cup B$ die Summe der Längen von A und B. Wie sieht es aber mit unendlich vielen disjunkten Mengen aus? Soll hier immer noch Additivität gelten? Daß ein

„ja, sicher“ hier zu vorschnell ist, zeigt folgende einfache Überlegung: Die Länge von $\{x\} \subseteq \mathbb{R}$ ist sicher Null für alle $x \in \mathbb{R}$. Aber $\mathbb{R}$ ist die disjunkte Vereinigung aller $\{x\}$, also $\mathbb{R} = \bigcup_{x \in \mathbb{R}} \{x\}$. Also kann ein Längenmaß nicht beliebig additiv sein. Ebenso wäre aber ein „sicher nicht“ zu vorschnell. Abzählbar viele paarweise disjunkte Intervalle der Länge 1/2, 1/4, 1/8, … sollten zusammengenommen Länge 1 haben, darauf wird man kaum verzichten wollen. In der Tat erweist sich der Begriff der abzählbaren Additivität als ebenso sinnvoll wie stark, und dies sowohl aus praktischer als auch aus theoretischer Sicht. Die Überabzählbarkeit von $\mathbb{R}$ macht es möglich, einzelnen Punkten von $\mathbb{R}$ die Länge Null zuzuordnen und zugleich die Idee der unendlichen Summenbildung aufrechtzuerhalten.

Zur Präzisierung führen wir nun noch einige Begriffe ein. Im folgenden betrachten wir Funktionen mit Werten in $[0, \infty]$, wobei für den uneigentlichen Wert ∞ die üblichen Rechenregeln gelten sollen, etwa $x + \infty = \infty + x = \infty$ für alle $x \in [0, \infty]$. Ist $A \subseteq [0, \infty]$ nach oben unbeschränkt, so sei $\sup(A) = \infty$, usw. Die Zulassung von ∞ ist insgesamt eine rein notationelle Bequemlichkeit, auf die man aber schnell nicht mehr verzichten möchte.

Definition *(additive und σ-additive Funktionen)*

Sei M eine Menge von Mengen, und sei $\mu : M \to [0, \infty]$ eine Funktion.

(i) μ heißt *endlich additiv (innerhalb M)*, falls für alle disjunkten $A, B \in M$ mit $A \cup B \in M$ gilt:

$\mu(A \cup B) = \mu(A) + \mu(B)$.

(ii) μ heißt *σ-additiv (innerhalb M)*, falls gilt:

Ist $N \subseteq M$ eine abzählbare Menge von paarweise disjunkten Mengen und ist $\bigcup N \in M$, so ist

$\mu(\bigcup N) = \Sigma_{A \in N}\, \mu(A)$.

Hierbei ist $\Sigma_{A \in N}\, \mu(A) \in [0, \infty]$ das Supremum der Partialsummen einer beliebigen endlichen oder unendlichen Aufzählung von $\{\mu(A) \mid A \in N\}$. Jede σ-additive Funktion ist auch endlich additiv, da N in (ii) auch endlich sein kann.

Der Leser denke bei M an Mengen der Form $\mathcal{P}(R)$ für eine Menge R, oder an hinreichend reichhaltige Teilmengen von $\mathcal{P}(R)$. Speziell sind wir hier natürlich an $R = \mathbb{R}^n$ für $n \geq 1$ interessiert.

Das Lebesguesche Maßproblem für ein beliebiges $n \in \mathbb{N}$ lautet damit:

Maßproblem für das n-dimensionale Kontinuum

Gibt es eine Funktion $f : \mathcal{P}(\mathbb{R}^n) \to [0, \infty]$ mit:

(a) $f([0, 1]^n) = 1$. *(Normiertheit)*

(b) $f(A) = f(g''A)$ für alle $A \subseteq \mathbb{R}^n$ und alle Isometrien $g \in \mathcal{I}_n$. *(Bewegungsinvarianz)*

(c) f ist σ-additiv. *(σ-Additivität)*

Das n-dimensionale Maßproblem heißt *lösbar*, falls es eine derartige Funktion f gibt. f heißt dann ein *volles bewegungsinvariantes Maß* auf $\mathbb{R}^n$. Das Adjektiv *voll* bezieht sich hierbei auf den Definitionsbereich von f, die volle Potenzmenge von $\mathbb{R}^n$. Für $A \subseteq \mathbb{R}^n$ heißt weiter f(A) das *Maß von A unter f*.

In der Originalfassung der Doktorarbeit von Lebesgue lautet die Fragestellung (formuliert für beschränkte Mengen und endliche Maße):

Lebesgue (1902): „Nous proposons d'attacher à chaque ensemble borné un nombre positif ou nul que nous appellerons sa mesure et satisfaisant aux conditions suivantes:

1.° Il existe des ensembles dont la mesure n'est pas nulle.

2.° Deux ensembles égaux ont même mesure.

3.° La mesure de la somme d'un nombre fini ou d'une infinité dénombrable d'ensembles, sans points communs, deux à deux, est la somme des mesures de ces ensembles."

Für eine Lösung f des Maßproblems gelten automatisch weitere Eigenschaften:

Übung

Sei $f : \mathcal{P}(\mathbb{R}^n) \to [0, \infty]$ eine Lösung des Maßproblems der Dimension n. Dann gilt:

(i) $f(\{x\}) = 0$ für alle $x \in \mathbb{R}^n$, falls $n \neq 0$. *(Nichttrivialität)*

(ii) $f(A) \leq f(B)$ für alle $A, B \subseteq \mathbb{R}^n$ mit $A \subseteq B$. *(Monotonie)*

(iii) $f(A) < \infty$ für alle beschränkten $A \subseteq \mathbb{R}^n$.

Weiter ergibt sich aus einer Lösung des Maßproblems für eine Dimension eine Lösung des Maßproblems für alle kleineren Dimensionen:

Übung

Ist das Maßproblem für n lösbar, so ist es auch für alle $m < n$ lösbar.

[Sei f wie im n-dimensionalen Maßproblem, und sei $m < n$.
Betrachte $g : \mathcal{P}(\mathbb{R}^m) \to [0, \infty]$ mit $g(A) = f(A \times [0, 1]^{n-m})$ für $A \subseteq \mathbb{R}^m$.]

Jede Lösung des Maßproblems wäre ein Kandidat für eine n-dimensionale Volumenfunktion. Man konnte sogar hoffen, daß eine Lösung für alle $n \geq 1$ eindeutig bestimmt ist. Dann wäre ein n-dimensionales Volumen in zeitlos befriedigender Weise erklärt. Die Mathematik birgt aber immer wieder Überraschungen, und in der Tat ist das Maßproblem bereits für $n = 1$ unlösbar: Es gibt Teilmengen A des Kontinuums, denen man keine Länge zuweisen kann, wenn wir die obigen durch die Intuition gegebenen Anforderungen an „Länge" stellen (σ-Additivität und Bewegungsinvarianz). Genauer zeigt sich, daß die scheinbar unproblematische Translationsinvarianz einer Länge, in Verbindung mit der σ-Additivität, durch die Existenz einer Zerlegung von $\mathbb{R}$ in unendlich viele gleichwertige Teile vor unlösbare Probleme gestellt wird. Genaueres zeigt der Beweis des Satzes von Vitali, der nur vier Jahre nach der Formulierung des Maßproblems durch Lebesgue gefunden wurde. Hierzu definieren wir noch:

Definition *(Translation einer Menge $A \subseteq \mathbb{R}^n$, $A + x$, $A - x$)*

Seien $A \subseteq \mathbb{R}^n$, $x \in \mathbb{R}^n$. Dann setzen wir:

$$A + x = x + A = tr_x''A \quad (= \{ y + x \mid y \in A \}),$$
$$A - x = A + (-x) = tr_{-x}''A \quad (= \{ y - x \mid y \in A \}).$$

A + x heißt die *die Translation* und A − x *die Rücktranslation* von A um x.

Die Punktmenge A + x ist also das Ergebnis der Verschiebung der Figur A um den Vektor $x \in \mathbb{R}^n$. (Hier und im folgenden ist $y + x$ für $x, y \in \mathbb{R}^n$ und $n \geq 1$, die übliche Vektoraddition.)

Übung

Sei Q dicht in $\mathbb{R}$, und seien $a, b \in \mathbb{R}$ mit $a < b$. Dann gilt für alle $P \subseteq \mathbb{R}$:

$P = \bigcup_{q \in Q} (]a, b[+ q) \cap P.$

Nach diesen notationellen Vorbereitungen können wir nun relativ einfach den folgenden grundlegenden Satz beweisen ([Vitali 1905]):

Satz *(Satz von Vitali, Nichtexistenz einer vollen σ-additiven Längenfunktion)*

Sei $\mathfrak{B} = \{ A \subseteq \mathbb{R} \mid A \text{ ist beschränkt} \}$.

Dann gibt es kein $\mu : \mathfrak{B} \to \mathbb{R}_0^+$ mit:

(i) $\mu([0, 1]) > 0$.

(ii) Für alle $A \in \mathfrak{B}$ und alle $q \in \mathbb{Q}$ gilt $\mu(A) = \mu(A + q)$.

(iii) μ ist σ-additiv.

Beweis

Annahme, es gibt eine solche Funktion μ.

Wir definieren eine Äquivalenzrelation $\sim$ auf $\mathbb{R}$ durch:

$x \sim y$ *falls* $x - y \in \mathbb{Q}$.

Sei $V \subseteq [0, 1[$ ein vollständiges Repräsentantensystem für $\sim$.

Sei $Q = \mathbb{Q} \cap [-1, 1]$. Dann gilt:

(α) Für alle $q_1, q_2 \in Q$ mit $q_1 \neq q_2$ ist $(V + q_1) \cap (V + q_2) = \emptyset$.

(β) $[0, 1] \subseteq \bigcup_{q \in Q} (V + q) = \bigcup_{x \in V} (x + Q)$.

Sei $W = \bigcup_{q \in Q} (V + q)$.

Dann ist $W \subseteq [-1, 2]$ beschränkt, also $W \in \mathfrak{B}$.

Nach (α), (ii) und (iii) gilt:

$\mu(W) = \Sigma_{q \in Q}\, \mu(V + q) = \Sigma_{n \geq 0}\, \mu(V)$.

Also ist $\mu(V) = 0$ wegen $\mu(W) \in \mathbb{R}$. Also $\mu(W) = 0$. Dann ist aber nach (β)

$\mu([0, 1]) \leq \mu(W) = 0$,

im Widerspruch zu $\mu([0, 1]) > 0$ nach (i). ∎

Die Konstruktion von Vitali läßt sich sehr schön auch auf jedem Kreis K durchführen (und damit auf jedem Intervall $[0, t[$, $t > 0$, wenn man modulo t rechnet). Für $x, y \in K$ definieren wir $x \sim y$, falls der Winkel zwischen x und y bzgl. des Kreismittelpunktes ein rationales Vielfaches von 2π ist. Ist V ein vollständiges Repräsentantensystem dieser Relation, so ist K die disjunkte abzählbare Vereinigung aller Rotationen von V um die Winkel $2\pi q$, $q \in \mathbb{Q} \cap [0, 1[$. Alle diese Rotationen müßten wegen Bewegungsinvarianz das gleiche Maß μ haben. Wegen der σ-Additivität ist sowohl $\mu = 0$ ausgeschlossen (da sonst K Maß 0 hätte) also auch $\mu > 0$ (da sonst K kein endliches Maß hätte).

Der Beweis verwendet, daß jede Äquivalenzrelation ein vollständiges Repräsentantensystem besitzt. Wir geben noch einen zweiten Beweis des Satzes, der ein solches Repräsentantensystem mit Methoden der linearen Algebra gewinnt. Die reellen Zahlen können wir als Vektorraum über dem Körper $\mathbb{Q}$ auffassen: Die Vektoren sind Elemente von $\mathbb{R}$, als Skalare betrachten wir aber nur rationale Zahlen. Eine Basis des $\mathbb{Q}$-Vektorraumes $\mathbb{R}$ bezeichnet man traditionell als *Hamelbasis*. Eine Hamelbasis H ist also eine Teilmenge von $\mathbb{R}$ derart, daß jedes $x \in \mathbb{R}$ eine eindeutige Darstellung der Form $x = \Sigma_{1 \leq i \leq n}\, q_i z_i$ mit $q_i \in \mathbb{Q}$ und $z_i \in H$ besitzt. Hamelbasen generieren in einfacher Weise nun ebenfalls Mengen, die die σ-additive Längenmessung vor unlösbare Probleme stellen:

Variante des Beweises des Satzes von Vitali

Sei $H \subseteq \mathbb{R}$ eine Basis des $\mathbb{Q}$-Vektorraumes $\mathbb{R}$ mit $1 \in H$. Wir setzen:

S = „der von $H - \{1\}$ erzeugte Unterraum des $\mathbb{Q}$-Vektorraumes $\mathbb{R}$".

Sei wieder $\sim$ die obige Äquivalenzrelation auf $\mathbb{R}$, also $x \sim y$ *gdw* $x - y \in \mathbb{Q}$. Wir zeigen:

(+) S ist ein vollständiges Repräsentantensystem für $\sim$.

Beweis von (+)

Seien $x, y \in S$, und sei $x - y = q \in \mathbb{Q}$. Dann ist $q = 0$ und $x = y$, denn *andernfalls* wäre $1 = x/q - y/q$, und also 1 eine Linearkombination von Vektoren in $H - \{1\}$, im *Widerspruch* zur linearen Unabhängigkeit von H. Also sind die Elemente von S paarweise nicht äquivalent.

Wegen H erzeugend ist weiter $\mathbb{R} = \bigcup_{q \in \mathbb{Q}} (S + q \cdot 1) = \bigcup_{x \in S} (x + \mathbb{Q})$. Also ist S vollständig.

Wir setzen nun:

$V = \{ x \in [0, 1[\mid x + a \in S \text{ für ein } a \in \mathbb{Z} \}$.

Dann ist V immer noch ein vollständiges Repräsentantensystem für $\sim$, und der Beweis kann wie oben geführt werden. ∎

Man kann das Argument auch so führen, ohne die Relation $\sim$ explizit zu erwähnen. Sei H eine Hamelbasis und sei $x^* \in H$ fest gewählt. Sei S der von $H - \{x^*\}$ erzeugte Unterraum von $\mathbb{R}$. Wegen H Basis ist $\mathbb{R}$ die disjunkte Vereinigung der Mengen $S + qx^*$, $q \in \mathbb{Q}$. Wir setzen für $q \in \mathbb{Q}$: $S_q = (S + qx^*) \cap [0, 1]$.

Dann ist $[0, 1]$ die disjunkte Vereinigung aller S_q, $q \in \mathbb{Q}$. *Annahme*, es gibt ein μ wie im Satz von Vitali. Wegen μ σ-additiv und $\mu([0, 1]) > 0$ existiert ein $q^* \in \mathbb{Q}$ mit $\mu(S_{q^*}) > 0$. Wieder wegen μ σ-additiv existiert dann ein $n \in \mathbb{N}$ mit $\mu(S_{q^*} \cap [1/n, 1 - 1/n]) = \varepsilon > 0$ (denn $\mu(\{0\}) = \mu(\{1\}) = 0$ und $]0, 1[= \bigcup_{n \geq 1} [1/n, 1 - 1/n]$). Sei

$$T_{q^*} = S_{q^*} \cap [1/n, 1 - 1/n].$$

Wegen μ translationsinvariant gilt für alle $r \in \mathbb{Q}$ mit $|r| < 1/n$, daß $\mu(T_{q^*} + r) = \mu(T_{q^*})$. Dann sind die Mengen $T_{q^*} + r$, $r \in \mathbb{Q}$, $|r| < 1/n$, unendlich viele paarweise disjunkte Teilmengen von $[0, 1]$, die alle das gleiche μ-Maß ε größer Null haben, *Widerspruch.*

Übung

(i) Überlegen Sie sich, warum der Beweis des Satzes von Vitali mit der Äquivalenzrelation „$x \sim y$, *falls* $x - y \in \mathbb{Z}$“ nicht funktioniert.

(ii) Sei K der Kreis durch 0 mit Radius $1/(2\pi)$, und sei $0 < \alpha < 1$ irrational. Wir definieren auf K eine Äquivalenzrelation durch

$x \sim y$, *falls* $x - y \in \mathbb{Z}\alpha$,

d.h. falls ein $z \in \mathbb{Z}$ existiert mit $x - y = z\alpha$.

Zeigen Sie durch ein Zerlegungsargument wie bei Vitali, daß keine rotationsinvariante σ-additive Funktion $\mu : \mathcal{P}(K) \to [0, 1]$ existiert mit $\mu(K) = 1$, und folgern Sie die Unlösbarkeit des Maßproblems für $\mathbb{R}$.

[zu (ii) siehe das gleich folgende Hausdorff-Zitat.]

Unabhängig von Vitali hat Edward van Vleck eine nichtmeßbare Menge konstruiert [Vleck 1908]. Weiter hat dann Hausdorff 1914 die Unlösbarkeit des Maßproblems gefunden, offenbar in Unkenntnis seiner Vorläufer. Hausdorff argumentiert mit einer anderen Äquivalenzrelation. Wegen der grundlegenden Bedeutung des Ergebnisses und der weiten Verbreitung der Idee durch das Hausdorffsche Opus Magnum geben wir die Passage ausführlich wieder.

Hausdorff (1914): „Wir werden den Inhaltsbegriff konstruktiv behandeln, d.h. durch eine bestimmte Vorschrift die Zahlen f(A) definieren und ihre Eigenschaften entwikkeln. In der Wahl dieser Vorschrift läßt man sich natürlich durch gewisse Forderungen leiten, die an den Inhalt gestellt werden. Eine nur auf solchen Forderungen beruhende axiomatische Behandlungsweise ist von H. Lebesgue versucht worden, aber nicht zum Abschluß gekommen. Man wird jedenfalls das endliche, womöglich auch das abzählbare Summengesetz postulieren und überdies verlangen, daß kongruente Mengen gleichen Inhalt haben; um endlich einen allen Inhalten gemeinsamen Proportionalitätsfaktor zu bestimmen und insbesondere das Verschwinden aller Inhalte auszuschließen, wird man die Volumeneinheit fixieren, d.h. einem n-dimensionalen Würfel mit der Seitenlänge 1 den Inhalt 1 vorschreiben. Danach formuliert Lebesgue das Problem dahin, jeder (beschränkten) Menge A des Raumes E_n [$\mathbb{R}^n$] als Inhalt eine Zahl $f(A) \geq 0$ unter folgenden Bedingungen zuzuordnen:

(α) Kongruente Mengen haben denselben Inhalt.
(β) Der Einheitswürfel hat den Inhalt 1.
(γ) Es ist $f(A + B) = f(A) + f(B)$ [für disjunkte A, B].
(δ) Es ist $f(A + B + C + \ldots) = f(A) + f(B) + f(C) + \ldots$ für eine beschränkte Summe von abzählbar vielen [paarweise disjunkten] Mengen.

Dieses Problem ... ist aber unlösbar, und zwar bereits für die linearen, um so mehr für die n-dimensionalen Mengen. Wir führen den Beweis so, daß wir die Einheitsstrecke A ($0 \leq x < 1$), die den Inhalt f(A) = 1 haben soll, in abzählbar viele kongruente (genauer: zerlegungsgleiche) Summanden spalten, die also gleichen Inhalt haben müßten und damit das Axiom (δ) umstoßen. Lassen wir zunächst alle x alle reellen Zahlen durchlaufen und ordnen zwei reellen Zahlen mit ganzzahliger Differenz denselben Punkt von A zu: geometrisch gesprochen, wir wickeln die gerade Linie, in der A liegt, auf eine Kreisperipherie vom Radius $1/2\pi$, die hierdurch umkehrbar eindeutig auf A bezogen wird. Zwei Mengen der Form

$$A_0 = \{x, y, z, \dots\}, \quad A_1 = \{x+\alpha, y+\alpha, z+\alpha, \dots\}$$

sind auf dem Kreise unmittelbar kongruent, da A_1 aus A_0 durch Verschiebung um den Bogen α entsteht. Auf der Einheitsstrecke sind sie zerlegungsgleich [d.h. können in endlich viele paarweise kongruente Stücke zerlegt werden] ... Nach den Forderungen (α) (γ) haben also A_0 und A_1 denselben Inhalt.

Ist nun α eine irrationale Zahl, so entspricht jedem Punkt x eine abzählbare Menge

$$P_x = \{\dots, x-2\alpha, x-\alpha, x, x+\alpha, x+2\alpha, \dots\},$$

gewissermaßen die Menge der Ecken eines dem Kreise eingeschriebenen regulären Polygons, das aber unendlich viele Seiten hat und sich nicht schließt; zwei verschiedene Mengen P_x, P_y haben keinen Punkt gemein. Wir wählen jetzt aus jeder Menge P_x genau einen Punkt x aus und nennen $A_0 = \{x, y, z, \dots\}$ die Menge dieser Punkte, ferner für ganzzahliges m

$$A_m = \{x + m\alpha, y + m\alpha, \dots\}$$

die Menge, die aus A_0 auf dem Kreise durch Verschiebung um den Bogen $m\alpha$ entsteht. Es ist dann

$$A = \Sigma_m A_m = A_0 + A_1 + A_{-1} + A_2 + A_{-2} + \dots$$

und alle A_m haben denselben Inhalt $f(A_m) = f(A_0)$. Das endliche Summenaxiom (γ) würde dann, weil für jede natürliche Zahl n

$$1 = f(A) \geq f(A_1) + f(A_2) + \dots + f(A_n) = n \cdot f(A_0)$$

ist, $f(A_0) = 0$ bedingen, und damit ist das abzählbare Summenaxiom (δ) verletzt."

Insgesamt verwenden die Argumente allesamt substantiell das Auswahlaxiom (Existenz eines vollständigen Repräsentantensystems für Äquivalenzrelationen, Existenz einer Basis für den $\mathbb{Q}$-Vektorraum $\mathbb{R}$). Man kann in der Mengenlehre zeigen, daß diese Verwendung unabdingbar ist. Ansprechender formuliert: Man konstruiert dort für sich interessante Modelle, in welchen das Auswahlaxiom verletzt ist, aber alle anderen Axiome der Mengenlehre gelten, und in welchen das Maßproblem von Lebesgue lösbar ist (und folglich eine Funktion μ wie im Satz von Vitali in der Tat existiert). Wir kommen in Kapitel 6 des zweiten Abschnitts hierauf noch zurück (siehe dort insb. den Satz von Solovay von 1970).

Wir haben insbesondere gezeigt:

Korollar *(Unlösbarkeit des Lebesgueschen Maßproblems)*

Für alle $n \geq 1$ gilt: Das n-dimensionale Maßproblem ist nicht lösbar.

Für $n = 0$ ist $\mu : \mathcal{P}(\{0\}) \to \mathbb{R}$ mit $\mu(\{0\}) = 1$, $\mu(\emptyset) = 0$ eine (und die einzige) Lösung.

Der Satz von Vitali zeigt die Unverträglichkeit der Translationsinvarianz und der σ-Additivität eines Maßes auf ganz $\mathcal{P}(\mathbb{R})$. Vielleicht ist die σ-Additivität ja doch eine Forderung, die stärker ist als es zunächst scheinen mag? Oder hat das Problem gar nichts mit der σ-Additivität zu tun?

---

von Neumman (1929): „Man kann nämlich an Stelle linearer Punktmengen ebene, räumliche, oder solche im n-dimensionalen Euklidischen Raume untersuchen, und für diese das allgemeine Maßproblem formulieren. An [die Forderung der σ-Additivität] ist, mit Rücksicht auf das Fiasko im eindimensionalen Falle, natürlich nicht zu denken, aber [mit der Forderung der endlichen Additivität] kann man es versuchen."

Bemerkenswert ist die Bezeichnung „Fiasko", die sich in mathematischen Veröffentlichungen wohl nur selten nachweisen läßt.

Wir betrachten also, wieder bescheiden geworden, das Inhaltsproblem für jede Dimension $n \in \mathbb{N}$.

Inhaltsproblem für das n-dimensionale Kontinuum

Gibt es eine Funktion $f : \mathcal{P}(\mathbb{R}^n) \to [0, \infty]$ mit:

(i) $f([0, 1]^n) = 1$.

(ii) $f(A) = f(g''A)$ für alle $A \subseteq \mathbb{R}^n$ und Isometrien $g \in \mathcal{I}_n$.

(iii) f ist endlich additiv.

Eine derartige Funktion f heißt eine *Lösung des Inhaltsproblems der Dimension n* und weiter ein *voller bewegungsinvarianter Inhalt* auf $\mathbb{R}^n$. Für $A \subseteq \mathbb{R}^n$ heißt $f(A)$ der Inhalt von A unter f. Die Eigenschaften (i) – (iii) der Übung oben sind auch für Lösungen f des Inhaltsproblems erfüllt.

Für das Inhaltsproblem gelten nun die bemerkenswerten komplementären Sätze:

Satz *(Unlösbarkeit des Inhaltsproblems für $n \geq 3$, Hausdorff 1914)*

Das Inhaltsproblem ist für alle $n \geq 3$ unlösbar.

Weiter existiert kein rotationsinvarianter Inhalt $\mu : \mathcal{P}(S^2) \to \mathbb{R}^+$ mit $\mu(S^2) > 0$ für die Kugeloberfläche $S^2 = \{ x \in \mathbb{R}^3 \mid d(0, x) = 1 \}$.

Satz *(Lösbarkeit des Inhaltsproblems für $n = 1$ und $n = 2$, Banach 1923)*

Das Inhaltsproblem ist für $n = 1$ und $n = 2$ lösbar, und es existieren sogar verschiedene Lösungen.

Hausdorff fährt unmittelbar nach seiner „Vitali-Konstruktion" fort:

Hausdorff (1914): „Merkwürdigerweise ist selbst ohne die Forderung (δ) eine Lösung des Inhaltsproblems für alle beschränkten Mengen unmöglich, wenigstens im drei- oder mehrdimensionalen Raum (vgl. Anhang)."

Hausdorff hatte seinen Satz noch im Anhang seiner „Grundzüge der Mengenlehre“ bewiesen, und der Zusatz „wenigstens“ scheint anzudeuten, daß er nicht von der Lösbarkeit für die Dimensionen n = 1 und n = 2 ausging. Banachs Ergebnis ist in der Tat überraschend.

Im Falle von Längen und Flächen ist also eine bewegungs- und speziell also translationsinvariante endlich additive Messung aller Punktmengen möglich. Die Lösungen des Inhaltsproblems sind aber nicht eindeutig, und man kann also auch hier nicht von „der“ endlich additiven Länge oder Fläche einer beliebigen Teilmenge $A \subseteq \mathbb{R}$ bzw. $A \subseteq \mathbb{R}^2$ reden.

Wir werden diese negativen und positiven Resultate im nächsten Kapitel beweisen. Zuvor schildern wir aber noch, wie sich die Theorie des Messens durch Rückzug auf hinreichend große Teilsysteme von $\mathcal{P}(\mathbb{R}^n)$ aus der Affäre hilft.

Maße auf σ-Algebren

Der Satz von Vitali zeigt, daß Translationsinvarianz und σ-Additivität für eine Maßfunktion auf $\mathcal{P}(\mathbb{R})$ nicht zu haben sind. Allgemein hat sich innerhalb der Mengenlehre herausgestellt, daß die Existenz einer σ-additiven reellwertigen nichttrivialen Maßfunktion, die auf der vollen Potenzmenge einer überabzählbaren Menge definiert ist, eine sehr starke Hypothese darstellt, die zwar (mutmaßlich) konsistent ist, aber den Rahmen der üblichen Mathematik dramatisch sprengt. Der Kern des Problems liegt also tatsächlich in der σ-Additivität und hat speziell mit $\mathbb{R}$ nichts zu tun. Im Fall von $\mathbb{R}$ transportiert aber, wie wir gesehen haben, die Symmetrieforderung der Translationsinvarianz die ohnehin schon sehr starke Forderung der σ-Additivität eines Maßes definitiv ins Reich der Unmöglichkeit.

Von theoretischer wie praktischer Warte aus gesehen bietet sich nun folgende Strategie an, wenn man an der σ-Additivität festhalten will: Man reduziert den Definitionsbereich einer Maßfunktion von ganz $\mathcal{P}(\mathbb{R}^n)$ auf ein Teilsystem von $\mathcal{P}(\mathbb{R}^n)$. Allgemein definieren wir:

Definition *(Algebra, σ-Algebra)*

Sei M eine nichtleere Menge, und sei $\mathcal{A} \subseteq \mathcal{P}(M)$.

(a) $\mathcal{A} \subseteq \mathcal{P}(M)$ heißt eine *(Mengen-)Algebra auf M*, falls gilt:

(i) $\emptyset \in \mathcal{A}$.

(ii) Sind $A, B \in \mathcal{A}$, so ist $A \cup B \in \mathcal{A}$.

(iii) Ist $A \in \mathcal{A}$, so ist $M - A \in \mathcal{A}$.

(b) Eine Algebra $\mathcal{A}$ auf M heißt eine *σ-Algebra*, falls gilt:

Ist $X \subseteq \mathcal{A}$ abzählbar, so ist $\bigcup X \in \mathcal{A}$.

Aufbauend auf dem Konzept der σ-Algebra ergeben sich nun die Grundlagen der Maßtheorie. Im allgemeinen Begriff eines Maßes spielt die für das Volumen so zentrale Bewegungsinvarianz keine Rolle mehr.

Definition *(σ-finite Maße und Maßräume)*

Sei M eine nichtleere Menge und sei $\mathcal{A}$ eine σ-Algebra auf M.
Eine Funktion $\mu : \mathcal{A} \to [0, \infty]$ heißt ein *σ-finites Maß auf $\mathcal{A}$*, falls gilt:

(i) μ ist σ-additiv.

(ii) Es gibt ein abzählbares $X \subseteq \mathcal{A}$ derart, daß $M = \bigcup X$ und $\mu(A) < \infty$ für alle $A \in X$. *(σ-Finitheit)*

Die Struktur $\langle M, \mathcal{A}, \mu\rangle$ heißt ein *σ-finiter Maßraum.*
Ein σ-finites Maß auf $\mathcal{A}$ heißt ein *(endliches) Maß auf $\mathcal{A}$*, falls $\mu(M) < \infty$ ist.
μ heißt ein *Wahrscheinlichkeitsmaß* oder *normiert*, falls $\mu(M) = 1$ gilt.
Entsprechend heißt $\langle M, \mathcal{A}, \mu\rangle$ ein *Maßraum* bzw. *Wahrscheinlichkeitsraum.*

Automatisch gilt Monotonie, d.h. $\mu(A) \leq \mu(B)$, falls $A \subseteq B$, $A, B \in \mathcal{A}$. Weiter ist $\mu(\emptyset) = 0$, denn für alle $A \in \mathcal{A}$ ist $\mu(A) = \mu(A \cup \emptyset) = \mu(A) + \mu(\emptyset)$, also gilt $\mu(\emptyset) = \emptyset$, falls $\mu(A) < \infty$ (ein solches A exstiert nach σ-Finitheit). Wer solche Sophistereien nicht mag, nimmt die Forderung $\mu(\emptyset) = 0$ in die Definition mit auf.

Dagegen wird $\mu(\{x\}) = 0$ für $\{x\} \in \mathcal{A}$ nicht gefordert. μ kann, wie man sagt, einzelnen Punkten eine bestimmte Masse zuweisen. Dies ist z.B. automatisch der Fall, wenn M abzählbar unendlich, $\mathcal{A} = \mathcal{P}(M)$ und $\mu(M) > 0$ ist. Denn dann ist $\mu(M) = \Sigma_{x \in M}\, \mu(\{x\})$.

Gilt $\mu(A) = 0$ für alle $A \in \mathcal{A}$, so heißt μ auch das *Nullmaß* auf $\mathcal{A}$.

In einem noch weiter gefaßten Rahmen verzichtet man auf die Bedingung (ii), also auf die σ-Finitheit von μ. Diese allgemeineren Maße sind hier nicht von Interesse. Für das folgende kann man „sei μ ein σ-finites Maß…" immer als Hinweis lesen, daß auch der Wert ∞ angenommen werden kann, während „sei μ ein Maß" immer bedeutet, daß das μ-Maß der Grundmenge endlich ist.

Eine häufig verwendete Eigenschaft von σ-additiven Maßen ist ihre *σ-Stetigkeit:* Ist A_n, $n \in \mathbb{N}$, eine $\subseteq$-aufsteigende Folge in $\mathcal{A}$, so ist $\mu(\bigcup_{n\in\mathbb{N}} A_n) = \sup_{n\in\mathbb{N}} \mu(A_n)$. Analog ist $\mu(\bigcap_{n\in\mathbb{N}} A_n) = \inf_{n\in\mathbb{N}} \mu(A_n)$ für eine $\subseteq$-absteigende Folge mit $\mu(A_0) < \infty$.

Schwächt man die σ-Additivität zur Additivität ab, so spricht man von Inhalten anstatt von Maßen. Für Inhalte genügt konsequenterweise eine Algebra als Definitionsbereich:

Definition *(Inhalte)*

Sei M eine nichtleere Menge und sei $\mathcal{A}$ eine Algebra auf M.
Eine Funktion $\mu : \mathcal{A} \to [0, \infty]$ heißt ein *σ-finiter Inhalt auf $\mathcal{A}$*,
falls (ii) wie oben gilt sowie: (i)′ μ ist endlich additiv.
Die Struktur $\langle M, \mathcal{A}, \mu\rangle$ heißt ein *σ-finiter Inhaltsraum.*
Ein σ-finiter Inhalt μ auf $\mathcal{A}$ heißt ein *Inhalt auf $\mathcal{A}$*, falls $\mu(M) < \infty$.

Statt der Bezeichnung *Inhalt*, die auf Georg Cantor (1884) zurückgeht, ist auch *endlich additives Maß* gebräuchlich. Im Englischen findet man entsprechend *content* und *finitely additive measure*, und zuweilen auch *charge.*

Jedes Maß ist offenbar auch ein Inhalt. Im folgenden konzentrieren wir uns auf Maße. Dem Inhaltsproblem werden wir uns in Kapitel 6 wieder zuwenden.

Sei μ ein σ-finites Maß auf $\mathscr{A}$, und sei $B \in \mathscr{A}$. Im allgemeinen ist eine beliebige Teilmenge A von B kein Element von $\mathscr{A}$ mehr. Ist nun $A \subseteq B$, $B \in \mathscr{A}$ und zudem $\mu(B) = 0$, so haben wir A mit μ bereits implizit mitgemessen, obwohl A nicht in $\mathscr{A}$ zu liegen braucht. Denn wegen der Monotonie von Maßen und $\mu(\emptyset) = \mu(B) = 0$ bleibt für A mit $\emptyset \subseteq A \subseteq B$ nur der Wert 0, wenn wir A durch Erweiterung von $\mathscr{A}$ meßbar machen wollen. Es bietet sich also ein natürlicher Erweiterungs- oder Vervollständigungsbegriff für Maße an. Zunächst definieren wir genau, was „implizit mitgemessen" heißen soll.

Definition *(μ-meßbare Mengen, μ-Nullmengen)*
Sei $\langle M, \mathscr{A}, \mu\rangle$ ein σ-finiter Maßraum.

(i) Ein $N \subseteq M$ heißt eine μ-*Nullmenge*, falls ein $N' \in \mathscr{A}$ existiert mit: $N \subseteq N'$ und $\mu(N') = 0$.

(ii) Ein $P \subseteq M$ heißt μ-*meßbar*, falls $P = A \cup N$ für ein $A \in \mathscr{A}$ und eine μ-Nullmenge $N \subseteq M$.

Die Definition der μ-Meßbarkeit ist eine vereinfachte Version der Bedingung, die der Leser vielleicht erwartet hat:

Übung
In der Situation der Definition sind für alle $P \subseteq M$ äquivalent:

(i) P ist μ-meßbar.

(ii) Es gibt ein $A \in \mathscr{A}$ mit:
$P \,\Delta\, A$ ist eine μ-Nullmenge (mit $P \,\Delta\, A = (P - A) \cup (A - P)$).

Ein σ-finites Maß μ auf einer σ-Algebra $\mathscr{A}$ auf M kann nun wie erwartet durch Einbinden seiner Nullmengen erweitert werden:

Definition *(Vervollständigung eines Maßes)*
Sei $\langle M, \mathscr{A}, \mu\rangle$ ein σ-finiter Maßraum. Wir setzen:

$\mathscr{A}^c = \{ P \subseteq M \mid P \text{ ist } \mu\text{-meßbar} \}.$

Weiter definieren wir $\mu^c : \mathscr{A}^c \to [0, \infty]$ durch

$\mu^c(P) = \mu(A)$ für alle $P \in \mathscr{A}^c$,

wobei $P = A \cup N$ für beliebige A, N mit $A \in \mathscr{A}$, N eine μ-Nullmenge.
μ^c heißt *die Vervollständigung von* μ, und weiter $\langle M, \mathscr{A}^c, \mu^c\rangle$ die *Vervollständigung von* $\langle M, \mathscr{A}, \mu\rangle$.

Man zeigt leicht, daß die Vervollständigung μ^c eines σ-finiten Maßes μ wieder ein σ-finites Maß auf der σ-Algebra $\mathscr{A}^c \supseteq \mathscr{A}$ ist. Offenbar setzt μ^c das Maß μ fort, d.h. es gilt $\mu^c(A) = \mu(A)$ für alle $A \in \mathscr{A}$. Im allgemeinen ist $\mathscr{A}$ eine echte Teilmenge von $\mathscr{A}^c$. Wie erwartet liefert die Iteration des Verfahrens dann aber nichts Neues mehr: Es gilt $(\mathscr{A}^c)^c = \mathscr{A}^c$ und folglich $(\mu^c)^c = \mu^c$. Anders: Die μ^c-Nullmengen sind genau die μ-Nullmengen.

Nach diesen allgemeinen Definitionen kommen wir nun zur Konstruktion des Lebesgueschen Maßes, dessen Ziel die Messung n-dimensionaler Volumina für alle $n \geq 1$ und möglichst vielen „Figuren" $A \subseteq \mathbb{R}^n$ ist. Es ist gegenüber anderen Maßen durch die Forderung der Bewegungsinvarianz ausgezeichnet.

Eine Konstruktion des Lebesgue-Maßes

Die Aufgabe der σ-additiven Längenmessung lautet nach der negativen Antwort auf das ursprüngliche Maßproblem durch Vitali:

> Konstruiere ein (möglichst eindeutiges) bewegungsinvariantes σ-additives Längenmaß $\lambda : \mathcal{L} \to [0, \infty]$, das auf einer möglichst umfassenden σ-Algebra $\mathcal{L}$ auf $\mathbb{R}$ definiert ist. Untersuche die Struktur und den Umfang von $\mathcal{L}$.

Ist man nur an Anwendungen interessiert, so wird „möglichst umfassend" durch „hinreichend umfassend" ersetzt und der Zusatz der strukturellen Untersuchung gestrichen.

Wir geben nun die Schritte zur Konstruktion eines solchen Längenmaßes an, wobei wir die Beweise einiger grundlegender und leicht nachzuprüfender Eigenschaften der Konstruktion weglassen. Insgesamt ergibt die folgende Darstellung das übliche um seine Nullmengen bereits vervollständigte σ-finite Lebesgue-Maß auf $\mathbb{R}$. Wir folgen weitgehend der Art und Weise, mit der Lebesgue zu Beginn des 20. Jahrhunderts sein Maß eingeführt hat.

Wir beschränken uns zunächst auf die Längenmessung. Die Konstruktion für eine gegebene höhere Dimension $n \geq 2$ verläuft analog. Wir gehen später auf diesen Punkt noch ein.

Wir möchten also möglichst vielen Teilmengen P von $\mathbb{R}$ ein möglichst demokratisches Längenmaß $\lambda(P) \in [0, \infty]$ zuordnen. Ein möglicher Ausgangspunkt hierfür ist es, jedem reellen Intervall $[a, b]$ die Länge $b - a$ zuzuweisen. Diskreter könnten wir iterativ etwa so vorgehen: Wir belegen $[0, 1]$ mit „Masse" 1, anschließend verfeinern wir die Massenverteilung, indem wir $[0, 1/2]$ und $[1/2, 1]$ mit jeweils Masse 1/2 belegen, usw. Analog verfahren wir mit allen Intervallen $[z, z + 1]$ für $z \in \mathbb{Z}$. Insgesamt wird so die Gesamtmasse gleichmäßig über ganz $\mathbb{R}$ verteilt. Dieser diskrete Ansatz ist wie erwartet äquivalent zur Version, bei der alle reellen Intervalle den Startpunkt bilden.

Die interessante Frage ist nun, welchen anderen Teilmengen von $\mathbb{R}$ wir eine Länge bzw. Masse zuweisen können bzw. implizit bereits aufgenötigt haben. Ein Weg zur Präzisierung und Beantwortung dieser Frage verläuft stufenweise wie folgt.

Definition *(erster Schritt der Definition von λ)*

Wir setzen für alle $a, b \in \mathbb{R}$ mit $a \leq b$:

$$\lambda([a, b]) = \lambda([a, b[) = \lambda(]a, b]) = \lambda(]a, b[) = b - a.$$

Keine Probleme bereitet weiter die Definition von λ für die offenen und abgeschlossenen Teilmengen von $\mathbb{R}$:

Definition *(zweiter Schritt der Definition von λ)*

Sei $U \subseteq \mathbb{R}$ offen. Wir setzen:

$$\lambda(U) = \sup(\{\ \lambda(]a_0, b_0[) + \ldots + \lambda(]a_n, b_n[) \mid n \in \mathbb{N},\ ]a_i, b_i[\subseteq U \text{ für } i \leq n,\ ]a_i, b_i[\cap]a_j, b_j[= \emptyset \text{ für } i < j \leq n\ \}),$$

$$\lambda(\mathbb{R} - U) = \lim_{a \to \infty} (2a - \lambda(]-a, a[\cap U)).$$

In $\mathbb{R}$ ist jede offene Menge U sogar eindeutig darstellbar als die Vereinigung von abzählbar vielen offenen und paarweise disjunkten Intervallen I_n, $n \in \mathbb{N}$ (!), was eine etwas vereinfachte Definition möglich macht: $\lambda(U) = \Sigma_{n \in \mathbb{N}} \lambda(I_n)$. Diese Eigenschaft gilt aber bereits nicht mehr für $\mathbb{R}^2$ (mit offenen Rechtecken statt Intervallen), sodaß hier die Verwendung des Supremums günstig ist.

Damit ist λ für alle offenen und abgeschlossenen Teilmengen von $\mathbb{R}$ definiert. Man zeigt leicht, daß der zweite Schritt konsistent mit dem ersten ist, d. h. daß Werte, die in beiden Schritten definiert werden, übereinstimmen. Weiter gilt für die abgeschlossenen Mengen:

Übung

Sei $A \subseteq \mathbb{R}$ abgeschlossen. Dann gilt:

(i) $\lambda(A) = \Sigma_{z \in \mathbb{Z}} (1 - \lambda(]z, z+1[- A))$.

(ii) Ist $A \subseteq U$ für ein offenes $U \subseteq \mathbb{R}$ mit $\lambda(U) < \infty$, so gilt:
$\lambda(A) = \lambda(U) - \lambda(U - A)$.

Die dritte Stufe der Definition von λ ist komplexer. Wir definieren hierzu zwei für sich interessante Funktionen (Lebesgue 1902, Young 1905):

Definition *(äußeres und inneres Lebesgue-Maß)*

Sei $P \subseteq \mathbb{R}$. Wir setzen:

$$\lambda^+(P) = \inf(\{\ \lambda(U) \mid U \subseteq \mathbb{R} \text{ ist offen und } P \subseteq U\ \}),$$
$$\lambda^-(P) = \sup(\{\ \lambda(A) \mid A \subseteq \mathbb{R} \text{ ist abgeschlossen und } A \subseteq P\ \}).$$

$\lambda^+(P)$ heißt das *äußere Lebesgue-Maß von P*, und analog heißt $\lambda^-(P)$ *das innere Lebesgue-Maß von P.*

Die Form der Definition ist so motiviert: Der Schnitt über offene Mengen, die alle P enthalten, enthält zwar wieder P, ist aber i. a. nicht mehr offen. Damit geht der dritte Schritt deutlich über den zweiten hinaus. Würden wir in der Definition *offen* und *abgeschlossen* vertauschen, so erhielten wir nichts Neues.

Es fällt ins Auge, daß das innere und äußere Maß für beliebige Teilmengen von $\mathbb{R}$ definiert ist und weiter auf keinem speziellen Merkmal der Längenmessung beruht. In der Tat taucht die Konstruktion dann an vielen Stellen der allgemeinen Maßtheorie auf.

Man kann nach der Definition des Lebesgue-Maßes für Intervalle direkt eine Definition von λ^+ und λ^- geben, die den zweiten Schritt beinhaltet. Man setzt hierzu etwa:

$\lambda^+(P) = \inf(\{ \Sigma_{n \in \mathbb{N}} \lambda(I_n) \mid I_n$ ist ein offenes Intervall für $n \in \mathbb{N}$, $P \subseteq \bigcup_{n \in \mathbb{N}} I_n \})$.

Die beiden Vorgehensweisen sind gleichwertig.

Wir stellen die wichtigsten Eigenschaften des äußeren und inneren Lebesgue-Maßes zusammen.

Satz *(Eigenschaften von λ^+ und λ^-)*

Für alle $P, Q \subseteq \mathbb{R}$ gilt:

(i) Ist $n \in \mathbb{N}$ und $P \subseteq [-n, n]$, so ist $\lambda^-(P) = 2n - \lambda^+([-n, n] - P)$.

(ii) $0 \le \lambda^-(P) \le \lambda^+(P) \le \infty$.

(iii) Ist $P \subseteq Q$, so ist $\lambda^+(P) \le \lambda^+(Q)$ und $\lambda^-(P) \le \lambda^-(Q)$.

(iv) $\lambda^+(P \cup Q) + \lambda^+(P \cap Q) \le \lambda^+(P) + \lambda^+(Q)$,
$\lambda^-(P \cup Q) + \lambda^-(P \cap Q) \ge \lambda^-(P) + \lambda^-(Q)$.

(v) Sind P und Q disjunkt, so gilt
$\lambda^+(P \cup Q) \ge \lambda^+(P) + \lambda^-(Q) \ge \lambda^-(P \cup Q)$.

(vi) Ist $X \subseteq \mathcal{P}(\mathbb{R})$ abzählbar, so gilt $\lambda^+(\bigcup X) \le \Sigma_{P \in X} \lambda^+(P)$.

(vii) Ist $X \subseteq \mathcal{P}(\mathbb{R})$ abzählbar mit paarweise disjunkten Elementen, so gilt
$\lambda^-(\bigcup X) \ge \Sigma_{P \in X} \lambda^-(P)$.

(viii) Seien $P_0 \supseteq P_1 \supseteq \ldots \supseteq P_n \supseteq \ldots$, $n \in \mathbb{N}$, mit $\lambda^-(P_0) < \infty$.
Dann gilt $\lambda^-(\bigcap_{n \in \mathbb{N}} P_n) = \inf_{n \in \mathbb{N}} \lambda^-(P_n)$.

(ix) Seien $P_0 \subseteq P_1 \subseteq \ldots \subseteq P_n \subseteq \ldots$, $n \in \mathbb{N}$.
Dann gilt $\lambda^+(\bigcup_{n \in \mathbb{N}} P_n) = \sup_{n \in \mathbb{N}} \lambda^+(P_n)$.

Übung

Es gibt $\subseteq$-absteigende P_n mit $\lambda^+(P_0) < \infty$ und $\lambda^+(\bigcap_{n \in \mathbb{N}} P_n) < \inf_{n \in \mathbb{N}} \lambda^+(P_n)$.
Analog existieren $\subseteq$-aufsteigende P_n mit $\lambda^-(\bigcup_{n \in \mathbb{N}} P_n) > \sup_{n \in \mathbb{N}} \lambda^-(P_n)$.

Sehen wir nun $\lambda^-(P)$ und $\lambda^+(P)$ als gleichberechtigte Versuche an, einem beliebigen $P \subseteq \mathbb{R}$ eine Länge zuzuordnen, so gelangen wir zur Definition der Lebesgue-Meßbarkeit:

Definition *(dritte Stufe der Definition von λ, Lebesgue-Meßbarkeit, $\mathcal{L}$)*

(i) Sei $P \subseteq \mathbb{R}$ mit $\lambda^+(P) < \infty$. P heißt *Lebesgue-meßbar*, falls $\lambda^+(P) = \lambda^-(P)$.
In diesem Fall setzen wir
$\lambda(P) = \lambda^+(P) = \lambda^-(P)$,
und nennen $\lambda(P)$ *das Lebesgue-Maß von P*.

(ii) Sei $P \subseteq \mathbb{R}$ mit $\lambda^+(P) = \infty$. P heißt *Lebesgue-meßbar*, falls $P \cap \,]-n, n[$ Lebesgue-meßbar für alle $n \in \mathbb{N}$ ist. In diesem Fall setzen wir $\lambda(P) = \infty$ und nennen $\lambda(P)$ wieder das Lebesgue-Maß von P.

Wir setzen weiter $\mathcal{L} = \{ P \subseteq \mathbb{R} \mid P$ ist Lebesgue-meßbar $\}$.

Die Unterscheidung nach der Endlichkeit von $\lambda^+(P)$ ist bei der Definition mit Hilfe des inneren Maßes notwendig, da aus $A \subseteq P \subseteq U$, A abgeschlossen, U offen, $\lambda^-(A) = \lambda^+(U) = \infty$ nicht folgt, daß A maßtheoretisch nahe an U liegt. Konkret sei $V \subseteq [0, 1]$ eine nichtmeßbare Menge wie etwa im Satz von Vitali, und es sei $P = V \cup [2, \infty[$. Dann stimmen $\lambda^+(P)$ und $\lambda^-(P)$ überein (mit Wert ∞), aber wir wollen sicher nicht P Lebesgue-meßbar nennen: Die Differenz zweier Mengen soll meßbar sein, und mit P wäre sonst $V = P - [2, \infty[$ meßbar.

Ist $P \subseteq \mathbb{R}$ mit $\lambda^+(P) = 0$, so ist P Lebesgue-meßbar mit Lebesgue-Maß 0. Dagegen folgt, wie wir gerade gesehen haben, aus $\lambda^-(P) = \infty$ nicht notwendig, daß $P \in \mathcal{L}$. Aus $P \in \mathcal{L}$ folgt aber stets, daß $\lambda^+(P) = \lambda^-(P)$.

Für beliebige $P \subseteq \mathbb{R}$ gilt das folgende Kriterium der Meßbarkeit:

Satz *(Lebesguesches Meßbarkeits-Kriterium)*

Sei $P \subseteq \mathbb{R}$. Dann sind äquivalent:

(i) P ist Lebesgue-meßbar.

(ii) Für alle $\varepsilon > 0$ existieren ein offenes $U \subseteq \mathbb{R}$ und ein abgeschlossenes $A \subseteq \mathbb{R}$ mit:

(a) $A \subseteq P \subseteq U$,

(b) $\lambda(U - A) < \varepsilon$.

(iii) Für alle $\varepsilon > 0$ existieren offene $U, V \subseteq \mathbb{R}$ mit:

(a) $P \subseteq U,\ U - P \subseteq V$,

(b) $\lambda(V) < \varepsilon$.

Die Äquivalenz von (i) und (ii) ist einfach zu zeigen, und (ii) $\curvearrowright$ (iii) ist trivial. Für (iii) $\curvearrowright$ (ii) zeigt man zunächst, daß für jedes $\varepsilon > 0$ und jedes offene U ein abgeschlossenes A existiert mit $\lambda(U - A) < \varepsilon$.

Die Bedingungen (ii) und (iii) verwenden lediglich das vorab konstruierte Maß für offene Mengen, und liefern so eine elegante Möglichkeit, das Lebesgue-Maß zu definieren, ohne das äußere und innere Maß einzuführen. Die äußeren und inneren Maße sind aber für sich von Interesse und spiegeln das Ziel wieder, möglichst die ganze Potenzmenge von $\mathbb{R}$ zu erfassen.

Eine weitere Möglichkeit das Lebesgue-Maß zu definieren fand Constantin Caratheodory im Jahr 1914:

Definition *(Caratheodory-Bedingung)*

$P \subseteq \mathbb{R}$ erfüllt die *Caratheodory-Bedingung*, falls für alle $A \subseteq \mathbb{R}$ gilt:

$$\lambda^+(A) = \lambda^+(A \cap P) + \lambda^+(A - P).$$

Es gilt:

Satz *(die Caratheodory-Bedingung charakterisiert die Lebesgue-Meßbarkeit)*

Sei $P \subseteq \mathbb{R}$. Dann sind äquivalent:

(i) P ist Lebesgue-meßbar.

(ii) P erfüllt die Caratheodory-Bedingung.

Die Caratheodory-Bedingung verwendet nur das äußere Maß, und es ist keine Fallunterscheidung nach der Endlichkeit von $\lambda^+(P)$ nötig. Sie ist elegant zu handhaben und in der allgemeinen Maßtheorie äußerst populär.

Unmittelbar aus der Konstruktion folgt:

Satz *(Regularität und Straffheit des Lebesgue-Maßes)*

Sei $P \subseteq \mathbb{R}$ Lebesgue-meßbar. Dann gilt:

$$\lambda(P) = \inf_{P \subseteq U,\, U \text{ offen}} \lambda(U) = \sup_{A \subseteq P,\, A \text{ abgeschlossen}} \lambda(A) = \sup_{A \subseteq P,\, A \text{ kompakt}} \lambda(A).$$

Weiter halten wir fest:

Satz *(Approximation durch einfache Mengen)*

Für alle $P \subseteq \mathbb{R}$ sind äquivalent:

(i) P ist Lebesgue-meßbar.

(ii) Es existieren offene Mengen $U_n \supseteq P$, $n \in \mathbb{N}$, mit:
$\lambda^+(\bigcap_{n \in \mathbb{N}} U_n - P) = 0.$

(iii) Es existieren kompakte Mengen $A_n \subseteq P$, $n \in \mathbb{N}$, mit:
$\lambda^+(P - \bigcup_{n \in \mathbb{N}} A_n) = 0.$

Im weiten Reich der Lebesgue-meßbaren Mengen spielen also die abzählbaren Schnitte offener Mengen und die abzählbaren Vereinigungen kompakter Mengen eine zentrale Rolle. Der Rest ist Nullmenge.

Die folgende Übung ist vielleicht das Haupttor zum Verständnis der Konstruktion:

Übung

$\mathbb{Q}$ ist Lebesgue-meßbar und es gilt $\lambda(\mathbb{Q}) = 0$.

Allgemeiner ist jedes abzählbare $A \subseteq \mathbb{R}$ Lebesgue-meßbar mit $\lambda(A) = 0$.

[Sei $Q = \mathbb{Q} \cap [0, 1[$. Man zeigt $\lambda^+(Q) = 0$ durch geeignet feine („kleinsummige") Überdeckungen von Q durch offene Intervalle.]

Man zeigt nun:

Satz *(Hauptsatz über das Lebesgue-Maß)*

Es gilt:

(a) $\langle \mathbb{R}, \mathcal{L}, \lambda \rangle$ ist ein σ-finiter Maßraum.

(b) Es gilt $\lambda([0, 1]) = 1$.

(c) λ ist bewegungsinvariant auf $\mathcal{L}$, d. h. für alle $A \in \mathcal{L}$ und Isometrien $g \in \mathcal{I}_1$ ist $g''A \in \mathcal{L}$ und $\lambda(g''A) = \lambda(A)$.

(d) λ respektiert Streckungen, d. h. ist $A \in \mathcal{L}$ und $c \in \mathbb{R}$, so ist $cA = \{ cx \mid x \in A \} \in \mathcal{L}$ und es gilt $\lambda(cA) = |c|\, \lambda(A)$.

(e) Es gilt $\lambda = \lambda^c$, d. h. jede λ-Nullmenge ist bereits ein Element von $\mathcal{L}$.

Die Eigenschaften (b), (c) und (d) gelten auch für das äußere Lebesgue-Maß λ^+, so daß also eine bewegungsinvariante subadditive Längenmessung auf ganz $\mathcal{P}(\mathbb{R})$ möglich ist.

Wissen wir, daß $\mathscr{L}$ eine σ-Algebra ist, so ergibt sich sofort der folgende Satz über den Umfang der Lebesgue-meßbaren Teilmengen von $\mathbb{R}$:

Korollar *(Charakterisierung der Lebesgue-meßbaren Mengen)*
$\mathscr{L}$ ist die von den offenen und den Mengen vom äußeren Maß Null erzeugte σ-Algebra auf $\mathbb{R}$.

Beweis
Sei $\mathscr{L}'$ die von den offenen Mengen und den λ^+-Nullmengen erzeugte σ-Algebra. Wegen der Vollständigkeit von λ gilt offenbar $\mathscr{L}' \subseteq \mathscr{L}$.
Sei also $P \in \mathscr{L}$. Dann existieren offene Mengen $U_n \supseteq P$, $n \in \mathbb{N}$, mit

$\lambda^+(\bigcap_{n\in\mathbb{N}} U_n - P) = 0.$

Sei $N = \bigcap_{n\in\mathbb{N}} U_n - P$. Dann ist $P = \bigcap_{n\in\mathbb{N}} U_n - N \in \mathscr{L}'$.

Ist $\langle \mathbb{R}, \mathscr{A}, \mu \rangle$ ein σ-finiter Maßraum mit $\mu(U) = \lambda(U)$ für alle offenen $U \subseteq \mathbb{R}$, so gilt $\mu(P) = \lambda(P)$ für alle $P \in \mathscr{A} \cap \mathscr{L}$. Denn zunächst gilt auch $\mu(A) = \lambda(A)$ für alle abgeschlossenen $A \subseteq \mathbb{R}$. Wegen der Monotonie von μ und der Definition des inneren und äußen Lebesgue-Maßes ist dann aber $\lambda^-(P) \leq \mu(P) \leq \lambda^+(P)$ für alle $P \in \mathscr{A}$. Ist also $P \in \mathscr{L} \cap \mathscr{A}$, so ist $\lambda(P) = \lambda^-(P) = \lambda^+(P) = \mu(P)$.

Hieraus folgert man leicht folgende Eindeutigkeitsaussage für das Lebesgue-Maß: Ist $\langle \mathbb{R}, \mathscr{L}, \mu \rangle$ ein σ-finiter Maßraum derart, daß (b) und (c) aus dem Satz oben für λ′ gilt, so ist $\mu = \lambda$. Bis auf eine Normierung ist also ein nichttriviales bewegungsinvariantes Maß auf der von den offenen Mengen erzeugten σ-Algebra eindeutig bestimmt. Die Vervollständigung eines Maßes um seine implizit mitdefinierten Nullmengen ist dann ebenfalls frei von Willkür.

Es zeigt sich, daß $\mathscr{L}$ die meisten in der „analytischen Praxis“ auftretenden Mengen enthält. Der rechnende Analytiker und Wahrscheinlichkeitstheoretiker muß sich also nur selten mit Meßbarkeits-Problemen beschäftigen. Nicht alle gängigen Konstrukte laufen aber reibungslos innerhalb von $\mathscr{L}$ ab. So existiert etwa eine stetige monoton wachsende Funktion $g : [0, 1] \to [0, 1]$ und ein Lebesgue-meßbares P derart, daß $g^{-1}{}''P$ nicht Lebesgue-meßbar ist. (Eine solche Funktion g kann relativ leicht über die Cantormenge $C \subseteq [0, 1]$ definiert werden, siehe hierzu etwa [Halmos 1950].) Einigen Fragen über den Umfang der Lebesgue-meßbaren Mengen, die die Grenzen der klassischen Mathematik berühren und oft auch überschreiten, werden wir später noch begegnen.

Mengen mit positivem Lebesgue-Maß und Intervalle

Wir hatten oben die Definition des Lebesgue-Maßes durch das demokratische Verstreichen der Masse 1 über das Einheitsintervall beschrieben. Eine informale Frage ist nun: Läßt sich nun nachträglich, d. h. gegeben λ, auch die Masse 1/2 gleichmäßig über [0, 1] verteilen? Der folgende in dieser Hinsicht irritierende Satz zeigt, daß dies nicht möglich ist: Eine Lebesgue-meßbare Menge ist irgendwo immer fast so dick wie ein ganzes Intervall.

Satz *(Mengen mit positivem Lebesgue-Maß enthalten fast ein Intervall)*
Sei $P \subseteq \mathbb{R}$ mit $\lambda(P) > 0$, und sei $\rho \in \mathbb{R}$ mit $\rho < 1$. Dann existiert ein Intervall $I = [a, b]$ mit $a < b$ derart, daß gilt: $\lambda(P \cap I)/\lambda(I) > \rho$.

Beweis
O. E. ist P beschränkt (sonst ersetze P durch $P' = P \cap [-n, n]$ für ein n mit $\lambda(P') > 0$; es genügt, die Aussage für P′ zu zeigen).
Wegen $\lambda(P) > 0$ existieren dann offene, nichtleere Intervalle I_n, $n \in \mathbb{N}$, mit:

(i) $P \subseteq \bigcup_{n \in \mathbb{N}} I_n$,

(ii) $\rho \cdot \Sigma_{n \in \mathbb{N}} \lambda(I_n) < \lambda(P)$.

Wegen (i) ist $P \subseteq \bigcup_{n \in \mathbb{N}} P \cap I_n$, und folglich gilt $\lambda(P) \leq \Sigma_{n \in \mathbb{N}} \lambda(P \cap I_n)$.
Also gilt nach (ii): $\rho \cdot \Sigma_{n \in \mathbb{N}} \lambda(I_n) < \Sigma_{n \in \mathbb{N}} \lambda(P \cap I_n)$.
Dies ist offenbar nur möglich, wenn für mindestens ein $n \in \mathbb{N}$ gilt, daß $\rho \cdot \lambda(I_n) < \lambda(P \cap I_n)$. Dann ist I_n wie gewünscht.

Anders ausgedrückt: Es gibt keine Lebesgue-meßbaren Teilmengen von $\mathbb{R}$, die eine homogene Dichte $0 < \rho < 1$ haben.

Hieraus folgt nun der ebenso verblüffende Satz von Hugo Steinhaus (1920), der die folgende Frage von Sierpiński in einer starken Form bejahen konnte: Ist $P \subseteq \mathbb{R}$ Lebesgue-meßbar mit $\lambda(P) > 0$, existieren dann zwei verschiedene Punkte $x, y \in P$ mit $x - y \in \mathbb{Q}$? Steinhaus zeigte, daß die Differenzenmenge $P - P$ sogar immer ein volles Intervall enthält:

Satz *(Satz von Steinhaus)*
Sei $P \subseteq \mathbb{R}$ Lebesgue-meßbar mit $\lambda(P) > 0$. Dann existiert ein $\delta > 0$ mit $[-\delta, \delta] \subseteq P - P$, wobei $P - P = \{ x - y \mid x, y \in P \}$.

Beweis
Sei $I = [a - \delta, a + \delta]$, $a \in \mathbb{R}$, $\delta > 0$ mit $\lambda(P \cap I)/(2\delta) > 3/4$.
Ein solches Intervall I existiert nach dem Satz oben.
Die Wahl von 3/4 geschieht zur Sicherung von:

(+) Ist J ein Teilintervall von I der Länge δ, so gilt $\lambda(P \cap J)/\delta > 1/2$.

Zum Beweis beachte man die Falstaffsche Weisheit: Wer mehr als 3/4 eines Tages schläft, der schläft in jedem zwölf-Stunden-Intervall mehr als sechs Stunden.

Sei nun $z \in [-\delta, \delta]$. Dann existiert ein Teilintervall J von I der Länge δ derart, daß $J + z \subseteq I$. (De facto ist $[a - \delta, a]$ oder $[a, a + \delta]$ geeignet.)
Dann gilt $\lambda(P \cap J) > \delta/2$ und $\lambda(P \cap (J + z)) > \delta/2$ nach (+).
Wegen der Translationsinvarianz von λ ist weiter auch

$\lambda((P \cap J) + z) = \lambda(P \cap J) > \delta/2$.

Dann sind aber $(P \cap J) + z$ und $P \cap (J + z)$ zwei Teilmengen von $J + z$ vom Maß $> \delta/2 = \lambda(J + z)/2$. Folglich ist der Schnitt dieser Mengen nichtleer.
Also existieren $x \in P \cap J$ und $y \in P \cap (J + z)$ mit $x + z = y$.
Insbesondere also $z = y - x \in P - P$. Insgesamt ist also $[-\delta, \delta] \subseteq P - P$.

Das Lebesgue-Maß für höhere Dimensionen

Die Konstruktion des Lebesgue-Maßes λ^n im Raum $\mathbb{R}^n$ verläuft völlig analog zur Konstruktion von λ. Man beginnt etwa für eine feste Dimension n mit der Definition des Volumens von n-dimensionalen Quadern:

$$\lambda^n(]a_1, b_1[\ \times \ldots \times\ ]a_n, b_n[) \;=\; (b_1 - a_1) \cdot \ldots \cdot (b_n - a_n)$$

für $a_i, b_i \in \mathbb{R}$ mit $a_i \leq b_i$ für $1 \leq i \leq n$. Offenbar kann man auf der rechten Seite auch $\prod_{1 \leq i \leq n} \lambda(]a_i - b_i[)$ setzen, was die Produktnotation $\lambda^n = \lambda \cdot \ldots \cdot \lambda$ motiviert.

Die folgenden Schritte sind nun völlig analog zur Dimension 1. Man erhält insgesamt einen meßbaren Raum $\langle \mathbb{R}^n, \mathscr{L}^n, \lambda^n \rangle$ mit einem σ-finiten und bewegungsinvarianten Maß $\lambda^n : \mathscr{L}^n \to [0, \infty]$. Für alle $P \in \mathscr{L}^n$ und Euklidischen Isometrien g ist also $g''P \in \mathscr{L}^n$ und $\lambda^n(g''P) = \lambda^n(P)$. Weiter ist $(\lambda^n)^c = \lambda^n$.

Offene Mengen des $\mathbb{R}^2$ sind i. a. keine disjunkten Vereinigungen von offenen Rechtecken (oder offenen Kugeln) des $\mathbb{R}^2$. Es existiert aber eine kanonische Darstellung offener Mengen: Wir nennen hierzu eine Menge M von abgeschlossenen Quadraten $[a, b] \times [c, c + (b - a)]$ *fast disjunkt*, wenn die Elemente von M paarweise höchstens Randpunkte gemeinsam haben. Seien nun G_n für $n \in \mathbb{N}$ die Quadrat-Gitter des $\mathbb{R}^2$ durch die x-y-Achsen mit Maschenweite $1/2^n$. Wir fassen jedes G_n als Menge von abgeschlossenen Quadraten auf. Dann ist jedes G_n fast disjunkt. Ist nun $U \subseteq \mathbb{R}^2$ offen, so definieren wir rekursiv für $n \in \mathbb{N}$:

$$F_n = \{ Q \in G_n \mid Q \subseteq U,\ \mathrm{non}(Q \subseteq \bigcup_{m < n} F_m) \}.$$

Sei $F = \bigcup_{n \in \mathbb{N}} F_n$. Dann ist F eine fast disjunkte Menge aus abgeschlossenen Quadraten mit rationalen Eckpunkten und es gilt $U = \bigcup F$.

Definition *(kanonische fast disjunkte Darstellung offener Mengen im $\mathbb{R}^2$)*
Für jedes offene $U \subseteq \mathbb{R}^2$ heißt die konstruierte Menge F die *kanonische fast disjunkte Darstellung von U* (mit Hilfe abgeschlossener Quadrate).

Analoge Darstellungen existieren für höhere Dimensionen.

Zwischen den Lebesgue-Maßen der verschiedenen Dimensionen bestehen enge Zusammenhänge. Für die beiden ersten Dimensionen haben wir etwa:

Übung

(i) Für alle $t \in \mathbb{R}$ gilt $\lambda^2(\mathbb{R} \times \{t\}) = 0$.

(ii) Es gibt ein beschränktes $A \in \mathscr{L}^2$ und ein $t \in \mathbb{R}$ derart, daß $\{x \in \mathbb{R} \mid (x, t) \in A\} \notin \mathscr{L}$.

(iii) Für alle offenen $U \subseteq \mathbb{R}$ und alle $a, b \in \mathbb{R}$ mit $a \leq b$ gilt
$\lambda^2(U \times]a, b[) = \lambda(U) \cdot (b - a) = \lambda^2(U \times [a, b])$.

[*zu (ii):* Ist $V \subseteq [0, 1]$ mit $V \notin \mathscr{L}$, so ist $V \times \{t\}$ eine λ^2-Nullmenge für alle $t \in \mathbb{R}$.
zu (iii): U zerfällt in disjunkte offene Intervalle.]

Eine allgemeinere Form der dritten Aussage ist:

Satz *(Produktregel)*
Seien $B \subseteq \mathbb{R}$, $a, b \in \mathbb{R}$ mit $a < b$ und sei $A = B \times [a, b]$. Dann gilt:

(i) $(\lambda^2)^+(A) = \lambda^+(B)\,(b - a)$,

(ii) $(\lambda^2)^-(A) = \lambda^-(B)\,(b - a)$.

Ist $B \in \mathscr{L}$, so ist also $A \in \mathscr{L}^2$ und es gilt:

(+) $\lambda^2(B \times [a, b]) = \lambda(B) \cdot (b - a)$ $(= \lambda(B \times]a, b[))$.

Beweis

zu $(\lambda^2)^+(A) \leq \lambda^+(B)\,(b - a)$:

Sei $\varepsilon > 0$, und sei $U \subseteq \mathbb{R}$ offen mit $U \supseteq B$ und $\lambda(U) < \lambda^+(B) + \varepsilon$.
Dann gilt $A \subseteq U \times [a, b]$ und damit

$$(\lambda^2)^+(A) \leq \lambda^2(U \times [a, b]) = \lambda(U)\,(b - a) < \lambda^+(B)\,(b - a) + \varepsilon\,(b - a).$$

Dies zeigt die Behauptung, da $\varepsilon > 0$ beliebig klein gewählt werden kann.

zu $(\lambda^2)^+(A) \geq \lambda^+(B)\,(b - a)$:

Sei $\varepsilon > 0$, und sei S eine abzählbare Menge von offenen Rechtecken mit:

(i) $\bigcup S \supseteq A$,

(ii) $\Sigma_{Q \in S}\, \lambda^2(Q) < (\lambda^2)^+(A) + \varepsilon$.

[Ein solches S erhält man z. B. leicht durch minimale Vergrößerung der Quadrate der kanonischen fast disjunkten Darstellung eines offenen $V \supseteq A$ mit $(\lambda^2)(V) < (\lambda^2)^+(A) + \varepsilon/2$.]

Für jedes $x \in B$ existiert wegen der Kompaktheit von $[a, b]$ ein endliches $S_x \subseteq S$ mit $\bigcup S_x \supseteq \{x\} \times [a, b]$. Weiter existiert dann ein offenes Rechteck Q_x mit $\{x\} \times [a, b] \subseteq Q_x \subseteq \bigcup S_x$.
Sei U der Schnitt von $\bigcup_{x \in B} Q_x$ mit der x-Achse. Dann ist $U \supseteq B$ offen.
Wir rechnen:

$$(\lambda^2)^+(B)(b - a) \leq \lambda(U)\,(b - a) = \lambda^2(U \times [a, b]) \leq \lambda^2(\bigcup_{x \in B} Q_x) \leq$$
$$\lambda^2(\bigcup_{x \in B} \bigcup S_x) \leq \lambda^2(\bigcup S) \leq \Sigma_{Q \in S}\, \lambda^2(Q) < (\lambda^2)^+(A) + \varepsilon.$$

Hieraus folgt die Behauptung.

zu $(\lambda^2)^-(A) = \lambda^-(B)\,(b - a)$:

Wir nehmen zunächst an, daß $B \subseteq E := [-n, n]$ für ein $n \in \mathbb{N}$ ist.
Sei $D = E \times [a, b]$. Dann ist

$$(\lambda^2)^-(A) = \lambda^2(D) - (\lambda^2)^+(D - A) = \lambda(E) \cdot (b - a) - \lambda^+(E - B)\,(b - a) =$$
$$(\lambda(E) - \lambda^+(E - B))(b - a) = \lambda^-(B)\,(b - a)$$ (vgl. (i) der Liste (i) – (ix) oben).

Die Gleichung für allgemeine B folgt aus der Gleichung für beschränkte B: Ist $C \subseteq A$ abgeschlossen, so ist $\lambda^2(C) = \lim_{n \to \infty} \lambda^2(C \cap [-n, n] \times \mathbb{R})$.

∎

Ist man nur an der Regel (+) für λ interessiert, kann man auch so vorgehen: Man zeigt die Regel (+) nacheinander für die Fälle: B ist ein offenes Intervall, B ist offen, B ist abgeschlossen, B ist Lebesgue-meßbar. Für den letzten Fall nutzt man die ε-Umschreibung einer offenen und die ε-Einbeschreibung einer abgeschlossenen Menge. Ähnlich verläuft die folgende Ausdehnung des Ergebnisses:

Aus (+) folgt allgemeiner: Ist $B \in \mathcal{L}$ und C offen, so ist $A = B \times C \in \mathcal{L}^2$ und es gilt $\lambda^2(A) = \lambda(B) \cdot \lambda(C)$. Hiermit können wir dann (+) für Mengen $A = B \times C$ mit C abgeschlossen folgern. Durch Approximation mit offenen bzw. abgeschlossenen Mengen erhalten wir dann schließlich:

Korollar *(allgemeine Produktregel)*
Seien $B, C \in \mathcal{L}$, und sei $A = B \times C$. Dann ist $A \in \mathcal{L}^2$ und es gilt:

$$\lambda^2(A) \;=\; \lambda(B) \cdot \lambda(C).$$

Wir zeigen weiter noch folgende Sektionsregel, die der Intuition der infinitesimalen Summation sehr entgegen kommt:

Satz *(Sektionsregel für offene Mengen)*
Ist $U \subseteq \mathbb{R}^2$ offen. Für $t \in \mathbb{R}$ sei

$$U_t \;=\; \{ x \in \mathbb{R} \mid (x, t) \in U \}.$$

Seien $a, b, c \in \mathbb{R}$ derart, daß $\lambda(U_t) > c$ für alle $t \in \,]a, b[$.
Dann gilt $\lambda^2(U) > |b - a| \cdot c$.

Beweis
Die Aussage ist einfach zu zeigen, falls U die Vereinigung von endlich vielen offenen Quadraten ist, und sie gilt analog auch für die Vereinigung von endlich vielen abgeschlossenen Quadraten.

Für den allgemeinen Fall seien $Q_1, Q_2, \ldots$ die Elemente der kanonischen fast disjunkten Darstellung von U durch abgeschlossene Quadrate. Die Aufzählung der Q_n sei injektiv und derart, daß größere vor kleineren Quadraten erscheinen. Für $n \in \mathbb{N}$ setzen wir noch $S_n = \bigcup_{m \le n} Q_m$.
Für alle $t \in [a, b]$ existiert ein erstes $n = n(t)$ mit

$$\lambda((S_n)_t) \;>\; c, \;\text{ wobei wieder } (S_n)_t = \{ x \in \mathbb{R} \mid (x, t) \in S_n \}.$$

Ist $Q_n = [r, s] \times [q, q + (s - r)]$, so ist $n(t') = n$ für alle $t' \in [q, q + (s - r)]$.
Hieraus, der σ-Additivität von λ^2 und der Aussage für den endlichen Fall folgt die Behauptung.

Die Rotationsinvarianz von λ^2 liefert sofort allgemeinere Formen, insbesondere gilt eine Sektionsregel für senkrechte Schnitte.
Wir betrachten noch folgende Frage:

Sei $f : \mathbb{R} \to \mathbb{R}$ eine Funktion. Ist dann $f \subseteq \mathbb{R}^2$ (als Graph) eine λ^2-Nullmenge?

Diese Frage wird von der Intuition wohl mehr oder weniger stark bejaht. Die richtige Antwort ist aber ein *nein.* Sierpiński, der Klassiker der geistreichen Gegenbeispiele, hat eine Funktion $f : \mathbb{R} \to \mathbb{R}$ konstruiert, deren Komplement in der Ebene inneres λ^2-Maß Null hat, d.h. es gilt $(\lambda^2)^-(\mathbb{R}^2 - f) = 0$. Eine solche Funktion kann kein Element von $\mathcal{L}^2$ sein, denn:

Übung

Ist $f : \mathbb{R} \to \mathbb{R}$ eine Funktion und $f \in \mathcal{L}^2$, so ist $\lambda^2(f) = 0$.

[Andernfalls existiert ein Quadrat $Q = [z_1, z_1 + 1] \times [z_2, z_2 + 1]$, $z_1, z_2 \in \mathbb{Z}$, derart, daß $A = f \cap Q$ positives und endliches λ^2-Maß hat. Aber alle Verschiebungen von A entlang der y-Achse sind paarweise disjunkt.]

Ist also eine Funktion $f : \mathbb{R} \to \mathbb{R}$ meßbar für λ^2, so ist $\lambda^2(\mathbb{R} - f) = \infty$, und damit ist auch das innere λ^2-Maß des Komplements von f unendlich. Die von Sierpinski konstruierte Funktion ist also sicher nicht λ^2-meßbar.

Das geometrische Lebesgue-Integral

Mit Hilfe des Lebesgue-Maßes λ^2 auf $\mathbb{R}^2$ kann das Lebesgue-Integral für reelle Funktionen sehr einfach und der Anschauung entgegenkommend definiert werden: Wir messen die von f und der x-Achse eingeschlossene Fläche, wobei der Bereich unterhalb der x-Achse negativ beiträgt. Genauer messen wir also zweimal: Einmal den positiven Bereich, und einmal den negativen. Da unser Flächenmaß auch unbeschränkte Teilmengen messen kann, lassen wir zusätzlich $+\infty$ und $-\infty$ in der üblichen Bedeutung als Funktionswerte zu.

Definition *(Lebesgue-Integral, geometrische Definition)*

Sei $f : \mathrm{dom}(f) \to \mathbb{R} \cup \{-\infty, +\infty\}$, $\mathrm{dom}(f) \subseteq \mathbb{R}$, eine Funktion. Wir setzen:

$A^+ = A^+(f) = \{(x, y) \in \mathbb{R}^2 \mid x \in \mathrm{dom}(f),\ 0 \leq y < f(x)\}$,

$A^- = A^-(f) = \{(x, y) \in \mathbb{R}^2 \mid x \in \mathrm{dom}(f),\ f(x) < y < 0\}$.

Die Mengen A^+ und A^- heißen auch die *Flächenmengen* von f.

f heißt *integrierbar*, falls $A^+, A^- \in \mathcal{L}^2$ und $\lambda^2(A^+), \lambda^2(A^-) < \infty$.

f heißt $\pm\infty$-*integrierbar*, falls $A^+, A^- \in \mathcal{L}^2$ *und* $\lambda^2(A^+) < \infty$ oder $\lambda^2(A^-) < \infty$.

Entsprechend heißt dann

$$L(f) := \int f\, d\lambda := \int f(x)\, d\lambda(x) := \lambda^2(A^+) - \lambda^2(A^-) \in \mathbb{R} \cup \{\infty, -\infty\}$$

das *Integral von f* bzw. das $\pm\infty$-*Integral von f*.

Ist $]a, b[\subseteq \mathrm{dom}(f)$ für $a \leq b$, so sei $L(f; a, b) = \int_a^b f\, d\lambda = L(f \mid]a, b[)$.

Im Sinne dieser Definition des Integrals ist die zu integrierende Funktion also lediglich ein Kode für eine bestimmte (signierte) Fläche im $\mathbb{R}^2$.

Analog läßt sich ein Integral für n-dimensionale Funktionen mit Hilfe des Volumenmaßes λ^{n+1} einführen.

Einige Bemerkungen: 1. Die Leibnizschen Integralzeichen (stilisierte Summensymbole) sind aufgrund ihrer algebraischen Kraft beim Rechnen mit Integralen unschlagbar.

Im folgenden wird aber das Lebesgue-Maß und sein Integral mehr untersucht als verwendet, und wir bevorzugen deswegen die funktionale Notation L(f) für das Integral.

2. Genauer müßten wir *Lebesgue-integrierbar*, *Lebesgue-Integral*, usw. sagen, aber wir legen *Lebesgue-* als Standard im Umfeld der Integrierbarkeit fest und unterdrücken deswegen die Spezifikation. Wir reden dann explizit etwa von *Riemann-integrierbar*, wenn wir diesen zweiten Integralbegriff im Vergleich betrachten.

3. Die Integrierbarkeit, also $L(f) \in \mathbb{R}$, wird gegenüber der allgemeineren $\pm\infty$-Integrierbarkeit, also $L(f) \in [-\infty, \infty]$, in der Regel bevorzugt, um beim Rechnen mit Integralen frei arbeiten zu können. Insbesondere ist dann nicht zu befürchten, aus $0 + \infty = 1 + \infty$ durch einen kürzenden Kurzschluß zu folgern, daß $0 = 1$ gilt. Zuweilen will man sich aber der anderen Freiheit, mehr Funktionen integrieren zu können, nicht berauben, und deswegen wird der Begriff der $\pm\infty$-Integrierbarkeit mitgeführt. Man erlaubt hier auch unendliche Messungen, lediglich eine Mischform $L(A^+) - L(A^-) = \infty - \infty$ oder $L(A^+) - L(A^-) = -\infty + \infty$ ergibt keinen Sinn.

4. Die obige Definition von *integrierbar* bei gleichzeitiger Verwendung von L(f) für $\pm\infty$-integrierbare Funktionen hat sich durchgesetzt. Sie kann Anlaß zur Verwirrung sein: Die Funktion $f = \mathrm{id} \mid \mathbb{R}_0^+$ ist nicht integrierbar, aber L(f) ist definiert (und gleich ∞); f ist also nicht integrierbar, aber L(f), das Lebesgue-Integral von f, existiert.

Aus dem Integral läßt sich das Maß auf $\mathbb{R}$ zurückgewinnen: Ist P meßbar, so ist ind_P $\pm\infty$-integrierbar mit $L(\mathrm{ind}_P) = \lambda(P)$. Denn es gilt $\lambda^2(P \times [0, 1]) = \lambda(P) \cdot 1 = \lambda(P)$ für alle meßbaren $P \subseteq \mathbb{R}$.

Ist $f : [0, 1] \to \mathbb{R}$ integrierbar, so heißt $L(f) \in \mathbb{R}$ der *Mittelwert* von f. Denn $L(f) = L(\mathrm{const}_t)$, wobei $\mathrm{const}_t : [0, 1] \to \{t\}$ die konstante Funktion auf $[0, 1]$ mit Wert $t = L(f)$ ist. Ist allgemeiner $f : P \to \mathbb{R}$ integrierbar derart, daß $P \in \mathscr{L}$ und $\lambda(P) > 0$, so heißt $L(f)/\lambda(P)$ der *(Lebesguesche) Mittelwert von f.*

Für das zweistufige Messen bewährt sich folgende Aufteilung:

Definition *(Positivteil und Negativteil)*

Sei $f : \mathrm{dom}(f) \to \mathbb{R} \cup \{-\infty, +\infty\}$. Wir definieren für $x \in \mathrm{dom}(f)$:

$f^+(x) = \max(0, f(x)), \quad f^-(x) = -\min(0, f(x)).$

Wir nennen $f^+, f^- : \mathrm{dom}(f) \to \mathbb{R}_0^+$ den *Positiv- bzw Negativteil von f.*

Für alle $f : \mathrm{dom}(f) \to \mathbb{R} \cup \{\infty, -\infty\}$ gilt offenbar $f = f^+ - f^-$. (Hier und im folgenden sind alle fraglichen Operationen mit Funktionen punktweise; so ist etwa $|f|$ die Funktion mit $|f|(x) = |f(x)|$ für alle $x \in \mathrm{dom}(f)$.) Weiter sind äquivalent:

(i) f ist integrierbar,

(ii) $|f|$ ist integrierbar,

(iii) f^+ und f^- sind integrierbar.

Es gilt dann $L(f) = L(f^+) - L(f^-)$. Diese Zerlegung in Positiv- und Negativteil erlaubt es oft, in einem Argument o. E. anzunehmen, daß die vorliegende Funktion überall Werte in $[0, \infty]$ annimmt.

Durch Nullfortsetzung einer integrierbaren Funktion $f : \mathrm{dom}(f) \to \mathbb{R}$ könnten wir immer annehmen, daß $\mathrm{dom}(f) = \mathbb{R}$ gilt. Denn für alle meßbaren $A \subseteq \mathbb{R}^2$ ist $A \cup (\mathbb{R} \times \{0\})$ meßbar mit gleichem Maß. Alternativ kann man in der Definition von A^+ die Bedingung „$0 < y < f(x)$" verwenden und damit die x-Achse als neutralen Bereich der signierten Flächenmessung kennzeichnen. In diesem Umfeld taucht weiter folgende Frage auf: In der Definition des Integrals haben wir die Funktionswerte selber nicht in die zu messende Fläche mit aufgenommen. Könnten wir dies tun? Im Hinblick auf das Ergebnis von Sierpiński, daß eine reelle Funktion als Graph nicht notwendig λ^2-meßbar ist, ist diese Frage keineswegs überflüssig. Zum Glück ist sie aber zu bejahen:

Satz *(die Graphen von integrierbaren Funktionen sind λ^2-Nullmengen)*
Sei $f : \mathbb{R} \to \mathbb{R}$ $\pm\infty$-integrierbar. Dann ist $f \in \mathscr{L}^2$ und folglich $\lambda^2(f) = 0$.

Beweis
Es genügt zu zeigen (!):

(+) Sei $g : [a, b] \to \mathbb{R}_0^+$ integrierbar. Dann ist $g \in \mathscr{L}^2$.

Sei also g wie in (+). Für alle $c \in \mathbb{R}^+$ ist dann die Funktion $g_c : [a, b] \to \mathbb{R}$ mit $g_c(x) = g(x) + c$ integrierbar und es gilt $L(g_c) = L(g) + |b - a| \cdot c$, denn nach Translationsinvarianz von λ^2 ist

$L(g_c) = \lambda^2(A^+(g_c)) = \lambda^2(A^+(g) \cup [a, b] \times [-c, 0]) = L(g) + |b - a| \cdot c.$

Insbesondere ist $A^+(g_{1/n}) \in \mathscr{L}^2$ für alle $n \geq 1$ und folglich auch

$\bigcap_{n \geq 1} A^+(g_{1/n}) = \{ (x, y) \mid 0 \leq x \leq g(x) \} = A^+(g) \cup g \in \mathscr{L}^2,$

und damit $g \in \mathscr{L}^2$ (und nach obiger Überlegung $\lambda^2(g) = 0$). ∎

Eine andere Frage betrifft die horizontalen Schnitte der Flächenmengen einer integrierbaren Funktion. Eine Übung oben zeigte, daß die horizontalen Schnitte von Lebesgue-meßbaren Teilmengen des $\mathbb{R}^2$ nicht notwendig Lebesgue-meßbar für λ sind. Der natürlichen Frage, ob etwa für $t \geq 0$ die Schnitte

$B_t = \{ x \in \mathrm{dom}(f) \mid (x, t) \in A^+(f) \} = \{ x \in \mathrm{dom}(f) \mid t < f(x) \}$

der Flächenmengen einer integrierbaren Funktion f in $\mathscr{L}$ sind, werden wir uns unten bei der Diskussion des analytischen Lebesgue-Integrals noch zuwenden.

Sofort zu sehen ist:

Satz *(Integrierbarkeit stetiger Funktionen)*
Sei $f : [a, b] \to \mathbb{R}$ stetig. Dann ist f integrierbar.

Beweis
Die Flächenmengen $A^+(f)$ und $A^-(f)$ ohne die x-Achse und ohne die linken und rechten Randpunkte der Form (a, y) und (b, y) sind offene Teilmengen des $\mathbb{R}^2$, falls f stetig ist, und damit in $\mathscr{L}^2$. ∎

Andererseits ist beispielsweise auch die Indikatorfunktion der rationalen Zahlen integrierbar mit Integral 0. Das Lebesgue-Integral sieht Veränderungen einer Funktion an abzählbar vielen Stellen generell als unbedeutend an, und speziell die Funktion $\mathrm{ind}_{\mathbb{Q}}$ ist aus der Sicht des Lebesgue-Integrals gleichwertig mit der Nullfunktion. Möglich wird diese abzählbare Unschärfe durch die σ-Additivität des zugrundeliegenden Maßes.

Übung

Sei $f : \mathbb{R}^+ \to \mathbb{R}$ mit $f(x) = \sin(x)/x$. Dann gilt:

(i) f ist nicht Lebesgue-integrierbar.

(ii) $\lim_{b \to \infty, b > 0} L(f; 0, b)$ existiert.

[Eine Skizze ist hilfreich. *zu (i):* Die von f eingeschlossenen Flächen oberhalb und unterhalb der x-Achse haben jeweils unendliches Lebesgue-Maß; benutze hierzu $\Sigma_{n \geq 1}\, 1/n = \infty$.
zu (ii): Leibniz-Kriterium für alternierende Reihen.]

Eigenschaften des geometrischen Integrals

Einige Eigenschaften des geometrischen Integrals sind einfach zu zeigen: Sind $f, g : \mathbb{R} \to [-\infty, \infty]$ integrierbar und gilt $f(x) \leq g(x)$ für alle $x \in \mathbb{R}$, so ist $L(f) \leq L(g)$. Dies folgt unmittelbar aus der Monotonie von λ^2.

Ist f integrierbar und $c \in \mathbb{R}$, so ist cf integrierbar und es gilt $L(cf) = c\,L(f)$. Es genügt wieder, diese Aussage für positive f und c zu zeigen. Für $A \subseteq \mathbb{R}^2$ sei (für dieses Argument) $cA = \{ (x, cy) \mid (x, y) \in A \}$ die Streckung von A entlang der y-Achse um den Faktor c. Nach Definition von cf ist dann $A^+(cf) = c\,A^+(f)$. Weiter gilt $\lambda^2(cA) = c\lambda^2(A)$ für alle offenen und abgeschlossenen Mengen A (de facto für alle $A \in \mathscr{L}^2$). Hieraus folgt die Behauptung.

Wir können dagegen nicht leicht zeigen, daß $L(f + g) = L(f) + L(g)$ für alle integrierbaren f und g gilt. Bereits die Integrierbarkeit von $f + g$ ist nicht offensichtlich. Denkt man über einen Beweis nach, so sieht man, daß die Aussage für konstante g noch leicht einzusehen ist, und allgemeiner wird man zur Betrachtung von integrierbaren Treppenfunktionen $h = \Sigma_{E \in \mathscr{E}}\, a_E\, \mathrm{ind}_E$ geführt, wobei $\mathscr{E} \subseteq \mathscr{L}$ eine abzählbare Menge paarweise disjunkter Mengen ist. Damit führt der Wunsch, die Linearität für das geometrische Lebesgue-Integral zu zeigen zur Frage nach der Approximierbarkeit von integrierbaren Funktionen durch Treppenfunktionen. Diese treten innerhalb der analytischen Definition des Maßes auf, und damit wird die Linearität dann leicht zu zeigen sein.

Die Linearität $L(f + g) = L(f) + L(g)$ erscheint bei diesem Ansatz als eine erstaunliche Aussage über das Maß λ^2: Seien $f, g : [0, 1] \to [0, 1]$, $A = A^+(f)$ die Flächenmenge von f und $B = \{ (x, y) \mid 0 \leq x \leq 1,\ 1 \leq y \leq 1 + g(x) \}$ die um Eins nach oben verschobene Flächenmenge von B. Dann gilt $L(f) + L(g) = \lambda^2(A) + \lambda^2(B) = \lambda^2(A \cup B)$ wegen Translationsinvarianz. Die Aussage $L(f + g) = L(f) + L(g)$ bedeutet nun: Schieben wir die senkrechten Schnitte $(\{x\} \times \mathbb{R}) \cap B = \{x\} \times [1, 1 + g(x)]$ von B für jedes $x \in [0, 1]$ soweit nach unten, daß sie die Menge A berühren, konkret also um $1 - f(x)$, so ist die entstehende Gesamtfläche C meßbar für λ^2 und hat immer noch das Maß $\lambda^2(A) + \lambda^2(B)$. Die Menge B fällt unter dieser Betrachtungsweise quasi auf die obere Kante von A herab, ohne gestaucht zu werden: Sie behält ihr Maß, denn es gilt $\lambda^2(B) = \lambda^2(C - A)$. Ist etwa B ein Vollquader (für $g = \mathrm{ind}_{[0, 1]}$) und A die durch $f(x) = x$ gegebene schiefe Fläche, so ist B nach dem freien und ungestauchten Fall auf A das Parallelogramm $\{ (x, y) \mid 0 \leq x \leq 1,\ x \leq y \leq 1 + x \}$, das natürlich immer noch Fläche 1 hat. Im allgemeinen kann die obere Kante von A, d. h. der Graph von f, aber sehr kompliziert sein, und dann ist der Erhalt der Flächen keineswegs mehr klar. In diesem Sinne ist die Linearität des Integrals eine weitreichende Aussage über eine flächentreue Operation im $\mathbb{R}^2$.

Die analytische Definition des Lebesgue-Integrals

Lebesgue selbst definierte sein Integral bevorzugt durch eine Zerlegung des Wertebereichs beschränkter Funktionen, was den Unterschied zum Riemann-Integral besonders klar herausstellt. Wir diskutieren nun noch diese von Lebesgue *analytisch* genannte Definition seines Integrals und zeigen die Äquivalenz zur geometrischen Definition.

Das Lebesgue-Integral läßt sich in seinem analytischen Gewande als konzeptionelle Neuordnung der Riemann-Summen bestechend suggestiv beschreiben: Für das Riemann-Integral zerlegen wir den Definitionsbereich von f in Intervalle. Im analytischen Lebesgue-Integral zerlegen wir dagegen den Wertebereich von f in Intervalle. Anschließend werden die Urbilder der Werteintervalle mit Hilfe das Längenmaßes λ gemessen und die Ergebnisse dieser Messungen werden mit einer „Stützstelle" aus den zugehörigen Werteintervallen multipliziert; schließlich werden in einer „Lebesgue-Summe" alle diese Einzelprodukte aufsummiert. Die Urbildmessung mit λ ist offenbar nicht für alle Funktionen f möglich – man betrachte etwa die Indikatorfunktion einer Menge wie im Satz von Vitali. Wir definieren als Summe dieser Überlegungen:

Definition *(Lebesgue-meßbare Funktion)*
Sei $f : \mathrm{dom}(f) \to \mathbb{R}$, $\mathrm{dom}(f) \subseteq \mathbb{R}$, eine Funktion. f heißt *(Lebesgue-)meßbar*, falls für alle $a, b \in \mathbb{R}$ gilt: $f^{-1}{}''\,[a, b[\; \in \mathcal{L}$.

Die Verwechslung von Lebesgue-meßbar im Sinne dieser Definition und der Meßbarkeit von $f \subseteq \mathbb{R}^2$ für λ^2 ist in der Regel nicht zu befürchten. Im zweiten Fall reden wir, wie oben schon, immer von der λ^2-Meßbarkeit von f.

Man zeigt sofort, daß für eine meßbare Funktion auch die Urbilder offener und abgeschlossener Intervalle meßbare Teilmengen von $\mathbb{R}$ sind. Für eine disjunkte Zerlegung des Wertebereichs bieten sich aber halboffene Intervalle an. Einzelne Punkte können große Urbilder haben, und deswegen schließen wir Überlappungen aus.

Ist f meßbar, so sind auch alle Mengen $\{ x \in \mathrm{dom}(f) \mid f(x) = t \}$ meßbar. Auch dom(f) selbst ist meßbar, denn $\mathrm{dom}(f) = \bigcup_{z \in \mathbb{Z}} f^{-1}{}''\,[z, z+1[$. Zum Nachweis der Meßbarkeit genügt weiter ein Beweis von $f^{-1}{}''\,[q, \infty[\; \in \mathcal{L}$ für alle $q \in \mathbb{Q}$ (!).

Elementare Argumente zeigen: Sind f und g meßbar mit dom(f) = dom(g), so sind auch cf für $c \in \mathbb{R}$ sowie $f + g$ und $f \cdot g$ meßbar. Ist $g(x) \neq 0$ für alle $x \in \mathrm{dom}(g)$, so ist auch f/g meßbar. Weiter ist jede stetige Funktion meßbar, da für diese Funktionen die Urbilder offener Intervalle offene Mengen und damit meßbar sind. Ist f stetig und g meßbar, so ist auch $f \circ g$ meßbar. (Es gibt Lebesgue-meßbare f und g derart, daß $f \circ g$ nicht Lebesgue-meßbar ist. Solche Funktionen fallen bei der erwähnten Konstruktion eines stetig monoton wachsenden $g : [0, 1] \to [0, 1]$ mit $g^{-1}{}''\,A \notin \mathcal{L}$ für ein $A \in \mathcal{L}$ mit ab.)

Die σ-Additivität von λ führt weiter zu folgender Vertauschungsregel für punktweise Limiten:

Übung

Sei $A \subseteq \mathbb{R}$, und seien $f_n : A \to \mathbb{R}$ meßbare Funktionen, die punktweise gegen eine Funktion $f : A \to \mathbb{R}$ konvergieren, d. h. es gilt $\lim_{n \to \infty} f_n(x) = f(x)$ für alle $x \in A$. Dann ist f meßbar.

Wie für das Lebesgue-Maß gilt überall die Freiheit, modulo einer Nullmenge zu rechnen. So bleibt etwa obige Übung richtig, wenn die punktweise Konvergenz für die Punkte einer Menge $B \subseteq A$ mit $\lambda(B) = 0$ verletzt ist.

Wir betrachten im folgenden beschränkte Funktionen $f : [a, b] \to \mathbb{R}$. Dieser Rahmen läßt sich später leicht verallgemeinern.

Zunächst definieren wir einen allgemeinen Partitionsbegriff:

Definition *(Partitionen mit Stützstellen)*

Sei $[a, b]$ ein reelles Intervall mit $a < b$, und sei $\delta \in \mathbb{R}^+$.
Eine *Partition von [a, b] der Feinheit* δ ist eine endliche Folge $\langle t_i, x_i \mid i \leq n \rangle$ mit der Eigenschaft:

(i) $a = t_0 \leq x_0 \leq t_1 \leq x_1 \leq \ldots \leq t_n \leq x_n \leq b$.

(ii) $t_{i+1} - t_i \leq \delta$ für alle $i \leq n$, wobei $t_{n+1} := b$.

Die t_i heißen auch die *Zerlegungspunkte* der Partition und die x_i heißen auch die *Stützstellen* der Partition.

Damit definieren wir nun:

Definition *(Lebesgue-Summe)*

Sei $f : [a, b] \to [d, e[$ eine Lebesgue-meßbare Funktion, und sei $p = \langle t_i, y_i \mid i \leq n \rangle$ eine Partition von $[d, e]$.
Dann ist die *Lebesgue-Summe von f bzgl. p* definiert als:

$$\Lambda_p f = \Sigma_{i \leq n}\, y_i \cdot \lambda(f^{-1}{}''[t_i, t_{i+1}[).$$

Definition *(analytische Definition des Lebesgue-Integrals)*

Sei $f : [a, b] \to [d, e[$ eine Lebesgue-meßbare Funktion.
f heißt *Lebesgue*-integrierbar*, falls ein $c \in \mathbb{R}$ existiert mit:

(+) Für alle $\varepsilon > 0$ existiert ein $\delta \in \mathbb{R}^+$ mit:

$|\Lambda_p f - c| < \varepsilon$ für alle Partitionen p von $[d, e]$ der Feinheit δ.

c heißt dann das *Lebesgue*-Integral von f*, in Zeichen $c = L^*(f)$.

Lebesgue (1966) „The geometers of the seventeenth century considered the integral of f(x) – the word 'integral' had not been invented, but that does not matter – as the sum of an infinity of indivisibles, each of which was the ordinate, positive or negative, of f(x). Very well! We have simply grouped together the indivisibles of comparable size. We have, as one says in algebra, collected similar terms. One could say that, according to Riemann's procedure, one tried to add the indivisibles by taking them in the order in which they were furnished by the variation in x, like an unsystematic merchant who counts coins and bills at random in the order in which the came to hand, while we operate like a methodical merchant who says:

I have $m(E_1)$ pennies which are worth $1 \cdot m(E_1)$,
I have $m(E_2)$ nickels worth $5 \cdot m(E_2)$,
I have $m(E_3)$ dimes worth $10 \cdot m(E_3)$, etc.

Altogether then I have

$$S = 1 \cdot m(E_1) + 5 \cdot m(E_2) + 10 \cdot m(E_3) + \ldots$$

The two procedures will certainly lead the merchant to the same result because no matter how much money he has there is only a finite number of coins or bills to count. But for us who must add an infinite number of indivisibles the difference between the two methods is of capital importance.“

Die verfeinerte Methode wird aus pragmatischer Sicht mit einem hohen technischen Aufwand erkauft: Das „Gruppieren ähnlicher Terme“, d.h. die Betrachtung von $E(a, b) = f^{-1}{}''\,[a, b[$, setzt den Begriff der Meßbarkeit voraus. Wir müssen, in der Sprache des Vergleichs von Lebesgue, wissen, wieviele Münzen wir haben, deren Wert zwischen a und b liegt, um den Wert aller dieser Münzen angeben zu können. Die Urbilder $E(a, b)$ können sehr kompliziert sein.

Daß Lebesgue Riemann in die Nähe eines etwas bodenständigen Kaufmanns rückt, der seine Post linear abarbeitet, ist nicht nur ikonolatrisch bedenklich: Die Lebesguesche Integration bricht mit dem alten und bis heute in der Mathematik zentralen Prinzip, eine Funktion global zu untersuchen, indem sie überall lokal analysiert wird, d.h. in jedem kleinen Intervall ihres Definitionsbereichs. Wir werden unten zudem eine Verallgemeinerung des Riemann-Integrals besprechen, die viele der guten Eigenschaften des Lebesgue-Integrals aufweist.

Es zeigt sich, daß die Lebesgue*-Integrierbarkeit bereits aus der Lebesgue-Meßbarkeit folgt, und daß die neue Definition des Integrals mit der alten geometrischen zusammenfällt, und wir also den Stern weglassen können. Dies wollen wir nun beweisen. Hierzu betrachten wir:

Definition *(untere und obere Partition)*

Sei $p = \langle t_i, y_i \mid i \leq n \rangle$ eine Partition von $[d, e]$.
p heißt eine *untere Partition*, falls $y_i = t_i$ für alle $i \leq n$ gilt.
p heißt eine *obere Partition*, falls $y_i = t_{i+1}$ für alle $i \leq n$ gilt (mit $t_{n+1} = e$).

Obere und untere Partitionen schreiben wir kurz als $\langle t_i \mid i \leq n \rangle$, da sich die Stützstellen aus dem Typ der Partition ergeben. Wie erwartet gilt:

Übung

Sei $f : [a, b] \to [d, e[$ Lebesgue-meßbar.
Weiter seien p und p′ eine untere- bzw. obere Partition von $[d, e]$.
Dann gilt $\Lambda_p f \leq \Lambda_{p'} f$.

Wir zeigen:

Satz *(Integrierbarkeit beschränkter Lebesgue-meßbarer Funktionen)*
Sei $f : [a, b] \to [d, e[$ eine Lebesgue-meßbare Funktion.
Dann ist f Lebesgue*-integrierbar.

Beweis
Es gilt:

(+) $\sup_{p \text{ untere Partition von } [d, e]} \Lambda_p f \leq \inf_{p \text{ obere Partition von } [d, e]} \Lambda_p f.$

Ist nun p irgendeine Partition von $[d, e]$, und sind p_u und p_o die untere bzw. obere Partition von $[d, e]$, die die gleichen Zerlegungspunkte wie p haben, so gilt weiter

(++) $\Lambda_{p_u} f \leq \Lambda_p f \leq \Lambda_{p_o} f.$

Hat weiter p die Feinheit δ, so gilt nach Definition der Lebesgue-Summe:

$\Lambda_{p_o} f - \Lambda_{p_u} f \leq \Sigma_{i \leq n} \delta \cdot \lambda(f^{-1}{}'' [t_i, t_{i+1}[) = \delta \cdot \lambda([a, b]).$

Dies konvergiert gegen Null, falls δ gegen Null konvergiert.
Also ist das Supremum in (+) gleich dem Infimum in (+), etwa gleich $c \in \mathbb{R}$.
Mit (++) folgt dann die Behauptung: c ist das Lebesgue*-Integral von f. ∎

Der Beweis zeigt: L*(f) ist gleich dem Supremum der Summen über untere Partitionen und gleich dem Infimum der Summen über obere Partitionen. Weiter ist L*(f) gleich dem Limes der Summen über eine beliebige Folge von Partitionen, deren Feinheit gegen Null konvergiert. Damit können wir insbesondere bei der Berechnung des Integrals Partitionen mit bestimmten Eigenschaften zugrunde legen, etwa solche, die das Intervall $[d, e]$ in gleich große Teile zerlegen.

Da wir die 0 als Stützpunkt der Lebesgue-Summen wählen können, gilt im Falle der Meßbarkeit klarerweise:

$L^*(f) = L^*(f^+) - L^*(f^-).$

Wie die geometrische Definition kann man also auch die analytische Definition des Lebesgue-Integrals als einen zweistufigen signierten Meßprozeß auffassen.

Der Schlüssel zur Äquivalenz der beiden Definitionen ist nun die nicht überraschende aber keineswegs triviale Meßbarkeit von positiven Funktionen, deren mit der x-Achse eingeschlossene Fläche durch das Maß λ^2 gemessen werden kann. Dies besagt der folgende Satz von Lebesgue:

Satz *(geometrische Integrierbarkeit und Meßbarkeit)*
Sei $f : \mathrm{dom}(f) \to \mathbb{R}$ Lebesgue-integrierbar (im geometrischen Sinn), und es sei $\mathrm{dom}(f) \in \mathcal{L}$. Dann ist f Lebesgue-meßbar.

Beweis
Es genügt, die Aussage für Funktionen f zu zeigen mit $\mathrm{rng}(f) \subseteq [0, \infty[$ (denn mit f sind auch f^+ und f^- integrierbar, und aus der Meßbarkeit von f^+ und f^- folgt die Meßbarkeit von f).

Weiter dürfen wir annehmen, daß dom(f) beschränkt in $\mathbb{R}$ ist (denn $f^{-1}{}''[t,\infty[\;=\; \bigcup_{z\in\mathbb{Z}} (f\,|\,[z, z+1[)^{-1}{}''[t,\infty[$).

Wir setzen für $t \geq 0$:

$B_t \;=\; f^{-1}{}''[t,\infty[\;=\; \{x \in \mathrm{dom}(f) \mid f(x) \geq t\}$.

Wir zeigen, daß $B_t \in \mathscr{L}$ für alle $t \geq 0$ gilt. Dies genügt.
Für alle $t \geq 0$ gilt:

(i) $\lambda^-(B_t) \leq \lambda^+(B_t) < \infty$.

(ii) $\lambda^-(B_t)$ und $\lambda^+(B_t)$ sind monoton fallend in t.

(iii) $\lim_{\delta \to 0,\, 0 \leq \delta < t} \lambda^-(B_{t-\delta}) = \lambda^-(B_t)$.

[Vgl. obige Zusammenstellung der Eigenschaften von λ^- und λ^+.]

Annahme, es existiert ein $s > 0$ mit $\lambda^+(B_s) - \lambda^-(B_s) > 0$.
Nach (i) – (iii) existieren dann $0 < \delta < s$ und $\varepsilon > 0$ mit der Eigenschaft:

(+) $\lambda^+(B_t) - \lambda^-(B_t) > \varepsilon$ für alle $t \in [s-\delta, s]$.

Sei $A = \{(x, y) \in \mathbb{R}^2 \mid x \in \mathrm{dom}(f),\ 0 \leq y \leq f(x)\}$ (= $A(f) \cup f$).
Dann ist $A \in \mathscr{L}^2$ nach Voraussetzung (und dem Satz oben, daß $f \in \mathscr{L}^2$).
Wir setzen

$A^* = \mathbb{R} \times [s-\delta, s] \cap A$

Dann ist auch $A^* \in \mathscr{L}^2$. Also existieren $U, C \subseteq \mathbb{R}^2$ mit:

(a) $U \supseteq A^*$ ist offen,

(b) $C \subseteq A^*$ ist abgeschlossen,

(c) $\lambda^2(U) - \lambda^2(C) < \delta \cdot \varepsilon$.

Für $t \geq 0$ sei $X_t = \mathbb{R} \times \{t\}$. Dann gilt für alle $t \in [s-\delta, s]$:

$U \cap X_t \supseteq A^* \cap X_t = \{(x, t) \mid x \in \mathrm{dom}(f), f(x) \geq t\} = B_t \times \{t\} \supseteq C \cap X_t$.

Schließlich folgt mit (+) hieraus für alle $t \in [s-\delta, s]$:

(++) $\lambda(\{x \mid (x, t) \in U \cap X_t - C\}) > \varepsilon$,

denn die Projektionen von $U \cap X_t$ und $C \cap X_t$ auf die x-Achse wären sonst zu genaue offene äußere und abgeschlossene innere Messungen von B_t.
Damit enthält aber die offene Menge $U - C$ im δ-Streifen $[s-\delta, s]$ durchweg eindimensionale Horizontale mit Lebesgue-Maß $\geq \varepsilon$.
Folglich gilt $\lambda^2(U - C) \geq \delta \cdot \varepsilon$ nach der Sektionsregel für offene Mengen, *im Widerspruch* zu (c).

Damit ist also $\lambda^+(B_s) = \lambda^-(B_s)$, also $B_s \in \mathscr{L}$ für alle $s > 0$.
Aber $B_0 = \mathrm{dom}(f) \in \mathscr{L}$ nach Voraussetzung.

Auf die Voraussetzung $\mathrm{dom}(f) \in \mathscr{L}$ kann nicht verzichtet werden. Denn sei $B \notin \mathscr{L}$, und sei f die Nullfunktion auf B. Dann ist f geometrisch Lebesgue-integrierbar mit Integral Null, aber f ist nicht Lebesgue-meßbar.

Wir geben noch einen zweiten Beweis des Satzes, der statt der Sektionsregel die Produktregel für das äußere und innere Maß verwendet. Entscheidend ist wieder die Schnittstetigkeit des inneren Maßes.

zweiter Beweis des Satzes

Sei wieder o. E. $f : \mathrm{dom}(f) \to [0, \infty[$, $\mathrm{dom}(f)$ beschränkt in $\mathbb{R}$.
Wir setzen zudem wieder

$$A = \{ (x, y) \in \mathbb{R}^2 \mid x \in \mathrm{dom}(f),\ 0 \leq y \leq f(x) \}, \text{ und}$$
$$B_t = f^{-1}{}'' [t, \infty[\ = \{ x \in \mathrm{dom}(f) \mid f(x) \geq t \} \quad \text{für } t \geq 0.$$

Sei nun $t > 0$ beliebig. Für $0 < \delta < t$ sei

$$A_\delta = \mathbb{R} \times [t - \delta, t] \cap A.$$

Dann gilt für alle $0 < \delta < t$, daß $B_t \times [t - \delta, t] \subseteq A_\delta \subseteq B_{t-\delta} \times [t - \delta, t]$, also

$$\delta\, \lambda^+(B_t) \leq (\lambda^2)^+(A_\delta) = \lambda^2(A_\delta) = (\lambda^2)^-(A_\delta) \leq \delta\, \lambda^-(B_{t-\delta}),$$

denn $(\lambda^2)^+(B_t \times [t - \delta, t]) = \delta\, \lambda^+(B_t)$ und $(\lambda^2)^-(B_{t-\delta} \times [t - \delta, t]) = \delta\, \lambda^-(B_{t-\delta})$ nach der Produktregel. Damit gilt also für alle $0 < \delta < t$, daß:

$$\lambda^+(B_t) \leq \lambda^-(B_{t-\delta}).$$

Nach der Schnittstetigkeit von λ^- ist dann aber

$$\lambda^+(B_t) \leq \lim_{\delta \to 0,\, 0 \leq \delta < t} \lambda^-(B_{t-\delta}) = \lambda^-(B_t).$$

Stets gilt $\lambda^-(B_t) \leq \lambda^+(B_t)$. Also gilt für alle $t > 0$, daß $\lambda^+(B_t) = \lambda^-(B_t)$, d. h. es gilt $B_t \in \mathcal{L}$ für alle $t > 0$. Nach Voraussetzung ist zudem $B_0 \in \mathcal{L}$.

Dies war bereits die Hauptarbeit für:

Satz *(Äquivalenz der geometrischen und der analytischen Integral-Definition)*

Sei $f : [a, b] \to [d, e[$ eine Funktion. Dann sind äquivalent:

(i) f ist Lebesgue-integrierbar (nach der geometrischen Definition),

(ii) f ist Lebesgue-meßbar (und damit Lebesgue*-integrierbar).

Weiter gilt dann $L(f) = L^*(f)$.

Beweis

zu (i) ⤳ (ii): haben wir bereits gezeigt.

zu (ii) ⤳ (i) und $L^*(f) = L(f)$:

Es genügt wieder, die die Aussage für positive Funktionen zu zeigen.
Sei $A = A^+(f) = \{ (x, y) \in \mathbb{R} \mid x \in [a, b],\ 0 \leq y < f(x) \}$.
Sei $p^n = \langle t_i^n \mid i \leq n \rangle$ eine Folge von unteren Partitionen von $[d, e]$, deren Feinheit gegen Null konvergiert. (Die n-te Partition zerlegt also $[d, e]$ in n Teile; wir sparen dadurch einfach einen Index.)
Für $n \in \mathbb{N}$ seien:

$f_n = \Sigma_{0 \leq i \leq n} t_i^n \cdot \text{ind}_{f^{-1}\text{''}[t_i^n, t_{i+1}^n[}$,

$A_n = \{ (x, y) \in \mathbb{R} \mid x \in [a, b],\ 0 \leq y < f_n(x) \}$.

Sei $n \in \mathbb{N}$. Dann gilt $A_n = \bigcup_{i \leq n} f^{-1}\text{''}[t_i^n, t_{i+1}^n[\times [0, t_i^n[\subseteq A$.
Wegen f Lebesgue-meßbar ist $f^{-1}\text{''}[t_i^n, t_{i+1}^n[\in \mathscr{L}$ für alle $i \leq n$, und damit $A_n \in \mathscr{L}^2$. Klarerweise gilt:

(+) $L^*(f_n) = \lambda^2(A_n) = L(f_n)$.

Da die Partitionen beliebig fein werden gilt weiter $A = \bigcup_{n \in \mathbb{N}} A_n$.
Dann ist aber $A \in \mathscr{L}^2$, da $\mathscr{L}^2$ eine σ-Algebra ist.
Also ist f geometrisch Lebesgue-integrierbar mit $L(f) = \lambda^2(A)$.
Aus (+) folgt weiter, daß

$$L^*(f) = \lim_{n \to \infty} L^*(f_n) = \lim_{n \to \infty} \lambda^2(A_n) = \lambda^2(A) = L(f).$$

Die analytische Definition des Integrals läßt sich auch auf gewisse unbeschränkte Funktionen durch Trunkierung und Grenzwertbildung erweitern. Für eine Funktion $f : A \to [0, \infty]$, $A \subseteq \mathbb{R}$, und $n \in \mathbb{N}$ definieren wir die *trunkierte Funktion* $f \wedge n : A \to \mathbb{R}$ durch $(f \wedge n)(x) = \min(f(x), n)$. Das Integral L(f) kann nun für unbeschränkte Funktionen $f : [a, b] \to [0, \infty]$ im Falle der Existenz durch $L(f) = \lim_{n \to \infty} L(f \wedge n)$ definiert werden. Wie üblich wird die Definition via Zerlegung in Positiv- und Negativteil nun noch auf gewisse Funktionen $f : [a, b] \to [-\infty, \infty]$ ausgedehnt. Eine zweite erweiternde Limeskonstruktion durch Trunkierung des Definitionsbereiches erlaubt es schließlich, auch gewisse Funktionen integrieren zu können, deren Definitionsbereich eine Menge A mit $\lambda(A) = \infty$ ist.

Damit ist nun insbesondere relativ leicht zu zeigen:

Übung

Für integrierbare $f, g : \mathbb{R} \to \mathbb{R}$ ist $f + g$ integrierbar und $L(f+g) = L(f) + L(g)$.

Weiter erhalten wir:

Satz

Sei $f : \mathbb{R} \to [0, \infty]$. Dann gilt:

f ist ±∞-integrierbar *gdw* f ist Lebesgue-meßbar.

Die moderne Form der analytischen Definition

Oftmals wird das Lebesgue-Integral heute in einer insbesondere durch die Arbeiten von Young motivierten Variante der analytischen Definition eingeführt. Wir skizzieren noch die Grundschritte dieser Definition; der Leser findet sie in der neueren Literatur an vielen Stellen im Detail vorgeführt (etwa [Elstrodt 2005]).

Die Integral-Definition verläuft wieder über eine Zerlegung einer Funktion $f : \text{dom}(f) \to \mathbb{R}$ in Positiv- und Negativteil: $f = f^+ - f^-$. Es genügt also das Integral für Funktionen $f : \mathbb{R} \to [0, \infty]$ zu definieren. Wir können ∞ als Funktionswert von Beginn an zulassen.

Wir definieren wie zuvor das Lebesgue-Maß λ und anschließend den Begriff der meßbaren Funktion über λ-meßbare Urbilder von Intervallen. Die Schlacht wird nun elegant mit dem Söldnerheer der Treppenfunktionen gewonnen:

Definition *(Treppenfunktion oder einfache Funktion)*
Sei $f : \mathbb{R} \to [0, \infty]$ Lebesgue-meßbar. f heißt eine *Treppenfunktion* oder eine *einfache Funktion*, falls rng(f) endlich ist.

Eine Treppenfunktion f ist also eine Funktion der Form

(+) $f = \Sigma_{i \leq n} c_i \operatorname{ind}_{A_i}$

mit $c_i \in [0, \infty]$ und $A_0, \ldots, A_n \in \mathcal{L}$ (wobei man die Mengen $A_0, \ldots, A_n$ als Zerlegung von $\mathbb{R}$ annehmen kann aber nicht muß). Die A_i sind i. a. keine Intervalle; so ist etwa $\operatorname{ind}_{\mathbb{Q}}$ eine Treppenfunktion. Zu einer anschaulichen „Treppe" werden also diese Funktionen erst nach einer abstrakten Umordnung von $\mathbb{R}$.

Für eine Treppenfunktion f wie in (+) setzt man:

$L(f) = \Sigma_{i \leq n} c_i \lambda(A_i)$ (wobei $0 \cdot \infty = 0$),

und zeigt, daß dies wohldefiniert ist.

Die Konstruktion ins Rollen bringt nun der folgende Satz:

Satz *(Approximations- und Abgeschlossenheitssatz)*
Sei $f : \mathbb{R} \to [0, \infty]$. Dann sind äquivalent:

(i) f ist Lebesgue-meßbar.

(ii) Es existieren Treppenfunktionen $f_n : \mathbb{R} \to [0, \infty]$, $n \in \mathbb{N}$, die punktweise monoton wachsend gegen f konvergieren.

Man setzt nun für ein Lebesgue-meßbares $f : \mathbb{R} \to [0, \infty]$:

$L(f) = \sup_{n \in \mathbb{N}} L(f_n)$,

für eine beliebige Folge von Treppenfunktion f_n wie im Approximationssatz. Nicht völlig trivial ist der Nachweis der Wohldefiniertheit. Offenbar gilt:

$L(f) = \sup_{g \text{ Treppenfunktion}, \, g \leq f} L(g)$.

Schließlich erweitert man die Definition für meßbare $f : \mathbb{R} \to [-\infty, \infty]$ durch $L(f) = L(f^+) - L(f^-)$, wieder vorausgesetzt, daß die Differenz Sinn ergibt. Ist dann $|L(f)| < \infty$, so heißt wieder L(f) *Lebesgue-integrierbar*.

Bei diesem Ansatz steht die Approximation durch Treppenfunktionen im Vordergrund. Der Nachweis, daß alle Lebesgue-integrierbaren Funktionen eine bestimmte Eigenschaft haben, wird schnell zu einer Routineangelegenheit, die die Eigenschaft für nichtnegative Treppenfunktionen und dann für ihre punktweisen monotonen Limiten beweist, die notorische f^+-, f^--Zerlegung einmal beiseite gelassen.

Alle drei Konstruktionen haben ihre Vorteile: Die geometrische Definition stellt die klassische Tradition der Flächenmessung in den Vordergrund. Die analytische Definition nach Lebesgue zeigt klar die konzeptionellen Unterschiede zum Riemann-Integral (s. u.). Die Variante der analytischen Definition nach Young approximiert in monotoner Weise eine integrierbare Funktion durch, modulo des Maßes λ, besonders einfache Funktionen, die sich in einem Summenkalkül sehr gut beherrschen lassen. Die geometrische Definition arbeitet von vornherein mit dem Flächenmaß λ^2, die beiden anderen Definitionen kennen nur λ, und eine durch ein Maß faßbare geometrische Bedeutung ergibt sich erst a posteriori. (Im Falle der modernen analytischen Definition ist die geometrische Bedeutung aber klar für Treppenfunktionen und sie ergibt sich dann allgemein durch monotone Approximation mit Treppenfunktionen.)

Integrationssätze

Besonders die starken Vertauschungssätze der Lebesgueschen Theorie haben diesem Integralbegriff zum Durchbruch verholfen. Durch die geometrische Definition erhalten wir den ersten Satz geschenkt:

Satz *(Satz über die monotone Konvergenz)*

Sei $f_n : \mathbb{R} \to [0, \infty]$, $n \in \mathbb{N}$, eine Folge von $\pm\infty$-integrierbaren Funktionen, die punktweise monoton wachsend gegen $f : \mathbb{R} \to [0, \infty]$ konvergiert.

Dann ist f $\pm\infty$-integrierbar und es gilt

$$L(f) = \lim_{n \to \infty} L(f_n).$$

Das liest sich dann hübsch als $L(\lim_{n \to \infty} f_n) = \lim_{n \to \infty} L(f_n)$. Der Satz findet sich in [Levy 1906], wobei schwer vorstellbar ist, daß Lebesgue, der die geometrische Definition des Integrals mehrfach diskutierte, diese Konvergenzaussage fremd war.

Beweis

Die Aussage übersetzt sich in die Behauptung

$$\lambda^2(\bigcup_{n \in \mathbb{N}} A_n) = \sup_{n \in \mathbb{N}} \lambda^2(A_n)$$

für die $\subseteq$-monotone Folge der $A_n = A^+(f_n) \in \mathscr{L}^2$, $n \in \mathbb{N}$.

Diese Behauptung ist aber wegen der Abgeschlossenheit von $\mathscr{L}^2$ unter abzählbaren Vereinigungen und der σ-Additivität von λ^2 trivial.

Folglich gilt für jede Folge $f_n : \mathbb{R} \to [0, \infty]$ von $\pm\infty$-integrierbaren Funktionen auch die Vertauschungsregel $L(\Sigma_{n \in \mathbb{N}} f_n) = \Sigma_{n \in \mathbb{N}} L(f_n)$, wobei die Summe über die Funktionen punktweise gebildet wird.

Die Voraussetzung an den Wertebereich der Funktionenfolge im Satz von der monotonen Konvergenz läßt sich wie erwartet weiter abschwächen:

Übung *(Satz von der monotonen Konvergenz, starke Form)*

Der Satz von der monotonen Konvergenz gilt auch für $\pm\infty$-integrierbare punktweise monoton wachsende $f_n : \mathbb{R} \to [\infty, -\infty]$, $n \in \mathbb{N}$, mit $L(f_0) > -\infty$.

Analoge Sätze gelten für punktweise monoton fallende Funktionen. Der Leser wird sehen, daß der obige Beweis des Satzes von der monotonen Konvergenz auch für eine punktweise monoton gegen ein f fallende Folge von integrierbaren Funktionen $f_n : A \to \mathbb{R}_0^+$ übernommen werden kann, wenn der Satz herangezogen wird, daß f eine λ^2-Nullmenge ist: Denn der Schnitt über die Flächenmengen $A^+(f_n)$ der f_n ist nun in der Regel nicht mehr $A^+(f)$, sondern eine Obermenge von $A^+(f)$, immer aber Teilmenge der erweiterten Flächenmenge $A^+(f) \cup f$. Ist die Folge streng monoton fallend, so ist der Schnitt identisch mit $A^+(f) \cup f$.

Vielfache Anwendung findet nun weiter der folgende Satz von der dominierten Konvergenz von Lebesgue (1910):

Satz *(Satz von Lebesgue über die dominierte Konvergenz)*
Sei $A \subseteq \mathbb{R}$, und sei $f_n : A \to [-\infty, +\infty]$ eine Folge von integrierbaren Funktionen, die punktweise gegen $f : A \to [-\infty, +\infty]$ konvergiert.
Es gebe ein integrierbares $g : A \to [0, \infty]$ mit $|f_n| \leq g$ für alle $n \in \mathbb{N}$.
Dann ist f integrierbar und es gilt $L(f) = \lim_{n \to \infty} L(f_n)$.

Beweis
Für $n \in \mathbb{N}$ seien

$$h_n = \inf_{k \geq n} f_k + g, \quad h'_n = \sup_{k \geq n} f_k + g.$$

Dann sind $h_n, h'_n : A \to [0, \infty]$ integrierbar für alle $n \in \mathbb{N}$.
Die h_n konvergieren punktweise monoton wachsend gegen $f + g$, und die h'_n konvergieren punktweise monoton fallend gegen $f + g$.
Nach monotoner Konvergenz gilt dann also:

$$(+) \quad \lim_{n \to \infty} L(h_n) = L(f + g) = \lim_{n \to \infty} L(h'_n).$$

Weiter gilt aber für alle $n \in \mathbb{N}$: $h_n \leq f_n + g \leq h'_n$.
Nach (+) und Monotonie des Integrals ist also

$$\lim_{n \to \infty} L(f_n + g) = L(f + g),$$

und damit nach Linearität $\lim_{n \to \infty} L(f_n) = L(f)$. ∎

Man kann für den Beweis auf die Addition von g verzichten und mit $h_n = \inf_{k \geq n} f_k$ und $h'_n = \sup_{k \geq n} f_k$ arbeiten. Dann muß aber die starke Form der monotonen Konvergenz aus der Übung oben herangezogen werden. Generell haben Funktionen mit Werten in $\mathbb{R}_0^+$ ein einfaches Integral ohne negative Flächenmessung, was zu klaren Argumenten führt.

Zur Rolle der dominierenden Funktion g mit $L(g) < \infty$ betrachten wir etwa die Folge der Funktionen $f_n = \text{ind}_{[n, n+1]}$. Es gilt $L(f_n) = 1$ für alle n, und die Folge konvergiert punktweise gegen die Nullfunktion f. Eine Vertauschung von Limesbildung und Integration ist also nicht möglich, und der Satz von Lebesgue erlaubt dies auch nicht, da die f_n von keiner Funktion g mit endlichem Integral dominiert werden.

Prüfen wir, wo das Argument des Beweises für diese Folge f_n, $n \in \mathbb{N}$, scheitert. Wir wählen hierzu die minimale obere Einhüllung $g = \text{ind}_{[0, \infty]}$ mit $L(g) = \infty$ als dominierende Funktion, und versuchen, den obigen Beweis durchzuführen. Für alle $n \in \mathbb{N}$ erhalten wir:

$$h_n = \text{„die Nullfunktion auf } \mathbb{R}\text{“} + g = g, \quad h'_n = \text{ind}_{[n, \infty]} + g.$$

Alle Aussagen des Beweises sind richtig bis einschließlich $\lim_{n \to \infty} L(f_n + g) = L(f + g)$. Wir haben $1 + \infty = 1 + \lim_{n \to \infty} L(g) = \lim_{n \to \infty} L(f_n + g) = L(f) + L(g) = 0 + \infty$, aber es führt kein Weg zu $\lim_{n \to \infty} L(f_n) = 0$.

Ein Klassiker in der Lebesgueschen Integrationstheorie ist weiter das Lemma von Pierre Fatou (1906):

Übung *(Lemma von Fatou)*

Sei $A \subseteq \mathbb{R}$, und sei $f_n : A \to [0, \infty]$, $n \in \mathbb{N}$, eine Folge von $\pm\infty$-integrierbaren Funktionen. Dann gilt:

$L(\lim_{n \to \infty} \inf_{k \geq n} f_k) \leq \lim_{n \to \infty} \inf_{k \geq n} L(f_k)$.

[Anwendung des Satzes von der monotonen Konvergenz auf $g_n = \inf_{k \geq n} f_k$.]

Das Infimum links ist wieder punktweise. Die Aussage beinhaltet wie üblich eine Integrierbarkeits-Behauptung für die Limesfunktion auf der linken Seite.

Statt der Voraussetzung der Nichtnegativität der Funktionen f_n genügt, daß alle f_n punktweise größergleich einer integrierbaren Funktion g sind. Aus dieser Form gewinnt man mit „$\lim_{n \to \infty} \sup_{k \geq n} f_k = - \lim_{n \to \infty} \inf_{k \geq n} - f_n$“ eine nützliche lim-sup-Version des Lemmas für Funktionen f_n, die punktweise von einer integrierbaren Funktion dominiert werden. Es gilt dann $L(\lim_{n \to \infty} \sup_{k \geq n} f_k) \geq \lim_{n \to \infty} \sup_{k \geq n} L(f_k)$.

Die Folge $f_n : [0, 1] \to \mathbb{R}_0^+$ mit $f_n(x) = n$ für $0 < x < 1/n$ und $f(x) = 0$ sonst zeigt, daß Gleichheit im Lemma von Fatou nicht zu gelten braucht. Die Fatou-Ungleichung lautet hier „$0 \leq 1$“.

Schließlich erwähnen wir ohne Beweis noch den Satz von Fubini. Wir entwikkeln mit Hilfe von λ^2 ein Lebesgue-Integral $L_{\lambda^2}(f)$ für Funktionen $f : \mathbb{R}^2 \to \mathbb{R}$; dies geschieht analog zur Definition des Lebesgue-Integrals $L(g) = L_\lambda(g)$ für Funktionen $g : \mathbb{R} \to \mathbb{R}$. Es gilt dann:

Satz *(Satz von Fubini)*

Sei $f : \mathbb{R}^2 \to [-\infty, +\infty]$ eine Lebesgue-integrierbare Funktion.
Für $x \in \mathbb{R}$ sei $f_x : \mathbb{R} \to [-\infty, +\infty]$ die Funktion mit $f_x(y) = f(x, y)$ für alle y.
Weiter sei $N = \{ x \in \mathbb{R} \mid f_x \text{ ist nicht Lebesgue-integrierbar} \}$.
Dann gilt:

(a) $N \in \mathscr{L}$ und $\lambda(N) = 0$.

(b) $g : \mathbb{R} \to \mathbb{R}$ ist Lebesgue-integrierbar und $L_{\lambda^2}(f) = L_\lambda(g)$, wobei $g(x) = L_\lambda(f_x)$ für $x \in \mathbb{R} - N$ und $g(x) = 0$ für $x \in N$ ist.

In Integralschreibweise (und „modulo Nullmenge“) lautet die Identität der Integrale suggestiv:

$$\int f(x, y)\, d\lambda^2(x, y) = \int \int f_x(y)\, d\lambda(y)\, d\lambda(x).$$

Hieraus erhält man die bekannte Vertauschungsregel für doppelte Integrationen, da $L_{\lambda^2}(f) = L_{\lambda^2}(h)$, mit $h(x, y) = f(y, x)$ für alle $x, y \in \mathbb{R}$.

Weiter erhalten wir aus dem Satz von Fubini:

Korollar

Sei $P \in \mathcal{L}^2$, und sei $P_x = \{ y \in \mathbb{R} \mid (x, y) \in P \}$ für $x \in \mathbb{R}$.
Dann sind äquivalent:

(i) $\lambda^2(P) = 0$.

(ii) $\lambda(\{ x \in \mathbb{R} \mid P_x \notin \mathcal{L} \text{ oder } \lambda(P_x) \neq 0 \}) = 0$.

Der Satz von Fubini beinhaltet die geometrische Bedeutung des Integrals. Sei nämlich $g : \mathrm{dom}(g) \to [0, \infty]$ eine integrierbare Funktion mit Flächenmenge

$A = \{ (x, y) \mid x \in \mathrm{dom}(g),\ 0 \le y < g(x) \}$.

Wir betrachten $f = \mathrm{ind}_A : \mathbb{R}^2 \to \mathbb{R}$. Dann ist $f_x = \mathrm{ind}_{[0, g(x)[}$ für alle $x \in \mathbb{R}$. Jedes f_x ist Lebesgue-integrierbar mit $L(f_x) = g(x)$. Nach dem Satz von Fubini ist also

$L_{\lambda^2}(f) = L_\lambda(g)$.

Aber $L_{\lambda^2}(f) = L_{\lambda^2}(\mathrm{ind}_A) = \lambda^2(A)$. Damit ist das Lebesgue-Integral von g also das Lebesgue-Maß der Flächenmenge A.

Riemann-Integral und Peano-Jordan-Inhalt

Die geometrische Definition des Lebesgue-Integrals wirft die Frage auf, ob zum klassischen Riemann-Integral ebenfalls ein Flächenmaß gehört. Das Riemann-Integral wird ja oft als Flächenmessung motiviert, wenn es dann auch in der Regel analytisch und nicht geometrisch definiert wird. Zur Erinnerung geben wir eine knappe aber vollständige Definition des Riemann-Integrals mit Hilfe des obigen Partitionsbegriffs:

Definition *(Riemann-Summe bzgl. einer Partition)*

Sei $f : [a, b] \to \mathbb{R}$, und sei $p = \langle t_i, x_i \mid i \le n \rangle$ eine Partition (irgendeiner Feinheit). Dann ist die *Riemann-Summe von f bzgl. p*, in Zeichen $\Sigma_p f$, definiert als:

$\Sigma_p f = \Sigma_{i \le n} f(x_i) \cdot | t_{i+1} - t_i |$.

Definition *(Riemann-Integral und Riemann-Integrierbarkeit)*

Sei $f : [a, b] \to \mathbb{R}$ eine Funktion.
f heißt *Riemann integrierbar*, falls ein $c \in \mathbb{R}$ existiert mit:

(+) Für alle $\varepsilon > 0$ existiert ein $\delta \in \mathbb{R}^+$ mit:

$| \Sigma_p f - c | < \varepsilon$ für alle Partitionen p von $[a, b]$ der Feinheit δ.

c heißt dann das *Riemann-Integral von f*.

Der Leser vergleiche hierzu die analytische Definition des Lebesgue-Integrals.

Übung

(i) c ist im Falle der Existenz eindeutig bestimmt.

(ii) Ist f Riemann-integrierbar, so ist f beschränkt.

Eine zu (+) äquivalente Integrierbarkeits-Bedingung für das Riemann-Integral ist: Für jede Folge $\langle p_n \mid n \in \mathbb{N} \rangle$ von Partitionen von $[a, b]$, deren Feinheit gegen Null konvergiert, gilt $\lim_{n \to \infty} \Sigma_{p_n} f = c$.

Übung

Eine äquivalente Definition des Riemann-Integrals erhält man, wenn man überall nur äquidistante Partitionen p von $[a, b]$ zuläßt, d.h. Partitionen $p = \langle t_i, x_i \mid i \leq n \rangle$ mit $|t_{i+1} - t_i| = |b - a|/(n + 1)$ für alle $i \leq n$.

Riemann selbst beschreibt in seiner Habilitationsschrift von 1854 das Integral und die Aufgabe der Bestimmung „des Umfangs seiner Gültigkeit“ so:

Riemann (1854): „4. Die Unbestimmtheit, welche noch in einigen Fundamentalpunkten der Lehre von den bestimmten Integralen herrscht, nötigt uns, einiges vorauszuschikken über den Begriff eines bestimmten Integrals und den Umfang seiner Gültigkeit.

Also zuerst: Was hat man unter $\int_a^b f(x)\,dx$ zu verstehen?

Um dieses festzusetzen, nehmen wir zwischen a und b der Größe nach auf einander folgend, eine Reihe von Werten $x_1, x_2, \ldots, x_{n-1}$ an und bezeichnen der Kürze wegen $x_1 - a$ durch δ_1, $x_2 - x_1$ durch δ_2, …, $b - x_{n-1}$ durch δ_n und durch ε einen positiven echten Bruch. Es wird alsdann der Wert der Summe

$$S = \delta_1 f(a + \varepsilon_1 \delta_1) + \delta_2 f(x_1 + \varepsilon_2 \delta_2) + \ldots + \delta_n f(x_{n-1} + \varepsilon_n \delta_n)$$

von der Wahl der Intervalle und der Größen ε abhängen. Hat sie nun die Eigenschaft, wie auch δ und ε gewählt werden mögen, sich einer festen Grenze A unendlich zu nähern, sobald sämtliche δ unendlich klein werden, so heißt dieser Wert $\int_a^b f(x)\,dx$ …

5. Untersuchen wir jetzt zweitens den Umfang der Gültigkeit dieses Begriffs oder die Frage: in welchen Fällen läßt eine Funktion eine Integration zu und in welchen nicht?“

Historisch korrekter wäre *Cauchy-Riemann-Summe* und *Cauchy-Riemann-Integral.* Cauchy hatte bereits 1823 das Riemann-Integral für stetige Funktionen über Riemann-Summen eingeführt; er arbeitet zwar in seinen Summen mit den Intervallgrenzen als Stützstellen, bemerkt aber explizit, daß man auch beliebige Stützstellen innerhalb der Zerlegung des Intervalls wählen kann. Integrale über Funktionen wie $1/x^2$ im Intervall $]0, 1]$ führt Cauchy als uneigentliche Integrale über eine Limesbildung ein.

Erst Riemann hat dann in seiner Habilitationsschrift die Frage untersucht, welchen Funktionen sich durch Summenbildung über immer feinere Partitionen ein Integral zuordnen läßt. Riemann geht also nicht mehr von (stückweise) stetigen Funktionen aus, sondern sucht Bedingungen, die den Erfolg des Summationsprozesses garantieren und ihn im besten Fall charakterisieren. (Die Funktionen, die Riemann im Auge hatte, waren die punktweisen Limiten von Fourier-Reihen.)

Die heute häufig zu findende äquivalente Definition über das Supremum und Infimum der Funktionswerte in den Intervallen einer Partition stammt von Darboux 1875. Hier wird statt mit konkreten Funktionswerten mit den lokal schlechtesten denkbaren Werten gearbeitet:

Definition *(Darboux-Summen und Riemann-Integral)*
Sei $f : [a, b] \to \mathbb{R}$ eine beschränkte Funktion.
Wir setzen für eine Partition $p = \langle t_i, x_i \mid i \leq n \rangle$ von $[a,b]$:

$$S_p f = \Sigma_{i \leq n} \, |t_{i+1} - t_i| \cdot \sup_{x \in [t_i, t_{i+1}]} f(x),$$
$$s_p f = \Sigma_{i \leq n} \, |t_{i+1} - t_i| \cdot \inf_{x \in [t_i, t_{i+1}]} f(x).$$

f heißt *Darboux-Riemann-integrierbar*, falls gilt

(+) Für alle $\varepsilon > 0$ existiert eine Partition p mit $S_p f - s_p f < \varepsilon$.

Die Summen $s_p f$ und $S_p f$ hängen nur noch von den Zerlegungspunkten und nicht mehr von den Stützstellen der Partition p ab, sodaß man stützstellenfreie Partitionen betrachten kann, wenn man nur mit Darboux-Summen arbeiten will.

Für alle Partitionen p und alle f gilt offenbar $s_p f \leq \Sigma_p f \leq S_p f$. Gilt nun die Aussage (+) für f, so gilt offenbar auch

(+′) $\sup_p s_p f = \inf_p S_p f$,

wobei p alle Partitionen von $[a, b]$ durchläuft. Ein Verschmelzungsargument für Partitionen zeigt andererseits, daß aus (+′) umgekehrt auch (+) folgt. Damit sind die beiden Bedingungen gleichwertig. Die Werte $\sup_p s_p f$ und $\inf_p S_p f$ bezeichnet man auch als *das obere* bzw. *untere Darboux-Integral.* Sie existieren für jede Funktion f.

Es ist leicht zu sehen, daß die Darboux-Version der Riemann-Integrierbarkeit zur obigen Definition über Stützstellen äquivalent ist, und daß der gemeinsame Wert c des Supremums und Infimums in (+′) das Riemann-Integral von f ist. Wir werden unten sehen, daß die Definition über Stützstellen aus kulturellen Gründen eine bevorzugte Behandlung gegenüber den Darbouxschen Ober- und Untersummen geltend machen kann.

Eine geometrische Interpretation des Riemann-Integrals ist nun in der Tat möglich, wobei sich der zum Riemann-Integral gehörige Meßapparat als ein nur endlich additiver Inhalt und nicht als ein σ-additives Maß entpuppt. Es handelt sich um den sog. Peano-Jordan-Inhalt auf $\mathbb{R}^2$. Er läßt sich für beliebige Dimensionen einführen, wir besprechen in hier konkret aber nur für die Dimension 2, da wir mit ihm Flächen messen wollen.

Definition *(δ-Quadrat)*
Sei $\delta \in \mathbb{R}^+$. Ein $Q \subseteq \mathbb{R}^2$ heißt ein *δ-Quadrat,* falls $z_1, z_2 \in \mathbb{Z}$ existieren mit

$$Q = [z_1\delta, (z_1 + 1)\delta] \times [z_2\delta, (z_2 + 1)\delta].$$

Ein δ-Quadrat ist also eines der abgeschlossenen Quadrate, die durch ein Gitter der Maschenweite δ gebildet werden, das über $\mathbb{R}^2$ ausgebreitet wird und dabei die

Koordinatenachsen einschließt. Ein solches δ-Quadrat hat den elementaren und klanglich identischen Flächeninhalt δ^2. Wir messen nun ein $P \subseteq \mathbb{R}^2$, indem wir zählen, wieviele δ-Quadrate P berühren bzw. in P enthalten sind und diese Anzahl mit δ^2 multiplizieren. Schließlich lassen wir δ gegen Null gehen. Dies führt zum Lieblingsinhalt der Landesvermessungsämter [Jordan 1892]:

Definition *(Jordan-Inhalt)*

Sei $P \subseteq \mathbb{R}^2$ beschränkt. Wir setzen:

$$\iota^+(P) = \inf_{\delta > 0} \Sigma_{Q \text{ ist ein } \delta\text{-Quadrat}, \, Q \cap P \neq \emptyset} \; \delta^2,$$

$$\iota^-(P) = \sup_{\delta > 0} \Sigma_{Q \text{ ist ein } \delta\text{-Quadrat}, \, Q \subseteq P} \; \delta^2.$$

$\iota^+(P)$ und $\iota^-(P)$ heißen der *äußere* bzw. *innere Jordan-Inhalt* von P.

P heißt *Jordan-meßbar*, falls $\iota^+(P) = \iota^-(P)$. Wir setzen dann $\iota(P) = \iota^+(P) = \iota^-(P)$, und nennen $\iota(P)$ den *Jordan-Inhalt von P*.

Ein unbeschränktes $P \subseteq \mathbb{R}^2$ heißt *Jordan-meßbar*, falls die Mengen $P \cap [-n, n]^2$ Jordan-meßbar für alle $n \in \mathbb{N}$ sind. In diesem Fall setzen wir $\iota(P) = \lim_{n \to \infty} \iota(P \cap [-n, n]^2) \in [0, \infty]$.

Schließlich sei $\mathcal{J} = \{ P \subseteq \mathbb{R}^2 \mid P \text{ ist Jordan-meßbar} \}$.

Für die Dimension n = 1 werden die δ-Quadrate zu δ-Intervallen $[z\delta, (z+1)\delta]$, $z \in \mathbb{Z}$, im Fall n = 3 zu Quadern, usw.

Würden wir ι^+ und ι^- wie oben für alle $P \subseteq \mathbb{R}^2$ definieren, so erhielten wir z. B. für das Gitter $P = \mathbb{Z} \times \mathbb{Z}$, daß $\iota^+(P) = \infty$, während $\lim_{n \to \infty} \iota^+(P \cap [-n, n]^2) = \lim_{n \to \infty} 0 = 0$. Man kann natürlich ι^+ und ι^- durch Limesbildung auf ganz $\mathcal{P}(\mathbb{R}^2)$ erweitern.

Es ist leicht zu sehen, daß die Definition gleichbleibt, wenn man beliebige Quadrate im $\mathbb{R}^2$ der Seitenlänge δ zuläßt, und nicht nur Quadrate eines δ-Gitters, das die Koordinatenachsen umfaßt. Statt der Quadrate kann man auch allgemeinere Rechtecke oder andere elementare geometrische Figuren zulassen (vgl. den Peano-Inhalt unten). Der entscheidende Unterschied zur Konstruktion bei Lebesgue ist die endliche Zahl der elementaren Objekte, mit denen wir eine gegebene beschränkte Menge ausmessen. Bei Lebesgue gehen in die Definition von $\lambda^+(P)$ alle offenen Mengen ein, und diese sind i.a. unendliche Vereinigungen von elementaren Figuren wie etwa den Rechtecken. Anders ausgedrückt: Bei Lebesgue ist bereits zur Konstruktion von approximierenden Objekten eine Limesbildung erlaubt, und dann noch eine zweite bei der Infimums- oder Supremumsbildung zur Berechnung des äußeren bzw. inneren Maßes.

Leicht zu sehen ist:

Satz *(Jordan-Inhalt und Lebesgue-Maß)*

Für alle beschränkten $P \subseteq \mathbb{R}^2$ gilt:

$$\iota^-(P) \leq (\lambda^2)^-(P) \leq (\lambda^2)^+(P) \leq \iota^+(P).$$

Insbesondere ist jede Jordan-meßbare Menge auch Lebesgue-meßbar, und es gilt $\lambda^2(P) = \iota(P)$.

Beweis

zu $\iota^-(P) \leq (\lambda^2)^-(P)$: Die Mengen zur Bestimmung von $\iota^-(P)$ sind abgeschlossene Teilmengen von P, tauchen also auch in der Supremumsbildung zur Berechnung von $(\lambda^2)^-(P)$ auf.

zu $(\lambda^2)^+(P) \leq \iota^+(P)$: Die Mengen zur Bestimmung von $\iota^+(P)$ können durch beliebig kleine Vergrößerung ihres Lebesgue-Maßes zu offenen Mengen gemacht werden, die P enthalten (benutze statt der δ-Quadrate offene $\delta + \eta$-Quadrate, $\eta \geq 0$ klein). Hieraus folgt die Behauptung. ∎

Die beschränkten Lebesgue-meßbaren Mengen sind dagegen eine echte Erweiterung der Jordan-meßbaren Mengen. Ist $P \subseteq \mathbb{R}^2$ eine beschränkte abzählbare Menge, die irgendwo dicht ist, so ist $\iota^-(P) = 0$, $\iota^+(P) > 0$, $\lambda^2(P) = 0$. Ist konkret etwa $P = \bigcup_{q \in \mathbb{Q}, 0 \leq q \leq 1} \{q\} \times [0, 1]$, so ist $\iota^+(P) = 1$, $\iota^-(P) = \lambda^2(P) = 0$. Hier wird die oben angesprochene doppelte Limesbildung bei Lebesgue besonders deutlich: Wir können für alle $\varepsilon > 0$ eine offene Menge $U_\varepsilon \supseteq P$ konstruieren, deren Maß kleiner als ε ist. Hierzu verwenden wir abzählbar viele offene Rechtecke, die alle $\{q\} \times [0, 1]$, $q \in \mathbb{Q}$, überdecken, und deren Grundseitensumme kleiner als ε ist. Der zweite unendliche Prozeß ist dann eine Infimumsbildung wie bei der Inhaltsdefinition.

Wir stellen einige (nicht schwer zu zeigende) Eigenschaften des Jordan-Inhalts zusammen:

Satz *(über den Jordan-Inhalt)*

(i) Für alle beschränkten $P \subseteq \mathbb{R}^2$ gilt:

$$\iota^+(P) = \inf_{\delta > 0} \Sigma_{Q \text{ ist ein } \delta\text{-Quadrat}, Q \cap \mathrm{cl}(P) \neq \emptyset} \delta^2,$$

$$\iota^-(P) = \sup_{\delta > 0} \Sigma_{Q \text{ ist ein } \delta\text{-Quadrat}, Q \subseteq \mathrm{int}(P)} \delta^2.$$

Insbesondere ist $\iota^-(P) = \iota^-(\mathrm{int}(P))$ und $\iota^+(P) = \iota^+(\mathrm{cl}(P))$.

(ii) Für alle beschränkten $P \subseteq \mathbb{R}^2$ gilt:

$$\iota^+(P) = \iota^-(P) + \iota^+(\mathrm{cl}(P) - \mathrm{int}(P)).$$

Folglich sind äquivalent:

(α) P ist Jordan-meßbar.

(β) der Rand $\mathrm{cl}(P) - \mathrm{int}(P)$ von P hat äußeres Jordan-Maß Null.

(iii) Sei $n \in \mathbb{N}$ und sei $Q = [-n, n]^2$. Dann gilt für alle $P \subseteq Q$:

$$\iota(P) = \iota(Q) - \iota'(Q - P).$$

Insbesondere ist $P \in \mathcal{J}$ gdw $Q - P \in \mathcal{J}$.

(iv) Für alle $P, Q \subseteq \mathbb{R}$ gilt $\iota^+(P \cup Q) \leq \iota^+(P) + \iota^+(Q)$.
Gilt $P \cap Q = \emptyset$, so ist $\iota^-(P \cup Q) \geq \iota^-(P) + \iota^+(Q)$.

(v) $\langle \mathbb{R}^2, \mathcal{J}, \iota \rangle$ ist ein σ-finiter Inhaltsraum. Weiter ist $\mathcal{J}$ abgeschlossen unter Bewegungen und ι ist bewegungsinvariant.

(vi) ι ist sogar σ-additiv innerhalb der Algebra $\mathcal{J}$: Sind $P_n \in \mathcal{J}$ für $n \in \mathbb{N}$ paarweise disjunkt und derart, daß $P = \bigcup_{n \in \mathbb{N}} P_n \in \mathcal{J}$, so gilt

$$\iota(P) = \Sigma_{n \in \mathbb{N}} \iota(P_n).$$

Wir verweisen den Leser auf [Mayrhofer 1952] für eine ausführliche Diskussion des Jordan-Inhalts.

Die Jordansche Messung läuft also darauf hinaus, den Rand einer Menge durch Überdeckung mit endlich vielen kleinen Quadraten in die Knie zu zwingen. Zur Illustration betrachten wir noch einmal das Beispiel $P = \bigcup_{q \in \mathbb{Q}, 0 \leq q \leq 1} \{ q \} \times [0, 1]$. Es gilt $\lambda^2(Q) = 0$, aber der Rand von P ist das ganze Quadrat $[0, 1] \times [0, 1]$. Lebesguesche Nullmengen können also einen großen Rand haben.

Es gilt schließlich der folgende aus heutiger Sicht fast offensichtliche Satz:

Satz *(geometrische Interpretation des Riemann-Integrals)*
Sei $f : [a, b] \to \mathbb{R}_0^+$ eine beschränkte Funktion, und sei

$A(f) = \{ (x, y) \in \mathbb{R}^2 \mid x \in [a, b],\ 0 \leq y < f(x) \}$.

Dann sind äquivalent:

(i) f ist Riemann-integrierbar.

(ii) A(f) ist Jordan-meßbar.

In diesem Fall ist das Riemann-Integral über f gleich $\iota(A)$.

Genauer gilt: Für jede beschränkte Funktion $f\ [a, b] \to \mathbb{R}_0^+$ ist der innere Peano-Jordan-Inhalt von A(f) gleich dem unteren Darboux-Integral von f, und gleiches gilt für den äußeren Inhalt und das obere Darboux-Integral.

Die geometrische Bedeutung des Riemann-Integrals ist zuerst von Peano 1887 herausgestellt worden. Sie wird weiter bei Lebesgue mehrfach diskutiert. Eine frühe ausführliche Darstellung der Zusammenhänge findet sich im 10. Kapitel der „Grundzüge der Mengenlehre" [Hausdorff 1914].

Nach dem Satz oben ist dann das Riemann-Integral über $f : [a, b] \to \mathbb{R}_0^+$ auch gleich $\lambda^2(A)$, und damit ist f auch Lebesgue-integrierbar mit gleichem Integral $L(f) = \iota(A) = \lambda^2(A)$. Dies gilt nun aber allgemein für alle Riemann-integrierbaren Funktionen f, denn nach geeigneter Addition einer konstanten Funktion g auf $[a, b]$ ist $f + g$ überall größergleich 0, und aus der Linearität der Integrale folgt die Behauptung. Wir halten also fest:

Korollar *(das Lebesgue-Integral setzt das Riemann-Integral fort)*
Sei $f : [a, b] \to \mathbb{R}$ Riemann-integrierbar.
Dann ist f Lebesgue-integrierbar, und das Lebesgue-Integral stimmt mit dem Riemann-Integral überein.

Dieses Korollar läßt sich natürlich auch direkter ohne Verwendung eines Inhaltsbegriffs beweisen, etwa durch die Verwendung von unteren Darboux-Summen und den Satz von der monotonen Konvergenz.

Bereits einige Jahre vor Jordan hatte Peano den folgenden Inhalt, der den elementargeometrischen Flächeninhalt von Polygonen im $\mathbb{R}^2$ verwendet, und also mit einem etwas reichhaltigeren Material als dem der Quadrate startet [Peano 1887]:

Definition *(Peano-Inhalt)*

Sei $P \subseteq \mathbb{R}^2$ beschränkt. Wir setzen:

$\pi^+(P) = \inf(\{ \rho \mid \rho$ ist die Fläche einer endlichen Überdeckung von P durch Polygone $\})$,

$\pi^-(P) = \sup(\{ \rho \mid \rho$ ist die Fläche von endlich vielen paarweise disjunkten in P enthaltenen Polygonen $\})$.

$\pi^+(P)$ und $\pi^-(P)$ heißen der *äußere* bzw. *innere Peano-Inhalt* von P.

Für beliebige $P \subseteq \mathbb{R}^2$ wird nun *P ist Peano-meßbar* und der *Peano-Inhalt* $\pi(P)$ wie für den Jordan-Inhalt definiert.

Es zeigt sich, daß der Jordan-Inhalt und der Peano-Inhalt identisch sind, weshalb man heute vom Peano-Jordan-Inhalt spricht. Der Leser mag versuchen, die Identität der beiden Konstruktionen zu beweisen – eine letztendlich elementargeometrische Aufgabe. (Wie gut Polygone und andere Dinge durch kleine δ-Quadrate approximiert werden können sieht man, wenn man eine komplexe Graphik an einem hochauflösenden Computerdisplay betrachtet.)

Wir geben schließlich noch eine Möglichkeit an, den Peano-Jordan Inhalt direkt für alle Teilmengen von $\mathbb{R}^2$ einzuführen, nicht nur für die beschränkten. Sei hierzu $\mathcal{Q}$ die Menge aller abgeschlossenen δ-Quadrate. Wir nennen ein $A \subseteq \mathcal{Q}$ *lokal endlich*, falls gilt:

(i) Die Elemente von A überschneiden sich nur an den Rändern.

(ii) Für jedes $n \in \mathbb{N}$ ist $\{ Q \in A \mid Q \subseteq [-n, n]^2 \}$ endlich.

Jedem lokal endlichen $A \subseteq \mathcal{Q}$ weisen wir als Fläche die abzählbar endliche oder abzählbar unendliche Summe seiner δ-Quadrate zu. Wir setzen dann:

$\iota^+(P) = \inf(\{ \rho \mid \rho$ ist die Fläche eines lokal endlichen $A \subseteq \mathcal{Q}$ mit $P \subseteq \bigcup A \})$.

$\iota^-(P) = \sup(\{ \rho \mid \rho$ ist die Fläche eines lokal endlichen $A \subseteq \mathcal{Q}$ mit $\bigcup A \subseteq P \})$.

Ist $\iota^+(P) = \iota^-(P) < \infty$, so heißt P *Jordan-meßbar* mit Maß $\iota(P) = \iota^+(P)$. Ist $\iota^+(P) = \infty$ und ist jedes $P \cap [-n, n]^2$ Jordan-meßbar nach dem ersten Teil der Definition, so heißt P *Jordan-meßbar* mit Maß ∞.

Statt Q kann man wieder andere geeignete elementargeometrische Objekte verwenden, etwa alle halboffenen Rechtecke im $\mathbb{R}^2$ oder alle abgeschlossenen Dreiecke. Wichtig ist, daß jedes beschränkte $P \subseteq \mathbb{R}^2$ durch endlich viele Grundobjekte überdeckt werden kann, die sich allenfalls an ihren Rändern überschneiden.

Man kann den Peano-Jordan-Inhalt und damit das Riemann-Integral als eine mathematische Vollendung der griechischen Ideen der Ausschöpfung und Umschreibung (Exhaustion und Kompression) ansehen. Der entscheidende Unterschied zum Lebesgue-Maß ist die Verwendung von nur endlich vielen Objekten zur Approximation. Das Lebesgue-Maß wagt im Messen den Schritt ins abzählbar Unendliche, und schließt damit die Grenzübergänge der Analysis in sich. Möglich wird dies erst durch die Überabzählbarkeit der reellen Zahlen – sonst wäre ja der ganze Raum eine Nullmenge. Die Überabzählbarkeit von $\mathbb{R}$ ist nicht nur eine Ruhmesstatue der Erforschung des Kontinuumsbegriffs, sondern sie bildet auch die technische Grundlage für die moderne Kultur von Maß und Integral.

Vorläufer und Nachfolger des Peano-Jordan-Inhalts

Historisch bedeutende Vorläufer der Arbeiten von Peano und Jordan zur Messung in den Euklidischen Räumen sind Untersuchungen von Georg Cantor, Otto Stolz und Axel Harnack ([Cantor 1884], [Stolz 1884], [Harnack 1885]). Die Konstruktionen dieser drei Arbeiten liefern im wesentlichen den äußeren Peano-Jordan-Inhalt. Was man von gewissen Stoffen der Literatur sagt, gilt auch hier: Das Thema lag ab den 80er Jahren des 19. Jahrhunderts auf der Straße. Das Umfeld schuf Cantor in seinen sechs Untersuchungen über „lineare Punktmannigfaltigkeiten" zwischen 1879 und 1884, die den Begriff einer abstrakten Teilmenge des $\mathbb{R}^n$ ins Bewußtsein brachten. Auf Cantors Arbeit von 1883 geht auch die Begriffsprägung „Inhalt" zurück.

Die Arbeiten von Peano und Jordan hatten die enge Beziehung zwischen Maß und Integral deutlich gemacht, die man bis zu diesem Zeitpunkt nur verschwommen gesehen hatte: das Riemann-Integral auf $\mathbb{R}$ ruht auf dem elementar-geometrischen Inhaltsbegriff des $\mathbb{R}^2$ und schöpft diesen sogar voll aus (vgl. obigen Satz über die geometrische Interpretation des Riemann-Integrals). Der Weg vom endlich additiven Inhalt zum Maß und Integral von Lebesgue führt dann über Émile Borel, der im letzten Jahrzehnt des 19. Jahrhunderts den Begriff der σ-Additivität ans Licht gebracht hat [Borel 1898]. Zwei Beobachtungen spielten dabei eine Schlüsselrolle: Zum einen die verblüffende Tatsache, daß sich jede abzählbare Teilmenge von $\mathbb{R}$ – auch wenn sie dicht in $\mathbb{R}$ liegt – durch offene Intervalle überdecken läßt, deren Längensumme beliebig klein ist. Vor Borel war diese Möglichkeit der kleinsummigen Überdeckung scheinbar großer Mengen wie $\mathbb{Q}$ bereits Harnack aufgefallen, der aber dichten Mengen nicht das Maß 0 zuordnen wollte und das Phänomen nur nebenbei bei seiner Untersuchung endlicher Überdeckungen zur Inhaltsbestimmung notiert:

Harnack (1885): „Um Mißverständnisse zu vermeiden, bemerke ich hier gelegentlich, daß in einem gewissen Sinne jede ‚abzählbare' Punktmenge die Eigenschaft hat, daß sich sämtliche Punkte in Intervalle einschließen lassen, deren Summe beliebig klein ist. So kann man z. B. alle rationalen Zahlen zwischen 0 und 1, trotzdem sie auf der Strecke überall dicht liegen, mit Intervallen umschließen, deren Summe beliebig klein ist. Denn hat man eine abzählbare Punktmenge $a_1, a_2, a_3, \ldots, a_n, \ldots$ so umschließe man die Punkte bezüglich mit Intervallen der Länge $\varepsilon_1, \varepsilon_2, \varepsilon_3, \ldots, \varepsilon_n, \ldots$ und wähle diese Größen derart, daß $\varepsilon_1 + \varepsilon_2 + \varepsilon_3 + \ldots + \varepsilon_n + \ldots$ kleiner wird als eine beliebig kleine Größe δ …"

Die zweite fundamentale Beobachtung ist, daß sich jede offene Teilmenge von $\mathbb{R}$ als Vereinigung von *disjunkten* offenen Intervallen darstellen läßt. Hiervon hat Cantor in seinen „Punktmannigfaltigkeiten" schon Gebrauch gemacht, aber erst Borel nutzt die maßtheoretische Suggestionskraft dieser Darstellung offener Mengen. Er definiert nicht nur das Maß einer offenen Teilmenge von $\mathbb{R}$ als die Summe der Intervallängen ihrer disjunkten Darstellung, sondern er verallgemeinert die Regel auf beliebige disjunkte Vereinigungen. In seinen „Leçons“ von 1898 schreibt er (zitiert nach [Hawkins 1975]):

Borel (1898): „When a set ist formed of all the points comprised in a denumerable infinity of intervals which do not overlap and have total length s, we shall say that the set *has measure s*. When two sets do not have common points and their measures are s and s′, the set obtained by uniting them, that is to say their sum, has measure s + s′.

More generally, if one has a denumerable infinity of sets which pairwise have no common point and having measures $s_1, s_2, \ldots, s_n, \ldots$, their sum … has measure

$$s_1 + s_2 + \ldots + s_n + \ldots“$$

Borel formt aus den offenen Mengen durch die Operationen der Komplementbildung und der abzählbaren Vereinigung bereits konstruierter Mengen immer kompliziertere Mengen, was als transfiniter Prozeß zur heutigen Borel-Hierarchie führt (vgl. hierzu Abschnitt 2). Die Mengen dieser Hierarchie bilden die σ-Algebra der Borel-Mengen, und ihre iterative Konstruktion macht zusammen mit der Forderung der σ-Additivität offensichtlich, wie ihr Maß aus dem Grundmaß der offenen Mengen errechnet werden kann und muß. Dies führt zum Lebesgue-Maß für die Borel-Mengen, und damit ist man modulo des Vervollständigungsprozesses beim vollen Lebesgue-Maß angelangt. Borel hat diese Dinge nicht ausgearbeitet, und erst in den folgenden Jahrzehnten wurde die Hierarchie der Borelmengen innerhalb der deskriptiven Mengenlehre zu einem zentralen Objekt. Lebesgue gab 1902 sein Maß direkt an, indem er die Menge der meßbaren Mengen in einer knappen Definition einfing und nicht versuchte, sie hierarchisch zu konstruieren. Ähnliche maßtheoretische Ziele wie Lebesgue verfolgen Young und Vitali, aber nur Lebesgue entwickelt parallel eine Integrationstheorie und betont deren neuartige Eigenschaften, etwa die flexiblen Vertauschungsregeln zwischen Limesbildung und Integration.

Eine Verallgemeinerung des Riemann-Integrals

Das Lebesgue-Integral hat sich gegenüber dem Riemann-Integral aus inneren aber auch aus pragmatischen Gründen durchgesetzt. Nun ist aber das bewährte Riemann-Integral einer Verallgemeinerung fähig, die mit dem Lebesgue-Integral konkurrieren kann; es handelt sich hierbei um das sog. *Henstock-Kurzweil-Integral*, entwickelt von Ralph Henstock und Jaroslav Kurzweil ab Mitte der 1950er Jahre ([Kurzweil 1957], [Henstock 1963]). In komplizierterer Form taucht das Integral bereits bei Denjoy 1912 und Perron 1914 auf, aber die Identität der Konstruktionen wurde erst später klar. Wir geben die bestechende Definition an, ohne diesem Integral allzu lange nachforschen zu können.

Das Henstock-Kurzweil-Integral arbeitet wie das Riemann-Integral mit endlichen Partitionen eines Intervalls [a, b] inklusive Stützstellen und den zugehörigen Riemann-Summen für eine Funktion $f : [a, b] \to \mathbb{R}$. Die Funktion f ist nicht mehr notwendig beschränkt. Der wesentliche Unterschied zum Riemannschen Integralbegriff ist, das Konzept der Feinheit $\delta \in \mathbb{R}^+$ einer Partition durch eine beliebige Eichfunktion $\delta : [a, b] \to \mathbb{R}^+$ zu ersetzen. Eine solche Eichfunktion besagt: Wenn ein $x \in [a, b]$ als Stützstelle für eine Riemann-Summe verwendet wird, so hat das Intervall der Partition, in welchem x liegt, höchstens die Länge $\delta(x)$. Wir definieren:

Definition *(δ-Partitionen)*

Sei $[a, b]$ ein reelles Intervall mit $a < b$, und sei $\delta : [a, b] \to \mathbb{R}^+$.
Eine δ-*Partition* von $[a, b]$ ist eine endliche Folge $\langle t_i, x_i \mid i \leq n \rangle$ mit der Eigenschaft:

(i) $a = t_0 \leq x_0 \leq t_1 \leq x_1 \leq \ldots \leq t_n \leq x_n \leq b$.

(ii) $t_{i+1} - t_i \leq \delta(x_i)$ für alle $i \leq n$ (mit $t_{n+1} = b$).

Ein grundlegender und nicht völlig trivialer Existenzsatz der Theorie ist:

Satz *(Lemma von Cousin)*

Für alle $\delta : [a, b] \to \mathbb{R}^+$ existiert eine δ-Partition von $[a, b]$.

Beweis

Für $x \in [a, b]$ sei $U_x = \,]\,x - \delta(x)/2,\ x + \delta(x)/2\,[$.
Dann ist $[a, b] \subseteq \bigcup_{x \in [a,b]} U_x$ wegen $\delta(x) > 0$ für alle $x \in [a, b]$.
Wegen $[a, b]$ kompakt existieren $x_0 < x_1 < \ldots < x_n \in [a, b]$ mit

(+) $[a, b] \subseteq \bigcup_{i \leq n} U_{x_i}$.

Durch Ausdünnung können wir o. E. annehmen, daß $x_0, \ldots, x_n$ minimal für (+) ist, d.h. es gilt für alle $k \leq n$:

(++) *non*$([a, b] \subseteq \bigcup_{i \leq n, i \neq k} U_{x_i})$.

$U_{x_0}, \ldots, U_{x_n}$ bildet dann eine Folge von sich an ihren Grenzen überlappenden Intervallen, und jedes der Intervalle hat einen Mittelteil, der allen anderen fremd ist. Aus dieser übersichtlichen Anordnung gewinnen wir nun eine δ-Partition mit Stützstellen x_i wie folgt:

Sei $t_0 = a$. Für $1 \leq i \leq n$ sei t_i das arithmetische Mittel der rechten Intervallgrenze von $U_{x_{i-1}}$ und der linken Intervallgrenze von U_{x_i}, d.h.

$$2\,t_i = x_{i-1} + \delta(x_{i-1})/2 + x_i - \delta(x_i)/2.$$

Dann ist $\langle t_i, x_i \mid i \leq n \rangle$ eine δ-Partition von $[a, b]$.

Ganz wie früher sind die Riemann-Summen definiert:

Definition *(Riemann-Summe bzgl. einer δ-Partition)*

Sei $f : [a, b] \to \mathbb{R}$, und sei $p = \langle t_i, x_i \mid i \leq n \rangle$ eine δ-Partition.
Dann ist die *Riemann-Summe von f bzgl. p*, in Zeichen $\Sigma_p f$, definiert als:

$$\Sigma_p f = \Sigma_{i \leq n} f(x_i) \cdot |t_{i+1} - t_i|.$$

Die größere Freiheit in der Wahl des Typs der Partition führt nun zum Henstock-Kurzweil-Integral:

Definition *(Henstock-Kurzweil-Integral)*

Sei $f : [a, b] \to \mathbb{R}$. f heißt *HK-integrierbar*, falls ein $c \in \mathbb{R}$ existiert mit:

(+) Für alle $\varepsilon > 0$ existiert ein $\delta : [a, b] \to \mathbb{R}^+$ mit:

$|\Sigma_p f - c| < \varepsilon$ für alle δ-Partitionen p von $[a, b]$.

c heißt dann das *HK-Integral von f.*

Die Eichfunktionen δ heißen bei Henstock und Kurzweil *gauge functions*, und im englischen Sprachraum ist neben *HK-Integral* auch *gauge integral* gebräuchlich.

Das HK-Integral ist in der Tat wohldefiniert:

Übung

Ein c wie in der Definition ist im Falle der Existenz eindeutig bestimmt.

[*Annahme*, es gibt $c_1 \neq c_2$ wie in der Definition. Wir setzen $\varepsilon = |c_1 - c_2|/2$, und wählen δ_1 und δ_2 derart, daß $|\Sigma_{p_1} f - c_1| < \varepsilon$ und $|\Sigma_{p_2} f - c_2| < \varepsilon$ für alle δ_1- bzw. δ_2-Partitionen von $[a, b]$ gilt. Weiter sei $\delta = \min(\delta_1, \delta_2)$, punktweise. Nach dem Lemma von Cousin existiert eine δ-Partition p von $[a, b]$. Dann gilt $|c_1 - c_2| \leq |\Sigma_p f - c_1| + |\Sigma_p f - c_2| < 2\varepsilon = |c_1 - c_2|$, *Widerspruch.]*

Das HK-Integral verallgemeinert also das Riemann-Integral wie folgt: Verlangen wir in der Definition des HK-Integrals stärker die Existenz einer konstanten Funktion $\delta : [a, b] \to \mathbb{R}^+$ wie in (+), so reproduziert die Definition das Riemann-Integral. Denn eine δ-Partition ist dann nichts anderes als eine Partition der Feinheit $\delta(a)$ (= $\delta(x)$ für alle $x \in [a, b]$). Die Wahl des Buchstabens δ für Eichfunktionen soll auch die Analogie zum Riemann-Integral klar herausstellen: Eine Konstante wird durch eine Funktion ersetzt, die vertraute ε-δ-Argumentation bleibt identisch.

Die Aufregung an dieser Stelle ist nun groß: Welche Funktionen sind HK-integrierbar? Führt das via Eichfunktionen verallgemeinerte Riemann-Integral zu einem neuen interessanten Maß auf $\mathbb{R}$? Steht eine Revolution in der universitären Grundausbildung bevor?

Bevor wir diesen mathematischen und politischen Fragen nachgehen, zeigen wir als Beispiel, daß die Indikatorfunktion von $\mathbb{Q}$ dem HK-Integral keinerlei Schwierigkeiten bereitet.

Satz *(das HK-Integral der Indikatorfunktion von $\mathbb{Q}$)*

Sei $f = \text{ind}_{\mathbb{Q}} | [0, 1]$. Dann ist f HK-integrierbar mit Wert Null.

Beweis

Sei $q_0, q_1, \ldots, q_n, \ldots, n \in \mathbb{N}$, eine Aufzählung von $\mathbb{Q} \cap [0, 1]$.

Sei $\varepsilon > 0$ gegeben. Wir setzen:

$s_n = \varepsilon / 2^{n+1}$ für alle $n \in \mathbb{N}$, so daß also $\Sigma_{n \in \mathbb{N}} s_n = \varepsilon$.

Wir definieren nun eine Eichfunktion $\delta : [0, 1] \to \mathbb{R}^+$ durch:

$$\delta(x) = \begin{cases} s_n, & \textit{falls } x = q_n \text{ für ein } n \in \mathbb{N}, \\ 1, & \textit{sonst.} \end{cases}$$

Dann gilt $|\Sigma_p f - 0| = \Sigma_p f < \varepsilon$ für jede δ-Partition von [0, 1].
Also ist das HK-Integral von f gleich 0.

Allgemeiner zeigt das Argument, daß wir abzählbar viele unerwünschte Argumente einer Funktion mit Hilfe einer geeigneten Eichfunktion wegeichen können: Die Eichfunktion kann diese Punkte in winzige Intervalle zwingen. Tauchen einige von ihnen dann als Stützstellen einer Partition auf, so liefern sie für die Riemann-Summe nur einen winzigen Beitrag. Das HK-Integral ist also, wie das Lebesgue-Integral, stabil gegen abzählbare Manipulationen. Wir halten fest:

Satz

Sei $f : [a, b] \to \mathbb{R}$ HK-integrierbar mit Integral c.
Weiter sei $g : [a, b] \to \mathbb{R}$ derart, daß sich g von f nur an abzählbar vielen Stellen unterscheidet. Dann ist g HK-integrierbar mit Integral c.

In der Tat besteht ein enger Zusammenhang zwischen dem HK-Integral und dem Lebesgue-Integral. Wir geben hierzu und zu anderen Fragen einige Hauptresultate der Theorie der Henstock-Kurzweil-Integration an, und verweisen den neugierig gewordenen Leser auf die Literatur, etwa [Bongiorno 2002], [Gordon 1994], [Henstock 1991], [McLeod 1980], [Pfeffer 1993].

HK-Integral und Lebesgue-Integral

Ist $f : [a, b] \to \mathbb{R}$ Lebesgue-integrierbar, so ist f HK-integrierbar. Andererseits gilt: Ist $f : [a, b] \to \mathbb{R}$ HK-integrierbar, so ist f Lebesgue-meßbar. Ist also f positiv, so ist f ±∞-Lebesgue-integrierbar und die beiden Integrale sind gleich. Ebenso gilt für beschränkte $f : [a, b] \to \mathbb{R}$ die Äquivalenz: f ist HK-integrierbar *gdw* f ist Lebesgue-integrierbar.

Insbesondere ist also das durch das HK-Integral via Indikatorfunktionen induzierte Maß auf [0, 1] genau das Lebesgue-Maß. Damit liefert das HK-Integral eine neue Definition des Lebesgue-Maßes.

Die HK-integrierbaren Funktionen auf einem Intervall [a, b] sind eine echte Obermenge der Lebesgue-integrierbaren Funktionen auf diesem Intervall. Die entsprechenden zusätzlichen Funktionen haben notwendig einen stark oszillierenden Vorzeichenwechsel und sie sind unbeschränkt.

Eine gute Topologie auf dem Raum der HK-integrierbaren Funktionen, dem sog. *Denjoy-Raum*, ist nicht bekannt. Die bekannten L^p-Räume der Lebesgue-integrierbaren Funktionen mit endlichem Integral sind hier ein großer Strukturvorteil der Lebesgueschen Theorie und ein Beispiel für „weniger Funktionen, mehr Struktur“.

HK-Integral und Riemann-Integral

Das HK-Integral beinhaltet bereits die uneigentlich Riemann-integrierbaren Funktionen auf kompakten Intervallen.

Zur Theorie des HK-Integrals

Es gilt eine sehr allgemeine Form des Hauptsatzes der Differential- und Integralrechnung.

Die Verallgemeinerung des HK-Integrals auf höhere Dimension ist möglich, aber technisch anspruchsvoller.

Zur „politischen" Diskussion

Henstock, Kurzweil und andere haben sich in den 1990er Jahren in offenen Briefen dafür ausgesprochen, das Riemann-Integral der Grundvorlesungen durch das HK-Integral zu ersetzen. Der Aufruf hat bislang wenig Anklang und Umsetzung gefunden. Die Literatur zum HK-Integral ist aber, auch auf einführendem Niveau, mittlerweile recht reichhaltig.

Das Lebesgue-Integral wird durch das HK-Integral wohl nicht verdrängt werden. In jedem Falle hat das HK-Integral eine neue und recht knappe Definition des Lebesgue-Maßes geliefert. Hinzu kommt noch:

Das McShane-Integral

Wir erwähnen zum Ende dieses Kapitels noch eine verblüffende Variation des Henstock-Kurzweil-Integrals [McShane 1973]:

Definition *(McShane-Integral)*

Sei $[a, b]$ ein reelles Intervall mit $a < b$, und sei $\delta : [a, b] \to \mathbb{R}^+$.
Eine *freie* δ*-Partition* von $[a, b]$ ist eine endliche Folge $\langle t_i, x_i \mid i \leq n \rangle$ mit der Eigenschaft:

(i) $a = t_0 \leq t_1 \leq \ldots \leq t_n \leq b$.

(ii) $x_i \in [a, b]$ für alle $i \leq n$.

(iii) $t_{i+1} - t_i \leq \delta(x_i)$ für alle $i \leq n$ (mit $t_{n+1} = b$).

Das McShane-Integral für Funktionen $f : [a, b] \to \mathbb{R}$ ist nun genau wie das HK-Integral definiert, wobei überall δ*-Partition* durch *freie* δ*-Partition* ersetzt wird.

Die Stützstellen x_i des McShane-Integrals, an denen eine Riemann-Summe ausgewertet wird, dürfen nun also beliebig in $[a, b]$ gewählt werden und nicht mehr nur innerhalb $[t_i, t_{i+1}]$. Die McShane-Integrierbarkeit ist also schwerer zu erfüllen als die HK-Integrierbarkeit, da der letzte Allquantor der Definition über die größere Menge der freien δ-Partitionen läuft, bei gegebener Eichfunktion δ.

Das McShane-Integral sieht in dieser adhoc-Formulierung nach einer recht wilden Idee aus, aber es zeigt sich [McShane 1969]:

Satz *(Satz von McShane)*
Sei f : [a, b] → ℝ. Dann sind äquivalent:
(i) f ist McShane-integrierbar.
(ii) f ist Lebesgue-integrierbar.

Damit ist auch das Lebesgue-Integral letztendlich ein Integral des Riemannschen Typus.

Literatur

Banach, Stefan 1923 Sur le problème de la mesure; *Fundamenta Mathematicae 4 (1923), S. 7 – 33.*

Bongiorno, Benedetto 2002 The Henstock-Kurzweil Integral; *in [Pap 2002], S. 587 – 615.*

Borel, Émile 1895 Sur quelques points de la théorie des fonctions; *Ann. Ecole Normale Sup. 12 (1895), S. 239 – 285.*

– 1898 Leçons sur la Théorie des Fonctions; *Gauthier-Villars, Paris.*

Burkill, John Charles 1961 The Lebesgue Integral; *Cambridge University Press, Cambridge.*

Cantor, Georg 1884 Über unendliche, lineare Punktmannigfaltigkeiten. Nr. 6; *Mathematische Annalen 23 (1884), S. 453 – 488.*

Caratheodory, Constantin 1914 Über das lineare Maß von Punktmengen. Eine Verallgemeinerung des Längenbegriffs; *Göttinger Nachrichten 1914, S. 404 – 425.*

– 1917 Vorlesungen über reelle Funktionen; *B. G. Teubner, Leipzig.* (2. Auflage 1927)

Cauchy, Augustin-Louis 1823 Résumé des Leçons Données à l'Ecole Royale Polytechnique, le Calcul Infinitésimal; *Paris.*

Darboux, Gaston 1875 Mémoire sur les fonctions discontinues; *Ann. Ecole Normale Sup. 4 (1875), S. 57 – 112.*

Denjoy, Arnaud 1912a Une extension de l'integrale de M. Lebesgue; *Comptes Rendus Hebdomadaires des Séances de l'Académie des Sciences 154 (1912), S. 859 – 862.*

– 1912b Calcul de la primitive de la fonction dérivée la plus générale; *Comptes Rendus Hebdomadaires des Séances de l'Académie des Sciences 154 (1912), S. 1075 – 1078.*

Dudley, Richard M. 1989 Real Analysis and Probability; *4. Auflage. Wadsworth, Belmont (California).*

Elstrodt, Jürgen 2005 Maß- und Integrationstheorie; *4. Auflage. Springer, Berlin.*

Fatou, Pierre 1906 Séries trigonométriques et séries de Taylor; *Acta Mathematica 30 (1906), S. 335 – 400.*

Fremlin, David H. 2000 Measure Theory. Volume 1. The irreducible minimum; *Biddles Short Run Books, King's Lynn.*

Fubini, Guido 1907 Sugli integrali multipli; *Rendiconti Accad. Nazionale dei Lincei 16 (1907), S. 608 – 614.*

Georgii, Hans-Otto 2004 Stochastik; *Walter de Gruyter, Berlin.*

Gordon, Russell A. 1994 The Integrals of Lebesgue, Denjoy, Perron, and Henstock; *American Mathematical Society, Providence.*

Hahn, Hans 1914 Über Annäherung der Lebesgueschen Integraldefinition durch Riemannsche Summen; *Sitzungsberichte der Akademie der Wissenschaften Wien, Abteilung IIa, 123 (1914), S. 713 – 743.*

– 1915 Über eine Verallgemeinerung der Riemannschen Integraldefinition; *Monats. Math. Physik 26 (1915), S. 3 – 18.*

Halmos, Paul Richard 1960 Measure Theory; *Van Nostrand, New York.*

Harnack, Axel 1885 Über den Inhalt von Punktmengen; *Mathematische Annalen 24 (1885), S. 241 – 250.*

Hartman, Stanisław. / Mikusiński, Jan 1961 The Theory of Lebesgue Measure and Integration; *erweiterte Ausgabe. Aus dem Polnischen ins Englische übersetzt von Leo Boron. Pergamon Press, Oxford.*

Hausdorff, Felix 1914 Grundzüge der Mengenlehre; *Veit & Comp., Leipzig. Nachdrucke bei Chelsea, New York 1949, 1965, 1978. Kommentierter Nachdruck bei Springer, Berlin 2002 (Band II der Hausdorff-Werkausgabe).*

Hawkins, Thomas 1975 Lebesgue's Theory of Integration. Its Origins and Development; *2. Auflage, Chelsea Publishing Company, New York.*

Henstock, Ralph 1963 Theory of Integration; *Butterworths, London.*

– 1991 The General Theory of Integration; *Clarendon Press, Oxford.*

Jordan, Camille 1887 Cours d'Analyse; *Gauthier-Villars, Paris.*

– 1892 Remarques sur les intégrales définies; *J. Math. pures appl. 8 (1892), S. 69 – 99.*

Kurzweil, Jaroslav 1957 Generalized ordinary differential equations and continuous dependence on a parameter; *Czechoslovak Math. J. 7 (1957), S. 418 – 446.*

– 1980 Nichtabsolut konvergente Integrale; *Teubner, Leipzig.*

Lebesgue, Henri 1902 Intégral, longeur, aire; *Doktorarbeit an der Universität Paris. Annali Mat. pura e appl. 7 (1902), S. 231 – 359.*

– 1904 Leçons sur l'intégration et la recherche des fonctions primitives; *Paris.* Zweite Auflage 1928, Gauthier-Villars, Paris.

– 1907 Contribution a l'étude des correspondances de M. Zermelo; *Bull. Soc. Math. France 35 (1907), S. 202 – 212.*

– 1910 Sur l'intégration des fonctions discontinues; *Ann. Scient. Ecole Normale Sup. 23 (1910), S. 361 – 450.*

– 1966 Measure and the Integral; *Herausgegeben und mit einem biographischen Essay versehen von Kenneth May. Holden-Day, San Francisco.*

– 1972 – 1973 Oeuvres scientifiques; *5 Bände. L'Enseignement Math., Univ. Genève.*

Levi, Beppo 1906 Richerche sulle funzioni derivate; *Atti. Accad. Naz. Lincei 15 (1906), S. 433 – 438, 551 – 558, 674 – 684.*

Mayrhofer, Karl 1952 Inhalt und Maß; *Springer, Wien.*

McLeod, Robert 1980 The Generalized Riemann Integral; *The Mathematical Association of America, ohne Ort.*

McShane, Edward James 1973 A unified theory of integration; *The American Mathematical Monthly 80 (1973), S. 349 – 359.*

Pap, Endre (Hrsg.) 2002 Handbook of Measure Theory; *in zwei Bänden. Elsevier, Amsterdam.*

Paunić, Djura 2002 History of Measure Theory; *in [Pap 2002], S. 1 – 26.*

Peano, Giuseppe 1887 Applicationi Geometriche del Calcolo Infinitesimale; *Turin.*

Perron, Oskar 1914 Über den Integralbegriff; *Sitzungsberichte der Heidelberger Akademie der Wissenschaften, Mathematisch-Naturwissenschaftliche Klasse 16 (1914), S. 1 – 16.*

Pesin, Ivan N. 1970 Classical and Modern Integration Theories; *aus dem Russischen ins Amerikanische übersetzt und bearbeitet von Samuel Kotz. Academic Press, New York.*

Pfeffer, Washek F. 1993 The Riemann Approach to Integration; *Cambridge University Press, Cambridge.*

Riemann, Bernhard 1867 Über die Darstellbarkeit einer Funktion durch eine trigonometrische Reihe; *Abhandlungen der Königlichen Gesellschaft der Wissenschaften zu Göttingen 13.*

– 1892 Gesammelte mathematische Werke; *Herausgegeben von H. Weber.* (Ergänzt 1902.) Nachdruck bei Dover 1953.

Saks, Stanisław 1964 Theory of the Integral; *Dover, New York.* Überarbeitete Neuauflage bei Dover 2005.

Sierpiński, Wacław 1920 Sur la question de la mesurabilité de la base de M. Hamel; *Fundamenta Mathematicae 1 (1920), S. 105 – 111.*

Steinhaus, Hugo 1920 Sur les distances des points dans les ensembles de mesure positive; *Fundamenta Mathematicae 1 (1920), S. 93 – 104.*

Stolz, Otto 1884 Über einen zu einer unendlichen Punktmenge gehörigen Grenzwert; *Mathematische Annalen 23 (1884), S. 152 – 156.*

Tonelli, Leonida 1909 Sull' integrazione per parti; *Rendiconti Accad. Nazionale dei Lincei 18 (1909), S. 246 – 253.*

Vitali, Guiseppe 1905 Sul problema della misura dei gruppi di punti di una retta; *Gamberini e Parmeggiani, Bologna.*

Vleck, Edward B. van 1908 On non-measurable sets of points, with an example; *Transactions of the American Mathematical Society 9 (1908), S. 237 – 244.*

Young, William 1904 Open sets and the theory of content; *Proceedings of the London Mathematical Society 2 (1904), S. 16 – 51.*

– 1905 On the general theory of integration; *Philosophical Transactions of the Royal Society London 204 (1905), S. 221 – 252.*

– 1910 On a new method of integration; *Proceedings of the London Mathematical Society 9 (1910), S. 15 – 50.*

– 1912 On the new theory of integration; *Proceedings of the Royal Society London 88A (1912), S. 170 – 178.*

– 1912 On functions and their associated sets of points; *Proceedings of the London Mathematical Society 12 (1912), S. 260 – 287.*

Young, William / Chisholm-Young, Grace 1906 The Theory of Sets of Points; *Cambridge University Press, Cambridge.*

6. Die Grenzen des Messens

Wir untersuchen in diesem Kapitel Fortsetzungen des Lebesgue-Maßes auf größere σ-Algebren, und weiter Fortsetzungen zu vollen Inhalten. Im Vordergrund stehen Fortsetzungen, die die Bewegungsinvarianz aufrechterhalten. Wir besprechen die Grenzen solcher Erweiterungen und kommen so insbesondere zu den sog. paradoxen Zerlegungen von Felix Hausdorff, Stefan Banach und Alfred Tarski.

Fortsetzungen des Lebesgue-Maßes

Aus dem Satz von Vitali erhalten wir:

Korollar *(Existenz nicht Lebesgue-meßbarer Mengen)*
Es gilt $\mathcal{L} \neq \mathcal{P}(\mathbb{R})$.

Dieses Korollar wird zuweilen mit dem Satz von Vitali verwechselt. Das Korollar besagt, daß die von den offenen Mengen und den Mengen vom äußeren Maß 0 erzeugte σ-Algebra auf $\mathbb{R}$ ungleich $\mathcal{P}(\mathbb{R})$ ist. Der Satz von Vitali besagt viel stärker, daß es kein bewegungsinvariantes Maß auf ganz $\mathcal{P}(\mathbb{R})$ gibt, und insbesondere gibt es keine bewegungsinvariante Fortsetzung des Lebesgue-Maßes nach ganz $\mathcal{P}(\mathbb{R})$.

Andererseits impliziert der Satz von Vitali auch nicht, daß es überhaupt kein Maß μ auf der vollen Potenzmenge von $\mathbb{R}$ geben könnte, das das Lebesgue-Maß λ fortsetzt. Die Existenz eines derartigen Maßes ist de facto weder beweisbar noch widerlegbar. Gilt die Kontinuumshypothese, so gibt es kein solches μ. Es gibt dann überhaupt kein nichttriviales Maß auf ganz $\mathcal{P}(\mathbb{R})$. In gewissen Modellen der Mengenlehre, in denen das Kontinuum eine sehr große Kardinalität hat, existiert aber eine σ-additive Fortsetzung μ von λ nach ganz $\mathcal{P}(\mathbb{R})$. μ ist dann notwendig nicht mehr translationsinvariant, aber es mißt alle Teilmengen von $\mathbb{R}$. Für die Konstruktion eines solchen Modells wird die Existenz einer „meßbaren Kardinalzahl“ benötigt. Die Existenz einer solchen Zahl ist eine intensiv studierte Hypothese der Mengenlehre, und ein Beispiel für ein sog. großes Kardinalzahlaxiom. (Obige Behauptung, daß die Existenz einer vollen Fortsetzung des Lebesgue-Maßes nicht widerlegbar ist, gilt modulo der – nicht beweisbaren – Konsistenz einer meßbaren Kardinalzahl.)

Wir diskutieren zur Illustration eine Fortsetzung des Lebesgue-Maßes nach ganz $\mathcal{P}(\mathbb{R})$ modulo einer starken Hypothese. Wir zeigen, daß gewisse volle Maße auf einer beliebigen Menge eine solche Fortsetzung induzieren. Das Lebesgue-Maß wird dabei noch einmal mitkonstruiert. Wir betrachten folgende Eigenschaft:

Definition *(atomfreie Maße)*
Sei $\langle M, \mathcal{A}, \mu \rangle$ ein σ-finiter Maßraum.
μ heißt *atomfrei*, falls für alle $A \in \mathcal{A}$ mit $\mu(A) > 0$ gilt:
Es existieren disjunkte $B, C \subseteq A$ mit $A = B \cup C$, $\mu(B) > 0$, $\mu(C) > 0$.

Ist μ atomfrei, $\mu(M) > 0$ und $\{ x \} \in \mathcal{A}$ für alle $x \in M$, so ist M überabzählbar. Es gilt das folgende allgemeine und nicht schwer zu beweisende Lemma:

Lemma *(Wertebereich atomfreier Maße)*
Sei $\langle M, \mathcal{A}, \mu \rangle$ ein σ-finiter atomfreier Maßraum, und sei $A \in \mathcal{A}$.
Dann ist $\mathrm{rng}(\mu \mid \mathcal{P}(A) \cap \mathcal{A}) = [0, \mu(A)]$.

Wir brauchen für das folgende Argument lediglich:

Korollar *(Halbierungslemma)*
Sei μ ein atomfreies σ-finites volles Maß auf M, und sei $A \subseteq M$.
Dann existiert ein $B \subseteq A$ mit $\mu(B) = \mu(A)/2$.

Hiermit können wir nun sehr leicht zeigen:

Satz *(Fortsetzung des Lebesgue-Maßes nach ganz $\mathcal{P}(\mathbb{R})$)*
Sei μ volles atomfreies Maß auf einer Menge M mit $0 < \mu(M) < \infty$.
Dann existiert ein volles Maß λ' auf $\mathcal{P}(\mathbb{R})$ mit $\lambda' \mid \mathcal{L} = \lambda$.

Beweis
O. E. ist $\mu(M) = 1$. Wir konstruieren eine Fortsetzung des Lebesgue-Maßes λ auf $[0, 1]$ nach $\mathcal{P}([0, 1])$. Dies genügt.
Für $A \subseteq M$ sei $B(A)$ wie im Halbierungslemma für A, und es sei $C(A) = A - B(A)$.
Wir definieren Mengen M_s für alle endlichen 0-1-Folgen s durch Rekursion über die Länge von s wie folgt:

$$M_\emptyset = M,$$
$$M_{s^\frown 0} = B(M_s),$$
$$M_{s^\frown 1} = C(M_s).$$

Hierbei sei $s^\frown i$ die Verlängerung der Folge s um $i \in \{ 0, 1 \}$.
Wir definieren nun für $S \subseteq {}^{\mathbb{N}}\{ 0, 1 \}$:

$$\nu(S) = \mu(\textstyle\bigcup_{g \in S} \bigcap_{n \in \mathbb{N}} M_{g \mid \{0, \ldots, n-1\}}).$$

Für $P \subseteq [0, 1]$ sei schließlich

$$\lambda'(P) = \nu(\{ g \in {}^{\mathbb{N}}\{ 0, 1 \} \mid \Sigma_{n \in \mathbb{N}}\, g(n)/2^{n+1} \in P \}).$$

λ' ist ein volles Maß auf $\mathcal{P}([0, 1])$. Weiter stimmt λ' auf allen Intervallen $[n/2^k, (n + 1)/2^k]$, $k \in \mathbb{N}$, $0 \leq n < k$, mit λ überein, und damit auch auf allen offenen Mengen. Also stimmt λ' auf ganz $\mathcal{L}$ mit λ überein (vgl. Kapitel 5).
Also ist λ' eine Fortsetzung von λ wie gewünscht. ∎

Hyper-Lebesgue-Maße

Wir wollen nun wieder an der Bewegungsinvarianz festhalten. Hier stellt sich die Frage: Ist das Lebesgue-Maß bewegungsinvariant fortsetzbar auf eine $\mathcal{L}$ echt umfassende σ-Algebra? Existiert vielleicht sogar eine größte oder wenigstens maximale derartige Fortsetzung? Diese Frage wurde bereits von Sierpiński in den 1930er Jahren gestellt. Wir definieren hierzu:

Definition *(Hyper-Lebesgue-Maße)*

Sei $\mathcal{A}$ eine σ-Algebra auf $\mathbb{R}$, und sei $\mu : \mathcal{A} \to [0, \infty]$ ein σ-finites Maß.
μ heißt ein *Hyper-Lebesgue-Maß* (auf $\mathbb{R}$), falls gilt:

(i) $\mathcal{A}$ ist abgeschlossen unter Bewegungen, d.h. es gilt $g''A \in \mathcal{A}$ für alle $g \in \mathcal{I}_1$ und $A \in \mathcal{A}$.

(ii) μ ist bewegungsinvariant.

(iii) $\mathcal{L} \subseteq \mathcal{A}$ und $\mu \mid \mathcal{L} = \lambda$.

Wir zeigen nun, daß kein maximales Hyper-Lebesgue-Maß existiert: Jedes Hyper-Lebesgue-Maß läßt immer noch eine echte σ-additive und bewegungsinvariante Fortsetzung seiner selbst zu. Eine analoges Resultat gilt auch für die Dimensionen $k \geq 2$. Damit ist die Frage von Sierpiński negativ beantwortet.

Der Beweis der Nichtexistenz von maximalen bewegungsinvarianten Fortsetzungen des Lebesgue-Maßes im $\mathbb{R}^k$ hat eine längere Geschichte. Edward Szpilrajn – der sich später Edward Marczewski nannte – zeigte 1935, daß das Lebesgue-Maß im $\mathbb{R}^k$ eine bewegungsinvariante echte Fortsetzung besitzt. In der Folge lösten S. Pkhakadze (1958), Andrzej Hulanicki (1962) und A. Harazisvili (1977) das Problem unter zusätzlichen Annahmen (betreffend die Kardinalität von $\mathbb{R}$ bzw. die Dimension k). Erst 1983 gelang Krzysztof Ciesielski und Andrzej Pelc ein erster voraussetzungsfreier Beweis (veröffentlicht in [Ciesielski / Pelc 1985]). Die folgende Darstellung folgt dem sehr einfachen Argument von Ciesielski aus dem Jahre 1990. Wir geben den Beweis für die Dimension $k = 1$, und diskutieren am Ende für Leser mit etwas größerem algebraischen Vorwissen, wie sich der Beweis fast wörtlich für größere Dimensionen verallgemeinern läßt.

Wir starten mit einer klassischen Methode zur Ausdehnung eines Maßes.

Satz *(Satz von Marczewski)*

Sei $\mu : \mathcal{A} \to [0, \infty]$ ein Hyper-Lebesgue-Maß auf $\mathbb{R}$.
Weiter sei $\mathcal{J} \subseteq \mathcal{P}(\mathbb{R})$ derart, daß gilt:

(i) $\mathcal{J}$ ist abgeschlossen unter Bewegungen und abzählbaren Vereinigungen.

(ii) Für alle $J \in \mathcal{J}$ gilt: Ist $A \in \mathcal{A}$ mit $A \subseteq J$, so ist $\mu(A) = 0$.

Dann existiert ein Hyper-Lebesgue-Maß $\mu' : \mathcal{A}' \to [0, \infty]$ mit:

(a) $\mathcal{A} \cup \mathcal{J} \subseteq \mathcal{A}'$,

(b) $\mu' \mid \mathcal{A} = \mu$,

(c) $\mu'(J) = 0$ für alle $J \in \mathcal{J}$.

Beweis

Sei $\mathcal{J}' = \{ I \subseteq \mathbb{R} \mid \text{es existiert ein } J \in \mathcal{J} \text{ mit } I \subseteq J \}$ das von $\mathcal{J}$ erzeugte σ-Ideal.
Weiter sei $\mathcal{A}'$ die von $\mathcal{A}$ und $\mathcal{J}'$ erzeugte σ-Algebra, d. h.

$$\mathcal{A}' = \{ (A - I_1) \cup I_2 \mid A \in \mathcal{A}, I_1, I_2 \in \mathcal{J}' \} \quad (= \{ A \,\Delta\, J \mid A \in \mathcal{A}, J \in \mathcal{J}' \}).$$

Wir definieren nun für $A \in \mathcal{A}$ und $I_1, I_2 \in \mathcal{J}'$:

$$\mu'((A - I_1) \cup I_2) = \mu(A).$$

Dann ist $\mu' : \mathcal{A}' \to [0, \infty]$ wohldefiniert, und es gilt (a) – (c).
Man überprüft leicht, daß μ' ein Hyper-Lebesgue-Maß ist. ∎

Grundlage des Arguments ist nun der folgende Begriff, den wir allgemein für alle Euklidischen Räume einführen:

Definition *(C-verschiebbare Mengen)*

Sei $k \geq 1$ und sei $U \subseteq \mathbb{R}^k$. U heißt *Ciesielski-* oder *C-verschiebbar*, falls gilt:

Für alle abzählbaren $G \subseteq \mathcal{I}_k$ existiert ein überabzählbares $T \subseteq \mathbb{R}^k$ mit:

Sind $x, y \in T$ mit $x \neq y$, so ist $(GU + x) \cap (GU + y) = \emptyset$,
wobei $GU = \{ g(u) \mid g \in G, u \in U \} = \bigcup_{g \in G} g''U$.

Die C-Verschiebbarkeit von U bedeutet also: Auch nach einer beliebigen abzählbaren Vervielfachung durch starre Bewegungen von U zu GU ist GU immer noch so porös, daß es überabzählbar viele paarweise disjunkte Verschiebungen von GU gibt. Insbesondere gilt dann also: Ist $\mu : \mathcal{A} \to [0, \infty]$ ein Hyper-Lebesgue-Maß und ist $U \in \mathcal{A}$ C-verschiebbar, so ist $\mu(U) = 0$. Denn betrachte hierzu $G = \{ \mathrm{id} \}$ in der Definition. Wegen der Translationsinvarianz von μ ist dann $\mu(U + x) = \mu(U)$ für überabzählbar viele $x \in \mathbb{R}$, also notwendig $\mu(U) = 0$ (!). Der nächste Satz zeigt, daß wir die Bedingung $U \in \mathcal{A}$ durch eine evtl. Erweiterung von μ sicherstellen können:

Satz *(Erweiterungssatz für Hyper-Lebesgue-Maße)*

Sei $\mu : \mathcal{A} \to [0, \infty]$ ein Hyper-Lebesgue-Maß auf $\mathbb{R}$.
Weiter sei $U \subseteq \mathbb{R}$ C-verschiebbar.
Dann existiert ein Hyper-Lebesgue-Maß $\mu' : \mathcal{A}' \to [0, \infty]$, das μ fortsetzt, und für das $U \in \mathcal{A}'$ und $\mu'(U) = 0$ gilt.

Beweis

Sei $\mathcal{J} = \{ GU \mid G \subseteq \mathcal{I}_1, G \text{ abzählbar} \}$. Dann ist $\mathcal{J}$ abgeschlossen unter Bewegungen und abzählbaren Vereinigungen.
Seien weiter $A \in \mathcal{A}$ und $J \in \mathcal{J}$ derart, daß $A \subseteq J$.
Dann existiert ein abzählbares $G \subseteq \mathcal{I}_1$ mit $J = GU$.
Wegen U C-verschiebbar existiert ein überabzählbares $T \subseteq \mathbb{R}$ mit

$$A + x \cap A + y \subseteq (GU + x) \cap (GU + y) = \emptyset \quad \text{für alle } x, y \in T.$$

Folglich $\mu(A) = 0$. Damit folgt die Behauptung aus dem Satz von Marczewski. ∎

Der Satz liefert noch nicht notwendig eine echte Fortsetzung eines gegebenen Hyper-Lebesgue-Maßes. Ein solches Maß könnte ja bereits auf allen C-verschiebbaren Mengen definiert sein. Wir werden gleich sehen, daß es keinen solchen Definitionsbereich eines Hyper-Lebesgue-Maßes geben kann. Zunächst beweisen wir mit Hilfe von Hamelbasen einen Existenzsatz.

Satz *(Konstruktion C-verschiebbarer Mengen durch Hamelbasen)*
Sei H eine Hamelbasis von $\mathbb{R}$, und sei $H_0 \subseteq H$ derart, daß $H - H_0$ überabzählbar ist.
Weiter sei U der von H_0 erzeugte Unterraum des $\mathbb{Q}$-Vektorraumes $\mathbb{R}$.
Dann ist U C-verschiebbar.

Beweis
Sei $G \subseteq \mathcal{I}_1$ abzählbar. Nach dem Charakterisierungssatz für $\mathcal{I}_1$ existiert dann ein abzählbares $Z \subseteq \mathbb{R}$ derart, daß jedes $g \in G$ von der Form tr_z oder $tr_z \circ sp_0$ für ein $z \in Z$ ist (wobei $sp_0(x) = -x$ für $x \in \mathbb{R}$).
Dann gilt:

(+) $GU \subseteq U + Z = \{ u + z \mid u \in U, z \in Z \}$.

Denn für alle $u = q_1 x_1 + \ldots + q_n x_n \in U$, $q_i \in \mathbb{Q}$, $x_i \in H_0$, und alle $z \in Z$ gilt $tr_z(u) \in U + Z$ und $tr_z \circ sp_0 (u) = tr_z(-u) \in U + Z$.

Wir setzen nun:

$T = H -$ „der von U und Z erzeugte Unterraum von $\mathbb{R}$“.

Dann ist T überabzählbar, und für alle $x, y \in T$ mit $x \neq y$ gilt:

$(GU + x) \cap (GU + y) \subseteq ((U + Z) + x) \cap ((U + Z) + y) = \emptyset$. ∎

Korollar *($\mathbb{R}$ als abzählbare Vereinigung von C-verschiebbaren Mengen)*
Es existieren $U_n \subseteq \mathbb{R}$, $n \in \mathbb{N}$, mit:

(i) $\mathbb{R} = \bigcup_{n \in \mathbb{N}} U_n$,

(ii) U_n ist C-verschiebbar für alle $n \in \mathbb{N}$.

Beweis
Sei H eine Hamelbasis des $\mathbb{Q}$-Vektorraumes $\mathbb{R}$.
Sei $g : H \times \mathbb{N} \rightarrow H$ bijektiv (g existiert wegen $|H \times \mathbb{N}| = |\mathbb{R} \times \mathbb{N}| = |\mathbb{R}|$).
Für $n \in \mathbb{N}$ sei $H_n = g''(H \times \{0, \ldots, n\})$.
Weiter sei U_n der von H_n erzeugte Unterraum des $\mathbb{Q}$-Vektorraumes $\mathbb{R}$.
Dann sind die Mengen U_n, $n \in \mathbb{N}$, wie gewünscht. ∎

Wir können unsere Ergebnisse so interpretieren: C-verschiebbare Mengen sind Nullmengen im Sinne von Hyper-Lebesgue-Maßen, aber sie sind nicht klein im Sinne eines σ-Ideals auf $\mathbb{R}$, da $\mathbb{R}$ in abzählbar viele C-verschiebbare Mengen zerfällt. Damit erhalten wir den Satz von Ciesielski und Pelc:

Korollar *(Nichtexistenz eines maximalen Hyper-Lebesgue-Maßes auf $\mathbb{R}$)*

Ist $\mu : \mathcal{A} \to [0, \infty]$ ein Hyper-Lebesgue-Maß auf $\mathbb{R}$, so existiert ein C-verschiebbares $U \subseteq \mathbb{R}$ mit $U \notin \mathcal{A}$.

Folglich existiert kein maximales Hyper-Lebesgue-Maß auf $\mathbb{R}$.

Beweis

Seien U_n, $n \in \mathbb{N}$, wie im Korollar oben. Dann existiert wegen der σ-Additivität von μ ein m mit $U_m \notin \mathcal{A}$, da $\bigcup_{n \in \mathbb{N}} U_n = \mathbb{R}$ und $\mu(U) = 0$ für alle C-verschiebbaren $U \in \mathcal{A}$ gilt.

Der Zusatz folgt aus dem Erweiterungssatz oben. ∎

Der Beweis wird für höhere Dimensionen $k \geq 2$ analog geführt, wobei nun an die Stelle von Hamelbasen sog. Transzendenzbasen von $\mathbb{R}$ (über $\mathbb{Q}$) treten. Eine *Transzendenzbasis von* $\mathbb{R}$ ist dabei eine maximale algebraisch unabhängige Teilmenge von $\mathbb{R}$; hierbei wiederum heißt ein $A \subseteq \mathbb{R}$ *algebraisch unabhängig (über* $\mathbb{Q}$*)*, falls $P(x_1, \ldots, x_n) \neq 0$ für alle paarweise verschiedenen $x_1, \ldots, x_n \in A$ und alle nichttrivialen Polynome P in n Variablen mit Koeffizienten in $\mathbb{Q}$ gilt. Die Existenz einer Transzendenzbasis zeigt man mit Hilfe eines Maximalprinzips.

Für $k \geq 2$ involvieren Anwendungen von Isometrien komplexere Matrizenmultiplikationen, und für Unterräume U des $\mathbb{Q}$-Vektorraumes $\mathbb{R}^k$ gilt $Ax \in U$ in der Regel nicht, wenn $x \in U$ gilt. Daher werden stärkere multiplikative Abgeschlossenheitseigenschaften notwendig. Wir arbeiten also mit einer Transzendenzbasis H von $\mathbb{R}$ über $\mathbb{Q}$ statt mit einer Hamelbasis. Für ein $A \subseteq \mathbb{R}$ sei $c(A)$ der algebraische Abschluß des von A erzeugten Unterkörpers von $\mathbb{R}$ (diese Abschlüsse übernehmen die Rolle der Unterräume im eindimensionalen Fall). Sei nun $k \geq 2$ fest. Wie im Satz oben sei $H_0 \subseteq H$ derart, daß $H - H_0$ überabzählbar ist. Sei $U = c(H_0)$. Wir zeigen, daß $U^k \subseteq \mathbb{R}^k$ C-verschiebbar ist. Sei hierzu $G \subseteq \mathcal{I}_k$ abzählbar. Sei Z die abzählbare Menge aller Einträge der in $G = \{ tr_z \circ f_A \mid \text{gewisse } z \in \mathbb{R}^k \text{ und Matrizen } A \in \mathrm{Mat}_k \}$ auftauchenden Translationsvektoren und Matrizen. Die gesuchte überabzählbare Translationsmenge T wird definiert durch $T = H - c(U \cup Z)$, wobei wir hier ein $x \in \mathbb{R}$ als die Translation im $\mathbb{R}^k$ um den Vektor $(x, 0, \ldots, 0) \in \mathbb{R}^k$ auffassen, also Translationen im $\mathbb{R}^k$ entlang der x-Achse erhalten. Dies zeigt obigen Satz. Wie im Korollar werden dann die Mengen H_n definiert und wir setzen $U_n = c(H_n)^k$ für $n \geq 0$. Ansonsten bleibt das Argument gleich.

Die Suche nach einem nicht mehr bewegungsinvariant fortsetzbaren σ-additiven Volumenmaß für die Euklidischen Räume ist also vergeblich. Ist μ ein solches Maß, so wählen wir eine Ausschöpfung von $\mathbb{R}^k$ in C-verschiebbare Mengen $U_0 \subseteq U_1 \subseteq \ldots \subseteq U_n \subseteq \ldots$ Wir können dann $U_0, U_1, \ldots$ nach dem Erweiterungssatz schrittweise zu μ hinzufügen, und erhalten so Volumenmaße μ_n, $n \in \mathbb{N}$, mit $\mu_n(U_n) = 0$ für alle $n \in \mathbb{N}$. Die Reihe dieser Maße terminiert nicht, denn wir fügen in diesem Prozeß unendlich oft eine neue – bislang nicht meßbare – Nullmenge U_n hinzu.

Die zentrale Rolle der Translationen im obigen Argument ist augenfällig. Analysiert man den Beweis, so ergibt sich folgendes stärkere Resultat:

Satz *(Satz von Ciesielski und Pelc, starke Form)*

Sei $k \geq 1$, und sei G eine Untergruppe von $\mathcal{I}_k$ mit $G \supseteq \{ tr_z \mid z \in \mathbb{R}^k \}$.
Dann besitzt jedes G-invariante σ-finite Maß $\mu : \mathcal{A} \to [0, \infty]$, das auf einer G-invarianten σ-Algebra $\mathcal{A}$ des $\mathbb{R}^k$ definiert ist, eine echte Fortsetzung mit eben diesen Eigenschaften.

Wir verweisen den Leser auf den Übersichtsartikel [Zakrzewski 2002] für weitere Untersuchungen in diesem Umfeld (etwa der Charakterisierung der Untergruppen $G \subseteq \mathcal{I}_k$, für die der Fortsetzungssatz gültig ist).

Volle bewegungsinvariante Inhalte

Wir zeigen den im letzten Kapitel bereits angekündigten Satz von Banach: Das Inhaltsproblem für die Dimensionen 1 und 2 hat Lösungen. Genauer gilt: Es existieren Lösungen, die auf der σ-Algebra der Lebesgue-meßbaren Mengen mit dem Lebesgue-Maß übereinstimmen. Speziell läßt sich also das Lebesgue-Maß zu einem vollen translationsinvarianten σ-finiten Inhalt auf $\mathbb{R}$ fortsetzen.

Banach bewies seinen Satz 1923, neun Jahre nachdem Hausdorff das Problem durch seine paradoxe Zerlegung der Kugeloberfläche aufgeworfen hatte – eine bemerkenswert lange Zeitspanne, gemessen an dem Interesse, das dem Problem entgegengebracht wurde. In der Tat führte der Beweis wesentlich neue Methoden ein: Banach verwendet eine Fortsetzungseigenschaft für gewisse Funktionen, deren allgemeine Form heute als Satz von Hahn-Banach einen Eckpfeiler der Funktionalanalysis darstellt.

Der Beweis konstruiert Inhalte über lineare Funktionale auf einem Vektorraum. Zur Erinnerung:

Definition *(lineare und sublineare Funktionale)*

Sei V ein $\mathbb{R}$-Vektorraum. Eine Funktion $p : V \to \mathbb{R}$ heißt auch ein *Funktional* auf V.
p heißt *linear*, falls $p(\alpha f + \beta g) = \alpha p(f) + \beta p(g)$ für alle $\alpha, \beta \in \mathbb{R}$, $f, g \in V$.
p heißt *sublinear*, falls für alle $\alpha \in \mathbb{R}_0^+$ und alle $f, g \in V$ gilt:

$$p(\alpha f) = \alpha p(f) \quad \text{und} \quad p(f+g) \leq p(f) + p(g).$$

Die Vektorräume im Folgenden werden aus Funktionen bestehen, daher verwenden wir gleich hier die Symbole f und g für Elemente von V.

Übung

Sei p ein sublineares Funktional auf einem $\mathbb{R}$-Vektorraum V.
Dann gilt für alle $f \in V$: $-p(f) \leq p(-f)$.

[$p(0) = 0$, also $0 = p(f + (-f)) \leq p(f) + p(-f)$.]

Die andere Ungleichung, also $p(-f) \leq -p(f)$, gilt für sublineare Funktionale p im allgemeinen nicht. Sie führt bereits zur Linearität von p:

Lemma *(maximale lineare Teilräume für sublineare Funktionale)*
Sei p ein sublineares Funktional auf einem $\mathbb{R}$-Vektorraum V.
Sei weiter $U = \{ f \in V \mid p(-f) = -p(f) \}$.
Dann ist U ein Unterraum von V und $p | U : U \to \mathbb{R}$ ist linear.
Weiter ist U der $\subseteq$-größte Unterraum von V, auf dem p linear ist.

Beweis
Wegen $0 \in U$ ist $U \neq \emptyset$.
Ist $f \in U$ und $\alpha \in \mathbb{R}$, so ist $p(-\alpha f) = -\alpha p(f)$, da $p(|\alpha| f) = |\alpha| p(f)$ und $p(-|\alpha| f) = |\alpha|\, p(-f) = -|\alpha|\, p(f)$. Also ist $\alpha f \in U$.
Sind $f, g \in U$, so ist

$$-p(f+g) \leq p(-(f+g)) \leq p(-f) + p(-g) = -(p(f) + p(g)) \leq -p(f+g).$$

Also $f + g \in U$. Damit ist U ein Unterraum von V.
Das Argument zeigt zudem, daß p linear auf U ist.
Ist U′ ein Unterraum von V und p linear auf U′, so ist $p(-f) = -p(f)$ für alle $f \in U'$, also $U' \subseteq U$. ∎

Sei nun $V \subseteq {}^M\mathbb{R}$ ein $\mathbb{R}$-Vektorraum unter der punktweisen Addition und Skalarmultiplikation von Funktionen. Ist dann $\mathcal{A} = \{ A \subseteq M \mid \mathrm{ind}_A \in V \}$ eine Algebra auf M, so induziert jedes lineare Funktional w auf V mit $w(\mathrm{ind}_A) \geq 0$ für alle $A \in \mathcal{A}$ einen endlichen Inhalt μ_w auf $\mathcal{A}$ via

$$\mu_w(A) = w(\mathrm{ind}_A) \text{ für alle } A \in \mathcal{A}.$$

Ist umgekehrt $\langle M, \mathcal{A}, \mu \rangle$ ein endlicher Inhaltsraum, so sei

$$T = \{ \Sigma_{1 \leq i \leq n}\, \alpha_i\, \mathrm{ind}_{A_i} \mid n \in \mathbb{N}, \alpha_i \in \mathbb{R}, A_i \in \mathcal{A} \text{ für } 1 \leq i \leq n \}.$$

Dann ist T ein Untervektorraum von ${}^M\mathbb{R}$. Wir definieren auf dem Raum T:

$$w(\Sigma_{1 \leq i \leq n}\, \alpha_i\, \mathrm{ind}_{A_i}) = \Sigma_{1 \leq i \leq n}\, \alpha_i\, \mu(A_i).$$

Dann ist $w : T \to \mathbb{R}$ ein (wohldefiniertes) lineares Funktional auf T mit $\mu_w = \mu$.

Die Lebesgue-integrierbaren Funktionen auf $M = [0, 1]$ bilden einen Vektorraum $V \subseteq {}^M\mathbb{R}$. Das Lebesgue-Integral ist ein lineares Funktional auf V, und der induzierte Inhalt ist das Lebesgue-Maß λ auf $[0, 1]$. Analoges gilt für die Riemann-integrierbaren Funktionen und den Peano-Jordan-Inhalt.

Das Fundament der Konstruktion von Banach ist nun der folgende Vektorraum $W \subseteq {}^{\mathbb{R}}\mathbb{R}$:

Definition *(der Vektorraum der beschränkten Funktionen mit Periode 1)*
Sei $W = \{ f : \mathbb{R} \to \mathbb{R} \mid f \text{ beschränkt}, f(x+1) = f(x) \text{ für alle } x \in \mathbb{R} \}$.

Für $f \in W$ sei $\|f\| = \sup \{ |f(x)| \mid x \in \mathbb{R} \}$ die Supremumsnorm von f. Nach Definition von W ist $\|f\| < \infty$ für alle $f \in W$. Die Supremumsnorm ist ein sublineares Funktional auf W.

Der Raum W ist im wesentlichen der Raum der beschränkten Funktionen auf dem halboffenen Intervall $[0, 1[$. Wir setzen alle diese Funktionen periodisch fort, um in den Funktionsargumenten frei rechnen zu können. Sehr nützlich für das folgende ist es auch, sich ein $f \in W$ als eine Funktion auf einer Kreislinie vorzustellen und die Argumente als Winkel.

Die Banachsche Inhaltskonstruktion entwickelt sich aus folgendem Begriff:

Definition *(äquivalent Null, $f \sim g$)*

Eine Funktion $f \in W$ heißt *äquivalent Null*, falls gilt:

$$\inf_{n \geq 1, y_1, \ldots, y_n \in \mathbb{R}} \sup_{x \in \mathbb{R}} 1/n \mid \Sigma_{1 \leq i \leq n} f(x + y_i) \mid = 0.$$

Für zwei Funktionen $f, g \in W$ setzen wir:

$f \sim g$, *falls* $f - g$ äquivalent Null.

Banach (1923): „Soit $f(x) = f(x + 1)$ une fonction de période 1, définie sur la circonférence d'un cercle de rayon $= 1/2\pi$, ayant pour centre l'origine des coordonnées rectangulaires; x désigne l'arc correspondant.

Definition 1. Nous appellerons la fonctions $f(x)$ *équivalente à zéro*, en écrivant

$$f(x) \sim 0,$$

s'il existe pour tout nombre positif ε une suite finie de nombres réels $\alpha_1, \alpha_2, \ldots, \alpha_n$, telle qu'on a pour tout réel

$$1/n \mid \Sigma_{k=1}^{n} f(x + \alpha_k) \mid < \varepsilon.“$$

Das Supremum „$\sup_{x \in \mathbb{R}}$“ können wir wegen der Periodizität der Funktionen in W auch durch „$\sup_{0 \leq x < 1}$“ ersetzen. Dieses Supremum ist weiter für alle $f \in W$ durch $\| f \|$ beschränkt. Wie erwartet gilt:

Übung

(i) $\sim$ ist eine Äquivalenzrelation auf W.

(ii) Ist f äquivalent 0, so auch αf für alle $\alpha \in \mathbb{R}$.

(iii) Sind f, g äquivalent 0, so auch $f + g$.

[zu (iii): Betrachte Ausdrücke $1/nm \mid \Sigma_{1 \leq i \leq n, 1 \leq j \leq m} f(x + y_i + y'_j) + g(x + y_i + y'_j) \mid$.]

Wir schreiben auch $f \sim c$ für $f \in W$ und $c \in \mathbb{R}$, falls $f \sim \text{const}_c$ für die konstante Funktion $\text{const}_c : \mathbb{R} \to \{ c \}$ gilt. Dies gibt Anlaß zu einem natürlichen linearen Funktional auf einem Untervektorraum von W:

Definition *(das Banach-Integral $b : W_B \to \mathbb{R}$)*

Wir setzen:

$$W_B = \{ f \in W \mid \text{es existiert ein } c \in \mathbb{R} \text{ mit } f \sim c \}.$$

Weiter definieren wir $b : W_B \to \mathbb{R}$ durch

$b(f)$ = „das eindeutige $c \in \mathbb{R}$ mit $f \sim c$“ *für* $f \in W_B$.

$b(f)$ heißt auch das *Banach-Integral von f*.

Die Funktion b ist in der Tat wohldefiniert: Ist $f \sim c$ und $f \sim d$ für $c, d \in \mathbb{R}$, so ist wegen Transitivität $c \sim d$, was offenbar nur für $c = d$ möglich ist. Weiter ist b ein translationsinvariantes lineares Funktional auf dem Unterraum W_B:

Satz

(i) W_B ist ein Untervektorraum von W.

(ii) $b : W_B \to \mathbb{R}$ ist ein lineares Funktional auf W_B.

(iii) Ist $f \in W_B$ und $z \in \mathbb{R}$, so ist auch $f \circ tr_z \in W_B$ und es gilt $b(f \circ tr_z) = b(f)$.

zu (iii): Es gilt $(f \circ tr_z)(x + y_i) = f(x + z + y_i)$. Mit x durchläuft auch $x + z$ ganz $\mathbb{R}$, und damit ist leicht zu sehen, daß die fraglichen Suprema für f und $f \circ tr_z$ übereinstimmen.

In vielen vertrauten Fällen können wir b(f) identifizieren:

Satz *(Banach-Integral und Riemann-Integral)*

Sei $f \in W_B$ derart, daß $f \mid [0, 1]$ Riemann-integrierbar ist.
Dann ist b(f) das Riemann-Integral über f von 0 bis 1.

Beweis

Sei c das Riemann-Integral über f von 0 bis 1.
Dann konvergieren die Funktionen $g_n : [0, 1] \to \mathbb{R}$, $n \geq 1$, mit

$$g_n(x) = 1/n\ \Sigma_{1 \leq i \leq n}\ f(x + i/n) - c \quad \text{für alle } x \in \mathbb{R},$$

für n gegen unendlich gleichmäßig gegen 0 (!).
Die Wahl von $y_i = i/n$ für $1 \leq i \leq n$, $n \geq 1$ zeigt also, daß

$$\inf_{n \geq 1, y_1, \ldots, y_n \in \mathbb{R}} \sup_{x \in \mathbb{R}} 1/n \mid \Sigma_{1 \leq i \leq n} f(x + y_i) - c \mid = 0.$$

Also ist $b(f) = c$.

Andererseits ist das Banach-Integral eine echte Fortsetzung des Riemann-Integrals auf W_B. Denn es gibt Funktionen äquivalent Null in W, deren Einschränkung auf das Einheitsintervall nicht einmal Lebesgue-integrierbar ist. Zum Beweis dieser Aussage bemühen wir die Konstruktion von Vitali.

Satz *(Banach-Integral und Lebesgue-Integral)*

Es gibt ein $g \in W_B$ mit $b(g) = 0$ derart, daß $g \mid [0, 1]$ nicht Lebesgue-integrierbar ist.

Beweis

Sei $V \subseteq [0, 1[$ ein Repräsentantensystem wie im Beweis des Satzes von Vitali.
Weiter seien $V^* = \bigcup_{z \in \mathbb{Z}} (V + z)$ und $g = ind_{V^*}$.
Dann ist g wie gewünscht. Denn der Beweis des Satzes von Vitali zeigt zum einen, daß $g \mid [0, 1] = ind_V$ nicht Lebesgue-integrierbar ist.
Andererseits gilt nach Konstruktion von V: Für alle $n \geq 1$, alle rationalen $0 < y_1 < \ldots < y_n < 1$ und alle $x \in \mathbb{R}$ gilt $g(x + y_i) = 1$ für allenfalls ein $1 \leq i \leq n$:

Denn sind $x + y, x + y' \in V^*$ für $0 < y < y' < 1$, so ist $x + y' - (x + y) = y' - y < 1$ irrational.

∎ Also ist g äquivalent Null, und damit $g \in W_B$ wie gewünscht.

Das Banach-Funktional

Zur weiteren Untersuchung des Banach-Integrals und insbesondere seines Zusammenhangs zum Lebesgue-Integral führen wir noch ein weiteres Funktional ein. Es hängt eng mit b zusammen, ist aber im Unterschied zu b auf ganz W definiert.

Definition *(das Banach-Funktional p auf W)*

Für $f \in W$, $n \geq 1$ und $y_1, \ldots, y_n \in \mathbb{R}$ sei

$$B_{y_1, \ldots, y_n}(f) = \sup_{x \in \mathbb{R}} 1/n \, \Sigma_{1 \leq i \leq n} f(x + y_i).$$

Wir definieren weiter $p : W \to \mathbb{R}$ durch:

$$p(f) = \inf_{n \geq 1, y_1, \ldots, y_n \in \mathbb{R}} B_{y_1, \ldots, y_n}(f).$$

Die Funktion p heißt das *Banach-Funktional* auf W.

Das Funktional p erscheint in [Banach 1928] nur implizit.

Der Leser beachte das Fehlen der Betragsstriche an der Summe in der Definition von $B_{y_1, \ldots, y_n}(f)$. War $b(-f) = -b(f)$ noch trivial richtig, so können wir nun nicht mehr erwarten, daß $p(-f) = -p(f)$ gilt. Immerhin gilt noch:

Übung

Für alle $f \in W$ und alle $c \in \mathbb{R}$ gilt $p(f + c) = p(f) + c$.
Weiter ist $p(f \circ tr_z) = p(f)$ für alle $z \in \mathbb{R}$.

Entscheidend ist:

Satz *(Sublinearität von p)*

Das Banach-Funktional p ist sublinear.

Beweis

zu $p(\alpha f) = \alpha p(f)$ für alle $\alpha \geq 0$ und $f \in W$:

Es gilt $(\alpha f)(x) = \alpha f(x)$ für alle $x \in \mathbb{R}$ und $\alpha \geq 0$. Also ist stets

$$B_{y_1, \ldots, y_n}(\alpha f) = \alpha B_{y_1, \ldots, y_n}(f),$$

und damit wegen $\alpha \geq 0$ auch $p(\alpha f) = \alpha p(f)$.

zu $p(f + g) \leq p(f) + p(g)$ für alle $f, g \in W$:

Sei $k \geq 1$, und seien $y_1, \ldots, y_n, z_1, \ldots, z_m \in \mathbb{R}$ derart, daß

$$B_{y_1, \ldots, y_n}(f) \leq p(f) + 1/(2k), \quad B_{z_1, \ldots, z_m}(g) \leq p(g) + 1/(2k).$$

Sei $w_1, \ldots, w_{n \cdot m}$ eine Aufzählung von $\{ y_i + z_j \mid 1 \le i \le n, 1 \le j \le m \}$.
Es gilt $p(f+g) \le B_{w_1, \ldots, w_{nm}}(f + g)$. Wir zeigen:

(+) $B_{w_1, \ldots, w_{nm}}(f + g) \le p(f) + p(g) + 1/k$.

Da k beliebig groß gewählt werden kann, folgt aus (+) wie gewünscht, daß

$p(f+g) \le p(f) + p(g)$.

Beweis von (+)

$B_{w_1, \ldots, w_{nm}}(f + g) = \sup_{x \in \mathbb{R}} 1/(nm)\, \Sigma_{i,j}\, (f+g)(x + y_i + z_j) \le$

$\sup_{x \in \mathbb{R}} 1/(nm)\, \Sigma_{i,j}\, f(x + y_i + z_j) + \sup_{x \in \mathbb{R}} 1/(nm)\, \Sigma_{i,j}\, g(x + y_i + z_j)$.

Aber für den linken der beiden Summanden gilt:

$\sup_{x \in \mathbb{R}} 1/(nm)\, \Sigma_{i,j}\, f(x + y_i + z_j) \le$

$1/m\, \Sigma_j\, \sup_{x \in \mathbb{R}} 1/n\, \Sigma_i\, f(x + z_j + y_i) =_{x + z_j \text{ durchläuft wie x ganz } \mathbb{R}}$

$1/m\, \Sigma_j\, \sup_{x \in \mathbb{R}} 1/n\, \Sigma_i\, f(x + y_i) =$

$\sup_{x \in \mathbb{R}} 1/n\, \Sigma_i\, f(x + y_i) = B_{y_1, \ldots, y_n}(f) \le p(f) + 1/(2k)$.

Analoges gilt für den rechten Summanden, und dies zeigt (+). ▬

Wegen der Sublinearität von p gilt $-p(f) \le p(-f)$, und damit erhalten wir die folgende Äquivalenz:

Satz *(äquivalent Null via p)*

Für alle $f \in W$ sind äquivalent:

(i) f ist äquivalent Null (d. h. $b(f) = 0$).

(ii) $p(f) = 0$ und $p(-f) = 0$.

Beweis

zu (i) ⌒ (ii):

Ist f äquivalent 0, so ist offenbar $p(f) \le 0$ und $p(-f) \le 0$.
Also $0 \le -p(-f) \le p(f) \le 0$, und damit $p(f) = p(-f) = 0$.

zu (ii) ⌒ (i):

Sei also sowohl $p(f) \le 0$ als auch $p(-f) \le 0$.
Sei $\varepsilon > 0$ beliebig, und seien $y_1, \ldots, y_n, z_1, \ldots, z_m \in \mathbb{R}$ derart, daß

$1/n\, \Sigma_{1 \le i \le n}\, f(x + y_i) < \varepsilon$ und $1/m\, \Sigma_{1 \le j \le m} - f(x + z_j) < \varepsilon$

für alle $x \in \mathbb{R}$ gilt. Dann folgt für alle $x \in \mathbb{R}$:

$1/n\, \Sigma_{1 \le i \le n}\, \Sigma_{1 \le j \le m}\, f(x + y_i + z_j) < m\varepsilon$ und

$1/m\, \Sigma_{1 \le i \le n}\, \Sigma_{1 \le j \le m} -f(x + y_i + z_j) < n\varepsilon$.

Also $1/(mn)\, \mid \Sigma_{1 \le i \le n}\, \Sigma_{1 \le j \le m}\, f(x + y_i + z_j) \mid < \varepsilon$. ▬

Korollar

(i) Es gilt $b = p \mid W_B$.

(ii) W_B ist der größte Unterraum von W, auf dem p linear ist.

Beweis

zu (i):

Sei $f \in W_B$ und sei $b(f) = c$. Dann ist $f - c$ äquivalent Null und damit $p(f - c) = 0$. Aber $p(f - c) = p(f) - c$, und damit $p(f) = c = b(f)$.

zu (ii):

Es genügt nach dem Lemma oben zu zeigen, daß

$U = \{ f \in W \mid p(-f) = -p(f) \} \subseteq W_B$.

Sei also $f \in W$ derart, daß $p(-f) = -p(f)$, und sei weiter $c = p(f)$. Dann gilt $p(f - c) = p(f) - c = 0$ und $p(-(f - c)) = p(-f) + c = 0$.
Nach (ii) $\curvearrowright$ (i) im Satz oben ist also $f - c$ äquivalent Null, also $f \in W_B$. ∎

Wir untersuchen als nächstes den Zusammenhang zwischen p und dem Lebesgue-Integral (auf $[0, 1[$).

Definition *(W_L, $\ell(f)$)*

Wir setzen:

$W_L = \{ f \in W \mid f \mid [0, 1[\text{ ist Lebesgue-integrierbar} \}$.

Für $f \in W_L$ sei weiter $\ell(f) = L(f; 0, 1)$.

Es gilt nun:

Satz *(p und translationsinvariante Funktionale, $\ell(f) \leq p(f)$)*

Sei U ein Unterraum von W, und sei $w : U \to \mathbb{R}$ ein lineares Funktional.
Für alle $f \in U$, $y \in \mathbb{R}$ sei $f \circ tr_y \in U$ und $w(f) = w(f \circ tr_y)$.
Schließlich gelte für alle $f \in U$, $c \in \mathbb{R}$ mit $f \leq const_c$, daß $w(f) \leq c$.
Dann gilt $w(f) \leq p(f)$ für alle $f \in U$.

Insbesondere ist $\ell(f) \leq p(f)$ für alle $f \in W_L$.

Beweis

Sei $n \geq 1$, und seien $y_1, \ldots, y_n \in \mathbb{R}$. Dann gilt nach den Voraussetzungen an w:

$w(f) = 1/n\, \Sigma_{1 \leq i \leq n}\, w(f \circ tr_{y_i}) = w(1/n\, \Sigma_{1 \leq i \leq n}\, f \circ tr_{y_i}) \leq B_{y_1, \ldots, y_n}(f)$,

letzteres wegen $(1/n\, \Sigma_{1 \leq i \leq n}\, f \circ tr_{y_i})(x) \leq B_{y_1, \ldots, y_n}(f)$ für alle $0 \leq x < 1$.
Da $n \geq 1$ und $y_1, \ldots, y_n \in \mathbb{R}$ beliebig, gilt also

$w(f) \leq \inf \{ B_{y_1, \ldots, y_n}(f) \mid n \geq 1, y_1, \ldots, y_n \in \mathbb{R} \} = p(f)$.

ℓ erfüllt alle erforderlichen Eigenschaften auf $U = W_L$, und hieraus folgt der Zusatz. ∎

Korollar

$p \mid (W_L \cap W_B) = \ell \mid (W_L \cap W_B)$.

Beweis

Sei $f \in W_B \cap W_L$. Dann ist $\ell(f) \leq p(f)$. Aber p ist linear auf W_B, also

$-p(f) = p(-f) \geq \ell(-f) = -\ell(f)$.

∎ Also $p(f) = \ell(f)$.

Es gibt nun andererseits ein $f \in W_L$ mit $\ell(f) < p(f)$. Wir werden später bei der Diskussion der Baire-Eigenschaft eine Lebesgue-Nullmenge $N \subseteq [0, 1[$ konstruieren, deren Komplement in $[0, 1[$ eine *magere* Menge ist, d. h. eine abzählbare Vereinigung von nirgendsdichten Teilmengen von $[0, 1[$ (ein $A \subseteq \mathbb{R}$ heißt dabei *nirgendsdicht*, falls für alle reellen $a < b$ reelle c, d existieren mit $a < c < d < b$ und $N \cap [c, d] = \emptyset$). Ist nun $f \in W$ derart, daß $f \mid [0, 1[= \mathrm{ind}_N$ für ein derartiges N, so gilt $\ell(f) = 0$ und, wie wir zeigen werden, $p(f) = 1$. Wir verwenden die Existenz von N hier als black-box, und geben den folgenden Beweis für Leser, die später hierher zurückkehren wollen oder mit mageren Mengen bereits etwas vertraut sind. Für die anderen genügt es, das Ergebnis zur Kenntnis zu nehmen. Die Konstruktion ist insgesamt ein hübsches und geometrisch anschauliches Verfeinern und Verschieben von symmetrischen Intervallketten.

Satz *(magere Mengen unter p und b)*

Sei $M \subseteq [0, 1[$ mager, und sei $N = [0, 1[- M$.
Sei weiter $g \in W$ mit $g \mid [0, 1[= \mathrm{ind}_N$.
Dann ist $p(g) = 1$.
Ist weiter $g \in W_B$, so ist $b(\bigcup_{z \in \mathbb{Z}} \mathrm{ind}_{M+z}) = 0$.

Beweis

Sei $M = \bigcup_{k \geq 1} N_k$, mit N_k nirgendsdicht für alle $k \geq 1$.
Wir zeigen, daß für alle $y_1 < y_2 < \ldots < y_n$ ein $x \in \mathbb{R}$ existiert mit

(+) $g(x + y_i) = 1$ für alle $1 \leq i \leq n$.

Hieraus folgt offenbar $p(g) = 1$.
Seien also $n \geq 1$ und $y_1 < \ldots < y_n$ für den Rest fixiert.
Für $k \geq 1$ sei $M_k = \bigcup_{z \in \mathbb{Z}} (N_k + z)$. Dann sind alle M_k wieder nirgendsdicht und für alle $x \in \mathbb{R}$ gilt $g(x) = 1$ genau dann, wenn $x \notin \bigcup_{k \geq 1} M_k$.
Wir brauchen noch einige lokale Begriffe.
Sei $x \in \mathbb{R}$, und sei $\mathcal{I} = ([a_1, b_1], \ldots, [a_n, b_n])$ eine Folge von abgeschlossenen reellen Intervallen. Wir nennen I eine *Kette an x*, falls gilt:

(a) $a_i < b_i$ für alle $1 \leq i \leq n$,

(b) alle Intervalle von $\mathcal{I}$ sind gleichlang,

(c) $x + y_i$ ist der Mittelpunkt von $[a_i, b_i]$ für alle $1 \leq i \leq n$.

Für eine Kette $\mathcal{I}$ sei $\bigcup \mathcal{I} = \bigcup_{1 \leq i \leq n} [a_i, b_i]$.

Für Ketten $\mathcal{I}_1$ an x_1 und $\mathcal{I}_2$ an x_2 schreiben wir $\mathcal{I}_2 \subseteq \mathcal{I}_1$, falls jedes Intervall von $\mathcal{I}_2$ ein Teilintervall des entsprechenden Intervalls von $\mathcal{I}_1$ ist.

Sei nun $\mathcal{I}$ eine beliebige Kette an einem x. Durch Induktion nach $k \in \mathbb{N}$ können wir eine Folge von Ketten $\mathcal{I}_k = ([a_1^k, b_1^k], \ldots, [a_n^k, b_n^k])$ an gewissen x_k für $k \in \mathbb{N}$ konstruieren derart, daß für alle $k \in \mathbb{N}$ gilt:

(i) $\mathcal{I}_0 = \mathcal{I}$, $x_0 = x$,

(ii) $\mathcal{I}_{k+1} \subseteq \mathcal{I}_k$,

(iii) $\bigcup \mathcal{I}_k \cap M_k = \emptyset$ *falls* $k \geq 1$.

Induktionsschritt von k nach k + 1 für k ≥ 0:

Alle Intervalle im folgenden seien abgeschlossen mit Länge > 0.
Wegen M_{k+1} nirgendsdicht gibt es ein $J_1 \subseteq [a_1^k, b_1^k]$ mit $J_1 \cap M_{k+1} = \emptyset$.
Sei J_2 die Translation von J_1 um $y_2 - y_1$ (also $J_2 \subseteq [a_2^k, b_2^k]$).
Wegen M_{k+1} nirgendsdicht gibt es ein $J_2' \subseteq J_2$ mit $J_2' \cap M_{k+1} = \emptyset$.
Sei J_3 die Translation von J_2' um $y_3 - y_2$, $J_3' \subseteq J_3$, $J_3' \cap M_{k+1} = \emptyset$, usw.
Schließlich erhalten wir ein mit M_{k+1} disjunktes $J_n' \subseteq [a_n^k, b_n^k]$.
Sei $[a_i^{k+1}, b_i^{k+1}]$ die Translation von J_n' um $y_i - y_n$ für $1 \leq i \leq n$, und sei $x_{k+1} = m - y_n$, wobei m der Mittelpunkt von $J_n' = [a_n^{k+1}, b_n^{k+1}]$ ist.
Dann ist $\mathcal{I}_{k+1} = ([a_1^{k+1}, b_1^{k+1}], \ldots, [a_n^{k+1}, b_n^{k+1}])$ und x_{k+1} wie gewünscht.

Sei $x = \lim_{n \to \infty} x_k$ (x existiert als Limes der Mittelpunkte geschachtelter endlicher Intervalle). Dann gilt wie gewünscht (+) für x, denn für alle $1 \leq i \leq n$ gilt $x + y_i \notin M_k$ für alle $k \geq 1$, also $g(x + y_i) = 1$.

Der Zusatz folgt aus der Linearität von b auf W_B und $b(\mathrm{const}_1) = 1$. ∎

Das Resultat erscheint im wesentlichen bereits bei Banach, vgl. [Banach 1923, S. 21f.].

Korollar

Es gibt ein $g \in W_L$ mit $\ell(g) = 0$ und $p(g) = 1$.
Für jedes solche g gilt $g \notin W_B$.

Beweis

Seien $N_k \subseteq [0, 1]$ nirgendsdicht für $k \geq 1$ derart, daß $N = [0, 1[- \bigcup_{k \geq 1} N_k$ eine Lebesgue-Nullmenge ist. Sei weiter wieder $g \in W$ mit $g | [0, 1[= \mathrm{ind}_N$. Dann ist g wie gewünscht. (Ein $g \in W_L$ mit $\ell(g) \neq p(g)$ kann nicht in W_B liegen, da andernfalls $g \in W_L \cap W_B$, also $\ell(g) = b(g) = p(g)$.) ∎

Zusammenfassend ergibt sich:

Satz *(Hauptsatz über $p : W \to \mathbb{R}$, $b : W_B \to \mathbb{R}$, $\ell : W_L \to \mathbb{R}$)*

Das sublineare Banach-Funktional p setzt das lineare Banach-Integral b auf W_B fort (welches das Riemann-Integral fortsetzt).
p dominiert das Lebesgue-Integral ℓ auf W_L.
b und ℓ stimmen auf ihrem gemeinsamen Definitionsbereich $W_B \cap W_L$ überein. Zwischen W_B und W_L besteht kein Inklusionsverhältnis.

Abschweifung über Hamelbasen

Bevor wir nun die Inhaltskonstruktion durchführen, zeigen wir noch mit Hilfe der bisherigen Ergebnisse einen Satz über Hamelbasen.

Satz *(Hamelbasen und Banach-Integral)*
Sei V der $\mathbb{Q}$-Vektorraum $\mathbb{R}$, und sei $H \subseteq V \cap [0, 1[$ linear unabhängig.
Sei weiter $h \in W$ mit $h \mid [0, 1[= \mathrm{ind}_H$.
Dann ist $h \in W_B$ und es gilt $b(h) = 0$.

Beweis
Wir zeigen zunächst:

(+) Seien $z_0, \ldots, z_7 \in [0, 1[$ paarweise verschiedene Elemente von H.
Dann existiert kein $x \in \mathbb{R}$ mit $h(x + z_{2i} + z_{2i+1}) = 1$ für alle $0 \leq i \leq 3$.

Beweis von (+)
Annahme doch für ein x. O.E. gilt $x \in [0, 1[$.
Dann existieren $u_0, u_1, u_2, u_3 \in H$ und $e_0, e_1, e_2, e_3 \in \{0, 1, 2\}$ mit:

$$x + z_{2i} + z_{2i+1} = u_i + e_i \quad \text{für alle } 0 \leq i \leq 3.$$

O. E. ist $e_0 = e_1$ (den vier e_i stehen nur drei Werte zur Verfügung).
Subtraktion der Gleichungen mit $i = 0$ und $i = 1$ ergibt:

$$z_0 + z_1 - z_2 - z_3 = u_0 - u_1 =: z.$$

Dann hat aber der Vektor $z \in \mathbb{R}$ zwei verschiedene Darstellungen als $\mathbb{Q}$-Linearkombination von Elementen aus H, *Widerspruch.*

Die Aussage des Satzes ist klar, falls H endlich ist.
Seien also $z_0, \ldots, z_n, \ldots, n \in \mathbb{N}$, paarweise verschiedene Elemente von H.
Für $n \in \mathbb{N}$ sei

$$y_n = z_{2n} + z_{2n+1}.$$

Dann gilt nach (+) für alle $x \in \mathbb{R}$, daß $h(x + y_i) = 1$ für höchstens drei $i \in \mathbb{N}$.
Also ist h äquivalent Null.

Insbesondere erhalten wir:

Korollar *(Lebesgue-meßbare Hamelbasen)*
Sei $H \subseteq [0, 1[$ eine Hamelbasis von $\mathbb{R}$.
Ist H Lebesgue-meßbar, so ist H eine Lebesgue-Nullmenge.

Es gibt nach einem Ergebnis von Sierpiński sowohl Lebesgue-meßbare Hamelbasen von $\mathbb{R}$ als auch solche, die nicht Lebesgue-meßbar sind.

Fortsetzung des Lebesgue-Maßes zu einem vollen Inhalt

Eine Ungleichung wie „$\ell(f) \leq p(f)$" ruft den folgenden bekannten Satz auf den Plan, den wir hier nur mit einer die wesentliche Konstruktion enthaltenden Beweisskizze angeben. Er wurde gerade durch die Inhalts-Konstruktion von Banach 1923 und allgemeiner durch Arbeiten von Hahn im Jahre 1927 und Banach im Jahre 1929 ans Licht gebracht und spielt in der Mathematik heute an verschiedenen Stellen eine Schlüsselrolle.

Satz *(Satz von Hahn-Banach für reelle Vektorräume)*
Sei V ein $\mathbb{R}$-Vektorraum, und sei U ein Unterraum von V.
Weiter seien $w : U \to \mathbb{R}$ ein lineares Funktional auf U und $p : V \to \mathbb{R}$ ein sublineares Funktional auf V mit $w(f) \leq p(f)$ für alle $f \in U$.
Dann existiert ein lineares Funktional $w^* : V \to \mathbb{R}$ mit:

(a) $w^* | U = w$,

(b) $w^*(f) \leq p(f)$ für alle $f \in V$.

Beweis *(Skizze)*
Sei $g \in V - U$ fest gewählt. Wir setzen:

$a = \sup_{f \in U} -p(-(g + f)) - w(f)$,

$b = \inf_{f \in U} p(g + f) - w(f)$.

Dann gilt $a \leq b$. Sei $c \in [a, b]$ beliebig. Für $f \in U$ und $\alpha \in \mathbb{R}$ setzen wir:

$w^*(f + \alpha g) = w(f) + \alpha c$.

Dann ist w^* eine durch p dominierte Fortsetzung von w auf den von $U \cup \{ g \}$ erzeugten Unterraum von V (mit $w^*(g) = c$). Ein Maximalargument liefert nun ein auf ganz V definiertes Funktional w^* wie gewünscht.

Ist $a < b$ im Beweis oben, so existieren also sogar überabzählbar viele lineare durch p dominierte Fortsetzungen w^* von w. In der Tat kann man i.a. keine eindeutige Fortsetzung erwarten.

Eine Paradeanwendung des Satzes von Hahn-Banach in unserem Kontext ist:

Satz *(Fortsetzung von Inhalten zu vollen Inhalten)*
Sei $\langle M, \mathcal{A}, \mu \rangle$ ein σ-finiter Inhaltsraum.
Dann existiert ein σ-finiter Inhalt $\mu^* : \mathcal{P}(M) \to [0, \infty]$ mit $\mu^* | \mathcal{A} = \mu$.

Beweis
Wir setzen:

$T = \{ \Sigma_{1 \leq i \leq n} \alpha_i \, \mathrm{ind}_{A_i} \mid n \in \mathbb{N}, \alpha_i \in \mathbb{R}, A_i \in \mathcal{A}, \mu(A_i) < \infty \}$,

$V = \{ f : M \to \mathbb{R} \mid$ es existiert ein $g \in T$ mit $|f| \leq g \}$,

$w(\Sigma_{1 \leq i \leq n} \alpha_i \, \mathrm{ind}_{A_i}) = \Sigma_{1 \leq i \leq n} \alpha_i \, \mu(A_i)$ auf T,

$p(f) = \inf_{g \in T, |f| \leq g} w(g)$ für $f \in V$.

Dann ist w linear auf T, p sublinear auf V und $w(f) \leq p(f)$ für $f \in T$.
Sei also $w^* : V \to \mathbb{R}$ eine lineare durch p dominierte Fortsetzung von w.
Wir setzen nun für alle $A \subseteq M$:

$$\mu^*(A) = \begin{cases} w^*(\mathrm{ind}_A) & \textit{falls}\ \ \mathrm{ind}_A \in V, \\ \infty & \textit{sonst.} \end{cases}$$

∎ Dann ist w^* wie gewünscht.

Siehe [Wagon 1999, S. 153] für einen alternativen Beweis.

Insbesondere existiert also eine Fortsetzung des Lebesgue-Maßes auf $\mathbb{R}$ zu einem vollen σ-finiten Inhalt auf $\mathbb{R}$ – ein nichttriviales Ergebnis. Die Symmetrieeigenschaften des Lebesgue-Maßes gehen dabei aber i.a. verloren. Bei Verwendung des Banach-Funktionals statt des gröberen dominierenden Funktionals im Beweis oben können wir diese Eigenschaften retten, wie wir sehen werden.

In unserer Situation ist W_L ein Unterraum von W, und ℓ ein lineares Funktional auf W_L, das durch das sublineare Banach-Funktional p dominiert wird. Damit liefert uns der Satz von Hahn-Banach eine lineare Fortsetzung ℓ^* des Lebesgue-Integrals ℓ nach ganz W. Jede solche lineare Fortsetzung ℓ^* von ℓ induziert nun einen Inhalt $\mu_\ell{}^*$ auf ganz $\mathcal{P}([0, 1[)$:

$$\mu_{\ell^*}(A) = \ell^*(\mathrm{ind}_{A^*}),\ \text{ mit } A^* = \bigcup_{z \in \mathbb{Z}} (A + z) \text{ für } A \subseteq [0, 1[.$$

In der üblichen Weise können wir dann μ_{ℓ^*} zu einem σ-finiten Inhalt auf ganz $\mathcal{P}(\mathbb{R})$ fortsetzen (durch Stückelung von $A \subseteq \mathbb{R}$ in $\mathbb{Z}$-Teile $A \cap [z, z+1[$, $z \in \mathbb{Z}$). Wir bezeichnen diese Fortsetzung im folgenden der Einfachheit halber ebenfalls mit μ_{ℓ^*}. Es gilt dann immer noch, daß μ_{ℓ^*} das Lebesgue-Maß auf $\mathbb{R}$ fortsetzt.

Um einen bewegungsinvarianten Inhalt zu erhalten, sind noch einige Modifikationen nötig. Die Translationsinvarianz gilt aber bereits automatisch, denn p respektiert Translationen in der folgenden Form:

Satz

Seien $f \in W$, $y \in \mathbb{R}$, und sei $g = f \circ \mathrm{tr}_y - f$.
Dann ist g äquivalent Null.

Beweis

Es genügt zu zeigen: $p(g) \leq 0$ und $p(-g) \leq 0$.
Für alle $n \geq 1$ gilt:

$$p(g) \leq B_{y, 2y, \ldots, ny}(g) = \sup_{x \in \mathbb{R}} 1/n\, \Sigma_{1 \leq i \leq n}\, g(x + iy) =$$

$$\sup_{x \in \mathbb{R}} 1/n\, \Sigma_{1 \leq i \leq n}\, (f(x + iy + y) - f(x + iy)) =$$

$$\sup_{x \in \mathbb{R}} 1/n\, (f(x + (n+1)y) - f(x + y)) \leq 2\, \|f\| / n.$$

Dies gilt für beliebig große n, und damit ist $p(g) \leq 0$.
∎ Völlig analog beweist man $p(-g) \leq 0$.

Damit folgt leicht:

Satz *(Eigenschaften von Hahn-Banach-Fortsetzungen von ℓ bzgl. p)*
Sei $\ell^* : W \to \mathbb{R}$ linear mit $\ell^* | W_L = \ell$ und $\ell^*(f) \leq p(f)$ für alle $f \in W$.
Dann gilt für alle $f \in W$:

(i) $c \leq \ell^*(f)$ für alle $c \in \mathbb{R}$ mit $c \leq f(x)$ für alle $x \in \mathbb{R}$,

(ii) $\ell^*(f \circ tr_y) = \ell^*(f)$ für alle $y \in \mathbb{R}$.

Beweis

zu (i): Sei also $c \leq f(x)$ für alle $x \in \mathbb{R}$. Dann gilt

$$-\ell^*(f) = \ell^*(-f) \leq p(-f) \leq -c.$$

Also $c \leq \ell^*(f)$.

zu (ii): Sei $y \in \mathbb{R}$, und sei wieder $g = f \circ tr_y - f$.
Dann gilt nach dem Satz oben:

$$\ell^*(g) \leq p(g) = b(g) = 0,$$
$$\ell^*(-g) \leq p(-g) = b(-g) = 0.$$

Also $\ell^*(g) = 0$ wegen $\ell^*(-g) = -\ell^*(g)$.
Also $\ell^*(f \circ tr_y) - \ell^*(f) = 0$ nach Linearität von ℓ^* und Definition von g.

Damit ist μ_{ℓ^*} ein translationsinvarianter σ-finiter Inhalt auf $\mathcal{P}(\mathbb{R})$ für alle durch p dominierten Fortsetzungen ℓ^* von ℓ. Die volle Bewegungsinvarianz erreichen wir, indem wir ein solches Funktional ℓ^* gegen Spiegelungen symmetrisieren. Dies kann sehr einfach wie folgt geschehen:

Definition *(Symmetrisierung des Funktionals ℓ^*)*
Sei ℓ^* eine durch p dominierte lineare Fortsetzung von ℓ nach W.
Wir definieren $\ell^{**} : W \to \mathbb{R}$ durch:

$$\ell^{**}(f) = (\ell^*(f) + \ell^*(f \circ sp))/2,$$

wobei $sp : \mathbb{R} \to \mathbb{R}$ die Spiegelung am Nullpunkt ist, d. h.

$$sp(x) = -x \text{ für } x \in \mathbb{R}.$$

Wegen der Invarianz des Lebesgue-Integrals unter Bewegungen und der Periodizität der Elemente von W gilt $\ell(f) = \ell(f \circ sp)$ für alle $f \in W_L$. Damit ist ℓ^{**} wie ℓ^* eine Fortsetzung von ℓ, und ℓ^{**} ist immer noch translationsinvariant, denn für alle y gilt $tr_y \circ sp = sp \circ tr_{-y}$ und damit:

$$\ell^{**}(f \circ tr_y) = (\ell^*(f \circ tr_y) + \ell^*(f \circ tr_y \circ sp))/2 = (\ell^*(f) + \ell^*(f \circ sp \circ tr_{-y}))/2 = (\ell^*(f) + \ell^*(f \circ sp))/2 = \ell^{**}(f).$$

Für alle $f \in W$ gilt wegen $sp \circ sp = id_{\mathbb{R}}$ zudem:

$$\ell^{**}(f \circ sp) = (\ell^*(f \circ sp) + \ell^*(f \circ sp \circ sp))/2 = \ell^{**}(f).$$

Betrachten wir nun den durch ℓ^{**} induzierten σ-finiten Inhalt $\mu_{\ell^{**}}$ auf $\mathcal{P}(\mathbb{R})$, so ist dieser Inhalt also invariant unter allen Translationen und unter Spiegelungen am Nullpunkt, und dies genügt nach den Ergebnissen des vierten Kapitels für die volle Bewegungsinvarianz von $\mu_{\ell^{**}}$. Damit haben wir das Inhaltsproblem für die Dimension 1 in der folgenden starken Form gelöst:

Satz *(Satz von Banach für die Dimension 1)*
Es existiert ein voller bewegungsinvarianter σ-finiter Inhalt auf $\mathbb{R}$, der das Lebesgue-Maß fortsetzt.

Die obige Betrachtung magerer Mengen und einer Abweichung $\ell(g) < p(g)$ liefert weiter eine zweite Lösung des Inhaltsproblems, die zwar den Peano-Jordan-Inhalt ι fortsetzt, aber nicht mehr das Lebesgue-Maß λ:

Satz *(eine andere Lösung des Inhaltsproblems für die Dimension 1)*
Es existiert ein voller bewegungsinvarianter σ-finiter Inhalt μ auf $\mathbb{R}$, der den Peano-Jordan-Inhalt fortsetzt, und für den eine beschränkte Lebesgue-meßbare Menge N existiert mit $\mu(N) \neq \lambda(N)$.

Beweis
Sei $U = \{ f \in W \mid f \mid [0, 1] \text{ ist Riemann-integrierbar} \}$, und sei $w(f)$ das Riemann-Integral von $f \mid [0, 1]$ für $f \in U$, also $w = b \mid U = p \mid U$.
Weiter sei $g = \bigcup_{z \in \mathbb{Z}} \text{ind}_{N+z}$ die im Beweis oben konstruierte Funktion mit $\ell(g) = 0$, $p(g) = 1$, $N \subseteq [0, 1[$, $[0, 1[- N$ mager. Dann ist $g \notin U$.
Wir setzen das Funktional w mit Hilfe des Satzes von Hahn-Banach zu einem Funktional w^* auf ganz W fort (w wird auf U durch p dominiert).
Wir starten die Hahn-Banach-Fortsetzung mit $g \notin U$ und wählen

$$w^*(g) = \inf_{f \in U} p(g + f) - w(f)$$

als Wert für g (vgl. die Beweisskizze des Satzes von Hahn-Banach).
Aus $p(g) = 1$, $p(f) = b(f) = w(f)$ für alle $f \in U$ errechnet sich $w^*(g) = 1$ (!).
Nun argumentieren wir wie oben. Wir erhalten insgesamt einen vollen bewegungsinvarianten Inhalt $\mu \supseteq \iota$ mit $\mu(N) = 1$, während $\lambda(N) = 0$. ∎

Banach gab diese Konstruktion 1923 an, um die folgende Frage von Ruziewicz und Lebesgue positiv zu beantworten: Gibt es einen bewegungsinvarianten normierten Inhalt μ auf $\mathcal{L}$ derart, daß $\mu(P) \neq \lambda(P)$ für ein beschränktes $P \in \mathcal{L}$? (Die Forderung einer Abweichung auf einer beschränkten Menge ist wesentlich, um triviale Gegenbeispiel auszuschließen: Setze nämlich $\nu(P) = \lambda(P)$ für $P \in \mathcal{L}$ beschränkt und $\nu(P) = \infty$ für unbeschränkte $P \in \mathcal{L}$. Dann ist ν ein bewegungsinvarianter Inhalt auf $\mathcal{L}$ mit $\nu \neq \lambda$.) Die Funktion $\lambda : \mathcal{L} \to \mathbb{R}$ ist durch „bewegungsinvariant, normiert, σ-additiv" eindeutig charakterisiert, nicht mehr aber durch „bewegungsinvariant, normiert, additiv". Das gleiche gilt auch noch für die Dimension $n = 2$, während ab $n = 3$ die Funktion λ tatsächlich durch das schwächere Trio festgelegt ist (siehe [Wagon 1999] für diese und verwandte Fragen der Existenz sog. Ruziewicz-Inhalte).

Das Inhaltsproblem für die erste Dimension ist also lösbar, und es ist nicht eindeutig lösbar. Bevor wir zur Inhaltsmessung von Flächen kommen, überlegen wir uns, was unsere Konstruktion für alle Dimensionen gleichermaßen liefert.

Die Konstruktion von Banach in höheren Dimensionen

Sei $n \geq 1$ fixiert. Wir betrachten den $\mathbb{R}$-Vektorraum

$$W_n = \{ f : \mathbb{R}^n \to \mathbb{R}^n \mid f \text{ ist beschränkt, } f \text{ hat Periode } 1 \},$$

wobei nun ein $f : \mathbb{R}^n \to \mathbb{R}^n$ die Periode 1 hat, falls $f(x + e_i) = f(x)$ für alle $x \in \mathbb{R}^n$ und alle kanonischen Einheitsvektoren e_i, $1 \leq i \leq n$, gilt.

Führen wir die obige Konstruktion nun für W_n durch, so erhalten wir:

Satz

Sei $n \geq 1$. Dann existiert ein σ-finiter Inhalt $\mu : \mathcal{P}(\mathbb{R}^n) \to [0, \infty]$ mit:

(i) μ ist translationsinvariant.

(ii) μ ist invariant unter Spiegelungen an allen von den kanonischen Einheitsvektoren aufgespannten Hyperebenen im $\mathbb{R}^n$.

(iii) μ setzt das Lebesgue-Maß auf dem $\mathbb{R}^n$ fort.

Bewegungsinvariante Inhalte für die Ebene

Im Fall $n = 2$ können wir sogar eine volle Bewegungsinvarianz erreichen, und wir wollen das Argument, das auf den Ergebnissen für den Fall $n = 1$ aufbaut, nun skizzieren. Die einfache Natur der Isometrien im $\mathbb{R}^2$ erlaubt es, einen vollen bewegungsinvarianten Inhalt auf $\mathbb{R}$ zu einem solchen auf $\mathbb{R}^2$ durch Symmetrisierung zu liften. Wir werden sehen, daß ein analoger Dimensionssprung von der Ebene in den Raum nicht mehr möglich ist – die Isometrien im dreidimensionalen Raum sind in diesem Sinne zu kompliziert. (Der mathematisch verantwortliche Unterschied ist genau die Auflösbarkeit/Nichtauflösbarkeit der Isometriegruppen $\mathcal{I}_1$, $\mathcal{I}_2$ bzw. $\mathcal{I}_3$. Vgl. die Diskussion der mittelbaren Gruppen unten.)

Seien für das folgende:

(a) $\mathfrak{B} = \{ A \subseteq \mathbb{R}^2 \mid A \text{ ist beschränkt} \}$,

(b) $V = \{ f : \mathbb{R} \to \mathbb{R} \mid \{ x \in \mathbb{R} \mid f(x) \neq 0 \} \text{ ist beschränkt} \}$,

(c) $w : V \to \mathbb{R}$ ein bewegungsinvariantes (d. h. $w(f \circ g) = w(f)$ für alle $f \in V$ und $g \in \mathcal{I}_1$) lineares Funktional mit $w(\mathrm{ind}_{[0,1]}) = 1$,

(d) $\mu(A) = w(\mathrm{ind}_A)$ für alle beschränkten Teilmengen A von $\mathbb{R}$.

Ein w wie in (c) existiert nach den obigen Ergebnissen. Wir können weiter annehmen, daß w das Lebesgue-Integral fortsetzt.

Sei K der Kreis im $\mathbb{R}^2$ mit Mittelpunkt 0 und Radius $1/(2\pi)$. K hat Umfang 1, und wir identifizieren die Punkte von K in der offensichtlichen Weise mit den Elementen von $[0, 1[$. Für $\varphi \in K$ sei rot_φ die Rotation im $\mathbb{R}^2$ um φ und sp_φ die Spiegelung im $\mathbb{R}^2$ an der Geraden durch 0 und φ.

Der Begriff „Inhalt auf $\mathfrak{B}$" ist in der offensichtlichen Weise definiert ($\mathfrak{B}$ ist keine Algebra, da $\mathbb{R}^2 \notin \mathfrak{B}$. $\mathfrak{B}$ ist aber ein Mengenring, d. h. es gilt $\emptyset \in \mathfrak{B}$ und $\mathfrak{B}$ ist abgeschlossen unter endlichen Schnitten, Vereinigungen und Differenzen). Wir definieren nun einen bewegungsinvarianten Inhalt $\mu^* : \mathfrak{B} \to \mathbb{R}_0^+$ wie folgt:

Sei $f_A(x) = \mu(\{y \in \mathbb{R} \mid (x, y) \in A\})$ für $x \in \mathbb{R}$ und $A \in \mathfrak{B}$. Dann ist $f_A \in V$ für alle $A \in \mathfrak{B}$, und wir setzen:

$$\mu^2(A) = w(f_A) \quad \text{für } A \in \mathfrak{B}.$$

Dann ist μ^2 ein Inhalt auf $\mathfrak{B}$ mit $\mu([0, 1]^2) = 1$. Wegen der Translationsinvarianz von μ ist μ^2 invariant unter Translationen entlang der y-Achse. Wegen der Translationsinvarianz von w ist weiter μ^2 invariant unter Translationen entlang der x-Achse. Also ist μ^2 ein translationsinvarianter Inhalt auf $\mathfrak{B}$.

Aufgrund der Spiegelungsinvarianz von μ ist μ^2 invariant unter der Spiegelung an der x-Achse, d. h. unter sp_0. Wegen der Spiegelungsinvarianz von w ist μ^2 weiter auch invariant unter der Spiegelung an der y-Achse, d. h. unter $sp_{1/4}$, was wir aber nicht brauchen.

Wir definieren nun durch Symmetrisierung einen weiteren Inhalt μ^* auf $\mathfrak{B}$. Für $\varphi \in [0, 1[$ und $A \in \mathfrak{B}$ sei hierzu zunächst

$$g_A(\varphi) = \mu^2(rot_\varphi'' A).$$

Für $\varphi \notin [0, 1[$ und $A \in \mathfrak{B}$ setzen wir $g_A(\varphi) = 0$. Dann ist $g_A \in V$ und wir definieren für alle $A \in \mathfrak{B}$:

$$\mu^*(A) = w(g_A).$$

Dann ist μ^* ein Inhalt auf $\mathfrak{B}$ und invariant unter Translationen und Rotationen um den Nullpunkt. Weiter ist μ^* immer noch invariant unter der Spieglung sp_0 an der x-Achse. Damit ist aber μ^* invariant unter allen Spiegelungen, denn für alle $\varphi \in [0, 1/2[$ gilt $sp_\varphi = rot_\varphi \circ sp_0 \circ rot_{1-\varphi}$.

Insgesamt ist damit μ^* invariant unter Translationen, Rotationen um 0 und Spiegelungen an Achsen durch 0. Nach den Ergebnissen über Isometrien im $\mathbb{R}^2$ ist also $\mu^* : \mathfrak{B} \to \mathbb{R}_0^+$ ein bewegungsinvarianter Inhalt. In der üblichen Weise kann μ^* nun zu einem bewegungsinvarianten σ-finiten Inhalt auf ganz $\mathcal{P}(\mathbb{R}^2)$ fortgesetzt werden. Weiter gilt: Ist w eine Fortsetzung des Lebesgue-Integrals, so ist μ^2 eine Fortsetzung des Lebesgue-Maßes auf $\mathbb{R}^2$, und das gleiche gilt auch für μ^*.

Insgesamt erreichen wir damit:

Satz *(Satz von Banach für die Dimension 2)*

Es existiert ein voller bewegungsinvarianter σ-finiter Inhalt auf $\mathbb{R}^2$, der das Lebesgue-Maß fortsetzt.

Die Ideen der Arbeit von Banach 1923 wurden durch von Neumann 1929 weiter ausgebaut und stark verallgemeinert. Er führte den Begriff der *mittelbaren Gruppe* (engl. *amenable group)* ein, der vor allem den Unterschied zwischen der Dimension 2 und 3 mit gruppentheoretischen Methoden beleuchtet. Weitere Untersuchungen zu diesem Thema finden sich dann insbesondere bei Mycielski (1979). Wir diskutieren diesen Ansatz am Ende des Kapitels.

Von Neumann wies in seiner Arbeit von 1929 auch auf den folgenden „Defekt" der Banachschen Lösungen des Maßproblems für die Ebene hin: Beim Übergang von der Geraden zur Ebene tritt einer neuer Typ von linearen Abbildungen auf, der intuitiv alle Flächen erhält, nämlich der speziellen affinen Abbildungen. Wir definieren hierzu:

Definition *(affine Abbildungen, spezielle affine Gruppe, A_n, SA_n)*
Eine Abbildung $f : \mathbb{R}^n \to \mathbb{R}^n$ heißt *affin*, falls es ein $z \in \mathbb{R}^n$ und ein $A \in \mathrm{Mat}_n$ gibt mit $f = \mathrm{tr}_z \circ f_A$.
Die *affine Gruppe* A_n besteht aus allen affinen Abbildung $f = \mathrm{tr}_z \circ f_A$ mit A invertierbar (d. h. f_A bijektiv).
Eine affine Abbildung $f = \mathrm{tr}_z \circ f_A$ heißt *speziell*, falls zudem $\det(A) = 1$ gilt.
Wir setzen weiter:

$$SA_n = \{ \mathrm{tr}_z \circ f_A \mid \det(A) = 1, z \in \mathbb{R}^n \}.$$

SA_n heißt die *spezielle affine Gruppe*.

Affine Abbildungen bilden Parallelogramme auf Parallelogramme ab, und spezielle affine Abbildung erhalten zusätzlich die Fläche (und die Orientierung) der Parallelogramme.

Von Neumann hat nun gezeigt (1929):

Satz *(Satz von von Neumann über affine Flächenmessungen)*
Es gibt keinen vollen σ-finiten Inhalt $\mu : \mathcal{P}(\mathbb{R}^2) \to [0, \infty]$ mit $\mu([0, 1]^2) > 0$, der invariant unter allen speziellen affinen Abbildungen ist, d. h. für den gilt:

$$\mu(f''A) = \mu(A) \text{ für alle } A \subseteq \mathbb{R}^2 \text{ und alle } f \in SA_2.$$

Ein zweites negatives Resultat für die Dimension 2 ist die bereits erwähnte Entdeckung von Hausdorff von 1914, die die Untersuchungen von Banach und von Neumann anregte: Es gibt keinen rotationsinvarianten vollen endlichen Inhalt μ auf einer Kugeloberfläche $K \subseteq \mathbb{R}^2$ mit $\mu(K) > 0$.

Das anspruchsvolle σ-additive Messen scheitert im Hinblick auf die erwünschte Translationsinvarianz bereits für die Längenmessung, wie die Konstruktion von Vitali oder die Zerlegung von $\mathbb{R}$ in abzählbar viele C-verschiebbare Mengen zeigt. Die Krise des bescheideneren endlich additiven Messens beginnt, ganz abgesehen von mangelnder Eindeutigkeit, bei der Messung von Flächen. Speziell sind die Banachschen vollen Inhalte für die Ebene zwar invariant unter allen Isometrien, aber nicht invariant unter allen „flächenerhaltenden" affinen Abbildungen. Der Grund für die Unmöglichkeit einer SA_2-invarianten Flächenmessung ist der gleiche wie für die Unmöglichkeit einer SO_2-invarianten Flächenmessung auf einer Kugeloberfläche oder der $\mathcal{J}_n$-invarianten Volumenmessung im $\mathbb{R}^n$ für alle Dimensionen $n \geq 3$: Die beteiligten Gruppen tragen eine kombinatorische Unterstruktur in sich, die zu paradoxen Zerlegungen Anlaß gibt (vgl. hierzu die Überlegungen am Ende des vierten Kapitels). Wir werden uns diesem Phänomen nun zuwenden.

Paradoxe Zerlegungen

Sei S^2 wieder die Einheitssphäre im $\mathbb{R}^3$. Wir werden zeigen:

Satz *(Satz von Hausdorff über Messungen auf der Kugeloberfläche)*
Es gibt keinen rotationsinvarianten Inhalt $\mu : \mathcal{P}(S^2) \rightarrow \mathbb{R}_0^+$ mit $\mu(S^2) > 0$.

Bevor wir die Methoden zum Beweis dieses Satzes in angemessener Allgemeinheit entwickeln, halten wir fest:

Korollar
Das Inhaltsproblem ist für die Dimensionen $n \geq 3$ unlösbar.
Genauer gilt: Es existiert kein voller σ-finiter und rotationsinvarianter Inhalt μ im $\mathbb{R}^3$ mit $\mu(\{0\}) = 0$ und $0 < \mu(K) < \infty$ für die Einheitskugel $K \subseteq \mathbb{R}^3$.

Beweis
Es genügt, die zweite Aussage zu zeigen (!).
Annahme, ein solches μ existiert. Für $A \subseteq S^2$ sei
$\mu^*(A) = \mu(\bigcup_{x \in A} \{\alpha x \mid 0 < \alpha \leq 1\})$.
Dann ist $\mu^* : \mathcal{P}(S^2) \rightarrow \mathbb{R}_0^+$ ein rotationsinvarianter Inhalt und es gilt
$\mu^*(S^2) = \mu(K - \{0\}) = \mu(K) > 0$,
im *Widerspruch* zum Satz von Hausdorff. ∎

Alle Konstruktionen, die zeigen, daß ein voller Inhalt μ mit bestimmten Symmetrieeigenschaften nicht existiert, beruhen auf dem gleichen Schema: Man konstruiert eine Zerlegung einer Menge M in zwei oder mehr Teile $A_1, \ldots, A_n$ derart, daß die Teile untereinander und zudem jeweils zu ganz M symmetrisch sind (etwa kongruent im $\mathbb{R}^n$). Es müßte dann aufgrund der Symmetrieinvarianz von μ sowohl $\mu(A_i) = \mu(M)/n$ als auch $\mu(A_i) = \mu(M)$ gelten für alle $1 \leq i \leq n$, was nur für $\mu(M) = 0$ möglich ist. Gelingt also eine solche Zerlegung für „große" vertraute Mengen M wie etwa die Sphäre S^2 oder die Vollkugel und die Symmetrieeigenschaften der Isometriegruppe, so erscheinen die Zerlegungen als „paradox". Und es gelingt, mit Hilfe abstrakter Methoden, tatsächlich: Man kann etwa eine Vollkugel des Radius r in endlich viele Teile zerlegen, sodaß durch Rotation und Translation dieser Teile zwei Vollkugeln des Radius r entstehen. Dies folgt aus dem sog. Banach-Tarski-Paradoxon, das wir unten beweisen werden. („Abstrakte Methoden" heißt hier, daß das Auswahlaxiom verwendet wird, oder zumindest Prinzipien wie der Satz von Hahn-Banach, die über die mengentheoretische Axiomatik ohne Auswahlaxiom hinausgehen.)

Mit einer (aus heutiger Sicht allzuweit) gefaßten Symmetrieeigenschaft erlauben viele Mengen paradoxe Zerlegungen: Betrachten wir etwa Mengen $A, B \subseteq \mathbb{R}^3$ als symmetrisch, wenn $A = g''B$ für ein $g \in \mathcal{S}_{\mathbb{R}^3}$, also für eine Bijektion $g : \mathbb{R}^3 \rightarrow \mathbb{R}^3$ gilt, so sind eine und zwei Vollkugeln sicher äquivalent, da sie ja die gleiche Mächtigkeit haben. Man wird aber erst gar nicht erwarten, daß ein Volumen-Maß invariant ist unter Gleichmächtigkeit. Die Existenz von geometrisch einfachen paradoxen Zerlegungen, also die Möglichkeit der Beschränkung der vollen Symmetriegruppe auf die Isometriegruppe ist es, die dem Thema seine Faszination verleiht – ganz unabhängig von den limitierenden Konsequenzen für die abstrakte mathematische Theorie des Messens.

Der Leser betrachte auch noch einmal die Konstruktion von Vitali: Hier wurde $\mathbb{R}$ (oder die Kreislinie) in unendlich viele symmetrische Teile zerlegt, wobei symmetrisch hier einfach „durch Translation ineinander überführbar" bedeutet. Im folgenden betrachten wir nur Zerlegungen in endlich viele Teile.

Zerlegungsgleiche Mengen

Wir behandeln die Paradoxa von Hausdorff (1914) und Banach und Tarski (1924) in einer Form, die auf John von Neumann (1929) zurückgeht. Wir brauchen hierzu einige Sprechweisen und Begriffe der Gruppentheorie.

Definition *(Operation einer Gruppe auf einer Menge, gA, Fx, FA)*

Sei $\langle G, \cdot \rangle$ eine Gruppe, und sei M eine Menge.
Weiter sei $H : G \to {}^M M$ eine Abbildung.
Wir schreiben kurz gx für H(g)(x) für alle $g \in G$ und $x \in M$.
Die Gruppe G *operiert auf M durch H*, falls für alle $g, h \in G$ und $x \in M$ gilt:

(i) $g\,(h\,x) = (g \cdot h)\,x$.

(ii) $1\,x = x$.

Für $g \in G$, $F \subseteq G$, $x \in M$ und $A \subseteq M$ setzen wir:

$gA = \{ g\,x \mid x \in A \}$, $Fx = \{ f\,x \mid f \in F \}$, $FA = \{ f\,x \mid f \in F, x \in A \}$.

Übung

Operiert G auf M durch H, so ist $H(g) : M \to M$ bijektiv für alle $g \in G$.
Weiter ist $H(g \cdot h) = H(g) \circ H(h)$ für alle $g, h \in G$.

Es ist ungefährlich, sowohl die Gruppenoperation als auch die Operation von G auf M multiplikativ zu schreiben und Malpunkte wegzulassen. Die Operation H muß dann nicht mehr erwähnt werden, und wir sagen kurz, daß G auf M operiert.

Jede Gruppe $\langle G, \cdot \rangle$ operiert auf sich selbst (d. h auf der Menge G) durch $H(g)(h) = g \cdot h$ für $g, h \in G$.

Ist M eine Menge, so sei wieder $\mathcal{S}_M = \{ f : M \to M \mid f \text{ ist bijektiv} \}$ die Permutationsgruppe von M. Ist dann G eine Untergruppe von $\langle \mathcal{S}_M, \circ \rangle$, so operiert G auf M *durch Anwendung*, d. h. durch $H(g)(x) = g(x)$ für alle $g \in G$ und $x \in M$. In diesem Fall ist weiter $gA = g''A$ für alle $A \subseteq M$.

Diese beiden Typen von operierenden Gruppen genügen für alles folgende.

De facto ist das zweite Beispiel allgemeiner Natur: Denn sei $\langle G, \cdot \rangle$ eine Gruppe, die auf M durch H operiert. Dann ist $G' = \{ H(g) \mid g \in G \}$ eine Untergruppe von $\langle \mathcal{S}_M, \circ \rangle$ und die Operation von G auf M durch H ist identisch mit der Operation von G′ auf M durch Anwendung. Speziell gilt dies für Gruppen, die auf sich selbst operieren. Hier ist es besonders suggestiv, ein $g \in G$ mit der zugehörigen Bijektion $H(g) : G \to G$ zu identifizieren.

Operiert eine Gruppe G auf M, so bietet sich der folgende Symmetriebegriff für Teilmengen A und B von M an:

Definition *(G-Zerlegungen in n-Teile, zerlegungsgleich)*

Sei G eine auf M operierende Gruppe.
Wir definieren für $A, B \subseteq M$ und $n \geq 1$:

$A \sim_n^G B$, *falls* es $A_1, \ldots, A_n \subseteq A$, $B_1, \ldots, B_n \subseteq B$, $g_1, \ldots, g_n \in G$ gibt mit:

(i) $A_i \cap A_j = B_i \cap B_j = \emptyset$ für $i \neq j$,

(ii) $\bigcup_{1 \leq i \leq n} A_i = A$, $\bigcup_{1 \leq i \leq n} B_i = B$,

(iii) $g_i A_i = B_i$ für alle $1 \leq i \leq n$.

Wir nennen $\langle A_i, B_i, g_i \mid 1 \leq i \leq n \rangle$ wie in (i) - (iii) auch eine *(G-)Zerlegung* von A und B *in n Teile*.
Schließlich setzen wir für $A, B \subseteq M$:

$A \sim^G B$, *falls* ein $n \geq 1$ existiert mit $A \sim_n^G B$.

Gilt $A \sim^G B$, so nennen wir A und B auch *zerlegungsgleich* bzgl. G oder auch *stückweise G-kongruent*.

---

von Neumann (1929): „Wir verallgemeinern den Banach-Tarskischen Begriff der endlichen Zerlegungsgleichheit [für Mengen im $\mathbb{R}^n$ und Isometrien] folgendermaßen: Sei wieder $\mathcal{M}$ eine beliebige Menge, und sei $\mathcal{G}$ eine Gruppe eineindeutiger Abbildungen von $\mathcal{M}$ auf sich selbst. Wir nennen zwei Teilmengen $\mathcal{N}$, $\mathcal{P}$ von $\mathcal{M}$ in Bezug auf $\mathcal{G}$ endlich zerlegungsgleich … wenn es zwei Zerlegungen derselben in gleichviel (u. zw. endlich viel) paarweise elementfremde Summanden [$\mathcal{N}_1, \mathcal{N}_2, \ldots, \mathcal{N}_k$ bzw. $\mathcal{P}_1, \mathcal{P}_2, \ldots, \mathcal{P}_k$] gibt und dazu k Elemente $\sigma_1, \ldots, \sigma_k$ von $\mathcal{G}$, sodaß

$$\mathcal{P}_1 = \sigma_1 \mathcal{N}_1,\ \mathcal{P}_2 = \sigma_2 \mathcal{N}_2,\ \ldots, \mathcal{P}_k = \sigma_k \mathcal{N}_k$$

ist".

Wir schreiben kurz $\sim$ statt $\sim^G$, falls die Gruppe G fixiert ist.
Den Relationen $\sim_n^G$ mangelt es i. a. an Transitivität. Dagegen ist $\sim^G$ in der Tat eine Äquivalenzrelation:

Satz *(Multiplikationsregel für Zerlegungen)*

Sei G eine auf M operierende Gruppe.
Dann ist $\sim_G$ eine Äquivalenzrelation auf $\mathcal{P}(M)$.
Sind $A, B, C \subseteq M$ mit $A \sim_n B$ und $B \sim_m C$, so ist $A \sim_{n \cdot m} C$.

Beweis

Reflexivität und Symmetrie sind klar.
Wir zeigen also die Behauptung über die Transitivität. Seien also $\langle A_i, B_i, g_i \mid 1 \leq i \leq n \rangle$ und $\langle B_j^*, C_j, g_j^* \mid 1 \leq j \leq m \rangle$ G-Zerlegungen von

A und B in n-Teile bzw. von B und C in m-Teile.
Für $1 \leq i \leq n$ und $1 \leq j \leq m$ setzen wir:

$$B_{i,j} = B_i \cap B_j^*,$$
$$A_{i,j} = g_i^{-1} B_{i,j}, \quad C_{i,j} = g_j^* B_{i,j},$$
$$g_{i,j} = g_j^* g_i,$$

Dann ist $\langle A_{i,j}, C_{i,j}, g_{i,j} \mid 1 \leq i \leq n, 1 \leq j \leq m \rangle$ eine G-Zerlegung von A und C in $(n \cdot m)$-viele Teile. ⊣

Im Kontext der Zerlegungen gilt weiter der Satz von Cantor-Bernstein. Wie für die reine Mächtigkeitstheorie ist er eine große Erleichterung für den Nachweis der Äquivalenz zweier Mengen. Wir definieren hierzu die zu $\sim^G$ gehörige Einbettungsrelation:

Definition *($\preccurlyeq_n^G$ und $\preccurlyeq^G$)*

Sei G eine auf M operierende Gruppe.
Wir definieren für $A, B \subseteq M$ und $n \geq 1$:

$A \preccurlyeq_n^G B$, *falls* ein $B' \subseteq B$ existiert mit $A \sim_n^G B'$,

$A \preccurlyeq^G B$, *falls* ein $n \geq 1$ existiert mit $A \preccurlyeq_n^G B$.

Für $\preccurlyeq$ gilt nun wieder Antisymmetrie modulo der Äquivalenzrelation $\sim^G$. Dies zeigt der folgende Satz von Banach ([Banach 1924], [Banach / Tarski 1924]):

Satz *(Banachs Version des Satzes von Cantor-Bernstein)*

Sei G eine auf M operierende Gruppe.
Seien $A, B \subseteq M$ mit $A \preccurlyeq_n^G B$ und $B \preccurlyeq_m^G A$.
Dann gilt $A \sim_{n+m}^G B$.

Beweis

Seien $\langle A_i, B'_i, g_i \mid 1 \leq i \leq n \rangle$ und $\langle B_j, A'_j, g^*_j \mid 1 \leq j \leq m \rangle$ Zerlegungen von A und $B' \subseteq B$ bzw. von B und $A' \subseteq A$. Wir setzen:

$$g = \bigcup_{1 \leq i \leq n} g_i | A_i, \quad g^* = \bigcup_{1 \leq j \leq m} g^*_j | B_j,$$

wobei wir die Gruppenelemente als Funktion auf M auffassen.
Dann sind $g : A \to B$ und $g^* : B \to A$ injektiv.
Nach dem Korollar zum Satz von Cantor-Bernstein in Kapitel 2 existiert eine Zerlegung Z_0, Z_1 von A mit $Z_1 \subseteq \text{rng}(g^*) = A'$ derart, daß

$$h = g | Z_0 \cup g^{*-1} | Z_1$$

eine Bijektion von A nach B ist.
Sei $Y_0 = h'' Z_0$, $Y_1 = h'' Z_1$ die entsprechende Zerlegung von B. Dann ist:

$\langle A_i \cap Z_0, B'_i \cap Y_0, g_i \mid 1 \leq i \leq n \rangle$ eine Zerlegung von Z_0 und Y_0, *und*
$\langle B_j \cap Y_1, A'_j \cap Z_1, g_j^* \mid 1 \leq j \leq m \rangle$ eine Zerlegung von Z_1 und Y_1.

Dies zeigt $A \sim_{n+m}^G B$. ⊣

Die Additivitätsregel ergibt sich also sehr anschaulich aus der Natur der im Beweis der Originalversion gewonnenen Bijektion; sie beruht auf einer Zerlegung der beiden Mengen in zwei Teile.

Paradoxe Mengen und paradoxe Gruppen

Hauptaugenmerk liegt im folgenden auf den Isometriegruppen $\mathcal{I}_n$ des $\mathbb{R}^n$, die auf $\mathbb{R}^n$ durch Anwendung operieren. Für Punktmengen A und B im $\mathbb{R}^n$ bedeutet dann $A \sim B$, daß A und B in endlich viele Teile zerlegt werden können, die durch Anwendung von Isometrien zur Deckung gebracht werden können. Die Intuition sagt vielleicht: „Sind A, B Lebesgue-meßbar und gilt $A \sim B$, so haben A und B das gleiche Lebesgue-Maß…" Daß diese Intuition falsch ist, ist ein Grund für die Häufigkeit des Wortes „paradox" in diesen Untersuchungen. Wir halten zur Ehrenrettung der Intuition fest:

Satz *(über zerlegungsgleiche Teilmengen der Linie und der Ebene)*

Sei $n \in \{1, 2\}$, und sei $\mathcal{I}_n$ die Isometriegruppe des $\mathbb{R}^n$ (die auf $\mathbb{R}^n$ durch Anwendung operiert). Weiter seien $A, B \subseteq \mathbb{R}^n$ mit:

(i) A, B sind Lebesgue-meßbar.

(ii) $A \sim^{\mathcal{I}_n} B$.

Dann haben A und B das gleiche Lebesgue-Maß.
Die Aussage gilt weiter für alle $n \geq 1$, falls wir statt $\mathcal{I}_n$ lediglich die Gruppe der Translationen des $\mathbb{R}^n$ betrachten.

Beweis

Folgt unmittelbar aus der Existenz einer Fortsetzung des Lebesgue-Maßes zu einem vollen bewegungsinvarianten Inhalt auf $\mathbb{R}^n$ für $n \leq 2$ bzw. einem translationsinvarianten Inhalt auf $\mathbb{R}^n$ für alle $n \geq 1$.

Wir werden sehen, daß der Satz für $n \geq 3$ falsch wird, sobald wir neben Translationen auch Rotationen für die Zerlegungsgleichheit zulassen. Eine zu einem Gegenbeispiel A, B gehörige $\mathcal{I}_n$-Zerlegung von A und B kann dann offenbar nicht ausschließlich aus „ordentlich" meßbaren Mengen bestehen. Die abstrakte Definition für Mengen im $\mathbb{R}^n$, die in einem bestimmten Sinne nicht „ordentlich" gemessen werden können, ist:

Definition *(paradoxe Mengen und paradoxe Gruppen)*

Sei G eine auf M operierende Gruppe.
Ein $A \subseteq M$, $A \neq \emptyset$, heißt *paradox bzgl. G,* falls ein $B \subseteq A$ existiert mit:

$$A \sim^G B \sim^G A - B.$$

B, A – B heißt dann eine *paradoxe Zerlegung von A (bzgl. G).*
Eine Gruppe G heißt *paradox*, falls die Menge G unter der Operation von G auf sich selbst paradox ist.

Übung

Sei $A \subseteq M$ paradox bzgl. G, und sei $A' \sim^G A$.
Dann ist auch A′ paradox bzgl. G.

Nehmen wir an, es gibt einen G-invarianten σ-finiten vollen Inhalt μ auf M, d.h. $\mu(A) = \mu(gA)$ für alle $A \subseteq M$ und alle $g \in G$. Ist $A \subseteq M$ paradox und $\mu(A) < \infty$, so gilt:

$$\mu(A) = \mu(B) = \mu(A - B) \text{ und } \mu(B) = \mu(A)/2,$$

was nur für $\mu(A) = 0$ möglich ist. Die Suche ist also die nach „inhaltsreichen" G-paradoxen Mengen, etwa der Einheitskugel für die Isometriegruppe. Solche Mengen zeigen dann, daß μ nicht existieren kann.

Der Weg zu paradoxen Mengen führt über paradoxe auf diesen Mengen operierende Gruppen. Dieser erste Schritt ist oft konkret-kombinatorischer Natur, während der Übergang zu paradoxen Mengen abstrakte Methoden heranzieht.

Um zu zeigen, daß eine Gruppe G paradox ist, genügt es nach Cantor-Bernstein, zwei disjunkte Mengen $A, B \subseteq G$ zu finden mit $G \preccurlyeq A$ und $G \preccurlyeq B$. Denn dann ist $A \preccurlyeq G \preccurlyeq A$ und $G - A \preccurlyeq G \preccurlyeq B \preccurlyeq G - A$, also $A \sim G \sim G - A$.

Mit dieser Methode können wir nun sehr einfach zeigen, daß die Gruppe F_2 eine paradoxe Zerlegung zuläßt (zur Definition der F_2 siehe Kapitel 4):

Satz *(Paradoxie der freien Gruppe mit zwei Generatoren)*
F_2 ist paradox.

Beweis

Sei F_2 erzeugt von φ und ψ. Wir setzen:

$$A_s = \{ w \in F_2 \mid w \text{ ist reduziert und beginnt mit } s \} \quad \text{für } s \in \{ \varphi, \varphi^{-1}, \psi, \psi^{-1} \},$$

$$\Phi = A_\varphi \cup A_{\varphi^{-1}}, \quad \Psi = A_\psi \cup A_{\psi^{-1}}.$$

Dann sind Φ und Ψ disjunkt (und $\Phi \cup \Psi = F_2 - \{ 1 \}$).
Weiter gilt $F_2 \sim_2 \Phi$, denn die Zerlegung

$A_\varphi,\ F_2 - A_\varphi$ von F_2 *wird durch* 1 und φ^{-1} *in die Zerlegung*
$A_\varphi,\ A_{\varphi^{-1}}$ von Φ *übergeführt.*

Analog zeigt man $F_2 \sim_2 \Psi$. Somit $F_2 \preccurlyeq \Phi$, $F_2 \preccurlyeq \Psi$ und $\Phi \cap \Psi = \emptyset$, und mit Cantor-Bernstein folgt die Behauptung.

Ähnlich wie in vielen Fällen der Mächtigkeitstheorie kann man mit etwas kombinatorischem Spürsinn die Verwendung von Cantor-Bernstein vermeiden, und konkret eine hübsche Zerlegung von F_2 angeben, die auch die 1 mit einbezieht, im Gegensatz zu $\Phi \cup \Psi = F_2 - \{ 1 \}$. De facto gewinnt man eine solche Zerlegung, indem man aus dem Beweis des Satzes von Cantor-Bernstein für den vorliegenden Fall eine konkrete Bijektion extrahiert, was zur Beachtung der Menge $C = \{ \varphi, \varphi^2, \dots \}$ führt, für die $\varphi^{-1}C = \{ 1 \} \cup C$ gilt. Man gelangt so zu:

Satz *(Paradoxie der freien Gruppe mit zwei Generatoren, II)*

Es gilt $F_2 \sim_2 \Phi \cup \{ 1 \}$ und $F_2 \sim_2 \Psi$,

wobei wie im Beweis oben $\Phi = A_\varphi \cup A_{\varphi^{-1}}$, $\Psi = A_\psi \cup A_{\psi^{-1}}$.

Beweis

Sei $C = \{ \varphi^n \mid n \geq 1 \}$. Dann ist $C \subseteq A_\varphi$ und $\varphi^{-1}C = C \cup \{ 1 \}$.

Die Zerlegung

$A_\varphi - C,\ (F_2 - A_\varphi) \cup C$ von F_2 *wird durch* 1 und φ^{-1} *in die Zerlegung*

$A_\varphi - C,\ A_{\varphi^{-1}} \cup C \cup \{1\}$ von $\Phi \cup \{1\}$ *übergeführt.*

– Also gilt $F_2 \sim_2 \Phi \cup \{ 1 \}$. $F_2 \sim_2 \Psi$ ist wie im Beweis oben.

Für paradoxe Gruppen gilt die folgende allgemeine Ausdehnungseigenschaft: Paradoxe Zerlegungen lassen sich zu paradoxen Zerlegungen von größeren Gruppen erweitern.

Satz *(Ausdehnungseigenschaft für paradoxe Gruppen)*

Sei G eine Gruppe, und sei F eine paradoxe Untergruppe von G.

Dann ist G paradox.

Beweis

Sei $R \subseteq G$ mit der Eigenschaft:

(+) Für alle $g \in G$ existieren eindeutig $f \in F$ und $h \in R$ mit $g = f\,h$.

Zur Existenz von R

Für $g, h \in G$ setzen wir:

$g \equiv h$, *falls* ein $f \in F$ existiert mit $g = f\,h$.

Dann ist $\equiv$ eine Äquivalenzrelation auf G (mit $g/{\equiv} = Fg$ für alle $g \in G$).
Sei R ein vollständiges Repräsentantensystem von $\equiv$.
Dann ist R wie gewünscht. Denn sei $g \in G$.
Dann existiert $h \in R$ mit $g \equiv h$. Also existiert ein $f \in F$ mit $g = f\,h$.
Ist $f_1 h_1 = f_2 h_2$ mit $f_1, f_2 \in F$, $h_1, h_2 \in R$, so ist $f_2^{-1} f_1 h_1 = h_2$, also $h_1 \equiv h_2$ und damit $h_1 = h_2$. Dann aber $f_2^{-1} f_1 = 1$, also auch $f_1 = f_2$.

Wegen F paradox existiert ein $A \subseteq F$ mit $F \sim^F A \sim^F F - A$.
(Wir können hier auch $\sim^G$ statt $\sim^F$ schreiben.)
Wegen (+) ist $G = FR$ und dann gilt (!):

$$G = FR \sim^G AR \sim^G (F - A)R = G - AR.$$

– Also ist G paradox unter der Zerlegung AR und G – AR.

Die die Zerlegungsgleichheit bezeugenden Gruppenelemente können aus F gewählt werden. Weiter ist o. E. $1 \in R$, und dann ist $A \subseteq AR$.

Im vierten Kapitel haben wir gezeigt, daß die Rotationsgruppe SO_3 eine Kopie von F_2 enthält. Damit erhalten wir:

Korollar *(Paradoxie der Rotationsgruppe des $\mathbb{R}^3$)*
SO_3 ist paradox.

Man wird vermuten, daß eine paradoxe Gruppe, die auf einer Menge M operiert, paradoxe Zerlegungen von M oder zumindest von Teilmengen von M induziert. In der Tat besteht der folgende Zusammenhang:

Satz *(durch paradoxe Gruppen induzierte paradoxe Mengen)*
Sei G eine paradoxe auf M operierende Gruppe.
Weiter sei $N \subseteq M$, $N \neq \emptyset$, derart, daß gilt:

(i) $gx \in N$ für alle $x \in N$ und alle $g \in G$ (d.h. $GN \subseteq N$),
(ii) $gx \neq x$ für alle $x \in N$ und alle $g \in G$ mit $g \neq 1$.

Dann ist N paradox.

Der Leser vergleiche den folgenden Beweis mit dem der Ausdehnungseigenschaft.

Beweis
Wir definieren für $x, y \in N$:

$x \equiv y$, *falls* ein $g \in G$ existiert mit $gx = y$.

Dann ist $\equiv$ eine Äquivalenzrelation auf N, und für alle $x \in N$ gilt mit (i)

$x/\equiv \; = \{gx \mid g \in G\}$.

Sei R ein vollständiges Repräsentantensystem von $\equiv$. Dann gilt:

(+) $gR \cap hR = \emptyset$ für alle $g, h \in G$ mit $g \neq h$.

Beweis von (+)
Seien $g, h \in G$, und seien $x, y \in R$ mit $gx = hy$.
Dann ist $(h^{-1}g)\,x = y$, also $x \equiv y$ und damit $x = y$ wegen $x, y \in R$.
Also gilt $gx = hx$. Nach (ii) ist dann $h^{-1}g = 1$, also $g = h$.

Sei nun $A \subseteq G$ derart, daß $G \sim^G A \sim^G G - A$.
Dann gilt:

$N = GR \sim^G AR \sim^G (G-A)R = N - AR$.

Also ist AR, $N - AR$ eine paradoxe Zerlegung von N. ∎

Das auf einem Repräsentantensystem für G-Orbits ruhende Argument findet sich im wesentlichen bereits 1914 bei Hausdorff.

Die Paradoxa von Hausdorff und Banach-Tarski

Mit diesen allgemeinen Resultaten ausgestattet können wir nun die klassischen paradoxen Zerlegungen von Hausdorff für die Sphäre S^2 und von Banach und Tarski für Kugeln im $\mathbb{R}^3$ durchführen.

Satz *(Hausdorff-Paradoxon)*

Sei F eine zu F_2 isomorphe Untergruppe von SO_3, und sei

$$Q = \{ x \in S^2 \mid x \text{ liegt auf der Drehachse eines } g \in F,\ g \neq 1 \}.$$

Dann ist $S^2 - Q$ paradox bzgl. SO_3.

Beweis

Es genügt zu zeigen, daß $S^2 - Q$ paradox bzgl. F ist.
Seien hierzu $x \in S^2 - Q$, $g \in F$. Dann gilt

(+) $gx \in S^2 - Q$.

Andernfalls ist $hgx = gx$ für ein $h \in F - \{1\}$, also $g^{-1}hgx = x$.
Aber $g^{-1}hg \neq 1$, da sonst $h = g g^{-1} = 1$. Also $x \in Q$, *Widerspruch.*

Ist zudem $g \neq 1$, so ist offenbar $gx \neq x$.
Also folgt die Behauptung aus den obigen Sätzen. ∎

Korollar *(Satz von Hausdorff über Messungen auf der Kugeloberfläche)*

Es gibt keinen rotationsinvarianten Inhalt $\mu : \mathcal{P}(S^2) \to \mathbb{R}_0^+$ mit $\mu(S^2) > 0$.

Beweis

Sei μ ein voller rotationsinvarianter Inhalt auf S^2. Wir zeigen $\mu(S^2) = 0$.
Seien $F \subseteq SO_3$ und Q wie oben. Dann ist Q abzählbar und deswegen gilt:

(+) $\mu(Q) = 0$.

Beweis von (+)

Wegen der Abzählbarkeit von Q existieren:

(α) eine Drehachse D durch den Nullpunkt mit $D \cap Q = \emptyset$,

(β) ein Drehwinkel um diese Achse, der (O-Ton Hausdorff) „keiner der geographischen Längendifferenzen zweier Punkte von Q gleich ist“ (wobei die Längendifferenzen bzgl. der Drehachse D gemessen werden) [Hausdorff 1914, S. 469].

Ist $\varphi \in SO_3$ diese Drehung, so ist $Q \cap \varphi Q = \emptyset$, also $\mu(Q) \leq 1/2\ \mu(S^2)$. Anwendung des Verfahrens auf die abzählbare Menge $Q' = Q \cup \varphi Q$ liefert $\mu(Q) \leq 1/4\ \mu(S^2)$, usw. Allgemein zeigt das Argument, daß $\mu(Q) \leq 1/2^n\ \mu(S^2)$ für alle $n \in \mathbb{N}$ gilt. Also $\mu(Q) = 0$.

Sei $S = S^2 - Q$. Wegen S paradox existiert ein $A \subseteq S$ mit $S \sim A \sim S - A$. Wegen μ rotationsinvariant ist

$\mu(A) = \mu(S - A) = \mu(S)$,

also notwendig $\mu(S) = 0$.
Nach (+) ist aber auch $\mu(Q) = 0$, also $\mu(S^2) = \mu(S) + \mu(Q) = 0$. ∎

Es ist nützlich, das Argument für $\mu(Q) = 0$ noch in einer etwas anderen Form zu notieren:

Satz *(nichtüberlappende Drehungen einer abzählbaren Teilmenge der Sphäre)*
Sei $Q \subseteq S^2$ abzählbar. Dann existiert ein $\varphi \in SO_3$ derart, daß die Mengen

$$\ldots,\ \varphi^{-2}Q,\ \varphi^{-1}Q,\ Q,\ \varphi Q,\ \varphi^2 Q,\ \ldots$$

paarweise disjunkt sind.

Beweis
Wir wählen wieder eine Drehachse D durch 0 mit $D \cap Q = \emptyset$.
Für alle $x, y \in Q$ existieren nur abzählbar viele Drehungen φ um diese Achse derart, daß $\varphi^z x = y$ für ein $z \in \mathbb{Z}$ gilt. Für alle anderen Drehungen φ gilt dann aber $\varphi^{z_1} x \neq \varphi^{z_2} y$ für alle $z_1, z_2 \in \mathbb{Z}$, da sonst $\varphi^{z_1 - z_2} x = y$.
Da $Q \times Q$ abzählbar ist, sind also sogar alle bis auf abzählbare viele Drehungen um die Achse D wie gewünscht.

Hieraus und aus dem Hausdorff-Paradox fließen eine ganze Reihe von weiteren Ergebnissen. Zunächst gilt:

Korollar
Sei $Q \subseteq S^2$ abzählbar. Dann gilt $S^2 \sim S^2 - Q$ bzgl. SO_3.
Insbesondere ist S^2 paradox bzgl. SO_3.

Beweis
zu $S^2 \sim S^2 - Q$:

Sei $\varphi \in SO_3$ mit $\varphi^n Q \cap \varphi^m Q = \emptyset$ für alle $n, m \in \mathbb{N}$, $n \neq m$.
Wir setzen:

$$Q^* = \bigcup_{n \in \mathbb{N}} \varphi^n Q.$$

Dann gilt $\varphi Q^* = \bigcup_{n \geq 1} \varphi^n Q = Q^* - Q$ und damit

$$S^2 = (S^2 - Q^*) \cup Q^* \sim (S^2 - Q^*) \cup \varphi Q^* = S^2 - Q.$$

zum Zusatz:

Nach dem Hausdorff-Paradoxon existiert ein abzählbares $Q \subseteq S^2$ derart, daß $S^2 - Q$ paradox bzgl. SO_3 ist.
Aber $S^2 \sim S^2 - Q$, und damit ist auch S^2 paradox.

Die Paradoxie von S^2 liefert weiter die Paradoxie von Kugeln ohne den Nullpunkt, und ein Verschiebungstrick wie im Beweis von $S^2 \sim S^2 - Q$ erlaubt es, den Nullpunkt miteinzubeziehen:

Satz
Sei $K \subseteq \mathbb{R}^3$ eine Vollkugel um 0 mit Radius $\varepsilon > 0$. Dann gilt:

(i) $K - \{0\}$ ist paradox bzgl. SO_3.

(ii) K ist paradox bzgl. $\mathcal{I}_3$.

Beweis

zu (i):

Sei $A \subseteq S^2$ derart, daß $S^2 \sim A \sim S^2 - A$ bzgl. SO_3.
Wir projizieren A auf alle Kugelschichten $K_\delta = \{ x \in \mathbb{R}^3 \mid |x| = \delta \}$, $0 < \delta \leq \varepsilon$, und erhalten so:

$$A^* = \{ \delta x \mid x \in A,\ 0 < \delta \leq \varepsilon \}.$$

Dann gilt offenbar $K - \{0\} \sim A^* \sim K - (A^* \cup \{0\})$ bzgl. SO_3.

zu (ii):

Sei D eine Gerade mit $0 \notin D$ und $\varphi 0 \in K$ für alle Drehungen φ um D.
Weiter sei ψ eine Drehung um D mit $\psi^z 0 \neq 0$ für alle $z \in \mathbb{Z}$.
Wir setzen:

$$N = \{ \psi^n 0 \mid n \in \mathbb{N} \} \subseteq K.$$

Dann gilt $\psi N = N - \{0\}$ und also

$$K = (K - N) \cup N \sim (K - N) \cup \psi N = K - \{0\}.$$

Also ist K wie $K - \{0\}$ paradox bzgl. $\mathcal{I}_3$. ∎

Der Beweis zeigt genauer, daß K paradox bzgl. der Untergruppe der positiven Isometrien des $\mathbb{R}^3$ ist. Ebenso zeigt das Argument, daß der ganze Raum $\mathbb{R}^3$ paradox bzgl. $\mathcal{I}_3$ ist.

Die paradoxe Zerlegung einer Vollkugel K läßt sich iterieren und liefert folgende „Vervielfachung" von K: Sei A, B eine $\mathcal{I}_3$-paradoxe Zerlegung von K, also $K \sim A$, $K \sim B$, $B = K - A$. Wir fixieren eine $\mathcal{I}_3$-Zerlegung $\langle K_i, B_i, g_i \mid 1 \leq i \leq n \rangle$ von K und B. Jedes disjunkte Paar P, Q mit $P \cup Q = K$ induziert dann eine Zerlegung von B in zwei Teile C und D mit $P \sim C$ und $Q \sim D$ via

$$C_i = g_i(K_i \cap P), \quad D_i = g_i(K_i \cap Q) \quad \text{für } 1 \leq i \leq n,$$
$$C = \bigcup_{1 \leq i \leq n} C_i, \quad D = \bigcup_{1 \leq i \leq n} D_i.$$

Insbesondere induziert das disjunkte Paar A und B selbst eine solche Zerlegung von B in C und D, und es gilt dann $A \sim C$ und $B \sim D$. Wegen $A \sim B$ ist dann aber auch $C \sim D$, und wir erhalten also eine Zerlegung von K in drei Teile A, C, D mit $K \sim A \sim C \sim D$. Wiederholung des Verfahrens liefert für alle $n \geq 1$ eine Zerlegung von K in n untereinander und mit K zerlegungsgleiche Teile $A_1, \ldots, A_n$. Jedes A_i ist dann modulo einer endlichen Zerlegung und Bewegung im $\mathbb{R}^3$ eine Vollkugel K.

Mit Hilfe der Banach-Version von Cantor-Bernstein erhalten wir nun leicht ein sehr allgemeines Resultat über paradoxe Mengen im $\mathbb{R}^3$:

Satz *(Banach-Tarski-Paradoxon, allgemeine Form)*

Seien $A, B \subseteq \mathbb{R}^3$ beschränkte Mengen mit jeweils nichtleerem Inneren.
Dann gilt $A \sim B$ bzgl. der Isometriegruppe $\mathcal{I}_3$.
Insbesondere ist jede beschränkte Teilmenge C des $\mathbb{R}^3$ mit nichtleerem Inneren paradox.

Beweis

zu $B \preccurlyeq A$:

Sei $K \subseteq A$ eine Vollkugel mit positivem Radius.
Wegen B beschränkt existieren $z_1, \ldots, z_n \in \mathbb{R}^3$ mit

$B \subseteq tr_{z_1} K \cup \ldots \cup tr_{z_n} K.$

Iterierte paradoxe Zerlegung von K liefert paarweise disjunkte $A_1, \ldots A_n \subseteq K$ mit $K \sim A_i$ für alle $1 \leq i \leq n$. Dann gilt aber auch: $A_i \sim tr_{z_i} K$ für $1 \leq i \leq n$ und damit haben wir:

$$B \preccurlyeq tr_{z_1} K \cup \ldots \cup tr_{z_n} K \sim A_1 \cup \ldots \cup A_n \preccurlyeq K \preccurlyeq A.$$

zu $A \preccurlyeq B$:

Völlig analog.

zum Zusatz:

Sei $A \subseteq C$ derart, daß sowohl A als auch $B = C - A$ nichtleeres Inneres haben. Dann gilt $C \sim A$ und $C \sim B$ nach dem bereits Bewiesenen.
Also ist C paradox.

Übung

Das Banach-Tarski-Paradoxon gilt für alle $n \geq 3$ und alle beschränkten Mengen $A, B \subseteq \mathbb{R}^n$ mit nichtleerem Inneren.

Man spricht der Einfachheit halber vom Banach-Tarski-Paradoxon, die Referenz an Hausdorff ist aber immer zu spüren. Im Zentrum des Arguments steht Hausdorffs Erkenntnis, daß sich kombinatorische Gruppen wie die F_2 oder die $Z_{2,3}$ in die SO_3 einbetten lassen und daß sich kombinatorische Zerlegungen solcher Gruppen durch abstrakte Konstruktionen in die Räume $\mathbb{R}^n$ übertragen lassen. Erst durch diese Übertragung entstehen kontraintuitive Resultate, unsere paradox-genannte Zerlegung der F_2 ist ja für sich genommen ebensowenig paradox wie die Tatsache, daß es zwei voneinander vollkommen unabhängige Rotationen gibt.

Die gruppentheoretische Sicht des gesamten Themenkomplexes ist vor allem durch von Neumann geprägt:

---

von Neumann (1929): „Banach … gab ein allgemeines, nichtnegatives, additives und orthogonal-invariantes Maß sowohl fur die Gerade als auch fur die Ebene an! Der Euklidische Raum scheint danach beim Erreichen der Dimensionszahl 3 jäh seinen Charakter zu ändern: für $n < 3$ läßt er einen allgemeinen Maßbegriff noch zu, für $n \geq 3$ nicht mehr!

Daß dem nicht so ist, daß vielmehr der innere Grund dieses sonderbaren Phänomens eine gewisse gruppentheoretische Eigenheit der n-dimensionalen Drehgruppe ist, dies zu zeigen ist der Hauptzweck der vorliegenden Arbeit."

Sind etwa K_1, K_2, K_3 drei Vollkugeln im $\mathbb{R}^3$ mit beliebigen positiven Durchmessern, so ist $K_1 \sim^{\mathcal{I}_3} K_2 \cup K_3$. Die Vollkugel K_1 kann also derart in endlich viele Teile zerlegt werden, daß sich durch geeignete Translationen und Rotationen dieser Teile die beiden Vollkugeln K_2 und K_3 ergeben (wir brauchen keine Spiegelungen, wie der Beweis zeigt). Weiter kann eine von einem beliebig „schmutzigen" beschränkten Rest umgebene Vollkugel K von diesem Rest durch endliches Zerlegen und Bewegen befreit werden, denn es gilt $K \sim K \cup R$.

Jan Mycielski schreibt über das Paradoxon:

Mycielski, im Vorwort von [Wagon 1999]: „Given any two bounded sets A and B in three-dimensional space $\mathbb{R}^3$, each having nonempty interior, one can partition A into finitely many disjoint parts and rearrange them by rigid motions to form B. This, I believe, is the most surprising result of theoretical mathematics. It shows the imaginary character of the unrestricted idea of a set in $\mathbb{R}^3$. It precludes the existence of finitely additive, congruence-invariant measures over all bounded subsets of $\mathbb{R}^3$ and it shows the necessity of more restricted constructions such as Lebesgue's measure."

Die Theorie der paradoxen Zerlegungen läßt nun vielerlei Feinuntersuchungen zu, etwa: Wie viele Teile werden mindestens gebraucht, um eine Kugel zu verdoppeln? Daneben gibt es weitere limitierende maßtheoretische Sätze zu entdecken. Oben hatten wir zum Beispiel schon den Satz von von Neumann erwähnt: Es gibt keinen SA_2-invarianten σ-finiten Inhalt $\mu : \mathcal{P}(\mathbb{R}^2) \to [0, \infty]$ mit $\mu([0, 1]^2) = 1$. Den Grund wird der Leser erraten: Die Gruppe der speziellen affinen Abbildungen SA_2 enthält eine zur F_2 isomorphe Untergruppe. Wir verweisen den Leser hierzu und für viele weitere Ergebnisse auf die Literatur, etwa auf die bahnbrechende Arbeit [Neumann 1929], die Gesamtdarstellung des Themas [Wagon 1999] oder den Überblicksartikel [Laczkovich 2002].

Hier wollen wir nur noch die Frage nach der „Abstraktheit" der Konstruktion ansprechen. Bei Verzicht auf das Auswahlaxiom kann man zwar immer noch nicht beweisen, daß jede Menge im $\mathbb{R}^n$ Lebesgue-meßbar ist, aber man kann diese Aussage mit gutem Konsistenz-Gewissen quasi „als neues Axiom" anstelle des Auswahlaxioms verwenden. Dies hat Solovay 1970 gezeigt.

Die Sachlage ist kompliziert, weshalb wir hier von „gutem Gewissen" reden: Solovay hat mit Hilfe der Cohenschen Erzwingungsmethode ein Modell der Mengenlehre ohne Auswahlaxiom konstruiert, in dem jede Teilmenge eines $\mathbb{R}^n$ Lebesgue-meßbar ist. Allerdings wird hierzu die zusätzliche Hypothese der Existenz einer sog. unerreichbaren Kardinalzahl benutzt, von der man nicht beweisen kann, daß sie widerspruchsfrei ist. Dies ist für starke Aussagen aber nicht ungewöhnlich, und die Hypothese ist gut verstanden und „wahrscheinlich" oder „mutmaßlich" widerspruchsfrei. Shelah hat 1984 bewiesen, daß auf diese Hypothese bei der Modellkonstruktion von Solovay nicht verzichtet werden kann. Die Mengenlehre ohne Auswahlaxiom plus „jedes $A \subseteq \mathbb{R}$ ist Lebesgue-meßbar" ist damit substantiell stärker als die übliche Mengenlehre mit Auswahlaxiom (vgl. auch 2.6).

Für die Zerlegungs-Paradoxa heißt das Ergebnis von Solovay: Es muß notwendig das Auswahlaxiom oder zumindest eine Abschwächung davon verwendet werden, um die Zerlegungen zu konstruieren.

Zum Beweis des Banach-Tarski-Paradoxons genügt bereits der Satz von Hahn-Banach, der echt schwächer ist als das Auswahlaxiom, vgl. [Foreman / Wehrung 1991] und [Pawlikowski 1991].

Es gibt nun aber auch Varianten der paradoxen Zerlegungen, die ohne abstrakte Methoden auskommen. Wir definieren hierzu eine neue Zerlegungsrelation für offene Mengen:

Definition

Sei $k \geq 1$, und seien $A, B \subseteq \mathbb{R}^k$ offen. Wir setzen

$A \approx B$ *falls* es ein $n \geq 1$, offene $A_1, \ldots, A_n \subseteq A$, $B_1, \ldots, B_n \subseteq B$ und Isometrien $g_1, \ldots, g_n \in \mathcal{I}_k$ gibt mit:

(i) $A_i \cap A_j = B_i \cap B_j = \emptyset$ für $i \neq j$,

(ii) $\bigcup_{1 \leq i \leq n} A_i$ ist dicht in A, $\bigcup_{1 \leq i \leq n} B_i$ ist dicht in B,

(iii) $g_i A_i = B_i$ für alle $1 \leq i \leq n$.

In die Mengen A und B werden hier also endlich viele kongruente und paarweise disjunkte offene Mengen derart einbeschrieben, daß ihre Vereinigungen keine Löcher in A und B aufweisen. Diese Form der Zerlegungsgleichheit ist eine Äquivalenzrelation auf den offenen Mengen.

Es gilt folgendes Paradoxon ([Dougherty / Foreman 1994]):

Satz

Sei $k \geq 3$, und seien $A, B \subseteq \mathbb{R}^k$ offen und beschränkt.
Dann ist $A \approx B$.

In eine Kugel der Größe der Erde können wir also disjunkte offene Mengen $A_1, \ldots, A_n$ so einbeschreiben, daß keine Löcher übrigbleiben, und daß $A_1, \ldots, A_n$ nach Anwendung Euklidischer Isometrien eine Kugel der Größe eines Sandkorns in ebensolcher Weise ausfüllen. Der Satz läßt sich zudem ohne Auswahlaxiom beweisen.

Mittelbare Gruppen

Der Satz von Banach über die Existenz von bewegungsinvarianten σ-finiten Inhalten auf $\mathbb{R}$ und $\mathbb{R}^2$ erfuhr durch die Arbeit von John von Neumann aus dem Jahre 1929 ein Abstraktionsschicksal: Er wird heute in einem allgemeineren Umfeld bewiesen, dem der *mittelbaren Gruppen.*

Dies hatte einerseits ein breiteres und tieferes Verständnis des entdeckten Phänomens zur Folge. Andererseits wurde die einfache Frage mit ihrer recht elementaren Antwort dadurch auch zu einer Angelegenheit außerhalb der mathematischen Allgemeinbildung, und in diesem Kapitel wurde nicht zuletzt deswegen der originale Beweis von Banach vorgestellt.

Wir diskutieren zum Abschluß dieses Kapitels also noch die von Neumannsche Fährte zum Satz von Banach. Der grundlegende Ansatz hierbei ist, G-invariante Inhalte auf Gruppen selber in den Mittelpunkt zu rücken:

Definition *(mittelbare Gruppen)*

Eine Gruppe G heißt *mittelbar*, falls ein Inhalt $\mu : \mathcal{P}(G) \to [0, 1]$ existiert mit:

(i) $\mu(G) = 1$,

(ii) μ ist *G-invariant*, d.h. es gilt $\mu(gA) = \mu(A)$ für alle $g \in G$ und $A \subseteq G$.

Von Neumann verwendete in der deutschsprachigen Originalarbeit die naheliegende Bezeichnung *meßbare Gruppe*, betonte aber den zugehörigen Integralbegriff, also eine „Mittelwertbildung" [Neumann 1929, S. 88f]. Im Englischen hat sich dann *amenable* durchgesetzt, wohl beeinflußt durch das (bescheidene) Wortspiel *a-mean-able*, welches dann wiederum durch das deutsche *mittelbar* nachzubilden versucht wurde.

Daß dieser Rückzug auf Gruppen die ursprüngliche Intention mitträgt, zeigt der folgende starke Ausdehnungssatz von Mycielski (1979), der auf Konstruktionen von Banach (1923) und von Neumann (1929) aufbaut:

Satz *(Ausdehnungssatz von Mycielski)*

Sei M eine Menge, und sei G eine auf M operierende mittelbare Gruppe. Weiter sei $\mathcal{A} \subseteq \mathcal{P}(M)$ eine Algebra auf M mit $G\mathcal{A} = \{ gA \mid g \in G, A \in \mathcal{A} \} = \mathcal{A}$. Schließlich sei $\mu : \mathcal{A} \to [0, \infty]$ ein σ-finiter G-invarianter Inhalt auf $\mathcal{A}$. Dann existiert ein G-invarianter σ-finiter Inhalt $\mu' : \mathcal{P}(M) \to [0, \infty]$ mit $\mu' \mid \mathcal{A} = \mu$.

Der Beweis ist insgesamt nicht schwierig, verwendet aber einige Standardmethoden der Maßtheorie, die ausführlich zu entwickeln hier nicht der Ort ist. Wir begnügen uns mit einer konstruktionsvollständigen Skizze.

Beweis *(Skizze)*

Nach dem Ausdehnungssatz oben können wir den Inhalt μ mit Hilfe des Satzes von Hahn-Banach zu einem Inhalt auf ganz $\mathcal{P}(M)$ ausdehnen, den wir ebenfalls mit μ bezeichnen. μ ist dann i.a. nicht mehr G-invariant. Wir können aber μ bzgl. der mittelbaren Gruppe G symmetrisieren:

Sei hierzu $\nu : \mathcal{P}(G) \to [0, 1]$ ein G-invarianter Inhalt mit $\nu(G) = 1$. In kanonischer Weise definiert man nun ein Integral $I(f) = I_G(f, \nu) \in \mathbb{R}$ für beschränkte Funktionen $f : G \to \mathbb{R}$:

Ist $f = \Sigma_{1 \le i \le n}\, c_i \operatorname{ind}_{G_i}$ für $c_i \in \mathbb{R}$ und eine Zerlegung $G_1, \ldots, G_n$ von G (also f eine Treppenfunktion auf G), so sei

$$I(f) = \Sigma_{1 \le i \le n}\, c_i\, \mu(G_i).$$

Für beliebige beschränkte $f : G \to \mathbb{R}$ sei

$$I(f) = \lim_{n \to \infty} I(f_n),$$

wobei $\langle f_n \mid n \in \mathbb{N} \rangle$ eine beliebige Folge von Treppenfunktionen ist, die gleichmäßig gegen f konvergiert. (Ein Routineargument zeigt, daß $I(f)$ wohldefiniert ist.) Wegen der G-Invarianz von ν gilt zudem $I(f \circ g) = I(f)$ für alle beschränkten $f : G \to \mathbb{R}$ und alle $g \in G$.

Sei nun $A \subseteq M$. $\mu(gA)$ kann für unterschiedliche $g \in G$ verschiedene Werte annehmen. Wir beheben diesen Mangel an G-Symmetrie, indem wir alle Werte mit Hilfe des ν-Integrals I mitteln. Für $g \in G$ sei hierzu

$f_A(g) = \mu(gA)$.

Ist $f_A : G \to [0, \infty]$ beschränkt, so sei $\mu'(A) = I(f_A)$.
Andernfalls sei $\mu'(A) = \infty$. Dann ist μ' G-invariant mit $\mu' | \mathcal{A} = \mu$.

Die Integraldefinition ist allgemeiner Natur und auch anderswo nützlich. Wir definieren hierzu:

Definition *(zugehöriges Integral zu einem Inhalt)*
Sei $\mu : \mathcal{P}(M) \to [0, \infty]$ ein σ-finiter Inhalt, und sei $A \subseteq M$ mit $\mu(A) < \infty$. Dann heißt die wie im Beweis oben via Treppenfunktionen auf A definierte Funktion

$I_A(\cdot, \mu) : \{ f : A \to \mathbb{R} \mid f \text{ beschränkt} \} \to \mathbb{R}$

das zu μ *gehörige Integral* (für beschränkte Funktionen auf $A \subseteq M$).

Übung
In der Situation der Definition gilt:
(i) $I_A(\cdot, \mu) : \{ f : A \to \mathbb{R} \mid f \text{ beschränkt} \} \to \mathbb{R}$ ist ein lineares Funktional.
(ii) Ist $f : M \to \mathbb{R}$ beschränkt, so ist
$I_{\bullet}(f, \mu) : \{ A \subseteq M \mid \mu(A) < \infty \} \to \mathbb{R}$ endlich additiv.

Die zu einem Inhalt gehörigen Integrale lassen sich in vielen Situationen zur Mittelwertbildung und damit zur Symmetrisierung der zugrundeliegenden Inhalte einsetzen. Ein Beispiel haben wir im Beweis oben gesehen, ein weiteres gibt die folgende Übung.

Übung
Sei G eine mittelbare Gruppe. Dann existiert ein beidseitig G-invarianter voller Inhalt μ auf G mit $\mu(G) = 1$, d. h. es gilt

$\mu(gA) = \mu(A) = \mu(Ag)$ für alle $g \in G$ und $A \subseteq G$.

[Sei ν ein G-invarianter Inhalt auf G mit $\nu(G) = 1$.
Sei $A \subseteq G$. Wir definieren dann $f_A : G \to [0, 1]$ durch:
$f_A(g) = \nu(A^{-1} g)$, wobei $A^{-1} = \{ a^{-1} \mid a \in A \}$.
Wir setzen $\mu(A) = I_G(f_A; \nu)$ für $A \subseteq G$. Dann ist μ wie gewünscht.]

Wir können im folgenden also immer von beidseitig invarianten Inhalten für mittelbare Gruppen ausgehen, wenn nötig oder erwünscht.

Übung
Sei G eine mittelbare Gruppe, und sei H eine Untergruppe von G. Dann ist H mittelbar.

Satz *(Satz von von Neumann über mittelbare Gruppen)*
Jede auflösbare Gruppe ist mittelbar.

Der Satz ergibt sich unmittelbar aus den beiden folgenden Sätzen.

Satz *(Faktorsatz von von Neumann für mittelbare Gruppen)*
Sei G eine Gruppe, und sei H eine normale Untergruppe von G.
Weiter seien H und G/H mittelbar.
Dann ist G mittelbar.

Beweis
Seien $\mu : \mathcal{P}(H) \rightarrow [0, 1]$ und $\nu : \mathcal{P}(G/H) \rightarrow [0, 1]$ Zeugen für die Mittelbarkeit von H bzw. G/H.
Sei $A \subseteq G$. A zerfällt in die Schnitte $A \cap gH$, $g \in G$. Diese Schnitte können wir mit μ messen, wenn wir sie durch Transport via g^{-1} zu Teilmengen von H machen.
Wir definieren also $f_A : G/H \rightarrow [0, 1]$ durch

$$f_A(gH) = \mu(g^{-1}(A \cap gH)) \quad \text{für } gH \in G/H.$$

Zur Wohldefiniertheit:
Seien $g_1, g_2 \in G$ mit $g_1H = g_2H$. Dann ist $g_1{}^{-1}g_2 \in H$ und somit gilt wegen der H-Invarianz von μ:

$$\mu(g_1{}^{-1}(A \cap g_1H)) = \mu(g_1{}^{-1}g_2\, g_2{}^{-1}(A \cap g_2H)) = \mu(g_2{}^{-1}(A \cap g_2H)).$$

Wir definieren nun das ν-Mittel dieser Schnittmessungen.
Hierzu sei für $A \subseteq G$:

$$\xi(A) = I_{G/H}(f_A\,;\nu).$$

Dann ist $\xi : \mathcal{P}(G) \rightarrow [0, 1]$ ein G-invarianter Inhalt mit $\xi(G) = 1$.
Also ist G mittelbar. ∎

Weiter gilt nun:

Satz *(Satz von Banach und von Neumann; Mittelbarkeit abelscher Gruppen)*
Jede abelsche Gruppe ist mittelbar.

John von Neumann hat in seiner Arbeit von 1929 diesen Sachverhalt als so eng verwandt mit der originalen Banachschen Lösung des Inhaltsproblems für $n = 1$ mit Hilfe des Banachintegrals b erachtet, daß er auf einen Beweis verzichtete:

---

von Neumann (1929): „**A.** Jede abelsche Gruppe ist meßbar [= mittelbar]...
... [Wir sind nun] in der angenehmen Lage, uns auf gewisse Überlegungen Banachs weitgehend stützen zu können. Der Beweis von **A.** insbesondere ist eine so gut wie wörtliche Wiederholung des Banachschen Räsonnements [aus Banach (1923)], wo (um unsere Terminologie zu gebrauchen), die Meßbarkeit der linearen Translationsgruppe ... bewiesen wird.

Wenn man nämlich dort genau zusieht, so sieht man nämlich, daß von allen Eigenschaften der linearen Transformationsgruppe einzig und allein ihr abelscher Charakter eine Rolle spielt…

Wenn wir daher die reellen Zahlen konsequent durch die Elemente einer abelschen Gruppe $\mathcal{G}$ ersetzen und die Addition durch das gruppentheoretische Multiplizieren, so geht die [Banachsche] Schlußweise ohne weiteres in einen Beweis von **A.** über: in die Konstruktion eines allgemeinen Mittels für eine beliebige abelsche Gruppe $\mathcal{G}$. Da all das ohne jeden weiteren Gedanken durchführbar ist, glauben wir davon absehen zu können, den Beweis hier in extenso zu wiederholen."

Wir geben hier doch wenigstens einen knappen Beweis, damit der Leser sieht, wie sich die Banachsche Konstruktion (in modifizierter und äußerst kompakter Form) im gruppentheoretischen Gewande ausnimmt.

Beweis

Sei G eine abelsche Gruppe, und sei $V = \{ f : G \to \mathbb{R} \mid f \text{ beschränkt} \}$, aufgefaßt als $\mathbb{R}$-Vektorraum. Wir setzen

$$U = \{ f \in V \mid \text{es existieren } n \geq 1 \text{ und } f_i \in V, g_i \in G \text{ für } 1 \leq i \leq n \text{ mit } f = \Sigma_{1 \leq i \leq n} (f_i \circ g_i - f_i) \}.$$

Dann ist U ein Untervektorraum von V.

Die Kommutativität von G wird nun entscheidend benutzt um zu zeigen, daß für alle $f = \Sigma_{1 \leq i \leq n} (f_i \circ g_i - f_i) \in U$ gilt:

$$(+) \quad \lim_{k \to \infty} 1/k^n \, \Sigma_{0 \leq k_1, \dots, k_n < k} f(g_1^{k_1} \dots g_n^{k_n}) = 0.$$

zum Beweis von (+)

Aufgrund der Kommutativität von G und der Form von f heben sich genügend viele Terme in der Summe gegenseitig auf.

Folglich gilt für alle $f \in U$:

$$(++) \quad \inf(f) \leq 0 \leq \sup(f),$$

denn einem f, welches (++) nicht erfüllt, kann die arithmetische Mittelwerteigenschaft (+) nicht zukommen.

Die Funktion $p : V \to \mathbb{R}$ mit $p(f) = \sup(f)$ ist ein sublineares Funktional auf V, welches nach (++) das lineare Nullfunktional auf U dominiert.

Nach dem Satz von Hahn-Banach existiert also ein lineares Funktional $w : V \to \mathbb{R}$ mit den Eigenschaften:

(i) $w(f) = 0$ für alle $f \in U$,

(ii) $w(f) \leq \sup(f)$ für alle $f \in V$.

Für alle $g \in G$ und $f \in V$ ist $f \circ g - f \in U$, also ist nach (i) und Linearität des Funktionals w:

$$w(f \circ g) = w(f).$$

Weiter ist $w(\mathrm{ind}_G) = 1$, da $w(\mathrm{ind}_G) \leq 1$ und $-w(\mathrm{ind}_G) = w(-\mathrm{ind}_G) \leq -1$.

Sei nun μ der induzierte Inhalt auf G, d. h.

$\mu(A) = w(\text{ind}_A)$ für $A \subseteq G$.

Dann ist μ ein voller G-invarianter Inhalt auf G mit $\mu(G) = w(\text{ind}_G) = 1$.
Ist $g \in G$ und $A \subseteq G$, so ist

– $\mu(gA) = w(\text{ind}_{gA}) = w(\text{ind}_A \circ g^{-1}) = w(\text{ind}_A) = \mu(A)$.

Die Betrachtung der beschränkten Funktionen der Form $f = \Sigma_{1 \leq i \leq n} (f_i \circ g_i - f_i)$ und der Bedingung $\inf(f) \leq 0 \leq \sup(f)$ geht auf [Dixmier 1950] zurück.

Übung

Zeigen Sie folgende Kompaktheitseigenschaft:

G ist mittelbar *gdw* jede endlich erzeugte Untergruppe von G ist mittelbar.

[*Annahme*, G ist nicht mittelbar, obwohl die rechte Seite erfüllt ist.
Nach obiger Argumentation existiert dann ein $f = \Sigma_{1 \leq i \leq n} (f_i \circ g_i - f_i)$ mit $\sup(f) < 0$.
Sei H die von $g_1, \ldots, g_n$ erzeugte Untergruppe von G, und sei ν ein Zeuge für die Mittelbarkeit von H. Dann ist $I_H(f, \nu) = 0$, da $I_H(f_i \circ g_i) = I_H(f_i)$ für $1 \leq i \leq n$.
Aber $I_H(f, \nu) \leq \sup(f \mid H) \cdot \nu(H) = \sup(f \mid H) < 0$, *Widerspruch.*]

Aus den Sätzen von von Neumann und Mycielski folgt nun:

Korollar *(Satz von Banach)*

Es existieren bewegungsinvariante σ-finite Inhalte auf $\mathbb{R}$ bzw. $\mathbb{R}^2$, die jeweils das Lebesgue-Maß fortsetzen.

Beweis

– $\mathcal{J}_1$ und $\mathcal{J}_2$ sind auflösbar (vgl. Kapitel 4).

Der Autor hofft, daß es nur wenige Leser geben wird, die eine abstrakte und möglichst knappe Darstellung der Lösung des Inhaltsproblems für $\mathbb{R}$ und $\mathbb{R}^2$ via mittelbarer Gruppen der ausführlichen Untersuchung der originalen, stets am konkreten Problem bleibenden Konstruktion vorgezogen hätten. Auf ihrer Grundlage ist der gruppentheoretische Ansatz dann sehr natürlich.

Dagegen ist die Rotationsgruppe SO_3 nicht auflösbar. Dies genügt aber noch nicht, um zu schließen, daß kein endlich additives bewegungsinvariantes Messen auf der S^2 oder im $\mathbb{R}^3$ möglich ist. Denn die mittelbaren Gruppen sind umfangreicher als die auflösbaren Gruppen (z. B. ist jede endliche Gruppe mittelbar). Daß der Begriff der paradoxen Zerlegung generell ein adäquater Ansatz ist, um die Unmöglichkeit der vollen G-invarianten Messung aufzuweisen, zeigt der folgende Satz von Tarski (1938), den wir hier ohne Beweis angeben:

Satz *(Mittelbarkeit und Paradoxie einer Gruppe)*

Die folgenden Aussagen sind äquivalent:

(i) G ist mittelbar.

(ii) G ist nicht paradox.

Literatur

Banach, Stefan 1923 Sur le problème de la mesure; *Fundamenta Mathematicae 4 (1923), S. 7 – 33.*

– 1924 Un théorème sur les transformations biunivoques; *Fundamenta Mathematicae 6 (1924), S. 236 – 239.*

– 1930 Über additive Maßfunktionen in abstrakten Mengen; *Fundamenta Mathematicae 15 (1930), S. 97 – 101.*

Banach, Stefan / Kuratowski, Kazimierz 1929 Sur une généralisation du problème de la mesure; *Fundamenta Mathematicae 14 (1929), S. 127 – 131.*

Banach, Stefan / Tarski, Alfred 1924 Sur la décomposition des ensembles de points en parties respectivement congruentes; *Fundamenta Mathematicae 6 (1924), S. 244 – 277.*

Ciesielski, Krzysztof 1989 How good is Lebesgue measure?; *Mathematical Intelligencer 11 (1989), S. 54 – 58.*

– 1990 Isometrically invariant extensions of Lebesgue measure; *Proceedings of the American Mathematical Society 110 (1990), S. 799 – 801.*

Ciesielski, Krzysztof / Pelc, Andrzej 1989 Extensions of invariant measures on Euclidean spaces; *Fundamenta Mathematicae 125 (1985), S. 1 – 10.*

Dales, H. Garth 2001 Banach Algebras and Automatic Continuity; *Oxford University Press, Oxford.*

Dixmier, Jacques 1950 Les moyennes invariantes dans les semigroupes et leur applications; *Acta Scientiarum Mathematicarum, Szeged 12 (1950), S. 213 – 227.*

Dougherty, Randall / Foreman, Matthew 1994 Banach-Tarski decompositions using sets with the property of Baire; *Journal of the American Mathematical Society* 7 *(1994), S. 75 – 124.*

Foreman, Matthew / Wehrung, Friedrich 1991 The Hahn-Banach theorem implies the existence of a non-Lebesgue measurable set; *Fundamenta Mathematicae 138 (1991), S. 13 – 19.*

Harazisvili, Aleksandr B. (auch Kharazisvili) 1977 On Sierpiński's problem concerning strict extendibility of an invariant measure; *Soviet Math. Dokl. 18 (1977), S. 71 – 74.*

– 1980 Nonmeasurable Hamel bases; *Soviet Math. Dokl. 22 (1977), S. 232 – 234.*

Hausdorff, Felix 1914 Grundzüge der Mengenlehre; *Veit & Comp., Leipzig. Nachdrucke bei Chelsea, New York 1949, 1965, 1978. Kommentierter Nachdruck bei Springer, Berlin 2002 (Band II der Hausdorff-Werkausgabe).*

– 1914b Bemerkungen über den Inhalt von Punktmengen; *Mathematische Annalen 75 (1914), S. 428 – 433.*

Hulanicki, Andrzej 1962 Invariant extensions of Lebesgue measure; *Fundamenta Mathematicae 51 (1962), S. 111 – 115.*

Laczkovich, Miklós 2002 Paradoxes in Measure Theory; *in E. Pap (Hrsg.): Handbook of Measure Theory (Vol. 1), S. 83 – 123.*

Marczewski, Edward (= Szpilrajn Edward) 1935 Sur l'extension de la mesure lebesguienne; *Fundamenta Mathematicae 25 (1935), S. 551 – 558.*

Mycielski, Jan 1979 Finitely additive invariant measures; *Colloq. Math. 42 (1979), S. 309 – 318.*

Neumann, John von 1929 Zur allgemeinen Theorie des Maßes; *Fundamenta Mathematicae 13 (1929), S. 73 – 116.*

Pap, Endre (Hrsg.) 2002 Handbook of Measure Theory; *in zwei Bänden. Elsevier, Amsterdam.*

Paterson, Alan 1988 Amenability; *Mathematical Surveys Monographs (29). American Mathematical Society, Providence.*

Pawlikowski, Janusz 1991 The Hahn-Banach theorem implies the Banach-Tarski paradox; *Fundamenta Mathematicae 138 (1991), S. 21 – 22.*

Pkhakadze, S. S. 1958 (Die Theorie des Lebesgue-Maßes; in Russisch); *Trudy Tbiliss Mat. Inst. 25.*

Shelah, Saharon 1984 Can you take Solovay's inaccessible away? ; *Israel Journal of Mathematics 48 (1984), S. 1 – 47.*

Solovay, Richard M. 1970 A model of set theory in which every set of reals is Lebesgue measurable; *Annals of Mathematics 92 (1970), S. 1 – 56.*

– 1971 Real-valued measurable cardinals; *in: Dana Scott (Hrsg.): Axiomatic Set Theory. Proceedings of Symposia in Pure Mathematics. Vol. 13. American Mathematical Society, Providence, 1971, S. 397 – 428.*

Szpilrajn, Edward (= Edward Marczewski) 1935 Sur l'extension de la mesure lebesguienne; *Fundamenta Mathematicae 25 (1935), S. 551 – 558.*

Tarski, Alfred 1938 Algebraische Fassung des Maßproblems; *Fundamenta Mathematicae 31 (1938), S. 47 – 66.*

Ulam, Stanisław 1930 Zur Maßtheorie der allgemeinen Mengenlehre; *Fundamenta Mathematicae 16 (1930), S. 140 – 150.*

Wagon, Stan 1999 The Banach-Tarski-Paradox; *digitaler Nachdruck der 2. Auflage von 1986. Cambridge University Press, Cambridge Mass.*

Werner, Dirk 2004 Einführung in die Funktionalanalyis; *5. Auflage. Springer, Berlin.*

Zaanen, Adriaan C. 1960 An Introduction to the Theory of Integration; *North-Holland, Amsterdam.*

– 1969 Integration; *North-Holland, Amsterdam.*

Zakrzewski, Piotr 2002 Measures on algebraic-topological structures; *in [Pap 2002], S. 1091 – 1130.*

2. Abschnitt

Die Folgenräume

1. Einführung in den Baireraum

Wir beginnen nun mit der elementaren sog. deskriptiven Mengenlehre, die „einfache“, „definierbare“ Mengen von reellen Zahlen untersucht. Die bevorzugte Interpretation von *reelle Zahl* ist dabei *Element des Baireraumes.* Der Baireraum $\mathcal{N}$ besteht aus allen unendlichen Folgen

$$n_0,\ n_1,\ n_2,\ \ldots,\ n_k,\ \ldots,$$

von natürlichen Zahlen $n_k \in \mathbb{N}$, $k \in \mathbb{N}$. Wir werden ihn mit der Topologie versehen, die „nah beieinander“ als „identisch auf einem Anfangsstück“ interpretiert. So liegen je zwei Folgen 0, 12, 6, 3, … und 0, 12, 6, 2, … näher beieinander als je zwei Folgen 0, 9, 9, 9, … und 1, 0, 0, 0, …, die schon an der ersten Stelle voneinander abweichen.

Der Grund für den Wechsel von den üblichen „analogen“, ein mathematisches Kontinuum bildenden reellen Zahlen $\mathbb{R}$ zum „digitalen“ Baireraum $\mathcal{N}$ ist die für die approximative Darstellung von Elementen von $\mathbb{R}$ unendlich oft herrschende Unsauberkeit, die in der berühmt-berüchtigten Gleichung 0,999… = 1,000… zusammengefaßt wird. Das Problem ist natürlich nicht, daß 0,999… als Grenzwert der Folge $\langle \Sigma_{0 \le k \le n}\, 9/10^{k+1} \mid n \in \mathbb{N} \rangle$ exakt gleich 1,000… ist, sondern das generelle Problem ist, daß sich die beiden folgenden Ziele nicht miteinander vereinbaren lassen:

(a) Die Darstellung einer reellen Zahl ist eindeutig.

(b) Bei Limesbildungen stabilisieren sich die Ziffern, d. h.:
Ist $x = \lim_{n \to \infty} x_n$, so ist für alle k die k-te Nachkommastelle von x der schließlich konstante Wert der k-ten Nachkommastellen der x_n.

Wir erreichen z. B. eindeutige Dezimaldarstellungen, indem wir für $x \neq 0$ nur die nicht in Null terminierenden Darstellungen zulassen. Dann verlieren wir aber die Approximationseigenschaft (b), denn die Nachkommastellen von $x_n = 1 + 1/10^n$ stabilisieren sich in Null, aber $\lim_{n \to \infty} x_n = 0{,}999\ldots$ Ließen wir 1,000… statt 0,999… als einzige Darstellung der Eins zu, so hätten wir das gleiche Problem mit der Folge $y_n = \Sigma_{0 \le k \le n}\, 9/10^{k+1}$, $n \in \mathbb{N}$, deren Nachkommastellen sich in 9 stabilisieren. Wenn wir (b) unbedingt aufrecht erhalten wollen, so müssen wir die beiden verschiedenen Folgen 0,9,9,9, … und 1,0,0,0,… als Darstellungen der Eins zulassen und verletzen somit die Forderung (a).

Das Phänomen betrifft nicht nur die b-adischen Darstellungen für $b \ge 2$, sondern gilt für einen weitgefaßten Darstellungsbegriff. Sei nämlich Z eine abzählbare Menge, versehen mit der diskreten Topologie. Sei $D : \mathbb{R} \to {}^{\mathbb{N}}Z$ eine injektive Abbildung (mit der Intention: D(x)(k) = „die k-te Ziffer von x unter der

Darstellung D“). Wegen der Injektivität von D existiert ein $k \in \mathbb{N}$ derart, daß die Menge $E = \{ D(x)(k) \mid x \in \mathbb{R} \}$ mindestens zwei Elemente hat. Dann ist aber die Funktion $g : \mathbb{R} \to E$ mit $g(x) = D(x)(k)$ = „die k-te Ziffer von x“ notwendig unstetig, denn *andernfalls* wäre $\mathbb{R}$ die disjunkte Vereinigung der offenen nichtleeren Mengen $g^{-1}{}'' z$, $z \in E$, *im Widerspruch* zu $|E| \geq 2$. Es gibt also eine konvergente Folge $\langle x_n \mid n \in \mathbb{N} \rangle$ in $\mathbb{R}$ derart, daß $\langle D(x_n)(k) \mid n \in \mathbb{N} \rangle$ in Z nicht konvergiert, d. h. nicht schließlich konstant ist. Dieses Argument zeigt, daß die Eigenschaft (b) notwendig verletzt ist, wenn wir eine Darstellung als eine Funktion auffassen, die jedem $x \in \mathbb{R}$ *eine* dieses x bestimmende Folge diskreter Elemente zuweist. Eigenschaft (a) hat aber diesen funktionalen Charakter.

Übung

Seien $n \geq 2$, $k \geq 1$. Für $x \in \mathbb{R}$ sei f(x) die k-te Ziffer der kanonischen n-adischen Darstellung von x. Bestimmen Sie die Unstetigkeitsstellen von $f : \mathbb{R} \to \{ 0, \ldots, n-1 \}$ unter der diskreten Topologie auf $\{ 0, \ldots, n-1 \}$.

Moschovakis (1994): „One may think of $\mathcal{N}$ as a ‘discrete,’ or ‘combinatorial’ version of the ‘continuous’ or ‘analog’ $\mathcal{R}$ [$\mathbb{R}$]. A real number x is completely determined by a decimal expansion x(0).x(1)x(2) …, *but* two distinct decimal expansions may compute to the same real number. This is a big ‘but’, it is the key fact behind the so-called *topological connectedness* of the real line which is of interest in analysis, to be sure, but of little set theoretic consequence. We may view Baire space as a ‘digital version’ of $\mathcal{R}$ because it does not make any such identifications, each point $x \in \mathcal{N}$ determines unambiguously its ‘digits’ x(0), x(1), …“

So essentiell die hybride Natur der approximativ dargestellten reellen Zahlen für die Analysis auch ist, so erschwert sie doch Argumente eines bestimmten Typs unnötig, man denke etwa an die Konstruktion einer Bijektion zwischen $\mathbb{R}^2$ und $\mathbb{R}$ ohne Verwendung des Satzes von Cantor-Bernstein! Für $\mathcal{N}$ erhalten wir eine kanonische Bijektion zwischen $\mathcal{N}^2$ und $\mathcal{N}$, indem wir zwei Folgen $x_0, x_1, \ldots$, und $y_0, y_1, y_2, \ldots$ in $\mathcal{N}$ auf die Folge $x_0, y_0, x_1, y_1, \ldots$, abbilden. Im Falle von $\mathbb{R}$ muß man dieses Reißverschlußargument noch modifizieren, die mangelnde Eindeutigkeit der Darstellung verkompliziert die einfache Idee. Dies ist nicht das einzige Beispiel und insgesamt zeigt sich: Sind wir weniger an Limesbildungen von Punkten auf einem Kontinuum interessiert als an der Analyse und Manipulation von unendlicher Information, die sich über eine unendliche Folge diskreter Fragmente erschließt, so liefert der Baireraum den angemessenen Rahmen, während $\mathbb{R}$ eher deplaziert wirkt. Der Folgenraum ist für viele Untersuchungen klarer und angenehmer, und er ist ganz abgesehen davon ein sehr natürliches mathematisches Konstrukt. Insbesondere gilt dies auch aus Sicht der Informatik.

So schwer der Übergang von einem zusammenhängenden Kontinuum zum, wie wir sehen werden, völlig zerklüfteten Baireraum zunächst auch fallen mag, so zahlt er sich doch schnell aus. Auf Dauer ist er für die Untersuchung der reellen Zahlen auch dann unvermeidlich, wenn er nur als Zwischenstufe betrachtet wird, d. h. derart, daß ein $A \subseteq \mathbb{R}$ in ein $B \subseteq \mathcal{N}$ übersetzt und dort auf Eigenschaften untersucht wird, die bei dieser Übersetzung erhalten bleiben. Eine solche Übersetzung ist leicht möglich, und wir kennen sie bereits seit dem ersten Kapitel: Ordnen wir nämlich einer unendlichen Folge $n_0, n_1, n_2, \ldots \in \mathcal{N}$ den unendlichen Kettenbruch $[n_0 + 1, n_1 + 1, \ldots] \in \mathbb{R}$ zu, so erhalten wir eine Bijektion zwischen dem Folgenraum und den irrationalen Zahlen größer als Eins. Es ist leicht zu sehen, daß diese Bijektion unter den natürlichen Topologien der beiden Räume sogar ein Homöomorphismus ist. Wir untersuchen also aus klassischer Sicht die Struktur der irrationalen Zahlen: Der Baireraum und alle irrationalen reellen Zahlen sind homöomorph.

Die irrationalen Zahlen größer als Eins sind homöomorph zu allen irrationalen Zahlen von $\mathbb{R}$; man kann den Baireraum benutzen, um dies zu zeigen. Diese Zusammenhänge und weitere natürliche Funktionen zwischen den Folgenräumen und den klassischen reellen Zahlen $\mathbb{R}$ werden wir unten noch genauer untersuchen.

Die deskriptive Untersuchung der reellen Zahlen (noch auf der Basis von $\mathbb{R}$) begann mit Cantor in den 80er Jahren des 19. Jahrhunderts. Auf der Suche nach einer Lösung des Kontinuumsproblems stellte er die das Problem approximierende Frage: Welche Mächtigkeiten kommen den abgeschlossenen Teilmengen von $\mathbb{R}$ zu? Cantor konnte diese Frage lösen, und der sie beantwortende Satz von Cantor-Bendixson bildet vielleicht das erste tiefe Resultat der deskriptiven Analyse der reellen Zahlen. Um die Jahrhundertwende untersuchten dann Emil Borel, René Baire und Henri Lebesgue allgemeinere Klassen von Punktmengen in $\mathbb{R}$. (Der Ausdruck „Punktklassen" ist rein traditionell und hat nichts mit dem Unterschied zwischen Mengen und echten Klassen zu tun; Punktklassen sind bestimmte Teilmengen von $\mathcal{P}(\mathbb{R})$ oder $\mathcal{P}(\mathcal{N})$ wie etwa die Klasse der offenen Mengen).

Ein Leitmotiv dieser Untersuchungen war und ist: Einfachen, definierbaren Teilmengen von $\mathbb{R}$ kommen die durch das Auswahlaxiom der Struktur $\mathbb{R}$ aufgenötigten und zuweilen als pathologisch empfundenen Eigenschaften nicht zu. So sollten etwa alle einfachen Mengen meßbar sein für das σ-additive Lebesguesche Längenmaß, während das Auswahlaxiom die Existenz von nicht Lebesgue-meßbaren Teilmengen von $\mathbb{R}$ impliziert. Der Begriff der Definierbarkeit kann präzisiert werden, wird aber manchmal auch als nach oben offenes Konzept verstanden, welches mit wachsendem Wissen der Mathematiker immer mehr Mengen als „definierbar" zuläßt, die dann als regulär nachgewiesen werden, zuweilen mit Hilfe von über die klassische Mengenlehre hinausgehenden Axiomen.

In der heute als klassisch bezeichneten Periode der deskriptiven Mengenlehre von etwa 1900 bis zum Erscheinen von Lusins Buch 1930 entwickelten in erster Linie Felix Hausdorff, Nikolai Lusin und Mikhail Suslin die Theorie weiter, später führten eine Reihe von polnischen Mathematikern allgemeinere topologische Untersuchungen durch. Kleenes Arbeiten der 50er Jahre überführten die topologische deskriptive Mengenlehre in den feineren sog. effektiven Kontext, in dem Methoden der mathematischen Logik im Vordergrund stehen und in dem der Baireraum endgültig den klassischen reellen Zahlen und allen anderen vergleichbaren topologischen Räumen vorgezogen wird.

Endliche Folgen und Folgenräume

Die wesentlichen Gegenstände des zweiten Abschnitts dieses Buches sind endliche und abzählbar unendliche Folgen, und wir wollen der Genauigkeit halber diese an sich klaren und gutbekannten Begriffe in einer Definition festhalten.

Definition *(endliche und unendliche Folgen,* ω, $k < \omega$*)*

Sei s eine Funktion, und sei A eine Menge.

(i) s heißt *endliche Folge*, falls $\mathrm{dom}(s) = \{ 0, \ldots, k-1 \}$ für ein $k \in \mathbb{N}$. k heißt dann *die Länge der Folge s*, in Zeichen $k = |s|$.

(ii) s heißt *unendliche Folge*, falls $\mathrm{dom}(s) = \mathbb{N}$ gilt.

Wir vereinbaren das Zeichen $\omega = |s|$ für die Länge von s, und setzen $n < \omega$ für alle $n \in \mathbb{N}$.

(iii) Eine endliche oder unendliche Folge s heißt *Folge in A*, falls $s(n) \in A$ gilt für alle $n < |s|$.

Eine endliche oder unendliche Folge s schreiben wir auch in der Form

$s = \langle s_n \mid n < |s| \rangle$, wobei dann $s_n = s(n)$ für alle $n < |s|$.

Ein Ausdruck $\langle s_n \mid n < k \rangle$ für $k \leq \omega$ ist also eine endliche Folge, falls $k < \omega$, und eine unendliche Folge, falls $k = \omega$. Man erhält so eine Möglichkeit, Folgen anzugeben, von denen man nicht weiß, ob sie endlich oder unendlich sind. Ein Beispiel ist: „Sei $f : \mathbb{N} \to \mathbb{N}$ und sei $\langle s_n \mid n < k \rangle$, $k \leq \omega$, die monotone Aufzählung von rng(f)“. Man kann, wie schon in der Kardinalzahlarithmetik, ω mit $\mathbb{N}$ identifizieren.

Die leere Menge $s = \emptyset$ gilt als Folge der Länge 0, in Zeichen $s = \langle\ \rangle$.

Es ist ungefährlich, endliche Folgen der Länge n mit n-Tupeln $(s_0, s_1, \ldots, s_{n-1})$ zu identifizieren. Streng genommen sind aber z. B. geordnete Paare $(a, b) = \{ \{ a \}, \{ a, b \} \}$ und Folgen $\langle a, b \rangle = \{ (0, a), (1, b) \}$ der Länge zwei verschiedene Objekte.

Folgen sind als Funktionen definiert, und so ist etwa $\langle 0, 2, 1, 3 \rangle(1) = 2$. Der erste Eintrag einer Folge s ist immer s(0). Ist s endlich, so ist $s(|s| - 1)$ der letzte Eintrag von s.

Die wesentliche Vergleichsrelation für Folgen, die wir benutzen werden, ist:

Definition *(die Anfangsstückrelation < für Folgen)*

Seien s, t endliche oder unendliche Folgen. Wir setzen:

$s < t$ *falls* $s \subset t$.

Es gilt also $s < t$ genau dann, wenn $\mathrm{dom}(s) \subset \mathrm{dom}(t)$ und $s(k) = t(k)$ für alle $k \in \mathrm{dom}(s)$. Z. B. ist $\langle 0, 2 \rangle < \langle 0, 2, 1 \rangle$ aber $\mathrm{non}(\langle 0, 2 \rangle < \langle 1, 0, 2 \rangle)$. Für alle t ist $\langle\ \rangle < t$ oder $\langle\ \rangle = t$. Die Relation < ist offenbar irreflexiv und transitiv.

Wir setzen wie üblich $s \leq t$, falls $s < t$ oder $s = t$. Ist $s \leq t$, so ist $|s| \leq |t|$. Sind s, t gleichlang, so folgt aus $s \leq t$, daß $s = t$ gilt. Gilt $s \leq t$, so heißt s auch ein *Anfangsstück* oder eine *Approximation von t*.

Zur bequemen Formulierung brauchen wir noch einige spezielle Notationen für Folgen, die wir der Übersicht halber in einer Liste zusammenstellen.

Definition *(Notationen für endliche Folgen und Folgenräume)*

Wir setzen:

$\bar{n} = \{ 0, 1, \ldots, n - 1 \}$ für $n \in \mathbb{N}$,

$\mathrm{Seq}_A = \{ f \mid f : \bar{n} \to A$ für ein $n \in \mathbb{N} \}$ für eine Menge A,

$\mathrm{Seq} = \mathrm{Seq}_{\mathbb{N}} = \{ f \mid f : \bar{n} \to \mathbb{N}$ für ein $n \in \mathbb{N} \}$,

$\mathrm{Seq}_m = \mathrm{Seq}_{\bar{m}} = \{ f \mid f : \bar{n} \to \bar{m}$ für ein $n \in \mathbb{N} \}$,

$N_s^A = \{ f \in {}^{\mathbb{N}}A \mid s < f \}$ für $s \in \mathrm{Seq}_A$,

$N_s = \{ f \in {}^{\mathbb{N}}\mathbb{N} \mid s < f \}$ für $s \in \mathrm{Seq}$,

$C_s = \{ f \in {}^{\mathbb{N}}\{0, 1\} \mid s < f \}$ für $s \in \mathrm{Seq}_2$.

Die Menge Seq ist also die Menge der endlichen Folgen mit Einträgen aus $\mathbb{N}$, und $\mathrm{Seq}_2 \subseteq \mathrm{Seq}$ ist die Menge der endlichen 0-1-Folgen. Letztere Folgen lassen sich eindeutig kommafrei angeben, etwa kompakt als $s = 001$ statt $s = \langle 0, 0, 1 \rangle$.

Die Mengen N_s^A bestehen aus allen unendlichen Folgen in A mit dem festen Anfangsstück s, also allen unendlichen Folgen, die durch s laufen. Für alle A und alle Folgen $s, t \in \mathrm{Seq}_A$ gilt:

(+) $N_s^A \subseteq N_t^A$ *oder* $N_t^A \subseteq N_s^A$ *oder* $N_s^A \cap N_t^A = \emptyset$.

Diese Eigenschaft motiviert die folgende Bezeichnung.

Definition *(inkompatible Folgen, $\delta(s, t)$)*

Seien s, t endliche oder unendliche Folgen.
Gilt weder $s \leq t$ noch $t \leq s$, so heißen s und t *inkompatibel.*
Andernfalls heißen s und t *kompatibel.*
Sind s, t inkompatibel, so setzen wir

$\delta(s, t) =$ „das kleinste $n \in \mathrm{dom}(s)$ mit $s(n) \neq t(n)$".

Die Fallunterscheidung in (+) entspricht genau den drei Fällen:

(+)′ $t \leq s$ *oder* $s \leq t$ *oder* s und t sind inkompatibel.

Oft gebraucht wird die Verlängerung einer Folge um endlich oder unendlich viele weitere Glieder:

Definition *(die Verlängerung $s^\frown f$)*

Sei s eine endliche Folge der Länge n, und sei f eine endliche oder unendliche Folge. Wir definieren für $k \in \mathbb{N}$ mit $k < n$ oder $k - n \in \mathrm{dom}(f)$:

$$s^\frown f(k) = \begin{cases} s(k), & \textit{falls } k < n, \\ f(k-n), & \textit{falls } k - n \in \mathrm{dom}(f). \end{cases}$$

Die Folge $s^\frown f$ heißt *die Verlängerung von s um f.*

So ist etwa $\langle 0, 1, 0 \rangle ^\frown \langle 1, 1 \rangle = \langle 0, 1, 0, 1, 1 \rangle$ und $\langle 1 \rangle ^\frown \langle 0, 0, \ldots \rangle = \langle 1, 0, 0, \ldots \rangle$. Wir schreiben oft $s ^\frown a$ oder sogar nur $s a$ anstelle von $s ^\frown \langle a \rangle$. Insbesondere ist $s0$ eine suggestive Notation für die Verlängerung $s ^\frown \langle 0 \rangle$, falls $s \in \mathrm{Seq}_2$.

Neben Verlängerungen brauchen wir auch Verkürzungen.

Definition *(Einschränkung einer Folge, $f \mid n$)*

Sei f eine endliche oder unendliche Folge, und sei $n \in \mathrm{dom}(f)$.
Dann ist die *Einschränkung von s auf n*, in Zeichen $f \mid n$, definiert als $f \mid \bar{n}$, d. h. als die Folge s der Länge n mit $s(k) = f(k)$ für alle $k < n$.

So ist etwa $\langle 0, 1, 2, 3 \rangle \mid 2 = \langle 0, 1 \rangle$, $\langle 0, 1 \rangle \mid 0 = \langle\ \rangle = \emptyset$. Für jede unendliche Folge f gilt die triviale aber oft verwendete Gleichung $f = \bigcup_{n \in \mathbb{N}} f \mid n$.

Für unendliche Folgen führen wir noch zwei suggestive Sprechweisen ein, die insbesondere in der Wahrscheinlichkeitstheorie gebräuchlich sind:

Definition *(unendlich oft, schließlich)*

Sei $\mathscr{E}$ eine Eigenschaft, und sei f eine unendliche Folge. Wir sagen:

(i) f erfüllt $\mathscr{E}$ *unendlich oft*, falls $\{ n \in \mathbb{N} \mid \mathscr{E}(f(n)) \}$ unendlich ist.

(ii) f erfüllt $\mathscr{E}$ *schließlich*, falls ein n_0 existiert mit $\mathscr{E}(f(n))$ für alle $n \geq n_0$.

Beispiele sind: f ist gleich 1 unendlich oft, f ist schließlich konstant, f ist gleich 0 schließlich.

„f erfüllt $\mathscr{E}$ unendlich oft" ist genau dann falsch, wenn f schließlich non $\mathscr{E}$ erfüllt. Analog ist „f erfüllt $\mathscr{E}$ schließlich" genau dann falsch, wenn f immer wieder non $\mathscr{E}$ erfüllt, d. h. wenn f non $\mathscr{E}$ unendlich oft erfüllt.

Die natürliche Topologie auf den Folgenräumen

Nach diesen notationellen Vorbereitungen versehen wir nun die Folgenräume ${}^{\mathbb{N}}A = \{ f \mid f : \mathbb{N} \to A \}$ mit der sich aufdrängenden Topologie.

Definition *(Baireraum, Cantorraum, Folgenräume, natürliche Folgen)*

Für eine Menge A versehen wir die Menge ${}^{\mathbb{N}}A$ mit der von $\{ N_s^A \mid s \in \mathrm{Seq}_A \} \subseteq \mathscr{P}({}^{\mathbb{N}}A)$ erzeugten Topologie.
Wir nennen ${}^{\mathbb{N}}A$ dann auch den *Folgenraum über dem Alphabet A*.
Wir setzen speziell:

$$\mathcal{N} = {}^{\mathbb{N}}\mathbb{N} = \{ f \mid f : \mathbb{N} \to \mathbb{N} \},$$

$$\mathscr{C}_n = {}^{\mathbb{N}}\bar{n} = \{ f \mid f : \mathbb{N} \to \bar{n} \} \text{ für } n \geq 2,$$

$$\mathscr{C} = \mathscr{C}_2.$$

$\mathcal{N}$ heißt der *Baireraum*, $\mathscr{C}$ der *Cantorraum*.
Die Elemente von $\mathcal{N}$ heißen auch *natürliche Folgen*.

Die Bezeichnung $\mathcal{N}$ statt ${}^{\mathbb{N}}\mathbb{N}$ soll gerade anzeigen, daß wir die Menge aller natürlichen Folgen als topologischen Raum auffassen und nicht nur als nackte Menge. Für ${}^{\mathbb{N}}A$ ist die Topologie implizit mit dabei.

Ist $B \subseteq A$, so ist die Topologie auf ${}^{\mathbb{N}}B$ genau die Relativtopologie von ${}^{\mathbb{N}}A$: V ist offen in ${}^{\mathbb{N}}B$ genau dann, wenn $V = U \cap {}^{\mathbb{N}}B$ für ein in ${}^{\mathbb{N}}A$ offenes U gilt.

Stellen wir uns eine nichtleere Menge A als ein Alphabet vor, so ist ${}^{\mathbb{N}}A$ die Bibliothek aller unendlichen Bücher, geschrieben mit den Zeichen von A. Zwei Bücher stehen in der Bibliothek (der Topologie) nahe beieinander, wenn sie über viele Seiten hinweg übereinstimmen. Die Bibliothek hat $|A|^{\omega}$ Elemente und damit die Mächtigkeit 2^{ω} der reellen Zahlen für alle abzählbaren Mengen A mit mindestens zwei Elementen.

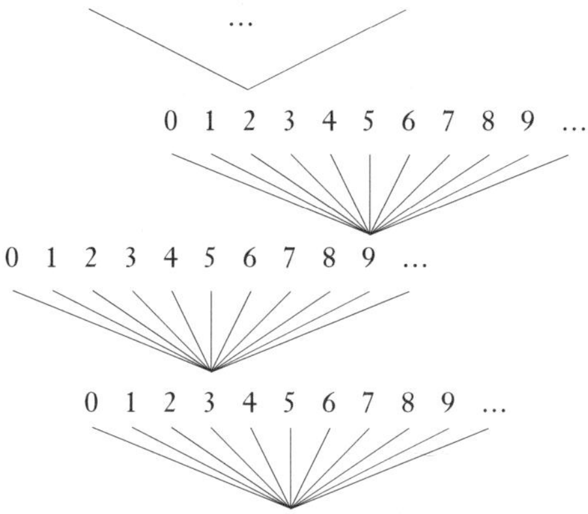

Visualisierung der offenen Menge N_s für $s = (3, 9, 2)$: N_s besteht aus allen Funktionen f mit der Eigenschaft $f|3 = s$, also allen Funktionen im Bereich „…“.

Sind $s, t \in \mathrm{Seq}$, so sind N_s und N_t ineinander enthalten oder disjunkt. Somit bildet $\{ N_s \mid s \in \mathrm{Seq} \}$ eine Basis (und nicht nur eine Subbasis) der Topologie:

$$U \subseteq \mathcal{N} \text{ ist offen } \textit{gdw} \quad U = \bigcup \{ N_s \mid s \in \mathrm{Seq}, N_s \subseteq U \}.$$

Für beliebige $X \subseteq \mathcal{N}$ sei $\mathrm{Seq}(X) = \{ s \in \mathrm{Seq} \mid N_s \subseteq X \}$. Dann gilt für das Innere von X die Gleichung $\mathrm{int}(X) = \bigcup_{s \in \mathrm{Seq}(X)} N_s$.

Die Topologie auf $\mathcal{C}$ ist die Relativtopologie von $\mathcal{N}$. Weiter ist die Topologie von $\mathcal{N}$ die Produkttopologie der diskreten Topologie auf $\mathbb{N}$, bei der jede Teilmenge von $\mathbb{N}$ offen ist. Die Topologie auf $\mathcal{N}$ kann zum Beispiel metrisiert werden durch:

$$d(f, g) = 1/(\delta(f, g) + 1), \text{ für } f \neq g, \text{ und}$$
$$d(f, f) = 0.$$

Diese mit der Topologie kompatible Metrik ist zudem vollständig:

Übung

$\mathcal{N}$ ist bzgl. dieser Metrik vollständig.

Allgemeiner ist jeder Folgenraum vollständig metrisierbar.

Die Konvergenz einer Folge $\langle f_n \mid n \in \mathbb{N} \rangle$ in $\mathcal{N}$ bedeutet, daß sich die Anfangsstücke der f_n stabilisieren: Für alle $m \in \mathbb{N}$ existiert ein $s \in \mathrm{Seq}$ und ein $n_0 \in \mathbb{N}$ mit $f_n | m = s$ für alle $n \geq n_0$. Äquivalent hierzu ist: Für alle $k \in \mathbb{N}$ ist $\langle f_n(k) \mid n \in \mathbb{N} \rangle$ schließlich konstant. Die Vereinigung der schließlich konstanten Werte bildet den Grenzwert der Folge. Der Leser vergleiche diese klare Stabilitätseigenschaft noch einmal mit der Limesaussage $0{,}0999\ldots = 0{,}100\ldots$ für $\mathbb{R}$.

Offene und abgeschlossene Mengen im Baireraum

Die klassische Einstiegsüberlegung in die Eigenarten des Baireraumes ist:

(#) Für alle $s \in \mathrm{Seq}$ ist N_s zugleich offen und abgeschlossen.

Aus der allgemeinen Topologie importieren wir:

Definition *(nulldimensionale topologische Räume)*
Ein Hausdorff-Raum heißt *nulldimensional*, falls er eine Basis aus zugleich offenen und abgeschlossenen Mengen besitzt.

Übung
Sei A eine Menge. Dann ist der Folgenraum ${}^{\mathbb{N}}A$ nulldimensional.

Ein Folgenraum über einem abzählbaren Alphabet ist also nulldimensional. Diese Eigenschaft wird bei den topologischen Charakterisierungen des Baire- und des Cantorraumes eine zentrale Rolle spielen.

Wir geben nun noch eine informale Beschreibung zur Gestalt der offenen und abgeschlossenen Mengen im Baireraum, um noch etwas mehr Zuneigung für diesen überaus sympathischen aber aufgrund seiner Zusammenhangslosigkeit doch etwas ungewohnten Raum zu erwecken. Wir lesen ein $f \in \mathcal{N}$ als eine unendliche Information. Wir nehmen an, daß wir bis zum Zeitpunkt $n \in \mathbb{N}$ die Teilinformation $f|n = \langle f(0), \ldots, f(n-1)\rangle$ von f erhalten können. Dynamisch und anschaulich: f bahnt sich seinen Weg durch den Baum Seq wie im Diagramm oben. Nach jeder Zeiteinheit wird uns eine weitere Entscheidung von f aus der Menge 0, 1, 2, ... mitgeteilt, und dadurch können wir f immer genauer lokalisieren.

Mit dieser Interpretation können wir nun offene und abgeschlossene Mengen leicht beschreiben:

Sei hierzu $U \subseteq \mathcal{N}$. U ist genau dann offen, wenn für jede Information $f \in U$ bereits nach endlich vielen Schritten feststeht, daß $f \in U$ gilt. Ein beliebiges f kann ein offenes U nicht mehr verlassen, sobald eine Teilinformation s von f vorliegt mit $N_s \subseteq U$. Und umgekehrt liegt für offene U irgendwann eine solche Teilinformation vor, falls $f \in U$ gilt. (Die Voraussetzung $f \in U$ ist hier wesentlich. Für ein beliebiges $f \in \mathcal{N}$ können für alle $n \in \mathbb{N}$ Fortsetzungen g, h von $f|n$ existieren mit $g \in U$ und $h \notin U$; wir geben gleich unten ein Beispiel.)

Analog ist ein $A \subseteq \mathcal{N}$ genau dann abgeschlossen, wenn für jede Information $f \notin A$ irgendwann feststeht, daß sie nicht zu A gehört. Ein beliebiges f kann nicht mehr in A hineingelangen, sobald ein $s < f$ vorliegt mit $N_s \subseteq (\mathcal{N} - A)$, d.h. $N_s \cap A = \emptyset$. Und für abgeschlossene A liegt irgendwann ein solches s vor, falls $f \notin A$ gilt.

Der Leser, der Vergnügen an dieser Interpretation hat, mag sich mit ihrer Hilfe noch einmal überlegen, warum jedes N_s sowohl offen als auch abgeschlossen ist. Die offenen und zugleich abgeschlossenen Mengen des Baireraumes U sind genau diejenigen $U \subseteq \mathcal{N}$, für die für jedes f zu einem endlichen Zeitpunkt die

Entscheidung $f \in U$ oder $f \notin U$ gefallen ist. Dieser Zeitpunkt hängt i. a. von f ab. Speziell für $U = N_s$ ist nun aber sogar $n = |s|$ ein Zeitpunkt, der uniform für alle $f \in \mathcal{N}$ die Entscheidung liefert. Denn sobald wir $t = \langle f(0), \ldots, f(n-1) \rangle$ kennen, wissen wir: Ist $t = s$, so ist $f \in U = N_s$. Andernfalls ist $f \notin U$. Egal, was an Information $f(n), f(n+1), \ldots$ noch kommen mag.

Die Mengen N_s sind also besonders einfache Teilmengen von $\mathcal{N}$. Es gibt aber auch komplexere Teilmengen von $\mathcal{N}$, die immer noch offen und abgeschlossen sind:

Übung

Geben Sie ein offenes und abgeschlossenes $U \subseteq \mathcal{N}$ an, für das kein uniformer Zeitpunkt der Entscheidung „$f \in U$ oder $f \notin U$" existiert.

Die Verwendung von $\mathcal{N}$ ist hier wesentlich. Wir werden unten zeigen, daß für den Cantorraum $\mathcal{C}$ nur einfache offene und zugleich abgeschlossene Mengen existieren, die eine uniforme Entscheidung zulassen.

Für offene Mengen U kann eine Entscheidung, ob ein beliebiges $f \in \mathcal{N}$ in U liegt oder nicht, unendlich lange auf sich warten lassen. Ist etwa U eine Menge N_s ohne ihren linken Ast, also $U = N_s - \{ s000\ldots \}$, so ist für $f = s000\ldots$ zu keinem Zeitpunkt die Entscheidung gefallen, ob f zur Menge U gehört oder nicht. Für alle endlichen Teilinformationen $t = s0\ldots0$ ist ein zukünftiges Eintreten in U als auch ein ewiges „Entlanglaufen am Rand" möglich. Ist $g \in U$, so liefert das erste $t = s00\ldots0k < g$ mit $k \neq 0$ die Entscheidung $g \in U$. U ist offen, aber nicht mehr wie N_s abgeschlossen.

Kodierung offener Mengen

Offene Mengen $U \subseteq \mathcal{N}$ können wir durch $\mathrm{Seq}(U) = \{ s \mid N_s \subseteq U \}$ kodieren. Stärker gilt:

Satz *(kanonische disjunkte Zerlegung einer offenen Menge in Basismengen)*

Sei A eine Menge, und sei $U \subseteq {}^{\mathbb{N}}A$ offen.

Dann existiert ein eindeutiges $S \subseteq \mathrm{Seq}_A$ mit:

(i) $U = \bigcup_{s \in S} N_s^A$,

(ii) $N_s^A \cap N_t^A = \emptyset$ für alle $s, t \in S$ mit $s \neq t$,

(iii) $N_t^A \cap ({}^{\mathbb{N}}A - U) \neq \emptyset$ für alle $t \in \mathrm{Seq}_A$ mit: $t < s$ für ein $s \in S$.

Beweis

Sei $T = \{ s \in \mathrm{Seq}_A \mid N_s^A \subseteq U \}$. Wir setzen:

$S = \{ s \in T \mid$ für alle $t < s$ gilt $t \notin T \}$.

Dann ist S wie gewünscht. Die Eindeutigkeit ist klar.

Der Leser vergleiche diesen Satz mit der Darstellbarkeit von offenen $U \subseteq \mathbb{R}$ durch disjunkte offene Intervalle.

Die Bedingung (iii) ist notwendig für die Eindeutigkeit, denn es gilt zum Beispiel $\mathcal{N} = N_{\langle\rangle} = \bigcup_{n \in \mathbb{N}} N_{\langle n \rangle}$.

Wir definieren:

Definition *(kanonischer Kode einer offenen Menge)*

Sei A eine Menge, und sei $U \subseteq {}^{\mathbb{N}}A$ offen. Dann heißt

$$S_U = \{ s \in Seq_A \mid N_s^A \subseteq U, \text{non}(N_t^A \subseteq U) \text{ für alle } t < s \}$$

der *(kanonische) offene Kode von U in* ${}^{\mathbb{N}}A$.

Nützlich ist zuweilen eine ähnliche Operation, die direkt auf $S \subseteq Seq_A$ operiert:

Definition *(offene Reduzierung eines $S \subseteq Seq_A$)*

Sei A eine Menge, und sei $S \subseteq Seq_A$. Dann heißt

$$S' = \{ s \in S \mid \text{es gibt kein } t \in S \text{ mit } t < s \}$$

die *offene Reduzierung von S.*

Ist $U = \bigcup_{s \in S} N_s^A$ für ein $S \subseteq Seq_A$, so ist $U = \bigcup_{s \in S_U} N_s^A = \bigcup_{s \in S'} N_s^A$. Die offene Reduzierung S′ eines $S \subseteq Seq_A$ ist aber i.a. verschieden von S_U für $U = \bigcup_{s \in S} N_s^A$.

Weiter definieren wir:

Definition *(Antikette)*

Sei A eine Menge, und sei $S \subseteq Seq_A$. S heißt eine *Antikette* in Seq_A, falls für alle $s, t \in S$ mit $s \neq t$ gilt:

s und t sind inkompatibel.

Eine Antikette S heißt *maximal*, falls es keine Antikette T in Seq_A gibt mit $S \subset T$.

Für alle $n \in \mathbb{N}$ ist $\{ s \in Seq_A \mid |s| = n \}$ eine maximale Antikette in Seq_A. Der Kode S_U eines offenen $U \subseteq {}^{\mathbb{N}}A$ und die offene Reduzierung eines $S \subseteq Seq_A$ sind jeweils Antiketten in Seq_A.

Repräsentation abgeschlossener Mengen durch Bäume

Auch für die abgeschlossenen Mengen eines Folgenraumes bietet sich eine natürliche und anschauliche Darstellung durch endliche Folgen an: Die abgeschlossenen Mengen entsprechen den Bäumen auf A. Die grundlegenden Begriffe über Bäume bestehend aus endlichen Folgen versammelt die folgende Definition.

Definition *(Mengen aus endlichen Folgen und Bäume, Tr(S), [S])*

Sei A eine Menge, und sei $S \subseteq \mathrm{Seq}_A$.

(i) Jedes $s \in S$ heißt ein *Knoten von S.*

(ii) $f \in {}^{\mathbb{N}}A$ heißt ein *unendlicher Pfad* oder ein *unendlicher Zweig von S,* falls $f|n \in S$ für unendlich viele $n \in \mathbb{N}$.

(iii) Der *Körper* von S, in Zeichen [S] ist definiert durch:

$[S] = \{ f \in {}^{\mathbb{N}}A \mid f \text{ ist ein unendlicher Pfad von } S \}$.

(iv) S heißt ein *Baum auf A,* falls für alle $s \in S$ gilt:

Ist $n < |s|$, so ist $s|n \in S$.

(v) $\mathrm{Tr}(S) = \{ t \in \mathrm{Seq}_A \mid t \le s \text{ für ein } s \in S \}$ heißt der *von S erzeugte Baum auf A.*

Bäume werden durch die Anfangsstück-Ordnung < partiell geordnet. Ein nichtleerer Baum enthält immer die leere Folge ∅ als *Wurzel,* d. h. als <-kleinstes Element. Die leere Menge gilt als Baum.

Die Folgenmengen Seq und Seq_m für $m \ge 2$ sind Bäume auf ℕ. Seq_2 heißt auch der *vollständige binäre Baum.*

Ein $T \subseteq \mathrm{Seq}_A$ ist genau dann ein Baum, falls T abgeschlossen unter Anfangsstücken ist. Ist T ein Baum, so ist $[T] = \{ f \in {}^{\mathbb{N}}A \mid f|n \in T \text{ für alle } n \in \mathbb{N} \}$.

Der Baum Tr(S) ist der ⊆-kleinste Baum, der S umfaßt, und insbesondere gilt Tr(T) = T, falls T ein Baum ist. Jedes S ist dicht „nach oben" in Tr(S): Für alle $t \in \mathrm{Tr}(S)$ existiert ein $s \in S$ mit $t \le s$. Für alle $S \subseteq \mathrm{Seq}_A$ ist [S] eine Teilmenge von [Tr(S)], aber die Umkehrung ist i.a falsch:

Übung

(i) Hat A mindestens zwei Elemente, so existiert eine Antikette S in Seq_A mit $[\mathrm{Tr}(S)] \neq \emptyset$.

(ii) Ist S eine Antikette in Seq_A, so ist $[S] = \emptyset$.

Neben Mengen $S \subseteq \mathrm{Seq}_A$ erzeugen auch Punktmengen $P \subseteq {}^{\mathbb{N}}A$ Bäume auf A:

Definition *(von Mengen erzeugte Bäume)*

Sei A eine Menge, und sei $P \subseteq {}^{\mathbb{N}}A$. Dann heißt

$T_P = \{ s \in \mathrm{Seq}_A \mid s < f \text{ für ein } f \in P \}$

der *zu P gehörige* oder *von P erzeugte Baum auf A.*

Der Übergang von P zu T_P ist nicht injektiv. Es gilt:

Übung

Sei A eine Menge, und sei $P \subseteq {}^{\mathbb{N}}A$. Dann sind äquivalent:

(i) P ist dicht in ${}^{\mathbb{N}}A$.

(ii) Es gilt $T_P = \mathrm{Seq}_A$.

Wir geben einigen ins Auge springenden Eigenschaften eines Baumes noch spezielle Namen.

Definition *(endlich verzweigte und perfekte Bäume, Blätter, $suc_T(s)$)*

Sei A eine Menge, und sei $T \subseteq Seq_A$ ein Baum auf A.

(i) T heißt *endlich verzweigt*, falls für alle $s \in T$ die Menge

$suc_T(s) = \{ sa \mid a \in A \text{ und } sa \in T \}$

der direkten Nachfolger von s in T endlich ist.

(ii) Ein $s \in T$ heißt ein *Blatt* von T, falls $suc_T(s) = \emptyset$ gilt.

(iii) T heißt *blattfrei*, falls T keine Blätter besitzt.

(iv) T heißt *perfekt*, falls für alle $s \in T$ ein $t \in T$ existiert mit:

(a) $s \leq t$,

(b) t hat mindestens zwei direkte Nachfolger in T.

Blattfreie Bäume haben also keine toten Äste, und perfekte Bäume spalten sich sogar oberhalb jedes Knotens irgendwann in mindestens zwei neue Äste auf: Für jedes $s \in T$ existieren inkompatible Fortsetzungen t_1 und t_2 von s in T. Ein blattfreier nicht perfekter Baum hat dagegen mindestens einen ab einer Stelle einsam vor sich hinwachsenden unendlichen Zweig.

Für alle $m \geq 2$ ist Seq_m ein endlich verzweigter perfekter Baum. Endlich verzweigte Bäume T sind aber oftmals nicht derartig homogen verzweigt. Die Kardinalität von $suc_T(s)$ kann von s abhängen.

Übung

Sei A eine Menge, und sei $T \subseteq Seq_A$ ein Baum. Dann sind äquivalent:

(i) T ist endlich verzweigt.

(ii) T hat endliche Stufen, d. h. für alle n ist $\{ s \in T \mid |s| = n \}$ endlich.

Bei der Betrachtung von Bäumen und ihren unendlichen Zweigen spielt der folgende Satz eine Schlüsselrolle. Für sich schon ansprechend genug ist er insbesondere bei Kompaktheitsargumenten ein bewährtes Qualitätswerkzeug. Er garantiert die Existenz eines unendlichen Zweiges in endlich verzweigten Bäumen mit unendlich vielen Knoten.

Satz *(Lemma von Denes König)*

Sei A eine Menge, und sei $T \subseteq Seq_A$ ein endlich verzweigter Baum.
Weiter sei T unendlich.
Dann ist $[T] \neq \emptyset$. Insbesondere gilt:
Ist A endlich und $S \subseteq Seq_A$ unendlich, so ist $[Tr(S)] \neq \emptyset$.

Beweisidee in einem Satz als Lebensweisheit: Gehe den Pfad, der Dir stets unendlich viele Möglichkeiten offenhält. Zugegeben ist der mathematische Beweis auch nicht wesentlich länger:

Beweis

Wir definieren rekursiv für $n \in \mathbb{N}$ Knoten s_n von T durch:

$s_0 = \emptyset$,

s_{n+1} = „ein $s \in suc_T(s_n)$ für welches $\{ t \in T \mid s \leq t \}$ unendlich ist“.

Ein solches s existiert wegen $suc_T(s_n)$ endlich, da

$\{ t \in T \mid s_n < t \} = \bigcup_{s \in suc_T(s_n)} \{ t \in T \mid s \leq t \}$

unendlich ist: Für n = 0 gilt dies wegen T unendlich, und andernfalls gilt es nach Induktionsvoraussetzung.
Wir setzen $f = \bigcup_{n \in \mathbb{N}} s_n$. Dann ist $f \in [T]$.

Zum Zusatz: Für unendliche $S \subseteq Seq_A$ und endliche A ist Tr(S) ein unendlicher endlich verzweigter Baum, und damit $[Tr(S)] \neq \emptyset$. ∎

$T = \{ s \in Seq \mid |s| \leq 1 \}$ ist ein unendlicher Baum mit $[T] = \emptyset$. Die Voraussetzung „Baum“ im Lemma von König ist aber ebenso wesentlich wie die endliche Verzweigung:

Übung

Es gibt ein unendliches $S \subseteq Seq_2$ mit $[S] = \emptyset$.

Dagegen gilt:

Übung

Sei A eine Menge, und sei $S \subseteq Seq_A$ derart, daß Tr(S) blattfrei ist (d. h. S hat keine maximalen Elemente). Dann sind äquivalent:

(i) $[S] = [Tr(S)]$.

(ii) $[S]$ ist abgeschlossen.

Im Umfeld des Lemmas von König und beim Nachdenken über den Unterschied zwischen $[S]$ und $[Tr(S)]$ stößt man auch auf den folgenden Begriff:

Definition *(Barrieren in Bäumen)*

Sei A eine Menge, und sei $T \subseteq Seq_A$ ein Baum auf A.
$B \subseteq T$ heißt eine *Barriere in T*, falls gilt:

Für alle $f \in [T]$ existiert ein $n \in \mathbb{N}$ mit $f | n \in B$.

Eine Barriere B′ heißt *Teilbarriere von B*, falls $B' \subseteq B$ gilt.

Eine einfache Folgerung aus dem Lemma von König ist nun der folgende Satz über die Existenz endlicher Teilbarrieren:

Satz *(Fächersatz)*

Sei A eine Menge, und sei $T \subseteq Seq_A$ ein endlich verzweigter Baum auf A. Dann hat jede Barriere B in T eine endliche Teilbarriere in T.

Beweis

Sei B' die offene Reduzierung von B. Dann ist B' eine Barriere in T.
B' ist eine Antikette in Seq_A, und wegen B' Barriere in T gilt $[\mathrm{Tr}(B')] = \emptyset$.
Nach dem Lemma von König ist dann $\mathrm{Tr}(B')$ und damit B' endlich.

Übung

Beweisen Sie das Lemma von König mit Hilfe des Fächersatzes.

Wir zeigen nun einen Darstellungssatz für abgeschlossene Mengen.

Satz *(Repräsentation abgeschlossener Mengen)*

Sei $P \subseteq {}^{\mathbb{N}}A$. Dann sind äquivalent:

(i) P ist abgeschlossen.

(ii) Es gibt einen Baum T auf A mit $P = [T]$.

Beweis

(i) $\curvearrowright$ *(ii):* Sei $T = T_P$. Wir zeigen $[T] = P$.
Sei $f \in P$. Für alle n ist $f|n \in T$. Also ist $f \in [T]$. Also $P \subseteq [T]$.
Sei nun $f \in [T]$. Dann existiert für jedes n ein $f_n \in P$ mit $f|n = f_n|n$.
Also $f = \lim_{n \to \infty} f_n$. Wegen P abgeschlossen ist also $f \in P$.
Also auch $[T] \subseteq P$.

(ii) $\curvearrowright$ *(i):* Sei $P = [T]$ für einen Baum T.
Sei $f \in {}^{\mathbb{N}}A - P$. Dann existiert ein n mit $s = f|n \notin T$.
Dann ist aber $N_s^A \subseteq {}^{\mathbb{N}}A - P$, da T Baum.
Also ist ${}^{\mathbb{N}}A - P$ offen und damit P abgeschlossen.

Der Beweis zeigt: Für abgeschlossene P gilt $[T_P] = P$. Der Übergang von P zu T_P ist also injektiv für die abgeschlossenen Mengen. Offenbar ist T_P der einzige blattfreie Baum T mit $P = [T]$. Wir definieren:

Definition *(kanonischer Kode einer abgeschlossenen Menge)*

Sei $P \subseteq {}^{\mathbb{N}}A$ abgeschlossen.
Dann heißt T_P der *kanonische (abgeschlossene) Kode von P in ${}^{\mathbb{N}}A$.*

Die beiden Kodierungen zeigen einmal mehr: Abgeschlossene Mengen sind komplizierter als offene Mengen.

Für Mengen $U \subseteq {}^{\mathbb{N}}A$, die zugleich offen und abgeschlossen sind, haben wir zwei verschiedene Kodes definiert. Den Kode $S = S_U$ für offene U und den Kode $T = T_U$ für abgeschlossene U. Es gilt $T = \{ t \in \mathrm{Seq}_A \mid$ es gibt ein $s \in S$ mit $t \leq s$ oder $s \leq t \}$. Ist S der Kode einer beliebigen offenen Menge U, so liefert diese Definition den Kode T von $\mathrm{cl}(U)$.

Allgemein gilt:

Übung

Sei A eine Menge, und sei $P \subseteq {}^{\mathbb{N}}A$. Dann gilt $[T_P] = \mathrm{cl}(P)$.

Perfekte Mengen

Wir betrachten nun noch spezielle abgeschlossene Mengen. Hierzu definieren wir für topologische Räume diejenigen Begriffe, deren Untersuchung für den Raum $\mathbb{R}$ im letzten Viertel des 19. Jahrhunderts die Mengenlehre und in der Folge auch die Topologie und Maßtheorie in Gang setzte. Sie gehen auf Cantor zurück.

Definition *(isolierte Punkte, Häufungspunkte, perfekte Räume, perfekte Mengen)*
Sei $\mathscr{X} = \langle X, \mathscr{U} \rangle$ ein topologischer Raum, und sei $P \subseteq X$.

(i) Ein $x \in P$ heißt ein *isolierter Punkt* von P, falls es ein offenes U gibt mit $U \cap P = \{ x \}$.

(ii) Ein $x \in X$ heißt ein *Häufungspunkt* oder *Limespunkt* von P, falls für alle offenen U mit $x \in U$ gilt:
$U \cap P$ ist unendlich.

(iii) P heißt *perfekt (in $\mathscr{X}$)*, falls P abgeschlossen ist und keine isolierten Punkte besitzt.

(iv) $\mathscr{X}$ heißt *perfekt*, falls X perfekt ist.

In der Definition von „Häufungspunkt" lassen wir beliebige $x \in X$ zu; sie können zu P gehören oder nicht. Ist $x \in P$ kein isolierter Punkt von P, so ist x ein Häufungspunkt von P.

Da X immer abgeschlossen in $\mathscr{X}$ ist, ist $\mathscr{X}$ genau dann perfekt, wenn X keine isolierten Punkte besitzt.

Ist $P \subseteq \mathscr{N}$ und $f \in P$, so ist f genau dann ein isolierter Punkt von P, wenn es ein $s \in \text{Seq}$ gibt mit $N_s \cap P = \{ f \}$. Ist f ein Häufungspunkt von P, so laufen für alle $s < f$ unendlich viele Elemente von P durch s. Umgekehrt gilt bereits:

Übung
Ist $f \in P$, und läuft durch jedes $s < f$ noch mindestens ein weiteres $g \in P$ (d. h. es gibt ein $g \in P$ mit $s < g$ und $g \neq f$), so ist f ein Häufungspunkt von P.

Die perfekten Teilmengen von $\mathscr{N}$ entsprechen nun genau den perfekten Bäumen. Allgemein gilt der einfach zu zeigende Satz:

Satz *(Darstellung perfekter Mengen durch perfekte Bäume)*
Sei A eine Menge, und sei $P \subseteq {}^{\mathbb{N}}A$. Dann sind äquivalent:

(i) P ist perfekt.

(ii) P ist abgeschlossen und T_P ist perfekt.

Die leere Menge und der leere Baum gelten als perfekt.

Dem Begriff der perfekten Menge kommt eine Schlüsselrolle in der Approximation des Kontinuumsproblems zu. Wir werden ihn in der Folge noch genauer untersuchen.

Die kanonische Ordnung auf dem Baireraum

Definition *(die kanonische Ordnung < auf $\mathcal{N}$)*

Für f, g ∈ $\mathcal{N}$ mit f ≠ g definieren wir:

$f < g$ *falls* $f(n) < g(n)$ für $n = \delta(f, g)$,

wobei wieder $\delta(f, g) = \min(\{ n \in \mathbb{N} \mid f(n) \neq g(n) \})$.

< heißt die *kanonische (lexikographische) Ordnung auf $\mathcal{N}$*.

Eine Verwechslung mit der Anfangsstückrelation „$s < t$ *gdw* $s \subset t$" ist nicht zu befürchten, da $f \subset g$ für f, g ∈ $\mathcal{N}$ nicht möglich ist.

$\langle \mathcal{N}, < \rangle$ ist eine dichte lineare Ordnung. Die Ordnung ist nach rechts unbeschränkt, hat aber den linken Endpunkt $\langle 0, 0, 0, \ldots \rangle$. Die Menge aller in 0 terminierenden unendlichen Folgen ist dicht, und damit ist $\langle \mathcal{N}, < \rangle$ separabel.

Wir schreiben $]f, g[_{\mathcal{N}}$ oder kurz $]f, g[$ usw. für die Intervalle von $\langle \mathcal{N}, < \rangle$. Alle $]f, g[$ sind offene Mengen in der Topologie von $\mathcal{N}$. Weiter ist $[f, g[$ genau dann offen, wenn f schließlich gleich 0 ist. Analog sind alle $[f, g]$ abgeschlossene Mengen in $\mathcal{N}$, und $[f, g[$ ist genau dann abgeschlossen, wenn g in 0 terminiert.

Ist $A \subseteq \mathcal{N}$ dicht, so erzeugen die Intervalle $[s000\ldots, g[$, $s < g$, $g \in A$, die Topologie auf $\mathcal{N}$. (Die Menge $\{]f, g[\mid f, g \in A \}$ ist dagegen kein Erzeuger, da für jedes $s \in$ Seq gilt, daß $\bigcup \{]f, g[\mid]f, g[\subseteq N_s, f, g \in A \} = N_s - \{ s000\ldots \}$.)

Die Ordnung ist vollständig:

Satz *(Typ der kanonischen Ordnung)*

$\langle \mathcal{N}, < \rangle$ ist vollständig und genauer ordnungsisomorph zur reellen Ordnung $\langle [0, 1[, < \rangle$.

Beweis

Sei $A \subseteq \mathcal{N}$ nichtleer und beschränkt.

Wir definieren eine endliche oder unendliche Folge g rekursiv durch:

$g(n) = \max(\{ f(n) \mid f \in A, g|n < f \})$, *falls* dieses Maximum existiert.

Andernfalls brechen wir die Rekursion ab.

Ist $|g| = \omega$, so gilt offenbar $g = \sup(A)$.

Andernfalls sei $n = |g|$. Dann ist $n > 0$ wegen A beschränkt.

Wir definieren dann g^* durch

$g^* = g|(n-1) ^\frown \langle g(n) + 1 \rangle ^\frown \langle 0, 0, 0, \ldots \rangle$.

Dann ist $g^* = \sup(A)$.

Der Zusatz folgt aus den Charakterisierungssätzen aus Abschnitt 1.

Ist $h : \mathcal{N} \to [0, 1[$ ein Ordnungsisomorphismus, so ist h stetig und bijektiv, hat aber eine unstetige Umkehrabbildung. Sei hierzu $f_n = \langle 0, n, 0, 0, 0, \ldots \rangle$ für $n \in \mathbb{N}$. Dann ist $\lim_{n \to \infty} h(f_n) = h(\langle 1, 0, 0, 0, \ldots \rangle)$, aber $\langle f_n \mid n \in \mathbb{N} \rangle$ divergiert in $\mathcal{N}$. Oder: Das Bild der offenen Menge $N_{\langle 1 \rangle}$ ist nicht offen in $[0, 1[$.

Stetige Funktionen auf dem Baireraum

Stetige Funktionen $h : \mathcal{N} \to \mathcal{N}$ haben eine überraschend klare und sympathische Charakterisierung. Sie rechnen endliche Folgen in konsequenter Weise in endliche Folgen um. Genaueres besagt der folgende Satz.

Satz *(Charakterisierung von stetigen Funktionen h auf dem Baireraum)*
Sei $h : \mathcal{N} \to \mathcal{N}$. Dann sind äquivalent:

(i) h ist stetig.

(ii) Es gibt eine Funktion $\varphi : \mathrm{Seq} \to \mathrm{Seq}$ mit:

(a) φ ist monoton, d. h. für alle $s, t \in \mathrm{Seq}$ gilt:
$s \leq t$ *folgt* $\varphi(s) \leq \varphi(t)$.

(b) $h(f) = \bigcup_{n \in \mathbb{N}} \varphi(f|n)$ für alle $f \in \mathcal{N}$.

In (ii) können wir zudem $|\varphi(s)| \leq |s|$ verlangen.

Beweis

(i) $\curvearrowright$ (ii):
Für $s \in \mathrm{Seq}$ sei

$\varphi(s)$ = „das längste $t \in \mathrm{Seq}$ mit $h''N_s \subseteq N_t$ und $|t| \leq |s|$".

Dann ist φ wohldefiniert und erfüllt (ii) und die Zusatzbedingung.

(ii) $\curvearrowright$ (i):
Sei $f \in \mathcal{N}$, und sei $U = N_{h(f)|n}$ für ein $n \in \mathbb{N}$.
Nach (b) existiert ein $m \in \mathbb{N}$ mit $h(f)|n \leq \varphi(f|m)$.
Sei $s = f|m$. Dann gilt $h''N_s \subseteq U$ nach (a). Also ist h stetig.

Eine stetige Funktion h auf dem Baireraum formt also unendliche Informationen in einer solchen Weise ineinander um, daß jedes Anfangsstück $t < g$ des Ergebnisses einer Umformung von f zu $g = h(f)$ bereits durch eine – u. U. sehr umfangreiche – endliche Information $s < f$ bestimmt ist. Alle $f' \in \mathcal{N}$ mit $s < f'$ werden zu einem g' umgerechnet mit $t < g'$. Umgekehrt charakterisiert diese Stabilisierung von Anfangsstücken die stetigen Funktionen. Stetige Funktionen auf $\mathcal{N}$ verzerren und verschieben also „in Wahrheit" nur die Elemente von Seq in einer monotonen Weise, und hieraus ergeben sich dann zwangsläufig die Funktionswerte für unendliche Folgen. Diese Sicht auf stetige Funktionen unterstützt die Anschauung in vielen Argumenten, auch wenn wir oft direkt mit einem stetigen h statt mit einem zugehörigen $\varphi(h)$ argumentieren.

Übung
Formulieren und beweisen Sie einen analogen Satz für stetige Funktionen $f : X \to \mathcal{N}$, wobei $X \subseteq \mathcal{N}$ beliebig ist.

Einfache Homöomorphien

Ist A abzählbar unendlich, so ist ${}^{\mathbb{N}}A$ homöomorph zu $\mathcal{N}$: Ist $\pi : A \to \mathbb{N}$ bijektiv, so wird ein Homöomorphismus $H : {}^{\mathbb{N}}A \to \mathcal{N}$ definiert durch $H(f)(n) = \pi(f(n))$ für alle $f \in {}^{\mathbb{N}}A$ und $n \in \mathbb{N}$. Wir könnten uns also im wesentlichen immer auf $\mathcal{N}$ zurückziehen. Für manche Überlegungen ist aber etwa ${}^{\mathbb{N}}\mathbb{Z}$ angenehmer, und es ist dann nützlich, die allgemeine Notation zur Verfügung zu haben.

Weitere grundlegende Homöomorphieüberlegungen für die Folgenräume behandelt der folgende Satz. Er rechtfertigt die Konzentration der Theorie auf die beiden Spezialfälle $\mathcal{N}$ und $\mathcal{C}$.

Satz

(i) ${}^{\mathbb{N}}\mathcal{N}$, versehen mit der Produkttopologie, ist homöomorph zu $\mathcal{N}$, und ebenso ist ${}^{\mathbb{N}}\mathcal{C}$ mit der Produkttopologie homöomorph zu $\mathcal{C}$.

(ii) Sei $T \subseteq$ Seq ein endlich verzweigter perfekter Baum.
Dann ist $[T]$, versehen mit der Relativtopologie von $\mathcal{N}$, homöomorph zu $\mathcal{C}$.

(iii) Sei A eine endliche Menge mit mindestens zwei Elementen.
Dann sind ${}^{\mathbb{N}}A$ und $\mathcal{C}$ homöomorph.
Insbesondere sind alle $\mathcal{C}_n$ für $n \geq 2$ homöomorph.

Beweis

zu (i):

Sei $\pi : \mathbb{N}^2 \to \mathbb{N}$ die Cantorsche Paarungsfunktion.
Wir definieren eine Funktion $H : {}^{\mathbb{N}}\mathcal{N} \to \mathcal{N}$ durch

$$H(g)(n) \ = \ g(n_0)(n_1) \quad \text{für alle } n \in \mathbb{N},\, g \in {}^{\mathbb{N}}\mathcal{N}, \text{ wobei } (n_0, n_1) = \pi^{-1}(n).$$

Dann ist H ein Homöomorphismus.
Weiter zeigt $H \mid {}^{\mathbb{N}}\mathcal{C} \ : \ {}^{\mathbb{N}}\mathcal{C} \ \to \ \mathcal{C}$ die Homöomorphie von ${}^{\mathbb{N}}\mathcal{C}$ und $\mathcal{C}$.

zu (ii):

Wir begnügen uns mit dem Hinweis auf das Diagramm rechts, das eine Umformung einer endlichen Verzweigung in eine binäre Verzweigung zeigt.

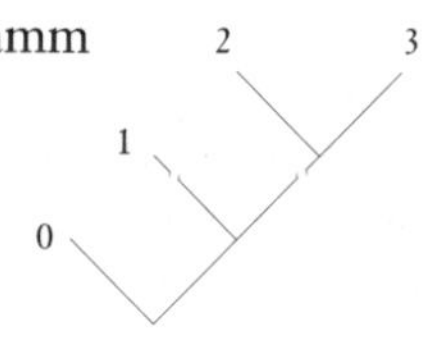

zu (iii):

Die Aussage ist ein Spezialfall von (ii).

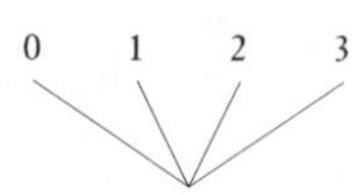

Eine weitere hübsche Homöomorphieüberlegung ist:

Übung

Sei $A = \{ f \in \mathcal{N} \mid f \text{ ist gleich Null schließlich} \}$.
Dann ist $\mathcal{N} - A$ homöomorph zu $\mathcal{N}$.

Im nächsten Kapitel zeigen wir einen Charakterisierungssatz von $\mathcal{N}$, der dieses Resultat als einfaches Korollar liefert. Einen einfachen und konkreten Homöomorphismus zwischen $\mathcal{N}$ und $\mathcal{N} - A$ vor Augen zu haben bietet aber nicht nur ein gewisses Aha-Erlebnis, sondern ist auch für spätere konkrete Konstruktionen vorbildlich.

Eine die reellen Zahlen betreffende Beobachtung ist:

Satz *(Homöomorphie von $\mathcal{N}$ und den irrationalen Zahlen)*

Sei $\mathcal{I} = \{ x \in \mathbb{R} \mid x \text{ ist irrational} \}$, und sei $\mathcal{I}_1 = \mathcal{I} \cap \,]0, 1[$.

Dann sind $\mathcal{I}$, $\mathcal{I}_1$ und $\mathcal{N}$ homöomorph.

Beweis

Kettenbruchentwicklung zeigt die Homöomorphie von $\mathcal{N}$ und $\mathcal{I} \cap \,]1, \infty[$ (wir diskutieren dies unten in „$\mathcal{N}$ versus $\mathbb{R}$“ genauer und erhalten die Homöomorphie dort auch ohne Verwendung von Kettenbrüchen).

Anwendung der Funktion $1/x$ liefert die Homöomorphie von $\mathcal{N}$ und $\mathcal{I}_1$.

Dann ist aber $\mathcal{I} = \bigcup_{z \in \mathbb{Z}} (\mathcal{I}_1 + z)$ homöomorph zu

$$\mathcal{N}' = \{ f \in {}^{\mathbb{N}}\mathbb{Z} \mid f(n) \in \mathbb{N} \text{ für alle } n \geq 1 \}.$$

Aber $\mathcal{N}'$ ist homöomorph zu $\mathcal{N}$ (via $H(f(0)) = \pi(f(0))$ und $H(f(n)) = f(n)$ für $n \geq 1$, wobei $\pi : \mathbb{Z} \to \mathbb{N}$ bijektiv.) ∎

Kompaktheit

Der Baireraum und der Cantorraum repräsentieren also eine große Klasse von Folgenräumen. Dagegen unterscheiden sich nun $\mathcal{N}$ und $\mathcal{C}$ untereinander wesentlich in Bezug auf Kompaktheitseigenschaften. Die kompakten Teilmengen der Folgenräume lassen sich nun generell überraschend einfach charakterisieren:

Satz *(Charakterisierung der kompakten Mengen in Folgenräumen)*

Sei A eine Menge, und sei $P \subseteq {}^{\mathbb{N}}A$. Dann sind äquivalent:

(i) P ist kompakt.

(ii) P ist abgeschlossen und T_P ist endlich verzweigt.

Beweis

(i) ↷ (ii):

Wegen P kompakt ist P abgeschlossen.

Sei $T = T_P$. *Annahme*, es existiert ein $s \in T$ mit unendlich vielen Nachfolgern in T. Dann ist

$$N^A_s \cap P \subseteq \bigcup_{a \in A} N^A_{s\,a}$$

eine offene Überdeckung von $N^A_s \cap P$ ohne endliche Teilüberdeckung. Also ist die abgeschlossene Menge $N^A_s \cap P \subseteq P$ und damit P selbst nicht kompakt, *Widerspruch.*

(ii) $\curvearrowright$ *(i)*:

Sei wieder $T = T_P$. Wegen P abgeschlossen ist $[T] = P$.
Sei $P \subseteq \bigcup_{s \in S} N_s^A$ für ein $S \subseteq T$.
Dann ist S eine Barriere in T.
Nach dem Fächersatz existiert eine endliche Teilbarriere $B \subseteq S$.
Dann ist aber $P \subseteq \bigcup_{s \in B} N_s^A$.

Explizit halten wir fest:

Korollar *(Kompaktheit des Körpers von endlich verzweigten Bäumen)*

Sei A eine Menge, und sei $T \subseteq \mathrm{Seq}_A$ ein Baum.
Dann ist $[T]$ genau dann kompakt, wenn T endlich verzweigt ist.
Weiter gilt:

(a) Ist A endlich, so ist ${}^{\mathbb{N}}A$ kompakt.

(b) Ist A unendlich, so ist ${}^{\mathbb{N}}A$ nirgendwo kompakt, d. h. für alle kompakten $P \subseteq {}^{\mathbb{N}}A$ ist $\mathrm{int}(P) = \emptyset$.

zu (b): Ist A unendlich und $N_s^A \subseteq P$, so ist T_P an der Stelle s unendlich verzweigt, und damit ist P nicht kompakt.

Beschränken wir uns auf abzählbare Alphabete, so bilden der Cantorraum und der Baireraum die beiden Gegenpole in den Folgenräumen: $\mathcal{C}$ ist kompakt, $\mathcal{N}$ ist nirgendwo kompakt.

Mit einem Fächersatz-Argument können wir auch die zugleich offenen und abgeschlossenen Mengen des Cantorraumes charakterisieren. Allgemein zeigen wir:

Satz *(Charakterisierung der offenen und abgeschlossen Mengen in [T])*

Sei A eine Menge, und sei T ein endlich verzweigter Baum auf A.
Weiter sei $P \subseteq [T]$. Dann sind äquivalent:

(i) P ist offen und abgeschlossen in $[T]$ (wobei $[T] \subseteq {}^{\mathbb{N}}A$ mit der Relativtopologie versehen wird).

(ii) Es gibt ein endliches $B \subseteq \mathrm{Seq}_A$ mit $P = \bigcup_{s \in B} N_s^A \cap [T]$.

Beweis

(i) $\curvearrowright$ *(ii)*:

Wegen P offen in $[T]$ ist $P = \bigcup_{s \in S} N_s^A \cap [T]$ für ein $S \subseteq \mathrm{Seq}_A$.
Wegen P abgeschlossen ist aber $[T_P] = P$ und S eine Barriere in T_P.
Da T endlich verzweigt ist, existiert eine endliche Teilbarriere B von S, und dann ist B wie gewünscht.

(ii) $\curvearrowright$ *(i)*:

Ist klar, da alle $N_s^A \cap [T]$ zugleich offen und abgeschlossen in $[T]$ sind.

Für den Cantorraum sind also die offenen und abgeschlossenen Mengen genau die Mengen der Form $\bigcup_{s \in S} C_s$ für ein endliches $S \subseteq \mathrm{Seq}_2$. Im Gegensatz zu

$\mathcal{N}$ gibt es also nur „zeitlich uniform entscheidbare“ offene und abgeschlossene Teilmengen U von $\mathscr{C}$: Es gibt ein $n \in \mathbb{N}$ derart, daß für alle $f \in \mathscr{C}$ die Information $f|n$ genügt, um zu entscheiden, ob $f \in U$ gilt oder nicht. Für offene und zugleich abgeschlossene Teilmengen von $\mathcal{N}$ gibt es ebenfalls einen solchen Entscheidungszeitpunkt n, er hängt aber i.a. von f ab.

Baireraum, Cantorraum und Kontinuum im Vergleich

Nach diesen einführenden Betrachtungen der Folgenräume vergleichen wir nun den Baireraum, den Cantorraum und die klassischen reellen Zahlen untereinander, und suchen nach natürlichen Abbildungen zwischen diesen Räumen.

Es gibt drei mögliche Paarungen. Wir beginnen mit $\mathcal{N}$ und $\mathbb{R}$.

$\mathcal{N}$ versus $\mathbb{R}$

Wir untersuchen das Verhältnis von $\mathcal{N}$ und $\mathbb{R}$ zunächst unter Rückgriff auf die Ergebnisse über unendliche Kettenbrüche aus Kapitel 1.1.

Für ein $f \in \mathcal{N}$ sei $\varphi(f) = 1/[f(0) + 1, f(1) + 1, f(2) + 1, \dots]$. Nach den Sätzen über Kettenbrüche ist dann $\varphi : \mathcal{N} \to [0, 1] - \mathbb{Q}$ ein Homöomorphismus zwischen dem Baireraum und den irrationalen Zahlen des reellen Einheitsintervalls. Die Dynamik dieser Abbildung läßt sich einfach visualisieren. Wir tragen $[0, 1]$ senkrecht auf, und notieren rechts einige $s \in \mathrm{Seq}$. Die Position von $s = \langle s(0), s(1), \dots, s(n)\rangle$ entspricht dabei den reellen Werten $1/[s(0) + 1, \dots, s(n) + 1]$. Wir verwenden hierbei die Gleichung $[n_0, \dots, n_k + 1] = [n_0, \dots, n_k, 1]$ für endliche Kettenbrüche mit $n_i \geq 1$.

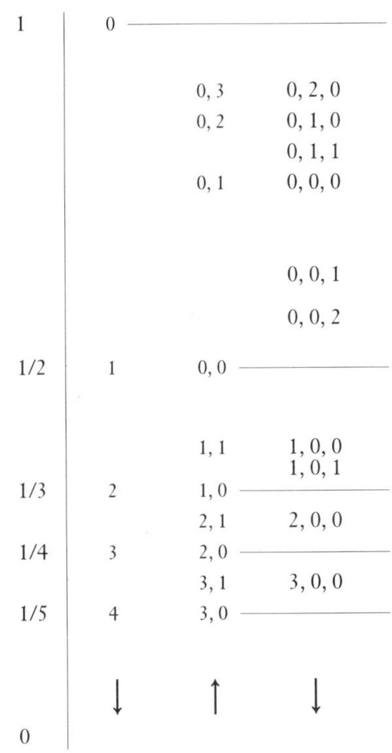

Die n-te Spalte neben dem Intervall $[0, 1]$ enthält alle $s \in \mathrm{Seq}$ der Länge n. Die Pfeile unter den Spalten deuten die Veränderung der Positionen von Folgen s an, wenn deren letzter Eintrag schrittweise erhöht wird. Dabei werden keine anderen Folgen oder Trennlinien übersprungen. Die Pfeilrichtung wechselt nach jeder Spalte.

Damit ergibt sich das folgende Bild, wenn wir nur an der Lage der Folgen s untereinander interessiert sind: Wir teilen rekursiv ein Intervall $I_s \subseteq [0, 1]$, $s \in \mathrm{Seq}$, in unendlich viele abgeschlossene und sich berührende Teilintervalle I_{s0}, I_{s1}, I_{s2}, … auf, startend mit $I_\emptyset = [0, 1]$. Genauer wird die Unterteilung durch eine Folge gegeben, die gegen den rechten Randpunkt von I_s konvergiert, falls s gerade Länge hat, und gegen den linken Randpunkt von I_s sonst. Die Längen aller Intervalle $I_{f|n}$ können wir durch geeignete Wahl der Unterteilungspunkte gegen Null für alle $f \in \mathcal{N}$ konvergieren lassen. Wir definieren dann die eindeutige reelle Zahl x mit $\bigcap_{n \in \mathbb{N}} I_{f|n} = \{ x \}$ als $\xi(f)$. Die entstehende Funktion ξ ist dann ein Homöomorphismus zwischen $\mathcal{N}$ und $[0, 1] - A$, wobei A eine abzählbare dichte Teilmenge von $[0, 1]$ ist, nämlich die Menge aller Intervallgrenzen der Konstruktion.

Wählen wir die Intervallzerlegungen nun nach den reziproken Werten von endlichen Kettenbrüchen wie im Diagramm oben, so erhalten wir genau die Abbildung $\varphi : \mathcal{N} \to [0, 1] - \mathbb{Q}$. Die Kettenbruch-Abbildung φ ist damit nur ein spezielles Beispiel einer allgemeinen Konstruktion, die für beliebige abzählbare und dichte Teilmengen A von $[0, 1]$ mit $0, 1 \in A$ einen Homöomorphismus $\xi : \mathcal{N} \to [0, 1] - A$ liefert. Der Wechsel der Pfeilrichtung, der für die Abbildung φ durch das Pendelverhalten der endlichen Kettenbrüche gewährleistet wird, ist wesentlich für die Stetigkeit von ξ^{-1}:

Übung

Werden in obiger Konstruktion die Intervalle I_s stets derart in Intervalle $I_{s0}, I_{s1}, I_{s2}, \ldots$ zerlegt, daß die rechte Intervallgrenze von I_s der Limes der neuen Intervallgrenzen ist, so ist die entstehende Abbildung $\xi : \mathcal{N} \to [0, 1[$ bijektiv und stetig, aber ξ^{-1} ist unstetig.

[ξ führt neue Nähebeziehungen ein: Für $n \in \mathbb{N}$ sei $f_n = \langle 0, n, 0, 0, 0, \ldots \rangle$. Dann gilt $\lim_{n \to \infty} \xi(f_n) = \xi(\langle 1, 0, 0, 0, \ldots \rangle)$, aber $\langle f_n \mid n \in \mathbb{N} \rangle$ konvergiert nicht in $\mathcal{N}$.]

Übung

Es existieren stetige bijektive Abbildungen $\xi : \mathcal{N} \to]0, 1[$ und $\xi' : \mathcal{N} \to \mathbb{R}$.

[Starte mit einer Zerlegung von $]0, 1[$ des Typs $\mathbb{Z}$ (vgl. die folgende Diskussion), und zerlege die Intervalle danach wie in der letzten Übung. Dies liefert ξ. Weiter sind $]0, 1[$ und $\mathbb{R}$ sogar homöomorph. Alternativ liefert der Start mit $\mathbb{R}$ statt $]0, 1[$ unter dieser Konstruktion direkt ξ'.]

Den Effekt des Wechsels der Pfeilrichtung können wir auch erreichen, indem wir die Intervalle I_s iteriert in neue Intervalle zerlegen, deren Endpunkte wie die ganzen Zahlen geordnet sind. Dieses Vorgehen liefert Homöomorphismen von $\mathcal{N}$ nach $[0, 1] - A$, wenn die Menge A aller Intervallgrenzen dicht in $[0, 1]$ liegt. Wir wollen diese Konstruktion nach dem gerade skizzierten Vorgehen nun formal durchführen. Hierzu ist es natürlich, den zu $\mathcal{N}$ homöomorphen Raum $\mathcal{Z} = {}^{\mathbb{N}}\mathbb{Z}$ zu betrachten, versehen mit der durch die Mengen $Z_s = \{ f \in {}^{\mathbb{N}}\mathbb{Z} \mid s \subseteq f \}$ für endliche Folgen s in $\mathbb{Z}$ erzeugten Topologie.

Sei A eine abzählbare und dichte Teilmenge von $[0, 1]$, etwa $A = \mathbb{Q} \cap [0, 1]$, oder A = „die Menge der algebraischen Zahlen im Einheitsintervall". Wir fixieren eine Aufzählung $q_0, q_1, \ldots$ von A ohne Wiederholungen.

Für reelle $0 \leq a < b \leq 1$ definieren wir nun rekursiv für $n \in \mathbb{N}$:

c_0 = „das erste q der Aufzählung von A mit $a < q < b$",

c_{n+1} = „das erste q der Aufzählung von A mit $c_n < q < b$",

c_{-n-1} = „das erste q der Aufzählung von A mit $a < q < c_{-n}$",

und setzen $I_j([a, b]) = [c_j, c_{j+1}]$ für $j \in \mathbb{Z}$. Damit haben wir $[a, b]$ in $\mathbb{Z}$-viele (im ordnungstheoretischen Sinn) Intervalle zerlegt.

Wir definieren nun rekursiv abgeschlossene Intervalle I_s für $s \in \mathrm{Seq}_{\mathbb{Z}}$ durch

$I_{\langle\rangle} = [0, 1]$,

$I_{sj} = I_j(I_s)$ für $j \in \mathbb{Z}$.

Dann besteht $\bigcap_{n \in \mathbb{N}} I_{f|n}$ aus genau einem Punkt $\xi(f)$ für alle $f \in \mathfrak{X}$ (!), und die Abbildung $\xi : \mathfrak{X} \to \,]0, 1[\, - A$ ist ein Homöomorphismus.

Damit haben wir den ordnungstheoretischen Kern der Homöomorphie zwischen dem Baireraum und den irrationalen reellen Zahlen aufgedeckt. Die Kettenbrüche liefern einen konkreten Homöomorphismus, aber es werden letztendlich nur gewisse Zerlegungseigenschaften gebraucht, die die Kettenbrüche den reellen Zahlen aufnötigen. Aus struktureller Sicht sind die Typ $\mathbb{Z}$-Zerlegungen dann sogar einfacher als die Zerlegungen des Kettenbruchtyps, die man als Zerlegungen des Typs $(\mathbb{N}, \mathbb{N}^*)$ bezeichnen könnte, wobei $\mathbb{N}^*$ den Ordnungstyp der negativen ganzen Zahlen bezeichnet.

Wir wollen nun noch die endlichen Folgen in die Abbildung ξ mit einbinden. Sei hierzu $\mathfrak{X}^* = \mathfrak{X} \cup \mathrm{Seq}_{\mathbb{Z}} - \{\emptyset\}$. Wir definieren für $f, g \in \mathfrak{X}^*$ mit $f \neq g$:

$f < g$ *falls* $f(\delta) < g(\delta)$ für $\delta = \delta(f, g)$,

wobei wir uns hier Elemente von $\mathrm{Seq}_{\mathbb{Z}} - \{\emptyset\}$ um einen letzten Wert $-\infty$ fortgesetzt denken. Dann existiert $\delta(f, g)$ für alle $f \neq g$ und es gilt $f < g$, falls $f \subset g$. Mit dieser Verabredung ist z. B. $\langle 1, 0, 0\rangle = \langle 1, 0, 0, -\infty\rangle < \langle 1, 0, 0, -10, \ldots\rangle$. Dagegen ist etwa $\langle 1, -1, 2, \ldots\rangle < \langle 1, 0\rangle = \langle 1, 0, -\infty\rangle$.

Die entstehende Ordnung ist linear, und wir versehen $\mathfrak{X}^*$ mit der durch die offenen Intervalle $I_{f,g} = \{ h \in \mathfrak{X}^* \mid f < h < g \}$ erzeugten Topologie. Dann ist die Topologie auf $\mathfrak{X}$ die Relativtopologie dieser Ordnungstopologie, und wir können ξ zu einem Homöomorphismus $\xi^* : \mathfrak{X}^* \to \,]0, 1[$ erweitern durch:

$\xi^*(s)$ = „der linke Randpunkt von I_s" für $s \in \mathrm{Seq}_{\mathbb{Z}}$, $s \neq \emptyset$.

ξ^* ist dann auch ein Ordnungsisomorphismus zwischen $\langle \mathfrak{X}^*, < \rangle$ und dem offenen reellen Einheitsintervall, versehen mit der üblichen Ordnung. (Definiert man die Ordnung auf $\mathfrak{X}^*$ mit Hilfe von ∞ statt $-\infty$, so setzt man $\xi^*(s)$ = „der rechte Randpunkt von I_s".)

Die Abbildung $\xi^* : \mathfrak{X}^* \to \,]0, 1[$ läßt sich wie folgt visualisieren. Man zeichnet die Punkte $(\ell_s, 1 - 1/2^{|s|})$ für $s \in \mathrm{Seq}_{\mathbb{Z}}$ in das Quadrat $[0, 1]^2$ ein, wobei ℓ_s den linken Randpunkt des Intervalls I_s bezeichnet. Die Menge $[0, 1] \times \{1\}$ ist eine Teilmenge der Häufungspunkte der so entstehenden Punktmenge. Für jedes $f \in \mathscr{X}$ ist der Limes der Folge $\langle(\ell_{f|n}, 1 - 1/2^n) \mid n \in \mathbb{N}\rangle$ im $\mathbb{R}^2$ gerade der Punkt $(\xi^*(f), 1)$. Für $s \in \mathrm{Seq}_{\mathbb{Z}}$ ist $\xi^*(s) = \ell_s$, also $(\xi^*(s), 1) = (\ell_s, 1)$.

Mit diesen topologischen Konstruktionen kann $\mathbb{R}$ – oder jedes offene reelle Intervall – als der Raum $[\mathrm{Seq}_{\mathbb{Z}}] \cup \mathrm{Seq}_{\mathbb{Z}}$ angesehen werden, wobei wir den leeren Knoten streichen, um keinen linken (oder rechten) Randpunkt zu erzeugen. Wählen wir speziell $A = \mathbb{Q}$, so ist $\mathrm{Seq}_{\mathbb{Z}} - \{\emptyset\}$ die Menge der rationalen Zahlen.

$\mathscr{C}$ versus $\mathbb{R}$

Der Cantorraum $\mathscr{C}$ ist homöomorph zur bekannten Cantormenge $C \subseteq \mathbb{R}$, versehen mit der Relativtopologie von $\mathbb{R}$. Dabei ist $C = \bigcap_{n \in \mathbb{N}} C_n$ für die rekursiv definierten kompakten Mengen $C_n \subseteq \mathbb{R}$, die durch iterierte Entfernung der offenen mittleren Drittelintervalle aus $[0, 1]$ entstehen, also

$$C_0 = [0, 1],$$

$$C_1 = [0, 1/3] \cup [2/3, 1],$$

$$C_2 = [0, 1/9] \cup [2/9, 1/3] \cup [2/3, 7/9] \cup [8/9, 1], \text{ usw.}$$

Die Menge C läßt sich auch direkt definieren als Menge aller Punkte des Einheitsintervalls, die eine 3-adische Entwicklung besitzen, in denen keine 1 vorkommt.

Die Elemente von $\mathscr{C}$ kodieren offenbar Elemente von C in einer der Schnittdarstellung von C entsprechenden Dynamik. Eine 0 bzw. 1 in einer Folge f in $\mathscr{C}$ können wir als „wähle das linke bzw. rechte Drittel des aktuellen Intervalls als neues aktuelles Intervall" lesen. Startend mit $[0, 1]$ erhalten wir so durch Schnittbildung aller gemäß den Aufforderungen $f(0), f(1), f(2), \ldots$ besuchten Intervalle eine f zugeordnete reelle Zahl $x = \xi(f)$. Die entstehende Abbildung ξ von $\mathscr{C}$ nach C ist ein Homöomorphismus.

Cantor gab seine Menge als ein Beispiel für eine überabzählbare und abgeschlossene Menge von reellen Zahlen an, die keine Intervalle enthält. Heute taucht das Cantorsche Diskontinuum an verschiedenen Stellen auf. Wir werden später eine verblüffende Universalitätseigenschaft von $\mathscr{C}$ beweisen.

Statt *ein* inneres Intervall aus $[0, 1]$ zu entfernen, können wir für $n \geq 2$ allgemein $n - 1$ innere Intervalle aus $[0, 1]$ entfernen und dies iterieren. Die Homöomorphie der Räume $\mathscr{C}_n$ für $n \geq 2$ zeigt für $\mathbb{R}$, daß eine derartige iterierte Ausdünnung eines kompakten Intervalls ein zur Cantormenge topologisch äquivalentes Ergebnis hinterläßt. Wir können sogar die Anzahl n der entfernten Intervalle von der Stelle der Konstruktion abhängig machen und etwa abwechselnd zwei bzw. drei Intervalle entfernen. Das Ergebnis ist homöomorph zu $[T]$ für einen endlichen verzweigten perfekten Baum T, und $[T]$ ist homöomorph zu $\mathscr{C}$.

Die erste Idee einer Vermittlung zwischen dem Cantorraum und dem Kontinuum ist aber vielleicht nicht die Bijektion zwischen $\mathscr{C}$ und der Cantormenge C, sondern die Abbildung $\xi : \mathscr{C} \to [0, 1]$ mit

$$\xi(g) = \Sigma_{n \in \mathbb{N}}\, g(n)/2^{n+1} \quad \text{für } g \in \mathscr{C},$$

die ein $g \in \mathscr{C}$ als reelle Zahl $0, g(0)\, g(1)\, g(2) \dots$ in Binärdarstellung auffaßt. ξ ist surjektiv und stetig, aber nicht injektiv. Im Sinne der obigen iterierten Zerlegung von $I_{\langle\rangle} = [0, 1]$ ist die Abbildung ξ das Ergebnis der iterierten Zerlegung von I_s in zwei Teile für $s \in \mathrm{Seq}_2$.

Die Abbildung ξ „verklebt" je zwei Elemente der Form $s ^\frown \langle 0, 1, 1, 1, \dots \rangle$ und $s ^\frown \langle 1, 0, 0, 0, \dots \rangle$ von $\mathscr{C}$ (und nur solche). Das Intervall $[0, 1]$ ist homöomorph zum topologischen Quotientenraum $\mathscr{C}/\!\equiv$, mit $g_1 \equiv g_2$, falls $\xi(g_1) = \xi(g_2)$ (ein $U \subseteq \mathscr{C}/\!\equiv$ ist offen in $\mathscr{C}/\!\equiv$ *gdw* $\bigcup U$ ist offen in $\mathscr{C}$). Das Verkleben von ξ entspricht folgendem Vorgang: Wir identifizieren $\mathscr{C}$ mit der Cantormenge C. Nun ziehen wir die abzählbar vielen bei der Konstruktion von C entfernten Intervalle zu je einem einzigen Punkt zusammen, d.h. wir identifizieren die Intervallgrenzen. Dadurch entsteht ein zu $[0, 1]$ homöomorpher Raum, in dem die alten Intervallgrenzen von C zu einer abzählbaren dichten Teilmenge geworden sind. Andersherum betrachtet heißt das: C entsteht, wenn wir in $[0, 1]$ jede rationale Zahl in eine „linke und rechte Hälfte" zerteilen, und die beiden Hälften dann nicht mehr miteinander identifizieren, sondern auseinanderschieben und als voneinander getrennt betrachten.

$\mathscr{N}$ versus $\mathscr{C}$

So verschieden die Räume $\mathscr{N}$ und $\mathscr{C}$ auch sind, so gibt es doch sehr natürliche Homöomorphismen zwischen $\mathscr{N}$ und „fast ganz" $\mathscr{C}$. Wir können z. B. $5 \in \mathbb{N}$ durch 00000 oder 11111 kodieren, und so ein $f \in \mathscr{N}$ in ein $g \in \mathscr{C}$ umformen. Dies suggeriert zwei Abbildungen von $\mathscr{N}$ nach $\mathscr{C}$. Bei der ersten kodieren wir $n \in \mathbb{N}$ durch (o. E.) 1-Ketten und verwenden die 0 als Trennfuge, bei der zweiten wechseln wir demokratisch zwischen einer Kodierung durch 0- bzw. 1-Folgen ab. Die genauen Definitionen lauten:

Definition *(die Standardabbildungen ψ_1, $\psi_2 : \mathscr{N} \to \mathscr{C}$)*

Für $f \in \mathscr{N}$ sei $\psi_1(f)$ dasjenige Element von $\mathscr{C}$, das durch folgende 0-1-Kette gegeben ist:

f(0)-Einsen, 0, f(1)-Einsen, 0, f(2)-Einsen, 0, f(3)-Einsen, 0, …

Analog definieren wir für $f \in \mathscr{N}$ $\psi_2(f)$ durch die 0-1-Kette:

f(0)-Einsen, 0, f(1)-Nullen, 1, f(2)-Einsen, 0, f(3)-Nullen, 1, … =
f(0)-Einsen, (f(1) + 1)-Nullen, (f(2) + 1)-Einsen, (f(3) + 1)-Nullen, …

Es gilt dann:

$$\begin{aligned}\mathrm{rng}(\psi_1) &= \{ g \in \mathscr{C} \mid g(n) = 0 \text{ unendlich oft} \},\\ \mathrm{rng}(\psi_2) &= \{ g \in \mathscr{C} \mid g(n) = 0 \text{ unendlich oft und } g(n) = 1 \text{ unendlich oft} \}\\ &= \{ g \in \mathscr{C} \mid g \text{ ist nicht schließlich konstant} \}.\end{aligned}$$

Die Definition der zweiten Abbildung über die 0-1-Kette
(f(0) + 1)-Einsen, (f(1) + 1)-Nullen, (f(2) + 1)-Einsen, (f(3) + 1)-Nullen, …
hat den Nachteil, daß jedes Bild mit einer 1 beginnt. Obiges ψ_2 ist symmetrischer.

Die beiden Abbildungen sind Homöomorphismen zwischen $\mathcal{N}$ und ihren Wertebereichen in $\mathcal{C}$, und sie lassen jeweils abzählbar viele Werte aus $\mathcal{C}$ aus. ψ_2 hat gegenüber ψ_1 den Vorteil, daß $h \circ \psi_2 : \mathcal{N} \to [0, 1]$ ein Homöomorphismus zwischen $\mathcal{N}$ und $\mathrm{rng}(h \circ \psi_2)$ ist, wobei wieder $h(g) = \Sigma_{n \in \mathbb{N}}\, g(n)/2^{n+1}$ für $g \in \mathcal{C}$. Wie schon bei Einbettungen von $\mathcal{N}$ nach $[0, 1]$ ist also ein symmetrischer Ansatz von Vorteil.

Übung

Bestimmen Sie $R_1 = \mathrm{rng}(h \circ \psi_1)$ und $R_2 = \mathrm{rng}(h \circ \psi_2)$.
Zeigen Sie, daß $h \circ \psi_1 : \mathcal{N} \to R_1$ bijektiv und stetig ist, aber eine unstetige Umkehrabbildung besitzt.

Wir werden im nächsten Kapitel noch eine weitere konkrete und natürliche Abbildung $\psi_3 : \mathcal{N} \to \mathcal{C}$ angeben. Sie ist wie ψ_1 und ψ_2 stetig, aber im Gegensatz zu ψ_1 und ψ_2 sogar bijektiv. Die reine Existenz einer solchen Abbildung ist ein nichttriviales Ergebnis.

Literatur

König, Denes 1927 Über eine Schlußweise aus dem Endlichen ins Unendliche: Punktmengen. Kartenfärben. Verwandtschaftsbeziehungen. Schachspiel; *Acta litterarum ac scientiarum regiae universitatis Hungaricae Francisco-Josephinae, sectio scientiarum mathematicarum 3 (1927), S. 121 – 130.*

Levy, Azriel 1979 Basic Set Theory; *Perspectives in Mathematical Logic, Springer, Berlin.*

Moschovakis, Yiannis 1994 Notes on Set Theory; *Springer, New York.*

2. Topologische Untersuchungen

Wir untersuchen in diesem Kapitel die besondere Stellung des Baireraumes $\mathcal{N}$ und des Cantorraumes $\mathcal{C}$ im weiten Feld der sog. polnischen Räume. Hierzu ergründen wir zuerst ihr „topologisches Wesen". Ähnlich wie die Ordnungen von $\mathbb{Q}$ und $\mathbb{R}$ durch wenige typische Merkmale bis auf Isomorphie charakterisiert sind, so sind auch der Baireraum und der Cantorraum durch einige auffällige Eigenschaften bereits bis auf Homöomorphie eindeutig bestimmt. Die Analyse liefert zudem einen vollständigen Überblick über die nulldimensionalen polnischen Räume. Nach diesen topologischen Charakterisierungen isolieren wir Universalitätseigenschaften von $\mathcal{N}$ und $\mathcal{C}$, die die beiden Strukturen unter allen polnischen Räumen besonders auszeichnen. Als Anwendung zeigen wir schließlich die Existenz von Peano-Kurven der Dimension $2 \leq n \leq \omega$.

Polnische Räume

Der Baireraum und allgemeiner alle Folgenräume ${}^{\mathbb{N}}A$ für abzählbare A gehören zu einer Klasse von topologischen Räumen, die an verschiedenen Stellen in der Mathematik auftauchen, etwa in der Maßtheorie. Sie bilden auch die allgemeine Umgebung für die ersten Schritte der klassischen deskriptiven Mengenlehre. Später werden wir dann auch noch Teilräume von polnischen Räumen betrachten, die i.a. nicht mehr polnisch sind.

Definition *(separable topologische Räume)*

Ein topologischer Raum $\mathcal{X} = \langle X, \mathcal{U} \rangle$ heißt *separabel*, falls $\mathcal{X}$ eine abzählbare dichte Teilmenge besitzt, d. h. es gibt ein abzählbares $A \subseteq X$ mit:

$A \cap U \neq \emptyset$ für alle nichtleeren $U \in \mathcal{U}$.

Übung

Ein metrisierbarer topologischer Raum $\mathcal{X}$ ist genau dann separabel, wenn eine abzählbare Basis von $\mathcal{X}$ existiert.

Übung

Sei $\mathcal{X} = \langle X, \mathcal{U} \rangle$ ein metrisierbarer separabler topologischer Raum. Dann ist $|X| \leq |\mathcal{U}| \leq 2^{\omega}$.

Der Baireraum ist separabel, denn $\{ f \in \mathcal{N} \mid f$ ist gleich 0 schließlich $\}$ ist abzählbar und dicht in $\mathcal{N}$.

Wir definieren:

Definition *(polnischer Raum)*

Sei $\mathscr{X} = \langle X, \mathscr{U} \rangle$ ein topologischer Raum.

$\mathscr{X}$ heißt ein *polnischer Raum*, falls gilt:

(i) $\mathscr{X}$ ist separabel.

(ii) $\mathscr{X}$ ist vollständig bzgl. einer Metrik, die die Topologie $\mathscr{U}$ erzeugt.

Die Bezeichnung „polnisch" hat Bourbaki eingeführt. Sie ist mittlerweile allgemein üblich, aber vielleicht nicht ganz glücklich. Analoge hypothetische Bezeichnungen wie *spanischer Raum* oder *deutscher Raum* für mathematische Objekte wirken doch eher befremdlich.

Übung

Sei A abzählbar. Dann ist der Folgenraum ${}^{\mathbb{N}}A$ unter der oben definierten Topologie ein polnischer Raum.

Polnische Räume sind also vollständig metrisierbare separable topologische Räume. Ein einfaches Beispiel erläutert die eigenwillige Formulierung, die eine Metrik erst nachträglich hereinnimmt: Ein offenes reelles Intervall I, versehen mit der Relativtopologie von $\mathbb{R}$ ist polnisch für eine geeignete die Topologie erzeugende Metrik! Die übliche Metrik auf I erzeugt dagegen zwar die Topologie, ist aber für nichttriviale offene Intervalle I nicht vollständig.

Übung

Geben Sie eine vollständige erzeugende Metrik für das reelle Intervall $]\,0, 1\,[$ unter der üblichen Topologie an.

Wir können immer annehmen, daß eine vollständige erzeugende Metrik $\mathrm{diam}(X) \leq 1$ erfüllt. Wir setzen hierzu nämlich $d = 1/(1 + d')$ für irgendeine vollständige erzeugende Metrik d' (d. h. $d(x, y) = 1/(1 + d'(x, y))$ für alle $x, y \in X$).

Viele metrische Räume führen zu polnischen Räumen: Ist $\mathscr{X} = \langle X, d \rangle$ ein separabler metrischer Raum, so ist seine Vervollständigung polnisch.

Ein endliches oder abzählbar unendliches Produkt von polnischen Räumen ist polnisch: Ist d_n eine vollständige Metrik für $\mathscr{X}_n = \langle X_n, \mathscr{U}_n \rangle$ mit $\mathrm{diam}(X_n) \leq 1$ für alle $n \in \mathbb{N}$, so ist die Metrik d mit

$$d(\langle x_n \mid n \in \mathbb{N} \rangle, \langle y_n \mid n \in \mathbb{N} \rangle) = \Sigma_{n \in \mathbb{N}}\, d_n(x_n, y_n)/2^n$$

vollständig und erzeugend für den Produktraum der $\mathscr{X}_n$, $n \in \mathbb{N}$. Im endlichen Fall kann man die Skalierungen $1/2^n$ weglassen.

Ist $\mathscr{X} = \langle X, \mathscr{U} \rangle$ ein kompakter topologischer Raum, der eine abzählbare Basis besitzt, so ist $\mathscr{X}$ metrisierbar (nach dem Satz von Urysohn). Jede erzeugende Metrik ist dann wegen der Kompaktheit des Raumes automatisch auch vollständig.

Ist $\mathscr{X} = \langle X, \mathscr{U} \rangle$ ein polnischer Raum und ist $A \subseteq X$ abgeschlossen, so ist A versehen mit der Relativtopologie wieder ein polnischer Raum. Genauer gilt: Ist d eine erzeugende vollständige Metrik, so ist die Einschränkung von d auf A eine erzeugende vollständige Metrik für den Teilraum A.

Diese Vererbung von *polnisch* nach unten ist aber i.a. nicht für beliebige Teilmengen von X richtig. Überraschenderweise sind aber abzählbare Schnitte von offenen Mengen in polnischen Räumen stets wieder polnisch. Eine vollständige

Metrik d für den ganzen Raum kann dabei aber i. a. nicht mehr einfach übernommen werden, sondern muß neu konstruiert werden (vgl. den folgenden Beweis).

Satz *(G_δ-Mengen sind polnische Teilräume)*

Sei $\mathscr{X} = \langle X, \mathscr{U} \rangle$ ein polnischer Raum.

(i) Seien U_n offen für $n \in \mathbb{N}$, und sei $P = \bigcap_{n \in \mathbb{N}} U_n$.
Dann ist P ein polnischer Raum (versehen mit der Relativtopologie von $\mathscr{X}$).

(ii) Ist $A \subseteq X$ abzählbar, so ist $X - A$ ein polnischer Raum.

Beweis

zu (i): Sei $A_n = X - U_n$ für alle $n \in \mathbb{N}$.
Weiter sei d eine vollständige Metrik für $\mathscr{X}$.
Für $A \subseteq X$ und $x \in X$ sei

$$d(x, A) = \inf(\{ d(x, y) \mid y \in A \}).$$

Dann wird eine Metrik d* auf P gegeben durch:

$$d^*(x, y) = d(x, y) + \Sigma_{n \in \mathbb{N}} \min(1/2^{n+1}, |d(x, A_n)^{-1} - d(y, A_n)^{-1}|).$$

Die Metrik d* erzeugt die Topologie auf P. Weiter ist d* vollständig.
Die Details seien dem Leser zur Übung überlassen.

zu (ii): Folgt aus (i) mit $P = \bigcap_{x \in A} X - \{ x \}$.

So ist etwa $[a, b] - A$ für abzählbare $A \subseteq \mathbb{R}$ und $a, b \in \mathbb{R}$ polnisch unter der üblichen Topologie.

Übung

Der Leser mache sich mit einer konkreten kompatiblen Metrik für $\mathcal{N} - \{ \langle 0, 0, 0, \ldots \rangle \}$ vertraut. Allgemeiner mit einer kompatiblen Metrik für $\mathcal{N} - \{ f \mid f$ ist schließlich konstant gleich $0 \}$.

Wir zeigen weiter, daß obiger Satz bestmöglich ist: Jeder polnische Teilraum ist ein abzählbarer Schnitt von offenen Mengen des Raumes.

Satz *(polnische Teilräume sind G_δ-Mengen)*

Sei $\mathscr{X} = \langle X, \mathscr{U} \rangle$ ein polnischer Raum, und sei $P \subseteq X$ derart, daß P versehen mit der Relativtopologie von $\mathscr{X}$ polnisch ist.
Dann ist P eine G_δ-Menge in $\mathscr{X}$.

Beweis

Sei d eine vollständige Metrik für $\langle P, \mathscr{U} | P \rangle = \langle P, \{ U \cap P \mid U \in \mathscr{U} \} \rangle$.
Für $n \in \mathbb{N}$ setzen wir:

$$V_n = \{ x \in \text{cl}(P) \mid \text{es gibt ein } U \in \mathscr{U} \text{ mit } x \in U \text{ und } \text{diam}(U \cap P) < 1/2^n \},$$

wobei der Durchmesser bzgl. d gebildet wird.

Offenbar gilt $P \subseteq V_n$ für alle $n \in \mathbb{N}$. Aus der Vollständigkeit von d folgt weiter, daß für alle $x \in cl(P) - P$ ein $n \in \mathbb{N}$ existiert mit $x \notin V_n$ (!). Damit gilt also insgesamt:

$$(+) \quad P = \bigcap_{n \in \mathbb{N}} V_n .$$

Weiter ist V_n offen in cl(P) für alle $n \in \mathbb{N}$. Sei also $U_n \in \mathcal{U}$ für alle $n \in \mathbb{N}$ derart, daß

$$(++) \quad V_n = U_n \cap cl(P).$$

Dann ist aber nach (+) und (++)

$$P = \bigcap_{n \in \mathbb{N}} U_n \cap cl(P).$$

cl(P) ist als abgeschlossene Teilmenge eines metrischen Raumes eine G_δ-Menge in $\mathcal{X}$ (denn $cl(P) = \bigcap_{n \in \mathbb{N}} \{ x \in X \mid d(x, cl(P)) < 1/2^n \}$).
Also ist P als Schnitt zweier G_δ-Mengen in $\mathcal{X}$ eine G_δ-Menge in $\mathcal{X}$.

Perfekte polnische Räume

Zunächst zeigen wir:

Satz *(Mächtigkeit der perfekten Mengen)*
Sei $P \subseteq \mathcal{N}$ perfekt und nichtleer. Dann gilt $|P| = 2^\omega$.

Beweis
Wir konstruieren ein injektives $h : \mathcal{C} \to P$. Dann gilt

$$2^\omega = |\mathcal{C}| \leq |P| \leq |\mathcal{N}| = \omega^\omega = 2^\omega,$$

also $|P| = 2^\omega$.
Wir definieren hierzu durch Rekursion über $s \in Seq_2$ $t(s) \in T_P$ durch:

$$t(\langle\,\rangle) = \langle\,\rangle,$$
$$t(s0) = t_1, \quad t(s1) = t_2,$$

wobei $t_1, t_2 \in T_P$ inkompatible Fortsetzungen von t(s) sind; solche Fortsetzungen existieren, da T_P ein perfekter Baum ist.
Sei $T = \{ t \mid t \leq t(s) \text{ für ein } s \in Seq_2 \}$.
Für $f \in \mathcal{C}$ sei

$$h(f) = \bigcup_{n \in \mathbb{N}} t(f|n).$$

Dann ist $h : \mathcal{C} \to [T]$ bijektiv und $[T] \subseteq [T_P] = P$.

Für das Kontinuum $\mathbb{R}$ erhalten wir:

Korollar
Jede nichtleere perfekte Teilmenge von $\mathbb{R}$ hat die Mächtigkeit von $\mathbb{R}$.

Beweis

$\mathcal{N}$ ist homöomorph zu $\mathbb{R} - \mathbb{Q}$. Ist $P \subseteq \mathbb{R}$ perfekt, so ist $P - \mathbb{Q}$ perfekt in der Relativtopologie des Raumes $\mathbb{R} - \mathbb{Q}$, den wir mit $\mathcal{N}$ identifizieren können. Damit ist $|P - \mathbb{Q}| = 2^\omega$, also auch $|P| = 2^\omega$.

Die Projektion von Seq_2 in einen perfekten Baum T im Beweis oben ist besonders anschaulich und klar. Wir können immer darauf warten, daß sich der Baum T_P oberhalb eines Knotens s in mindestens zwei Äste aufteilt, und dies liefert dann eine einfache Injektion von $\mathcal{C}$ in den Körper von T_P. Wir haben unendlich oft die Wahl zwischen mindestens zwei Möglichkeiten und damit mindestens 2^ω viele Pfade.

Allgemeiner gilt nun der folgende Satz:

Satz *(Mächtigkeit perfekter Teilmengen polnischer Räume, Kopien von $\mathcal{C}$)*

Sei $\mathcal{X} = \langle X, \mathcal{U} \rangle$ ein nichtleerer perfekter polnischer Raum.
Dann gilt $|X| = 2^\omega$.
Genauer gilt: $\mathcal{X}$ enthält eine Kopie von $\mathcal{C}$, d. h. es gibt ein $C \subseteq X$, das unter der Relativtopologie von $\mathcal{X}$ homöomorph zu $\mathcal{C}$ ist.
C ist dann perfekt in X.

Beweis

Wegen $\mathcal{X}$ separabel gilt $|\mathcal{U}| \leq 2^\omega$. Aber für alle $x \in X$ ist $X - \{x\} \in \mathcal{U}$, und damit ist auch $|X| \leq 2^\omega$.

Wir wollen nun $\mathcal{C}$ in $\mathcal{X}$ einbetten. Wir beobachten hierzu:

(+) Sei $Y \subseteq X$ offen und nichtleer, und sei $\varepsilon > 0$.
Dann existieren offene und disjunkte Y_0 und Y_1 mit
$\mathrm{diam}(Y_i) < \varepsilon$ und $\mathrm{cl}(Y_0) \cup \mathrm{cl}(Y_1) \subseteq Y$.

Beweis von (+)

Wegen der Perfektheit von X existieren $x_0, x_1 \in Y$ mit $x_0 \neq x_1$. Umgebungen Y_0 und Y_1 von x_0 bzw. x_1 mit hinreichend kleinem Durchmesser sind dann wie gewünscht.

Wir können also rekursiv Mengen $C_s \subseteq X$ für $s \in \mathrm{Seq}_2$ definieren, sodaß für alle $s \in \mathrm{Seq}_2$ gilt:

(α) $C_{\langle\rangle} = X$,
(β) C_s ist offen und nichtleer,
(γ) $\mathrm{cl}(C_{s\,i}) \subseteq C_s$ für $i = 0, 1$,
(δ) $C_{s\,0} \cap C_{s\,1} = \emptyset$,
(ε) $\mathrm{diam}(C_s) < 1/2^{|s|}$.

Für alle $f \in \mathcal{C}$ ist dann $\bigcap_{n \in \mathbb{N}} C_{f|n} = \bigcap_{n \in \mathbb{N}} \mathrm{cl}(C_{f|n})$ einelementig.
Wir definieren nun $h : \mathcal{C} \to X$ durch:

$h(f) =$ „das eindeutige $x \in X$ mit $x \in \bigcap_{n \in \mathbb{N}} C_{f|n}$“.

Dann ist $h : \mathscr{C} \to C$ mit $C = \text{rng}(h) \subseteq X$ ein Homöomorphismus.

Zum Zusatz: C hat keine isolierten Punkte in X (diese wären isoliert in C), und zudem ist C kompakt in X, insbesondere abgeschlossen in X. ▬

Kompaktheit ist hier wesentlich: Eine perfekte Teilmenge P von X ist als polnischer Raum perfekt, aber nicht jeder polnische Teilraum von X, der als Raum perfekt ist, ist eine perfekte Teilmenge von X, man denke etwa wieder an $]0, 1[\subseteq \mathbb{R}$.

Der Satz beinhaltet obiges Korollar über die Mächtigkeit nichtleerer perfekter Teilmengen von $\mathbb{R}$.

Explizit halten wir fest:

Korollar *(Existenzsatz für isolierte Punkte)*

Sei $\mathscr{X} = \langle X, \mathscr{U} \rangle$ ein nichtleerer abzählbarer polnischer Raum.

Dann existiert ein isolierter Punkt von X.

Insbesondere besitzt jede abgeschlossene abzählbare nichtleere Teilmenge P von $\mathscr{N}$, $\mathbb{R}$, … einen isolierten Punkt. Das gleiche gilt für abzählbare P, die ein Schnitt von abzählbar vielen offenen Mengen sind. Insbesondere ist $\mathbb{Q}$ kein solcher Schnitt.

Zerlegungen nulldimensionaler polnischer Räume

$\mathscr{C}$ und $\mathscr{N}$ sind nulldimensionale perfekte polnische Räume mit völlig konträren Kompaktheitseigenschaften. $\mathscr{C}$ ist kompakt, während in $\mathscr{N}$ jede kompakte Umgebung eines Punktes ein leeres Inneres hat. Diese Eigenschaften charakterisieren nun die beiden Folgenräume bereits bis auf Homöomorphie, wie wir nun zweigen wollen. Dabei fällt insbesondere eine Charakterisierung aller nulldimensionalen polnischen Räume mit ab.

Die für Folgenräume in ungewohnter Häufung auftretenden offenen und zugleich abgeschlossenen Mengen erweisen sich bei den folgenden Konstruktionen aufgrund ihrer Stabilitätseigenschaften als unerwartet sympathisch und flexibel. Ist $\mathscr{X} = \langle X, \mathscr{U} \rangle$ ein topologischer Raum und ist $\mathscr{A} = \{ Y \subseteq X \mid Y \text{ ist offen und abgeschlossen} \}$, so ist $\mathscr{A}$ eine Mengenalgebra: Es gilt $\emptyset, X \in \mathscr{A}$, und $\mathscr{A}$ ist abgeschlossen unter Komplementen in X, endlichen Schnitten und endlichen Vereinigungen, und damit insbesondere auch unter Differenzenbildung. Eine Konsequenz für nulldimensionale polnische Räume ist:

Satz *(Basislemma über Zerlegungen in nulldimensionalen polnischen Räumen)*

Sei $\mathscr{X} = \langle X, \mathscr{U} \rangle$ ein nulldimensionaler polnischer Raum.

Sei weiter $Y \subseteq X$ offen und abgeschlossen, $Y \neq \emptyset$, und sei $\varepsilon > 0$.

Dann existieren ein $k \leq \omega$ und paarweise disjunkte offene und abgeschlossene nichtleere Mengen Y_n, $n \leq k$, mit:

(i) $\text{diam}(Y_n) < \varepsilon$ für alle $0 \leq n \leq k$,

(ii) $\bigcup_{n \leq k} Y_n = Y$.

Beweis

Wegen $\mathscr{X}$ nulldimensional existiert eine Überdeckung $\langle Z_n \mid n \in \mathbb{N} \rangle$ von Y mit nichtleeren offenen und abgeschlossenen Mengen mit Durchmesser $< \varepsilon$.
Für $n \in \mathbb{N}$ setzen wir

$$Y_n' = Y \cap (Z_n - \bigcup_{0 \leq i < n} Z_i).$$

Dann ist Y_n' offen und abgeschlossen, da Y und alle Z_n dies sind.
Sei $\langle Y_n \mid n \leq k \rangle$, $k \leq \omega$, eine Aufzählung der nichtleeren Y_n'.
Dann sind die Y_n, $n \leq k$, wie gewünscht. ∎

Die Grundtechnik im folgenden ist die iterierte Zerlegung eines polnischen Raumes $\mathscr{X} = \langle X, \mathscr{U} \rangle$. Wir zerlegen X in endlich oder abzählbar unendlich viele Teile $C_0, C_1, \ldots$, wiederholen das Verfahren mit allen C_i, usw. Dabei entsteht ein mit Teilmengen von X bestückter Baum $T \subseteq$ Seq. Im Verlauf der rekursiven Zerlegung konstruieren wir Mengen mit beliebig kleinem Durchmesser. Wir nehmen immer stillschweigend an, daß eine die Topologie erzeugende vollständige Metrik d gegeben ist mit $d(x, y) \leq 1$ für alle $x, y \in X$. Dann ist $\mathrm{diam}(X) \leq 1$, und wir können so etwa wieder $\mathrm{diam}(C_s) \leq 1/2^{|s|}$ für alle $s \in T$ erreichen.

Wir wenden nun diese Zerlegungstechnik zuerst auf beliebige nulldimensionale polnische Räume an, und erhalten dann leicht die Charakterisierungssätze für $\mathscr{N}$ und $\mathscr{C}$.

Satz *(Charakterisierung der nulldimensionalen polnischen Räume)*

Sei $\mathscr{X} = \langle X, \mathscr{U} \rangle$ ein nulldimensionaler polnischer Raum.
Dann ist $\mathscr{X}$ homöomorph zu einer abgeschlossenen Menge $A \subseteq \mathscr{N}$.

Beweis

Die Aussage ist trivial für $X = \emptyset$. Sei also $X \neq \emptyset$.
Mit Hilfe des Basislemmas können wir rekursiv Mengen $C_s \subseteq X$, $s \in T$, für einen gewissen bei der Konstruktion entstehenden blattfreien Baum $T \subseteq$ Seq definieren, sodaß für alle $s \in T$ gilt:

(α) $T = \{ s \in \mathrm{Seq} \mid C_s \text{ ist definiert} \}$,

(β) $C_{\langle\rangle} = X$,

(γ) $C_s = \bigcup_{t \in \mathrm{suc}(s)} C_t$,

(δ) $C_{si} \cap C_{sj} = \emptyset$ für alle $i < j$ mit $si, sj \in T$,

(ε) C_s ist nichtleer und zugleich offen und abgeschlossen,

(ζ) $\mathrm{diam}(C_s) < 1/2^{|s|}$.

Wir definieren dann $h : [T] \to X$ durch:

$h(f)$ = „das eindeutige $x \in X$ mit $x \in \bigcap_{n \in \mathbb{N}} C_{f|n}$".

Nach Konstruktion von $\langle C_s \mid s \in T \rangle$ ist h ein Homöomorphismus (!).
Also ist $\mathscr{X}$ homöomorph zur abgeschlossenen Menge $A = [T] \subseteq \mathscr{N}$. ∎

Übung

Im Beweis des Satzes gilt: Für alle $s \in T$ ist $h''(N_s \cap [T]) = C_s$.
Die Mengen C_s, $s \in T$, bilden eine Basis der Topologie $\mathcal{U}$ auf X.

Aus dem Satz erhalten wir das folgende gar nicht so selbstverständliche Korollar:

Korollar *(Homöomorphie offener Schnitte in $\mathcal{N}$ mit abgeschlossenen Mengen)*

Seien $U_n \subseteq \mathcal{N}$ offen für $n \in \mathbb{N}$, und sei $Y = \bigcap_{n \in \mathbb{N}} U_n$.
Dann existiert ein abgeschlossenes $A \subseteq \mathcal{N}$ mit:
Y und A sind homöomorph (versehen mit den Relativtopologien von $\mathcal{N}$).

Beweis

Y ist als Schnitt von abzählbar vielen offenen Mengen ein polnischer Raum.
Als Teilraum von $\mathcal{N}$ ist Y zudem nulldimensional.

In der rekursiven Konstruktion des Beweises haben wir keine Information darüber, ob T an einer Stelle $s \in T$ endlich oder unendlich verzweigt ist. Stellen wir zusätzliche Bedingungen an den Raum $\mathcal{X}$, so können wir den Verzweigungsgrad von T an jeder Stelle kontrollieren und damit T und [T] besser beschreiben. Dies ist das Thema der beiden folgenden Sätze.

Satz *(topologische Charakterisierung des Cantorraumes)*

Sei $\mathcal{X} = \langle X, \mathcal{U} \rangle$ ein nichtleerer polnischer Raum. Es gelte:

(i) $\mathcal{X}$ ist perfekt.

(ii) $\mathcal{X}$ ist kompakt.

(iii) $\mathcal{X}$ ist nulldimensional.

Dann ist $\mathcal{X}$ homöomorph zu $\mathcal{C}$.

Wir benutzen im Beweis das Ergebnis aus Kapitel 1: Ist T ein nichtleerer, perfekter und endlich verzweigter Baum auf $\mathbb{N}$, so ist [T] homöomorph zu $\mathcal{C}$. Man kann den Beweis dieser Homöomorphie in den folgenden Beweis des Charakterisierungssatzes mit einbauen und so diesen Rückgriff vermeiden. Die natürlich entstehende Struktur des folgenden Beweises ist aber ein endlich verzweigter perfekter Baum $T \subseteq \mathrm{Seq}$, und nicht ein $T \subseteq \mathrm{Seq}_2$.

Beweis

Wir definieren rekursiv Mengen $C_s \subset X$, $s \in T$, für einen gewissen, bei der Konstruktion entstehenden endlich verzweigten Baum $T \subseteq \mathrm{Seq}$, sodaß für alle $s \in T$ gilt:

(α) $T = \{ s \in \mathrm{Seq} \mid C_s \text{ ist definiert} \}$,

(β) $C_{\langle\rangle} = X$,

(γ) $C_s = \bigcup_{t \in \mathrm{suc}(s)} C_t$,

(δ) $C_{si} \cap C_{sj} = \emptyset$ für alle $i < j$ mit $si, sj \in T$,

(ε) C_s ist nichtleer und zugleich offen und abgeschlossen,

(ζ) $\mathrm{diam}(C_s) < 1/2^{|s|}$.

Die Kompaktheit aller C_s garantiert, daß T endlich verzweigt ist.
Wegen $\mathcal{X}$ perfekt und (ζ) ist T ein perfekter Baum. (Wir können auch direkt $|\mathrm{suc}_T(s)| \geq 2$ für alle $s \in T$ fordern, wenn wir möchten.)
Wir definieren wieder einen Homöomorphismus $h : [T] \to X$ durch:

$h(f)$ = „das eindeutige $x \in X$ mit $x \in \bigcap_{n \in \mathbb{N}} C_{f|n}$".

Aber $T \subseteq \mathrm{Seq}$ ist ein endlich verzweigter perfekter Baum.
Also ist $[T]$, und damit $\mathcal{X}$, homöomorph zum Cantorraum $\mathcal{C}$. ⊣

Ist $\mathcal{X} = \langle X, \mathcal{U} \rangle$ kompakt, aber nicht mehr notwendig perfekt, so können gewisse C_s nur noch einen einzigen Punkt enthalten, und der Baum T ist dann nicht mehr notwendig perfekt. Genauer gilt: Für jeden isolierten Punkt x von X existiert ein $s \in T$, sodaß für alle $t \in T$ mit $s \leq t$ gilt: $C_t = \{x\}$, $|\mathrm{suc}_T(t)| = 1$.

Ist nun andererseits kein C_s der Konstruktion kompakt, so ist eine Zerlegung in jeweils unendlich viele Mengen möglich, und dies führt zum folgenden Charakterisierungssatz für $\mathcal{N}$.

Satz *(topologische Charakterisierung des Baireraumes)*

Sei $\mathcal{X} = \langle X, \mathcal{U} \rangle$ ein nichtleerer polnischer Raum mit:

(i) Es gibt keine offene nichtleere kompakte Menge.

(ii) $\mathcal{X}$ ist nulldimensional.

Dann ist $\mathcal{X}$ homöomorph zu $\mathcal{N}$.

Die Bedingung (i) ist für nulldimensionale polnische Räume äquivalent zu den beiden folgenden Aussagen:

(i)′ Ist $K \subseteq X$ kompakt, so ist $\mathrm{int}(K) = \emptyset$.

(i)″ $\mathrm{cl}(U)$ ist nicht kompakt für alle offenen $U \neq \emptyset$.

Polnische Räume $\mathcal{X} = \langle X, \mathcal{U} \rangle$ mit (i) sind automatisch perfekt, denn $\{x\}$ ist kompakt und offen in X für alle isolierten Punkte $x \in X$. Die beiden Charakterisierungssätze für $\mathcal{C}$ und $\mathcal{N}$ unterscheiden sich also nur durch den Austausch von *der ganze Raum ist kompakt* durch *es gibt keine gehaltvollen kompakten Teilmengen*, mit (i), (i)′ oder (i)″ als Präzisierung der zweiten Bedingung.

Beweis

Die Bedingung (i) führt zu folgender Verstärkung des Basislemmas:

(+) Sei $Y \subseteq X$ offen und abgeschlossen, $Y \neq \emptyset$, und sei $\varepsilon > 0$.
Dann existieren paarweise disjunkte offene und abgeschlossene nichtleere Mengen Y_n für $n \in \mathbb{N}$ mit:
$\mathrm{diam}(Y_n) < \varepsilon$ für alle $n \in \mathbb{N}$ und $\bigcup_{n \in \mathbb{N}} Y_n = Y$.

Beweis von (+)

Y ist nichtleer und offen, also nach Voraussetzung nicht kompakt.
Sei also $\langle U_i \mid i \in \mathbb{N} \rangle$ eine offene Überdeckung von Y, die keine

endliche Teilüberdeckung besitzt. Wir können jedes U_i schreiben als die Vereinigung von offenen und zugleich abgeschlossenen Mengen A^i_j, $j \in \mathbb{N}$, mit $\mathrm{diam}(A^i_j) < \varepsilon$ für alle $j \in \mathbb{N}$ (da $\mathcal{X}$ nulldimensional).
Sei nun $\langle Z_n \mid n \in \mathbb{N}\rangle$ eine Aufzählung aller A^i_j, $i, j \in \mathbb{N}$.
Dann ist $\langle Z_n \mid n \in \mathbb{N}\rangle$ eine Überdeckung von Y mit offenen und abgeschlossenen Mengen ohne endliche Teilüberdeckung.
Für $n \in \mathbb{N}$ sei wieder $Y_n' = Y \cap (Z_n - \bigcup_{0 \le i < n} Z_i)$.
Die Aufzählung aller nichtleeren Y_n' ist dann unendlich, und eine Folge wie gewünscht.

zweiter Beweis von (+)

Ein vollständiger metrischer Raum K ist genau dann kompakt, wenn K total beschränkt ist, d.h. wenn für alle $\delta > 0$ eine endliche Überdeckung von K mit offenen Mengen mit Durchmesser $< \delta$ existiert.
Y ist als vollständiger metrischer Raum nach (i) nicht kompakt, also nicht total beschränkt. Also existiert ein $\delta < \varepsilon$ derart, daß keine Überdeckung von Y mit offenen Mengen mit Durchmesser kleiner δ endlich ist.
Sei also $\langle Z_n \mid n \in \mathbb{N}\rangle$ eine Überdeckung von Y mit abgeschlossenen und zugleich offenen Mengen Z_n mit $\mathrm{diam}(Z_n) < \delta$ für alle $n \in \mathbb{N}$. Dann erhalten wir wie üblich eine unendliche Folge von Y_n wie gewünscht.

Wir können mit Hilfe von (+) rekursiv Mengen $C_s \subseteq X$ für $s \in \mathrm{Seq}$ definieren, sodaß für alle $s \in \mathrm{Seq}$ gilt:

(α) $C_{\langle\rangle} = X$,

(β) $C_s = \bigcup_{n \in \mathbb{N}} C_{sn}$,

(γ) $C_{si} \cap C_{sj} = \emptyset$ für alle $i, j \in \mathbb{N}$ mit $i \neq j$,

(δ) C_s ist nichtleer und zugleich offen und abgeschlossen,

(ε) $\mathrm{diam}(C_s) < 1/2^{|s|}$.

Wir erhalten wie gewohnt einen Homöomorphismus $h : \mathcal{N} \to X$ durch:

$h(f)$ = „das eindeutige $x \in X$ mit $x \in \bigcap_{n \in \mathbb{N}} C_{f|n}$“. –

Die Beweise der Charakterisierungssätze zeigen: Ist $\mathcal{X} = \langle X, \mathcal{U}\rangle$ ein nichtleerer polnischer Raum und kann jede offene und abgeschlossene Teilmenge von X in je endlich viele (bzw. je unendlich viele) offene und abgeschlossene Mengen mit beliebig kleinem Durchmesser zerlegt werden, so ist $\mathcal{X}$ homöomorph zu $\mathcal{C}$ (bzw. $\mathcal{N}$). Die iterierten Zerlegungen bilden dann einen mit Teilmengen von X bestückten endlich verzweigten perfekten Baum T (bzw. den Baum Seq), deren Körper [T] (bzw. $\mathcal{N}$) zu $\mathcal{X}$ homöomorph ist.

Haben wir nur „nulldimensional“ als Voraussetzung, so wissen wir nicht, ob unsere Zerlegungen von C_s endlich oder unendlich sind. In der Tat sind dann beliebige Mischformen möglich und jeder blattfreie nichtleere Baum $T \subseteq \mathrm{Seq}$ kann in einer Konstruktion wie in den Beweisen oben auftreten. Denn jeder solche Baum T liefert einen nulldimensionalen Raum [T], und $\langle C_s \mid s \in T\rangle$ mit $C_s = N_s \cap [T]$ für $s \in T$ ist dann eine Zerlegungsfolge wie in den obigen

Konstruktionen (unter einer geeigneten Metrik auf $[T]$). $\mathrm{suc}_T(\langle\,\rangle)$ kann dann endlich sein, $\mathrm{suc}_T(\langle 0 \rangle)$ unendlich, $\mathrm{suc}_T(\langle 0, 0 \rangle)$ wieder endlich, usw.

Die nichtleeren nulldimensionalen polnischen Räume entsprechen in diesem Sinne genau den blattfreien Bäumen $T \subseteq \mathrm{Seq}$. Wir setzen für zwei solche Bäume T_1 und T_2:

$T_1 \sim T_2$ *falls* $[T_1]$ und $[T_2]$ sind homöomorph.

Dann bilden die endlich verzweigten perfekten Bäume die Äquivalenzklasse von Seq_2. Die Äquivalenzklasse von Seq besteht dagegen aus denjenigen Bäumen, die sich immer wieder unendlich verzweigen:

Übung

Es gilt $\mathrm{Seq}/\!\sim\; = \{ T \subseteq \mathrm{Seq} \mid T$ ist ein nichtleerer Baum mit:
für alle $s \in T$ existiert ein $t \in T$ mit $s \leq t$ und $\mathrm{suc}_T(t)$ unendlich $\}$.

Die Wege von $\mathrm{Seq}_2/\!\sim$ zu $\mathrm{Seq}/\!\sim$ führen über Klassen von perfekten Bäumen, die sich manchmal endlich, manchmal unendlich verzweigen. Je mehr unendliche Verzweigungen in T erscheinen, desto spärlicher sind die kompakten Mengen des zugehörigen Folgenraumes $[T]$.

Eine Anwendung des Charakterisierungssatzes für $\mathcal{N}$ zeigt:

Übung

Für alle abzählbaren dichten $Q \subseteq \mathbb{R}$ ist $\mathbb{R} - Q$ polnisch unter der Relativtopologie von $\mathbb{R}$ und homöomorph zu $\mathcal{N}$.

Damit erhalten wir noch einmal das Ergebnis, daß $\mathcal{N}$ und die irrationalen Zahlen homöomorph sind.

Dagegen führt für die Dimension $n \geq 2$ nicht jedes Streichen einer abzählbaren dichten Teilmenge des $\mathbb{R}^n$ zu einem nulldimensionalen Raum:

Übung

$A = (\mathbb{R} - \mathbb{Q})^2 \cup \mathbb{Q}^2$ ist unter der Relativtopologie von $\mathbb{R}^2$ zusammenhängend.

[Alle Geraden G im $\mathbb{R}^2$ durch ein $q \in \mathbb{Q}^2$ mit rationalem Anstieg (d. h. $G \cap \mathbb{Q}^2$ ist unendlich) sind Teilmengen von A und bilden einen zusammenhängenden dichten Unterraum von $\mathbb{R}^2$. Dies genügt.]

In Kontrast hierzu gilt aber zum Beispiel:

Übung

Für $q \in \mathbb{Q}^2$ und $\varepsilon \in \mathbb{Q}^+$ sei $K_{q,\varepsilon} = \{ x \in \mathbb{R}^2 \mid d(x, q) = \varepsilon \}$.
Weiter sei $M = \bigcup_{q \in \mathbb{Q}^2, \varepsilon \in \mathbb{Q}^+} K_{q,\varepsilon}$. Dann ist $\mathbb{R}^2 - M$ polnisch unter der Relativtopologie von $\mathbb{R}^2$ und homöomorph zu $\mathcal{N}$.

[Der Beweis von $\mathbb{R}^2 - M \neq \emptyset$ ist nicht völlig trivial. M ist aber mager (siehe Kapitel 3) und damit ist $\mathbb{R}^2 - M$ sogar komager und damit sicher nicht leer.]

Als eine weitere Anwendung des Charakterisierungssatzes des Baireraumes zeigen wir:

Satz *(Dekompaktifizierungssatz für $\mathcal{N}$)*

Sei $T \subseteq$ Seq ein perfekter nichtleerer Baum, und sei $A \subseteq [T]$ abzählbar und dicht in $[T]$. Dann ist $[T] - A$ homöomorph zu $\mathcal{N}$.

Beweis

$X = [T] - A$ ist nichtleer wegen $|[T]| = 2^\omega$ und A abzählbar.
Weiter ist X polnisch wegen $[T]$ abgeschlossen und A abzählbar.
Als Teilraum von $\mathcal{N}$ ist X zudem nulldimensional.

Sei $s \in T$. Wir zeigen, daß $N_s \cap X$ nicht kompakt in X ist. Dies genügt.
Wegen A dicht in $[T]$ existiert ein $g \in A \cap N_s \cap [T]$.
Wir setzen für $n \in \mathbb{N}$:

$$U_n = N_{g|n} \cap X,$$
$$D_n = U_n - U_{n+1}.$$

Dann sind alle U_n offen und abgeschlossen in X mit $\bigcap_{n \in \mathbb{N}} U_n = \{ g \}$.
Wegen $g \notin X$ ist dann $\{ D_n \mid n \in \mathbb{N} \}$ eine offene Überdeckung von $N_s \cap X$ in X ohne endliche Teilüberdeckung (die D_n sind paarweise disjunkt und unendlich viele D_n sind nichtleer, da g Häufungspunkt von X in $[T]$). ∎

Als Korollar erhalten wir für $T = \mathrm{Seq}_2$ und $[T] = \mathcal{C}$ einen neuen Beweis für die Homöomorphie von $\mathcal{C} - A$ und $\mathcal{N}$, mit $A = \{ f \in \mathcal{C} \mid f(n) = 1 \text{ schließlich} \}$ oder auch $A = \{ f \in \mathcal{C} \mid f \text{ ist schließlich konstant} \}$ (vgl. die Funktionen ψ_1 und ψ_2 im letzten Kapitel).

Eine allgemeine Version des Satzes ist:

Satz *(allgemeiner Dekompaktifizierungssatz)*

Sei $\mathcal{X} = \langle X, \mathcal{U} \rangle$ ein nichtleerer polnischer Raum, und sei $Y \subseteq X$ ein abzählbarer Schnitt offener Teilmengen von X. Sei $A = X - Y$. Es gelte:

(a) Y und A sind dicht in X,

(b) Y ist nulldimensional.

Dann ist Y unter der Relativtopologie von X homöomorph zu $\mathcal{N}$.

Beweis

Y ist nach (a) und (b) ein nichtleerer nulldimensionaler polnischer Raum.
Sei $U \subseteq Y$ nichtleer und offen in Y.
Wir zeigen, daß U nicht kompakt in Y ist.
Sei hierzu $V_0 \in \mathcal{U}$ mit:

$$U = V_0 \cap Y = V_0 - A.$$

Da A dicht in X ist existiert ein $x \in A \cap V_0$.
Wegen Y dicht in X existieren $V_n \in \mathcal{U}$ für $n \geq 1$ mit:

(i) $V_0 \supset V_1 \supset \ldots \supset V_n \supset \ldots$,

(ii) $x \in V_n$ für alle $n \in \mathbb{N}$,

(iii) $\lim_{n \to \infty} \mathrm{diam}(V_n) = 0$,

(iv) $(V_n - \mathrm{cl}(V_{n+1})) \cap Y \neq \emptyset$.

Dann gilt $\bigcap_{n \in \mathbb{N}} V_n = \{ x \}$. Für $n \in \mathbb{N}$ sei

$$U_n \subseteq (V_n - \mathrm{cl}(V_{n+1})) \cap Y$$

nichtleer und zugleich offen und abgeschlossen in Y. (Derartige U_n existieren wegen Y nulldimensional und (iv).)
Nach Konstruktion und wegen $x \notin Y$ ist $B = \bigcup_{n \in \mathbb{N}} U_n$ abgeschlossen in Y.
Dann ist aber

$$\{ U - B \} \cup \{ U_n \mid n \in \mathbb{N} \}$$

eine offene Überdeckung von U in Y ohne endliche Teilüberdeckung.
Also ist U nicht kompakt in Y.

Nach dem Charakterisierungssatz für $\mathcal{N}$ ist also Y homöomorph zu $\mathcal{N}$.

Zerlegungen beliebiger polnischer Räume

Eine natürliche Frage ist, inwieweit sich noch eine gute rekursive Zerlegung $\langle C_s \mid s \in T \rangle$ für polnische Räume finden läßt, wenn wir die Voraussetzung „nulldimensional" aufgeben. Wir werden dieser Frage nun nachgehen.

Im folgenden konstruieren wir stetige Abbildungen, die oftmals nur auf abgeschlossenen Teilmengen von $\mathcal{N}$ oder $\mathcal{C}$ definiert sind. Zur Fortsetzung solcher Abbildungen auf ganz $\mathcal{N}$ oder $\mathcal{C}$ ist dann das folgende einfache Lemma nützlich, das wir vorab beweisen.

Lemma *(Fortsetzungslemma)*
Seien $P, Q \subseteq \mathcal{N}$ nichtleer und abgeschlossen, und es gelte $P \subseteq Q$.
Dann existiert ein stetiges $h : Q \to P$ mit $h \mid P = \mathrm{id}_P$.

Beweis
Seien T_P und T_Q die P und Q zugeordneten Bäume auf $\mathbb{N}$.
Wir definieren ein monotones $\varphi : T_Q \to T_P$ rekursiv wie folgt:

$$\varphi(\langle\,\rangle) = \langle\,\rangle,$$

$$\varphi(s\,n) = \begin{cases} s\,n, & \textit{falls } s\,n \in T_P, \\ \text{„das kleinste m mit } \varphi(s)\,m \in T_P\text{"} & \textit{falls } s\,n \in T_Q - T_P. \end{cases}$$

Dann induziert φ eine stetige Funktion $h : Q \to P$ via

$$h(f) = \bigcup_{n \in \mathbb{N}} \varphi(f \mid n) \quad \text{für } f \in Q.$$

Nach Konstruktion gilt $\mathrm{rng}(h) = P$ und $h \mid P = \mathrm{id}_P$.

Kehren wir zurück zur oben aufgeworfenen Frage nach der Existenz von guten rekursiven Zerlegungen $\langle C_s \mid s \in \mathrm{Seq}\rangle$ eines beliebigen polnischen Raumes $\mathscr{X}$. Wir folgen den Beweisen der obigen Sätze, wobei uns nun die Voraussetzung „$\mathscr{X}$ ist nulldimensional" nicht mehr zur Verfügung steht. Zwei Variationen der Konstruktion bieten sich an: Wir können auf die Disjunktheitsbedingung $C_{s\,i} \cap C_{s\,j} = \emptyset$ verzichten, oder wir verzichten auf die Abgeschlossenheit der Mengen C_s. Es lohnt sich, beide Ansätze zu verfolgen. Im ersten Fall erhalten wir leicht:

Satz *(polnische Räume als stetige Bilder des Baireraumes)*

Sei $\mathscr{X} = \langle X, \mathscr{U}\rangle$ ein nichtleerer polnischer Raum.

Dann existiert eine stetige Surjektion $h : \mathscr{N} \to X$.

Beweis

Wir konstruieren rekursiv $\langle C_s \mid s \in \mathrm{Seq}\rangle$, sodaß für alle $s \in \mathrm{Seq}$ gilt:

(α) $C_{\langle\,\rangle} = X$,

(β) $C_s = \bigcup_{n \in \mathbb{N}} C_{s\,n}$,

(γ) C_s ist abgeschlossen und nichtleer,

(δ) $\mathrm{diam}(C_s) < 1/2^{|s|}$.

Für alle $f \in \mathscr{N}$ existiert dann

$h(f)$ = „das eindeutige Element von $\bigcap_{n \in \mathbb{N}} C_{f|n}$."

Dann ist $h : \mathscr{N} \to X$ surjektiv und stetig. ∎

Ist $\mathscr{X}$ kompakt, so können wir an jeder Stelle eine endliche Überdeckung wählen, und so $\langle C_s \mid s \in T\rangle$ für einen endlich verzweigten Baum T konstruieren. Die Bedingung (β) lautet dann $C_s = \bigcup \{ C_{s\,n} \mid s\,n \in T\}$, und wir erhalten ein surjektives stetiges $h : [T] \to X$. O. E. ist T perfekt, denn wir können etwa $C_{s\,0} = C_{s\,1}$ für alle $s \in T$ fordern. Dann ist $[T]$ homöomorph zu $\mathscr{C}$, und wir erreichen:

Satz *(kompakte polnische Räume als stetige Bilder des Cantorraumes)*

Sei $\mathscr{X} = \langle X, \mathscr{U}\rangle$ ein nichtleerer kompakter polnischer Raum.

Dann existiert eine stetige Surjektion $h : \mathscr{C} \to X$.

Wir werden bei der Diskussion des Hilbert-Würfels noch einen zweiten Beweis für dieses Resultat geben. Dieser einfache Satz genügt, um die Existenz von Peano-Kurven für beliebige Dimensionen zu beweisen, und der ungeduldige Leser kann entsprechend vorblättern.

Wir versuchen nun ehrgeiziger an der Disjunktheit von C_s und C_t für inkompatible s und t festzuhalten. Hierzu wird es gut sein, eine möglichst einfache Bedingung für die topologische Natur der Mengen C_s zu finden – „abgeschlossen" oder „offen" reicht nicht mehr aus. Sei hierzu $Y \subseteq X$ vorerst beliebig, und sei $\varepsilon > 0$. Weiter sei $\langle Z_n \mid n \in \mathbb{N}\rangle$ eine abzählbare Überdeckung von Y mit offenen Mengen mit Durchmesser $< \varepsilon$. Wir setzen wieder:

$Y_n = Y \cap (Z_n - \bigcup_{0 \le i < n} Z_i)$ für $n \in \mathbb{N}$.

Dann sind die Y_n paarweise disjunkt mit Vereinigung Y.

Jedes Y_n ist nun der Schnitt von Y mit der Differenz zweier offener Mengen. Es gilt aber $(A - B) \cap (C - D) = (A \cap C) - (B \cup D)$ für beliebige Mengen, also ist Y_n selbst die Differenz zweier offener Mengen, falls nur Y die Differenz zweier offener Mengen ist. Mit „C_s ist eine Differenz zweier offener Mengen" können wir also eine rekursive Zerlegung für beliebige $\mathscr{X}$ aufrechterhalten, wobei u. U. nur endlich viele Y_n nichtleer sind. Es wird gleich klar werden, warum wir an der Erhaltung dieser Einfachheit der Y_n interessiert sind.

Die Überlegung zeigt, daß wir rekursiv einen Baum $T \subseteq \mathrm{Seq}$ und Mengen $C_s \subseteq X$ für $s \in T$ definieren können derart, daß für alle $s \in T$ gilt:

(α) $C_{\langle\rangle} = X$,

(β) $C_s = \bigcup_{t \in \mathrm{suc}(s)} C_t$,

(γ) $C_{si} \cap C_{sj} = \emptyset$ für alle $i < j$ mit $s j \in T$,

(δ) C_s ist nichtleer und eine Differenz zweier offener Mengen,

(ε) $\mathrm{diam}(C_s) < 1/2^{|s|}$.

Sei $A = \{ f \in \mathcal{N} \mid \bigcap_{n \in \mathbb{N}} C_{f|n} \neq \emptyset \}$. Wir definieren $h : A \to X$ durch:

$h(f)$ = „das eindeutige Element von $\bigcap_{n \in \mathbb{N}} C_{f|n}$" für $f \in A$.

Dann ist $h : A \to X$ bijektiv und stetig. Weiter ist A dicht in $[T]$.

Für all dies wird die Differenzeigenschaft in (δ) gar nicht gebraucht. Wir können nun aber sogar erreichen, daß $A = [T]$ gilt, indem wir unsere Konstruktion noch etwas verfeinern und dabei die in (δ) fixierte topologische Einfachheit der C_s wirklich nutzen. Wir überlegen uns hierzu, was wir brauchen, um die Abgeschlossenheit von A zu sichern.

Sei $\langle f_n \mid n \in \mathbb{N} \rangle$ eine konvergente Folge mit $f_n \in A$ für $n \in \mathbb{N}$, und sei $f \in [T]$ ihr Limes. O. E. gilt für alle $n \in \mathbb{N}$, daß $f_m | n = f | n$ für alle $m \geq n$ ist. Für jedes $n \in \mathbb{N}$ sei $x_n = h(f_n)$. Dann konvergiert die Folge der x_n in X wegen (ε) gegen ein $x \in X$. Es gilt $x \in \mathrm{cl}(C_{f|n})$ für alle $n \in \mathbb{N}$ wegen $x_m \in C_{f_m|n} = C_{f|n}$ für alle $m \geq n$. Hätten wir also:

(+) $\mathrm{cl}(C_{si}) \subseteq C_s$ für alle $s i \in T$,

dann wäre $x \in \mathrm{cl}(C_{f|n+1}) \subseteq C_{f|n}$ für alle n und damit $f \in A$ und $h(f) = x$. Gilt also (+), so ist A abgeschlossen. Aber A ist dicht in $[T]$, und somit ist $A = [T]$, falls die Bedingung (+) erfüllt ist.

Wir können dies aber leicht erreichen. Haben wir $Y = U - V$ für offene U und V, so wählen wir die ε-Überdeckung $\langle Z_n \mid n \in \mathbb{N} \rangle$ von Y derart, daß

$\mathrm{cl}(Z_n) \subseteq U \cup V$

gilt für alle $n \in \mathbb{N}$ (dies ist möglich wegen $U \cup V$ offen). Y_n wird nun wie oben definiert, und dann gilt:

$$\mathrm{cl}(Y_n) \subseteq \mathrm{cl}(Y \cap Z_n) \subseteq \mathrm{cl}(Y) \cap \mathrm{cl}(Z_n) \subseteq \mathrm{cl}(U - V) \cap (U \cup V) \subseteq U - V = Y.$$

für alle n. Iteration dieses Verfahrens liefert eine Folge $\langle C_s \mid s \in T \rangle$ mit (α) – (ε), und zudem gilt dann (+). Wir haben damit den Hauptteil des folgenden Satzes bewiesen:

Satz *(polnische Räume und abgeschlossene Mengen des Baireraumes)*
Sei $\mathcal{X} = \langle X, \mathcal{U} \rangle$ ein nichtleerer polnischer Raum. Dann existiert ein abgeschlossenes $A \subseteq \mathcal{N}$ und eine stetige Bijektion $h : A \to X$.
Weiter existiert eine stetige Fortsetzung $g : \mathcal{N} \to X$ von h.

Beweis
Obiges Verfahren liefert ein $h : A \to X$ wie gewünscht.
Eine stetige Fortsetzung g von h erhält man durch Verkettung von h mit einem $f : \mathcal{N} \to A$ wie im Fortsetzungslemma.

Wir können nicht erwarten, daß ein $h : A \to X$ wie im Satz eine stetige Umkehrabbildung hat. A versehen mit der Relativtopologie ist ein nulldimensionaler polnischer Raum, und damit ist h^{-1} unstetig für alle nicht nulldimensionalen Zielräume $\mathcal{X}$, etwa für $[0, 1]$ mit der üblichen Topologie. Die Funktion h ist also bijektiv und erhält Nähebeziehungen, führt aber i.a. neue Nähebeziehungen ein.

Weiter können wir den Beweis des Satzes nicht derart führen, daß sich jeder nichtleere kompakte polnische Raum X als ein stetiges bijektives Bild eines kompakten $A \subseteq \mathcal{N}$ ergeben würde. Denn in diesem Fall wäre die Umkehrabbildung automatisch stetig, also X homöomorph zu A, was z. B. wieder für $X = [0, 1]$ nicht sein kann. Wir erinnern hierzu an den allgemeinen Homöomorphiesatzes der Topologie: Stetige Bijektionen zwischen einem kompakten topologischen Raum und einem Hausdorff-Raum haben eine stetige Umkehrabbildung.

Der folgende Satz isoliert ein anschauliches Kriterium für die Unstetigkeit der Umkehrabbildung. Die wesentliche Beobachtung ist, daß in $\mathcal{N}$ eine Folge von f_n mit $s n \leq f_n$ für $n \in \mathbb{N}$, s beliebig, nicht konvergiert. Stetige Bijektionen $h : A \to X$ haben nun genau dann eine stetige Umkehrabbildung, wenn sie diese „lokale Breite der Divergenz" von $\mathcal{N}$ respektieren:

Satz *(Unstetigkeitskriterium)*
Sei $\mathcal{X} = \langle X, \mathcal{U} \rangle$ ein polnischer Raum, und sei $A \subseteq \mathcal{N}$ abgeschlossen.
Weiter sei $h : A \to X$ bijektiv und stetig. Dann sind äquivalent:

(i) $h^{-1} : \mathcal{X} \to A$ ist unstetig.

(ii) Es gibt ein $s \in \text{Seq}$, ein unendliches $N \subseteq \mathbb{N}$ und eine Folge $\langle f_n \mid n \in N \rangle$ in A mit:

(α) $s n \leq f_n$ für alle $n \in N$,

(β) $\langle h(f_n) \mid n \in N \rangle$ konvergiert in $\mathcal{X}$.

Beweis
(i) $\curvearrowright$ (ii):
Wir zeigen „non (ii) $\curvearrowright$ non (i)".
Sei $f \in A$, und sei $\langle f_n \mid n \in \mathbb{N} \rangle$ eine Folge in A mit
$\lim_{n \to \infty} h(f_n) = h(f)$. Wir zeigen: $\lim_{n \to \infty} f_n = f$.
O.E. ist $\{ f_n \mid n \in \mathbb{N} \}$ unendlich, sonst ist die Aussage klar.
Sei $T = \{ f_n | k \mid n, k \in \mathbb{N} \}$, also $[T] = \text{cl}(\{ f_n \mid n \in \mathbb{N} \})$.
Wegen A abgeschlossen ist $[T] \subseteq A$. Weiter gilt:

(+) $[T]$ hat höchstens einen Häufungspunkt.

Denn sind $g_1, g_2 \in [T]$ Häufungspunkte von $[T]$, so sind $h(g_1), h(g_2)$ Häufungspunkte von $\{ h(f_n) \mid n \in \mathbb{N} \}$, und damit gilt $g_1 = g_2$.

(++) $[T]$ hat einen Häufungspunkt f'.

T ist endlich verzweigt, denn sonst gilt (ii). Also ist $[T]$ kompakt, und wegen $[T] \supseteq \{ f_n \mid n \in \mathbb{N} \}$ ist $[T]$ unendlich.

Nach (+) und $[T]$ kompakt gilt dann $f' = \lim_{n \to \infty} f_n$.
Aber $f' \in A$, und $h(f') = \lim_{n \to \infty} h(f_n) = h(f)$, also $f' = f$.

Statt (+) und (++) auszuführen kann man auch argumentieren: Die Funktion $h \mid [T] : [T] \to h''[T] \supseteq \{ h(f_n) \mid n \in \mathbb{N} \} \cup \{ h(f) \}$ ist stetig und bijektiv. Nach non(ii) ist $[T]$ kompakt, also ist $(h \mid [T])^{-1}$ automatisch stetig, also $\lim_{n \to \infty} f_n = f$.

(ii) ⌒ (i):

Ist klar. ∎

Stetige bijektive Bilder von $\mathcal{N}$

Eine sich aufdrängende Frage, die sich mit Hilfe der bislang erzielten Ergebnisse nicht beantworten läßt, ist: Ist $\mathcal{C}$ ein stetiges bijektives Bild von $\mathcal{N}$? Allgemeiner: Welche polnischen Räume sind stetige bijektive Bilder von $\mathcal{N}$?

Eine notwendige Bedingung läßt sich sofort festhalten:

Übung

Sei $\mathcal{X} = \langle X, \mathcal{U} \rangle$ ein topologischer Raum, und sei $f : \mathcal{N} \to X$ stetig und bijektiv. Dann ist $\mathcal{X}$ perfekt, d. h. jedes $x \in X$ ist ein Häufungspunkt von X.

Stetige bijektive Bilder von $\mathcal{N}$ müssen nicht perfekt in größeren Umgebungen sein. Man denke etwa an die Standardabbildungen $\psi_1, \psi_2 : \mathcal{N} \to \mathcal{C}$. Ihre Wertebereiche sind perfekte polnische Räume, aber nicht abgeschlossen in $\mathcal{C}$.

Wir werden nun einen Satz von Sierpiński aus dem Jahr 1929 beweisen, demzufolge diese Bedingung auch hinreichend ist: Jeder perfekte polnische Raum ist ein stetiges bijektives Bild von $\mathcal{N}$. Insbesondere gilt dies also für $\mathcal{C}$.

Den Raum $\mathcal{C}$ als stetiges bijektives Bild von $\mathcal{N}$ darzustellen ist eine nichttriviale Aufgabe. Konkrete Bijektionen zwischen $\mathcal{N}$ und $\mathcal{C}$ können wir aus der Konstruktion im Beweis des Satzes von Cantor-Bernstein erhalten (siehe Abschnitt 1, Kapitel 2). Seien hierzu wieder ψ_1 und ψ_2 die Standardinjektionen von $\mathcal{N}$ nach $\mathcal{C}$. Als Injektion von $\mathcal{C}$ nach $\mathcal{N}$ wählen wir die Identität. Unser Beweis von Cantor-Bernstein liefert dann eine Bijektion $h_1 : \mathcal{N} \to \mathcal{C}$ für die Ausgangsinjektionen $\psi_1 : \mathcal{N} \to \mathcal{C}$ und $id_{\mathcal{C}} : \mathcal{C} \to \mathcal{N}$, und analog eine Bijektion $h_2 : \mathcal{N} \to \mathcal{C}$ für ψ_2 und $id_{\mathcal{C}}$. Wir können diese Bijektionen in einer einfachen Form angeben. Für h_1 sei hierzu

$B = \{ f \in \mathscr{C} \mid f = s^\frown b^\frown b^\frown b \ldots$ für ein $s \in Seq_2$ und ein b der Form $0^n 1, n \in \mathbb{N}$,
und f enthält keine Teilfolge der Form $10^k 1$ mit $0 \leq k < n$,
wobei 0^n und 0^k die Folgen $0 \ldots 0$ der Länge n bzw. k sind $\}$.

Die Menge B ist der Orbit von $\mathscr{C} - \mathrm{rng}(\psi_1)$ unter ψ_1, d.h. es gilt $B = \bigcup_{n \in \mathbb{N}} B_n$ mit

$$B_0 = \mathscr{C} - \mathrm{rng}(\psi_1) = \{ f \in \mathscr{C} \mid f \text{ ist gleich 1 schließlich} \},$$
$$B_{n+1} = \psi_1'' B_n \quad \text{für alle } n \in \mathbb{N}.$$

Es gilt nun für $f \in \mathscr{N}$:

$$h_1(f) = \begin{cases} \psi_1(f), & \textit{falls } f \notin B, \\ f, & \textit{falls } f \in B. \end{cases}$$

Übung

Geben Sie die Bijektion $h_2 : \mathscr{N} \to \mathscr{C}$ in ähnlicher Weise konkret an.
Zeigen Sie, daß h_1 und h_2 nicht stetig sind.

Die Funktionen h_1 und h_2 sind also einfach definierbare Bijektionen zwischen $\mathscr{N}$ und $\mathscr{C}$, sie sind aber nicht stetig.

Wir müssen also geschickter vorgehen. Zuerst zeigen wir einen allgemeinen Satz und konstruieren dann, hierdurch angeregt, eine konkrete stetige Bijektion von $\mathscr{N}$ auf $\mathscr{C}$.

Wir definieren:

Definition *(Sierpiński-Eigenschaft)*

Sei $\mathscr{X} = \langle X, \mathscr{U} \rangle$ ein polnischer Raum, und sei $Y \subseteq X$. Y hat die *Sierpiński-Eigenschaft*, falls es ein stetiges bijektives $f : \mathscr{N} \to Y$ gibt.

Folgende Abgeschlossenheitsüberlegungen sind nützlich:

Übung

Sei $\mathscr{X} = \langle X, \mathscr{U} \rangle$ ein polnischer Raum.

(i) Seien Y_n, $n \in \mathbb{N}$, paarweise disjunkte Teilmengen von X mit der Sierpiński-Eigenschaft.
Dann hat auch $Y = \bigcup_{n \in \mathbb{N}} Y_n$ die Sierpiński-Eigenschaft.

(ii) Sei Y eine Teilmenge von X mit der Sierpiński-Eigenschaft, und sei $x \in X$ ein Häufungspunkt von Y.
Dann hat $Y \cup \{ x \}$ die Sierpiński-Eigenschaft.

[*zu (i):* Betrachte $\mathscr{N} = N_{\langle\rangle} = \bigcup_{n \in \mathbb{N}} N_{\langle n \rangle}$.
zu (ii): vgl. die Konstruktion im folgenden allgemeineren Satz.]

Wir zeigen nun, daß wir sogar abzählbar viele Häufungspunkte eines stetigen bijektiven Bildes Y von $\mathscr{N}$ aus einem Y umgebenden polnischen Raum X in die Abbildung simultan miteinweben können:

Satz *(Ergänzungssatz für stetige bijektive Bilder von $\mathcal{N}$)*
Sei $\mathcal{X} = \langle X, \mathcal{U} \rangle$ ein polnischer Raum, und seien $Y \subseteq X$ und $h : \mathcal{N} \to Y$ stetig und bijektiv. Weiter sei $A \subseteq X$ abzählbar mit $A \subseteq \mathrm{cl}(Y)$.
Dann existiert ein stetiges und bijektives $h^* : \mathcal{N} \to Y \cup A$.

Beweis
O.E. ist $A \cap Y = \emptyset$. Wir zeigen den Satz für den schwierigeren Fall einer unendlichen Menge A. Der endliche Fall wird ähnlich bewiesen oder folgt induktiv aus der Übung oben.
Sei also $x_0, x_1, \ldots, x_k, \ldots, k \in \mathbb{N}$, eine injektive Aufzählung von A.
Sei $\langle M_k \mid k \in \mathbb{N} \rangle$ eine Folge von unendlichen paarweise disjunkten Teilmengen von $\mathbb{N}$ mit $\bigcup_{k \in \mathbb{N}} M_k = \mathbb{N}$. Für $k \in \mathbb{N}$ sei

$e_k : \mathbb{N} \to M_k$ ordnungstreu und bijektiv.

Für $s \in \mathrm{Seq}$ und $k \in \mathbb{N}$ setzen wir nun

$N^k(s) = \{ f \in \mathcal{N} \mid s \leq f,\ f(m) \in M_k$ für alle $m \geq |s| \}$.

Dann ist $N^k(s) \subseteq N_s$ abgeschlossen für alle $s \in \mathrm{Seq}$ und $k \geq 0$.

Soweit die Vorbereitungen. Seien nun $\langle s^k_n \mid n, k \in \mathbb{N} \rangle$, $\langle g^k_n \mid n, k \in \mathbb{N} \rangle$ Folgen derart, daß für alle $k \in \mathbb{N}$ gilt:

(α) $s^k_n \in \mathrm{Seq}$, $g^k_n \in N^k(s^k_n)$ für alle $n \in \mathbb{N}$,

(β) $\lim_{n \to \infty} h(g^k_n) = x_k$,

(γ) s^k_n und s^k_m sind inkompatibel für alle $n < m$,

(δ) $\mathrm{diam}(h'' N_{s^k_n}) < 1/2^n$ für alle $n \in \mathbb{N}$.

Solche Folgen existieren, da $A \cap Y = \emptyset$, $A \subseteq \mathrm{cl}(Y)$ und $h : \mathcal{N} \to Y$ stetig (!).
Wir schreiben N^k_n für $N^k(s^k_n)$, und setzen

$\mathcal{M} = \mathcal{N} - \bigcup_{n, k \in \mathbb{N}} N^k_n = \bigcap_{n, k \in \mathbb{N}} (\mathcal{N} - N^k_n)$.

Dann ist $\mathcal{M}$ ein abzählbarer Schnitt von offenen Mengen und damit polnisch unter der Relativtopologie. Weiter ist $\mathcal{M}$ nulldimensional, und nichtleere offene Mengen in $\mathcal{M}$ sind nicht kompakt (denn für alle $s \in \mathrm{Seq}$ und alle $n \in \mathbb{N}$ ist $N_{sn} \cap \mathcal{M} \neq \emptyset$ und offen in $\mathcal{M}$; betrachte z.B. die unendliche Folge s n a b a b … für beliebige $a \in M_0$, $b \in M_1$). Also ist $\mathcal{M}$ homöomorph zu $\mathcal{N}$.
Sei $w : \mathcal{N} \to \mathcal{M}$ ein Homöomorphismus.

Wegen der Stetigkeit von $h : \mathcal{N} \to Y$ und $A \cap Y = \emptyset$ gilt für alle $k \in \mathbb{N}$: Die Folge $\langle g^k_n \mid n \in \mathbb{N} \rangle$ hat keine konvergente Teilfolge. Damit ist $\mathcal{N}_k = \bigcup_{n \in \mathbb{N}} N^k_n$ abgeschlossen für alle $k \in \mathbb{N}$ und also polnisch. Jedes $\mathcal{N}_k$ ist homöomorph zu $\mathcal{N}$, und die Mengen $\mathcal{N}_k$ sind paarweise disjunkt. Mit diesen Beobachtungen läßt sich die Existenz eines h^* wie im Satz auf (i) und (ii) der Übung oben zurückführen (!); wir können den Beweis aber auch ohne diesen Rückgriff zu Ende führen:

Für $g \in \{ f \in \mathcal{N} \mid f(0) \text{ gerade} \} - \{ \langle 2k, 0, 0, 0, \ldots \rangle \mid k \in \mathbb{N} \}$ sei

$z(g)$ = „das kleinste $n \geq 1$ mit $g(n) \neq 0$“.

Wir definieren nun $h^* : \mathcal{N} \to Y \cup A$ durch die folgende dreiteilige Fallunterscheidung:

$$h^*(g) = \begin{cases} x_k, & \textit{falls } g = \langle 2k, 0, 0, \ldots \rangle, \\ h(s_n^k \frown \langle e_k(g(n) - 1), e_k \circ g\,(n+1), e_k \circ g\,(n+2), \ldots \rangle), & \\ & \textit{falls } g(0) = 2k,\ z(g) = n, \\ h \circ w(\langle k, g(1), g(2), \ldots \rangle), & \textit{falls } g(0) = 2k+1. \end{cases}$$

Dann ist $h^* : \mathcal{N} \to Y \cup A$ bijektiv und stetig.

Es folgt sofort, daß $\mathcal{C}$ ein stetiges bijektives Bild von $\mathcal{N}$ ist, denn die Standardabbildungen ψ_1 und ψ_2 von $\mathcal{N}$ nach $\mathcal{C}$ lassen nur abzählbar viele Werte aus, und alle diese Werte sind (automatisch) Häufungspunkte des jeweiligen Bildes $\mathrm{rng}(\psi_1)$ bzw. $\mathrm{rng}(\psi_2)$ in $\mathcal{C}$. Allgemeiner gilt:

Korollar *(nichtleere perfekte Teilmengen von $\mathcal{N}$ sind stetige bijektive Bilder von $\mathcal{N}$)*
Sei $P \subseteq \mathcal{N}$ nichtleer und perfekt.
Dann hat P die Sierpiński-Eigenschaft.

Beweis
Sei $A \subseteq P$ abzählbar und dicht in P. Nach dem Dekompaktifizierungssatz ist $P - A$ homöomorph zu $\mathcal{N}$. Nach dem Ergänzungssatz ist dann aber $P = (P - A) \cup A$ ein stetiges bijektives Bild von $\mathcal{N}$.

Wir werden später zeigen, daß sich jede abgeschlossene Teilmenge A von $\mathcal{N}$ schreiben läßt als die disjunkte Vereinigung einer perfekten Menge P und einer abzählbaren Menge B (Satz von Cantor-Bendixson). Wir nutzen diese Zerlegung schon hier, um die Diskussion der stetigen bijektiven Bilder an dieser Stelle zu vervollständigen. Wir erhalten damit den folgenden Charakterisierungssatz, der das Korollar oben verallgemeinert:

Korollar *(Identifikation der stetigen bijektiven polnischen Bilder des Baireraumes)*
Sei $\mathcal{X} = \langle X, \mathcal{U} \rangle$ ein nichtleerer polnischer Raum. Dann sind äquivalent:

(i) $\mathcal{X}$ ist perfekt, d.h. jedes $x \in X$ ist ein Häufungspunkt von X.

(ii) Es gibt ein stetiges bijektives $f : \mathcal{N} \to X$.

Beweis
(i) $\curvearrowright$ (ii):

Sei $A \subseteq \mathcal{N}$ abgeschlossen, und sei $h : A \to X$ stetig und bijektiv.
Sei (nach dem Vorgriff auf ein Ergebnis in Kapitel 3) $A = P \cup B$, P perfekt, B abzählbar, $P \cap B = \emptyset$. Wegen $\mathcal{X}$ perfekt und nichtleer ist X und damit A überabzählbar. Folglich ist P nichtleer.
Nach dem Korollar existiert also ein stetiges bijektives $g : \mathcal{N} \to P$.
Sei $Y = X - h''B$. Dann ist $h \circ g : \mathcal{N} \to Y$ stetig und bijektiv.
$Y \subseteq X$ hat also die Sierpiński-Eigenschaft.

Aber X – Y ist abzählbar, und es gilt cl(Y) = X wegen $\mathcal{X}$ perfekt.
Nach dem Ergänzungssatz hat also auch X die Sierpiński-Eigenschaft.

(ii) ↷ (i):

Ist klar.

Explizit halten wir noch fest:

Korollar

Für alle $n \geq 1$ existiert eine stetige Bijektion $h : [0, 1] - \mathbb{Q} \to [0, 1]^n$, wobei $[0, 1] - \mathbb{Q}$ mit der Relativtopologie von $\mathbb{R}$ versehen wird.

Beweis

$[0, 1]^n$ ist ein nichtleerer perfekter polnischer Raum.
Also existiert ein stetiges bijektives $h : \mathcal{N} \to [0, 1]^n$.
Aber $[0, 1] - \mathbb{Q}$ ist homöomorph zu $\mathcal{N}$.

Die folgende anspruchsvolle Übung behandelt einen kompakten Beweis des Identifikationssatzes, der den Ergänzungssatz nicht heranzieht.

Übung

Sei $\mathcal{X} = \langle X, \mathcal{U} \rangle$ ein nichtleerer perfekter polnischer Raum.

(a) Für alle $\varepsilon > 0$ existiert eine Folge $\langle Y_n \mid n \in \mathbb{N} \rangle$ mit:

(i) $\bigcup_{n \in \mathbb{N}} Y_n = X$,

(ii) $Y_n \neq \emptyset$ für alle n, $Y_n \cap Y_m = \emptyset$ für alle $n \neq m$,

(iii) $\mathrm{diam}(Y_n) < \varepsilon$ für alle $n \in \mathbb{N}$,

(iv) der Raum $\langle Y_n, \{ U \cap Y_n \mid U \in \mathcal{U} \} \rangle$ ist perfekt für alle n,

(v) Y_n ist ein abzählbarer Schnitt von offenen Teilmengen von X.

(b) Konstruieren Sie mit Hilfe einer iterierten Anwendung von (a) eine stetige Bijektion $h : \mathcal{N} \to X$.

Eine konkrete stetige Bijektion von $\mathcal{N}$ auf $\mathcal{C}$

Wir geben nun noch eine stetige Bijektion zwischen $\mathcal{N}$ und $\mathcal{C}$ konkret an. Die Konstruktion ist motiviert durch die Argumente im Ergänzungssatz, wobei das Ziel war, eine möglichst einfach zu definierende Abbildung zu finden.

Zur bequemen Formulierung brauchen wir noch einige Notationen. Für ein $s \in \mathrm{Seq}$ sei $s(-1)$ das letzte Element von s, $s(-2)$ das vorletzte Element von s, usw. Wir setzen $s(-k) = -1$, falls $|s| < k$. Weiter setzen wir $s^- = s \mid (n-1)$ für $n = |s|$, $s \in \mathrm{Seq} - \{ \emptyset \}$ und vereinbaren außerdem noch $\emptyset^- = \emptyset$. Für $k \in \mathbb{N}$ sei $0^0 = \langle\, \rangle$ und $0^{k+1} = 0^k 0$. Analog sind die endlichen 1-Folgen 1^k definiert.

Definition *(φ und h_φ)*

$D = \{ s \in Seq_2 \mid s$ endet mit einer positiven geraden Zahl von Nullen $\}$.

Wir definieren eine Funktion $\varphi : Seq \to Seq_2$ rekursiv durch:

$$\varphi(\emptyset) = \emptyset,$$

$$\varphi(s\,n) = \begin{cases} \varphi(s)\,0\,0 & \textit{falls}\ n = 0, \\ \varphi(s)\,0^{n-1}\,1 & \textit{falls}\ n \neq 0,\ s(-1) \neq 0,\ \varphi(s)^- \notin D, \\ \varphi(s)\,0^{2(n-1)}\,1 & \textit{falls}\ n \neq 0,\ s(-1) \neq 0,\ \varphi(s)^- \in D, \\ \varphi(s)\,1\,0^{2n-1}\,1 & \textit{falls}\ n \neq 0,\ s(-1) = 0. \end{cases}$$

Weiter sei $h_\varphi : \mathcal{N} \to \mathcal{C}$ die durch φ induzierte Abbildung, d.h.

$$h_\varphi(f) = \bigcup_{n \in \mathbb{N}} \varphi(f \mid n) \quad \text{für } f \in \mathcal{N}.$$

φ ist offenbar monoton, also ist h_φ stetig. φ ist weiter injektiv und läßt genau diejenigen Folgen in Seq_2 als Werte aus, die mit einer ungeraden Anzahl von Nullen enden. Diese durch die Definition von $\varphi(s\,0)$ entstehenden Lücken dienen der Injektivität von h_φ, wie wir gleich sehen werden.

Satz

$h_\varphi : \mathcal{N} \to \mathcal{C}$ ist stetig und bijektiv.

Beweis

Sei $h = h_\varphi$. Die Stetigkeit von h ist klar.

Für alle $s \in Seq$ gilt:

(i) $\varphi(s\,n)$ und $\varphi(s\,m)$ sind inkompatibel für alle $1 \leq n < m$.

(ii) $\varphi(s\,0)$ und $\varphi(s\,m)$, $m > 0$, kompatibel *folgt* $s(-1) \neq 0$, $m > 1$.

(iii) $t = \varphi(s\,0^k\,m)$ und $t' = \varphi(s\,n\,0^{k'}\,n')$ sind inkompatibel für alle $k, m, n, n' \geq 1$, $k' \geq 0$.

Die Aussagen (i) und (ii) sind trivial. Wir zeigen (iii).

Seien s, k, m, n, k', n' wie in (iii). Dann gilt:

(+) $t = \varphi(s\,0^k\,m) = \varphi(s)\,0^{2k}\,1\,0^{2m-1}\,1.$

Annahme, t und t′ sind kompatibel.

Nach (ii) ist dann $s(-1) \neq 0$ und $n > 1$.

1. Fall: $k' > 0$

Dann ist $t' = \varphi(s\,n\,0^{k'}\,n') = \varphi(s\,n)\,0^{2k'}\,1\,0^{2n'-1}\,1 =$
$\varphi(s)\,0^{\ell}\,1\,0^{2k'}\,1\,0^{2n'-1}$ für ein $\ell \geq 1$.
Nach Annahme und (+) ist dann $\ell = 2k$ und $2m - 1 = 2k'$, *Widerspruch*.

2. Fall: $k' = 0$

Dann ist $t' = \varphi(s\,n\,n') = \varphi(s)\,0^{\ell}\,1\,0^{\ell'}\,1$, für $\ell, \ell' \geq 1$.
Nach Annahme ist $\ell = 2k$, also $\varphi(s\,n)^- \in D$.
Dann ist aber $\ell' = 2(n-1)$ nach Definition von $\varphi(s\,n\,n')$,
nach Annahme und (+) aber $\ell' = 2m - 1$, *Widerspruch*.

Offenbar ist $h(s\,0\,0\,\ldots) \neq h(s'\,0\,0\,\ldots)$ für $s \neq s'$.
Weiter gilt $h(s\,0\,0\,\ldots) \neq h(f)$ für alle s und alle f, die nicht schließlich konstant gleich 0 sind.
Wegen (i) und (iii) ist dann aber h injektiv.

h ist aber auch surjektiv:
Aus der rekursiven Definition von φ lesen wir zunächst ab:

$$(++)\quad \mathrm{rng}(\varphi) = \{ s \in \mathrm{Seq}_2 \mid s = 0^{2k} \text{ für ein } k \geq 0 \textit{ oder } s = s'10^{2k} \text{ für ein } s' \in \mathrm{Seq}_2 \text{ und ein } k \geq 0 \}$$

Sei hierzu $g \in \mathscr{C}$. Wir setzen:

$$T = \{ s \in \mathrm{Seq} \mid \varphi(s) \leq g \}.$$

Dann ist T unendlich wegen (++), und wegen φ monoton ist T ein Baum.
Weiter ist T endlich verzweigt (!) [de facto gilt $|\mathrm{suc}_T(s)| \leq 2$ für alle $s \in T$].
Nach dem Lemma von König existiert also ein $f \in [T]$.
Nach Definition von h gilt dann $h(f) = g$.

Ortung durch den Hilbert-Würfel

Ein anderer Ansatz der Analyse polnischer Räume bringt ein neues Objekt ins Spiel, den sog. Hilbert-Würfel. Der Ansatz beruht auf folgender Beobachtung: Eine die Topologie erzeugende vollständige Metrik $d : X^2 \to [0, 1]$ und eine abzählbare dichte Teilmenge $z_0, z_1, \ldots, z_k, \ldots$ von X verbinden beliebige polnische Räume $\mathscr{X} = \langle X, \mathscr{U} \rangle$ mit den reellen Zahlen – genauer: mit einer Folge im reellen Einheitsintervall. Wir setzen hierzu für $x \in X$:

$$w(x) = \langle d(x, z_k) \mid k \in \mathbb{N} \rangle.$$

Die Funktion w beschreibt die Lage von $x \in X$ relativ der Aufzählung einer abzählbaren dichten Teilmenge, und versucht so die Topologie des Raumes $\mathscr{X}$ durch Folgen im Einheitsintervall zu beschreiben. Wir nennen $w : X \to {}^{\mathbb{N}}[0, 1]$ *die Ortungsfunktion* für $\mathscr{X}$ bzgl. $\langle z_k \mid k \in \mathbb{N} \rangle$ (und bzgl. der Metrik d).

Stellt man sich die z_k als die Positionen von Satelliten vor, die den Abstand zu Objekten $x \in X$ messen können, so ist w(x) die vollständige den Satelliten mögliche Ortung eines Objekts x. In vielen Fällen ist die Ortung mit dicht im Raum verteilten Satelliten reichlich überdimensioniert: Im $\mathbb{R}^2$ genügen etwa drei Satelliten an drei linear unabhängigen Positionen z_0, z_1, z_2; denn kennt man für einen Punkt x der Ebene $d(x, z_0)$, $d(x, z_1)$ und $d(x, z_2)$, so ist x bereits eindeutig bestimmt. Für einen abzählbaren Raum unter der diskreten Metrik braucht man dagegen einen „Satelliten" an jedem Punkt des Raumes.

Es wird sich zeigen, daß die Beschreibung von X durch eine Ortungsfunktion vollständig ist, wobei wir nicht erwarten können, daß jede Folge im Einheitsintervall als mögliche Position eines $x \in X$ vorkommt.

Wir definieren, die Stetigkeit einer Ortung w im Auge:

Definition *(Hilbert-Würfel)*

Der *Hilbert-Würfel* $\mathcal{H}$ ist der Raum ${}^{\mathbb{N}}[0, 1]$, versehen mit der Produkttopologie der üblichen Topologie auf dem reellen Einheitsintervall.

Als abzählbarer Produktraum eines polnischen Raumes ist der Hilbert-Würfel ein polnischer Raum. Die Mengen $I_0 \times \ldots \times I_k \times [0, 1] \times [0, 1] \times \ldots$, mit offenen Intervallen $I_i \subseteq [0, 1]$ für $0 \leq i \leq k$, $k \in \mathbb{N}$, bilden eine Basis von $\mathcal{H}$. Nach dem Satz von Tychonov ist $\mathcal{H}$ kompakt, da $[0, 1]$ kompakt ist.

Satz *(über Ortungsfunktionen)*

Sei $\mathcal{X} = \langle X, \mathcal{U} \rangle$ ein polnischer Raum, und sei $\langle z_k \mid k \in \mathbb{N} \rangle$ dicht in X.
Sei weiter d eine erzeugende vollständige Metrik für $\mathcal{X}$.
Dann gilt für die Ortungsfunktion w bzgl. $\langle z_k \mid k \in \mathbb{N} \rangle$ und d:

(i) $w : X \to \mathcal{H}$ ist stetig und injektiv.

(ii) $w^{-1} : \mathrm{rng}(w) \to X$ ist stetig.

(iii) Es gibt offene $U_n \subseteq {}^{\mathbb{N}}[0, 1]$ für $n \in \mathbb{N}$, mit $\mathrm{rng}(w) = \bigcap_{n \in \mathbb{N}} U_n$.

Beweis

zu (i):

Ist klar.

zu (ii):

Seien $x \in X$ und $\langle x_n \mid n \in \mathbb{N} \rangle$ eine Folge in X mit $w(x) = \lim_{n \to \infty} w(x_n)$.
Wir zeigen, daß $\lim_{n \to \infty} x_n = x$. Sei hierzu $\varepsilon > 0$.
Wegen $\langle z_k \mid k \in \mathbb{N} \rangle$ dicht in X existiert ein k mit $d(x, z_k) < \varepsilon/2$.
Wegen $\lim_{n \to \infty} w(x_n) = w(x)$ ist insbesondere

$$\lim_{n \to \infty} d(x_n, z_k) = \lim_{n \to \infty} w(x_n)(k) = w(x)(k) = d(x, z_k) < \varepsilon/2.$$

Also existiert ein $n_0 \in \mathbb{N}$ derart, daß x_n in der $\varepsilon/2$-Umgebung von z_k liegt für alle $n \geq n_0$. Auch x ist in dieser Umgebung, und damit gilt

$$d(x_n, x) < \varepsilon \quad \text{für alle } n \geq n_0.$$

Dies zeigt $\lim_{n \to \infty} x_n = x$.

zu (iii):

Für $x \in X$ und $n \in \mathbb{N}$ sei

$$k(x, n) = \text{„das kleinste } k \text{ mit } d(x, z_k) < 1/2^n\text{“}.$$

Wir setzen für $n \in \mathbb{N}$:

$$U_n = \{ g \in {}^{\mathbb{N}}[0,1] \mid \text{es existiert ein } x \in X \text{ mit: } |w(x)(i) - g(i)| < 1/2^n \text{ für alle } i \leq \max(k(x, n), n) \}.$$

Dann sind alle U_n offen und es gilt $\mathrm{rng}(w) \subseteq \bigcap_{n \in \mathbb{N}} U_n$.

Wir zeigen, daß auch $\mathrm{rng}(w) \supseteq \bigcap_{n \in \mathbb{N}} U_n$. Sei also $g \in U_n$ für alle $n \in \mathbb{N}$. Für $n \in \mathbb{N}$ sei x_n wie in der Definition von U_n für g. Es genügt zu zeigen:

(+) $\langle x_n \mid n \in \mathbb{N} \rangle$ ist eine Cauchy-Folge in X.

Denn ist dann $x = \lim_{n \to \infty} x_n$, so gilt offenbar $w(x) = g$.

Beweis von (+)

Annahme nicht. Sei also $\varepsilon > 0$ derart, daß für alle $n_0 \in \mathbb{N}$ $n, m \geq n_0$ existieren mit $d(x_n, x_m) > \varepsilon$. Sei $n_0 \in \mathbb{N}$ mit $1/2^{n_0} \leq \varepsilon/4$, und seien $n, m \geq n_0$ mit $d(x_n, x_m) > \varepsilon$.
Sei o. E. $k(x_m, m) \leq k(x_n, n)$, und sei $k = k(x_m, m)$.
Dann gilt nach Definition von $k(x_m, m)$:

(1) $d(x_m, z_k) < 1/2^m \leq 1/2^{n_0} \leq \varepsilon/4$.

Wegen $x_m \in U_m$ gilt:

(2) $| d(x_m, z_k) - g(k) | < 1/2^m \leq \varepsilon/4$.

Wegen $x_n \in U_n$ und $k \leq k(x_n, n)$ gilt aber auch:

(3) $| d(x_n, z_k) - g(k) | < 1/2^n \leq \varepsilon/4$.

Also ist $| d(x_n, z_k) - d(x_m, z_k) | < \varepsilon/2$ nach (2) und (3).
Mit (1) ist dann aber

$$d(x_n, x_m) \leq d(x_m, z_k) + d(x_n, z_k) \leq d(x_m, z_k) + d(x_m, z_k) + \varepsilon/2 \leq \varepsilon.$$

Widerspruch.

Also ist jede Ortungsfunktion $w : X \to \bigcap_{n \in \mathbb{N}} U_n \subseteq {}^{\mathbb{N}}[0, 1]$ ein Homöomorphismus und wir erhalten:

Korollar *(polnische Räume als Teilräume des Hilbert-Würfels)*

Die polnischen Räume sind bis auf Homöomorphie genau die abzählbaren Schnitte von offenen Mengen im Hilbert-Würfel.
Weiter sind die kompakten polnischen Räume bis auf Homöomorphie genau die abgeschlossenen Mengen in ${}^{\mathbb{N}}[0, 1]$.

Der Zusatz folgt, da die Bilder kompakter Mengen unter stetigen Funktionen wieder kompakt sind.

Für kompakte Räume $\mathscr{X}$ ist also die im Beweis von (iii) konstruierte Menge $\bigcap_{n \in \mathbb{N}} U_n$ automatisch abgeschlossen. Umgekehrt kann wegen der Kompaktheit des Hilbert-Würfels dieser Schnitt nicht abgeschlossen sein, wenn $\mathscr{X}$ nicht kompakt ist. Wir erreichen aber Abgeschlossenheit, wenn wir vom Hilbertwürfel ${}^{\mathbb{N}}[0, 1]$ zum sog. *Frechet-Raum* ${}^{\mathbb{N}}\mathbb{R}$ übergehen:

Satz *(polnische Räume als abgeschlossene Teilräume von ${}^{\mathbb{N}}\mathbb{R}$)*

Die polnischen Räume sind bis auf Homöomorphie genau die abgeschlossenen Mengen in ${}^{\mathbb{N}}\mathbb{R}$.

Beweis

Nach dem Korollar genügt es, die Aussage für die abzählbaren Schnitte von offenen Mengen im Hilbert-Würfel zu zeigen.
Seien also U_k offen in ${}^{\mathbb{N}}[0,1]$ für $k \in \mathbb{N}$, und sei $X = \bigcap_{k \in \mathbb{N}} U_k$.
Wir definieren nun $h : X \to {}^{\mathbb{N}}\mathbb{R}$ durch:

$$h(g)(i) = \begin{cases} g(k) & \textit{falls } i = 2k, \\ 1/d(g, {}^{\mathbb{N}}[0,1] - U_k) & \textit{falls } i = 2k+1. \end{cases}$$

$h(g)$ ist also die Folge g, wobei nach jedem k-ten Glied von g der reziproke Abstand des Gliedes zum Rand von U_k eingefügt wird. Dies erschwert die Konvergenz von Folgen im Bild von h.

Sei $Y = \mathrm{rng}(h)$. Dann ist $h : X \to Y$ bijektiv und stetig.
Wir zeigen, daß Y abgeschlossen und $h^{-1} : Y \to X$ stetig ist.
Sei hierzu $\langle g_n \mid n \in \mathbb{N} \rangle$ eine Folge in X, und sei $f \in {}^{\mathbb{N}}\mathbb{R}$ mit

$$f = \lim_{n \to \infty} h(g_n).$$

Dann konvergiert für alle $i \in \mathbb{N}$ die Folge $\langle h(g_n)(i) \mid n \in \mathbb{N} \rangle$ gegen $f(i)$.
Insbesondere gilt dies für die geraden i und damit ist $\lim_{n \to \infty} g_n = g$ für die Funktion g mit $g(i) = f(2i)$.
Die Konvergenz für die ungeraden i liefert für alle $k \in \mathbb{N}$ die Existenz von

$$\lim_{n \to \infty} 1/d(g, {}^{\mathbb{N}}[0,1] - U_k).$$

Also existiert ein $\varepsilon > 0$ mit $d(g, {}^{\mathbb{N}}[0,1] - U_k) > \varepsilon$ für alle $k \in \mathbb{N}$.
Dann ist aber $g \in U_k$ für alle k, also $g \in X$. Weiter ist $h(g) = f$. ⊣

Wir erhalten aus der Untersuchung über den Hilbert-Würfel auch einen zweiten Beweis dafür, daß kompakte nichtleere polnische Räume stetige Bilder von $\mathcal{C}$ sind. Wir nutzen entscheidend, daß $\mathcal{C}$ homöomorph zu seinem eigenen unendlichen Produktraum ${}^{\mathbb{N}}\mathcal{C}$ ist:

Korollar *(kompakte polnische Räume als stetige Bilder des Cantorraumes)*

Sei $\mathcal{X} = \langle X, \mathcal{U} \rangle$ ein nichtleerer kompakter polnischer Raum.
Dann existiert eine stetige Surjektion $h : \mathcal{C} \to X$.

Beweis

Sei $A \subseteq {}^{\mathbb{N}}[0,1]$ abgeschlossen und homöomorph zu $\mathcal{X}$.
Das Fortsetzungslemma liefert ein stetiges surjektives $h : {}^{\mathbb{N}}[0,1] \to X$.
Sei $f : \mathcal{C} \to {}^{\mathbb{N}}\mathcal{C}$ ein Homöomorphismus. Damit ist

$$\mathcal{C} \to_f {}^{\mathbb{N}}\mathcal{C} \to_g {}^{\mathbb{N}}[0,1] \to_h X$$

eine stetige surjektive Verkettung wie gewünscht, wenn g die durch die Abbildung $g' : \mathcal{C} \to [0,1]$ mit

$$g'(x) = \Sigma_{n \in \mathbb{N}}\, x(n)/2^{(n+1)}$$

induzierte stetige Surjektion von ${}^{\mathbb{N}}\mathcal{C}$ auf ${}^{\mathbb{N}}[0,1]$ ist. ⊣

Peano-Kurven

Cantors Entdeckung von $|\mathbb{R}^2| = |\mathbb{R}|$ im Jahre 1878 erschütterte den Dimensionsbegriff der „Anzahl der Koordinaten“. Dedekind wies sogleich auf die Unstetigkeit der von Cantor konstruierten Abbildungen hin, und diese Unstetigkeit ließ sich auch in der Folgezeit aus allen Bijektionen $f : \mathbb{R}^2 \to \mathbb{R}$ nicht eliminieren. $\mathbb{R}^2$ muß, so schien es, mit dem Hammer zerschlagen werden, um in die Form einer Linie gebracht werden zu können. Dies war in der Tat die richtige Spur. Brouwer löste 1911 das allgemeine Problem indem er zeigte: Es gibt keine stetigen Bijektionen zwischen verschieden-dimensionalen Kontinua $\mathbb{R}^n$ und $\mathbb{R}^m$. Sperner gab 1926 einen auf einem Satz von Lebesgue beruhenden vereinfachten Beweis. Wir diskutieren diese Ergebnisse weiter unten noch genauer.

Zwölf Jahre nach Cantors Konstruktion einer Bijektion zwischen $\mathbb{R}^2$ und $\mathbb{R}$ sorgte Peano für eine weitere Überraschung, die gegen die Intuition verstieß: Er konstruierte eine stetige Surjektion von $I = [0, 1]$ nach I^2, eine heute nach ihrem Entdecker benannte Peano-Kurve. Allgemein ist eine *Peano-Kurve der Dimension n* für $n \geq 2$ eine stetige Surjektion $h : [0, 1] \to [0, 1]^n$. Wir können nun die Existenz solcher Abbildungen mit Hilfe unserer Sätze über den Cantorraum sehr einfach zeigen:

Satz *(Existenz von Peano-Kurven)*
Sei $n \geq 2$. Dann existiert eine Peano-Kurve der Dimension n.

Beweis
Wir arbeiten mit der zu $\mathscr{C}$ homöomorphen Cantormenge $C \subseteq [0, 1]$.
$[0, 1]^n$ ist kompakt und polnisch und damit ein stetiges Bild von C.
Sei also $h : C \to [0, 1]^n$ stetig und surjektiv, und sei

$$h(x) = (h_1(x), \dots h_n(x)) \quad \text{für alle } x \in C.$$

Dann ist $h_i : C \to [0, 1]$ stetig und surjektiv für alle $1 \leq i \leq n$.
Wir können jedes h_i zu einer stetigen Funktion $h_i^* : [0, 1] \to [0, 1]$ fortsetzen.

Beweis hierzu
Sei hierzu $f : C \to \mathbb{R}$ stetig, und seien $I_n =]a_n, b_n[$, $n \in \mathbb{N}$, die bei der rekursiven Konstruktion von C entfernten offenen Intervalle.
Wir setzen $f^* | C = f$ und definieren f^* auf jedem Intervall I_n durch lineare Interpolation, d. h. wir setzen

$$f^*(x) = f(a_n) + ((f(b_n) - f(a_n))/(b_n - a_n))(x - a_n) \quad \text{für } x \in I_n, n \in \mathbb{N}.$$

Dann ist $f^* : [0, 1] \to \mathbb{R}$ eine stetige Fortsetzung von f.

Für $x \in [0, 1]$ sei $h^*(x) = (h_1^*(x), \dots, h_n^*(x))$.
Dann ist $h^* : [0, 1] \to [0, 1]^n$ stetig und surjektiv (und $h^* | C = h$).

Das Argument zeigt sogar die Existenz einer Peano-Kurve der Dimension ω, d.h. es existiert eine stetige Surjektion $h : [0, 1] \to {}^{\mathbb{N}}[0, 1]$ vom Einheitsintervall in den Hilbert-Würfel $\mathcal{H}$.

Eine Konkretisierung und leichte Modifizierung der in den obigen Beweis eingehenden Argumente führt zu einer rekursiven Konstruktion von Peano-Kurven, die ganz in $\mathbb{R}$ verläuft, und die die Cantormenge nicht heranzieht. Wir betrachten die Dimension 2. Wir können nun etwa iteriert $Q_0^0 = [0, 1]^2$ schachbrettartig in 4, 16, 64, ... kleinere, abgeschlossene und geschickt numerierte – vgl. das Diagramm rechts – Teilquadrate Q_m^n, mit $0 \le m < 4^n$, zerlegen, und dabei jedem Q_m^n das Intervall $[m \cdot 1/4^n, (m + 1) \cdot 1/4^n]$ zuordnen. Der Grenzübergang dieser Zuordnung liefert eine Peano-Kurve der Dimension 2. Die abzählbare und dichte Verletzung der Injektivität läßt sich hier schön verfolgen. (Vgl. hierzu auch [Hilbert 1891].)

1	2	15	16	17	20	21	22
4	3	14	13	18	19	24	23
5	8	9	12	31	30	25	26
6	7	10	11	32	29	28	27
59	58	55	54	33	36	37	38
60	57	56	53	34	35	40	39
61	62	51	52	47	46	41	42
64	63	50	49	48	45	44	43

Eine Peano-Kurve ist keine „in einem Strich" durchgezogene Linie, keine „Flugbahn", sondern entsteht durch einen Flächenbrand von Grenzwertprozessen. „Stetig auf $\mathbb{R}$" heißt nicht „wie eine gezeichnete Linie". Mutmaßlich ist diese lineare, durch die physikalisch glatten Kurven motivierte, der mathematischen Definition aber letztendlich nicht entsprechende Interpretation der Stetigkeit der Grund für die tiefgreifende Irritation gewesen, die Peanos Konstruktion auslöste.

Die in unseren Beweisen auf $\mathcal{N}$ und $\mathcal{C}$ definierten Surjektionen entstehen durch iterierte Überdeckungen oder sogar iterierte Zerlegungen des Zielraumes. Ein Punkt eines Raumes $\mathcal{X} = \langle X, \mathcal{U} \rangle$ wird so durch eine Folge von natürlichen Zahlen bezeichnet. Ein $C_s \subseteq X$ versammelt alle Punkte, die am Ende einen – von u.U. mehreren – Namen haben werden, der mit s beginnt. Stetigkeit entsteht hier durch stufenweise globale Verfeinerung, nicht durch lokales sprungfreies Fortschreiten in Zeit und Raum. „Scharfstellen eines Mikroskopes" wäre ein beschreibendes Bild.

Es scheint, daß die Analyse des Surjektions-Phänomens mit Hilfe der Folgenräume besonders natürlich ist. Die klassische Struktur $\mathbb{R}$ lieferte die ersten Beispiele, $\mathcal{N}$ liefert ein tieferes Verständnis.

Invarianz der Dimension für das Kontinuum

Seit der Problemstellung durch Cantor und Dedekind gab es viele Versuche zu zeigen, daß verschieden-dimensionale Kontinua nicht homöomorph sein können. Lüroth gelang 1906 ein Nachweis für die Dimensionen kleinergleich 3 und schließlich bewies Brouwer 1911 mit neuen Methoden den allgemeinen Satz. Stärker zeigten dann Brouwer und Lebesgue das folgende fundamentale Ergebnis (hier und im folgenden ist immer $n, m \in \mathbb{N}$):

Satz *(Invarianz des Gebietes)*
Seien $A, B \subseteq \mathbb{R}^n$, und sei $f : A \to B$ ein Homöomorphismus.
Dann gilt für alle $x \in A$: $x \in \text{int}(A)$ *gdw* $f(x) \in \text{int}(B)$.

Siehe [Brouwer 1911b, 1912], [Lebesgue 1911] und weiter [Sperner 1928]. Für einen Beweis innerhalb der Lehrbuchliteratur siehe z. B. [Dugundji 1966].

Aus der Invarianz des Gebiets folgt die Invarianz der Dimension:

Korollar *(Invarianz der Dimension)*
Seien $A \subseteq \mathbb{R}^n$, $B \subseteq \mathbb{R}^m$, und sei $n < m$. Weiter sei $f : A \to B$ ein Homöomorphismus. Dann ist $\text{int}(B) = \emptyset$.
Insbesondere sind die Räume $\mathbb{R}^n$ und $\mathbb{R}^m$ nicht homöomorph.

Beweis
Sei $g : \mathbb{R}^n \to \mathbb{R}^m$ die natürliche Einbettung des $\mathbb{R}^n$ in den $\mathbb{R}^m$, d. h.

$$g(x_1, \ldots, x_n) = (x_1, \ldots, x_n, 0, \ldots, 0) \in \mathbb{R}^m \quad \text{für alle } (x_1, \ldots, x_n) \in \mathbb{R}^n.$$

Dann ist $g \circ f^{-1} : B \to g''A$ ein Homöomorphismus.
Offenbar ist $\text{int}(g''A) = \emptyset$, also ist nach dem Satz auch $\text{int}(B) = \emptyset$. ∎

Weiter ergibt sich folgender Homöomorphiesatz:

Korollar *(Homöomorphiesatz für den $\mathbb{R}^n$)*
Sei $U \subseteq \mathbb{R}^n$ offen, und sei $f : U \to \mathbb{R}^n$ injektiv und stetig.
Dann ist $\text{rng}(f)$ offen und $f : U \to \text{rng}(f)$ ist ein Homöomorphismus.
Insbesondere gilt: Ist $g : \mathbb{R}^n \to \mathbb{R}^n$ stetig und bijektiv, so ist g^{-1} stetig.

Beweis
Sei $V \subseteq U$ offen. Wir zeigen, daß $f''V$ offen ist. Dies genügt.
Sei $x \in V$ und sei $K \subseteq \mathbb{R}^n$ kompakt mit $x \in \text{int}(K)$ und $K \subseteq V$.
Dann ist $f \upharpoonright K : K \to f''K$ ein Homöomorphismus nach dem Homöomorphiesatz für Kompakta. Nach dem Satz über die Invarianz des Gebiets ist dann aber $f(x) \in \text{int}(f''K) \subseteq \text{int}(f''V)$. Also ist f'' offen. ∎

Wir skizzieren einen möglichen Beweis für den Satz über die Invarianz des Gebiets. Hierzu brauchen wir einige topologische Begriffe. Ein topologischer Raum $\mathcal{X} = \langle X, \mathcal{U} \rangle$ heißt *zusammenhängend*, wenn X nicht die Vereinigung zweier disjunkter nichtleerer offener Mengen ist. Ein $Y \subseteq X$ heißt *zusammenhängend*, wenn Y versehen mit der Relativtopologie von $\mathcal{X}$ zusammenhängend ist. Ist $x \in X$, so ist die *Zusammenhangskomponente von x* die Vereinigung aller zusammenhängenden $Y \subseteq X$ mit $x \in Y$. Ein nichtleeres $Y \subseteq X$ heißt eine *Zusammenhangskomponente von* $\mathcal{X}$, falls Y die Zusammenhangskomponente eines (aller) $x \in Y$ ist.

Sei nun zunächst $n \geq 2$ und sei $f : A \to B$ ein Homöomorphismus wie im Satz. Sei weiter $x \in \text{int}(A)$. Dann existiert ein $\varepsilon > 0$ mit $C = \text{cl}(U_\varepsilon(x)) \subseteq A$. Es gilt dann folgende Gleichung:

(#) $\mathbb{R}^n - f''\mathrm{bd}(C) = (\mathbb{R}^n - f''C) \cup f''\mathrm{int}(C)$.

Anschaulich ist nun klar, daß der Raum $\mathbb{R}^n - f''\mathrm{bd}(C)$ nicht zusammenhängend ist, und daß $\mathbb{R}^n - f''C$ und $f''\mathrm{int}(C)$ gerade die Zusammenhangskomponenten dieses Raumes sind. Denn $f''\mathrm{bd}(C)$ ist homöomorph zu bd(C) und die Zusammenhangskomponenten von $\mathbb{R}^n - \mathrm{bd}(C)$ sind $\mathbb{R}^n - C$ und int(C).

Der Beweis dieser von der Anschauung getragenen Vermutung ist nun aber nicht trivial. Hat man dies aber gezeigt, so ist der Satz über die Invarianz des Gebietes bewiesen, denn die Zusammenhangskomponenten offener Teilmengen des $\mathbb{R}^n$ sind offen (!) und damit ist $f''\mathrm{int}(C) \subseteq B$ eine offene Umgebung von f(x). Dies zeigt, daß $f(x) \in \mathrm{int}(B)$. Die Umkehrung folgt durch Betrachtung von f^{-1}.

Das Argument funktioniert auch für $n = 1$, nur daß in diesem Fall $\mathbb{R}^1 - f''C$ die Vereinigung zweier Zusammenhangskomponenten von $\mathbb{R}^1 - f''C$ ist. Für die Dimension $n = 1$ ist die unbewiesene Vermutung leicht mit Hilfe des (offensichtlichen) Satzes zu beweisen, daß Homöomorphismen den Zusammenhang eines Raumes erhalten. (Für $n = 0$ ist die Aussage trivial.)

Ebenso ist der Satz über die Invarianz der Dimension für den Fall $n = 1$, $m > 1$ leicht zu zeigen: $\mathbb{R}^1$ ist nach Entfernung eines Punktes unzusammenhängend, während $\mathbb{R}^m$ nach Entfernung eines Punktes zusammenhängend bleibt. Damit kann keine stetige Bijektion $f : \mathbb{R}^m \to \mathbb{R}$ existieren, denn dann hätte $\mathbb{R}^m - \{ 0 \}$ die beiden Zusammenhangskomponenten $f^{-1}{}''(]-\infty, f(0)[)$ und $f^{-1}{}''(]f(0), \infty[)$.

Sehr klar werden die Dinge, wenn wir folgenden Satz heranziehen: Ist $n \geq 2$ und $S \subseteq \mathbb{R}^n$ homöomorph zur Sphäre S^{n-1}, so hat $\mathbb{R}^n - S$ genau zwei Zusammenhangskomponenten. Diese Aussage ist als Jordanscher Trennungssatz bekannt. Beweise dieser der Anschauung entgegenkommenden Aussagen sind mit Methoden der algebraischen Topologie möglich. Beim Beweis der Vermutung in obiger Argumentation zum Beweis der Invarianz des Gebiets (die de facto einfacher zu zeigen ist als der Jordansche Trennungssatz) spielt neben anderen Dingen der folgende Satz eine wichtige Rolle:

Satz *(Retraktionssatz)*

Sei K die abgeschlossene Einheitskugel im $\mathbb{R}^n$.
Dann existiert kein stetiges $g : K \to S^{n-1}$ ($= \mathrm{bd}(K)$) mit $g \mid S^{n-1} = \mathrm{id}_{S^{n-1}}$.

Sind $A, B \subseteq \mathbb{R}^n$ mit $A \subseteq B$, so heißt A ein *Retrakt* von B, wenn eine stetige Funktion $g : B \to A$ existiert mit $g \mid A = \mathrm{id}_A$. Der Retraktionssatz sagt also, daß die Sphäre im $\mathbb{R}^n$ kein Retrakt der Kugel im $\mathbb{R}^n$ ist.

Äquivalent zum Retraktionssatz ist der folgende Satz von Brouwer: Die Sphäre S^n läßt sich nicht stetig auf einen Punkt der Sphäre zusammenziehen, wenn die Kontraktion jederzeit in der Sphäre verbleiben soll. Mathematisch heißt das: die Identität auf S^n ist nicht nullhomotop, d. h. es gibt keine stetige Funktion $\varphi : S^n \times [0, 1] \to S^n$ und kein $c \in S^n$ mit $\varphi(x, 0) = x$ und $\varphi(x, 1) = c$ für alle $x \in S^n$. Anschaulich beschreibt ein solches φ die Deformation von S^n in der Zeit 1 zu $c \in S^n$: Für alle $x \in S^n$ und $t \in [0, 1]$ ist $\varphi(x, t) \in S^n$ die Position von x zum Zeitpunkt t während der Deformation. Zur Äquivalenz mit dem Retraktionssatz betrachte man die Gleichung $\varphi(x, t) = g((1 - t)x)$ in beiden Richtungen.

Äquivalent zum Retraktionssatz (und zum Homotopiesatz über die Sphäre) ist weiter der folgende Fixpunktsatz:

Satz *(Brouwerscher Fixpunktsatz)*
Sei $K = \{ x \in \mathbb{R}^n \mid d(0, x) \leq 1 \}$ die abgeschlossene Einheitskugel im $\mathbb{R}^n$.
Sei weiter $f : K \to K$ stetig. Dann existiert ein $x \in K$ mit $f(x) = x$.

Der Leser beweise die Aussage für den Fall $n = 1$. Wer Vergnügen an Abschweifungen hat, kann sich auch den Zusammenhang mit dem bekannten roten Punkt „Sie sind hier" auf öffentlichen Landkarten überlegen.

Die Fixpunktaussage des Satzes gilt dann offenbar auch für alle stetigen Funktionen $f : C \to C$, wenn C eine zu K homöomorphe Teilmenge des $\mathbb{R}^n$ ist. Weiter gilt sie für alle stetigen $f : D \to D$, wenn D ein Retrakt von C ist (!). Damit folgert man: Ist $E \subseteq \mathbb{R}^n$ kompakt, konvex und nichtleer und ist $f : E \to E$ stetig, so hat f einen Fixpunkt. Denn jedes solche E ist ein Retrakt einer n-dimensionalen Kugel mit hinreichend großem Radius, ein nicht völlig triviales Resultat. (Ein $E \subseteq \mathbb{R}^n$ heißt *konvex*, falls für alle $x, y \in E$ das x und y verbindende Geradenstück eine Teilmenge von E ist, d. h. für alle $\lambda \in [0, 1]$ ist $\lambda x + (1 - \lambda)y \in E$.)

Die Fixpunkt-Aussage gilt dagegen nicht mehr für die offene Einheitskugel int(K) oder für die Punktierung $K - \{ 0 \}$ (!).

Den Fixpunktsatz kann man aus dem Retraktionssatzes so folgern: *Annahme*, es gibt ein stetiges $f : K \to K$ ohne Fixpunkte. Wir definieren dann g(x) für alle $x \in K$ als den Schnittpunkt derjenigen Halbgeraden mit S^{n-1}, die von f(x) ausgeht und durch x verläuft. Dann ist $g : K \to S^{n-1}$ stetig und die Identität auf der Sphäre S^{n-1}, *Widerspruch*.

Umgekehrt gewinnt man den Retraktionssatz aus dem Fixpunktsatz so: *Annahme*, $g : K \to S^{n-1}$ ist stetig und die Identität auf S^{n-1}. Wir setzen $f(x) = -g(x)$ für alle $x \in K$. Dann ist $f : K \to K$ stetig ohne Fixpunkte, *Widerspruch*.

Ein alternativer Ansatz

Wir geben nun noch einen vollständigen elementaren Beweis der Invarianz der Dimension und weiter auch des Brouwerschen Fixpunktsatzes nach Lebesgue (1911), Sperner (1928) und Knaster, Kuratowski, Mazurkiewicz (1929). Mit den Methoden kann schließlich auch der Satz über die Invarianz des Gebiets bewiesen werden. Wir geben einen Beweis am Ende des Zwischenabschnitts.

Überdecken wir die Ebene $\mathbb{R}^2$ schachbrettartig durch abgeschlossene δ-Quadrate, so berühren sich an jeder Ecke vier Quadrate. Die Überdeckung läßt sich in dieser Hinsicht verbessern: Verschieben wir jede zweite Reihe der Quadrate um δ/2 entlang der x-Achse, so erhalten wir eine „mauerartige" Überdeckung, bei der jeder Punkt der Ebene in höchstens drei beteiligten Mengen liegt. Der Leser überlegt sich weiter leicht eine Überdeckung des dreidimensionalen Raumes durch beliebig kleine kompakte Mengen, bei der jeder Punkt in höchstens vier Mengen auftaucht. Wir definieren nun einen allgemeinen Begriff im Umfeld dieser Betrachtungen und geben dann zwei komplementäre Sätze an, aus denen die Invarianz der Dimension leicht folgt.

Definition *(F_δ-Überdeckung)*

Sei $P \subseteq \mathbb{R}^n$ und $\delta > 0$. Eine endliche Folge $A_0, \ldots, A_k$ von Teilmengen des $\mathbb{R}^n$ heißt eine *F_δ-Überdeckung* von P, falls gilt:

(i) $P \subseteq \bigcup_{i \leq k} A_i$,

(ii) A_i ist abgeschlossen in $\mathbb{R}^n$ für alle $i \leq k$,

(iii) $\mathrm{diam}(A_i) < \delta$ für alle $i \leq k$.

Es gelten nun die beiden folgenden Sätze, von denen der erste noch recht einfach zu zeigen ist (siehe den Beweis unten):

Satz *(fast disjunkte Überdeckungen)*

Sei $A \subseteq \mathbb{R}^n$ beschränkt, und sei $\delta > 0$.

Dann existiert eine F_δ-Überdeckung $A_0, \ldots, A_k$ von A mit:

(+) Jedes $x \in A$ ist Element von höchstens $(n + 1)$-vielen A_i.

Satz *(Überdeckungssatz von Lebesgue und Sperner)*

Sei $B \subseteq \mathbb{R}^m$ mit $\mathrm{int}(B) \neq \emptyset$. Dann gibt es ein $\varepsilon > 0$, sodaß für jede F_ε-Überdeckung $B_0, \ldots, B_k$ von B gilt:

(++) Es gibt ein $x \in B$, das Element von mindestens $(m + 1)$-vielen B_i ist.

Wir werden diese Sätze gleich beweisen. Zuerst wollen wir zeigen, wie sich durch ihre Kombination die Invarianz der Dimension ergibt:

Beweis des Satzes über die Invarianz der Dimension

Seien also $A \subseteq \mathbb{R}^n$, $B \subseteq \mathbb{R}^m$, und sei $n < m$. Weiter sei $f : A \to B$ ein Homöomorphismus. Wir zeigen, daß $\mathrm{int}(B) = \emptyset$.

O.E. ist A kompakt, denn ist $x \in \mathrm{int}(B)$, so existiert ein kompaktes $B' \subseteq B$ mit $x \in \mathrm{int}(B')$ und dann ist $A' = f^{-1}{}''B'$ kompakt und $f \restriction A' : A' \to B'$ ist ein Homöomorphismus mit $\mathrm{int}(B') \neq \emptyset$.

Annahme, $\mathrm{int}(B) \neq \emptyset$. Sei dann $\varepsilon > 0$ derart, daß die Aussage (++) für jede F_ε-Überdeckung von $B \subseteq \mathbb{R}^m$ gilt.

Wegen der gleichmäßigen Stetigkeit von f existiert ein $\delta > 0$, sodaß für alle $C \subseteq A$ mit $\mathrm{diam}(C) < \delta$ gilt, daß $\mathrm{diam}(f''C) < \varepsilon$.

Sei also $A_0, \ldots, A_k \subseteq \mathbb{R}^n$ eine F_δ-Überdeckung von A derart, daß (+) wie im Satz über fast disjunkte Überdeckungen erfüllt ist. Wir setzen:

$$B_i = f''A_i \quad \text{für alle } i \leq k.$$

Dann ist $B_0, \ldots, B_k$ eine F_ε-Überdeckung von B (nach Wahl von δ).

Die Eigenschaft (+) wird durch die Bijektion f übertragen, also ist jedes $x \in B$ ein Element von höchstens $(n + 1)$-vielen B_i, *im Widerspruch* zu (++) für B und $n < m$. ∎

Der Überdeckungssatz wurde 1911 von Lebesgue formuliert und benutzt, um die Brouwerschen Invarianz-Sätze zu zeigen. Sperner konnte 1928 diese Argumentation stark vereinfachen und eine Lücke bei Lebesgue schließen (Lebesgue selbst gab einen korrekten Beweis 1921). Bei Sperner spielen Überdeckungen aus abgeschlossenen Simplizes eine Schlüsselrolle. Simplizes sind die n-dimensionalen Analoga von Dreieck und Tetraeder und sind mit ihren nur (n + 1)-Ecken für diesen Argumentationstyp besser geeignet als die vertrauteren n-dimensionalen Quader.

Definition *(Simplex, baryzentrische Koordinaten $\lambda_i(x)$, Schwerpunkt)*

Seien $v_0, \ldots, v_k \in \mathbb{R}^n$ affin unabhängig, d. h. $v_1 - v_0, \ldots, v_k - v_0$ sind linear unabhängig in $\mathbb{R}^n$. Wir setzen

$$S = S(v_0, \ldots, v_k) = \{ \Sigma_{i \le n} \lambda_i v_i \mid \lambda_i \in [0, 1] \text{ für alle } i \le k, \Sigma_{i \le k} \lambda_i = 1 \}.$$

Dann heißt S ein *k-dimensionales Simplex* im $\mathbb{R}^n$ mit den *Ecken* $v_0, \ldots, v_k$.
Für $i \le k$ heißt $S(v_0, \ldots, v_{i-1}, v_{i+1}, \ldots, v_k)$ eine *(n-dimensionale) Seite* von S und genauer die *Gegenseite* von v_i in S.
Ist $x = \Sigma_{i \le k} \lambda_i v_i \in S$ wie in der Definition, so heißen $\lambda_0, \ldots, \lambda_k = \lambda_0(x), \ldots, \lambda_k(x)$ die *baryzentrischen Koordinaten* von x.
Der Punkt $x = \Sigma_{i \le k} 1/(k+1)\, v_i$ heißt der *Schwerpunkt* von S.

Ist $N \subseteq \{ 0, \ldots, k \}$, so schreiben wir auch $S(\{ v_i \mid i \in N \})$ für das Simplex $S(v_{i_0}, \ldots, v_{i_s}) \subseteq S$, wobei $N = \{ i_0, \ldots, i_s \}$ mit $i_0 < \ldots < i_s$.

Das Simplex $S = S(v_0, \ldots, v_k)$ ist abgeschlossen im $\mathbb{R}^n$ und weiter die kleinste konvexe Teilmenge des $\mathbb{R}^n$, die die Punkte $v_0, \ldots, v_k$ enthält.

Wegen der affinen Unabhängigkeit der Ecken sind die baryzentrischen Koordinaten eindeutig bestimmt (modulo der Reihenfolge der Vektoren $v_0, \ldots, v_k$).

Für alle $i \le k$ ist die Gegenseite S_i von v_i durch die baryzentrische Koordinatengleichung „$\lambda_i = 0$" charakterisiert, die Ecke v_i selbst durch „$\lambda_i = 1$". Für alle $c \in [0, 1]$ beschreibt die Gleichung „$\lambda_i = c$" ein Teilsimplex von S bestehend aus Punkten, die zur Seite S_i einen konstanten Abstand $d = d(c) \le d(v_i, S_i)$ haben. Dies ist durch Nachrechnen z. B. unter Verwendung des Strahlensatzes leicht einzusehen.

Wir brauchen noch Simplex-Analoga der üblichen Zerlegung des $\mathbb{R}^n$ in abgeschlossene n-dimensionale Würfel. Allgemein definieren wir

Definition *(Simplizialzerlegung, $V(\mathcal{S})$)*

Seien $P \subseteq \mathbb{R}^n$, $\delta > 0$. Eine Menge $\mathcal{S}$ von n-dimensionalen Simplizes heißt eine *Simplizialzerlegung* von P der *Feinheit* δ, falls gilt:

(i) $P = \bigcup \mathcal{S}$,

(ii) $\operatorname{diam}(S) < \delta$ für alle $S \in S$,

(iii) $\{ S \subseteq K \mid S \in \mathcal{S} \}$ ist endlich für alle kompakten $K \subseteq P$,

(iv) für alle $S_1, S_2 \in \mathcal{S}$ mit $S_1 \cap S_2 \neq \emptyset$ gibt es paarweise verschiedene gemeinsame Ecken $v_1, \ldots, v_k$ von S_1 und S_2 mit $S_1 \cap S_2 = S(v_1, \ldots, v_k)$.

Wir setzen dann $V(\mathcal{S}) = \{ v \mid v \text{ ist Ecke eines } S \in \mathcal{S} \}$.

Solche Zerlegungen existieren insbesondere, falls $P = \mathbb{R}^n$ oder falls P selbst ein n-dimensionales Simplex ist.

Die Gefügigkeit von Simplizes zeigt folgender eleganter Beweis des Satzes über fast disjunkte Überdeckungen:

Beweis des Satzes über fast disjunkte Überdeckungen

Sei $S = S(v_0, \ldots, v_n)$ ein Simplex im $\mathbb{R}^n$. Für $i \leq n$ sei S_i die Gegenseite von v_i, und es sei $x^* = \Sigma_{i \leq n}\, 1/(n+1)\, v_i$. (De facto ist jedes $x^* \in \mathrm{int}(S)$ geeignet.)
Für alle $i \leq n$ setzen wir:

$$A_i = A_i(S) = \{ x \in S \mid d(x, S_i) \geq d(x^*, S_i) \} = \{ x \in S \mid \lambda_i(x) \geq 1/(n+1) \}.$$

Dann ist A_i abgeschlossen, $v_i \in A_i$ und $A_i \cap S_i = \emptyset$ für alle $i \leq n$.
Weiter ist $S = \bigcup_{i \leq n} A_i$ und $\bigcap_{i \leq n} A_i = \{ x^* \}$.

Sei nun $\mathcal{S}$ eine Simplizialzerlegung von $\mathbb{R}^n$ der Feinheit $\delta/2$.
Für jedes $S \in \mathcal{S}$ sei $A_0(S), \ldots, A_n(S)$ wie eben konstruiert.
Für $v \in V(\mathcal{S})$ setzen wir:

$$A_v = \bigcup \{ A_i(S) \mid S \in \mathcal{S},\ v \text{ ist eine Ecke von } S \text{ mit } v \in A_i(S) \}.$$

Die Mengen A_v sind Polyeder, auf deren Seiten die Schwerpunkte der $S \in \mathcal{S}$ liegen.

Dann ist A_v abgeschlossen und $\mathrm{diam}(A_v) < \delta$ für alle $v \in V$.
Weiter ist jedes $x \in \mathbb{R}^n$ Element von höchstens $(n+1)$-vielen A_v: Dies ist klar für die Punkte im Inneren eines $S \in \mathcal{S}$, und ist x Element einer Seite $S(v_0, \ldots, v_{n-1})$ eines $S \in \mathcal{S}$, so ist $\{ A_v \mid x \in A_v \} \subseteq \{ A_{v_0}, \ldots, A_{v_{n-1}} \}$.
Für alle beschränkten $A \subseteq \mathbb{R}^n$ ist dann also $\{ \mathrm{cl}(A) \cap A_v \mid v \in V \}$ eine (endliche) F_δ-Überdeckung von A, die die Aussage (+) erfüllt..

Für den Überdeckungssatz von Lebesgue und Sperner brauchen wir folgendes auch andernorts nützliches kombinatorisch-topologisches Resultat:

Satz *(Lemma von Sperner)*

Sei $S_0 = S(w_0, \ldots, w_n)$ ein n-dimensionales Simplex im $\mathbb{R}^n$.
Weiter sei $\mathcal{S}$ eine Simplizialzerlegung von S_0, und es sei $V = V(\mathcal{S})$.
Schließlich sei $f : V \to \{ 0, \ldots, n \}$ derart, daß für alle $i \leq n$ und $v \in V$ gilt:

(#) Ist v ein Element der S_0-Gegenseite von w_i, so ist $f(v) \neq i$.

Dann existiert eine ungerade Anzahl von $S \in \mathcal{S}$ mit:

(◇) $\{ f(v) \mid v \text{ ist eine Ecke von } S \} = \{ 0, \ldots, n \}$.

Es ist hilfreich, sich die Funktion f als Färbung der Eckenmenge V vorzustellen. Der Satz besagt insbesondere, daß eines der Simplizes von $\mathcal{S}$ an seinen Ecken mit allen Farben gefärbt ist. Die Aussage über die ungerade Anzahl ist aus induktionstechnischen Gründen wichtig.

Aus (#) folgt, daß f jede Ecke w_i von S_0 mit der Farbe i färbt, jedes $v \in V$ auf einer Kante $S(w_i, w_j)$ von S_0 mit einer der Farben i oder j, usw. Allgemein gilt für alle Mengen $N \subseteq \{ 0, \ldots, n \}$ und alle $v \in V$: Ist $v \in S(\{ w_i \mid i \in N \})$, so ist $f(v) \in N$.

Beweis

Wir zeigen die Aussage durch Induktion nach n. Für n = 0 ist der Satz klar. Sei also $n \geq 1$ und die Behauptung für $n-1$ bewiesen.

Wir nennen ein $S \in \mathcal{S}$ *gut*, wenn S wie in (◇) ist. Weiter heißt eine Seite S′ eines $S \in \mathcal{S}$ *gut*, wenn $\{ f(v) \mid v \text{ Ecke von } S' \} = \{ 0, \ldots, n-1 \}$.
Wir setzen:

u_1 = „die Anzahl der guten $S \in \mathcal{S}$",

u_2 = „die Anzahl der guten Seiten S′ eines $S \in \mathcal{S}$ mit $S' \subseteq bd(S_0)$",

$u(S)$ = „die Anzahl der guten Seiten S′ von S" für $S \in \mathcal{S}$.

Wir zeigen, daß u_1 ungerade ist. Zunächst gilt:

(+) u_2 ist ungerade.

Beweis von (+)

Ist S′ eine gute Seite eines $S \in \mathcal{S}$ mit $S' \subseteq bd(S_0)$, so ist $S' \subseteq S(w_0, \ldots, w_{n-1})$ nach (#) und der Definition einer guten Seite. Also ist u_2 ungerade nach I. V., angewendet auf die durch $\mathcal{S}$ gegebene Simplizialzerlegung $\mathcal{S}'$ von $S(w_0, \ldots, w_{n-1})$ und $f \mid V(\mathcal{S}')$.

Wir sind also fertig, wenn wir zeigen:

(++) u_2 und u_1 haben die gleiche Parität.

Beweis von (++)

Ist $S \in \mathcal{S}$ gut, so ist offenbar $u(S) = 1$.
Ist S nicht gut, so ist $u(S) = 0$, falls $\{ f(v) \mid v \in S \} \neq \{ 0, \ldots, n-1 \}$, und $u(S) = 2$, falls $\{ f(v) \mid v \in S \} = \{ 0, \ldots, n-1 \}$ (!).
Also haben u_1 und $\Sigma_{S \in \mathcal{S}}\, u(S)$ die gleiche Parität.
Aber auch u_2 und $\Sigma_{S \in \mathcal{S}}\, u(S)$ haben die gleiche Parität, da jede gute Seite S′ eines jeden $S \in \mathcal{S}$ zur Summe einmal beiträgt, wenn sie eine Teilmenge von $bd(S_0)$ ist, und zweimal sonst (da $\mathcal{S}$ eine Simplizialzerlegung ist).

Aus dem Lemma von Sperner erhalten wir:

Satz *(Schnittsatz für abgeschlossene Überdeckungen eines Simplexes)*

Sei $S_0 = S(w_0, \ldots, w_n)$ ein n-dimensionales Simplex im $\mathbb{R}^n$.
Seien weiter $A_0, \ldots, A_n \subseteq \mathbb{R}^n$ abgeschlossen derart, daß für alle $N \subseteq \{ 0, \ldots, n \}$ gilt:

(##) $S(\{ w_i \mid i \in N \}) \subseteq \bigcup_{i \in N} A_i$.

Dann ist $\bigcap_{i \leq n} A_i \neq \emptyset$.

Beweis

Sei $\delta > 0$ beliebig, und sei $\mathcal{S}$ eine Simplizialzerlegung von S_0 der Feinheit δ. Für $v \in V(\mathcal{S})$ setzen wir (mit Hilfe der Voraussetzung (##) zur Definition von f(v)):

$N(v)$ = „die kleinste Teilmenge N von $\{0, \ldots, n\}$ mit $v \in S(\{w_i \mid i \in N\})$",
$f(v)$ = „das kleinste $i \in N(v)$ mit $v \in A_i$".

Nach Konstruktion gilt dann (#) wie im Lemma von Sperner für f.
Sei also $S \in \mathcal{S}$ gut, d. h. $\{ f(v) \mid v$ ist eine Ecke von $S \} = \{0, \ldots, n\}$.
Wir setzen $S_\delta = S$, $\mathcal{S}_\delta = \mathcal{S}$ und $f_\delta = f$.

Sei $\langle \delta_k \mid k \in \mathbb{N} \rangle$ eine Nullfolge positiver reeller Zahlen, und seien $S_{\delta_k} \in \mathcal{S}_{\delta_k}$, $f_{\delta_k} : V(\mathcal{S}_{\delta_k}) \to \{0, \ldots, n\}$ wie eben konstruiert für alle $k \in \mathbb{N}$.

Sei $x_k \in S_{\delta_k}$ für alle $k \in \mathbb{N}$. O. E. (das heißt nach einem evtl. Übergang zu einer Teilfolge) existiert $x^* = \lim_{k \to \infty} x_k$. Dann ist aber $x^* \in \bigcap_{i \le n} A_i$, denn die A_i sind abgeschlossen und für alle k und $i \le n$ gibt es eine Ecke v von S_{δ_k} mit $f_{\delta_k}(v) = i$, also ein $v \in S_{\delta_k}$ mit $v \in A_i$; zudem ist $\text{diam}(S_{\delta_k}) \le \delta_\kappa$ für alle $k \in \mathbb{N}$.

Der Schnittsatz ermöglicht uns nun, einen einfachen Beweis des Überdeckungssatzes nachzureichen:

Beweis des Überdeckungssatzes von Lebesgue und Sperner

Sei also $B \subseteq \mathbb{R}^n$ mit $\text{int}(B) \neq \emptyset$.
Dann existiert ein Simplex $S = S(w_0, \ldots, w_n) \subseteq \text{int}(B)$.
Für $i \le n$ sei wieder S_i die Gegenseite von w_i.
Sei $\varepsilon > 0$ derart klein, daß es für alle abgeschlossenen Mengen A mit $\text{diam}(A) < \varepsilon$ ein $i \le n$ gibt mit $A \cap S_i = \emptyset$. Dann ist ε wie gewünscht:

Sei nämlich $B_0, \ldots, B_k$ eine F_ε-Überdeckung von B.
O. E. ist $w_i \in B_i$ für alle $i \le n$. Nach Wahl von ε existiert für alle $j \le k$ ein $g(j) \le n$ mit $B_j \cap S_{g(j)} = \emptyset$. Notwendig gilt $g(i) = i$ für alle $i \le n$.
Wir setzen dann für $i \le n$:

$$A_i = S \cap \bigcup_{j \le k,\, g(j) = i} B_j.$$

Dann ist $A_0, \ldots, A_n$ wie in (##):

Denn sei $N \subseteq \{0, \ldots, n\}$, und sei $x \in S(\{w_i \mid i \in N\})$.
Sei $j \le k$ mit $x \in B_j$. Dann ist $g(j) \in N$, denn *andernfalls* ist $N \subseteq \{0, \ldots, n\} - \{g(j)\}$, also $S(\{w_i \mid i \in N\}) \subseteq S_{g(j)}$; dann ist aber $x \in B_j \cap S_{g(j)}$, *im Widerspruch* zur Definition von $g(j)$.
Wegen $x \in B_j$ ist $x \in A_{g(j)}$ und wegen $g(j) \in N$ ist also $x \in \bigcup_{i \in N} A_i$.

Sei also $x^* \in \bigcap_{i \le n} A_i \subseteq S \subseteq B$ nach dem Schnittsatz.
Dann ist $x^* \in B$ ein Element von mindestens $(n + 1)$-vielen B_i.

Das eingerückte Argument des Beweises zeigt, daß die Bedingung (##) im Schnittsatz erfüllt ist, wenn $A_0, \ldots, A_n \subseteq \mathbb{R}^n$ abgeschlossene Mengen sind mit:

(i) $A \subseteq \bigcup_{i \le n} A_i$,

(ii) $\bigcup_{i \le n,\, i \neq j} A_i \cap S_j = \emptyset$ für alle $j \le n$, wobei wieder S_j die Gegenseite der Ecke v_j von S ist.

Damit ist die Invarianz der Dimension vollständig bewiesen. Weiter können wir nun in wenigen Zeilen auch den Brouwerschen Fixpunktsatz beweisen ([Knaster / Kuratowski / Mazurkiewicz 1929]).

Beweis des Brouwerschen Fixpunktsatzes

Sei $S = S(v_0, \ldots, v_n)$ ein n-dimensionales Simplex im $\mathbb{R}^n$.
Sei $f : S \to S$ stetig. Es genügt zu zeigen, daß f einen Fixpunkt besitzt (denn S ist homöomorph zur abgeschlossenen Einheitskugel).

Für $x \in S$ seien wieder $\lambda_1(x), \ldots, \lambda_n(x)$ die (baryzentrischen) Koordinaten von x. Wir setzen dann für alle $i \leq n$:

$$A_i = \{ x \in S \mid \lambda_i(f(x)) \leq \lambda_i(x) \}.$$

Dann erfüllen die Mengen $A_0, \ldots, A_n$ die Bedingung (##) des Schnittsatzes.
Sei also $x^* \in \bigcap_{i \leq n} A_i$. Dann gilt $\lambda_i(f(x^*)) \leq \lambda_i(x^*)$ für alle $i \leq n$.
Dies ist aber nur möglich, wenn $\lambda_i(f(x^*)) = \lambda_i(x^*)$ für alle $i \leq n$, denn die Koordinatensummen sind jeweils 1 (und die Koordinaten sind ≥ 0).
Also ist $f(x^*) = x^*$. ∎

Nach obiger Diskussion haben wir also durch eine Analyse von Simplex-Überdeckungen gezeigt, daß jede Sphäre S^{n-1} kein Retrakt der n-dimensionalen Einheitskugel ist, und daß – äquivalent hierzu – S^n nicht nullhomotop ist.

Wir zeigen nun schließlich auch noch den Satz über die Invarianz des Gebiets. Wir beobachten hierzu: Seien S_0 und $A_0, \ldots, A_n$ wie im Schnittsatz. Verteilen wir die Punkte einer kleinen, ganz im Inneren von S_0 gelegenen Umgebung des Schwerpunktes von S_0 neu auf die Mengen A_i, so gilt immer noch (##) für die so modifizierte Überdeckung $A_0', \ldots, A_n'$, die dann also, wenn alle A_i' wieder abgeschlossen sind, einen nichtleeren Schnitt hat. Durch Hintransport, Modifikation und Rücktransport einer solchen Überdeckung können wir zeigen, daß ein innerer Punkt von S durch einen Homöomorphismus nicht zu einem Randpunkt des Wertebereichs werden kann.

Das folgende Argument ist geometrisch anschaulich und nur durch die notwendige Manipulation von Überdeckungen etwas unübersichtlich. Der Leser helfe sich mit einer Skizze für n = 2.

Beweis des Satzes über die Invarianz des Gebiets

Sei $S = S(v_0, \ldots, v_n) \subseteq \mathbb{R}^n$ ein n-dimensionales Simplex und sei $f : S \to B$ ein Homöomorphismus, $B \subseteq \mathbb{R}^n$. Sei weiter

$$x = \Sigma_{i \leq n} 1/(n+1)\, v_i \in \mathrm{int}(S).$$

Wir zeigen, daß $f(x) \in \mathrm{int}(B)$. Dies genügt (!).

Seien $A_0, \ldots, A_n \subseteq S$ abgeschlossen derart, daß (##) wie im Schnittsatz und weiter $\bigcup_{i \leq n} A_i = S$ und $\bigcap_{i \leq n} A_i = \{ x \}$ gilt.

Die im Beweis des Satzes über fast disjunkte Überdeckungen konstruierte Zerlegung des Simplex S hat diese Eigenschaft (vgl. die Nachbemerkung zum Beweis des Überdeckungssatzes von Lebesgue und Sperner).

Sei $\delta > 0$ mit $U_\delta(x) \subseteq \mathrm{int}(S)$, und sei $\varepsilon > 0$ mit $f^{-1}{}''(U_\varepsilon(f(x)) \cap B) \subseteq U_\delta(x)$. Ein solches ε existiert wegen der Stetigkeit von f^{-1}.

Für $i \leq n$ sei $B_i = f''A_i$. Dann ist $B_0, \ldots, B_n$ eine abgeschlossene Überdeckung der abgeschlossenen Menge B mit $\{ f(x) \} = \bigcap_{i \leq n} B_i$.

Annahme, $f(x) \in \mathrm{bd}(B)$. Sei $T = S(w_0, \ldots, w_n) \subseteq \mathbb{R}^n$ ein Simplex mit Schwerpunkt f(x) und $T \subseteq U_\varepsilon(f(x))$.
Wir zeigen:

(✣) Es gibt eine Verteilung der Punkte von $T \cap B$ auf die Mengen $B_0 - \mathrm{int}(T), \ldots, B_n - \mathrm{int}(T)$ derart, daß eine abgeschlossene Überdeckung $B'_0, \ldots, B'_n$ von B mit leerem Durchschnitt entsteht.

Die Verteilung ist nicht eindeutig, d.h. ein Punkt von $T \cap B$ ist nach der Verteilung i.a. ein Element von mehreren Mengen B'_i. Auf dem Rand von T werden die B_i angereichert, auf int(T) werden sie komplett neu definiert.

Beweis von (✣)

Für alle $y \in \mathrm{bd}(T)$ gibt es ein $\eta > 0$ und ein $i \leq n$ mit $U_\eta(y) \cap B_i = \emptyset$. (Sonst wäre $y \in \bigcap_{i \leq n} B_i = \{ f(x) \}$ wegen der Abgeschlossenheit der B_i.) Wegen bd(T) kompakt existiert dann ein $\eta^* > 0$ mit:

(+) Für alle $y \in \mathrm{bd}(T)$ gibt es ein $i \leq n$ mit $U_{\eta^*}(y) \cap B_i = \emptyset$.

Seien dann $C_0, \ldots, C_k$ eine F_{η^*}-Überdeckung von bd(T) mit:

(i) $C_i \subseteq \mathrm{bd}(T)$ für alle $i \leq k$,

(ii) jedes $y \in \mathrm{bd}(T)$ ist Element von höchstens n-vielen C_i.

Zur Existenz: Sei $\mathcal{S}$ eine Simplizialzerlegung von T der Feinheit η^*, und sei $D_0, \ldots, D_k$ die im Beweis des Satzes über fast disjunkte Überdeckungen konstruierte Zerlegung von T. Dann kommen nur die Schwerpunkte der Simplizes von $\mathcal{S}$ in (n + 1)-vielen Simplizes von $\mathcal{S}$ vor. Wir setzen also $C_j = D_j \cap \mathrm{bd}(T)$ für $j \leq k$.

Sei $j \leq k$. Ist $C_j \cap B_i = \emptyset$ für alle $i \leq n$, so sei $g(j) = 0$. Andernfalls sei g(j) ein $i \leq n$ mit $C_j \cap B_i \neq \emptyset$.
Wir setzen für $i \leq n$:

$$B^*_i = (B_i \cup \bigcup_{j \leq k,\, g(j) = i} C_j) - \mathrm{int}(T).$$

Dann sind alle B^*_i abgeschlossen und nach Konstruktion und Wahl der C_i ist $\bigcap_{i \leq n} B^*_i = \emptyset$ (!).

Wir nutzen nun aus, daß f(x) ein Randelement von B ist und verteilen die entfernte Menge int(T) durch eine Projektion neu:

Wegen $f(x) \in \mathrm{bd}(B)$ existiert ein $z \in \mathrm{int}(T)$ mit $z \notin B$.
Für $y \in \mathrm{bd}(T)$ sei $s(z, y) = \{ \lambda y + (1 - \lambda) z \mid 0 \leq \lambda \leq 1 \}$.
Wir setzen dann für $i \leq n$:

$$B'_i = (B^*_i \cup \bigcup_{y \in \mathrm{bd}(T),\, y \in B^*_i} s(z, y)) \cap B.$$

Dann ist $B'_0, \ldots, B'_n$ wie gewünscht.

Sei dann $A'_i = f^{-1}{}''B'_i$ für alle $i \leq n$, wobei $B'_0, \ldots, B'_n$ wie in (✤).
Dann ist jedes A'_i abgeschlossen und nach Konstruktion gilt:

(i) $\bigcup_{i \leq n} A'_i = S$,

(ii) $\bigcap_{i \leq n} A'_i = \emptyset$,

(iii) $A'_i - U_\delta(x) = A_i - U_\delta(x)$ für alle $i \leq n$.

Wegen (iii) gilt immer noch (##) aus dem Schnittsatz für $A'_0, \ldots, A'_n$.
Also ist $\bigcap_{i \leq n} A'_i \neq \emptyset$ nach dem Schnittsatz, *im Widerspruch* zu (ii). ∎

Das Projektionsargument im letzten Teil des Beweises von (✤) findet sich bereits bei [Lebesgue 1911]. Lebesgue hatte aber übersehen, daß zuerst der Rand von T neu verteilt werden muß. Obiger Beweis folgt der Darstellung [Sperner 1928].

Ein topologischer Dimensionsbegriff

In der Topologie entwickelte sich durch Arbeiten von Brouwer, Urysohn, Menger, Čech, Lebesgue und anderen eine allgemeine Dimensionstheorie. Die sog. *Menger-Urysohn-Dimension* $\mathrm{ind}(\mathcal{X})$ ist für alle regulären Hausdorff-Räume (siehe Anhang 4) $\mathcal{X}$ wie folgt definiert:

(i) $\mathrm{ind}(\langle \emptyset, \emptyset \rangle) = -1$,

(ii) $\mathrm{ind}(\langle X, \mathcal{U} \rangle)$ = „das kleinste $n \in \mathbb{N}$ mit:
für alle $x \in X$ und alle $U \in \mathcal{U}$ mit $x \in U$ gibt es ein $V \in \mathcal{U}$ mit:
$x \in V$, $\mathrm{cl}(V) \subseteq U$ und $\mathrm{ind}(\langle \mathrm{bd}(V), \mathcal{U} \mid \mathrm{bd}(V) \rangle) < n$“.

Man kann zeigen, daß unter dieser Definition $\mathrm{ind}(\mathbb{R}^n) = n$ für alle $n \in \mathbb{N}$ gilt. Die Definition ist weiter auch konsistent mit unserer früheren Definition von „nulldimensional“, da offene und zugleich abgeschlossene Mengen einen leeren Rand haben.

Zur Geschichte der Dimensionsproblematik siehe [Katetov / Simon 1997] und [Crilly 1999]. Die ersten mathematischen Versuche zur Fassung des Dimensionsbegriffs finden sich – einmal mehr – bei Bolzano.

Literatur

Brouwer, Luitzen 1911 Beweis der Invarianz der Dimensionszahl; *Mathematische Annalen 70, S. 161 – 165.*

– 1911 Beweis der Invarianz des n-dimensionalen Gebiets; *Mathematische Annalen 71 (1911), S. 305 – 313.*

– 1912 Zur Invarianz des n-dimensionalen Gebiets; *Mathematische Annalen 72 (1912), S. 55 – 56.*

– 1976 Collected Works; *Band 2. Herausgegeben von H. Freudenthal. North-Holland, Amsterdam.*

Crilly, Tony 1999 The emergence of topological dimension theory; *in: James (Hrsg.), History of Topology, S. 1 – 24. Elesevier, Amsterdam.*

Dugundji, James 1966 Topology; *Allyn and Bacon, Boston.*

Engelking, Ryszard 1978 Dimension Theory; *North-Holland, Amsterdam.*

Hilbert, David 1891 Über die stetige Abbildung einer Linie auf ein Flächenstück; *Mathematische Annalen 38 (1891), S. 459 – 460.*

Istrăţescu, Vasile 1981 Fixed Point Theorems; *Reidel, Dordrecht.*

Katetov, Miroslav / Simon, Petr 1997 Origins of dimension theory; *in: C.E. Aull / R. Lowen (Hrsg.): Handbook of the History of General Topology, Volume 1, S. 113 – 134. Kluwer Academic Publishers, Dordrecht.*

Kechris, Alexander 1995 Classical Descriptive Set Theory; *Graduate Texts in Mathematics 156, Springer, New York.*

Knaster, Bronisław / Kuratowski, Kazimierz / Mazurkiewicz, Stefan 1929 Ein Beweis des Fixpunktsatzes für n-dimensionale Simplexe; *Fundamenta Mathematicae 14 (1929), S. 132 – 137.*

Lebesgue, Henry 1911 Sur la non-applicabilité de deux domaines appartenant respectivement à des escapes à n et n + p dimensions; *Mathematische Annalen 70 (1911), S. 166 – 168.*

– 1921 Sur les correspondances entre les points de deux espaces; *Fundamenta Mathematicae 2 (1921), S. 256 – 285.*

Lüroth, Jakob 1906 Über Abbildung [sic!] von Mannigfaltigkeiten; *Mathematische Annalen 63, S. 222 – 238.*

Menger, Karl 1923 Über die Dimensionalität von Punktmengen I; *Monatshefte für Mathematik und Physik 33 (1923), S. 148 – 160.*

Moschovakis, Yiannis 1980 Descriptive Set Theory; *North-Holland, Amsterdam.*

Peano, Giuseppe 1890 Sur une courbe qui remplit une aire plane; *Mathematische Annalen 36 (1890), S. 157 – 160.*

Sierpiński, Wacław 1929 Sur les images continues et biunivoques de l'ensemble de tous les nombres irrationnels; *Mathematica 1 (1929), S. 18 – 21.*

Smart, D.R. 1974 Fixed Point Theorems; *Cambridge University Press, Cambridge.*

Sperner, Emanuel 1928 Neuer Beweis für die Invarianz der Dimensionszahl und des Gebietes; *Abhandlungen aus dem Mathematischen Seminar der Hamburgischen Universität 6 (1928), S. 265 – 272.*

Siehe auch die Literaturangaben zu Anhang 4 „Topologische und metrische Räume".

3. Regularitätseigenschaften

Wir kehren nach dem topologischen Blick ins Weite nun zur inneren Untersuchung des Baireraumes und des Cantorraumes zurück. Wir formulieren naturgemäß viele Eigenschaften wieder ganz allgemein für polnische Räume, haben aber in erster Linie $\mathcal{N}$ und $\mathcal{C}$ (und $\mathbb{R}$) im Auge. Zunächst untersuchen wir perfekte Teilmengen genauer und lösen so das Kontinuumsproblem für die abgeschlossenen Mengen. Anschließend betrachten wir die Scheeffer-Eigenschaft und auch verschiedene σ-stabile Regularitätseigenschaften.

Häufungen

Bei der Diskussion des Kontinuumsproblems hatten wir als erste nichttriviale Approximation die Frage gestellt, welche Mächtigkeiten den abgeschlossenen Mengen zukommen können: Ist ein abgeschlossenes $A \subseteq \mathbb{R}$ immer abzählbar oder von der Mächtigkeit 2^ω? Der Weg zur bejahenden Beantwortung dieser Frage führt über die spezielleren perfekten Mengen. Im letzten Kapitel hatten wir durch eine Einbettung des Cantorraumes gezeigt, daß jeder nichtleere polnische Raum X die Mächtigkeit des Kontinuums besitzt. Insbesondere sind die möglichen Mächtigkeiten perfekter Mengen in $\mathbb{R}$ lediglich 0 und 2^ω, es gilt also $(\mathrm{CH}_{\mathcal{A}})$ für $\mathcal{A} = \{ P \subseteq \mathbb{R} \mid P \text{ perfekt} \}$.

Die allgemeineren abgeschlossenen Mengen unterscheiden sich von den perfekten Mengen „lediglich" durch die Existenz isolierter Punkte. Man sieht schnell, daß allenfalls abzählbar viele isolierte Punkte existieren können und dies führt zur Idee der Abspaltung dieser Punkte. Diese Abspaltung erweist sich nun aber als überraschend komplex, denn das Entfernen von isolierten Punkten kann viele isolierte Punkte erzeugen, die gerade eben noch Häufungspunkte waren. Das einfachste Beispiel ist $P = \{ 1/n \mid n \in \mathbb{N}^+ \} \cup \{ 0 \}$ für $\mathbb{R}$. Die Null ist ein Häufungspunkt von P, aber isoliert in der Restmenge $A = P - \{ x \in P \mid x \text{ ist isolierter Punkt von } P \} = \{ 0 \}$. Die Verfolgung der Idee der iterierten Abspaltung gehört zu den geschichtlichen Großereignissen der Mathematik. Sie führte Cantor zu den transfiniten Zahlen und erweiterte die Mathematik darüber hinaus um ihr topologisches Auge. In der Tat terminiert die iterierte Abspaltung von isolierten Punkten in der Regel erst nach transfiniter Wiederholung, aber doch immerhin in abzählbarer Zeit. Sie hinterläßt einen perfekten Kern der abgeschlossenen Ausgangsmenge. Insgesamt wird in diesem Prozeß dann abzählbar oft eine abzählbare Menge entfernt, und damit ist eine abgeschlossene Menge perfekt modulo einem abzählbaren „zerstreuten" Rest. Genaueres wird im Satz von Cantor-Bendixson formuliert werden.

Dieser Ansatz der Feinanalyse abgeschlossener Mengen ist an Klarheit und aufgedecktem strukturellen Reichtum nicht zu überbieten, benötigt aber die transfiniten Zahlen zumindest bis hinauf zur ersten überabzählbaren Ordinalzahl ω_1. Wir werden diese Ordinalzahlen und die benötigten Hilfsmittel gleich nach diesem Kapitel einführen und als Anwendung die transfinite Iteration der Abspaltung von isolierten Punkten durchführen. Hier wollen wir einen ordinalzahlfreien, später gefundenen Beweis des Satzes von Cantor-Bendixson geben. Er ist kurz, aber nicht frei vom Vorwurf der Piraterie des ihm überlegenen transfiniten Weges.

Wir betrachten verschiedene Grade der Häufung einer Menge an einer Stelle. Für eine Punktmenge P eines topologischen Raumes X nannten wir ein $x \in X$ einen Häufungspunkt von P, wenn in jeder Umgebung von x unendlich viele Punkte von P liegen. Eine natürliche Verstärkung dieser einfachen Häufung ist nun der Begriff des Kondensationspunktes.

Definition *(Kondensationspunkt, erste Ableitung, P′, cp(P))*

Sei $\mathscr{X} = \langle X, \mathscr{U} \rangle$ ein topologischer Raum, und seien $P \subseteq X$, $x \in X$.

x heißt *Kondensationspunkt* oder *Verdichtungspunkt* von P, falls für alle offenen U mit $x \in U$ gilt, daß $P \cap U$ überabzählbar ist. Wir setzen:

$P' \;= \{ x \in X \mid x \text{ ist Häufungspunkt von } P \}$,

$\mathrm{cp}(P) = \{ x \in X \mid x \text{ ist Kondensationspunkt von } P \}$.

P′ heißt *die (erste) Ableitung von P, cp(P) die Kondensation von P.*

Wir werden gleich sehen, warum wir hier nicht „(erste) Kondensation von P" schreiben müssen. Zunächst wollen wir einige häufig verwendete und ins Auge springende Eigenschaften der beiden Operationen festhalten.

Zunächst gilt $\mathrm{cp}(P) \subseteq P'$ für alle P. Vielleicht noch auffälliger ist:

(+) Ist $P \subseteq Q$, so ist $\mathrm{cp}(P) \subseteq \mathrm{cp}(Q)$ und $P' \subseteq Q'$.

Kondensation und Ableitung sind also Beispiele für monotone Operatoren:

Definition *(monotoner Operator)*

Sei X eine Menge, und sei $f : \mathcal{P}(X) \to \mathcal{P}(X)$.

f heißt ein *monotoner Operator auf* X, falls für alle $x, y \subseteq X$ gilt:

$x \subseteq y$ *folgt* $f(x) \subseteq f(y)$.

Im folgenden sei $\mathscr{X} = \langle X, \mathscr{U} \rangle$ ein beliebiger polnischer Raum.

Ist $P \subseteq X$ dicht in X, so ist $P' = X$. Eine abzählbare Menge kann also 2^{ω} viele Häufungspunkte haben.

Ein $P \subseteq X$ ist genau dann abgeschlossen, wenn $P' \subseteq P$ gilt, und genau dann perfekt, wenn $P = P'$ gilt.

Diese Gleichung motivierte wohl Cantor, die Bezeichnung „perfekt" zu wählen: Perfekte Mengen sind „fertig" und „vollendet" sowohl im Hinblick auf das Hinzufügen von Häufungspunkten als auch auf die Abspaltung von isolierten Punkten.

Weiter ist cl(P) = P ∪ P′ für alle P ⊆ X. P′ ist abgeschlossen für alle P, d. h. es gilt P″ ⊆ P′, denn ein Häufungspunkt von Häufungspunkten von P ist selbst ein Häufungspunkt von P. Analog ist cp(P) abgeschlossen, denn ein Häufungspunkt von Kondensationspunkten von P ist ein Kondensationspunkt von P. Insbesondere gilt also cp(cp(P)) ⊆ cp(P)′ ⊆ cp(P). Ist P abgeschlossen, so gilt cp(P) ⊆ P.

Für beliebige P, Q ⊆ X ist (P ∪ Q)′ = P′ ∪ Q′. Weiter gilt (P ∩ Q)′ ⊆ P′ ∩ Q′, während die Umkehrung i. a. falsch ist. Analoge Aussagen gelten für die Kondensation.

Die Kondensationsoperation

Unser erster Beweis des Satzes von Cantor-Bendixson ruht auf dem Konflikt von „überabzählbar" im Begriff der Kondensation mit „separabel" im Begriff des polnischen Raumes.

Als ersten Satz über die Kondensation zeigen wir:

Satz *(Ableitung und Kondensation haben dieselben Fixpunkte)*

Sei $\mathcal{X} = \langle X, \mathcal{U} \rangle$ ein polnischer Raum, und sei P ⊆ X.

Dann sind äquivalent:

(i) P ist perfekt, d. h. P′ = P.

(ii) cp(P) = P.

Beweis

(i) ↷ (ii):

Wegen P′ = P ist P abgeschlossen und damit gilt cp(P) ⊆ P.

Es bleibt P ⊆ cp(P) zu zeigen. Sei hierzu x ∈ P, und sei U offen mit x ∈ U. Wir zeigen, daß P ∩ U überabzählbar ist. Aber P ∩ U ist nichtleer und perfekt im polnischen Raum U (!). Also ist $|P \cap U| = 2^\omega$.

(ii) ↷ (i):

Zunächst ist P abgeschlossen, denn cp(P) ist abgeschlossen und es gilt cp(P) = P nach Voraussetzung.

Dann gilt aber P = cp(P) ⊆ P′ ⊆ P, also P′ = P. ∎

Zum Beweis von (i) ↷ (ii) eine Warnung: Ist V ⊆ U offen mit x ∈ V und cl(V) ⊆ U, so ist die Menge cl(V) ∩ P nicht notwendig perfekt in X. Betrachte etwa X = ℝ und P = [0, 1] ∪ [2, 3], U =]0, 3[, x = 1 und V =]0, 2[. Dann ist cl(V) ∩ P = [0, 1] ∪ { 2 } nicht perfekt. Für ℝ kann man linke und rechte Intervallgrenzen gesondert behandeln, aber für allgemeine polnische Räume führt die Betrachtung von P ∩ U als perfekten polnischen Raum wohl am einfachsten zu $|P \cap U| = 2^\omega$ (durch Einbettung von $\mathcal{C}$).

Die Frage, die dieser Satz stellt, ist, wie und ob wir durch Anwendung der beiden Operationen zu Fixpunkten gelangen können. Obige Menge

$$P = \{ 1/n \mid n \geq 1 \} \cup \{ 0 \}$$

liefert ein Beispiel für ein abgeschlossenes P ⊆ ℝ mit P″ = (P′)′ ⊂ P′ ⊂ P. Wie sieht es mit der Iteration der Kondensationsbildung aus? Für allgemeine Räume gilt ähnliches wie für die Ableitung:

Übung

Sei A überabzählbar. Dann existiert ein abgeschlossenes $P \subseteq {}^{\mathbb{N}}A$ mit

$$\mathrm{cp}(\mathrm{cp}(P)) \subset \mathrm{cp}(P) \subset P.$$

[Sei $x \in A$ beliebig. Betrachte $P = \{ f \in {}^{\mathbb{N}}A \mid f(n) \neq x$ für höchstens ein $n \in \mathbb{N} \}$.
Dann ist P abgeschlossen, $\mathrm{cp}(P) = \{ \mathrm{const}_x \}$, $\mathrm{cp}(\mathrm{cp}(P)) = \emptyset$.]

Die separablen polnischen Räume erlauben keine derartigen Konstruktionen. Für sie gilt, daß allenfalls abzählbar viele Punkte bei der Kondensation einer überabzählbaren Menge wegfallen:

Satz *(Existenzsatz für Kondensationspunkte, Kondensiertheit der Kondensation)*

Sei $\mathcal{X} = \langle X, \mathcal{U} \rangle$ ein polnischer Raum, und sei $P \subseteq X$ überabzählbar.
Dann gilt:

(i) Es existiert ein Kondensationspunkt x von P mit $x \in P$.
Stärker gilt:

$P - \mathrm{cp}(P)$ ist abzählbar.

(ii) $\mathrm{cp}(\mathrm{cp}(P)) = \mathrm{cp}(P)$.
Insbesondere ist cp(P) perfekt.

Beweis

zu (i):

Sei $\mathcal{B}$ eine abzählbare Basis von $\mathcal{U}$. Dann gilt

$$P - \mathrm{cp}(P) \subseteq \bigcup \{ P \cap U \mid U \in \mathcal{B},\ P \cap U \text{ ist abzählbar} \}.$$

Also ist $P - \mathrm{cp}(P)$ abzählbar.

zu (ii):

cp(P) ist abgeschlossen, also gilt $\mathrm{cp}(\mathrm{cp}(P)) \subseteq \mathrm{cp}(P)$.
Sei umgekehrt $x \in \mathrm{cp}(P)$, und sei U offen mit $x \in U$.
Dann ist $P \cap U$ überabzählbar und

$$P \cap U \subseteq ((P - \mathrm{cp}(P)) \cap U) \cup (\mathrm{cp}(P) \cap U).$$

Wegen $P - \mathrm{cp}(P)$ abzählbar ist dann aber $\mathrm{cp}(P) \cap U$ überabzählbar.
Dies zeigt $x \in \mathrm{cp}(\mathrm{cp}(P))$ für alle $x \in \mathrm{cp}(P)$, also $\mathrm{cp}(P) \subseteq \mathrm{cp}(\mathrm{cp}(P))$. ∎

Die Gedrängtheitseigenschaft „separabel“ spielt in diesem Resultat eine ähnliche Rolle wie die Gedrängtheitseigenschaft „kompakt“ im Satz „jede unendliche Teilmenge eines kompakten topologischen Raumes besitzt einen Häufungspunkt“.

Der Satz liefert die Zerlegung eines polnischen Raumes X in die perfekte Menge cp(X) und den abzählbaren Rest $X - \mathrm{cp}(X)$. Jede Zerlegung von X in eine perfekte Menge und einen abzählbaren Rest ist nun de facto identisch mit dieser durch die Kondensation gebildeten Zweiteilung. Dies zeigt der folgende Satz, dessen Beweis die Existenz einer derartigen Aufspaltung gar nicht benötigt.

Satz *(Eindeutigkeitssatz für perfekte Teilmengen mit kleinem Rest)*
Sei $\mathcal{X} = \langle X, \mathcal{U} \rangle$ ein polnischer Raum, und seien P, R, A, B $\subseteq$ X mit
(i) $X = P \cup A = R \cup B$,
(ii) $P \cap A = R \cap B = \emptyset$,
(iii) P und R sind perfekt,
(iv) $|A|, |B| < 2^\omega$.

Dann gilt P = R und A = B.

Beweis
Annahme $P \neq R$. Sei dann o.E. $R - P \neq \emptyset$, und sei $x \in R - P$.
Dann ist $A = X - P$ offen in X und $x \in R \cap A$.
Damit ist $R \cap A$ unter der Relativtopologie ein nichtleerer perfekter polnischer Raum, also gilt $|R \cap A| = 2^\omega$. Insbesondere ist dann aber $|A| = 2^\omega$, *im Widerspruch* zu (iv). Also gilt P = R und folglich auch A = B.

Wir können damit sinnvoll definieren:

Definition *(Cantor-Bendixson-Zerlegung, perfekter Kern)*
Sei $\mathcal{X} = \langle X, \mathcal{U} \rangle$ ein polnischer Raum. Dann heißt eine Darstellung

$X = P \cup A$ mit den Eigenschaften:
P perfekt, A abzählbar, $P \cap A = \emptyset$

die Cantor-Bendixson-Zerlegung von X.
P heißt *der perfekte Kern von X* und A der *separierte Anteil* von X.

Wir sprechen auch oft von der Cantor-Bendixson-Zerlegung eines abgeschlossenen $P \subseteq X$. Gemeint ist dann die Cantor-Bendixson Zerlegung $P = R \cup A$ von P im Raum P, versehen mit der Relativtopologie von $\mathcal{X}$. Wegen P abgeschlossen ist R dann auch perfekt in $\mathcal{X}$.

Wir haben durch Analyse der Kondensationsoperation bewiesen:

Satz *(Satz von Cantor-Bendixson)*
Sei $\mathcal{X} = \langle X, \mathcal{U} \rangle$ ein polnischer Raum. Dann existiert die Cantor-Bendixson-Zerlegung $X = P \cup A$ von X. Zudem ist A abzählbar.

Beweis
Nach dem Satz oben ist $P = \mathrm{cp}(X)$ perfekt und $A = X - P$ abzählbar.

Korollar
Sei $\mathcal{X} = \langle X, \mathcal{U} \rangle$ ein polnischer Raum.
Dann existiert eine $\subseteq$-maximale perfekte Teilmenge von X.

Wir diskutieren unten noch einen Ansatz von Hausdorff, der von vornherein auf diese Maximalitätseigenschaft des perfekten Kerns zugeschnitten ist.

Die Mächtigkeiten der abgeschlossenen Mengen

Der Satz von Cantor-Bendixson löst de facto das Kontinuumsproblem für die abgeschlossenen Mengen:

Korollar *(Mächtigkeiten abgeschlossener Mengen)*
Sei $\mathcal{X} = \langle X, \mathcal{U} \rangle$ ein polnischer Raum. Dann gilt $|X| \leq \omega$ oder $|X| = 2^\omega$.
Insbesondere gilt $|P| \leq \omega$ oder $|P| = 2^\omega$ für alle abgeschlossenen $P \subseteq X$.

Beweis
Sei $X = R \cup A$ die Cantor-Bendixson-Zerlegung von X.
Ist $R = \emptyset$, so ist $X = A$ abzählbar.
Ist $R \neq \emptyset$, so ist $2^\omega = |R| \leq |X| \leq 2^\omega$, also $|X| = 2^\omega$.
Zum Zusatz: P ist polnisch unter der Relativtopologie.

Im Gegensatz zu den perfekten Mengen treten tatsächlich auch alle endlichen Mächtigkeiten und ω als Werte für die Mächtigkeiten abgeschlossener Mengen auf.
Wir erhalten weiter die folgende Verstärkung:

Korollar *(Mächtigkeiten der F_σ- und G_δ-Mengen)*
Sei $\mathcal{X} = \langle X, \mathcal{U} \rangle$ ein polnischer Raum, und sei $P \in F_\sigma(X) \cup G_\delta(X)$.
Dann gilt $|P| \leq \omega$ oder $|P| = 2^\omega$.

Beweis
Sei zunächst $P = \bigcup_{n \in \mathbb{N}} A_n$ für abgeschlossene A_n, $n \in \mathbb{N}$.
Sind alle A_n abzählbar, so ist P abzählbar. Andernfalls ist $|A_n| = 2^\omega$ für ein n nach dem Korollar, und damit ist $2^\omega \leq |A_n| \leq P \leq |X| = 2^\omega$, also $|P| = 2^\omega$.
Ist $P = \bigcap_{n \in \mathbb{N}} U_n$ für offene U_n, $n \in \mathbb{N}$, so ist P unter der Relativtopologie von $\mathcal{X}$ ein polnischer Raum, also $|P| \leq \omega$ oder $|P| = 2^\omega$.

Auch folgende Verstärkung des zu Beginn des Kapitels bewiesenen Einbettungssatzes wollen wir nicht unerwähnt lassen:

Korollar
Sei $\mathcal{X} = \langle X, \mathcal{U} \rangle$ ein überabzählbarer polnischer Raum.
Dann existiert ein zu $\mathcal{C}$ homöomorphes $C \subseteq X$.

Beweis
Sei $X = P \cup A$ die Cantor-Bendixson-Zerlegung von X.
Wegen A abzählbar und X überabzählbar ist P nichtleer.
Nach dem Einbettungssatz existiert im Raum P eine Kopie $C \subseteq P$ von $\mathcal{C}$.
C ist dann auch eine Kopie von $\mathcal{C}$ im Raum X.

Porträt des perfekten Kerns als größter Fixpunkt der Ableitung

Wir diskutieren noch eine weitere Möglichkeit, den perfekten Kern einer abgeschlossenen Menge in einem einzigen Schritt zu isolieren.

Die perfekten Mengen eines topologischen Raumes $\mathcal{X} = \langle X, \mathcal{U} \rangle$ sind gerade die Fixpunkte der monotonen Ableitungsoperation $' : \mathcal{P}(X) \to \mathcal{P}(X)$. Monotone Operatoren besitzen nun überraschend allgemein immer einen kleinsten und einen größten Fixpunkt. Der größte Fixpunkt der Ableitung erweist sich unschwer als der perfekte Kern eines polnischen Raumes. Wir erhalten so eine interessante neue Darstellung des perfekten Kernes eines polnischen Raumes, und weiter eine allgemeinere Definition des perfekten Kernes für beliebige topologische Räume.

Zunächst betrachten wir zwei spezielle einem monotonen Operator zugeordnete Mengen.

Definition *($F_0(g)$ und $F_1(g)$)*

Sei X ein Menge, und sei $g : \mathcal{P}(X) \to \mathcal{P}(X)$ ein monotoner Operator.

Wir setzen:

$$F_0(g) = \bigcap \{ Y \subseteq X \mid g(Y) \subseteq Y \},$$
$$F_1(g) = \bigcup \{ Y \subseteq X \mid Y \subseteq g(Y) \}.$$

Der Buchstabe „F“ steht hier für Fixpunkt. In der Tat gilt:

Satz *(Fixpunkte monotoner Operatoren)*

Sei X ein Menge, und sei $g : \mathcal{P}(X) \to \mathcal{P}(X)$ ein monotoner Operator.

Dann ist $F_0(g)$ der $\subseteq$-kleinste Fixpunkt von g. Genauer gilt:

(i) $g(F_0(g)) = F_0(g)$,

(ii) $\mathrm{non}(g(Y) \subseteq Y)$ für alle $Y \subset F_0(g)$.

Analog ist $F_1(g)$ der $\subseteq$-größte Fixpunkt von g.

Beweis

Sei $F = F_0(g) = \bigcap \{ Y \subseteq X \mid g(Y) \subseteq Y \}$.

zu $g(F) \subseteq F$:

Sei $Y \subseteq X$ beliebig mit $g(Y) \subseteq Y$. Dann ist $F \subseteq Y$.

Wegen g monoton gilt also $g(F) \subseteq g(Y) \subseteq Y$.

Dies zeigt $g(F) \subseteq \bigcap \{ Y \subseteq X \mid g(Y) \subseteq Y \} = F$.

zu $F \subseteq g(F)$:

Wegen $g(F) \subseteq F$ gilt $g(g(F)) \subseteq g(F)$ nach Monotonie von g.

Also $g(F) \in \{ Y \subseteq X \mid g(Y) \subseteq Y \}$, und damit $F \subseteq g(F)$.

Ist $Y \subseteq F$ und gilt $g(Y) \subseteq Y$, so ist $F \subseteq Y$ nach Definition von F, also $Y = F$.

Die Aussagen über $F_1(g)$ werden analog bewiesen, wobei hier zuerst $F \subseteq g(F)$ und dann dies verwendend $g(F) \subseteq F$ gezeigt wird für $F = F_1(g)$. ∎

Bei der speziellen monotonen Operation der Ableitung tauchen in den Fixpunktdefinitionen die Eigenschaften $Y' \subseteq Y$ und $Y \subseteq Y'$ auf. Erstere kennen wir bereits als die Abgeschlossenheit von Y. Aber auch die zweite hat seit Cantor einen suggestiven Namen, der ihre topologische Bedeutung einzufangen versucht:

Definition *(insichdicht)*
Sei $\mathcal{X} = \langle X, \mathcal{U} \rangle$ ein topologischer Raum, und sei $P \subseteq X$.
P heißt *insichdicht*, falls $P \subseteq P'$ gilt.

Der größte Fixpunkt der Ableitung ist nach dem Satz oben also für beliebige topologische Räume die größte insichdichte Teilmenge des Raumes. Nicht überraschend ist, daß diese Menge im polnischen Fall der perfekte Kern der Menge ist:

Satz *(perfekter Kern als größte insichdichte Teilmenge)*
Sei $\mathcal{X} = \langle X, \mathcal{U} \rangle$ ein polnischer Raum, und $P = \bigcup \{ Y \subseteq X \mid Y \subseteq Y' \}$.
Dann ist P der perfekte Kern von X.

Beweis
P ist der größte Fixpunkt der Ableitungsoperation, insbesondere also perfekt.
Aber $X - P$ ist abzählbar und damit ist P der perfekte Kern von X.

Annahme, $X - P$ ist überabzählbar. Dann ist $R = \mathrm{cp}(X - P)$ nichtleer und insichdicht. Dann ist aber $P \cup R$ insichdicht, *im Widerspruch* zur Maximalität von P.

Damit setzt die folgende allgemeine Definition des perfekten Kerns diejenige für polnische Räume fort:

Definition *(perfekter Kern eines topologischen Raumes)*
Sei $\mathcal{X} = \langle X, \mathcal{U} \rangle$ ein topologischer Raum.
Dann heißt $\bigcup \{ Y \subseteq X \mid Y \text{ ist insichdicht} \}$ der *perfekte Kern* von $\mathcal{X}$.

Ist $A = X - P$ das Komplement des perfekten Kernes P eines topologischen Raumes $\mathcal{X} = \langle X, \mathcal{U} \rangle$, so ist A i.a. nicht mehr abzählbar. Jedoch gilt offenbar diese Version des Satzes von Cantor-Bendixson: $X = P \cup A$ ist die eindeutige Zerlegung von X in eine perfekte Menge und eine Menge, die keine nichtleere insichdichte Teilmenge besitzt.

Die Scheeffer-Eigenschaft

Alle überabzählbaren abgeschlossenen Teilmengen von $\mathcal{N}$, $\mathbb{R}$, … haben also die Mächtigkeit des Kontinuums, und es gilt neben dieser Anzahlaussage sogar die topologische Strukturaussage: Sie besitzen eine nichtleere perfekte Teilmenge. Hat diese zweite Eigenschaft überhaupt etwas mit der Abgeschlossenheit zu tun? Wir halten als erste *Regularitätseigenschaft* einer Punktmenge fest:

Definition *(Scheeffer-Eigenschaft, perfekte-Teilmengen-Eigenschaft)*

Sei $\mathcal{X} = \langle X, \mathcal{U} \rangle$ ein polnischer Raum, und sei $P \subseteq X$.
P hat die *Scheeffer-Eigenschaft* oder *die perfekte-Teilmengen-Eigenschaft*, falls P abzählbar ist oder eine nichtleere in X perfekte Teilmenge besitzt.

Unsere bisherigen Überlegungen zeigen, daß jede offene und jede abgeschlossene Teilmenge eines polnischen Raumes $\mathcal{X} = \langle X, \mathcal{U} \rangle$ die Scheeffer-Eigenschaft besitzt. Offenbar hat auch jede F_σ-Menge von X die Scheeffer-Eigenschaft. Eine G_δ-Menge A von X ist polnisch und läßt sich in der ererbten Topologie von X schreiben als $A = P \cup B$ mit einem in A perfekten P und einem abzählbaren B. P hat keine isolierten Punkte in X, ist aber i. A. nicht abgeschlossen in X. Jedoch wissen wir, daß eine zu $\mathcal{C}$ homöomorphe Teilmenge C von P existiert, falls $P \neq \emptyset$, d. h. falls A überabzählbar ist. Dieses C ist abgeschlossen in X, da C kompakt ist. Insgesamt ist C eine nichtleere in X perfekte Teilmenge von P. Dies zeigt, daß auch G_δ-Mengen die Scheeffer-Eigenschaft haben. Es ist instruktiv, dieses Argument zu kondensieren, indem wir den Cantorraum direkt in eine überabzählbare G_δ-Menge A hineinprojizieren. Ein schwächeres Resultat mit einem etwas einfacheren Beweis sei dem Leser vorab zur Übung angeboten:

Übung

Sei $\mathcal{X} = \langle X, \mathcal{U} \rangle$ polnisch, und $A \subseteq X$ habe die Scheeffer-Eigenschaft.
Dann hat $A - Q$ die Scheeffer-Eigenschaft für alle abzählbaren $Q \subseteq X$.

[Sei $P \subseteq A$ nichtleer perfekt, und sei $q_0, q_1, \ldots$ eine Aufzählung von $Q \cap P$.
Wir arbeiten im polnischen Raum $P \subseteq X$ und definieren rekursiv $C_s \subseteq P$ und reelle $\varepsilon_{|s|} > 0$, $s \in \mathrm{Seq}_2$ mit:

$C_{\langle\rangle} = P$, C_s ist offen und nichtleer, $C_{s^\frown 0} \cap C_{s^\frown 1} = \emptyset$,

$C_{s^\frown i} \cap U_{\varepsilon_{|s|}}(q_{|s|}) = \emptyset$, $\mathrm{cl}(C_{s^\frown i}) \subseteq C_s$ für $i = 0, 1$, $\mathrm{diam}(C_s) < 1/2^{|s|}$.

Für $f \in \mathcal{C}$ sei $\{ x_f \} = \bigcap_{n \in \mathbb{N}} \mathrm{cl}(C_{f|n})$. Dann ist $\{ x_f \mid f \in \mathcal{C} \} \subseteq P - Q$ perfekt.]

Insbesondere hat z. B. $\mathbb{R} - \mathbb{Q}$ die Scheeffer-Eigenschaft.
Stärker gilt nun der folgende Satz von Young (1906):

Satz *(Scheeffer-Eigenschaft für G_δ-Mengen in polnischen Räumen)*

Sei $\mathcal{X} = \langle X, \mathcal{U} \rangle$ ein polnischer Raum, und sei $U_n \subseteq X$ offen für $n \in \mathbb{N}$.
Dann hat $A = \bigcap_{n \in \mathbb{N}} U_n$ die Scheeffer-Eigenschaft.

Der Beweis ist sehr ähnlich dem in der Übung angegebenen Beweis, wobei wir hier aber auf den Existenzsatz für Kondensationspunkte zurückgreifen.

Beweis

Ist A abzählbar, so ist weiter nichts zu zeigen. Sei also A überabzählbar.
Nach dem Existenzsatz für Kondensationspunkte gilt für alle offenen $V \subseteq X$:

Ist $V \cap A$ überabzählbar, so existieren $x_0, x_1 \in V \cap A$, $x_0 \neq x_1$ derart, daß für alle offenen Umgebungen $V_0 \subseteq V$ und $V_1 \subseteq V$ von x_0 bzw. x_1 die Mengen $V_0 \cap A$ und $V_1 \cap A$ überabzählbar sind.

Wir können damit rekursiv Mengen $C_s \subseteq X$, $s \in \mathrm{Seq}_2$, definieren, sodaß für alle $s \in \mathrm{Seq}_2$ gilt:

(α) $C_{\langle\rangle} = X$,

(β) C_s ist offen und nichtleer,

(γ) $C_{s^\frown i} \subseteq U_{|s|}$ für $i = 0, 1$,

(δ) $C_{s^\frown i} \cap A$ ist überabzählbar für $i = 0, 1$,

(ε) $\mathrm{cl}(C_{s^\frown i}) \subseteq C_s$ für $i = 0, 1$,

(ζ) $C_{s^\frown 0} \cap C_{s^\frown 1} = \emptyset$,

(η) $\mathrm{diam}(C_s) < 1/2^{|s|}$.

Für $f \in \mathscr{C}$ sei x_f das eindeutige Element von $\bigcap_{n \in \mathbb{N}} \mathrm{cl}(C_{f|n})$.
Dann ist $P = \{ x_f \mid f \in \mathscr{C} \}$ perfekt und nichtleer.
Für alle $f \in \mathscr{C}$ und alle $n \in \mathbb{N}$ ist $x_f \in \mathrm{cl}(C_{f|n+2}) \subseteq C_{f|n+1} \subseteq U_n$,
und damit $x_f \in A$. Also ist $P \subseteq A$ wie gewünscht.

Wir werden später zeigen, daß viele weitere „einfache" Teilmengen von polnischen Räumen die Scheeffer-Eigenschaft haben. Felix Bernstein bewies dagegen 1908 mit Hilfe des Auswahlaxioms und der Wohlordnungstheorie die Existenz einer Menge P reeller Zahlen, die die Scheeffer-Eigenschaft nicht hat. Wir werden seine Konstruktion bei der Behandlung „pathologischer" Mengen im nächsten Kapitel auf die Bühne bringen.

Man kann nicht zeigen, daß die Mengen mit der Scheeffer-Eigenschaft abgeschlossen unter Komplementbildung sind. Wir diskutieren im nun folgenden Teil dieses Kapitels noch drei weitere Regularitätseigenschaften, nämlich die Meßbarkeitsbegriffe von Baire, Lebesgue und Marczewski. Die Mengen mit diesen Eigenschaften bilden jeweils eine σ-Algebra, die alle offenen Mengen enthält. Damit ist im Gegensatz zur Scheeffer-Eigenschaft sofort klar, daß eine Vielzahl von Mengen diese Regularitätseigenschaften aufweisen.

Die Baire-Eigenschaft

Wir suchen nach einem topologischen Begriff von „kleine Teilmenge eines topologischen Raumes". Die Abzählbarkeit einer Teilmenge ist ein sinnvoller Kleinheitsbegriff für überabzählbare topologische Räume, hat aber mit der Topologie des Raumes nichts zu tun. Gesucht ist ein Begriff, der die individuellen Ecken und Kanten des Raumes besser ausleuchtet.

Ein solcher Begriff läßt sich folgendermaßen motivieren. Sei $\mathscr{X} = \langle X, \mathscr{U} \rangle$ ein topologischer Raum. Die nichtleeren offenen Mengen von $\mathscr{X}$ dürfen als gehaltvoll, nichtklein, beträchtlich gelten, auch wenn sie, im metrisierbaren Fall, noch so kleinen Durchmesser haben. Damit bietet sich als erste Idee an:

(–) $P \subseteq X$ ist klein, falls P keine nichtleere offene Menge enthält.

Diese Definition ist jedoch ungeeignet: Ist $P \subseteq X$ derart, daß P und $X - P$ dicht in $\mathscr{X}$ sind, so sind P und $X - P$ klein, aber $P \cup (X - P) = X$ ist nicht mehr klein.

Allgemeiner stößt unsere erste Idee auf Schwierigkeiten, falls P und X – P dicht in einer offenen Menge U sind, denn dann sind die Mengen P und X – P klein, aber ihre Vereinigung enthält U und ist damit nicht mehr klein. Von hier ist man nun nur noch eine kleine Überlegung von einer guten Definition entfernt: Statt „P enthält keine nichtleere offene Menge“ fordern wir stärker

(+) „der Abschluß von P enthält keine nichtleere offene Menge“.

Wir definieren also:

Definition *(nirgendsdicht)*

Sei $\mathscr{X} = \langle X, \mathscr{U} \rangle$ ein topologischer Raum, und sei $P \subseteq X$.
P heißt *nirgendsdicht*, falls $\text{int}(\text{cl}(P)) = \emptyset$.

Aus der Definition folgt: P ist nirgendsdicht *gdw* cl(P) ist nirgendsdicht.

Die Cantormenge $C \subseteq [0, 1]$ ist nirgendsdicht. Paradebeispiele für nirgendsdichte Mengen bilden weiter die Ränder von offenen oder abgeschlossenen Mengen in einem topologischen Raum:

Übung

Sei $\mathscr{X} = \langle X, \mathscr{U} \rangle$ ein topologischer Raum, und sei $P \subseteq X$ offen oder abgeschlossen. Dann ist der Rand $\text{bd}(P) = \text{cl}(P) - \text{int}(P)$ von P nirgendsdicht.

[Für alle $P \subseteq X$ gilt $\text{bd}(P) = \text{bd}(X - P) = \text{cl}(P) - \text{int}(P) = \text{cl}(P) \cap \text{cl}(X - P)$.]

Speziell für den Baireraum lassen sich nirgendsdichte Mengen recht anschaulich beschreiben. Sei hierzu $P \subseteq \mathcal{N}$. Dann ist P genau dann nirgendsdicht, wenn für alle $s \in \text{Seq}$ ein $t \geq s$ existiert mit $N_t \cap P = \emptyset$ (!). Nirgendsdichte Mengen im Baireraum haben also „nach jeder Stelle Löcher“. P läßt oberhalb jedes Knotens s im Baum Seq ein ganzes Intervall N_t mit $t \geq s$ aus.

Im Sinne der informalen Beschreibung der offenen und abgeschlossenen Mengen im Baireraum bedeutet „$P \subseteq \mathcal{N}$ ist nirgendsdicht“: Nach jeder Stelle der Beobachtung eines $f \in \mathcal{N}$ können wir *hoffen*, daß wir irgendwann *wissen* werden, daß f nicht in P liegt.

Eine für manche Leser vielleicht allzu phantasievolle, aber doch ungemein suggestive Vorstellung ist es hier, sich ein Menge $P \subseteq \mathcal{N}$ als eine „Gefahr“ vorzustellen. Ein sich durch Preisgabe von f(0), f(1), … stückweise offenbarendes f erliegt der Gefahr P, falls „am Ende“ $f \in P$ gilt. Wir denken uns f als nichtdeterminiert, was aber lediglich eine andere Sprechweise für unsere Unkenntnis des Verlaufs von f bedeuten soll; f ist uns fremd, wir bekommen zum Zeitpunkt n lediglich die Entscheidung f(n) von f mitgeteilt. P nirgendsdicht meint dann: f kann bei günstigem Verlauf die Gefahr P ein für allemal vermeiden, und es kann zudem dieses endgültige Vermeiden beliebig lange hinauszögern, denn es gibt keine falschen endlichen Entscheidungen, die zwangsläufig in P enden würden. Bei komplex strukturierten Gefahren P muß ein f lediglich in unendlicher Hinsicht vorsichtig sein, aber keine einzelne Entscheidung ist wirklich fatal.

Wir haben einen Kleinheitsbegriff gefunden, der stabil ist unter endlichen Vereinigungen:

Übung

Sei $\mathscr{X} = \langle X, \mathscr{U} \rangle$ ein topologischer Raum, und seien $P_1, \ldots, P_n \subseteq X$ nirgendsdicht in $\mathscr{X}$. Dann ist $\bigcup_{i \leq n} P_i$ nirgendsdicht in $\mathscr{X}$.

Abzählbare Vereinigungen von nirgendsdichten Mengen können dagegen sogar überall dicht sein: Ist $\mathscr{X} = \langle X, \mathscr{U} \rangle$ ein perfekter nichtleerer polnischer Raum, und $Y \subseteq X$ abzählbar und dicht in X, so ist $Y = \bigcup_{x \in Y} \{ x \}$, und wegen Perfektheit von $\mathscr{X}$ ist $\{ x \}$ nirgendsdicht in $\mathscr{X}$ für alle $x \in X$. (Ist x ein isolierter Punkt eines polnischen Raumes, so ist $\{ x \}$ offen und nicht nirgendsdicht.)

Eine Ei-des-Kolumbus-Idee ist nun, den Begriff nirgendsdicht einfach unter abzählbaren Vereinigungen abzuschließen, und dann zu behaupten, daß immer noch ein Kleinheitsbegriff vorliegt. Diese Kühnheit zahlt sich in vielen Fällen aus, wie der Bairesche Kategoriensatz gleich zeigen wird. Wir definieren:

Definition *(mager, komager)*

(i) P heißt *mager* oder *eine Baire-Nullmenge*, falls P eine abzählbare Vereinigung von nirgendsdichten Mengen ist.

(ii) P heißt *komager* oder *hat Baire-Maß 1*, falls X − P mager ist.

Den erfahrungsgemäß nicht ganz leicht verdaulichen Begriff der Magerkeit kann man mit obiger Interpretation für $P \subseteq \mathscr{N}$ noch relativ anschaulich so beschreiben: Es gibt eine Zerlegung der Gefahr P in Teilgefahren $P_0, P_1, \ldots, P_n, \ldots$ sodaß gilt: Nach jedem Zeitpunkt n besteht für jedes $m \in \mathbb{N}$ noch die Möglichkeit, daß f irgendwann unabänderlich in $\mathscr{N} - P_m$ liegen wird. Ein bis n bekanntes f kann bei gutem weiteren Verlauf jeder der Gefahren P_m ein für alle mal entkommen, ohne dabei zwangsläufig einer anderen Gefahr P_k zu erliegen. Wer nun sagt: „Offenbar kann dann f bei gutem unendlichen Verlauf überleben", hat den Baireschen Kategoriensatz für $\mathscr{N}$ direkt vor Augen.

In der Tat ist der fast triviale Beweis des Baireschen Kategoriensatzes für $\mathscr{N}$ eines der schönsten Beispiele für die Klarheit des Folgenraumes. Er besagt für $\mathscr{N}$, daß auch abzählbar viele nirgendsdichte Teilmengen von $\mathscr{N}$ zusammengenommen immer noch klein sind, und rechtfertigt in seiner allgemeinen Form im Nachhinein die Begriffsbildung „mager".

Den Begriff der Magerkeit erläutert vielleicht am besten der zugehörige Hauptsatz, der für viele topologische Räume gilt: Eine abzählbare Vereinigung kann die Lücken nicht schließen, die nirgendsdichte Mengen aufweisen. Wir geben den Beweis zunächst für $\mathscr{N}$.

Satz *(Bairescher Kategoriensatz für $\mathscr{N}$)*

N_s ist nicht mager für alle $s \in \mathrm{Seq}$.

Beweis

Seien $A_n \subseteq \mathscr{N}$ nirgendsdicht für $n \in \mathbb{N}$.

Sei $s \in \mathrm{Seq}$. Wir definieren rekursiv für $n \in \mathbb{N}$:

t_0 = „ein $t \in \mathrm{Seq}$ mit $s \leq t$ und $A_0 \cap N_t = \emptyset$",

t_{n+1} = „ein $t \in \mathrm{Seq}$ mit $t_n < t$ und $A_{n+1} \cap N_t = \emptyset$".

Sei $f = \bigcup_{n \in \mathbb{N}} t_n$. Dann ist $f \in N_s$, aber $f \notin \bigcup_{n \in \mathbb{N}} A_n$. —

Da jede abzählbare Menge in $\mathcal{N}$ trivialerweise mager ist, erhalten wir hieraus einen weiteren Beweis für die Überabzählbarkeit von $\mathcal{N}$ (und damit auch von $\mathbb{R}$):

Korollar *(Überabzählbarkeit aus Mangel an Magerkeit)*
$\mathcal{N}$ ist überabzählbar.

Allgemeiner gilt der Kategoriensatz nicht nur für $\mathcal{N}$ oder $\mathbb{R}$, sondern für beliebige polnische Räume:

Satz *(Bairescher Kategoriensatz für polnische Räume)*
Sei $\mathcal{X} = \langle X, \mathcal{U} \rangle$ ein polnischer Raum, und sei $U \subseteq X$ offen und nichtleer.
Dann ist U nicht mager.

Der Beweis sei dem Leser zur Übung überlassen.

Der Satz gilt sogar noch etwas allgemeiner in jedem vollständig metrisierbaren topologischen Raum und weiter auch in jedem lokal kompakten Hausdorff-Raum.

Nützlich ist auch die folgende duale Version des Kategoriensatzes:

Korollar *(duale Formulierung des Baireschen Kategoriensatzes)*
Sei $\mathcal{X} = \langle X, \mathcal{U} \rangle$ ein polnischer Raum, und seien $U_n \subseteq X$ offen und dicht.
Dann ist $\bigcap_{n \in \mathbb{N}} U_n$ dicht.

Beweis
Sei $A_n = X - U_n$ für $n \in \mathbb{N}$. Wegen U_n offen und dicht ist A_n nirgendsdicht für alle $n \in \mathbb{N}$.
Sei nun V offen und nichtleer. Dann ist V nicht mager, also ist
$V - \bigcup_{n \in \mathbb{N}} A_n = V \cap \bigcap_{n \in \mathbb{N}} U_n$ nichtleer.

Ein weiteres Korollar ist:

Übung
Sei $\mathcal{X} = \langle X, \mathcal{U} \rangle$ ein polnischer Raum, und sei $P \subseteq X$ komager.
Dann ist P dicht in X.

Obiges Korollar kann man nun auch so einsehen: Offene und dichte Mengen sind komager. Also ist auch der abzählbare Schnitt offener und dichter Mengen komager, und damit insbesondere dicht.

Die Aussagen des Korollars und der Übung sind de facto jeweils äquivalent zur Aussage des Kategoriensatzes, d. h. für beliebige topologische Räume gilt: offene nichtleere Mengen sind nicht mager *gdw* abzählbare Schnitte von offenen dichten Mengen sind dicht *gdw* komagere Mengen sind dicht. Wir definieren:

Definition *(Bairescher Raum)*
Sei $\mathcal{X} = \langle X, \mathcal{U} \rangle$ ein topologischer Raum.
$\mathcal{X}$ heißt ein *Bairescher Raum*, falls jedes nichtleere $U \in \mathcal{U}$ nicht mager ist.

Jeder polnische Raum ist ein Bairescher Raum, und insbesondere ist der Baireraum ein Bairescher Raum – womit also der ähnliche Klang der Worte gefahrlos ist. Nicht jeder Bairesche Raum ist dagegen polnisch.

„Bairescher Raum" bedeutet, daß der Kleinheitsbegriff „nirgendsdicht" eine sehr gute Grundlage für einen umfassenderen Begriff von „klein" ist; selbst abzählbare Summen von kleinen Mengen ergeben niemals alles, und a posteriori ist dann „mager" ein sogar σ-stabiler Kleinheitsbegriff. Hierzu:

Definition *(σ-Ideal)*

Sei X eine nichtleere Menge, und sei $\mathcal{I} \subseteq \mathcal{P}(X)$ nichtleer.

$\mathcal{I}$ heißt ein *σ-Ideal auf X*, falls gilt:

(i) $X \notin \mathcal{I}$.

(ii) Ist $A \in \mathcal{I}$ und $B \subseteq A$, so ist $B \in \mathcal{I}$.

(iii) Ist $A_n \in \mathcal{I}$ für alle $n \in \mathbb{N}$, so ist $\bigcup_{n \in \mathbb{N}} A_n \in \mathcal{I}$.

Wir haben also gezeigt, daß die mageren Teilmengen eines nichtleeren polnischen Raumes $\mathcal{X} = \langle X, \mathcal{U} \rangle$ ein σ-Ideal auf X bilden. σ-Ideale sind gute Begriffe für „kleine Teilmenge", und induzieren damit gute Begriffe für „fast gleich" oder „ähnlich". Der von der Magerkeit erzeugte Begriff „ähnlich einer offenen Menge" umgrenzt nun wie die Scheeffer-Eigenschaft gewisse reguläre Mengen:

Definition *(Baire-Eigenschaft, $P =_{mager} U$, Baire($\mathcal{X}$))*

Sei $\mathcal{X} = \langle X, \mathcal{U} \rangle$ ein topologischer Raum, und sei $P \subseteq X$.

P hat die *Baire-Eigenschaft* oder ist *Baire-meßbar*, falls es eine offene Menge $U \subseteq X$ gibt mit

$P =_{\text{mager}} U$, d.h. $P \,\Delta\, U = (P - U) \cup (U - P)$ ist mager.

P heißt dann auch *Baire-meßbar mit U.* Wir setzen:

$\text{Baire}(\mathcal{X}) = \{ P \subseteq X \mid P \text{ hat die Baire-Eigenschaft} \}$.

Die alternative und langfristig bevorzugte Benennung *Baire-meßbar* wird der übernächste Satz motivieren.

Beim Baireschen Messen treten viele symmetrische Differenzen auf, und wir halten daher einige einfach zu beweisende aber nicht zu jeder Tageszeit klar vor Augen liegende Regeln für $A \,\Delta\, B = (A - B) \cup (B - A)$ fest. Für alle Mengen A, B, C gilt:

(i) $A \,\Delta\, B = B \,\Delta\, A = (A - B) \cup (B - A) = (A \cup B) - (A \cap B)$,

(ii) $(A \,\Delta\, B) \,\Delta\, C = A \,\Delta\, (B \,\Delta\, C)$,

(iii) $A = (B \,\Delta\, C)$ *folgt* $B = (A \,\Delta\, C)$,

(iv) $(A \,\Delta\, B) \cap C = (A \cap C) \,\Delta\, (B \cap C)$,

(v) $(A \,\Delta\, B) - C = (A \cup C) \,\Delta\, (B \cup C)$,

(vi) $(A \,\Delta\, B) = (C - A) \,\Delta\, (C - B)$ für $A, B \subseteq C$.

Wir verwenden derartige Eigenschaften stillschweigend. Das gleiche gilt für elementare Kongruenzen wie zum Beispiel

$A \,\Delta\, B =_{\text{mager}} C$ und $B =_{\text{mager}} B'$ *folgt* $A \,\Delta\, B' =_{\text{mager}} C$.

Eine Gleichung $P \Delta U = M$ ist nach (iii) gleichwertig mit $P = U \Delta M$. Ein $P \subseteq X$ ist also genau dann Baire-meßbar, falls es ein offenes $U \subseteq X$ und ein mageres $M \subseteq X$ gibt mit $P = U \Delta M$. Liest man Δ eher als Differenz, so wird man vielleicht $P \Delta U = M$ bevorzugen, liest man Δ aufgrund seiner algebraischen Eigenschaften eher als Summe, so erscheint $P = U \Delta M$ natürlicher. Was man für die Definition wählt, ist Geschmackssache.

Die erste Frage, die sich bei der Aneignung der Baire-Eigenschaft stellt, ist die, ob eine analoge Definition mit „abgeschlossen" statt „offen" einen anderen Begriff ergibt. Dies ist nicht der Fall:

Satz *(Austausch von offen und abgeschlossen in der Baire-Eigenschaft)*

Sei $\mathcal{X} = \langle X, \mathcal{U} \rangle$ ein topologischer Raum, und sei $P \subseteq X$.

Dann sind äquivalent:

(i) $P \in \text{Baire}(\mathcal{X})$, d. h. $P =_{\text{mager}} U$ für ein offenes $U \subseteq X$.

(ii) $P =_{\text{mager}} A$ für ein abgeschlossenes $A \subseteq X$.

Beweis

(i) $\curvearrowright$ (ii) :

Es gilt $P \Delta U =_{\text{mager}} P \Delta \text{cl}(U)$ für offene $U \subseteq X$, denn $U \Delta \text{cl}(U) = \text{cl}(U) - U = \text{bd}(U)$ ist mager (sogar nirgendsdicht).

(ii) $\curvearrowright$ (i) :

Es gilt $P \Delta A =_{\text{mager}} P \Delta \text{int}(A)$ für abgeschlossene $A \subseteq X$, denn $A \Delta \text{int}(A) = A - \text{int}(A) = \text{bd}(A)$ ist mager (sogar nirgendsdicht).

Wir nennen die Baire-Eigenschaft eine Regularitätseigenschaft und behaupten damit implizit, daß alle Alltagsmengen offen modulo einer mageren Menge sind. Dies ist keineswegs offensichtlich. Es gilt nun aber, daß die Mengen mit der Baire-Eigenschaft eine σ-Algebra darstellen, und damit ist die Weitläufigkeit des Konzepts klar. Genauer zeigt sich, daß die Baire-meßbaren Mengen die von den offenen und den nirgendsdichten Mengen erzeugte σ-Algebra bilden:

Satz *(Umfang der Baire-meßbaren Mengen)*

Sei $\mathcal{X} = \langle X, \mathcal{U} \rangle$ ein topologischer Raum.

Dann ist $\text{Baire}(\mathcal{X})$ eine σ-Algebra auf X. Genauer gilt:

Sei $\mathcal{B} = \bigcap \{ \mathcal{A} \mid \mathcal{A}$ ist eine σ-Algebra auf X mit $\mathcal{U} \cup \{ P \subseteq X \mid P \text{ ist nirgendsdicht} \} \subseteq \mathcal{A} \}$.

Dann ist $\text{Baire}(\mathcal{X}) = \mathcal{B}$.

Beweis

Baire($\mathcal{X}$) ist eine σ-Algebra:

Offenbar gilt $\emptyset, X \in \text{Baire}(\mathcal{X})$.

Sei $P \subseteq X$ Baire-meßbar mit $U \in \mathcal{U}$. Dann ist

$$(X - P) \Delta (X - \text{cl}(U)) =_{\text{mager}} (X - P) \Delta (X - U) = U \Delta P$$

mager. Also ist $X - P$ Baire-meßbar mit $X - \text{cl}(U) \in \mathcal{U}$.

Sei nun P_n Baire-meßbar mit $U_n \in \mathcal{U}$ für $n \in \mathbb{N}$. Dann ist

$$\bigcup_{n\in\mathbb{N}} P_n \ \Delta \ \bigcup_{n\in\mathbb{N}} U_n \subseteq \bigcup_{n\in\mathbb{N}} (P_n \ \Delta \ U_n)$$

mager. Also ist $\bigcup_{n\in\mathbb{N}} P_n$ Baire-meßbar mit $\bigcup_{n\in\mathbb{N}} U_n \in \mathcal{U}$.
Damit ist gezeigt, daß Baire($\mathcal{X}$) eine σ-Algebra ist.

zu Baire($\mathcal{X}$) $\subseteq \mathcal{B}$:

Ist P Baire-meßbar mit U, so ist $M = P \ \Delta \ U$ mager. Dann gilt

$$P = M \ \Delta \ U = (M - U) \cup (U - M).$$

Aber es gilt $(M - U) \cup (U - M) \in \mathcal{A}$ für alle $\mathcal{A}$ wie in der Definition von $\mathcal{B}$. Also ist Baire($\mathcal{X}$) $\subseteq \mathcal{B}$.

zu $\mathcal{B} \subseteq$ *Baire($\mathcal{X}$):*

Baire($\mathcal{X}$) ist eine σ-Algebra wie in der Definition von $\mathcal{B}$. ∎

Der Satz erweitert den vorhergehenden. Insbesondere zeigt er, daß „abzählbarer Schnitt von offenen Mengen modulo mager" und „offen modulo mager" identische Begriffe sind. In der Umgebung solcher Identitäts-Überlegungen ist auch das folgende Resultat interessant, das die symmetrische Differenz in der Definition der Baire-Eigenschaft eliminiert:

Satz *(Darstellungssatz für Baire-meßbare Mengen)*

Sei $\mathcal{X} = \langle X, \mathcal{U}\rangle$ ein topologischer Raum, und sei $P \in$ Baire($\mathcal{X}$).
Dann existieren offene U_n und abgeschlossene A_n, $n \in \mathbb{N}$,
sowie magere M_0 und M_1 mit:

$$P = \bigcap_{n\in\mathbb{N}} U_n \cup M_0 = \bigcup_{n\in\mathbb{N}} A_n - M_1.$$

Vorab ein Satz zum Beweis: Die wesentliche Beobachtung ist, daß der Abschluß einer nirgendsdichten Menge nirgendsdicht ist. Damit ist jede magere Menge eine Teilmenge einer mageren Menge, die eine abzählbare Vereinigung von abgeschlossenen Mengen ist.

Beweis

zur Darstellung $P = \bigcap_{n\in\mathbb{N}} U_n \cup M_0$:

Sei $P = U \ \Delta \ M$ für ein offenes U und ein mageres M.
Sei $M = \bigcup_{n\in\mathbb{N}} N_n$ mit nirgendsdichten Mengen N_n.
Wir setzen:

(α) $U_n = U - \text{cl}(N_n)$ für $n \in \mathbb{N}$,

(β) $M' = U \cap \bigcup_{n\in\mathbb{N}} (\text{cl}(N_n) - N_n)$,

(γ) $M'' = M - U$.

Dann gilt:

$$P = U \ \Delta \ M = (U - \bigcup_{n\in\mathbb{N}} N_n) \cup (M - U) =$$
$$(U - \bigcup_{n\in\mathbb{N}} \text{cl}(N_n)) \cup M' \cup M'' = \bigcap_{n\in\mathbb{N}} U_n \cup M_0,$$

wobei $M_0 = M' \cup M''$ mager.

zur Darstellung $P = \bigcup_{n \in \mathbb{N}} A_n - M_1$ *:*

$X - P$ ist Baire-meßbar. Sei also gemäß der eben bewiesenen Darstellung

$$X - P = \bigcap_{n \in \mathbb{N}} V_n \cup M_1$$

für offene V_n und ein mageres M_1.
Weiter sei $A_n = X - V_n$ für alle $n \in \mathbb{N}$. Dann gilt:

$$P = X - (\bigcap_{n \in \mathbb{N}} V_n \cup M_1) = \bigcup_{n \in \mathbb{N}} A_n - M_1.$$

Die Baire-meßbaren Mengen sind also gerade die abzählbaren Schnitte von offenen Mengen, ergänzt um abzählbar viele nirgendsdichte Mengen.

Wir haben gezeigt, daß viele Teilmengen von polnischen Räumen Baire-meßbar sind. Mengen, denen die Baire-Eigenschaft nicht zukommt, werden uns im nächsten Kapitel begegnen.

In der neueren mengentheoretischen Forschung spielt eine Verstärkung der Baire-Eigenschaft für Teilmengen von $\mathcal{N}$ eine Schlüsselrolle, und wir wollen sie als Beispiel für eine starke Regularitäts-Eigenschaft hier wenigstens kurz definieren, ohne sie genauer besprechen oder motivieren zu können.

Definition *(universell Baire-meßbar)*

$P \subseteq \mathcal{N}$ heißt *universell Baire-meßbar*, falls gilt:

Sei $\mathcal{X} = \langle X, \mathcal{U} \rangle$ ein kompakter Hausdorff-Raum, und sei $f : X \to \mathcal{N}$ stetig. Dann ist $f^{-1}{}'' P$ Baire-meßbar in $\mathcal{X}$.

Man kann zeigen, daß die universell Baire-meßbaren Teilmengen von $\mathcal{N}$ eine σ-Algebra auf $\mathcal{N}$ bilden, und daß alle universell Baire-meßbaren Mengen Lebesgue-meßbar sind (s. u.).

Wir wenden uns nun einer weiteren prominenten Regularitätseigenschaft zu, der Lebesgue-Meßbarkeit.

Das Lebesgue-Maß auf dem Cantor- und Baireraum

Wir konzentrieren uns im folgenden auf die Konstruktion des Lebesgue-Maßes auf dem Cantorraum $\mathcal{C}$. Am Ende des Abschnitts besprechen wir kurz zwei Möglichkeiten, ein Lebesgue-Maß für den Baireraum einzuführen.

Wie für das Kontinuum $\mathbb{R}$ möchten wir möglichst vielen Teilmengen P von $\mathcal{C}$ ein möglichst demokratisches reelles Maß $\mu(P)$ zuordnen, wobei für alle meßbaren P gelten soll, daß $0 = \mu(\emptyset) \leq \mu(P) \leq \mu(\mathcal{C}) = 1$. Wir werden im folgenden dementsprechend eine Funktion $\mu : \mathcal{L} \to [0, 1]$ definieren, für eine sich durch die Konstruktion ergebende Menge $\mathcal{L}$ von Teilmengen des Cantorraumes $\mathcal{C}$. Für ein $P \in \mathcal{L}$ heißt dann $\mu(P)$ wieder das *Lebesgue-Maß von P.*

In unserer Gewichtsverteilung weisen wir der Wurzel die Masse 1 zu, und verstreichen diese Masse dann gleichmäßig über den ganzen Baum Seq_2. Jedes s der Länge n trägt dann die Masse $1/2^n$. Damit ist $\mu(C_s) = 1/2^{|s|}$ für alle $s \in \mathrm{Seq}_2$.

Wir geben die Stufen der Konstruktion des Lebesgueschen Maßes μ auf $\mathscr{C}$ kurz an – sie verläuft analog zur Konstruktion des Lebesgue-Maßes λ für das Kontinuum $\mathbb{R}$.

Definition *(erster Schritt der Definition von μ)*
Wir setzen $\mu(C_s) = 1/2^{|s|}$ für $s \in \mathrm{Seq}_2$.

Im folgenden brauchen wir unendliche Summen von Mengen reeller Zahlen größergleich Null. Wir definieren solche Summen gleich allgemein für beliebig große Mengen:

Definition *(Summen reeller Zahlen ΣX)*

(a) Sei $E = \{ x_0, \ldots, x_n \}$ eine endliche Teilmenge von $\mathbb{R}$. Wir setzen

$$\Sigma E = x_0 + \ldots + x_n.$$

(b) Sei $X \subseteq \mathbb{R}_0^+$. Wir setzen:

$$\Sigma X = \sup \{ \Sigma E \mid E \subseteq X \text{ ist endlich} \},$$

falls dieses Supremum existiert.
Andernfalls schreiben wir $\Sigma X = \infty$.

Den Zusammenhang mit den üblichen abzählbaren Summen über Folgen klärt die folgende Übung.

Übung
Sei $X \subseteq \mathbb{R}_0^+$. Dann gilt:

(i) Ist $\Sigma X < \infty$, so ist X abzählbar.

(ii) Ist X abzählbar, und ist $x_0, x_1, \ldots$ eine beliebige Aufzählung von X (ohne Wiederholungen), so gilt:

$$\Sigma X = \Sigma_{n \in \mathbb{N}}\, x_n \ (= \lim_{n \to \infty} \Sigma_{0 \le k \le n}\, x_k).$$

Fast automatisch ist nun wieder die Definition von μ für die offenen und abgeschlossenen Mengen:

Definition *(zweiter Schritt der Definition von μ)*
Sei $U \subseteq \mathscr{C}$ offen, und sei $S \subseteq \mathrm{Seq}_2$ der kanonische Kode von U.
Wir setzen:

$$\mu(U) = \Sigma_{s \in S}\, \mu(C_s),$$
$$\mu(\mathcal{N} - U) = 1 - \mu(U).$$

Damit ist μ für alle offenen und abgeschlossenen Teilmengen von $\mathscr{C}$ definiert. Man zeigt leicht, daß die beiden neuen Definitionen von $\mu(C_s)$ für $s \in \mathrm{Seq}_2$ mit der alten Definition von $\mu(C_s)$ übereinstimmen.

Wie für λ definieren wir nun ein globales inneres und äußeres Maß:

Definition *(inneres und äußeres Lebesgue-Maß)*

Sei $P \subseteq \mathscr{C}$. Wir setzen:

$$\mu^+(P) = \inf(\{ \mu(U) \mid U \subseteq \mathscr{C} \text{ ist offen und } P \subseteq U \}),$$
$$\mu^-(P) = \sup(\{ \mu(A) \mid A \subseteq \mathscr{C} \text{ ist abgeschlossen und } A \subseteq P \}).$$

$\mu^+(P)$ heißt das *äußere Lebesgue-Maß von P*, und analog heißt $\mu^-(P)$ *das innere Lebesgue-Maß von P.*

Definition *(dritte Stufe der Definition von μ, Lebesgue-Meßbarkeit)*

Ein $P \subseteq \mathscr{C}$ heißt *Lebesgue-meßbar*, falls $\mu^+(P) = \mu^-(P)$ gilt. In diesem Fall setzen wir $\mu(P) = \mu^+(P) = \mu^-(P)$ und nennen $\mu(P)$ *das Lebesgue-Maß von P.*
Weiter sei $\mathscr{L} = \{ P \subseteq \mathscr{C} \mid P \text{ ist Lebesgue-meßbar} \}$.
Ein $P \in \mathscr{L}$ heißt *Lebesgue-Nullmenge*, falls $\mu(P) = 0$.

Man zeigt:

Satz

$\langle \mathscr{C}, \mathscr{L}, \mu \rangle$ ist ein Wahrscheinlichkeitsraum.

In der Tat ist μ das übliche um seine Nullmengen bereits vervollständigte Lebesgue-Maß – definiert auf $\mathscr{C}$ statt auf dem reellen Einheitsintervall. Genauer gilt:

(a) $\mu(h^{-1}{''}A)$ ist das Lebesguesche Längenmaß $\lambda(A)$ für Lebesgue-meßbare $A \subseteq [0, 1]$, wobei $h : \mathscr{C} \to [0, 1]$, $h(f) = \Sigma_{n \in \mathbb{N}} f(n)/2^{n+1}$.

(b) Ist $P \subseteq \mathscr{C}$ mit $\mu^+(P) = 0$, so ist jedes $Q \subseteq P$ eine Lebesgue-Nullmenge, denn für alle $A \subseteq \mathscr{C}$ gilt $0 \leq \mu^-(A) \leq \mu^+(A)$.

Der folgende Darstellungssatz für Lebesgue-meßbare Mengen, der sich unmittelbar aus der Konstruktion ergibt, ist uns aus der Maßtheorie auf $\mathbb{R}$ ebenfalls schon bekannt. Wir werden ihn im folgenden häufig verwenden. Der Leser vergleiche die Ergebnisse mit den obigen verwandten Resultaten über die Baire-Meßbarkeit.

Satz *(Darstellungssatz für Lebesgue-meßbare Mengen)*

Sei $P \subseteq \mathscr{C}$ Lebesgue-meßbar.
Dann existieren offene U_n und abgeschlossene A_n, $n \in \mathbb{N}$, sowie Nullmengen N_0 und N_1 mit:

$$P = \bigcup_{n \in \mathbb{N}} A_n \cup N_0 = \bigcap_{n \in \mathbb{N}} U_n - N_1.$$

Insbesondere ist ein $P \subseteq \mathscr{C}$ also genau dann Lebesgue-meßbar, wenn es offene Mengen U_n gibt mit: $P \,\Delta\, \bigcap_{n \in \mathbb{N}} U_n$ ist eine Nullmenge. (Ist $P \,\Delta\, \bigcap_{n \in \mathbb{N}} U_n = N$ eine Nullmenge, so ist $P = \bigcap_{n \in \mathbb{N}} U_n \,\Delta\, N$ ein Element der σ-Algebra $\mathscr{L}$.)

Es folgt weiter, daß $\mathscr{L}$ die kleinste σ-Algebra auf $\mathscr{C}$ ist, die alle offenen Mengen und alle Nullmengen enthält:

Korollar *(Umfang der Lebesgue-meßbaren Mengen)*
Es gilt $\mathcal{L} = \bigcap \{ \mathcal{A} \mid \mathcal{A}$ ist eine σ-Algebra auf $\mathcal{C}$ mit
$\{ C_s \mid s \in \mathrm{Seq}_2 \} \cup \{ P \subseteq \mathcal{C} \mid \mu^+(P) = 0 \} \subseteq \mathcal{A} \}$.

Das Lebesgue-Maß auf $\mathcal{N}$

Wir skizzieren schließlich noch zwei Möglichkeiten, ein Lebesgue-Maß auf dem Baireraum zu definieren.

Sei wieder μ das Lebesgue-Maß auf $\mathcal{C}$. Für $P \subseteq \mathcal{N}$ mit $P \cap \mathcal{C} \in \mathcal{L}$ können wir $\mu'(P) = \mu(P \cap \mathcal{C})$ definieren und so ein Maß μ' auf einer σ-Algebra $\mathcal{L}'$ auf $\mathcal{N}$ erhalten. Es gilt $\mathcal{L}' = \{ P \subseteq \mathcal{N} \mid P \cap \mathcal{C} \in \mathcal{L} \}$. $\mathcal{N} - \mathcal{C}$ ist eine Nullmenge für das Maß μ'.

Alternativ und interessanter liefert eine Variante der Konstruktion direkt ein Maß auf einer σ-Algebra auf $\mathcal{N}$, das die ganze Breite des Baireraumes berücksichtigt. Strebt man ein möglichst demokratisches Maß μ auf $\mathcal{N}$ an, so kann man die Masse 1 nicht gleichmäßig auf alle Nachfolger der Wurzel verteilen, da diese unendlich an der Zahl sind. Man kann die Masse eines Knotens aber abfallend auf seine Nachfolger verteilen, und etwa $\mu(N_{\langle n \rangle}) = 1/2^{n+1}$ und allgemein $\mu(N_{s^\frown n}) = \mu(N_s) \cdot 1/2^{n+1}$ für alle $s \in \mathrm{Seq}$ und $n \in \mathbb{N}$ setzen. Man erhält so eine recht natürliche Verteilung der Masse 1 über den Baum Seq. Es gilt

$$\mu(N_s) = 1/2^{s(0)+1} \cdot \ldots \cdot 1/2^{s(n-1)+1} = 2^{-\Sigma_{i<n}(s(i)+1)}$$

für alle $s \in \mathrm{Seq}$ der Länge n. Damit hängt $\mu(N_s)$ nur von der Summe der Einträge in s und von $|s|$ ab, und in diesem Sinne ist das Maß doch recht demokratisch.

Universell meßbare Mengen

Dem Leser mag die Konzentration auf $\mathcal{C}$ und das Lebesgue-Maß vielleicht etwas speziell erscheinen. Wir diskutieren deswegen noch kurz eine allgemeine maßtheoretisch motivierte Regularitäts-Eigenschaft für Teilmengen polnischer Räume.

Definition *(σ-finite Maße und Borel-Maße)*
Sei $\mathcal{X} = \langle X, \mathcal{U} \rangle$ ein polnischer Raum, und sei $\mathcal{B}$ eine σ-Algebra auf X.
Ein σ-finites Maß $\mu : \mathcal{B} \to [0, \infty]$ heißt ein *σ-finites Borel-Maß auf $\mathcal{X}$*, falls $\mathcal{B} = \mathrm{dom}(\mu)$ die Borel-σ-Algebra auf $\mathcal{X}$ ist.

Der Leser möge sich die Begriffe der μ-Meßbarkeit und der Vervollständigung eines Maßes in Erinnerung rufen (vgl. Abschnitt 1, Kapitel 5):

Ist $\mathcal{X} = \langle X, \mathcal{U} \rangle$ ein polnischer Raum, $\mathcal{B}$ eine σ-Algebra auf $\mathcal{X}$ und μ ein σ-finites Maß auf $\mathcal{B}$, so heißt ein $N \subseteq X$ eine *μ-Nullmenge*, falls ein $N' \in \mathcal{B}$ existiert mit $N \subseteq N'$ und $\mu(N') = 0$. Ein $P \subseteq X$ heißt *μ-meßbar*, falls $P = A \cup N$ für ein $A \in \mathcal{B}$ und eine μ-Nullmenge $N \subseteq X$. Wir setzen dann

$$\mathcal{A}(\mu) = \{ P \subseteq X \mid P \text{ ist } \mu\text{-meßbar} \},$$

und definieren weiter die Vervollständigung $\mu^c : \mathcal{A}(\mu) \to [0, \infty]$ von μ durch $\mu^c(P) = \mu(A)$ für $P \in \mathcal{A}(\mu)$, wobei $P = A \cup N$ für beliebige A, N mit $A \in \mathcal{B}$, N eine μ-Nullmenge.

In der Praxis konstruiert man Maße oft auf der Borel-σ-Algebra eines polnischen Raumes und es ist nur natürlich, nach dem Schnitt über alle $\mathcal{A}(\mu)$ für Borel-Maße μ zu fragen. Wir definieren hierzu:

Definition *(universell meßbar)*

Sei $\mathcal{X} = \langle X, \mathcal{U} \rangle$ ein polnischer Raum, und sei $P \subseteq X$.
P heißt *universell meßbar*, falls P μ-meßbar ist für jedes σ-finite Borel-Maß μ auf $\mathcal{X}$.

Alle Borel-Mengen eines polnischen Raumes sind trivialerweise universell meßbar. I.a. existieren aber noch mehr universell meßbare Mengen und „universell meßbar" darf als starke Regularitäts-Eigenschaft für Teilmengen von polnischen Räumen gelten. Wir kommen später hierauf noch zurück.

Magere Mengen und Nullmengen

Mit *mager* und *vom Maß Null* haben wir zwei natürliche σ-stabile Kleinheitsbegriffe gefunden, und die zugehörigen Begriffe der Baire- und der Lebesgue-Meßbarkeit weisen sehr ähnliche Strukturen auf, wie etwa die Darstellungssätze zeigen. Überraschenderweise sind nun aber diese beiden Anschauungsformen von „klein" völlig verschieden. Sie stehen in der folgenden Weise senkrecht aufeinander:

Satz *(Zerlegung von $\mathcal{C}$ in eine magere Menge und eine Lebesgue-Nullmenge)*

Es gibt $M, N \subseteq \mathcal{C}$ mit der Eigenschaft:

(i) $\mathcal{C} = M \cup N,\ M \cap N = \emptyset$.

(ii) M ist mager, d. h. M ist eine Baire-Nullmenge.

(iii) N ist eine Lebesgue-Nullmenge.

Beweis

Sei $f_0, f_1, \ldots$ eine Aufzählung einer abzählbaren dichten Teilmenge von $\mathcal{C}$.
Für $n, k \in \mathbb{N}$ sei $U_{n,k} = C_{f_k | (n+k+1)}$. Für $n \in \mathbb{N}$ sei weiter

$V_n = \bigcup_{k \in \mathbb{N}} U_{n,k}$.

Dann gilt $f_k \in V_n$ für alle $k, n \in \mathbb{N}$. Also gilt:

(+) V_n ist offen und dicht in $\mathcal{C}$ für alle $n \in \mathbb{N}$.

Weiter ist $\mu(U_{n,k}) = 1/2^n \cdot 1/2^{k+1}$ für $n, k \in \mathbb{N}$, und damit gilt für alle $n \in \mathbb{N}$

$\mu(V_n) \leq 1/2^n \cdot \Sigma_{k \in \mathbb{N}} 1/2^{k+1} = 1/2^n$.

Wir setzen:

$N = \bigcap_{n \in \mathbb{N}} V_n$,

$M = \mathscr{C} - N = \bigcup_{n \in \mathbb{N}} (\mathscr{C} - V_n)$.

Dann ist $\mu(N) \leq 1/2^n$ für alle $n \in \mathbb{N}$, also $\mu(N) = 0$.
Aber wegen (+) ist $\mathscr{C} - V_n$ nirgendsdicht für alle $n \in \mathbb{N}$, und damit ist M mager.

Hinter dem Satz steht letztendlich die elementare Tatsache der Analysis, daß unendliche Summen von positiven reellen Zahlen einen beliebig kleinen Wert haben können. Damit können wir durch eine feine Perforation von $\mathscr{C}$ (oder auch $\mathscr{N}$ oder $[0, 1]^k \subseteq \mathbb{R}^k$ für $k \geq 1$) magere Mengen erzeugen, deren Lebesgue-Maß beliebig nahe an 1 liegt. Die σ-Stabilität der Begriffe liefert dann eine magere Menge vom Lebesgue-Maß 1.

Marczewski-meßbare Mengen

Wir haben gesehen, daß die Baire- und Lebesgue-meßbaren Mengen eine σ-Algebra bilden. Eine natürliche Frage ist nun:

Gibt es einen σ-stabilen Regularitätsbegriff im Umfeld der Perfektheit?

Die Antwort ist *ja.* Es gibt in der Tat einen natürlichen zu den perfekten Mengen gehörigen Meßbarkeitsbegriff, der wie die Baire-Eigenschaft und die Lebesgue-Meßbarkeit einer σ-Algebra von Mengen zukommt. Er wurde im Jahr 1935 von Edward Marczewski eingeführt und untersucht. Wir definieren also:

Definition *(Marczewski-meßbar)*

Sei $\mathscr{X} = \langle X, \mathscr{U} \rangle$ ein polnischer Raum, und sei $A \subseteq X$.

(a) A hat die *Marczewski-Eigenschaft* oder ist *Marczewski-meßbar*, falls für alle nichtleeren perfekten $P \subseteq X$ gilt:

$A \cap P$ oder $P - A$ enthält eine nichtleere perfekte Teilmenge.

(b) A heißt eine *Marczewski-Nullmenge*, falls für jedes nichtleere perfekte $P \subseteq X$ gilt:

$P - A$ enthält eine nichtleere perfekte Teilmenge.

(c) A hat *Marczewski-Maß 1*, falls $X - A$ eine Marczewski-Nullmenge ist, d. h. falls für jedes nichtleere perfekte $P \subseteq X$ gilt:

$P \cap A$ enthält eine nichtleere perfekte Teilmenge.

Die Marczewski-Meßbarkeit von A besagt also: A spaltet jede nichtleere perfekte Menge derart in zwei Teile, daß zumindest ein Teil der Zerlegung nach einer evtl. Verkleinerung wieder nichtleer und perfekt ist.

Direkt aus der Definition erhalten wir folgendes Kriterium für die Nichtmeßbarkeit: Für alle $A \subseteq X$ sind äquivalent:

(i) A ist nicht Marczewski-meßbar.

(ii) Es gibt ein perfektes nichtleeres $P \subseteq X$ mit:
Weder $P \cap A$ noch $P - A$ hat eine nichtleere perfekte Teilmenge.

Für jeden polnischen Raum $\mathcal{X} = \langle X, \mathcal{U} \rangle$ ist X selbst Marczewski-meßbar (mit Maß 1). Weiter ist mit A offenbar auch $X - A$ Marczewski-meßbar. Darüber hinaus sind nun die Marczewski-meßbaren Mengen abgeschlossen unter abzählbaren Vereinigungen und bilden damit also eine σ-Algebra. Weiter formen die Marczewski-Nullmengen ein σ-Ideal. Zum Beweis dieser Aussagen ist die folgende einfache Beobachtung nützlich:

Lemma *(perfekte Teilmengen einer perfekten Menge)*
Sei $\mathcal{X} = \langle X, \mathcal{U} \rangle$ ein polnischer Raum, und sei $P \subseteq X$ nichtleer und perfekt.
Dann gilt:

(i) Sei U offen mit $U \cap P \neq \emptyset$.
Dann existiert eine nichtleere perfekte Teilmenge von $P \cap U$.

(ii) Für alle $\varepsilon > 0$ existieren nichtleere perfekte $P_0, P_1 \subseteq P$ mit Durchmesser kleiner ε und $P_0 \cap P_1 = \emptyset$.

Beweis

zu (i):

Sei $x \in U \cap P$, und sei $\varepsilon > 0$ mit $\mathrm{cl}(U_\varepsilon(x)) \subseteq U$.
$P \cap \mathrm{cl}(U_\varepsilon(x))$ ist abgeschlossen und wegen $x \in P = \mathrm{cp}(P)$ überabzählbar.
Also existiert eine nichtleere perfekte Teilmenge P_0 von $P \cap \mathrm{cl}(U_\varepsilon(x)) \subseteq P \cap U$.

zu (ii):

Seien $x_0, x_1 \in P$, $x_0 \neq x_1$ und seien U_0, U_1 disjunkte offene Umgebungen von x_0, x_1 mit Durchmesser $< \varepsilon$. Nach (i) existieren nichtleere perfekte $P_0 \subseteq P \cap U_0$ und $P_1 \subseteq P \cap U_1$. Dann sind P_0, P_1 wie gewünscht. ∎

Die Aussage (ii) kann man auch durch Einbettung des Cantorraumes in P zeigen.

Damit und mit Hilfe der vertrauten $\langle C_s \mid s \in \mathrm{Seq}_2 \rangle$-Zerlegungstechnik können wir nun leicht zeigen:

Satz *(σ-Stabilität der Marczewski-meßbaren Mengen vom Maß 1)*
Sei $\mathcal{X} = \langle X, \mathcal{U} \rangle$ ein polnischer Raum, und sei $A_n \subseteq X$ für $n \in \mathbb{N}$.
A_n habe Marczewski-Maß 1 für alle $n \in \mathbb{N}$.
Dann hat auch $\bigcap_{n \in \mathbb{N}} A_n$ Marczewski-Maß 1.

Beweis

Sei $A = \bigcap_{n \in \mathbb{N}} A_n$, und sei $P \subseteq X$ nichtleer und perfekt.
Wir zeigen, daß $A \cap P$ eine nichtleere perfekte Teilmenge enthält.

Nach dem Lemma und der Maß-1-Voraussetzung an die Mengen A_n können wir rekursiv $C_s \subseteq X$, $s \in Seq_2$, konstruieren, sodaß für alle $s \in Seq_2$ gilt:

(i) $C_s \subseteq A_{|s|} \cap P$ ist nichtleer und perfekt,

(ii) $C_{s^\frown 0}, C_{s^\frown 1} \subseteq C_s$,

(iii) $C_{s^\frown 0} \cap C_{s^\frown 1} = \emptyset$,

(iv) $\mathrm{diam}(C_s) < 1/2^{|s|}$.

Zur Konstruktion:

$C_{\langle\rangle}$ sei eine nichtleere perfekte Teilmenge von $A_0 \cap P$.
Eine solche Menge existiert, da A_0 Marczewski-Maß 1 hat.
Sei C_s konstruiert für ein $s \in Seq_2$. Dann existieren nach dem Lemma disjunkte nichtleere perfekte $P_0, P_1 \subseteq C_s$ mit Durchmesser $< 1/2^{|s|+1}$.
Da $A_{|s|+1}$ Marczewski-Maß 1 hat, existieren dann weiter nichtleere perfekte $C_{s^\frown 0} \subseteq A_{|s|+1} \cap P_0$ und $C_{s^\frown 1} \subseteq A_{|s|+1} \cap P_1$.

Für $f \in \mathscr{C}$ sei wieder x_f das eindeutige $x \in X$ mit $x \in \bigcap_{n \in \mathbb{N}} C_{f|n}$.
Dann ist $\{ x_f \mid f \in \mathscr{C} \}$ eine nichtleere perfekte Teilmenge von $A \cap P$. ∎

Dualisierung ergibt:

Korollar *(σ-Ideal der Marczewski-Nullmengen)*
Sei $\mathscr{X} = \langle X, \mathscr{U} \rangle$ ein polnischer Raum. Dann bilden die Marczewski-Nullmengen ein σ-Ideal auf X.

Es folgt aber auch:

Korollar *(σ-Algebra der Marczewski-meßbaren Mengen)*
Sei $\mathscr{X} = \langle X, \mathscr{U} \rangle$ ein polnischer Raum. Dann bilden die Marczewski-meßbaren Mengen eine σ-Algebra auf X, die alle offenen Mengen enthält.

Beweis

X ist Marczewski-meßbar, und mit $A \subseteq X$ ist offenbar auch $X - A$ Marczewski-meßbar. Seien also A_n, $n \in \mathbb{N}$, Marczewski-meßbar.
Wir zeigen, daß $A = \bigcap_{n \in \mathbb{N}} A_n$ Marczewski-meßbar ist.
Sei hierzu $P \subseteq X$ nichtleer und perfekt. Wir suchen ein nichtleeres perfektes Q mit $Q \subseteq P \cap A$ oder $Q \subseteq P - A$. Wir unterscheiden zwei Fälle.

Existiert ein $n \in \mathbb{N}$ und ein nichtleeres perfektes $Q \subseteq P$ mit $Q \subseteq P - A_n$, so ist $Q \subseteq P - A$, und wir sind fertig.

Andernfalls gilt wegen der Marczewski-Meßbarkeit der A_n:

Für alle $n \in \mathbb{N}$ und alle nichtleeren perfekten $Q \subseteq P$ existiert ein nichtleeres perfektes $R \subseteq Q \cap A_n$.

Dann hat aber $A_n \cap P$ Marczewski-Maß 1 im Raum $P \subseteq X$ für alle $n \in \mathbb{N}$.
Also hat auch $A \cap P$ Marczewski-Maß 1 im Raum P. Insbesondere existiert dann eine nichtleere in P perfekte Teilmenge Q von $A \cap P$.
Q ist dann aber auch perfekt in X, da P perfekt in X ist.

Sei weiter $U \subseteq X$ offen. Wir zeigen, daß U Marczewski-meßbar ist.
Sei also $P \subseteq X$ nichtleer und perfekt.

Ist $U \cap P \neq \emptyset$, so existiert nach (i) im obigen Satz ein nichtleeres perfektes $Q \subseteq P \cap U$.

Andernfalls ist aber $P \subseteq X - U$, und dann ist nichts weiter zu zeigen. ∎

Damit erhalten wir einen Spezialfall des Satzes von Young über die Scheeffer-Eigenschaft von G_δ-Mengen als einfaches Korollar:

Korollar

Sei $\mathscr{X} = \langle X, \mathscr{U} \rangle$ ein polnischer Raum, und sei $P \subseteq X$ nichtleer und perfekt.
Weiter sei $Q \subseteq X$ abzählbar.
Dann enthält $P - Q$ eine nichtleere perfekte Teilmenge.

Beweis

P und Q sind Marczewski-meßbar, also ist $A = P - Q$ Marczewski-meßbar.
Dann enthält aber $A \cap P = A$ oder $P - A \subseteq Q$ eine nichtleere perfekte Teilmenge. Wegen Q abzählbar ist der zweite Fall nicht möglich. ∎

Es gibt keine allgemeinen Implikationen zwischen „A hat die Scheeffer-Eigenschaft" und „A ist Marczewski-meßbar". Jedoch gilt folgende Äquivalenz, die der Leser vielleicht seit der ersten Lektüre der Definition der Marczewski-Meßbarkeit vermutet hat:

Übung

Sei $\mathscr{X} = \langle X, \mathscr{U} \rangle$ ein polnischer Raum, und sei $A \subseteq X$.
Dann sind äquivalent:

(i) A ist Marczewski-meßbar.

(ii) Für jedes nichtleere perfekte $P \subseteq X$ gilt:
$P \cap A$ oder $P - A$ hat die Scheeffer-Eigenschaft.

[Für (ii) $\curvearrowright$ (i) verwende obiges Korollar, falls $P \cap A$ oder $P - A$ abzählbar.]

Wir fassen die Ergebnisse noch einmal zusammen. Die Baire-, Lebesgue- und Marczewski-meßbaren Teilmengen eines polnischen Raumes $\mathscr{X}$ bilden σ-Algebren, die die Borel-σ-Algebra $\mathscr{B}(\mathscr{X})$ auf $\mathscr{X}$ jeweils umfassen. Wir werden später zeigen, daß auch die Mengen mit der Scheeffer-Eigenschaft die Borel-σ-Algebra $\mathscr{B}(\mathscr{X})$ umfassen. Weiter werden wir zeigen, daß $\mathscr{B}(\mathscr{X})$ eine echte Teilmenge der Gesamt der Mengen bildet, denen alle vier Regularitäts-Eigenschaften zukommen. Begnügt man sich in vielen Bereichen der Mathematik über weite Strecken mit den Borel-Mengen, so gehört der Überhang der Regularität in den Bereich $\mathcal{P}(X) - \mathscr{B}(\mathscr{X})$ zu den interessantesten Gegenständen der grundlagenorientierten Untersuchung von $\mathcal{N}$ und $\mathbb{R}$.

Im nächsten Kapitel isolieren wir mit abstrakten Methoden Elemente von $\mathcal{P}(X)$, die die Regularitäts-Eigenschaften verletzen.

Literatur

Baire, René 1899 Sur les fonctions de variables réelles; *Annali di Matematica Pura ed Applicata, Ser. IIIa 3 (1899), S. 1 – 123.*

Bendixson, Ivar 1883 Quelques théorèmes de la théorie de ensembles de points; *Acta Mathematica 2 (1883), S. 415 – 429.*

Cantor, Georg 1879 b Über unendliche, lineare Punktmannigfaltigkeiten. 1; *Mathematische Annalen 15 (1879), S. 1 – 7.*

– 1880 d Über unendliche, lineare Punktmannigfaltigkeiten. 2; *Mathematische Annalen 17 (1880), S. 355 – 358.*

– 1882 b Über unendliche, lineare Punktmannigfaltigkeiten. 3; *Mathematische Annalen 20 (1882), S. 113 – 121.*

– 1883 a Über unendliche, lineare Punktmannigfaltigkeiten. 4; *Mathematische Annalen 21 (1883), S. 51 – 58.*

– 1883 b Über unendliche, lineare Punktmannigfaltigkeiten. 5; *Mathematische Annalen 21 (1883), S. 545 – 591.*

– 1884 b Über unendliche, lineare Punktmannigfaltigkeiten. Nr. 6; *Mathematische Annalen 23 (1884), S. 453 – 488.*

Hausdorff, Felix 1914 Grundzüge der Mengenlehre; *Veit & Comp., Leipzig. Nachdrucke bei Chelsea, New York 1949, 1965, 1978. Kommentierter Nachdruck bei Springer, Berlin 2002 (Band II der Hausdorff-Werkausgabe)*

Marczewski, Edward (= Edward Szpilrajn) 1935 Sur une classe de fonctions de M. Sierpiński et la classe correspondante d'ensembles; *Fundamenta Mathematicae 24 (1935), S. 17 – 34.*

Scheeffer, Ludwig 1884 Zur Theorie der stetigen Funktionen einer reellen Veränderlichen; *Acta Mathematica 5 (1884), S. 279 – 296.*

Young, William / Chisholm-Young, Grace 1906 The Theory of Sets of Points; *Cambridge University Press, Cambridge.*

Intermezzo: Wohlordnungen und Ordinalzahlen

Wir konnten bislang die transfiniten Zahlen vermeiden, wobei dieses Ausweichen im letzten Kapitel bei der Diskussion der perfekten Mengen an die Grenze des Unnatürlichen stieß. Für die Konstruktionen einiger wichtiger nichtregulärer Mengen und vor allem für die Einführung der Borel-Hierarchie werden aber die transfiniten Zahlen unvermeidlich. Leider ist, so scheint es aus der Sicht des Logikers, in der mathematischen Grundausbildung der Übergang von den Goldmünzen zum Girokonto noch nicht vollzogen worden, und den Ordinalzahlen begegnet man zuweilen immer noch mit der Skepsis, ob sie denn den mathematischen Beweisverkehr wirklich vereinfachen würden. Zumindest aber sind sie nach wie vor erläuterungsbedürftig. Diese bedauerliche Tatsache macht dieses Zwischenspiel notwendig.

Im folgenden führen wir für Leser mit geringer oder verschwindender Kenntnis der transfiniten Methoden die unendlichen Ordinalzahlen bis hinauf zur ersten überabzählbaren Zahl ω_1 knapp aber ansprechend und formal sauber ein. Wichtig ist, daß ein Gefühl für die Natur dieser Zahlen vermittelt wird. Die Anschauung dieser Zahlen und ihr Gebrauch sind weit einfacher als ihre formale Definition – das gilt ja bereits für die natürlichen Zahlen, die ein Anfangsstück der Ordinalzahlen darstellen.

Die abzählbaren Ordinalzahlen genügen für das folgende. Der Leser wird sehen, wie sich weitere Ordinalzahlen mit der diskutierten Methode konstruieren ließen, aber zur Entwicklung des allgemeinsten Begriffs, der eine echte Klasse von Objekten betrifft, würde man einen anderen Zugang wählen. In der Tat liefert das vorgestellte Verfahren nicht die heute in der Mengenlehre üblichen von Neumann-Zermelo-Ordinalzahlen, aber es ist korrekt, im Gebrauch vollkommen gleichwertig und die verwendeten Begriffe und Notationen sind identisch mit denen der Mengentheorie. Damit werden die anderen Leser, die die Ordinalzahlen in ihrer vollen Schönheit kennen oder gewillt sind, sie sich aus ausführlicheren Darstellungen anzueignen, bei den späteren Rundgängen gar nicht merken, daß wir hier die transfinite Burg durch den Hintereingang betreten haben. Auch für sie haben die folgenden Seiten aber hoffentlich einige interessante Aspekte zu bieten, sei es aus Gründen der Wiederholung oder der etwas anderen Perspektive.

Es bleibt dem Autor nichts anderes übrig, als den Leser, dem das Folgende zu dunkel erscheint, auf die Lehrbuchliteratur zur Mengenlehre zu verweisen, wo er den Begriff der Ordinalzahl vollends ausgebreitet finden wird.

Alles dreht sich um den Begriff der Wohlordnung.

Wohlordnungen

Definition *(Wohlordnung)*

Eine lineare Ordnung $\langle W, < \rangle$ heißt eine *Wohlordnung*, falls jede nichtleere Teilmenge von W ein <-kleinstes Element besitzt.
Die Relation $< \subseteq W^2$ heißt dann *eine Wohlordnung auf W* oder *von W*.

Wir unterdrücken im folgenden oftmals wieder die Angabe der Ordnung, und nennen dann kurz W statt $\langle W, < \rangle$ eine Wohlordnung.

Weiter definieren wir:

Definition *(Nachfolger, Supremum, Nachfolgerelement, Limeselement)*

Sei W eine Wohlordnung.

(a) Ist $W \neq \emptyset$, so sei 0_W das kleinste Element von W.
0_W heißt das *Anfangselement von W*.

(b) Ist $x \in W$ und gibt es ein $y \in W$ mit $x < y$, so ist der *Nachfolger* von x in W, in Zeichen $x + 1$, definiert durch:
$x + 1$ = „das kleinste $y \in W$ mit $x < y$".
x heißt umgekehrt der *Vorgänger* von $x + 1$ in W.

(c) Ist $X \subseteq W$ und gibt es ein $y \in W$ mit $X \leq y$, so ist das *Supremum von X in W*, in Zeichen $\sup(X)$, definiert durch:
$\sup(X)$ = „das kleinste $y \in W$ mit $X \leq y$".

(d) $x \in W$ heißt ein *Limeselement von W*, falls $x \neq 0_W$ und
$x = \sup(\{ y \in W \mid y < x \})$.

(e) $x \in W$ heißt ein *Nachfolgerelement von W*, falls es ein $y \in W$ gibt mit $x = y + 1$.

Fast offensichtlich ist:

Übung

Sei W eine Wohlordnung, und sei $x \in W$, $x \neq 0_W$. Dann ist x entweder ein Limeselement oder ein Nachfolgerelement von W.

Injektive Funktionen übertragen wie üblich Strukturen:

Definition *(induzierte Wohlordnung)*

Seien W eine Wohlordnung, M eine Menge, und sei $f : M \to W$ injektiv.
Dann heißt $\{ (x, y) \in M^2 \mid f(x) < f(y) \}$ die *von f induzierte Wohlordnung auf M*.
Ist $W' \subseteq W$, N eine Menge und $g : W' \to N$ bijektiv, so heißt
$\{ (x, y) \in N^2 \mid g^{-1}(x) < g^{-1}(y) \}$ die *von g induzierte Wohlordnung auf N*.

Teilmengen einer Wohlordnung sind wohlgeordnet unter der ererbten Ordnung. Am wichtigsten sind hierunter die Anfangsstücke der Ordnung, da sie beim Vergleich zweier Wohlordnungen eine zentrale Rolle spielen:

Definition *(Anfangsstück einer Wohlordnung)*
Sei W eine Wohlordnung, und sei $x \in W$. Dann heißt

$$W_x = \{ y \in W \mid y < x \}$$

das *durch x gegebene Anfangsstück von W.*

Definition *(gleichlang und kürzer für Wohlordnungen)*
Seien W_1 und W_2 Wohlordnungen.

(a) W_1 und W_2 heißen *gleichlang*, falls $W_1 \equiv W_2$, d. h. falls ein Ordnungsisomorphismus zwischen W_1 und W_2 existiert.

(b) W_1 heißt *kürzer als* W_2, in Zeichen $W_1 < W_2$, falls W_1 gleichlang zu einem Anfangsstück von W_2 ist, d. h. falls es ein $x \in W_2$ gibt mit $W_1 \equiv (W_2)_x$.

Wie zu erwarten gilt:

Lemma *(Wohlordnungen sind nicht gleichlang zu ihren Anfangsstücken)*
Sei W eine Wohlordnung. Dann existiert kein $x \in W$ mit $W \equiv W_x$.

Beweis
Annahme doch für ein x. Sei $f : W \to W_x$ ein Ordnungsisomorphismus.
Dann ist $f(x) < x$ wegen $f(x) \in W_x$. Sei also $y = \min(\{ z \in W \mid f(z) < z \})$.
Dann ist $f(y) < y$, also $f(f(y)) < f(y)$, da f Ordnungsisomorphismus.
Dann ist aber $y \leq f(y)$ nach Definition von y, *Widerspruch.*

Das Argument des Beweises zeigt auch, daß die Identität der einzige Ordnungsisomorphismus $g : W \to W$ ist. Hieraus wiederum folgt die Eindeutigkeit des Ordnungsisomorphismuses zwischen gleichlangen Wohlordnungen (!).

Es gibt darüber hinaus zwei fundamentale Sätze über Wohlordnungen. Der eine ist:

Satz *(Vergleichbarkeitssatz für Wohlordnungen von Cantor)*
Seien W_1, W_2 Wohlordnungen. Dann gilt genau einer der drei Fälle:

$$W_1 < W_2 \quad \textit{oder} \quad W_1 \equiv W_2 \quad \textit{oder} \quad W_2 < W_1.$$

Der Beweis, den wir hier nicht geben, verwendet das Auswahlaxiom nicht.

Der Leser versuche, eine gegebene Wohlordnung W beginnend mit ihrem kleinsten Element 0_W über $0_W + 1$, $0_W + 1 + 1$, usw. zu immer größeren Elementen schrittweise zu durchwandern, und dabei zu Limeselementen zu springen, wann immer ihm die Wanderung zu langweilig wird. Wird dieses Verfahren mit zwei nebeneinandergelegten Wohlordnungen W_1 und W_2 simultan und gleichmäßig durchgeführt, so liefert es eine gute Intuition über die Gültigkeit des Vergleichbarkeitssatzes: Alles, was die beiden Wohlordnungen neben der speziellen Natur ihrer Elemente unterscheiden kann ist, daß die eine evtl. früher endet als die andere. Die Entdeckung der Reichhaltigkeit des „Immerweiter", des Springens zu immer komplexeren Limeselementen und die Frage, wie weit dieser Weg eigentlich führen kann kann, führt unmittelbar in die mathematische Grundlagenforschung.

Der zweite zentrale Satz lautet schlicht:

Satz *(Wohlordnungssatz von Zermelo)*

Sei M eine Menge. Dann existiert eine Wohlordnung $<$ auf M.

Beweis

Sei $P = \{ < \mid < \subseteq M^2$ ist eine Wohlordnung eines $N \subseteq M \}$.

Wir ordnen P durch Inklusion. Das Zornsche Lemma findet Anwendung (!).

Sei also $<$ ein $\subseteq$-maximales Element von P, und sei $N \subseteq M$ die durch $<$ wohlgeordnete Teilmenge von M.

Dann ist $N = M$ und damit $<$ eine Wohlordnung auf M wie gewünscht:

Denn *andernfalls* existiert ein $y \in M - N$. Dann ist aber

$<^* \; = \; < \cup \{ (x, y) \mid x \in N \}$, also die Enderweiterung von $<$ um y,

ein Element von P, *im Widerspruch* zur Maximalität von $<$. ∎

Der Wohlordnungssatz garantiert insbesondere die Existenz langer Wohlordnungen, etwa solcher auf $\mathcal{N}$, $\mathbb{R}$ oder sogar $\mathcal{P}(\mathcal{N})$. Das Auswahlaxiom wird essentiell verwendet, wenn man z. B. eine Wohlordnung auf $\mathbb{R}$ oder $\mathcal{N}$ konstruieren will. Jedoch läßt sich die Existenz von Wohlordnungen auf gewissen großen, nun aber nicht mehr beliebigen Mengen auch ohne Auswahlaxiom zeigen. Wir werden unten eine überabzählbare Wohlordnung elementar konstruieren – eine nichttriviale Aufgabe mit einer überraschend einfachen Lösung.

Von zentraler Bedeutung in vielen Argumenten ist die Existenz einer Wohlordnung auf einer Menge M mit minimaler Länge. Allgemein gilt:

Satz *(Existenz kürzester Wohlordnungen)*

Sei $\mathcal{W}$ eine nichtleere Menge von Wohlordnungen.

Dann existiert ein $W \in \mathcal{W}$ mit:

(+) Für alle $W' \in \mathcal{W}$ gilt: $W \prec W'$ *oder* $W \equiv W'$.

Beweis

Sei $W \in \mathcal{W}$ beliebig. Gilt (+) für W sind wir fertig.

Andernfalls definieren wir $x \in W$ durch

$x = \min(\{ y \in W \mid W_y \equiv W'$ für ein $W' \in \mathcal{W} \})$.

Sei nun $W^* \in \mathcal{W}$ mit $W^* \equiv W_x$. Dann ist W^* wie gewünscht. ∎

Zusammen mit dem Vergleichbarkeitssatz können wir also sagen: Die Wohlordnungen werden modulo $\equiv$ durch $\prec$ wohlgeordnet. (Die Äquivalenzklassen $\langle W, < \rangle / \equiv$ sind echte Klassen, sodaß diese Sprechweise etwas salopp ist.)

Korollar *(Existenz von Wohlordnungen auf einer Menge mit minimaler Länge)*
Sei M eine Menge. Dann existiert eine Wohlordnung < auf M mit:

Für alle $x \in M$ ist $|M_x| < |M|$.

Beweis
Sei $\mathcal{W} = \{ \langle M, < \rangle \mid <$ ist eine Wohlordnung auf M $\}$.
Sei $\langle M, < \rangle \in \mathcal{W}$ wie im Satz oben. Dann ist $\langle M, < \rangle$ wie gewünscht:

Denn *andernfalls* ist $|M| = |M_x|$ für ein $x \in M$.
Sei dann $g : M \to M_x$ bijektiv, und sei $<^*$ die von g und der Wohlordnung $\langle M_x, < \rangle$ induzierte Wohlordnung auf M.
Dann ist $\langle M, <^* \rangle \in \mathcal{W}$ und $\langle M, <^* \rangle \equiv \langle M_x, < \rangle \prec \langle M, < \rangle$,
im Widerspruch zur minimalen Wahl von $\langle M, < \rangle$. ∎

Induktion und Rekursion über Wohlordnungen

Wohlordnungen verallgemeinern eine Schlüsseleigenschaft der natürlichen Zahlen: Für jede Eigenschaft, die nicht für die ganze Menge gilt, existiert ein kleinstes Gegenbeispiel, zuweilen auch etwas geringschätzig ein „kleinster Verbrecher" genannt. Wir können damit wie für die natürlichen Zahlen induktive Beweise und rekursive Definitionen entlang einer beliebigen Wohlordnung durchführen.

Satz *(Beweis durch Induktion für Wohlordnungen)*
Sei W eine Wohlordnung, und sei $A \subseteq W$. Für alle $x \in W$ gelte:

(+) Ist $W_x \subseteq A$, so ist auch $x \in A$.

Dann ist $A = W$.

Beweis
Andernfalls existiert ein kleinstes $x \in W - A$. Dann ist $W_x \subseteq A$ nach Minimalität von x. Nach (+) ist dann aber $x \in A$, *Widerspruch*. ∎

Wollen wir zeigen, daß alle $x \in W$ eine Eigenschaft $\mathcal{E}$ erfüllen, so können wir also so vorgehen: Sei $x \in W$ beliebig. Wir zeigen, daß $\mathcal{E}$ für x richtig ist, und dürfen dabei die starke Induktionsvoraussetzung verwenden, daß alle $y < x$ die Eigenschaft $\mathcal{E}$ erfüllen.

Neben dem kriminalistischen induktiven Beweisen gibt es das dynamisch-philosophische rekursive Definieren entlang einer Wohlordnung:

Satz *(Rekursionssatz für Wohlordnungen)*
Sei W eine Wohlordnung, und sei F eine Funktion mit hinreichend großem Definitionsbereich.
Dann existiert genau eine Funktion G auf W mit:

Für alle $x \in W$ ist $G(x) = F(G \mid W_x)$.

Die bei Erstkontakt unangenehme Gleichung $G(x) = F(G \mid W_x)$ heißt einfach: Wir definieren G(x), indem wir auf den Verlauf der bisherigen Definition zurückgreifen, d. h. G(y) liegt vor für alle $y < x$. Wie genau wir diesen Verlauf auswerten und G(x) berechnen, beschreibt gerade die Funktion F.

Die Existenz und Eindeutigkeit von G wird durch Induktion über W bewiesen. „Hinreichend großer Definitionsbereich" heißt, daß $G \mid W_x \in \text{dom}(F)$ ist für alle $x \in W$. Für beliebige Funktionen F läßt sich dies etwa durch Nullsetzen von F außerhalb des originalen Definitionsbereiches erreichen. (F kann eine echte Klasse sein, etwa die Funktion, die jedes x auf $\mathcal{P}(x)$ abbildet.)

Die eindeutige Funktion G auf W des Satzes heißt die *durch Rekursion über W mit Hilfe von F definierte Funktion* oder auch die *Lösung der Rekursionsgleichung $G(x) = F(G \mid W_x)$.*

Abzählbare Ordinalzahlen und ω_1

Ordinalzahlen sind der traditionellen Intuition zufolge „das Gemeinsame" aller Wohlordnungen gleicher Länge. Die Ordinalzahlen, die zu den unendlichen Wohlordnungen gehören, adelt man dann romantisch mystifizierend als „transfinite Zahlen". Wir stehen hier vor ähnlichen Problemen wie bei der Definition einer Kardinalzahl κ. Die gröbste Methode wäre, die Elemente einer beliebigen, aber fixierten überabzählbaren wohlgeordneten Menge als Ordinalzahlen zu bezeichnen, was für ein Segment der transfiniten Theorie im Prinzip ausreichen würde. Neben einiger Willkür würde hier durch den Rückgriff auf den Wohlordnungssatz aber das Auswahlaxiom in die Definition der Ordinalzahlen einfließen, und dies verschleiert dann insbesondere das Phänomen der pathologischen Mengen: Nicht die Existenz gewisser langer Wohlordnungen ist es, die pathologische Mengen im Schlepptau nach sich zieht, sondern erst die Existenz von Wohlordnungen auf beliebigen Mengen, wie etwa $\mathbb{R}$, erzeugt diejenigen Mengen, die so ganz anders sind als alles, was man sonst kennt.

Wir führen deswegen und aus sachlich-ästhetischen Gründen die Ordinalzahlen bis ω_1 mit einer auswahlfreien Methode ein, die zudem in der Mengenlehre eine unabhängige Bedeutung hat. Unser Objekt ω_1 ist, wie oben erwähnt, nicht das übliche ω_1, aber es ist alles andere als willkürlich.

Definition *(abzählbare Ordinalzahlen und ω_1 nach der „Hartogsmethode")*

Sei $\mathcal{H} = \{ \langle N, < \rangle \mid \langle N, < \rangle$ ist eine Wohlordnung und $N \subseteq \mathbb{N} \}$.

Dann ist „gleichlang" eine Äquivalenzrelation auf $\mathcal{H}$ und wir setzen

$$\omega_1 = \mathcal{H}/\equiv.$$

Jedes $\alpha \in \omega_1$ heißt eine *abzählbare Ordinalzahl.* Ein $\alpha \in \omega_1$ heißt zudem eine *(abzählbare) transfinite Zahl,* falls die Elemente von α unendlich sind. ω_1 selbst heißt *die erste überabzählbare Ordinalzahl.*

Auf der Menge ω_1 können wir sehr einfach eine Ordnung definieren:

Definition *(die natürliche Ordnung auf den abzählbaren Ordinalzahlen, $W(\alpha)$)*
Für $\alpha, \beta \in \omega_1$ setzen wir:

$\alpha < \beta$ *falls* jedes Element von α ist kürzer als jedes Element von β.

Diese Relation $<$ heißt die *natürliche Ordnung auf* ω_1.
Für $\alpha \in \omega_1$ setzen wir:

$W(\alpha) = (\omega_1)_\alpha = \{ \beta \in \omega_1 \mid \beta < \alpha \}$.

Wir schreiben weiter auch $\alpha < \omega_1$ für $\alpha \in \omega_1$.

Es gilt nun der folgende Satz:

Satz *(über $\omega_1 = \mathcal{H}/\equiv$)*
$\langle \omega_1, < \rangle$ ist eine überabzählbare Wohlordnung.
Für alle $\alpha \in \omega_1$ gilt:

(+) $\langle W(\alpha), < \rangle \equiv \langle N, < \rangle$ für alle $\langle N, < \rangle \in \alpha$.

Insbesondere ist $W(\alpha)$ abzählbar für alle $\alpha \in \omega_1$.

Wir schreiben Elemente von ω_1 im folgenden oft kurz als $N/\equiv$ statt $\langle N, < \rangle/\equiv$. Dies dient lediglich der Vereinfachung der Notation.

Beweis

$\langle \omega_1, < \rangle$ ist eine lineare Ordnung:
Dies folgt sofort aus dem Vergleichbarkeitssatz.

$\langle \omega_1, < \rangle$ ist eine Wohlordnung:
Sei $A \subseteq \omega_1$ nichtleer, und sei $N/\equiv \in A$ beliebig. Wir setzen

$M = \{ x \in N \mid N_x/\equiv \in A \}$.

Ist $M = \emptyset$, so ist $N/\equiv$ das kleinste Element von A in ω_1.
Andernfalls sei x das kleinste Element von M in N.
Dann ist $N_x/\equiv$ das kleinste Element von A in ω_1.

Beweis von (+):
Sei $\alpha \in \omega_1$ und sei $\langle N, < \rangle \in \alpha$ (also $\alpha = N/\equiv$). Dann gilt:

$W(\alpha) = (\omega_1)_\alpha = \{ M/\equiv \in \omega_1 \mid M/\equiv < N/\equiv \} = \{ N_x/\equiv \mid x \in N \} \equiv N$,

wobei der letzte Ordnungsisomorphismus gegeben wird durch
$g(N_x/\equiv) = x$ für alle $x \in N$.
Der Zusatz gilt, da N abzählbar ist für alle $\alpha \in \omega_1$ und $\langle N, < \rangle \in \alpha$.

ω_1 ist überabzählbar:
Andernfalls ist $\langle \omega_1, < \rangle \equiv \langle \mathbb{N}, <^* \rangle$ für eine Wohlordnung $<^*$ auf $\mathbb{N}$
(betrachte die induzierte Wohlordnung eines bijektiven $g : \omega_1 \to \mathbb{N}$).
Dann ist $\alpha = \langle \mathbb{N}, <^* \rangle/\equiv \in \omega_1$, nach (+) also

$\langle W(\alpha), < \rangle \equiv \langle \mathbb{N}, <^* \rangle \equiv \langle \omega_1, < \rangle$,

also ist ω_1 gleichlang zu einem Anfangsstück von sich selbst, *Widerspruch*. ∎

Korollar *(ordinale Minimalität von ω_1)*

$\langle \omega_1, < \rangle$ ist eine kürzeste überabzählbare Wohlordnung:
Ist $\langle W, < \rangle$ eine überabzählbare Wohlordnung, so ist $\langle \omega_1, < \rangle \equiv \langle W, < \rangle$ oder $\langle \omega_1, < \rangle < \langle W, < \rangle$.

Beweis

Ist $\langle W, < \rangle < \langle \omega_1, < \rangle$, so existiert ein $\alpha \in \omega_1$ mit

$$\langle W, < \rangle \equiv \langle (\omega_1)_\alpha, < \rangle = \langle W(\alpha), < \rangle,$$

und dann ist insbesondere $|W| = |W(\alpha)|$, also W abzählbar.

Ziehen wir den Wohlordnungssatz hinzu, so erhalten wir den folgenden für die Theorie der Kardinalzahlen fundamentalen Satz:

Korollar *(kardinale Minimalität von ω_1)*

Sei M eine überabzählbare Menge. Dann ist $|\omega_1| \leq |M|$.

Beweis

Sei < eine Wohlordnung von M nach dem Wohlordnungssatz.
Nach dem Korollar ist $\langle \omega_1, < \rangle \equiv \langle M, < \rangle$ oder $\langle \omega_1, < \rangle < \langle M, < \rangle$.
In beiden Fällen ist dann insbesondere $|\omega_1| \leq |M|$.

So wie wir alle $n \in \mathbb{N}$ und $\mathbb{N}$ selbst als Kardinalzahlen betrachtet haben, können wir nun auch ω_1 als Kardinalzahl auffassen (indem wir ω_1 als Zeichen für alle mit der Menge ω_1 gleichmächtigen Mengen einführen, vgl. Kapitel 2 in Abschnitt 1).

Die Ordinalzahlen sind durch < wohlgeordnet, und es ist gefahrlos, die ersten Ordinalzahlen mit den natürlichen Zahlen zu identifizieren, wobei wir dann streng genommen Repräsentanten von Äquivalenzklassen mit Äquivalenzklassen verwechseln. Weiter schreiben wir ω für die kleinste unendliche Ordinalzahl. Nach unserer Definition gilt dann $\omega = \langle \mathbb{N}, < \rangle / \equiv$ mit der üblichen Ordnung auf $\mathbb{N}$, und wir können ω mit $\mathbb{N}$ identifizieren, wenn wir möchten.

Allgemein sei dem Leser geraten, sich unter einer abzählbaren Ordinalzahl die „Länge" oder den „Ordnungstyp" einer aus natürlichen Zahlen bestehenden Wohlordnung vorzustellen, und nicht eine komplexe Äquivalenzklasse von gleichlangen Wohlordnungen auf Teilmengen von $\mathbb{N}$ (vgl. etwa die Konstruktion von $\mathbb{R}$ über Äquivalenzklassen von Fundamentalfolgen in $\mathbb{Q}$). Diese Anschauung will die hier vorgestellte Konstruktion gerade vermitteln:

Die endlichen Ordinalzahlen sind die natürlichen Zahlen. Die abzählbar unendlichen Ordinalzahlen sind alle Zahlen (im Sinne von „Typen", „Längen"), die man erhält, wenn man die natürlichen Zahlen anders anordnet, aber ihre Wohlordnungseigenschaft beibehält. Weiter ist ω_1 die kleinste Zahl, die größer als alle abzählbaren Zahlen ist, d.h. ω_1 ist das Supremum aller abzählbaren Zahlen.

So kann man etwa $\mathbb{N}$ neu wohlordnen, indem man zuerst alle geraden Zahlen und dann alle ungeraden Zahlen aufzählt. Man erhält so eine Ordinalzahl, die man als $\omega + \omega$ bezeichnen würde. Formal ist $\omega + \omega$ die Äquivalenzklasse modulo

„gleichlang" der Wohlordnung $\langle \mathbb{N}, <^* \rangle$ mit $<^* = \{ (n, m) \in \mathbb{N}^2 \mid$ n ist gerade und m ist ungerade *oder* n und m haben gleiche Parität und es gilt $n < m$ in $\mathbb{N}$ $\}$.

Die Ordinalzahlreihe bis einschließlich ω_1 verläuft dann schematisch etwa so:

$$0, 1, 2, 3, \ldots, \omega, \omega + 1, \ldots, \omega + \omega, \omega + \omega + 1, \ldots, \alpha, \alpha + 1, \ldots, \ldots, \ldots, \omega_1.$$

Die dreimal wiederholten Pünktchen in $\alpha, \alpha + 1, \ldots, \ldots, \ldots, \omega_1$ bezeichnen in der Tat einen weiten Weg:

Übung

Sei $A \subseteq \omega_1$ abzählbar. Dann ist $\sup(A) < \omega_1$ (bzgl. der Ordnung $\langle \omega_1, < \rangle$).

ω_1 kann also nicht in abzählbar vielen Schritten „von unten" erreicht werden. Umgekehrt gilt:

Übung

Sei $\lambda < \omega_1$ ein Limeselement. Dann gibt es eine Folge $\langle \alpha_n \mid n \in \mathbb{N} \rangle$ in ω_1 mit:

(i) $\alpha_n < \alpha_{n+1} < \omega_1$ für alle $n \in \mathbb{N}$,

(ii) $\lambda = \sup_{n \in \mathbb{N}} \alpha_n$.

[Sei $g : \mathbb{N} \to W(\lambda)$ bijektiv. Setze $\beta_n = \max(\{ g(k) \mid k \leq n \})$ für $n \in \mathbb{N}$. Ausdünnung von $\langle \beta_n \mid n \in \mathbb{N} \rangle$ liefert eine Folge wie gewünscht.]

Wir diskutieren noch kurz, wie man weitere Ordinalzahlen konstruieren kann. Der nächste Schritt wäre die Konstruktion von $\langle \omega_2, < \rangle$, einer kürzesten Wohlordnung mit der Eigenschaft $|\omega_1| < |\omega_2|$. Wir setzen hierzu $\omega_2 = \mathcal{H}(\omega_1)/\equiv$, wobei jetzt $\mathcal{H}(\omega_1) = \{ \langle A, < \rangle \mid \langle A, < \rangle$ ist eine Wohlordnung und $A \subseteq \omega_1 \}$. Ansonsten bleibt alles gleich. ω_2 können wir wieder als das Supremum der Zahlen (Längen, Typen) verstehen, die wir durch eine wohlgeordnete Umordnung von ω_1 erhalten. Iteriert man die Idee, so sind die Indizes der Reihe $\omega_1, \omega_2, \omega_3, \ldots$ wieder wohlgeordnet. Eine Definition, die alle Ordinalzahlen auf einen Schlag einfängt, erscheint nun wünschenswert. Als kanonische Definition entpuppte sich (vgl. [von Neumann 1923]): x heißt eine *von-Neumann-Zermelo Ordinalzahl*, falls gilt:

(i) x ist transitiv, d. h. für alle $y \in x$ ist $y \subseteq x$,

(ii) $\langle x, \in \rangle$ ist eine Wohlordnung (mit $\langle x, \in \rangle = \langle x, \{ (a, b) \in x^2 \mid a \in b \} \rangle$).

Die Elementrelation übernimmt also für alle Ordinalzahlen uniform die Aufgabe der Wohlordnung. Unter dieser Definition gilt dann $\alpha < \beta$ genau dann, wenn $\alpha \in \beta$, und wir erhalten $W(\alpha) = \{ \beta \mid \beta < \alpha \} = \{ \beta \mid \beta \in \alpha \} = \alpha$. Alles in allem ergibt sich ein sehr geschmeidiger Kalkül. Diese Definition zu motivieren und zu entwickeln ist etwas aufwendiger als die hier vorgestellte und für unsere Zwecke vielleicht sogar besser geeignete Hartogsmethode. Die Hartogsmethode bleibt auch unter der allgemeinen Definition nach von Neumann und Zermelo wichtig als eine Methode zur Konstruktion langer Wohlordnungen, die das Auswahlaxiom nicht heranzieht. Die Vorstellung einer abzählbaren transfiniten Zahl als einer wohlgeordneten Umordnung von $\mathbb{N}$ fördert darüber hinaus das Verständnis des Begriffs.

Nachfolgerordinalzahlen und Limesordinalzahlen

Definition *(Nachfolgerordinalzahlen und Limesordinalzahlen)*
Die Nachfolgerelemente der Wohlordnung $\langle \omega_1, < \rangle$ heißen *Nachfolgerordinalzahlen*, die Limeselemente heißen *Limesordinalzahlen* oder kurz *Limiten.*

Die Unterscheidung in Nachfolger- und Limeselemente ist Wohlordnungen so eigentümlich, daß die Induktion und Rekursion über eine Wohlordnung sich in den meisten Fällen dieser Unterscheidung anpaßt. Für ω_1 lautet eine Form der Induktion etwa:

Sei $A \subseteq \omega_1$, und es gelte:

(i) $0 \in A$. *(Induktionsanfang)*

(ii) Für alle $\alpha < \omega_1$ gilt: Ist $\alpha \in A$, so ist auch $\alpha + 1 \in A$. *(Induktionsschritt)*

(iii) Für alle Limiten λ gilt: Ist $W(\lambda) \subseteq A$, so ist auch $\lambda \in A$. *(Limesschritt)*

Dann gilt $A = \omega_1$.

Eine analoge dreiteilige Form gilt für die Rekursion. Speziell für Rekursionen über ω_1 definiert man in zahllosen Fällen:

(i) $G(0)$,

(ii) $G(\alpha + 1)$ mit Rückgriff auf $G(\alpha)$ für alle $\alpha < \omega_1$,

(iii) $G(\lambda)$ mit Rückgriff auf $G \mid W(\lambda)$ für alle Limiten $\lambda < \omega_1$.

Ein Beispiel für eine solche dreiteilige Rekursion wollen wir nun genauer betrachten, und es ist in der Tat mehr als nur irgendein Beispiel. Es ist der Amboß, auf dem die Ordinalzahlen geschmiedet wurden, und zusammen mit der Entdekkung der Überabzählbarkeit von $\mathbb{R}$ brachte es die moderne Mathematik ins Rollen.

Iterierte Ableitungen

Als erstes Beispiel für die Verwendung von ω_1 studieren wir die iterierte Ableitung einer abgeschlossenen Punktmenge eines polnischen Raumes.

Definition *(iterierte Ableitung für abgeschlossene Mengen)*
Sei $\mathscr{X} = \langle X, < \rangle$ ein topologischer Raum, und sei $P \subseteq X$ abgeschlossen.
Wir definieren durch Rekursion über ω_1:

$$P^{(0)} = P,$$
$$P^{(\alpha+1)} = P^{(\alpha)\prime} = \{ x \in P^{(\alpha)} \mid x \text{ ist Häufungspunkt von } P^{(\alpha)} \} \text{ für } \alpha < \omega_1,$$
$$P^{(\lambda)} = \bigcap\nolimits_{\alpha < \lambda} P^{(\alpha)} \text{ für Limesordinalzahlen } \lambda < \omega_1.$$

Dann ist $\langle P^{(\alpha)} \mid \alpha < \omega_1 \rangle$ eine $\subseteq$-absteigende Folge von abgeschlossenen Teilmengen von X, d. h. es gilt: Ist $\beta < \alpha$, so ist $P^{(\alpha)} \subseteq P^{(\beta)}$. (Dies zeigt der Skeptiker durch Induktion über $\alpha > \beta$, bei festem $\beta < \omega_1$.)

Die Separabilität von polnischen Räumen impliziert nun, daß die Folge irgendwann einen stabilen Zustand erreicht. Hierzu zeigen wir allgemein:

Satz *(absteigende Folgen abgeschlossener Mengen in polnischen Räumen)*
Sei $\mathcal{X} = \langle X, < \rangle$ ein polnischer Raum, und sei $\langle P_\alpha \mid \alpha < \omega_1 \rangle$ eine $\subseteq$-absteigende Folge von abgeschlossenen Teilmengen von X.
Dann existiert ein $\alpha^* < \omega_1$ mit $P_\alpha = P_{\alpha^*}$ für alle $\alpha^* \leq \alpha < \omega_1$.

Beweis
Annahme nicht. O. E. ist dann $P_{\alpha+1} \subset P_\alpha$ für alle $\alpha < \omega_1$ (denn wir können die Folge durch Streichen von Wiederholungen rekursiv ausdünnen; die ausgedünnte Folge hat wieder Länge ω_1, da sonst $A = \{ \alpha < \omega_1 \mid P_{\alpha+1} \subset P_\alpha \}$ abzählbar und $\sup(A) = \omega_1$ nach Annahme wäre, was nicht sein kann).
Sei $U_0, U_1, \ldots, U_n, \ldots, n \in \mathbb{N}$, eine abzählbare Basis von $\mathcal{X}$.
Für $\alpha < \omega_1$ sei $f(\alpha) = \{ n \in \mathbb{N} \mid U_n \cap P_\alpha \neq \emptyset \}$.
Wegen $P_{\alpha+1} \subset P_\alpha$ und der Abgeschlossenheit der P_α ist $f(\alpha + 1) \subset f(\alpha)$ für alle $\alpha < \omega_1$, und allgemein $f(\beta) \subset f(\alpha)$ für $\beta > \alpha$. Für $\alpha < \omega_1$ sei also
$g(\alpha)$ = „das kleinste $n \in f(\alpha) - f(\alpha + 1)$“.
Dann ist $g : \omega_1 \to \mathbb{N}$ injektiv, *im Widerspruch* zu ω_1 überabzählbar. ∎

Übung
Sei $\mathcal{X} = \langle X, < \rangle$ ein polnischer Raum, und sei $P \subseteq X$ abgeschlossen.
Dann ist $P - P'$ abzählbar.

Damit haben wir einen neuen Beweis für die Existenzaussage des Satzes von Cantor-Bendixson gefunden. De facto ist es der historisch erste Beweis, und mutmaßlich auch der interessanteste:

Korollar *(Existenz der Cantor-Bendixson-Zerlegung)*
Sei $\mathcal{X} = \langle X, < \rangle$ ein polnischer Raum, und sei $P \subseteq X$ abgeschlossen.
Dann existiert ein α^* mit $P^{(\alpha)} = P^{(\alpha^*)}$ für alle $\alpha^* \leq \alpha < \omega_1$.
Insbesondere ist $P^{(\alpha^*)}$ perfekt. Weiter ist $P - P^{(\alpha^*)}$ abzählbar.

Beweis
Nach dem Satz existiert ein α^* mit $P^{(\alpha^*)} = P^{(\alpha)}$ für alle $\alpha^* \leq \alpha < \omega_1$.
Wegen $P^{(\alpha^*)} = P^{(\alpha^*+1)} = (P^{(\alpha^*)})'$ ist $P^{(\alpha^*)}$ perfekt.
Weiter ist $P - P^{(\alpha^*)} = \bigcup_{\alpha < \alpha^*} (P^{(\alpha)} - P^{(\alpha+1)})$ eine abzählbare Vereinigung von abzählbaren Mengen, also abzählbar. ∎

Der perfekte Kern $P^{(\alpha^*)}$ von P ergibt sich hier in feiner Analyse durch iterierte Abspaltung der isolierten Punkte. Für $x \in P - P^{(\alpha^*)}$ wird im Gegensatz zu anderen Methoden ein Komplexitätsgrad aufgedeckt: Wir ordnen x das kleinste $\alpha < \omega_1$ zu mit $x \notin P^{(\alpha)}$. Je größer dieser Wert α ist, desto verwickelter ist die Struktur von $U \cap P$ für offene Umgebungen U von x. α ist offenbar eine Nachfolgerordinalzahl. Es lassen sich Beispiele konstruieren, bei denen ein beliebig großes vorgegebenes $\beta + 1 < \omega_1$ als Komplexitätsgrad eines Punktes $x \in P - P^{(\alpha^*)}$ auftaucht.

Ein Kompaktheitsbeweis mit ω_1

Als eine kleine illustrierende Anwendung der weiten Einsetzbarkeit von Ordinalzahlen zeigen wir die Kompaktheit des reellen Einheitsintervalls. Der gleiche Beweis zeigt natürlich, daß $[a, b]$ kompakt ist für $a, b \in \mathbb{R}$ mit $a \leq b$. Vorab halten wir eine Beobachtung fest:

Übung

Es gibt keine Folge $\langle x_\alpha \mid \alpha < \omega_1 \rangle$ von reellen Zahlen mit:

$x_\alpha < x_\beta$ für alle $\alpha, \beta < \omega_1$ mit $\alpha < \beta$.

[*Andernfalls* sind die Mengen $[x_\alpha, x_{\alpha+1}[\cap \mathbb{Q}$, $\alpha < \omega_1$, paarweise disjunkte nichtleere Teilmengen der abzählbaren Menge $\mathbb{Q}$, *Widerspruch.*]

Eine transfinite Rekursion, die eine strikt aufsteigende Folge von reellen Zahlen produziert, kommt also notwendig vor ω_1 zum Halten.

Dieses relativ rasche Terminieren aufsteigender Folgen in $\mathbb{R}$ ist für viele Anwendungen nicht wesentlich. Aber es ist ein weiterer Beleg für die Tatsache, daß die Ordinalzahlen bis hinauf zu ω_1 für viele transfinite Anwendungen im Bereich der reellen Zahlen genügen.

Nach diesen Vorbereitungen können wir nun zeigen:

Satz *(Kompaktheit des Einheitsintervalls)*

$[0, 1] \subseteq \mathbb{R}$ ist kompakt.

Beweis

Sei $\mathcal{U}$ eine offene Überdeckung von $[0, 1]$ durch offene Intervalle.

Wir definieren rekursiv $U_\alpha \in \mathcal{U}$ und $x_\alpha \in [0, 1]$ wie folgt:

Rekursionsschritt α

Sei $x_\alpha = \sup(\bigcup \{ U_\beta \mid \beta < \alpha \})$. Für $\alpha = 0$ sei dabei $x_0 = 0$.

Ist $x_\alpha > 1$, so stoppen wir die Rekursion. Andernfalls sei

U_α = „ein $U \in \mathcal{U}$ mit $x_\alpha \in U$“.

Die Rekursion stoppt bei einem $\alpha^* < \omega_1$, da $x_\alpha < x_\beta$ für alle $\alpha < \beta$.

Wir definieren nun eine absteigende (und damit notwendig endliche !) Folge von Ordinalzahlen $\alpha_0 > \alpha_1 > \ldots > \alpha_n \geq 0$ durch:

$\alpha_0 = \alpha^*$,

α_{i+1} = „das kleinste $\alpha < \alpha_i$ mit $\inf(U_{\alpha_i}) \in U_\alpha$“, *falls* $\inf(U_{\alpha_i}) \geq 0$.

Ein solches α existiert: Nach Konstruktion ist $x_{\alpha_i} \in U_{\alpha_i}$. Weiter ist für alle γ $\bigcup_{\beta < \gamma} U_\beta$ ein Intervall in $\mathbb{R}$, das $[0, x_\gamma[$ umfaßt (dies zeigt man durch Induktion).

– Es gilt dann $[0, 1] \subseteq \bigcup_{0 \leq i \leq n} U_{\alpha_i}$.

Mit einer ähnlichen Konstruktion kann man den Zwischenwertsatz für stetige Funktionen beweisen:

Übung

Beweisen Sie den Zwischenwertsatz der reellen Analysis mit Hilfe von transfiniter Rekursion über abzählbare Ordinalzahlen.

[Sei $f : [a, b] \to \mathbb{R}$ stetig mit $f(a) > 0$, $f(b) < 0$.
Wir definieren durch transfinite Rekursion solange möglich $x_\alpha \in [a, b]$ durch:

$$x_0 = a,$$
$$x_{\alpha+1} = x_\alpha + 1/n, \text{ wobei } n \geq 1 \text{ minimal mit } f(x_\alpha + 1/n) > 0,$$
$$x_\lambda = \sup_{\alpha<\lambda} x_\alpha \text{ für } \lambda \text{ Limes.}$$

Dann stoppt die Rekursion bei einem Limes $\lambda < \omega_1$, und es gilt $f(x_\lambda) = 0$ für das letzte definierte x_λ.]

Der vorgeschlagene Beweis des Zwischenwertsatzes entspricht der natürlichen Idee, den Graphen einer stetigen Funktion von links nach rechts nach einer Nullstelle abzusuchen. Die transfiniten Zahlen erlauben es, diese Idee in einen Beweis zu übersetzen. Wer bei ω aufhört zu zählen, beraubt sich zuweilen des Komforts und der Anschaulichkeit rekursiver Konstruktionen und induktiver Argumente. In vielen Fällen ist die Verwendung der transfiniten Zahlen auch nicht nur eine Bereicherung, sondern eine Notwendigkeit.

Die konstruktiblen reellen Zahlen

Wir definieren schließlich noch Gödels Modell L der Mengenlehre, und skizzieren, wie man die relative Konsistenz der Kontinuumshypothese (CH) beweisen kann. Ganz unabhängig vom Kontinuumsproblem ergibt sich mit den sog. *konstruktiblen reellen Zahlen* ein wichtiger neuer Begriff.

Die Idee ist: Wir nehmen durch Rekursion entlang einer Wohlordnung immer nur einfache, definierbare Teilmengen des bisherigen Standes der Rekursion auf. Alle so erhaltenen Mengen bilden ein reichhaltiges Universum, das sich aufgrund seiner einfachen rekursiven Konstruktion bis ins Detail ausleuchten läßt. Eine Möglichkeit der Durchführung dieser Idee ohne Rückgriff auf den Formel- und Definierbarkeitsbegriff der mathematischen Logik benutzt den Abschluß von Mengen unter einfachen Funktionen. Wir definieren hierzu:

Definition *(Basisfunktionen und Gödelfunktionen)*

Wir definieren ein- bzw. zweistellige Funktionen $F_1, \ldots, F_{10}$ durch:

$$F_1(x,y) = \{x,y\}, \qquad F_2(x,y) = x \times y,$$
$$F_3(x,y) = \{(a,b) \in x \times y \mid a \in b\}, \qquad F_4(x,y) = x - y,$$
$$F_5(x,y) = x \cap y, \qquad F_6(x) = \bigcup x,$$
$$F_7(x) = \mathrm{dom}(x), \qquad F_8(x) = \{(a,b) \mid (b,a) \in x\},$$
$$F_9(x) = \{(a,b,c) \mid (a,c,b) \in x\}, \qquad F_{10}(x) = \{(a,b,c) \mid (b,c,a) \in x\}.$$

Die Funktionen $F_1, \ldots, F_{10}$ heißen *Basisfunktionen.*
Eine n-stellige Funktion G heißt eine *Gödelfunktion,* falls G eine Komposition von Basisfunktionen ist.

Die F_i sind genauer sog. *funktionale Klassen.* Sie sind auf allen Mengen definiert, also echte Klassen. Diese Problematik soll hier nicht weiter stören, wir sprechen der Einfachheit halber von Funktionen.

Die spezielle Auswahl der Funktionen $F_1, \ldots, F_{10}$ ist hier nicht weiter wesentlich. Wichtig ist, daß durch Komposition von Grundfunktionen alle einfach zu definierenden Funktionen eingefangen werden. Erstaunlich viele Funktionen erweisen sich als Gödelfunktionen. (Der Leser betrachte zum Vergleich eine Programmiersprache. Auch hier wird eine überraschende Vielzahl an Funktionen aus sehr wenigen Grundoperationen erzeugt.)

Wir definieren weiter:

Definition *(die Abschlußoperation cl)*

Sei x eine Menge. Wir definieren rekursiv für $n \in \mathbb{N}$:

$$\mathrm{cl}_0(x) = x,$$

$$\mathrm{cl}_{n+1}(x) = \bigcup_{1 \le i \le 5} F_i''(\mathrm{cl}_n(x) \times \mathrm{cl}_n(x)) \cup \bigcup_{6 \le i \le 10} F_i'' \, \mathrm{cl}_n(x).$$

Schließlich definieren wir eine Funktion cl für alle Mengen x durch:

$$\mathrm{cl}(x) = \bigcup_{n < \omega} \mathrm{cl}_n(x).$$

Für jede Menge x ist cl(x) abgeschlossen unter allen Gödelfunktionen, d. h. für alle $a_1, \ldots, a_n \in \mathrm{cl}(x)$ und alle n-stelligen Gödelfunktionen G ist $G(a_1, \ldots, a_n) \in \mathrm{cl}(x)$. Weiter ist cl(x) die kleinste Obermenge von x mit dieser Eigenschaft.

Damit sind wir in der Lage, die konstruktiblen Mengen zu definieren:

Definition *(konstruktible Hierarchie entlang einer Wohlordnung)*

Sei $\langle W, < \rangle$ eine Wohlordnung. Wir definieren Mengen $L_z = L_z(\langle W, < \rangle)$ für $z \in W$ durch Rekursion entlang W wie folgt:

$$L_{0_W} = \emptyset,$$

$$L_{z+1} = \mathrm{cl}(L_z \cup \{L_z\}) \cap \mathcal{P}(L_z) \quad \text{für alle } z \in W\text{, für die } z+1 \text{ in } W \text{ existiert,}$$

$$L_z = \bigcup_{y < z} L_y \quad \text{für alle Limeselemente } z \text{ von } W.$$

Definition *(konstruktible Mengen, L)*

Eine Menge x heißt *konstruktibel,* falls es eine Wohlordnung $\langle W, < \rangle$ gibt mit $x \in \bigcup_{z \in W} L_z(\langle W, < \rangle)$.

Die Klasse aller konstruktiblen Mengen wird mit L bezeichnet.

Offenbar hängt $L_z(W)$ nur von der Länge von W_z ab: Sind W, W′ Wohlordnungen, und sind $z \in W$ und $z' \in W'$ mit $W_z \equiv W'_{z'}$, so gilt $L_z(W) = L_{z'}(W')$.

Wir schreiben speziell kurz L_α anstelle von $L_\alpha(\langle \omega_1, < \rangle)$ für alle $\alpha < \omega_1$. Weiter setzen wir:

$$L_{\omega_1} = \bigcup_{\alpha < \omega_1} L_\alpha.$$

Das entscheidende und alles andere als triviale Resultat über die konstruktiblen reellen Zahlen ist nun der folgende Satz von Gödel:

Satz *(Hauptsatz über die konstruktiblen reellen Zahlen)*
Sei $x \in \mathbb{R} \cup \mathcal{N} \cup \mathcal{P}(\mathbb{N})$ konstruktibel. Dann ist $x \in L_{\omega_1}$.

Zur Konstruktion der konstruktiblen reellen Zahlen genügen also die abzählbaren Wohlordnungen. Nach ω_1 werden durch den iterierten Abschluß unter Gödelfunktionen keine neuen reellen Zahlen mehr produziert!

Aus der Definition der Mengen L_α ist nun sofort zu sehen, daß L_α abzählbar ist für alle $\alpha < \omega_1$, und ein kardinalzahlarithmetisches Argument liefert dann leicht die Gleichung $|L_{\omega_1}| = |\omega_1|$. Der Hauptsatz liefert dann:

Korollar *(Abschätzung der Mächtigkeit der konstruktiblen reellen Zahlen)*
$|\mathbb{R} \cap L| \leq \omega_1$ (und $|\mathcal{N} \cap L| = |\mathcal{P}(\mathbb{N}) \cap L| \leq \omega_1$).

Ein genaue und recht aufwendige Analyse zeigt weiter, daß L ein Modell der mengentheoretischen Axiomatik ZFC bildet. Damit kann man in L wie üblich Mathematik betreiben. Insbesondere kann man die Konstruktion von L in L selbst durchführen. Ein weiterer Satz von Gödel, der ebenso tragend wie der obige Hauptsatz ist, besagt nun, daß L in L konstruiert nichts anderes ist als L selbst (und nicht etwa eine Teilklasse von L, was auf den ersten Blick durchaus sein könnte). Die Konstruktion von L ist, wie man sagt, *absolut*, das Ergebnis der Konstruktion hängt nicht vom Objektuniversum ab, in dem die Konstruktion durchgeführt wird. Die Absolutheit zusammen mit dem Hauptsatz und seinem Korollar liefert, daß (CH) in L gilt, denn es existiert eine Stufe der L-Hierarchie in L, die die kleinste überabzählbare Mächtigkeit besitzt und die alle reellen Zahlen enthält. Aus rein logischen (aber wieder etwas aufwendig zu beweisenden) Gründen folgt dann die relative Konsistenz von (CH). Wir erhalten also:

Satz *(ein Modell von (CH) und die relative Konsistenz von (CH))*
Die Kontinuumshypothese ist in L richtig.
(CH) ist also innerhalb der üblichen Mathematik nicht widerlegbar
(es sei denn, die übliche Mathematik ist widersprüchlich).

Der Leser wird sich vielleicht gefragt haben, ob nicht schon der Hauptsatz genügt, um folgern zu können, daß in L höchstens ω_1-viele reelle Zahlen existieren. Dies ist nicht der Fall, denn ω_1 kann länger sein als $\omega_1{}^L$, die in L konstruierte Wohlordnung nach der Hartogsmethode. ω_1 ist nicht absolut: In die Definition von $\omega_1 = \mathcal{H}/\equiv$ gehen alle Teilmengen von $\mathbb{N}$ ein, und es ist keineswegs klar und de facto nicht beweisbar, daß alle Teilmengen von $\mathbb{N}$ in L auftauchen. Im Korollar oben können wir $\leq$ nicht durch $=$ ersetzen, $|\mathbb{R} \cap L| < \omega_1$ ist durchaus denkbar. (Das gleiche gilt natürlich, wenn wir ω_1 als von-Neumann-Zermelo-Ordinalzahl einführen, die beiden Ansätze sind ja gleichwertig. Bei der Hartogsmethode wird die mangelnde Absolutheit aber unmittelbar auf die schon diskutierte Problematik des Ausdrucks „alle Teilmengen von $\mathbb{N}$" zurückgeführt.)

Gibt es ein $x \in \mathbb{R} - L$, also eine reelle Zahl, die in keinem L_α für alle α erscheint? Die Antwort ist: Zahlen in $\mathbb{R} - L$ sind sehr kompliziert, ihre Existenz ist nicht beweisbar, aber widerspruchsfrei (wie die Cohensche Erzwingungsmethode zeigt). Es besteht weiter ein tiefer Zusammenhang zu großen Kardinalzahlaxiomen. Anders heißt das: Wahrscheinlich ist jede reelle Zahl, die der Leser bislang gesehen hat, konstruktibel!

Das Thema ist für die grundlagentheoretische Untersuchung der reellen Zahlen von enormer Bedeutung, liegt aber außerhalb dieses einführenden Textes. Wir wollten aber wenigstens einen kleinen Überblick gegeben haben, samt einer vollständigen Definition der konstruktiblen Mengen und speziell der konstruktiblen reellen Zahlen. Für die Feinheiten der konstruktiblen Hierarchie verweisen wir den Leser auf [Jensen 1972].

Ein historisch bewußtes Innehalten scheint an dieser Stelle noch recht am Ort: Cantor wollte (CH) beweisen. Er kannte Wohlordnungen, transfinite Rekursion, und er kannte natürlich alle Basisfunktionen. Die Idee des iterierten Abschlusses gehört eher der Nachfolgegeneration an, da sie Mengen von Mengen von Mengen usw. erzeugt, was Cantor fremd war. Dennoch erscheint die Konstruktion von L nicht völlig außer Reichweite der Cantorzeit. Insgesamt gibt es, so scheint es dem Autor, einen nichteingeschlagenen historischen Weg, der ZFC + „jede Menge ist in L“ als Basistheorie für die Mathematik des 20. Jahrhunderts hinterlassen hätte. Dann wäre (CH) eine weithin akzeptierte Aussage und L wohl noch besser untersucht als es heute ist. Die Mathematik sieht sich gerne außerhalb einer historischen Abhängigkeit, was zu einem etwas übersimplifizierten Wahrheitsbegriff führen und den Strom der Forschung sowohl beschleunigen als auch einengen kann.

Beweis des Zornschen Lemmas mit transfiniter Rekursion

Es gibt noch viele Beispiele für transfinite Rekursionen, und oft genügt ω_1. Alle Argumente, die sonst mit dem Zornschen Lemma oder einem anderen Maximalprinzip erschlagen werden, lassen sich oft sehr viel klarer durch eine transfinite Induktion beweisen. Das gilt auch für das Zornsche Lemma selbst, das sich mit transfiniten Methoden sehr natürlich beweisen läßt: Man steigt die entsprechende partielle Ordnung solange nach oben, bis man ein maximales Element gefunden hat. Hierzu sind i. a. transfinit viele Schritte notwendig. Genauer führt man den Beweis des Zornschen Lemmas so:

Sei $\langle P, < \rangle$ eine partielle Ordnung, die die Kettenbedingung des Zornschen Lemmas erfüllt. Sei $\langle W, < \rangle$ eine beliebige Wohlordnung mit $|W| > |P|$. Wir definieren solange möglich durch Rekursion entlang $z \in W$:

p_z = „ein $p \in P$ mit $p_y < p$ für alle $y < z$“.

Die Bedingung $|W| > |P|$ garantiert, daß die Wohlordnung dieser Rekursion „lang genug“ ist: Sie bricht irgendwann ab, sonst erhielte man eine Injektion von W nach P (via $g(z) = p_z$). Die Kettenbedingung des Zornschen Lemmas garantiert weiter, daß wir für Limeselemente $z \in W$ immer ein p_z finden. Folglich existiert ein letztes definiertes p_z, und dieses p_z ist dann ein maximales Element von P.

Eine weitere transfinite Rekursion der Länge ω_1 von fundamentaler Bedeutung werden wir im sechsten Kapitel mit der Borel-Hierarchie kennenlernen.

Literatur

Cantor, Georg 1880 Über unendliche, lineare Punktmannigfaltigkeiten. 2; *Mathematische Annalen 17 (1880), S. 355 – 358.*

– 1883 Über unendliche, lineare Punktmannigfaltigkeiten. 5; *Mathematische Annalen 21 (1883), S. 545 – 591.*

– 1895 Beiträge zur Begründung der transfiniten Mengenlehre. (Erster Artikel); *Mathematische Annalen 46 (1895), S. 481 – 512.*

– 1897 Beiträge zur Begründung der transfiniten Mengenlehre. (Zweiter Artikel); *Mathematische Annalen 49 (1897), S. 207 – 246.*

Deiser, Oliver 2001 Kennen Sie ω_1? ; *Mitteilungen der Deutschen Mathematiker-Vereinigung 1 (2001), S. 17 – 21.*

– 2004 Einführung in die Mengenlehre. Die Mengenlehre Georg Cantors und ihre Entwicklung durch Ernst Zermelo; *2. erweiterte Auflage. Springer, Berlin.*

Devlin, Keith 1984 Constructibility; *Perspectives in Mathematical Logic, Springer, Berlin.*

Gödel, Kurt 1938 The consistency of the axiom of choice and the generalized continuum hypothesis; *Proceedings of the National Academy of Sciences USA 24 (1938), S. 556 – 557.*

– 1939 Consistency-proof for the Generalized Continuum-Hypothesis; *Proceedings of the National Academy of Sciences USA 25 (1939). S. 220 – 224.*

– 1940 The consistency of the Axiom of Choice and of the Generalized Continuum Hypothesis with the Axioms of Set Theory; *Annals of Mathematics Studies 3, Princeton University Press, Princeton.*

– 1986, 1990, 1995 Collected Works, Volume I – III; *Oxford University Press, Oxford.*

Hartogs, Friedrich 1915 Über das Problem der Wohlordnung; *Mathematische Annalen 76, S. 438 – 443.*

Jech, Thomas 2003 Set Theory. The Third Millennium Edition, Revised and Expanded; *Springer, Berlin.*

Jensen, Ronald 1972 The fine structure of the constructible hierarchy; *Annals of Mathematical Logic 4 (1972), S. 229 – 308.*

Kunen, Kenneth 1980 Set Theory – An Introduction to Independence Proofs; *Studies in Logic and the Foundations of Mathematics Vol. 102, North-Holland, Amsterdam.*

Neumann, John von 1923 Zur Einführung der transfiniten Zahlen; *Acta Litterarum ac Scientiarum Regiae Universitatis Hungaricae Francisco-Josephinae, Sectio Scientiarum Mathematicarum 1922/1923, Szeged, S. 199 – 208.*

4. Irreguläre Mengen

Wir hatten die für das Kontinuumsproblem wichtige Scheeffer-Eigenschaft und daneben die Baire-, Lebesgue- und Marczewski-Meßbarkeit als Regularitäts-Eigenschaften kennengelernt. Wir wissen, daß alle G_δ- und F_σ-Mengen eines polnischen Raumes die Scheeffer-Eigenschaft haben, und daß die xyz-meßbaren Mengen sogar eine σ-Algebra bilden, die die offenen Mengen umfaßt. Wir untersuchen in diesem Kapitel nun Mengen, denen gewisse Regularitäts-Eigenschaften abgehen. Allen Konstruktionen liegt mehr oder weniger verdeckt das Auswahlaxiom zugrunde, etwa in Form einer Wohlordnung auf $\mathcal{N}$ (oder $\mathbb{R}$), oder auch nur in Form einer Injektion $f : \omega_1 \to \mathcal{N}$ oder gleichwertig in Form einer überabzählbaren wohlgeordneten Teilmenge von $\mathcal{N}$ (oder $\mathbb{R}$).

Verletzung der Scheeffer-Eigenschaft und Bernstein-Mengen

Jeder polnische Raum, der eine nichtleere perfekte Teilmenge besitzt, hat die Kardinalität 2^ω, wie wir gesehen haben. Hieraus ergibt sich eine einfache Beobachtung im Zusammenhang mit (CH):

Satz *(Kontinuumshypothese und Scheeffer-Eigenschaft)*
Sei $\mathcal{X} = \langle X, \mathcal{U} \rangle$ ein polnischer Raum, und sei $A \subseteq X$ überabzählbar, aber nicht gleichmächtig zu X.
Dann enthält A keine nichtleere perfekte Teilmenge.

Beweis
Ist $P \subseteq A$ nichtleer und perfekt, so gilt $2^\omega = |P| \leq |A| \leq |X| = 2^\omega$, also $|A| = 2^\omega$ nach Cantor-Bernstein. Also $|A| = |X|$.

Die Verletzung von (CH) impliziert also die Existenz von Mengen ohne die Scheeffer-Eigenschaft. Ist (CH) falsch, so existiert eine Teilmenge von X der Größe $\omega_1 < 2^\omega = |X|$, und diese Menge kann die Scheeffer-Eigenschaft nicht haben.

Wir zeigen nun ganz unabhängig von (CH) die Existenz von Scheeffer-irregulären Mengen. Hierzu definieren wir:

Definition *(Bernstein-Menge)*
Sei $\mathcal{X} = \langle X, \mathcal{U} \rangle$ ein polnischer Raum, und sei $P \subseteq X$.
P heißt *Bernstein-Menge* in $\mathcal{X}$, falls weder P noch $X - P$ die Scheeffer-Eigenschaft besitzt.

Wir wollen zeigen, daß Bernstein-Mengen in allen überabzählbaren polnischen Räumen existieren. Hierzu brauchen wir:

Satz *(Mächtigkeit der Menge aller perfekten Mengen)*
Sei $\mathcal{X} = \langle X, \mathcal{U} \rangle$ ein überabzählbarer polnischer Raum, und sei $\mathcal{P} = \{ P \subseteq X \mid P \text{ ist perfekt} \}$. Dann gilt $|\mathcal{P}| = 2^\omega$.

Beweis

zu $|\mathcal{P}| \leq 2^\omega$*:*

Es gilt $|\mathcal{P}| \leq_{X - P \in \mathcal{U} \text{ für alle } P \in \mathcal{P}} |\mathcal{U}| \leq_{\mathcal{X} \text{ separabel}} \omega^\omega = 2^\omega$.

zu $2^\omega \leq |\mathcal{P}|$*:*

Sei $P \subseteq X$ nichtleer und perfekt (etwa der perfekte Kern von X). Weiter sei $\langle x_n \mid n \in \mathbb{N} \rangle$ eine injektive konvergente Folge in P mit einem von allen x_n verschiedenen Limes x. Dann existieren paarweise disjunkte perfekte Mengen P_n mit $x_n \in P_n$ für alle $n \in \mathbb{N}$ derart, daß $\mathrm{cl}(\bigcup_{n \in \mathbb{N}} P_n) = \bigcup_{n \in \mathbb{N}} P_n \cup \{ x \}$. Für $A \subseteq \mathbb{N}$ setzen wir

$$g(A) = \begin{cases} \bigcup_{n \in A} P_n & \textit{falls } \text{A endlich,} \\ \bigcup_{n \in A} P_n \cup \{ x \} & \textit{falls } \text{A unendlich.} \end{cases}$$

Dann ist $g : \mathcal{P}(\mathbb{N}) \to \mathcal{P}$ injektiv. ∎

Mit Hilfe einer Wohlordnung auf den reellen Zahlen können wir nun den folgenden Satz von Felix Bernstein beweisen ([Bernstein 1906] für $X = \mathbb{R}$):

Satz *(Existenz von Bernstein-Mengen)*
Sei $\mathcal{X} = \langle X, \mathcal{U} \rangle$ ein überabzählbarer polnischer Raum.
Dann existiert eine Bernstein-Menge in $\mathcal{X}$.

Beweis

Wegen X überabzählbar ist $|X| = 2^\omega = |\mathcal{N}|$.
Sei $\mathcal{P} = \{ P \subseteq X \mid P \text{ ist nichtleer und perfekt} \}$. Dann gilt $|\mathcal{P}| = 2^\omega$ und

$$|\mathcal{P} \times \{0, 1\}| = 2^\omega \cdot 2 = 2^\omega = |\mathcal{N}|.$$

Weiter ist auch $|P| = 2^\omega = |\mathcal{N}|$ für alle $P \in \mathcal{P}$.
Sei $p : \mathcal{N} \to \mathcal{P} \times \{ 0, 1 \}$ bijektiv, und sei $p(f) = (P_f, i_f)$ für $f \in \mathcal{N}$.
Sei $<$ eine Wohlordnung auf $\mathcal{N}$ minimaler Länge. Weiter sei $<_X$ die von einer Bijektion $h : X \to \mathcal{N}$ induzierte Wohlordnung auf X.
Wir definieren durch Rekursion über $\langle \mathcal{N}, < \rangle$ für $f \in \mathcal{N}$:

x_f = „das $<_X$-kleinste $x \in P_f$ mit $x \neq x_g$ für alle $g < f$".

x_f existiert, denn für alle $f \in \mathcal{N}$ gilt $|P_f| = 2^\omega$, und nach Minimalität der Länge von $<$ gilt, daß $|\{ x_g \mid g < f \}| = |\mathcal{N}_f| < 2^\omega$, wobei wieder $\mathcal{N}_f = \{ g \in \mathcal{N} \mid g < f \}$ das durch f gegebene Anfangsstück von $\langle \mathcal{N}, < \rangle$ ist.

Wir setzen nun $B = \{ x_f \mid f \in \mathcal{N}, i_f = 0 \}$.
Nach Konstruktion ist dann B eine Bernstein-Menge für $\mathcal{X}$. ∎

Dem Leser ist vielleicht aufgefallen, daß der Beweis keine speziellen Eigenschaften perfekter Mengen benutzt. Wichtig ist lediglich, daß für das diagonalisierte System $\mathcal{P} \subseteq \mathcal{P}(X)$ die Kardinalitätsgleichung $2^\omega = |\mathcal{P}| = |P|$ für alle $P \in \mathcal{P}$ gilt.

Der Beweis konstruiert eine Bernstein-Menge durch Diagonalisierung aller perfekten Mengen. Wir durchlaufen die perfekten Mengen in wohlgeordneter Weise, wobei jede Menge zweimal besucht wird. Während des Durchlaufs markieren wir an jeder Stelle ein unmarkiertes Element der gerade besuchten Menge, was durch die minimale Länge der Wohlordnung ermöglicht wird: An jeder Stelle der Konstruktion wurden bislang nur wenige – im Vergleich zur Größe 2^ω einer nichtleeren perfekten Menge – Elemente markiert. Nach Abschluß der Markierung bilden dann all die Elemente, die wir bei der mit 0 indizierten Begegnung einer perfekten Menge ausgezeichnet haben, eine Bernstein-Menge.

Das Argument ist darüber hinaus derart, daß für perfekte Räume de facto alle Elemente von X markiert werden:

Übung

Für die im obigen Beweis konstruierten x_f gilt:

$\{ x_f \mid f \in \mathcal{N} \}$ ist der perfekte Kern cp(P) von X.

[*zu* $\subseteq$ *:* Es gilt $x_f \in P_f \subseteq \mathrm{cp}(P)$ für alle $f \in \mathcal{N}$.
zu $\supseteq$ *: Annahme nicht.* Sei dann $x^* = \min(\mathrm{cp}(P) - \{ x_f \mid f \in \mathcal{N} \})$ bzgl. $<_X$.
Es existieren 2^ω viele $f \in \mathcal{N}$ mit $x^* \in P_f$. Nach der Minimalitätsbedingung in der Definition von x_f gilt dann aber $\{ x_f \mid f \in \mathcal{N}, x^* \in P_f \} \subseteq \{ x \in X \mid x < x^* \}$, also $2^\omega = |\{ x_f \mid f \in \mathcal{N}, x^* \in P_f \}| \leq |\{ x \in X \mid x <_X x^* \}| = |X_{x^*}| < |X| = 2^\omega$, *Widerspruch.*]

Bernstein-Mengen sind offenbar nicht Marczewski-meßbar. Weiter bilden sie für perfekte Räume auch ein Gegenbeispiel zur Baire-Eigenschaft:

Satz *(Bernstein-Mengen und Baire-Meßbarkeit)*

Sei $\mathcal{X} = \langle X, \mathcal{U} \rangle$ ein nichtleerer perfekter polnischer Raum, und sei B eine Bernstein-Menge in X.
Dann ist B nicht Baire-meßbar.

Beweis

Annahme doch. Dann ist auch X – B Baire-meßbar.
O.E. sei B nicht mager (sonst arbeite mit X – B; $X = B \cup (X - B)$ ist nicht mager). Nach dem Darstellungssatz für Baire-meßbare Mengen existieren also offene U_n für $n \in \mathbb{N}$ und ein mageres M mit:

$$B = \bigcap_{n \in \mathbb{N}} U_n \cup M.$$

Sei $Y = \bigcap_{n \in \mathbb{N}} U_n$. Dann ist Y eine G_δ-Menge und weiter überabzählbar, da sonst

$$B = \bigcup_{x \in Y} \{ x \} \cup M$$

mager wäre (denn { x } ist mager in X für alle x, da x nicht isoliert in X ist). Nach dem Satz von Young (oder durch Einbettung des kompakten Cantorraums $\mathscr{C}$ in den überabzählbaren polnischen Raum Y) existiert dann aber ein nichtleeres in X perfektes $P \subseteq Y \subseteq B$, *im Widerspruch* zu B Bernstein-Menge.

Auf die Voraussetzung der Perfektheit kann nicht verzichtet werden:

Übung

Es existiert ein polnischer Raum $\langle X, \mathscr{U} \rangle$ mit $\mathrm{cp}(X) \neq \emptyset$ und eine Bernstein-Menge B in X derart, daß B Baire-meßbar in X ist.

[Sei C die Cantormenge in $\mathbb{R}$, und sei A die abzählbare Menge der Mittelpunkte der in der rekursiven Definition von C entfernten Intervalle.
Wir setzen $X = C \cup A$ und versehen X mit der Relativtopologie von $\mathbb{R}$.
Dann ist $C = \mathrm{cp}(X) \neq \emptyset$. Sei $B \subseteq C$ eine Bernstein-Menge in C. Dann ist B auch eine Bernstein-Menge in X. Aber C ist mager in X (sogar nirgendsdicht), und damit ist auch $B \subseteq C$ mager in X und insbesondere Baire-meßbar in X.]

Ähnlich zeigt man:

Satz *(Bernstein-Mengen und Lebesgue-Meßbarkeit)*

Sei $B \subseteq \mathscr{C}$ eine Bernstein-Menge in $\mathscr{C}$.
Dann ist B nicht Lebesgue-meßbar.

Beweis

O. E. ist B keine Nullmenge (sonst betrachte $\mathscr{C} - B$).
Annahme, P ist Lebesgue-meßbar. Nach dem Darstellungssatz für Lebesgue-meßbare Mengen existieren dann abgeschlossene A_n, $n \in \mathbb{N}$, und eine Nullmenge N mit:

$$B = \bigcup_{n \in \mathbb{N}} A_n \cup N.$$

Da B keine Nullmenge ist, existiert ein $n \in \mathbb{N}$ mit A_n überabzählbar. Dann ist A_n überabzählbar polnisch, also existiert ein nichtleeres in $\mathscr{C}$ perfektes $P \subseteq A_n \subseteq B$, *im Widerspruch* zu B Bernstein-Menge.

Das Argument ruht auf dem Darstellungssatz und nicht auf speziellen Eigenschaften des Lebesgue-Maßes. Der Darstellungssatz gilt de facto für beliebige lokal-endliche *Borel-Maße* auf polnischen Räumen $\mathscr{X} = \langle X, \mathscr{U} \rangle$, d. h. für σ-finite Maße μ auf der von $\mathscr{U}$ erzeugten σ-Algebra $\sigma(\mathscr{U})$ auf X mit der Eigenschaft: Für alle $x \in X$ existiert ein $U \in \mathscr{U}$ mit $x \in U$ und $\mu(U) < \infty$. Die Vervollständigung μ^c von μ ist dann ein Maß auf der von $\sigma(\mathscr{U})$ und den μ-Nullmengen erzeugten σ-Algebra $\sigma^c(\mathscr{U})$, und alle $B \in \sigma^c(\mathscr{U})$ haben dann immer noch die Darstellung $B = \bigcup_{n \in \mathbb{N}} A_n \cup N$ für abgeschlossene A_n und eine μ^c-Nullmenge N. Damit ist also eine Bernstein-Menge B für $\mathscr{X}$ nicht meßbar für die Vervollständigung eines beliebigen lokal-endlichen Borel-Maßes σ auf $\mathscr{X}$ mit $\sigma(\{ x \}) = 0$ für alle $x \in X$. Bernstein-Mengen sind in diesem Sinne universell unmeßbar.

Die auf die Verletzung der Scheeffer-Eigenschaft zugeschnittenen Bernstein-Mengen sind also weder Baire- noch Lebesgue-meßbar und damit insbesondere keine Elemente der von den offenen Mengen erzeugten σ-Algebra. Es stellt sich die Frage: Gibt es einfachere Gegenbeispiele zur Scheeffer-Eigenschaft? Wir werden später zeigen, daß alle Elemente der Borel-σ-Algebra eines polnischen Raumes die Scheeffer-Eigenschaft besitzen (für $\mathbb{R}$ bewiesen von Hausdorff und Alexandrov 1916). Man kann dagegen nicht zeigen, daß allen Baire-meßbaren oder allen Lebesgue-meßbaren Mengen die Scheeffer-Eigenschaft zukommt.

Vitali-Mengen

Der Satz von Vitali bildete im ersten Abschnitt den Startpunkt für die Analyse der Phänomene, die bei der σ-additiven Längenmessung auf $\mathbb{R}$ auftauchen. Wir definieren nun allgemein:

Definition *(Vitali-Menge in $\mathbb{R}$)*

Sei $V \subseteq \mathbb{R}$ ein vollständiges Repräsentantensystem für die Relation $\sim$ auf $\mathbb{R}$, wobei

$x \sim y$ *falls* $x - y \in \mathbb{Q}$.

Dann heißt V *eine Vitali-Menge in* $\mathbb{R}$.

Die frühere Argumentation zeigt:

Übung

Sei $V \subseteq \mathbb{R}$ eine Vitali-Menge. Dann ist V nicht Lebesgue-meßbar.

Bernstein-Mengen wurden zur Verletzung der Scheeffer-Eigenschaft konstruiert und erwiesen sich a posteriori als irregulär für die Baire-Eigenschaft und das Lebesgue-Maß. Wie sieht es in dieser Hinsicht mit Vitali-Mengen aus? Wir betrachten zunächst die Baire-Eigenschaft.

Übung

Sei $P \subseteq \mathbb{R}$, und sei $x \in \mathbb{R}$.

(i) Ist P nirgendsdicht, so ist $P + x$ nirgendsdicht.

(ii) Ist P mager, so ist $P + x$ mager.

Satz *(Vitali-Mengen sind nicht Baire-meßbar)*

Sei V eine Vitali-Menge in $\mathbb{R}$. Dann ist V nicht Baire-meßbar.

Beweis

Translationen erhalten die Eigenschaften „nirgendsdicht" und „mager", und damit gilt:

(+) V ist nicht mager.

Denn andernfalls wäre $\mathbb{R} = \bigcup_{q \in \mathbb{Q}} (V + q)$ mager.
V enthält keine Elemente mit positiver rationaler Differenz, d. h. es gilt:

(++) $V \cap (V + q) = \emptyset$ für alle $q \in \mathbb{Q}$, $q \neq 0$.

Annahme, es gibt ein offenes $U \subseteq \mathbb{R}$ mit:

$V \,\Delta\, U \supseteq U - V$ ist mager.

Dann existieren $a < b$ mit $]a, b[\subseteq U$, da sonst $U = \emptyset$ und V mager wäre.
Nach (++) gilt:

$]a, b[\cap (V + q) \subseteq U - V$ für alle $q \in \mathbb{Q}$, $q \neq 0$.

Wegen Invarianz der Magerkeit unter Translationen ist dann
$(]a, b[- q) \cap V = (]a, b[\cap (V + q)) - q$ mager für alle $q \in \mathbb{Q}$, $q \neq 0$.
Wegen $\mathbb{Q} - \{0\}$ dicht in $\mathbb{R}$ ist damit

$$V = \mathbb{R} \cap V = \bigcup_{q \in \mathbb{Q},\, q \neq 0} (]a, b[- q) \cap V$$

mager, *im Widerspruch* zu (+). Also ist V nicht Baire-meßbar. ∎

Der Zusammenhang zwischen Vitali-Mengen und der Scheeffer-Eigenschaft ist komplizierter. Zunächst gilt:

Satz *(Vitali-Menge und zugleich Bernstein-Menge)*
Es gibt eine Vitali-Menge, die eine Bernstein-Menge ist.

Wir folgen der Konstruktion einer Bernstein-Menge, wählen aber diesmal bei jedem Besuch einer perfekten Menge P ein neues Element von P, das zusätzlich die bislang mitbesuchten Vitali-Äquivalenzklassen berücksichtigt.

Wir verwenden im Beweis: Ist $\kappa < 2^\omega$ eine Kardinalzahl, so ist $\kappa \cdot \omega < 2^\omega$. Dies folgt z. B. aus dem Unzerlegbarkeitssatz von Julius König (oder aus der hier nicht bewiesenen Multiplikationsregel $\kappa \cdot \mu = \max(\kappa, \mu)$ für unendliche Kardinalzahlen κ, μ).

Beweis
Sei $\mathcal{P} = \{ P \subseteq \mathbb{R} \mid P$ ist nichtleer und perfekt $\}$. Weiter sei
$p : \mathbb{R} \to \mathcal{P} \times \{0, 1\}$ bijektiv, und es sei $p(z) = (P_z, i_z)$ für $z \in \mathbb{R}$.
Sei $<$ eine Wohlordnung von $\mathbb{R}$ minimaler Länge.
Für $x \in \mathbb{R}$ sei $x/\!\sim\; = \{ y \in \mathbb{R} \mid x - y \in \mathbb{Q} \}$ und $\mathbb{R}/\!\sim\; = \{ x/\!\sim \mid x \in \mathbb{R} \}$.
Dann gilt $|x/\!\sim| = |x + \mathbb{Q}| = \omega$ für alle $x \in \mathbb{R}$ und damit $|\mathbb{R}/\!\sim| = 2^\omega$,
da sonst $\kappa = |\mathbb{R}/\!\sim| < 2^\omega$ und $\kappa \cdot \omega = 2^\omega$ wäre.
Wir definieren für $z \in \mathbb{R}$ durch Rekursion über $\langle \mathbb{R}, < \rangle$:

x_z = „das $<$-kleinste $x \in P_z$ mit $x \notin M_z = \{ x_{z'} \mid z' < z \} \cup \bigcup_{z' < z,\, i_{z'} = i_z} x_{z'}/\!\sim$“.

x_z existiert, denn $|P_z| = 2^\omega$ und mit $\mathbb{R}_z = \{ z' \mid z' < z \}$ gilt wegen minimaler Länge der Wohlordnung $<$, daß $|\mathbb{R}_z| < 2^\omega$, also:

$$|M_z| \leq |\bigcup_{z' < z} x_{z'}/\!\sim| \leq |\mathbb{R}_z \times \mathbb{N}| = |\mathbb{R}_z| \cdot \omega < 2^\omega.$$

Sei $B = \{ x_z \mid z \in \mathbb{R},\ i_z = 0 \}$. Dann gilt:

(+) B ist eine Vitali-Menge und zugleich eine Bernstein-Menge für $\mathbb{R}$.

Beweis von (+)

Nichttrivial ist nur die Aussage:

$B \cap x/\!\sim\ \neq \emptyset$ für alle $x \in \mathbb{R}$.

Annahme, es gibt ein <-kleinstes $x \in \mathbb{R}$ mit $B \cap x/\!\sim\ = \emptyset$.
Wir setzen

$Z = \{ z \in \mathbb{R} \mid i_z = 0,\ x_z \in x'/\!\sim$ für ein $x' < x \}$.

Dann ist Z beschränkt in $\langle \mathbb{R}, < \rangle$, da $|Z| \leq |\mathbb{R}_x| < 2^\omega$.
Weiter existiert ein $z^* \in \mathbb{R}$ mit $i_{z^*} = 0$, $|P_{z^*} \cap x/\!\sim| \geq 2$ und $Z < z^*$, denn für alle $x_0, x_1 \in x/\!\sim$ gibt es 2^ω-viele z mit $i_z = 0$ und $x_0, x_1 \in P_z$.
Dann ist aber $x_{z^*} \in x/\!\sim$ nach Definition von x_{z^*}, *Widerspruch*.

Kann eine Vitali-Menge überhaupt die Scheeffer-Eigenschaft haben? Hierzu eine Umformulierung:

Übung

Die folgenden Aussagen sind äquivalent:

(a) Es gibt eine Vitali-Menge $V \subseteq \mathbb{R}$ mit der Scheeffer-Eigenschaft.

(b) Es gibt ein überabzählbares abgeschlossenes $P \subseteq \mathbb{R}$ mit:
Je zwei verschiedene Elemente von P haben eine irrationale Differenz.

[*zu (b) ⤳ (a):* Sei V eine Vitali-Menge in $\mathbb{R}$, und sei $W = \{ x \in V \mid x + \mathbb{Q} \cap P = \emptyset \}$. Dann ist $W \cup P$ eine Vitali-Menge mit der Scheeffer-Eigenschaft.]

Die Aussage (b) ist eine natürliche Verstärkung der Beobachtung: Es gibt eine überabzählbare abgeschlossene Teilmenge P von $\mathbb{R}$ mit $P \cap \mathbb{Q} = \emptyset$.

In der Tat gibt es nun Vitali-Mengen, die die Scheeffer-Eigenschaft besitzen. Stärker existiert sogar eine Vitali-Menge V mit den Eigenschaften:

(i) V ist Marczewski-meßbar.

(ii) $V \cap U$ hat die Scheeffer-Eigenschaft für alle nichtleeren offenen U.

Für diese und verwandte Resultate verweisen wir den Leser auf [Miller / Popvassilev 2000]. Eine solche Vitali-Menge ist keine Marczewski-Nullmenge. Andererseits gilt:

Übung

Es gibt keine Vitali-Menge mit Marczewski-Maß 1.

[Ist V eine Vitali-Menge, so gilt für alle $A \subseteq \mathbb{R}$:
Ist $A \subseteq V$, so ist $V \cap (A + q) = \emptyset$ für alle $q \in \mathbb{Q}$, $q \neq 0$.]

Vitali-Mengen für das Lebesgue-Maß auf dem Cantorraum

Die Konstruktion von Vitali läßt sich leicht auf das Lebesgue-Maß für den Cantorraum übertragen.

Definition *(Translationen in $\mathcal{C}$)*

Für f, g ∈ $\mathcal{C}$ sei f + g ∈ $\mathcal{C}$ definiert durch

$$(f+g)(n) = \begin{cases} 0, & \textit{falls } f(n)+g(n) \text{ gerade,} \\ 1, & \textit{sonst.} \end{cases}$$

Für P ⊆ $\mathcal{C}$ und g ∈ $\mathcal{C}$ sei $P + g = \{ f + g \mid f \in P \}$.
P + g heißt *die Translation von P um g in $\mathcal{C}$.*

Das Lebesgue-Maß auf $\mathcal{C}$ ist invariant unter Translationen:

Übung

Sei μ das Lebesgue-Maß auf $\mathcal{C}$. Dann gilt μ(P + g) = μ(P) für alle Lebesgue-meßbaren P ⊆ $\mathcal{C}$ und alle g ∈ $\mathcal{C}$.

Als „rationale" Elemente von $\mathcal{C}$ können wir die Elemente von $\mathcal{C}$ ansehen, die schließlich konstant gleich Null sind. Dann haben zwei Elemente von $\mathcal{C}$ genau dann „rationalen" Abstand, wenn sie schließlich übereinstimmen. Damit ergibt sich folgende Definition einer Vitali-Menge für $\mathcal{C}$:

Definition *(Vitali-Mengen in $\mathcal{C}$)*

Sei V ⊆ $\mathcal{C}$ ein vollständiges Repräsentantensystem für die Relation ∼ auf $\mathcal{C}$, wobei

$f \sim g$ *falls* $\{ n \in \mathbb{N} \mid f(n) \neq g(n) \}$ endlich ist.

Dann heißt V *eine Vitali-Menge in $\mathcal{C}$.*

Es folgt wieder:

Übung

Sei V eine Vitali-Menge in $\mathcal{C}$.
Dann ist V nicht Lebesgue-meßbar und nicht Baire-meßbar.

Irreguläre Mengen und die Kontinuumshypothese

Nimmt man die Kontinuumshypothese an, so lassen sich weitere Mengen konstruieren, die gewisse Regularitätseigenschaften verletzen. Hierzu betrachten wir zunächst überabzählbare Mengen, die allen mageren Mengen so weit wie möglich ausweichen.

Mahlo-Lusin-Mengen

Definition *(Mahlo-Lusin-Mengen)*

Sei $\mathcal{X} = \langle X, \mathcal{U} \rangle$ ein polnischer Raum, und sei $P \subseteq X$.
P heißt eine *Mahlo-Lusin-Menge* in $\mathcal{X}$, falls gilt:

(i) P ist überabzählbar.

(ii) Für alle nirgendsdichten $M \subseteq X$ ist $P \cap M$ abzählbar.

Offenbar gilt: Ein überabzählbares $P \subseteq X$ ist genau dann eine Mahlo-Lusin-Menge, wenn $P \cap M$ abzählbar ist für alle mageren Mengen $M \subseteq X$. Damit sind Mahlo-Lusin-Mengen sicher nicht mager. Stärker sind sie nicht Baire-meßbar und verletzen die Scheeffer-Eigenschaft. Dies wollen wir nun beweisen.

Satz *(Irregularität von Mahlo-Lusin-Mengen)*

Sei $\mathcal{X} = \langle X, \mathcal{U} \rangle$ ein polnischer Raum, und sei $P \subseteq X$ eine Mahlo-Lusin-Menge.
Dann enthält P keinen überabzählbaren polnischen Teilraum von X.
Insbesondere erfüllt P die Scheeffer-Eigenschaft nicht und ist nicht Baire-meßbar.

Beweis

Jeder überabzählbare polnische Teilraum A von X enthält eine Kopie C des Cantorraumes $\mathcal{C}$. Dann ist $C \subseteq A$ überabzählbar und nirgendsdicht in X, und insbesondere gilt dann also non($A \subseteq P$).
Die Verletzung der Scheeffer-Eigenschaft ist damit klar.
Annahme, P ist Baire-meßbar. Dann ist $P = \bigcap_{n \in \mathbb{N}} U_n \cup M$ mit offenen U_n und einem mageren M. Aber $M \cap P$ ist abzählbar, und folglich ist
– $\bigcap_{n \in \mathbb{N}} U_n \subseteq P$ ein überabzählbarer polnischer Teilraum von X, *Widerspruch*.

Wir werden dagegen gleich zeigen, daß Mahlo-Lusin-Mengen Lebesgue-meßbar sind.

Die Existenz von Mahlo-Lusin-Mengen ist unabhängig von der üblichen Mathematik. Unter Annahme der Kontinuumshypothese kann man die Existenz von Mahlo-Lusin-Mengen beweisen:

Satz *(Existenz von Mahlo-Lusin-Mengen unter (CH))*

Es gelte (CH). Sei $\mathcal{X} = \langle X, \mathcal{U} \rangle$ ein überabzählbarer polnischer Raum.
Dann existiert eine Mahlo-Lusin-Menge in $\mathcal{X}$.

Beweis

Es gibt 2^ω-viele nirgendsdichte Teilmengen von X (!).
Wegen (CH) gilt $2^\omega = \omega_1$. Sei also $\langle N_\alpha \mid \alpha < \omega_1 \rangle$ eine Aufzählung aller nirgendsdichten Teilmengen von X.
Wir definieren $x_\alpha \in X$ für $\alpha < \omega_1$ rekursiv durch:

x_α = „ein $x \in X - \bigcup_{\beta \leq \alpha} N_\beta$ mit $x \neq x_\beta$ für alle $\beta < \alpha$“.

Ein solches x existiert für alle $\alpha < \omega_1$, denn $\bigcup_{\beta \leq \alpha} N_\beta \cup \{ x_\beta \mid \beta < \alpha \}$ ist eine abzählbare Vereinigung nirgendsdichter Mengen, und damit ungleich X nach dem Baireschen Kategoriensatz.

Wir setzen nun:

$P = \{ x_\alpha \mid \alpha < \omega_1 \}$.

Dann ist P eine Mahlo-Lusin-Menge in $\mathscr{X}$. Denn ist $N \subseteq X$ nirgendsdicht, so ist $N = N_\gamma$ für ein $\gamma < \omega_1$. Nach Konstruktion gilt $x_\alpha \notin N_\gamma$ für alle $\gamma \leq \alpha < \omega_1$, und damit ist

$P \cap N_\gamma \subseteq \{ x_\alpha \mid \alpha < \gamma \}$.

Also ist $P \cap N = P \cap N_\gamma$ abzählbar.

Dagegen kann man unter Annahme von non(CH) die Existenz von Mahlo-Lusin-Mengen weder beweisen noch widerlegen. (CH) entscheidet also diese Existenzfrage positiv, non(CH) läßt sie weiter offen.

Starke Nullmengen

Als Anwendung des Begriffs der Mahlo-Lusin-Menge betrachten wir ein berühmtes Problem von Borel. Insbesondere zeigen wir, daß eine Mahlo-Lusin-Menge für $\mathbb{R}$ oder $\mathscr{C}$ eine Lebesgue-Nullmenge ist.

Definition *(starke Nullmenge)*

Sei $\mathscr{X} = \langle X, \mathscr{U} \rangle$ ein polnischer Raum, und sei $P \subseteq X$.

P heißt eine *starke Nullmenge* in $\mathscr{X}$, falls für jede die Topologie erzeugende Metrik d und jede Folge $\langle \varepsilon_n \mid n \in \mathbb{N} \rangle$ von positiven reellen Zahlen gilt:

Es existieren offene $U_n \subseteq X$ für $n \in \mathbb{N}$ mit:

(i) $\mathrm{diam}(U_n) < \varepsilon_n$ für alle $n \in \mathbb{N}$,

(ii) $P \subseteq \bigcup_{n \in \mathbb{N}} U_n$.

In erster Linie interessieren uns starke Nullmengen in $\mathbb{R}$ und den Folgenräumen. Über den Umfang der starken Nullmengen bemerken wir zunächst:

Übung

(i) Jede starke Nullmenge $P \subseteq \mathbb{R}$ oder $P \subseteq \mathscr{C}$ ist eine Lebesgue-Nullmenge.

(ii) Jede abzählbare Teilmenge eines polnischen Raumes ist eine starke Nullmenge.

(iii) Ist $\mathscr{X} = \langle X, \mathscr{U} \rangle$ ein polnischer Raum, und $P \subseteq X$ eine starke Nullmenge, so ist $P \cup Q$ eine starke Nullmenge für alle abzählbaren $Q \subseteq X$.

Andererseits gilt:

Übung

(i) Sei $C \subseteq [0, 1]$ die Cantormenge.
Dann ist C eine Lebesgue-Nullmenge, aber keine starke Nullmenge.
[Betrachte $\varepsilon_n = 1/3^{n+1}$ für $n \in \mathbb{N}$.]

(ii) Sei $\mathscr{X} = \langle X, \mathscr{U} \rangle$ ein polnischer Raum, und sei $P \subseteq X$ überabzählbar und abgeschlossen. Dann ist P keine starke Nullmenge.
[P enthält eine Kopie der Cantormenge C. Weiter gilt: Bilder starker Nullmengen unter gleichmäßig stetigen Funktionen sind starke Nullmengen. Stetige Funktionen auf Kompakta sind gleichmäßig stetig.]

Man wird nun nach weiteren Beispielen neben den abzählbaren Mengen für starke Nullmengen fragen. Borel fand keine und vermutete 1919, daß jede starke Nullmenge von $\mathbb{R}$ abzählbar ist:

Borelsche Vermutung

Sei $X \subseteq \mathbb{R}$ eine starke Nullmenge. Dann ist X abzählbar.

Die Borelsche Vermutung ist wieder weder beweisbar noch widerlegbar. Richard Laver konstruierte 1976 ein Modell, in welchem die Borelsche Vermutung richtig ist. Andererseits können wir wieder leicht zeigen, daß unter (CH) Gegenbeispiele zur Borelschen Vermutung existieren. Es gilt nämlich:

Satz *(Mahlo-Lusin-Mengen sind starke Nullmengen)*

Sei $\mathscr{X} = \langle X, \mathscr{U} \rangle$ ein polnischer Raum, und sei P eine Mahlo-Lusin-Menge in $\mathscr{X}$.
Dann ist P eine überabzählbare starke Nullmenge.

Beweis

Als Mahlo-Lusin-Menge ist P überabzählbar.
Sei d eine kompatible Metrik für $\mathscr{X}$, und sei $\varepsilon_n > 0$ für $n \in \mathbb{N}$.
Sei weiter $Q \subseteq X$ eine abzählbare dichte Teilmenge von X, und sei $q_0, q_1, \ldots, q_n, \ldots, n \in \mathbb{N}$, eine Aufzählung von Q.
Für $n \in \mathbb{N}$ sei U_{2n} eine offene Umgebung von q_n mit $\mathrm{diam}(U_{2n}) < \varepsilon_{2n}$.
Wir setzen:

$U = \bigcup_{n \in \mathbb{N}} U_{2n}$.

Dann gilt:

(+) $P - U$ ist abzählbar.

Beweis von (+)

U ist dicht und offen in X, also ist $X - U$ nirgendsdicht.
Wegen P Mahlo-Lusin-Menge ist also $P - U = P \cap (X - U)$ abzählbar.

Sei $x_0, x_1, \ldots$ eine Aufzählung von $P - U$, evtl. mit Wiederholungen.
Für $n \in \mathbb{N}$ sei U_{2n+1} offen mit $x_n \in U_{2n+1}$ und $\mathrm{diam}(U_{2n+1}) < \varepsilon_{2n+1}$.
– Dann ist $P \subseteq \bigcup_{n \in \mathbb{N}} U_n$, und $\mathrm{diam}(U_n) < \varepsilon_n$ für alle $n \in \mathbb{N}$.

Im letzten Teil des Beweises beweisen wir de facto (iii) der vorletzten Übung.

Der Beweis des Satzes nutzt eine vielleicht etwas verblüffende Eigenschaft einer Mahlo-Lusin-Menge P: Für beliebig feine offene Überdeckungen U einer beliebigen abzählbaren dichten Teilmenge von X ist P – U abzählbar. Hatten wir uns daran gewöhnt, daß solche Überdeckungen, die zunächst den ganzen Raum auszufüllen scheinen, vom Standpunkt der Längenmessung aus betrachtet sehr klein sein können, so sind sie aus der Sicht einer Mahlo-Lusin-Menge doch in jedem Falle sehr groß, da sie nur abzählbar viele Punkte einer solchen Menge auslassen.

Wohlordnungen der Länge ω_1

Wir stellen zum Ende dieses Zwischenabschnitts noch ein klassisches Argument für das Lebesgue-Maß auf $\mathbb{R}$ vor. Es funktioniert analog auch für den Cantorraum. Gleich im Anschluß werden wir ein allgemeineres Resultat ohne Zuhilfenahme der Kontinuumshypothese beweisen.

Sei $I = [0, 1]$. Unter (CH) existiert eine Bijektion $g : I \to \omega_1$. Sei $<_g$ die durch g induzierte Wohlordnung auf I. Dann sind $\langle I, <_g\rangle$ und $\langle \omega_1, <\rangle$ ordnungsisomorph. Die Besonderheit einer derartigen Wohlordnung auf dem Einheitsintervall I ist:

(+) Für alle $x \in I$ ist das Anfangsstück $I_x = \{ y \in I \mid y <_g x \}$ abzählbar.

Diese Eigenschaft ist zuweilen sogar als (wohl recht schwaches) intuitives Argument gegen die Kontinuumshypothese vorgebracht worden.

Eine Wohlordnung mit (+) kann nun aber nicht Lebesgue-meßbar sein, da sie dem Satz von Fubini zuwiderläuft:

Satz *(Wohlordnungen der Länge ω_1 sind nicht Lebesgue-meßbar)*
Sei $\langle [0, 1], <\rangle$ eine Wohlordnung mit $\langle [0, 1], <\rangle \equiv \langle \omega_1, <\rangle$.
Dann ist $< \subseteq [0,1]^2$ nicht Lebesgue-meßbar.

Beweis
Annahme doch. Sei $I = [0, 1]$, und seien λ das Lebesgue-Maß auf I, λ^2 das Lebesgue-Maß auf $I \times I$. Für $x \in I$ setzen wir:

$$W(x) = \{ y \in I \mid (y, x) \in < \} = \{ y \in I \mid y < x \} = I_x,$$
$$S(x) = \{ y \in I \mid (x, y) \in < \} = \{ y \in I \mid x < y \} = I - (I_x \cup \{ x \}).$$

Dann ist W(x) abzählbar für alle $x \in I$, also gilt $\lambda(W(x)) = 0$ für alle $x \in I$.
Nach dem Satz von Fubini gilt dann $\lambda^2(<) = 0$.
Andererseits ist $I - S(x)$ abzählbar für alle $x \in I$, also gilt $\lambda(S(x)) = 1$ für alle $x \in I$. Nach dem Satz von Fubini gilt dann $\lambda^2(<) = 1$, *Widerspruch.*

Dieser Beweis ist ein klassisches Beispiel, wie (CH) manche Argumente vereinfacht und besonders klar zu Tage fördert. Wir zeigen nun aber, daß wir für dieses Resultat auf die Annahme von (CH) verzichten können, und beweisen ein analoges Ergebnis über die Baire-Meßbarkeit.

Wohlordnungen von polnischen Räumen

Die bisherigen Konstruktionen von irregulären Teilmengen eines polnischen Raumes $\mathcal{X} = \langle X, \mathcal{U} \rangle$ beruhen letztendlich alle auf einer Wohlordnung der zugrundeliegenden Menge X. Damit liegt die Vermutung nahe, daß eine solche Wohlordnung selbst, aufgefaßt als Teilmenge von X^2, irregulär ist. Hinsichtlich der Baire-Eigenschaft brauchen wir den folgenden grundlegenden Satz über die Topologie eines Produktes [Kuratowski / Ulam 1932]:

Satz *(Satz von Kuratowski-Ulam)*

Sei $\mathcal{X} = \langle X, \mathcal{U} \rangle$ ein polnischer Raum, und sei $\mathcal{X}^2 = \mathcal{X} \times \mathcal{X}$, d. h. der Raum X^2 mit der von $\{ U \times V \mid U, V \in \mathcal{U} \}$ erzeugten Topologie.
Sei $P \subseteq X^2$ Baire-meßbar für $\mathcal{X}^2$. Dann sind

$\{ x \in X \mid \{ y \in X \mid (x, y) \in P \}$ ist nicht Baire-meßbar $\}$ und

$\{ y \in X \mid \{ x \in X \mid (x, y) \in P \}$ ist nicht Baire-meßbar $\}$

mager in X.
Weiter sind die folgenden Aussagen äquivalent:

(i) P ist mager.

(ii) $\{ x \in X \mid \{ y \in X \mid (x, y) \in P \}$ ist mager $\}$ ist komager.

(iii) $\{ y \in X \mid \{ x \in X \mid (x, y) \in P \}$ ist mager $\}$ ist komager.

Einen Beweis findet der Leser in den meisten Büchern zur Topologie, vgl. Literaturverzeichnis zu Anhang 4.

Die Äquivalenz von (i), (ii) und (iii) bleibt offenbar richtig, wenn man jeweils „mager“ durch „komager“ ersetzt.

Übung

Sei $\mathcal{X} = \langle X, \mathcal{U} \rangle$ ein polnischer Raum, und seien $A, B \subseteq X$ Baire-meßbar.
Dann ist $A \times B$ Baire-meßbar in $\mathcal{X} \times \mathcal{X}$.

[Es gilt $A \times B = (A \times X) \cap (X \times B)$. *Zu $A \times X$ Baire-meßbar:*
Sei $A = \bigcap_{n \in \mathbb{N}} U_n \cup \bigcup_{n \in \mathbb{N}} N_n$, U_n offen, N_n nirgendsdicht.
Dann ist $A \times X = \bigcap_{n \in \mathbb{N}} (U_n \times X) \cup \bigcup_{n \in \mathbb{N}} (N_n \times X)$.
Für $n \in \mathbb{N}$ ist $U_n \times X$ offen und $N_n \times X$ nirgendsdicht in X^2.]

Mit Hilfe des Satzes von Kuratowski-Ulam können wir nun leicht zeigen, daß Wohlordnungen von überabzählbaren polnischen Räumen im zugehörigen Produktraum nicht Baire-meßbar sein können.

Satz *(Wohlordnungen und Baire-Meßbarkeit)*

Sei $\mathcal{X} = \langle W, \mathcal{U} \rangle$ ein überabzählbarer polnischer Raum, und sei $< \subseteq W \times W$ eine Wohlordnung von W.
Dann ist $<$ nicht Baire-meßbar im Produktraum $\mathcal{X} \times \mathcal{X}$.

Beweis

O. E. ist W perfekt und nichtleer. (Denn cp(W) ist perfekt und nichtleer, und ist $< \cap \text{cp}(W)^2$ nicht Baire-meßbar, so ist auch $<$ nicht Baire-meßbar.)

Annahme, $<$ ist Baire-meßbar. Wir zeigen zunächst:

(+) Sei $Y \subseteq X$ Baire-meßbar und nicht mager. Dann gilt:
$<|Y$ ist Baire-meßbar und nicht mager.

Beweis von (+)

Mit Y ist Y^2 Baire-meßbar, und damit ist $<|Y = < \cap Y^2$ Baire-meßbar.
Annahme, $<|Y$ ist mager. Dann existieren nach dem Satz von Kuratowski-Ulam magere M_0 und M_1 mit

$A(x) = \{ y \in Y \mid y < x \}$ ist mager für alle $x \in Y - M_0$,

$E(x) = \{ y \in Y \mid x < y \}$ ist mager für alle $x \in Y - M_1$.

Wegen Y nicht mager existiert ein $x \in Y - (M_0 \cup M_1)$.
Wegen W perfekt ist $\{ x \}$ nirgendsdicht. Dann ist aber
$Y = A(x) \cup \{ x \} \cup E(x)$ mager, *Widerspruch*.

X selbst ist nicht mager (da $X \neq \emptyset$). Nach (+) ist also $<$ nicht mager.
Wir setzen:

x^* = „das $<$-kleinste $x \in W$ mit: W_x ist Baire-meßbar und nicht mager“.

x^* existiert nach dem Satz von Kuratowski-Ulam, da $<$ Baire-meßbar und nicht mager ist (und da $W_x = \{ y \in W \mid (y, x) \in < \}$ für alle $x \in W$).

Nach (+) ist dann $<|W_{x^*}$ Baire-meßbar und nicht mager.
Wieder nach Kuratowski-Ulam existiert dann aber ein $y \in W_{x^*}$ mit:

W_y ist Baire-meßbar und nicht mager.

Dies steht im *Widerspruch* zur $<$-minimalen Wahl von x^*. ∎

Ein analoger Satz gilt für die Lebesgue-Meßbarkeit, wobei hier wieder der Satz von Fubini die Rolle des Satzes von Kuratowski-Ulam übernimmt. Zudem wird keine spezielle Eigenschaft des Lebesgue-Maßes verwendet (außer der Bedingung $\mu(\{ x \}) = 0$ für alle x). Es gilt also:

Satz *(Wohlordnungen und Meßbarkeit)*

Sei $\mathscr{X} = \langle W, \mathscr{A}, \mu \rangle$ ein σ-finiter Maßraum mit $\mu(\{ x \}) = 0$ für alle $x \in W$.
Weiter sei $< \subseteq W \times W$ eine Wohlordnung auf W.
Dann ist $<$ nicht meßbar für das Produktmaß $\mu \times \mu$ auf $\mathscr{X} \times \mathscr{X}$.

Literatur

Bernstein, Felix 1908 Zur Theorie der trigonometrischen Reihen; *Berichte über die Verhandlungen der Königlich Sächsischen Gesellschaft der Wissenschaften zu Leipzig, Mathematisch- Physikalische Klasse 60 (1908), S. 325 – 338.*

Kunen, Kenneth / Vaughan, Jerry E. 1984 Handbook of Set Theoretic Topology; *North-Holland, Amsterdam. (Taschenbuchausgabe 1988)*

Kuratowski, Kazimierz / Ulam, Stanisław 1932 Quelques propriétés topologiques du produit combinatoire; *Fundamenta Mathematicae 19 (1932), S. 247 – 251.*

Laver, Richard 1976 On the consistency of Borel's conjecture; *Acta Mathematica 137 (1976), S. 151 – 169.*

Lusin, Nikolai / Sierpiński, Wacław 1918 Sur quelques propriétés des ensembles (A); *Bulletin de l'Académie des Sciences Cracovie (1918), S. 35 – 48.*

– 1923 Sur un ensemble non mesurable B; *Journal de Mathématiques Pures et Appliquées 9 (1923), S. 53 – 72.*

Miller, Arnold W. / Popvassilev, Strashimir 2000 Vitali sets and Hamel bases that are Marczewski measurable; *Fundamenta Mathematicae 166 (2000), S. 269 – 279.*

Vitali, Guiseppe 1905 Sul problema della misura dei gruppi di punti di una retta; *Gamberini e Parmeggiani, Bologna.*

Vleck, Edward B. van 1908 On non-measurable sets of points, with an example; *Transactions of the American Mathematical Society 9 (1908), S. 237 – 244.*

5. Unendliche Zweipersonenspiele

Dieses Kapitel bringt scheinbar gänzlich verschiedene Bereiche zusammen: Unendliche Spiele, Regularitätseigenschaften von Mengen reeller Zahlen und eine gewisse Regel der Logik.

Wir konzentrieren uns hier auf die Mathematik und geben eine ausführliche begriffliche Einführung in das relativ moderne Thema. Auf die geschichtliche Entwicklung der unendlichen Zweipersonenspiele gehen wir dann am Ende des nächsten Kapitels ein. Sie fällt gänzlich in das 20. Jahrhundert.

Wir beginnen mit der logischen Regel, die die beiden Quantoren „für alle" und „es gibt" betrifft. Im Wechsel aufeinanderfolgende All- und Existenzquantoren können dem Verstand Schwierigkeiten bereiten, man denke etwa an die ε-δ-Formulierungen in der Analysis. In der Mathematikgeschichte und vielleicht auch in der persönlichen Erfahrung des Lesers finden sich unerlaubte Vertauschungen von

für alle x gibt es ein y, sodaß gilt … mit

es gibt ein y, sodaß für alle x gilt …

Die zweite Form drückt vielleicht die Sehnsucht nach universell geeigneten Objekten aus – doch anstelle einer psychologischen Erklärung solcher Fehlschlüsse versuchen wir lieber, der Mathematik des Quantorenwechsels auf die Spur zu kommen. Wir borgen aus der mathematischen Logik die Zeichen $\forall$ für „für alle", $\exists$ für „es gibt" und schließlich $\neg$ für „non" oder „nicht"; wir gebrauchen sie hier lediglich zur Abkürzung. Weithin bekannt sind die beiden Verneinungsregeln

$\neg \exists x\, \varphi(x)$ *gdw* $\forall x \neg \varphi(x)$ und

$\neg \forall x\, \varphi(x)$ *gdw* $\exists x \neg \varphi(x)$

für beliebige mathematische Aussagen $\varphi(x)$. Iteration dieser Regeln liefert für alle $n \in \mathbb{N}$:

$$\neg \exists x_0 \forall x_1 \exists x_2 \dots Q x_n\ \varphi(x_0, \dots, x_n) \quad gdw \quad \forall x_0 \exists x_1 \forall x_2 \dots Q^* x_n \neg \varphi(x_0, \dots, x_n),$$
$$\neg \forall x_0 \exists x_1 \forall x_2 \dots Q^* x_n\ \varphi(x_0, \dots, x_n) \quad gdw \quad \exists x_0 \forall x_1 \exists x_2 \dots Q x_n\ \neg \varphi(x_0, \dots, x_n),$$

wobei hier Q gleich $\forall$ ist für ungerade n und gleich $\exists$ sonst, und Q^* den von Q verschiedenen Quantor bezeichnet. Für spezielle Aussagen φ können wir diesen Formeln eine verblüffende, einfache und intuitive Interpretation geben, die den iterierten Quantorenwechsel in einem sehr sympathischen Licht erscheinen läßt.

Wir betrachten hierzu eine nichtleere Menge A als Bereich, über den die Quantoren laufen, und lesen dann $\forall x$ als „für alle $x \in A$" und analog $\exists x$ als „es existiert ein $x \in A$". Für $n \in \mathbb{N}$ betrachten wir als Formeln $\varphi(x_0, \ldots, x_n)$ Aussagen der Form $(x_0, \ldots, x_n) \in P$ mit $P \subseteq A^{n+1}$.

Wir lesen nun $x_0, x_1, \ldots, x_n$ als eine Menge von Spielzügen, die zwei Spieler I und II – zuweilen auch Adam und Eva genannt – wechselweise ausführen. Die einzelnen Züge sind Elemente der Menge A, d. h. es gilt $x_i \in A$ für alle i.

Wir erlauben zunächst Zugfreiheit an jeder Stelle, d.h. es steht immer die gesamte Menge A für jeden Zug zur Verfügung; später betrachten wir Einschränkungen, also Spiele mit zusätzlichen Regeln.

Wir betrachten folgende Situation: Gegeben ist ein $n \in \mathbb{N}$ und ein $P \subseteq A^{n+1}$. Spieler I eröffnet das Spiel mit einem wohlpräparierten Zug $x_0 \in A$, Spieler II antwortet abgeklärt mit $x_1 \in A$, Spieler I kontert unbeeindruckt mit $x_2 \in A$, Spieler II spielt ein besonders tiefsinniges x_3, Spieler I ein selten gesehenes x_4, Spieler II ein denkwürdiges x_5, Spieler I ein x_6, das die Fachwelt schockiert, usw. Allgemein ist x_{2k} der $(k+1)$-te Zug von Spieler I und x_{2k+1} der k-te Zug von Spieler II, solange 2k bzw. 2k + 1 kleinergleich n ist. Das Spiel endet, wenn insgesamt $(n+1)$-Züge gespielt sind, also mit dem Zug x_n. Es liegt nun die *Partie* $x_0, \ldots, x_n$ vor. Wir erklären

Spieler I als den Gewinner der Partie $(x_0, \ldots, x_n)$ *im Spiel* $G_A(P)$,

falls $(x_0, \ldots, x_n) \in P$ gilt. Andernfalls gebührt dem Spieler II Ruhm und Ehre des Sieges. Es gibt also kein Unentschieden. Spieler I versucht, die Partie in der *Gewinnmenge* P zu halten, Spieler II versucht eine Partie in $A^{n+1} - P$ zu erzeugen.

Der Leser wird nach einem Moment der logischen Besinnung sehen, daß die zunächst undurchdringlich erscheinende Aussage

$$\exists x_0\, \forall x_1 \ldots Q x_n\ (x_0, \ldots, x_n) \in P$$

nichts anderes bedeutet als die seit Kindertagen vertraute Behauptung: Spieler I kann bei gutem Spiel das Spiel $G_A(P)$ gewinnen, oder, etwas fremdwortreicher formuliert, Spieler I hat eine *Gewinnstrategie* im Spiel $G_A(P)$. Dies heißt nämlich: Es gibt einen „guten" Zug x_0, sodaß es für alle Antworten x_1 von Spieler II einen „guten" Zug x_2 gibt (der von x_1 abhängt), sodaß es für alle Antworten x_2 von Spieler II … … …, sodaß die am Ende gespielte Partie $x_0, \ldots, x_n$ in P liegt. Spielt Spieler I immer „gute" Züge, so gewinnt er die Partie, egal wie sich Spieler II krümmt und wendet. Wir werden die hier verwendeten Begriffe, insbesondere „Gewinnstrategie", später noch mathematisch genau definieren.

Analog besagt nun aber die Formel

$$\forall x_0\, \exists x_1 \ldots Q x_n\ (x_0, \ldots, x_n) \notin P,$$

daß Spieler II das Spiel $G_A(P)$ bei gutem Spiel gewinnt.

Wir sagen kurz: *Spieler I gewinnt* $G_A(P)$, falls I eine Gewinnstrategie im Spiel $G_A(P)$ besitzt. Analoge Sprechweisen gelten für II. In der Kürze liegt eine gewisse Ungenauigkeit: „I gewinnt P" meint nicht, daß Spieler I bei beliebig dusseligem Spiel gewinnen würde; wir meinen „bei gutem Spiel".

Die obigen Verneinungsregeln für Quantorenketten liefern nun die beiden folgenden Äquivalenzen:

(a) $\neg \exists x_0 \forall x_1 \ldots Q x_n \; (x_0, \ldots, x_n) \in P$ *gdw* $\forall x_0 \exists x_1 \ldots Q^* x_n \; (x_0, \ldots, x_n) \notin P.$

(b) $\neg \forall x_0 \exists x_1 \ldots Q^* x_n \; (x_0, \ldots, x_n) \in P$ *gdw* $\exists x_0 \forall x_1 \ldots Q x_n \; (x_0, \ldots, x_n) \notin P.$

Die Aussage (a) besagt nun einfach: Spieler I gewinnt $G_A(P)$ genau dann nicht, wenn Spieler II das Spiel $G_A(P)$ gewinnt. Ähnliches gilt für (b). Es gilt also, daß genau einer der beiden Spieler eine Gewinnstrategie im Spiel $G_A(P)$ besitzt. Wir sagen statt dieser Aussage auch, daß *das Spiel $G_A(P)$* bzw. *die Menge P determiniert* ist. Daß nicht beide Spieler zugleich eine Gewinnstrategie haben können, liegt auf der Hand. Die nichttriviale Aussage ist die Existenz einer Gewinnstrategie für einen der beiden Kontrahenten.

Daß jedes endliche Spiel G_P determiniert ist, ist vielleicht nicht überraschend, bedarf aber doch eines Beweises. Dieser wird, modulo einiger fehlender formaler Definitionen, vollständig durch die Äquivalenz (a) geliefert. In den einfachen Verneinungsregeln für Quantorenketten steckt eine bemerkenswerte Kraft.

Der Leser mag sich überlegen, wie wir diese Betrachtungen in einen Beweis umwandeln können, daß etwa die Spiele Schach oder Go determiniert sind. Wir skizzieren das Argument für Schach, da es das bekanntere Spiel ist.

Drei Aspekte des Schachspiels passen noch nicht in unseren Aufbau: Erstens wird nach Regeln gespielt, zweitens ist die Spieldauer variabel, und drittens ist ein Remis möglich. Alle drei Punkte lassen sich in natürlicher Weise in unserer Umgebung behandeln.

Als Zugmenge A wählen wir die Menge aller Paare von Feldern des Schachbretts wie etwa (e2, e4). Genauer wäre etwa

$$A = \{ (x, i, y, j) \mid x, y \in \{ a, \ldots, h \},\; i, j \in \{ 1, \ldots, 8 \} \}.$$

Weiter legen wir etwa $n = 1000$ als obere Grenze der Spieldauer fest. Jede Partie mit einem Matt wird künstlich um konstante Züge (a0, a0) zu einer Partie der Länge n verlängert. Partien der Länge n ohne Matt gelten als Remis. Die Menge $P \subseteq A^n$ besteht nun aus den üblichen (verlängerten) Gewinnpartien für den Spieler der weißen Steine, ergänzt um diejenigen Partien, bei denen Spieler II einen regelwidrigen Zug wie etwa (a0, h1) macht. Insbesondere wird hier Schwarz als Sieger von Remispartien erklärt. Wir wissen dann, daß $G_A(A)$ determiniert ist. Wählen wir andererseits als P' die Menge P vereinigt mit den Remispartien, so gewinnt diesmal I auch alle Remisspiele. $G_A(P')$ ist einfacher für Weiß und härter für Schwarz als $G_A(P)$. Auch das Spiel $G_A(P')$ ist determiniert, und wir erhalten dann als Ergebnis für das übliche (zeitlich begrenzte) Schachspiel mit Remis:

(a) Weiß hat eine Gewinnstrategie im Schachspiel (I gewinnt $G_A(P)$ und damit insbesondere auch $G_A(P')$), *oder*

(b) Schwarz hat eine Gewinnstrategie im Schachspiel (II gewinnt $G_A(P')$ und damit insbesondere auch $G_A(P)$), *oder*

(c) es gibt Strategien für Weiß und Schwarz, bei deren Befolgung die Partie Remis endet (II gewinnt $G_A(P)$ und I gewinnt $G_A(P')$).

Wir haben durch die Analyse der Verneinungsregeln keine Information gewonnen, welcher der beiden Spieler ein Spiel $G_A(P)$, $P \subseteq A^{n+1}$, gewinnt, und dies läßt sich wohl im konkreten Fall wenn überhaupt nur durch eine kombinatorische Feinanalyse von P selbst beantworten; das Schachspiel ist hier wieder ein gutes Beispiel.

Mathematiker fliehen gerne die Qualen der endlichen Kombinatorik und hoffen, über den Weg ins Unendliche mehr über die endliche Welt und ihre Mathematik herauszufinden (zuweilen finden sie dann nicht mehr zurück). Es ist nun in der Tat verführerisch, auch unendliche Spiele zu betrachten. Die Gewinnmengen für Spieler I sind dann von der Form $P \subseteq {}^{\mathbb{N}}A$. Eine Partie ist eine unendliche Folge $x_0, x_1, \ldots, x_n, \ldots$, $n \in \mathbb{N}$, mit $x_n \in A$ für alle $n \in \mathbb{N}$, also einfach ein Element f des Folgenraumes ${}^{\mathbb{N}}A$. Solche f hatten wir eine unendliche, sich stückweise preisgebende Information genannt. Der neue Aspekt ist, daß wir nun eine Folge $f \in {}^{\mathbb{N}}A$ als verzahntes Kräftespiel zweier Gegner lesen. Dieser spezielle Blickwinkel auf die Folgenräume erweist sich als ungemein fruchtbar. Ganz unabhängig von dem für sich interessanten unendlichen Spielkontext führt er zu einem tieferen Verständnis scheinbar weit entfernter Begriffe. Die aufgedeckten Zusammenhänge sind überraschend. Wer kann an dieser Stelle ahnen, daß unendliche Spiele etwas mit der Baire- oder Lebesgue-Meßbarkeit einer Punktmenge im Baireraum zu tun haben?

Damit erscheint das jetzt schon vertraute Objekt $\mathcal{N}$ noch einmal in einem ganz anderen Licht, nämlich als das mathematische Universal-Casino für unendliche Zweipersonenspiele mit abzählbarem Zugvorrat. Der Baireraum hat nun seinen großen Auftritt als interstellares Las Vegas im platonischen Mengenuniversum. Weiter wird die Stellung der Bäume auf den natürlichen Zahlen noch einmal gestärkt. Sie stellen den benötigten Begriffsapparat für Spiele mit Regeln zur Verfügung. Die einem Spieler offenstehenden Optionen in einem Spiel mit Regeln werden einfach durch die Nachfolger eines Knotens in einem Baum beschrieben. Der aktuelle Stand der Partie kann dann mit einem Knoten des Regelbaumes selber identifiziert werden. Der Knoten kodiert den Verlauf der ganzen bislang gespielten Partie.

Wie steht es um Gewinnstrategien für unendliche Spiele? Es steht zunächst keine allgemeine unendliche Verneinungsregel für Quantoren mehr zur Verfügung. Die Frage nach der Determiniertheit einer Menge $P \subseteq \mathcal{N}$ wird zu einem großen und unerwartet reichen mathematischen Problem. Die Determiniertheit eines $P \subseteq \mathcal{N}$ können wir als die Erlaubnis lesen, die Verneinung auch durch unendlich viele Quantoren ziehen zu dürfen:

$$(+_P) \quad \neg \exists x_0 \, \forall x_1 \ldots (x_0, x_1, \ldots) \in P \quad \textit{gdw} \quad \forall x_0 \, \exists x_1 \ldots (x_0, x_1, \ldots) \notin P.$$

Denn dies sagt nichts anderes als: I hat genau dann keine Gewinnstrategie in $G_{\mathbb{N}}(P)$, wenn II eine Gewinnstrategie in $G_{\mathbb{N}}(P)$ hat. Es gilt also $(+_P)$ genau dann, wenn das Spiel $G_{\mathbb{N}}(P)$ determiniert ist.

Die unendliche $\exists \forall \exists \forall \ldots$-Regel $(+_P)$ gilt bei Anwesenheit des Auswahlaxioms nicht für alle $P \subseteq \mathcal{N}$, wie wir zeigen werden. Sie gilt aber für viele P und erweist sich im Verlauf der systematischen Untersuchung unendlicher Spiele als die vielleicht längste mathematische Praline der Welt. Man darf sie als die ultimative Regularitätseigenschaft bezeichnen. Ein großes Stück der klassischen Theorie der Untersuchung von Mengen reeller Zahlen ist vom heutigen Standpunkt aus gesehen eine Exegese des Satzes von der Determiniertheit offener $P \subseteq \mathcal{N}$. Der genaue Zusammenhang ist kompliziert, aber grob gesprochen heißt „determiniert" nichts anderes als „superregulär".

Es wird Zeit für genaue mathematische Definitionen.

Unendliche Spiele

Sei A eine nichtleere Menge, und sei $T \subseteq \mathrm{Seq}_A$ ein blattfreier nichtleerer Baum auf A. Für $P \subseteq [T]$ betrachten wir das Spiel G(P, T) für zwei Spieler I und II. Die Spieler spielen abwechselnd Elemente aus A:

I	a_0		a_2		a_4		...
II		a_1		a_3		...	

wobei $\langle a_0, \ldots, a_n \rangle \in T$ gilt für alle $n \in \mathbb{N}$. Der Baum T beschreibt also die Spielregeln. Die Spieler müssen ihre Züge a_i so wählen, daß die gespielte Partie regelgerecht, d. h. innerhalb des Baumes T verbleibt.

Spieler I gewinnt, falls $\langle a_n \mid n \in \mathbb{N} \rangle \in P$. Andernfalls gewinnt Spieler II. Es gibt kein Unentschieden. Die Spieler sehen die Züge des Gegners. In einem Spiel G(P, T) macht immer Spieler I den ersten Zug.

Soweit der intuitive Kontext. Wir definieren:

Definition *(Regelbäume, Positionen, Züge, Partien)*

Sei A eine nichtleere Menge, und sei $T \subseteq \mathrm{Seq}_A$ ein blattfreier nichtleerer Baum auf A.

(a) T heißt auch *ein Regelbaum.*
Ist $t \in T$, so heißt t eine *Position eines Spiels mit Regeln T.*
Ist $|t|$ gerade, so heißt t *eine Position für Spieler I.*
Andernfalls heißt t *eine Position für Spieler II.*

(b) Sei $s = t^\frown a \in T$ für ein $a \in A$. Ist $|t|$ gerade, so sagen wir: *Spieler I spielt a an der Position t* oder *erzeugt die Position s durch den Zug a bei t.* Analog für Spieler II, falls $|t|$ ungerade.

(c) Sei $f \in [T]$. Dann heißt f eine *(unendliche) Partie in einem Spiel mit Regeln T.* Für $k \in \mathbb{N}$ heißen f(2k) der *(k + 1)-Zug von Spieler I in der Partie f* und f(2k + 1) der *k-te Zug von Spieler II in der Partie f.*

Ein Regelbaum wird zu einem Spiel, wenn wir festlegen, welche Partien Spieler I gewinnt:

Definition *(Spiele, Gewinnmenge)*

Sei T ein Regelbaum, und sei $P \subseteq [T]$.
Dann heißt das Paar G(P, T) = (P, T) das *(unendliche Zweipersonen-) Spiel mit Regeln T und Gewinnmenge P für Spieler I.*

Das „G“ in G(P, T) steht für „game“. G(P, T) ist offiziell nichts als ein geordnetes Paar (P, T). Wie so oft in der Mathematik soll der informale Kontext aber nicht aufgegeben werden, und ein „G“ soll immer eine Spielsituation mit allen zugehörigen Begriffen suggerieren und nicht nur ein geordnetes Paar von mathematischen Objekten.

Wir haben die Positionen eines Spieles als die Elemente eines Baumes definiert. Eine Position ist damit eine partielle Partie. Aus einer Position läßt sich der gesamte bisherige Verlauf des Duells ablesen. Positionen entsprechen also nicht etwa den bekannten Diagrammen einer Schachpartie, sondern eher dem von den Schachspielern oder einem Spielleiter angefertigten Protokoll. Verschiedene Zugfolgen können zu den gleichen Diagrammen führen, das Protokoll erst enthält alle Information der gespielten Schachpartie. Die mittlerweile mathematisch übliche Bezeichnung *Position* meint also partielle Partie, bisheriger Verlauf, Protokoll, Zugfolge. Die Diagramme einer Schachpartie entsprechen dann gewissen Äquivalenzklassen von Positionen.

Die meisten bekannten Spiele haben in der Tat Regeln, die auf einer größeren Äquivalenzklasse von Positionen definiert sind und nicht auf den Positionen selber. Beim Schach etwa sind, von einigen Sonderregeln abgesehen, die möglichen Züge des aktiven Spielers nur vom Diagramm der bisher gespielten Partie abhängig, nicht von ihrem Verlauf. Unser mathematischer Positionsansatz ist allgemeiner, und zudem notationell bequemer.

Schließlich brauchen wir noch eine Notation für das allgemeine Zugreservoir eines Regelbaumes:

Definition *(Zugreservoir)*

Sei T ein Regelbaum. Dann setzen wir:

$$A(T) = \{ a \mid t^\frown\langle a \rangle \in T \text{ für ein } t \in T \}.$$

A(T) heißt *das Zugreservoir von T.*

Für Spiele G(P, T) gilt also $T \subseteq \mathrm{Seq}_{A(T)}$ und $P \subseteq [T] \subseteq {}^{\mathbb{N}}A(T)$. Zuweilen reden wir aber von Spielen G(P, T) ohne zu wissen oder zu wollen, daß P eine Teilmenge von [T] ist. Spieler I hat dann u. U. Gewinnpartien, die gar nicht gespielt werden können. Wir meinen dann mit G(P, T) einfach G(P ∩ [T], T). Wir vereinbaren also:

Konvention

Für beliebige P ist G(P, T) = G(P ∩ [T], T).

Strategien

Es gibt mehrere natürliche mathematische Definitionen für den Begriff einer Strategie. Eine Strategie schlägt einem Spieler an einer Position einen oder mehrere Züge vor, hält auf alle Antworten des Gegners wieder Vorschläge parat, usw. Für unsere Zwecke ist für eine mathematische Definition einmal mehr das extensionale und nicht das funktionale Denken von Vorteil. Strategien sind in unserem Kontext eher Listen als Algorithmen, eher längliche Spickzettel als komplexe Programme. Wir wählen als offizielle Verlautbarung eine Definition über Bäume:

Definition *(Strategie, Zugvorschlag einer Strategie an der Position t, S(t))*
Sei T ein Regelbaum, und sei $S \subseteq T$ ein Baum.

(a) S heißt eine *Strategie für Spieler I in T,* falls gilt:
  (i) Für alle Positionen $t \in S$ für I existiert genau ein $a \in A(T)$ mit $t^\frown a \in S$.
  (ii) Für alle Positionen $t \in S$ für II ist $\mathrm{suc}_T(t) \subseteq S$.

(b) S heißt eine *Strategie für Spieler II in T,* falls gilt:
  (i) Für alle Positionen $t \in S$ für II existiert genau ein $a \in A(T)$ mit $t^\frown a \in S$.
  (ii) Für alle Positionen $t \in S$ für I ist $\mathrm{suc}_T(t) \subseteq S$.

Das eindeutige a in (i) heißt jeweils *der Zugvorschlag von S an der Position t* und wird mit S(t) bezeichnet.
Ein $f \in [T]$ heißt *gespielt gemäß einer Strategie S,* falls $f \in [S]$ gilt.

In dieser Definition ist von einer Gewinnmenge $P \subseteq [T]$ nicht die Rede. Es mag seltsam erscheinen, von Strategien zu reden, ehe man weiß, was man mit ihnen erreichen will. Dieses Vorgehen ist hier aber sinnvoll.

Ist $t = \langle a_0, \ldots, a_n \rangle$, so schreiben wir auch $S(a_0, \ldots, a_n)$ für $S(\langle a_0, \ldots, a_n \rangle)$.

Strategien sind nach dieser Definition einfach spezielle Regelbäume. Ein Spieler, der gemäß einer Strategie spielt, erlegt sich selbst zusätzliche Regeln auf; er spielt nicht mehr lediglich nach den Regeln T, sondern nach den strengen Regeln des Baumes $S \subseteq T$, der ihm für seine Züge gar keine Wahl läßt: Ist Spieler I an der Position t am Zug, so muß er S(t) spielen, wenn er den „Regeln" S folgen will.

Neben dieser Interpretation von Strategien als Disziplinarmaßnahme gibt es die intuitiv angenehmere Sicht von Strategien als Hilfestellung für einen Spieler: Eine Strategie S für Spieler I schlägt einen Anfangszug $a_0 = S(\langle\ \rangle)$ vor, hält für alle regelgerechten Antworten a_1 von Spieler II wieder einen eindeutigen Vorschlag $S(\langle a_0, a_1 \rangle)$ bereit, usw. Solange Spieler I den Vorschlägen seiner Strategie folgt, wird durch die Bedingung (ii) garantiert, daß die Strategie S immer Vorschläge zur Verfügung stellt. Analoges gilt für II.

Sinnvoll ist auch ein Begriff, der mehrere Vorschläge erlaubt.

Definition *(Optionsstrategie)*
Optionsstrategien werden wie Strategien definiert, wobei in obiger Definition das Wort „genau" in (i) jeweils gestrichen wird.
Jedes $a \in A(T)$ wie in (i) heißt dann jeweils *ein Zugvorschlag von S an der Position t.*

Jede Strategie ist auch eine Optionsstrategie. In einem Spiel mit Regeln T ist T selbst eine Optionsstrategie für beide Spieler. Der Baum T, aufgefaßt als Optionsstrategie, repräsentiert ein zufälliges, beliebiges Spiel.

Aus der Existenz einer Wohlordnung auf dem Zugreservoir A(T) (oder durch Auswahlakte „ein …") folgt die Möglichkeit, eine Optionsstrategie zu einer Strategie zu reduzieren:

Übung

Sei S eine Optionsstrategie für I. Dann existiert eine Strategie $S' \subseteq S$ für Spieler I. Eine analoge Aussage gilt für II.

Spielt Spieler I gemäß einer Strategie S_1 und Spieler II gemäß einer Strategie S_2, so entsteht eine eindeutig bestimmte Partie, nämlich das eindeutige Element von $[S_1 \cap S_2] = [S_1] \cap [S_2]$. Allgemein definieren wir eine Verknüpfung für beliebige Bäume:

Definition *(S_1 ✣ S_2)*

Für Bäume S_1 und S_2 setzen wir:

S_1 ✣ $S_2 = [S_1 \cap S_2]$.

Die Operation $[S_1 \cap S_2]$ würde kein spezielles Zeichen verdienen, wenn sie nicht im Kontext der Spiele eine besondere intuitive Bedeutung hätte:

Definition *(Optionsstrategien gegen Optionsstrategien)*

Sei T ein Regelbaum, und seien $S_1, S_2 \subseteq T$ Optionsstrategien für I bzw. II. Dann heißt S_1 ✣ S_2 die Menge der Partien *S_1 gegen S_2*.

Ist $P \subseteq [T]$, so sagen wir:

(a) *S_1 gewinnt gegen S_2 in G(P, T)*, falls S_1 ✣ $S_2 \subseteq P$.

(b) *S_2 gewinnt gegen S_1 in G(P, T)*, falls S_1 ✣ $S_2 \subseteq {}^{\mathbb{N}}A(T) - P$.

Gilt weder (a) noch (b), so heißen *S_1 und S_2 ein abhängiges Paar für G(P, T)*.

S_1 ✣ S_2 ist die Menge aller möglichen Partien, die Spieler I gemäß S_1 und zugleich Spieler II gemäß S_2 spielt. Diese Menge ist niemals leer. Sind speziell S_1 und S_2 Strategien, so ist S_1 ✣ S_2 eine Menge mit genau einem Element. Zwei Strategien sind also niemals abhängige Paare. Wir können die resultierende Partie f eines „Strategiekampfes" S_1 ✣ $S_2 = \{ f \}$ zweier Strategien auch rekursiv definieren. Für $n \in \mathbb{N}$ gilt nämlich:

$$f(n) = \begin{cases} S_1(f|n) & \textit{falls} \text{ n gerade,} \\ S_2(f|n) & \textit{sonst.} \end{cases}$$

Es ist in der Regel ungefährlich, hier die Folge f und die Einermenge { f } zu verwechseln, und wir werden für Strategien S_1 und S_2 oft von der Partie S_1 ✣ S_2 sprechen und nicht von ihrem einzigen Element.

Wir betrachten schließlich noch spezielle einfache Strategien und die zugehörigen Verknüpfungen.

Definition *($S \text{✣} f$, $f \text{✣} S$, $f \text{✣} g$)*
Seien T ein Regelbaum, S eine Optionsstrategie für I, und sei $f \in {}^{\mathbb{N}}A$.
Wir setzen:

$S \text{✣} f = S \text{✣} S_f$, wobei

$$S_f = \{ \langle a_0, \ldots, a_n \rangle \in T \mid n \in \mathbb{N},\ a_{2k+1} = f(k) \text{ für alle } k \text{ mit } 2k+1 \leq n \}.$$

Analog ist $f \text{✣} S = S_f \text{✣} S$ definiert, wenn S eine Optionsstrategie für II ist, wobei nun

$$S_f = \{ \langle a_0, \ldots, a_n \rangle \in T \mid n \in \mathbb{N},\ a_{2k} = f(k) \text{ für alle } k \text{ mit } 2k \leq n \}.$$

Schließlich setzen wir noch

$f \text{✣} g = S_f \text{✣} S_g$ für $f, g \in {}^{\mathbb{N}}A$.

Das so definierte $S_f \subseteq T$ ist i. a. keine Strategie, und dann kann die Menge $S \text{✣} f = [S \cap S_f]$ leer sein. Ist aber zum Beispiel $T = \mathrm{Seq}_A$ für eine nichtleere Menge A, so ist S_f immer eine Strategie und weiter ist dann $f \text{✣} g$ von der Form $\{ h \}$, $h \in {}^{\mathbb{N}}A$, für alle $f, g \in {}^{\mathbb{N}}A$.

Die Strategien S_f lauten für Spiele $G(P, \mathrm{Seq}_A)$ informal: „Spiele f(k) in deinem k-ten Zug." Derartige Strategien nehmen keine Rücksicht auf die vom Gegner gespielten Züge. Sie entsprechen, etwas salopp formuliert, dem blinden Herunterspielen einer vorbereiteten Zugfolge.

Ist S eine Strategie für I in $G(P, \mathrm{Seq}_A)$, und ist $f = \langle b_n \mid n \in \mathbb{N} \rangle \in {}^{\mathbb{N}}A$, so ist das eindeutige Element von $S \text{✣} f$ die Partie

$$a_0 = S(\langle\,\rangle),\quad b_0,\quad a_1 = S(a_0, b_0),\quad b_1,\quad a_2 = S(a_0, b_0, a_1, b_1),\quad b_2,\ \ldots$$

Für $f, g \in {}^{\mathbb{N}}A$ ist das eindeutige Element von $f \text{✣} g$ einfach die Partie

$$f(0),\ g(0),\ f(1),\ g(1),\ \ldots,\ f(n),\ g(n),\ \ldots$$

bei der zwei reichlich bornierte Gegner aufeinander treffen, die ihren Gegner gar nicht wahrnehmen.

Für alle Strategien S_1 und S_2 für I bzw. II in einem Spiel G(P, T) existieren andererseits $f, g \in {}^{\mathbb{N}}A(T)$ mit $S_1 \text{✣} S_2 = f \text{✣} g$. Genauer gilt, daß $f(k) = h(2k)$, $g(k) = h(2k+1)$ für alle $k \in \mathbb{N}$, wobei $S_1 \text{✣} S_2 = \{ h \}$. Das Ergebnis eines Strategiekampfes ist also immer auch das Ergebnis eines beidseitig vorbereiteten Spiels.

Nach diesen formalen Definitionen können wir schrittweise wieder zur informalen Angabe von Strategien zurückkehren und etwa eine Strategie S in der Form angeben: „Spiele soundso, wenn die bisherige Partie die Eigenschaft $\mathscr{E}$ hat, und spiele soundso, wenn sie die Eigenschaft $\mathscr{E}'$ hat, usw." Die formale Präzisierung ist immer möglich, aber oft nicht nötig.

Gewinnstrategien und Determiniertheit

Wir können nun leicht den Begriff einer Gewinnstrategie definieren:

Definition *(Gewinnstrategie und Gewinn)*
Sei G(P, T) ein Spiel.

(a) Eine Optionsstrategie $S \subseteq T$ für I heißt eine *Gewinnstrategie für Spieler I im Spiel G(P, T)*, falls gilt:
$[S] \subseteq P$.

(b) Eine Optionsstrategie $S \subseteq T$ für II heißt eine *Gewinnstrategie für Spieler II im Spiel G(P, T)*, falls gilt:
$[S] \cap P = \emptyset$.

(c) *Spieler I gewinnt G(P, T)*, falls eine Gewinnstrategie für I im Spiel G(P, T) existiert. Analog für Spieler II.

Genauer müßten wir zwischen Gewinnoptionsstrategien und Gewinnstrategien unterscheiden.

Ist S eine Gewinnstrategie für I, so ist auch jede Optionsstrategie $S' \subseteq S$ eine Gewinnstrategie für I. Analoge Aussagen gelten für Spieler II.

Übung
Sei S eine Strategie für I im Spiel G(P, T). Dann sind äquivalent:

(i) S ist eine Gewinnstrategie für I.

(ii) S gewinnt gegen alle Strategien des Gegners, d. h.
es gilt $S \mathbin{✣} S' \subseteq P$ für alle Strategien S′ für II.

Eine analoge Aussage gilt wieder für Strategien für Spieler II.

Eine Gewinnstrategie ist also, wie es sein soll, jeder Strategie des Gegners überlegen. Offenbar können nicht beide Spieler zugleich eine Gewinnstrategie besitzen. Andererseits ist die Existenz einer Gewinnstrategie für einen der beiden Spieler keineswegs klar.

Definition *(determinierte Spiele und determinierte Mengen in Folgenräumen)*
Ein Spiel G(P, T) heißt *determiniert*, falls Spieler I oder Spieler II eine Gewinnstrategie im Spiel G(P, T) besitzt.
Ein $P \subseteq \mathrm{Seq}_A$ heißt *determiniert in* ${}^{\mathbb{N}}A$, falls $G(P, \mathrm{Seq}_A)$ determiniert ist.

Wir unterdrücken oft den Zusatz „in ${}^{\mathbb{N}}A$" für determinierte Mengen $P \subseteq {}^{\mathbb{N}}A$, falls A aus dem Kontext heraus klar ist. Speziell gilt dies für den wichtigsten Fall $A = \mathbb{N}$ und Mengen $P \subseteq \mathcal{N}$.

Spezielle Aspekte

Bevor wir die Frage nach der Existenz von Gewinnstrategien näher untersuchen, betrachten wir noch einige spezielle Aspekte von Zweipersonenspielen, die entweder noch nicht in unseren Kontext hineinpassen oder aber eine spezielle Beachtung verdienen.

Wir betrachten: Spiele mit Endpositionen, freie Spiele, Spiele mit vorgegebener Startposition und schließlich das Pausieren.

Spiele mit Endpositionen

Wir hatten für unsere Spiele G(P, T) nur blattlose Bäume betrachtet. Allgemeiner könnten wir beliebige Bäume T als Regelbäume zulassen. Eine Partie endet dann, wenn ein Blatt von T erreicht ist. Gewinnmengen für I wären dann konsequenterweise Teilmengen von $[T] \cup \{ t \mid t \text{ ist ein Blatt von } T \}$, d. h. Spieler I gewinnt zusätzlich zu einer Menge von unendlichen Partien auch gewisse Endpositionen. So natürlich dieser Ansatz auch erscheint, so erweist sich die Fallunterscheidung zwischen unendlichen und endlichen Partien doch oft als eher lästig. Vor allem aber können wir einem Spiel G(P, T) mit Endpositionen ein äquivalentes Spiel G(P′, T′), T′ blattfrei, zuordnen, indem wir setzen:

$T' = T \cup \{ s \in \mathrm{Seq}_{A(T)} \mid \text{es gibt ein Blatt } t \in T \text{ mit } t \leq s \}$,

$P' = \{ f \in [T'] \mid f \in P \text{ oder } f|n \in P \text{ für ein } n \in \mathbb{N} \}$.

Spieler I gewinnt in G(P′, T′) also zusätzlich zu $P \cap {}^{\mathbb{N}}A(T)$ alle Partien, die durch eine Endposition des ursprünglichen Baumes T laufen und an dieser Stelle in der Gewinnmenge P liegen.

Im folgenden ist also, wie gehabt, in einem Spiel G(P, T) der Regelbaum T immer blattfrei.

Freie Spiele

Häufig studieren wir Spiele „ohne Regeln“:

Definition *(freies Spiel, $G_A(P)$)*

Sei A eine nichtleere Menge, und sei $P \subseteq {}^{\mathbb{N}}A$.

Dann heißt $G_A(P) = G(P, \mathrm{Seq}_A)$ das *freie Spiel in A mit Gewinnmenge P.*

Für $P \subseteq \mathcal{N}$ schreiben wir auch G(P) statt $G_{\mathbb{N}}(P)$.

In freien Spielen spielen die Spieler also einfach abwechselnd Elemente aus einer nichtleeren Menge A. Für jeden Zug steht ihnen ganz A als Vorrat zur Verfügung.

Prinzipiell würde die Betrachtung von freien Spielen genügen. Denn jedem Spiel mit Regeln können wir in kanonischer Weise ein äquivalentes freies Spiel zuordnen. Hierzu definieren wir:

Definition *(assoziiertes freies Spiel)*

Sei G(P, T) ein Spiel, und sei $A \supseteq A(T)$.
Dann ist das *zu G(P, T) assoziierte freie Spiel auf A* das freie Spiel auf A mit der Gewinnmenge

$$P \cup \{ f \in {}^{\mathbb{N}}A \mid f \notin [T] \text{ und das kleinste n mit } f|n \notin T \text{ ist gerade } \}.$$

Wir bezeichnen dieses freie Spiel mit $FG_A(P, T)$.
Weiter schreiben wir FG(P, T) für $FG_{A(T)}(P, T)$.

In $FG_A(P, T)$ gewinnt Spieler I also zusätzlich zu den alten Gewinnpartien alle frei gespielten Partien, bei denen sein Gegner zuerst die alten Spielregeln T verletzt. Wir präzisieren noch:

Definition *(äquivalente Spiele)*

Zwei Spiele $G(P_1, T_1)$ und $G(P_2, T_2)$ heißen *äquivalent*, falls gilt:

(i) I gewinnt $G(P_1, T_1)$ genau dann, wenn I das Spiel $G(P_2, T_2)$ gewinnt.

(ii) II gewinnt $G(P_1, T_1)$ genau dann, wenn II das Spiel $G(P_2, T_2)$ gewinnt.

Die Spiele G(P, T) und $FG_A(P, T)$ sind in diesem Sinne gleichwertig:

Übung

Sei G(P, T) ein Spiel, und sei $A \supseteq A(T)$. Dann sind G(P, T) und das assoziierte freie Spiel $FG_A(P, T)$ äquivalent.

Obwohl wir also im Prinzip auf Spiele mit Regeln verzichten könnten, ist die Betonung von Spielen der Form G(P, T) hier nicht nur sehr natürlich, sondern ermöglicht auch eine einfache Manipulation von gegebenen Spielen. Ein Beispiel hierfür liefern vorgegebene Startpositionen.

Vorgegebene Startpositionen

Oft wollen wir eine bestimmte Position $t \in T$ eines Spieles G(P, T) analysieren und nicht das ganze Spiel G(P, T). Man denke etwa an die Analyse eines Endspiels im Schach. Derartige Spiele starten dann bei der Position t und nicht bei $\langle\,\rangle$. Die Spieler spielen abwechselnd im Regelbaum T oberhalb des Knotens t. Diese Situation können wir in unseren Kontext leicht einbetten, indem wir die Spieler durch neue und strengere Regeln zwingen, die Position t zu erzeugen.

Definition *(die Bäume T_t)*

Sei T ein Baum, und sei $t \in T$. Dann setzen wir:

$$T_t = \{ s \in T \mid s \leq t \text{ oder } t \leq s \}.$$

Regelbäume der Form T_t lassen den beiden Spielern für die ersten $|t|$-Züge einer Partie keine Wahl und eignen sich damit zur Simulation von Spielen mit Startpositionen:

Definition *(Spiele mit Startposition)*
Sei G(P, T) ein Spiel, und sei $t \in T$. Dann heißt
$G(P, T_t) = G(P \cap [T_t], T_t)$ *das Spiel G(P, T) mit Startposition t.*

Für jede Partie f von $G(P, T_t)$ gilt offenbar $t \leq f$. Die Partie f durchläuft also die Position t.

Pausieren

Schließlich betrachten wir noch das aus den endlichen Spielen hinlänglich bekannte Pausieren oder Aussetzen. Die Spieler spielen nun nicht mehr notwendig abwechselnd, sondern können, nach bestimmten Regeln T, mehrere Züge aus der Menge A(T) hintereinander machen. Ein solches Spiel können wir aber als ein Spiel im Rahmen unserer Definitionen auffassen: Die Spieler spielen abwechselnd Elemente aus $\mathrm{Seq}_{A(T)}$. Spielt I eine Folge in A der Länge n + 1, so entspricht dies einem n-maligen Pausieren von Spieler II in einem Spiel mit Zügen aus A, usw.

Der Leser überlege sich etwa eine formale Definition des Regelbaums T auf Seq (d. h. $T \subseteq \mathrm{Seq}_{\mathrm{Seq}}$), der folgendem Spiel mit Pausieren entspricht: I und II spielen abwechselnd Elemente aus ℕ. Ein Spieler muß einmal aussetzen, wenn er eine gerade Zahl spielt.

Wir erwähnen an dieser Stelle noch das Kodieren bzw. Austauschen des Zugreservoirs. Sind A und B gleichmächtig, so lassen sich Spiele G(P, T) mit $T \subseteq \mathrm{Seq}_A$ in äquivalente Spiele G(P′, T′) mit $T' \subseteq \mathrm{Seq}_B$ übersetzen, indem wir die Elemente von A und B über eine Bijektion $f : A \to B$ miteinander identifizieren. Speziell ist etwa jedes Spiel G(P, T) mit $T \subseteq \mathrm{Seq}_{\mathrm{Seq}}$ äquivalent zu einem Spiel G(P′, T′) mit $T' \subseteq \mathrm{Seq}$ (via einer Bijektion $f : \mathrm{Seq}_{\mathrm{Seq}} \to \mathrm{Seq}$). Ein Spiel mit Pausieren auf ℕ ist in dieser Hinsicht ein gewisses Spiel auf ℕ ohne Pausieren: Die Spieler spielen abwechselnd Kodenummern $f(s) \in \mathbb{N}$ für endliche Folgen $s \in \mathrm{Seq}$.

Wir geben im folgenden Spiele oft informal in der Form

I	a_0		a_2		a_4		…
II		a_1		a_3		…	

an, und beschreiben dann die Zugregeln und die Gewinnmenge für I oder II. Eine genaue mathematische Definition des beschriebenen Spiels in der Form G(P, T) ist immer möglich, aber in den meisten Fällen nicht erforderlich. Die informale Form ist meistens sogar besser lesbar. Es hat sich gezeigt, daß für die mathematischen Spiele nur selten Regelfragen auftreten, auch wenn diese nur halbformal angegeben werden. Wie die räumliche Anschauung der Geometrie, so stellt die reale Spielkultur der unendlichen Spieltheorie eine reiche Intuition und ein im allgemeinen sehr zuverlässiges Grundverständnis zur Verfügung. Ähnliches gilt, wie schon oben erwähnt, für Strategien, die wir oft informal in der Form „spiele … in deinem k-ten Zug“ angeben werden.

Einfache Spiele mit ermittelbarem Gewinner

Nur für die allereinfachsten Spiele verläuft der Nachweis der Determiniertheit des Spiels durch die konstruktive Angabe einer Gewinnstrategie für einen der beiden Spieler. Ein Beispiel gibt der folgende Satz. Er zeigt, daß einem Spieler mit einer abzählbaren Gewinnmenge durch Diagonalisierung übel mitgespielt werden kann.

Satz *(abzählbare Gewinnmengen sind Verlustmengen)*

Sei $G_A(P)$ ein freies Spiel, und A habe mindestens zwei Elemente. Dann gilt:

(i) Ist P abzählbar, so gewinnt II.

(ii) Ist ${}^{\mathbb{N}}A - P$ abzählbar, so gewinnt I.

Beweis

Wir zeigen die erste Aussage. Der Beweis von (ii) verläuft analog.
Sei also $f_0, f_1, \ldots, f_n, \ldots$ eine Aufzählung von P (u. U. mit Wiederholungen).
O. E. sind 0 und 1 Elemente von A.
Sei S die folgende Strategie für II:

„Spiele in deinem k-ten Zug 0, falls $f_k(2k + 1) = 1$, und 1 andernfalls.“

Dann ist $[S] \cap P = \emptyset$, denn für $g \in [S]$ und $k \in \mathbb{N}$ ist $g(2k + 1) \neq f_k(2k + 1)$, also ist insbesondere $g \neq f_k$.
Also ist S eine Gewinnstrategie für II. ∎

Die Gewinnstrategie wird hier also konkret gegeben durch die Cantorsche Diagonalisierung der Gewinnmenge des Gegners.

Übung

Formulieren und beweisen Sie einen analogen Satz für Spiele G(P, T) für hinreichend verzweigte Bäume T und abzählbare $P \subseteq [T]$.

[„T perfekt“ genügt hier nicht.]

Zur Unterhaltung des Lesers geben wir noch ein in der Informatik bekanntes komplexeres Spiel, bei dem der Gewinner tatsächlich ermittelt werden kann. Gegeben sind zwei Mengen $A_1 = \{ x_1, x_2, \ldots, x_n \}$, $x_i \neq x_j$ für alle $i \neq j$, und $A_2 = \{ 1, 2, \ldots, n \}$. Spieler I und II spielen wie folgt:

I	a_0		a_1		a_2		…
II		b_0		b_1		…,	

wobei $a_n \in A_1$ und $b_n \in A_2$ für alle $n \in \mathbb{N}$. Spieler I gewinnt eine Partie f, falls gilt:

$$|\{ i \mid f(2n) = x_i \text{ für unendlich viele } n \}| \neq \max(\{ i \mid f(2n+1) = i \text{ für unendlich viele } n \}).$$

Überraschenderweise kann man nun relativ leicht zeigen, daß der zweite Spieler dieses Spiel gewinnt:

Übung

Spieler II hat eine Gewinnstrategie in diesem Spiel.

Auf der anderen Seite gelingt es zuweilen schnell zu zeigen, daß ein Spieler ein Spiel definitiv nicht gewinnen kann, ohne daß dabei unmittelbar eine Gewinnstrategie für den anderen Spieler zu Tage gefördert werden würde:

Übung

Sei A eine abzählbare Menge mit mindestens zwei Elementen.
Sei P eine Mahlo-Lusin-Menge im Folgenraum ${}^{\mathbb{N}}A$.
(Ein solches P existiert, falls wir (CH) annehmen.)
Dann existiert keine Gewinnstrategie für Spieler I in $G_A(P)$.

[Ist S eine Strategie für I, so ist [S] nirgendsdicht in ${}^{\mathbb{N}}A$.
Wegen P Mahlo-Lusin-Menge ist also $P \cap [S]$ abzählbar.
Spieler II kann dann $P \cap [S]$ wie im Beweis oben diagonalisieren.
Oder man argumentiert so: S ist ein nichtleerer perfekter Baum, also ist [S] überabzählbar. Also ist S keine Gewinnstrategie für I.]

Nichtdeterminierte Mengen

Bei perfekter Kenntnis der mathematischen Welt ist ein determiniertes Spiel eher langweilig, da einer der beiden Spieler immer gewinnt, kluges Spiel vorausgesetzt. Mit unseren Kenntnissen über nichtreguläre Mengen und den Körper [S] eines Baumes S können wir sofort ein – in diesem Sinne – interessantes Spiel P angeben:

Satz *(Bernstein-Mengen sind nicht determiniert)*

Es gibt ein $P \subseteq \mathcal{C}$, das nicht determiniert ist.
Genauer gilt: Ist $P \subseteq \mathcal{C}$ eine Bernstein-Menge, so ist P nicht determiniert.

Beweis

Sei $P \subseteq \mathcal{C}$ eine Bernstein-Menge, und sei S eine Strategie in Seq_2 für I oder II.
Dann ist $S \neq \emptyset$ ein perfekter Baum, also ist [S] nichtleer und perfekt.
Wegen P Bernstein-Menge ist also [S] keine Teilmenge von P und auch keine Teilmenge von $\mathcal{C} - P$. Also ist S keine Gewinnstrategie für Spieler I und auch keine Gewinnstrategie für Spieler II. ∎

Das Argument funktioniert allgemein für abzählbare A mit mindestens zwei Elementen (denn dann ist ${}^{\mathbb{N}}A$ ein überabzählbarer polnischer Raum und folglich existiert eine Bernstein-Menge in ${}^{\mathbb{N}}A$). Positiv formuliert zeigt der Beweis:

Korollar *(Determiniertheit und Scheeffer-Eigenschaft)*

Sei A eine abzählbare nichtleere Menge, und sei $P \subseteq {}^{\mathbb{N}}A$ determiniert.
Dann hat P oder ${}^{\mathbb{N}}A - P$ die Scheeffer-Eigenschaft.

Diese Beobachtung liefert einen ersten Zusammenhang zwischen Determiniertheit und Regularität.

Für beliebig große Alphabete folgt die Existenz einer nicht determinierten Menge aus der folgenden Monotonie-Eigenschaft:

Satz *(Vererbung nicht determinierter Mengen auf größere Alphabete)*

Seien A, B Mengen, und sei $A \subseteq B$. Weiter sei $P \subseteq {}^{\mathbb{N}}A$ nicht determiniert.
Dann existiert eine nicht determinierte Menge $P' \subseteq {}^{\mathbb{N}}B$.

Beweis

Sei $G_B(P') = FG_B(P, Seq_A)$ das zu $G_A(P)$ assoziierte freie Spiel auf B.
Dann ist $G_B(P')$ äquivalent zu $G_A(P)$, also nicht determiniert. ∎

Damit erhalten wir nun einen allgemeinen Existenzsatz:

Korollar *(Existenz nichtdeterminierter Mengen, allgemeine Form)*

Sei A eine Menge mit mindestens zwei Elementen.
Dann existiert ein $P \subseteq {}^{\mathbb{N}}A$, das nicht determiniert ist.

Beweis

O.E. ist $\{0, 1\} \subseteq A$, und dann folgt die Behauptung aus dem Vererbungssatz und der Existenz einer nicht determinierten Teilmenge von $\mathscr{C}$. ∎

Wir greifen hier auf die Konstruktion von Bernstein-Mengen und damit auf das Auswahlaxiom zurück. Wir halten ohne Beweis fest, daß sich die Existenz einer nichtdeterminierten Menge $P \subseteq {}^{\mathbb{N}}A$ für überabzählbare A sogar ohne Auswahlaxiom zeigen läßt.

Aufgrund der Wichtigkeit des Ergebnisses geben wir noch einen zweiten, etwas direkteren Beweis für die Existenz einer nicht determinierten Menge. Verläuft die Konstruktion einer Bernstein-Menge durch Diagonalisierung aller perfekten Mengen, so werden im folgenden Beweis alle Gewinnstrategien diagonalisiert. Die Konstruktion wiederholt aber im wesentlichen nur die Konstruktion einer Bernstein-Menge.

Satz *(nicht determinierte Mengen aus einer Wohlordnung von $\mathscr{C}$)*

Es existiert ein $P \subseteq \mathscr{C}$, das nicht determiniert ist.
Genauer gilt: P läßt sich aus einer Wohlordnung auf $\mathscr{C}$ definieren.

Beweis

Sei $<_{\mathscr{C}}$ eine Wohlordnung von $\mathscr{C}$ minimaler Länge. Sei

$\mathscr{S} = \{ S \mid S \text{ ist Strategie für I oder II in } Seq_2 \}$.

Dann gilt $|\mathscr{S} \times \{0, 1\}| = 2^{\omega}$.

Sei $h : \mathscr{C} \to \mathscr{S} \times \{0, 1\}$ bijektiv, und sei $<$ die durch h induzierte Wohlordnung von $\mathscr{S} \times \{0, 1\}$. Mit $<_{\mathscr{C}}$ hat dann auch $<$ minimale Länge. Wir definieren durch Rekursion über $\langle \mathscr{S} \times \{0, 1\}, < \rangle$:

$f_{(S, i)}$ = „das $<_{\mathscr{C}}$-kleinste $f \in [S]$ mit $f \notin \{ f_{(S', j)} \mid (S', j) < (S, i) \}$".

Ein solches f existiert, denn es gilt $|[S]| = 2^{\omega}$ für alle $S \in \mathscr{S}$ und $|\{ (S', j) \mid (S', j) < (S, i) \}| < 2^{\omega}$ nach minimaler Länge von $<$.

Wir setzen:

$D = \{ f_{(S, 0)} \mid S \in \mathscr{S} \}$.

Dann gilt:

(+) D ist nicht determiniert.

Beweis von (+)

Sei S eine Strategie für I. Dann ist $f_{(S, 1)} \in [S] - D$.
Also ist S keine Gewinnstrategie für I.
Sei also S eine Strategie für II. Dann ist $f_{(S, 0)} \in [S] \cap D$.
Also ist S keine Gewinnstrategie für II.

De facto ist $\mathscr{C} - D = \{ f_{S, 1} \mid S \in \mathscr{S} \}$, was wir im Beweis nicht brauchen.

Die Idee des Beweises ist das sukzessive gegenseitige Ruinieren von Strategien. Eine Strategie „entsteht" normalerweise durch Analyse eines gegebenen Spiels. Hier „entsteht" umgekehrt ein Spiel durch eine Analyse aller möglichen Strategien. Die zugehörige Gewinnmenge D ist eine komplexe, aber keineswegs paradoxe Konstruktion. Wie für alle diagonalen Konstruktionen liegt ihrer Existenz die Auffassung zugrunde, daß wir in einer fertigen mathematischen Welt leben, in der wir auf alle Teilmengen einer Menge Zugriff haben, und nicht etwa diese Teilmengen durch unsere Beweise neu erschaffen. Die Irritation, die die Diagonalisierung zuweilen auslöst, ist oft Folge des Vergessens der Anführungszeichen um das Wort „entsteht" für das Konstrukt eines mathematischen Arguments.

Eine Bedingung von Faust in seinem Pakt mit dem Teufel ist: „Zeig mir ein Spiel, bei dem man nie gewinnt." Mephisto antwortet, daß ihn ein solcher Auftrag nicht schrecke. Er kannte wohl obigen Beweis seit seinen Studientagen. Denn zweifellos ist der Teufel ein guter Mathematiker und ein Experte im Spiel mit Gewinnmenge D. Gewinnt eigentlich Gott immer gegen den Teufel in diesem Spiel? Auch er kann keine Gewinnstrategie haben. In diesem 0-1-Spiel öfter zu gewinnen als zu verlieren zeigt den wahren Könner.

Determiniertheit der offenen und abgeschlossenen Mengen

Wir beweisen nun den grundlegenden Satz der Theorie der unendlichen Zweipersonenspiele: Alle offenen und abgeschlossenen Mengen in einem Folgenraum mit beliebigem nichtleeren Zugvorrat A sind determiniert. Auf diesen Satz wird in späteren Determiniertheitsargumenten immer wieder zurückgegriffen werden.

Der Schlüssel für diese Resultate ist eine Analyse eines Spiels G(P, T) durch Analyse der Startpositions-Spiele $G(P, T_t)$ für $t \in T$.

Definition *(gewonnene und verlorene Positionen)*

Sei G(P, T) ein Spiel, und sei $t \in T$.
t heißt *gewonnen (verloren) für I*, falls I (II) das Spiel $G(P, T_t)$ gewinnt.
Analog heißt t *gewonnen (verloren) für II*, falls II (I) das Spiel $G(P, T_t)$ gewinnt.

Ist eine Partie noch nicht verloren, so kann man immer zumindest einen Zug machen, der „nicht schlecht" ist, d.h. einen solchen, der nicht in den Ruin führt:

Satz *(Verlustvermeidung)*

Sei G(P, T) ein Spiel, und sei $t \in T$ nicht verloren für I. Dann gilt:

(i) Ist t eine Position für I, so existiert ein $s \in \mathrm{suc}_T(t)$, das nicht verloren für I ist.

(ii) Ist t eine Position für II, so ist jedes $s \in \mathrm{suc}_T(t)$ nicht verloren für I.

Eine analoge Aussage gilt für Positionen $t \in T$, die nicht verloren für II sind. Die Rollen von gerade und ungerade sind dann vertauscht.

Beweis

zu (i): Annahme nicht. Dann existiert für alle $s \in \mathrm{suc}_T(t)$ eine Gewinnstrategie S_s für II im Spiel $G(P, T_s)$.
Dann ist aber $S = \bigcup_{s \in \mathrm{suc}_T(t)} S_s$ eine Gewinnstrategie für II im Spiel $G(P, T_t)$. Also ist t verloren für I, *Widerspruch.*

zu (ii): Annahme nicht. Dann existiert ein $s \in \mathrm{suc}_T(t)$ derart, daß II eine Gewinnstrategie S in $G(P, T_s)$ hat. Dann ist aber S auch eine Gewinnstrategie für II in $G(P, T_t)$. Also ist t verloren für I, *Widerspruch.*

Diese Überlegungen motivieren die folgende Definition:

Definition *(E_I, E_{II}, S_I, S_{II})*

Sei G(P, T) ein Spiel. Wir setzen:

$E_I = E_I(P,T) = \{ t \in T \mid t$ ist nicht verloren für Spieler I $\}$,
$E_{II} = E_{II}(P,T) = \{ t \in T \mid t$ ist nicht verloren für Spieler II $\}$,
$S_I = S_I(P,T) = \{ t \in T \mid s$ ist nicht verloren für Spieler I für alle $s \leq t \}$,
$S_{II} = S_{II}(P,T) = \{ t \in T \mid s$ ist nicht verloren für Spieler II für alle $s \leq t \}$.

In der Regel sind E_I und E_{II} keine Bäume, was dann zur Definition von S_I und S_{II} Anlaß gibt. S_I ist der von $\langle\,\rangle$ erreichbare Teil von E_I. Analog für S_{II}.

Übung

Geben Sie ein Spiel $G(P, \mathrm{Seq}_2)$ an, sodaß für alle $k \in \mathbb{N}$ gilt:
$0^k \in E_I$, falls k gerade, und $0^k \in E_{II}$, falls k ungerade.

Wir stellen einige einfache Eigenschaften der Objekte zusammen.

Satz *(über E_I, E_{II}, S_I und S_{II})*
Sei G(P, T) ein Spiel. Dann gilt:

(i) $E_I \cup E_{II} = T$,
$E_I \cap E_{II} = \{ t \in T \mid G(P, T_t) \text{ ist nicht determiniert} \}$,
$E_I - E_{II} = T - E_{II} = \{ t \in T \mid \text{I gewinnt } G(P, T_t) \}$.

(ii) Ist S eine Gewinnstrategie für I in G(P, T), so ist $S \subseteq S_I$.
Analoges gilt für S_{II}.

(iii) Die folgenden Aussagen sind äquivalent:
(α) S_I ist eine Optionsstrategie für I in G(P, T).
(β) $S_I \neq \emptyset$.
(γ) $\langle\,\rangle \in S_I$.
(δ) II gewinnt G(P, T) nicht.
Analoge Äquivalenzen gelten für S_{II}.

Der einfache Beweis sei dem Leser zur Übung überlassen.

Wir werden die Mengen E_I und E_{II} kaum verwenden. Wir haben sie hier mit aufgenommen, um den Leser zu motivieren, sich die Lage der Dinge anhand von einigen Beispielen selber klarzumachen, und hierzu ist die Beachtung des Unterschieds von E_I und S_I hilfreich. Der Leser wird etwa sehen, daß oberhalb eines jeden $t \in E_I$ eine Optionsstrategie für Spieler I liegt. Ein solches t kann aber eine Vorgängerposition haben, die verloren für Spieler I ist. E_I ist dann in natürlicher Weise eine Überlagerung von Optionsstrategien für Spiele der Form $G(P, T_t)$, $t \in E_I$, $t = \langle\,\rangle$ oder $t|(|t| - 1) \notin T$. S_I ist hierbei die bei $\langle\,\rangle$ „beginnende" Optionsstrategie dieser Zerlegung. Analoges gilt für E_{II}.

Die Eigenschaften (ii) und (iii) motivieren die folgende Bezeichnung:

Definition *(übergeordnete Optionsstrategie)*
Sei G(P, T) ein Spiel. Ist $\langle\,\rangle \in S_I$, so heißt S_I die *übergeordnete Optionsstrategie für Spieler I.* Analog für S_{II}.

Im nichtleeren Fall sind S_I und S_{II} Optionsstrategien. Einer Optionsstrategie S_I oder S_{II} zu folgen heißt intuitiv, an jeder Stelle zwar nicht unbedingt einen guten, aber doch immerhin keinen katastrophalen Zug zu spielen. In gewissen Fällen führt ein reines Vermeiden von Verlustzügen tatsächlich auch zum Gewinn:

Satz *(S_I und S_{II} als Gewinnstrategien)*
Sei G(P, T) ein Spiel. Dann gilt:

(i) Ist P offen in [T] und $\langle\,\rangle \in S_{II}$, so ist S_{II} eine Gewinnstrategie für II in G(P, T).

(ii) Ist P abgeschlossen in [T] und $\langle\,\rangle \in S_I$, so ist S_I eine Gewinnstrategie für I in G(P, T).

Beweis

zu (i):

Wegen $\langle\ \rangle \in S_{II}$ ist S_{II} eine Optionsstrategie für II.
Sei $f \in P$. Wegen P offen in $[T]$ existiert ein $n \in \mathbb{N}$ mit $[T_{f|n}] \subseteq P$.
Dann ist $G(P, T_{f|n})$ verloren für II (denn $T_{f|n}$ ist eine Gewinnstrategie für I in diesem Spiel). Also ist $f|n \notin S_{II}$ und damit $f \notin [S_{II}]$.
Dies zeigt $[S_{II}] \cap P = \emptyset$, und damit die Behauptung.

zu (ii):

Analog: $[T] - P$ ist offen in $[T]$. ∎

Die Aussage „$\langle\ \rangle \notin S_I(P, T)$" ist äquivalent zu „II gewinnt G(P, T)". Analoges gilt für „$\langle\ \rangle \notin S_{II}(P, T)$". Damit erhalten wir unmittelbar den fundamentalen Satz der Theorie der unendlichen Spiele [Gale / Stewart 1953]:

Korollar *(Determiniertheit offener und abgeschlossener Mengen)*
Sei G(P, T) ein Spiel, und sei P offen oder abgeschlossen in [T].
Dann ist G(P, T) determiniert.
Insbesondere gilt: Alle offenen oder abgeschlossenen $P \subseteq {}^{\mathbb{N}}A$ sind determiniert in ${}^{\mathbb{N}}A$ für beliebige nichtleere Mengen A.

Wir nennen G(P, T) auch kurz ein *offenes bzw. abgeschlossenes Spiel*, wenn P offen bzw. abgeschlossen in [T] ist.

Wir konnten zwar mit Hilfe von S_I und S_{II} beweisen, daß offene und abgeschlossene Spiele determiniert sind, in der Regel ist aber für ein offenes oder abgeschlossenes Spiel weder S_I noch S_{II} eine Gewinnstrategie. Hierzu:

Übung

Geben Sie ein Spiel G(P, T) an mit:

(i) P ist offen in T,

(ii) Spieler I gewinnt G(P, T),

(iii) S_I ist keine Gewinnstrategie in G(P, T).

Für Spiele, die zugleich offen und abgeschlossen sind, ist aber tatsächlich S_I oder S_{II} eine Gewinnstrategie:

Korollar *(S_I und S_{II} in offenen und zugleich abgeschlossenen Spielen)*
Sei G(P, T) ein Spiel, und sei P offen und zugleich abgeschlossen in [T].
Dann ist S_I eine Gewinnstrategie für I oder S_{II} eine Gewinnstrategie für II.

Beweis

Sei S_{II} keine Gewinnstrategie für II.
Wegen P offen ist dann $\langle\ \rangle \notin S_{II}$ nach dem obigen Satz.
Also existiert eine Gewinnstrategie für I. Insbesondere ist dann $\langle\ \rangle \in S_I$.
Wegen P abgeschlossen ist dann aber, wieder nach dem obigen Satz,
S_I eine Gewinnstrategie für I. ∎

Der Hinweis der folgenden Übung beschreibt einen kompakten Beweis der Determiniertheit von offenen und zugleich abgeschlossenen Spielen.

Übung

Beweisen Sie die Determiniertheit offener und zugleich abgeschlossener Spiele G(P, T) direkter mit Hilfe des Satzes über die Verlustvermeidung.

[Ist P offen und abgeschlossen, so existiert für alle $f \in [T]$ ein $n \in \mathbb{N}$ mit $[T_{f|n}] \subseteq P$ oder $[T_{f|n}] \subseteq [T] - P$. Jede Partie f des Spiels G(P, T) ist also bereits zu einem endlichen Zeitpunkt entschieden. Der Satz über die Verlustvermeidung genügt für den Nachweis der Determiniertheit solcher Spiele.]

Determiniertheit der Komplemente

Wir haben hier die Determiniertheit der offenen und abgeschlossenen Spiele parallel bzw. durch Verweis auf analoge Konstruktionen bewiesen. Wir geben nun noch ein Argument, wie sich die Determiniertheit der abgeschlossenen Spiele aus der Determiniertheit der offenen Spiele folgern läßt.

Sei hierzu G(P, T) ein Spiel, und sei P abgeschlossen in [T]. Weiter sei a_0 ein beliebiges Element von A(T) (de facto ist irgendein a_0 geeignet). Wir setzen:

$$T^+ = \{ a_0 ^\frown t \mid t \in T \},$$
$$P^+ = \{ a_0 ^\frown f \mid f \in P \}.$$

Dann ist $G([T^+] - P^+, T^+)$ ein offenes Spiel, also nach Voraussetzung determiniert. Ist S eine Gewinnstrategie für Spieler I in diesem Spiel, so ist

$$S^- = \{ t \mid a_0 ^\frown t \in S \}$$

eine Gewinnstrategie für Spieler II in G(P, T). Analog werden Gewinnstrategien für II für das +-Spiel zu Gewinnstrategien für I im ursprünglichen Spiel.

In dieser Weise kann man oft von der Determiniertheit aller Elemente einer genügend reichhaltigen Familie von Teilmengen eines Folgenraumes auf die Determiniertheit aller ihrer Komplemente schließen. Es gibt andererseits aber keinen allgemeinen lokalen Komplementsatz für determinierte Spiele:

Übung

Es gibt ein determiniertes Spiel G(P, T) derart, daß G([T] − P, T) nicht determiniert ist.

Ein Beweis mit Ordinalzahlen

Obiger Beweis der offenen und abgeschlossenen Determiniertheit ist zwar kurz, weist aber wenige konstruktive Elemente auf. Wir geben nun noch einen Beweis des Resultates mit Hilfe der transfiniten Zahlen. Die Situation ist strukturell sehr ähnlich zur Suche nach dem perfekten Kern einer Menge. Dieser kann in einem Schritt durch Kondensationsbildung oder in feinerer Analyse durch transfinite Iteration der Ableitungsoperation gefunden werden.

Zur Motivation betrachten wir ein Spiel G(P, T). (Als Hintergedanken haben wir „P offen", aber die folgenden Überlegungen sind für alle P gültig.) Spieler I überlegt sich, wie er dieses Spiel gewinnen könnte. Ist $t \in T$ eine Position für I derart, daß $[T_t] \subseteq P$ gilt, so ist t offenbar eine ungemein erstrebenswerte Position für Spieler I, sagen wir 0-erstrebenswert. Ist t eine Position für I und gibt es einen Zug a von I derart, daß für alle Züge b von II $t^\frown a^\frown b$ eine 0-erstrebenswerte Position ist, so ist t ebenfalls eine erstrebenswerte Position für I, sagen wir 1-erstrebenswert. Die Iteration des Begriffs liegt nun auf der Hand. Es zeigt sich, daß n-erstrebenswert für $n \in \mathbb{N}$ i.a. nicht genügt. Wir brauchen die Erweiterung der natürlichen Zahlen ins Transfinite, um diese Analyse des Spiels vollständig zu machen.

Definition *(α-erstrebenswerte Positionen für Spieler I)*

Sei G(P, T) ein Spiel. Wir definieren durch Rekursion über $\alpha < \omega_1$:

$E_0 = \{ t \in T \mid t$ ist eine Position für I und es gilt $[T_t] \subseteq P \}$,

$E_{\alpha+1} = \{ t \in T \mid t$ ist eine Position für I und es gibt einen Zug a von I, sodaß für alle b mit $t^\frown a^\frown b \in T$ gilt, daß $t^\frown a^\frown b \in E_\alpha \}$,

$E_\lambda = \bigcup_{\alpha<\lambda} E_\alpha$ für λ Limes.

Die Elemente von E_α heißen *α-erstrebenswerte Positionen für I* in G(P, T).

Die Folge $\langle E_\alpha \mid \alpha < \omega_1 \rangle$ ist eine $\subseteq$-aufsteigende Folge von Teilmengen von T, d.h. ist $\alpha < \beta$, so ist $E_\alpha \subseteq E_\beta$. Wie für die Ableitung gilt: Ist $E_\alpha = E_{\alpha+1}$ für ein α, so ist $E_\alpha = E_\beta$ für alle $\alpha < \beta < \omega_1$. (Diese Aussagen werden durch eine einfache transfinite Induktion bewiesen.) Nicht überraschen dürfte den Leser:

Satz *(Stabilisierung der Mengen E_α)*

Sei G(P, T) ein Spiel, und sei T abzählbar.

Dann existiert ein $\alpha^* < \omega_1$ mit $E_{\alpha^*} = E_\alpha$ für alle $\alpha^* \leq \alpha < \omega_1$.

Beweis

Annahme nicht. Dann ist $E_\alpha \subset E_{\alpha+1}$ für alle $\alpha < \omega_1$.

Sei $t_0, t_1, \ldots, t_n, \ldots$ eine Aufzählung von T. Für $\alpha < \omega_1$ sei

f_α = „das kleinste $n \in \mathbb{N}$ mit $t_n \in E_{\alpha+1} - E_\alpha$".

Dann ist $f : \omega_1 \to \mathbb{N}$ injektiv, *Widerspruch.*

Die Voraussetzung der Abzählbarkeit von T ist für die folgenden Resultate nur dadurch begründet, daß uns die Ordinalzahlen nur bis ω_1 zur Verfügung stehen. Der Leser, der die Ordinalzahlen zur Gänze kennt, kann die Definition der Mengen E_α und die folgenden Beweise mühelos in eine allgemeine Form bringen.

Definition *(der Wert α^* und die Werte $\alpha(t)$ für $t \in E_{\alpha^*}$)*

Sei G(P, T) ein Spiel, und sei T abzählbar. Wir setzen:

$\alpha^* = \alpha^*(P, T)$ = „das kleinste $\alpha < \omega_1$ mit $E_\alpha = E_\beta$ für alle $\alpha \leq \beta < \omega_1$".

Für $t \in E_{\alpha^*}$ setzen wir:

$\alpha(t) = \alpha_{P,T}(t)$ = „das kleinste α mit $t \in E_\alpha$".

Wir werden gleich zeigen, daß Spieler I alle Spiele $G(P, T_t)$ mit $t \in E_{\alpha^*}$ gewinnt. Für $t \in E_{\alpha^*}$ ist $\alpha(t)$ ein natürliches Maß für den „Schwierigkeitsgrad" des Spiels $G(P, T_t)$ für Spieler I, ein Maß dafür, wieviele Züge Spieler I vom sicheren Gewinn des Spiels entfernt ist. Der folgende Satz beschreibt, wie die Werte $\alpha(t)$ auf der Menge $E_{\alpha^*} \subseteq T$ plaziert sind:

Satz *(Charakterisierung von $\alpha(t)$)*
Sei G(P, T) ein Spiel. Dann gilt für alle $t \in E_{\alpha^*}$ mit $\alpha(t) \neq 0$:

$\alpha(t)$ ist eine Nachfolgerordinalzahl. Genauer gilt:

$$\alpha(t) = \min\{ \sup\{ \alpha(s) \mid s \in \mathrm{suc}_T(t^\frown a) \} \mid a \text{ ist ein Zug von I an der Position t mit } \mathrm{suc}_T(t^\frown a) \subseteq E_{\alpha^*} \} + 1.$$

Der einfache Beweis sei dem Leser zur Übung überlassen.

Als Korollar erhalten wir, daß endlich verzweigte Bäume immer nur endlich-erstrebenswerte Positionen besitzen, d. h. es gilt:

Korollar *($\alpha^* \leq \omega$ für endlich verzweigte Bäume)*
Sei G(P, T) ein Spiel, und sei T endlich verzweigt. Dann gilt $\alpha^* \leq \omega$.

Dagegen kann $\alpha(t)$ für unendlich verzweigte Bäume unendlich sein:

Übung

(i) Sei $P = \{ f \in \mathcal{N} \mid f(k) = 0$ für alle geraden k mit $k \leq 2 \cdot f(1) \}$.
Dann gewinnt I das freie Spiel $G_{\mathbb{N}}(P)$ und es gilt $\alpha^* = \alpha(\langle\,\rangle) = \omega + 1$.

(ii) Es gibt ein Spiel G(P, T) mit T endlich verzweigt und $\alpha^* = \omega$.

Ist $\gamma < \omega_1$, so existiert allgemeiner ein Spiel $G_{\mathbb{N}}(P)$ mit $\alpha^* = \gamma$. Man zeigt dies durch Induktion nach $\gamma < \omega_1$.

Nach diesen die E_α-Konstruktion beleuchtenden Überlegungen können wir nun leicht einen zweiten Beweis für die Determiniertheit offener Spiele angeben.

Satz *(offene Determiniertheit via erstrebenswerter Positionen für I)*
Sei G(P, T) ein Spiel, und sei T abzählbar. Dann gilt:

(i) Spieler I gewinnt $G(P, T_t)$ für alle $t \in E_{\alpha^*}$.
Insbesondere gewinnt I das Spiel G(P, T), falls $\langle\,\rangle \in E_{\alpha^*}$.

(ii) Ist P offen und $\langle\,\rangle \notin E_{\alpha^*}$, so gewinnt Spieler II das Spiel G(P, T).

Beweis

zu (i):

Sei $t_0 \in E_{\alpha^*}$ fest gewählt. Sei dann S die Strategie für I, die an jeder Position t für I folgendes rät:

„*Ist* $t < t_0$, so spiele das eindeutige a mit $t^\frown a \leq t_0$.
Ist $t_0 \leq t$ und $\alpha(t) = 0$, so spiele ein a mit $t^\frown a \in T$.
Andernfalls spiele ein a mit $t^\frown a \in T$, sodaß für alle b mit $t^\frown a^\frown b \in T$ gilt, daß $\alpha(t^\frown a^\frown b) < \alpha(t)$."

Wegen $t_0 \in E_{\alpha^*}$ und der Definition der Mengen E_α für $\alpha < \omega_1$ ist S eine Strategie für I. Wir zeigen, daß S eine Gewinnstrategie ist.

Sei hierzu $f \in [S]$. Dann ist $\alpha(f|k) \in E_{\alpha^*}$ für alle geraden $k \geq |t_0|$. Weiter existiert ein gerades $k^* \geq |t_0|$ mit $\alpha(f|k^*) = 0$, denn *andernfalls* ist

$$\alpha(f||t_0|) > \alpha(f|(|t_0| + 2)) > \ldots > \alpha(f|(|t_0| + 2n)) > \ldots,$$

eine unendliche absteigende Folge von Ordinalzahlen, *Widerspruch*. Dann ist aber $f \in [T_{f|k^*}] \subseteq P$.

zu (ii):

Sei S die Strategie für II, die an jeder Position t für II folgendes rät:

„Spiele ein b mit $t^\frown b \in T$ derart, daß $t^\frown b \notin E_{\alpha^*}$ gilt."

Wegen $\langle\,\rangle \notin E_{\alpha^*}$ und der Definition der Mengen E_α ist S eine Strategie für Spieler II. Wir zeigen, daß S eine Gewinnstrategie ist.

Sei hierzu $f \in [S]$. Nach Definition von S ist

$$f|2k \notin E_{\alpha^*} \supseteq E_0 \quad \text{für alle } k \in \mathbb{N}.$$

Wegen P offen ist dann aber $f \notin P$. ∎

Analoge Überlegungen lassen sich für erstrebenswerte Positionen für den zweiten Spieler durchführen. Wir geben der Vollständigkeit halber die Definition und das entsprechende Resultat kurz an.

Definition (*α-erstrebenswerte Positionen für Spieler II*)

Sei G(P, T) ein Spiel. Wir definieren durch Rekursion über $\alpha < \omega_1$:

$$F_0 = \{ t \in T \mid t \text{ ist eine Position für II, } [T_t] \subseteq [T] - P \},$$

$$F_{\alpha+1} = \{ t \in T \mid t \text{ ist eine Position für II und es gibt ein a mit } t^\frown a \in T, \text{ sodaß für alle b mit } t^\frown a^\frown b \in T \text{ gilt, daß } t^\frown a^\frown b \in F_\alpha \},$$

$$F_\lambda = \bigcup_{\alpha<\lambda} F_\alpha \quad \text{für } \lambda \text{ Limes}.$$

Die Elemente von F_α heißen *α-erstrebenswerte Positionen für II* in G(P, T).

Die Zahlen α^* und $\alpha(t)$ für $t \in F_\alpha$ werden nun wie oben definiert, und wir erhalten:

Satz (*abgeschlossene Determiniertheit via erstrebenswerter Positionen für II*)

Sei G(P, T) ein Spiel, und sei T abzählbar. Dann gilt:

(i) Spieler II gewinnt $G(P, T_t)$ für alle $t \in F_{\alpha^*}$.
Insbesondere gewinnt II das Spiel G(P, T), falls $\mathrm{suc}_T(\langle\,\rangle) \subseteq F_{\alpha^*}$.

(ii) Ist P abgeschlossen und $\mathrm{non}(\mathrm{suc}_T(\langle\,\rangle) \subseteq F_{\alpha^*})$, so gewinnt Spieler I das Spiel G(P, T).

Regularitätsspiele

Das perfekte-Mengen-Spiel

Wir untersuchen nun den Zusammenhang von Determiniertheit und Regularität genauer. Wir hatten bereits gesehen: Gewinnt Spieler I ein Spiel $G_A(P)$ mit $|A| \geq 2$, so existiert eine nichtleere perfekte Teilmenge von P: [S] ist eine solche Menge, falls S eine Gewinnstrategie für I ist. Die Umkehrung ist i. a. falsch, da P und ${}^{\mathbb{N}}A - P$ eine nichtleere perfekte Teilmenge besitzen können.

Unser Ziel ist es nun, ein Spiel zu konstruieren, das genau auf die Scheeffer-Eigenschaft zugeschnitten ist. Dies gelingt für Teilmengen des Cantorraumes in einer überraschend einfachen Weise: Einer der beiden Spieler erhält die Möglichkeit, den anderen Spieler beliebig lange pausieren zu lassen. Das folgende Spiel und seine Untersuchung stammen von Morton Davis (1964).

Sei $P \subseteq \mathscr{C}$. Im *perfekten-Mengen-Spiel* $G^*(P)$ spielen die Spieler I und II abwechselnd:

I	s_0		s_1		s_2		...
II		c_0		c_1		...,	

wobei $s_n \in \mathrm{Seq}_2$ und $c_n \in \{0, 1\}$ gilt für alle $n \in \mathbb{N}$. Spieler I darf insbesondere auch die leere Folge $\langle\ \rangle \in \mathrm{Seq}_2$ spielen (also selbst pausieren).

Spieler I gewinnt eine Partie $f = \langle s_0, c_0, s_1, c_1, \ldots \rangle$ dieses Spiels, falls die 0-1-Folge

$$s_0 \frown \langle c_0 \rangle \frown s_1 \frown \langle c_1 \rangle \frown \ldots$$

ein Element von P ist. Andernfalls gewinnt II.

Formal ist $G^*(P)$ ein Spiel der Form $G(P', T)$ für einen gewissen Baum $T \subseteq \mathrm{Seq}_{\mathrm{Seq}_2}$, wobei wir $c \in \{0, 1\}$ mit Folgen in Seq_2 der Länge 1 identifizieren.

Zur bequemen Formulierung brauchen wir einige Operationen für den Übergang von Positionen und Partien in $G^*(P)$ zu Elementen von Seq_2 und $\mathscr{C}$.

Definition *(die Verbindungsoperation C)*

Sei A eine nichtleere Menge, und sei $s \in \mathrm{Seq}_{\mathrm{Seq}_A}$. Dann setzen wir:

$$C(s) = s(0) \frown s(1) \frown \ldots \frown s(|s| - 1).$$

Für $f \in {}^{\mathbb{N}}\mathrm{Seq}_A$ sei weiter $C(f) = \bigcup_{n \in \mathbb{N}} C(f|n)$.

Offenbar gilt $C(f) \in {}^{\mathbb{N}}A$ genau dann, wenn $f(n) \neq \langle\ \rangle$ unendlich oft.

Der Gewinner einer Partie f in $G^*(P)$ hängt per definitionem nur von C(f) ab, und die C-Operation ist offenbar nicht injektiv auf den Partien des Spiels. Der feine Unterschied zwischen Positionen des Spiels und ihren C-Bildern macht gerade den Reiz des Spiels aus.

Der Beweis des folgenden Satzes illustriert die Bedeutung der Asymmetrie zwischen den Zugmöglichkeiten der beiden Spieler in $G^*(P)$.

Satz *(Gewinnstrategien für I im perfekten-Mengen-Spiel)*
Sei $P \subseteq \mathcal{C}$. Dann sind äquivalent:

(i) I hat eine Gewinnstrategie im perfekten-Mengen-Spiel $G^*(P)$.

(ii) Es existiert eine nichtleere perfekte Teilmenge von P.

Beweis

(i) ⤼ (ii):

Sei S eine Strategie für I, und sei

$T = \{ C(t) \mid t \in S \}$.

Dann ist $T \subseteq Seq_2$ ein perfekter Baum, und $[T] \neq \emptyset$ ist perfekt in $\mathcal{C}$.
Ist nun S sogar eine Gewinnstrategie für I, so ist $[T] \subseteq P$.

(ii) ⤼ (i):

Sei $A \subseteq P$ nichtleer und perfekt, und sei $T = T_A$ der zugehörige Baum.
Sei S die Strategie für I, die an jeder Position t für I folgendes rät:

„Spiele ein $s \in Seq_2$ derart, daß $t\frown s\frown\langle 0 \rangle$, $t\frown s\frown\langle 1 \rangle \in T$."

Ein solches s existiert wegen T perfekt.
Offenbar gilt dann $C(f) \in [T] \subseteq P$ für alle $f \in [S]$.
Also ist S eine Gewinnstrategie für I. ∎

Weiter existiert nun auch eine ansprechende Äquivalenz für die Existenz von Gewinnstrategien für Spieler II. Wir definieren hierzu vorab einen technischen Hilfsbegriff.

Definition *(Verlassen von Funktionen)*
Sei $P \subseteq \mathcal{C}$, und sei S eine Strategie für Spieler II in $G^*(P)$.
Weiter seien $t \in S$ eine Position für I und $f \in \mathcal{C}$. Wir sagen:
S verläßt f an der Position t, falls gilt:

(i) $C(t) \leq f$.

(ii) Für alle $s \in Seq_2$ sind $C(t)\frown s\frown S(t, s) \in Seq_2$ und f inkompatibel, wobei hier $S(t, s) \in \{ 0, 1 \}$ den Zugvorschlag von S an der Position $t\frown\langle s \rangle = \langle t(0), \ldots, t(|t| - 1), s\rangle \in Seq_{Seq_2}$ bedeutet.

Äquivalent hierzu ist die Formulierung: Ist t' eine echte Fortsetzung von t gerader Länge, die II gemäß S gespielt hat, so ist $C(t')$ kein Anfangsstück von f mehr. Das Bild der Partie unter der C-Operation weicht also dem Pfad $f \in \mathcal{C}$ unmittelbar nach t aus.

Der Leser ist aufgefordert, sich mit diesem Begriff vor dem Weiterlesen ein wenig vertraut zu machen. Mutmaßlich sind dann die Aussagen (+) und (++) im folgenden Beweis keine Überraschung mehr.

Satz *(Gewinnstrategien für II im perfekten-Mengen-Spiel)*

Sei $P \subseteq \mathscr{C}$. Dann sind äquivalent:

(i) II hat eine Gewinnstrategie im perfekten-Mengen-Spiel $G^*(P)$.

(ii) P ist abzählbar.

Beweis

(i) ⤳ (ii):

Sei S eine Strategie für II. Dann gilt für alle Positionen $t \in S$ für I:

(+) S verläßt höchstens ein $f \in \mathscr{C}$ an der Position t.

Beweis von (+)

Annahme, S verläßt f_1 und f_2 mit $f_1 \neq f_2$.
Dann gilt insbesondere $C(t) \leq f_1, f_2$.
Sei $n = \delta(f_1, f_2)$ die kleinste Stelle eines Unterschieds von f_1 und f_2.
Dann gilt $n \geq |C(t)|$. Wir setzen:

$s = \langle f_1(|C(t)|), \ldots, f_1(n-1) \rangle$ (s = ⟨ ⟩ ist möglich).

Dann gilt $C(t)^\frown s \leq f_1, f_2$.
Sei $c = S(t, s) \in \{0, 1\}$ der Zugvorschlag von S bei Spiel von s an der Position t durch Spieler I.
Dann gilt $C(t)^\frown s^\frown \langle c \rangle \leq f_1$ oder $C(t)^\frown s^\frown \langle c \rangle \leq f_2$, *Widerspruch.*

Ist nun S sogar eine Gewinnstrategie für II, so gilt zudem:

(++) Ist $f \in P$, so existiert ein $t \in S$ mit: S verläßt f an der Position t.

Beweis von (++)

Andernfalls sei S(f) die Strategie für I, die an jeder Position t für Spieler I rät:

„Spiele ein $s \in Seq_2$ mit $C(t)^\frown s^\frown S(t, s) \leq f$."

Dann gilt $S(f) ✣ S = \{f\} \subseteq P$, *Widerspruch.*

Aus (+) und (++) folgt aber unmittelbar, daß P abzählbar ist, falls S eine Gewinnstrategie für II ist (denn S ist abzählbar).

(ii) ⤳ (i):

Ist P abzählbar, so gewinnt II das Spiel $G^*(P)$ durch eine geeignete Diagonalisierung von P (vgl. den Satz oben). ∎

De facto gilt sogar eine Verstärkung von (+):

Übung

In der Situation des obigen Beweises gilt:

(+′) S verläßt genau ein f an der Position t.

Wir haben insgesamt gezeigt:

Korollar *(Determiniertheit von G*(P) und Scheeffer-Eigenschaft)*
Sei $P \subseteq \mathscr{C}$. Dann gilt:

G*(P) ist determiniert *gdw* P hat die Scheeffer-Eigenschaft.

Der Begriff des Verlassens von Funktionen durch Strategien wird uns in der Folge noch mehrfach begegnen, und es ist nützlich, eine allgemeine Form zur Verfügung zu haben. Hierzu definieren wir:

Definition *(Verlassen von Funktionen, allgemeine Form)*
Sei G(P, T), $T \subseteq \mathrm{Seq}_{\mathrm{Seq}_A}$, ein Spiel, und sei S eine Strategie für I oder II.
Sei $t \in S$ eine Position für den Gegenspieler von S, und sei $f \in {}^{\mathbb{N}}A$.
Wir sagen:

S verläßt f an der Position t, falls gilt:

(i) $C(t) \le f$.

(ii) Für alle $s \in \mathrm{Seq}_A$ mit $t' = t^\frown\langle s \rangle \in T$ sind
$C(t)^\frown s^\frown S(t')$ und f inkompatibel.

Die Sätze über das perfekte-Mengen-Spiel benutzen wesentlich die Beschränkung $c_n \in \{0, 1\}$ für die Züge des zweiten Spielers. Einem verwandten Spiel, das für beide Spieler symmetrisch gebaut ist, wollen wir uns nun zuwenden.

Das Banach-Mazur-Spiel

Sei $P \subseteq \mathscr{N}$. Im *Banach-Mazur-Spiel* G**(P) spielen die Spieler I und II abwechselnd:

I	s_0		s_2		s_4		…	
II		s_1		s_3		…,		

wobei $s_n \in \mathrm{Seq} - \{\langle\,\rangle\}$ für alle $n \in \mathbb{N}$.

Spieler I gewinnt eine Partie $f = \langle s_0, s_1, s_2, \ldots\rangle$ dieses Spiels, falls

$$C(f) = s_0{}^\frown s_1{}^\frown s_2{}^\frown \ldots$$

ein Element von P ist. Andernfalls gewinnt II.

Das Banach-Mazur-Spiel hängt eng mit dem Begriff der Magerkeit zusammen. Wir betrachten zuerst Gewinnstrategien für Spieler I.

Satz *(Gewinnstrategien für I im Banach-Mazur-Spiel)*
Sei $P \subseteq \mathscr{N}$. Dann sind äquivalent:

(i) I hat eine Gewinnstrategie im Banach-Mazur-Spiel G**(P).

(ii) Es gibt ein $s_0 \in \mathrm{Seq}$ derart, daß $N_{s_0} - P$ mager ist.

Zudem gilt: Ist S eine Gewinnstrategie für I, so ist der von S vorgeschlagene Startzug $s_0 = S(\langle\,\rangle)$ wie in (ii).

Beweis

(i) ⤳ (ii):

Sei S eine Strategie für I.
Sei $t \in S$ eine Position für Spieler II. Dann gilt:

(+) $V_t = \{ f \in \mathcal{N} \mid S \text{ verläßt } f \text{ an der Position } t \}$ ist nirgendsdicht.

Beweis von (+)

Annahme nicht. Sei dann $s \in \mathrm{Seq}$ derart, daß V_t dicht in $N_{C(t)^\frown s}$ ist.
Sei $r = S(t, s)$ der Zugvorschlag von S an der Position $t^\frown\langle s \rangle$.
Wegen V_t dicht in $N_{C(t)^\frown s}$ existiert ein $f \in V_t$ mit $C(t)^\frown s^\frown r \leq f$.
Also verläßt S die Funktion f an der Position t nicht, *Widerspruch*.

Sei nun S eine Gewinnstrategie für I, und sei $s_0 = S(\langle\,\rangle)$ der von S vorgeschlagene Startzug. Dann gilt zudem:

(++) Für alle $f \in \mathcal{N} - P$ mit $s_0 \leq f$ existiert ein $t \in S$ mit: S verläßt f bei t.

[Analog zum Beweis oben für das perfekte-Mengen-Spiel.]

Nach (+) und (++) ist dann

$N_{s_0} - P \subseteq \bigcup_{t \in S,\, |t| \text{ ungerade}} V_t$

mager. Also ist s_0 wie gewünscht.

(ii) ⤳ (i):

Sei $N_{s_0} - P = \bigcup_{n \in \mathbb{N}} A_n$, A_n nirgendsdicht für alle $n \in \mathbb{N}$.
Sei S die Strategie für Spieler I, die an jeder Position t für I rät:

„*Ist* $t = \langle\,\rangle$, so spiele s_0.
Andernfalls spiele ein s mit $N_{t^\frown s} \cap A_{|t|/2-1} = \emptyset$."

Dann ist S eine Gewinnstrategie für I. ∎

In jedem Spiel G(P, T), das I gewinnt, existiert ein erster Zug a derart, daß das Komplement von P in $[T_{\langle a \rangle}]$ in irgendeiner Weise dünn gesät ist. Die Präzisierung von „dünn" ist für das Banach-Mazur-Spiel gerade die Magerkeit: Die Gewinnmenge des Gegners ist mager über einem gewissen Anfangszug von Spieler I.

Für Spieler II erhalten wir vollkommen analog:

Satz *(Gewinnstrategien für II im Banach-Mazur-Spiel)*

Sei $P \subseteq \mathcal{N}$. Dann sind äquivalent:

(i) II hat eine Gewinnstrategie im Banach-Mazur-Spiel $G^{**}(P)$.

(ii) P ist mager.

Alternativ kann man hier für die schwierigere Richtung (i) ⤳ (ii) das Argument verwenden, mit dem wir die Determiniertheit der abgeschlossenen Mengen aus der der offenen Mengen gefolgert haben. Seien hierzu S eine Gewinnstrategie für II in $G^{**}(P)$, $s_0 \in \mathrm{Seq}$, $P' = \{ s_0{}^\frown f \mid f \in P \}$, $S' = \{ \langle s_0, t_0, \ldots, t_{|t|-1} \rangle \mid t \in S \}$. Dann ist S′ eine Gewinnstrategie für Spieler I in $G^{**}(\mathcal{N} - P')$. Also ist $N_{s_0} \cap P'$ mager. Also ist P mager.

Wir haben gezeigt:

Korollar

Sei $P \subseteq \mathcal{N}$, und $G^{**}(P)$ sei determiniert.
Dann ist P mager oder es existiert ein $s \in$ Seq derart, daß P komager in N_s ist, d.h. $N_s - P$ ist mager.

Aus diesem Korollar ergibt sich nun weiter ein Zusammenhang zwischen der Determiniertheit von Banach-Mazur-Spielen und der Baire-Meßbarkeit. Hierzu definieren wir:

Definition *(Bairescher Meßversuch U_P)*

Sei $P \subseteq \mathcal{N}$. Wir setzen:

$U_P = \bigcup_{s \in \text{Seq}} \{ N_s \mid N_s - P \text{ ist mager} \}$.

U_P heißt der *(kanonische) Bairesche Meßversuch für P.*

Offenbar ist $U_P - P$ mager. Wäre also $P - U_P$ mager, so wäre P Baire-meßbar mit U_P. Das Interesse an U_P rechtfertigt die folgende einfache Beobachtung:

Satz *(über den Meßversuch U_P)*

Sei $P \subseteq \mathcal{N}$ Baire-meßbar. Dann ist P Baire-meßbar mit U_P.

Beweis

Sei P Baire-meßbar mit U, d.h. $U - P$ und $P - U$ sind mager.
Sei $f \in U$, und sei $s < f$ mit $N_s \subseteq U$.
Dann ist $N_s - P \subseteq U - P$ mager, also $N_s \subseteq U_P$.
Also ist $U \subseteq U_P$. Also ist $P - U_P \subseteq P - U$ mager. ∎

Umgekehrt können wir nun unter einer Determiniertheitsannahme zeigen, daß $P - U_P$ mager und damit P Baire-meßbar ist.

Korollar *(Determiniertheit von Banach-Mazur-Spielen und Baire-Meßbarkeit)*

Sei $P \subseteq \mathcal{N}$. Dann gilt:

$G^{**}(P - U_P)$ ist determiniert *gdw* P ist Baire-meßbar.

Beweis

Sei $G^{**}(P - U_P)$ determiniert. *Ist* $P - U_P$ mager, so ist $P \,\Delta\, U_P$ mager (ohne Determiniertheitsannahme, da $U_P - P$ immer mager ist).
Andernfalls existiert wegen der Determiniertheit von $G^{**}(P - U_P)$ ein s mit $N_s - (P - U_P) \supseteq N_s - P$ mager.
Dann ist aber $N_s \subseteq U_P$ nach Definition von U_P.
Also ist $N_s - (P - U_P) \supseteq N_s - (P - N_s) = N_s$ nicht mager, *Widerspruch.*

Ist umgekehrt P Baire-meßbar, so ist P Baire-meßbar mit U_P, also ist $P - U_P$ mager. Dann hat aber II eine Gewinnstrategie in $G^{**}(P - U_P)$. ∎

Meßbarkeits-Spiele

Wir untersuchen schließlich noch den Zusammenhang zwischen Determiniertheit und Meßbarkeit für Maße μ auf dem Cantorraum $\mathscr{C}$. Speziell interessiert uns das Lebesgue-Maß auf $\mathscr{C}$, aber die folgende Konstruktion ist für jedes um seine Nullmengen vervollständigte σ-finite Borel-Maß μ auf $\mathscr{C}$ geeignet.

Sei also μ ein solches Maß. Für endliche $E \subseteq \mathrm{Seq}_2$ setzen wir:

$$C_E = \bigcup_{s \in E} C_s = \{ f \in \mathscr{C} \mid s < f \text{ für ein } s \in E \},$$
$$\mu(E) = \mu(C_E).$$

Sei $P \subseteq \mathscr{C}$ und sei $\varepsilon > 0$ fest gewählt. Im *Überdeckungsspiel* $G_{\mu,\varepsilon}(P)$ spielen die Spieler I und II abwechselnd:

I	c_0		c_1		c_2		...
II		E_0		E_1		...,	

wobei folgende Regeln gelten:

(a) $c_n \in \{0, 1\}$ für alle $n \in \mathbb{N}$.

(b) E_n ist eine endliche Teilmenge von Seq_2, $\mu(E_n) < \varepsilon_n = \varepsilon / 2^{2 \cdot (n+1)}$.

Spieler I gewinnt eine Partie $\langle c_0, E_0, c_1, E_1, \dots \rangle$ dieses Spiels, falls

$$f_P = \langle c_0, c_1, c_2, \dots \rangle \in P - \bigcup_{n \in \mathbb{N}} C_{E_n}.$$

Spieler I spielt also durch seine Züge ein Element f_P von $\mathscr{C}$. Seine Gewinnmenge zu Beginn des Spiels ist P. Spieler II verkleinert diese Gewinnmenge schrittweise durch das Entfernen von je endlich vielen Intervallen, deren Größe durch ε und die bisherige Spieldauer vorgegeben ist. Es bleibt $P - \bigcup_{n \in \mathbb{N}} C_{E_n}$ als Gewinnmenge für das von Spieler I erzeugte f_P übrig.

Wir könnten die Mengen E_n leicht durch natürliche Zahlen kodieren, und erhielten so ein Spiel der Form $G(P', T)$ mit $P' \subseteq \mathscr{N}$ und $T \subseteq \mathrm{Seq}$.

Für die Überdeckungsspiele gilt nun der folgende Satz:

Satz *(über den Gewinner eines Überdeckungsspiels)*
Sei $G_{\mu,\varepsilon}(P)$ ein Überdeckungsspiel. Dann gilt:

(i) Gewinnt Spieler I, so existiert ein μ-meßbares $A \subseteq P$ mit $\mu(A) \geq \varepsilon_0$.

(ii) Gewinnt Spieler II, so existiert ein offenes $U \subseteq \mathscr{C}$ mit $P \subseteq U$ und $\mu(U) < \varepsilon$.

Für den Beweis dieses Satzes brauchen wir eine Folgerung aus einem Resultat, das wir später beweisen werden. Wir importieren den folgenden Satz:

(#) Ist S eine Strategie für I in $G_{\mu,\varepsilon}(P)$, so ist die Menge
$[S]_I = \{ f \in \mathscr{C} \mid \text{es gibt ein } h \text{ mit } f \mathbin{\text{✤}} h = \langle f(0), h(0), f(1), h(1), \dots \rangle \in [S] \}$
μ-meßbar.

$[S]_I$ ist also die Menge der Zugfolgen von Spieler I, die unter der Strategie S spielbar sind. Anders: Man streicht aus allen $g \in [S]$ die Einträge an ungeraden Stellen. Alle so erhaltenen Funktionen f bilden die Menge $[S]_I$.

Die Meßbarkeits-Aussage (#) ist de facto eine einfache Folgerung des folgenden allgemeinen Satzes, den wir später zeigen werden: Ist $h : \mathcal{N} \to \mathcal{C}$ stetig, so ist rng(h) μ-meßbar. Die Menge $[S]_I$ können wir in dieser Weise als stetiges Bild darstellen (durch Kodierung der Züge von II als natürliche Zahlen).

Beweis

zu (i):

Sei S eine Strategie für I. Nach (#) ist $A = [S]_I$ μ-meßbar. Wir nehmen an, daß $\mu(A) < \varepsilon_0$ gilt und zeigen, daß S keine Gewinnstrategie ist. Hieraus folgt die Behauptung, da $A = [S]_I \subseteq P$, falls S eine Gewinnstrategie für I ist.

Nach dem Darstellungssatz für σ-finite Borel-Maße (vgl. die Bemerkung in 2.4) und dem Satz über die disjunkte Zerlegung einer offenen Menge existieren wegen $\mu(A) < \varepsilon_0$ Folgen $s_i \in \mathrm{Seq}_2$, $i \in \mathbb{N}$, mit:

(α) $A \subseteq \bigcup_{i \in \mathbb{N}} C_{s_i}$,

(β) $\mu(\bigcup_{i \in \mathbb{N}} C_{s_i}) < \varepsilon_0$,

(γ) $C_{s_i} \cap C_{s_j} = \emptyset$ für alle $i \neq j$.

Für $n \in \mathbb{N}$ sei

i_n = „das kleinste $i \in \mathbb{N}$ mit $\mu(\bigcup_{j \geq i} C_{s_j}) < \varepsilon_n$“.

Für $n \in \mathbb{N}$ sei schließlich

$E_n = \{ s_j \mid i_n \leq j < i_{n+1} \}$.

Dann ist $\bigcup_{n \in \mathbb{N}} E_n = \{ s_i \mid i \in \mathbb{N} \}$ und $\mu(E_n) < \varepsilon_n$ für alle $n \in \mathbb{N}$. Also verliert Spieler I die nach S gespielte Partie, bei der II in seinem n-ten Zug die Menge E_n spielt für alle $n \in \mathbb{N}$, denn es gilt $A \subseteq \bigcup_{n \in \mathbb{N}} C_{E_n}$. Also ist S keine Gewinnstrategie für I.

zu (ii):

Sei S eine Gewinnstrategie für II. Wir setzen:

$U = \bigcup \{ C_E \mid t \in S$ ist eine Position für II, $E = S(t) \}$.

Dann ist U offen. Weiter gilt:

(+) $P \subseteq U$.

Beweis von (+)

Sei $f \in P$, und sei $f * S = \langle f(0), E(0), f(1), E(1), \ldots \rangle$.
Wegen S Gewinnstrategie für II existiert ein n mit $f \in C_{E_n}$.
Aber es gilt $C_{E_n} \subseteq U$ für alle $n \in \mathbb{N}$.

Schließlich klären wir noch die Wahl von $\varepsilon_n = \varepsilon / 2^{2 \cdot (n+1)}$. Es gilt:

(++) $\mu(U) < \varepsilon$.

Beweis von (++)

Für Positionen $t \in S$ für II gilt nach den Spielregeln:

$$\mu(C_{S(t)}) < \varepsilon_{(|t| - 1)/2}.$$

Für alle $n \in \mathbb{N}$ gibt es 2^{n+1}-viele Positionen $t \in S$ für II mit $|t| = 2 \cdot n + 1$. Also ist

$$\mu(U) < \Sigma_{n \in \mathbb{N}} 2^{n+1} \varepsilon_n = \Sigma_{n \in \mathbb{N}} 2^{n+1} \varepsilon / 2^{2 \cdot (n+1)} = \varepsilon$$

wie gewünscht. ∎

Wir erhalten:

Korollar *(Determiniertheit und Meßbarkeit)*
Sei $P \subseteq \mathscr{C}$, und sei μ ein vervollständigtes σ-finites Borel-Maß auf $\mathscr{C}$.
Sei Q eine μ-meßbare Menge mit $P \subseteq Q$, und $\mu(Q)$ sei minimal unter allen μ-meßbaren Q' mit $P \subseteq Q'$.
Weiter sei $G_{\mu, \varepsilon}(Q - P)$ determiniert für alle $\varepsilon > 0$.
Dann ist P μ-meßbar.

Beweis
Sei $\varepsilon > 0$. Nach dem Satz kann I das Spiel $G_{\mu, \varepsilon}(Q - P)$ nicht gewinnen, denn nach Wahl von Q existiert kein μ-meßbares $A \subseteq Q - P$ mit $\mu(A) > 0$.
Also gewinnt II das determinierte Spiel $G_{\mu, \varepsilon}(Q - P)$ für alle $\varepsilon > 0$.
Wieder nach dem Satz existiert dann für alle $n \in \mathbb{N}$ ein offenes U_n mit

$$Q - P \subseteq U_n \text{ und } \mu(U_n) < 1/2^n.$$

Also ist $Q - P \subseteq \bigcap_{n \in \mathbb{N}} U_n$, und letzteres ist eine μ-Nullmenge.
Also ist P μ-meßbar und $\mu(P) = \mu(Q)$. ∎

Die Auswirkungen der Determiniertheit auf die Meßbarkeit wurden zuerst untersucht in [Mycielski / Swierczkowski 1964]. Die Überdeckungsspiele wurden später von Leo Harrington eingeführt.

Determiniertheit von Punktklassen

Wir betrachten das folgende von Mycielski und Steinhaus 1962 eingeführte Prinzip:

Axiom der Determiniertheit (AD)
Für alle $P \subseteq \mathscr{N}$ ist $G(P)$ determiniert.

Wir haben oben gezeigt, daß eine nichtdeterminierte Menge existiert. Das Argument verwendete das Auswahlaxiom, und es bleibt die Frage, inwieweit wir

(AD) als eine Alternative zum Auswahlaxiom ansehen können: Ist die übliche Mengenlehre ZF ohne das Auswahlaxiom zusammen mit (AD) widerspruchsfrei? Diese Frage wurde von Mycielski und Steinhaus 1962 gestellt, konnte aber erst in den 1980er Jahren nach Arbeiten von Solovay, Martin, Steel und vor allem Woodin positiv beantwortet werden – modulo großer Kardinalzahlaxiome. Wir kommen im nächsten Kapitel hierauf noch einmal zurück.

Unsere Untersuchung der Regularitätsspiele hat gezeigt:

Korollar *((AD) und Regularität)*

In der Theorie ZF + (AD) gilt:

Jede Menge von reellen Zahlen hat die Scheeffer-Eigenschaft und ist Baire- und Lebesgue-meßbar.

Hier kann „Menge von reellen Zahlen" als Teilmenge von $\mathcal{N}$, $\mathcal{C}$ oder $\mathbb{R}$ gelesen werden, obige Regularitätsresultate lassen sich leicht zwischen den Räumen übersetzen. (Alternativ kann man auch eine Spieltheorie entwickeln, in der die Spieler Nachkommastellen von reellen Zahlen in Dezimaldarstellung spielen und so eine reelle Zahl $x \in [0, 1]$ erzeugen; hier taucht aber wieder das Zweideutigkeitsproblem auf.)

Auch in der Theorie ZF + (AD) muß man nicht ganz ohne abstrakte Auswahlakte auskommen. Widerstreitet das Axiom der Determiniertheit auch dem vollen Auswahlaxiom, so impliziert es andererseits auch wieder eine schwache Form dieses Prinzips:

Satz *((AD) und abzählbare Auswahlakte für nichtleere Mengen reeller Zahlen)*

In der Theorie ZF + (AD) gilt:

Ist $\langle P_n \mid n \in \mathbb{N}\rangle$ eine Folge nichtleerer Teilmengen von $\mathcal{N}$,
so existiert ein $f : \mathbb{N} \to \mathcal{N}$ derart, daß $f(n) \in P_n$ für alle $n \in \mathbb{N}$ gilt.

Beweis

Wir betrachten folgendes Spiel. Spieler I und II spielen abwechselnd:

I	a_0		a_2		a_4		…
II		a_1		a_3		…,	

wobei $a_n \in \mathbb{N}$ für alle $n \in \mathbb{N}$. Spieler I gewinnt, falls $\langle a_1, a_3, a_5, \ldots\rangle \notin P_{a_0}$. Andernfalls gewinnt II.

Ist S eine Strategie für I, so sei $g \in P_{S(\langle\,\rangle)}$. Dann ist $S * g \notin P_{a_0}$, also gewinnt II, wenn er die Folge g gegen S spielt. Dies zeigt, daß I keine Gewinnstrategie haben kann.

Aus (AD) folgt aber, daß das Spiel determiniert ist. Also existiert eine Gewinnstrategie S für Spieler II. Wir definieren dann $f : \mathbb{N} \to \mathcal{N}$ durch

$$f(n) = \langle n, 0, 0, 0, \ldots\rangle * S \quad \text{für alle } n \in \mathbb{N}.$$

Dann ist $f(n) \in P_n$ für alle $n \in \mathbb{N}$. Also ist f wie gewünscht. ∎

Aber auch wenn wir am vollen Auswahlaxiom festhalten, ergeben sich viele Fragen: Können wir die Determiniertheit weiterer Mengen zeigen, nicht nur die der abgeschlossenen und offenen Mengen? Und weiter: Welche Mengen können (im Sinne der relativen Widerspruchsfreiheit) überhaupt determiniert sein? Wir werden auf diese Fragen im nächsten Kapitel noch zurückkommen. Hier definieren wir noch:

Determiniertheit einer Punktklasse

Für $\mathcal{A} \subseteq \mathcal{P}(\mathcal{N})$ sei $(\mathrm{Det}_{\mathcal{A}})$ oder auch ($\mathcal{A}$-Det) die Aussage:

Für alle $P \in \mathcal{A}$ ist $G_{\mathbb{N}}(P)$ determiniert.

Es gibt keinen lokalen Zusammenhang zwischen Determiniertheit und Regularität, d. h. aus der Determiniertheit eines $P \subseteq \mathcal{N}$ folgt nicht notwendig, daß P alle Regularitäts-Eigenschaften besitzt. In obigen Beweisen haben wir ja auch die Determiniertheit von P′ benutzt für eine mit P eng verwandte, aber i. a. von P verschiedene Menge $P' \subseteq \mathcal{N}$. Die Regularitätsspiele liefern aber für viele $\mathcal{A}$ Implikationen der Form:

(+) $(\mathrm{Det}_{\mathcal{A}})$ *folgt* „alle $A \in \mathcal{A}'$ haben die Regularitäts-Eigenschaften",

wobei $\mathcal{A}'$ gleich $\mathcal{A}$ oder sogar eine gewisse echte Obermenge von $\mathcal{A}$ ist. Insbesondere gilt dann $(\mathrm{CH}_{\mathcal{A}'})$ wegen der Scheeffer-Eigenschaft aller Mengen in $\mathcal{A}'$.

Zum Beweis einer Implikation (+) werden bestimmte Abgeschlossenheitseigenschaften von $\mathcal{A}$ und Varianten obiger Regularitätsspiele benutzt. Auch hierauf kommen wir im nächsten Kapitel noch zurück.

Literatur

Siehe die Literaturangaben zu Kapitel 6.

6. Borelmengen und projektive Mengen

Wir erweitern in diesem Kapitel das Resultat über die Determiniertheit offener und abgeschlossener Mengen: Wir zeigen, daß jede Borel-Menge eines Folgenraumes ${}^{\mathbb{N}}A$ über einem beliebigen Alphabet A determiniert ist. Wir beginnen mit einer für sich interessanten und natürlichen Einteilung der Borel-Mengen eines metrisierbaren Raumes in eine Hierarchie der Länge ω_1. Weiter diskutieren wir dann noch die sog. projektiven Mengen in polnischen Räumen $\mathcal{X}$. Diese stellen viel kompliziertere Teilmengen von $\mathcal{X}$ dar als die Borel-Mengen, ergeben sich aber insgesamt sogar einfacher als die Borelmengen durch die Operationen der Projektion bzw. „stetiges Bild".

Die Frage der Determiniertheit der projektiven Mengen sprengt die Grenzen der klassischen Mathematik, und ist untrennbar mit großen Kardinalzahlaxiomen verbunden. Schon der Beweis der Borel-Determiniertheit braucht ungewöhnlich komplexe Hilfsobjekte, die iterierte Potenzmengenbildung muß hier notwendig herangezogen werden. Wir gehen am Ende des Buches auf diese fundamentalen Aspekte noch kurz ein.

Die Borel-Hierarchie

Für einen topologischen Raum $\mathcal{X} = \langle X, \mathcal{U} \rangle$ setzt man:

$$\mathcal{B}(\mathcal{X}) = \sigma(\mathcal{U}) = \bigcap \{ \mathcal{A} \mid \mathcal{A} \text{ ist eine } \sigma\text{-Algebra auf X mit } \mathcal{U} \subseteq \mathcal{A} \}.$$

$\mathcal{B}(\mathcal{X})$ heißt die σ-Algebra der *Borel-Mengen* von $\mathcal{X}$ oder die *Borelsche σ-Algebra* auf X. $\mathcal{B}(\mathcal{X})$ ist die kleinste σ-Algebra auf X, die die offenen Mengen enthält. Diese Algebra existiert immer, da der Schnitt von σ-Algebren auf X wieder eine σ-Algebra auf X ist (und da $\mathcal{P}(X)$ eine σ-Algebra $\mathcal{A}$ auf X ist mit $\mathcal{U} \subseteq \mathcal{A}$). Die Komplexität und innere Natur der Borelschen σ-Algebra wird durch diese Schnittdefinition „von oben" nicht besonders deutlich.

Der Leser vergleiche die beiden Darstellungen des von zwei Vektoren u, v im $\mathbb{R}^3$ erzeugten Untervektorraumes U als

$U = \bigcap \{ V \subseteq \mathbb{R}^3 \mid V \text{ ist ein Unterraum von } \mathbb{R}^3 \text{ mit } u, v \in V \}$, *„von oben"*

$U = \{ \lambda u + \mu v \mid \lambda, \mu \in \mathbb{R} \}$. *„von unten"*

Die zweite Darstellung vermittelt durch ihre bloße Form ein Bild davon, wie U aussieht. In komplizierteren Beispielen verläuft eine Definition „von unten" rekursiv: Wir sammeln schrittweise immer mehr Objekte, bis die Gesamtheit der gesammelten Objekte die gewünschten Reichhaltigkeitseigenschaften hat.

Wir werden die Borel-Mengen eines metrisierbaren Raumes nun in einer Hierarchie der Länge ω_1 anordnen und so ein sehr klares Bild dieser σ-Algebra erhalten. Startend mit den offenen Mengen bilden wir durch die Operationen „Komplement, abzählbarer Schnitt, abzählbare Vereinigung“ immer kompliziertere Mengen. Die offenen und abgeschlossenen und weiter dann die F_σ- und G_δ-Mengen des Raumes nehmen so die ersten Stufen der Hierarchie ein. Wir werden zeigen, daß wir für jeden metrisierbaren Raum durch ω_1-viele Iterationen der drei Operationen zur Borelschen σ-Algebra des Raumes gelangen können – und daß weniger als ω_1-viele Schritte i. a. nicht genügen.

Die Voraussetzung der Metrisierbarkeit des Raumes garantiert gute Inklusionseigenschaften der Hierarchie. Wichtig ist die folgende einfache Beobachtung (der wir im zweiten Kapitel schon begegnet sind):

Übung

Sei $\mathcal{X} = \langle X, \mathcal{U} \rangle$ ein metrisierbarer topologischer Raum. Dann ist jede offene Menge eine F_σ-Menge (und jede abgeschlossene Menge eine G_δ-Menge).

[Sei $U \in \mathcal{U}$. Für $U = X$ ist die Aussage klar. Sei also $U \neq X$. Wir setzen wieder:

$d(x, X - U) = \inf(\{ d(x,y) \mid y \notin U \})$ für alle $x \in X$, und weiter

$A_n = \{ x \in U \mid d(x, X - U) \geq 1/2^n \}$ für alle $n \in \mathbb{N}$.

Dann sind alle A_n abgeschlossen und es gilt $U = \bigcup_{n \in \mathbb{N}} A_n$.]

Es ist nützlich, für die drei genannten Operationen eine kompakte Notation zur Verfügung zu haben.

Definition *($\mathcal{A}_\sigma$, $\mathcal{A}_\delta$, $\mathcal{A}_c$)*

Sei X eine Menge, und sei $\mathcal{A} \subseteq \mathcal{P}(X)$. Dann setzen wir:

$$\mathcal{A}_\sigma = \{ \bigcup \mathcal{B} \mid \mathcal{B} \subseteq \mathcal{A} \text{ ist abzählbar } \},$$

$$\mathcal{A}_\delta = \{ \bigcap \mathcal{B} \mid \mathcal{B} \subseteq \mathcal{A} \text{ ist abzählbar } \},$$

$$\mathcal{A}_c = \{ X - P \mid P \in \mathcal{A} \}.$$

Wir verwenden hier die Konvention $\bigcap \emptyset = X$. Auch $\mathcal{A}_c$ ist nur sinnvoll, wenn das betrachtete „Ganze“ X aus dem Kontext heraus klar ist.

Diese Notationen wurden von Hausdorff eingeführt. Sie sind konsistent mit den vertrauten Sprechweisen „F_s-Menge“ und „G_δ-Menge“: Traditionell setzt man $F = \{ P \subseteq X \mid P \text{ ist abgeschlossen} \}$ und $G = \{ P \subseteq X \mid P \text{ ist offen} \}$. Die Buchstaben F und G stehen hier für „fermé“ bzw. für „Gebiet“.

Für alle $\mathcal{A} \subseteq \mathcal{P}(X)$ gilt: $(\mathcal{A}_c)_c = \mathcal{A}$, $(\mathcal{A}_\sigma)_\sigma = \mathcal{A}_\sigma$, $(\mathcal{A}_\delta)_\delta = \mathcal{A}_\delta$. Weiter ist $\mathcal{A}$ genau dann eine σ-Algebra auf X, wenn $\mathcal{A}_\sigma = \mathcal{A}_\delta = \mathcal{A}_c = \mathcal{A}$ gilt.

Wir können nun die Borel-Hierarchie sehr ansprechend definieren: Wir iterieren die σ-δ-c-Operationen ω_1-oft, beginnend mit den offenen bzw. abgeschlossenen Mengen eines metrisierbaren Raumes. Ziel ist, einen Zustand zu erreichen, an welchem die drei Operationen keine neuen Mengen mehr erzeugen. Es ist an dieser Stelle nicht klar, daß ein überabzählbar langer transfiniter Weg nötig ist, um dieses Ziel zu erreichen.

Definition *(Borel-Hierarchie)*

Sei $\mathcal{X} = \langle X, \mathcal{U}\rangle$ ein metrisierbarer topologischer Raum.
Dann definieren wir durch Rekursion über $1 \leq \alpha < \omega_1$:

$$\Sigma^0_1(\mathcal{X}) = \mathcal{U},$$

$$\Pi^0_1(\mathcal{X}) = \mathcal{U}_c = \{ A \subseteq X \mid A \text{ abgeschlossen} \},$$

$$\Sigma^0_\alpha(\mathcal{X}) = (\bigcup_{1 \leq \beta < \alpha} \Pi^0_\beta(\mathcal{X}))_\sigma \quad \text{für } \alpha \geq 2,$$

$$\Pi^0_\alpha(\mathcal{X}) = (\bigcup_{1 \leq \beta < \alpha} \Sigma^0_\beta(\mathcal{X}))_\delta \quad \text{für } \alpha \geq 2.$$

Die Folge $\langle \Sigma^0_\alpha(\mathcal{X}), \Pi^0_\alpha(\mathcal{X}) \mid 1 \leq \alpha < \omega_1 \rangle$ heißt die *Borel-Hierarchie von* $\mathcal{X}$.
Weiter setzen wir für $1 \leq \alpha < \omega_1$:

$$\Delta^0_\alpha(\mathcal{X}) = \Sigma^0_\alpha(\mathcal{X}) \cap \Pi^0_\alpha(\mathcal{X}).$$

Diese Definition findet sich in [Hausdorff 1914] (wobei Hausdorff die transfinite Länge des Prozesses zunächst nicht klar herausstellt). Die Begriffsbildung bringt insgesamt Ideen von Borel, Baire, Young, Lebesgue und Hausdorff zum Ausdruck.

Die Σ-Π-Notation stammt aus der mathematischen Logik und wurde erst später eingeführt. Ihr Ursprung erklärt, warum wir bei $\alpha = 1$ starten und nicht wie sonst üblich bei $\alpha = 0$.

Mit den klassischen Bezeichnungen gilt also (mit $\mathcal{A}_{\sigma,\delta} = (\mathcal{A}_\sigma)_\delta$ usw.):

$$\Sigma^0_1 = G,\ \Pi^0_1 = F,\ \Sigma^0_2 = F_\sigma,\ \Pi^0_2 = G_\delta,\ \Sigma^0_3 = G_{\delta,\sigma},\ \Pi^0_3 = F_{\sigma,\delta},\ \text{usw.}$$

Ist z. B. $U_{i,j,k}$ offen und $A_{i,j,k}$ abgeschlossen in X für alle $i, j, k \in \mathbb{N}$, so gilt für

$$P = \bigcap_{i \in \mathbb{N}} \bigcup_{j \in \mathbb{N}} \bigcap_{k \in \mathbb{N}} U_{i,j,k}, \qquad Q = \bigcup_{i \in \mathbb{N}} \bigcap_{j \in \mathbb{N}} \bigcup_{k \in \mathbb{N}} A_{i,j,k},$$

$$R = \bigcap_{i \in \mathbb{N}} \bigcup_{j \in \mathbb{N}} \bigcap_{k \in \mathbb{N}} A_{i,j,k}, \qquad S = \bigcup_{i \in \mathbb{N}} \bigcap_{j \in \mathbb{N}} \bigcup_{k \in \mathbb{N}} U_{i,j,k},$$

daß $P \in \Pi^0_4(\mathcal{X})$, $Q \in \Sigma^0_4(\mathcal{X})$, $R \in \Pi^0_3(\mathcal{X})$, $S \in \Sigma^0_3(\mathcal{X})$. Anhand derartiger Darstellungen kann man die Komplexität einer Menge endlicher Borel-Komplexität oft nach oben abschätzen, indem man zählt, wie oft Schnitte und Vereinigungen abwechseln, und offenen und abgeschlossenen Mengen die Grundkomplexität 1 zuweist (es gilt auch $R \in \Pi^0_4(\mathcal{X})$ und $S \in \Sigma^0_4(\mathcal{X})$, wobei man dann die Komplexität von R und S überschätzt). Ein Schnitt zu Beginn führt immer zu einem „Π“, eine Vereinigung immer zu einem „Σ“. Einige Beispiele für Komplexitätsberechnungen sind:

Übung

(a) Sei $g : \mathbb{R} \to \mathbb{R}$ eine Funktion, und sei $P = \{ x \in \mathbb{R} \mid g \text{ ist stetig in } x \}$.
Dann ist $P \in \Pi^0_2(\mathbb{R})$ (unter der üblichen Topologie auf $\mathbb{R}$).

(b) Sei $P = \{ f \in \mathcal{N} \mid f(n) = 0 \text{ unendlich oft} \}$. Dann ist $P \in \Pi^0_2(\mathcal{N}) - \Sigma^0_2(\mathcal{N})$.

(c) Seien $a, b \in \mathbb{R}$ mit $a < b$. Wir setzen:

$X = \{ f : [a, b] \to \mathbb{R} \mid f \text{ ist stetig} \}$,

$P = \{ f \in X \mid \text{die erste Ableitung von } f \text{ existiert auf ganz } [a, b] \}$.

Wir versehen X mit der von der Supremumsnorm erzeugten Topologie $\mathcal{U}$.
Dann ist $P \in \Pi^0_3(\langle X, \mathcal{U}\rangle)$.

Wir stellen im folgenden Satz einige häufig verwendete Merkmale der Borel-Architektur zusammen.

Satz *(einfache Eigenschaften der Borel-Hierarchie)*
Sei $\mathcal{X} = \langle X, \mathcal{U} \rangle$ ein metrisierbarer Raum.
Dann gilt für alle $1 \leq \alpha < \omega_1$:

(i) $\Sigma^0_\alpha(\mathcal{X}) \cup \Pi^0_\alpha(\mathcal{X}) \subseteq \Delta^0_{\alpha+1}(\mathcal{X})$.

(ii) $\Pi^0_\alpha(\mathcal{X}) = \Sigma^0_\alpha(\mathcal{X})_c$,
$\Pi^0_{\alpha+1}(\mathcal{X}) = \Sigma^0_\alpha(\mathcal{X})_\delta$,
$\Sigma^0_{\alpha+1}(\mathcal{X}) = \Pi^0_\alpha(\mathcal{X})_\sigma$,
$\Delta^0_\alpha(\mathcal{X}) = \Delta^0_\alpha(\mathcal{X})_c$.

(iii) $\Sigma^0_\alpha(\mathcal{X})$ ist abgeschlossen unter abzählbaren Vereinigungen und endlichen Schnitten. Dual ist $\Pi^0_\alpha(\mathcal{X})$ abgeschlossen unter abzählbaren Schnitten und endlichen Vereinigungen.

Der Beweis dieses Satzes ist eine einfache Induktion nach α (mit $1 \leq \alpha < \omega_1$). Nach der Übung oben gilt z. B. $\Sigma^0_1(\mathcal{X}) \subseteq \Sigma^0_2(\mathcal{X})$, also $\Sigma^0_1(\mathcal{X}) \subseteq \Delta^0_2(\mathcal{X})$, da offenbar auch $\Sigma^0_1(\mathcal{X}) \subseteq \Sigma^0_1(\mathcal{X})_\delta = \Pi^0_2(\mathcal{X})$.

Die Urbilder offener Mengen unter stetigen Funktionen sind nach Definition der Stetigkeit offen. Der folgende Satz verallgemeinert diese Aussage.

Satz *(Komplexität von stetigen Urbildern)*
Seien $\mathcal{X} = \langle X, \mathcal{U} \rangle$ und $\mathcal{Y} = \langle Y, \mathcal{V} \rangle$ metrisierbare Räume, und sei $g : X \to Y$ stetig. Dann gilt für alle $1 \leq \alpha < \omega_1$:

(i) $\{ g^{-1}{}'' P \mid P \in \Sigma^0_\alpha(\mathcal{Y}) \} \subseteq \Sigma^0_\alpha(\mathcal{X})$,

(ii) $\{ g^{-1}{}'' P \mid P \in \Pi^0_\alpha(\mathcal{Y}) \} \subseteq \Pi^0_\alpha(\mathcal{X})$.

Der Komplexitätsgrad des Urbildes einer Borel-Menge P unter einer stetigen Funktion ist also höchstens so groß wie der Komplexitätsgrad von P. Der Beweis ist eine einfache Induktion nach α unter Verwendung der guten Eigenschaften der Urbildoperation, etwa der Gleichung $g^{-1}{}'' \bigcap \mathcal{B} = \bigcap \{ g^{-1}{}'' B \mid B \in \mathcal{B} \}$ für alle $\mathcal{B} \subseteq \mathcal{P}(Y)$, die für die Bildoperation i. a. nicht gilt.

Wir zeigen nun, daß die „von unten" definierte Borel-Hierarchie genau die „von oben" definierte Borelsche σ-Algebra ausschöpft:

Satz *(Ausschöpfung der Borel-Mengen durch die Borel-Hierarchie)*
Sei $\mathcal{X} = \langle X, \mathcal{U} \rangle$ ein metrisierbarer Raum. Dann gilt:

$$\mathcal{B}(\mathcal{X}) = \bigcup_{1 \leq \alpha < \omega_1} \Sigma^0_\alpha(\mathcal{X}) \cup \Pi^0_\alpha(\mathcal{X}).$$

Beweis
Sei $\mathcal{B} = \mathcal{B}(\mathcal{X})$ und sei

$$\mathcal{B}' = \bigcup_{1 \leq \alpha < \omega_1} \Sigma^0_\alpha(\mathcal{X}) \cup \Pi^0_\alpha(\mathcal{X}).$$

$\mathcal{B}' \subseteq \mathcal{B}$: $\mathcal{B}$ ist eine σ-Algebra mit $\Sigma_1^0 = \mathcal{U} \subseteq \mathcal{B}$. Für $\mathcal{A} \subseteq \mathcal{B}$ ist also $\mathcal{A}_\sigma, \mathcal{A}_\delta, \mathcal{A}_c \subseteq \mathcal{B}$. Durch Induktion über $1 \leq \alpha < \omega_1$ folgt dann, daß $\Sigma_\alpha^0(\mathcal{X}), \Pi_\alpha^0(\mathcal{X}) \subseteq \mathcal{B}$. Also ist $\mathcal{B}' \subseteq \mathcal{B}$.

$\mathcal{B} \subseteq \mathcal{B}'$: Es gilt $\mathcal{U} = \Sigma_1^0 \subseteq \mathcal{B}'$. Es genügt also zu zeigen, daß $\mathcal{B}'$ eine σ-Algebra ist. Wegen $\Pi_\alpha^0(\mathcal{X})_c = \Sigma_\alpha^0(\mathcal{X})$ für $1 \leq \alpha < \omega_1$ ist $\mathcal{B}'$ abgeschlossen unter Komplementbildung. Sei also $\mathcal{A} \subseteq \mathcal{B}'$ abzählbar. Für $P \in \mathcal{A}$ sei

$\alpha(P)$ = „das kleinste α mit $P \in \Delta_\alpha^0$".

Dann ist $\beta = \sup(\{ \alpha(P) \mid P \in \mathcal{A} \}) < \omega_1$ wegen $\mathcal{A}$ abzählbar.
Also ist $\bigcup \mathcal{A} \in \Sigma_\beta^0(\mathcal{X}) \subseteq \mathcal{B}'$ und $\bigcap \mathcal{A} \in \Pi_\beta^0(\mathcal{X}) \subseteq \mathcal{B}'$.

Als Korollar zum obigen Satz über die Komplexität von Urbildern erhalten wir: Die Urbilder von Borel-Mengen unter stetigen Funktionen sind Borel-Mengen.

Wir betrachten schließlich noch die Borel-Hierarchie einer Relativ- und einer Produkttopologie.

Übung

Sei $\mathcal{X} = \langle X, \mathcal{U} \rangle$ ein metrisierbarer Raum, und sei $Y \subseteq X$.
Sei $\mathcal{Y} = \langle Y, \mathcal{U} \mid Y \rangle$. Dann gilt für alle $1 \leq \alpha < \omega_1$:

(i) $\Sigma_\alpha^0(\mathcal{Y}) \supseteq \Sigma_\alpha^0(\mathcal{X}) \mid Y \;\; (= \{ Z \cap Y \mid Z \in \Sigma_\alpha^0(\mathcal{X}) \})$,

(ii) $\Pi_\alpha^0(\mathcal{Y}) \supseteq \Pi_\alpha^0(\mathcal{X}) \mid Y$.

Ist Y abgeschlossen in X, so gilt Gleichheit in (ii) für $\alpha \geq 1$ und Gleichheit in (i) für $\alpha \geq 2$. Analoges gilt für Y offen in X. Insbesondere gilt also Gleichheit für alle $1 \leq \alpha < \omega_1$, falls Y offen und abgeschlossen in X ist.

Übung

Seien $\mathcal{X} = \langle X, \mathcal{U} \rangle$, $\mathcal{Y} = \langle Y, \mathcal{V} \rangle$ metrisierbare topologische Räume, und seien $A \in \Sigma_\alpha^0(\mathcal{X})$, $B \in \Sigma_\alpha^0(\mathcal{Y})$, $C \in \Pi_\alpha^0(\mathcal{X})$, $D \in \Pi_\alpha^0(\mathcal{Y})$ für ein $1 \leq \alpha < \omega_1$.
Dann gilt $A \times B \in \Sigma_\alpha^0(\mathcal{X} \times \mathcal{Y})$ und $C \times D \in \Pi_\alpha^0(\mathcal{X} \times \mathcal{Y})$.

Universelle Mengen

Wir zeigen, daß die Inklusionen der Borel-Hierarchie über einem polnischen Raum, der eine Kopie des Cantorraumes $\mathcal{C}$ enthält, echt sind. Insbesondere werden also für $\mathbb{R}$, $\mathcal{N}$, $\mathcal{C}$ tatsächlich ω_1-viele Schritte benötigt, um ausgehend von den offenen Mengen durch iterierte Anwendung der σ, δ, c-Operationen die Borelsche σ-Algebra zu erzeugen.

Der Schlüssel zu diesem Resultat ist der Begriff einer universellen Menge.

Definition *(universelle Mengen)*

Seien X, Y Mengen, und sei $U \subseteq X \times Y$. Weiter sei $\Gamma \subseteq \mathcal{P}(X)$.
U heißt *universell für* Γ *(bzgl. Y)*, falls gilt:

$\Gamma = \{ U^y \mid y \in Y \}$, wobei $U^y = \{ x \mid (x, y) \in U \}$ (die „y-Zeile" von U).

Übung

Sei $\Gamma \subseteq \mathcal{P}(X)$, und sei $U \subseteq X \times Y$ universell für Γ.
Dann ist $(X \times Y) - U$ universell für $\Gamma_c = \mathcal{P}(X) - \Gamma$.

Wir zeigen nun die Existenz gleichgradig komplexer universeller Mengen für die Stufen der Borel-Hierarchie. Der Cantorraum dient als „Zeilenspeicher“.

Satz *(Existenz gleichgradig komplexer universeller Mengen)*

Sei $\mathcal{X} = \langle X, \mathcal{V} \rangle$ ein separabler metrisierbarer Raum, und sei $1 \leq \alpha < \omega_1$.
Dann existiert eine Menge $U \subseteq X \times \mathcal{C}$ mit:

(i) $U \in \Sigma^0_\alpha(X \times \mathcal{C})$,

(ii) U ist universell für $\Sigma^0_\alpha(\mathcal{X})$.

Eine analoge Aussage gilt für $\Pi^0_\alpha(\mathcal{X})$.

Der folgende Beweis ist im Grunde ein einfaches Jonglieren mit universellen Mengen auf den Stufen der Borel-Hierarchie. Wir führen die Argumente aber ausführlich aus, wodurch der Beweis länger erscheint, als er ist.

Beweis

Wir zeigen die Aussagen durch Induktion nach $1 \leq \alpha < \omega_1$.

Induktionsanfang $\alpha = 1$

Sei $V_0, V_1, \ldots, V_n, \ldots, n \in \mathbb{N}$, eine Aufzählung einer Basis von $\mathcal{X}$.
Für $f \in \mathcal{C}$ sei dann $V(f) = \bigcup_{n \in \mathbb{N},\, f(n) = 1} V_n$. Wir setzen:

$$U = \{ (x, f) \in X \times \mathcal{C} \mid x \in V(f) \}.$$

Dann gilt:

(+) U ist offen in $X \times \mathcal{C}$.

Beweis von (+)

Sei $(x, f) \in U$, und sei $n \in \mathbb{N}$ derart, daß $x \in V_n$ und $f(n) = 1$ gilt.
Dann ist $V_n \times C_{f|(n+1)} \subseteq U$. Also ist U offen in $X \times \mathcal{C}$.

(++) U ist universell für $\mathcal{V} = \Sigma^0_1(\mathcal{X})$.

Beweis von (++)

Sei $V \subseteq X$ offen. Für $n \in \mathbb{N}$ sei

$$f(n) = \begin{cases} 1, & \textit{falls } V_n \subseteq V, \\ 0, & \textit{sonst.} \end{cases}$$

Dann ist $V = V(f)$ und damit

$$V = V(f) = \{ x \in X \mid (x, f) \in U \} = U^f.$$

Also ist U universell für $\mathcal{V}$.

Nach (+) und (++) ist $U \in \Sigma^0_1(\mathcal{X} \times \mathcal{C})$ universell für $\Sigma^0_1(\mathcal{X})$.
Weiter ist $X \times \mathcal{C} - U \in \Pi^0_1(\mathcal{X} \times \mathcal{C})$ universell für $\Pi^0_1(\mathcal{X})$.

Induktionsschritt $1 < \alpha < \omega_1$

Sei $\pi : \mathbb{N}^2 \to \mathbb{N}$ die Cantorsche Paarungsfunktion.
Für $f \in \mathscr{C}$ und $n \in \mathbb{N}$ sei $f^n \in \mathscr{C}$ definiert durch

$$f^n(m) = f(\pi(n, m)) \quad \text{für alle } m \in \mathbb{N}.$$

Seien $\alpha_0 \le \alpha_1 \le \ldots \le \alpha_n \le \ldots$, $n \in \mathbb{N}$, Ordinalzahlen mit

$$\alpha = \sup\{\alpha_n + 1 \mid n \in \mathbb{N}\}.$$

Nach Induktionsvoraussetzung existiert für alle $n \in \mathbb{N}$ ein $U_n \in \Pi^0_{\alpha_n}(\mathscr{X} \times \mathscr{C})$, das universell für $\Pi^0_{\alpha_n}(\mathscr{X})$ ist. Wir setzen:

$$U = \{(x, f) \in X \times \mathscr{C} \mid (x, f^n) \in U_n \text{ für ein } n \in \mathbb{N}\}.$$

Dann gilt:

(+) $U \in \Sigma^0_\alpha(\mathscr{X} \times \mathscr{C})$.

Beweis von (+)

Wir setzen $P_n = \{(x, f) \in X \times \mathscr{C} \mid (x, f^n) \in U_n\}$ für alle $n \in \mathbb{N}$.
Dann ist $U = \bigcup_{n \in \mathbb{N}} P_n$. Es genügt also zu zeigen, daß $P_n \in \Pi^0_{\alpha_n}(\mathscr{X} \times \mathscr{C})$ für alle $n \in \mathbb{N}$.
Sei also $n \in \mathbb{N}$. Wir setzen $g(x, f) = (x, f^n)$ für $x \in X$, $f \in \mathscr{C}$.
Dann ist $g : X \times \mathscr{C} \to X \times \mathscr{C}$ stetig, und es gilt:

$$P_n = g^{-1}{}'' U_n.$$

Aber $U_n \in \Pi^0_{\alpha_n}(\mathscr{X} \times \mathscr{C})$. Wegen g stetig also auch $P_n \in \Pi^0_{\alpha_n}(\mathscr{X} \times \mathscr{C})$.

(++) U ist universell für $\Sigma^0_\alpha(\mathscr{X})$.

Beweis von (++)

Sei $Y \in \Sigma^0_\alpha(\mathscr{X})$. Dann existieren $Y_n \in \Pi^0_{\alpha_n}(\mathscr{X})$, $n \in \mathbb{N}$, mit

$$Y = \bigcup_{n \in \mathbb{N}} Y_n.$$

Wegen der Universalität der U_n existieren weiter $f_n \in \mathscr{C}$ mit

$$Y_n = U_n{}^{f_n} = \{x \mid (x, f_n) \in U_n\} \quad \text{für alle } n \in \mathbb{N}.$$

Sei f das Element von $\mathscr{C}$ mit $f(\pi(n, m)) = f_n(m)$ für alle $n, m \in \mathbb{N}$.
Dann gilt $f^n = f_n$ für alle $n \in \mathbb{N}$, und damit ist

$$Y = \{x \mid x \in Y_n \text{ für ein } n \in \mathbb{N}\} = \{x \mid (x, f^n) \in U_n \text{ für ein } n \in \mathbb{N}\} = U^f.$$

Nach (+) und (++) ist $U \in \Sigma^0_\alpha(\mathscr{X} \times \mathscr{C})$ universell für $\Sigma^0_\alpha(\mathscr{X})$.
Weiter ist dann wieder $X \times \mathscr{C} - U \in \Pi^0_\alpha(\mathscr{X} \times \mathscr{C})$ universell für $\Pi^0_\alpha(\mathscr{X})$. ∎

Aus der Existenz gleichgradig komplexer universeller Mengen folgt nun durch eine einfache Diagonalisierung, daß an jeder Stufe der Borel-Hierarchie neue Mengen erzeugt werden. Wir zeigen dies zuerst für $\mathscr{C}$ und dann durch eine Relativierung für allgemeinere Räume.

Satz *(Diagonalisierung universeller Mengen)*
Sei $\mathscr{X} = \langle X, \mathscr{U} \rangle$ ein metrisierbarer Raum.
Sei $1 \leq \alpha < \omega_1$, und $U \in \Sigma^0_\alpha(\mathscr{X} \times \mathscr{X})$ sei universell für $\Sigma^0_\alpha(\mathscr{X})$. Wir setzen:

$$D = \{ x \in X \mid (x, x) \in U \}.$$

Dann gilt $D \in \Sigma^0_\alpha(\mathscr{X})$ und $D \notin \Pi^0_\alpha(\mathscr{X})$.

Beweis
zu $D \in \Sigma^0_\alpha(\mathscr{X})$:
Sei $g(x) = (x, x)$ für alle $x \in X$.
Dann ist $g : X \to X \times X$ stetig, und es gilt $D = g^{-1}{}'' U$.
Wegen $U \in \Sigma^0_\alpha(\mathscr{X} \times \mathscr{X})$ ist also auch $D \in \Sigma^0_\alpha(\mathscr{X})$.

zu $D \notin \Pi^0_\alpha(\mathscr{X})$:
Andernfalls ist $X - D \in \Sigma^0_\alpha(\mathscr{X})$.
Wegen der Universalität von U existiert dann ein $y \in X$ mit

$$X - D = U^y = \{ x \in X \mid (x, y) \in U \}.$$

Dann gilt aber:

$y \in D$ *gdw* $(y, y) \in U$ *gdw* $y \in U^y$ *gdw* $y \in X - D$, *Widerspruch.* ∎

Korollar *(echte Inklusionen in der Borel-Hierarchie)*
Sei $\mathscr{X} = \langle X, \mathscr{U} \rangle$ ein metrisierbarer Raum, der eine Kopie von $\mathscr{C}$ enthält.
Dann gilt für alle $1 \leq \alpha < \omega_1$:

(i) $\Sigma^0_\alpha(\mathscr{X}) \neq \Pi^0_\alpha(\mathscr{X})$,
(ii) $\Delta^0_\alpha(\mathscr{X}) \subset \Sigma^0_\alpha(\mathscr{X}), \Pi^0_\alpha(\mathscr{X})$,
(iii) $\Sigma^0_\alpha(\mathscr{X}), \Pi^0_\alpha(\mathscr{X}) \subset \Delta^0_{\alpha+1}(\mathscr{X})$.

Alle überabzählbaren polnischen Räume und alle Folgenräume ${}^{\mathbb{N}}A$ mit $|A| \geq 2$ sind Beispiele für Räume, die eine Kopie des Cantorraumes enthalten.

Beweis
zu (i): Der Einfachheit halber nehmen wir o. E. $\mathscr{C} \subseteq X$ an.
Sei $2 \leq \alpha < \omega_1$. Dann gilt wegen $\mathscr{C}$ abgeschlossen in $\mathscr{X}$:

$$(+) \quad \Sigma^0_\alpha(\mathscr{C}) = \Sigma^0_\alpha(\mathscr{X}) | \mathscr{C} \quad \text{und} \quad \Pi^0_\alpha(\mathscr{C}) = \Pi^0_\alpha(\mathscr{X}) | \mathscr{C}.$$

Aber nach den beiden vorherigen Sätzen ist $\Sigma^0_\alpha(\mathscr{C}) \neq \Pi^0_\alpha(\mathscr{C})$.
Insbesondere ist also auch $\Sigma^0_\alpha(\mathscr{X}) \neq \Pi^0_\alpha(\mathscr{X})$.
Schließlich ist $\Sigma^0_1(\mathscr{X}) \neq \Pi^0_1(\mathscr{X})$, da sonst $\mathscr{C}$ offen und abgeschlossen in $\mathscr{X}$ wäre und dann (+) (und folglich $\Sigma^0_1(\mathscr{X}) \neq \Pi^0_1(\mathscr{X})$) für $\alpha = 1$ gelten würde.

zu (ii) und (iii): „$\subseteq$" in den Aussagen ist klar.
Aus (i) folgt aber wegen $\Sigma^0_\alpha(\mathscr{X}) = \Pi^0_\alpha(\mathscr{X})_c$, daß $\Sigma^0_\alpha(\mathscr{X})$ und $\Pi^0_\alpha(\mathscr{X})$ verschieden sind von allen $\Gamma \subseteq \mathcal{P}(X)$ mit $\Gamma_c = \Gamma$.
Aber es gilt $\Delta^0_\beta(\mathscr{X})_c = \Delta^0_\beta(\mathscr{X})$ für alle $1 \leq \beta < \omega_1$. ∎

Schließlich gilt auch folgende echte Inklusion an den Limesstellen der Borel-Hierarchie:

Übung

Sei $\mathcal{X}$ ein metrisierbarer Raum, der eine Kopie von $\mathcal{C}$ enthält.
Dann gilt für alle Limesordinalzahlen $\lambda < \omega_1$:

$$\bigcup_{1 \leq \alpha < \lambda} \Sigma^0_\alpha(\mathcal{X}) = \bigcup_{1 \leq \alpha < \lambda} \Pi^0_\alpha(\mathcal{X}) \subset \Delta^0_\lambda(\mathcal{X}).$$

Damit ergibt sich für einen metrisierbaren Raum $\mathcal{X}$ das folgende Bild für die Mengen $\Sigma^0_\alpha(\mathcal{X})$, $\Pi^0_\alpha(\mathcal{X})$ und $\Delta^0_\alpha(\mathcal{X})$, wobei wir $\mathcal{X}$ weglassen:

$$\begin{array}{cccccccccccccc}
 & \Sigma_1 & & \Sigma_2 & & \ldots & & \Sigma_\omega & & \ldots & & \Sigma_\alpha & & \Sigma_{\alpha+1} & & \ldots \\
\Delta_1 & & \Delta_2 & & \ldots & & \Delta_\omega & & \ldots & & \Delta_\alpha & & \Delta_{\alpha+1} & & \ldots & \\
 & \Pi_1 & & \Pi_2 & & \ldots & & \Pi_\omega & & \ldots & & \Pi_\alpha & & \Pi_{\alpha+1} & & \ldots
\end{array}$$

α durchläuft alle abzählbaren Ordinalzahlen. Mengen, die in diesem Diagramm weiter links stehen, sind in allen Mengen, die weiter rechts stehen, enthalten. Enthält $\mathcal{X}$ eine Kopie des Cantorraumes, so sind alle Inklusionen echt. Die Vereinigung der Mengen des Diagramms bildet die Borel-σ-Algebra $\mathcal{B}(\mathcal{X})$.

Die Baire-Hierarchie

Wir diskutieren noch eine natürliche Hierarchie der Länge ω_1 für reellwertige Funktionen, die Baire bereits 1899 eingeführt hat.

Definition *(Baire-Hierarchie)*

Sei $\mathcal{X} = \langle X, \mathcal{U} \rangle$ ein metrisierbarer Raum.
Dann definieren wir durch Rekursion über $\alpha < \omega_1$:

$$\mathrm{Baire}_0(\mathcal{X}, \mathbb{R}) = \{ f \mid f : X \to \mathbb{R} \text{ ist stetig} \},$$

$$\mathrm{Baire}_\alpha(\mathcal{X}, \mathbb{R}) = \{ f \mid f \text{ ist der punktweise Limes einer Folge } \langle f_n \mid n \in \mathbb{N} \rangle \text{ mit } f_n \in \bigcup_{\beta < \alpha} \mathrm{Baire}_\beta(\mathcal{X}, \mathbb{R}) \text{ für alle } n \in \mathbb{N} \} \quad \text{für } 1 \leq \alpha < \omega_1.$$

Die Folge $\langle \mathrm{Baire}_\alpha(\mathcal{X}, \mathbb{R}) \mid \alpha < \omega_1 \rangle$ heißt die *Baire-Hierarchie von $\mathcal{X}$ (bzgl. $\mathbb{R}$)*.
Wir setzen weiter:

$$\mathrm{Baire}_{\omega_1}(\mathcal{X}, \mathbb{R}) = \mathrm{Baire}(\mathcal{X}, \mathbb{R}) = \bigcup_{\alpha < \omega_1} \mathrm{Baire}_\alpha(\mathcal{X}, \mathbb{R}).$$

Die Menge $\mathrm{Baire}_{\omega_1}(\mathcal{X}, \mathbb{R})$ ist abgeschlossen unter punktweisen Limiten. Zur Reichhaltigkeit der Funktionenmengen dieser Hierarchie beobachten wir:

Satz

Sei $\mathcal{X} = \langle X, \mathcal{U} \rangle$ ein metrisierbarer Raum, und sei $\alpha \leq \omega_1$.
Dann ist $\mathrm{Baire}_\alpha(\mathcal{X}, \mathbb{R})$ ein Untervektorraum des reellen Vektorraumes $V = \{ f \mid f : X \to \mathbb{R} \}$.

Beweis

Wir zeigen die Aussage durch Induktion nach $\alpha < \omega_1$.
Hieraus folgt dann die Behauptung über $\mathrm{Baire}_{\omega_1}(\mathscr{X}, \mathbb{R})$.

Induktionsanfang $\alpha = 0$:

Bekanntlich sind die stetigen Funktionen von X nach $\mathbb{R}$ ein Untervektorraum von V.

Induktionsschritt $1 \leq \alpha < \omega_1$:

Seien $f, g \in \mathrm{Baire}_\alpha(\mathscr{X})$, und seien $f_n, g_n \in \bigcup_{\beta < \alpha} \mathrm{Baire}_\beta(\mathscr{X}, \mathbb{R})$ für alle $n \in \mathbb{N}$ mit

$f = \lim_{n \to \infty} f_n$, $g = \lim_{n \to \mathbb{N}} g_n$ (punktweise).

Dann gilt für alle $\lambda, \mu \in \mathbb{R}$:

$\lambda f + \mu g = \lim_{n \to \infty} (\lambda f_n + \mu g_n)$ (punktweise).

Also ist $\lambda f + \mu g \in \mathrm{Baire}_\alpha(\mathscr{X})$. ∎

Die Baire-Hierarchie stellt sich nun als eine Organisation einer Funktionenmenge heraus, die in der heutigen Mathematik an vielen Stellen eine Rolle spielt:

Definition *($\mathscr{A}$-meßbare und Borel-meßbare Funktionen)*

Sei $\mathscr{X} = \langle X, \mathscr{U} \rangle$ ein metrisierbarer Raum, und sei $\mathscr{A} \subseteq \mathcal{P}(X)$.
Eine Funktion $f : X \to \mathbb{R}$ heißt *$\mathscr{A}$-meßbar*, falls gilt:

$f^{-1}{}'' U \in \mathscr{A}$ für alle $U \in \mathscr{U}$.

f heißt *Borel-meßbar*, falls f $\mathscr{B}(\mathscr{X})$-meßbar ist. Wir setzen:

$\mathscr{B}(\mathscr{X}, \mathbb{R}) = \{ f : X \to \mathbb{R} \mid f \text{ ist Borel-meßbar} \}$.

Übung

Sei $\mathscr{X} = \langle X, \mathscr{U} \rangle$ ein metrisierbarer Raum, und sei $f : X \to \mathbb{R}$ Borel-meßbar.
Dann existiert ein $\alpha < \omega_1$ mit: f ist Σ^0_α-meßbar.

[Sei U_n, $n \in \mathbb{N}$, eine Basis der Topologie auf $\mathbb{R}$. Für $n \in \mathbb{N}$ sei
α_n = „das kleinste α mit $f^{-1}{}'' U_n \in \Sigma^0_\alpha(\mathscr{X})$".
Sei weiter $\alpha^* = \sup_{n \in \mathbb{N}} \alpha_n$. Dann ist $\alpha^* < \omega_1$ und f ist $\Sigma^0_{\alpha^*}(\mathscr{X})$-meßbar:
Denn sei $N \subseteq \mathbb{N}$ und $U = \bigcup_{n \in N} U_n$. $\Sigma^0_{\alpha^*}(\mathscr{X})$ ist abgeschlossen unter abzählbaren Vereinigungen und folglich ist $f^{-1}{}'' U = \bigcup_{n \in \mathbb{N}} f^{-1}{}'' U_n \in \Sigma^0_{\alpha^*}(\mathscr{X})$.]

Die Stetigkeit von $f : X \to \mathbb{R}$ ist gleichwertig zur Σ^0_1-Meßbarkeit. Die Abschwächung dieser Bedingung zur Borel-Meßbarkeit entspricht nun genau der Abschwächung der Stetigkeit durch iterierte punktweise Limesbildung:

Satz *(Ausschöpfung der Borel-meßbaren Funktionen durch die Baire-Hierarchie)*

Sei $\mathscr{X} = \langle X, \mathscr{U} \rangle$ ein metrisierbarer Raum.
Dann gilt $\mathscr{B}(\mathscr{X}, \mathbb{R}) = \mathrm{Baire}(\mathscr{X}, \mathbb{R})$.

Beweis

zu $\subseteq$: Wir zeigen zunächst durch Induktion nach $1 \leq \alpha < \omega_1$:

(+) Für alle $A \in \Sigma^0_\alpha(\mathscr{X}) \cup \Pi^0_\alpha(\mathscr{X})$ ist $\text{ind}_A \in \text{Baire}_\alpha(\mathscr{X}, \mathbb{R})$.

Induktionsanfang $\alpha = 1$, $A \in \Sigma^0_1(\mathscr{X})$

Sei also $A \subseteq X$ offen. Seien A_n, $n \in \mathbb{N}$, abgeschlossen mit

$$A = \bigcup_{n \in \mathbb{N}} A_n, \quad A_0 \subseteq A_1 \subseteq \ldots \subseteq A_n \subseteq \ldots$$

Für $n \in \mathbb{N}$ sei $f_n : X \to [0, 1]$ eine stetige Funktion mit:

$$f_n(x) = \begin{cases} 1 & \textit{falls } x \in A_n, \\ 0 & \textit{falls } x \notin A. \end{cases}$$

(Solche f_n existieren nach dem Ausdehnungssatz von Urysohn.)
Dann gilt $\text{ind}_A = \lim_{n \to \infty} f_n \in \text{Baire}_1(\mathscr{X}, \mathbb{R})$.

Induktionsschritt $1 \leq \alpha < \omega_1$, $A \in \Pi^0_\alpha(\mathscr{X})$

Nach I. V. für $\Sigma^0_\alpha(\mathscr{X})$ ist $\text{ind}_{X-A} \in \text{Baire}_\alpha(\mathscr{X}, \mathbb{R})$. Dann ist aber auch

$$\text{ind}_A = \text{ind}_X - \text{ind}_{X-A} \in \text{Baire}_\alpha(\mathscr{X}, \mathbb{R}),$$

da $\text{ind}_X \in \text{Baire}_\alpha(\mathscr{X}, \mathbb{R})$ und $\text{Baire}_\alpha(\mathscr{X}, \mathbb{R})$ ein Vektorraum ist.

Induktionsschritt $2 \leq \alpha < \omega_1$, $A \in \Sigma^0_\alpha(\mathscr{X})$

Seien $\alpha_n < \alpha$ und $A_n \in \Pi^0_{\alpha_n}(\mathscr{X})$ für $n \in \mathbb{N}$ paarweise disjunkt derart, daß $\alpha_0 \leq \alpha_1 \leq \ldots \leq \alpha_n \leq \ldots$, $n \in \mathbb{N}$, und $A = \bigcup_{n \in \mathbb{N}} A_n$. Sei

$$f_n = \Sigma_{i \leq n} \text{ind}_{A_i} \quad \text{für } n \in \mathbb{N}.$$

Nach I.V. ist $f_n \in \text{Baire}_{\alpha_n}(\mathscr{X}, \mathbb{R})$ für alle $n \in \mathbb{N}$. Dann ist aber

$$\text{ind}_A = \lim_{n \to \infty} f_n \in \text{Baire}_\alpha(\mathscr{X}, \mathbb{R}).$$

Sei nun $f : X \to \mathbb{R}$ Borel-meßbar. Für $n \in \mathbb{N}$ und $i \in \mathbb{Z}$ sei

$$A_{n,i} = f^{-1}{}''[i/2^n, (i+1)/2^n[,$$
$$f_n = \Sigma_{-n \cdot 2^n \leq i < n \cdot 2^n} i/2^n \, \text{ind}_{A_{n,i}}.$$

Nach (+) ist $\text{ind}_{A_{n,i}} \in \text{Baire}(\mathscr{X}, \mathbb{R})$ für alle $n \in \mathbb{N}$.
Also gilt $f = \lim_{n \to \infty} f_n \in \text{Baire}(\mathscr{X}, \mathbb{R})$.

zu $\supseteq$: Es ist leicht zu sehen, daß die Borel-meßbaren Funktionen abgeschlossen unter punktweisen Limiten sind.
Weiter ist jede stetige Funktion Borel-meßbar.
Damit folgt induktiv, daß $\text{Baire}_\alpha(\mathscr{X}, \mathbb{R}) \subseteq \mathscr{B}(X, \mathbb{R})$ für alle $\alpha < \omega_1$. ∎

Der Beweis zeigt de facto: Ist $f : X \to \mathbb{R}$ $\Sigma^0_\alpha(\mathscr{X})$-meßbar, so ist $f \in \text{Baire}_{\alpha+1}(\mathscr{X}, \mathbb{R})$. Man kann den Index verbessern und auch eine Umkehrung zeigen. Es gilt nämlich folgender Satz von Hausdorff: Für alle $\alpha \geq 1$ ist ein $f : X \to \mathbb{R}$ genau dann $\Sigma^0_{\alpha+1}(\mathscr{X})$-meßbar, wenn $f \in \text{Baire}_\alpha(\mathscr{X}, \mathbb{R})$ (die Äquivalenz erweitert den offensichtlichen Fall $\alpha = 0$). Siehe etwa [Kechris 1994] für einen Beweis.

Borel-Mengen als stetige Bilder des Baireraumes

Im zweiten Kapitel hatten wir gezeigt, daß jeder nichtleere polnische Raum ein stetiges Bild des Baireraumes ist. Wir erweitern nun dieses Resultat auf die Borel-Mengen eines polnischen Raumes.

Satz *(Borel-Mengen als stetige Bilder von $\mathcal{N}$)*
Sei $\mathcal{X} = \langle X, \mathcal{U} \rangle$ ein polnischer Raum, und sei $B \in \mathcal{B}(\mathcal{X})$, $B \neq \emptyset$.
Dann existiert ein stetiges $g : \mathcal{N} \to X$ mit $B = \mathrm{rng}(g)$.

Beweis
Wir zeigen die Aussage für $B \in \Sigma^0_\alpha(\mathcal{X}) \cup \Pi^0_\alpha(\mathcal{X})$ durch Induktion nach $1 \leq \alpha < \omega_1$.

Induktionsanfang $\alpha = 1$:

Ist B offen oder abgeschlossen in X, so ist B ein nichtleerer polnischer Raum. Dann ist aber B ein stetiges Bild von $\mathcal{N}$.

Induktionsschritt $2 \leq \alpha < \omega_1$, $B \in \Sigma^0_\alpha(\mathcal{X})$:

Sei $B = \bigcup_{n \in \mathbb{N}} B_n$ mit $B_n \in \Pi^0_{\alpha_n}(\mathcal{X})$, $\alpha_n < \alpha$, für alle $n \in \mathbb{N}$.
O. E. ist $B_n \neq \emptyset$ für alle $n \in \mathbb{N}$.
Nach I. V. existieren stetige $g_n : \mathcal{N} \to X$ mit $\mathrm{rng}(g_n) = B_n$ für alle n.
Wir setzen:

$$g(\langle n \rangle ^\frown f) = g_n(f) \quad \text{für alle } n \in \mathbb{N} \text{ und } f \in \mathcal{N}.$$

Dann ist $g : \mathcal{N} \to X$ stetig und $B = \mathrm{rng}(g)$.

Induktionsschritt $2 \leq \alpha < \omega_1$, $B \in \Pi^0_\alpha(\mathcal{X})$:

Sei $B = \bigcap_{n \in \mathbb{N}} B_n \neq \emptyset$ mit $B_n \in \Sigma^0_{\alpha_n}(\mathcal{X})$, $\alpha_n < \alpha$, für alle $n \in \mathbb{N}$.
Nach I. V. existieren stetige $g_n : \mathcal{N} \to X$ mit $\mathrm{rng}(g_n) = B_n$ für alle n.

Wir lesen ein $f \in \mathcal{N}$ als $\langle f^{(n)} \mid n \in \mathbb{N} \rangle \in {}^{\mathbb{N}}\mathcal{N}$ indem wir setzen:

$$f^{(n)}(m) = f(\pi(n, m)) \quad \text{für alle } n, m \in \mathbb{N},$$

wobei $\pi : \mathbb{N}^2 \to \mathbb{N}$ die Cantorsche Paarungsfunktion ist.
Sei dann

$$A = \{ f \in \mathcal{N} \mid g_n(f^{(n)}) = g_0(f^{(0)}) \text{ für alle } n \in \mathbb{N} \}.$$

Wegen der Stetigkeit der Funktionen g_n ist A abgeschlossen in $\mathcal{N}$.
Wir setzen für $f \in A$:

$$h(f) = g_0(f^{(0)}).$$

Dann ist $h : A \to X$ stetig und $\mathrm{rng}(h) = B$ (!).
Sei weiter $h' : \mathcal{N} \to \mathcal{N}$ stetig mit $\mathrm{rng}(h') = A$ (es gilt $A \neq \emptyset$).
Dann ist $g = h \circ h' : \mathcal{N} \to X$ stetig und $\mathrm{rng}(g) = B$.

Borel-Determiniertheit

Wir zeigen nun, daß jede Borel-Menge eines Folgenraumes ${}^{\mathbb{N}}A$ determiniert ist (für beliebige Mengen A).

Der folgende Beweis folgt der Veröffentlichung [Martin 1985], die ihrerseits eine vereinfachende Neuorganisation des ersten Beweises von Martin aus dem Jahr 1975 darstellt.

Überdeckungen eines Regelbaumes

Wir entwickeln zuerst den technischen Hilfsbegriff einer Überdeckung eines Regelbaumes T. Die Idee ist, ein gegebenes Spiel durch ein zweites Spiel mit einem neuen Regelbaum T′ zu analysieren, in welchem die Gewinnmenge sowohl abgeschlossen als auch offen ist. Die topologische Einfachheit der Gewinnmenge wird durch eine Erhöhung der Komplexität des Alphabetes A(T′) des zweiten Regelbaumes T′ erreicht. Der Beweis der Borel-Determiniertheit für alle Borelmengen $P \subseteq [T]$ verläuft dann durch eine Induktion der Länge ω_1 entlang der Borel-Hierarchie von $[T] \subseteq {}^{\mathbb{N}}A(T)$, und zwar simultan für alle Regelbäume T. De facto zeigen wir induktiv sogar eine Verstärkung der Determiniertheit.

Die folgende Argumentation ist das Ergebnis einer jahrelangen Suche nach einem Beweis der Determiniertheit aller Borel-Mengen, vgl. hierzu auch die historische Übersicht am Ende des Kapitels. Der Leser möge dies bedenken, wenn er etwas mehr Zeit als sonst benötigt, um sich mit den folgenden Begriffen und Konstruktionen anzufreunden. Insgesamt hat der Beweis eine ebenso klare wie interessante Struktur. Die Hauptarbeit ist die Begriffsbildung, und das Herzstück des Beweises ist dann eine Verstärkung des Satzes von der Determiniertheit abgeschlossener Spiele.

Wir beginnen mit einigen notationellen Vorbereitungen. Zunächst definieren wir partielle Strategien:

Definition *(S|n)*

Seien A eine Menge, $S \subseteq \mathrm{Seq}_A$, $n \in \mathbb{N}$. Dann setzen wir:

$$S|n = \{ s \in S \mid |s| \leq n \}.$$

Jedes S|n heißt auch eine *partielle Strategie* oder *Teilstrategie* in T.

Weiter brauchen wir eine Notation für alle Strategien in einem Regelbaum:

Definition *($\mathcal{S}_I(T)$, $\mathcal{S}_{II}(T)$, $\mathcal{S}(T)$)*

Sei T ein Regelbaum. Dann setzen wir:

$$\mathcal{S}_{\mathrm{I}}(T) = \{ S \mid S \text{ ist eine Strategie für Spieler I in T} \},$$
$$\mathcal{S}_{\mathrm{II}}(T) = \{ S \mid S \text{ ist eine Strategie für Spieler II in T} \},$$
$$\mathcal{S}(T) = \mathcal{S}_{\mathrm{I}}(T) \cup \mathcal{S}_{\mathrm{II}}(T).$$

Der Schlüsselbegriff ist nun:

Definition *(k-Überdeckung eines Regelbaumes)*

Sei T ein Regelbaum, und sei $k \in \mathbb{N}$.
$\langle T', \rho, \sigma \rangle$ heißt eine *k-Überdeckung von T*, falls gilt:

(a) T′ ist ein Regelbaum.

(b) $\rho : T' \to T$ ist monoton und es gilt $|\rho(t)| = |t|$ für alle $t \in T'$.

Wir setzen weiter $\rho(f) = \bigcup_{n \in \mathbb{N}} \rho(f|n)$ für alle $f \in [T']$.

(c1) $\sigma : \mathcal{S}(T') \to \mathcal{S}(T)$.

(c2) Für alle $S_1 \in \mathcal{S}_I(T')$ und $S_2 \in \mathcal{S}_{II}(T')$ gilt:
$\sigma(S_1) \in \mathcal{S}_I(T)$ und $\sigma(S_2) \in \mathcal{S}_{II}(T)$.

(c3) Für alle $n \in \mathbb{N}$ und alle $S_1, S_2 \in \mathcal{S}(T')$ gilt:
Ist $S_1|n = S_2|n$, so ist $\sigma(S_1)|n = \sigma(S_2)|n$.

Wir setzen weiter $\sigma(S|n) = \sigma(S)|n$ für alle $S \in \mathcal{S}(T')$ und $n \in \mathbb{N}$.

(d) Für alle $S \in \mathcal{S}(T')$ gilt:
Ist $f \in [\sigma(S)]$, so existiert ein $f' \in [S]$ mit $\rho(f') = f$.

(e) $T'|2k = T|2k$ und $\rho(t) = t$ für alle $t \in T'|2k$.

Die induzierte Abbildung $\rho : [T'] \to [T]$ ist nach (b) insbesondere stetig. Ebenso ist (c3) eine Stetigkeitsbedingung für die Strategien übersetzende Abbildung σ. Wir können σ als eine Abbildung lesen, die in monotoner Weise auf Teilstrategien operiert. Eigenschaft (d) erlaubt es, Gewinnstrategien des Hilfsspiels in Gewinnstrategien des ursprünglichen Spiels zu übersetzen (siehe auch den Satz unten; hierzu werden die Stetigkeitseigenschaften gar nicht gebraucht). Schließlich klärt die letzte Eigenschaft (e) die Rolle von k.

Eine einfache Folgerung ist:

Lemma

Sei $\langle T', \rho, \sigma \rangle$ eine k-Überdeckung von T.
Dann gilt $\sigma(S|2k) = S|2k$ für alle $S \in \mathcal{S}(T')$.

Beweis

Sei $S \in \mathcal{S}_I(T')$. Nach (d) und (e) gilt $\sigma(S)|2k \subseteq S|2k$.
Da σ(S) eine Strategie für I in T ist, folgt automatisch auch
$S|2k \subseteq \sigma(S)|2k = \sigma(S|2k)$.
Analoge Überlegungen gelten für Strategien $S \in \mathcal{S}_{II}(T')$. ∎

In einem induktiven Beweis der Borel-Determiniertheit wird eine Borelmenge als abzählbare Vereinigung von einfacheren Borel-Mengen vorliegen, deren Determiniertheit bereits gezeigt ist. Der Überdeckungsansatz ruft dann entsprechend auch noch abzählbare kommutative Systeme von Überdeckungen auf den Plan:

Definition *(Überdeckungssystem)*

Ein System $\langle T_i, \rho_{j,i}, \sigma_{j,i} \mid i, j \in \mathbb{N},\ i \le j \rangle$ heißt ein *kommutatives Überdeckungssystem der Stufe* $k \in \mathbb{N}$, falls gilt:

(i) $\langle T_j, \rho_{j,i}, \sigma_{j,i} \rangle$ ist eine $(k + i)$-Überdeckung von T_i für alle $i \le j$,

(ii) $\rho_{i,i} = \mathrm{id} \mid T_i$ für alle $i \in \mathbb{N}$,

(iii) $\sigma_{i,i} = \mathrm{id} \mid \mathcal{S}(T_i)$ für alle $i \in \mathbb{N}$,

(iv) $\rho_{i_1, i_0} \circ \rho_{i_2, i_1} = \rho_{i_2, i_0}$ für alle $i_0 \le i_1 \le i_2$,

(v) $\sigma_{i_1, i_0} \circ \sigma_{i_2, i_1} = \sigma_{i_2, i_0}$ für alle $i_0 \le i_1 \le i_2$.

Zeichnen wir Abbildungspfeile wie üblich von links nach rechts, so läuft ein solches System also nach „minus unendlich". Es existiert dann ein natürlicher Limesbegriff:

Definition *(inverse Limiten von Überdeckungssystemen)*

Sei $\langle T_i, \rho_{j,i}, \sigma_{j,i} \mid i, j \in \mathbb{N},\ i \le j \rangle$ ein kommutatives Überdeckungssystem der Stufe k, und seien T_ω, $\rho_{\omega,i}$, $\sigma_{\omega,i}$ für alle $i \in \mathbb{N}$ derart, daß gilt:

(i) $\langle T_\omega, \rho_{\omega,i}, \sigma_{\omega,i} \rangle$ ist eine $(k + i)$-Überdeckung von T_i für alle $i \in \mathbb{N}$,

(ii) $\rho_{j,i} \circ \rho_{\omega,j} = \rho_{\omega,i}$ für alle $i \le j$,

(iii) $\sigma_{j,i} \circ \sigma_{\omega,j} = \sigma_{\omega,i}$ für alle $i \le j$.

Dann heißt $\langle T_\omega, \rho_{\omega,i}, \sigma_{\omega,i} \mid i \in \mathbb{N} \rangle$ der *inverse Limes* des Systems, in Zeichen

$$\langle T_\omega, \rho_{\omega,i}, \sigma_{\omega,i} \mid i \in \mathbb{N} \rangle = \operatorname{inv\,lim}_{i,j \to \infty} \langle T_i, \rho_{j,i}, \sigma_{j,i} \mid i, j \in \mathbb{N},\ i \le j \rangle.$$

Bei einem Überdeckungssystem stabilisieren sich die Anfangsstücke der beteiligten Bäume und Abbildungen, und wir erhalten:

Satz *(Existenz und Eindeutigkeit des inversen Limes)*

Sei $\langle T_i, \rho_{j,i}, \sigma_{j,i} \mid i, j \in \mathbb{N},\ i \le j \rangle$ ein kommutatives Überdeckungssystem der Stufe k. Dann existiert der inverse Limes des Systems.

Beweis

Wir setzen:

$$T_\omega = \bigcup_{i \in \mathbb{N}} T_i \mid 2(k + i),$$

$$\rho_{\omega,i} = \bigcup_{j \ge i} \rho_{j,i} \mid (T_j \mid 2(k + j)) \quad \text{für alle } i \in \mathbb{N},$$

$$\sigma_{\omega,i}(S) = \bigcup_{j \ge i} \sigma_{j,i}(S \mid 2(k + j)) \quad \text{für alle } i \in \mathbb{N} \text{ und } S \in \mathcal{S}(T_i).$$

Dann ist $\langle T_\omega, \rho_{\omega,i}, \sigma_{\omega,i} \mid i \in \mathbb{N} \rangle$ der inverse Limes des Systems, wie man leicht überprüft. ∎

Lösungen eines Spiels

Die gesuchten k-Überdeckungen eines Regelbaumes T für ein gegebenes Spiel G(P, T) beschreibt der folgende Begriff:

Definition *(Lösung eines Spiels)*

Sei G(P, T) ein Spiel, und sei $\langle T', \rho, \sigma \rangle$ eine k-Überdeckung von T.
$\langle T', \rho, \sigma \rangle$ heißt eine *k-Lösung* des Spiels G(P, T), falls gilt:
$\rho^{-1}{}''P$ ist offen und zugleich abgeschlossen in $[T']$.

Im Englischen ist hier der Begriff *unravelling* gebräuchlich, mit unravel = „entwirren, enträtseln, entflechten".

Wir werden induktiv die Existenz von Lösungen für alle Borelspiele G(P, T) zeigen. Dies genügt, denn die Existenz einer Lösung von G(P, T) impliziert die Determiniertheit des Spiels G(P, T). Genauer gilt:

Satz *(Existenz von Lösungen und Determiniertheit)*

Sei $\langle T', \rho, \sigma \rangle$ eine k-Lösung eines Spiels G(P, T).
Dann ist G(P, T) determiniert. Genauer gilt:
Sei $P' = \rho^{-1}{}''P$, und seien S_I und S_{II} die übergeordneten Optionsstrategien für I und II in G(P′, T′). Dann ist S_I eine Gewinnstrategie für I oder S_{II} eine Gewinnstrategie für II in G(P′, T′). Im ersten Fall ist σ(S) eine Gewinnstrategie für I in G(P, T) für jede Strategie $S \subseteq S_I$. Analoges gilt für den zweiten Fall.

Beweis

Unter Verwendung der Ergebnisse über offene und zugleich abgeschlossene Spiele aus Kapitel 5 folgt die Behauptung unmittelbar aus den Eigenschaften (c2) und (d) einer k-Überdeckung. ∎

Unmittelbar aus der Definition folgt weiter auch:

Satz

Sei $\langle T', \rho, \sigma \rangle$ eine k-Lösung eines Spiels G(P, T).
Dann ist $\langle T', \rho, \sigma \rangle$ auch eine k-Lösung des Spiels G([T] − P, T).

Damit ist der Komplement-Schritt in einem Beweis der Lösbarkeit von Spielen entlang der Borel-Hierarchie trivial.

Wir beweisen nun eine Verstärkung des Satzes von der offenen und abgeschlossenen Determiniertheit, indem wir die k-Lösbarkeit abgeschlossener Spiele zeigen für alle $k \in \mathbb{N}$.

Der Parameter k läuft hier problemlos mit, und der Leser kann ihn beim ersten Lesen gleich 0 setzen. Für den Limesschritt des induktiven Beweises ist es dann aber wichtig, daß die Hilfsspiele ein beliebig großes Anfangsstück des originalen Regelbaumes übernehmen können.

Satz *(Existenz von Lösungen für abgeschlossene Spiele)*
Sei G(P, T) ein Spiel, und sei P abgeschlossen. Weiter sei $k \in \mathbb{N}$.
Dann existiert eine k-Lösung $\langle T', \rho, \sigma \rangle$ von G(P, T).

Beweis
Im Regelbaum T′ spielen I und II abwechselnd wie folgt:

I	a_0		a_2	a_{2k}, S_1		a_{2k+2}		…
II		a_1	…		a_{2k+1}, S_2		a_{2k+3}	…,

wobei

(i) $\langle a_0, \ldots, a_n \rangle \in T$ für alle $n \in \mathbb{N}$ (d. h. bis auf die beiden zusätzlich gespielten Objekte S_1 und S_2 verläuft das Spiel in T).

(ii) S_1 ist eine Optionsstrategie für I in $T_{\langle a_0, \ldots, a_{2k} \rangle}$.

(iii) $S_2 \subseteq S_1$ ist eine Optionsstrategie für II in $T_{\langle a_0, \ldots, a_{2k} \rangle}$ mit $[S_2] \subseteq P$,
oder
$S_2 = T_s$ für ein $s \in S_1$ mit $[T_s] \cap P = \emptyset$.

(iv) $\langle a_0, \ldots, a_n \rangle \in S_2$ für alle $n \in \mathbb{N}$.

Die vierte Bedingung beinhaltet die erste, der besseren Lesbarkeit halber starten wir aber mit (i). Die Intention ist: Ab der Stelle $2k + 1$ verläuft jede Partie in S_2. Es gilt zudem $S_2 \subseteq S_1$. Zwei T′-Spieler spielen also wie in T, reduzieren aber zweimal den Regelbaum T: Spieler I zwingt das Spiel in S_1, Spieler II zwingt das Spiel in S_2, wobei er die Vorgabe S_1 seines Kontrahenten beachten muß. Für Partien in T′ werden diese Reduzierungen zu Zugmöglichkeiten, und folglich greifen Strategien für Spiele in T′ auf alle Optionsstrategien S_1 und S_2 in T wie in (ii) und (iii) zurück. Das Alphabet A(T′) hat die Komplexität von $\mathcal{P}(A(T))$, vgl. auch die Bemerkung zum Beweis unten.

Wir sagen auch, daß Spieler II die *erste* oder *zweite Option* an der Stelle a_{2k+1} wählt, je nachdem, welche der beiden Aussagen in (iii) für die gespielte Partie $\langle a_0, a_1, \ldots, (a_{2k}, S_1), (a_{2k+1}, S_2), a_{2k+2}, \ldots \rangle \in [T']$ gilt.

Ist $[S_1] \subseteq P$, so ist jedes $S_2 \subseteq S_1$ für II als erste Option geeignet. Aufgrund der Abgeschlossenheit von $P \cap [S_1]$ kann Spieler II die zweite Option wählen, falls non($[S_1] \subseteq P$). Damit ist T′ tatsächlich ein Regelbaum.

Die Abbildung $\rho : [T'] \to [T]$ wird einfach definiert durch Streichen der zusätzlichen Objekte S_1 und S_2, d. h. wir setzen:

$$\rho(\langle a_0, a_1, \ldots, (a_{2k}, S_1), (a_{2k+1}, S_2), a_{2k+2}, \ldots \rangle) = \langle a_0, a_1, \ldots, a_n, \ldots \rangle.$$

Dann ist $P' = \rho^{-1}{}'' P$ offen und abgeschlossen in $[T']$, denn für alle $f' \in [T']$ gilt:

$f' \in P'$ *gdw* „Spieler II spielt in f' die erste Option an der Stelle a_{2k+1}“.

Also steht nach endlicher Zeit fest, ob f' in P' liegt oder nicht, und damit ist P' offen und abgeschlossen in $[T']$.

Es bleibt also noch die Abbildung σ zu definieren. Wir beschreiben σ informal. Die geforderten Eigenschaften einer k-Überdeckung werden durch die Konstruktion sichergestellt.

Konstruktion von $\sigma(S)$ für eine gegebene Strategie $S \in \mathcal{S}_I(T')$:

$\sigma(S)$ verläuft bis $2k - 1$ genau wie S, d.h. wir setzen

$\sigma(S) | 2k = S | 2k.$

Für $t = \langle a_0, \ldots, a_{2k-1} \rangle \in S|2k = \sigma(S)|2k$ sei

$(a_{2k}, S_1) = S(t)$

der Zugvorschlag von S an der Position t. Wir setzen dann:

$\sigma(S)(t) = a_{2k},$

d.h. $\sigma(S)$ folgt dem Vorschlag von S (das T′-Hilfsobjekt S_1 ignorierend). Der weitere Verlauf von $\sigma(S)$ in T wird wie folgt gegeben:

1. Fall: II gewinnt das offene Spiel $G([S_1] - P, [S_1])$.

Sei dann S_2 die übergeordnete Optionsstrategie für II, d.h. die Menge der für II nicht verlorenen Positionen in diesem Spiel.

Sei nun a_{2k+1} der Zug von II an der T-Position $\langle a_0, \ldots, a_{2k} \rangle \in \sigma(S)$. Wir unterscheiden zur weiteren Definition der Zugvorschläge von $\sigma(S)$, ob $\langle a_0, \ldots, a_{2k+1} \rangle \in S_2$ gilt oder nicht.

Ist $\langle a_0, \ldots, a_{2k+1} \rangle \in S_2$, so folgt $\sigma(S)$ den Zugvorschlägen der Strategie S ab der T′-Position $\langle a_0, \ldots, a_{2k-1}, (a_{2k}, S_1), (a_{2k+1}, S_2) \rangle \in S$, beachtet aber den folgenden möglicherweise eintretenden Fall:

(+) Wird eine Position $t^* \notin S_2$ erreicht, so spielt $\sigma(S)$ nach einer fest gewählten Gewinnstrategie für I ab t^* in $G([S_1] - P, [S_1])$, bis eine Position s^* erreicht ist mit $[T_{s^*}] \cap P = \emptyset$.

Eine solche Position s^* wird wegen der Abgeschlossenheit von P tatsächlich erreicht.

Ab dieser Stelle folgt $\sigma(S)$ den Zugvorschlägen von S oberhalb der T′-Position s' mit den Eigenschaften:

(i) $\rho(s') = s^*$,

(ii) $\langle a_0, \ldots, a_{2k-1}, (a_{2k}, S_1), (a_{2k+1}, T_{s^*}) \rangle \leq s'$.

Ist dagegen $\langle a_0, \ldots, a_{2k+1} \rangle \notin S_2$, so verfährt $\sigma(S)$ sofort gemäß den Anweisungen in (+). (Die Position $\langle a_0, \ldots, a_{2k+1} \rangle$ ist verloren für Spieler II in $G([S_1] - P, [S_1])$ nach Definition von S_2.)

2. Fall: II verliert das offene Spiel $G([S_1] - P, [S_1])$.

$\sigma(S)$ folgt dann ebenfalls sofort den Anweisungen wie in (+). (Aufgrund der Determiniertheit dieses Spiels besitzt I eine Gewinnstrategie in $G([S_1] - P, [S_1])$.)

Konstruktion von $\sigma(S)$ für eine gegebene Strategie $S \in \mathcal{S}_{II}(T')$:

Wir setzen wieder

$\sigma(S) | 2k = S | 2k.$

Sei nun $\langle a_0, \ldots, a_{2k}\rangle \in T$ mit $\langle a_0, \ldots, a_{2k-1}\rangle \in S$, d.h. I hat zuletzt a_{2k} gespielt in einer bislang gemäß S gespielten Partie.

Zur Beschreibung der Strategie $\sigma(S)$ ab $\langle a_0, \ldots, a_{2k}\rangle$ führen wir ein zusätzliches Spiel ein. Wir setzen hierzu:

$R = \{ f \in [T] \mid$ Es existiert kein $s < f$ mit:
Es gibt ein S_1 mit $t = \langle a_0, \ldots, a_{2k-1}, (a_{2k}, S_1)\rangle \in T'$, sodaß
$S(t)$ ein Zug der Form (a, T_s) gemäß der zweiten Option ist. $\}$

R ist offenbar abgeschlossen.
Wir betrachten das Spiel G(R, T). II gewinnt eine Partie f dieses Spiels genau dann, wenn ein $\langle a_0, \ldots, a_{2k}\rangle \leq s^* < f$ und S^*, a^* existieren mit:

(i) $[T_{s^*}] \cap P = \emptyset$,

(ii) $\langle a_0, \ldots, a_{2k-1}, (a_{2k}, S^*), (a^*, T_{s^*})\rangle \in S$.

T_{s^*} in (ii) ist dann nach der zweiten Option gespielt.

Nach diesen Vorbereitungen können wir nun den Verlauf von $\sigma(S)$ in T weiter angeben.

1. Fall: I gewinnt das abgeschlossene Spiel $G(R, T_{\langle a_0, \ldots, a_{2k}\rangle})$.
Sei dann S_1 die übergeordnete Optionsstrategie für I, d.h. die Menge der für I nicht verlorenen Positionen in diesem Spiel.

$\sigma(S)$ folgt nun den Zugvorschlägen von S ab der T′-Position $\langle a_0, \ldots, a_{2k-1}, (a_{2k}, S_1)\rangle$, beachtet aber den folgenden Fall:

(+) Wird eine Position $t^* \notin S_1$ erreicht, so spielt $\sigma(S)$ nach einer fest gewählten Gewinnstrategie für II ab t^* in G(R, T) bis eine Position s^* erreicht ist, für die S^* und a^* wie in (ii) existieren.

Ab dieser Stelle folgt $\sigma(S)$ den Zugvorschlägen von S oberhalb der T′-Position s' mit den Eigenschaften:

(i) $\rho(s') = s^*$,

(ii) $\langle a_0, \ldots, a_{2k-1}, (a_{2k}, S^*), (a^*, T_{s^*})\rangle \leq s'$.

2. Fall: I verliert das abgeschlossene Spiel $G(R, T_{\langle a_0, \ldots, a_{2k}\rangle})$.
$\sigma(S)$ folgt dann sofort den Anweisungen wie in (+).
(Aufgrund der Determiniertheit dieses Spiels besitzt II eine Gewinnstrategie in $G(R, T_{\langle a_0, \ldots, a_{2k}\rangle})$.

Damit ist die Konstruktion der k-Lösung $\langle T', \rho, \sigma\rangle$ von G(P, T) abgeschlossen.

Determiniertheit von Borel-Spielen

Damit haben wir alle Bausteine für einen relativ einfachen induktiven Beweis der Existenz von Lösungen für Borelspiele zusammen:

Satz *(Lösungen für Borelspiele und Borel-Determiniertheit)*
Sei G(P, T) ein Spiel, und P sei eine Borel-Menge des Raumes $[T] \subseteq {}^{\mathbb{N}}A(T)$.
Dann existiert eine k-Lösung von G(P, T) für alle $k \in \mathbb{N}$.
Insbesondere ist G(P, T) determiniert.

Beweis
Wir zeigen durch Induktion über alle $1 \leq \alpha < \omega_1$:

(+) Für alle Regelbäume T und alle $P \in \Pi^0_\alpha([T]) \cup \Sigma^0_\alpha([T])$ gilt:
Für alle $k \in \mathbb{N}$ existiert eine k-Lösung $\langle T', \rho, \sigma \rangle$ von G(P, T).

Induktionsanfang $\alpha = 1$, $P \in \Pi^0_1([T])$:

Der obige Satz über abgeschlossene P liefert die Behauptung.

Induktionsschritt $\alpha = 1$, $P \in \Sigma^0_1([T])$:

Eine k-Lösung für $G([T] - P, T)$ ist auch eine k-Lösung für P und existiert für alle $k \in \mathbb{N}$ wegen $[T] - P \in \Pi^0_1([T])$ nach I. V.

Induktionsschritt $1 < \alpha < \omega_1$, $P \in \Sigma^0_\alpha([T])$:

Sei $k \in \mathbb{N}$ fest. Seien $\alpha_i < \alpha$ und $P_i \in \Pi^0_{\alpha_i}([T])$ für $i \in \mathbb{N}$ mit

$P = \bigcup_{i \in \mathbb{N}} P_i$.

Wir definieren rekursiv $\langle T_i, \rho_i, \sigma_i \rangle$ und $P_i' \subseteq [T_i]$ für $i \in \mathbb{N}$ durch:

$\langle T_{i+1}, \rho_{i+1}, \sigma_{i+1} \rangle$ = „eine (k + i)-Lösung von $G(P_i', T_i)$", *wobei*

$$T_0 = T, \; P_0' = P_0 \text{ und } P_i' = \rho_i^{-1}{}'' \ldots \rho_1^{-1}{}'' P_i \text{ für alle } i \geq 1.$$

Alle $\rho_{j+1} : [T_{j+1}] \to [T_j]$ sind stetig. Also ist $P_i' \in \Sigma^0_{\alpha_i}([T_i])$ für $i \in \mathbb{N}$. Wir führen den Beweis simultan für alle T, haben also für alle $P_i' \subseteq [T_i]$ die k′-Lösbarkeit von $G(P_i', [T_i])$ für alle $k' \in \mathbb{N}$ als I. V. zur Verfügung.

Sei $\langle T_i, \rho_{j,i}, \sigma_{j,i} \mid i, j \in \mathbb{N}, i \leq j \rangle$ das von dieser Konstruktion erzeugte kommutative Überdeckungssystem der Stufe k, d. h. für $j > i$, $i \in \mathbb{N}$ sei

$$\rho_{i,i} = \mathrm{id} \mid T_i, \quad \sigma_{i,i} = \mathrm{id} \mid \mathcal{S}(T_i), \quad \rho_{j,i} = \rho_j \circ \ldots \circ \rho_i, \quad \sigma_{j,i} = \sigma_j \circ \ldots \circ \sigma_i.$$

Sei weiter $\langle T_\omega, \rho_{\omega,i}, \sigma_{\omega,i} \mid i \in \mathbb{N} \rangle$ der inverse Limes des Systems. Dann ist $\langle T_\omega, \rho_{\omega,0}, \sigma_{\omega,0} \rangle$ eine k-Lösung von $G(P_i, T)$ für alle $i \in \mathbb{N}$. Weiter ist $P_\omega = \rho_{\omega,0}{}^{-1}{}'' P = \bigcup_{i \in \mathbb{N}} \rho_{\omega,0}{}^{-1}{}'' P_i$ offen in $[T_\omega]$. Sei also $\langle T^*, \rho^*, \sigma^* \rangle$ eine k-Lösung von $G(P_\omega, T_\omega)$ nach I. V. Dann ist $\langle T^*, \rho_{\omega,0} \circ \rho^*, \sigma_{\omega,0} \circ \sigma^* \rangle$ eine k-Lösung von G(P, T).

Induktionsschritt $1 < \alpha < \omega_1$, $P \in \Pi^0_\alpha([T])$:

Wie im Fall $\alpha = 1$, $P \in \Sigma^0_1([T])$.

Insgesamt greift der Beweis der Borel-Determiniertheit in unüblicher Weise auf die Stärke der Axiomatik ZFC zurück. Die Potenzmengenbildung, die im Induktionsschritt die Existenz der Lösungen garantiert, wird ω_1-oft iteriert. Es wird die Existenz der Folge $\langle \mathcal{P}^\alpha(\mathbb{N}) \mid \alpha < \omega_1 \rangle$ verwendet, wobei

$$\begin{array}{lll} \mathcal{P}^0(\mathbb{N}) & = \mathbb{N}, & \\ \mathcal{P}^{\alpha+1}(\mathbb{N}) & = \mathcal{P}(\mathcal{P}^\alpha(\mathbb{N})) & \text{für } \alpha < \omega_1, \\ \mathcal{P}^\lambda(\mathbb{N}) & = \bigcup_{\alpha<\lambda} \mathcal{P}^\alpha(\mathbb{N}) & \text{für Limiten } \lambda < \omega_1. \end{array}$$

Für die Existenz dieser Folge muß neben dem Potenzmengenaxiom weiter das Ersetzungsschema der ZFC-Axiomatik bemüht werden, das außerhalb der Mengenlehre nur selten verwendet wird (und in der ersten mengentheoretischen Axiomatik von Zermelo 1908 auch fehlte).

Harvey Friedman zeigte bereits 1971, daß die Verwendung derart komplexer Hilfsmengen für einen Beweis der Boreldeterminiertheit unvermeidlich ist. Martins Beweis ist in diesem Sinne bestmöglich. Damit wird auch im Bereich von ZFC die Erfahrung gestützt, daß nur mit Hilfe komplizierter, von den reellen Zahlen „weit entfernten" Mengen bewiesen werden kann, daß bestimmte Punktklassen reeller Zahlen determiniert sind. Die Menge $\mathcal{P}(\mathbb{N})$ braucht zu ihrer Untersuchung einen gewaltigen mengentheoretischen Überbau, wenn man auf die Determiniertheit möglichst vieler Mengen reeller Zahlen abzielt oder diese als wünschenswert (oder sogar wahr) erachtet.

Stetige Reduzierbarkeit

Als Anwendung der Borel-Determiniertheit diskutieren wir noch eine natürliche Ordnung der Borel-Mengen, die de facto eine Verfeinerung der Borel-Hierarchie ist. Sie wurde in den 1970er Jahren von Wadge eingeführt (gesprochen wɛidsch).

Definition *(stetig reduzierbare Borel-Mengen, $A\ r$ B)*

Seien A, B $\in \mathcal{B}(\mathcal{N})$. A heißt *stetig reduzierbar auf B*, in Zeichen A r B, falls gilt:

Es existiert ein stetiges f : $\mathcal{N} \to \mathcal{N}$ mit A = $f^{-1}{}''$B.

Es gilt also A r B genau dann, wenn B das Bild von A unter einer stetigen Abbildung f ist mit $f''(\mathcal{N} - A) \cap B = \emptyset$.

Die Definition kann allgemeiner für alle A $\subseteq$ X und B $\subseteq$ Y gegeben werden, wobei $\langle X, \mathcal{U} \rangle$ und $\langle Y, \mathcal{V} \rangle$ zwei topologische Räume sind. Wir beschränken uns hier auf die Borel-Mengen des Baireraumes. De facto überträgt sich (ausnahmsweise einmal) die folgende Untersuchung der Relation r *nicht* uneingeschränkt auf die Borel-Mengen von $\mathbb{R}$.

Gilt A r B, so ist A intuitiv einfacher als B. Diese Vorstellung wollen wir nun begründen. Die erste Beobachtung ist: Oben hatten wir gezeigt, daß jede nichtleere Borel-Menge A $\subseteq \mathcal{N}$ ein stetiges Bild des ganzen Raumes $\mathcal{N}$ ist. Damit gilt:

(+) Für alle $B \in \mathcal{B}(\mathcal{N})$ ist $\mathcal{N}\ r\ B$ oder $\emptyset\ r\ B$.

Die bzgl. r einfachsten Mengen sind also $\emptyset$ und $\mathcal{N}$, und diese Mengen sind bzgl. r nicht vergleichbar.

Die Relation r ist reflexiv und transitiv, aber nicht antisymmetrisch. Für jeden Homöomorphismus $f : \mathcal{N} \to \mathcal{N}$ und alle Borelmengen A gilt zum Beispiel $A\ r\ B$ und $B\ r\ A$ für $B = f''A$. Eine partielle Ordnung erhalten wir durch Äquivalenzklassenbildung:

Definition *(Wadge-Klassen und Wadge-Ordnung)*
Für Borel-Mengen $A, B \subseteq \mathcal{N}$ setzen wir:

$A \sim B$, *falls* $A\ r\ B$ und $B\ r\ A$.

Jedes $A/\!\sim$ heißt eine *(Borelsche) Wadge-Klasse* (engl. *Wadge-Degree*).
Weiter setzen wir für Wadge-Klassen $A/\!\sim$ und $B/\!\sim$:

$A/\!\sim\ \leq_w\ B/\!\sim$, *falls* $A\ r\ B$.

Dann ist $\leq_w$ eine partielle Ordnung auf den Wadge-Klassen. Mit Hilfe eines unendlichen Spieles können wir zeigen, daß die Relation r und damit auch $\leq_w$ eine relativ einfache Struktur hat: Sie ist leiterartig und damit fast linear.

Seien $A, B \subseteq \mathcal{N}$. Im *Wadge-Spiel* $G^w(A, B)$ spielen die Spieler I und II abwechselnd:

I	f(0)		f(1)		f(2)		…
II		g(0)		g(1)		…,	

wobei $f(n), g(n) \in \mathbb{N}$ für alle $n \in \mathbb{N}$.

Spieler I gewinnt eine Partie $f * g = \langle f(0), g(0), f(1), g(1), \dots \rangle$, falls gilt:

(#) $f \in A$ und $g \notin B$ *oder* $f \notin A$ und $g \in B$.

Andernfalls gewinnt II, d.h. II gewinnt genau dann, wenn gilt: $f \in A$ *gdw* $g \in B$.

Sind A, B Borel-Mengen, so ist $G^w(A, B)$ ein Spiel G(P) mit einer Borelschen Gewinnmenge P (!). Für Borel-Mengen ist also das Wadge-Spiel determiniert. Hiermit können wir nun leicht zeigen:

Satz *(Satz von Wadge)*
Seien $A, B \subseteq \mathcal{N}$ Borel-Mengen. Dann gilt mit $A^c = \mathcal{N} - A$:

$A\ r\ B$ *oder* $B\ r\ A^c$.

Beweis
1. Fall: I hat eine Gewinnstrategie S in $G^w(A, B)$.

Für alle $g \in \mathcal{N}$ sei $h(g)$ = „das eindeutige $f \in \mathcal{N}$ mit $f * g \in S$“,
d.h. h(g) ist die Folge der Zugvorschläge von S, wenn II die Folge g spielt.
Dann ist $h : \mathcal{N} \to \mathcal{N}$ stetig. Wegen S Gewinnstrategie für I gilt:

(+) $h''B \subseteq A^c$ und $h''(\mathcal{N} - B) \subseteq A$,

d.h. $B = h^{-1}{}''A^c$. Also gilt $B\ r\ A^c$.

2. Fall: II hat eine Gewinnstrategie S in $G^w(A, B)$.

Für alle $f \in \mathcal{N}$ sei $h(f)$ = „das eindeutige $g \in \mathcal{N}$ mit $f \diamond g \in S$“.
Dann ist $h : \mathcal{N} \to \mathcal{N}$ stetig und wegen S Gewinnstrategie für II gilt:

(++) $h''A \subseteq B$ und $h''A^c \subseteq \mathcal{N} - B$,

d.h. $A = h^{-1}{''}B$. Also gilt $A\ r\ B$. ∎

Der Satz suggeriert eine feinere Variante der Reduzierbarkeitsrelation r: Für Borel-Mengen $A, B \subseteq \mathcal{N}$ setzen wir:

$A\ \ell\ B$, *falls* II gewinnt $G^w(A, B)$.

Der Buchstabe ℓ steht hier für „Lipschitz“, was von den besonders guten Stetigkeitseigenschaften der im Beweis konstruierten Funktion h herrührt.

Der Beweis zeigt, daß für alle Borel-Mengen $A, B \subseteq \mathcal{N}$ gilt: $A\ \ell\ B$ *folgt* $A\ r\ B$. Die Umkehrung ist i.a. nicht richtig. Die Relation r entspricht in der Tat einem Wadge-Spiel mit Pausieren:

Übung

Das Spiel $G^{w,p}(A, B)$ ist wie $G^w(A, B)$ definiert, jedoch darf Spieler II immer auch freiwillig pausieren, wenn er an der Reihe ist.
II gewinnt, wenn er unendlich oft gespielt hat und für die beiden von I und II gespielten Folgen f bzw. g wie oben gilt: $f \in A$ *gdw* $g \in B$.
Dann gilt für alle $A, B \in \mathcal{B}(\mathcal{N})$: II gewinnt $G^{w,p}(A, B)$ *gdw* $A\ r\ B$.

Wir konzentrieren uns im folgenden auf die Relation r. Die Untersuchung von ℓ liefert de facto eine noch feinere Strukturierung der Borel-Mengen (siehe [Wesep 1978]).

Der Satz von Wadge motiviert folgende linearisierende Vergröberung der Wadge-Klassen und ihrer Ordnung:

Definition *(die linearisierte Wadge-Ordnung)*

Für Borel-Mengen $A, A' \subseteq \mathcal{N}$ setzen wir:

$A \equiv A'$, *falls* $A \sim A'$ oder $A \sim \mathcal{N} - A'$.

Für $A/\!\equiv$ und $B/\!\equiv$ setzen wir weiter:

$A/\!\equiv\ \leq^w B/\!\equiv$, *falls* $A\ r\ B$ oder $A\ r\ \mathcal{N} - B$.

Wir identifizieren hier also die Wadge-Klasse von A und die Wadge-Klasse des Komplements von A. Für alle A gilt $A/\!\equiv\ = A/\!\sim\ \cup (\mathcal{N} - A)/\!\sim$.

Nach dem Satz ist $\leq^w$ eine lineare Ordnung auf den Äquivalenzklassen $A/\!\equiv$ (denn offenbar gilt: $A\ r\ B$ *gdw* $\mathcal{N} - A\ r\ \mathcal{N} - B$).

Die Klassen $A/\!\sim$ und $(\mathcal{N} - A)/\!\sim$ fallen, wie sich zeigt, bereits in vielen Fällen zusammen, und in diesem Fall gilt $A/\!\equiv\ = A/\!\sim$. Wir definieren:

Definition *(selbstduale Wadge-Klassen)*

Ein $A/\sim$ heißt *selbstdual*, falls $A/\sim \; = (\mathcal{N} - A)/\sim$.

Ebenso nennen wir $A/\equiv$ *(ursprünglich) selbstdual*, falls $A/\sim$ selbstdual ist.

Wir stellen ohne Beweis einige Eigenschaften dieser Ordnung zusammen.

Satz *(Satz von Wadge und Martin)*

$\leq^{w}$ ist eine Wohlordnung auf $\mathcal{B}(\mathcal{N})/\equiv$.

Satz *(Satz von Steel und van Wesep)*

Die Wohlordnung $\langle \mathcal{B}(\mathcal{N})/\equiv, \leq^{w} \rangle$ hat folgende Struktur:

(i) Selbstduale und nicht selbstduale Klassen wechseln sich in der Wohlordnung ab. (Die Wohlordnung beginnt mit der nicht selbstdualen Klasse $\{ \emptyset, \mathcal{N} \}$.)

(ii) Ist $A/\equiv$ ein Limeselement der Wohlordnung und das Supremum von abzählbar vielen kleineren Elementen, so ist $A/\equiv$ selbstdual. Andernfalls ist $A/\equiv$ nicht selbstdual.

(iii) $| \mathcal{B}(\mathcal{N})/\equiv | \; = \omega_1$.

(iv) Die Wohlordnung ist länger als ω_1 und hat Limeslänge.

Für Beweise siehe [Martin 1981] und [Wesep 1978].

Damit können wir die partielle Ordnung $\leq_{w}$ der Wadge-Klassen $A/\sim$ wie folgt visualisieren:

Struktur der Ordnung $\leq_W$ der Borelschen Wadge-Klassen $A/\sim$

Für alle $\alpha < \omega_1$ sind die Borelklassen $\Sigma^0_\alpha(\mathcal{N})$ und $\Pi^0_\alpha(\mathcal{N})$ abgeschlossen unter stetigen Urbildern, schöpfen also jeweils ein Anfangsstück der Wadge-Ordnung aus (für alle $\alpha < \omega_1$ gibt es ein A mit $\Sigma^0_\alpha(\mathcal{N}) \cup \Pi^0_\alpha(\mathcal{N}) = \bigcup \{ B/\equiv \mid B/\equiv \; <^{w} A/\equiv \}$).

Die Wadge-Ordnung erweist sich als wesentlich feiner als die Borel-Hierarchie. Bezeichnen wir das α-te Element von $\langle \mathcal{B}(\mathcal{N})/\equiv, \leq^{w} \rangle$ mit α_W, so gilt z. B.:

$$0_W = \{ \emptyset, \mathcal{N} \},$$

$$1_W = \{ A \in \mathcal{B}(\mathcal{N}) - 0_W \mid A \text{ ist offen und zugleich abgeschlossen} \},$$

$$2_W = (G - F) \cup (F - G) \qquad (= \Sigma^0_1(\mathcal{N}) - \Pi^0_1(\mathcal{N}) \;\cup\; \Pi^0_1(\mathcal{N}) - \Sigma^0_1(\mathcal{N})),$$

$$(\omega_1)_W = (G_\delta - F_\sigma) \cup (F_\delta - G_\delta) \quad (= \Sigma^0_2(\mathcal{N}) - \Pi^0_2(\mathcal{N}) \;\cup\; \Pi^0_2(\mathcal{N}) - \Sigma^0_2(\mathcal{N})).$$

Bis auf die letzte Gleichung sind hier alle Aussagen recht einfach zu beweisen.

In der noch feineren durch die Relation ℓ induzierten Wohlordnung liegt z. B. der Bereich $0_W \cup 1_W$ der offenen und zugleich abgeschlossenen Mengen in Form einer Hierarchie der Länge ω_1 vor.

Die Suslin-Operation und analytische Mengen

Die Borel-Mengen eines metrisierbaren Raumes konnten wir durch einen Abschluß der offenen und abgeschlossenen Mengen unter abzählbaren Schnitten und Vereinigungen sowie Komplementbildung darstellen. Wir gehen nun der Frage nach:

Kann man noch mehr Mengen mit einfachen Operationen erzeugen?

Die Antwort ist ja, und es gibt mehrere natürliche Konstruktionen eines noch umfassenderen Mengenbegriffs. Wir führen hierzu als erstes Beispiel eine allgemeine neue mengentheoretische Operation ein. Sie verwendet eine Kombination von Schnitten und Vereinigungen und nimmt zur Plazierung der Mengen den Baireraum zu Hilfe.

Definition *(die Suslin-Operation)*

Seien P_s Mengen für $s \in \mathrm{Seq}$. Dann setzen wir:

$$\mathrm{Su}(\langle P_s \mid s \in \mathrm{Seq}\rangle) = \bigcup_{f \in \mathcal{N}} \bigcap_{n \in \mathbb{N}} P_{f|n}.$$

Die Operation Su heißt *die Suslin-Operation.*

Ist X eine Menge und $\mathcal{A} \subseteq \mathcal{P}(X)$, so setzen wir:

$$\mathcal{A}_{\mathrm{Su}} = \{ \mathrm{Su}(F) \mid F : \mathrm{Seq} \to \mathcal{A} \}.$$

Wir bestücken hier also den Baum Seq mit beliebigen Mengen, schneiden über alle Pfade und sammeln alle diese Schnitte auf. Wenn wir wollen, können wir immer annehmen, daß die Mengen P_s entlang aller Pfade $f \in \mathcal{N}$ bzgl. der Inklusion absteigen, denn es gilt

$$\bigcup_{f \in \mathcal{N}} \bigcap_{n \in \mathbb{N}} P_{f|n} = \bigcup_{f \in \mathcal{N}} \bigcap_{n \in \mathbb{N}} P'_{f|n}$$

für die Mengen $P'_s = \bigcap_{n < |s|} P_{s|n}$, $s \in \mathrm{Seq}$.

Zunächst würde man vielleicht vermuten, daß die Borel-Mengen eines Raumes $\mathcal{X}$ abgeschlossen unter der Suslin-Operation sind. Wir werden aber zeigen, daß dies i. a. nicht der Fall ist: Ist $\mathcal{X}$ ein überabzählbarer Raum, so ist bereits $\Pi^0_1(\mathcal{X})_{\mathrm{Su}}$ eine echte Erweiterung von $\mathcal{B}(\mathcal{X})$! Für beliebige Räume gilt zudem $\mathcal{B}(\mathcal{X}) \subseteq \Pi^0_1(\mathcal{X})_{\mathrm{Su}}$. Dies ist umso überraschender, weil die Elemente von $\Pi^0_1(\mathcal{X})_{\mathrm{Su}}$ gewisse recht anschauliche Vereinigungen von abgeschlossenen Mengen sind, deren Komplexität man zunächst vielleicht in der Größenordnung von $\Sigma^0_2(\mathcal{X})$ vermuten würde.

Mit der Suslin-Operation lassen sich also eine erstaunliche Vielzahl von Mengen in einem einzigen Schritt erzeugen. Hat man sein Erstaunen über diese von einer vergleichsweise simplen Operation ausgelöste Mengenflut wieder etwas beruhigt, so drängt sich die Idee der Iteration der Suslin-Operation von selbst auf. Wieder etwas überraschend gilt in dieser Hinsicht das andere Extrem: Die Iteration liefert nichts Neues. Dieses limitierende Resultat wollen wir zuerst zeigen, bevor wir die von der Suslin-Operation erzeugten Mengen genauer untersuchen.

Satz *(Iteration der Suslin-Operation)*

Sei X eine Menge, und sei $\mathcal{A} \subseteq \mathcal{P}(X)$. Dann gilt:

$(\mathcal{A}_{Su})_{Su} = \mathcal{A}_{Su}$.

Beweis

Sei $\mathcal{B} = \mathcal{A}_{Su}$. Wir zeigen, daß $\mathcal{B}_{Su} = \mathcal{B}$ gilt.

Zunächst gilt $\mathcal{B} \subseteq \mathcal{B}_{Su}$, denn für alle P ist $\mathrm{Su}(\langle P \mid s \in \mathrm{Seq}\rangle) = P$.

Seien also $R_s \in \mathcal{B}$ für alle $s \in \mathrm{Seq}$. Wir müssen zeigen, daß

$$R = \mathrm{Su}(\langle R_s \mid s \in \mathrm{Seq}\rangle) = \bigcup_{g \in \mathcal{N}} \bigcap_{n \in \mathbb{N}} R_{g|n}$$

ein Element von $\mathcal{B}$ ist.

Für alle $s, t \in \mathrm{Seq}$ seien $P^s_t \in \mathcal{A}$ derart, daß

$$R_s = \bigcup_{f \in \mathcal{N}} \bigcap_{m \in \mathbb{N}} P^s_{f|m}.$$

Sei weiter $\pi : \mathbb{N}^2 \to \mathbb{N}$ die Cantorsche Paarungsfunktion.

Für $n \in \mathbb{N}$ definieren wir n_0 und n_1 durch

$$(n_0, n_1) = \pi^{-1}(n),$$

d. h. wir lesen ein $n \in \mathbb{N}$ als Paar $(n_0, n_1) \in \mathbb{N}^2$. Die Kodierung und Dekodierung wird durch π gegeben.

Damit rechnen wir nun:

$$\begin{aligned}
R \;=\; & \bigcup_{g \in \mathcal{N}} \bigcap_{n \in \mathbb{N}} \bigcup_{f \in \mathcal{N}} \bigcap_{m \in \mathbb{N}} P^{g|n}_{f|m} \quad =_{\text{Distributivgesetz}} \\
& \bigcup_{g \in \mathcal{N}} \bigcup_{h \in {}^{\mathbb{N}}\mathcal{N}} \bigcap_{n \in \mathbb{N}} \bigcap_{m \in \mathbb{N}} P^{g|n}_{h(n)|m} \quad = \\
& \bigcup_{g \in \mathcal{N}} \bigcap_{n \in \mathbb{N}} \bigcap_{m \in \mathbb{N}} P^{\langle g(0)_0, \ldots, g(n-1)_0\rangle}_{\langle g(\pi(n,0))_1, \ldots, g(\pi(n, m-1))_1\rangle} \quad = \\
& \bigcup_{g \in \mathcal{N}} \bigcap_{n \in \mathbb{N}} P^{\langle g(0)_0, \ldots, g(n_0-1)_0\rangle}_{\langle g(\pi(n_0,0))_1, \ldots, g(\pi(n_0, n_1-1))_1\rangle} \quad = \\
& \bigcup_{g \in \mathcal{N}} \bigcap_{n \in \mathbb{N}} Q_{g,n}
\end{aligned}$$

mit $Q_{g,n} = P^{\langle g(0)_0, \ldots, g(n_0-1)_0\rangle}_{\langle g(\pi(n_0,0))_1, \ldots, g(\pi(n_0, n_1-1))_1\rangle}$.

Dann gilt:

(+) $Q_{g,n} = Q_{h,n}$ für alle $g, h \in \mathcal{N}$ mit $g|n = h|n$.

Wir können also für $s \in \mathrm{Seq}$ definieren:

$$Q_s = Q_{s000\ldots,\,|s|}.$$

Nach (+) und obiger Rechnung ist dann

$$R = \bigcup_{g \in \mathcal{N}} \bigcap_{n \in \mathbb{N}} Q_{g|n} = \mathrm{Su}(\langle Q_s \mid s \in \mathrm{Seq}\rangle).$$ ∎

Eine weitaus einfacher zu zeigende Abgeschlossenheitsaussage ist:

Übung

Sei X eine Menge, und sei $\mathcal{A} \subseteq \mathcal{P}(X)$. Dann gilt $\mathcal{A}_\delta \subseteq \mathcal{A}_{Su}$ und $\mathcal{A}_\sigma \subseteq \mathcal{A}_{Su}$.

Dagegen ist $\mathcal{A}_c$ i. a. keine Teilmenge von $\mathcal{A}_{Su}$, wie wir unten zeigen werden. Die Abgeschlossenheit unter den Operationen σ und δ genügt aber für einen induktiven Beweis, daß die Suslin-Operation alle Borel-Mengen erzeugt:

Korollar *(Abgeschlossenheitseigenschaften der Suslin-Operation)*

Sei $\mathcal{X}$ ein metrisierbarer Raum, und sei $\mathcal{A} = \Pi_1^0(\mathcal{X})_{Su}$. Dann gilt:

(i) $\mathcal{A}_\delta \subseteq \mathcal{A}$, $\mathcal{A}_\sigma \subseteq \mathcal{A}$,

(ii) $\mathcal{B}(\mathcal{X}) \subseteq \mathcal{A}$.

Beweis

zu (i): Es gilt $\mathcal{A}_\delta, \mathcal{A}_\sigma \subseteq \mathcal{A}_{Su} = (\Pi_1^0(\mathcal{X})_{Su})_{Su} = \Pi_1^0(\mathcal{X})_{Su} = \mathcal{A}$.

zu (ii): Wir zeigen durch Induktion nach $1 \leq \alpha < \omega_1$:

(+) $\Sigma_\alpha^0(\mathcal{X}) \cup \Pi_\alpha^0(\mathcal{X}) \subseteq \mathcal{A}$.

Induktionsanfang $\alpha = 1$:

Es gilt $\Pi_1^0(\mathcal{X}) \subseteq \Pi_1^0(\mathcal{X})_{Su} = \mathcal{A}$.
Nach (i) ist weiter $\Sigma_1^0(\mathcal{X}) \subseteq \Sigma_2^0(\mathcal{X}) = \Pi_1^0(\mathcal{X})_\sigma \subseteq \mathcal{A}$.

Induktionsschritt $2 \leq \alpha < \omega_1$:

Nach I. V. ist $\bigcup_{\beta < \alpha} \Pi_\beta^0(\mathcal{X}) \cup \Sigma_\beta^0(\mathcal{X}) \subseteq \mathcal{A}$.
Mit (i) gilt dann aber auch

$\Sigma_\alpha^0(\mathcal{X}) = (\bigcup_{\beta < \alpha} \Pi_\beta^0(\mathcal{X}))_\sigma \subseteq \mathcal{A}$, und

$\Pi_\alpha^0(\mathcal{X}) = (\bigcup_{\beta < \alpha} \Sigma_\beta^0(\mathcal{X}))_\delta \subseteq \mathcal{A}$.

Nach (+) ist dann $\mathcal{B}(\mathcal{X}) = \bigcup_{1 \leq \alpha < \omega_1} \Sigma_\alpha^0(\mathcal{X}) \subseteq \mathcal{A}$. ∎

Wir konzentrieren uns von nun an auf polnische Räume.

Definition *(analytische und koanalytische Mengen)*

Sei $\mathcal{X} = \langle X, \mathcal{U} \rangle$ ein polnischer Raum, und sei $A \subseteq X$.

(i) A heißt *analytisch (im Raum $\mathcal{X}$)*, falls $A \in \Pi_1^0(\mathcal{X})_{Su}$.

(ii) A heißt *koanalytisch (im Raum $\mathcal{X}$)*, falls $X - A$ analytisch ist.

Nach dem Satz und seinem Korollar ist $\mathcal{B}(\mathcal{X})_{Su} = \Pi_1^0(\mathcal{X})_{Su}$, d. h. wir könnten zur Definition der analytischen Mengen auch mit Borel-Mengen bestückte Bäume zulassen. Weiter ist auch $\Sigma_1^0(\mathcal{X})_{Su} = \Pi_1^0(\mathcal{X})_{Su}$, denn $\Pi_1^0(\mathcal{X}) \subseteq \Sigma_1^0(\mathcal{X})_\delta \subseteq \Sigma_1^0(\mathcal{X})_{Su}$, also $\Pi_1^0(\mathcal{X})_{Su} \subseteq (\Sigma_1^0(\mathcal{X})_{Su})_{Su} = \Sigma_1^0(\mathcal{X})_{Su} \subseteq \mathcal{B}(\mathcal{X})_{Su} = \Pi_1^0(\mathcal{X})_{Su}$.

Koanalytische Mengen A haben die Form

$A = \bigcap_{f \in \mathcal{N}} \bigcup_{n \in \mathbb{N}} P_{f|n}$, mit P_s offen in $\mathcal{X}$ für alle $s \in$ Seq.

Statt offener Mengen können wir wieder Borel-Mengen P_s von $\mathcal{X}$ verwenden.

Charakterisierungen und Eigenschaften analytischer Mengen

Das Interesse an den analytischen Mengen wird weiter gesteigert durch den folgenden Satz, der eine Reihe überraschender Äquivalenzen aufstellt. Vorab führen wir eine Notation für Projektionen ein.

Definition *(die Projektion p[A] und die Operation ∃)*

Seien X, Y Mengen. Wir definieren die *Projektionsabbildungen* $\mathrm{pr}_1 : X \times Y \to X$ und $\mathrm{pr}_2 : X \times Y \to Y$ durch

$$\mathrm{pr}_1(x, y) = x \text{ und } \mathrm{pr}_2(x, y) = y \text{ für alle } (x, y) \in X \times Y.$$

Für $A \subseteq X \times Y$ setzen wir weiter:

$$p[A] = \mathrm{pr}_1{}''A = \{ x \in X \mid \text{es gibt ein } y \text{ mit } (x, y) \in A \}.$$

Ist $\mathcal{A} \subseteq \mathcal{P}(X \times Y)$, so sei

$$\mathcal{A}_\exists = \{ p[A] \mid A \in \mathcal{A} \}.$$

Für alle polnischen Räume $\mathcal{X} = \langle X, \mathcal{U} \rangle$ und $\mathcal{Y} = \langle Y, \mathcal{V} \rangle$ ist $\mathrm{pr}_1 : X \times Y \to X$ stetig zwischen dem Produktraum und $\mathcal{X}$. Diese Tatsache werden wir im folgenden mehrfach verwenden.

Satz *(Charakterisierungen von analytischen Mengen)*

Sei $\mathcal{X} = \langle X, \mathcal{U} \rangle$ ein polnischer Raum, und sei $A \subseteq X$, $A \neq \emptyset$. Dann sind äquivalent:

(i) A ist analytisch.

(ii) Es gibt ein stetiges $g : \mathcal{N} \to X$ mit $A = \mathrm{rng}(g)$.

(iii) Es gibt einen polnischen Raum $\mathcal{Y} = \langle Y, \mathcal{V} \rangle$, ein stetiges $h : Y \to X$ und ein $B \in \mathcal{B}(\mathcal{Y})$ mit $A = h''B$.

(iv) Es gibt einen polnischen Raum $\mathcal{Y} = \langle Y, \mathcal{V} \rangle$ und ein $B \in \mathcal{B}(\mathcal{X} \times \mathcal{Y})$ mit $A = p[B]$.

(v) Es gibt ein abgeschlossenes $P \subseteq X \times \mathcal{N}$ mit $A = p[P]$.

Beweis

(i) ↷ (v):

Seien P_s, $s \in \mathrm{Seq}$, abgeschlossen in X mit:

(a) $A = \bigcup_{f \in \mathcal{N}} \bigcap_{n \in \mathbb{N}} P_{f \upharpoonright n}$ und

(b) $P_t \subseteq P_s$ für alle $s, t \in \mathrm{Seq}$ mit $t \geq s$.

Wir setzen:

$$B = \{ (x, f) \in X \times \mathcal{N} \mid x \in \bigcap_{n \in \mathbb{N}} P_{f \upharpoonright n} \}.$$

Dann gilt $A = p[B]$ nach Definition der Suslin-Operation.

Wir zeigen noch, daß B abgeschlossen in $\mathscr{X} \times \mathscr{N}$ ist. Sei hierzu $\langle (x_n, f_n) \mid n \in \mathbb{N} \rangle$ eine Folge in B, die gegen $(x, f) \in X \times \mathscr{N}$ konvergiert. O.E. ist $f|n = f_n|n$ für alle $n \in \mathbb{N}$ (nach Ausdünnung der Folge). Nach Definition von B gilt $x_n \in P_{f_n|n} = P_{f|n}$ für alle $n \in \mathbb{N}$, also gilt $x_m \in P_{f|n}$ für alle $n \in \mathbb{N}$ und alle $m \geq n$ nach der Inklusionseigenschaft (b). Wegen $P_{f|n}$ abgeschlossen und $x = \lim_{n \to \infty} x_n$ ist dann aber $x \in P_{f|n}$ für alle $n \in \mathbb{N}$, d.h. $(x, f) \in B$.

(v) ⤼ (iv):
Die Aussage ist klar.

(iv) ⤼ (iii):
Die Projektion pr_1 ist stetig.

(iii) ⤼ (ii):
Nach dem Satz oben existiert ein stetiges $f : \mathscr{N} \to Y$ mit $rng(g) = B$.
Sei $g = h \circ f$. Dann ist $g : \mathscr{N} \to X$ stetig mit $rng(g) = A$.

(ii) ⤼ (i):
Sei $g : \mathscr{N} \to X$ stetig mit $A = rng(g)$. Für $s \in Seq$ setzen wir:

$P_s = cl(g'' N_s)$.

Dann gilt $A = \{ g(f) \mid f \in \mathscr{N} \} = \bigcup_{f \in \mathscr{N}} \bigcap_{n \in \mathbb{N}} P_{f|n}$,
denn für alle $f \in \mathscr{N}$ ist

$\{ g(f) \} \subseteq \bigcap_{n \in \mathbb{N}} g'' N_{f|n} \subseteq \bigcap_{n \in \mathbb{N}} cl(g'' N_{f|n}) =_{g \text{ stetig}} \{ g(f) \}$. –

Die Charakterisierung durch stetige Funktionen motiviert die Wortwahl „analytisch“.

Nach (v) gilt (mit $\emptyset = p[\emptyset]$) für jeden polnischen Raum $\mathscr{X} = \langle X, \mathscr{U} \rangle$:

(#) $\{ A \subseteq X \mid A \text{ ist analytisch} \} = \Pi^0_1(\mathscr{X} \times \mathscr{N})_\exists$.

Hier sind die mangelnden Kompaktheitseigenschaften des Baireraumes wesentlich. Ist $\mathscr{Y} = \langle Y, \mathscr{V} \rangle$ ein kompakter polnischer Raum, so gilt lediglich $\Pi^0_1(\mathscr{X} \times \mathscr{Y})_\exists = \Pi^0_1(\mathscr{X})$, wie leicht zu sehen ist. Ist $\mathscr{Y}$ σ-kompakt, d.h. eine abzählbare Vereinigung kompakter Mengen, so gilt $\Pi^0_1(\mathscr{X} \times \mathscr{Y})_\exists \subseteq \Sigma^0_2(\mathscr{X})$.

Ist $\mathscr{Y}$ σ-kompakt, aber nicht kompakt, so gilt hier Gleichheit. Denn sei $A = \bigcup_{n \in \mathbb{N}} A_n$ mit A_n abgeschlossen in X für alle $n \in \mathbb{N}$. Sei $U = \{ y_n \mid n \in \mathbb{N} \}$ eine unendliche Teilmenge von Y ohne Häufungspunkt mit $y_n \neq y_m$ für $n \neq m$. Dann ist $A = p[P]$ für die in $\mathscr{X} \times \mathscr{Y}$ abgeschlossene Menge $P = \bigcup_{n \in \mathbb{N}} A_n \times \{ y_n \}$.

Speziell für $\mathscr{X} = \mathscr{Y} = \mathbb{R}$ liefert also die Projektion der abgeschlossenen Mengen im $\mathbb{R}^2$ nur die F_σ-Mengen in $\mathbb{R}$. Andererseits enthält jeder überabzählbare polnische Raum eine G_δ-Teilmenge, die homöomorph zu $\mathscr{N}$ ist, und damit gilt:

Satz

Seien $\mathscr{X} = \langle X, \mathscr{U} \rangle$, $\mathscr{Y} = \langle Y, \mathscr{V} \rangle$ polnische Räume, und sei Y überabzählbar.
Dann gilt $\{ A \subseteq X \mid A \text{ ist analytisch} \} = \Pi^0_2(\mathscr{X} \times \mathscr{Y})_\exists$.

Die analytischen Teilmengen des Kontinuums $\mathbb{R}$ sind also genau die Projektionen der G_δ-Mengen der Ebene $\mathbb{R}^2$.

Wir können nun die wichtigsten Abgeschlossenheitseigenschaften der analytischen Mengen zusammenstellen.

Satz *(Abgeschlossenheitseigenschaften der analytischen Mengen)*

Die analytischen Mengen in polnischen Räumen sind abgeschlossen unter:

(a) abzählbaren Schnitten und Vereinigungen,

(b) stetigen Bildern,

(c) Bildern und Urbildern von Borel-meßbaren Abbildungen.

Beweis

Die Aussage (a) haben wir schon gezeigt. Weiter sind Bilder analytischer Mengen unter stetigen Abbildungen analytisch: dies folgt sofort aus (ii) des obigen Charakterisierungssatzes durch Komposition. Dies zeigt (b).

Seien also zum Beweis von (c) $\mathcal{X} = \langle X, \mathcal{U} \rangle$ und $\mathcal{Y} = \langle Y, \mathcal{V} \rangle$ polnische Räume, und sei $h : X \to Y$ Borel-meßbar. Weiter seien $A \subseteq X$ und $B \subseteq Y$ analytisch in $\mathcal{X}$ bzw. in $\mathcal{Y}$. Wir zeigen zuerst:

(+) $Y \times A$ ist analytisch in $\mathcal{Y} \times \mathcal{X}$.

Beweis von (+)

O.E. ist $A \neq \emptyset$ (die Aussage ist trivial für $A = \emptyset$).
Sei dann $g : \mathcal{N} \to X$ stetig mit $A = \mathrm{rng}(g)$.
Wir definieren weiter $g' : \mathcal{N} \times Y \to Y \times X$ durch

$$g'(f, y) = (y, g(f)) \quad \text{für alle } (f, y) \in \mathcal{N} \times Y.$$

Dann ist g' stetig und $\mathrm{rng}(g') = Y \times A$. Aus (b) folgt damit (+).

Wegen der Borel-Meßbarkeit von $h : X \to Y$ ist $h \subseteq X \times Y$ eine Borelmenge in $\mathcal{X} \times \mathcal{Y}$ (!). Weiter ist die Umkehrrelation

$$H = \{ (y, x) \in Y \times X \mid h(x) = y \}$$

eine Borel-Menge in $\mathcal{Y} \times \mathcal{X}$.

Nach (+), (b) und der Stetigkeit der Projektion ist dann aber

$$h''A = p[(Y \times A) \cap H] \text{ analytisch in } \mathcal{X}.$$

Analog ist $h^{-1}{}''B$ analytisch in $\mathcal{X}$, denn $h^{-1}{}''B = p[X \times B \cap h]$.

Darstellung analytischer Teilmengen des Baireraumes durch Bäume

Die analytischen Teilmengen des Baireraumes sind nach der Teilaussage (v) des obigen Satzes genau die Projektionen der abgeschlossenen Mengen in $\mathcal{N}^2$. Die abgeschlossenen Mengen in $\mathcal{N}^2$ können wir aber wie im eindimensionalen Fall durch Bäume beschreiben. Wir identifizieren hierzu Paare von endlichen Folgen gleicher Länge mit Folgen von Paaren, d.h. für

$s = \langle s_1, \ldots, s_n \rangle \in \mathrm{Seq}$ und $t = \langle t_1, \ldots, t_n \rangle \in \mathrm{Seq}$

identifizieren wir $(s, t) \in \mathrm{Seq}^2$ mit $\langle (s_1, t_1), \ldots, (s_n, t_n)\rangle \in \mathrm{Seq}_{\mathbb{N}^2}$. Dies ist notationell bequem und ungefährlich. Ein Baum $T \subseteq \mathrm{Seq}_{\mathbb{N}^2}$ auf $\mathbb{N}^2$ ist unter dieser Identifikation eine Teilmenge von $\{ (s, t) \mid s, t \in \mathrm{Seq},\ |s| = |t| \} \subseteq \mathrm{Seq}^2$.
Für einen Baum T auf $\mathbb{N}^2$ sei dann

$[T] = \{ (f, g) \in \mathcal{N}^2 \mid (f|n, g|n) \in T$ für alle $n \in \mathbb{N} \}$.

Dann ist $[T]$ abgeschlossen in $\mathcal{N}^2$, und für jedes abgeschlossene $A \subseteq \mathcal{N}^2$ existiert ein Baum T auf $\mathbb{N}^2$ mit $A = [T]$.

Für Bäume T auf $\mathbb{N}^2$ schreiben wir schließlich kurz

$p[T]$ für $p[[T]] = \{ f \in \mathcal{N} \mid$ es gibt ein $g \in \mathcal{N}$ mit $(f, g) \in [T] \}$.

Damit gilt also:

Satz *(Baumdarstellung analytischer Mengen im Baireraum)*
Die analytischen Teilmengen von $\mathcal{N}$ sind genau die Mengen A der Form
$A = p[T]$ für einen Baum T auf $\mathbb{N}^2$.

Übung
Die analytischen Teilmengen von $\mathcal{N}$ sind genau die Mengen A der Form
$A = p^-[T]$ für einen Baum T auf $\mathbb{N} \times \{0, 1\}$, wobei
$p^-[T] = \{ f \in \mathcal{N} \mid$ es gibt ein $g \in \mathcal{C}$ mit $(f, g) \in p[T]$ und $g(n) = 0$ unendlich oft $\}$.

Für die koanalytischen Mengen erhalten wir eine duale Darstellung. Hierzu definieren wir:

Definition *(die Sektionen T(f))*
Sei T ein Baum auf $\mathbb{N}^2$. Für $f \in \mathcal{N}$ setzen wir:

$T(f) = \{ s \in \mathrm{Seq} \mid (f|n, s) \in T$ für $n = |s| \}$.

Für alle $f, g \in \mathcal{N}$ gilt $(f, g) \in [T]$ genau dann, wenn $g \in [T(f)]$. Also gilt für alle $f \in \mathcal{N}$ und alle Bäume T auf $\mathbb{N}^2$:

$f \in p[T]$ *gdw* es gibt ein g mit $(f, g) \in [T]$ *gdw* es gibt ein g mit $g \in [T(f)]$.

Wir erhalten damit:

Korollar *(Charakterisierung koanalytischer Mengen im Baireraum durch Bäume)*
Die koanalytischen Teilmengen von $\mathcal{N}$ sind genau die Mengen A der Form
$A = \{ f \in \mathcal{N} \mid [T(f)] = \emptyset \}$ für einen Baum T auf $\mathbb{N}^2$.

Universelle analytische Mengen

Wir wollen nun zeigen, daß die analytischen Mengen die Borel-Mengen in allen überabzählbaren polnischen Räumen echt erweitern. Es gibt also einen bemerkenswerten Unterschied zwischen „Urbild einer Borel-Menge“ und

„Bild einer Borel-Menge" unter stetigen Funktionen. Der erste Begriff verbleibt in der Borelschen σ-Algebra, der zweite beschreibt genau die analytischen Mengen.

Der Nachweis der Reichhaltigkeit der analytischen Mengen gründet sich wieder auf die Existenz universeller Mengen.

Satz *(Projektionssatz für universelle Mengen)*

Sei $\mathcal{X} = \langle X, \mathcal{U} \rangle$ ein polnischer Raum.
Sei $U \in \Pi^0_1(\mathcal{X} \times \mathcal{N} \times \mathcal{C})$ universell für $\Pi^0_1(\mathcal{X} \times \mathcal{N})$, und sei

$$V = \{ (x, f) \in X \times \mathcal{C} \mid \text{es existiert ein } g \in \mathcal{N} \text{ mit } (x, g, f) \in U \}.$$

Dann ist V analytisch in $\mathcal{X} \times \mathcal{C}$ und universell für $\{ A \subseteq X \mid A \text{ analytisch} \}$.

Beweis

V ist als Projektion bzgl. der zweiten Komponente der abgeschlossenen Menge $U \subseteq X \times \mathcal{N} \times \mathcal{C}$ analytisch in $\mathcal{X} \times \mathcal{C}$.

Sei also $A = p[P]$ für ein abgeschlossenes $P \subseteq \mathcal{X} \times \mathcal{N}$.
Wir zeigen, daß A eine Zeile von V ist. Wegen der Universalität von U existiert ein $f \in \mathcal{C}$ mit

$$(+) \quad P = \{ (x, g) \in X \times \mathcal{N} \mid (x, g, f) \in U \}.$$

Dann gilt aber $A = V^f = \{ x \in X \mid (x, f) \in V \}$, denn für alle $x \in X$ gilt:

$$\begin{aligned} x \in A \quad & \textit{gdw}_{A = p[P]} \quad \text{es gibt ein } g \in \mathcal{N} \text{ mit } (x, g) \in P \quad \textit{gdw}_{(+)} \\ & \text{es gibt ein } g \in \mathcal{N} \text{ mit } (x, g, f) \in U \quad \textit{gdw}_{\text{Definition von V}} \\ & (x, f) \in V \quad \textit{gdw} \quad x \in V^f. \end{aligned}$$

– Also ist A eine Zeile von V.

Visualisieren wir uns X als x-Achse, $\mathcal{N}$ als y- und $\mathcal{C}$ als z-Achse, so lautet das Argument anschaulich: Die (waagrechten) Ebenen von U sind die abgeschlossenen Mengen in $\mathcal{X} \times \mathcal{N}$. Projizieren wir U auf die x-z-Ebene, so sind die Zeilen dieser Projektion V genau die Projektionen der Ebenen von U, und bilden also alle analytischen Mengen von $\mathcal{X}$. Das Argument ist allgemeiner „projektiver Natur", und wir werden es unten zum Nachweis der echten Inklusionen der projektiven Hierarchie nochmal verwenden.

Nach den obigen Ergebnissen existiert für alle $\mathcal{X}$ ein $U \in \Pi^0_1(\mathcal{X} \times \mathcal{N} \times \mathcal{C})$, das universell für $\Pi^0_1(\mathcal{X} \times \mathcal{N})$ ist. Somit:

Korollar

Sei $\mathcal{X} = \langle X, \mathcal{U} \rangle$ ein polnischer Raum. Dann existiert ein analytisches $V \subseteq X \times \mathcal{C}$, das universell für die analytischen Teilmengen von $\mathcal{X}$ ist.
Ist X überabzählbar, so existiert ein derartiges $V \subseteq X \times X$.

Zum Zusatz: O. E. ist $\mathcal{C} \subseteq X$, da X als überabzählbarer polnischer Raum eine Kopie von $\mathcal{C}$ enthält. Ein $V \subseteq X \times \mathcal{C}$ wie im Satz ist dann auch eine analytische Teilmenge von $\mathcal{X} \times \mathcal{X}$.

Wie früher betrachten wir nun die Diagonale einer für die analytischen Mengen universellen Menge:

Satz

Sei $\mathcal{X} = \langle X, \mathcal{U} \rangle$ ein polnischer Raum. Sei $U \subseteq X \times X$ analytisch in $\mathcal{X} \times \mathcal{X}$ und universell für $\{ A \subseteq X \mid A \text{ analytisch} \}$. Dann ist

$$D = \{ x \in X \mid (x, x) \in U \}$$

analytisch in $\mathcal{X}$ und nicht koanalytisch in $\mathcal{X}$.

Beweis

Sei $P = \{ (x, x) \mid x \in \mathcal{X} \} \cap U$. Dann ist P analytisch in $\mathcal{X} \times \mathcal{X}$, also ist auch $D = p[P]$ analytisch in $\mathcal{X}$.

Annahme, D ist koanalytisch in $\mathcal{X}$. Dann ist $X - D$ analytisch in $\mathcal{X}$, also existiert ein $y \in X$ mit $X - D = U^y = \{ x \in X \mid (x, y) \in U \}$.

Dann gilt aber:

$$y \in X - D \quad gdw \quad (y, y) \notin U \quad gdw \quad y \notin U^y \quad gdw \quad y \notin X - D,$$

– *Widerspruch.*

Da jeder überabzählbare polnische Raum eine Kopie von $\mathcal{C}$ enthält und die Borelmengen abgeschlossen unter Komplementbildung sind erhalten wir:

Korollar

Sei $\mathcal{X} = \langle X, \mathcal{U} \rangle$ ein überabzählbarer polnischer Raum.
Dann ist $\{ A \subseteq X \mid A \text{ analytisch} \} \supset \mathcal{B}(\mathcal{X})$.

Der Satz von Suslin

Als nächstes wollen wir das Verhältnis zwischen den Borelmengen und den beiden neuen Punktklassen genauer untersuchen. Hierzu führen wir einen neuen Begriff ein.

Definition *(Borel-trennbar)*

Sei $\mathcal{X} = \langle X, \mathcal{U} \rangle$ ein polnischer Raum, und seien $A, B \subseteq X$ disjunkt.
A und B heißen *Borel-trennbar in $\mathcal{X}$*, falls eine Borel-Menge P in $\mathcal{X}$ existiert mit $A \subseteq P$ und $B \subseteq X - P$.

Es zeigt sich, daß sich analytische Mengen immer durch Borel-Mengen trennen lassen:

Satz *(Trennungssatz für analytische Mengen)*

Sei $\mathcal{X} = \langle X, \mathcal{U} \rangle$ ein polnischer Raum, und seien $A, B \subseteq X$ disjunkte analytische Mengen in $\mathcal{X}$.
Dann sind A und B Borel-trennbar.

Beweis

Seien o. E. A, B $\neq \emptyset$, sonst ist die Aussage klar.
Sei $\langle P_s \mid s \in \mathrm{Seq}\rangle$ derart, daß

(a) $A = P_{\langle\rangle} = \bigcup_{f\in\mathcal{N}} \bigcap_{n\in\mathbb{N}} P_{f|n}$,
(b) P_s ist analytisch für alle $s \in \mathrm{Seq}$,
(c) $P_s = \bigcup_{n\in\mathbb{N}} P_{sn}$ für alle $s \in \mathrm{Seq}$,
(d) $\lim_{n\to\infty} \mathrm{diam}(P_{f|n}) = 0$ für alle $f \in \mathcal{N}$,
(e) $\bigcap_{n\in\mathbb{N}} P_{f|n}$ hat genau ein Element für alle $f \in \mathcal{N}$.

Zur Existenz: Sei $g : \mathcal{N} \to X$ stetig mit $\mathrm{rng}(g) = A$. Wir setzen:
$P_s = g'' N_s$ für $s \in \mathrm{Seq}$.
Dann ist $\langle P_s \mid s \in \mathrm{Seq}\rangle$ wie gewünscht. (Vgl. auch (ii) $\curvearrowright$ (i) im Beweis des Satzes über die verschiedenen Charakterisierungen analytischer Mengen.)

Weiter sei $\langle R_s \mid s \in \mathrm{Seq}\rangle$ eine Folge mit (a) – (e) für $B = R_{\langle\rangle}$.
Wir zeigen vorab, daß für alle $s, t \in \mathrm{Seq}$ gilt:

(+) Sind P_s und R_t nicht Borel-trennbar, so existieren $n, m \in \mathbb{N}$ mit: P_{sn} und R_{tm} sind nicht Borel-trennbar.

Beweis von (+)

Sei, für alle $n, m \in \mathbb{N}$, $B_{n,m}$ eine Borel-Menge, die P_{sn} und R_{tm} trennt. Dann trennt aber die Borel-Menge $\bigcup_{m\in\mathbb{N}} \bigcap_{n\in\mathbb{N}} B_{n,m}$ die Mengen $P_s = \bigcup_{n\in\mathbb{N}} P_{sn}$ und $R_t = \bigcup_{m\in\mathbb{N}} R_{tm}$.

Annahme, A und B sind nicht Borel-trennbar. Dann können wir nach (a), (c) und (+) rekursiv $f, g \in \mathcal{N}$ definieren, sodaß für alle $n \in \mathbb{N}$ gilt:

(++) $P_{f|n}$ und $R_{g|n}$ sind nicht Borel-trennbar.

Seien dann nach (e)

$\{x\} = \bigcap_{n\in\mathbb{N}} P_{f|n}$,
$\{y\} = \bigcap_{n\in\mathbb{N}} R_{g|n}$.

Dann gilt $x \in A$ und $y \in B$. Wegen $A \cap B = \emptyset$ existieren disjunkte offene U, V mit $x \in U$ und $y \in V$. Nach (d) existiert dann aber ein $n^* \in \mathbb{N}$ derart, daß

$P_{f|n^*} \subseteq U$ und $R_{g|n^*} \subseteq V$.

Dann trennt aber $U \in \mathcal{B}(\mathcal{X})$ die Mengen $P_{f|n^*}$ und $R_{g|n^*}$, *Widerspruch*.

Hieraus erhalten wir nun leicht:

Korollar *(Satz von Suslin)*

Sei $\mathcal{X} = \langle X, \mathcal{U}\rangle$ ein polnischer Raum, und sei $A \subseteq X$.
Dann sind äquivalent:

(i) A ist eine Borelmenge in $\mathcal{X}$.
(ii) A ist analytisch und koanalytisch in $\mathcal{X}$.

Beweis

(i) $\curvearrowright$ *(ii)*: Wir haben bereits gezeigt, daß jede Borelmenge analytisch ist. Für eine Borelmenge A ist aber X – A eine Borelmenge, also analytisch. Damit ist A koanalytisch.

(ii) $\curvearrowright$ *(i)*: Nach dem Trennungssatz für die analytischen Mengen A und $B = X - A$ existiert ein $P \in \mathcal{B}(\mathcal{X})$ mit $A \subseteq P$ und $X - A = B \subseteq X - P$. Dies ist nur für $A = P$ möglich, und damit ist A eine Borelmenge in X.

Damit ließe sich die ganze Fülle der Borelmengen in einem einzigen Schritt etwa so definieren, wenn man es wollte: P ist eine Borelmenge von $\mathcal{X}$, falls P und X – P durch die Suslin-Operation mit Hilfe abgeschlossener Mengen erzeugt werden können. Diese Charakterisierung ist sowohl von der ω_1-Hierarchie als auch von der Schnittdefinition noch einmal grundverschieden.

Regularitätseigenschaften analytischer Mengen

Wir zeigen, daß die analytischen Teilmengen in polnischen Räumen die Scheeffer-Eigenschaft besitzen und Baire- und Lebesgue-meßbar sind. Für die Meßbarkeitsbegriffe erhalten wir de facto sogar ein stärkeres Ergebnis.

Wir beginnen mit der Scheeffer-Eigenschaft.

Satz *(Scheeffer-Eigenschaft für analytische Mengen)*

Sei $\mathcal{X} = \langle X, \mathcal{U} \rangle$ ein polnischer Raum, und sei $A \subseteq X$ analytisch in $\mathcal{X}$. Dann hat A die Scheeffer-Eigenschaft.

Beweis

Sei A überabzählbar. Wir zeigen, daß A eine Kopie von $\mathcal{C}$ enthält.
Sei $g : \mathcal{N} \to X$ stetig mit $A = \mathrm{rng}(g)$. Wir setzen:

$$T = \{ s \in \mathrm{Seq} \mid g''N_s \text{ ist überabzählbar} \}.$$

Wegen $g''N_s \subseteq g''N_t$ für alle $s, t \in \mathrm{Seq}$ mit $t \le s$ ist T ein Baum.
Für alle $s \in T$ ist $g''N_s = \bigcup_{i \in \mathbb{N}} g''N_{si}$ überabzählbar, also existiert ein $i \in \mathbb{N}$ mit $g''N_{si}$ überabzählbar, d.h. $si \in T$. Also ist T blattfrei.
Für alle $s \in T$ ist $g''[T_s] = g''([T] \cap N_s)$ überabzählbar, denn $M = \bigcup_{s \in \mathrm{Seq}-T} g''N_s$ ist abzählbar und $g''[T_s] \supseteq g''N_s - M$.
Für alle $s \in T$ existieren zudem $s_0, s_1 \in T$ mit:

$$(+) \quad s < s_0, s_1 \text{ und } g''[T_{s_0}] \cap g''[T_{s_1}] = \emptyset.$$

Beweis von (+)

Wegen $g''[T_s]$ überabzählbar existieren $f_0, f_1 \in [T_s]$ mit $g(f_0) \neq g(f_1)$.
Seien U_0, U_1 offen in X mit $g(f_0) \in U_0$, $g(f_1) \in U_1$ und $U_0 \cap U_1 = \emptyset$.
Wegen $g \mid [T] : [T] \to X$ stetig existieren $s_0 < f_0$ und $s_1 < f_1$ mit $g''[T_{s_0}] \subseteq U_0$ und $g''[T_{s_1}] \subseteq U_1$. Dann sind s_0 und s_1 wie gewünscht.

Mit (+) können wir dann aber rekursiv $\langle s_t \mid t \in \mathrm{Seq}_2 \rangle$ definieren, sodaß für alle $t \in \mathrm{Seq}_2$ gilt:

(i) $s_{\langle\rangle} = \emptyset$,

(ii) $s_t \in T$,

(iii) $s_t < s_{t0}, s_{t1}$,

(iv) $g''[T_{s_{t0}}] \cap g''[T_{s_{t1}}] = \emptyset$.

Sei $S = \{ s \in T \mid s \leq s_t$ für ein $t \in \mathrm{Seq}_2 \}$.
Dann ist $[S] \subseteq \mathcal{N}$ homöomorph zu $\mathcal{C}$. Wir setzen $P = g''[S]$.
Wegen (iv) ist $g \mid [S]$ injektiv. Wegen g stetig ist also $P \subseteq A$ nichtleer und perfekt in $\mathcal{X}$ (und eine Kopie von $\mathcal{C}$).

Damit ist das Kontinuumsproblem für die analytischen Mengen und insbesondere für die Borelmengen gelöst: jede überabzählbare analytische Teilmenge eines polnischen Raumes hat die Mächtigkeit 2^ω der reellen Zahlen.

Obiger Satz über die Scheeffer-Eigenschaft ist innerhalb der klassischen Axiomatik ZFC bestmöglich: In Gödels L existiert eine überabzählbare koanalytische Menge, die keine nichtleere perfekte Teilmenge besitzt. Damit kann man auch nicht zeigen, daß die Mengen mit der Scheeffer-Eigenschaft abgeschlossen unter Komplementbildung sind.

Die Baire-Eigenschaft und die Meßbarkeit für Borel-Maße behandeln wir in einem Zug. Entscheidend ist folgende von Marczewski entdeckte Bedingung, die garantiert, daß eine σ-Algebra abgeschlossen unter der Suslin-Operation ist:

Definition *(überdeckende σ-Algebren)*

Sei X eine Menge, und sei $\mathcal{A}$ eine σ-Algebra auf X.
Ein $A \in \mathcal{A}$ heißt eine *Überdeckung* eines $P \subseteq X$ bzgl. $\mathcal{A}$, falls gilt:

(i) $P \subseteq A$,

(ii) für alle $B \in \mathcal{A}$ mit $P \subseteq B \subseteq A$ ist $\mathcal{P}(A - B) \subseteq \mathcal{A}$.

$\mathcal{A}$ heißt *überdeckend*, falls alle $P \subseteq X$ eine Überdeckung $A \in \mathcal{A}$ besitzen.

Diese Bedingung, die scheinbar nichts mit der Suslin-Operation zu tun hat, genügt für folgenden allgemeinen Satz:

Satz *(überdeckende σ-Algebren sind abgeschlossen unter der Suslin-Operation)*

Sei X eine Menge, und sei $\mathcal{A}$ eine überdeckende σ-Algebra auf X.
Dann ist $\mathcal{A}_{\mathrm{Su}} \subseteq \mathcal{A}$.

Beweis

Sei $\langle P_s \mid s \in \mathrm{Seq} \rangle$ eine Folge in $\mathcal{A}$ mit $P_s \subseteq P_t$ für alle $s \geq t$, und sei

$A = \bigcup_{f \in \mathcal{N}} \bigcap_{n \in \mathbb{N}} P_{f|n}$.

Für $s \in \mathrm{Seq}$ definieren wir $R_s \subseteq P_s$ durch:

$R_s = \bigcup_{f \in \mathcal{N},\, s < f} \bigcap_{n \in \mathbb{N}} P_{f|n}$.

Dann gilt $R_{\langle\rangle} = A$ und $R_s = \bigcup_{i \in \mathbb{N}} R_{si}$ für alle $s \in$ Seq.
Für alle $s \in$ Seq sei $R_s^+ \in \mathcal{A}$ eine Überdeckung von R_s bzgl. $\mathcal{A}$ mit:

(a) $R_{si}^+ \subseteq R_s^+$ für alle $s \in$ Seq und $i \in \mathbb{N}$,
(b) $R_s \subseteq R_s^+ \subseteq P_s$ für alle $s \in$ Seq.

Wir setzen:

$Q_s = R_s^+ - \bigcup_{i \in \mathbb{N}} R_{si}^+$ für $s \in$ Seq und weiter
$Q = \bigcup_{s \in \text{Seq}} Q_s$.

Dann ist $\mathcal{P}(Q_s) \subseteq \mathcal{A}$ für alle $s \in$ Seq, denn $R_s \subseteq \bigcup_{i \in \mathbb{N}} R_{si}^+ \in \mathcal{A}$.
Wegen $\mathcal{A}$ σ-Algebra ist folglich auch $\mathcal{P}(Q) \subseteq \mathcal{A}$. Weiter gilt:

(+) $R_{\langle\rangle}^+ - Q \subseteq R_{\langle\rangle}$.

Beweis von (+)

Sei $x \in R_{\langle\rangle}^+$ mit $x \notin Q$. Wir können dann rekursiv ein $f \in \mathcal{N}$ definieren mit:

$x \in R_{f|n}^+$ für alle $n \in \mathbb{N}$.

Denn $x \in R_{\langle\rangle}^+$ nach Voraussetzung, und für den Rekursionsschritt gilt:
Ist $x \in R_s^+$, so ist $x \in R_{si}^+$ für ein $i \in \mathbb{N}$, da sonst $x \in Q_s \subseteq Q$.

Dann ist aber $x \in \bigcap_{n \in \mathbb{N}} R_{f|n}^+ \subseteq \bigcap_{n \in \mathbb{N}} P_{f|n} \subseteq R_{\langle\rangle}$.

Nach (+) ist $R_{\langle\rangle}^+ - R_{\langle\rangle} \subseteq Q$ und wegen $\mathcal{P}(Q) \subseteq \mathcal{A}$ gilt dann:

$A = R_{\langle\rangle} = R_{\langle\rangle}^+ - (R_{\langle\rangle}^+ - R_{\langle\rangle}) \in \mathcal{A}$. ∎

Die beiden folgenden Sätze zeigen, daß unsere Standardbeispiele für reichhaltige σ-Algebren überdeckend sind:

Satz *(Überdeckungseigenschaft für die Mengen mit der Baire-Eigenschaft)*
Sei $\mathcal{X} = \langle X, \mathcal{U} \rangle$ ein polnischer Raum.
Dann ist Baire($\mathcal{X}$) überdeckend.

Beweis

Sei $\mathcal{U}'$ eine abzählbare Basis von $\mathcal{U}$. Sei $P \subseteq X$, und sei

$V = \bigcup \{ U \in \mathcal{U}' \mid U - (X - P) \text{ ist mager} \} = \bigcup \{ U \in \mathcal{U}' \mid U \cap P \text{ ist mager} \}$

der kanonische Bairesche Meßversuch für $X - P$ bzgl. $\mathcal{U}'$ (vgl. Kapitel 5).
Dann ist $V - (X - P) = V \cap P$ mager, also ist

$A = (X - V) \cup P = (X - V) \cup (V \cap P) \in \text{Baire}(\mathcal{X})$.

A ist eine Überdeckung von P: Denn sei $B \in \text{Baire}(\mathcal{X})$ mit $P \subseteq B \subseteq A$.
Dann ist $A - B \subseteq (X - P)$ und $(A - B) \cap V = \emptyset$, also $A - B$ mager,
und folglich $\mathcal{P}(A - B) \subseteq \text{Baire}(\mathcal{X})$.

Denn sei $U \in \mathcal{U}'$ mit $U \,\Delta\, (A - B)$ mager. Dann ist insbesondere $U \cap P$ mager,
also $U \subseteq V$, also $U \cap (A - B) = \emptyset$. Dann ist aber $U = \emptyset$. Also ist $A - B$ mager. ∎

Satz *(Überdeckungseigenschaft für meßbare Mengen)*

Sei $\mathcal{X} = \langle X, \mathcal{U} \rangle$ ein polnischer Raum, und sei μ ein σ-finites Borel-Maß auf $\mathcal{X}$.
Sei $\mathcal{A}(\mu) = \{ P \subseteq X \mid P \text{ ist } \mu\text{-meßbar} \}$ die σ-Algebra der Vervollständigung von $\mathcal{B}(\mathcal{X})$ bzgl. μ.
Dann ist $\mathcal{A}(\mu)$ überdeckend.

Beweis

Durch Skalierung von μ (ohne Veränderung der μ-meßbaren Mengen) können wir o. E. annehmen, daß $\mu(X) < \infty$.
Sei $P \subseteq X$, und sei

$$\mu^*(P) \;=\; \inf(\{ \mu(B) \mid B \in \mathcal{B}(\mathcal{X}),\, P \subseteq B \}).$$

Sei $A \in \mathcal{B}(\mathcal{X})$ mit $P \subseteq A$ und $\mu^*(A) = \mu(A)$.
Dann ist $A \in \mathcal{A}(\mu)$ eine Überdeckung von P bzgl. $\mathcal{A}(\mu)$:
Denn für $B \in \mathcal{A}(\mu)$ mit $P \subseteq B \subseteq A$ ist $\mu(A - B) = 0$ (wegen $\mu(A) < \infty$),
also $\mathcal{P}(A - B) \subseteq \mathcal{A}(\mu)$. ∎

Damit haben wir über den Umfang der Baire-Eigenschaft und der universell meßbaren Mengen gezeigt:

Korollar *(Umfang der Baire-Eigenschaft und der universell meßbaren Mengen)*

Sei $\mathcal{X} = \langle X, \mathcal{U} \rangle$ ein polnischer Raum. Dann sind die Teilmengen von X mit der Baire-Eigenschaft abgeschlossen unter der Suslin-Operation.
Ebenso sind die universell meßbaren Teilmengen von X abgeschlossen unter der Suslin-Operation.
Insbesondere haben alle analytischen Teilmengen von X die Baire-Eigenschaft und sind universell meßbar.

Wir setzen schließlich noch:

Definition *(C-Mengen)*

Sei $\mathcal{X} = \langle X, \mathcal{U} \rangle$ ein polnischer Raum. Dann setzen wir:

$$C(\mathcal{X}) \;=\; \bigcap \{ \mathcal{A} \mid \mathcal{A} \supseteq \mathcal{U} \text{ ist eine } \sigma\text{-Algebra mit } \mathcal{A}_{\mathrm{Su}} \subseteq \mathcal{A} \}.$$

Die Elemente von $C(\mathcal{X})$ heißen *C-Mengen* in $\mathcal{X}$.

$C(\mathcal{X})$ ist also die kleinste Erweiterung der Borel-Mengen von $\mathcal{X}$, die abgeschlossen unter der Suslin-Operation ist.

Alle C-Mengen haben nach dem Korollar die Baire-Eigenschaft und sind universell meßbar. Mit Hilfe universeller Mengen kann man für alle überabzählbaren polnischen Räume die folgenden echten Inklusionen beweisen:

$$\sigma(\{ A \subseteq X \mid A \text{ ist analytisch} \}) \;\subset\; \{ A \subseteq X \mid A \text{ ist koanalytisch} \}_{\mathrm{Su}} \;\subset\; C(\mathcal{X}),$$

wobei die linke Menge die von den analytischen Mengen erzeugte σ-Algebra ist. Punktklassen, die noch umfangreicher als die C-Mengen sind, werden wir nun in den projektiven Mengen kennenlernen.

Projektive Mengen

Zwei Erweiterungen der analytischen Mengen bieten sich an: Wir können die analytischen Mengen abschließen unter Komplementbildung und der Suslin-Operation, oder unter Komplementbildung und der Operation der Projektion bzw. des stetigen Bildes. Der erste Prozeß führt zu den C-Mengen, der zweite zu den projektiven Mengen. Im Hinblick auf die äquivalenten Charakterisierungen der analytischen Mengen ist es überraschend, daß der zweite Ansatz mehr und sogar wesentlich mehr Mengen erzeugt.

Wir nehmen die für alle polnischen Räume $\mathscr{X} = \langle X, \mathscr{U} \rangle$ gültige Gleichung

(#) $\{ A \subseteq X \mid A \text{ ist analytisch} \} = \Pi^0_1(\mathscr{X} \times \mathscr{N})_\exists$

zum Ausgangspunkt und definieren:

Definition *(projektive Hierarchie)*

Wir definieren durch Rekursion über $n \in \mathbb{N}$ für alle polnischen Räume $\mathscr{X}$:

$\Sigma^1_0(\mathscr{X}) = \Sigma^0_1(\mathscr{X}) =$ „die offenen Teilmengen von $\mathscr{X}$",

$\Pi^1_0(\mathscr{X}) = \Pi^0_1(\mathscr{X}) =$ „die abgeschlossenen Teilmengen von $\mathscr{X}$",

$\Sigma^1_{n+1}(\mathscr{X}) = \Pi^1_n(\mathscr{X} \times \mathscr{N})_\exists = \{ p[A] \mid A \in \Pi^1_n(\mathscr{X} \times \mathscr{N}) \}$,

$\Pi^1_{n+1}(\mathscr{X}) = \Sigma^1_{n+1}(\mathscr{X})_c$.

Die Folge $\langle \Sigma^1_n, \Pi^1_n \mid n \in \mathbb{N} \rangle$ heißt die *projektive Hierarchie von* $\mathscr{X}$.
Ein $P \subseteq X$ heißt eine *projektive Teilmenge des Raumes* $\mathscr{X}$ oder kurz *projektiv in* X, falls $P \in \bigcup_{n \in \mathbb{N}} \Sigma^1_n(\mathscr{X}) \cup \Pi^1_n(\mathscr{X})$.

Weiter setzen wir für $n \in \mathbb{N}$:

$\Delta^1_n(\mathscr{X}) = \Sigma^1_n(\mathscr{X}) \cap \Pi^1_n(\mathscr{X})$.

$\mathscr{X}$ ist hier nicht fest. Zur Definition von $\Sigma^1_n(\mathscr{X})$ werden insgesamt die polnischen Räume $\mathscr{X}, \mathscr{X} \times \mathscr{N}, \ldots, \mathscr{X} \times \mathscr{N}^n$ benutzt. Die Mengen in $\Sigma^1_n(\mathscr{X})$ entstehen aus den offenen Mengen in $\mathscr{X} \times \mathscr{N}^n$ durch n im Wechsel durchgeführte Komplementbildungen und Projektionen.

Die analytischen und koanalytischen und die Borel-Mengen bilden die erste Stufe dieser Hierarchie, denn für alle polnischen Räume $\mathscr{X}$ gilt:

$\Sigma^1_1(\mathscr{X}) = \{ A \subseteq X \mid A \text{ ist analytisch} \}$,

$\Pi^1_1(\mathscr{X}) = \{ A \subseteq X \mid A \text{ ist koanalytisch} \}$,

$\Delta^1_1(\mathscr{X}) = \mathscr{B}(\mathscr{X}) = \{ A \subseteq X \mid A \text{ ist eine Borelmenge} \}$.

Abschlußeigenschaften projektiver Mengen

Zur Formulierung der Abschlußeigenschaften der Stufen der projektiven Hierarchie brauchen wir noch den Begriff der Koprojektion.

Definition *(Koprojektion)*

Für Mengen X, Y und $A \subseteq X \times Y$ setzen wir:

$p^*[A] = \{ x \in X \mid \text{für alle } y \in Y \text{ ist } (x, y) \in A \}$.

$p^*[A]$ heißt die *Koprojektion* von A.

Damit können wir die wichtigsten Abschlußeigenschaften der projektiven Mengen zusammenstellen.

Satz *(Abschlußeigenschaften der projektiven Mengen)*

Für alle $n \geq 1$ gilt:

(i) Die Σ^1_n-Mengen in polnischen Räumen sind abgeschlossen unter abzählbaren Vereinigungen, abzählbaren Schnitten, stetigen Bildern und stetigen Urbildern, und insbesondere unter Projektionen.

(ii) Die Π^1_n-Mengen in polnischen Räumen sind abgeschlossen unter abzählbaren Vereinigungen, abzählbaren Schnitten, stetigen Urbildern und Koprojektionen.

(iii) Die Δ^1_n-Mengen in polnischen Räumen bilden jeweils eine σ-Algebra und sind abgeschlossen unter stetigen Urbildern.

Beweis

Wir zeigen die Aussagen durch Induktion nach $n \in \mathbb{N}$. Dabei genügt der Beweis von (i), denn (ii) und (iii) folgen für jedes feste n aus (i).

Induktionsanfang n = 1:

Die Aussagen für die analytischen Mengen haben wir bereits gezeigt.

Induktionsschritt von n nach n + 1, abzählbare Vereinigungen:

Sei $\mathscr{X}$ polnisch, und seien $A_k \in \Pi^1_n(\mathscr{X} \times \mathscr{N})$ für alle $k \in \mathbb{N}$. Dann gilt:

(+) $\bigcup_{k \in \mathbb{N}} p[A_k] = p[\bigcup_{k \in \mathbb{N}} A_k]$.

Nach I. V. ist $\bigcup_{k \in \mathbb{N}} A_k \in \Pi^1_n(\mathscr{X} \times \mathscr{N})$, also $\bigcup_{k \in \mathbb{N}} p[A_k] \in \Sigma^1_{n+1}(\mathscr{X})$.

Induktionsschritt von n nach n + 1, abzählbare Schnitte:

Sei $\mathscr{X}$ polnisch, und seien $A_k \in \Pi^1_n(\mathscr{X} \times \mathscr{N})$ für alle $k \in \mathbb{N}$.
Eine Gleichung (+) gilt für den Schnitt nicht mehr. Wir können aber ähnlich wie im Beweis des Satzes oben argumentieren, daß alle Borel-Mengen stetige Bilder von $\mathscr{N}$ sind. Wir setzen:

$A = \{ (x, f) \in X \times \mathscr{N} \mid (x, f^{(k)}) \in A_k \text{ für alle } k \in \mathbb{N} \}$,

wobei wieder $f^{(k)}(m) = f(\pi(k, m))$ für alle $k, m \in \mathbb{N}$ mit der Cantorschen Paarungsfunktion $\pi : \mathbb{N}^2 \rightarrow \mathbb{N}$.
Dann gilt $A \in \Pi^1_n(\mathscr{X} \times \mathscr{N})$ nach I. V.

Denn für alle $k \in \mathbb{N}$ ist $B_k = \{ (x, f) \in X \times \mathscr{N} \mid (x, f^{(k)}) \in A_k \} \in \Pi^1_n(\mathscr{X})$, denn $B_k = g^{-1}{}'' A_k$ für die stetige Funktion $g : X \times \mathscr{N} \rightarrow X \times \mathscr{N}$ mit $g(x, f) = (x, f^{(k)})$ für alle $x \in X$ und $f \in \mathscr{N}$. Also ist $A = \bigcap_{k \in \mathbb{N}} B_k \in \Pi^1_n(\mathscr{X})$.

Nun gilt aber $\bigcap_{k \in \mathbb{N}} p[A_k] = p[A] \in \Sigma^1_{n+1}(\mathscr{X})$, denn für alle $x \in X$ gilt:

$x \in p[A]$ *gdw* es gibt ein $f \in \mathscr{N}$ mit: $(x, f^{(k)}) \in A_k$ für alle $k \in \mathbb{N}$ *gdw*
für alle $k \in \mathbb{N}$ gibt es ein $f_k \in \mathscr{N}$ mit $(x, f_k) \in A_k$ *gdw*
$x \in \bigcap_{k \in \mathbb{N}} p[A_k]$.

Induktionsschritt von n nach n + 1, stetige Urbilder:

Seien $\mathscr{X} = \langle X, \mathscr{U} \rangle$ und $\mathscr{Y} = \langle Y, \mathscr{V} \rangle$ polnisch, und sei $g : X \to Y$ stetig.
Wir definieren $h : X \times \mathscr{N} \to Y \times \mathscr{N}$ durch

$h(x, f) = (g(x), f)$ für alle $x \in X$ und $f \in \mathscr{N}$.

Dann ist h stetig. Für alle $A \in \Pi^1_n(\mathscr{Y} \times \mathscr{N})$ ist dann aber nach I. V.
$h^{-1}{''}A \in \Pi^1_n(\mathscr{X} \times \mathscr{N})$. Also ist

$g^{-1}{''}p[A] =_{(!)} p[h^{-1}{''}A] \in \Sigma^1_{n+1}(\mathscr{X})$.

Also ist $g^{-1}{''} P \in \Sigma^1_{n+1}(\mathscr{X})$ für alle $P \in \Sigma^1_{n+1}(\mathscr{Y})$.

Induktionsschritt von n nach n + 1, stetige Bilder:

Seien $\mathscr{X} = \langle X, \mathscr{U} \rangle$ und $\mathscr{Y} = \langle Y, \mathscr{V} \rangle$ polnisch, und sei $g : X \to Y$ stetig.
Sei $A \in \Pi^1_n(\mathscr{X} \times \mathscr{N})$. Wir zeigen, daß $g''p[A] \in \Sigma^1_{n+1}(\mathscr{Y})$.
Sei hierzu $h : \mathscr{N} \to \mathscr{X} \times \mathscr{N}$ stetig und surjektiv. Dann gilt:

$g''p[A] =$

$\{ y \in Y \mid$ es gibt ein $f \in \mathscr{N}$ und ein $x \in X$ mit $(x, f) \in A$ und $g(x) = y \} =$

$\{ y \in Y \mid$ es gibt ein $f \in \mathscr{N}$ mit $h(f) \in A$ und $g(pr_1(h(f))) = y \} =$

$\{ y \in Y \mid$ es gibt ein $f \in \mathscr{N}$ mit $f \in h^{-1}{''}A$ und $(y, f) \in G \} =$

$p[\{ (y, f) \in Y \times \mathscr{N} \mid f \in h^{-1}{''}A \} \cap G] \in \Sigma^1_{n+1}(\mathscr{Y})$,

wobei $G = \{ (y, f) \mid g(pr_1(h(f))) = y \} \in \Pi^0_1(\mathscr{Y} \times \mathscr{N})$ als Umkehrrelation (des Graphen) einer stetigen Funktion und $h^{-1}{''}A \in \Pi^1_n(\mathscr{N})$ nach I. V. und weiter $pr_2{}^{-1}{''} h^{-1}{''}A \in \Pi^1_n(\mathscr{Y} \times \mathscr{N})$ nach I. V.

Aus dem Satz erhalten wir die beiden folgenden Korollare:

Korollar *(Projektionen mit anderen Räumen)*

Seien $\mathscr{X} = \langle X, \mathscr{U} \rangle$, $\mathscr{Y} = \langle Y, \mathscr{V} \rangle$ polnische Räume, und sei Y überabzählbar.
Dann gilt für alle $n \geq 1$:

$$\Sigma^1_{n+1}(\mathscr{X}) = \{ p[A] \mid A \in \Pi^1_n(\mathscr{X} \times \mathscr{Y}) \}.$$

Beweis

zu $\subseteq$*:* Y enthält eine Kopie von $\mathscr{N}$, die eine G_δ-Menge in Y ist.
Also ist $\Pi^1_n(\mathscr{X} \times \mathscr{Y})_\exists \supseteq \Pi^1_n(\mathscr{X} \times \mathscr{N})_\exists = \Sigma^1_{n+1}(\mathscr{X})$.

zu $\supseteq$*:* Es gilt $\Pi^1_n(\mathscr{X} \times \mathscr{Y}) \subseteq \Sigma^1_{n+1}(\mathscr{X} \times \mathscr{Y})$, $pr_1 : X \times Y \to X$ ist stetig, und Σ^1_{n+1}-Mengen sind abgeschlossen unter stetigen Bildern.

Korollar *(Bilder stetiger Funktionen)*
Sei $\mathcal{X} = \langle X, \mathcal{U} \rangle$ ein polnischer Raum. Dann gilt für alle $n \geq 1$:

$$\Sigma^1_{n+1}(\mathcal{X}) = \{ g''A \mid g : Y \to X \text{ stetig}, \mathcal{Y} = \langle Y, \mathcal{V} \rangle \text{ polnisch}, A \in \Pi^1_n(\mathcal{Y}) \}.$$

Beweis
zu $\subseteq$: Betrachte $g = pr_1$ und $\mathcal{Y} = \mathcal{X} \times \mathcal{N}$.

zu $\supseteq$: Folgt aus $\Pi^1_n(\mathcal{Y}) \subseteq \Sigma^1_{n+1}(\mathcal{Y})$ und der Abgeschlossenheit von Σ^1_{n+1}-Mengen unter stetigen Funktionen. ∎

Universelle projektive Mengen

Ohne große Mühe können wir zeigen:

Satz *(Existenz gleichgradig komplexer universeller Mengen)*
Für alle polnischen Räume $\mathcal{X} = \langle X, \mathcal{U} \rangle$ und alle $n \in \mathbb{N}$ existiert ein U mit:

(i) $U \in \Sigma^1_n(\mathcal{X} \times \mathcal{C})$,
(ii) U ist universell für $\Sigma^1_n(\mathcal{X})$.

Eine analoge Aussage gilt für $\Pi^1_n(\mathcal{X})$.

Beweis
Wir zeigen die Behauptung durch Induktion nach $n \in \mathbb{N}$.

Induktionsanfang $n = 0$:
Die Aussagen über offene und abgeschlossene Mengen haben wir bereits gezeigt.

Induktionsschritt von $\Pi^1_n(\mathcal{X})$ nach $\Sigma^1_{n+1}(\mathcal{X})$:
Wir argumentieren wie im Projektionssatz für die analytischen Mengen: Ist $U \in \Pi^1_n(\mathcal{X} \times \mathcal{N} \times \mathcal{C})$ universell für $\Pi^1_n(\mathcal{X} \times \mathcal{N})$, so ist

$$V = \{ (x, f) \in X \times \mathcal{C} \mid \text{es existiert ein } g \in \mathcal{N} \text{ mit } (x, g, f) \in U \}$$

ein Element von $\Sigma^1_{n+1}(\mathcal{X} \times \mathcal{C})$ und universell für $\Sigma^1_{n+1}(\mathcal{X})$.

Induktionsschritt von $\Sigma^1_{n+1}(\mathcal{X})$ nach $\Pi^1_{n+1}(\mathcal{X})$:
Ist $U \in \Sigma^1_{n+1}(\mathcal{X} \times \mathcal{C})$ universell für $\Sigma^1_{n+1}(\mathcal{X})$, so ist das Komplement $\mathcal{X} \times \mathcal{C} - U \in \Pi^1_{n+1}(\mathcal{X} \times \mathcal{C})$ universell für $\Pi^1_{n+1}(\mathcal{X})$. ∎

Wie früher erhalten wir: Ist $\mathcal{X}$ ein polnischer Raum, $n \in \mathbb{N}$ und $U \in \Sigma^1_n(\mathcal{X} \times \mathcal{X})$ universell für $\Sigma^1_n(\mathcal{X})$, so ist $D = \{ x \in X \mid (x, x) \in U \} \in \Sigma^1_n(\mathcal{X}) - \Pi^1_n(\mathcal{X})$.

Korollar *(echte Inklusionen in der projektiven Hierarchie)*
Sei $\mathcal{X} = \langle X, \mathcal{U} \rangle$ ein überabzählbarer polnischer Raum. Dann gilt für alle $n \in \mathbb{N}$:

(i) $\Sigma^1_n(\mathcal{X}) \neq \Pi^1_n(\mathcal{X})$,
(ii) $\Delta^1_n(\mathcal{X}) \subset \Sigma^1_n(\mathcal{X}), \Pi^1_n(\mathcal{X})$,
(iii) $\Sigma^1_n(\mathcal{X}), \Pi^1_n(\mathcal{X}) \subset \Delta^1_{n+1}(\mathcal{X})$.

Damit ergibt sich für einen überabzählbaren polnischen Raum $\mathcal{X}$ das folgende Bild für die projektiven Mengen, wobei wir $\mathcal{X}$ weglassen:

$$\begin{array}{cccccccc} & \Sigma^1_1 & \Sigma^1_2 & \dots & \Sigma^1_n & \Sigma^1_{n+1} & \dots \\ \mathcal{B} = \Delta^1_1 & & \Delta^1_2 & \dots & \Delta^1_n & \Delta^1_{n+1} & \dots \\ & \Pi^1_1 & \Pi^1_2 & \dots & \Pi^1_n & \Pi^1_{n+1} & \dots \end{array}$$

Man kann zeigen, daß für alle polnischen Räume $\mathcal{X} = \langle X, \mathcal{U} \rangle$ gilt:

(i) $C(\mathcal{X}) \subset \Delta^1_2(\mathcal{X})$, falls X überabzählbar ist.

(ii) $\Pi^1_n(\mathcal{X})$, $\Sigma^1_n(\mathcal{X})$ und $\Delta^1_n(\mathcal{X})$ sind abgeschlossen unter der Suslin-Operation für alle $n \geq 2$.

Nur für den Schritt von Π^0_1 nach Σ^1_1 führen also die Suslin-Operation und die Projektion zum gleichen Ergebnis $\Pi^0_1(\mathcal{X})_{Su} = \Pi^0_1(\mathcal{X} \times \mathcal{N})_\exists$. Für $n = 1$ gilt $\Pi^1_1(\mathcal{X}) \subset \Pi^1_1(\mathcal{X})_{Su} \subset \Pi^1_1(\mathcal{X} \times \mathcal{N})_\exists$, und für $n \geq 2$ gilt $\Pi^1_n(\mathcal{X}) = \Pi^1_n(\mathcal{X})_{Su} \subset \Pi^1_n(\mathcal{X} \times \mathcal{N})_\exists$ für alle überabzählbaren polnischen Räume $\mathcal{X}$.

Beispiele

Wir stellen einige Beispiele für projektive Mengen zusammen, die keine Borel-Mengen sind.

Siehe [Kechris 1994] für Beweise einiger dieser Beispiele und für andere Beispiele.)

Bäume

Sei $\langle s_n \mid n \in \mathbb{N} \rangle$ eine festgewählte Aufzählung der Menge Seq (ohne Wiederholungen). Für ein $f \in \mathcal{C}$ setzen wir:

$$S(f) = \{ s_n \in \text{Seq} \mid f(n) = 1 \},$$
$$\text{Tr} = \{ f \in \mathcal{C} \mid S(f) \text{ ist ein Baum auf } \mathbb{N} \}.$$

Dieses Vorgehen können wir auch so beschreiben: Ein Baum T auf $\mathbb{N}$ ist eine Teilmenge von Seq. Wir identifizieren zunächst einen Baum T mit seiner Indikatorfunktion $\text{ind}_T : \text{Seq} \to \{0, 1\}$. Weiter identifizieren wir dann Seq und $\mathbb{N}$ durch die Aufzählung $\langle s_n \mid n \in \mathbb{N} \rangle$. Dann erscheint T als ein Element von $\mathcal{C}$.

Die Menge Tr aller Bäume auf $\mathbb{N}$ ist abgeschlossen in $\mathcal{C}$ (!). Wir setzen:

$$\text{Tr}^* = \{ T \in \text{Tr} \mid [T] \neq \emptyset \}.$$

Man kann nun zeigen, daß Tr* analytisch, aber nicht koanalytisch in $\mathcal{C}$ ist. Folglich ist Tr – Tr* koanalytisch und nicht analytisch.

Irreguläre konstruktible Mengen

In Gödels Modell existiert eine Wohlordnung von $\mathcal{N}$ der Länge ω_1. Diese Wohlordnung ist einfach definiert durch:

$f <_L g$, *falls* „f wird vor g in der L-Hierarchie konstruiert“.

In einer geeignet organisierten L-Hierarchie erscheinen die konstruktiblen Mengen ja nacheinander (in einer transfiniten Rekursion), und wir können so insbesondere die konstruktiblen reellen Zahlen nach ihrem Erscheinen wohlordnen.

Eine bereits von Gödel durchgeführte Komplexitätsberechnung zeigt nun, daß $<_L \subseteq \mathcal{N} \times \mathcal{N}$ eine Δ^1_2-Menge in $\mathcal{N} \times \mathcal{N}$ ist. Wir wissen, daß eine solche Menge nicht Lebesgue-meßbar ist und nicht die Baire-Eigenschaft hat. Also existiert in L eine bzgl. dieser Meßbarkeitsbegriffe nichtreguläre Δ^1_2-Menge (in $\mathcal{N}^2$ und damit auch in $\mathcal{N}$). Da alle analytischen und alle koanalytischen Mengen meßbar sind, ist $<_L$ ein Beispiel für eine echte Δ^1_2-Menge, d. h. eine Δ^1_2-Menge, die weder analytisch noch koanalytisch ist. $<_L$ kann auch nicht in der von den analytischen und koanalytischen Mengen erzeugten σ-Algebra liegen.

Ebenfalls von Gödel ist die (kompliziertere) Konstruktion einer Menge $P \in \Pi^1_1(\mathcal{N})$ in L, die in L die Scheeffer-Eigenschaft verletzt. Da alle analytischen Mengen die Scheeffer-Eigenschaft haben, ist P echt koanalytisch, d. h. ein Element von $\Pi^1_1(\mathcal{N}) - \Sigma^1_1(\mathcal{N})$.

Summen

Erdös und Stone haben gezeigt: Es gibt eine abgeschlossene Menge $A \subseteq \mathbb{R}$ und eine G_δ-Menge $B \subseteq \mathbb{R}$ derart, daß $A + B = \{ x + y \in \mathbb{R} \mid x \in A,\ y \in B \}$ keine Borelmenge in $\mathbb{R}$ ist. A + B ist analytisch (!) und folglich nicht koanalytisch.

Differenzen

Sierpiński hat eine G_δ-Menge $P \subseteq \mathbb{R}^2$ konstruiert derart, daß die Menge $D = \{ |x - y| \in \mathbb{R} \mid x, y \in P \}$ aller P-Abstände keine Borelmenge in $\mathbb{R}$ ist. D ist analytisch, und damit nicht koanalytisch.

Mengen stetiger Funktionen

Wir betrachten den Raum $X = C([0, 1])$ aller stetigen $f : [0, 1] \to \mathbb{R}$. Versehen mit der von der Supremumsnorm erzeugten Topologie ist dieser Raum ein polnischer Raum $\mathcal{X}$. Wir setzen:

$$\begin{aligned} R = {} & \{ f \in X \mid f \text{ erfüllt den Satz von Rolle} \} = \\ & \{ f \in X \mid \text{für alle } a, b \in [0, 1] \text{ mit } a < b \text{ und } f(a) = f(b) \text{ existiert ein} \\ & \qquad a < c < b \text{ mit: die Ableitung } f'(c) \text{ existiert und } f'(c) = 0 \ \}, \end{aligned}$$

$$\begin{aligned} P = {} & \{ f \in X \mid f \text{ erfüllt den Mittelwertsatz} \} = \\ & \{ f \in X \mid \text{für alle } a, b \in [0, 1] \text{ mit } a < b \text{ existiert ein } a < c < b \text{ mit:} \\ & \qquad f'(c) \text{ existiert und } f'(c) = (f(b) - f(a))/(b - a) \ \}. \end{aligned}$$

Woodin hat gezeigt, daß $R \in \Sigma^1_1(\mathcal{X}) - \Pi^1_1(\mathcal{X})$ und $P \in \Pi^1_2(\mathcal{X}) - \Sigma^1_2(\mathcal{X})$.

Ein weiteres Beispiel in diesem Raum $\mathcal{X}$ stammt von Humke und Laczkovich: Die Menge $P = \{ f \circ f \mid f \in X,\ \mathrm{rng}(f) \subseteq [0, 1] \}$ ist analytisch, aber nicht koanalytisch.

Entfaltete Regularitätsspiele

Die Beweise der Regularitätsspiele des fünften Kapitels zeigen: Gilt $\mathrm{Det}(\Sigma^1_n)$ (oder gleichwertig $\mathrm{Det}(\Pi^1_n)$), so hat jede Σ^1_n-Menge $A \subseteq \mathcal{N}$ die Scheeffer-Eigenschaft, ist Baire-meßbar und weiter universell meßbar. Durch eine auf Solovay, Kechris und Martin zurückgehende Modifikation der Spiele können wir ein stärkeres Ergebnis erreichen.

Sei $P \subseteq \mathcal{C} \times \mathcal{C}$. Im *entfalteten perfekten-Mengen-Spiel* $G^\#(P)$ spielen die Spieler I und II abwechselnd :

I	s_0, a_0		s_1, a_1		s_2, a_2		…
II		c_0		c_1		…,	

wobei $s_n \in \mathrm{Seq}_2$ und $a_n, c_n \in \{0, 1\}$ gilt für alle $n \in \mathbb{N}$. Spieler I spielt also zusätzlich ein Element $\langle a_0, a_1, \ldots\rangle$ des Cantorraumes.

Sei $h = \langle (s_0, a_0), c_0, (s_1, a_1), c_1, \ldots\rangle$ eine Partie dieses Spiels. Wir setzen:

$$f_1(h) = s_0 {}^\frown \langle c_0 \rangle {}^\frown s_1 {}^\frown \langle c_1 \rangle {}^\frown \ldots \in \mathcal{C}, \quad f_2(h) = \langle a_0, a_1, a_2, \ldots \rangle \in \mathcal{C}.$$

Spieler I gewinnt die Partie h, falls $(f_1(h), f_2(h)) \in P$. Andernfalls gewinnt II.

Sei nun $A = p[P] \in \Sigma^1_{n+1}(\mathcal{C})$ für ein $P \in \Pi^1_n(\mathcal{C} \times \mathcal{C})$. Man zeigt nun:

Satz *(über das entfaltete perfekte-Mengen-Spiel)*

Sei $P \in \Pi^1_n(\mathcal{C} \times \mathcal{C})$, und sei $A = p[P]$. Dann gilt:

(i) Gewinnt I das Spiel $G^\#(P)$, so existiert eine nichtleere perfekte Teilmenge von A.

(ii) Gewinnt II das Spiel $G^\#(P)$, so ist A abzählbar.

Die Aussage (i) ist klar: Gewinnt I das Spiel $G^\#(P)$ mit der Strategie Σ, so gewinnt I das originale Spiel $G^*(P)$, indem er Σ folgt, aber die zusätzlichen Züge a_n ignoriert (oder nicht offen ausspielt, wenn man so will). Der Beweis der Aussage (ii) orientiert sich eng an dem entsprechenden Argument für das originale Spiel, und kann dem interessierten Leser als Übung überlassen bleiben.

Das Spiel $G^\#(P)$ ist nun de facto ein Spiel $G(P', T)$ mit einem $P' \in \Pi^1_n(\mathcal{N})$. Gilt also $\mathrm{Det}(\Pi^1_n)$, so haben nach dem Satz alle $\Sigma^1_{n+1}(\mathcal{C})$-Mengen (und damit auch alle $\Sigma^1_{n+1}(\mathcal{N})$-Mengen) die Scheeffer-Eigenschaft.

Ganz ähnlich ist die entfaltete Version $G^{\#\#}(P)$ des Banach-Mazur-Spiels definiert. Sei hierzu $P \subseteq \mathcal{N} \times \mathcal{N}$. Spieler I und II spielen abwechselnd

I	s_0, a_0		s_2, a_1		s_4, a_2		…
II		s_1		s_3		…,	

wobei $s_n \in \mathrm{Seq} - \{\langle\,\rangle\}$ und $a_n \in \mathbb{N}$ für alle $n \in \mathbb{N}$.

Sei $h = \langle (s_0, a_0), s_1, (s_2, a_1), s_3, \ldots\rangle$ eine Partie dieses Spiels. Wir setzen:

$$f_1(h) = s_0 {}^\frown s_1 {}^\frown s_2 {}^\frown \ldots \in \mathcal{N}, \quad f_2(h) = \langle a_0, a_1, a_2, \ldots \rangle \in \mathcal{N}.$$

I gewinnt die Partie h, falls $(f_1(h), f_2(h)) \in P$. Andernfalls gewinnt II. Man zeigt wieder in enger Anlehnung an die frühere Argumentation:

Satz *(über das entfaltete Banach-Mazur-Spiel)*
Sei $P \in \Pi^1_n(\mathcal{N} \times \mathcal{N})$, und sei $A = p[P]$. Dann gilt:
(i) Gewinnt I das Spiel $G^{\#\#}(P)$, so existiert ein $s \in \mathrm{Seq}$ mit $N_s - A$ mager.
(ii) Gewinnt II das Spiel $G^{\#\#}(P)$, so ist A mager.

Das entfaltete Banach-Mazur-Spiel hat wieder eine Π^1_n-Gewinnmenge, und aus $\mathrm{Det}(\Pi^1_n)$ folgt dann, daß jedes $A \in \Sigma^1_{n+1}(\mathcal{N})$ die Baire-Eigenschaft besitzt.

Schließlich existieren auch entfaltete Meßbarkeitsspiele, auf deren Diskussion wir hier verzichten. Insgesamt ergibt sich:

Satz *($Det(\Pi^1_n)$ und Σ^1_{n+1}-Regularität)*
Sei $n \in \mathbb{N}$, und es gelte $\mathrm{Det}(\Pi^1_n)$. Dann hat jedes $A \in \Sigma^1_{n+1}(\mathcal{N})$ die Scheeffer-Eigenschaft, ist Baire-meßbar und universell meßbar.

Für den Fall n = 0 erscheinen bei dieser Argumentation die Regularitätseigenschaften der analytischen Teilmengen von $\mathcal{N}$ als eine Exegese des Satzes über die Determiniertheit abgeschlossener Spiele.

Determiniertheit und Regularität der projektiven Mengen

Die Determiniertheit der projektiven Mengen kann man nicht mehr in der klassischen Mathematik, d. h. innerhalb der Axiomatik ZFC, beweisen, es sei denn, die Theorie ZFC ist widerspruchsvoll – ein Zusatz, den wir fortan wieder unterdrücken. Genauer gilt dies bereits für die analytischen und koanalytischen Mengen: In Gödels Modell L existiert eine koanalytische Teilmenge P von $\mathcal{N}$, die die Scheeffer-Eigenschaft nicht besitzt. Das perfekte-Mengen-Spiel zeigt dann, daß $\mathrm{Det}(\Pi^1_1)$ und folglich auch $\mathrm{Det}(\Sigma^1_1)$ falsch in L und damit unbeweisbar in ZFC sind. (Alles, was in ZFC beweisbar ist, gilt in jedem Modell von ZFC, insbesondere also in L.)

Weiter zeigt die Existenz von P in L, daß obige Entfaltung bestmöglich ist: Aus $\mathrm{Det}(\Pi^1_0)$ kann man nicht folgern, daß alle $\Pi^1_1(\mathcal{N})$-Mengen die Scheeffer-Eigenschaft haben.

Daß in L die Determiniertheit analytischer Spiele falsch ist, relativiert für manche das Leitmotiv „alle einfachen Mengen sind determiniert". Andere halten daran fest und argumentieren, daß durch die Theorie der unendlichen Spiele und der großen Kardinalzahlen ein starkes Argument gegen die Hypothese vorliegt, daß das mengentheoretische Universum mit L zusammenfällt:

Untersuchungen von Martin, Steel, Woodin und anderen haben aber gezeigt, daß die Determiniertheit der projektiven Mengen aus der Existenz großer Kardinalzahlen folgt (die in L nicht existieren können), und weiter wurden die kleinsten hierzu notwendigen Kardinalzahlen genau bestimmt. Ein noch relativ einfach zu zeigendes Ergebnis ist der folgende Satz von Martin (1970):

Satz *(volle Maße und Determiniertheit)*

Es existiere ein 0-1-wertiges volles Maß auf einer überabzählbaren Menge M, d. h. ein Maß $\mu : \mathcal{P}(M) \to \{ 0, 1 \}$ mit M überabzählbar.

Dann ist jede analytische und koanalytische Teilmenge von $\mathcal{N}$ determiniert.

Die Voraussetzung des Satzes ist gleichwertig zur mengentheoretischen Hypothese „es existiert eine meßbare Kardinalzahl", die bereits 1930 von Ulam untersucht wurde und heute zu den prominentesten großen Kardinalzahlaxiomen gehört. Die Voraussetzung läßt sich noch etwas abschwächen, es ist aber nach obigen Bemerkungen über L eine Hypothese notwendig, die impliziert, daß eine nichtkonstruktible Menge existiert (vgl. [Harrington 1978]).

Für die Determiniertheit der weiteren Stufen der projektiven Hierarchie müssen wesentlich stärkere Prinzipien herangezogen werden. Der nach langer Suche gefundene Hauptsatz ist hier das Martin-Steel-Theorem (bewiesen 1985, siehe [Martin / Steel 1988]):

Satz *(Satz von Martin-Steel)*

Existieren unendlich viele sog. Woodin-Kardinalzahlen, so ist jede projektive Teilmenge von $\mathcal{N}$ determiniert.

Genauer gilt für alle $n \in \mathbb{N}$: Existieren n solche Zahlen, so gilt $\mathrm{Det}(\Pi^1_n)$.

Man kann weiter zeigen, daß die Existenz nur endlich vieler Woodin-Kardinalzahlen nicht genügt, um die Determiniertheit aller projektiven Mengen beweisen zu können.

Über das Axiom (AD) der Determiniertheit aller Mengen reeller Zahlen hat Woodin 1985 gezeigt:

Satz *(Satz von Woodin über das Axiom der Determiniertheit)*

Die folgenden Theorien sind äquikonsistent, d. h. die Widerspruchsfreiheit der einen Theorie impliziert die Widerspruchsfreiheit der anderen Theorie und umgekehrt:

(i) ZFC zusammen mit „es gibt unendlich viele Woodin-Kardinalzahlen".

(ii) ZF zusammen mit (AD).

Der Leser beachte, daß der Satz von Martin und Steel eine direkte Implikation aufstellt, während im Satz von Woodin von relativer Konsistenz oder gleichwertig von der Existenz von Modellen die Rede ist.

Wir können die in diesen Sätzen auftretenden Kardinalzahlprinzipien nicht definieren und müssen den interessierten Leser auf die Forschungs- und Spezialliteratur verweisen. Wichtig und allgemein verständlich ist aber die Struktur des Ergebnisses: Große Kardinalzahlhypothesen – gewisse über ZFC substantiell hinausgehende Axiome also – implizieren die Determiniertheit von Mengen reeller Zahlen. Und sie erlauben die Konstruktion von Modellen, in denen jede Menge reeller Zahlen alle erdenklichen Regularitätseigenschaften besitzt. In diesen Modellen ist dann das Auswahlaxiom notwendig falsch, die Äquivalenzrelation von Vitali zum Beispiel kann kein vollständiges Repräsentantensystem mehr besitzen. Hinzu kommt, daß sich ein natürliches Modell ergibt, in dem (AD) gilt, nämlich das sobezeichnete Modell L(ℝ), das genau wie L konstruiert wird, wobei man aber auf der Stufe 0 statt mit der leeren Menge mit allen reellen Zahlen startet, die das Mengenuniversum zu bieten hat. Anders: L(ℝ) ist der transfinite Abschluß von ℝ unter einfachen Operationen, ganz so wie L der transfinite Abschluß der leeren Menge unter einfachen Operationen ist. Existieren hinreichend große Kardinalzahlen, so ist L(ℝ) ein Modell von ZF und (AD). Dieses Ergebnis stammt ebenfalls von Woodin, unter Benutzung des Satzes von Martin und Steel.

Damit werden verschiedene mathematische Zweige zusammengeführt. Die Theorie der großen Kardinalzahlen wird oft als kanonische Erweiterung der klassischen Axiomatik bezeichnet, und in dieser Erweiterung kann man neue Sätze über die reellen Zahlen zeigen und insbesondere das Kontinuumsproblem für die projektiven Mengen positiv beantworten. Es ist bemerkenswert, daß erst Objekte einer sehr hohen Komplexität es gestatten, bestimmte Aussagen über Objekte einer relativ niedrigen Komplexität zu beweisen. Die Methoden der mathematischen Logik erlauben es zu zeigen, daß die Zuhilfenahme sehr großer Kardinalzahlen unvermeidlich ist. Hausdorff, Suslin, Alexandrov und Lusin konnten nicht ahnen, daß so viele Fragen über die projektiven Mengen eine derart verwickelte und verfeinerte axiomatische Umgebung benötigen würden, um ihnen eine positive Antwort geben zu können. Für negative Antworten genügt L und damit eine Erweiterung von ZFC (um das Axiom „V = L" = „jede Menge ist konstruktibel"), die ohne große Kardinalzahlen auskommt.

Regularität der projektiven Mengen

Schwächer als Determiniertheits-Aussagen sind Fragen der Regularität. Die Regularitäts-Eigenschaften der projektiven Mengen sind unabhängig von ZFC. Neben einer koanalytischen Menge ohne die Scheeffer-Eigenschaft gibt es im Modell L eine $\Delta^1_2(\mathcal{N})$-Menge, die weder Baire- noch Lebesgue-meßbar ist. Andererseits hat Solovay 1970 ein Modell konstruiert, in dem jede projektive Menge die Regularitäts-Eigenschaften von Scheeffer, Baire und Lebesgue besitzt.

Für die Konstruktion des Modells von Solovay ist wieder eine große Kardinalzahlhypothese notwendig, wie Shelah 1984 gezeigt hat; es genügt hier aber bereits eine sog. unerreichbare Kardinalzahl, was heute als eine eher milde Hypothese betrachtet wird. Diese Zahlen wurden bereits 1908 von Hausdorff untersucht. Sie lassen sich relativ einfach definieren:

Definition *(unerreichbare Kardinalzahlen)*

Sei $\langle W, < \rangle$ eine Wohlordnung einer überabzählbaren Menge W.
$\langle W, < \rangle$ hat *unerreichbare Länge*, falls gilt:

(i) Für alle $x \in W$ ist $|\mathcal{P}(W_x)| < |W|$.

(ii) Für alle $M \subseteq W$ mit $|M| < |W|$ ist M beschränkt in $\langle W, < \rangle$, d. h. es existiert ein $y \in W$ mit: $x < y$ für alle $x \in M$.

Eine überabzählbare Kardinalzahl κ heißt *unerreichbar*, falls eine Wohlordnung $\langle W, < \rangle$ unerreichbarer Länge existiert mit $|W| = \kappa$.

Der mit Cohens Erzwingungsmethode bewiesene Satz von Solovay lautet nun (vgl. [Solovay 1965, 1970]):

Satz *(Satz von Solovay über Regularitätseigenschaften)*
Es existiere eine unerreichbare Kardinalzahl. Dann gilt:

(a) Es existiert ein Modell von ZFC, in dem jede projektive Menge reeller Zahlen die Scheeffer-Eigenschaft besitzt und Baire- und Lebesgue-meßbar ist.

(b) Es existiert ein Modell von ZF, in dem jede Menge reeller Zahlen die drei Regularitäts-Eigenschaften aus (a) besitzt (und in dem das Auswahlaxiom falsch ist).

Genauer gilt: Bereits für die Konstruktion eines Modells, in dem jedes $P \in \Sigma^1_2(\mathcal{N})$ die Scheeffer-Eigenschaft hat, wird eine unerreichbare Kardinalzahl benötigt (oder eine Hypothese dieser Stärke). Das Gleiche gilt für ein Modell, in dem jede Σ^1_3-Menge reeller Zahlen Lebesgue-meßbar ist. Genauer hat Shelah gezeigt (vgl. [Shelah 1984]):

Satz *(Satz von Shelah über die Lebesgue-Meßbarkeit von Σ^1_3-Mengen)*
Es sei jede Σ^1_3-Menge reeller Zahlen Lebesgue-meßbar.
Sei $\kappa = \omega_1$. Dann ist κ eine unerreichbare Kardinalzahl in L.

Zwei Bemerkungen hierzu: Der Satz liefert ein konkretes Modell mit einer unerreichbaren Kardinalzahl. Er zeigt weiter, daß unter der Meßbarkeitshypothese das Modell L die erste überabzählbare Kardinalzahl falsch berechnet: Die erste überabzählbare Kardinalzahl im Sinne von L ist sicher nicht unerreichbar in L, da für eine Wohlordnung $\langle W, < \rangle$ der Länge ω_1 gilt, daß $|\mathcal{P}(W_\omega)| \geq |W|$, wobei hier ω das erste Limeselement von W bezeichnet. Es folgt, daß es unter der Meßbarkeitsvoraussetzung nur abzählbar viele konstruktible reelle Zahlen gibt. (Diese Möglichkeit der falschen Berechnung der ersten überabzählbaren Kardinalzahl in L war schon länger bekannt, aber Shelahs Ergebnis verbindet sie mit einer Meßbarkeitshypothese projektiver Mengen reeller Zahlen. Diese Hypothese impliziert $V \neq L$ und stärker, daß der transfinite Abschluß der leeren Menge unter einfachen Operationen nur abzählbar viele reelle Zahlen erzeugt.)

Zweitens: Ein Ergebnis dieses Typs gestattet es – unter Heranziehung des zweiten Gödelschen Unvollständigkeitssatzes – zu beweisen, daß zur Konstruktion eines Modells, in dem die Voraussetzung gilt (hier also: „jede Σ^1_3-Menge ist Lebesgue-meßbar"), nicht auf eine Hypothese der Stärke der Konklusion verzichtet werden kann (hier also: „es existiert ein Modell mit einer unerreichbaren Kardinalzahl").

Für ein Modell mit Lebesgue-meßbaren Σ^1_2-Mengen genügt dagegen ZFC. Und erstaunlicherweise genügt ZFC auch, um ein Modell zu konstruieren, in dem sogar jede projektive Menge reeller Zahlen die Baire-Eigenschaft besitzt. Dies hat ebenfalls Shelah gezeigt, und damit einen überraschenden logischen Unterschied zwischen den Aussagen „jede projektive Menge reeller Zahlen ist Lebesgue-meßbar" und „jede projektive Menge reeller Zahlen hat die Baire-Eigenschaft" aufgezeigt.

Noch eine weitere Bemerkung: Man kann prinzipiell nicht ausschließen, daß in ZFC gezeigt werden kann, daß keine unerreichbare Kardinalzahl existiert. (Dies gilt für alle großen Kardinalzahlaxiome und ist kein Makel dieser Prinzipien: Große Kardinalzahlaxiome erhöhen substantiell die Stärke von ZFC, indem mit ihrer Hilfe gezeigt werden kann, daß ZFC widerspruchsfrei ist.) Damit lautet obige Behauptung genauer: Die Regularitäts-Eigenschaften der projektiven Mengen sind unabhängig von ZFC *modulo der Konsistenz einer unerreichbaren Kardinalzahl.* Der modulo-Zusatz wird der Einfachheit halber oft unterdrückt, ist aber von prinzipieller Bedeutung. Z. B. ist ein Beweis in ZFC nicht auszuschließen, daß eine nicht Lebesgue-meßbare Σ^1_3-Menge reeller Zahlen existiert. Ein solcher Beweis gilt aber als ebenso unwahrscheinlich wie ein Beweis von $0 = 1$ in ZFC selbst (den man ebenfalls nicht ausschließen kann). Unerreichbare Kardinalzahlen sind gutverstandene Objekte.

Es ist bemerkenswert, daß die ganze Stärke der klassischen Mathematik nicht ausreicht, um z. B. zu entscheiden, ob die projektiven Teilmengen von $\mathbb{R}$ oder allgemeiner der Räume $\mathbb{R}^n$, $n \geq 1$, Lebesgue-meßbar sind oder nicht. Diese Mengen ergeben sich aus der Menge $\mathcal{U}^* = \bigcup_{n \in \mathbb{N}} \Sigma^0_1(\mathbb{R}^n)$ durch die iterierte Anwendung der sehr einfachen Operationen der Komplementbildungen c_n und der Projektionen p_n, mit

$$c_n(A) \;=\; \mathbb{R}^n - A \quad \text{und}$$

$$p_n(B) \;=\; \{ (x_1, \ldots, x_n) \mid (x_1, \ldots, x_n, y) \in B \text{ für ein } y \in \mathbb{R} \}$$

für alle $n \in \mathbb{N}$ und alle $A \subseteq \mathbb{R}^n$ und $B \subseteq \mathbb{R}^{n+1}$. Schließt man das System $\mathcal{U}^*$ aller offenen Euklidischen Mengen unter diesen beiden Operationen ab, so erhält man genau die projektiven Mengen der Euklidischen Räume. Die Stärke der klassischen Mathematik reicht noch aus, um Fragen über die einfachsten dieser Mengen beantworten zu können. Für komplizierte projektive Mengen brauchen wir zusätzliche Prinzipien, um Antworten über die Natur dieser Mengen geben zu können: Entweder große Kardinalzahlen oder regulierende Axiome wie „V = L" = „jede Menge ist konstruktibel". Unter großen Kardinalzahlen sieht die Theorie wie eine Erweiterung der klassischen Ergebnisse über einfache projektive Mengen aus. Im Universum L dagegen erscheint die klassische Analyse von Cantor, Hausdorff, Suslin und anderen als bestmöglich. L liefert Gegenbeispiele knapp hinter den klassischen Sätzen, ohne dabei in irgendeiner Weise pathologisch oder künstlich zu wirken. Das Modell zeigt in schöner Weise, daß die erste Forschergeneration an die Grenzen des innerhalb ihrer Welt Möglichen gestoßen ist und nicht nur an die Grenzen individueller Verstandeskraft.

Die projektiven Mengen haben eine sehr einfache – fast möchte man sagen entwaffnend einfache – Definition: Wir starten nur mit den offenen Mengen, der Rest ist Komplementbildung und Projektion. Daß wir diesen Prozeß nur mit den äußersten Methoden verstehen können, liegt nicht an der Komplexität der Operationen selbst, sondern an der Komplexität ihrer Materie. Im Reich der reellen Zahlen gibt es eine Reihe leicht zu erreichender Orte, die uns die ungeheure Weite dieses Reiches besonders klar vor Augen führen.

*

Zur geschichtlichen Entwicklung

Wir geben noch einen Überblick über die historische Entwicklung der in den beiden letzten Kapiteln behandelten Mathematik.

1880er Jahre Cantors „Punktmannigfaltigkeiten"

Cantor führt den Begriff der abgeschlossenen Menge reeller Zahlen ein und untersucht diese Mengen mit seinen neuen transfiniten mengentheoretischen Methoden. 1884 kann er das Kontinuumsproblem für diese Mengen positiv beantworten.

1899 Magerkeit, Kategoriensatz, Funktionen-Hierarchie

Baire untersucht den Begriff der Magerkeit und beweist den Baireschen Kategoriensatz. Die nirgendsdichte Cantormenge hatte Cantor bereits 1883 betrachtet. Weiter kann man seinen ersten brieflich mit Dedekind diskutierten Beweis der Überabzählbarkeit von $\mathbb{R}$ als einen Beweis des Kategoriensatzes lesen. Aber erst Baire hat diese Begriffe klar herausgestellt. Baire führt weiter seine Hierarchie von reellen Funktionen ein, die durch iterierte punktweise Limesbildung entsteht.

um 1900 Borel-Mengen

Borel betrachtet unter dem Einfluß der (durch die französischen Übersetzungen in den Acta Mathematica in Frankreich bekannt gewordenen) Cantorschen Mengenlehre weitere einfache Teilmengen von $\mathbb{R}$. Er führt insbesondere den Begriff der σ-Additivität ein. Die heutige Borel-Hierarchie taucht explizit erst bei Hausdorff 1914 auf, aber Borel gilt als einer der Begründer der nun folgenden Untersuchungen einfacher, definierbarer Teilmengen von $\mathbb{R}$. Einflußreich sind hier insbesondere die Bücher [Borel 1898] und [Borel 1905].

1902, 1905 Arbeiten von Lebesgue

Lebesgue entwickelt in seiner Dissertation von 1902 die neue σ-additive Maß- und Integrationstheorie. Er geht von der Meßbarkeit aller Teilmengen von $\mathbb{R}$ aus, dem Auswahlaxiom von Zermelo steht er später kritisch gegenüber.

In einer Arbeit von 1905 untersucht Lebesgue den Zusammenhang zwischen der Baire-Hierarchie und den Borel-meßbaren Funktionen. Er zeigt, daß die Borel-Mengen genau die Urbilder der offenen Mengen unter den Funktionen der Baire-Hierarchie sind. Damit ergibt sich eine erste transfinite Hierarchie für die Borel-Mengen. Lebesgue argumentiert mit universellen Mengen zum Beweis echter Inklusionen. Er zeigt weiter auch die Existenz einer Lebesgue-meßbaren Menge, die keine Borel-Menge ist.

1906 Youngs Untersuchung von G_δ-Mengen

Young zeigt mit den Methoden des Satzes von Cantor-Bendixson, daß alle G_δ-Mengen in $\mathbb{R}$ die Scheeffer-Eigenschaft besitzen.

1913 Zermelo über das Schachspiel

In einer Arbeit mit dem Titel „Über eine Anwendung der Mengenlehre auf die Theorie des Schachspiels“ zeigt Zermelo, daß der Spieler Weiß oder der Spieler Schwarz ab jeder festgewählten Position des Schachspiels in endlich vielen Zügen den Gewinn oder ein Remis erzwingen können. Modern kann man das Ergebnis als die Determiniertheit der offenen und zugleich abgeschlossenen Spiele in einem endlich verzweigten Baum lesen. Bei Zermelo wird kein großer formaler Apparat entwickelt, jedoch wird der Begriff der Optionsstrategie deutlich.

Eine Lücke bei Zermelo führt Denes König zum „Lemma von König“ über unendliche Zweige in endlich verzweigten Bäumen. (Vgl. hierzu [König 1927] und weiter den dort wiedergegebenen Korrekturvorschlag von Zermelo.)

1914 Hausdorffs „Grundzüge der Mengenlehre“

Hausdorff beschreibt in seinem Buch die Borel-Hierarchie, ohne allerdings deren transfinite Länge deutlich herauszustellen. Von Hausdorff stammt auch die σ-δ-Notation. Die Σ-Π-Notation wurde erst 1958 von Addison eingeführt.

1916 Scheeffer-Eigenschaft der Borel-Mengen

Hausdorff und Alexandrov zeigen unabhängig voneinander, daß alle Borel-Mengen die Scheeffer-Eigenschaft besitzen und lösen somit das Kontinuumsproblem für die Borel-Mengen.

1917 Suslin-Operation und analytische Mengen

Suslin entdeckt eine ungerechtfertigte „es gibt / für alle“-Vertauschung in der Arbeit von Lebesgue von 1905: Lebesgue hatte behauptet, die Projektion einer Borel-Menge im $\mathbb{R}^2$ sei eine Borel-Menge in $\mathbb{R}$. Suslin führt die – möglicherweise von oder zumindest auch von Alexandrov gefundene – Suslin-Operation ein und definiert mit ihrer Hilfe die analytischen Mengen. Er beweist die Charakterisierung der analytischen Mengen durch Projektionen und kündigt einen Beweis an, daß eine Menge genau dann Borelsch ist, wenn sie analytisch und koanalytisch ist. Suslin starb 1919 und hat keine weitere Arbeit veröffentlicht. Einen Beweis des Satzes von Suslin geben Lusin und Sierpiński 1918. (Der Trennungssatz wurde explizit von Lusin erst 1927 formuliert.)

In einer ebenfalls 1917 erschienenen Arbeit behauptet Lusin die Lebesgue- und Baire-Meßbarkeit der analytischen Mengen. Einen Beweis der Scheeffer-Eigenschaft schreibt er Suslin zu. Möglicherweise ist dieser Beweis zuerst von Alexandrov im Anschluß an [Alexandrov 1916] gefunden worden.

1925 Projektive Mengen

Lusin und Sierpiński definieren die projektiven Mengen (siehe [Lusin 1925, 1927] und [Sierpiński 1925, 1927]) und zeigen die Existenz universeller Mengen zum Nachweis echter Inklusionen. Beide Mathematiker stoßen bei ihren Versuchen, die Scheeffer-Eigenschaft von Π^1_1-Mengen und die Lebesgue-Meßbarkeit von Σ^1_2-Mengen zu beweisen auf große Schwierigkeiten. Lusin notiert resigniert, daß die Regularitätseigenschaften der projektiven Mengen wohl für immer im Dunkeln bleiben werden.

Sierpiński gelingt hinsichtlich der Σ^1_2-Mengen wenigstens der Nachweis, daß jede solche Menge die Vereinigung von höchstens ω_1-vielen Borel-Mengen ist.

1927 Hausdorffs „Mengenlehre"

Hausdorff arbeitet seine „Grundzüge" von 1914 um. Das Buch ist eine aus Umfangsgründen vorgenommene Kürzung des alten Werkes, die aber andererseits auch auf die jüngeren Entwicklungen im Umfeld der Borel-Mengen und der analytischen Mengen eingeht.

1930 Lusins „Leçons"

Lusins Buch „Leçons sur les ensembles analytiques et leurs applications" erscheint und faßt das damals bekannte Wissen über die analytischen und allgemeiner die projektiven Mengen zusammen. (Siehe [Kanovei 1985] zur Wirkung von Lusins Arbeiten.)

Das Buch enthält auch das von Suslin gefundene Argument, daß alle analytischen Mengen die Scheeffer-Eigenschaft besitzen.

Lusin behauptet explizit die Unlösbarkeit des Problems der Lebesgue-Meßbarkeit der projektiven Mengen.

1930 – 1935 Spiele und Baire-Eigenschaft

Mazur führt 1930 das heute sog. Banach-Mazur-Spiel ein. Er zeigt die einfache Richtung des Satzes über den Zusammenhang des Spiels mit der Magerkeit der Gewinnmenge bzw. ihrer Komagerkeit in einem Intervall. Banach gibt fünf Jahre später den Beweis der anderen Richtung des Satzes. (Siehe hierzu [Maudlin 1981, S. 113].) Oxtoby hat das Banach-Mazur-Spiel 1957 in allgemeinen topologischen Räumen untersucht.

Die mathematische Spieltheorie wurde nach der Arbeit von Zermelo 1917 von Borel 1921 und von Neumann 1928 fortgeführt: Borel formulierte die sog. Minmax-Strategie und von Neumann zeigte das zugehörige Minmax-Theorem. In [Neumann / Morgenstern 1944] erscheint dann ein Grundtext einer neuen Forschungsdisziplin.

Zu den ersten (oft unveröffentlichten) Anfängen der Untersuchung unendlicher Spiele durch polnische Mathematiker siehe auch [Steinhaus 1965].

1938 Gödels konstruktibles Universum L

Gödel kündigt in einer Notiz sein Modell L an. Er behauptet für L die Existenz einer Π^1_1-Menge ohne die Scheeffer-Eigenschaft und einer nicht Lebesgue-meßbaren Σ^1_2-Menge.

1953 Determiniertheit der offenen Spiele, Rolle von (AC)

Gale und Stewart führen die grundlegenden Begriffe der unendlichen Spiele in den Folgenräumen ${}^{\mathbb{N}}A$ ein und beweisen die Determiniertheit der offenen und der abgeschlossenen Mengen in allen solchen Räumen. Mit Hilfe des Auswahlaxioms beweisen sie weiter, daß ein nicht determiniertes Spiel existiert. Weiter wird das Problem der Determiniertheit aller Borelmengen gestellt.

1955 Determiniertheit komplizierterer Spiele

Wolfe erweitert das Resultat von Gale und Stewart indem er zeigt, daß alle Σ^0_2-Spiele determiniert sind.

Insgesamt wiederholt sich für die Determiniertheit der Borel-Mengen die Entdeckungsgeschichte der Scheeffer-Eigenschaft für diese Mengen: Den Anfang bildet ein Resultat für einfache Mengen, das in der Folge auf die nächsten Stufen der Hierarchie verallgemeinert werden kann. Schließlich gelingt dann ein allgemeiner Nachweis für alle Borel-Mengen.

1962 Axiom der Determiniertheit

Mycielski und Steinhaus formulieren und diskutieren 1962 das Axiom (AD) der Determiniertheit: „Für jede Menge P von reellen Zahlen ist das freie Spiel $G_{\mathbb{N}}(P)$ determiniert" (*Axiom of Determinacy*, früher auch *Axiom of Determinateness* genannt).

Das Axiom (AD) widerspricht dem Auswahlaxiom, wie ja bereits Gale und Stewart gezeigt haben. Es soll nicht in Konkurrenz zu diesem treten, aber es erscheint Mycielski und Steinhaus als ein interessantes Prinzip, das in einem mengentheoretischen Teiluniversum gültig sein könnte. Die Frage nach der Konsistenz des Axioms mit der Mengenlehre ohne Auswahlaxiom wird gestellt.

Siehe weiter auch [Mycielski 1964, 1966] und [Mycielski / Swierczkowski 1964] für Varianten, Verstärkungen und Konsequenzen des Axioms (AD).

1964 Determiniertheit noch komplizierterer Spiele, perfektes-Mengen-Spiel

Davis erweitert das Ergebnis von Wolfe: Alle Σ^0_3-Mengen sind determiniert. Weiter führt er das perfekte-Mengen-Spiel ein und untersucht seinen Zusammenhang mit der Scheeffer-Eigenschaft.

1966 Determiniertheit und Lebesgue-Meßbarkeit

Mycielski und Swierczkowski zeigen den Zusammenhang zwischen Determiniertheit und Lebesgue-Meßbarkeit auf. (Die Überdeckungsspiele werden aber erst später von Harrington eingeführt.) Zusammen mit den Sätzen von Banach, Mazur und Davis ist damit insgesamt gezeigt, daß (AD) allen Mengen reeller Zahlen die klassischen Regularitätseigenschaften aufnötigt.

Weiter zeigen Mycielski und Steinhaus, daß (AD) eine schwache Form des Auswahlaxioms impliziert.

1965 Meßbare Kardinalzahlen und Regularität

Solovay zeigt, daß aus der Existenz einer meßbaren Kardinalzahl folgt, daß alle Σ^1_2-Mengen die Regularitäts-Eigenschaften besitzen. Damit tauchen zum ersten Mal Prinzipien zur Untersuchung der Determiniertheit auf, die über die übliche mengentheoretische Axiomatik ZFC hinausgehen.

Solovay beweist weiter einen Zusammenhang in der anderen Richtung: In der Theorie ZF + (AD) kann man zeigen, daß ω_1 eine meßbare Kardinalzahl ist.

Auf Solovay geht auch die Methode des „unfolding" zurück, mit der Martin und Kechris zu Beginn der 70er Jahre zeigen, daß aus der Determiniertheit aller Π^1_n-Mengen die Regularitätseigenschaften für die Σ^1_{n+1}-Mengen folgen.

1970 Solovays Modelle regulärer Mengen

Solovay konstruiert mit Hilfe der neuen Cohenschen Erzwingungsmethode ausgehend von einer unerreichbaren Kardinalzahl ein Modell von ZF, in dem jede Teilmenge von $\mathbb{R}$ regulär ist (Lebesgue-meßbar, Baire-meßbar, Scheeffer-Eigenschaft) und weiter ein Modell von ZFC, in dem jede projektive Menge regulär ist.

1970 Meßbare Kardinalzahlen und Determiniertheit

Martin kann das Ergebnis von Solovay von 1965 neu einordnen: Existiert eine meßbare Kardinalzahl, so ist jede Π^1_1-Menge determiniert (und folglich haben alle Σ^1_2-Mengen die Regularitätseigenschaften).

Auf die Annahme einer zusätzlichen Voraussetzung kann hier nicht verzichtet werden, selbst die relative Widerspruchsfreiheit der Determiniertheit aller analytischen Mengen ist in ZFC nicht beweisbar. De facto genügt aber eine etwas schwächere Annahme als die Existenz einer meßbaren Kardinalzahl: Die Determiniertheit der analytischen Mengen ist äquivalent zur Existenz von sog. Sharps für alle reellen Zahlen ([Martin 1970, Harrington 1978]).

1972 Determiniertheit weiterer Spiele

Paris zeigt (in der Axiomatik ZF) die Determiniertheit aller Σ^0_4-Spiele. Der Beweis verwendet Methoden von Martin und Baumgartner.

1975 Determiniertheit aller Borel-Spiele

Martin gelingt in ZFC der erhoffte Beweis der Determiniertheit aller Spiele mit einer Borel-Gewinnmenge. 1985 veröffentlicht Martin noch einen technisch vereinfachten rein induktiven Beweis der Borel-Determiniertheit.

1984 Die Stärke der Lebesgue-Meßbarkeit von Σ^1_3-Mengen

Shelah zeigt, daß auf die unerreichbare Kardinalzahl zur Konstruktion der Modelle von Solovay (1970) nicht verzichtet werden kann. Ist jede Σ^1_3-Menge reeller Zahlen Lebesgue-meßbar, so existiert ein Modell von ZFC mit einer unerreichbaren Kardinalzahl. Aus der Lebesgue-Meßbarkeit aller Σ^1_3-Mengen folgt so insbesondere die Widerspruchsfreiheit der üblichen Mathematik.

1980er Jahre Konsistenz des Axioms der Determiniertheit, Projektive Determiniertheit

Untersuchungen von Martin, Steel, Woodin und anderen führen schließlich zu einem Beweis der relativen Konsistenz von (AD) modulo großer Kardinalzahlaxiome. Woodin zeigt schließlich das optimale Ergebnis, daß die beiden Theorien ZF + (AD) und ZFC + „es existieren unendlich viele (heute sogenannte) Woodin-Kardinalzahlen“ äquikonsistent sind, d. h. die Widerspruchsfreiheit der einen Theorie impliziert die Widerspruchsfreiheit der jeweils anderen.

Martin und Steel beweisen 1985 die direkte Implikation: Existieren unendlich viele Woodin-Kardinalzahlen, so ist jede projektive Menge determiniert. Das Axiom (PD) der Determiniertheit aller projektiven Mengen spielt eine zentrale Rolle in der deskriptiven Mengenlehre, und es läßt sich weiter als eine Axiomatik für die Zahlentheorie zweiter Stufe lesen (in welcher nicht nur über Elemente von $\mathbb{N}$, sondern auch über Teilmengen von $\mathbb{N}$ quantifiziert wird). Eine Vielzahl von Fragen zweiter Stufe läßt sich mit (PD) beantworten. (PD) ist vor allem von Woodin und Steel als zweitstufiges Analogon der Peano-Arithmetik gesehen und als „korrekte“ und „wahre“ Axiomatik für die Zahlentheorie zweiter Stufe bezeichnet worden; entsprechend wurden die beteiligten großen Kardinalzahlaxiome als Teil der seit Gödel gesuchten „korrekten“/„wahren“ Erweiterung der klassischen Axiomatik ZFC propagiert (vgl. hierzu z. B. [Woodin 2004] und [Steel 2000]). Ganz unabhängig von dieser Argumentation bildet der überraschende und zur Zeit von Alexandrov, Hausdorff, Suslin und Lusin nicht zu erahnende tiefliegende und unauflösbare Zusammenhang zwischen der Regularität von projektiven Mengen einerseits und großen Kardinalzahlaxiomen andererseits ein beeindruckendes und völlig neuartiges Ergebnis über die reellen Zahlen.

Literatur

Addison, John 1958 Separation principles in the hierarchies of classical and effective descriptive set theory; *Fundamenta Mathematicae 46 (1958), S. 123 – 135.*

Alexandrov, Pavel 1916 Sur la puissance des ensembles mesurables B.; *Comptes Rendus Hebdomadaires des Séances de l'Académie des Sciences 162 (1916), S. 323 – 325.*

Baire, René 1899 Sur les fonctions de variables réelles; *Annali di Matematica Pura ed Applicata, Ser. IIIa 3 (1899), S. 1 – 123.*

Blackwell, David H. 1967 Infinite games and analytic sets; *Proceedings of the National Academy of Science 58 (1967), S. 1836 – 1837.*

Borel, Emile 1898 Leçons sur la Théorie des Fonctions; *Gauthier-Villars, Paris.*

– 1905 Leçons sur les fonctions de variables réelles et les développements en series de polynomes; *Gauthier-Villars, Paris.*

– 1921 La théorie du jeu et les équations intégrales à noyau symétrique; *Comptes Rendus Hebdomadaires des Séances de l'Académie des Sciences 173 (1921), S. 1304 – 1308.*

Davis, Morton 1964 Infinite games of perfect information; *in: Dresher et al. (Hrsg.), Advances in Game Theory. Princeton University Press, Princeton, S. 85 – 101.*

Friedman, Harvey 1971 Higher set theory and mathematical practice; *Annals of Mathematical Logic 2 (1971), S. 326 – 357.*

Gale, David / Stewart, Frank M. 1953 Infinite games with perfect information; *in: Contributions to the Theory of Games, Volume 2. Annals of Mathematics Studies 28 (1953), S. 245 – 266, Princeton University Press, Princeton.*

Gödel, Kurt 1938 The consistency of the axiom of choice and the generalized continuum hypothesis; *Proceedings of the National Academy of Sciences USA 24 (1938). S. 556 – 557.*

Harrington, Leo 1978 Analytic determinacy and $0^{\#}$; *Journal of Symbolic Logic 43 (1978), S. 685 – 693.*

Hausdorff, Felix 1916 Die Mächtigkeit der Borelschen Mengen; *Mathematische Annalen 77 (1916), S. 430 – 437.*

– 1927 Mengenlehre; *zweite umgearbeitete Ausgabe der „Grundzüge der Mengenlehre" von 1914. De Gruyter, Berlin.*

Jech, Thomas 2003 Set Theory. The Third Millennium Edition, Revised and Expanded; *Springer, Berlin.*

Kanamori, Akihiro 1994 The Higher Infinite. Large cardinals in set theory from their beginnings; *Perspectives in Mathematical Logic, Springer, Berlin.*

– 1996 The mathematical development of set theory from Cantor to Cohen; *The Bulletin of Symbolic Logic, Volume 2, Number 1 (1996), S. 1 – 71.*

Kanovei, Vladimir 1985 The development of the descriptive theory of sets under the influence of the work of Lusin; *Russian Mathematical Surveys 40 (1985), S. 135 – 180.*

Kechris, Alexander 1995 Classical Descriptive Set Theory; *Graduate Texts in Mathematics 156, Springer, New York.*

Kechris, Alexander / Martin, Donald 1980 Infinite Games and effective descriptive set theory; *in: C. Rogers (Hrsg.), Analytic Sets. Academic Press, New York. S. 403 – 470.*

Kechris, Alexander / Moschovakis, Yiannis 1972 Two theorems about projective sets; *Israel Journal of Mathematics 12 (1972), S. 391 – 399.*

König, Denes 1927 Über eine Schlußweise aus dem Endlichen ins Unendliche: Punktmengen. Kartenfärben. Verwandtschaftsbeziehungen. Schachspiel; *Acta litterarum ac scientiarum regiae universitatis Hungaricae Francisco-Josephinae, sectio scientiarum mathematicarum 3 (1927), S. 121 – 130.*

Lebesgue, Henri 1902 Intégral longeur, aire; *Doktorarbeit an der Universität Paris. Annali Mat. pura e appl. 7 (1902), S. 231 – 359.*

– 1905 Sur les fonctions représentables analytiquement; *Journal de Mathématiques Pures et Appliquées 1 (1905), S. 139 – 216.*

Link, Godehard (Hrsg.) 2004 One Hundred Years of Russell's Paradox; *Walter de Gruyter, Berlin.*

Lusin, Nikolai 1917 Sur la classification de M. Baire; *Comptes Rendus Hebdomadaires des Séances de l'Académie des Sciences 164 (1917), S. 91 – 94.*

– 1925 a Sur un problème de M. Emile Borel et les ensembles projectifs de M. Henri Lebesgue; les ensembles analytiques; *Comptes Rendus Hebdomadaires des Séances de l'Académie des Sciences 180 (1925), S. 1318 – 1320.*

– 1925 b Sur les ensembles projectifs de M. Henri Lebesgue; *Comptes Rendus Hebdomadaires des Séances de l'Académie des Sciences 180 (1925), S. 1572 – 1574.*

– 1925 c Les propriétés des ensembles projectifs; *Comptes Rendus Hebdomadaires des Séances de l'Académie des Sciences 180 (1925), S. 1817 – 1819.*

– 1925 d Sur les ensembles non mesurables B et l'emploi de la diagonale Cantor; *Comptes Rendus Hebdomadaires des Séances de l'Académie des Sciences 181 (1925), S. 95 – 96.*

– 1927 Sur les ensembles analytiques; *Fundamenta Mathematicae 10 (1927), S. 1 – 95.*

– 1930 Leçons sur les ensembles analytiques et leurs applications; *Gauthier-Villars, Paris. (Korrigierter Nachdruck: Chelsea, New York, 1972.)*

Lusin, Nikolai / Sierpiński, Wacław 1918 Sur quelques propriétés des ensembles (A); *Bulletin de l'Académie des Sciences Cracovie (1918), S. 35 – 48.*

– 1923 Sur un ensemble non mesurable B; *Journal de Mathématiques Pures et Appliquées 9 (1923), S. 53 – 72.*

Martin, Donald 1970 Measurable cardinals and analytic games; *Fundamenta Mathematicae 66 (1970), S. 287 – 291.*

– 1975 Borel determinacy; *Annals of Mathematics 102 (1975), S. 363 – 371.*

– 1981 The use of set-theoretic hypotheses in the study of measure and topology; *in: General Topology and Modern Analysis, S. 417 – 429. Academic Press, New York.*

– 1985 A purely inductive proof of Borel determinacy; *in: A. Nerode / R. Shore (Hrsg.), Recursion Theory. Procceedings of Symposia in Pure Mathematics 42. Providence, R.I., S. 303 – 308.*

– 200? (Monographie über unendliche Spiele und Determiniertheit.)

Martin, Donald / Steel, John 1988 Projective determinacy; *Proceedings of the National Academy of Science 85 (1988), S. 6582 – 6586.*

– 1989 A proof of projective determinacy; *Journal of the American Mathematical Society 2 (1989), S. 71 – 125.*

Mauldin, R. Daniel (Hrsg.) 1981 The Scottish Book; *Birkhäuser, Basel.*

Moschovakis, Yiannis 1971 Uniformization in a playfull universe; *Bulletin of the American Mathematical Society 77 (1971), S. 731 – 736.*

– 1980 Descriptive Set Theory; *North-Holland, Amsterdam.*

Mycielski, Jan 1964 On the axiom of determinateness; *Fundamenta Mathematicae 53 (1963/1964), S. 205 – 224.*

– 1966 On the axiom of determinateness. II; *Fundamenta Mathematicae 59 (1966), S. 203 – 212.*

– 1992 Games with perfect information; *in: R. Aumann / S. Hart (Hrsg.), Handbook of Game Theory, Volume 1. Elsevier, Amsterdam. S. 41 – 70.*

Mycielski, Jan / Steinhaus, Hugo 1962 A mathematical axiom contradicting the axiom of choice; *Bulletin de l'Académie Polonaise des Sciences 10 (1962), S. 1 – 3.*

Mycielski, Jan / Swierczkowski, Stanisław 1964 On the Lebesgue measurability and the axiom of determinateness; *Fundamenta Mathematicae 54 (1964), S. 67 – 71.*

Neumann, John von / Morgenstern, O. 1944 Theory of Games and Economic Behaviour; *Princeton University Press, Princeton.*

Oxtoby, John 1957 The Banach-Mazur game and Banach category theorem; *in: Dresher et al. (Hrsg.), Contributions to the Theory of Games. Princeton University Press, Princeton, S. 159 – 163.*

– 1971 Measure and Category; *Springer, Berlin.*

Paris, Jeff B. 1972 ZF $\vdash \Sigma^0_4$ determinateness; *Journal of Symbolic Logic 37 (1972), S. 661 – 667.*

Schindler, Ralf 2006 Wozu brauchen wir große Kardinalzahlen; *Mathematische Semesterberichte 53 (2006), S. 65 – 80.*

Shelah, Saharon 1984 Can you take Solovay's inaccessible away?; *Israel Journal of Mathematics 48 (1984), S. 1 – 47.*

Sierpiński, Wacław 1925 Sur une classe d'ensembles; *Fundamenta Mathematicae 7 (1925), S. 237 – 243.*

– 1927 Sur quelques propriétés des ensembles projectifs; *Comptes Rendus Hebdomadaires des Séances de l'Académie des Sciences 185 (1927), S. 833 – 835.*

Solovay, Robert 1965 The measure problem (abstract); *Notices of the American Mathematical Society 12 (1965), S. 217.*

– 1970 A model of set theory in which every set of reals is Lebesgue measurable; *Annals of Mathematics 92 (1970), S. 1 – 56.*

– 1971 Real-valued measurable cardinals; *in: Dana Scott (Hrsg.): Axiomatic Set Theory. Proceedings of Symposia in Pure Mathematics. Vol. 13. American Mathematical Society, Providence, 1971, S. 397 – 428.*

Steel, John 2000 Mathematics needs new axioms; *Bulletin of Symbolic Logic 6 (2000), S. 422 – 433.*

Suslin, Mikhail 1917 Sur une définition des ensembles mesurables B sans nombres transfinis; *Comptes Rendus Hebdomadaires des Séances de l'Académie des Sciences 164 (1917), S. 88 – 91.*

Wadge, William 1983 Reducibility and determinateness on the Baire space; *Doktorarbeit an der Universität Berkeley.*

Wesep, Robert van 1978 Wadge degrees and descriptive set theory; *in: Kechris / Moschovakis (Hrsg.), Cabal Seminar 76 – 77, S. 151 – 170. Springer, Berlin.*

Wolfe, Philip 1955 The strict determinateness of certain infinite games; *Pacific Journal of Mathematics 5 (1995), S. 841 – 847.*

Woodin, W. Hugh 1988 Supercompact cardinals, sets of reals, and weakly homogeneous trees; *Proceedings of the National Academy of Science 85 (1988), S. 6587 – 6591.*

– 1999 The Axiom of Determinacy, Forcing Axioms and the Nonstationary Ideal; *Walter de Gruyter, Berlin.*

– 2004 Set theory after Russell: The journey back to Eden; *in: [Link 2004], S. 29 – 49.*

Zermelo, Ernst 1913 Über eine Anwendung der Mengenlehre auf die Theorie des Schachspiels; *in: E. Hobson / A. Love (Hrsg), Proceedings of the 5th International Congress of Mathematics Cambridge 1912, Band 2, S. 501 – 504, Cambridge University Press, Cambridge.*

Anhänge

1. Die axiomatische Grundlage

Wir arbeiten in der üblichen Mathematik. Dies läßt sich wie folgt präzisieren: Wir führen unsere Beweise mit Hilfe der klassischen Schlußregeln (z. B. modus ponens, tertium non datur) in der Theorie ZFC, der Zermelo-Fraenkel-Axiomatik mit Auswahlaxiom, in der jedes mathematische Objekt eine Menge ist. Dieser Rahmen läßt sich prädikatenlogisch formalisieren, was hier wie oft auch anderswo nicht zwingend notwendig ist. Informal lauten die Axiome von ZFC:

Extensionalitätsaxiom
Zwei Mengen sind genau dann gleich, wenn sie die gleichen Elemente haben.

Existenz der leeren Menge
Es gibt eine Menge, die kein Element enthält.

Paarmengenaxiom
Zu je zwei Mengen x, y existiert eine Menge z, die genau x und y als Elemente hat.

Vereinigungsmengenaxiom
Zu jeder Menge x existiert eine Menge y, deren Elemente genau die Elemente der Elemente von x sind.

Potenzmengenaxiom
Zu jeder Menge x existiert eine Menge y, die genau die Teilmengen von x als Elemente besitzt.

Aussonderungsschema
Zu jeder Eigenschaft $\mathscr{E}$ und jeder Menge x gibt es eine Menge y, die genau die Elemente von x enthält, auf die $\mathscr{E}$ zutrifft.
Die Eigenschaft $\mathscr{E}$ darf hierbei endlich viele Mengen als Parameter enthalten.

Ersetzungsschema
Das Bild einer Menge unter einer Funktion $\mathscr{F}$ ist eine Menge.
Die Funktion $\mathscr{F}$ kann hierbei mit Hilfe von endlich vielen Mengen als Parameter definiert sein.

Unendlichkeitsaxiom
Es existiert eine Menge x, die die leere Menge als Element enthält, und die mit jedem ihrer Elemente y auch $y \cup \{ y \}$ als Element enthält.

Fundierungsaxiom
Jede nichtleere Menge x hat ein Element y, das mit x kein Element gemeinsam hat.

Auswahlaxiom

Ist x eine Menge, deren Elemente nichtleer und paarweise disjunkt sind, so existiert eine Menge y, die mit jedem Element von x genau ein Element gemeinsam hat.

Alle Argumente in diesem Text lassen sich auf der Grundlage dieser Axiome streng rechtfertigen. Dabei legen wir die klassische Logik zugrunde, bei der etwa die doppelte Verneinung einer Aussage äquivalent zur Aussage ist.

Mit ZF bezeichnen wir die Theorie ZFC ohne Auswahlaxiom. Der Teiltheorie ZF und Erweiterungen von ZF, die dem Auswahlaxiom widersprechen, kommt ein spezielles Interesse zu, auch wenn heute allgemein das Auswahlaxiom als ein wesentlicher Bestandteil der Mathematik gesehen wird. Es gilt zumeist als ebenso „wahr" oder „gültig" wie etwa das Unendlichkeitsaxiom. Was „wahr" heißt oder heißen soll, ist hier wie andernorts eine schwierige Frage.

Das Aussonderungsschema erlaubt beschränkte Zusammenfassungen der Form { y ∈ x | y hat die und die Eigenschaft } als Ersatz für die inkonsistente Komprehension { y | y hat die und die Eigenschaft }.

Im Ersetzungsschema ist $\mathcal{F}$ eine sprachliche Funktion (eine sog. funktionale Klasse), so wie $\mathcal{E}$ eine sprachliche Eigenschaft im Aussonderungsschema ist. Eine Präzisierung kann durch die Konstruktion einer formalen Kunstsprache erreicht werden. Das beste naive Verständnis des Ersetzungsschemas liefert nach wie vor seine naive Lesart: Wir ersetzen in jeder Menge jedes Element gemäß irgendeiner Vorschrift durch eine andere Menge. So gelangen wir etwa von $\mathbb{N} = \{0, 1, 2, \ldots\}$ zur Menge $M = \{\mathbb{N}, \mathcal{P}(\mathbb{N}), \mathcal{P}(\mathcal{P}(\mathbb{N})), \ldots\}$ durch die Ersetzung von n durch $\mathcal{P}^n(\mathbb{N})$ für alle $n \in \mathbb{N}$. M können wir mit Hilfe der anderen Axiome nicht bilden. Dagegen folgt bereits aus dem Aussonderungsschema: Ist f eine Funktion (eine Menge von geordneten Paaren), so ist das Bild von f, also rng(f), eine Menge. Das Ersetzungsschema wird in vielen Teilen der Mathematik in der Tat selten gebraucht. Für den Beweis der Borel-Determiniertheit ist das Ersetzungsschema aber nachweisbar unersetzlich.

Das Fundierungsaxiom wird in der mengentheoretischen Untersuchung des mathematischen Universums gebraucht, um eine hierarchische Strukturierung desselben zu erreichen. Es schließt Relationen wie „$x \in x$" oder „$x = \{x\}$" für jede Menge x aus.

Die wesentlichen „Mengengeneratoren", die starken „Aufwärtsaxiome" der Theorie sind das Unendlichkeitsaxiom, das Potenzmengenaxiom und das Ersetzungsschema. Ersteres genügt für die Existenz von $\mathbb{N}$. Für das Kontinuum $\mathbb{R}$, den Baireraum $\mathcal{N}$ oder ω_1 braucht man noch $\mathcal{P}(\mathbb{N})$. Daß sich viel Mathematik in einem kleinen Teil des mengentheoretischen Universums abspielt, ist kein Argument gegen ein starkes Fundament, das sogar nach Erweiterungen von ZFC sucht. Das Komplement von „viel Mathematik" ist ein weites Feld und mit „Randgebiet" nicht treffend bezeichnet.

In der Mengenlehre hat sich eine kanonische Liste von sog. großen Kardinalzahlaxiomen herauskristallisiert, die sich zur Erweiterung von ZFC anbieten (vgl. auch 2.6). Eine andere Erweiterung wird durch das Gödelsche Axiom „V = L" = „jede Menge ist konstruktibel" gegeben (vgl. das Intermezzo in Abschnitt 2).

Literatur

Deiser, Oliver 2004 Einführung in die Mengenlehre. Die Mengenlehre Georg Cantors und ihre Entwicklung durch Ernst Zermelo; *2. erweiterte Auflage. Springer, Berlin.*

Ebbinghaus, Heinz-Dieter 1994 Einführung in die Mengenlehre; *3. Auflage. Bibliographisches Institut, Mannheim.*

Felgner, Ulrich (Hrsg.) 1979 Mengenlehre; *Wissenschaftliche Buchgesellschaft, Darmstadt.*

Fraenkel, Abraham 1922 Zu den Grundlagen der Cantor-Zermeloschen Mengenlehre; *Mathematische Annalen 86 (1922), S. 230 – 237.*

– 1928 Einleitung in die Mengenlehre; *3. Auflage. Springer, Berlin.*

Halmos, Paul Richard 1960 Naive Set Theory; *Van Nostrand, Princeton, NJ.*

– 1976 Naive Mengenlehre; *Vierte Auflage. Aus dem Amerikanischen übersetzt von Manfred Armbrust und Fritz Ostermann. (Deutsche Übersetzung von „Naive Set Theory", 1960.) Vandenhoeck & Ruprecht, Göttingen.*

Hbracek, Karel / Jech, Thomas 1999 Introduction to Set Theory; *3. Auflage. Marcel Dekker, New York.*

Moore, Gregory H. 1978 The origins of Zermelo's axiomatisation of set theory; *Journal of Philosophical Logic 7 (1978), S. 307 – 329.*

– 1982 Zermelo's Axiom of Choice: Its Origins, Development and Influence; *Springer, New York.*

Zermelo, Ernst 1908 Untersuchungen über die Grundlagen der Mengenlehre. I; *Mathematische Annalen 65 (1908), S. 261 – 281.*

– 1930 Über Grenzzahlen und Mengenbereiche: Neue Untersuchungen über die Grundlagen der Mengenlehre; *Fundamenta Mathematicae 16 (1930), S. 29 – 47.*

2. Natürliche, ganze und rationale Zahlen

Wir skizzieren den mengentheoretischen Aufbau des Zahlensystems bis hin zum angeordneten Körper der rationalen Zahlen. Die beiden klassischen Konstruktionen der reellen Zahlen nach Cantor und Dedekind (und anderen) werden in Kapitel 3 kurz vorgestellt. Der Leser findet dort auch eine ausführliche neuere Konstruktion des (bis auf Isomorphie eindeutig bestimmten) Körpers der reellen Zahlen $\langle \mathbb{R}, +. \cdot, < \rangle$.

Wir verweisen den Leser auf den Artikel von Kurt Mainzer in [Ebbinghaus et al. 1988] sowie etwa auf das Buch von Oberschelp [1968] für weitere Details der Geschichte und der mathematischen Konstruktion.

Von der leeren Menge zu den natürlichen Zahlen

In der Mengenlehre definiert man:

$$0 = \emptyset,\ 1 = 0 \cup \{0\},\ 2 = 1 \cup \{1\},$$

allgemein $n + 1 = n \cup \{n\}$. Es gilt etwa $2 = \{\{\}, \{\{\}\}\}$. Von den optisch wie geistig verwirrenden Verschachtelungen der das Nichts umschließenden Mengenklammern wird man durch die Beobachtung erlöst, daß $n + 1 = \{0, 1, \ldots, n\}$ gilt; daß also unter dieser Definition eine natürliche Zahl einfach als die Menge ihrer Vorgänger festgelegt wird. Die Methode ist elegant, natürlich, und innerhalb der Mengenlehre auch als kanonisch zu bezeichnen. Keineswegs wird ein ontologischer Anspruch verfolgt, so etwas wie „das Wesen der Zwei" ergründen zu wollen.

Technisch gelangt man zur unendlichen Menge $\mathbb{N}$ der natürlichen Zahlen wie folgt. Man fordert zunächst per Axiom die Existenz einer induktiven Menge. Dabei heißt eine Menge M *induktiv*, falls $\emptyset \in M$ und für alle $y \in M$ gilt, daß $y \cup \{y\} \in M$.

Ist nun M eine beliebige induktive Menge, so setzt man

$$\mathbb{N} = \bigcap \{N \subseteq M \mid N \text{ ist induktiv}\}.$$

Man zeigt dann, daß $\mathbb{N}$ nicht von der Wahl von M abhängt.

Bemerkenswert ist, daß $\mathbb{N}$ als Schnitt „von oben" erhalten wird, als die $\subseteq$-kleinste induktive Menge. Können wir sicher sein, lediglich die intuitive Reihe 0, 1, 2, 3, … zu erhalten und nicht mehr, einen unerwünschten unendlichen „Drachenschwanz", der allen induktiven Mengen zu eigen ist? In der mathematischen Logik kann man stabile Szenarien (widerspruchsfreie Modelle für die Mathematik) untersuchen, bei denen die kleinste induktive Menge nicht die vertraute Struktur $\mathbb{N}$ ist, sondern ein sog. Nichtstandardmodell der Arithmetik, das unendlich große natürliche Zahlen enthält. Das Szenario garantiert, daß diese unendlich großen natürlichen Zahlen sich genauso verhalten wie die üblichen, daß also ein Zahlentheoretiker in einer solchen Welt keine Möglichkeit hat zu bemerken, daß er nicht das untersucht, was sein Kollege in einem Paralleluniversum untersucht, der das Standardmodell betrachtet. Wir können insgesamt nicht sicher sein, die intuitive Reihe 0, 1, 2, 3, … – und nicht mehr – durch den Schnitt von oben zu erhalten.

Eine Stufe tiefer kann man dann fragen: Was soll die intuitive Reihe 0, 1, 2, 3, … eigentlich genau sein? Was bedeuten die Pünktchen? Diese Überlegungen involvieren die Sätze von Gödel und weiter dann eine spekulative Sicht auf $\mathbb{N}$, die die gefühlte Eindeutigkeit der Grundstruktur der Mathematik schlechthin antastet, ohne dabei den Unendlichkeitsbegriff preiszugeben. Wir müssen es hier also bei dem hoffentlich nicht belehrenden Hinweis belassen, daß die mengentheoretische Definition von $\mathbb{N}$ subtiler ist, als sie aussieht. Der Leser sei zur Einführung in diesen Gesichtspunkt auf die Literatur zur mathematischen Logik verwiesen.

Hat man die Menge $\mathbb{N}$ definiert, so zeigt man die Induktion für $\mathbb{N}$, d.h. man zeigt, daß für alle $N \subseteq \mathbb{N}$ gilt: Ist $0 \in N$ und ist mit jedem n auch der Nachfolger $S(n) := n \cup \{ n \} \in N$, so gilt $N = \mathbb{N}$. (Innerhalb der Mengenlehre ist das Induktionsprinzip ein beweisbarer Satz und kein Axiom für die natürlichen Zahlen.) Nun kann man, weiterhin in einem flexiblen mengentheoretischen Umfeld arbeitend, das rekursive Definitionen über $\mathbb{N}$ erlaubt, leicht die arithmetischen Operationen einführen. So definiert man etwa die Addition $m + n$ mit Hilfe von Rekursion nach dem zweiten Argument durch die Rekursionsgleichung $m + 0 = m$, $m + S(n) = S(m + n)$, wobei die Nachfolgerfunktion $S : \mathbb{N} \to \mathbb{N}$ definiert ist durch $S(n) = n \cup \{ n \}$ für alle $n \in \mathbb{N}$. Man zeigt dann mühevoll, daß etwa $m + n = n + m$ für alle $n, m \in \mathbb{N}$ gilt. Ähnlich definiert man die Multiplikation rekursiv via $m \cdot 0 = 0$, $m \cdot S(n) = m \cdot n + m$, wobei hier dann schon von der Addition Gebrauch gemacht wird. Man zeigt elementare Eigenschaften der Produktbildung und konkretisiert ihr Zusammenspiel mit der Addition durch den Nachweis der Distributivgesetze. Das alles darf mit den mathematischen Marginalia „lang aber klar“ oder „easy but tedious“ versehen werden. Die übliche totale Ordnung auf $\mathbb{N}$ ist dagegen bei diesem Vorgehen besonders einfach und elegant zu definieren: Man setzt $n < m$, falls $n \in m$. Gleichwertig und von Feinheiten der Konstruktion unabhängig kann man definieren: $n < m$, falls ein $k \neq 0$ existiert mit $n + k = m$.

Insgesamt gelangt man zu einer Struktur $\langle \mathbb{N}, +, \cdot, S, 0, < \rangle$. Die Liste der zu $\mathbb{N}$ gehörigen Funktionen, Prädikate und Konstanten kann dann nach Wunsch erweitert werden, etwa durch die Exponentiationsfunktion oder ein Prädikat P der Menge aller Primzahlen.

Von der natürlichen Zahlen zu den rationalen Zahlen

Ist man nur an der charakteristischen Ordnung < auf den rationalen Zahlen interessiert, so genügt es nach dem Charakterisierungssatz von Cantor eine einzige dichte lineare Ordnung ohne Endpunkte auf einer abzählbaren Menge Q zu konstruieren. Dies ist leicht möglich. Sei nämlich

$$Q = \{ f : \mathbb{N} \to \{ 0, 1 \} \mid f(n) = 1 \text{ für höchstens endlich viele } n \in \mathbb{N} \} - \{ f_0 \},$$

wobei $f_0 : \mathbb{N} \to \{ 0, 1 \}$ die Nullfunktion auf $\mathbb{N}$ ist, d. h. es gilt $f_0(n) = 0$ für alle $n \in \mathbb{N}$.

Wir ordnen Q lexikographisch, d. h. wir setzen für $f, g \in Q$:

$$f < g, \quad \textit{falls} \quad f \neq g \text{ und } f(n^*) < g(n^*), \text{ wobei } n^* = \min(\{ n \in \mathbb{N} \mid f(n) \neq g(n) \}).$$

Dann ist $\langle Q, < \rangle$ eine abzählbare dichte lineare Ordnung ohne Endpunkte, also vom rein ordnungstheoretischen Gesichtspunkt als Menge der rationalen Zahlen geeignet. (f_0 wird ausgeschlossen, damit die Ordnung kein kleinstes Element besitzt.)

Zur Gewinnung der üblichen arithmetischen Struktur $\langle \mathbb{Q}, +, \cdot \rangle$ kann man dann wie folgt vorgehen. Sei $\mathbb{N}^+ = \mathbb{N} - \{ 0 \}$. Man verschafft sich zunächst die ganzen Zahlen $\langle \mathbb{Z}, +, \cdot, 0, 1 \rangle$. Als Trägermenge $\mathbb{Z}$ dieser Struktur ist die Menge $\mathbb{N} \cup (\{ - \} \times \mathbb{N}^+)$ geeignet, wobei „–" ein geeignetes Symbol (eine weitgehend beliebige Menge) für das Minuszeichen ist, und die Addition wie üblich definiert wird. Algebraisch elegant läßt sich $\mathbb{Z}$ so einführen: Man setzt $\mathbb{Z} = \mathbb{N}^2/\sim$, wobei $(n, m) \sim (n', m')$, falls $n + m' = n' + m$. Die Idee (und Folge) ist $n - m = (n, m)/\sim$, speziell $-n = 0 - n = (0, n)/\sim$. Dieses Vorgehen führt allgemein von einer kommutativen Halbgruppe mit Kürzungsregel (hier $\langle \mathbb{N}, + \rangle$) zu ihrer bis auf Isomorphie eindeutig bestimmten Quotientengruppe (hier $\langle \mathbb{Z}, + \rangle$), in der jedes Element die Differenz zweier Elemente der Halbgruppe ist.

Die Multiplikation und die Ordnung auf $\mathbb{Z}$ zu definieren bereitet keine Schwierigkeiten. Man setzt nun $\mathbb{Q} = (\mathbb{Z} \times \mathbb{Z}^+)/\sim$, wobei jetzt $(a, b) \sim (c, d)$, falls $a \cdot d = c \cdot b$. Man schreibt dann wie üblich a/b für die Äquivalenzklasse $(a, b)/\sim$, und definiert die Operationen + und · auf $\mathbb{Q}$ durch $a/b + c/d = (ad + cb)/(bd)$ und $a/b \cdot c/d = (a \cdot c)/(b \cdot d)$. Bis zur Erschöpfung des gewissenhaft Konstruierenden ist dabei immer die Wohldefiniertheit der Operationen zu zeigen, da wir ja mit Repräsentanten von Äquivalenzklassen arbeiten. $\langle \mathbb{Q}, +, \cdot \rangle$ erweist sich letztendlich aber als wohldefinierter angeordneter Körper, wobei die Ordnung $<$ auf $\mathbb{Q}$ gegeben wird durch $a/b < c/d$, falls $a \cdot d <_{\mathbb{Z}} c \cdot b$, wobei o. E. gilt, daß $b, d > 0$. Alternativ kann man die Definition für beliebige b und $d \in \mathbb{Z}^+$ so geben: $a/b < c/d$, falls $a \cdot b \cdot d^2 <_{\mathbb{Z}} c \cdot d \cdot b^2$.

Literatur

Dedekind, Richard 1888 Was sind und was sollen die Zahlen?; *Vieweg, Braunschweig (viele Neuauflagen bei Vieweg).*

Frege, Gottlob 1884 Die Grundlagen der Arithmetik. Eine logisch-mathematische Untersuchung über den Begriff der Zahl; *Wilhelm Koebner, Breslau. (Von C. Thiel herausgegebene Ausgabe bei Felix Meiner, Hamburg, 1988.)*

Friedrichsdorf, Ulf / Prestel, Alexander 1985 Mengenlehre für den Mathematiker; *Vieweg Studium: Grundkurs Mathematik, Vieweg, Braunschweig.*

Gericke, Helmuth 1970 Geschichte des Zahlbegriffs; *Bibliographisches Institut, Mannheim.*

Oberschelp, Arnold 1968 Aufbau des Zahlensystems; *Bibliographisches Institut, Mannheim.*

3. Algebraische Strukturen

Wir stellen einige grundlegende Dinge über Gruppen, Körper und Vektorräume zusammen.

Gruppen

Definition *(Gruppe)*

Sei G eine Menge, und sei $\circ : G^2 \to G$.

Die Struktur $\langle G, \circ \rangle$ heißt eine *Gruppe*, falls gilt:

(i) $(x \circ y) \circ z = x \circ (y \circ z)$ für alle $x, y, z \in G$. *(Assoziativgesetz)*

(ii) Es existiert ein $e \in G$ mit:

(a) $x \circ e = x$ für alle $x \in G$, *(e ist rechtsneutral)*

(b) für alle $x \in G$ existiert ein $y \in G$ mit $x \circ y = e$.
(Existenz von Rechtsinversen bzgl. e)

Die Funktion $\circ$ heißt auch die *Gruppenoperation* von $\langle G, \circ \rangle$. Ist die Operation klar, nennt man auch die Menge G eine Gruppe. Eine Operation ist dann stillschweigend mit dabei. Diese Identifikation einer Struktur mit ihrer Trägermenge vereinfacht hier und in vielen anderen Fällen das Sprechen, ist aber nicht immer ungefährlich.

Obige Definition ist kürzer als die etwas verbreitetere Version, die die stärkeren Gleichungen $x \circ e = e \circ x = e$ und $x \circ y = y \circ x = e$ fordert. Wir zeigen noch, daß diese Gleichungen automatisch richtig sind:

Sei y ein Rechtsinverses von x, d. h. es gilt $x \circ y = e$. Dann existiert $z \in G$ mit $y \circ z = e$. Wir rechnen:

$$y \circ x = y \circ x \circ e = y \circ x \circ y \circ z = y \circ e \circ z = y \circ z = e.$$

Also ist jedes Rechtsinverse von x auch ein Linksinverses von x, und wir reden deswegen nur noch von *Inversen.*

Sei $e' \in G$ rechtsneutral, d. h. $x \circ e' = x$ für alle x. Dann ist speziell $e \circ e' = e$, also ist e′ ein Inverses von e. Also $e' = e' \circ e = e$. Ein rechtsneutrales Element ist also eindeutig bestimmt.

Sei $x \in G$, und sei y invers zu x. Dann gilt $e \circ x = x \circ y \circ x = x \circ e = x$. Also ist e auch linksneutral, und wir reden deswegen nur noch von *neutral.* Nach Eindeutigkeit ist dann e *das* neutrale Element der Gruppe.

Sind y und y′ invers zu x, so gilt $y = y \circ e = y \circ x \circ y' = e \circ y' = y'$. Ein inverses Element von x ist also eindeutig. Wir bezeichnen es mit x^{-1}.

Gilt $x \circ z = y \circ z$ für x, y, z, so gilt $x = x \circ e = x \circ z \circ z^{-1} = y \circ z \circ z^{-1} = y \circ e = y$. Eine analoge *Kürzungsregel* gilt auch links, d. h aus $z \circ x = z \circ y$ folgt $x = y$. Das aus der Schule bekannte Kürzen ist also eigentlich ein Multiplizieren mit einem Inversen.

Eng verwandt mit der Kürzungsregel ist die Beobachtung: Für alle $x \in G$ ist die Funktion $r_x : G \to G$ bijektiv, wobei $r_x(y) = y \circ x$ für alle $y \in G$. Analog ist die Gruppenoperation für jeden festen linken Faktor eine Bijektion auf G.

Für $x \in G$ und $z \in \mathbb{Z}$ ist x^z in der üblichen Weise rekursiv definiert:

$x^0 = e,\ \ x^{n+1} = x^n \circ x$ für alle $n \in \mathbb{N}$, und weiter

$x^{-n} = (x^n)^{-1}$ für alle $n \in \mathbb{N}$.

Es gelten alle vertrauten Rechenregeln der Exponentiation.

Neben e ist 1 (oder 1_G) das beliebteste Zeichen für das neutrale Element. Als Gruppenoperation dient oftmals ein schlichter Malpunkt, der dann darüber hinaus gerne weggelassen wird. So meint xy also $x \cdot y$.

Definition *(abelsche Gruppen)*

Eine Gruppe $\langle G, \circ \rangle$ heißt *abelsch* oder *kommutativ*, falls gilt:

(+) $x \circ y = y \circ x$ für alle $x, y \in G$.

Für abelsche Gruppen ist die obige Argumentation *linksinvers = rechtsinvers* und *linksneutral = rechtsneutral* trivial. Es ist bemerkenswert, daß die Identitäten für alle Gruppen zusammenfallen. Bezüglich *invers* und *neutral* ist jede Gruppe kommutativ.

Abelsche Gruppen schreibt man oft additiv in der Form $\langle G, + \rangle$. In diesem Fall schreibt man weiter $-x$ statt x^{-1} für das Inverse von x. Standardsymbol für das neutrale Element ist dann 0. Statt x^z schreiben wir für abelsche Gruppen zx. So ist z. B. $0x = 0$ und $(-3)x = -(x + x + x)$.

Das einfachste Beispiel für eine nicht abelsche Gruppe ist

$G = \{ f : \{1, 2, 3\} \to \{1, 2, 3\} \mid f \text{ ist bijektiv} \}$

unter der Komposition als Gruppenoperation. Dagegen ist $\mathbb{Z}$ mit der üblichen Addition als Gruppenoperation eine abelsche Gruppe.

Es gibt also abelsche und nichtabelsche Gruppen. Man sagt auch: Das Axiom (+) der Kommutativität ist *unabhängig von den Gruppenaxiomen (i) und (ii)*. Es läßt sich mit Hilfe der Gruppenaxiome weder beweisen noch widerlegen. Das ist vollkommen analog zur Unabhängigkeit der Kontinuumshypothese (CH), nur daß die zugrunde liegende Struktur im Falle von (CH) nicht mehr eine schlichte Gruppe ist, sondern ein Modell der (axiomatisch eingefangenen) klassischen Mathematik selber.

Ein $U \subseteq G$ heißt eine Untergruppe einer Gruppe $\langle G, \circ \rangle$, falls $\langle U, \circ \mid U^2 \rangle$ eine Gruppe ist. Dies beinhaltet die Abgeschlossenheit von U unter der Gruppenoperation $\circ$, d. h. es gilt $\mathrm{rng}(\circ \mid U^2) \subseteq U$. Ein $U \subseteq G$ ist nach dem *Untergruppenkriterium* genau dann eine Untergruppe von G, wenn $U \neq \emptyset$ und $x \circ y^{-1} \in U$ für alle $x, y \in U$ gilt.

Körper und Ringe

Definition *(Körper)*

Sei K eine Menge, und seien $+, \cdot : K^2 \to K$.

Die Struktur $\langle K, +, \cdot \rangle$ heißt ein *Körper*, falls gilt:

(i) $\langle K, + \rangle$ ist eine abelsche Gruppe.

(ii) $\langle K^*, \cdot \mid K^{*2} \rangle$ ist eine abelsche Gruppe, wobei $K^* = K - \{ 0 \}$ und 0 das neutrale Element von $\langle K, + \rangle$ ist.

(iii) $x \cdot (y + z) = (x \cdot y) + (y \cdot z)$ für alle $x, y, z \in K$. *(Distributivgesetz)*

Die Strukturen $\langle \mathbb{R}, +, \cdot \rangle$ und $\langle \mathbb{Q}, +, \cdot \rangle$ sind Körper (unter den üblichen Operationen + und ·).

Verzichtet man auf die Forderung nach der Existenz von inversen Elementen für die Multiplikation, so gelangt man zum allgemeineren Begriff eines (kommutativen) *Ringes* (mit Einselement). Das Standardbeispiel für einen Ring ist die Struktur $\langle \mathbb{Z}, +, \cdot \rangle$.

Vektorräume

Definition *(K-Vektorraum)*

Seien $\langle V, + \rangle$ eine abelsche Gruppe, $\langle K, +_K, \cdot_K \rangle$ ein Körper, und sei $\cdot : K \times V \to V$.

$\langle V, + \rangle$ heißt ein *K-Vektorraum* unter der *Skalarmultiplikation* ·, falls für alle $\alpha, \beta \in K$ und alle $v, w \in V$ gilt:

(i) $1 \cdot v = v$,

(ii) $\alpha \cdot (\beta \cdot v) = (\alpha \cdot_K \beta) \cdot v$,

(iii) $\alpha \cdot (v + w) = (\alpha \cdot v) + (\alpha \cdot w)$,

(iv) $(\alpha +_K \beta) \cdot v = (\alpha \cdot v) + (\beta \cdot v)$.

Die Elemente von V heißen dann auch *Vektoren*, und + heißt die *Vektoraddition*. K heißt weiter auch der *Skalarenkörper* des Vektorraumes. $\langle V, + \rangle$ heißt ein *reeller Vektorraum*, falls $K = \mathbb{R}$ gilt.

Es ist ungefährlich, die K-Indizes an $+_K$ und $\cdot_K$ wegzulassen, auch wenn dann + sowohl für die Vektoraddition als auch für die Addition in K verwendet wird. Weiter läßt man die Skalarmultiplikation gerne weg, und schreibt so zum Beispiel $\alpha(v + w) = \alpha v + \alpha w$ für (iii).

Ein $U \subseteq V$ heißt ein *Unterraum* oder *Untervektorraum* eines K-Vektorraumes V, falls U eine Untergruppe von $\langle V, + \rangle$ ist und zudem $\mathrm{rng}(\cdot \mid K \times U) \subseteq U$ gilt, d.h. es gilt $\alpha \cdot u \in U$ für alle $\alpha \in K$ und alle $u \in U$.

Literatur

Bosch, Siegfried 2003 Lineare Algebra; *2. Auflage. Springer, Berlin.*

- 2004 Algebra; *5. Auflage. Springer, Berlin.*

Cohn, Paul Moritz 2002 Basic Algebra. Groups, Rings and Fields; *Springer, Berlin.*

Dedekind, Richard 1930 – 1932 Gesammelte mathematische Werke; *drei Bände. Herausgegeben von Robert Fricke, Emmy Noether und Öystein Ore. Vieweg, Braunschweig. (Nachdruck in zwei Bänden: Chelsea, New York, 1969).*

Fischer, Gerd 1975 Lineare Algebra; *Vieweg, Braunschweig. Viele überarbeitete Neuauflagen.*

Frobenius, Ferdinand Georg 1905 Zur Theorie der linearen Gleichungen; *Journal für die reine und angewandte Mathematik 129 (1905), S. 175 – 180.*

Hilbert, David 1897 Die Theorie der algebraischen Zahlkörper; *Jahresbericht der deutschen Mathematiker-Vereinigung 4 (1897), S. 175 – 546.*

Kasch, Friedrich / Pareigis, Bodo 1991 Grundbegriffe der Mathematik; *4. Auflage. Reinhard Fischer, München.*

Koecher, Max 1997 Lineare Algebra und analytische Geometrie; *Springer, Berlin.*

Kowalewski, Gerhard 1909 Einführung in die Determinantentheorie einschließlich der unendlichen und der Fredholmschen Determinanten; *Veit & Co, Leipzig.* (Überarbeitete vierte Auflage 1954 bei de Gruyter, Berlin.)

- 1910 Einführung in die analytische Geometrie; *Veit & Co, Leipzig. (Überarbeitete vierte Auflage 1953 bei de Gruyter, Berlin.)*

Kowalsky, Hans-Joachim 1967 Lineare Algebra; *de Gruyter, Berlin.* Neuausgabe zusammen mit Gerhard Michler 2003 bei de Gruyter.

Lang, Serge 1966 Linear Algebra; *Addison-Wesley, Reading Mass.*

Lax, Peter 1996 Linear Algebra; *John Wiley & Sons, New York.*

Steinitz, Ernst 1910 Algebraische Theorie der Körper; *Journal für Mathematik 137 (1910), S. 167 – 309. (Kommentierte Neuausgabe von H. Baer und H. Hasse 1930 bei de Gruyter, Berlin. Nachdruck dieser Ausgabe 1950 bei Chelsea, New York.)*

Waerden, Bartel Leendert van der 1930 Moderne Algebra; *Springer, Berlin.*

Weber, Heinrich 1895, 1896 Lehrbuch der Algebra; *2 Bände. Vieweg, Braunschweig. (als „Kleine Ausgabe in einem Bande" 1912 bei Vieweg, Braunschweig.)*

4. Topologische und metrische Räume

Wir geben einen Überblick (ohne Motivationen) über die wichtigsten Begriffe und Sätze der elementaren durch Hausdorff 1914 begründeten Topologie.

Topologische Räume

Definition *(topologischer Raum)*

Sei X eine Menge, und sei $\mathcal{U} \subseteq \mathcal{P}(X)$.

Dann heißt das Paar $\langle X, \mathcal{U} \rangle$ *topologischer Raum auf X*, falls gilt:

(i) $\emptyset, X \in \mathcal{U}$.

(ii) Ist $\mathcal{A} \subseteq \mathcal{U}$, so ist $\bigcup \mathcal{A} \in \mathcal{U}$.

(iii) Ist $\mathcal{A} \subseteq \mathcal{U}$ endlich, so ist $\bigcap \mathcal{A} \in \mathcal{U}$.

Die Elemente von $\mathcal{U}$ heißen *offene Mengen.*

Ein $A \subseteq X$ heißt *abgeschlossen*, falls $X - A$ offen ist.

Ist $x \in X$, $U \in \mathcal{U}$ und gilt $x \in U$, so heißt U eine *offene Umgebung von x.*

$\mathcal{U}$ heißt auch *eine Topologie auf X*. Die Elemente von X heißen *Punkte.*

Eine natürliche zusätzliche Forderung ist folgende Trennungseigenschaft:

Definition *(Hausdorff-Raum)*

Sei $\mathcal{X} = \langle X, \mathcal{U} \rangle$ ein topologischer Raum. $\mathcal{X}$ heißt ein *Hausdorff-Raum*, falls für alle $x, y \in X$ mit $x \neq y$ gilt:

(+) Es existieren $U, V \in \mathcal{U}$ mit $x \in U$, $y \in V$, $U \cap V = \emptyset$.

Bei Hausdorff ist (+) ein integraler Bestandteil seiner Definition eines topologischen Raumes (vgl. [Hausdorff 1914, S. 213]).

Seit Hausdorff sind folgende Komplexitätsbezeichnungen in Gebrauch:

Definition *(G_δ- und F_σ-Mengen)*

Sei $\langle X, \mathcal{U} \rangle$ ein topologischer Raum, und sei $Y \subseteq X$.

(i) Y heißt eine *G_δ-Menge*, falls es offene U_n, $n \in \mathbb{N}$, gibt mit $Y = \bigcap_{n \in \mathbb{N}} U_n$.

(ii) Y heißt eine *F_σ-Menge*, falls es abgeschlossene A_n, $n \in \mathbb{N}$, gibt mit $Y = \bigcup_{n \in \mathbb{N}} A_n$.

Im Gefolge eines jeden topologischen Raumes auf X finden sich drei Operationen auf ganz $\mathcal{P}(X)$:

Definition *(Inneres, Abschluß und Rand einer Menge)*
Sei $\langle X, \mathcal{U}\rangle$ ein topologischer Raum, und sei $Y \subseteq X$. Dann heißen:

(i) $\mathrm{int}(Y) = \bigcup \{ U \subseteq Y \mid U \text{ offen} \}$ *das Innere von Y,*

(ii) $\mathrm{cl}(Y) = \bigcap \{ A \supseteq Y \mid A \text{ abgeschlossen} \}$ *der Abschluß von Y,*

(iii) $\mathrm{bd}(Y) = \mathrm{cl}(Y) - \mathrm{int}(Y)$ *der Rand von Y.*

Eine Topologie vererbt sich auf Teilmengen des Raumes durch eine einfache Einschränkung:

Definition *(Relativtopologie, $\mathcal{U} \mid Y$, topologischer Unterraum)*
Sei $\langle X, \mathcal{U}\rangle$ ein topologischer Raum, und sei $Y \subseteq X$.
Dann heißt $\mathcal{U} \mid Y = \{ U \cap Y \mid U \in \mathcal{U} \}$ die *Relativtopologie auf Y.*
$\langle Y, \mathcal{U} \mid Y\rangle$ heißt ein *topologischer Unterraum von X.*

Wird ein $Y \subseteq X$ eines topologischen Raumes $\langle X, \mathcal{U}\rangle$ als topologischer Raum bezeichnet, so ist i. a. der topologische Raum $\langle Y, \mathcal{U} \mid Y\rangle$ gemeint. Wir sagen dann auch, daß Y mit der Relativtopologie von $\langle X, \mathcal{U}\rangle$ versehen wird.

Definition *(konvergente Folgen)*
Sei $\mathcal{X} = \langle X, \mathcal{U}\rangle$ ein topologischer Raum, und sei $\langle x_n \mid n \in \mathbb{N}\rangle$ eine Folge in X. Weiter sei $x \in X$.
$\langle x_n \mid n \in \mathbb{N}\rangle$ *konvergiert gegen x*, falls für alle $U \in \mathcal{U}$ mit $x \in U$ gilt:

Es gibt ein $n_0 \in \mathbb{N}$ mit: $x_n \in U$ für alle $n \geq n_0$.

x heißt dann *ein Grenzwert* oder *Limes* der Folge $\langle x_n \mid n \in \mathbb{N}\rangle$.

In einem Hausdorff-Raum ist ein Limes x im Falle der Existenz eindeutig bestimmt, und wir schreiben dann $x = \lim_{n \to \infty} x_n$.

Definition *(stetige Funktionen)*
Seien $\mathcal{X} = \langle X, \mathcal{U}\rangle$ und $\mathcal{Y} = \langle Y, \mathcal{V}\rangle$ topologische Räume, und sei $f : X \to Y$.

(a) f heißt *stetig* (zwischen $\mathcal{X}$ und $\mathcal{Y}$ oder bzgl. $\mathcal{U}$ und $\mathcal{V}$), falls gilt:
Für alle $V \in \mathcal{V}$ ist $f^{-1}{}''V \in \mathcal{U}$.

(b) Ist $x \in X$, so heißt f *stetig in x,* falls für alle $V \in \mathcal{V}$ mit $f(x) \in V$ ein $U \in \mathcal{U}$ existiert mit $x \in U$ und $f''U \subseteq V$.

Offenbar ist f genau dann stetig, wenn f in allen Punkten von X stetig ist. Die Verknüpfung zweier stetiger Funktionen ist wieder stetig.

Für allgemeine topologische Räume genügt die Folgenstetigkeit, d. h. die Implikation „$\lim_{n \to \infty} x_n = x$ *folgt* $\lim_{n \to \infty} f(x_n) = f(x)$" nicht zur Charakterisierung der Stetigkeit einer Funktion. Man kann sog. konvergente Netze einführen, die wir hier nicht benötigen. In metrischen Räumen gilt aber eine Charakterisierung über Folgen (s. u.).

Definition *(homöomorphe topologische Räume, Einbettbarkeit)*
Seien $\mathcal{X} = \langle X, \mathcal{U} \rangle$ und $\mathcal{Y} = \langle Y, \mathcal{V} \rangle$ topologische Räume.

(a) $\mathcal{X}$ und $\mathcal{Y}$ heißen *homöomorph*, falls es ein bijektives $f : X \to Y$ gibt mit:

$f : X \to Y$ ist stetig und $f^{-1} : Y \to X$ ist stetig.

Eine solches f heißt ein *Homöomorphismus* zwischen $\mathcal{X}$ und $\mathcal{Y}$.

(b) $\mathcal{X}$ heißt *einbettbar in* $\mathcal{Y}$, falls ein $P \subseteq Y$ existiert, das versehen mit der Relativtopologie von $\mathcal{Y}$ homöomorph zu $\mathcal{X}$ ist. Ein zugehöriger Homöomorphismus $f : X \to P$ heißt eine *Einbettung* von $\mathcal{X}$ in $\mathcal{Y}$. Wir sagen, daß $\mathcal{Y}$ eine *Kopie von* $\mathcal{X}$ enthält, falls $\mathcal{X}$ einbettbar in $\mathcal{Y}$ ist.

Kompakte Räume

Definition *(kompakte Räume und kompakte Teilmengen)*
Sei $\mathcal{X} = \langle X, \mathcal{U} \rangle$ ein topologischer Raum.

(a) $\mathcal{X}$ heißt *kompakt*, falls gilt:

Für alle $\mathcal{A} \subseteq \mathcal{U}$ mit $X = \bigcup \mathcal{A}$ gibt es ein endliches $\mathcal{A}' \subseteq \mathcal{A}$ mit $X = \bigcup \mathcal{A}'$.

(b) Ein $K \subseteq X$ heißt *kompakt in* $\mathcal{X}$, falls $\langle K, \mathcal{U} | K \rangle$ kompakt ist.

Eine Teilmenge K eines topologischen Raumes $\mathcal{X} = \langle X, \mathcal{U} \rangle$ ist also genau dann kompakt in $\mathcal{X}$, wenn gilt:

(+) Für alle $\mathcal{A} \subseteq \mathcal{U}$ mit $K \subseteq \bigcup \mathcal{A}$ gibt es ein endliches $\mathcal{A}' \subseteq \mathcal{A}$ mit $K \subseteq \bigcup \mathcal{A}'$.

In jedem topologischen Raum sind alle endlichen Mengen kompakt. Weiter ist eine endliche Vereinigung von kompakten Mengen offenbar wieder kompakt.

Nicht für alle der folgenden Sätze wird die Bedingung „Hausdorffsch" wirklich gebraucht. Generell ist aber „Hausdorffsch" und „kompakt" ein gutes Paar, und wir begnügen uns hier mit diesem Umfeld.

Satz *(kompakte Mengen in Hausdorff-Räumen)*
Sei $\mathcal{X} = \langle X, \mathcal{U} \rangle$ ein Hausdorff-Raum, und sei $K \subseteq X$. Dann gilt:

(i) Ist K kompakt, so ist K abgeschlossen.

(ii) Ist K kompakt und $A \subseteq K$ abgeschlossen, so ist A kompakt.

Satz *(stetige Bilder kompakter Mengen, Homöomorphiesatz)*
Seien $\mathcal{X} = \langle X, \mathcal{U} \rangle$ und $\mathcal{Y} = \langle Y, \mathcal{V} \rangle$ Hausdorff-Räume, und sei $f : X \to Y$ stetig. Dann gilt für alle $K \subseteq X$:

Ist K kompakt, so ist $f''K$ kompakt.

Ist $f : X \to Y$ bijektiv, stetig und $\mathcal{X}$ kompakt, so ist also f ein Homöomorphismus zwischen $\mathcal{X}$ und $\mathcal{Y}$.

Weiter sind stetige Bilder von F_σ-Mengen in kompakten Räumen F_σ-Mengen.

Erzeugte Topologien und Basen

Definition *(erzeugte Topologie)*

Sei X eine Menge, und sei $\mathcal{B} \subseteq \mathcal{P}(X)$. Dann heißt

$\mathcal{U}(\mathcal{B}) = \{ \bigcup \mathcal{A} \mid \mathcal{A} \subseteq \mathcal{B}^* \}$, wobei $\mathcal{B}^* = \{ \bigcap \mathcal{A} \mid \mathcal{A} \subseteq \mathcal{B}$ endlich $\}$

die *von $\mathcal{B}$ erzeugte Topologie.*

In der Definition von $\mathcal{B}^*$ gilt die Vereinbarung $\bigcap \emptyset = X$.
Es gilt: $\mathcal{U}(\mathcal{B}) = \bigcap \{ \mathcal{U} \mid \mathcal{U}$ ist eine Topologie auf X mit $\mathcal{B} \subseteq \mathcal{U} \}$.

Definition *(Basis eines topologischen Raumes)*

Sei $\langle X, \mathcal{U} \rangle$ ein topologischer Raum, und sei $\mathcal{B} \subseteq \mathcal{U}$.
$\mathcal{B}$ heißt eine Basis von $\mathcal{U}$, falls für alle $V \in \mathcal{U}$ gilt:

(+) $V = \bigcup \{ U \in \mathcal{B} \mid U \subseteq V \}$.

Ist $\mathcal{B}$ eine Basis von $\mathcal{U}$, so ist offenbar $\mathcal{U}$ die von $\mathcal{B}$ erzeugte Topologie. Ein beliebiges Erzeugendensystem $\mathcal{B}$ einer Topologie wird zuweilen auch eine *Subbasis* von $\mathcal{U}$ genannt. Charakteristisch ist hier der „vorbereitende" Schritt der endlichen Schnittbildung.

Satz

Sei $\mathcal{X} = \langle X, \mathcal{U} \rangle$ ein topologischer Raum, und sei $\mathcal{B} \subseteq \mathcal{U}$.
Dann sind äquivalent:

(a) $\mathcal{B}$ ist eine Basis von $\mathcal{U}$.

(b) $\bigcup \mathcal{B} = X$ und für alle $U \in \mathcal{U}$ und alle $x \in U$ gibt es ein $B \in \mathcal{B}$ mit $x \in B$ und $B \subseteq U$.

Man sagt traditionell auch, daß $\mathcal{X}$ das *zweite Abzählbarkeitsaxiom* erfüllt, wenn $\mathcal{X}$ eine abzählbare Basis besitzt.

Diskrete Topologie

Für jede Menge X ist $\langle X, \mathcal{P}(X) \rangle$ ein topologischer Raum. $\mathcal{P}(X)$ heißt die *diskrete Topologie auf X.* Jedes $P \subseteq X$ ist hier offen und abgeschlossen.

Separable topologische Räume

Definition *(dichte Teilmenge, separabel)*

Sei $\mathcal{X} = \langle X, \mathcal{U} \rangle$ ein topologischer Raum.

(i) Ein $D \subseteq X$ heißt *dicht in $\mathcal{X}$*, falls $D \cap U \neq \emptyset$ für alle $U \in \mathcal{U} - \{ \emptyset \}$.

(ii) $\mathcal{X}$ heißt *separabel*, falls eine abzählbare dichte Teilmenge von $\mathcal{X}$ existiert.

Ein $D \subseteq X$ ist genau dann dicht, wenn $\mathrm{cl}(D) = X$.
Besitzt $\mathcal{X}$ eine abzählbare Basis, so ist $\mathcal{X}$ separabel. Die Umkehrung ist in metrischen Räumen (s. u.) richtig.

Produkte

Definition *(Produktraum und Produkttopologie)*
Sei I eine Menge, und sei $\mathcal{X}_i = \langle X_i, \mathcal{U}_i \rangle$ ein topologischer Raum für $i \in I$.
Dann definieren wir den *Produktraum* $\Pi_{i \in I}\, \mathcal{X}_i = \langle X, \mathcal{U} \rangle$ durch:

$$X = \{ f : I \to \bigcup_{i \in I} X_i \mid f(i) \in X_i \text{ für alle } i \in I \},$$

$$\mathcal{U} = \text{„die von } \mathcal{B} = \{ \{ f \in X \mid f(i) \in U \} \mid i \in I,\ U \in \mathcal{U}_i \} \text{ erzeugte Topologie“.}$$

Die Topologie $\mathcal{U}$ heißt die *Produkttopologie* der Topologien $\mathcal{U}_i$, $i \in I$.

Die Topologie $\mathcal{U}$ ist die kleinste Topologie auf X, für die alle *Projektionsabbildungen* $pr_i : X \to X_i$, $i \in I$, stetig sind (bzgl. $\mathcal{U}_i$), wobei $pr_i(f) = f(i)$ für alle $f \in X$.
Einer der wichtigsten Sätze der mengentheoretischen Topologie ist:

Satz *(Satz von Tychonov)*
Sei I eine Menge, und sei $\mathcal{X}_i = \langle X_i, \mathcal{U}_i \rangle$ ein kompakter Hausdorff-Raum für alle $i \in I$. Dann ist $\Pi_{i \in I}\, \mathcal{X}_i$ kompakt.

Zum Beweis wird das Auswahlaxiom verwendet.

Metrische Räume

Wir kommen nun zu den spezielleren, ebenfalls von Hausdorff 1914 eingeführten metrischen Räumen.

Definition *(metrischer Raum, Metrik auf einer Menge)*
Sei X eine Menge, und sei $d : X^2 \to \mathbb{R}_0^+$ eine Funktion.
$\langle X, d \rangle$ heißt ein *metrischer Raum* (und d eine *Metrik auf X*), falls für alle $x, y, z \in X$ gilt:

(i) $d(x, y) = 0$ *gdw* $x = y$,

(ii) $d(x, y) = d(y, x)$, *(Symmetrie)*

(iii) $d(x, z) \leq d(x, y) + d(y, z)$. *(Dreiecksungleichung)*

Gilt statt (i) lediglich $d(x, x) = 0$ für alle x, so spricht man von einer *Pseudometrik*.
Metrische Räume geben wie folgt Anlaß zu topologischen Räumen:

Definition *(offene ε-Umgebung)*
Sei $\langle X, d \rangle$ ein metrischer Raum. Für $x \in X$ und $\varepsilon \in \mathbb{R}^+$ heißt

$$U_\varepsilon(x) = \{ y \in X \mid d(x, y) < \varepsilon \}$$

die *offene ε-Umgebung von x* oder *offene ε-Kugel mit Mittelpunkt x*.
Wir setzen $\mathcal{B}_d = \{ U_\varepsilon(x) \mid x \in X,\ \varepsilon > 0 \}$.

Definition *(erzeugte Topologie und kompatible Metrik)*

(a) Sei $\langle X, d \rangle$ ein metrischer Raum. Dann heißt die von $\mathcal{B}_d$ erzeugte Topologie die *von der Metrik d erzeugte oder induzierte Topologie auf X.*

(b) Ein topologischer Raum $\mathcal{X} = \langle X, \mathcal{U} \rangle$ heißt *metrisierbar*, falls eine Metrik d auf X existiert, die $\mathcal{U}$ erzeugt. $\mathcal{X}$ heißt dann auch *metrisierbar durch d*, und d eine *kompatible* Metrik für $\mathcal{X}$.

(c) Zwei Metriken d und d′ auf X heißen *kompatibel*, falls sie die gleiche Topologie erzeugen.

Es ist leicht zu sehen, daß $\mathcal{B}_d$ sogar eine Basis der erzeugten Topologie ist; die Vorstufe der Bildung der endlichen Schnitte $\mathcal{B}_d^*$ entfällt. (Zum Beweis dieser Tatsache genügt bereits eine Pseudometrik.)

Für eine Metrik d auf X sei $d'(x, y) = d(x, y)/(1 + d(x, y))$ für alle $x, y \in X$. Dann ist d′ eine zu d kompatible Metrik und es gilt $\mathrm{diam}(X) \leq 1$ bzgl. d′, wobei allgemein der *Durchmesser* $\mathrm{diam}(X) = \mathrm{diam}_d(X)$ bzgl. einer Metrik d definiert ist als $\sup(\{ d(x, y) \mid x, y \in X \}) \in [0, \infty]$.

Wird ein metrischer Raum $\langle X, d \rangle$ als topologischer Raum bezeichnet, so ist immer X zusammen mit der von der Metrik erzeugten Topologie gemeint. So kann man etwa sagen: Jeder metrische Raum ist Hausdorffsch.

Für metrische Räume gilt die Charakterisierung der Stetigkeit durch die Folgen-Stetigkeit (oder gleichwertig die ε-δ-Formulierung). Seien hierzu $\langle X, d \rangle$ und $\langle Y, d' \rangle$ metrische Räume, und sei $f : X \to Y$. Dann sind für alle $x \in X$ äquivalent:

(i) $f : X \to Y$ ist stetig im Punkt x (im topologischen Sinne).

(ii) Für alle Folgen $\langle x_n \mid n \in \mathbb{N} \rangle$ mit $x = \lim_{n \to \infty} x_n$ gilt $f(x) = \lim_{n \to \infty} f(x_n)$.

(iii) Für alle $\varepsilon > 0$ gibt es ein $\delta > 0$ mit $f''U_\delta(x) \subseteq U_\varepsilon(f(x))$.

Für metrische Räume gelten starke Fortsetzungssätze für stetige Funktionen. Ein wichtiger Fall ist:

Satz *(Ausdehnungssatz von Urysohn)*

Sei $\langle X, d \rangle$ ein metrischer Raum, und seien $A, B \subseteq X$ abgeschlossen und disjunkt. Dann existiert ein stetiges $f : X \to [0, 1]$ mit:

$f(x) = 0$ für alle $x \in A$ *und* $f(x) = 1$ für alle $x \in B$.

Stärker (!) gilt sogar:

Satz *(Ausdehnungssatz von Tietze)*

Sei $\langle X, d \rangle$ ein metrischer Raum, und sei $C \subseteq X$ abgeschlossen und $f : C \to \mathbb{R}$ stetig. Dann existiert ein stetiges $g : X \to \mathbb{R}$ mit $g \mid C = f$. Sind $c_1, c_2 \in \mathbb{R}$ derart, daß $c_1 \leq f(x) \leq c_2$ für alle $x \in A$ gilt, so kann g so gewählt werden werden, daß $c_1 \leq g(x) \leq c_2$ für alle $x \in X$ gilt.

Vollständige metrische Räume

Von großer Bedeutung in der Theorie der metrischen Räume ist der Begriff der Vollständigkeit. Er besagt salopp, daß der Raum keine Löcher hat.

Definition *(Cauchy-Folgen und Vollständigkeit)*

Sei $\langle X, d \rangle$ ein metrischer Raum.

(a) Eine Folge $\langle x_n \mid n \in \mathbb{N} \rangle$ in X heißt eine *Cauchy-Folge (bzgl. d)*, falls gilt:
Für alle $\varepsilon > 0$ gibt es ein $n_0 \in \mathbb{N}$, sodaß für alle $n, m \geq n_0$ gilt:
$$d(x_n, x_m) < \varepsilon.$$

(b) $\langle X, d \rangle$ heißt *vollständig*, falls jede Cauchy-Folge (bzgl. d) im Raum $\langle X, \mathcal{U}(\mathcal{B}_d) \rangle$ konvergiert.

$\langle X, d \rangle$ ist also genau dann vollständig, wenn für jede Cauchy-Folge $\langle x_n \mid n \in \mathbb{N} \rangle$ ein $x \in X$ existiert mit:

(+) Für alle $\varepsilon > 0$ gibt es ein n_0, sodaß für alle $n \geq n_0$ gilt: $d(x_n, x) < \varepsilon$.

Jeder metrische Raum läßt sich in kanonischer Weise vervollständigen, indem man Äquivalenzklassen von nicht-konvergenten Cauchy-Folgen zu X als neue Punkte hinzufügt und die Metrik in der offensichtlichen Art und Weise auf die entstehende Menge $X^* \supseteq X$ erweitert. Zwei Cauchy-Folgen $\langle x_n \mid n \in \mathbb{N} \rangle$ und $\langle y_n \mid n \in \mathbb{N} \rangle$ in X heißen dabei äquivalent, wenn $\lim_{n \to \infty} d(x_n, y_n) = 0$ gilt.

Die Vollständigkeit eines metrischen Raumes $\langle X, d \rangle$ hängt i. a. von d und nicht nur von der von d induzierten Topologie ab. $\langle X, d \rangle$ und $\langle X, d' \rangle$ können kompatibel sein, während d vollständig ist und d' nicht.

Konvergiert eine Folge $\langle x_n \mid n \in \mathbb{N} \rangle$ in X, so ist die Folge eine Cauchy-Folge für jede kompatible Metrik. (Die Konvergenz einer Folge hängt nur von der Topologie $\mathcal{U}$ ab.)

Ist $\langle X, d \rangle$ ein metrischer Raum und $Y \subseteq X$, so ist $\langle Y, d \upharpoonright Y^2 \rangle$ ein metrischer Raum. Die Vollständigkeit geht bei dieser Verkleinerung i. a. aber verloren. In überraschend vielen Fällen läßt sich aber die induzierte Topologie des Teilraumes vollständig remetrisieren: Man konstruiert eine neue mit $d \upharpoonright Y^2$ kompatible Metrik d^*, die die d-Löcher von Y ins Unendliche verlagert. Genauer erreicht man: Ist $\langle x_n \mid n \in \mathbb{N} \rangle$ eine nicht konvergente Cauchy-Folge in Y bzgl. d, so ist $\langle x_n \mid n \in \mathbb{N} \rangle$ keine Cauchy-Folge mehr bzgl. d^*. Wir beweisen ein derartiges Remetrisierungs-Resultat im zweiten Kapitel des zweiten Abschnitts.

Sei I eine Menge, und sei $\mathcal{X}_i = \langle X_i, d_i \rangle$ ein metrischer Raum für alle $i \in I$. O. E. gilt $\text{diam}(X_i) \leq 1$ für alle $i \in I$. Sei $\mathcal{X} = \langle X, \mathcal{U} \rangle = \Pi_{i \in I} \langle X_i, d_i \rangle$ das topologische Produkt (wir fassen die $\langle X_i, d_i \rangle$ wieder als topologische Räume auf). Ist I abzählbar unendlich, so ist für jede Aufzählung $\langle i_n \mid n \in \mathbb{N} \rangle$ von I der Raum $\mathcal{X}$ metrisierbar durch

$$d(f, g) = \Sigma_{n \in \mathbb{N}} d_{i_n}(f(i_n), g(i_n))/2^{n+1} \quad \text{für alle } f, g \in X,$$

und es gilt wieder $\text{diam}(X) \leq 1$ bzgl. d. Analoges gilt für endliche Produkte.

Kompakte metrische Räume

Für metrische Räume fallen verschiedene Begriffe der Gedrängtheit zusammen:

Satz *(Charakterisierungen der Kompaktheit für metrische Räume)*
Sei $\mathcal{X} = \langle X, d\rangle$ ein metrischer Raum. Dann sind äquivalent:

(a) $\mathcal{X}$ ist kompakt.

(b) Jede Folge in X hat eine konvergente Teilfolge.

(c) Jede unendliche Menge in X hat einen Häufungspunkt.

(d) $\mathcal{X}$ ist vollständig und total beschränkt, d. h. für alle $\varepsilon > 0$ gilt:
Es existieren ein $n \in \mathbb{N}$ und $x_0, \ldots, x_n \in X$ mit $X = \bigcup_{i \leq n} U_\varepsilon(x_i)$.

Folglich ist ein kompakter metrischer Raum separabel: Für alle $k \in \mathbb{N}$ seien $x_0^k, \ldots, x_{n(k)}^k$ wie in (d) für $\varepsilon = 1/2^k$. Dann ist

$$D = \{ x_i^k \mid k \in \mathbb{N},\ i \leq n(k) \}$$

dicht in X.

Metrisierbarkeit topologischer Räume

Überraschend viele topologische Räume lassen sich metrisieren. Das fundamentale Ergebnis ist hier der folgende Satz von Urysohn, der zusammen mit dem Satz von Tychonov zuweilen als der wichtigste Satz der elementaren Topologie bezeichnet wird:

Satz *(Metrisierbarkeitssatz von Urysohn)*
Sei $\mathcal{X} = \langle X, \mathcal{U}\rangle$ ein Hausdorff-Raum, der eine abzählbare Basis besitzt. Dann sind äquivalent:

(a) $\mathcal{X}$ ist metrisierbar.

(b) Für alle $x \in X$ und $U \in \mathcal{U}$ mit $x \in U$ gibt es ein $V \in \mathcal{U}$ mit:
$x \in V$ und $\mathrm{cl}(V) \subseteq U$. *(Regularität des Raumes)*

Die Aussage (b) ist äquivalent zu: Ist $A \subseteq X$ abgeschlossen und $x \notin A$, so existieren disjunkte $U, V \in \mathcal{U}$ mit $x \in U$ und $A \subseteq V$.

Jeder kompakte Hausdorff-Raum erfüllt die Bedingung (b). Weiter ist ein kompakter metrisierbarer Raum separabel und besitzt deswegen eine abzählbare Basis. Wir erhalten:

Korollar *(Metrisierbarkeitssatz für kompakte Räume)*
Sei $\mathcal{X} = \langle X, \mathcal{U}\rangle$ ein kompakter Hausdorff-Raum. Dann sind äquivalent:

(a) $\mathcal{X}$ ist metrisierbar.

(b) $\mathcal{X}$ besitzt eine abzählbare Basis.

Die Standardtopologie des Kontinuums

Die Standardtopologie von $\mathbb{R}^n$, $n \in \mathbb{N}$, ist die von den offenen Quadern

$$]a_1, b_1[\times \ldots \times]a_n, b_n[$$

$a_1, \ldots, a_n, b_1, \ldots, b_n \in \mathbb{R}$ erzeugte Topologie. Diese Quader bilden sogar eine Basis der Topologie. Anstelle von $\mathbb{R}$ kann man für die Intervallgrenzen auch nur Elemente aus $\mathbb{Q}$ zulassen. Die Topologie auf $\mathbb{R}^n$ hat also eine abzählbare Basis.

Die Standardtopologie auf $\mathbb{R}^n$ stimmt weiter mit der von der Euklidischen Metrik d_n auf $\mathbb{R}^n$ (vgl. 1.4) erzeugten Topologie überein.

Für alle $n \in \mathbb{N}$ und alle $K \subseteq \mathbb{R}^n$ sind äquivalent (unter der Standardtopologie):

(i) K ist kompakt.

(ii) K ist beschränkt und abgeschlossen.

Die Topologie auf den Folgenräumen ${}^{\mathbb{N}}A = \Pi_{n \in \mathbb{N}} A$ ist die Produkttopologie der diskreten Topologie auf A, d. h. der Topologie $\mathcal{U} = \mathcal{P}(A)$. Wir diskutieren diese Topologie in Abschnitt 2 genauer.

Literatur

Alexandrov, Pavel 1925 Zur Begründung der n-dimensionalen mengentheoretischen Topologie; *Mathematische Annalen 94 (1925), S. 296 – 308.*

– 1926 Über stetige Abbildungen kompakter Räume; *Mathematische Annalen 96 (1926), S. 555 – 571.*

Alexandrov, Pavel / Hopf, Heinz 1935 Topologie I; *Springer, Berlin.*

Aull, Charles E. / Lowen, Robert (Hrsg.) 1997, 1998, 2001 Handbook of the History of General Topology; *in drei Bänden. Kluwer, Dodrecht.*

Boltjanskij, V. / Efremovič, V. 1986 Anschauliche kombinatorische Topologie; *Übersetzung aus dem Russischen von D. Seese und M. Weese. Vieweg, Braunschweig.*

Bourbaki, Nicolas 1961 Topologie général; *Hermann, Paris.*

Dugundji, James 1966 Topology; *Allyn and Bacon, Boston.*

Engelking, Ryszard 1968 Outline of General Topology; *Übersetzung aus dem Polnischen von K. Sieklucki. North-Holland, Amsterdam.*

– 1989 General Topology; *Heldermann, Berlin.*

Epple, Moritz et al. 2002 Zum Begriff des topologischen Raumes; *in: Felix Hausdorff, Gesammelte Werke Bd. 2, Grundzüge der Mengenlehre, Springer, Berlin. S. 675 – 745.*

Hausdorff, Felix 1914 Grundzüge der Mengenlehre; *Veit & Comp., Leipzig. Nachdrucke bei Chelsea, New York 1949, 1965, 1978. Kommentierter Nachdruck bei Springer, Berlin 2002 (Band II der Hausdorff-Werkausgabe).*

– 1924 Die Mengen G_δ in vollständigen Räumen; *Fundamenta Mathematicae 6 (1924), S. 146 – 148.*

– 1927 Mengenlehre; *zweite, stark umgearbeitete Auflage von „Grundzüge der Mengenlehre", 1914. Walter de Gruyter, Berlin.*

James, Ioan M. (Hrsg.) 1999 History of Topology; *Elsevier, Amsterdam.*

Kelley, John 1955 General Topology; *Van Nostrand, Toronto, Ont., 1955. Nachdruck 1975 bei Springer, Berlin.*

Kuratowski, Kazimierz 1933 Topologie I; *Warschau.*

– *1972* Introduction to Set Theory and Topology; *Pergamon Press, Oxford.*

Manheim, Jerome H. 1964 The Genesis of Point Set Topology; *Pergamon Press, Oxford.*

Riesz, Friedrich 1907 Die Genesis des Raumbegriffs; *Mathematische und Naturwissenschaftliche Berichte aus Ungarn 24 (1907), S. 309 – 353.*

Sieradski, Allan 1992 An Introduction to Topology and Homotopy; *PWS-KENT Publishing Company, Boston.*

Tietze, Heinrich 1923 Beiträge zur allgemeinen Topologie. I. Axiome für verschiedene Fassungen des Umgebungsbegriffs; *Mathematische Annalen 88 (1923), S. 290 – 312.*

Tychonov, Andrei 1935 Über einen Funktionenraum; *Mathematische Annalen 111 (1925), S. 762 – 766.*

Urysohn, Paul (Pavel) 1925 Über die Mächtigkeit der zusammenhängenden Mengen; *Mathematische Annalen 94 (1925), S. 261 – 295.*

Vietoris, Leopold 1921 Stetige Mengen; *Monatshefte für Mathematik 31 (1921), S. 173 – 204.*

5. Lebensdaten

Pythagoras	* um 580 v. Chr. Samos, † Metapontum um 500 v. Chr
Hippasos	† Metapontum, lehrte um 450 v. Chr
Theodoros	* um 465 v. Chr. Kyrene, † nach 399 v. Chr Kyrene (?)
Platon	* 428 v. Chr. Athen, † 348 v. Chr Athen
Theaitetos	* um 417 v. Chr. Athen, † 369 v. Chr Athen
Eudoxos	* um 391 v. Chr. Knidos, † um 338 v. Chr. Knidos
Aristoteles	* 384 v. Chr. Stagira (Thrakien), † 322 v. Chr. Chalkis
Euklid	lehrte um 300 v. Chr. in Alexandrien
Archimedes	* 287 v. Chr. Syrakus, † 212 v. Chr. Syrakus
Apollonius	* 240 v. Chr. Perge in Kleinasien, † um 170 v. Chr.
Abu al-Chwarismi	* um 780 Chorism, † um 850 Bagdad
John Napier	* 1550 bei Edinburgh, † 4. 4. 1617
Johannes Kepler	* 27. 12. 1571 Weil, † 15. 11. 1630 Regensburg
René Descartes	* 31. 3. 1596 La Haye, † 11. 2. 1650 Stockholm
Pierre de Fermat	* 20. 8. 1601 Beaumont-de-Lomagne, † 12. 1. 1665 Castres
Isaac Newton	* 25. 12. 1642 Woolsthorpe, † 20. 3. 1727 London
Gottfried Wilhelm Leibniz	* 1. 7. 1646 Leipzig, † 14. 11. 1716
Brook Taylor	* 18. 8. 1685 Edmonton, † 29. 12. 1731
Leonhard Euler	* 15. 4. 1707 Basel, † 18. 9. 1783 Petersburg
Jean Baptiste Fourier	* 21. 3. 1768 Auxerre, † 16. 5. 1830 Paris
Carl Friedrich Gauß	* 30. 4. 1777 Braunschweig, † 23. 2. 1855 Göttingen
Bernard Bolzano	* 5. 10. 1781 Prag, † 18. 12. 1848 Prag
Augustin-Louis Cauchy	* 21. 8. 1789 Paris, † 22. 5. 1857 Sceaux bei Paris
Johann Peter Dirichlet	* 13. 2. 1805 Düren, † 5. 5. 1859 Göttingen
Hermann Graßmann	* 14. 4. 1809 Stettin, † 16. 9. 1877 Stettin
Karl Weierstraß	* 31. 10. 1815 Ostenfelde, † 19. 2. 1897 Berlin
Eduard Heine	* 16. 3. 1821 Berlin, † 21. 10. 1881 Halle
Bernhard Riemann	* 17. 9. 1826 Breselenz, 20. 7. 1866 Selasca
Richard Dedekind	* 6. 10. 1831 Braunschweig, † 12. 2. 1916 Braunschweig
Méray, Charles	* 12. 11. 1835 Chalon sur Saône, † 2. 2. 1911 Dijon
Camille Jordan	* 5. 1. 1838 Lyon, † 21. 1. 1922 Mailand

Georg Cantor	* 3.3.1845 Petersburg, † 6.1.1918 Halle
Felix Klein	* 25.4.1849 Düsseldorf, 22.6.1925 Göttingen
Julius König	* 16.12.1849 Raab (Györ), † 8.4.1913 Budapest
Axel Harnack	* 7.5.1851 Dorpat (Tartu), † 3.4.1888 Dresden
Giuseppe Peano	* 27.8.1858 bei Cuneo, † 20.4.1932 Turin
Ludwig Scheeffer	* 1.6.1859 Königsberg, † 11.6.1885 München
Ivar Bendixson	* 1.8.1861 Stockholm, † 29.11.1935 Stockholm (?)
David Hilbert	* 23.1.1862 Königsberg, † 14.2.1943 Göttingen
Felix Hausdorff	* 8.11.1868 Breslau, † 26.1.1942 Bonn
Emile Borel	* 7.1.1871 Saint-Affrique, † 3.2.1956 Paris
Ernst Zermelo	* 27.7.1871 Berlin, † 21.5.1953 Freiburg
Bertrand Russell	* 18.5.1872 Ravenscroft, † 2.2.1970 Penrhyndeudraeth
René Baire	* 21.1.1874 Paris, † 5.7.1932 Chambéry
Friedrich Hartogs	* 20.5.1874 Brüssel, † 18.8.1943 München
Henri Lebesgue	* 28.6.1875 Beauvais, † 26.7.1941 Paris
Giuseppe Vitali	* 26.8.1875 Ravenna, † 29.2.1932 Bologna
Felix Bernstein	* 24.2.1878 Halle, † 3.12.1956 Zürich
Luitzen Brouwer	* 27.2.1881 Overschie, † 2.12.1966 Blaricum
Wacław Sierpiński	* 14.3.1882 Warschau, † 21.10.1969 Warschau
Paul Mahlo	* 28.7.1883 Coswig, † 20.8.1971 Halle
Nikolai Lusin	* 9.12.1883 Irkutsk, † 25 (28?).2.1950 Moskau
Denes König	* 21.9.1884 Budapest, † 19.10.1944 Budapest
Hugo Steinhaus	* 14.1.1887 Jasło, † 25.2.1950 Wrocław
Stefan Banach	* 30.3.1892 Krakau, † 31.8.1945 Lemberg
Mikhail Suslin	* 15.11.1894 Krasawka, † 1919 Moskau
Kazimierz Kuratowski	* 2.2.1896 Warschau, † 18.6.1980 Warschau
Pavel Alexandrov	* 7.5.1896 Bogorodsk, † 16.11.1982 Moskau
Alfred Tarski	* 14.1.1902 (1901?) Warschau, † 26.10.1983 Berkeley
John von Neumann	* 28.12.1903 Budapest, † 8.2.1957 Washington
Stanisław Mazur	* 1.1.1905 Lemberg, † 5.11.1981 Warschau
Emanuel Sperner	* 9.12.1905 Waltdorf, † 31.1.1980 Salzburg-Laufen
Kurt Gödel	* 28.4.1906 Brünn, † 14.1.1978 Princeton
Edward Marczewski	* 15.11.1907 Warschau, † 17.10.1976 Wrocław
Stanisław Ulam	* 13.4.1909 Lemberg, † 13.5.1984 Santa Fe
Jan Mycielski	* 7.2.1932 Wisniowa (Polen)
Paul Cohen	* 2.4.1934 Long Branch (New Jersey)

6. Notationen

Vokabular

$a \in b$, 17
$a \subseteq b$, 17
$a, b \in c$, 17
$\emptyset$, 17
$\mathcal{P}(b)$, 17
$\{ a_1, \dots, a_n \}$, 17
$\{ a \in b \mid \mathscr{E}(a) \}$, 18
gdw, 18
$\mathbb{N}$, 19
$\mathbb{Z}$, 19
$\mathbb{Q}$, 19
$\mathbb{R}$, 19
$\mathbb{R}^+$, 19
$\mathbb{R}^+_0$, 19
$\mathbb{Q}^+$, 19
$\mathbb{Q}^+_0$, 19
$\mathbb{N}^+$, 19
$[a, b]$, 19
∞, 19
$R(a_1, \dots, a_n)$, 20
x/R, 20
dom(f), 21
rng(f), 21
$f''A$, 21
$f^{-1}{''}A$, 21
$\langle a_n \mid n \in \mathbb{N} \rangle$, 21
$\langle a_i \mid i \in I \rangle$, 21
$\{ a_i \mid i \in I \}$, 21
$\emptyset$, 22
$x \subseteq y$, 22
$x \subset y$, 22
$x \cap y$, 22
$x \cup y$, 22
$x - y$, 22
$x \Delta y$, 22
$x \times y$, 22
$\bigcap X$, 22
$\bigcup X$, 22
$\bigcap_{i \in I} X_i$, 22
$\bigcup_{i \in I} X_i$, 22
$\mathcal{P}(A)$, 22
${}^A B$, 22
id_A, 22
$f \mid A$, 22
$R \mid A$, 22

Kapitel 1.1

$[n_1, \dots, n_{k+1}]$, 31
$[n_k \mid n \in \mathbb{N}]$, 34
p_k, 35
q_k, 35
$\sqrt{2}$, 39
π, 46
$\mathbb{A}$, 51
deg(x), 51
$\mathbb{A}^*$, 54

Kapitel 1.2

$|A| = |B|$, 72
$|A| \leq |B|$, 72
$|A| < |B|$, 72
$\pi : \mathbb{N}^2 \to \mathbb{N}$, 75
$|A| < |\mathcal{P}(A)|$, 77
$|\mathbb{R}| = |\mathcal{P}(\mathbb{N})|$, 78
$\mathfrak{a} = |A|$, 79
$|A|$, 79
ω, 79
$\omega = |\mathbb{N}|$, 79
$\mathfrak{a} + \mathfrak{b}$, 80
$\mathfrak{a} \cdot \mathfrak{b}$, 80
$\mathfrak{a}^{\mathfrak{b}}$, 80
$\mathfrak{a} < 2^{\mathfrak{a}}$, 80
$|\mathbb{R} \times \mathbb{R}| = |\mathbb{R}|$, 81
(CH), 82
ω_1, 82
$(\mathrm{CH}_{\mathscr{A}})$, 85

Kapitel 1.3

$X \leq s$, 92
$X < s$, 92
sup, 92
inf, 92
(L, R), 93
$\langle K, +, \cdot, < \rangle$, 96
$|x|$, 96
$m, s_1 s_2 s_3 \dots$, 104
$\mathscr{D}(M)$, 108
S(g), 113
$\|h\|$, 114
S(x), 117
$\mathscr{S}$, 117
$p : q$, 119

Kapitel 1.4

$d(x, y)$, 153
$\|x\|$, 154
S^{n-1}, 154
$w(x, y)$, 154
$\mathcal{S}_M$, 157
$A \sim_{\mathcal{G}} B$, 158
$\mathcal{I}_n$, 158
$tr_z(x)$, 161
Tr_n, 161
Mat_n, 163
$det(A)$, 163
A^t, 163
A_f, 163
f_A, 163
GL_n, 164
O_n, 164
SO_n, 164
Z_2, 165
$v <_1 w$, 177
F_n, 178
$[g, h]$, 181
$[G, G]$, 181

Kapitel 1.5

$\mathcal{A}^c$, 196
μ^c, 196
λ, 197
$\lambda^+(P)$, 198
$\lambda^-(P)$, 198
$\mathcal{L}$, 199
cA, 201
λ^n, 204
$A^+(f)$, 207
$A^-(f)$, 207
$L(f)$, 207
f^+, 208
f^-, 208
$|f|$, 208
$\Lambda_p f$, 212
$\Sigma_p f$, 222
$S_p f$, 224
$s_p f$, 224
$\iota(P)$, 225
Σ_p, 231

Kapitel 1.6

A_n, 260
SA_n, 260
$A \sim_n^G B$, 263
$A \sim^G B$, 263
$\preccurlyeq_n^G$, 264
$\preccurlyeq^G$, 264
$A \approx B$, 274
$I_A(\cdot, \mu)$, 276

Kapitel 2.1

$\mathcal{N}$, 285
ω, 288
$\langle\,\rangle$, 288
$s < t$, 288
$\bar{n}$, 289
Seq_A, 289
Seq, 289
Seq_m, 289
N_s^A, 289
N_s, 289
C_s, 289
$\delta(s, t)$, 289
$s^\frown f$, 289
$f | n$, 290
$\mathcal{N}$, 290
$\mathcal{C}_n$, 290
$\mathcal{C}$, 290
Seq(X), 291
$d(f, g)$, 291
S_U, 294
[S], 295
Tr(S), 295
T_P, 295
$suc_T(s)$, 296
$f < g$, 300
$\psi_1, \psi_2 : \mathcal{N} \to \mathcal{C}$, 309

Kapitel 2.2

$S(v_0, \ldots, v_k)$, 343
$V(\mathcal{S})$, 343
$ind(\mathcal{X})$, 349

Kapitel 2.3

P', 352
cp(P), 352
cp(cp(P)), 354
$F_0(g)$, 357
$F_1(g)$, 357
$P =_{mager} U$, 364
Baire($\mathcal{X}$), 364
$A \Delta B$, 364
ΣX, 368
μ^+, 369
μ^-, 369
μ, 369
$\mathcal{L}$, 369

Intermezzo

0_W, 378
$x + 1$, 378
sup(X), 378
$W_\varkappa$, 379
$W_1 \equiv W_2$, 379
$W_1 < W_2$, 379
$\mathcal{H}$, 382
ω_1, 382
ω, 384
$P^{(\alpha)}$, 386
cl(x), 390
L, L_{ω_1}, 390

Kapitel 2.4

P + g, 401

Kapitel 2.5

$G_A(P)$, 410
G(P, T), 413, 414
A(T), 414
S_1 ✥ S_2, 416
S ✥ f, 417
f ✥ g, 417
$G_A(P)$, 419
G(P), 419
$FG_A(P, T)$, 420
T_t, 420
E_I, 426
E_{II}, 426
S_I, 426
S_{II}, 426
G*(P), 433
C(s), 433
C(f), 433
G**(P), 436
U_P, 438
$G_{\mu,\varepsilon}(P)$, 439
(AD), 441
$(\mathrm{Det}_{\mathcal{A}})$, 443
($\mathcal{A}$-Det), 443

Kapitel 2.6

$\mathcal{B}(\mathcal{X})$, 444
$\sigma(\mathcal{U})$, 444
$\mathcal{A}_\sigma$, 445
$\mathcal{A}_\delta$, 445
$\mathcal{A}_c$, 445
$\Sigma^0_\alpha(\mathcal{X})$, 446
$\Pi^0_\alpha(\mathcal{X})$, 446
$\Delta^0_\alpha(\mathcal{X})$, 446
$\mathrm{Baire}_{\omega_1}(\mathcal{X}, \mathbb{R})$, 452
$S|n$, 456
$\mathcal{S}_I(T)$, $\mathcal{S}_{II}(T)$, 456
$\mathcal{S}(T)$, 456
A r B, 464
$\leq_w$, 465
$G^w(A, B)$, 465
$A \ell B$, 466
$\leq^w$, 466
$\mathrm{Su}(\langle P_s \mid s \in \mathrm{Seq}\rangle)$, 468
$\mathcal{A}_{Su}$, 468
pr_1, pr_2, 471
p[A], 471
$\mathcal{A}_\exists$, 471
T(f), 474
$C(\mathcal{X})$, 481
Σ^1_n, 482
Π^1_n, 482
p*[A], 483
$G^\#(P)$, 488
(PD), 499

Anhang 1

ZFC, 507
ZF, 508

Anhang 2

$n + 1 = n \cup \{n\}$, 510
$\mathbb{N}$, 510
$\mathbb{Q}$, 512

Anhang 3

x^{-1}, 514

Anhang 4

G_δ, 517
F_σ, 517
int(Y), 518
cl(Y), 518
bd(Y), 518
$\mathcal{U}|Y$, 518
$\lim_{n \to \infty} x_n$, 518
$\mathcal{U}(\mathcal{B})$, 520
pr_i, 521
$U_\varepsilon(x)$, 521
$\mathcal{B}_d$, 521
diam(X), 522

7. Personen

A'Campo, 107, 112, 122
Alexandrov, 398, 491, 499
Apollonius, 61
Archimedes, 61, 62, 134, 185
Aristoteles, 27, 39, 129, 143

Baire, 286, 360, 446, 452, 491, 494
Banach, 15, 238, 244, 246, 254, 262, 264, 272, 275, 496
Bendixson, 287, 330, 351, 387, 495
Bernoulli, 67, 133
Bernstein, 73, 86, 264, 360, 394
Bolzano, 68, 69, 135, 349
Borel, 73, 186, 229, 230, 404, 494, 496
Bourbaki, 312
Brouwer, 81, 141, 142, 337, 340, 341

Cantor, 55, 69, 72, 82, 85, 91, 94, 106, 137, 186, 195, 287, 299, 308, 337, 351, 392, 494
Caratheodory, 200
Cardano, 63
Cauchy, 68, 128, 223
Ciesielski, 240
Cohen, 12, 72, 82, 87, 273, 391, 492

Darboux, 224
Dedekind, 44, 51, 69, 73, 81, 93, 102, 107, 137, 337, 494
Descartes, 65, 132
Dirichlet, 49, 68, 137

Eudoxos, 43, 61, 130
Euklid, 26, 28, 38, 43, 44, 130, 144, 153
Euler, 45, 67, 133, 143, 174

Fatou, 221
Fermat, 50, 64
Fibonacci, 35, 38
Fraenkel, 78, 86, 507
Frechet, 335
Fubini, 221, 405

Gauß, 38, 45, 51, 68, 107, 128
Gödel, 21, 67, 72, 82, 128, 141, 389, 479, 486, 497, 508
Graßmann, 155

Halmos, 18
Harnack, 229
Hartogs, 382
Hausdorff, 70, 180, 191, 227, 238, 260, 268, 287, 292, 326, 355, 398, 445, 454, 491, 495, 499, 517
Heine, 69, 106, 137, 137
Henstock, 230
Hermite, 55
Hilbert, 51, 102, 174, 324, 338
Hippasos, 25, 28, 36, 43
Hurwitz, 50

Iamblichus, 40

Jensen, 97, 392
Jordan, 174, 186, 222, 340

Kant, 135, 143
Kepler, 64, 174
Klein, 153, 156, 174, 180
Kleinias, 41
König, J., 73, 81, 83
König, D., 296, 495
Kronecker, 51, 137
Kuratowski, 341, 406
Kurzweil, 230

Lagrange, 66, 133
Laugwitz, 133, 142
Lebesgue, 70, 186, 192, 207, 211, 221, 257, 287, 337, 342, 446, 494
Leibniz, 11, 65, 100, 132, 142, 185, 207, 210
l'Hospital, 67
Liouville, 49
Lusin, 287, 402, 491, 495, 496

Mahlo, 402
Marczewski, 240, 360, 372, 479
Martin, 72, 87, 442, 456, 489, 490, 498
Mazur, 436, 488, 496
McShane, 234
Menger, 349
Méray, 106, 137
Mycielski, 259, 273, 275, 441, 441, 497

Napier, 64
Neumann, 79, 259, 272, 275, 496
Newton, 65, 107, 128, 132, 143, 185

Pascal, 65
Peano, 186, 222, 227, 229, 311, 337, 499
Peirce, 143
Pelc, 240
Platon, 1, 28, 41, 131
Poincaré, 112
Pythagoras, 25, 27, 36, 130, 153

Richmond, 38
Riemann, 68, 211, 213, 222, 223
Russell, 18, 77

Schanuel, 107, 112, 122
Scheeffer, 351, 394
Shelah, 273, 491, 492, 499
Sierpiński, 203, 206, 240, 253, 327, 328, 487, 495
Solovay, 192, 273, 442, 488, 491, 498
Sperner, 337, 342
Steel, 72, 87, 442, 467, 489, 499
Steinhaus, 203, 441, 442, 496
Stevin, 132
Stifel, 132
Suslin, 95, 287, 468, 491, 495
Swierczkowski, 180, 441, 498

Tarski, 238, 268
Taylor, 66
Theaitetos, 42, 43
Theodoros, 42, 43
Tietze, 522
Tychonov, 334, 521

Ulam, 406, 490
Urysohn, 312, 349, 454, 524

Vieta, 64
Vitali, 188, 230, 398

Wadge, 464
Waerden, 130
Weierstraß, 69, 106, 137
Weyl, 140
Woodin, 72, 87, 135, 442, 487, 489, 499

Xenokrates, 132

Young, 198, 217, 359, 446, 495

Zermelo, 18, 73, 83, 377, 464, 495, 507
Zorn, 74, 86

8. Index

Ab n_0, 109
abelsch, 514
abgeschlossen, 517
abgeschlossene Determiniertheit, 432
Abgeschlossenheitssatz, 52, 54, 218
abhängiges Paar, 416
Ableitung, 352
Abschluß, 518
absolut, 391
Abstand, 153
abzählbar, 73
abzählbare Ordinalzahl, 382
Achsensatz, 170
additiv, 187
affin, 260
affine Gruppe, 260
affinen Abbildungen, 158
ähnlich, 91
Algebra, 194
algebraisch, 51
algebraisch unabhängig, 243
Algorithmus von Euklid, 28
α-approximierbar, 47
$\mathscr{A}$-meßbar, 453
analytisch, 470
analytische Definition des Lebesgue-Integrals, 211
Anfangselement, 378
Anfangsstück, 288, 379
Anfangsstück-Ordnung, 295
angeordneter Körper, 96
Antikette, 294
Antiketten-Bedingung, 95
antisymmetrisch, 20
Approximation, 288
Approximation irrationaler Zahlen, 50
Approximation rationaler Zahlen, 49
Approximationsfunktion, 47
Approximationssatz, 218
approximierbar, 56
äquikonsistent, 490
äquivalent Null, 246
äquivalente Hänge, 118
äquivalente Spiele, 420
Äquivalenz der geometrischen und der analytischen Integral-Definition, 216
Äquivalenzklasse, 20
Äquivalenzrelation, 20
Äquivalenzsatz, 73
archimedisches Axiom, 98
Arithmetik auf Hängen, 122
Arithmetik mit Kardinalzahlen, 80
Arithmetik mit Mächtigkeiten, 79
arithmetisches Ordnungsaxiom, 96
assoziiertes freies Spiel, 420
atomfrei, 239
auflösbar, 175
Aufzählung, 21
Ausdehnungseigenschaft, 267
Ausdehnungssatz, 522
Ausdehnungssatz von Mycielski, 275
Ausschöpfung, 185
Ausschöpfung der Borel-Mengen, 447
äußeres Lebesgue-Maß, 198, 369
Aussonderung, 18
Aussonderungsschema, 507
Auswahlaxiom, 508
Automorphiesatz, 102
Axiom der Determiniertheit, 441
Axiome von ZFC, 507

B-adische Darstellung, 104
Baire-Eigenschaft, 364
Baire-Hierarchie, 452
Baire-Maß, 362
Baire-meßbar, 364
Baireraum, 13, 285, 290
Bairescher Kategoriensatz, 362
Bairescher Meßversuch, 438
Bairescher Raum, 363
Banach-Funktional, 248
Banach-Integral, 246
Banach-Integral und Lebesgue-Integral, 247
Banach-Integral und Riemann-Integral, 247
Banach-Mazur-Spiel, 436
Banach-Tarski-Paradoxon, 271
Barriere, 297
baryzentrische Koordinaten, 343
Basis, 520
Basisfunktionen, 389
Baum, 295
Baumdarstellung, 474

Berechnung der Näherungsbrüche, 35
Bernstein-Menge, 394
beschränkt, 18, 92
beschränkte Eigenschaft, 18
Betrag, 96
Bewegungsinvariante Inhalte für die Ebene, 258
bewegungsinvariantes Maß, 188
Bewegungsinvarianz, 187
Bijektion, 21
bijektiv, 21
Bild, 21
binäre Baum, 295
Blatt, 296
blattfrei, 296
Bogenmaß, 154
Borel-Determiniertheit, 456, 463
Borel-Hierarchie, 444, 446
Borel-Maß, 370, 397
Borel-meßbar, 453
Borelsche Vermutung, 404
Borel-trennbar, 476
Brouwerscher Fixpunktsatz, 341
Buchstaben, 177

Cantor-Bendixson-Zerlegung, 355
Cantor-Bendixson-Zerlegung, 387
Cantorraum, 13, 290
Cantorsche Kontinuumshypothese, 82
Caratheodory-Bedingung, 200
Cauchy-Folge, 97, 523
Cauchy-Riemann-Integral, 223
Cauchy-Schwarz-Ungleichung, 155
Charakterisierung der archimedisch angeordneten Körper, 102
Charakterisierung der Isometrien im $\mathbb{R}^2$, 169
Charakterisierung der Isometrien im $\mathbb{R}^3$, 172
Charakterisierung des Kontinuums, 94
Charakterisierungen und Eigenschaften analytischer Mengen, 471
C-Mengen, 481
C-verschiebbar, 241

Darboux-Integral, 224
Darboux-Summen, 224
Darstellung, 104
Darstellungssatz, 51, 366, 369, 397
Dedekindscher Schnitt, 93
Dedekindsches Schnittaxiom, 97
Dedekind-unendlich, 73
Definitionsbereich, 21
Dekompaktifizierungssatz, 322
δ-Partition, 231
δ-Quadrat, 224
Denjoy-Raum, 233
deskriptiv, 285
Determinante, 163
determiniert, 411, 418
Determiniertheit und Meßbarkeit, 441
Determiniertheit und Scheeffer-Eigenschaft, 424
Determiniertheit von Borel-Spielen, 463
Dezimaldarstellungen, 104
Diagonalargument, 77
Diagonalisierung, 451
Diagonalmethode, 78
dicht, 91, 520
dicht in, 94
Dimensionstheorie, 349
disjunkte Zerlegung, 293
diskret, 174
diskrete Topologie, 520
domain, 21
dominierte Konvergenz, 220
Dreiecksungleichung, 521
Durchmesser, 522
dyadische Darstellung, 104

Echte Klassen, 77
echte Teilmenge, 17
Ecke, 343
Eichfunktion, 231
Eigenschaft, 18
einbettbar, 91, 519
Einbettung, 91, 519
Eindeutigkeitssatz, 33
Einermenge, 17
einfache Funktion, 218
Einschränkung, 22, 90, 290
Einschrittexpansion, 177
Einschrittreduktion, 177
Einzigkeitssatz, 101
Element, 17
endlich, 73
endlich additiv, 187
endlich verzweigt, 296
endliche Folge, 288
endliche Kettenbrüche, 31
Endpositionen, 419
Endpunkte, 90
entfaltet, 488
Ergänzungssatz, 329
Ersetzungsschema, 507
erstrebenswerte Position, 430
Erweiterungssatz für Hyper-Lebesgue-Maße, 241
erzeugte Bäume, 295
erzeugte Topologie, 520, 522
Euklidische Metrik, 153
Exhaustion, 228

Existenz kürzester Wohlordnungen, 380
Existenz nichtdeterminierter Mengen, 424
Existenz transzendenter Zahlen, 77
Existenz von Bernstein-Mengen, 395
Existenz von Darstellungen, 105
Existenz von Lösungen für abgeschlossene Spiele, 460
Existenz von Lücken in $\mathbb{Q}$, 93
Extensionalitätsaxiom, 507

F$_2$ ist paradox, 266
Fächersatz, 297
Faktorgruppe, 164
Faktorisierung, 20
Faktorsatz, 277
fast disjunkt, 204
fast disjunkte Überdeckungen, 342
fastlinear, 113
Fibonacci-Zahlen, 35
Fixpunkte monotoner Operatoren, 357
Fixpunktsatz, 341
Flächenmengen, 207
F_σ-Menge, 517
Folge, 21, 288
Folgenraum, 290
Folgenstetigkeit, 518
folgt, 18
Fortsetzung des Lebesgue-Maßes, 238, 254
Fortsetzungslemma, 323
Frechet-Raum, 335
freie Gruppe, 178
freie δ-Partition, 234
freies Spiel, 419
F_δ-Überdeckung, 342
Fundamentalfolge, 97
Fundierungsaxiom, 507
Funktion, 21
Funktional, 244

Ganze algebraische Zahl, 54
ganzzahlige Approximation p : q, 119
gauge integral, 232
gdw, 18
Gegenseite, 343
Generatoren, 178
geometrische Integrierbarkeit und Meßbarkeit, 214
geometrische Interpretation des Riemann-Integrals, 227
Gewinnmenge, 413
Gewinnstrategie, 410, 418
gewonnen, 426
G-invariant, 275
gleichlang, 379
Gleichmächtigkeit der Ebene und der Linie, 81
G_δ-Menge, 517
Gödelfunktion, 389
goldener Schnitt, 37
Grad, 51
Grenzwert, 97, 518
Größe, 25
Gruppe, 513
G-Zerlegungen, 263

Halbierungslemma, 239
Hamelbasis, 190
Hang, 117
Häufungspunkt, 299
Hauptsatz der linearen Algebra, 154
Hausdorff-Paradoxon, 269
Hausdorff-Raum, 517
Henstock-Kurzweil-Integral, 232
Hilbert-Würfel, 334
Hilfsreihen, 35
HK-integrierbar, 232
homöomorph, 519
Homöomorphien für $\mathcal{N}$ und $\mathcal{C}$, 302
Homöomorphiesatz, 339, 519
Hyper-Lebesgue-Maß, 240

Ideal, 364
Indikatorfunktion, 80
Induktion, 381
Induktion für Wohlordnungen, 381
Induktionsanfang, 386
Induktionsschritt, 386
induktiv, 510
induzierte Ordnung, 97
induzierte paradoxe Mengen, 268
induzierte Wohlordnung, 378
Inhalt, 195, 225
Inhaltsproblem, 193
Inhaltsraum, 195
injektiv, 21
injektive Aufzählung, 21
inkompatible Folgen, 289
Innere, 518
inneres Lebesgue-Maß, 198, 369
insichdicht, 358
Integral, 207
integrierbar, 207, 222
Integrierbarkeit stetiger Funktionen, 209
Invarianz der Dimension, 339
Invarianz des Gebietes, 339
inverse Limiten, 458
irrationale Zahlen, 25
Irrationalität der Eulerschen Zahl, 45
Irrationalität der Kreiszahl π, 46
Irrationalität der Quadratwurzel, 39

irreflexiv, 20
isolierter Punkt, 299
Isometrie, 158
Isometriegruppe, 158
isomorphe angeordnete Körper, 101
Isomorphiesatz, 91, 101
Iteration der Suslin-Operation, 469
iterierte Ableitung, 386

Jordan-Inhalt, 225
Jordan-meßbar, 225
Jordanscher Trennungssatz, 340

Kanonische Darstellung, 20
Kardinalität, 72, 79
Kardinalzahl, 79
Kategoriensatz, 362, 363
Kern, 164
Kette, 74, 251
Kettenbruch, 30, 31, 34
Kettenbruchentwicklung, 30
Knoten, 295
koanalytisch, 470
Kode, 294, 298
komager, 362
kommensurabel, 26
Kommutator, 181
kompakt, 519
Kompaktheit, 303
kompatible Metrik, 522
Kompression, 228
Kondensation, 352
Kondensationspunkt, 352
kongruent, 159
Kongruenz, 159
konstruktibel, 390
konstruktible Hierarchie, 390
Konstruktion der reellen Zahlen nach Cantor, 109
Konstruktion der reellen Zahlen nach Dedekind, 108
Konstruktion der reellen Zahlen nach Schanuel und A'Campo, 122
Konstruktionen der reellen Zahlen, 106
Kontinuum, 13
Kontinuumshypothese, 82, 85, 391
Kontinuumshypothese und Scheeffer-Eigenschaft, 394
Kontinuumsproblem, 12, 82
konvergente Folge, 518
Konvergenzsätze, 220
konvergiert, 97
konvex, 341
Kopie, 519
Koprojektion, 483
Körper, 295, 515
Körper der reellen Zahlen, 97
kristallographisch, 174
k-Überdeckung, 457
Kurve, 155
kürzer, 379
Kürzungsregel, 514

Länge, 154
Lebesgue-Integral, 207
Lebesgue*-integrierbar, 212
Lebesgue-Maß, 197
Lebesgue-Maß auf dem Cantor- und Baireraum, 367
Lebesgue-meßbar, 199, 369
Lebesgue-meßbare Funktion, 211
Lebesgue-Nullmenge, 369
Lebesgue-Summe, 212
leere Menge, 17
Lemma von Cousin, 231
Lemma von Denes König, 296
Lemma von Fatou, 221
Lemma von König, 297
Lemma von Sperner, 344
l'Hospitalsche Regel, 67
Limes, 518
Limeselement, 378
Limesordinalzahlen, 386
Limespunkt, 299
Limesschritt, 386
Limiten, 386
linear, 160, 244
lineare Funktionale, 244
lineare Ordnung, 20
Linearitätsfehler, 117
linkseindeutig, 21
Liouville-Kriterium, 56
Liouville-Zahl, 56
lokal endlich, 228, 397
lösbar, 188
Lösbarkeit des Inhaltsproblems, 193
Lösung der Rekursionsgleichung, 382
Lösung des Maßproblems, 188
Lösung eines Spiels, 459
Lösungen für Borelspiele, 463
Lücke, 93
Lücken von $\mathbb{Q}$, 93
Lusin-Menge, 402

Mächtigkeit, 72
Mächtigkeit, 82
Mächtigkeiten abgeschlossener Mengen, 356
Mächtigkeiten der F_σ- und G_δ-Mengen, 356
mager, 251, 362
Magere Mengen und Nullmengen, 371
Mahlo-Lusin-Menge, 402
Marczewski-Eigenschaft, 372

Marczewski-meßbar, 372
Maß, 195
Maßeinheit, 26
Maßproblem, 187
Maßraum, 195
Matrix, 163
maximal, 294
Maximalprinzip, 74
McShane-Integral, 234
Menge, 17
Menge positiver Elemente, 97
Mengen-Algebra, 194
Menger-Urysohn-Dimension, 349
meßbar, 196, 211, 364, 370
meßbar, 453
meßbare Gruppe, 275
Meßbarkeits-Kriterium, 200
Meßbarkeits-Spiele, 439
Metrik, 154, 521
metrisch vollständig, 98
metrischer Raum, 521
metrisierbar, 522
Metrisierbarkeitssatz, 524
Minimalität von ω_1, 384
mittelbar, 275
Mittelbarkeit und Paradoxie, 279
Mittelwert, 208
Modell von (CH), 391
monotone Konvergenz, 219
monotoner Operator, 352
Monotonie, 188
μ-Meßbarkeit, 370
Multiplikationsregel für Zerlegungen, 263
Multiplikationssatz, 75, 81
Multiplikationssatz für $\mathbb{R}$, 80

Nachfolger, 296
Nachfolger, 378
Nachfolgerelement, 378
Nachfolgerordinalzahlen, 386
Nachkommadarstellung, 104
Näherungsbruch, 34
natürliche Folgen, 290
natürliche Ordnung, 383
negativ, 96, 163
Negativteil, 208
neutral, 513
nicht determiniert, 423
Nichttrivialität, 188
nirgendsdicht, 251, 361
Norm, 154
normale Untergruppe, 164
normiert, 195
Normiertheit, 187
nulldimensional, 292
Nullfolge, 110
Nullhang, 117
nullhomotop, 340
Nullmaß, 195
Nullmenge, 196, 362, 370, 372, 403

Obere Partition, 213
obere Schranke, 92
offen, 517
offene Determiniertheit, 431
offene Reduzierung, 294
offene ε-Umgebung, 521
Operation $\exists$, 471
Operation einer Gruppe, 262
Operator, 352
Optionsstrategie, 415
Ordinalzahl, 385
Ordinalzahlen, 382
Ordnung auf $\mathbb{R}$, 124
Ordnungsaxiom, 96
ordnungserhaltend, 91
ordnungsisomorph, 91
Ordnungsisomorphismus, 91
orthogonal, 155
Ortungsfunktion, 333

Paarmengenaxiom, 507
Paarungspolynom, 75
paradox, 265
Paradoxie der freien Gruppe mit zwei Generatoren, 266
Paradoxie der Rotationsgruppe, 268
Partie, 410, 413
partielle Ordnung, 20
partielle Strategie, 456
Partition, 212, 213, 231, 234
Pausieren, 421
Peano-Inhalt, 228
Peano-Jordan-Inhalt, 228
Peano-Kurve, 337
Pendelverhalten, 33
Pentagramm, 36
perfekt, 296, 299, 314
perfektes-Mengen-Spiel, 433
perfekter Kern, 355, 358
perfekte-Teilmengen-Eigenschaft, 359
Permutationsgruppe, 157
Pfad, 295
polnische Räume als Teilräume des Hilbert-Würfels, 335
polnischer Raum, 312
Position, 413
positiv, 96, 124, 163
positive Isometrie, 164
Positivteil, 208
Potenzmenge, 17

Potenzmengenaxiom, 17, 507
Produktraum, 521
Produktregel, 205, 206
Produkttopologie, 521
Projektion, 155, 471
Projektionsabbildung, 521
Projektionssatz, 475
projektiv, 482
projektive Hierarchie, 482
Proportionslehre des Eudoxos, 43
Pseudometrik, 521
Punkt, 517
Pythagoras-Schüler, 25

Quadrat, 224
Quantoren, 409

Rand, 518
range, 21
Rationale Approximationen, 47
rationale Folge, 109
rationale Hänge, 127
Raum, 517
Raum der Dimension n, 153
reduziert, 176, 177
Reduzierung, 294
Reelle Zahlen als Hänge, 122
reeller Vektorraum, 515
reflexiv, 20
Regelbaum, 413
Regeln, 413
Regularität, 201, 524
Regularitätseigenschaft, 358
Regularitätsspiele, 433
Rekursion, 381
Rekursionssatz für Wohlordnungen, 381
Relation, 20
relativ prim, 39
relative Konsistenz, 391
Relativtopologie, 518
Retrakt, 340
Retraktionssatz, 340
Riemann-Integral, 222
Riemann-integrierbar, 222
Riemann-Summe, 222
Ring, 515
Rücktranslation, 189
Russell-Zermelo-Antinomie, 18
Ruziewicz-Inhalte, 257

Satz über lineare und metrische Vollständigkeit, 98
Satz von Banach, 257, 259, 279
Satz von Cantor, 77
Satz von Cantor-Bendixson, 355
Satz von Cantor-Bernstein, 79, 264
Satz von Ciesielski und Pelc, 244
Satz von Dirichlet, 50
Satz von Fubini, 221
Satz von Gauß, 45
Satz von Gödel, 390, 391
Satz von Hahn-Banach, 244, 254
Satz von Hausdorff, 261, 269, 454
Satz von Kuratowski-Ulam, 406
Satz von Lebesgue, 220
Satz von Liouville, 55
Satz von Marczewski, 240
Satz von Martin-Steel, 490
Satz von McShane, 235
Satz von Shelah, 492
Satz von Solovay, 492
Satz von Steel und van Wesep, 467
Satz von Steinhaus, 203
Satz von Suslin, 477
Satz von Vitali, 189, 238
Satz von von Neumann, 260
Satz von Wadge, 465
Satz von Wadge und Martin, 467
Satz von Woodin, 490
Scheeffer-Eigenschaft, 359
schließlich, 109, 290
Schnitt, 93
Schnittsatz, 345
Schwerpunkt, 343
Seite, 343
Sektion, 474
Sektionsregel, 206
selbstdual, 467
senkrecht, 155
separabel, 94, 311, 520
separierte Anteil, 355
Sierpiński-Eigenschaft, 328
σ-additiv, 187
σ-Algebra, 194
σ-finit, 195
σ-kompakt, 472
σ-Stetigkeit, 195
Simplex, 343
Simplizialzerlegung, 343
Skalare, 154
Skalarenkörper, 515
Skalarmultiplikation, 515
Skalarprodukt, 155
slope, 117
spezielle affine Gruppe, 260
Sphäre, 154
Spiel, 410, 413
Standardabbildungen, 309
starke Nullmenge, 403
Startposition, 421
stetig, 518
stetig reduzierbar, 464

stetige Bijektion von $\mathcal{N}$ auf $\mathcal{C}$, 331
Stetige bijektive Bilder von $\mathcal{N}$, 327
stetige Bilder, 324
stetige Bilder des Cantorraumes, 336
Straffheit, 201
Strategie, 415
Streckung, 154
Strukturen, 20
stückweise G-kongruent, 263
Stützstellen, 212
Subbasis, 520
sublinear, 244
Summen reeller Zahlen, 368
Supremum, 92, 378
Supremumsnorm, 114
surjektiv, 21
Suslin-Hypothese, 95
Suslin-Operation, 468
Symmetrie, 521
Symmetriegruppe, 157
symmetrisch, 20
Symmetrisierung, 256

Taubenschlagprinzip, 49
Teilbarriere, 297
Teilmenge, 17
Teilquotienten, 35
Teilstrategie, 456
Topologie, 517
topologischer Raum, 517
total beschränkt, 524
totale Ordnung, 20
Transferlemma, 49
transitiv, 20
Translation, 161, 189
Translationen in $\mathcal{C}$, 401
transponierte Matrix, 163
transzendent, 55
Transzendenzbasis, 243
Trennungssatz, 476
Treppenfunktion, 218
trunkiert, 217

Ueberabzählbar, 73
Überabzählbarkeit von $\mathbb{R}$, 76
überdeckende σ-Algebren, 479
Überdeckung, 342, 457, 479
Überdeckungssatz, 342
Überdeckungsspiel, 439
Überdeckungssystem, 458
übergeordnete Optionsstrategie, 427
Umgebung, 521
Umschreibung, 185
unabhängig, 514
Unabhängigkeit, 82
unbeschränkt, 90
unbeschränkter Hang, 118
unendlich, 73, 79
unendlich oft, 290
unendliche Folge, 288
unendlicher Kettenbrüche, 34
Unendlichkeitsaxiom, 507
unerreichbar, 491
ungerade Funktion, 113
Universalität von $\mathbb{Q}$, 92
Universalität von $\mathbb{R}$, 95
universell, 485
universell Baire-meßbar, 367
universell meßbar, 371
universelle Menge, 448
Unlösbarkeit des Inhaltsproblems für $n \geq 3$, 193
Unlösbarkeit des Lebesgueschen Maßproblems, 192
Unstetigkeitskriterium, 326
untere Partition, 213
Untergruppenkriterium, 514
Unterraum, 515, 518
Unterteilung, 104
Unzerlegbarkeitssatz, 83
Urbild, 21

Vektoraddition, 515
Vektoren, 515
Vektorraum, 515
Verdichtungspunkt, 352
Vereinigungsmengenaxiom, 507
Vergleichbarkeitssatz, 74, 79, 379
Verlängerung, 289
Verlassen von Funktionen, 434
verloren, 426
Verlustvermeidung, 426
Verneinungsregeln, 409
verschiebbar, 241
Vervollständigung, 112, 196
verzweigt, 296
Vitali-Menge, 398
vollständig, 92, 523
Vollständigkeitsaxiom, 97
Vollständigkeitsbegriffe, 97
Volumen, 186
Vorgänger, 378

Wadge-Klasse, 465
Wadge-Ordnung, 465
Wadge-Spiel, 465
Wahrscheinlichkeitsmaß, 195
Wahrscheinlichkeitsraum, 195
Wechselwegnahme, 30
Weltbild der Pythagoreer, 26, 27
Wertebereich, 21
Winkel, 154

Wohlordnung, 378
Wohlordnungen und Baire-Meßbarkeit, 406
Wohlordnungssatz, 380
Worte, 177

Zahlen, 19
Zahlgröße, 25
Zerlegung, 20
zerlegungsgleich, 263
Zerlegungspunkte, 212
Zermelo-Fraenkel-Axiomatik, 507
ZFC, 507
Ziffernfolge, 104
Zornsches Lemma, 74
Zug, 413
zugehöriges Integral, 276
Zugreservoir, 414
Zugvorschlag, 415
zusammenhängend, 339
Zusammenhangskomponente, 339
Zweig, 295
Zweipersonenspiele, 409
Zweistrich-Notation, 21
zweites Abzählbarkeitsaxiom, 520

Dieses Buch wurde vom Autor mit TypoScript unter OS/2 gesetzt und dem Verlag als ps-File übergeben. Die Hauptschrift ist die Janson. Daneben wurden u. a. die Mathematical-Pi-Fonts, die Lucida Math Symbol, die Symbol und die Zapf-Dingbats verwendet.

Die Rechtschreibung folgt weitgehend der sog. „alten Rechtschrift“.

Druck: Krips bv, Meppel
Verarbeitung: Stürtz, Würzburg